Architecture Details CAD Construction Atlas Ⅰ

建筑细部CAD施工图集 Ⅰ

主编/樊思亮 杨佳力 李岳君

楼梯建筑构造/屋面建筑构造/楼地面建筑构造

中国林业出版社

图书在版编目（CIP）数据
建筑细部CAD施工图集. 1 / 樊思亮, 杨佳力, 李岳君主编. -- 北京 : 中国林业出版社, 2014.10
ISBN 978-7-5038-7662-2
Ⅰ.①建… Ⅱ.①樊… ②杨… ③李… Ⅲ.①建筑设计－细部设计－计算机辅助设计－AutoCAD软件－图集 Ⅳ.①TU201.4-64
中国版本图书馆CIP数据核字(2014)第220803号

本书编委会

主　编：樊思亮 杨佳力 李岳君

副主编：陈礼军 孔 强 郭 超 杨仁钰

参与编写人员：
陈 婧 张文媛 陆 露 何海珍 刘 婕 夏 雪 王 娟 黄 丽 程艳平 高丽媚
汪三红 肖 聪 张雨来 陈书争 韩培培 付珊珊 高囡囡 杨微微 姚栋良 张 雷
傅春元 邹艳明 武 斌 陈 阳 张晓萌 魏明悦 佟 月 金 金 李琳琳 高寒丽
赵乃萍 裴明明 李 跃 金 楠 邵东梅 李 倩 左文超 李凤英 姜 凡 郝春辉
宋光耀 于晓娜 许长友 王 然 王竞超 吉广健 马宝东 于志刚 刘 敏 杨学然

中国林业出版社 · 建筑家居出版分社
责任编辑：李 顺 王思明
出版咨询：（010）83223051

出 版：中国林业出版社（100009 北京西城区德内大街刘海胡同7号）
网 站：http://lycb.forestry.gov.cn/
印 刷：北京卡乐富印刷有限公司
发 行：中国林业出版社发行中心
电 话：（010）83224477
版 次：2015年1月第1版
印 次：2015年1月第1次
开 本：889mm×1194mm 1／12
印 张：17.75
字 数：200千字
定 价：98.00元

前　言

自2010年组织相关单位编写三套CAD图集（建筑、景观、室内）以来，现因建筑细部CAD图集的正式出版，前期工作已告一段落，从读者对整套图集反映来看，非常值得整个编写团队欣慰。

从最初的构思，至现在整套CAD图集的全部出版，历时近5年，当初组织各设计院和设计单位汇集材料，大家提供的东西可谓“各有千秋”，让编写团队头疼不已。编写者基本是设计行业管理者和一线工作者，非常清楚在实践设计和制图中遇到的困难，正是因为这样，我们不断收集设计师提供的建议和信息，不断修改和调整，希望这套施工图集不要沦为像现在市面上大部分CAD图集一样，无轻无重，无章无序。

还是如中国林业出版社一位策划编辑所言，最终检验我们所付出劳动的验金石——市场，才会给我最终的答案。但我们仍然信心百倍。

在此我大致说说本套建筑细部CAD施工图集的亮点：

首先，本套书区别于以往的CAD施工图集，对CAD模块进行非常详细的分类与调整，根据现代设计的要求，将四本书大体分为建筑面层类、建筑构件类、建筑基础类、钢结构类，在这四类的基础上再进一步细分，争取做到让施工图设计者能得其中一本，便能把握一类的制图技巧和技术要点。

其次，就是整套图集的全面性和权威性，我们联合了近20所建筑计院所编写这套图集，严格按照建筑及施工设计标准制定规范，让设计师在设计和制作施工图时有据可依，有章可循，并且能依此类推，应用至其他施工图中。

再次，我们对这套书作了严格的版权保护，光盘进行了严格的加密，这也是对作品提供者的保护和认同，我们更希望读者们有版权保护的意识，为我国的版权事业贡献力量。

施工图是建筑设计中既基础而又非常重要的一部分，无论对于刚入行的制图员，还是设计大师，都是必不可少的一门技能。但这绝非一朝一夕能练就的，就像一句古语：“千里之行，始于足下”，希望广大的设计者能从这里得到些东西，抑或发现些东西，我们更希望大家提出意见，甚或是批评，指导我们做得更好！

编著者

2014年9月

目 录

楼梯建筑构造

屋面建筑构造

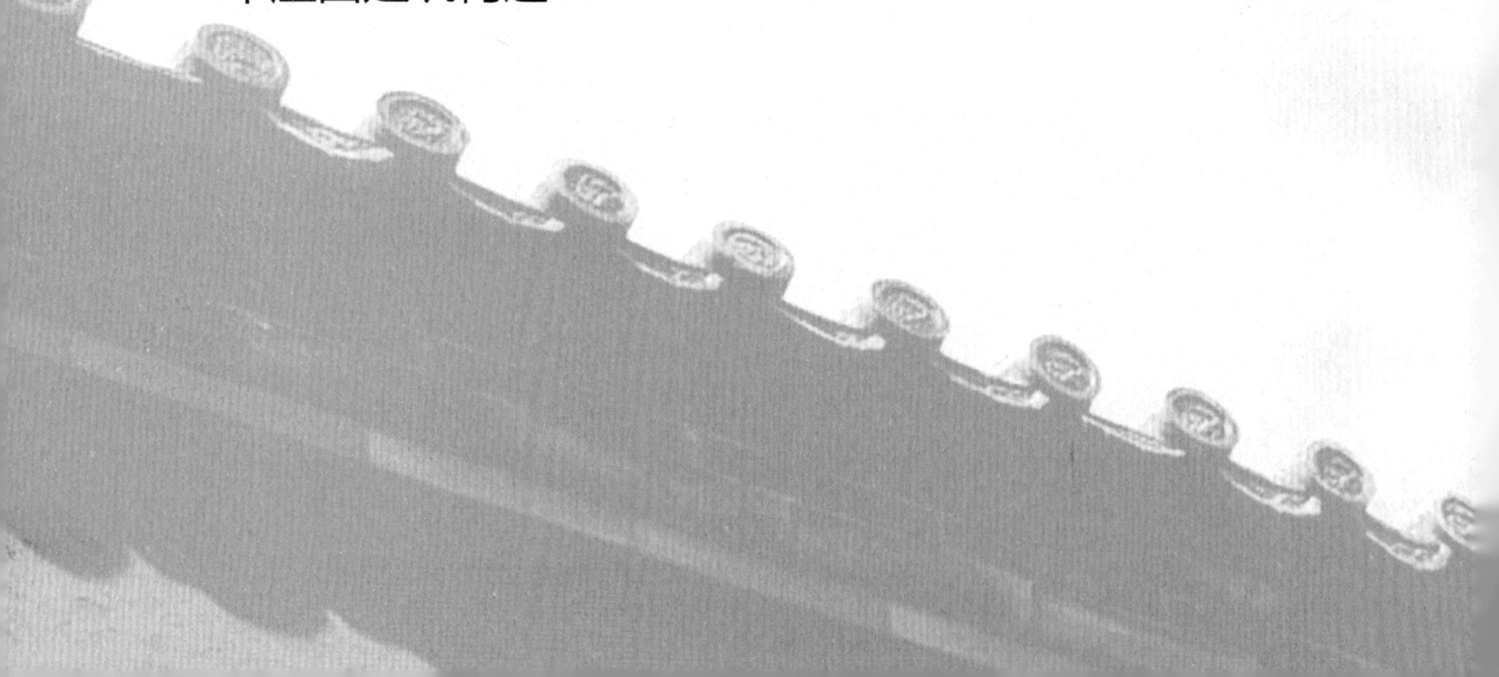

Contents

楼地面建筑构造

楼梯建筑构造

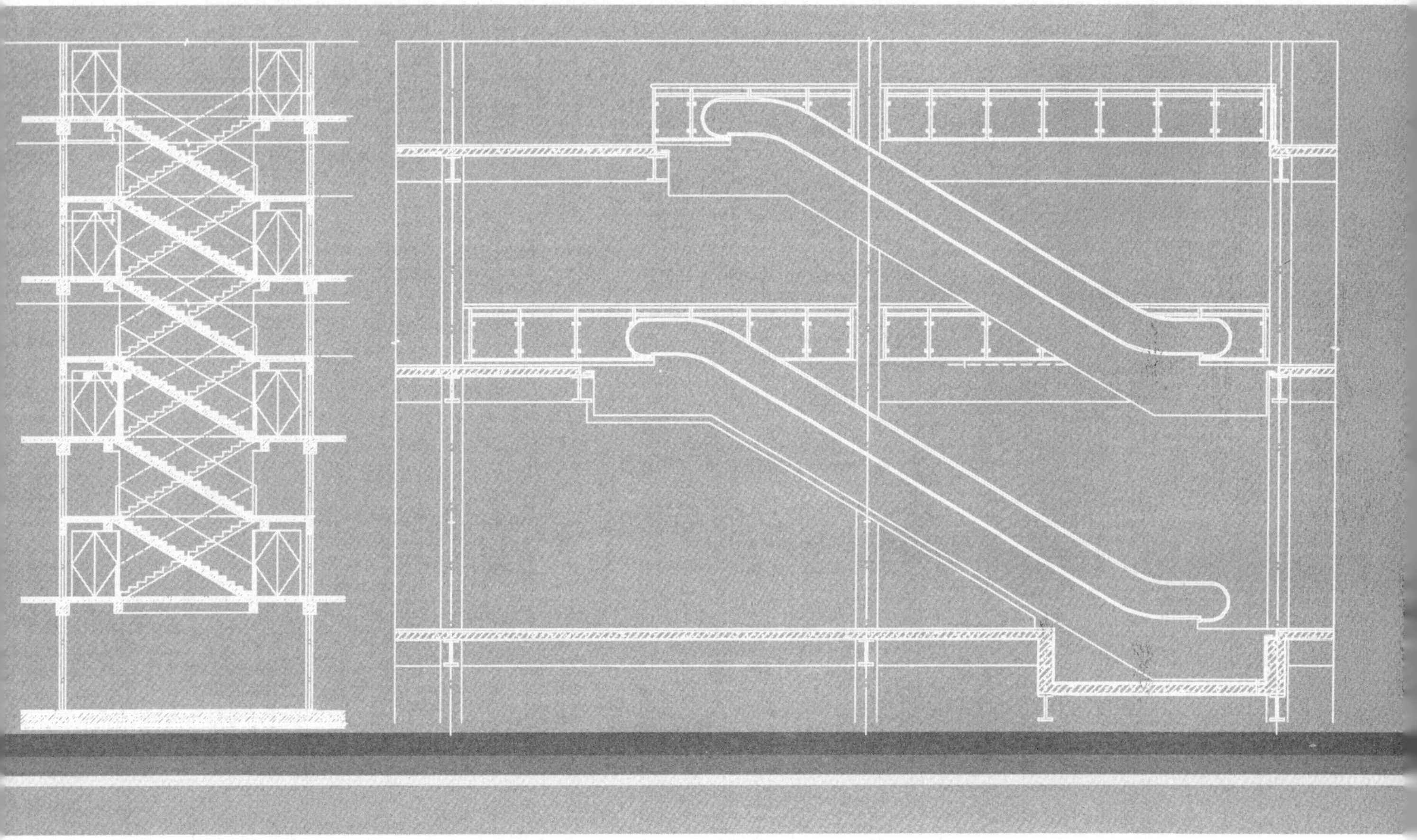

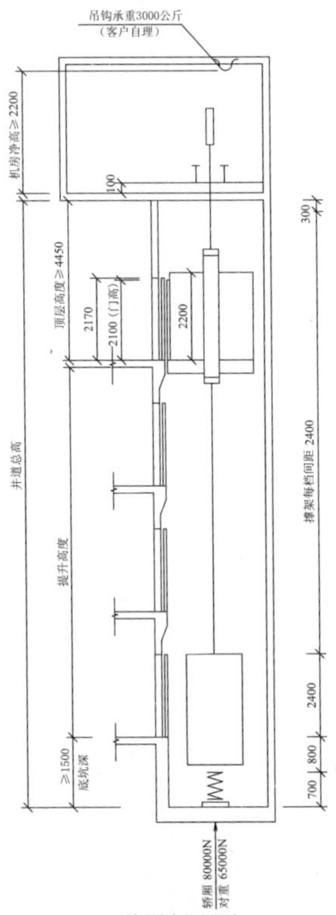

井道剖面图

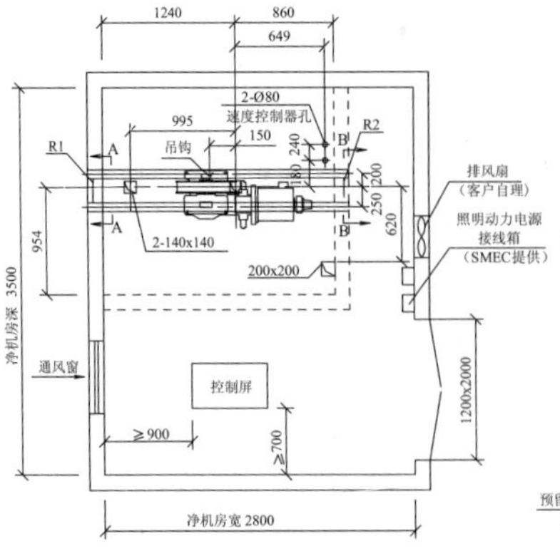

机房平面布置图

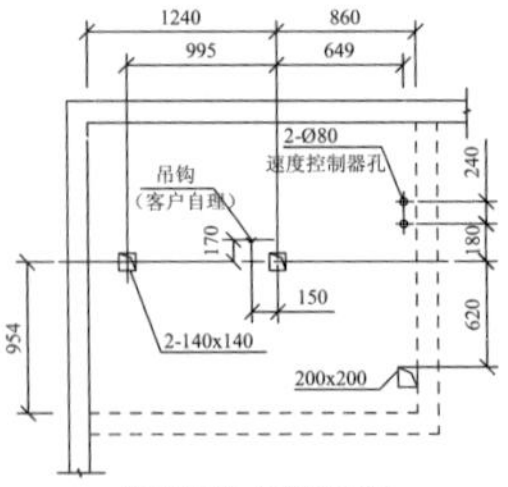

机房平面留孔图

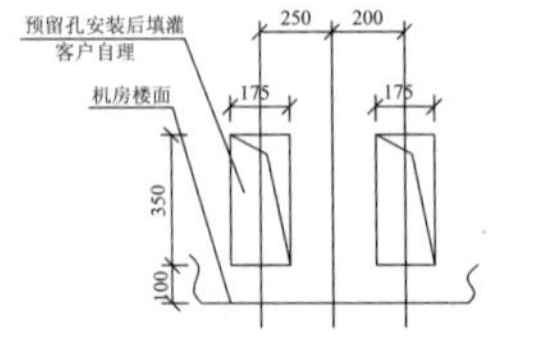

A-A视图

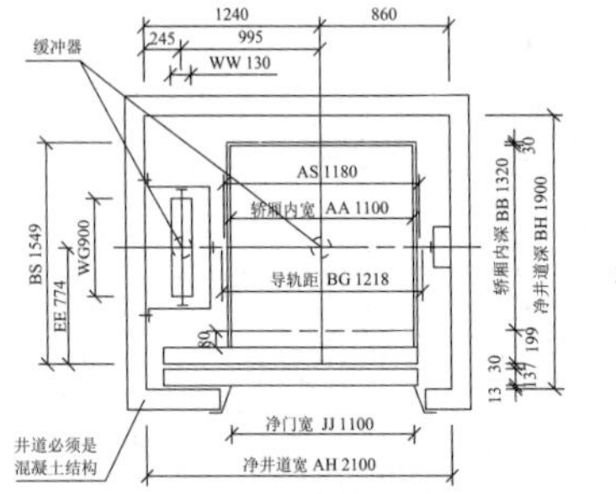

井道平面布置图

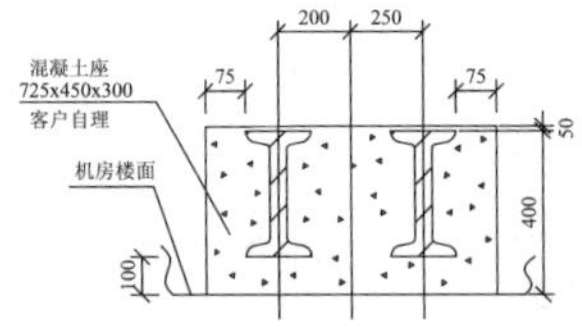

B-B剖面

技术说明		
梯型	货梯	
载重量（kg）	630	
速度（米/秒）	0.63	1.0
控制方式	VFDA	
拖动方式	VVVF	
操纵方式	1C-2BC	
电动机功率（kW）	5.5	7.5
开门方式	双折式	
最大停站数	16	
最大行程（米）	60	
最小层站距（mm）	2800*	
轿厢内净尺寸（mm）	1100x1320	
轿厢外尺寸（mm）	1160x1549	
层门口净尺寸（mm）	1100x2100	
曳引轮（mm）	Ø620	
导向轮（mm）	Ø480	
反绳轮（mm）		
钢丝绳（mm）	Ø12x4	
导轨	轿厢侧 8kg/m	对重侧 5kg/m
电源电压 380 伏		
满载电流（A）	15.3	20.8
起动电流（A）	29.1	40.1
熔断器额定电流（A）	30	30
电源频率（Hz）	50	50
电源容量（kVA）	6	8
支承反力（N）	R1	50000
	R2	34000

注：土建技术要求见"电梯土建技术要求" HOPE-IIG-1

* 仅限于钢牛腿，混凝土牛腿时为2910

▲001-0.63T货梯单开门1米速度

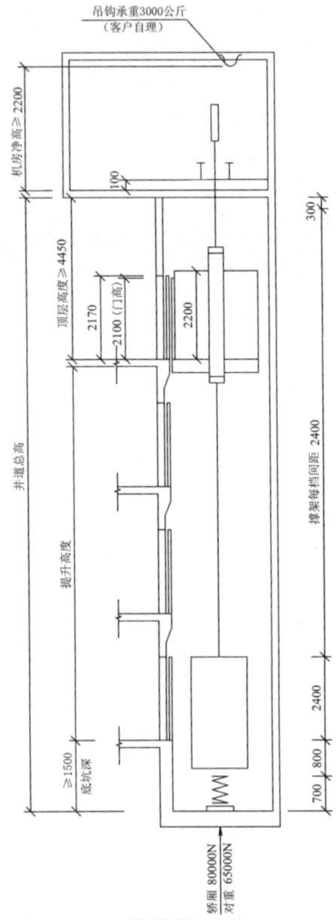

井道剖面图

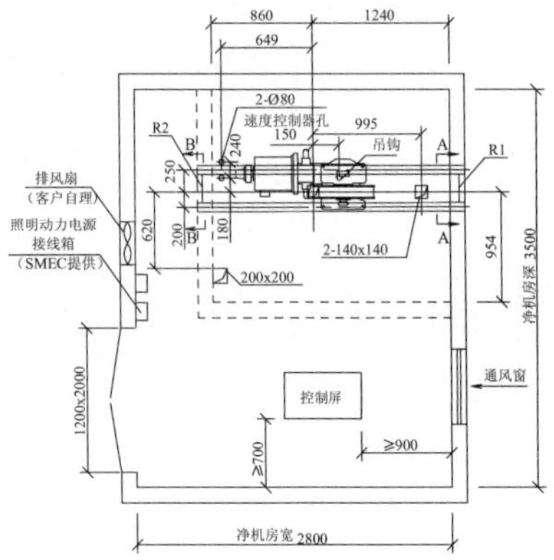

机房平面布置图

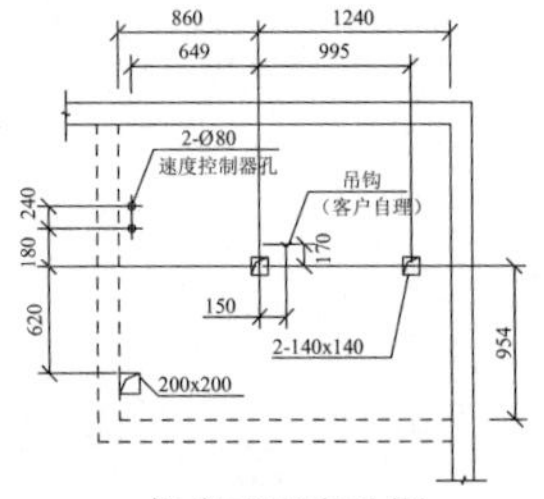

机房平面留孔图

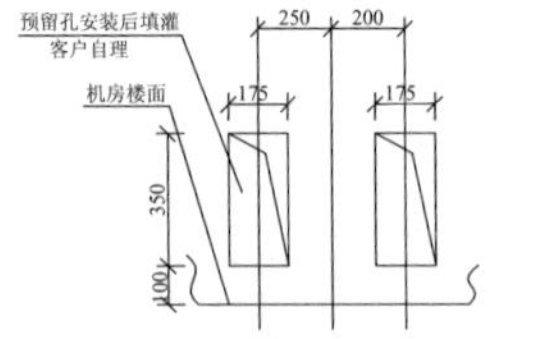

A-A视图

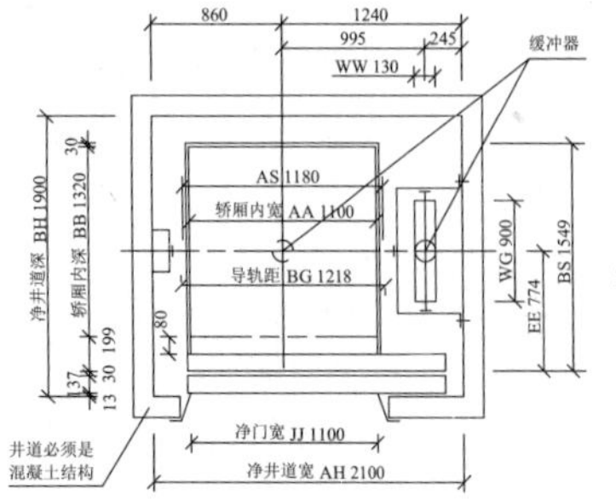

井道平面布置图

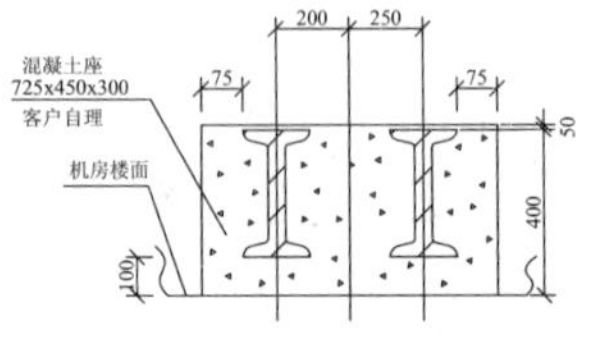

B-B剖面

技术说明		
梯型	货梯	
载重量（kg）	630	
速度（米/秒）	0.63	1.0
控制方式	VFDA	
拖动方式	VVVF	
操纵方式	1C-2BC	
电动机功率（kW）	5.5	7.5
开门方式	双折式	
最大停站数	16	
最大行程（米）	60	
最小层站距（mm）	2800*	
轿厢内净尺寸（mm）	1100x1320	
轿厢外尺寸（mm）	1160x1549	
层门口净尺寸（mm）	1100x2100	
曳引轮（mm）	Ø620	
导向轮（mm）	Ø480	
反绳轮（mm）		
钢丝绳（mm）	Ø12x4	
导轨	轿厢侧 8kg/m	对重侧 5kg/m
电源电压 380 伏		
满载电流（A）	15.3	20.8
起动电流（A）	29.1	40.1
熔断器额定电流（A）	30	30
电源频率（Hz）	50	50
电源容量（kVA）	6	8
支承反力（N）	R1	50000
	R2	34000

注：土建技术要求见"电梯土建技术要求" HOPE-IIG-1

* 仅限于钢牛腿，混凝土牛腿时为2910

▲002-0.63T货梯单开门

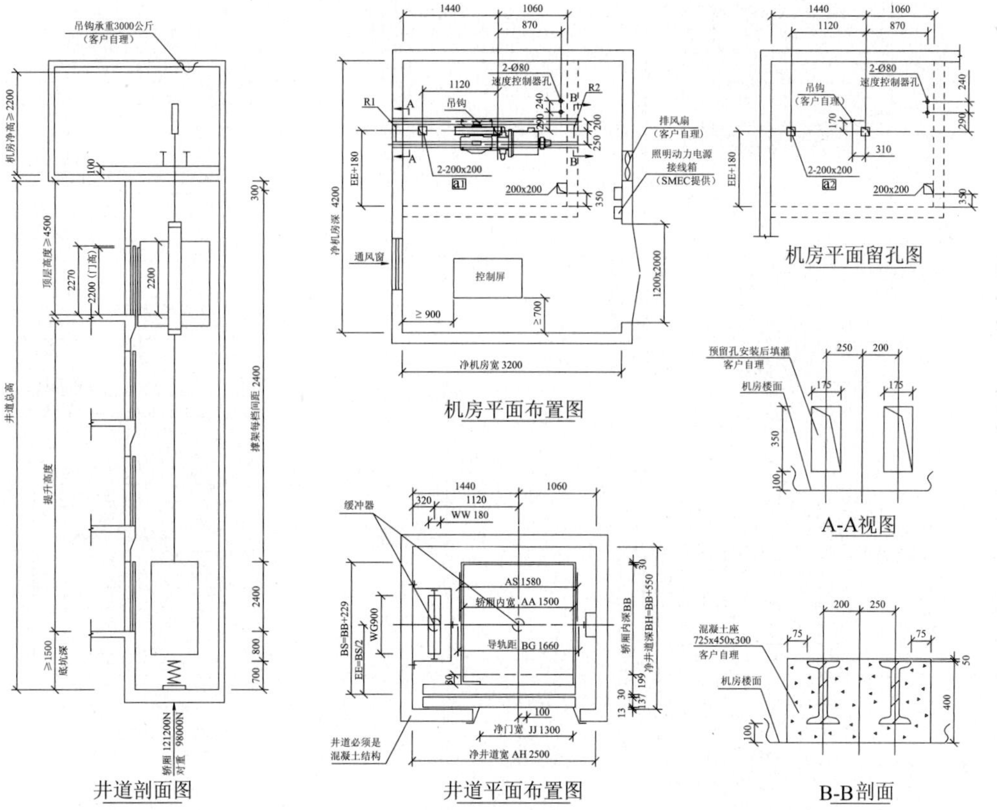

技术说明		
梯型	货梯	
载重量（kg）	1000	
速度（米/秒）	0.63	1.0
控制方式	VFDA	
拖动方式	VVVF	
操纵方式	1C-2BC	
电动机功率(kW)	7.5	11
开门方式	双折式	
最大停站数	16	
最大行程（米）	60	
最小层站距（mm）	2900 *1	
轿厢内净尺寸（mm）	1500xBB *2	
轿厢外尺寸（mm）	1560xBS *2	
层门口净尺寸（mm）	1300x2200	
曳引轮（mm）	Ø620	
导向轮（mm）	Ø480	
反绳轮（mm）		
钢丝绳（mm）	Ø12x6	
导轨	轿厢侧 13kg/m	对重侧 5kg/m
电源	电压 380伏	
满载电流（A）	20.8	25.1
起动电流（A）	40.1	48.7
熔断器额定电流（A）	30	30
电源频率（Hz）	50	50
电源容量（kVA）	8	10
支承反力（N） R1	90000	
支承反力（N） R2	a3 54000	
注：土建技术要求见"电梯土建技术要求" HOPE-IIG-1		

*1 仅限于钢牛腿，混凝土牛腿时为3010

*2 BB=1400～2000, BS=1629～2229

▲003-1T货梯单开门1米速度(1400~2000)

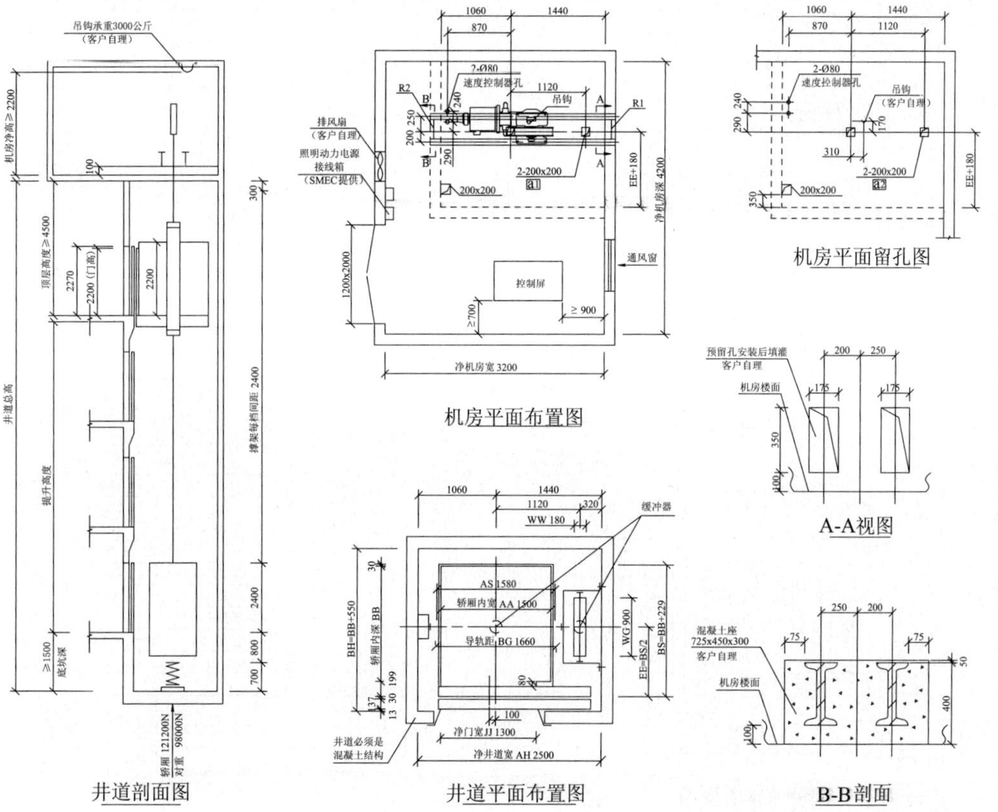

技术说明		
梯型	货梯	
载重量（kg）	1000	
速度（米/秒）	0.63	1.0
控制方式	VFDA	
拖动方式	VVVF	
操纵方式	1C-2BC	
电动机功率(kW)	7.5	11
开门方式	双折式	
最大停站数	16	
最大行程（米）	60	
最小层站距（mm）	2900 *1	
轿厢内净尺寸（mm）	1500xBB *2	
轿厢外尺寸（mm）	1560xBS *2	
层门口净尺寸（mm）	1300x2200	
曳引轮（mm）	Ø620	
导向轮（mm）	Ø480	
反绳轮（mm）		
钢丝绳（mm）	Ø12x6	
导轨	轿厢侧 13kg/m	对重侧 5kg/m
电源	电压 380伏	
满载电流（A）	20.8	25.1
起动电流（A）	40.1	48.7
熔断器额定电流（A）	30	30
电源频率（Hz）	50	50
电源容量（kVA）	8	10
支承反力（N） R1	90000	
支承反力（N） R2	a3 54000	
注：土建技术要求见"电梯土建技术要求" HOPE-IIG-1		

*1 仅限于钢牛腿，混凝土牛腿时为3010

*2 BB=1400～2000, BS=1629～2229

▲004-1T货梯单开门1米速度(1400~2200)

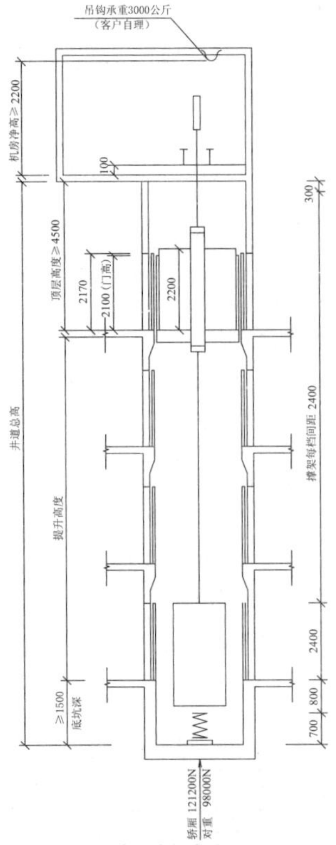

井道剖面图

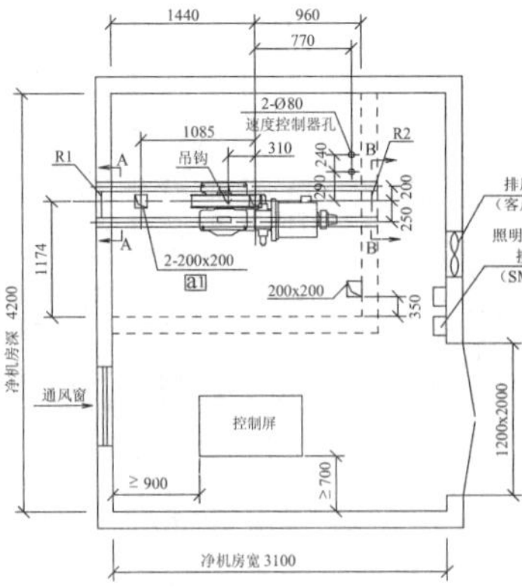

机房平面布置图

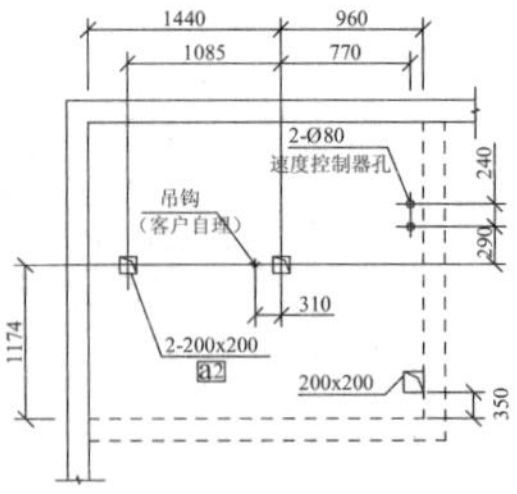

机房平面留孔图

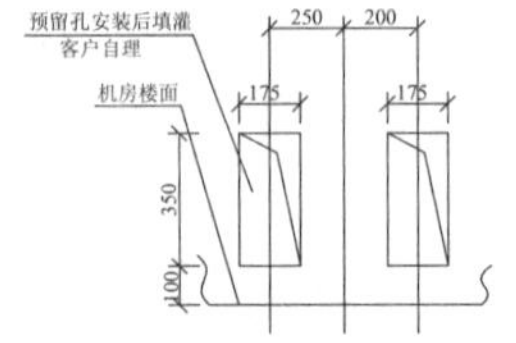

A-A视图

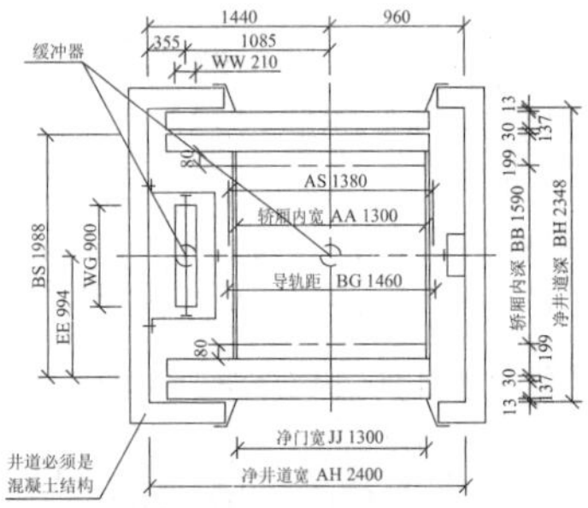

井道平面布置图

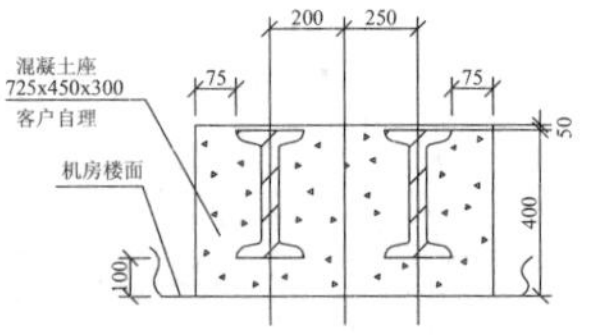

B-B剖面

▲005-1T货梯双开门1米速度

技术说明		
梯型	货梯	
载重量（kg）	1000	
速度（米/秒）	0.63	1.0
控制方式	VFDA	
拖动方式	VVVF	
操纵方式	1C-2BC	
电动机功率(kW)	7.5	11
开门方式	双折式	
最大停站数	16	
最大行程（米）	60	
最小层站距（mm）	2800*	
轿厢内净尺寸（mm）	1300x1590	
轿厢外尺寸（mm）	1360x1988	
层门口净尺寸（mm）	1300x2100	
曳引轮（mm）	Ø620	
导向轮（mm）	Ø480	
反绳轮（mm）		
钢丝绳（mm）	Ø12x6	
导轨	轿厢侧	对重侧
	13kg/m	5kg/m
电源电压380伏		
满载电流（A）	20.8	25.1
起动电流（A）	40.1	48.7
熔断器额定电流（A）	30	30
电源频率（Hz）	50	50
电源容量（kVA）	8	10
支承反力（N） R1	60000	
支承反力（N） R2	a3 50000	
注：土建技术要求见"电梯土建技术要求" HOPE-IIG-1		

* 仅限于钢牛腿，混凝土牛腿时为2910

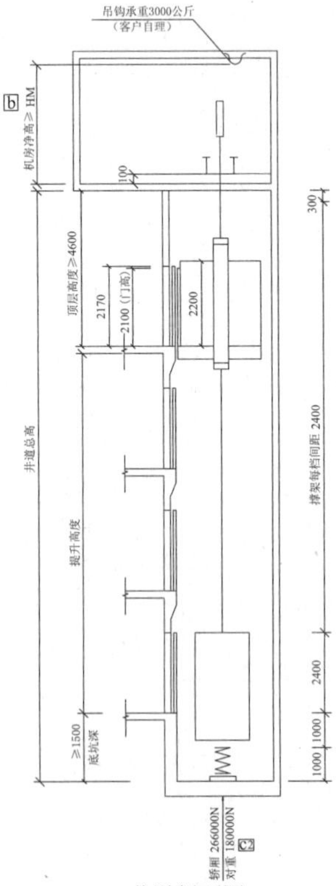

井道剖面图

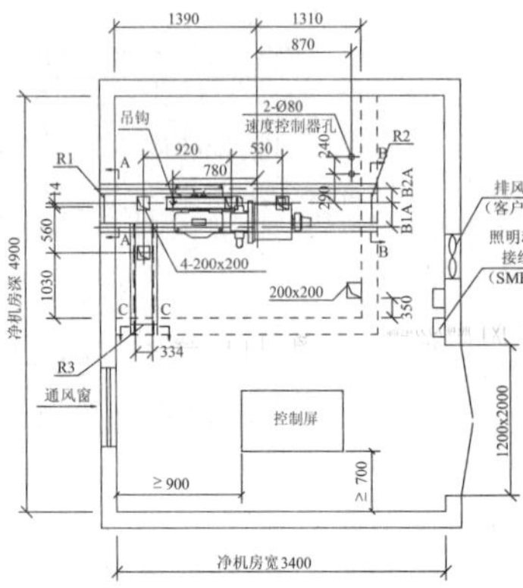

机房平面布置图

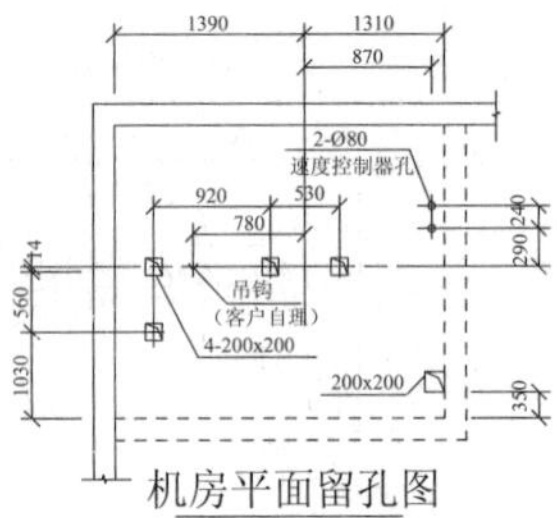

机房平面留孔图

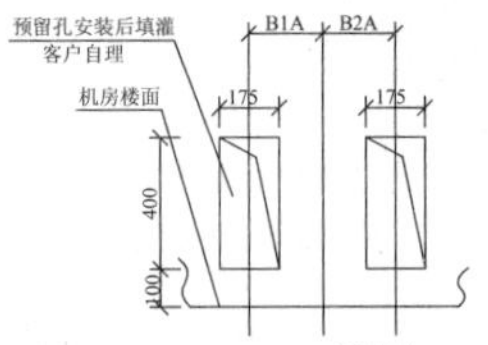

A-A视图

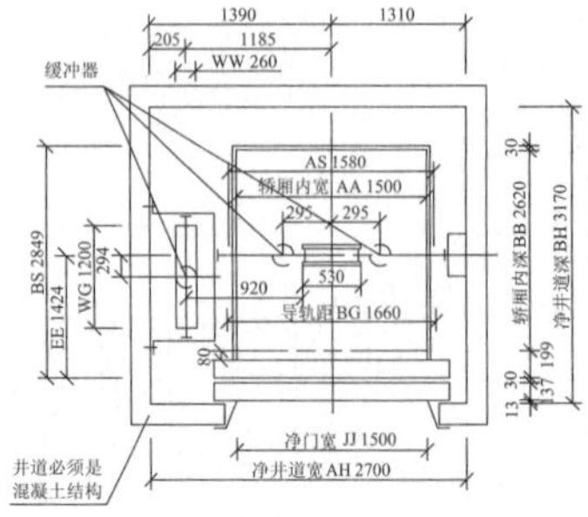

井道平面布置图

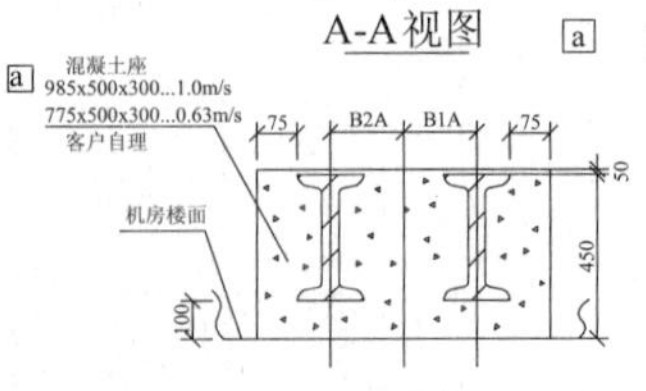

B-B剖面

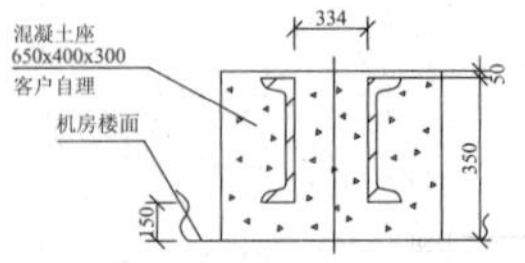

C-C剖面

▲006-2T货梯单开门1米速度

技术说明			
梯型		货梯	
载重量（kg）		2000	
速度（米/秒）		0.63	1.0
控制方式		VFDA	
拖动方式		VVVF	
操纵方式		1C-2BC	
电动机功率(kW)		13	15
开门方式		双折中分式	
最大停站数		16	
最大行程（米）		60	
最小层站距（mm）		2800*	
轿厢内净尺寸（mm）		1500x2620	
轿厢外尺寸（mm）		1560x2849	
层门口净尺寸（mm）		1500x2100	
曳引轮（mm）		Ø680	C3 Ø680
导向轮（mm）		Ø480	C4 Ø480
承重梁位置	B1A(mm)	250	C5 250
	B2A(mm)	200	C6 200
b 机房高度HM（mm）		2250	2250 C7
钢丝绳（mm）		Ø12x6	
位置		轿厢侧	对重侧
导轨		18kg/m	5kg/m
反绳轮（mm）		Ø530	Ø560
电源电压380伏			
满载电流（A）		28.5	36.1
起动电流（A）		55.8	70.7
熔断器额定电流（A）		30	60
电源频率（Hz）		50	50
电源容量（kVA）		11	15
支承反力（N）	R1	C1 155000	
	R2	60000	
	R3	8000	
注：土建技术要求见"电梯土建技术要求" HOPE-IIG-1			

* 仅限于钢牛腿，混凝土牛腿时为2910

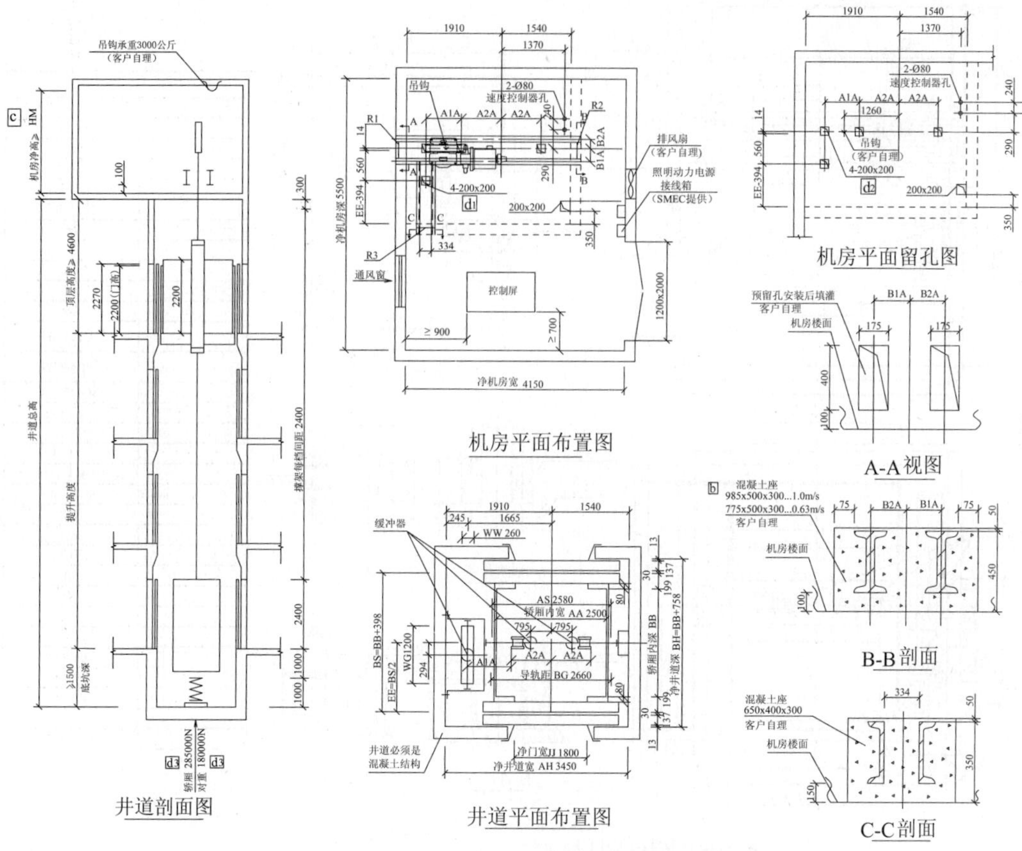

技术说明			
梯型		货梯	
载重量（kg）		2000	
速度（米/秒）		0.63	1.0
控制方式		VFDA	
拖动方式		VVVF	
操纵方式		1C-2BC	
电动机功率(kW)		13	15
开门方式		双折中分式 a	
最大停站数		16	
最大行程（米）		60	
最小层站距（mm）		2900 *1	
轿厢内净尺寸（mm）		2500xBB *2	
轿厢外尺寸（mm）		2560xBS *2	
层门口净尺寸（mm）		1800x2200	
机房平面留孔位置	A1A(mm)	680	d7 680
	A2A(mm)	985	d8 985
曳引轮（mm）		Ø680	d9 Ø680
导向轮（mm）			
c 机房高度HM（mm）		2250	d10 2250
承重梁位置	B1A(mm)	250	d11 250
	B2A(mm)	200	d12 200
钢丝绳（mm）		Ø12x6	
位置		轿厢侧	对重侧
导轨		18kg/m	5kg/m
反绳轮（mm）		Ø530	Ø560
电源电压 380伏			
满载电流（A）		28.5	36.1
起动电流（A）		55.8	70.7
熔断器额定电流（A）		30	60
电源频率（Hz）		50	50
电源容量（kVA）		11	15
支承反力（N）	R1	d3 180000	
	R2	d4 75000	
	R3	10000	
注：土建技术要求见"电梯土建技术要求" HOPE-IIG-1			

*1 仅限于钢牛腿，混凝土牛腿时为3010

*2 BB=2100～2750, BS=2329～2979

▲007-2T货梯双开门1米速度

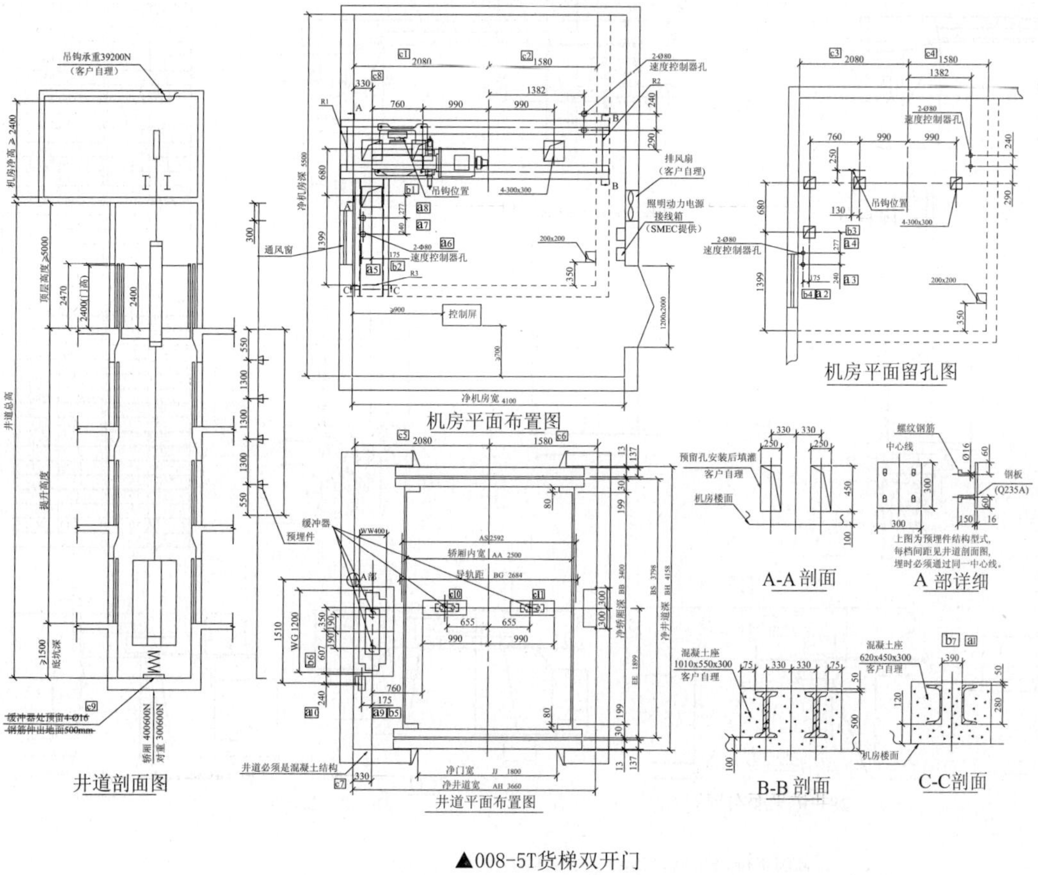

技术说明			
梯型		货梯	
载重量（kg）		5000	
速度（米/秒）		0.25	
控制方式		VFDA	
拖动方式		VVVF	
操纵方式		1C-2BC	
电动机功率(kW)		15	
开门方式		双折中分式	
最大停站数		16	
最大行程（米）		60	
最小层站距（mm）		3100 *	
轿厢内净尺寸（mm）		2500x3400	
轿厢外尺寸（mm）		2560x3798	
层门口净尺寸（mm）		1800x2400	
曳引轮（mm）		Ø760	
钢丝绳（mm）		Ø16x6	
位置		轿厢侧	对重侧
导轨		T127-2/B	T127-1/B
反绳轮（mm）		Ø660	Ø660
电源电压（V）		380	
满载电流（A）		36.1	
起动电流（A）		70.7	
熔断器额定电流（A）		60	
电源频率（Hz）		50	
电源容量（kVA）		15	
支承反力（N）	R1	400000	
	R2	250000	
	R3	120000	
注：土建技术要求见"电梯土建技术要求" HOPE-IIG-1			

* 仅限于钢牛腿，混凝土牛腿时为3210

▲008-5T货梯双开门

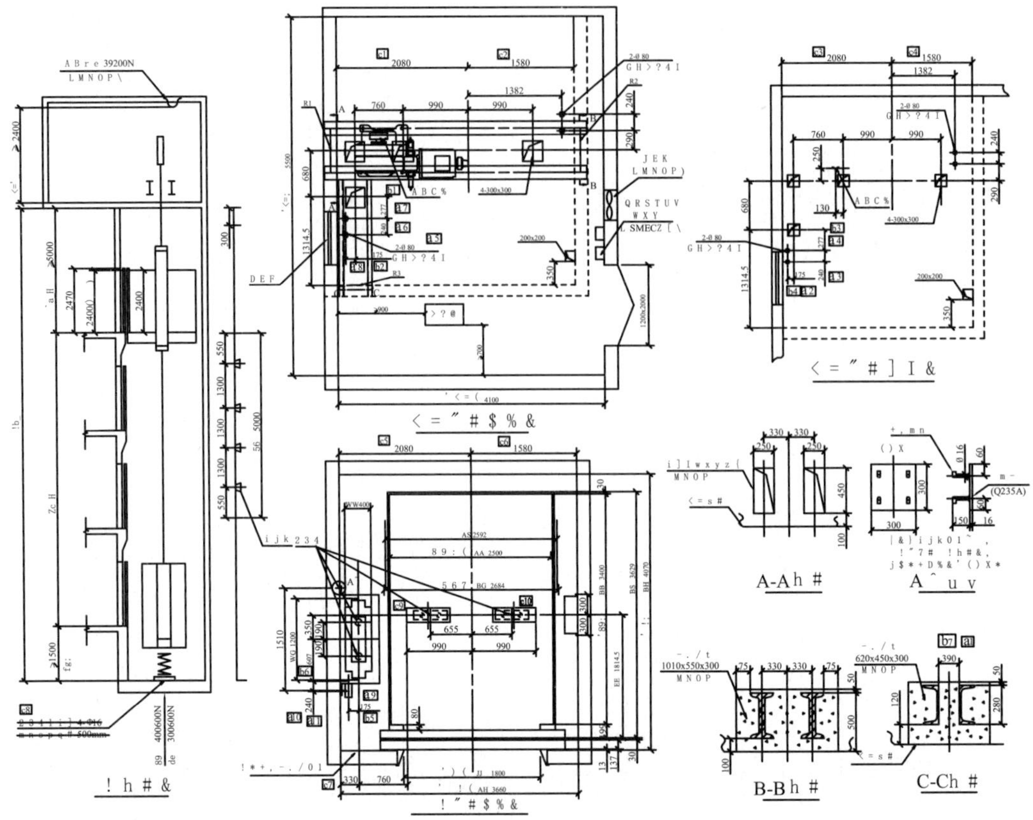

/ 0 z {		
5 x	y 5	
J U > : kg;	5000	
u v : h /w ;	0.25	
s t l m	VFDA	
r H l m	VVVF	
p q l m	1C-2BC	
4 H n o @ (kW)	15	
k Z l m	| } ˜ m	
a e i c j	16	
a e f g : h ;	60	
a b Y c d : mm;	3100 *	
Q R ` \ ] ˆ : mm;	2500x3400	
Q R _] ˆ : mm;	2560x3629	
Y Z [\ ] ˆ : mm;	1800x2400	
W X V : mm;	Ø 760	
# 0 P : mm;	Ø 16x6	
!	Q R S	T U S
M N	T127-2/B	T127-1/B
8 P V : mm;	Ø 660	Ø 660
4 < 4 K 380L		
I J 4 F : A;	36.1	
G H 4 F : A;	70.7	
A B C D E 4 F : A;	60	
4 < ? @ : Hz;	50	
4 < = > : kVA;	15	
6 7 8 9 : N; R1	400000	
R2	250000	
R3	120000	
, -) . / 0 1 2 3 ″4 5) . / 0 1 2 ″ HOPE-IIG-1		

* ! ″ # $ % & ’ ( ) $ % *
\+ 3210

▲009-5T货梯单开门

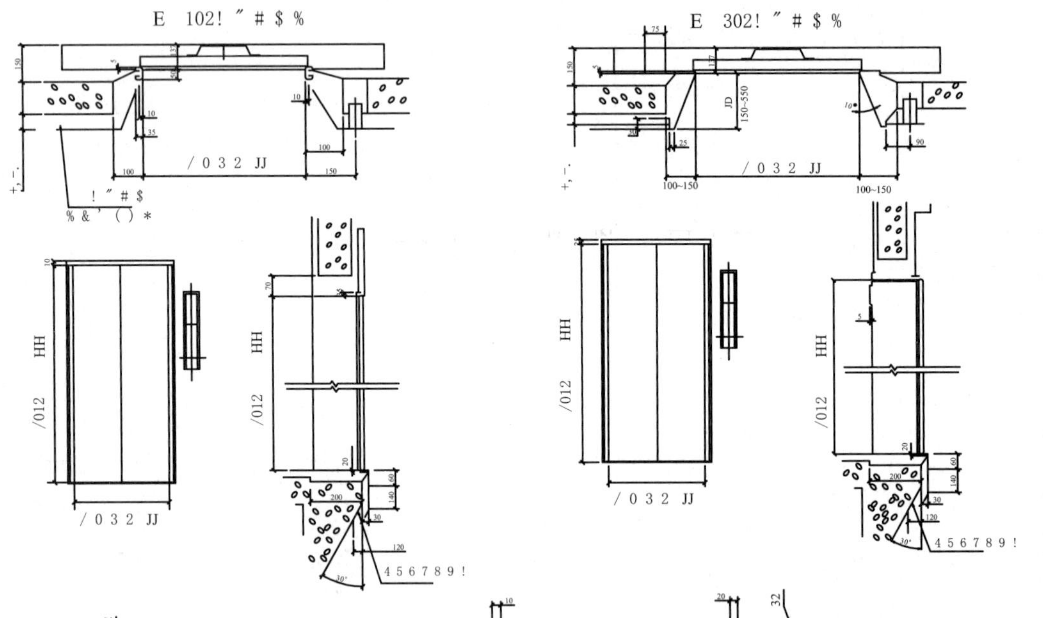

& ’ ( ) *

JD	C	JD	C
150	26.0	330	58.0
155	27.0	335	59.0
160	28.0	340	60.0
165	29.0	345	61.0
170	30.0	350	62.0
175	31.0	355	63.0
180	32.0	360	63.0
185	33.0	365	64.0
190	33.0	370	65.0
195	34.0	375	66.0
200	35.0	380	67.0
205	36.0	385	68.0
210	37.0	390	69.0
215	38.0	395	70.0
220	39.0	400	71.0
225	40.0	405	71.0
230	41.0	410	72.0
235	41.0	415	73.0
240	42.0	420	74.0
245	43.0	425	75.0
250	44.0	430	76.0
255	45.0	435	77.0
260	46.0	440	78.0
265	47.0	445	78.0
270	48.0	450	79.0
275	48.0	455	80.0
280	49.0	460	81.0
285	50.0	465	82.0
290	51.0	470	83.0
295	52.0	475	84.0
300	53.0	480	85.0
305	54.0	485	86.0
310	55.0	490	86.0
315	56.0	495	87.0
320	56.0	500	88.0
325	57.0		

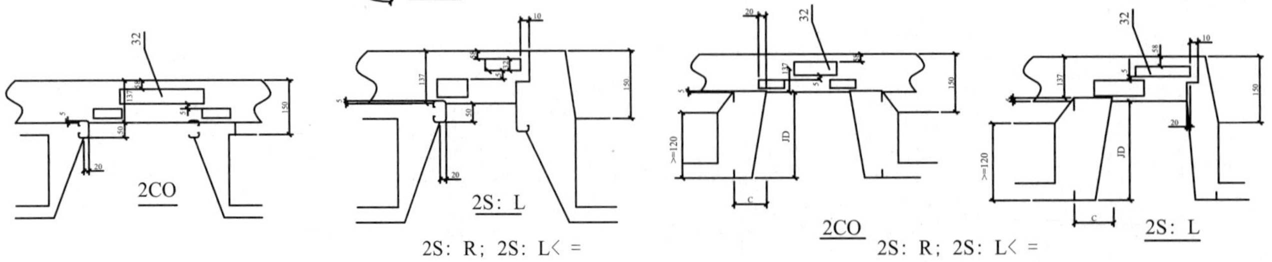

▲010-HOPE-IIG-S2层门入口详图

1－1剖面 1:15
花棚处天沟剖面
花棚处天沟大样
UPVC管Φ50，伸出80
0.5%
1%
井道平面图
底坑缓冲器布置图
机房平面图
电梯机房
吊钩中心
层门预埋铁及预留孔
井道层门预埋铁板图 1:10
Φ8 钢筋
b 向

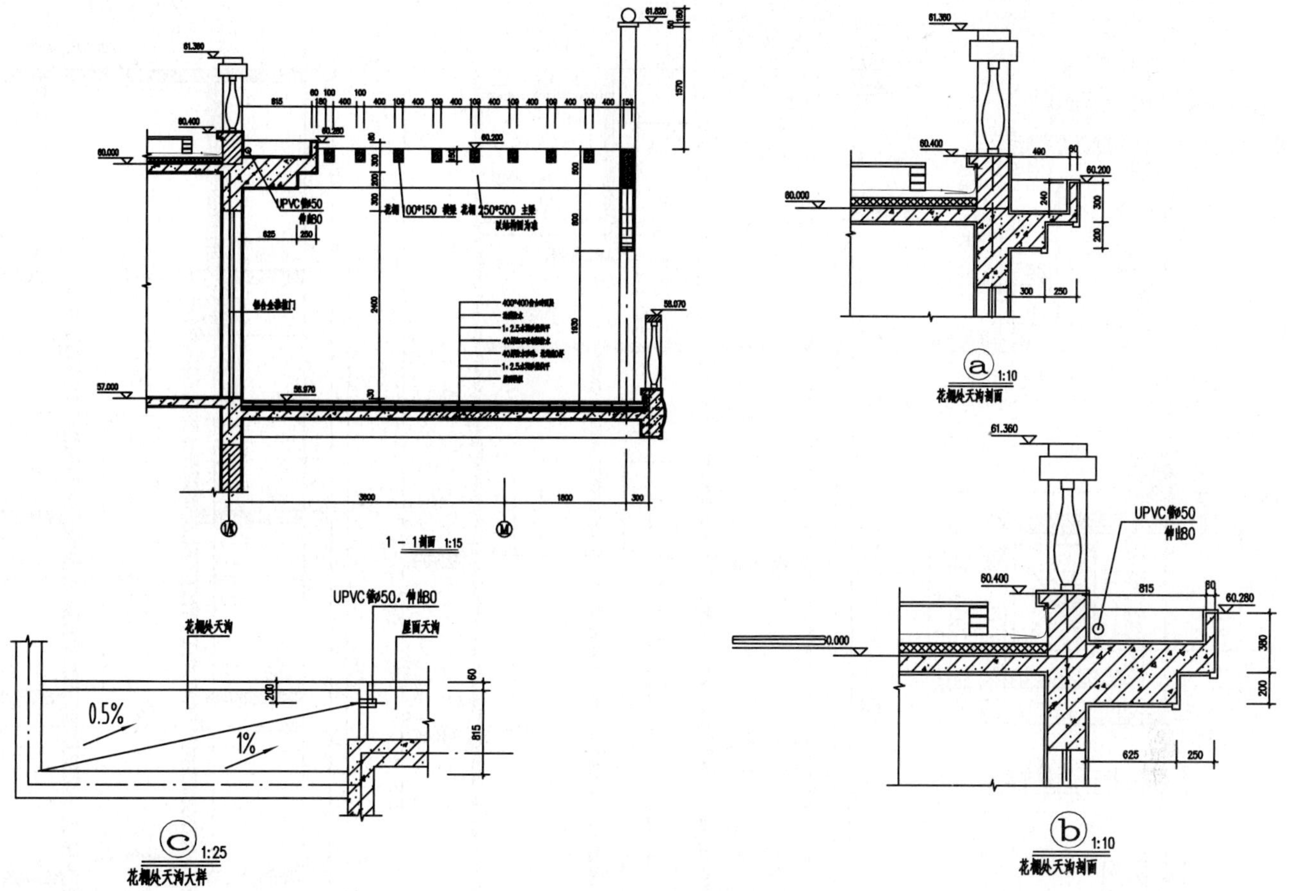

▲011-电梯间放大平面图

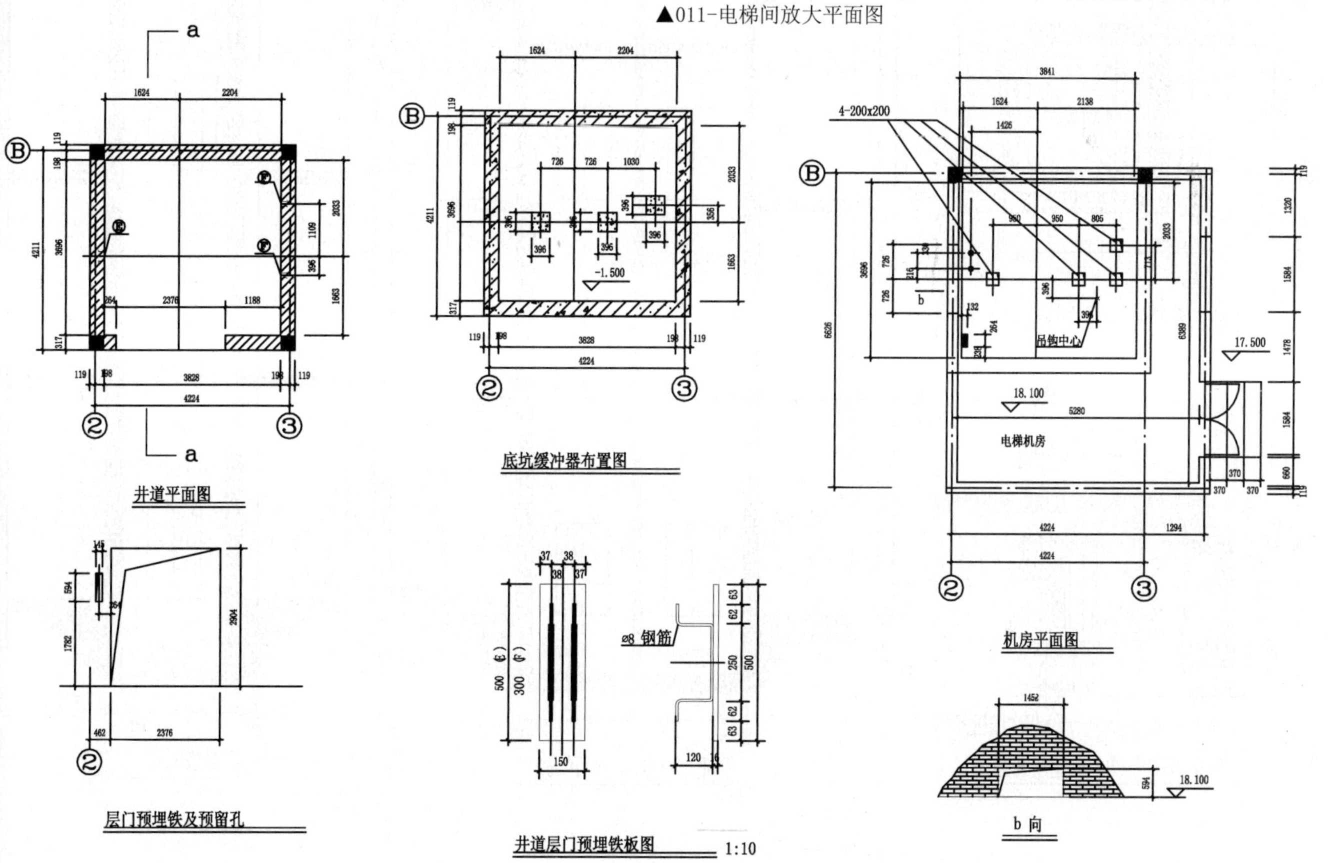

▲012-电梯建筑大样

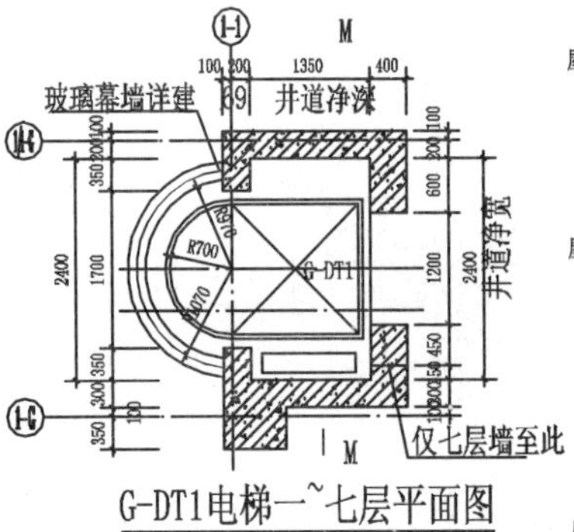
G-DT1电梯一~七层平面图

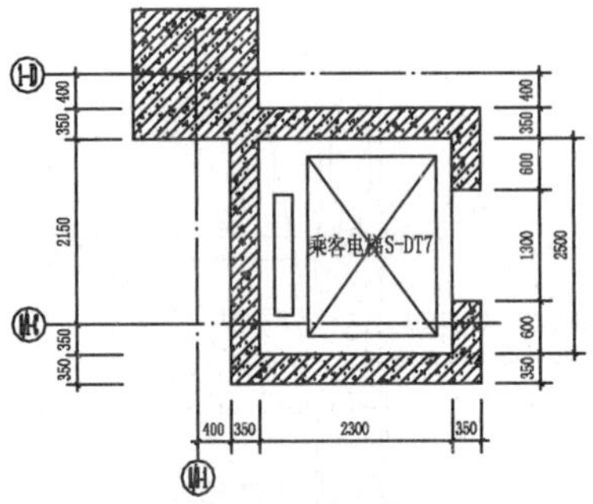
S-DT7电梯三~六层平面放大图

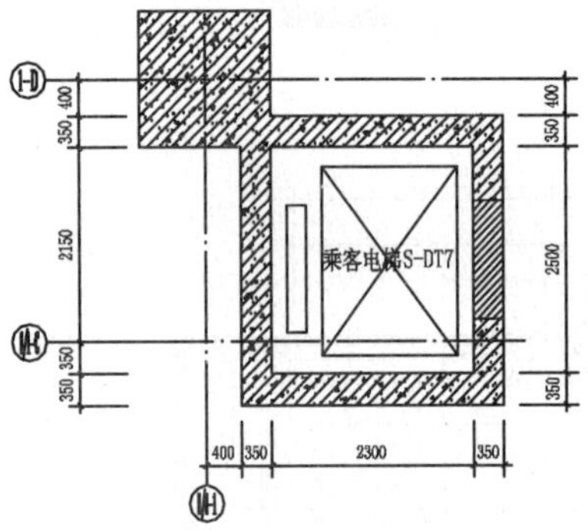
S-DT7电梯二层平面放大图

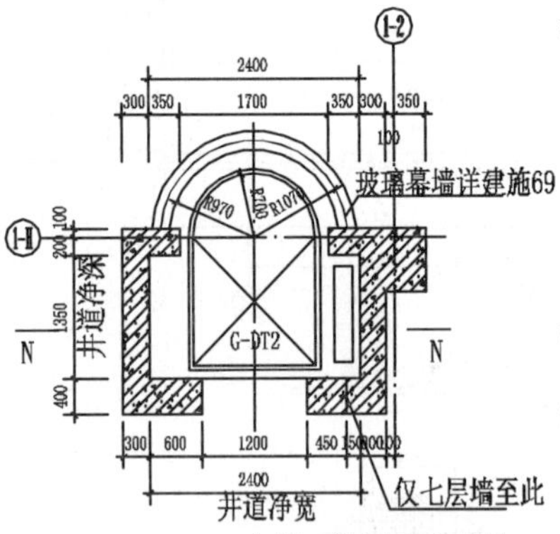
G-DT2电梯一~七层平面图

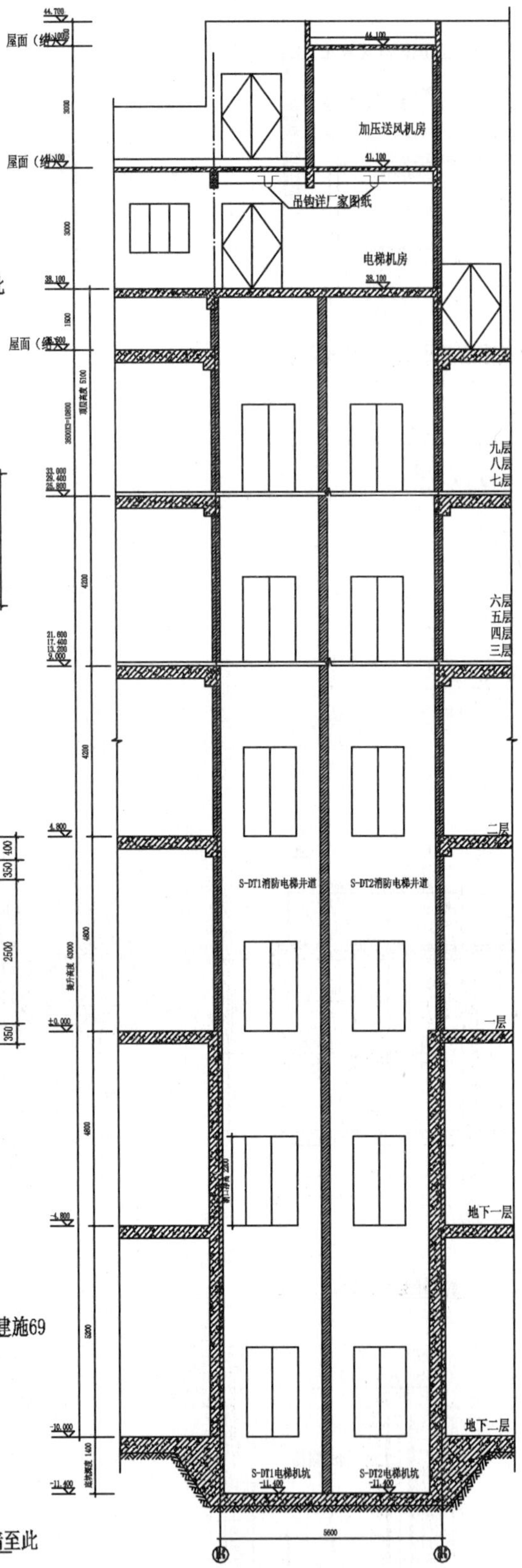
P-P(S-DT1、S-DT2) 1:50

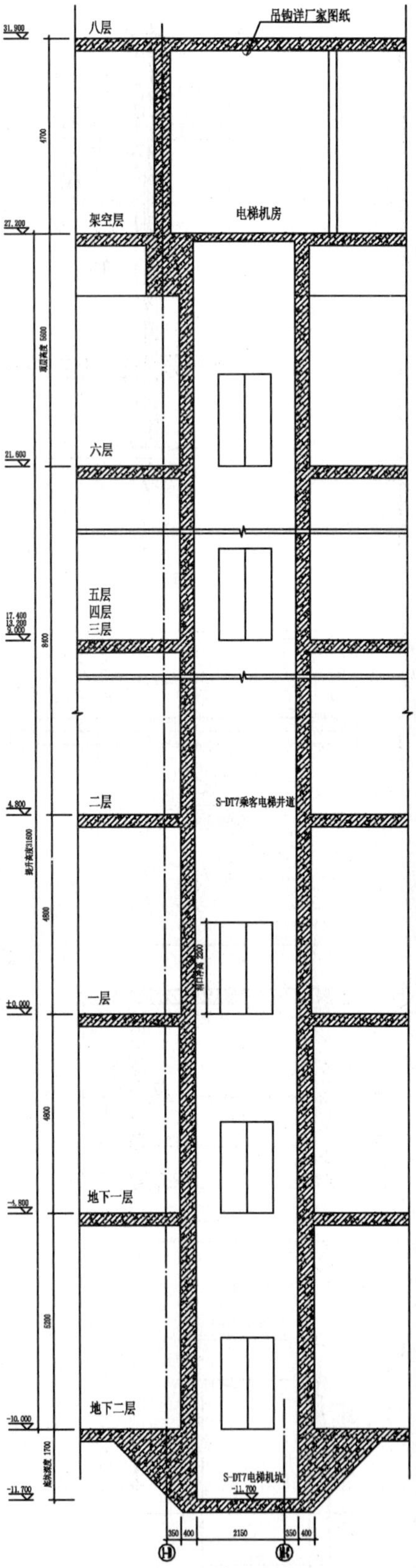
Q-Q(S-DT7) 1:50

▲013-电梯详图（一）

地下二层、地下一层平面放大图 1:50

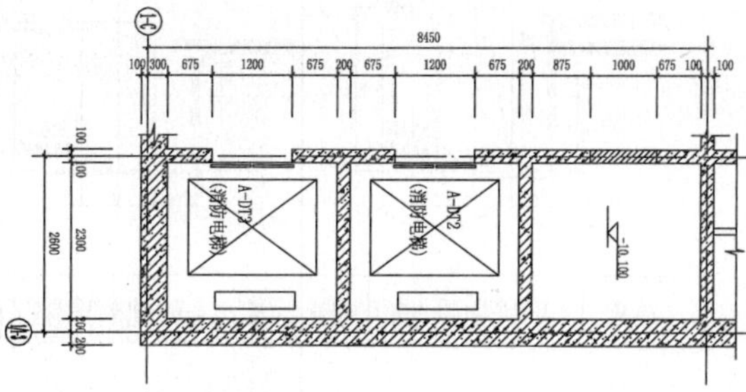

地上一层平面放大图 1:50

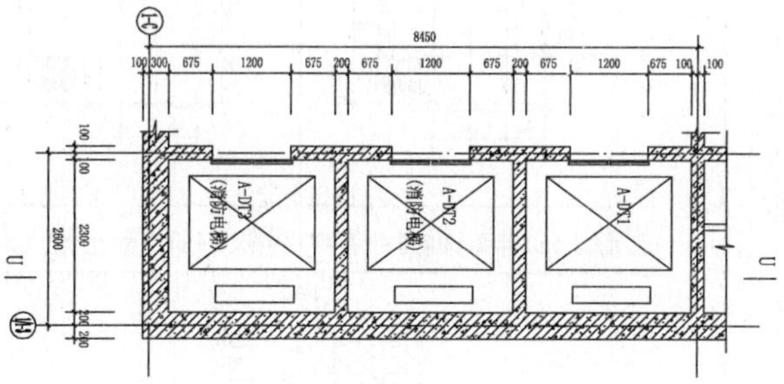

二层～七层平面放大图 1:50

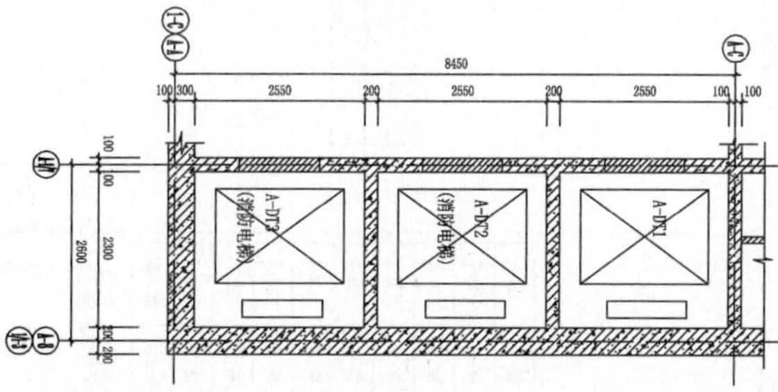

八层～三十层平面放大图 1:50

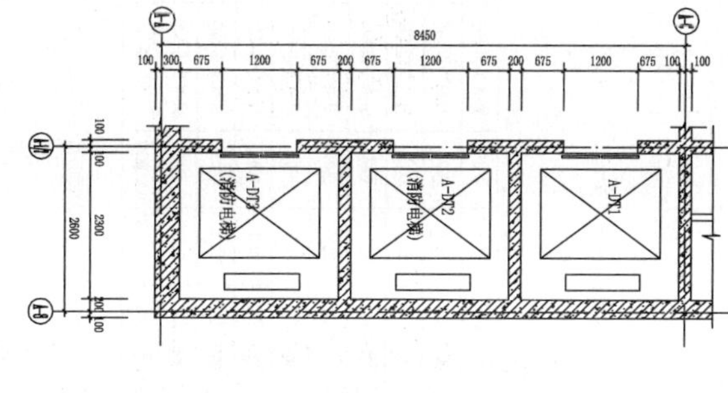

屋顶层平面放大图 1:50

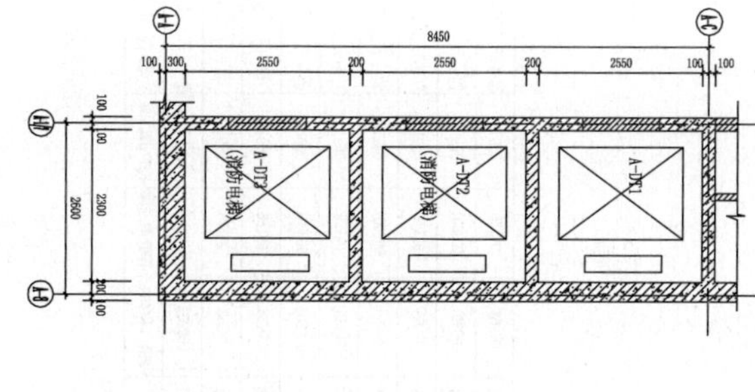

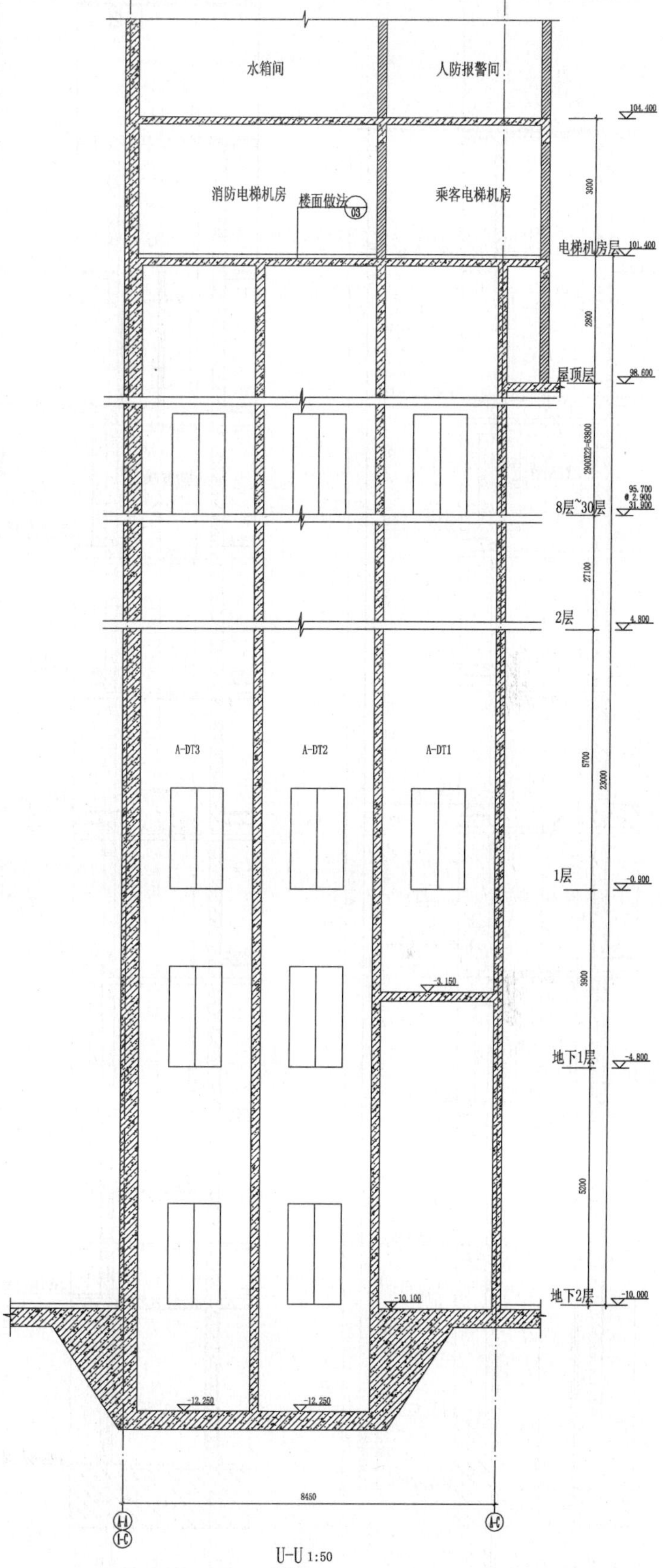

U-U 1:50

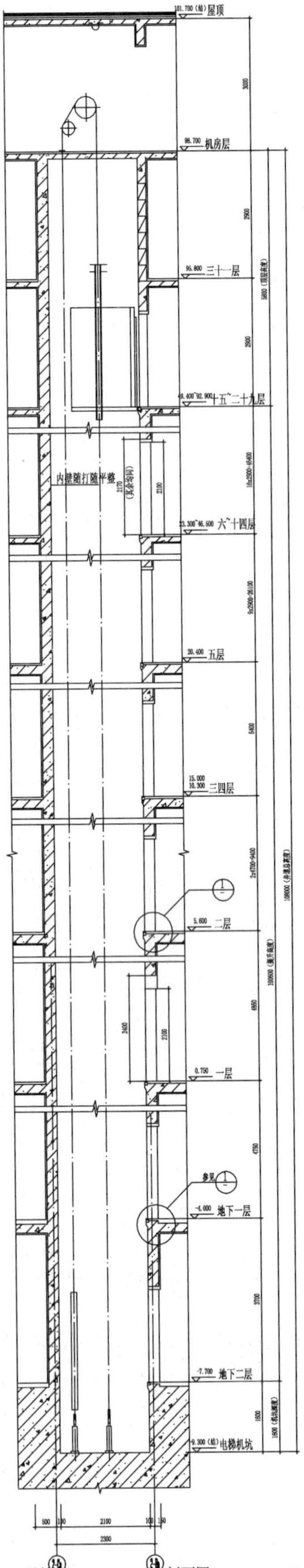

2号楼2,3,4-XDT1：1-1剖面图 1:50

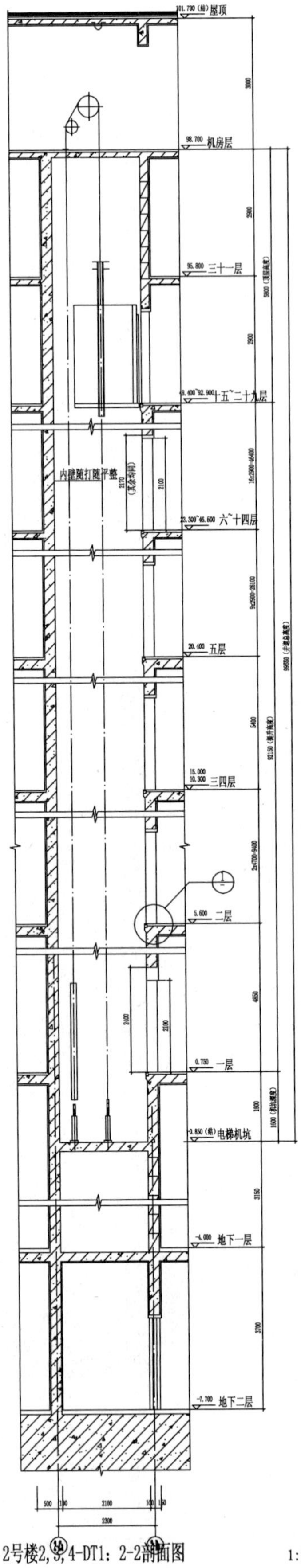

2号楼2,3,4-DT1：2-2剖面图 1:50

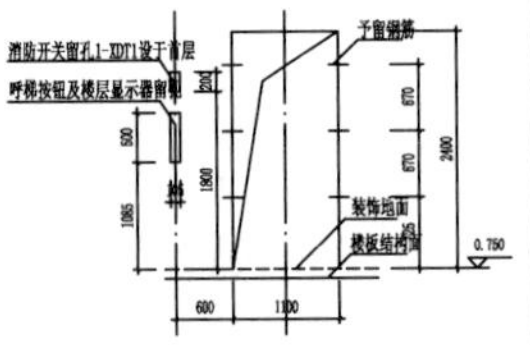

2号楼2,3,4-XDT1电梯门留洞图（一层）50

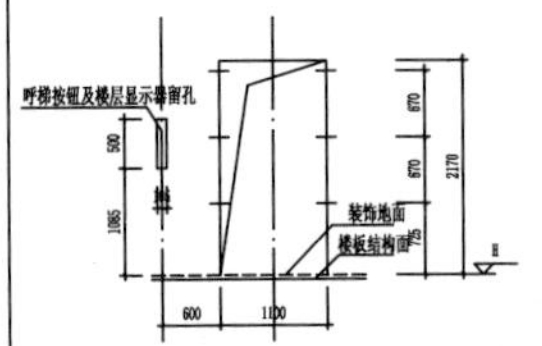

2号楼2,3,4-XDT1电梯门留洞图（其它层）

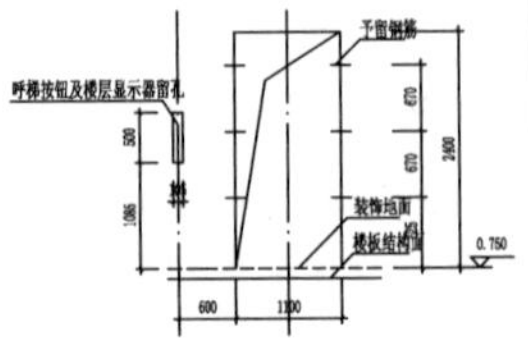

2号楼2,3,4-DT1电梯门留洞图（一层）50

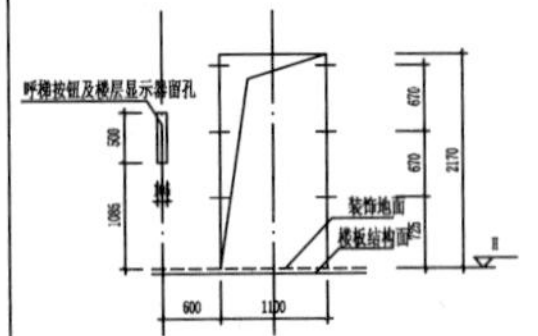

2号楼2,3,4-DT1电梯门留洞图（其它层）

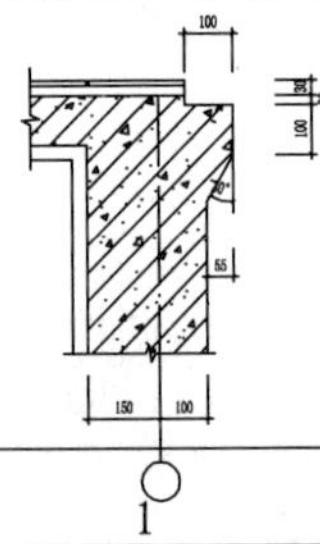

1 1:10

电梯明细表：

编号	所在位置	部数	型号	载重（Kg）	速度（m/s）	井道尺寸（MM）	停靠层数	[illegible]	[illegible]	[illegible]	厅门型号
1-XDT1	1 栋	1	GPS-Ⅲ-L,M-16	1000	1.75	2200x2100	地下二层~三十一层	1600	100600	108000	E-312（一层），E-302（其它层）
1-DT1	1 栋	1	GPS-Ⅲ-L,M-16	1000	1.75	2100x2100	一层~三十一层	1600	92150	99550	E-312（一层），E-302（其它层）
1-DT2	1 栋	1	GPS-Ⅲ-L,M-16	1000	1.75	2200x2100	一层~三十一层	1600	92150	99550	E-312（一层），E-302（其它层）
2-XDT1	2 栋	1	GPS-Ⅲ-L,M-16	1000	1.75	2100x2100	地下二层~三十层	1600	100600	108000	E-312（一层），E-302（其它层）
2-DT1	2 栋	1	GPS-Ⅲ-L,M-16	1000	1.75	2100x2100	一层,四层~三十层	1600	92150	99550	E-312（一层），E-302（其它层）
3-XDT1	2 栋	1	GPS-Ⅲ-L,M-16	1000	1.75	2100x2100	地下二层~三十层	1600	100600	108000	E-312（一层），E-302（其它层）
3-DT1	2 栋	1	GPS-Ⅲ-L,M-16	1000	1.75	2100x2100	一层,四层~三十层	1600	92150	99550	E-312（一层），E-302（其它层）
4-XDT1	2 栋	1	GPS-Ⅲ-L,M-16	1000	1.75	2100x2100	地下二层~三十层	1600	100600	108000	E-312（一层），E-302（其它层）
4-DT1	2 栋	1	GPS-Ⅲ-L,M-16	1000	1.75	2100x2100	一层,四层~三十层	1600	92150	99550	E-312（一层），E-302（其它层）

▲016-电梯剖面及部分详图

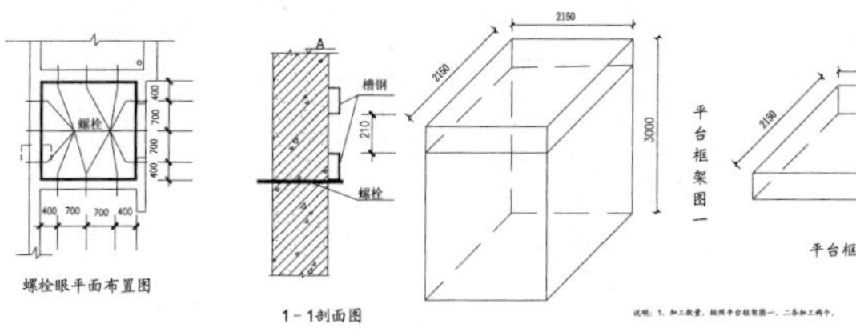
螺栓眼平面布置图
1-1剖面图
平台框架图一
平台框架图二

▲017-电梯井筒平台节点详图

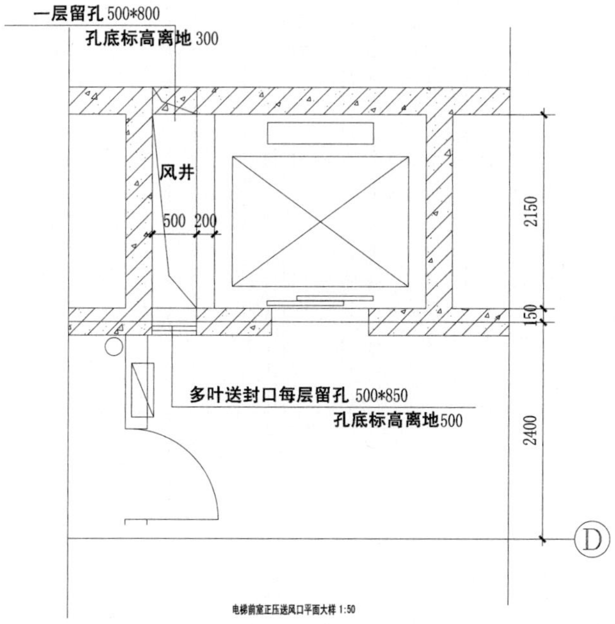
一层留孔 500*800
孔底标高离地 300
风井
500 200
2150
150
2400
多叶送封口每层留孔 500*850
孔底标高离地500
D
电梯前室正压送风口平面大样 1:50

▲018-电梯前室正压送风口平面大样

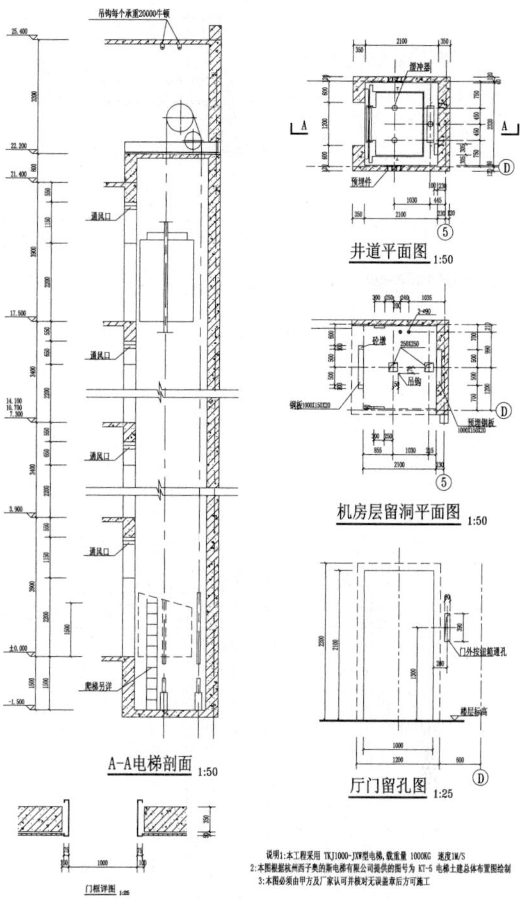
A-A电梯剖面 1:50
井道平面图 1:50
机房层留洞平面图 1:50
厅门留孔图 1:25
门框详图

▲019-电梯详图

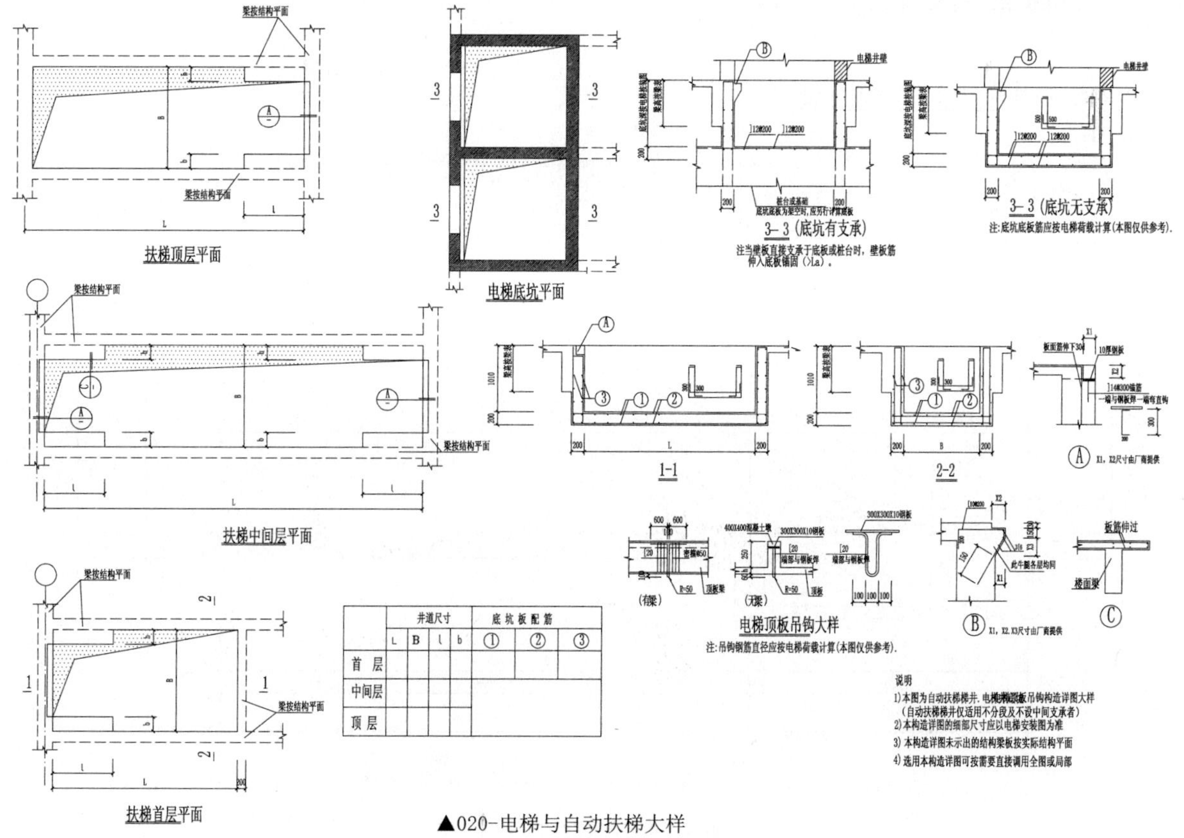
扶梯顶层平面
电梯底坑平面
3-3(底坑有支承)
3-3(底坑无支承)
扶梯中间层平面
1-1
2-2
电梯顶板吊钩大样
扶梯首层平面
说明
1)本图为自动扶梯梯井、电梯顶板吊钩构造详图大样
(自动扶梯梯井仅适用不分段及不设中间支承者)
2)本构造详图的细部尺寸应以电梯安装图为准
3)本构造详图未示出的结构梁板按实际结构平面
4)选用本构造详图可按需要直接调用全图或局部

	井道尺寸				底坑板配筋		
	L	B	l	b	①	②	③
首层							
中间层							
顶层							

▲020-电梯与自动扶梯大样

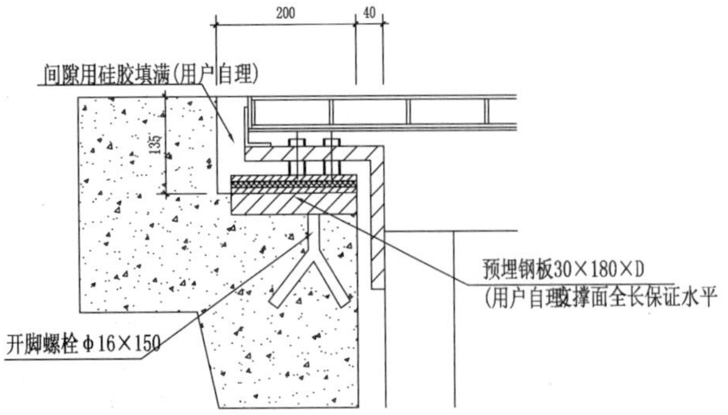
200
40
间隙用硅胶填满(用户自理)
135
预埋钢板30×180×D
(用户自理)支撑面全长保证水平
开脚螺栓φ16×150

① 1:5

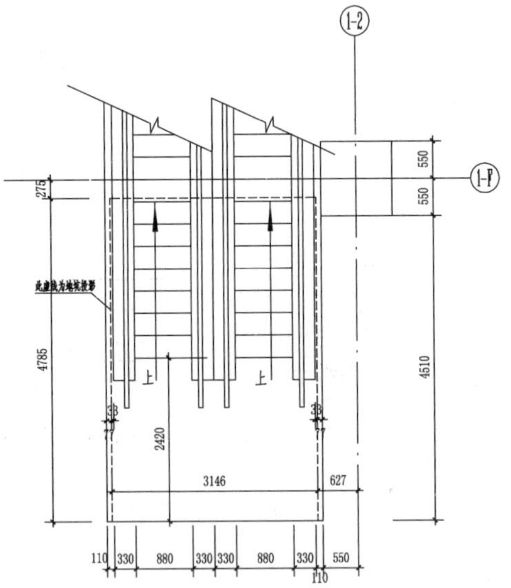
1-2
1-F
550
550
275
4785
4510
2420
3146
627
110
330
880
330
330
880
330
550
110

F-DT1　地下一层平面 1:50

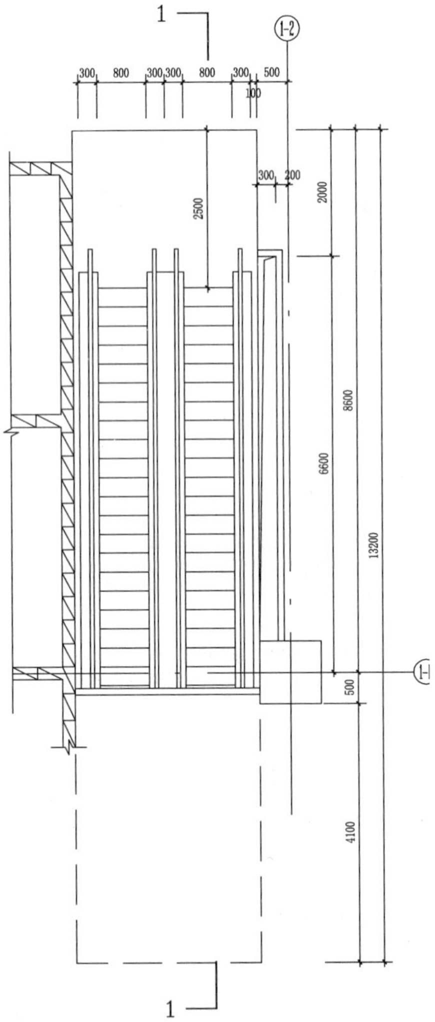
1
1-2
300
800
300
300
800
300
500
100
300
200
2500
2000
8600
6600
13200
500
4100
1-F
1

F-DT1一层平面 1:50

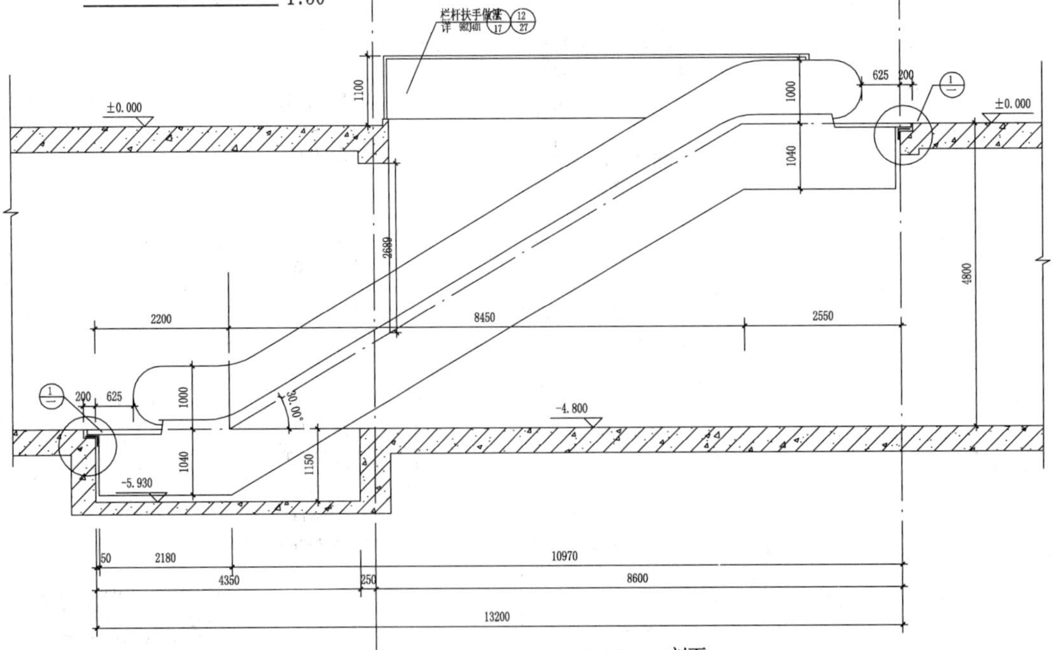
±0.000
1100
1000
625
200
1040
2689
4800
2200
8450
2550
-4.800
30.00°
1000
1040
1150
-5.930
50
2180
4350
250
10970
8600
13200

F-DT1 1-1剖面 1:50

▲021-滚梯详图（一）

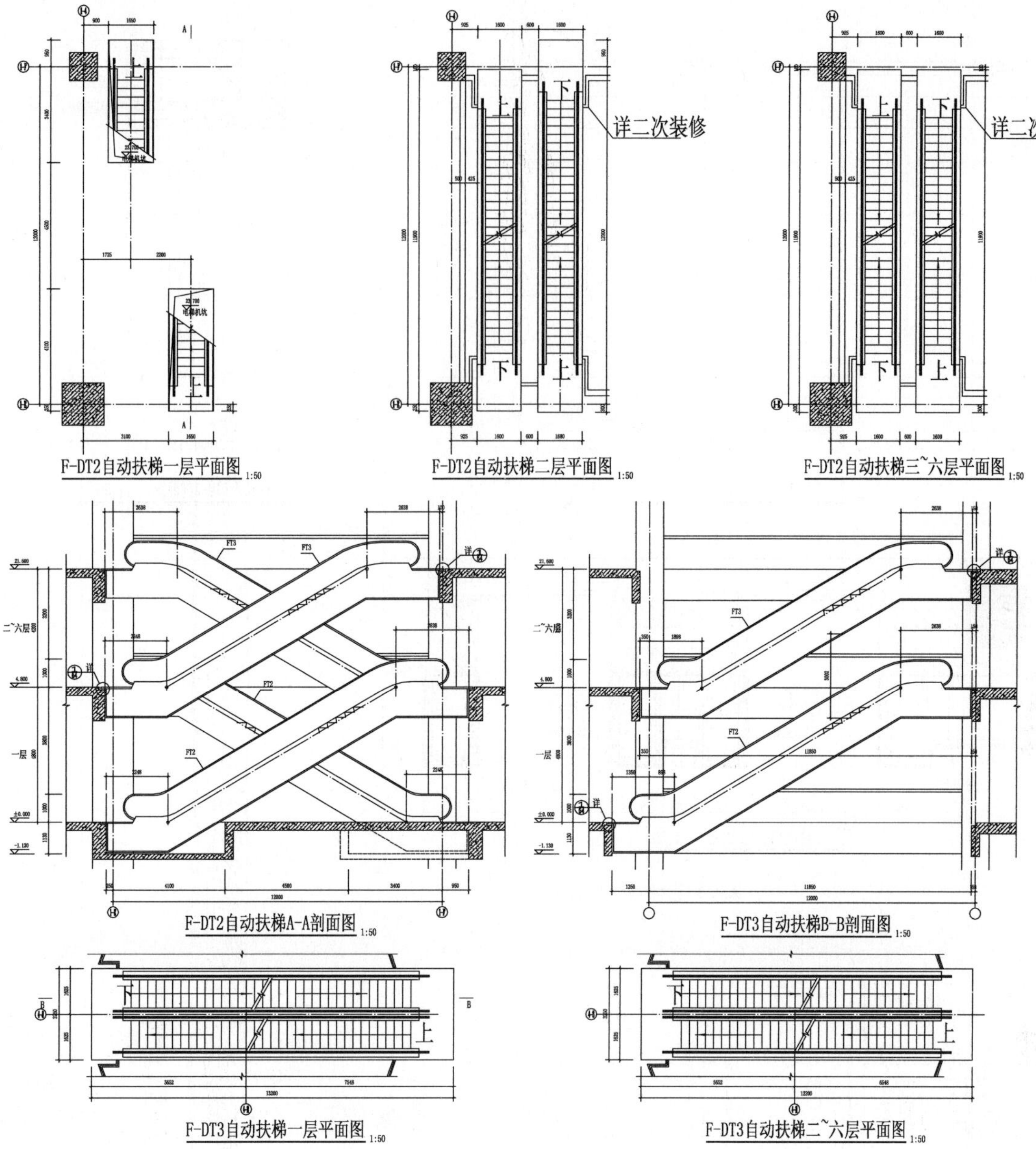
详二次装修
详二次装修
F-DT2自动扶梯一层平面图 1:50
F-DT2自动扶梯二层平面图 1:50
F-DT2自动扶梯三~六层平面图 1:50
F-DT2自动扶梯A-A剖面图 1:50
F-DT3自动扶梯B-B剖面图 1:50
F-DT3自动扶梯一层平面图 1:50
F-DT3自动扶梯二~六层平面图 1:50

▲022-滚梯详图（二）

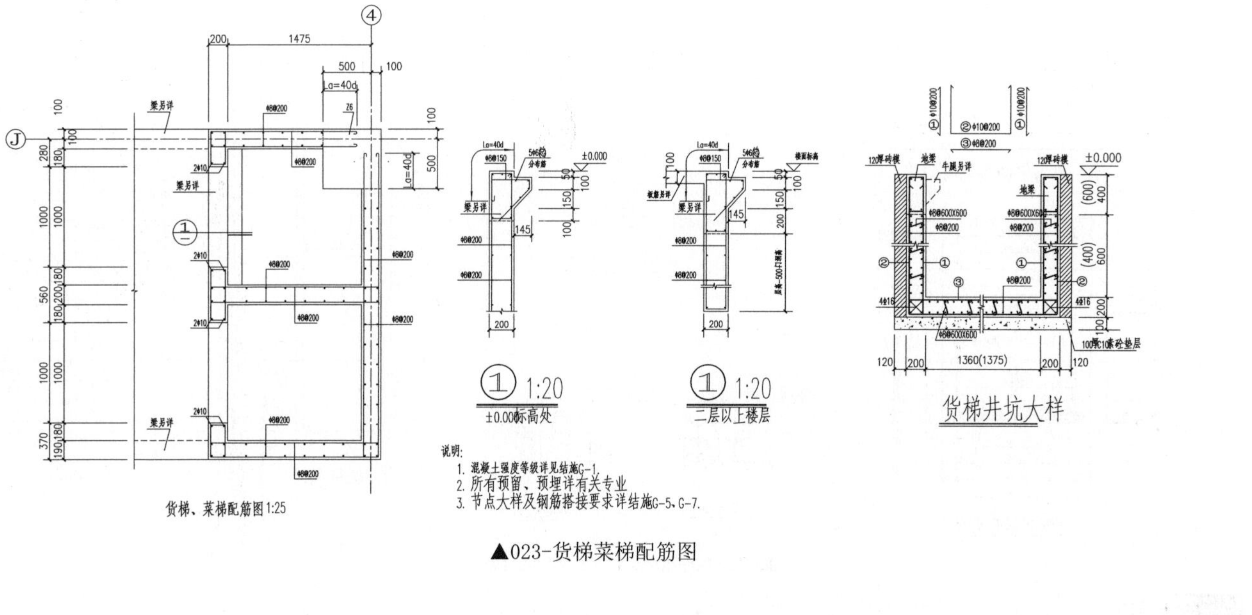
1475
200
500
100
La=40d
梁另详
1:20
±0.000标高处
1:20
二层以上楼层
货梯井坑大样
120 200 1360(1375) 200 120
货梯、菜梯配筋图 1:25
说明：
1. 混凝土强度等级详见结施G-1.
2. 所有预留、预埋详有关专业
3. 节点大样及钢筋搭接要求详结施G-5、G-7.

▲023-货梯菜梯配筋图

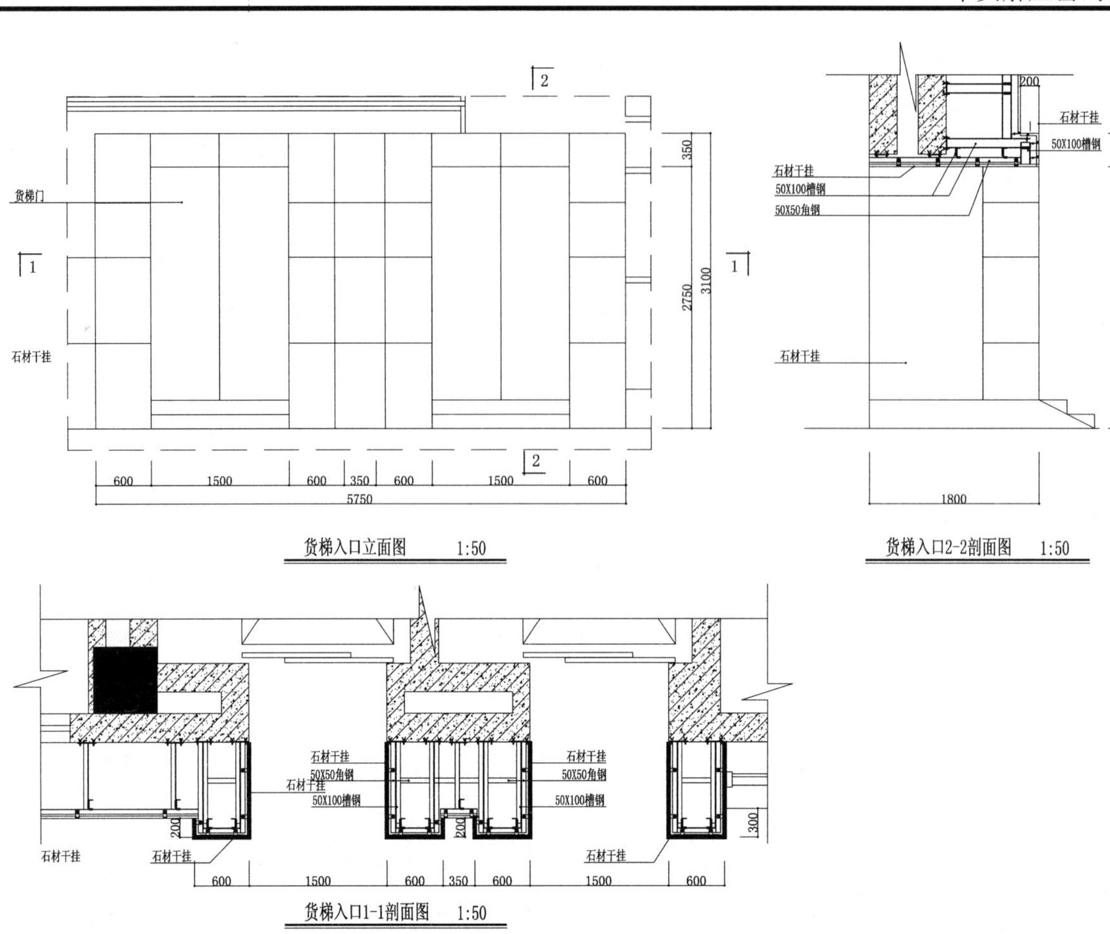

▲024-货梯入口立面图

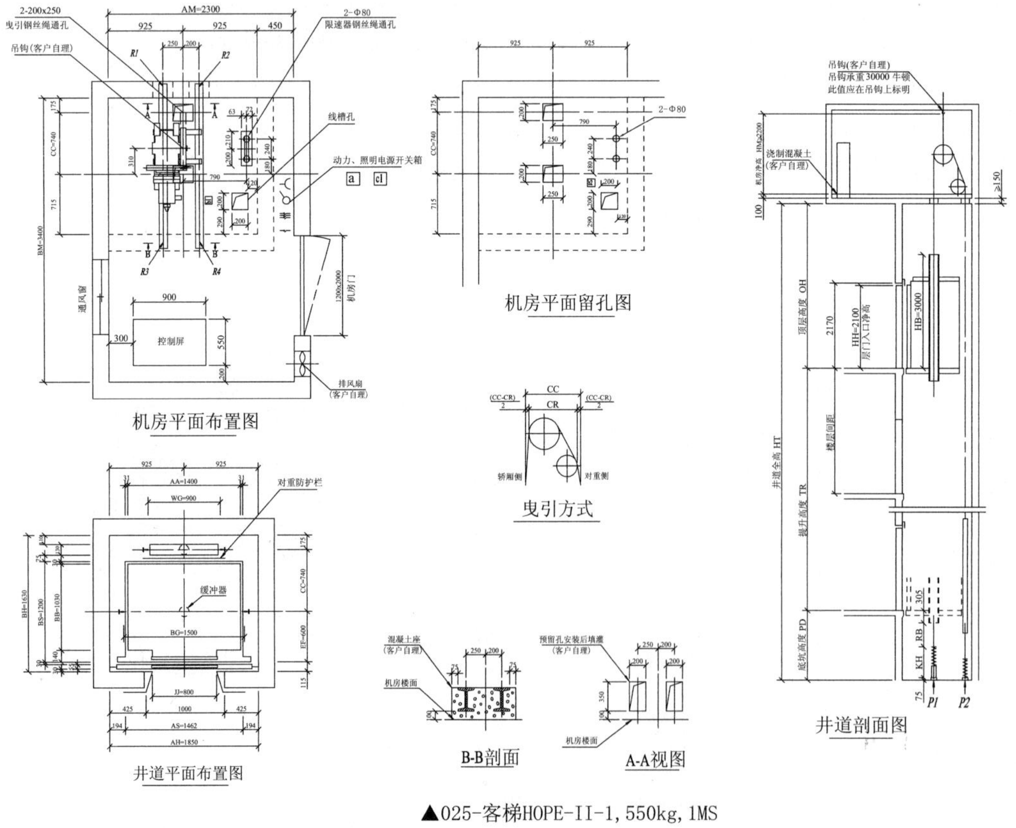

技术要求		
用途		客梯
载重量(公斤)		550
速度(米/秒)		1
操纵方式		1C-2BC,2C-SM21,3C-ITS21,4C-ITS21
控制方式		VFDA
曳引机		EM-1660
电动机功率(千瓦)		5.5
曳引轮直径(毫米)		Φ560
导向轮直径(毫米)		Φ480
开门方式		中分式(CO)
最大停站数		24
最大提升高度(米)		60
最小楼层距(毫米)		2800
轿厢内净尺寸(毫米)		1400 (宽)x 1030 (深)
轿厢外尺寸(毫米)		1462 (宽)x 1200 (深)
层门口净尺寸(毫米)		800 (宽)x 2100 (高)
电源电压380伏	满载电流(安)	13.1
	起动电流(安)	24.8
	电源容量(千伏安)	6
	熔断器额定电流(安)	20 c2
	电源频率(赫兹)	50
顶层高度 OH (毫米)		4250
底坑深度 PD (毫米)		1400
缓冲器高度 KH (毫米)		674
越程高度 RB (毫米)		340
支承点反力(牛顿)	$R1$	17000
	$R2$	21000
	$R3$	10000
	$R4$	13000
	$P1$	48000
	$P2$	39500
热量散发(焦耳/小时)		3558000

注意：
1、层门口留孔图见HOPE-II-27;
2、层门入口详图见HOPE-II/D-S4。

▲025-客梯HOPE-II-1,550kg,1MS

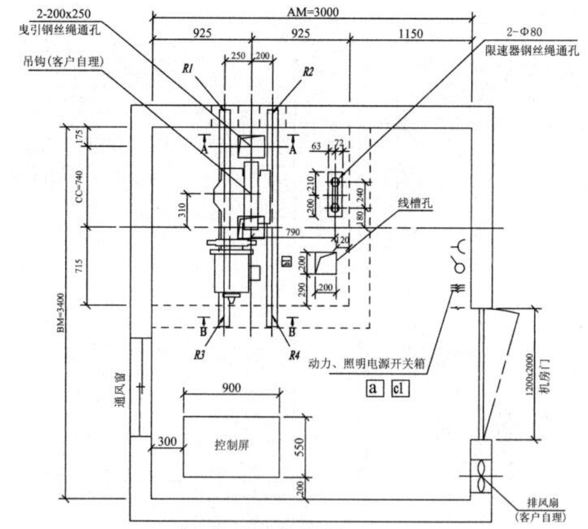

机房平面布置图

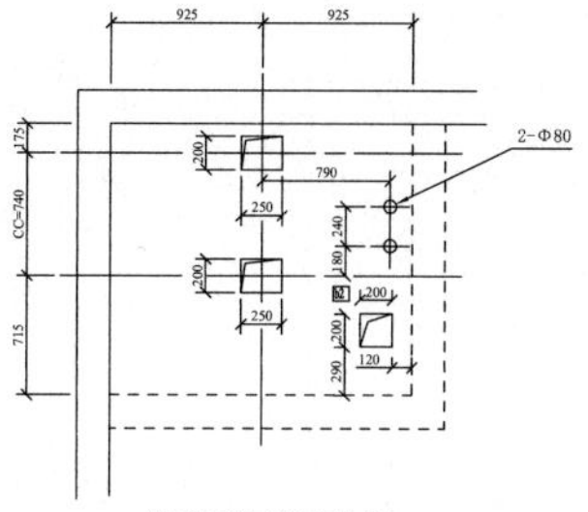

机房平面留孔图

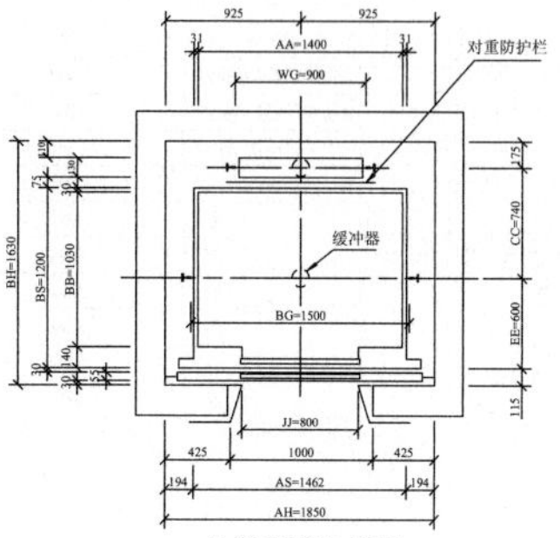

井道平面布置图

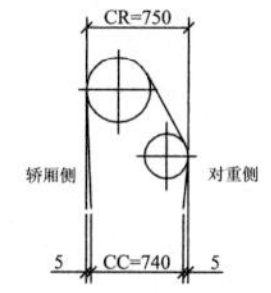

曳引方式

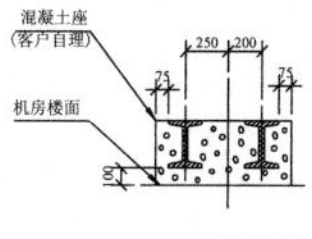

B-B剖面

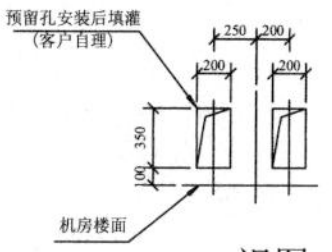

A-A视图

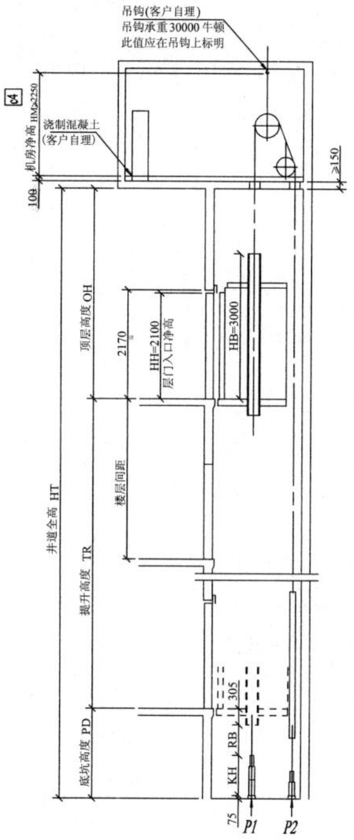

井道剖面图

技术要求			
用途		客梯	
载重量(公斤)		550	
速度(米/秒)		1.5	1.75
操纵方式		1C-2BC,2C-SM21,3C-ITS21,4C-ITS21	
控制方式		VFDA	
曳引机		EM-2471	
电动机功率(千瓦)		9.5	11
曳引轮直径(毫米)		Φ620	
导向轮直径(毫米)		Φ480	
开门方式		中分式(CO)	
最大停站数		32	
最大提升高度(米)		80	
最小楼层距(毫米)		2800	
轿厢内净尺寸(毫米)		1400 (宽)x 1030 (深)	
轿厢外尺寸(毫米)		1462 (宽)x 1200 (深)	
层门口净尺寸(毫米)		800 (宽)x 2100 (高)	
电源电压380伏	满载电流(安)	16.8	18.9
	起动电流(安)	32.1	36.4
	电源容量(千伏安)	7	8
	熔断器额定电流(安)	32 c2	32 c3
	电源频率(赫兹)	50	
顶层高度 OH (毫米)		4450	
底坑深度 PD (毫米)		1550	
缓冲器高度 KH (毫米)		780	
越程高度 RB (毫米)		390	
支承点反力(牛顿)	R1	19500	
	R2	24500	
	R3	11500	
	R4	14500	
	P1	64500	
	P2	53500	
热量散发(焦耳/小时)		5225000	6061000

注意:
1、层门口留孔图见HOPE-II-27;
2、层门入口详图见HOPE-II/D-S4。

▲026-客梯HOPE-II-2,550KG,1.5-1.75MS

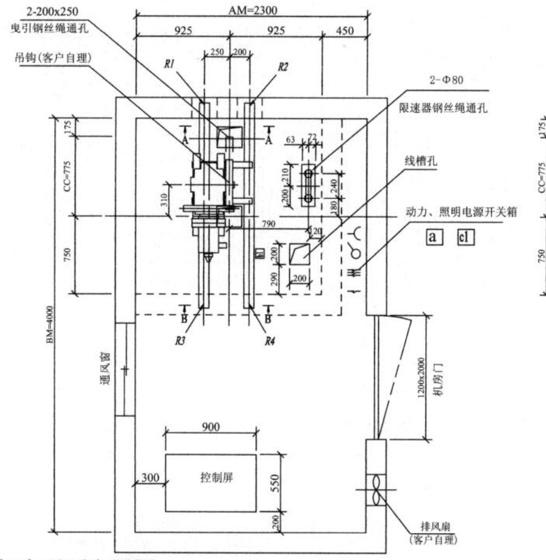

机房平面布置图

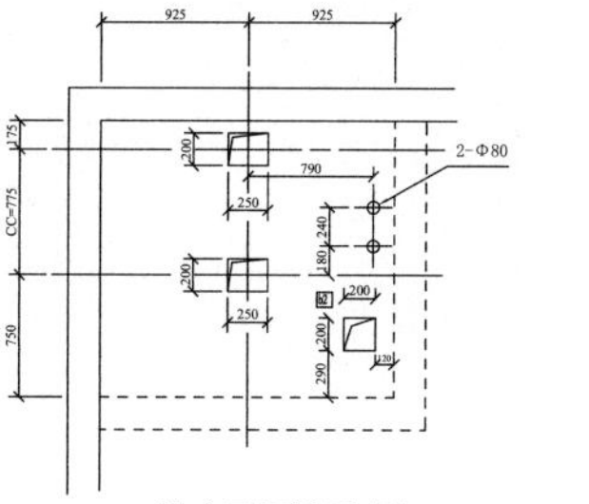

机房平面留孔图

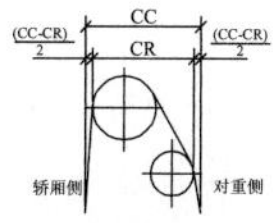

曳引方式

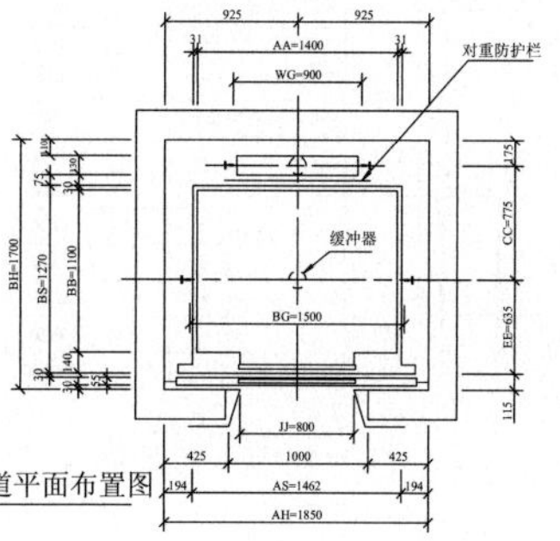

井道平面布置图

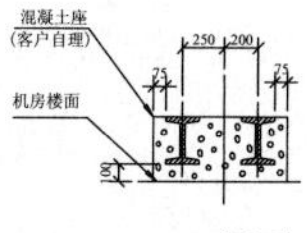

B-B剖面

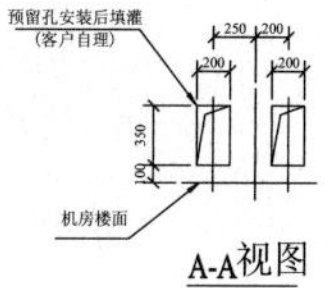

A-A视图

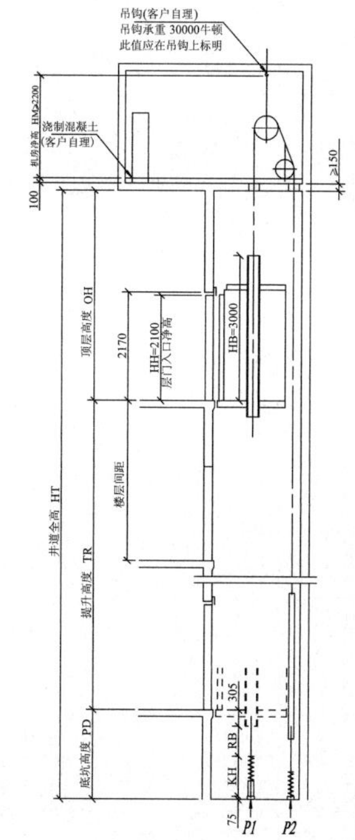

井道剖面图

技术要求		
用途		客梯
载重量(公斤)		630
速度(米/秒)		1
操纵方式		1C-2BC,2C-SM21,3C-ITS21,4C-ITS21
控制方式		VFDA
曳引机		EM-1660
电动机功率(千瓦)		7.5
曳引轮直径(毫米)		Φ560
导向轮直径(毫米)		Φ480
开门方式		中分式(CO)
最大停站数		24
最大提升高度(米)		60
最小楼层距(毫米)		2800
轿厢内净尺寸(毫米)		1400 (宽)x 1100 (深)
轿厢外尺寸(毫米)		1462 (宽)x 1270 (深)
层门口净尺寸(毫米)		800 (宽)x 2100 (高)
电源电压380伏	满载电流(安)	15.3
	起动电流(安)	29.1
	电源容量(千伏安)	6
	熔断器额定电流(安)	32 c2
	电源频率(赫兹)	50
顶层高度 OH (毫米)		4250
底坑深度 PD (毫米)		1400
缓冲器高度 KH (毫米)		674
越程高度 RB (毫米)		340
支承点反力(牛顿)	R1	20000
	R2	25000
	R3	11500
	R4	14500
	P1	55500
	P2	45500
热量散发(焦耳/小时)		3762000

注意:
1、层门口留孔图见HOPE-II-27;
2、层门入口详图见HOPE-II/D-S4。

▲027-客梯HOPE-II-3,630KG,1MS

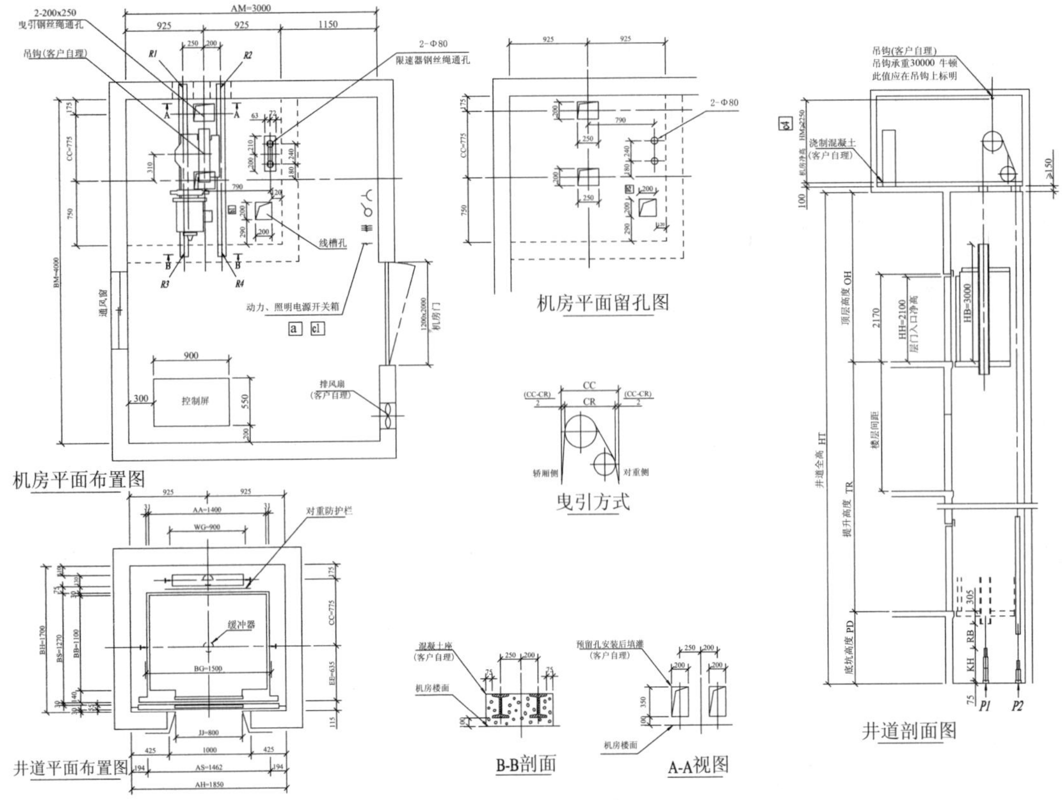

技术要求			
用途		客梯	
载重量(公斤)		630	
速度(米/秒)		1.5	1.75
操纵方式		1C-2BC,2C-SM21,3C-ITS21,4C-ITS21	
控制方式		VFDA	
曳引机		EM-2471	
电动机功率(千瓦)		9.5	11
曳引轮直径(毫米)		Φ620	
导向轮直径(毫米)		Φ480	
开门方式		中分式(CO)	
最大停站数		32	
最大提升高度(米)		80	
最小楼层距(毫米)		2800	
轿厢内净尺寸(毫米)		1400（宽）x1100（深）	
轿厢外尺寸(毫米)		1462（宽）x1270（深）	
层门口净尺寸(毫米)		800（宽）x2100（高）	
电源电压380伏	满载电流(安)	18.2	20.6
	起动电流(安)	34.9	39.8
	电源容量(千伏安)	7	8
	熔断器额定电流(安)	32 c2	32 c3
	电源频率(赫兹)	50	
顶层高度 OH（毫米）		4450	
底坑深度 PD（毫米）		1550	
缓冲器高度 KH（毫米）		780	
越程高度 RB（毫米）		390	
支承点反力(牛顿)	R1	20500	
	R2	26000	
	R3	12000	
	R4	15000	
	P1	70000	
	P2	59000	
热量散发(焦耳/小时)		5643000	6688000

注意:
1、层门口留孔图见HOPE-II-27;
2、层门入口详图见HOPE-II/D-S4。

▲028-客梯HOPE-II-4,630KG,1.5-1.75MS

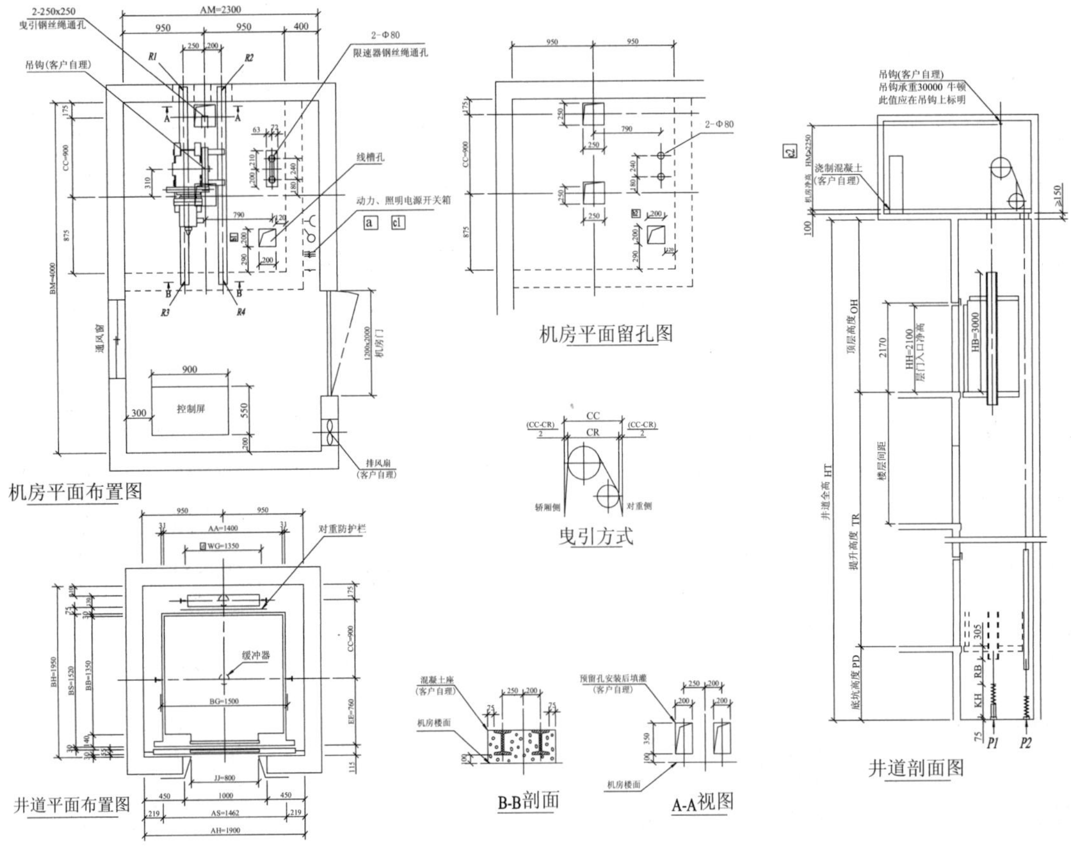

技术要求		
用途		客梯
载重量(公斤)		800
速度(米/秒)		1
操纵方式		1C-2BC,2C-SM21,3C-ITS21,4C-ITS21
控制方式		VFDA
曳引机		EM-2430
电动机功率(千瓦)		9.5
曳引轮直径(毫米)		Φ620
导向轮直径(毫米)		Φ480
开门方式		中分式(CO)
最大停站数		24
最大提升高度(米)		60
最小楼层距(毫米)		2800
轿厢内净尺寸(毫米)		1400（宽）x1350（深）
轿厢外尺寸(毫米)		1462（宽）x1520（深）
层门口净尺寸(毫米)		800（宽）x2100（高）
电源电压380伏	满载电流(安)	20.8
	起动电流(安)	40.1
	电源容量(千伏安)	8
	熔断器额定电流(安)	32 c2
	电源频率(赫兹)	50
顶层高度 OH（毫米）		4250
底坑深度 PD（毫米）		1400
缓冲器高度KH（毫米）		670
越程高度 RB（毫米）		340
支承点反力(牛顿)	R1	22000
	R2	28000
	R3	13500
	R4	17000
	P1	62500
	P2	50500
热量散发(焦耳/小时)		4807000

注意:
1、层门口留孔图见HOPE-II-27;
2、层门入口详图见HOPE-II/D-S4。

▲029-客梯HOPE-II-5,800KG,1MS

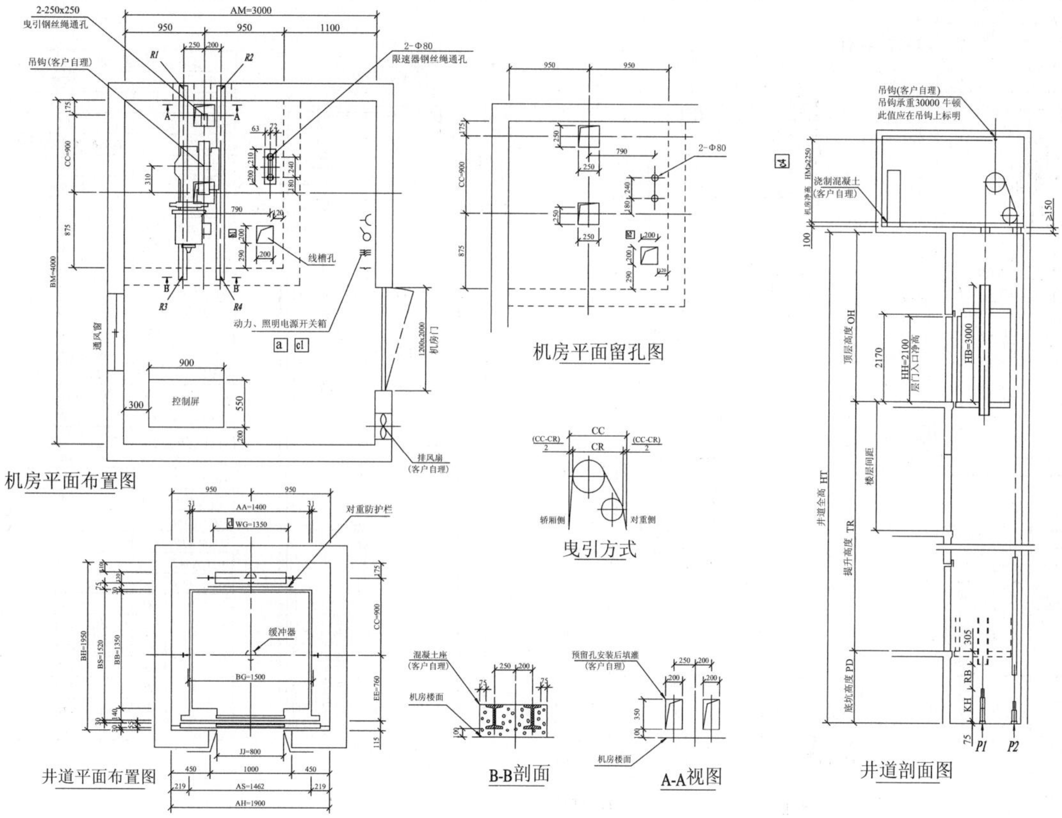
机房平面布置图
机房平面留孔图
曳引方式
井道平面布置图
B-B剖面
A-A视图
井道剖面图

技术要求			
用途		客梯	
载重量(公斤)		800	
速度(米/秒)		1.5	1.75
操纵方式		1C-2BC,2C-SM21,3C-ITS21,4C-ITS21	
控制方式		VFDA	
曳引机		EM-2471	
电动机功率(千瓦)		13	15
曳引轮直径(毫米)		Φ620	
导向轮直径(毫米)		Φ480	
开门方式		中分式(CO)	
最大停站数		32	
最大提升高度(米)		105	
最小楼层距(毫米)		2800	
轿厢内净尺寸(毫米)		1400 (宽)x 1350 (深)	
轿厢外尺寸(毫米)		1462 (宽)x 1520 (深)	
层门口净尺寸(毫米)		800 (宽)x 2100 (高)	
电源电压380伏	满载电流(安)	25.1	28.6
	起动电流(安)	48.7	55.8
	电源容量(千伏安)	10	11
	熔断器额定电流(安)	32 c2	32 c3
	电源频率(赫兹)	50	
顶层高度OH (毫米)		4450	
底坑深度PD (毫米)		1550	
缓冲器高度KH (毫米)		780	
越程高度RB (毫米)		390	
支承点反力(牛顿)	R1	23500	
	R2	29500	
	R3	14000	
	R4	18000	
	P1	79500	
	P2	65000	
热量散发(焦耳/小时)		7106000	8360000

注意:
1、层门口留孔图见HOPE-II-27;
2、层门入口详图见HOPE-II/D-S4。

▲030-客梯HOPE-II-6,800KG,1.5-1.75MS

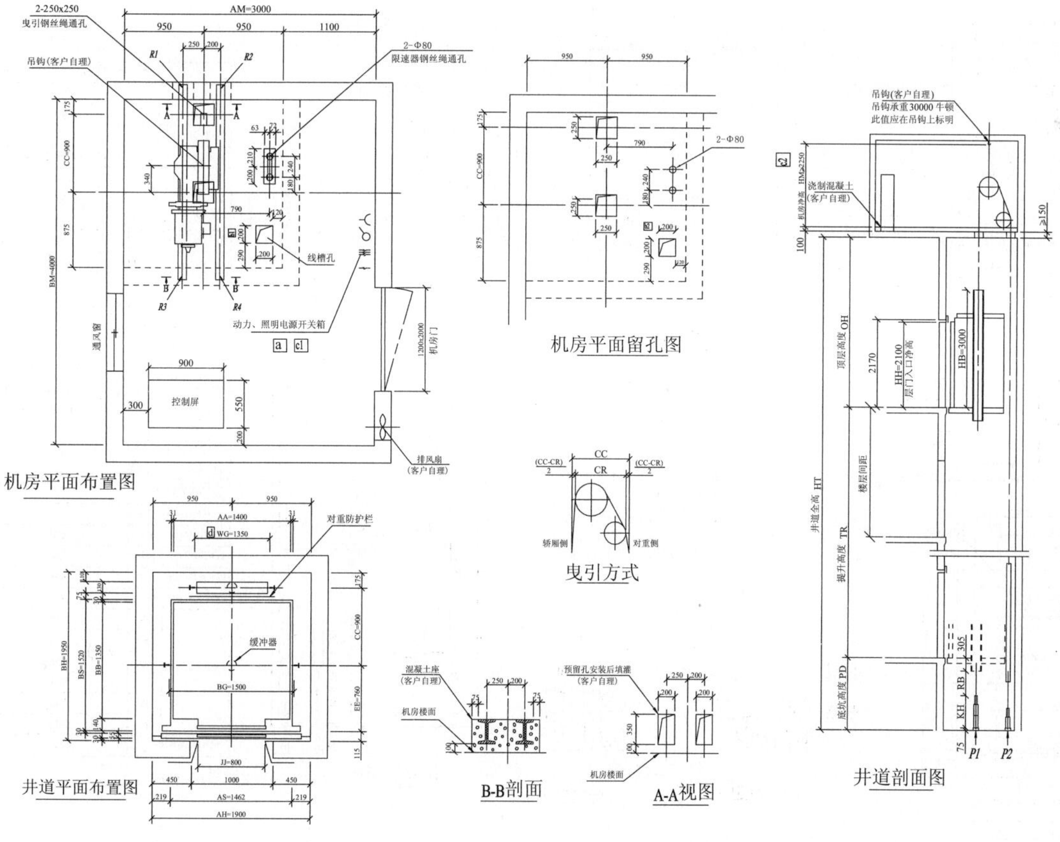
机房平面布置图
机房平面留孔图
曳引方式
井道平面布置图
B-B剖面
A-A视图
井道剖面图

技术要求		
用途		客梯
载重量(公斤)		800
速度(米/秒)		2
操纵方式		1C-2BC,2C-SM21,3C-ITS21,4C-ITS21
控制方式		VFDA
曳引机		EM-2480
电动机功率(千瓦)		15
曳引轮直径(毫米)		Φ680
导向轮直径(毫米)		Φ480
开门方式		中分式(CO)
最大停站数		32
最大提升高度(米)		120
最小楼层距(毫米)		2800
轿厢内净尺寸(毫米)		1400 (宽)x 1350 (深)
轿厢外尺寸(毫米)		1462 (宽)x 1520 (深)
层门口净尺寸(毫米)		800 (宽)x 2100 (高)
电源电压380伏	满载电流(安)	31.5
	起动电流(安)	61.5
	电源容量(千伏安)	14
	熔断器额定电流(安)	50
	电源频率(赫兹)	50
顶层高度OH (毫米)		4530
底坑深度PD (毫米)		1640
缓冲器高度KH (毫米)		900
越程高度RB (毫米)		360
支承点反力(牛顿)	R1	27500
	R2	34500
	R3	15500
	R4	19500
	P1	93000
	P2	78000
热量散发(焦耳/小时)		9450000

注意:
1、层门口留孔图见HOPE-II-27;
2、层门入口详图见HOPE-II/D-S4。

▲031-客梯HOPE-II-7,800KG,2MS

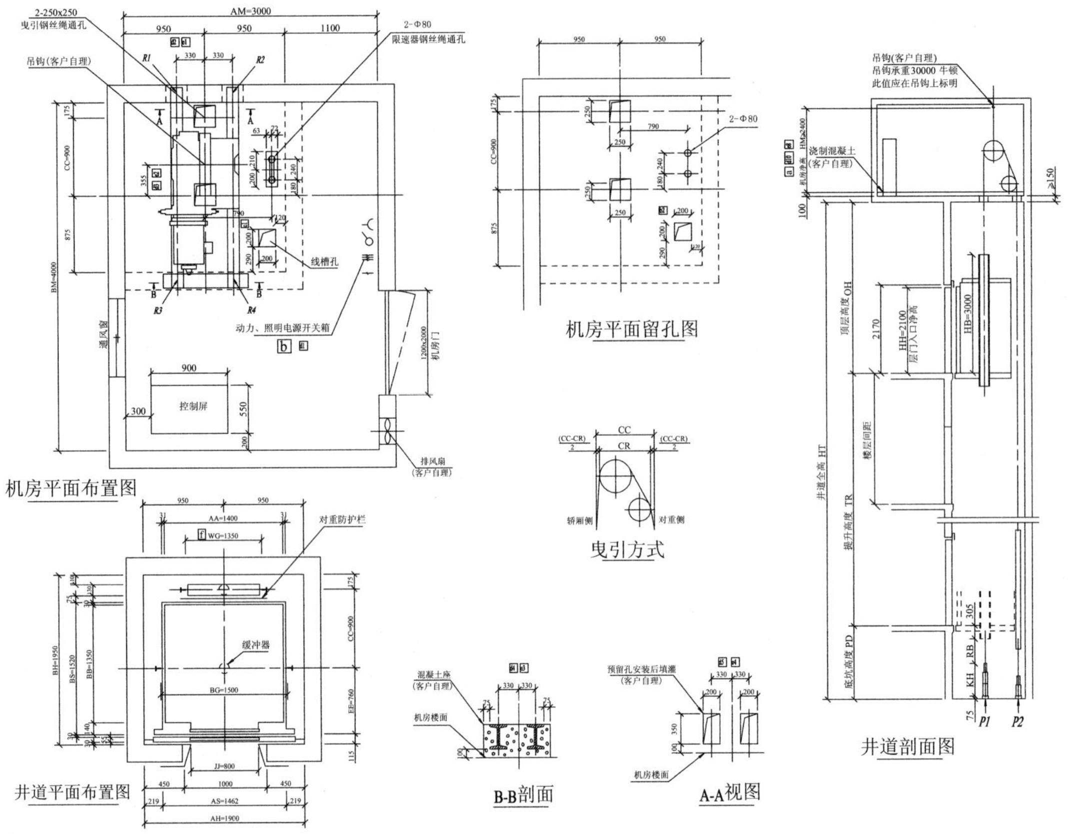

技术要求		
用途		客梯
载重量(公斤)		800
速度(米/秒)		2.5
操纵方式		1C-2BC,2C-SM21,3C-ITS21,4C-ITS21
控制方式		VFDA
曳引机		EM-3650K
电动机功率(千瓦)		18.5
曳引轮直径(毫米)		Φ710
导向轮直径(毫米)		Φ560
开门方式		中分式(CO)
最大停站数		32
最大提升高度(米)		120
最小楼层距(毫米)		2800
轿厢内净尺寸(毫米)		1400 (宽x)1350 (深)
轿厢外尺寸(毫米)		1462 (宽x)1520 (深)
层门口净尺寸(毫米)		800 (宽x)2100 (高)
电源电压380伏	满载电流(安)	38.4
	起动电流(安)	75.4
	电源容量(千伏安)	16
	熔断器额定电流(安)	63
	电源频率(赫兹)	50
顶层高度OH (毫米)		4800
底坑深度PD (毫米)		1910
缓冲器高度KH (毫米)		1200
越程高度RB (毫米)		330
支承点反力(牛顿)	R1	27500
	R2	27500
	R3	16000
	R4	16000
	P1	78000
	P2	63000
热量散发(焦耳/小时)		13020000

注意:
1、层门口留孔图见HOPE-II-27;
2、层门入口详图见HOPE-II/D-S4。

▲032-客梯HOPE-II-8,800KG,2.5MS

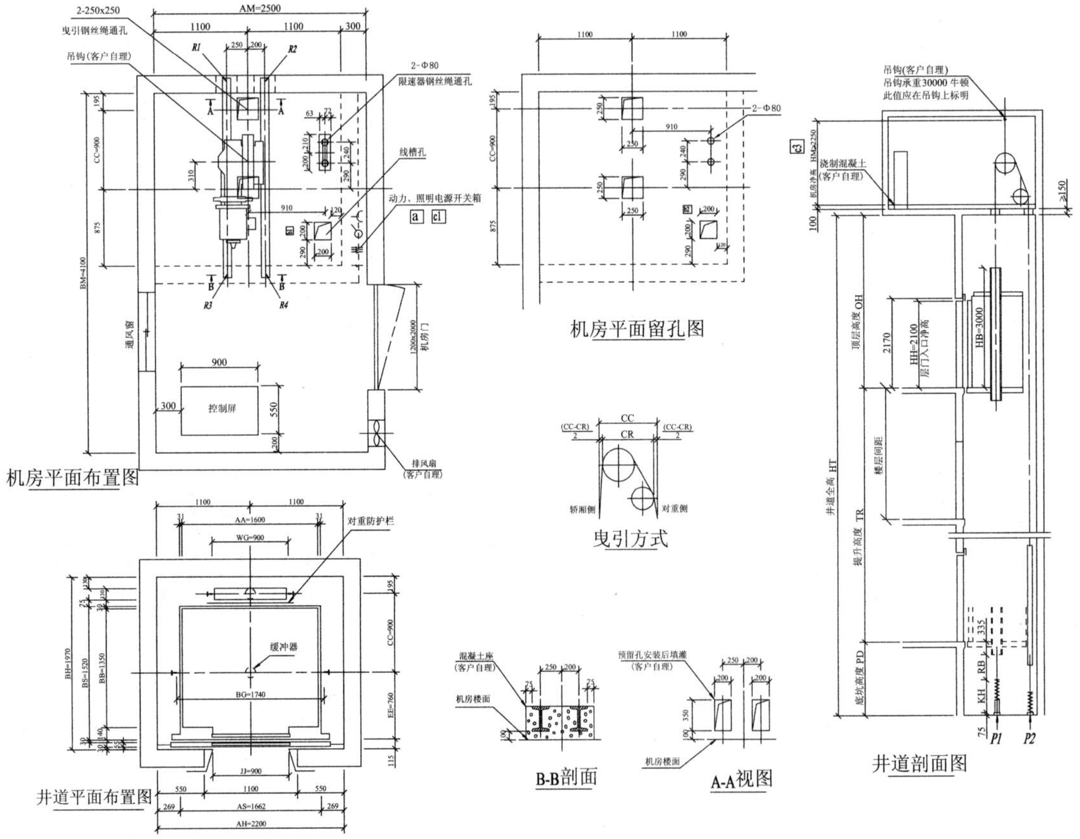

技术要求		
用途		客梯
载重量(公斤)		900
速度(米/秒)		1
操纵方式		1C-2BC,2C-SM21,3C-ITS21,4C-ITS21
控制方式		VFDA
曳引机		EM-2430
电动机功率(千瓦)		9.5
曳引轮直径(毫米)		Φ620
导向轮直径(毫米)		Φ480
开门方式		中分式(CO)
最大停站数		24
最大提升高度(米)		60
最小楼层距(毫米)		2800
轿厢内净尺寸(毫米)		1600 (宽x)1350 (深)
轿厢外尺寸(毫米)		1662 (宽x)1520 (深)
层门口净尺寸(毫米)		900 (宽x)2100 (高)
电源电压380伏	满载电流(安)	20.8
	起动电流(安)	40.1
	电源容量(千伏安)	8
	熔断器额定电流(安)	32 c2
	电源频率(赫兹)	50
顶层高度OH (毫米)		4250
底坑深度PD (毫米)		1400
缓冲器高度KH (毫米)		640
越程高度RB (毫米)		340
支承点反力(牛顿)	R1	22500
	R2	31500
	R3	15500
	R4	19000
	P1	71500
	P2	57000
热量散发(焦耳/小时)		5643000

注意:
1、层门口留孔图见HOPE-II-27;
2、层门入口详图见HOPE-II/D-S4。

▲033-客梯HOPE-II-9,900KG,2.5MS

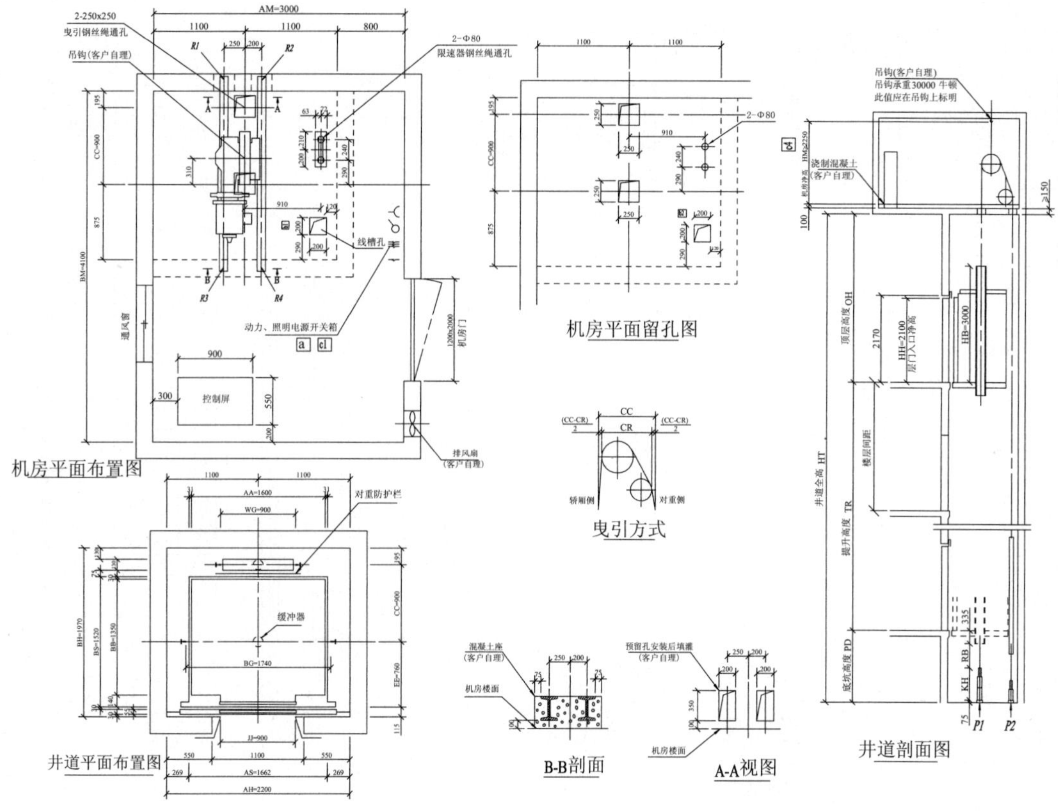

技术要求			
用途		客梯	
载重量(公斤)		900	
速度(米/秒)		1.5	1.75
操纵方式		1C-2BC,2C-SM21,3C-ITS21,4C-ITS21	
控制方式		VFDA	
曳引机		EM-2471	
电动机功率(千瓦)		13	15
曳引轮直径(毫米)		Φ620	
导向轮直径(毫米)		Φ480	
开门方式		中分式(CO)	
最大停站数		32	
最大提升高度(米)		105	
最小楼层距(毫米)		2800	
轿厢内净尺寸(毫米)		1600 (宽)x 1350 (深)	
轿厢外尺寸(毫米)		1662 (宽)x 1520 (深)	
层门口净尺寸(毫米)		900 (宽)x 2100 (高)	
电源电压380伏	满载电流(安)	25.1	28.6
	起动电流(安)	48.7	55.8
	电源容量(千伏安)	10	11
	熔断器额定电流(安)	32 c2	32 c3
	电源频率(赫兹)	50	
顶层高度 OH (毫米)		4450	
底坑深度 PD (毫米)		1580	
缓冲器高度 KH (毫米)		780	
越程高度 RB (毫米)		390	
支承点反力(牛顿)	R1	26000	
	R2	33000	
	R3	16000	
	R4	20000	
	P1	90500	
	P2	72500	
热量散发(焦耳/小时)		8569000	10032000

注意:
1、层门口留孔图见HOPE-II-27;
2、层门入口详图见HOPE-II/D-S4。

▲034-客梯HOPE-II-10,900kg,1.5-1.75ms

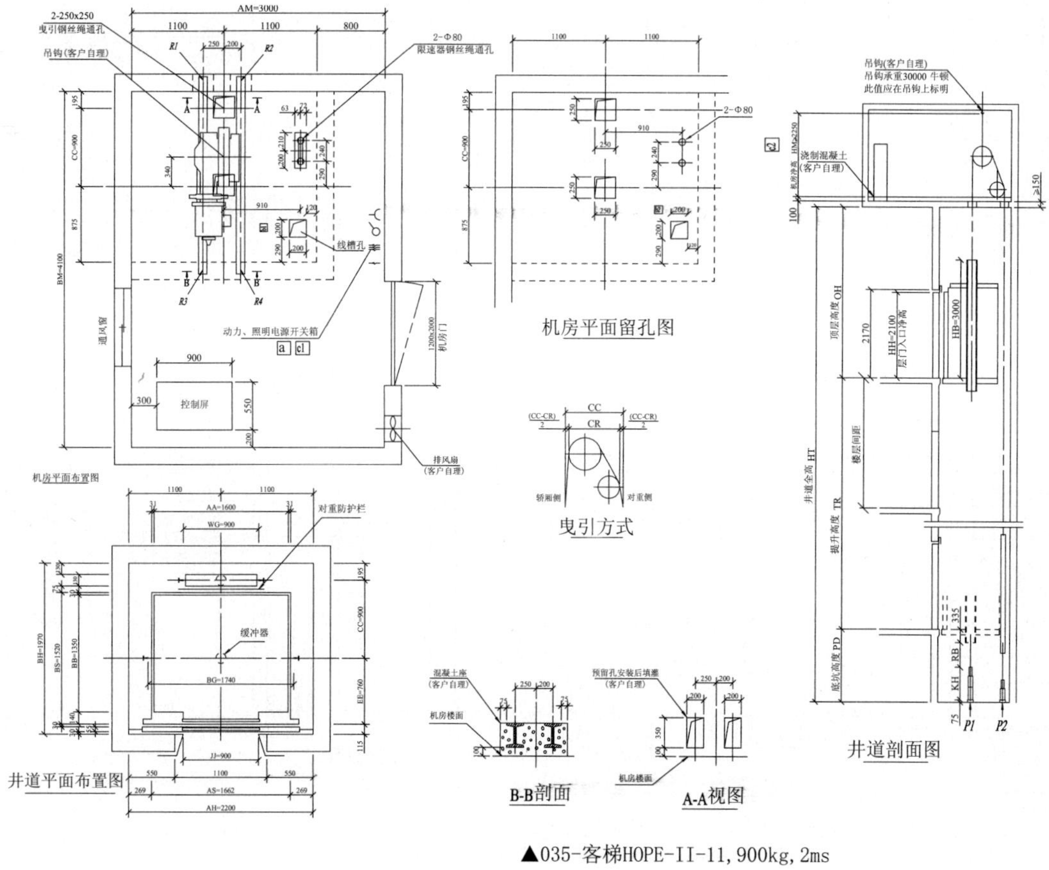

技术要求		
用途		客梯
载重量(公斤)		900
速度(米/秒)		2
操纵方式		1C-2BC,2C-SM21,3C-ITS21,4C-ITS21
控制方式		VFDA
曳引机		EM-2480
电动机功率(千瓦)		15
曳引轮直径(毫米)		Φ680
导向轮直径(毫米)		Φ480
开门方式		中分式(CO)
最大停站数		32
最大提升高度(米)		120
最小楼层距(毫米)		2800
轿厢内净尺寸(毫米)		1600 (宽)x 1350 (深)
轿厢外尺寸(毫米)		1662 (宽)x 1520 (深)
层门口净尺寸(毫米)		900 (宽)x 2100 (高)
电源电压380伏	满载电流(安)	31.5
	起动电流(安)	61.5
	电源容量(千伏安)	14
	熔断器额定电流(安)	50
	电源频率(赫兹)	50
顶层高度 OH (毫米)		4530
底坑深度 PD (毫米)		1690
缓冲器高度 KH (毫米)		900
越程高度 RB (毫米)		380
支承点反力(牛顿)	R1	30000
	R2	37500
	R3	17000
	R4	21500
	P1	106000
	P2	87000
热量散发(焦耳/小时)		11340000

注意:
1、层门口留孔图见HOPE-II-27;
2、层门入口详图见HOPE-II/D-S4。

▲035-客梯HOPE-II-11,900kg,2ms

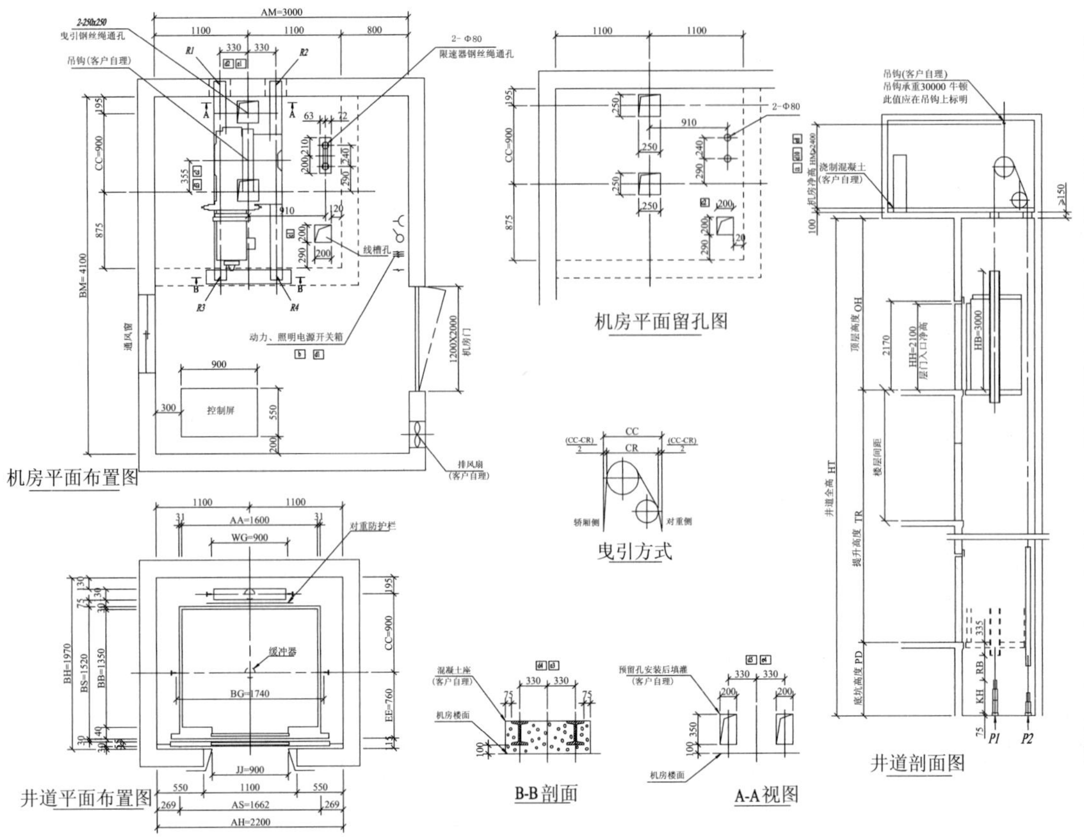

技术要求		
用途		客梯
载重量(公斤)		900
速度(米/秒)		2.5
操纵方式		1C-2BC,2C-SM21,3C-ITS21,4C-ITS21
控制方式		VFDA
曳引机		EM-3650K d6 e5
电动机功率(千瓦)		18.5
曳引轮直径(毫米)		Φ710 d7 e6
导向轮直径(毫米)		Φ560 d8 e7
开门方式		中分式(CO)
最大停站数		32
最大提升高度(米)		120
最小楼层距(毫米)		2800
轿厢内净尺寸(毫米)		1600 (宽)x 1350 (深)
轿厢外尺寸(毫米)		1662 (宽)x 1520 (深)
层门口净尺寸(毫米)		900 (宽)x 2100 (高)
电源电压380伏	满载电流(安)	38.4
	起动电流(安)	75.4
	电源容量(千伏安)	16
	熔断器额定电流(安)	63 d9
	电源频率(赫兹)	50
顶层高度 OH (毫米)		4800
底坑深度 PD (毫米)		1940
缓冲器高度 KH (毫米)		1200
越程高度 RB (毫米)		330
支承点反力(牛顿)	R1	33500
	R2	33500
	R3	19500
	R4	19500
	P1	106000
	P2	87000
热量散发(焦耳/小时)		14280000

注意:
1、层门口留孔图见HOPE-II-27;
2、层门入口详图见HOPE-II/D-S4。

▲036-客梯HOPE-II-12,900kg,2.5ms

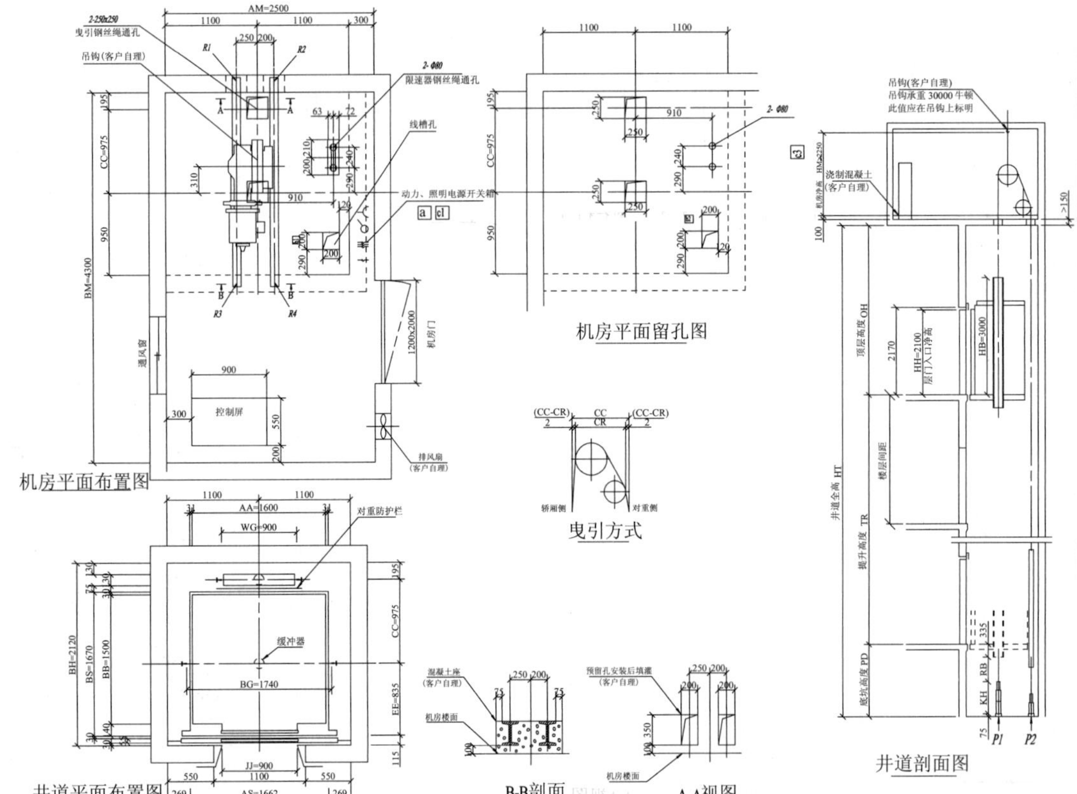

技术要求		
用途		客梯
载重量(公斤)		1050 b1
速度(米/秒)		1
操纵方式		1C-2BC,2C-SM21,3C-ITS21,4C-ITS21
控制方式		VFDA
曳引机		EM-2430
电动机功率(千瓦)		9.5
曳引轮直径(毫米)		Φ620
导向轮直径(毫米)		Φ480
开门方式		中分式(CO)
最大停站数		24
最大提升高度(米)		60
最小楼层距(毫米)		2800
轿厢内净尺寸(毫米)		1600 (宽)x 1500 (深)
轿厢外尺寸(毫米)		1662 (宽)x 1670 (深)
层门口净尺寸(毫米)		900 (宽)x 2100 (高)
电源电压380伏	满载电流(安)	23.6
	起动电流(安)	45.7
	电源容量(千伏安)	9
	熔断器额定电流(安)	32 c2
	电源频率(赫兹)	50
顶层高度 OH (毫米)		4250
底坑深度 PD (毫米)		1400
缓冲器高度 KH (毫米)		640
越程高度 RB (毫米)		340
支承点反力(牛顿)	R1	26000
	R2	32500
	R3	16000
	R4	20500
	P1	76000
	P2	58000
热量散发(焦耳/小时)		6270000

注意:
1、层门口留孔图见HOPE-II-27;
2、层门入口详图见HOPE-II/D-S4。

▲037-客梯HOPE-II-13,1050kg,1ms

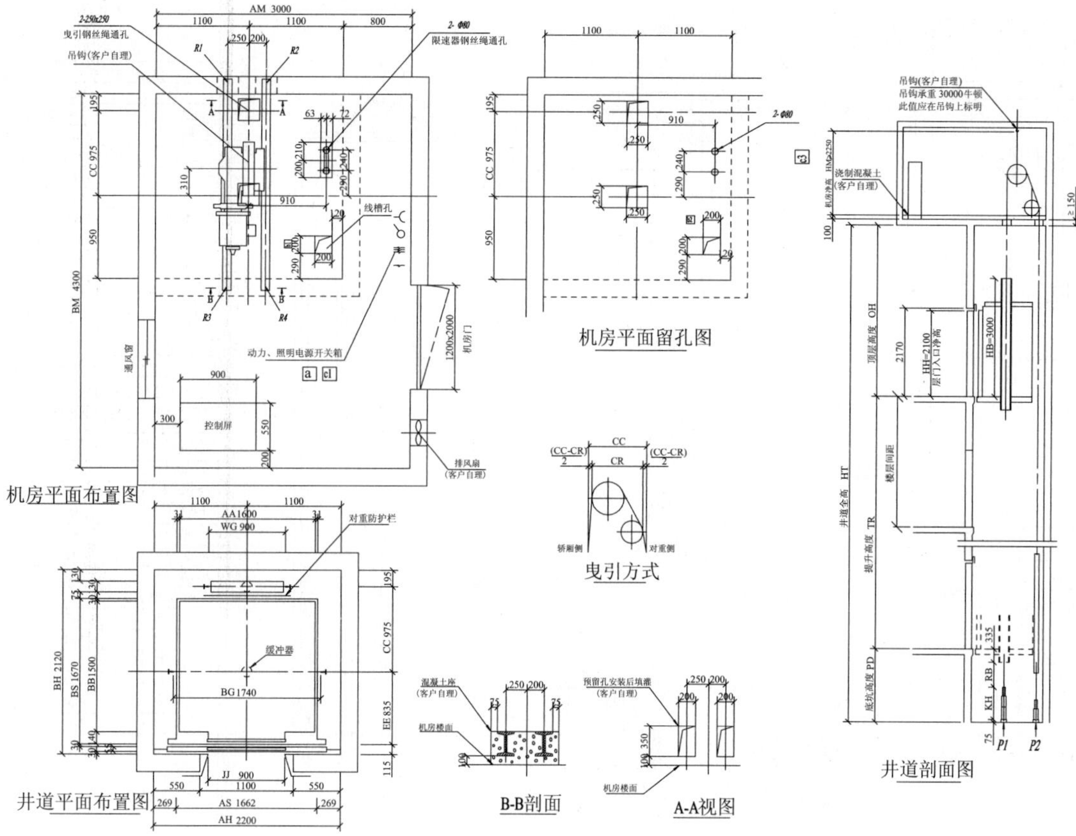

技术要求			
用途		客梯	
载重量(公斤)		1050 [b3]	
速度(米/秒)		1.5	1.75
操纵方式		1C-2BC,2C-SM21,3C-ITS21,4C-ITS21	
控制方式		VFDA	
曳引机		EM-2471	
电动机功率(千瓦)		13	15
曳引轮直径(毫米)		Φ620	
导向轮直径(毫米)		Φ480	
开门方式		中分式(CO)	
最大停站数		32	
最大提升高度(米)		105	
最小楼层距(毫米)		2800	
轿厢内净尺寸(毫米)		1600 （宽x）1500 （深）	
轿厢外尺寸(毫米)		1662 （宽x）1670 （深）	
层门口净尺寸(毫米)		900 （宽x）2100 （高）	
电源电压380伏	满载电流(安)	28.6	32.8
	起动电流(安)	55.8	64.1
	电源容量(千伏安)	11	12
	熔断器额定电流(安)	32 [c2]	50
	电源频率(赫兹)	50	
顶层高度 OH (毫米)		4450	
底坑深度 PD (毫米)		1580	
缓冲器高度 KH (毫米)		780	
越程高度 RB (毫米)		390	
支承点反力(牛顿)	R1	27000	
	R2	34000	
	R3	17000	
	R4	21500	
	P1	99500	
	P2	76000	
热量散发(焦耳/小时)		9405000	11077000

注意:
1、层门口留孔图见HOPE-II-27;
2、层门入口详图见HOPE-II/D-S4。

▲038-客梯HOPE-II-14,1050KG,1.5-1.75MS

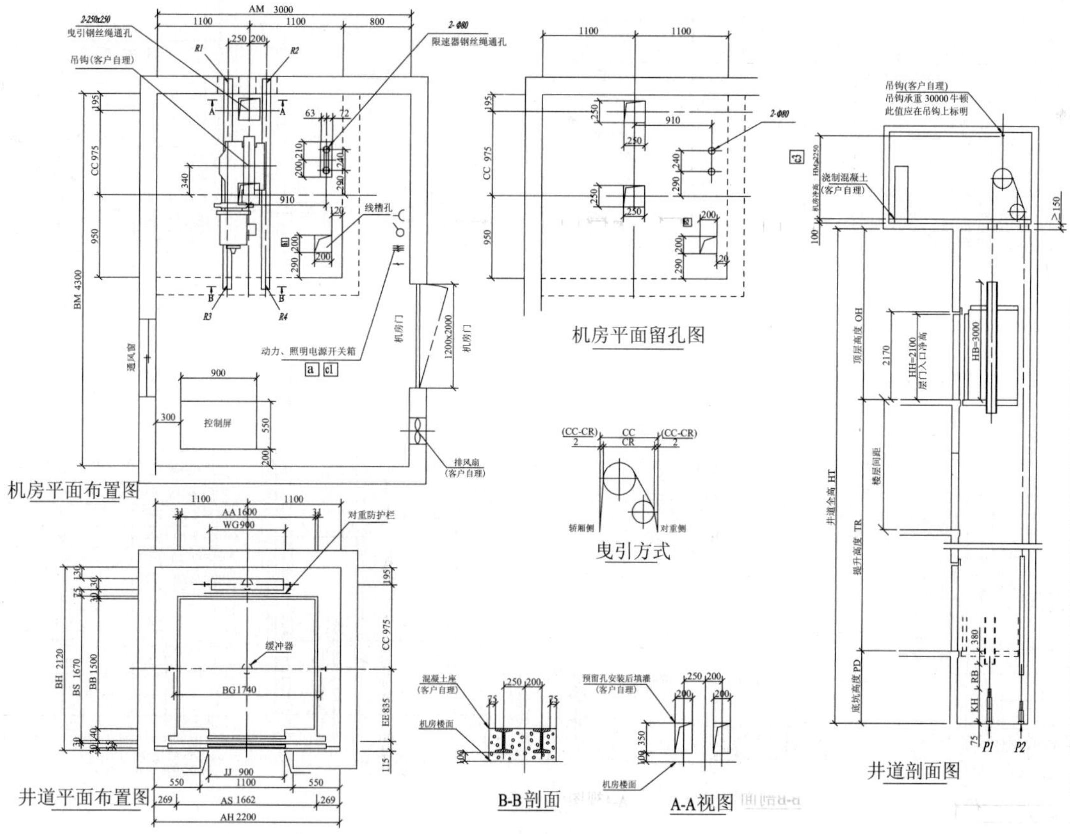

技术要求		
用途		客梯
载重量(公斤)		1050 [b3]
速度(米/秒)		2
操纵方式		1C-2BC,2C-SM21,3C-ITS21,4C-ITS21
控制方式		VFDA
曳引机		EM-2480
电动机功率(千瓦)		15
曳引轮直径(毫米)		Φ680
导向轮直径(毫米)		Φ480
开门方式		中分式(CO)
最大停站数		32
最大提升高度(米)		120
最小楼层距(毫米)		2800
轿厢内净尺寸(毫米)		1600 （宽x）1500 （深）
轿厢外尺寸(毫米)		1662 （宽x）1670 （深）
层门口净尺寸(毫米)		900 （宽x）2100 （高）
电源电压380伏	满载电流(安)	36.1
	起动电流(安)	70.7
	电源容量(千伏安)	15
	熔断器额定电流(安)	63 [c2]
	电源频率(赫兹)	50
顶层高度 OH (毫米)		4530
底坑深度 PD (毫米)		1740
缓冲器高度 KH (毫米)		900
越程高度 RB (毫米)		385
支承点反力(牛顿)	R1	30500
	R2	38000
	R3	17000
	R4	21500
	P1	107000
	P2	86000
热量散发(焦耳/小时)		13230000

注意:
1、层门口留孔图见HOPE-II-27;
2、层门入口详图见HOPE-II/D-S4。

▲039-客梯HOPE-II-15,1050KG,2MS

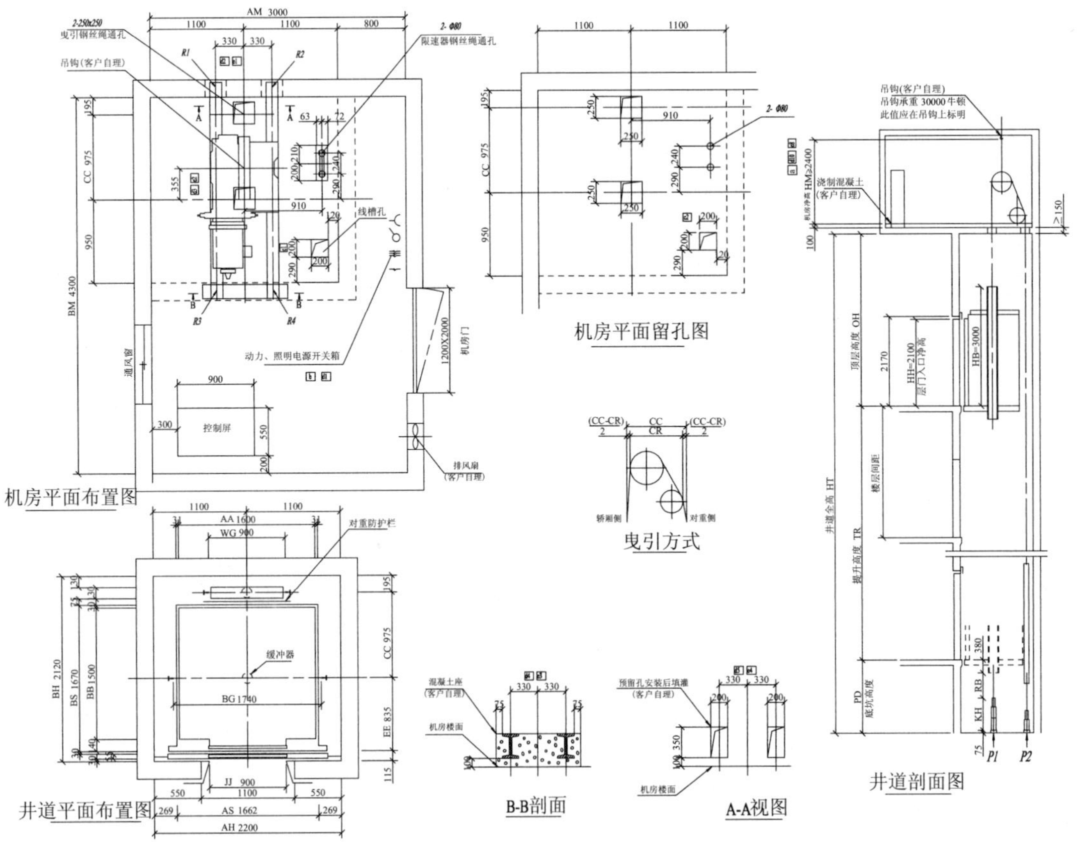

技术要求		
用途		客梯
载重量(公斤)		1050
速度(米/秒)		2.5
操纵方式		1C-2BC,2C-SM21,3C-ITS21,4C-ITS21
控制方式		VFDA
曳引机		EM-3650K
电动机功率(千瓦)		18.5
曳引轮直径(毫米)		Φ710
导向轮直径(毫米)		Φ560
开门方式		中分式(CO)
最大停站数		32
最大提升高度(米)		120
最小楼层距(毫米)		2800
轿厢内净尺寸(毫米)		1600 (宽x)1500 (深)
轿厢外尺寸(毫米)		1662 (宽x)1670 (深)
层门口净尺寸(毫米)		900 (宽x)2100 (高)
电源电压380伏	满载电流(安)	44.2
	起动电流(安)	86.9
	电源容量(千伏安)	19
	熔断器额定电流(安)	80
	电源频率(赫兹)	50
顶层高度 OH (毫米)		4800
底坑深度 PD (毫米)		1990
缓冲器高度 KH (毫米)		1200
越程高度 RB (毫米)		335
支承点反力(牛顿)	R1	34500
	R2	34500
	R3	21500
	R4	21500
	P1	107000
	P2	86000
热量散发(焦耳/小时)		16590000

注意:
1、层门口留孔图见HOPE-II-27;
2、层门入口详图见HOPE-II/D-S4。

▲040-客梯HOPE-II-16,1050KG,2.5MS

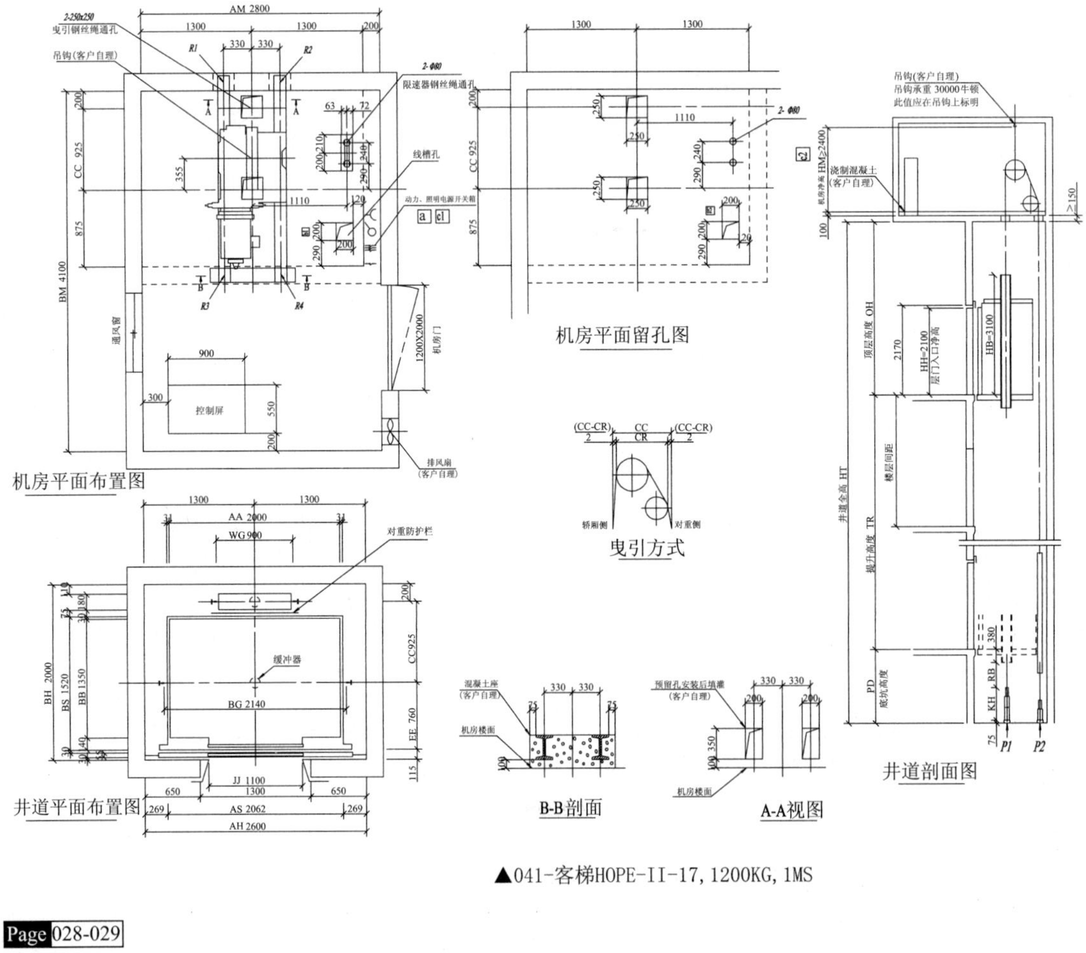

技术要求		
用途		客梯
载重量(公斤)		1200
速度(米/秒)		1
操纵方式		1C-2BC,2C-SM21,3C-ITS21,4C-ITS21
控制方式		VFDA
曳引机		EM-3615
电动机功率(千瓦)		15
曳引轮直径(毫米)		Φ710
导向轮直径(毫米)		Φ560
开门方式		中分式(CO)
最大停站数		24
最大提升高度(米)		60
最小楼层距(毫米)		2800
轿厢内净尺寸(毫米)		2000 (宽x)1350 (深)
轿厢外尺寸(毫米)		2062 (宽x)1520 (深)
层门口净尺寸(毫米)		1100 (宽x)2100 (高)
电源电压380伏	满载电流(安)	28.8
	起动电流(安)	56.1
	电源容量(千伏安)	12
	熔断器额定电流(安)	50
	电源频率(赫兹)	50
顶层高度 OH (毫米)		4350
底坑深度 PD (毫米)		1450
缓冲器高度 KH (毫米)		645
越程高度 RB (毫米)		340
支承点反力(牛顿)	R1	37500
	R2	37500
	R3	22500
	R4	22500
	P1	86500
	P2	68000
热量散发(焦耳/小时)		7524000

注意:
1、层门口留孔图见HOPE-II-27;
2、层门入口详图见HOPE-II/D-S4。

▲041-客梯HOPE-II-17,1200KG,1MS

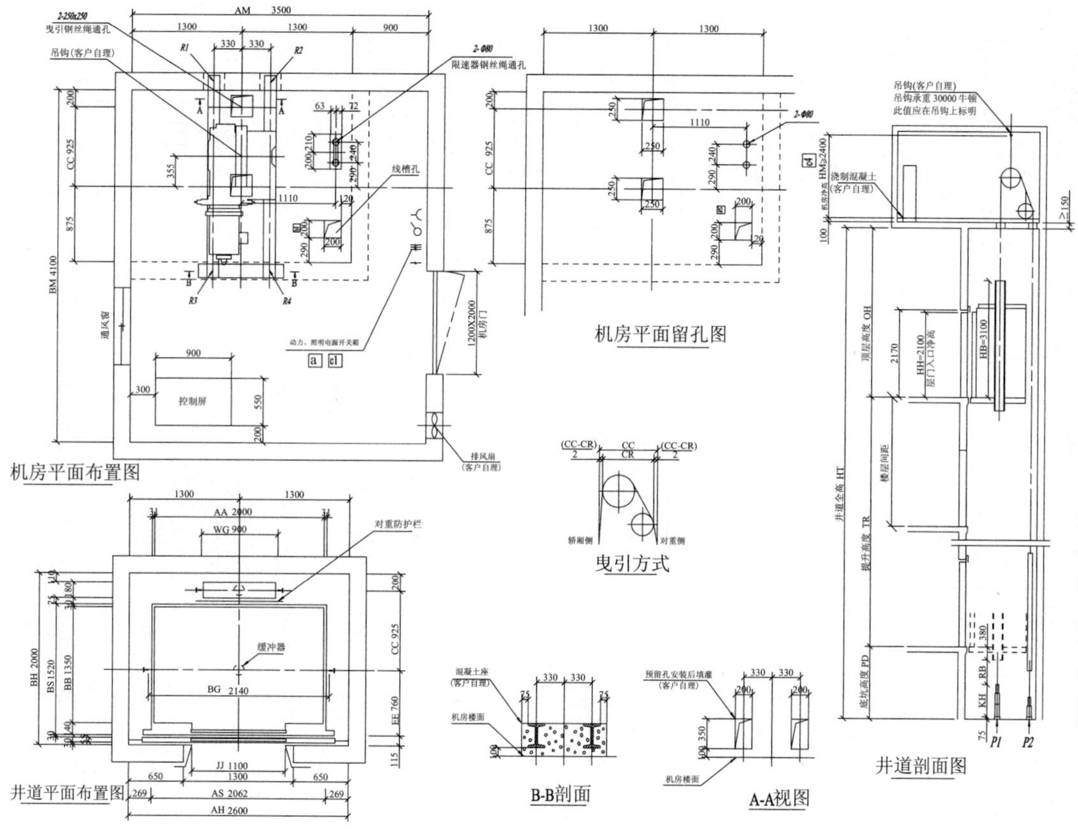
机房平面布置图
机房平面留孔图
曳引方式
井道剖面图
井道平面布置图
B-B剖面
A-A视图

技术要求			
用途		客梯	
载重量(公斤)		1200	
速度(米/秒)		1.5	1.75
操纵方式		1C-2BC,2C-SM21,3C-ITS21,4C-ITS21	
控制方式		VFDA	
曳引机		EM-3640	
电动机功率(千瓦)		15	18.5
曳引轮直径(毫米)		Φ710	
导向轮直径(毫米)		Φ560	
开门方式		中分式(CO)	
最大停站数		32	
最大提升高度(米)		105	
最小楼层距(毫米)		2800	
轿厢内净尺寸(毫米)		2000（宽）x1350（深）	
轿厢外尺寸(毫米)		2062（宽）x1520（深）	
层门口净尺寸(毫米)		1100（宽）x2100（高）	
电源电压380伏	满载电流(安)	34.5	39.2
	起动电流(安)	67.5	77
	电源容量(千伏安)	15	17
	熔断器额定电流(安)	63 c2	63 c3
	电源频率(赫兹)	50	
顶层高度 OH (毫米)		4550	
底坑深度 PD (毫米)		1620	
缓冲器高度 KH (毫米)		780	
越程高度 RB (毫米)		385	
支承点反力(牛顿)	R1	37500	
	R2	37500	
	R3	23000	
	R4	23000	
	P1	108500	
	P2	85000	
热量散发(焦耳/小时)		11286000	13167000

注意：
1、层门口留孔图见HOPE-II-27;
2、层门入口详图见HOPE-II/D-S4。

▲042-客梯HOPE-II-18，1200KG，1.5-1.75MS

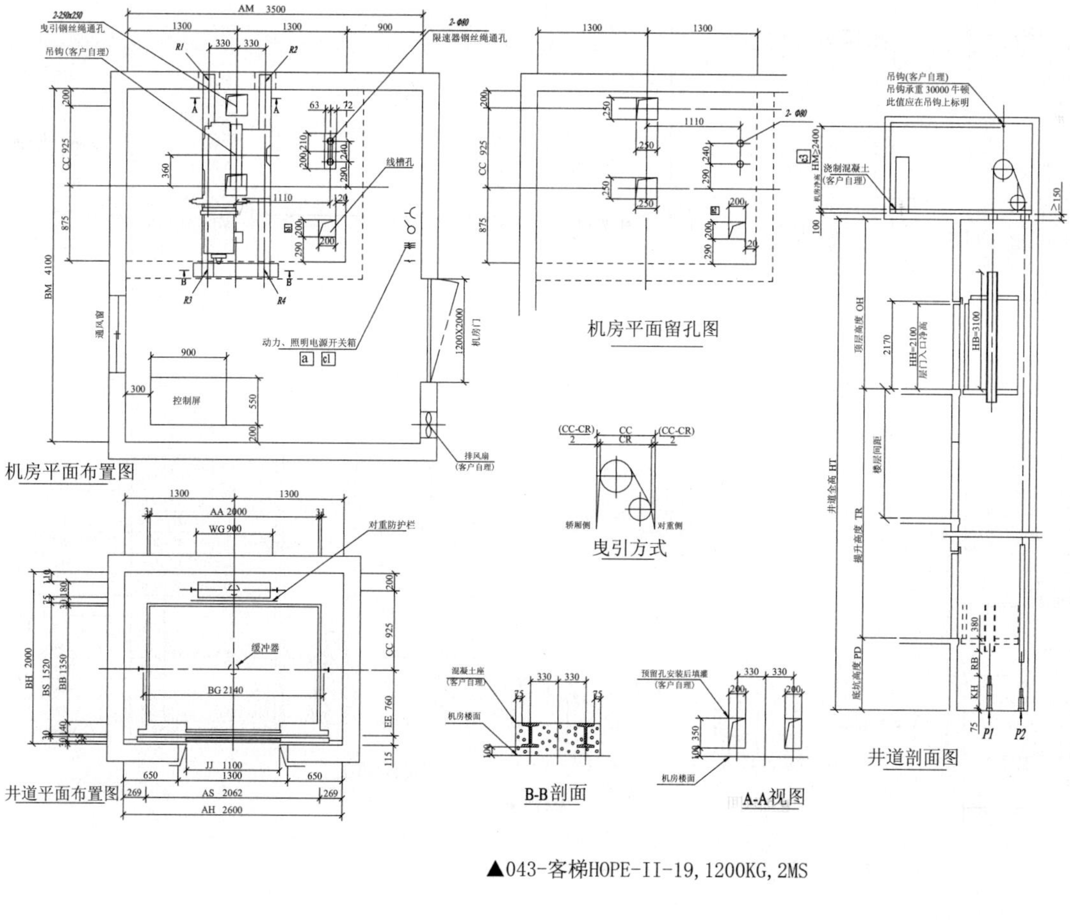
机房平面布置图
机房平面留孔图
曳引方式
井道剖面图
井道平面布置图
B-B剖面
A-A视图

技术要求		
用途		客梯
载重量(公斤)		1200
速度(米/秒)		2
操纵方式		1C-2BC,2C-SM21,3C-ITS21,4C-ITS21
控制方式		VFDA
曳引机		EM-3650K
电动机功率(千瓦)		18.5
曳引轮直径(毫米)		Φ710
导向轮直径(毫米)		Φ560
开门方式		中分式(CO)
最大停站数		32
最大提升高度(米)		120
最小楼层距(毫米)		2800
轿厢内净尺寸(毫米)		2000（宽）x1350（深）
轿厢外尺寸(毫米)		2062（宽）x1520（深）
层门口净尺寸(毫米)		1100（宽）x2100（高）
电源电压380伏	满载电流(安)	41.3
	起动电流(安)	81.1
	电源容量(千伏安)	17
	熔断器额定电流(安)	80 c2
	电源频率(赫兹)	50
顶层高度 OH (毫米)		4630
底坑深度 PD (毫米)		1740
缓冲器高度 KH (毫米)		900
越程高度 RB (毫米)		385
支承点反力(牛顿)	R1	38000
	R2	38000
	R3	23000
	R4	23000
	P1	110000
	P2	86000
热量散发(焦耳/小时)		15048000

注意：
1、层门口留孔图见HOPE-II-27;
2、层门入口详图见HOPE-II/D-S4。

▲043-客梯HOPE-II-19，1200KG，2MS

电梯·自动扶梯

注意：
1、层门口留孔图见HOPE-II-27;
2、层门入口详图见HOPE-II/D-S4。

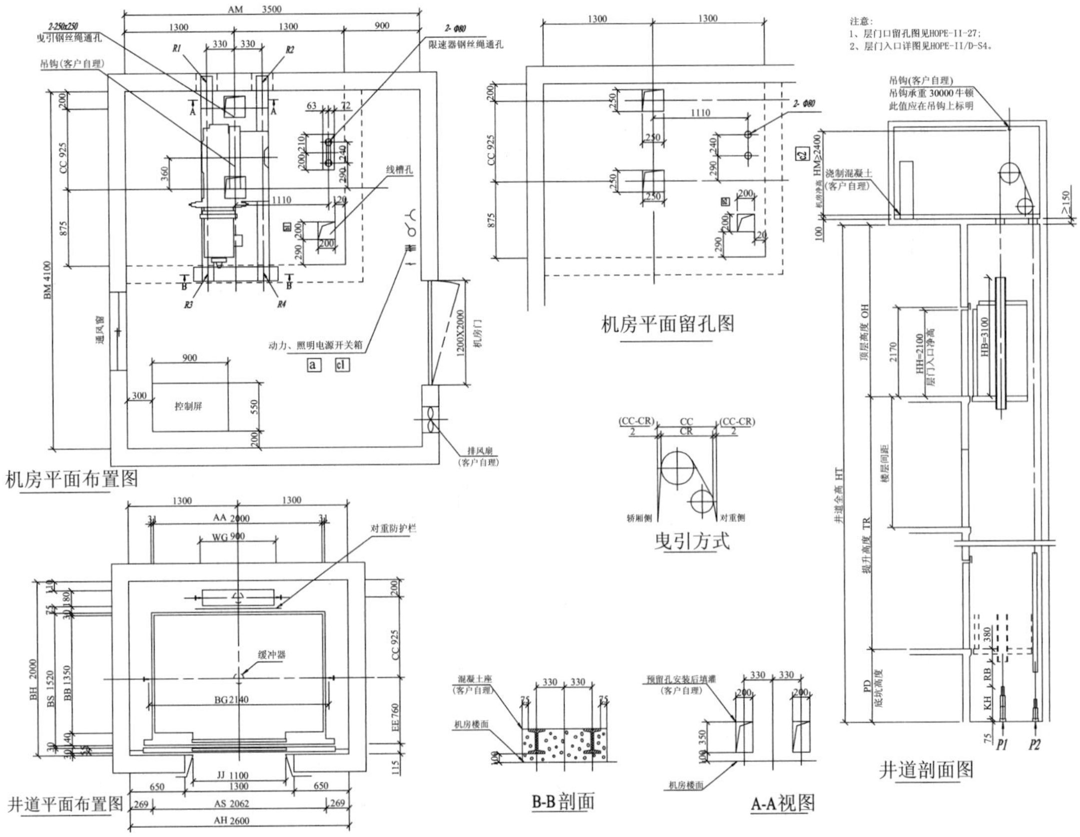

技术要求		
用途		客梯
载重量(公斤)		1200
速度(米/秒)		2.5
操纵方式		1C-2BC,2C-SM21,3C-ITS21,4C-ITS21
控制方式		VFDA
曳引机		EM-3650K
电动机功率(千瓦)		22
曳引轮直径(毫米)		Φ710
导向轮直径(毫米)		Φ560
开门方式		中分式(CO)
最大停站数		32
最大提升高度(米)		120
最小楼层距(毫米)		2800
轿厢内净尺寸(毫米)		2000(宽)x1350(深)
轿厢外尺寸(毫米)		2062(宽)x1520(深)
层门口净尺寸(毫米)		1100(宽)x2100(高)
电源电压380伏	满载电流(安)	50.1
	起动电流(安)	98.7
	电源容量(千伏安)	21
	熔断器额定电流(安)	100
	电源频率(赫兹)	50
顶层高度 OH (毫米)		4900
底坑深度 PD (毫米)		2040
缓冲器高度 KH (毫米)		1200
越程高度 RB (毫米)		385
支承点反力(牛顿)	R1	38000
	R2	38000
	R3	23000
	R4	23000
	P1	106000
	P2	82500
热量散发(焦耳/小时)		18900000

▲044-客梯HOPE-II-20,1200KG,2.5MS

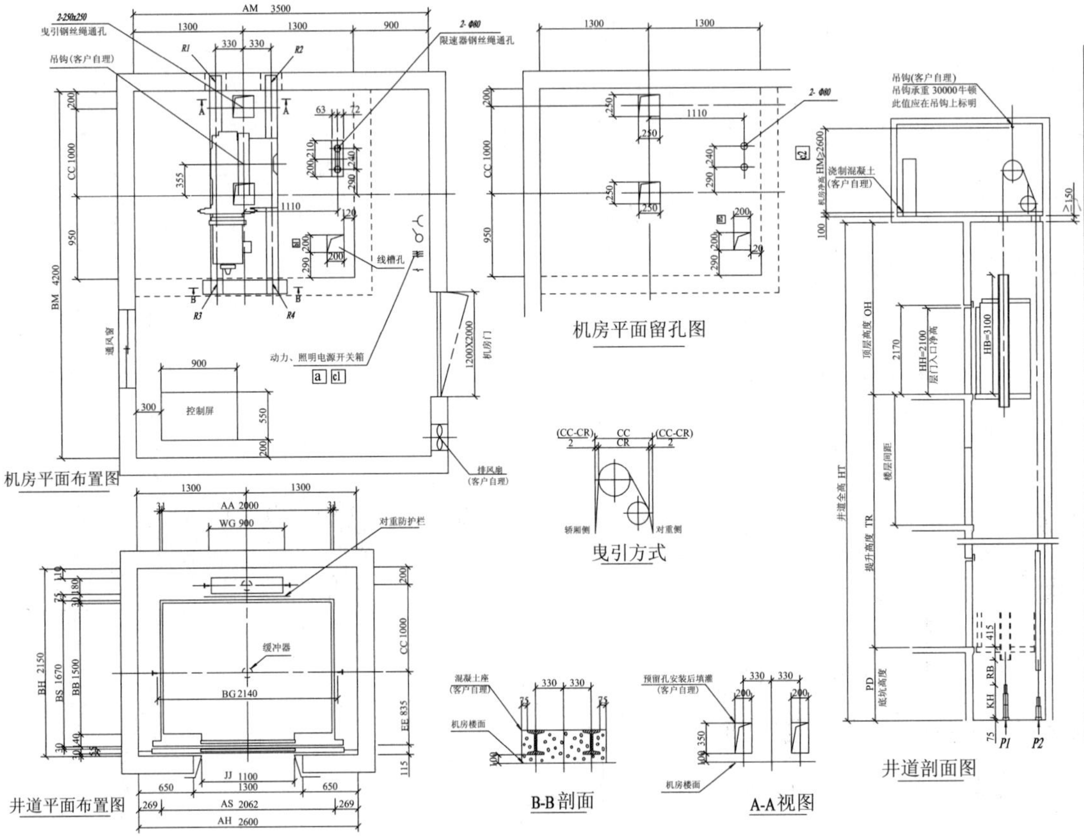

技术要求		
用途		客梯
载重量(公斤)		1350
速度(米/秒)		1
操纵方式		1C-2BC,2C-SM21,3C-ITS21,4C-ITS21
控制方式		VFDA
曳引机		EM-3615
电动机功率(千瓦)		15
曳引轮直径(毫米)		Φ710
导向轮直径(毫米)		Φ560
开门方式		中分式(CO)
最大停站数		24
最大提升高度(米)		60
最小楼层距(毫米)		2800
轿厢内净尺寸(毫米)		2000(宽)x1500(深)
轿厢外尺寸(毫米)		2062(宽)x1670(深)
层门口净尺寸(毫米)		1100(宽)x2100(高)
电源电压380伏	满载电流(安)	31.8
	起动电流(安)	62.1
	电源容量(千伏安)	14
	熔断器额定电流(安)	50
	电源频率(赫兹)	50
顶层高度 OH (毫米)		4350
底坑深度 PD (毫米)		1450
缓冲器高度 KH (毫米)		610
越程高度 RB (毫米)		340
支承点反力(牛顿)	R1	40500
	R2	40500
	R3	25500
	R4	25500
	P1	98000
	P2	76000
热量散发(焦耳/小时)		8569000

注意：
1、层门口留孔图见HOPE-II-27;
2、层门入口详图见HOPE-II/D-S4。

▲045-客梯HOPE-II-21,1350kg,1ms

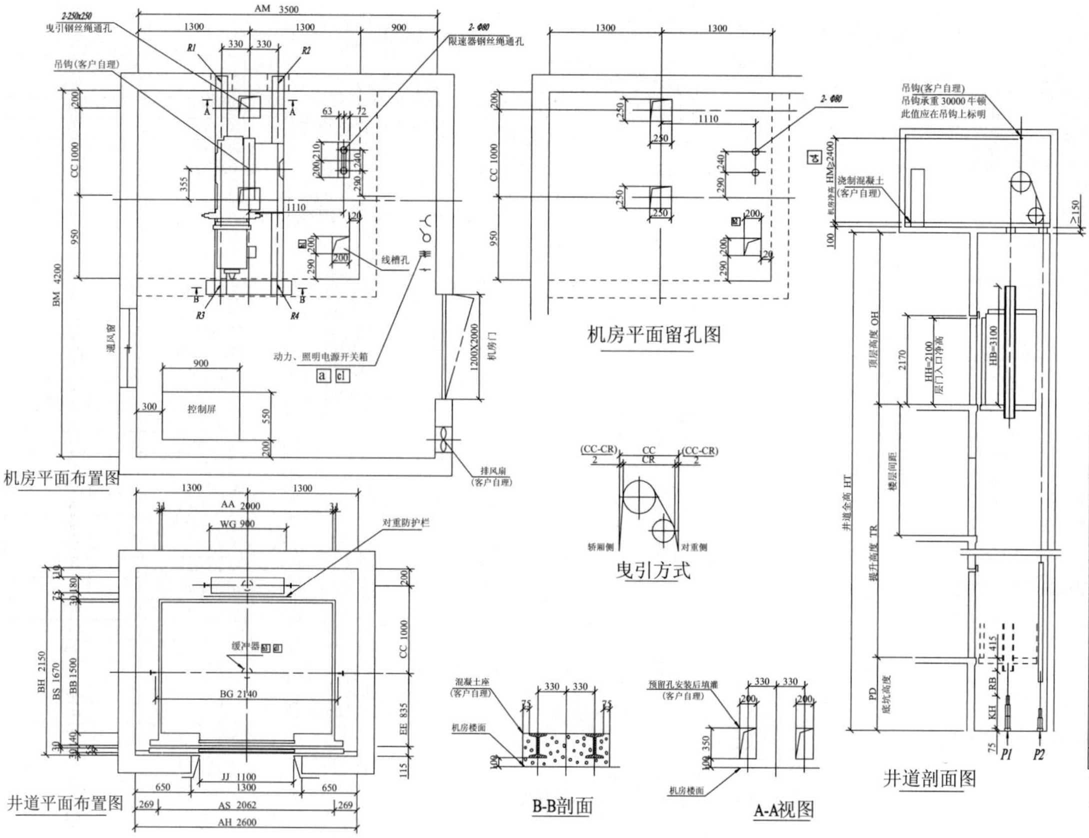

技术要求		
用途	客梯	
载重量(公斤)	1350	
速度(米/秒)	1.5	1.75
操纵方式	1C-2BC,2C-SM21,3C-ITS21,4C-ITS21	
控制方式	VFDA	
曳引机	EM-3640	
电动机功率(千瓦)	18.5	
曳引轮直径(毫米)	Φ710	
导向轮直径(毫米)	Φ560	
开门方式	中分式(CO)	
最大停站数	32	
最大提升高度(米)	105	
最小楼层距(毫米)	2800	
轿厢内净尺寸(毫米)	2000(宽)x1500(深)	
轿厢外尺寸(毫米)	2062(宽)x1670(深)	
层门口净尺寸(毫米)	1100(宽)x2100(高)	
电源电压380伏 满载电流(安)	38.3	43.6
电源电压380伏 起动电流(安)	75.1	85.8
电源电压380伏 电源容量(千伏安)	16	18
电源电压380伏 熔断器额定电流(安)	63 c2	80 c3
电源电压380伏 电源频率(赫兹)	50	
顶层高度 OH (毫米)	4550	
底坑深度 PD (毫米)	1570	
缓冲器高度 KH (毫米)	685	
越程高度 RB (毫米)	395	
支承点反力(牛顿) R1	41500	
支承点反力(牛顿) R2	41500	
支承点反力(牛顿) R3	26000	
支承点反力(牛顿) R4	26000	
支承点反力(牛顿) P1	124600	
支承点反力(牛顿) P2	96500	
热量散发(焦耳/小时)	12958000	15048000

注意：
1、层门口留孔图见HOPE-II-27；
2、层门入口详图见HOPE-II/D-S4。

▲046-客梯HOPE-II-22,1350KG,1.5-1.75MS

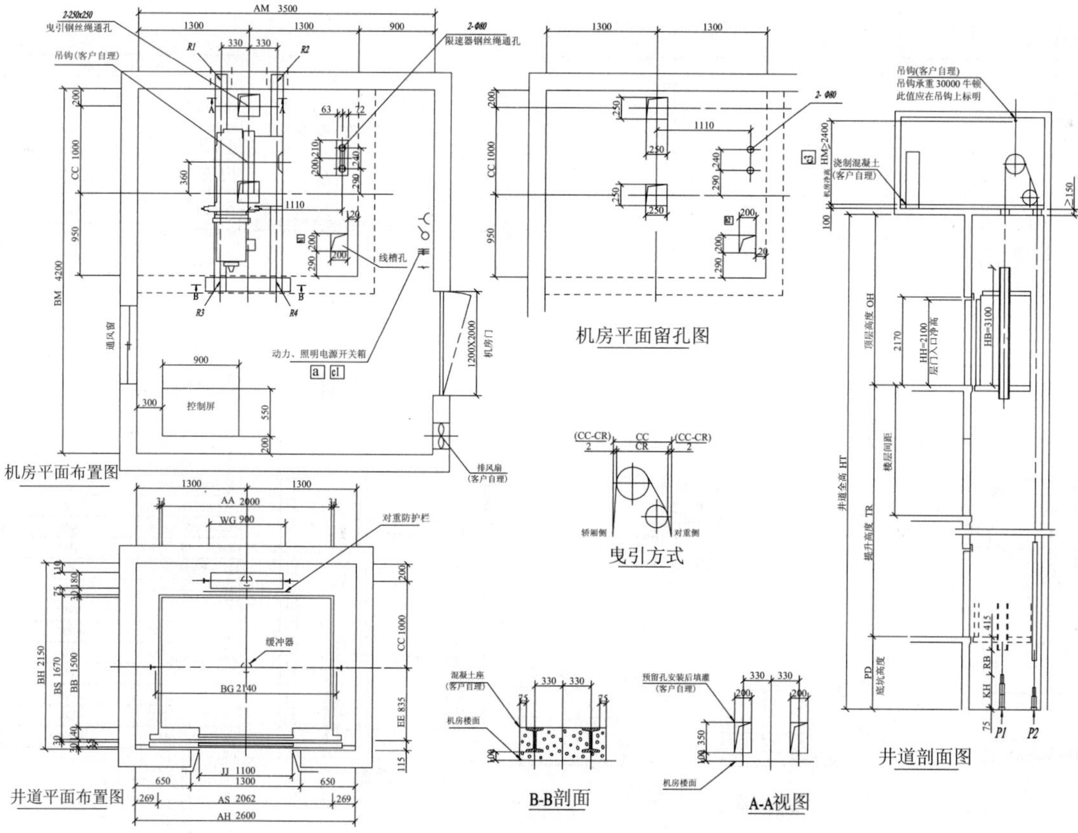

技术要求	
用途	客梯
载重量(公斤)	1350
速度(米/秒)	2
操纵方式	1C-2BC,2C-SM21,3C-ITS21,4C-ITS21
控制方式	VFDA
曳引机	EM-3650K
电动机功率(千瓦)	22
曳引轮直径(毫米)	Φ710
导向轮直径(毫米)	Φ560
开门方式	中分式(CO)
最大停站数	32
最大提升高度(米)	120
最小楼层距(毫米)	2800
轿厢内净尺寸(毫米)	2000(宽)x1500(深)
轿厢外尺寸(毫米)	2062(宽)x1670(深)
层门口净尺寸(毫米)	1100(宽)x2100(高)
电源电压380伏 满载电流(安)	46
电源电压380伏 起动电流(安)	90.5
电源电压380伏 电源容量(千伏安)	19
电源电压380伏 熔断器额定电流(安)	80 c2
电源电压380伏 电源频率(赫兹)	50
顶层高度 OH (毫米)	4630
底坑深度 PD (毫米)	1740
缓冲器高度 KH (毫米)	900
越程高度 RB (毫米)	350
支承点反力(牛顿) R1	41500
支承点反力(牛顿) R2	41500
支承点反力(牛顿) R3	26500
支承点反力(牛顿) R4	26500
支承点反力(牛顿) P1	125000
支承点反力(牛顿) P2	97000
热量散发(焦耳/小时)	17138000

注意：
1、层门口留孔图见HOPE-II-27；
2、层门入口详图见HOPE-II/D-S4。

▲047-客梯HOPE-II-23,1350KG,2MS

注意：
1、层门口留孔图见HOPE-II-27；
2、层门入口详图见HOPE-II/D-S4。

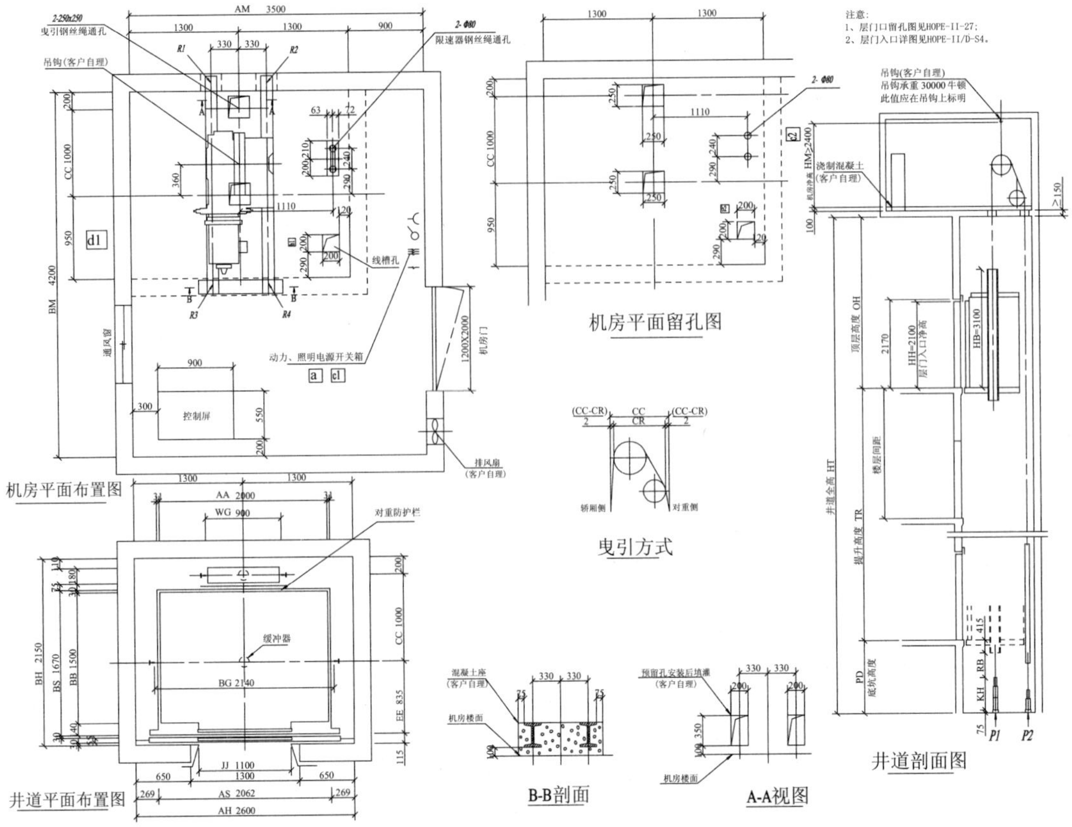

机房平面布置图
机房平面留孔图
曳引方式
井道平面布置图
B-B剖面
A-A视图
井道剖面图

技术要求		
用途		客梯
载重量(公斤)		1350
速度(米/秒)		2.5
操纵方式		1C-2BC,2C-SM21,3C-ITS21,4C-ITS21
控制方式		VFDA
曳引机		EM-3650K
电动机功率(千瓦)		26
曳引轮直径(毫米)		Φ710
导向轮直径(毫米)		Φ560
开门方式		中分式(CO)
最大停站数		32
最大提升高度(米)		120
最小楼层距(毫米)		2800
轿厢内净尺寸(毫米)		2000（宽x）1500（深）
轿厢外尺寸(毫米)		2062（宽x）1670（深）
层门口净尺寸(毫米)		1100（宽x）2100（高）
电源电压380伏	满载电流(安)	56
	起动电流(安)	110.5
	电源容量(千伏安)	23
	熔断器额定电流(安)	100
	电源频率(赫兹)	50
顶层高度 OH（毫米）		4900
底坑深度 PD（毫米）		2070
缓冲器高度 KH（毫米）		1200
越程高度 RB（毫米）		380
支承点反力(牛顿)	R1	41500
	R2	41500
	R3	26500
	R4	26500
	P1	121500
	P2	94500
热量散发(焦耳/小时)		21420000

▲048-客梯HOPE-II-24，1350KG，2.5MS

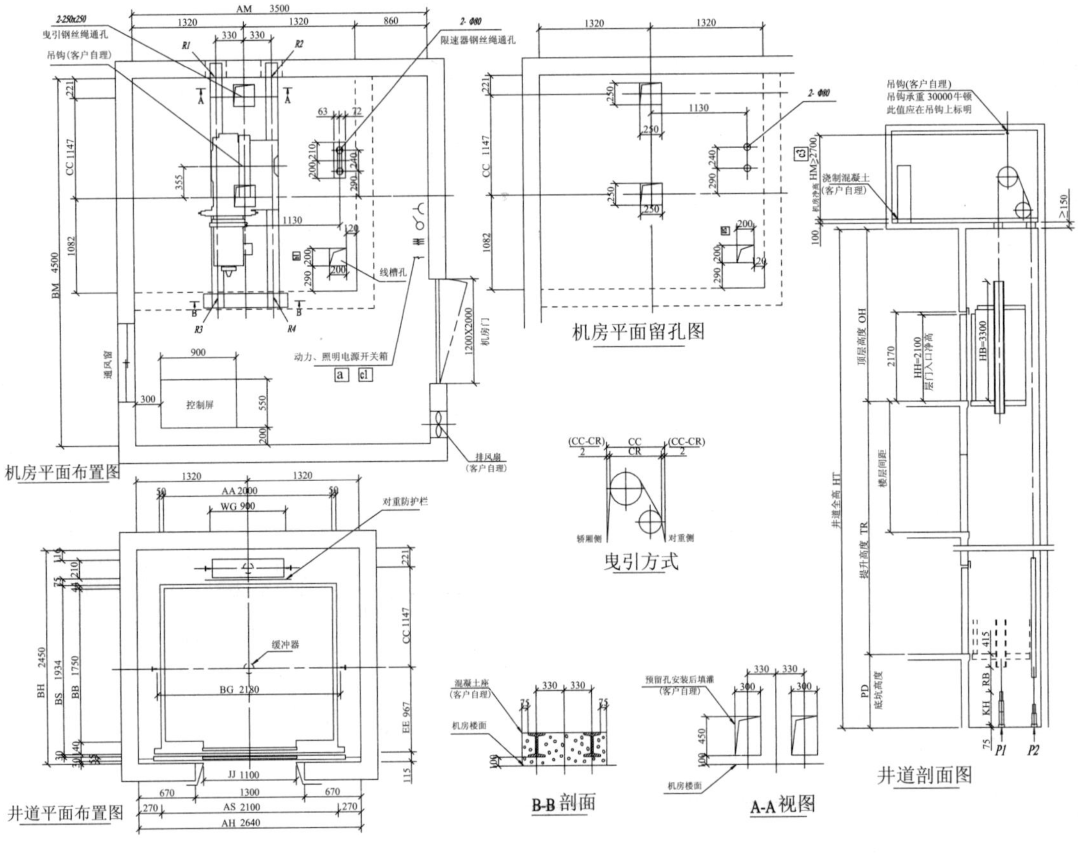

机房平面布置图
机房平面留孔图
曳引方式
井道平面布置图
B-B剖面
A-A视图
井道剖面图

技术要求		
用途		客梯
载重量(公斤)		1600
速度(米/秒)		1
操纵方式		1C-2BC,2C-SM21,3C-ITS21,4C-ITS21
控制方式		VFDA
曳引机		EM-3615
电动机功率(千瓦)		18.5
曳引轮直径(毫米)		Φ710
导向轮直径(毫米)		Φ560
开门方式		中分式(CO)
最大停站数		24
最大提升高度(米)		60
最小楼层距(毫米)		2800
轿厢内净尺寸(毫米)		2000（宽x）1750（深）
轿厢外尺寸(毫米)		2100（宽x）1934（深）
层门口净尺寸(毫米)		1100（宽x）2100（高）
电源电压380伏	满载电流(安)	37
	起动电流(安)	72
	电源容量(千伏安)	15
	熔断器额定电流(安)	63 c2
	电源频率(赫兹)	50
顶层高度 OH（毫米）		4550
底坑深度 PD（毫米）		1450
缓冲器高度 KH（毫米）		610
越程高度 RB（毫米）		340
支承点反力(牛顿)	R1	43000
	R2	43000
	R3	28000
	R4	28000
	P1	118000
	P2	86000
热量散发(焦耳/小时)		10100000

注意：
1、层门口留孔图见HOPE-II-27；
2、层门入口详图见HOPE-II/D-S4。

▲049-客梯HOPE-II-25，1600KG，1MS

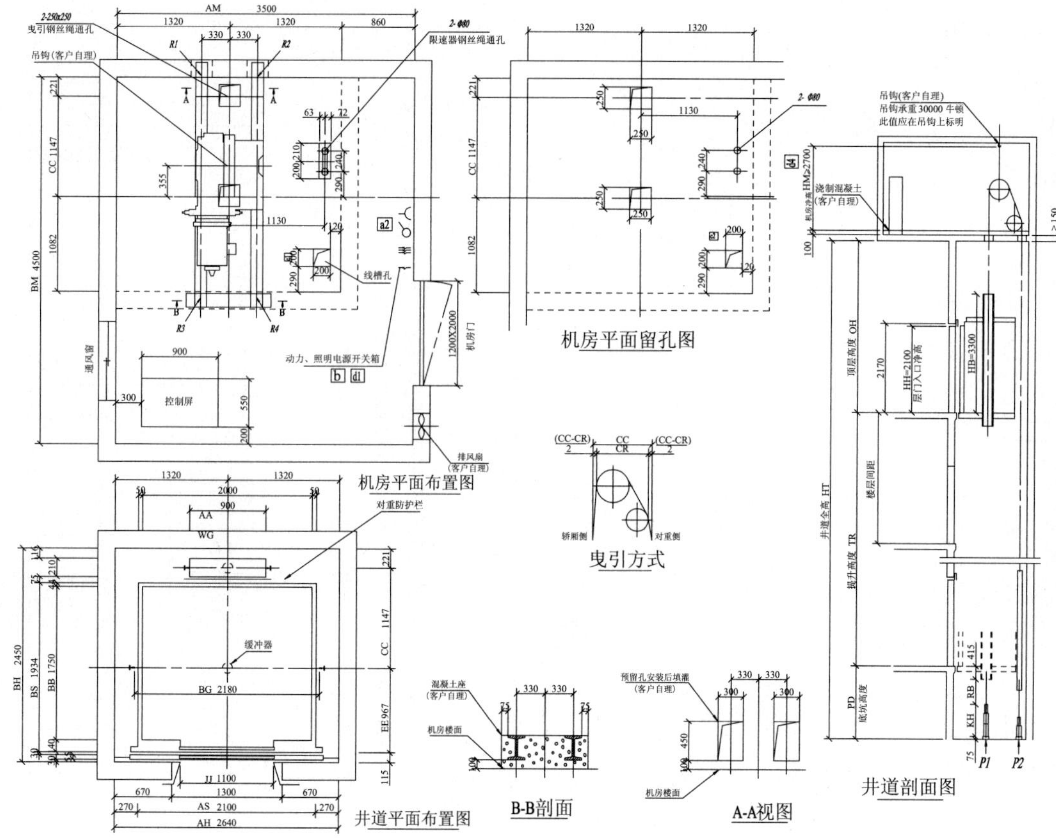

技术要求				
用途		客梯		
载重量(公斤)		1600 a1		
速度(米/秒)		1.5	1.75	2
操纵方式		1C-2BC,2C-SM21,3C-ITS21,4C-ITS21		
控制方式		VFDA		
曳引机		EM-3640		EM-3650K
电动机功率(千瓦)		18.5	22	22
曳引轮直径(毫米)		Φ710		
导向轮直径(毫米)		Φ560		
开门方式		中分式(CO)		
最大停站数		32		32
最大提升高度(米)		105		120
最小楼层距(毫米)		2800		
轿厢内净尺寸(毫米)		2000(宽)x1750(深)		
轿厢外尺寸(毫米)		2100(宽)x1934(深)		
层门口净尺寸(毫米)		1100(宽)x2100(高)		
电源电压380伏	满载电流(安)	44	51	55
	起动电流(安)	87	100	105
	电源容量(千伏安)	19	21	27
	熔断器额定电流(安)	80 d2	80 d3	100
	电源频率(赫兹)	50		
顶层高度 OH(毫米)		4750		4850
底坑深度 PD(毫米)		1570		1750
缓冲器高度 KH(毫米)		685		900
越程高度 RB(毫米)		395		360
支承点反力(牛顿)	R1	44000		45100
	R2	44000		45100
	R3	28500		29300
	R4	28500		29300
	P1	135000		135000
	P2	106500		106500
热量散发(焦耳/小时)		15100000	17600000	20100000

注意：
1、层门口留孔图见HOPE-II-27；
2、层门入口详图见HOPE-II/D-S4。

▲050-客梯HOPE-II-26，1600KG，1.5-2MS

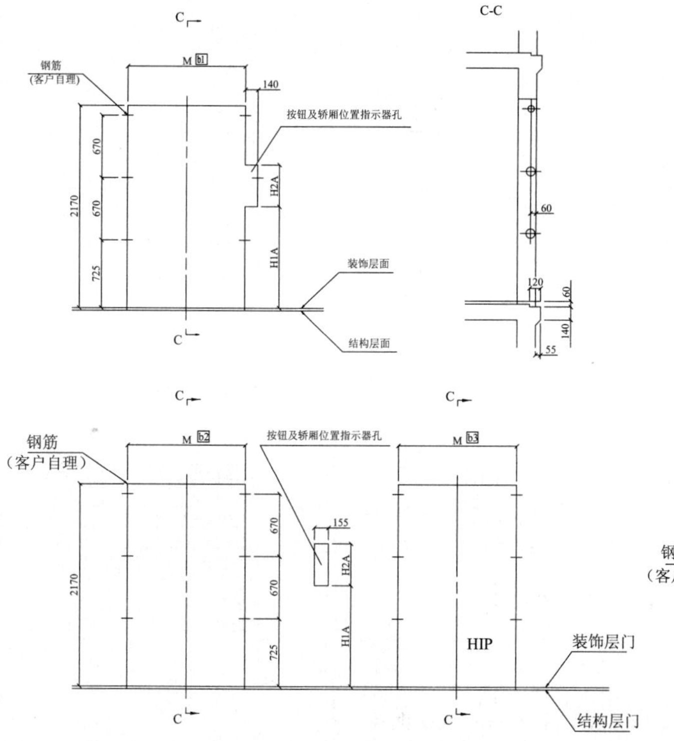

	H1A	H2A
采用残疾人厅外召唤时	810	725
采用非残疾人厅外召唤时	1085	450

大型层站显示器HID-A10或HID-A20时预留孔 b4

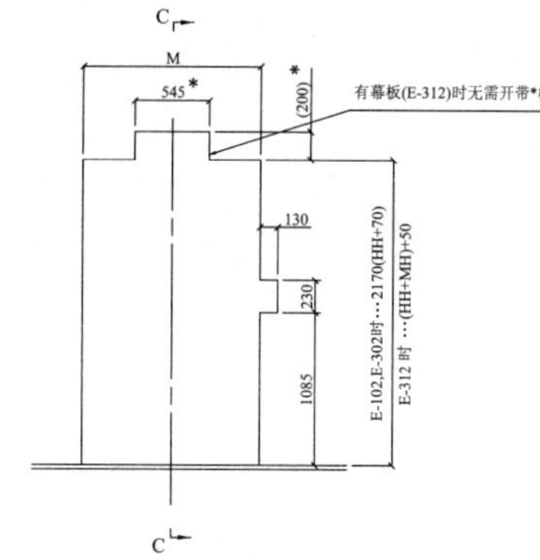

门套型号		M
E-102		JJ+200
E-302	140<JD≤280	JJ+250
	280<JD≤420	JJ+300
	420<JD≤500	JJ+350
E-312	150<JD≤280	JJ+250
	280<JD≤420	JJ+300
	420<JD≤500	JJ+350

注: MH=200~1500

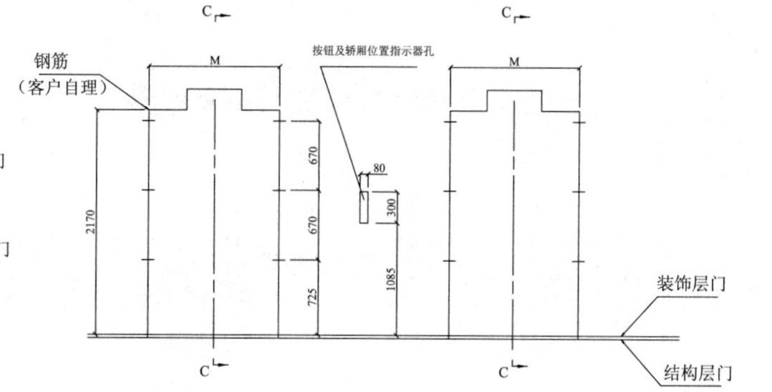

▲051-客梯HOPE-II-27，层门口留孔图

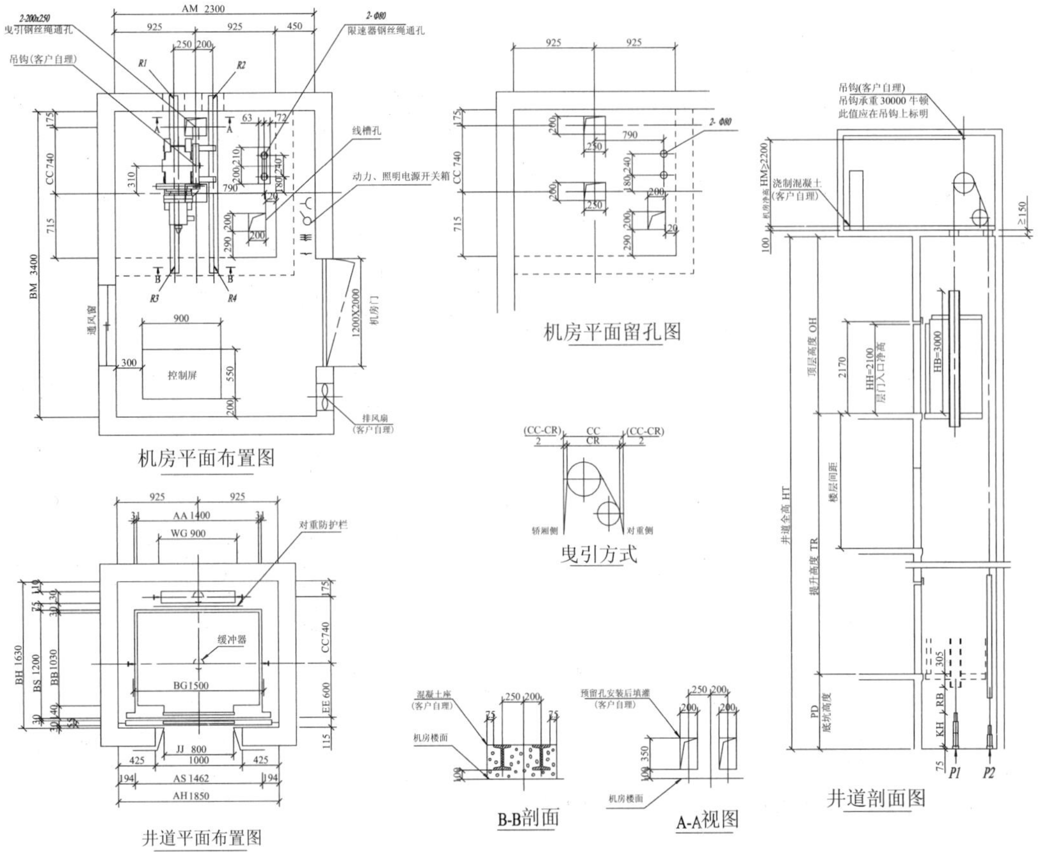

技术要求		
用途		客梯
载重量(公斤)		550
速度(米/秒)		1
操纵方式		1C-2BC,2C-SM21,3C-ITS21,4C-ITS21
控制方式		VFDA
曳引机		EM-2430
电动机功率(千瓦)		7.5
曳引轮直径(毫米)		Φ620
导向轮直径(毫米)		Φ480
开门方式		中分式(CO)
最大停站数		24
最大提升高度(米)		60
最小楼层距(毫米)		2800
轿厢内净尺寸(毫米)		1400（宽）x 1030（深）
轿厢外尺寸(毫米)		1462（宽）x 1200（深）
层门口净尺寸(毫米)		800（宽）x 2100（高）
电源电压380伏	满载电流(安)	13.1
	起动电流(安)	24.8
	电源容量(千伏安)	6
	熔断器额定电流(安)	20
	电源频率(赫兹)	50
顶层高度 OH（毫米）		4250
底坑深度 PD（毫米）		1400
缓冲器高度KH（毫米）		674
越程高度 RB（毫米）		340
支承点反力(牛顿)	R1	17000
	R2	21000
	R3	10000
	R4	13000
	P1	48000
	P2	39500
热量散发(焦耳/小时)		3558000

注意:
1、层门口留孔图见HOPE-II-27;
2、层门入口详图见HOPE-II/D-S4。

▲052-客梯HOPE-II-51, 550KG, 1MS, 轿底下凹

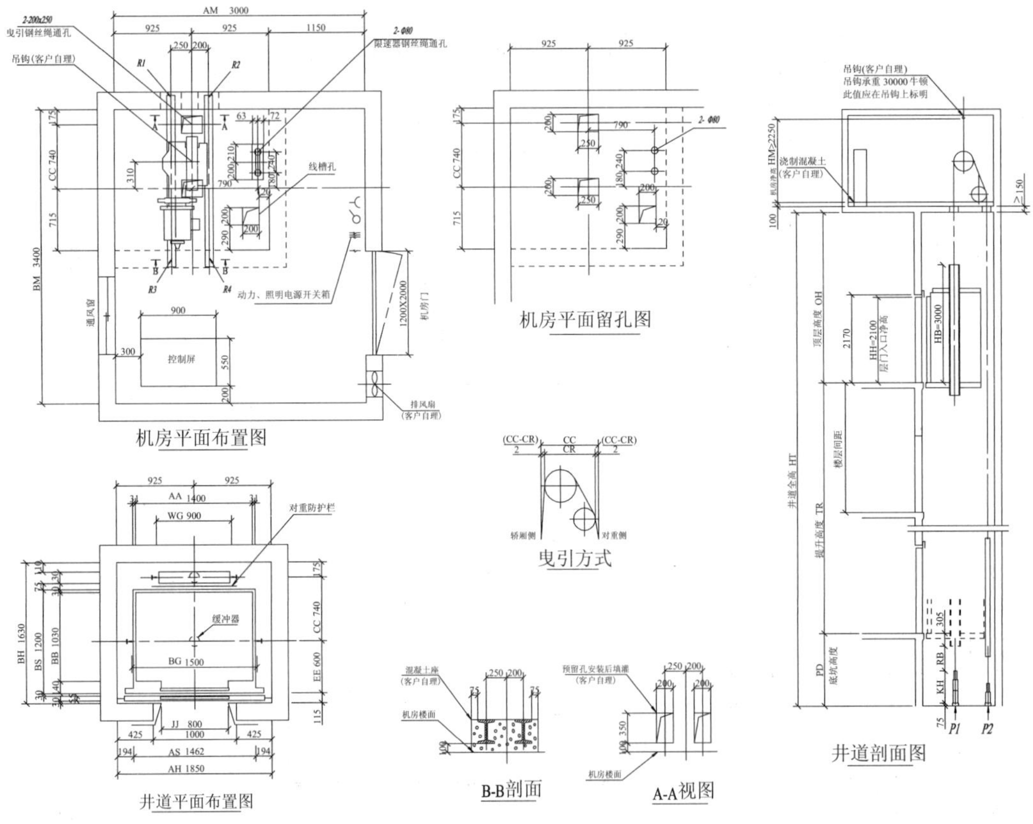

技术要求			
用途		客梯	
载重量(公斤)		550	
速度(米/秒)		1.5	1.75
操纵方式		1C-2BC,2C-SM21,3C-ITS21,4C-ITS21	
控制方式		VFDA	
曳引机		EM-2471	
电动机功率(千瓦)		9.5	11
曳引轮直径(毫米)		Φ620	
导向轮直径(毫米)		Φ480	
开门方式		中分式(CO)	
最大停站数		32	
最大提升高度(米)		80	
最小楼层距(毫米)		2800	
轿厢内净尺寸(毫米)		1400（宽）x 1030（深）	
轿厢外尺寸(毫米)		1462（宽）x 1200（深）	
层门口净尺寸(毫米)		800（宽）x 2100（高）	
电源电压380伏	满载电流(安)	16.8	18.9
	起动电流(安)	32.1	36.4
	电源容量(千伏安)	7	8
	熔断器额定电流(安)	32	32
	电源频率(赫兹)	50	
顶层高度 OH（毫米）		4450	
底坑深度 PD（毫米）		1550	
缓冲器高度KH（毫米）		780	
越程高度 RB（毫米）		390	
支承点反力(牛顿)	R1	19500	
	R2	24500	
	R3	11500	
	R4	14500	
	P1	64500	
	P2	53500	
热量散发(焦耳/小时)		5225000	6061000

注意:
1、层门口留孔图见HOPE-II-27;
2、层门入口详图见HOPE-II/D-S4。

▲053-客梯HOPE-II-52, 550KG, 1.5-1.75MS

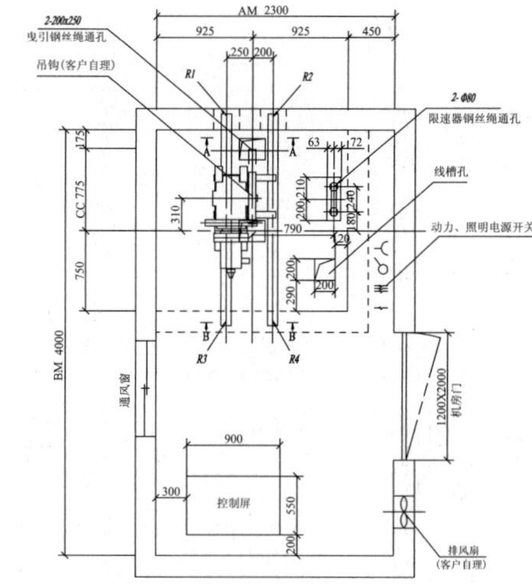

机房平面布置图

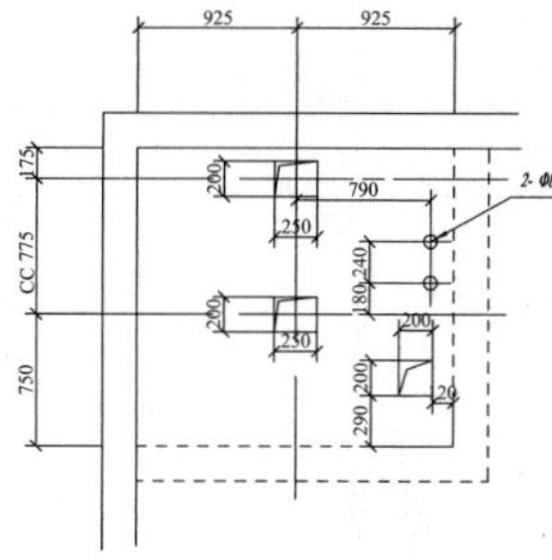

机房平面留孔图

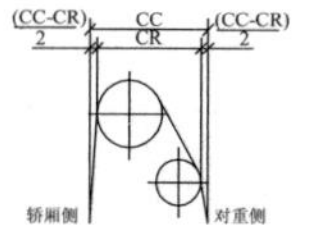

曳引方式

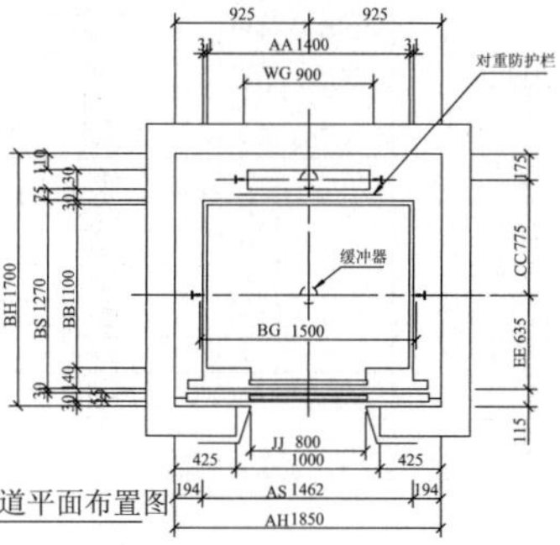

井道平面布置图

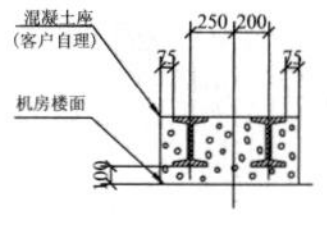

B-B剖面

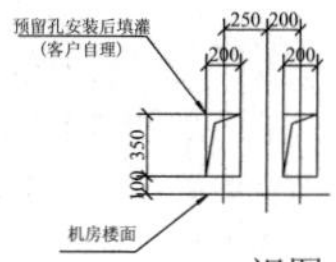

A-A视图

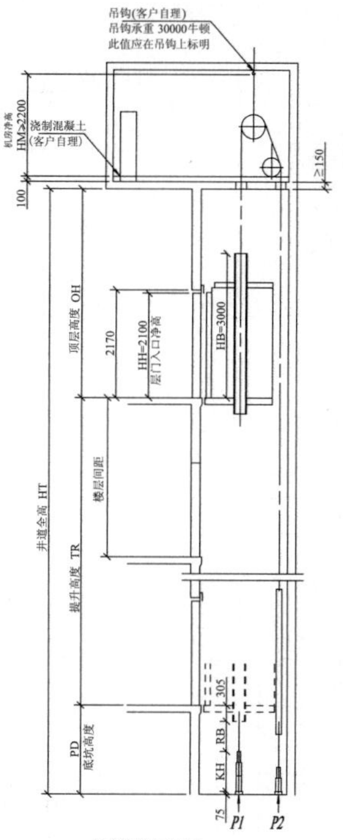

井道剖面图

技术要求		
用途		客梯
载重量(公斤)		630
速度(米/秒)		1.0
操纵方式		1C-2BC,2C-SM21,3C-ITS21,4C-ITS21
控制方式		VFDA
曳引机		EM-2430
电动机功率(千瓦)		7.5
曳引轮直径(毫米)		Φ620
导向轮直径(毫米)		Φ480
开门方式		中分式(CO)
最大停站数		24
最大提升高度(米)		60
最小层楼距(毫米)		2800
轿厢内净尺寸(毫米)		1400（宽x)1100（深）
轿厢外尺寸(毫米)		1462（宽x)1270（深）
层门口净尺寸(毫米)		800（宽x)2100（高）
电源电压380伏	满载电流(安)	15.3
	起动电流(安)	29.1
	电源容量(千伏安)	6
	熔断器额定电流(安)	32
	电源频率(赫兹)	50
顶层高度 OH (毫米)		4250
底坑深度 PD (毫米)		1400
缓冲器高度 KH (毫米)		674
越程高度 RB (毫米)		340
支承点反力(牛顿)	R1	20000
	R2	25000
	R3	11500
	R4	14500
	P1	55500
	P2	45500
热量散发(焦耳/小时)		3762000

注意:
1、层门口留孔图见HOPE-II-27;
2、层门入口详图见HOPE-II/D-S4。

▲054-客梯HOPE-II-53,630KG,1MS

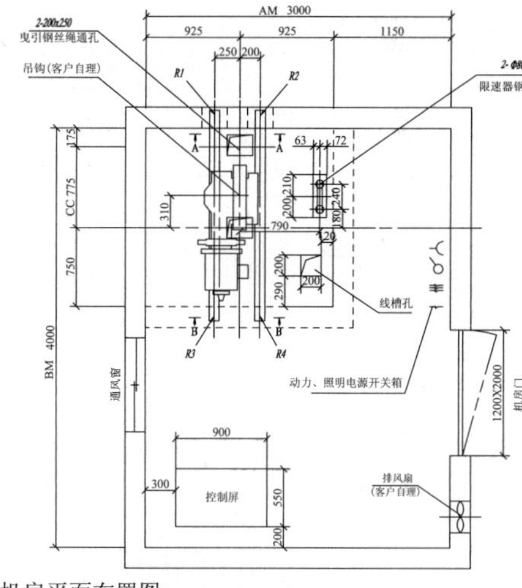

机房平面布置图

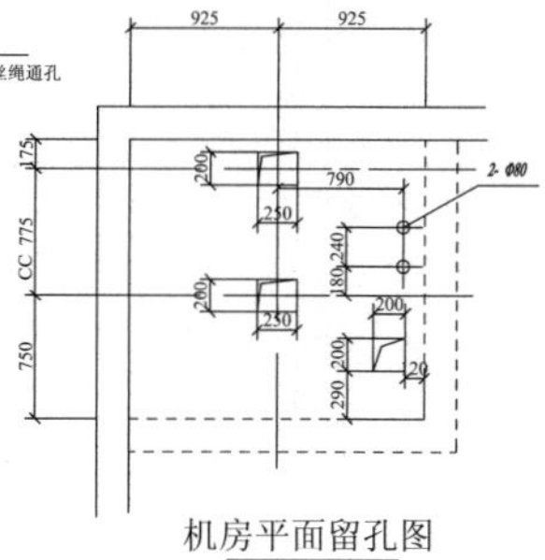

机房平面留孔图

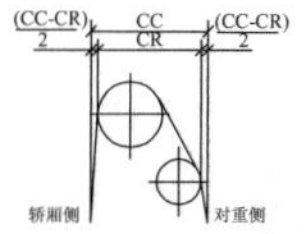

曳引方式

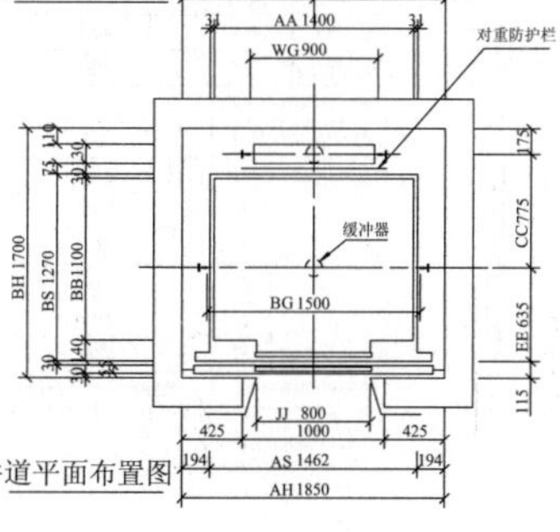

井道平面布置图

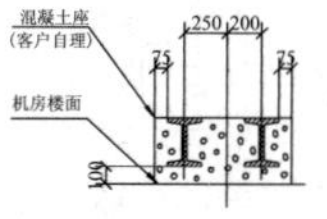

B-B剖面

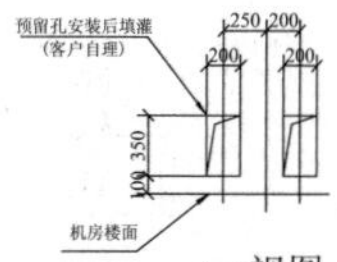

A-A视图

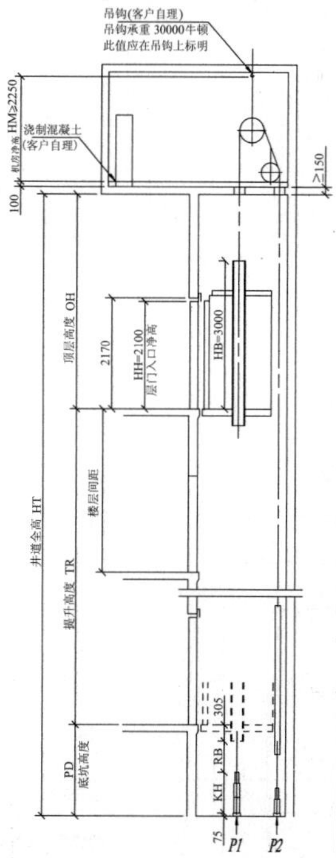

井道剖面图

技术要求			
用途		客梯	
载重量(公斤)		630	
速度(米/秒)		1.5	1.75
操纵方式		1C-2BC,2C-SM21,3C-ITS21,4C-ITS21	
控制方式		VFDA	
曳引机		EM-2471	
电动机功率(千瓦)		9.5	11
曳引轮直径(毫米)		Φ620	
导向轮直径(毫米)		Φ480	
开门方式		中分式(CO)	
最大停站数		32	
最大提升高度(米)		80	
最小楼层距(毫米)		2800	
轿厢内净尺寸(毫米)		1400（宽x)1100（深）	
轿厢外尺寸(毫米)		1462（宽x)1270（深）	
层门口净尺寸(毫米)		800（宽x)2100（高）	
电源电压380伏	满载电流(安)	18.2	20.6
	起动电流(安)	34.9	39.8
	电源容量(千伏安)	7	8
	熔断器额定电流(安)	32	32
	电源频率(赫兹)	50	
顶层高度 OH (毫米)		4450	
底坑深度 PD (毫米)		1550	
缓冲器高度KH (毫米)		780	
越程高度 RB (毫米)		390	
支承点反力(牛顿)	R1	20500	
	R2	26000	
	R3	12000	
	R4	15000	
	P1	70000	
	P2	59000	
热量散发(焦耳/小时)		5643000	6688000

注意:
1、层门口留孔图见HOPE-II-27;
2、层门入口详图见HOPE-II/D-S4。

▲055-客梯HOPE-II-54,630KG,1.5-1.75MS

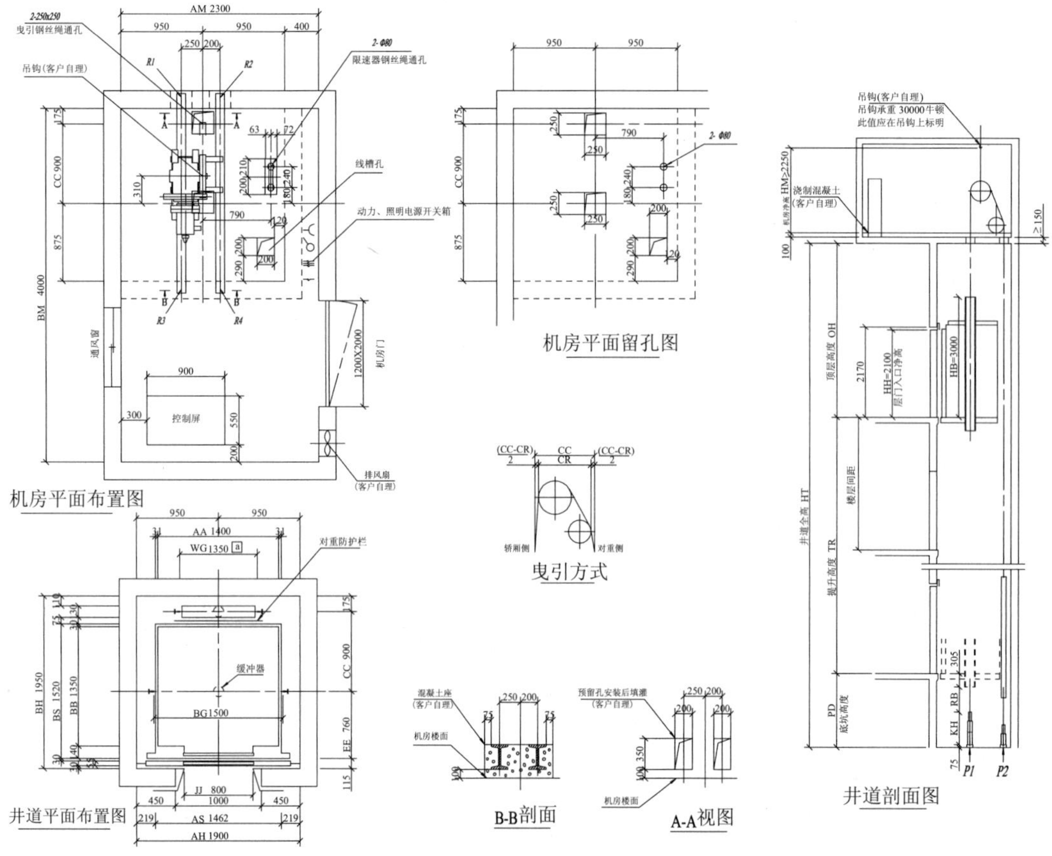

技术要求

用途		客梯
载重量(公斤)		800
速度(米/秒)		1
操纵方式		1C-2BC,2C-SM21,3C-ITS21,4C-ITS21
控制方式		VFDA
曳引机		EM-2430
电动机功率(千瓦)		9.5
曳引轮直径(毫米)		Φ620
导向轮直径(毫米)		Φ480
开门方式		中分式(CO)
最大停站数		24
最大提升高度(米)		60
最小楼层距(毫米)		2800
轿厢内净尺寸(毫米)		1400 (宽x)1350 (深)
轿厢外尺寸(毫米)		1462 (宽x)1520 (深)
层门口净尺寸(毫米)		800 (宽x)2100 (高)
电源电压380伏	满载电流(安)	20.8
	起动电流(安)	40.1
	电源容量(千伏安)	8
	熔断器额定电流(安)	32
	电源频率(赫兹)	50
顶层高度 OH (毫米)		4250
底坑深度 PD (毫米)		1400
缓冲器高度KH (毫米)		670
越程高度 RB (毫米)		340
支承点反力(牛顿)	R1	22000
	R2	28000
	R3	13500
	R4	17000
	P1	62500
	P2	50500
热量散发(焦耳/小时)		4807000

注意:
1、层门口留孔图见HOPE-II-27;
2、层门入口详图见HOPE-II/D-S4。

▲056-客梯HOPE-II-55,800KG,1MS

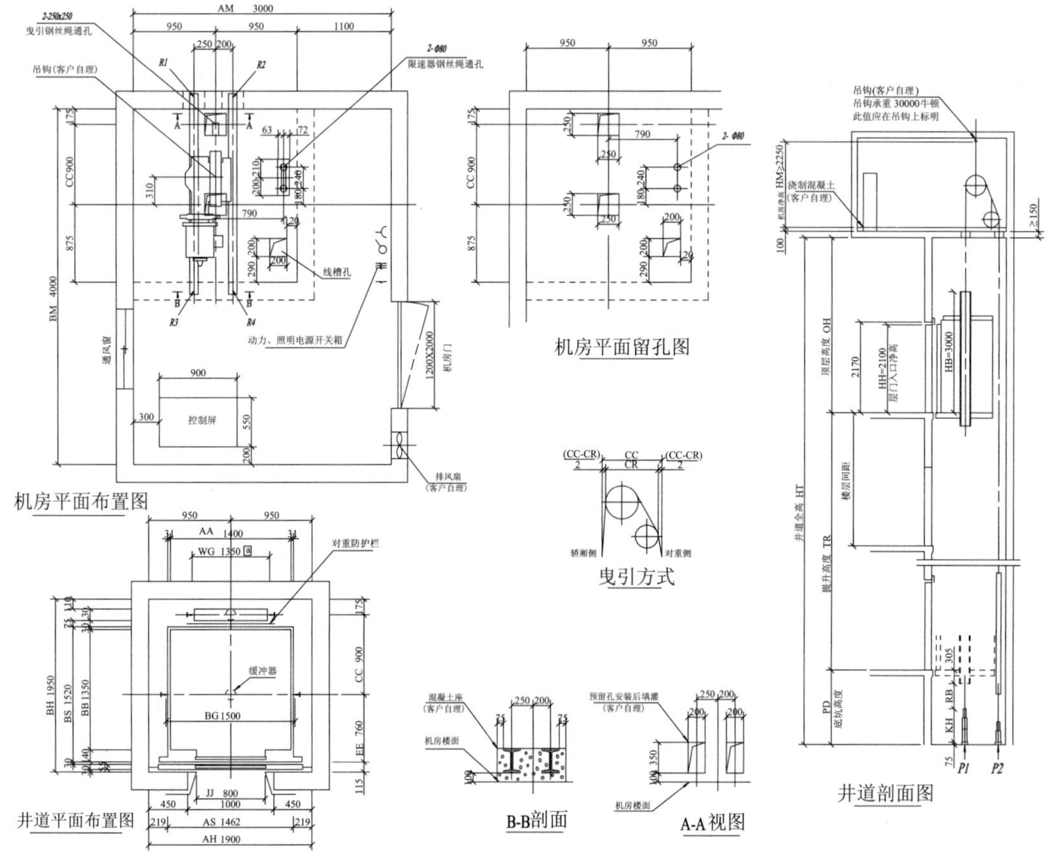

技术要求

用途		客梯	
载重量(公斤)		800	
速度(米/秒)		1.5	1.75
操纵方式		1C-2BC,2C-SM21,3C-ITS21,4C-ITS21	
控制方式		VFDA	
曳引机		EM-2471	
电动机功率(千瓦)		13	15
曳引轮直径(毫米)		Φ620	
导向轮直径(毫米)		Φ480	
开门方式		中分式(CO)	
最大停站数		32	
最大提升高度(米)		105	
最小楼层距(毫米)		2800	
轿厢内净尺寸(毫米)		1400 (宽x)1350 (深)	
轿厢外尺寸(毫米)		1462 (宽x)1520 (深)	
层门口净尺寸(毫米)		800 (宽x)2100 (高)	
电源电压380伏	满载电流(安)	25.1	28.6
	起动电流(安)	48.7	55.8
	电源容量(千伏安)	10	11
	熔断器额定电流(安)	32	32
	电源频率(赫兹)	50	
顶层高度 OH (毫米)		4450	
底坑深度 PD (毫米)		1550	
缓冲器高度KH (毫米)		780	
越程高度 RB (毫米)		390	
支承点反力(牛顿)	R1	23500	
	R2	29500	
	R3	14000	
	R4	18000	
	P1	79500	
	P2	65000	
热量散发(焦耳/小时)		7106000	8360000

注意:
1、层门口留孔图见HOPE-II-27;
2、层门入口详图见HOPE-II/D-S4。

▲057-客梯HOPE-II-56,800KG,1.5-1.75MS

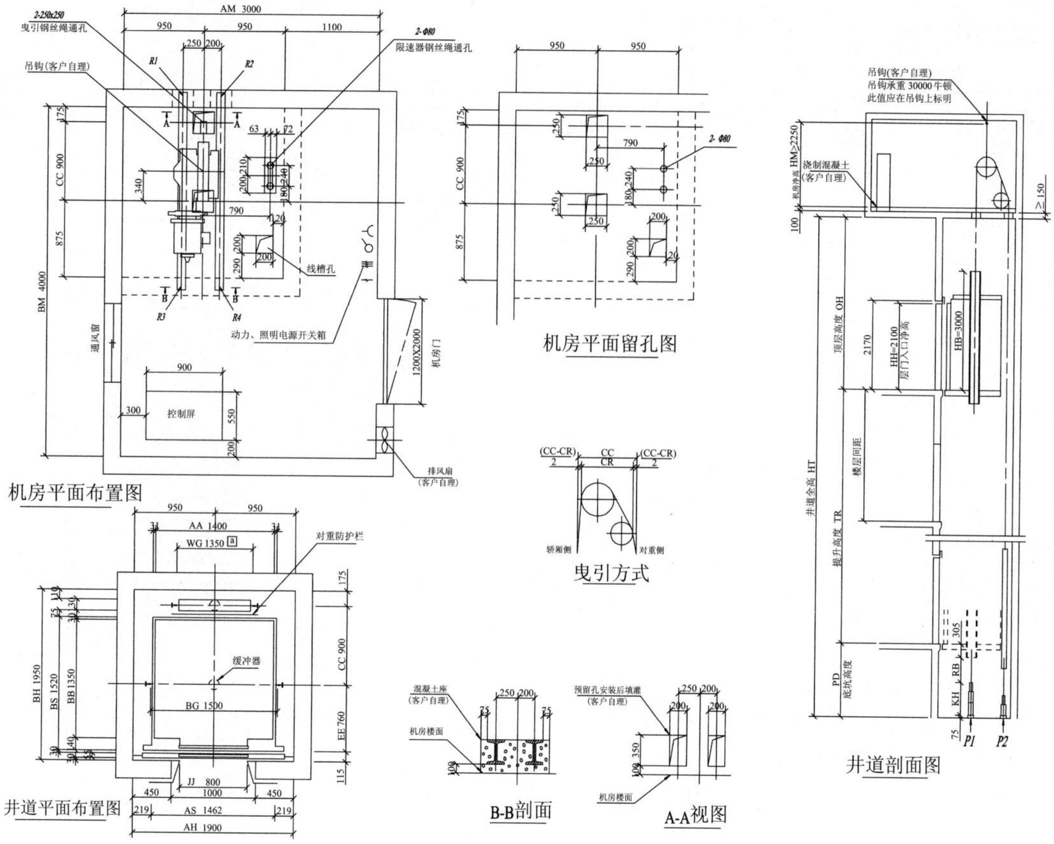

技术要求		
用途		客梯
载重量(公斤)		800
速度(米/秒)		2
操纵方式		1C-2BC,2C-SM21,3C-ITS21,4C-ITS21
控制方式		VFDA
曳引机		EM-2480
电动机功率(千瓦)		15
曳引轮直径(毫米)		Φ680
导向轮直径(毫米)		Φ480
开门方式		中分式(CO)
最大停站数		32
最大提升高度(米)		120
最小楼层距(毫米)		2800
轿厢内净尺寸(毫米)		1400 (宽x)1350 (深)
轿厢外尺寸(毫米)		1462 (宽x)1520 (深)
层门口净尺寸(毫米)		800 (宽x)2100 (高)
电源电压380伏	满载电流(安)	31.5
	起动电流(安)	61.5
	电源容量(千伏安)	14
	熔断器额定电流(安)	50
	电源频率(赫兹)	50
顶层高度 OH (毫米)		4530
底坑深度 PD (毫米)		1640
缓冲器高度 KH (毫米)		900
越程高度 RB (毫米)		360
支承点反力(牛顿)	R1	27500
	R2	34500
	R3	15500
	R4	19500
	P1	93000
	P2	78000
热量散发(焦耳/小时)		9450000

注意:
1、层门口留孔图见HOPE-II-27;
2、层门入口详图见HOPE-II/D-S4。

▲058-客梯HOPE-II-57,800KG,2MS

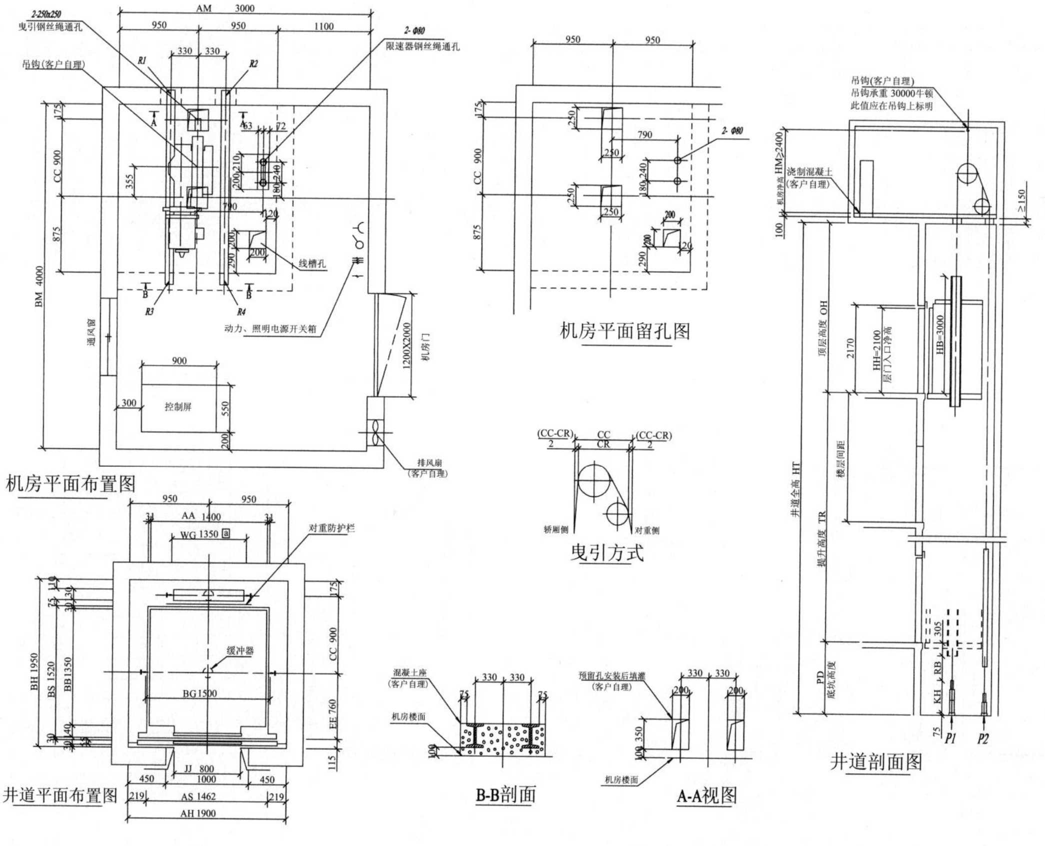

技术要求		
用途		客梯
载重量(公斤)		800
速度(米/秒)		2.5
操纵方式		1C-2BC,2C-SM21,3C-ITS21,4C-ITS21
控制方式		VFDA
曳引机		EM-3650K
电动机功率(千瓦)		18.5
曳引轮直径(毫米)		Φ710
导向轮直径(毫米)		Φ560
开门方式		中分式(CO)
最大停站数		32
最大提升高度(米)		120
最小楼层距(毫米)		2800
轿厢内净尺寸(毫米)		1400 (宽x)1350 (深)
轿厢外尺寸(毫米)		1462 (宽x)1520 (深)
层门口净尺寸(毫米)		800 (宽x)2100 (深)
电源电压380伏	满载电流(安)	38.4
	起动电流(安)	75.4
	电源容量(千伏安)	16
	熔断器额定电流(安)	63
	电源频率(赫兹)	50
顶层高度 OH (毫米)		4800
底坑深度 PD (毫米)		1910
缓冲器高度 KH (毫米)		1200
越程高度 RB (毫米)		330
支承点反力(牛顿)	R1	27500
	R2	34500
	R3	15500
	R4	19500
	P1	93000
	P2	78000
热量散发(焦耳/小时)		13020000

注意:
1、层门口留孔图见HOPE-II-27;
2、层门入口详图见HOPE-II/D-S4。

▲059-客梯HOPE-II-58,800KG,2.5MS

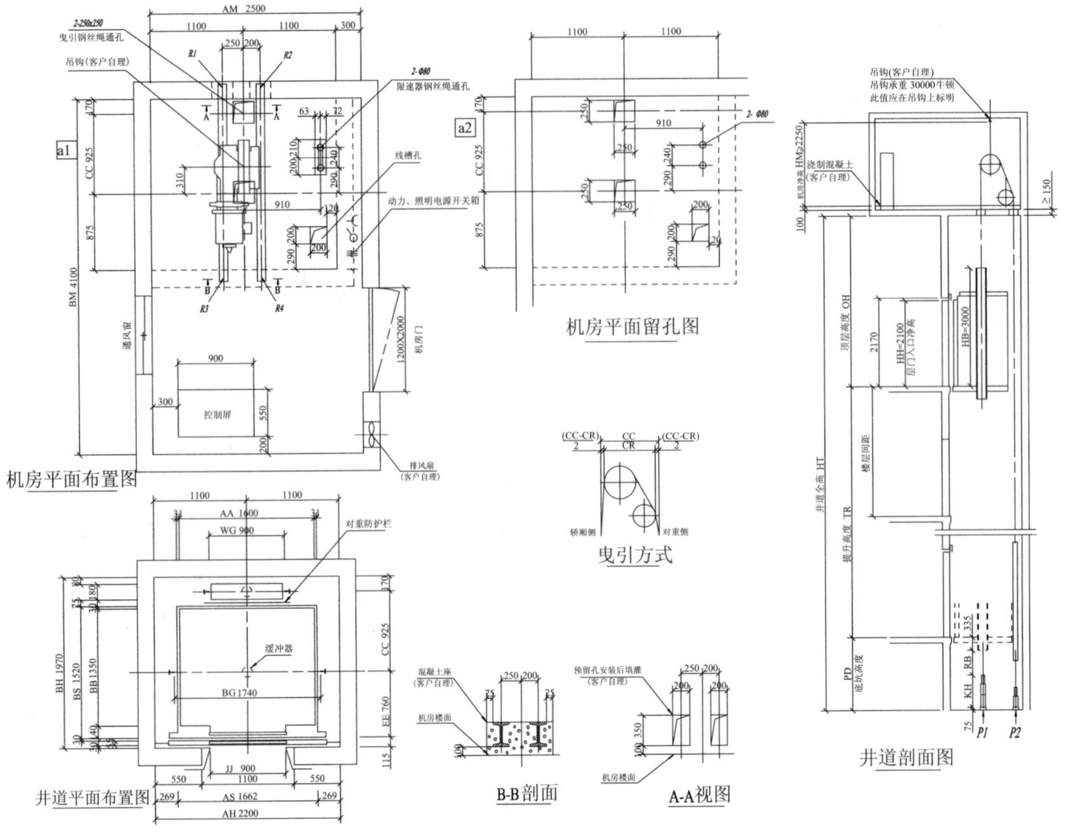

技术要求		
用途		客梯
载重量(公斤)		900
速度(米/秒)		1
操纵方式		1C-2BC,2C-SM21,3C-ITS21,4C-ITS21
控制方式		VFDA
曳引机		EM-2430
电动机功率(千瓦)		9.5
曳引轮直径(毫米)		Φ620
导向轮直径(毫米)		Φ480
开门方式		中分式(CO)
最大停站数		24
最大提升高度(米)		60
最小楼层距(毫米)		2800
轿厢内净尺寸(毫米)		1600 (宽)x1350 (深)
轿厢外尺寸(毫米)		1662 (宽)x1520 (深)
层门口净尺寸(毫米)		900 (宽)x2100 (高)
电源电压380伏	满载电流(安)	20.8
	起动电流(安)	40.1
	电源容量(千伏安)	8
	熔断器额定电流(安)	32
	电源频率(赫兹)	50
顶层高度 OH (毫米)		4250
底坑深度 PD (毫米)		1400
缓冲器高度 KH (毫米)		640
越程高度 RB (毫米)		340
支承点反力(牛顿)	R1	22500
	R2	31500
	R3	15500
	R4	19000
	P1	71500
	P2	57000
热量散发(焦耳/小时)		5643000

注意:
1、层门口留孔图见HOPE-II-27;
2、层门入口详图见HOPE-II/D-S4。

▲060-客梯HOPE-II-59,900KG,1MS

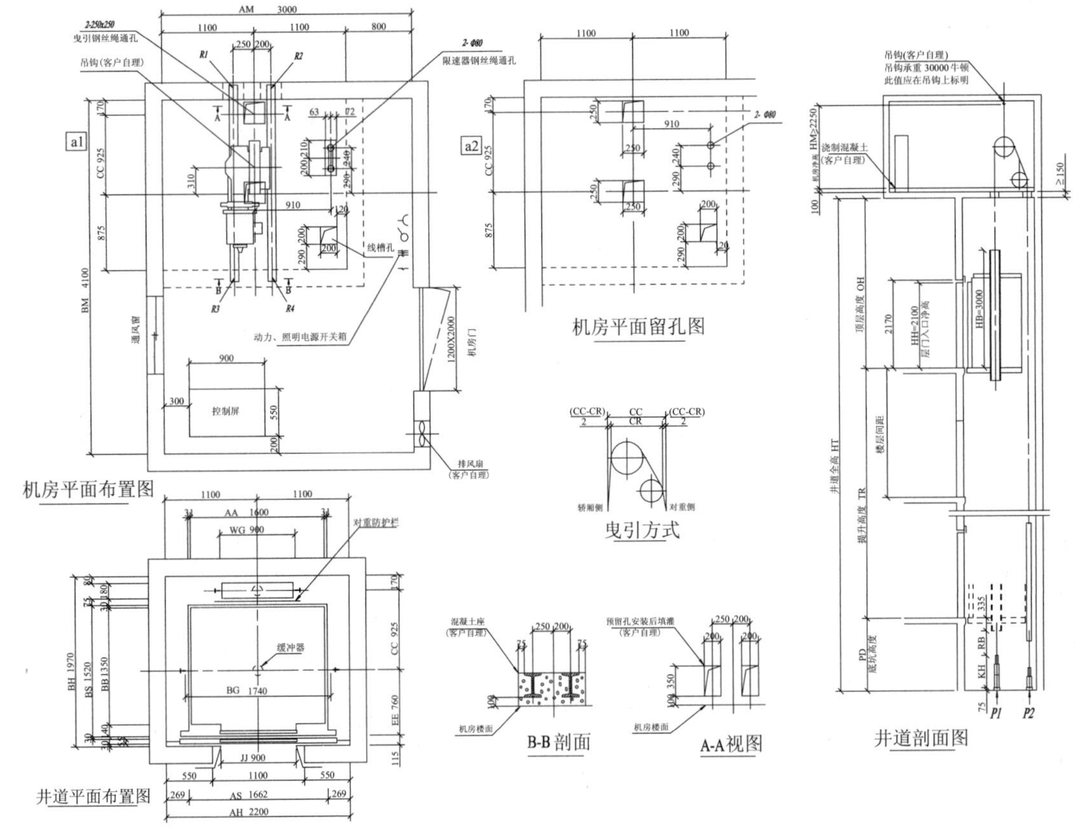

技术要求			
用途		客梯	
载重量(公斤)		900	
速度(米/秒)		1.5	1.75
操纵方式		1C-2BC,2C-SM21,3C-ITS21,4C-ITS21	
控制方式		VFDA	
曳引机		EM-2471	
电动机功率(千瓦)		13	15
曳引轮直径(毫米)		Φ620	
导向轮直径(毫米)		Φ480	
开门方式		中分式(CO)	
最大停站数		32	
最大提升高度(米)		105	
最小楼层距(毫米)		2800	
轿厢内净尺寸(毫米)		1600 (宽)x1350 (深)	
轿厢外尺寸(毫米)		1662 (宽)x1520 (深)	
层门口净尺寸(毫米)		900 (宽)x2100 (高)	
电源电压380伏	满载电流(安)	25.1	28.6
	起动电流(安)	48.7	55.8
	电源容量(千伏安)	10	11
	熔断器额定电流(安)	32	32
	电源频率(赫兹)	50	
顶层高度OH (毫米)		4450	
底坑深度PD (毫米)		1580	
缓冲器高度KH (毫米)		780	
越程高度RB (毫米)		390	
支承点反力(牛顿)	R1	26000	
	R2	33000	
	R3	16000	
	R4	20000	
	P1	90500	
	P2	72500	
热量散发(焦耳/小时)		8569000	10032000

注意:
1、层门口留孔图见HOPE-II-27;
2、层门入口详图见HOPE-II/D-S4。

▲061-客梯HOPE-II-60,900kg,1.5-1.75ms

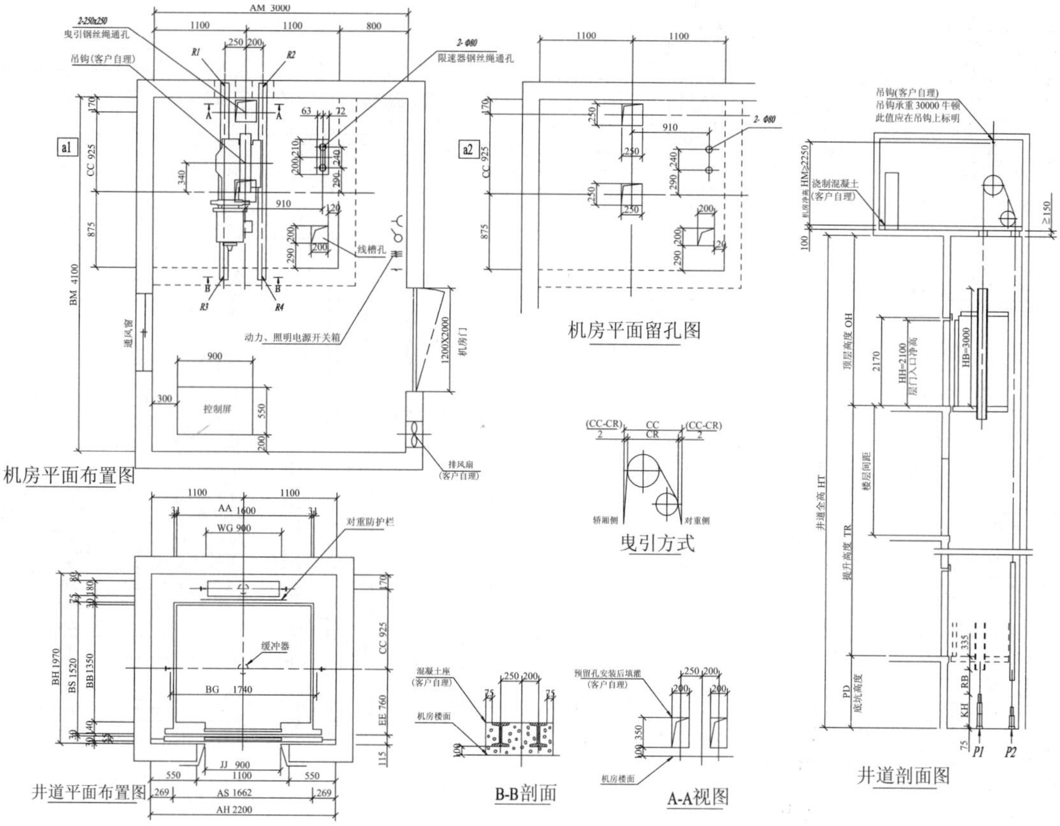

机房平面布置图
机房平面留孔图
曳引方式
井道平面布置图
B-B剖面
A-A视图
井道剖面图

技术要求		
用途		客梯
载重量(公斤)		900
速度(米/秒)		2
操纵方式		1C-2BC,2C-SM21,3C-ITS21,4C-ITS21
控制方式		VFDA
曳引机		EM-2480
电动机功率(千瓦)		15
曳引轮直径(毫米)		Φ680
导向轮直径(毫米)		Φ480
开门方式		中分式(CO)
最大停站数		32
最大提升高度(米)		120
最小楼层距(毫米)		2800
轿厢内净尺寸(毫米)		1600 (宽x)1350 (深)
轿厢外尺寸(毫米)		1662 (宽x)1520 (深)
层门口净尺寸(毫米)		900 (宽x)2100 (高)
电源电压380伏	满载电流(安)	31.5
	起动电流(安)	61.5
	电源容量(千伏安)	14
	熔断器额定电流(安)	50
	电源频率(赫兹)	50
顶层高度 OH(毫米)		4530
底坑深度 PD(毫米)		1690
缓冲器高度 KH(毫米)		900
越程高度 RB(毫米)		380
支承点反力(牛顿)	R1	30000
	R2	37500
	R3	17000
	R4	21500
	P1	106000
	P2	87000
热量散发(焦耳/小时)		11340000

注意:
1、层门口留孔图见HOPE-II-27;
2、层门入口详图见HOPE-II/D-S4。

▲062-客梯HOPE-II-61,900kg,2ms

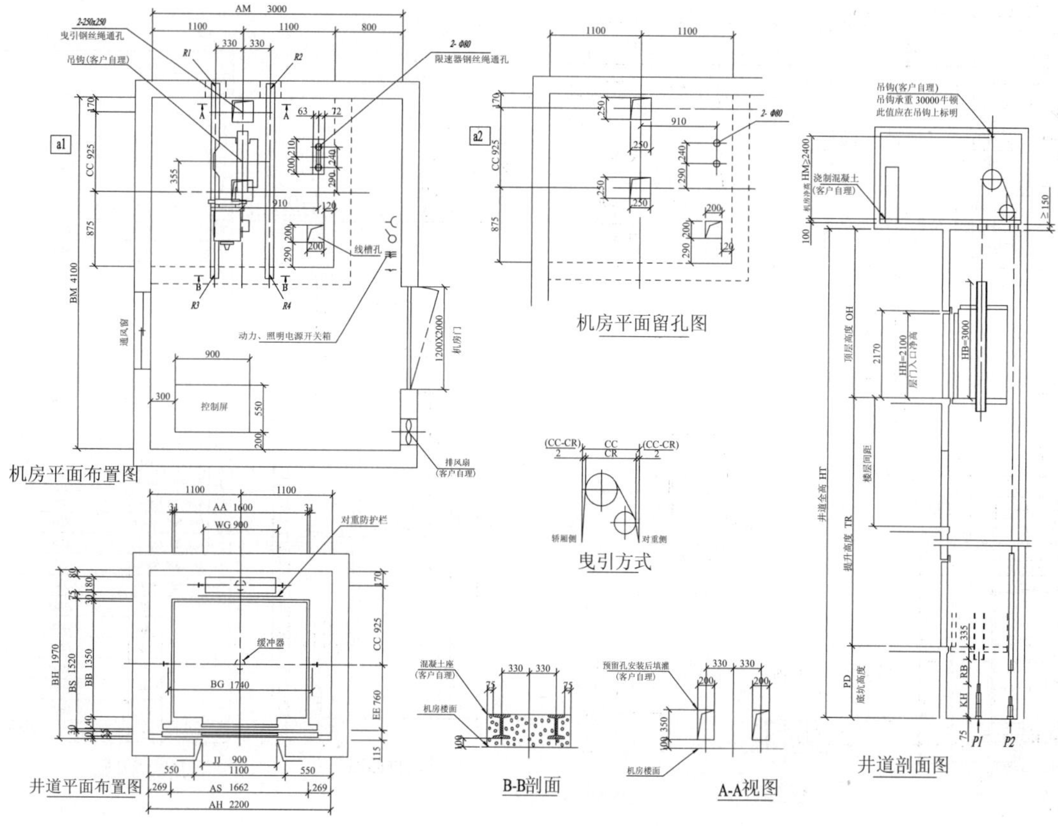

机房平面布置图
机房平面留孔图
曳引方式
井道平面布置图
B-B剖面
A-A视图
井道剖面图

技术要求		
用途		客梯
载重量(公斤)		900
速度(米/秒)		2.5
操纵方式		1C-2BC,2C-SM21,3C-ITS21,4C-ITS21
控制方式		VFDA
曳引机		EM-3650K
电动机功率(千瓦)		18.5
曳引轮直径(毫米)		Φ710
导向轮直径(毫米)		Φ560
开门方式		中分式(CO)
最大停站数		32
最大提升高度(米)		120
最小楼层距(毫米)		2800
轿厢内净尺寸(毫米)		1600 (宽x)1350 (深)
轿厢外尺寸(毫米)		1662 (宽x)1520 (深)
层门口净尺寸(毫米)		900 (宽x)2100 (高)
电源电压380伏	满载电流(安)	38.4
	起动电流(安)	75.4
	电源容量(千伏安)	16
	熔断器额定电流(安)	63
	电源频率(赫兹)	50
顶层高度 OH(毫米)		4800
底坑深度 PD(毫米)		1940
缓冲器高度 KH(毫米)		1200
越程高度 RB(毫米)		330
支承点反力(牛顿)	R1	30000
	R2	37500
	R3	17000
	R4	21500
	P1	106000
	P2	87000
热量散发(焦耳/小时)		14280000

注意:
1、层门口留孔图见HOPE-II-27;
2、层门入口详图见HOPE-II/D-S4。

▲063-客梯HOPE-II-62,900kg,2.5ms

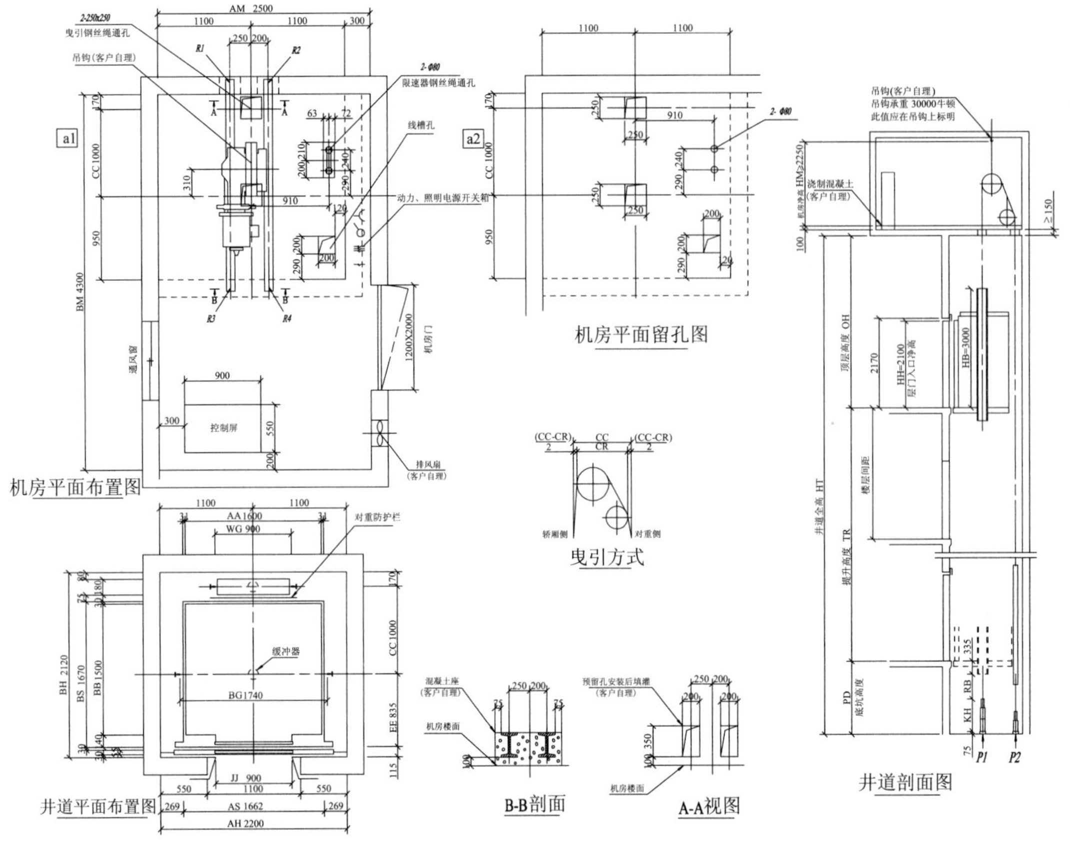

技术要求

用途		客梯
载重量(公斤)		1050
速度(米/秒)		1.0
操纵方式		1C-2BC,2C-SM21,3C-ITS21,4C-ITS21
控制方式		VFDA
曳引机		EM-2430
电动机功率(千瓦)		9.5
曳引轮直径(毫米)		Φ620
导向轮直径(毫米)		Φ480
开门方式		中分式(CO)
最大停站数		24
最大提升高度(米)		60
最小楼层距(毫米)		2800
轿厢内净尺寸(毫米)		1600 (宽x)1500 (深)
轿厢外尺寸(毫米)		1662 (宽x)1670 (深)
层门口净尺寸(毫米)		900 (宽x)2100 (高)
电源电压380伏	满载电流(安)	23.6
	起动电流(安)	45.7
	电源容量(千伏安)	9
	熔断器额定电流(安)	32
	电源频率(赫兹)	50
顶层高度 OH(毫米)		4250
底坑深度 PD(毫米)		1400
缓冲器高度 KH(毫米)		640
越程高度 RB(毫米)		340
支承点反力(牛顿)	R1	26000
	R2	32500
	R3	16000
	R4	20500
	P1	76000
	P2	58000
热量散发(焦耳/小时)		6270000

注意:
1、层门口留孔图见HOPE-II-27;
2、层门入口详图见HOPE-II/D-S4。

▲064-客梯HOPE-II-63,1050kg,1ms

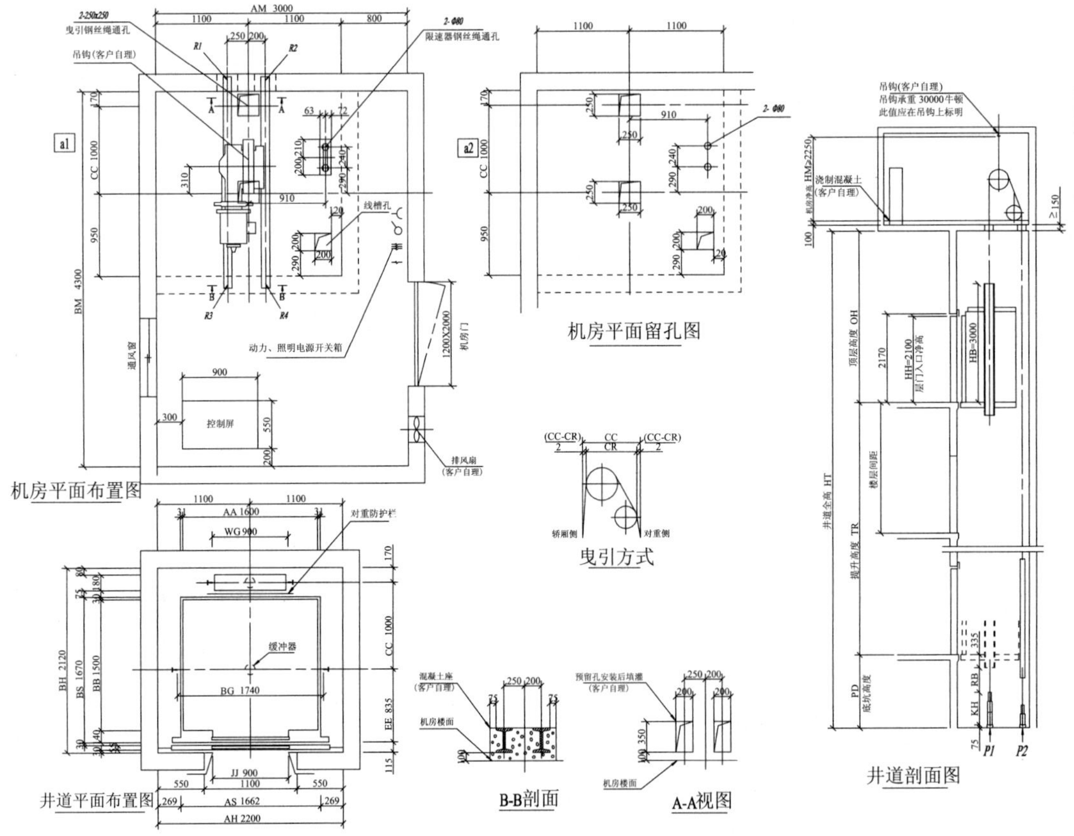

技术要求

用途		客梯	
载重量(公斤)		1050	
速度(米/秒)		1.5	1.75
操纵方式		1C-2BC,2C-SM21,3C-ITS21,4C-ITS21	
控制方式		VFDA	
曳引机		EM-2471	
电动机功率(千瓦)		13	15
曳引轮直径(毫米)		Φ620	
导向轮直径(毫米)		Φ480	
开门方式		中分式(CO)	
最大停站数		32	
最大提升高度(米)		105	
最小楼层距(毫米)		2800	
轿厢内净尺寸(毫米)		1600 (宽x)1500 (深)	
轿厢外尺寸(毫米)		1662 (宽x)1670 (深)	
层门口净尺寸(毫米)		900 (宽x)2100 (高)	
电源电压380伏	满载电流(安)	28.6	32.8
	起动电流(安)	55.8	64.1
	电源容量(千伏安)	11	12
	熔断器额定电流(安)	32	50
	电源频率(赫兹)	50	
顶层高度 OH(毫米)		4450	
底坑深度 PD(毫米)		1580	
缓冲器高度KH(毫米)		780	
越程高度 RB(毫米)		390	
支承点反力(牛顿)	R1	27000	
	R2	34000	
	R3	17000	
	R4	21500	
	P1	99500	
	P2	76000	
热量散发(焦耳/小时)		9405000	11077000

注意:
1、层门口留孔图见HOPE-II-27;
2、层门入口详图见HOPE-II/D-S4。

▲065-客梯HOPE-II-64,1050KG,1.5-1.75MS

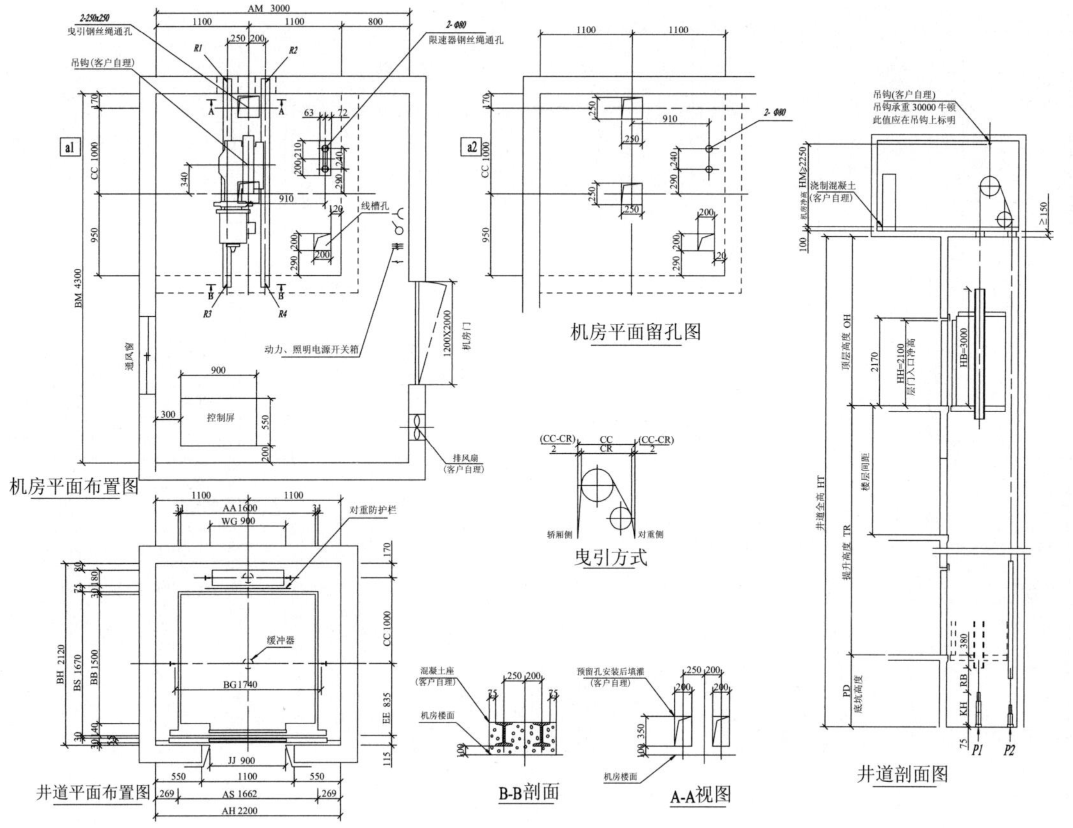

技术要求		
用途		客梯
载重量(公斤)		1050
速度(米/秒)		2
操纵方式		1C-2BC,2C-SM21,3C-ITS21,4C-ITS21
控制方式		VFDA
曳引机		EM-2480
电动机功率(千瓦)		15
曳引轮直径(毫米)		Φ680
导向轮直径(毫米)		Φ480
开门方式		中分式(CO)
最大停站数		32
最大提升高度(米)		120
最小楼层距(毫米)		2800
轿厢内净尺寸(毫米)		1600 (宽)x1500 (深)
轿厢外尺寸(毫米)		1662 (宽)x1670 (深)
层门口净尺寸(毫米)		900 (宽)x2100 (高)
电源电压380伏	满载电流(安)	36.1
	起动电流(安)	70.7
	电源容量(千伏安)	15
	熔断器额定电流(安)	63
	电源频率(赫兹)	50
顶层高度OH (毫米)		4530
底坑深度PD (毫米)		1740
缓冲器高度KH (毫米)		900
越程高度RB (毫米)		385
支承点反力(牛顿)	R1	30500
	R2	38000
	R3	17000
	R4	21500
	P1	107000
	P2	86000
热量散发(焦耳/小时)		13230000

注意:
1、层门口留孔图见HOPE-II-27;
2、层门入口详图见HOPE-II/D-S4。

▲066-客梯HOPE-II-65,1050KG,2MS

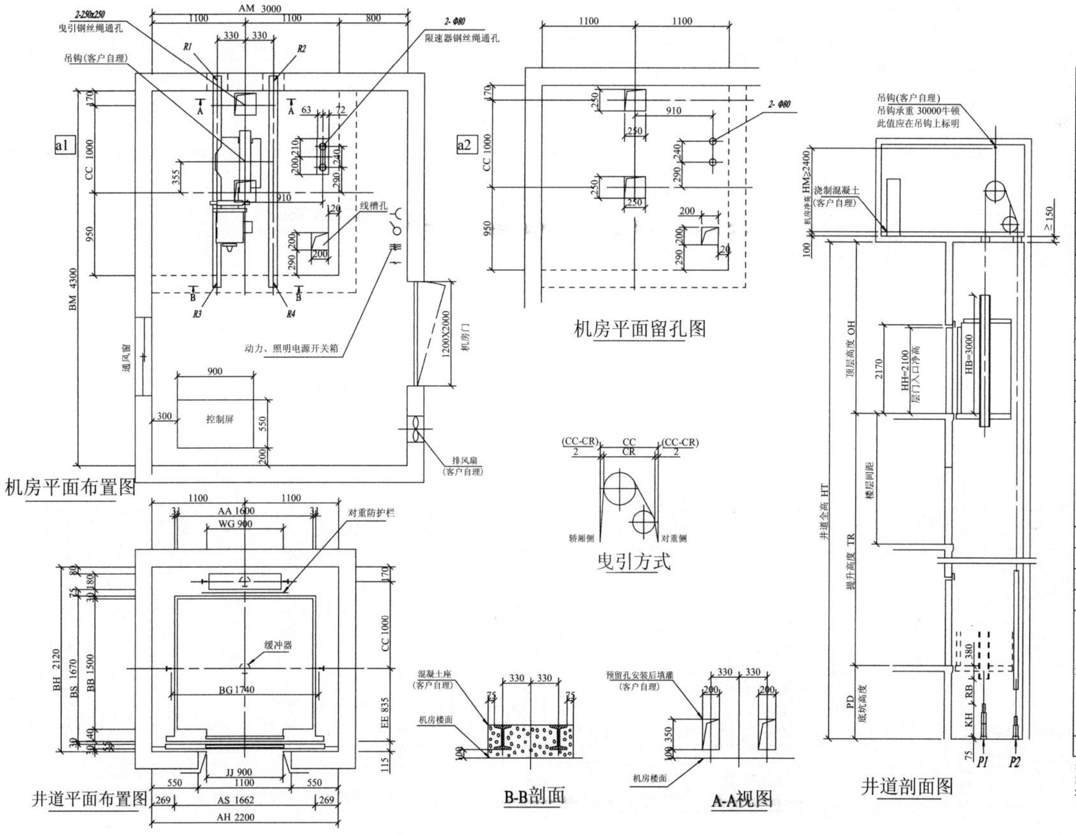

技术要求		
用途		客梯
载重量(公斤)		1050
速度(米/秒)		2.5
操纵方式		1C-2BC,2C-SM21,3C-ITS21,4C-ITS21
控制方式		VFDA
曳引机		EM-3650K
电动机功率(千瓦)		18.5
曳引轮直径(毫米)		Φ710
导向轮直径(毫米)		Φ560
开门方式		中分式(CO)
最大停站数		32
最大提升高度(米)		120
最小楼层距(毫米)		2800
轿厢内净尺寸(毫米)		1600 (宽)x1500 (深)
轿厢外尺寸(毫米)		1662 (宽)x1670 (深)
层门口净尺寸(毫米)		900 (宽)x2100 (高)
电源电压380伏	满载电流(安)	44.2
	起动电流(安)	86.9
	电源容量(千伏安)	19
	熔断器额定电流(安)	80
	电源频率(赫兹)	50
顶层高度OH (毫米)		4800
底坑深度PD (毫米)		1990
缓冲器高度KH (毫米)		1200
越程高度RB (毫米)		335
支承点反力(牛顿)	R1	30500
	R2	38000
	R3	17000
	R4	21500
	P1	107000
	P2	86000
热量散发(焦耳/小时)		16590000

注意:
1、层门口留孔图见HOPE-II-27;
2、层门入口详图见HOPE-II/D-S4。

▲067-客梯HOPE-II-66,1050KG,2.5MS

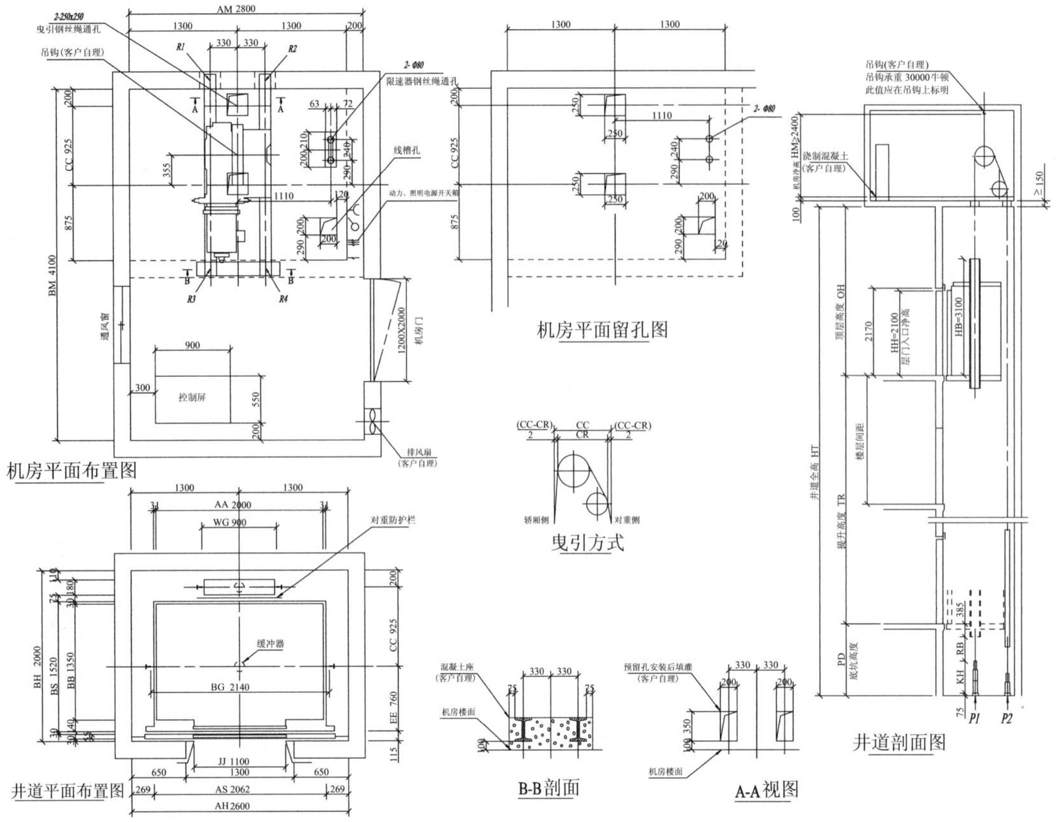

技术要求		
用途		客梯
载重量(公斤)		1200
速度(米/秒)		1.0
操纵方式		1C-2BC,2C-SM21,3C-ITS21,4C-ITS21
控制方式		VFDA
曳引机		EM-3615
电动机功率(千瓦)		15
曳引轮直径(毫米)		Φ710
导向轮直径(毫米)		Φ560
开门方式		中分式(CO)
最大停站数		24
最大提升高度(米)		60
最小楼层距(毫米)		2800
轿厢内净尺寸(毫米)		2000 (宽x)1350 (深)
轿厢外尺寸(毫米)		2062 (宽x)1520 (深)
层门口净尺寸(毫米)		1100 (宽x)2100 (高)
电源电压380伏	满载电流(安)	28.8
	起动电流(安)	56.1
	电源容量(千伏安)	12
	熔断器额定电流(安)	50
	电源频率(赫兹)	50
顶层高度OH (毫米)		4350
底坑深度PD (毫米)		1450
缓冲器高度KH (毫米)		645
越程高度RB (毫米)		340
支承点反力(牛顿)	R1	37500
	R2	37500
	R3	22500
	R4	22500
	P1	86500
	P2	68000
热量散发(焦耳/小时)		7524000

注意:
1、层门口留孔图见HOPE-II-27;
2、层门入口详图见HOPE-II/D-S4。

▲068-客梯HOPE-II-67,1200KG,1MS

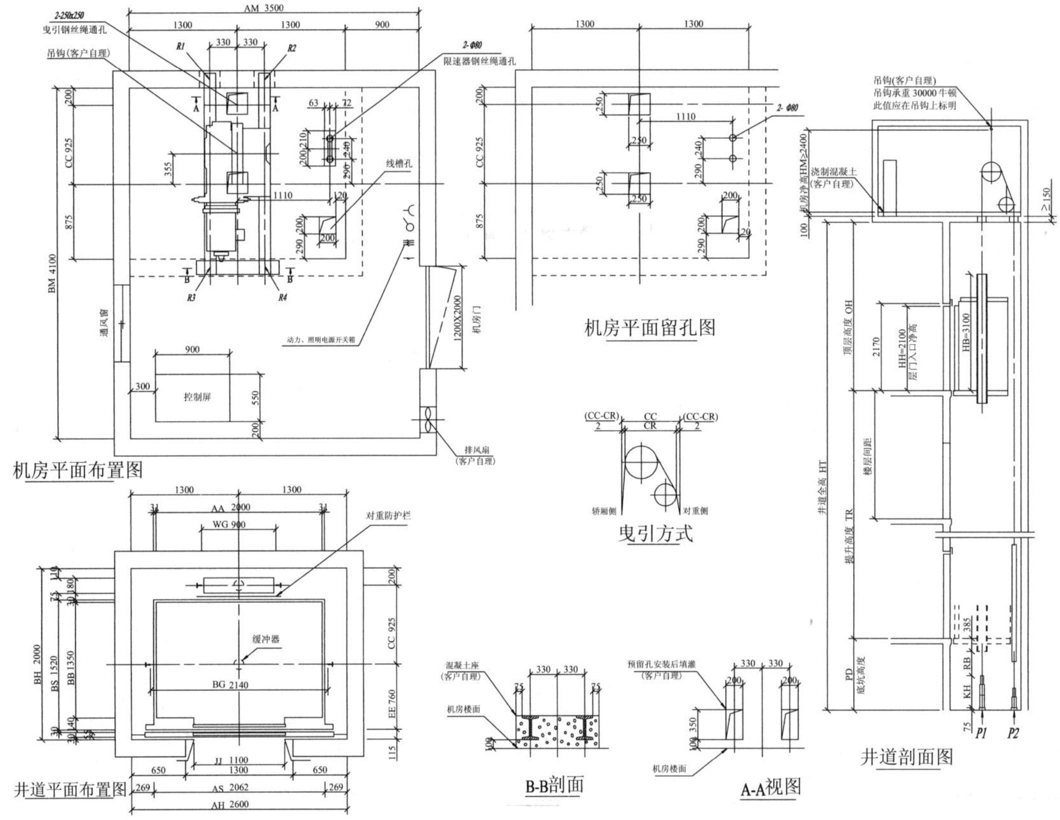

技术要求			
用途		客梯	
载重量(公斤)		1200	
速度(米/秒)		1.5	1.75
操纵方式		1C-2BC,2C-SM21,3C-ITS21,4C-ITS21	
控制方式		VFDA	
曳引机		EM-3640	
电动机功率(千瓦)		15	18.5
曳引轮直径(毫米)		Φ710	
导向轮直径(毫米)		Φ560	
开门方式		中分式(CO)	
最大停站数		32	
最大提升高度(米)		105	
最小楼层距(毫米)		2800	
轿厢内净尺寸(毫米)		2000 (宽x)1350 (深)	
轿厢外尺寸(毫米)		2062 (宽x)1520 (深)	
层门口净尺寸(毫米)		1100 (宽x)2100 (高)	
电源电压380伏	满载电流(安)	34.5	39.2
	起动电流(安)	67.5	77
	电源容量(千伏安)	15	17
	熔断器额定电流(安)	63	63
	电源频率(赫兹)	50	
顶层高度 OH (毫米)		4550	
底坑深度 PD (毫米)		1620	
缓冲器高度 KH (毫米)		780	
越程高度 RB (毫米)		380	
支承点反力(牛顿)	R1	37500	
	R2	37500	
	R3	23000	
	R4	23000	
	P1	108500	
	P2	85000	
热量散发(焦耳/小时)		11286000	13167000

注意:
1、层门口留孔图见HOPE-II-27;
2、层门入口详图见HOPE-II/D-S4。

▲069-客梯HOPE-II-68,1200KG,1.5-1.75MS

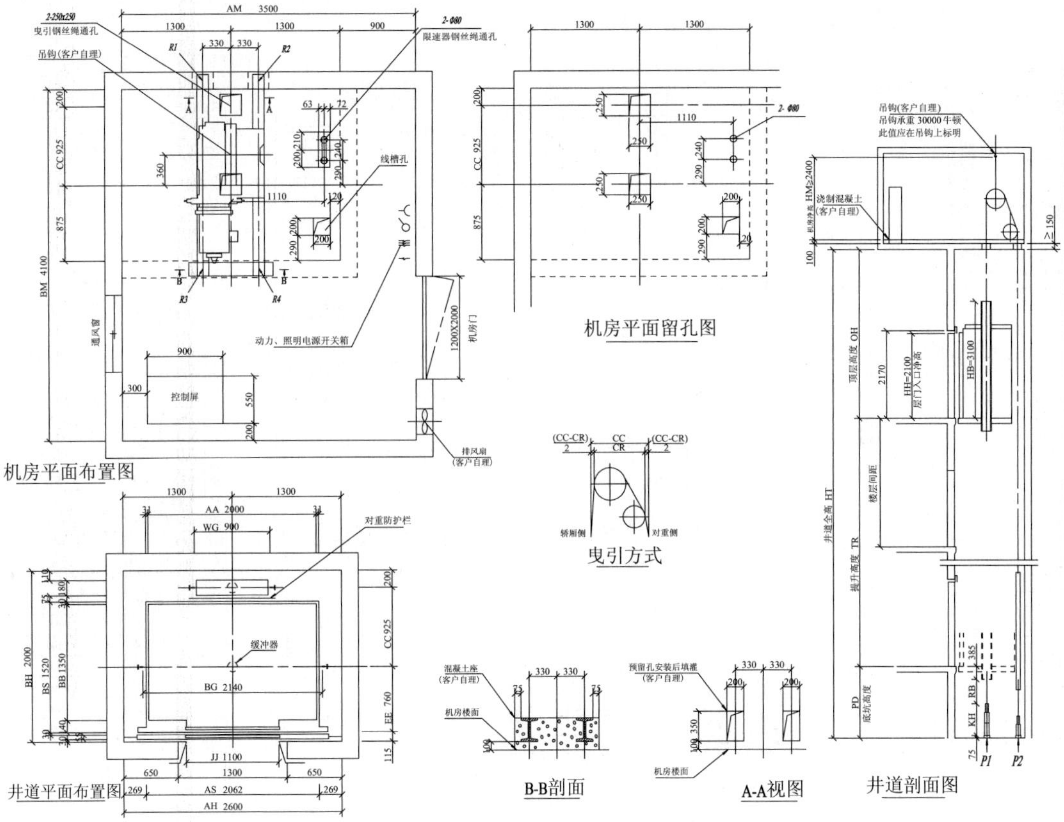
机房平面布置图
机房平面留孔图
曳引方式
井道平面布置图
B-B剖面
A-A视图
井道剖面图

技术要求		
用途		客梯
载重量(公斤)		1200
速度(米/秒)		2.0
操纵方式		1C-2BC,2C-SM21,3C-ITS21,4C-ITS21
控制方式		VFDA
曳引机		EM-3650K
电动机功率(千瓦)		18.5
曳引轮直径(毫米)		Φ710
导向轮直径(毫米)		Φ560
开门方式		中分式(CO)
最大停站数		32
最大提升高度(米)		120
最小楼层距(毫米)		2800
轿厢内净尺寸(毫米)		2000 (宽)x1350 (深)
轿厢外尺寸(毫米)		2062 (宽)x1520 (深)
层门口净尺寸(毫米)		1100 (宽)x2100 (高)
电源电压380伏	满载电流(安)	41.3
	起动电流(安)	81.1
	电源容量(千伏安)	17
	熔断器额定电流(安)	80
	电源频率(赫兹)	50
顶层高度 OH (毫米)		4630
底坑深度 PD (毫米)		1740
缓冲器高度 KH (毫米)		900
越程高度 RB (毫米)		380
支承点反力(牛顿)	R1	38000
	R2	38000
	R3	23000
	R4	23000
	P1	110000
	P2	86000
热量散发(焦耳/小时)		15048000

注意:
1、层门口留孔图见HOPE-II-27;
2、层门入口详图见HOPE-II/D-S4。

▲070-客梯HOPE-II-69,1200KG,2MS

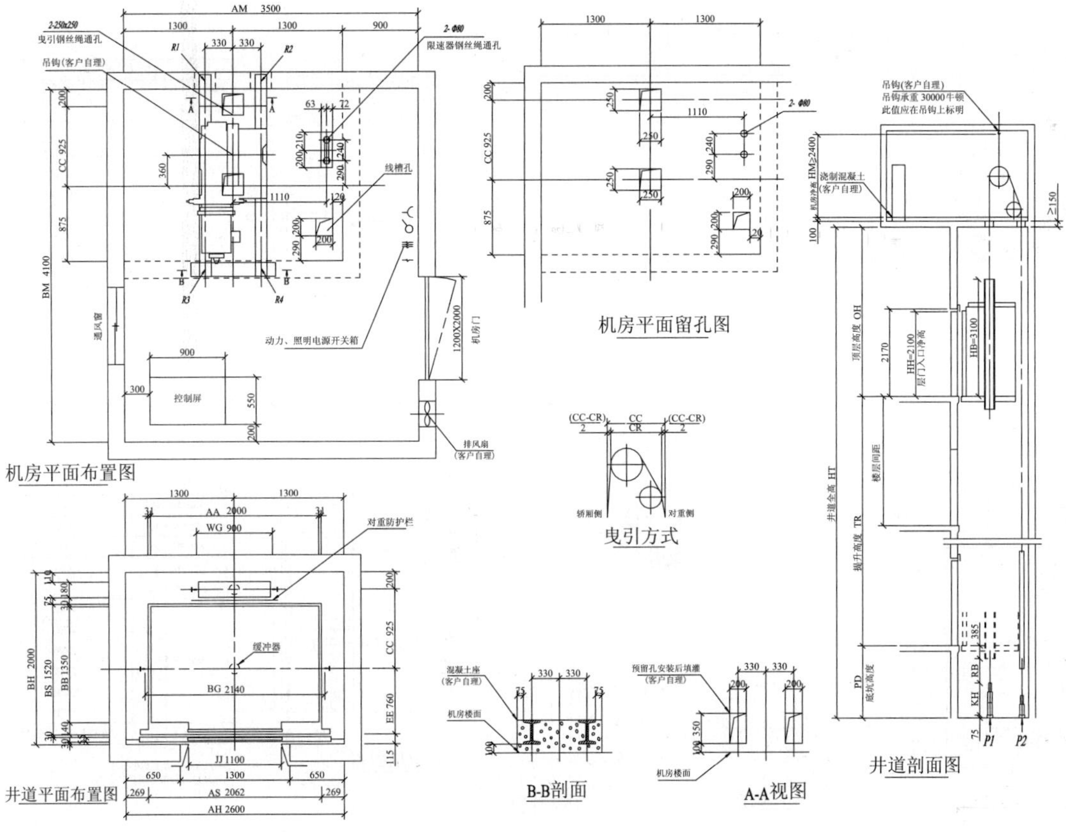
机房平面布置图
机房平面留孔图
曳引方式
井道平面布置图
B-B剖面
A-A视图
井道剖面图

技术要求		
用途		客梯
载重量(公斤)		1200
速度(米/秒)		2.5
操纵方式		1C-2BC,2C-SM21,3C-ITS21,4C-ITS21
控制方式		VFDA
曳引机		EM-3650K
电动机功率(千瓦)		22
曳引轮直径(毫米)		Φ710
导向轮直径(毫米)		Φ560
开门方式		中分式(CO)
最大停站数		32
最大提升高度(米)		120
最小楼层距(毫米)		2800
轿厢内净尺寸(毫米)		2000 (宽)x1350 (深)
轿厢外尺寸(毫米)		2062 (宽)x1520 (深)
层门口净尺寸(毫米)		1100 (宽)x2100 (高)
电源电压380伏	满载电流(安)	50.1
	起动电流(安)	98.7
	电源容量(千伏安)	21
	熔断器额定电流(安)	100
	电源频率(赫兹)	50
顶层高度 OH (毫米)		4900
底坑深度 PD (毫米)		2040
缓冲器高度 KH (毫米)		1200
越程高度 RB (毫米)		380
支承点反力(牛顿)	R1	38000
	R2	38000
	R3	23000
	R4	23000
	P1	106000
	P2	82500
热量散发(焦耳/小时)		18900000

注意:
1、层门口留孔图见HOPE-II-27;
2、层门入口详图见HOPE-II/D-S4。

▲071-客梯HOPE-II-70,1200KG,2.5MS

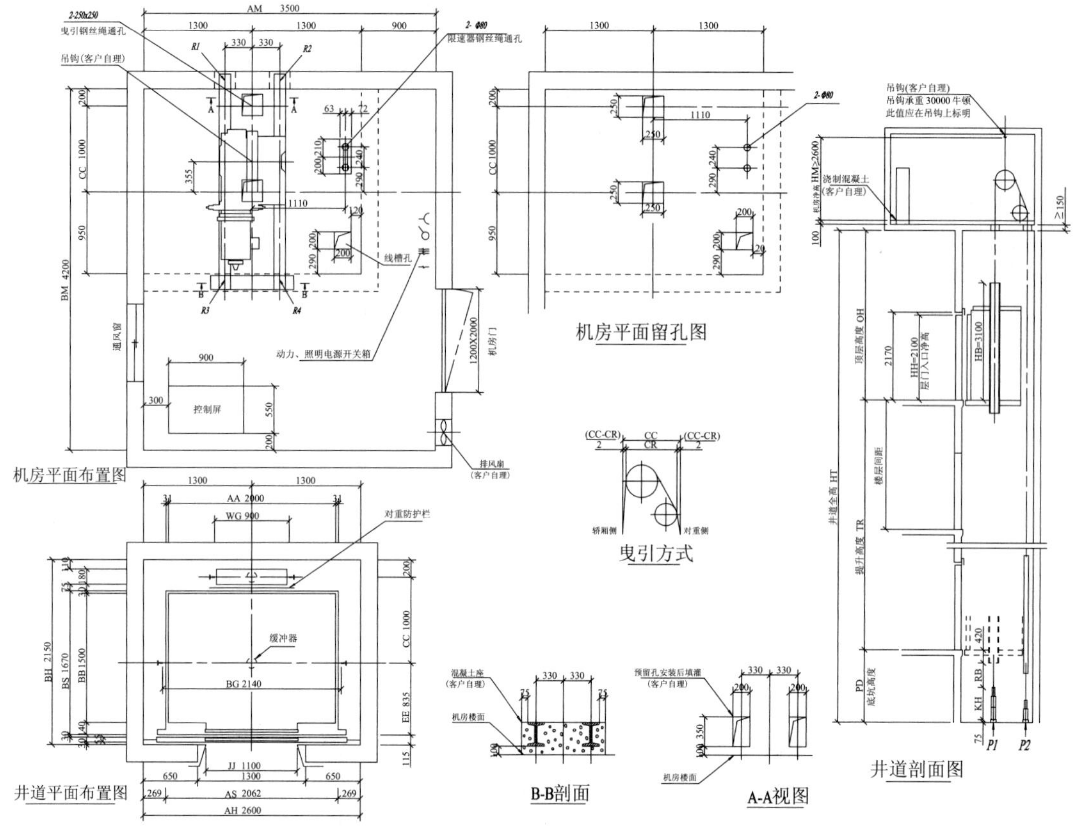

技术要求		
用途		客梯
载重量(公斤)		1350
速度(米/秒)		1
操纵方式		1C-2BC,2C-SM21,3C-ITS21,4C-ITS21
控制方式		VFDA
曳引机		EM-3615
电动机功率(千瓦)		15
曳引轮直径(毫米)		Φ710
导向轮直径(毫米)		Φ560
开门方式		中分式(CO)
最大停站数		24
最大提升高度(米)		60
最小楼层距(毫米)		2800
轿厢内净尺寸(毫米)		2000 (宽)x 1500 (深)
轿厢外尺寸(毫米)		2062 (宽)x 1670 (深)
层门口净尺寸(毫米)		1100 (宽)x 2100 (高)
电源电压380伏	满载电流(安)	31.8
	起动电流(安)	62.1
	电源容量(千伏安)	14
	熔断器额定电流(安)	50
	电源频率(赫兹)	50
顶层高度 OH (毫米)		4350
底坑深度 PD (毫米)		1450
缓冲器高度KH (毫米)		610
越程高度 RB (毫米)		340
支承点反力(牛顿)	R1	40500
	R2	40500
	R3	25500
	R4	25500
	P1	98000
	P2	76000
热量散发(焦耳/小时)		8569000

注意:
1、层门口留孔图见HOPE-II-27;
2、层门入口详图见HOPE-II/D-S4。

▲072-客梯HOPE-II-71.1350KG,1MS

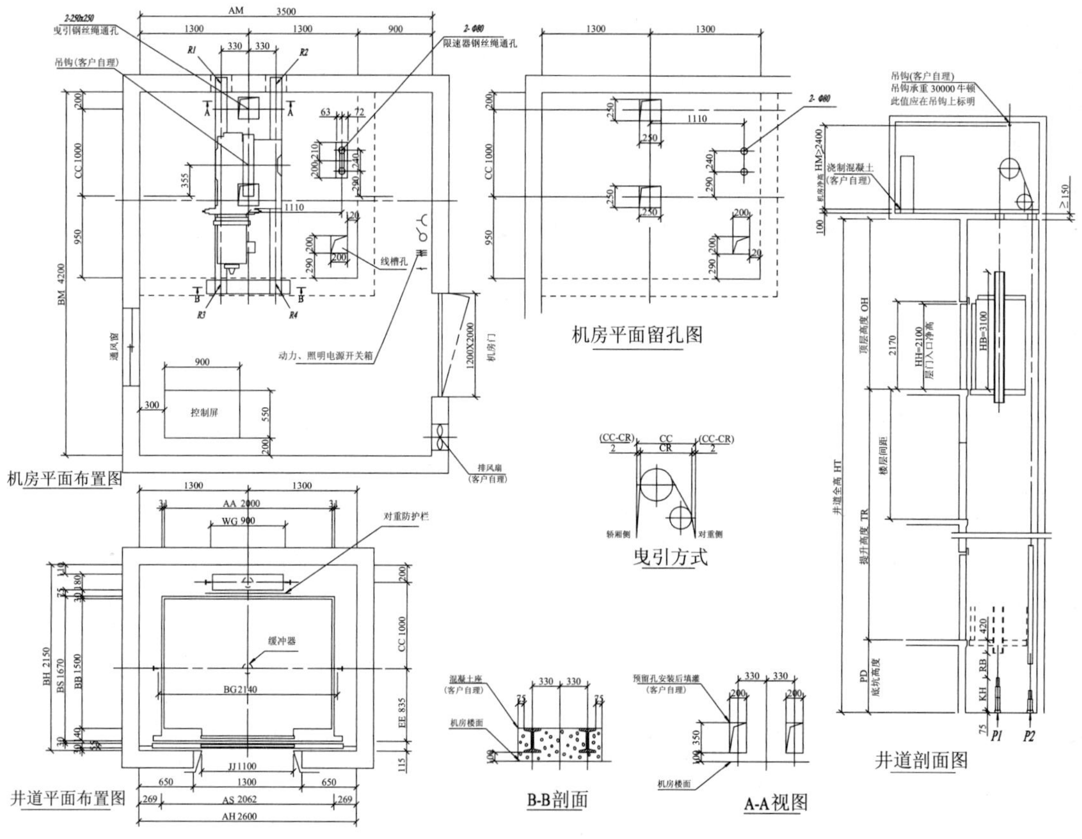

技术要求			
用途		客梯	
载重量(公斤)		1350	
速度(米/秒)		1.5	1.75
操纵方式		1C-2BC,2C-SM21,3C-ITS21,4C-ITS21	
控制方式		VFDA	
曳引机		EM-3640	
电动机功率(千瓦)		18.5	
曳引轮直径(毫米)		Φ710	
导向轮直径(毫米)		Φ560	
开门方式		中分式(CO)	
最大停站数		32	
最大提升高度(米)		105	
最小楼层距(毫米)		2800	
轿厢内净尺寸(毫米)		2000 (宽)x1500 (深)	
轿厢外尺寸(毫米)		2062 (宽)x1670 (深)	
层门口净尺寸(毫米)		1100 (宽)x 2100 (高)	
电源电压380伏	满载电流(安)	38.3	43.6
	起动电流(安)	75.1	85.8
	电源容量(千伏安)	16	18
	熔断器额定电流(安)	63	80
	电源频率(赫兹)	50	
顶层高度 OH (毫米)		4550	
底坑深度 PD (毫米)		1570	
缓冲器高度KH (毫米)		685	
越程高度 RB (毫米)		390	
支承点反力(牛顿)	R1	41500	
	R2	41500	
	R3	26000	
	R4	26000	
	P1	124600	
	P2	96500	
热量散发(焦耳/小时)		12958000	15048000

注意:
1、层门口留孔图见HOPE-II-27;
2、层门入口详图见HOPE-II/D-S4。

▲073-客梯HOPE-II-72,1350KG,1.5-1.75MS

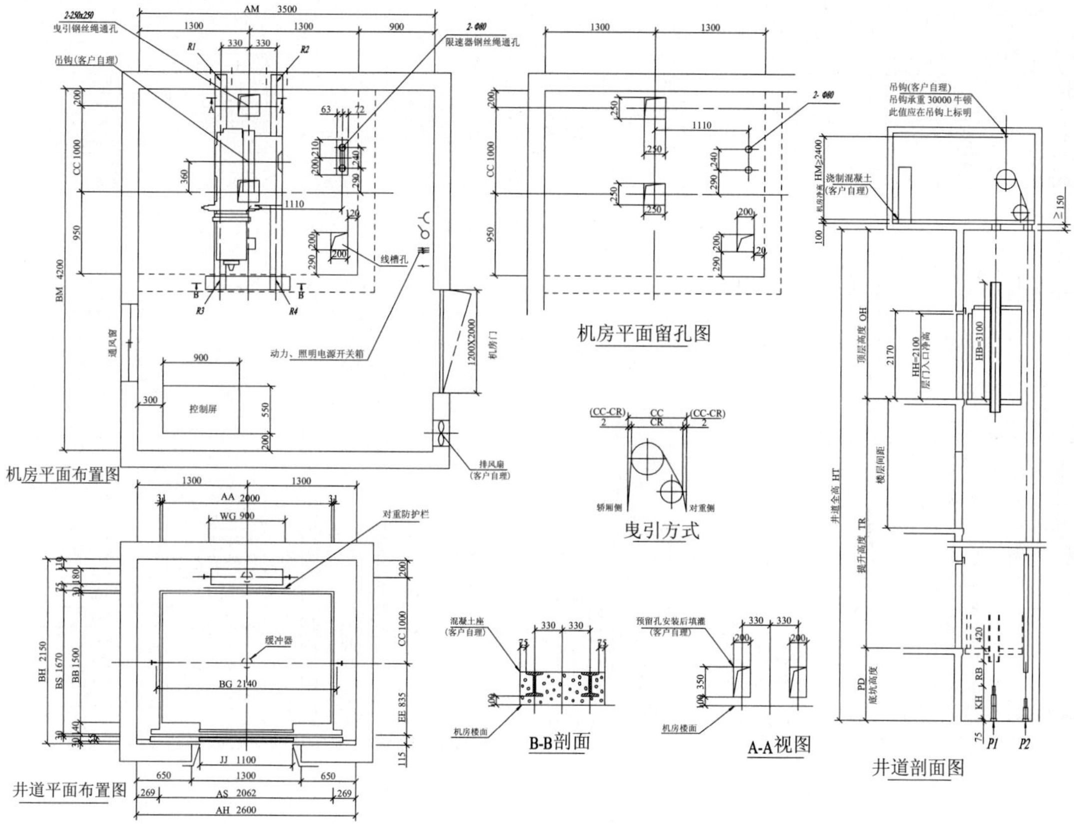

技术要求		
用途		客梯
载重量(公斤)		1350
速度(米/秒)		2
操纵方式		1C-2BC,2C-SM21,3C-ITS21,4C-ITS21
控制方式		VFDA
曳引机		EM-3650K
电动机功率(千瓦)		22
曳引轮直径(毫米)		Φ710
导向轮直径(毫米)		Φ560
开门方式		中分式(CO)
最大停站数		32
最大提升高度(米)		120
最小楼层距(毫米)		2800
轿厢内净尺寸(毫米)		2000 (宽)x 1500 (深)
轿厢外尺寸(毫米)		2062 (宽)x 1670 (深)
层门口净尺寸(毫米)		1100 (宽)x 2100 (高)
电源电压380伏	满载电流(安)	46
	起动电流(安)	90.5
	电源容量(千伏安)	19
	熔断器额定电流(安)	80
	电源频率(赫兹)	50
顶层高度 OH (毫米)		4630
底坑深度 PD (毫米)		1740
缓冲器高度 KH (毫米)		900
越程高度 RB (毫米)		345
支承点反力(牛顿)	R1	41500
	R2	41500
	R3	26500
	R4	26500
	P1	125000
	P2	97000
热量散发(焦耳/小时)		17138000

注意:
1、层门口留孔图见HOPE-II-27;
2、层门入口详图见HOPE-II/D-S4。

▲074-客梯HOPE-II-73,1350KG,2MS

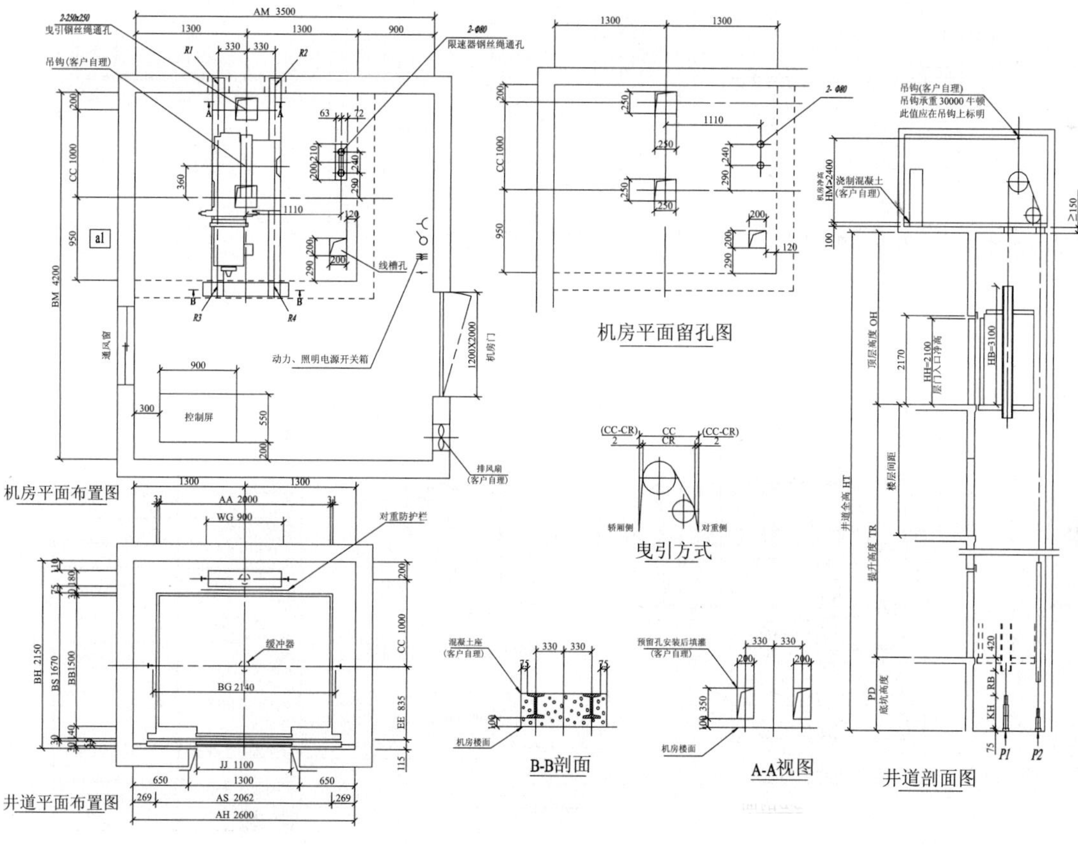

技术要求		
用途		客梯
载重量(公斤)		1350
速度(米/秒)		2.5
操纵方式		1C-2BC,2C-SM21,3C-ITS21,4C-ITS21
控制方式		VFDA
曳引机		EM-3650K
电动机功率(千瓦)		30
曳引轮直径(毫米)		Φ710
导向轮直径(毫米)		Φ560
开门方式		中分式(CO)
最大停站数		32
最大提升高度(米)		120
最小楼层距(毫米)		2800
轿厢内净尺寸(毫米)		2000 (宽)x 1500 (深)
轿厢外尺寸(毫米)		2062 (宽)x 1670 (深)
层门口净尺寸(毫米)		1100 (宽)x 2100 (高)
电源电压380伏	满载电流(安)	56
	起动电流(安)	110.5
	电源容量(千伏安)	23
	熔断器额定电流(安)	100
	电源频率(赫兹)	50
顶层高度 OH (毫米)		4900
底坑深度 PD (毫米)		2070
缓冲器高度 KH (毫米)		1200
越程高度 RB (毫米)		375
支承点反力(牛顿)	R1	41500
	R2	41500
	R3	26500
	R4	26500
	P1	121500
	P2	94500
热量散发(焦耳/小时)		21420000

注意:
1、层门口留孔图见HOPE-II-27;
2、层门入口详图见HOPE-II/D-S4。

▲075-客梯HOPE-II-74,1350KG,2.5MS

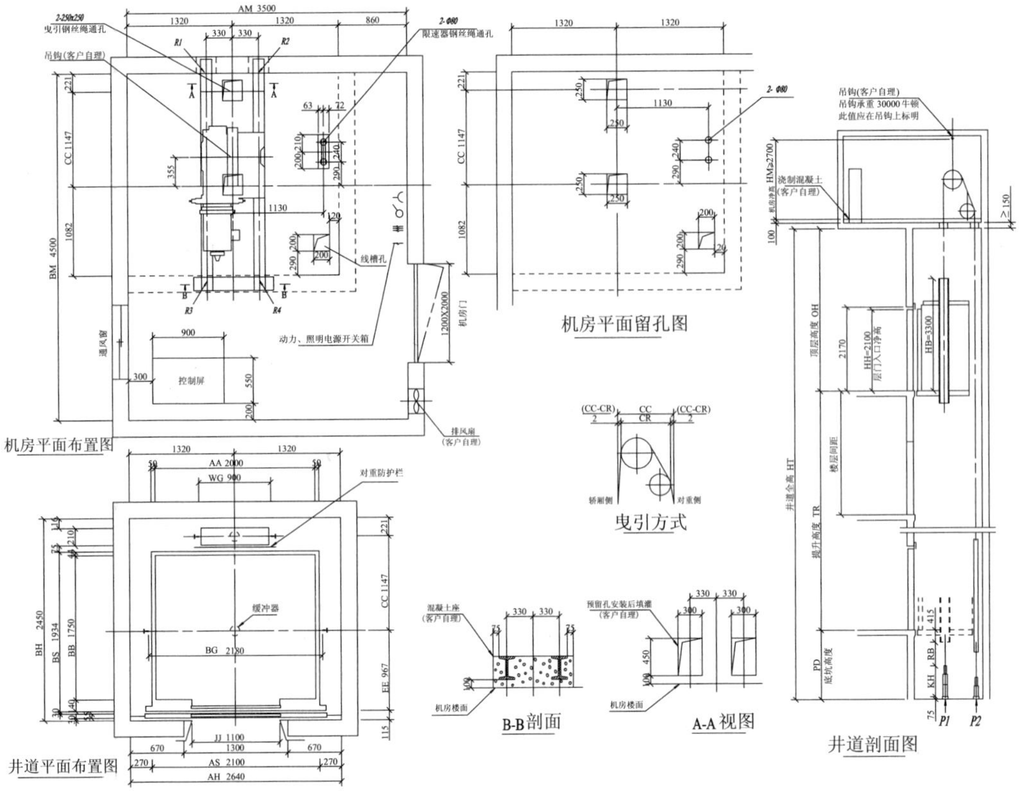

技术要求		
用途		客梯
载重量(公斤)		1600
速度(米/秒)		1.0
操纵方式		1C-2BC,2C-SM21,3C-ITS21,4C-ITS21
控制方式		VFDA
曳引机		EM-3615
电动机功率(千瓦)		18.5
曳引轮直径(毫米)		Φ710
导向轮直径(毫米)		Φ560
开门方式		中分式(CO)
最大停站数		24
最大提升高度(米)		60
最小楼层距(毫米)		2800
轿厢内净尺寸(毫米)		2000 (宽)x1750 (深)
轿厢外尺寸(毫米)		2100 (宽)x1934 (深)
层门口净尺寸(毫米)		1100 (宽)x2100 (高)
电源电压380伏	满载电流(安)	37
	起动电流(安)	72
	电源容量(千伏安)	15
	熔断器额定电流(安)	63
	电源频率(赫兹)	50
顶层高度 OH (毫米)		4550
底坑深度 PD (毫米)		1450
缓冲器高度 KH (毫米)		610
越程高度 RB (毫米)		340
支承点反力(牛顿)	R1	43000
	R2	43000
	R3	28000
	R4	28000
	P1	118000
	P2	86000
热量散发(焦耳/小时)		10100000

注意:
1、层门口留孔图见HOPE-II-27;
2、层门入口详图见HOPE-II/D-S4。

▲076-客梯HOPE-II-75,1600KG,1MS

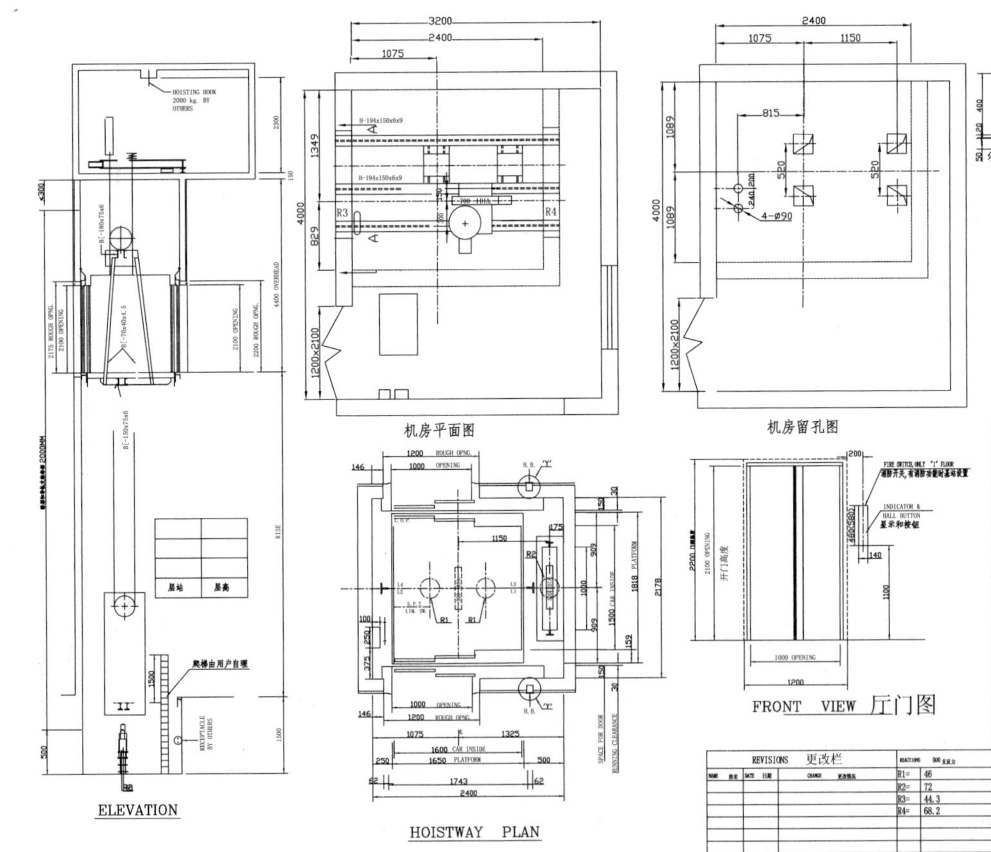

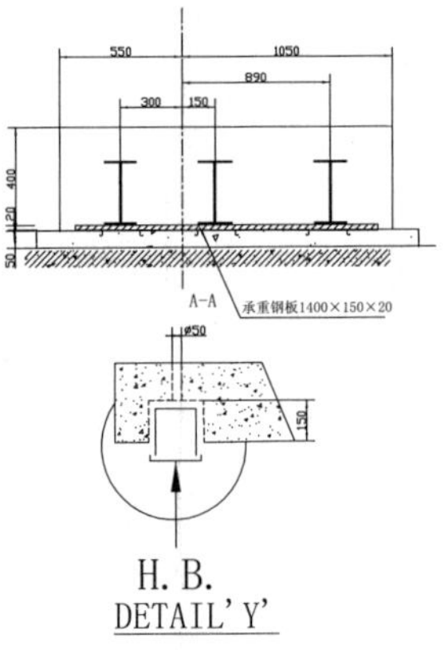

技术参数 TECHNICAL DATA	
电梯型号 TYPE OF ELEVATOR	XO-STAR
载重量 DUTY LOAD	1000KG
速度 SPEED	1.0m/s
控制 CONTROL	VVVF
曳引机 MACHINE	13VTR
电动机功率 MOTOR POWER	11KW
开门方式 OPENING TYPE	CO.
停站数 STOPS	
提升高度 RISE	
最小楼层间距 MIN. FLOOR HEIGHT	2.7m
动力电源 POWER SUPPLY	380V 三相五线 50Hz
照明及信号电源 LIGHTING SUPPLY	220V

REVISIONS 更改栏			REACTIONS (KN) 支反力	
NAME 姓名	DATE 日期	CHANGE 更改情况	R1=	46
			R2=	72
			R3=	44.3
			R4=	68.2

HANGZHOU XIZI OTIS ELEVATOR COMPANY, LTD.

PROJECT NAME 项目名称

CONTRACT NO. 合同号

DRAWN 绘图 | DATE 日期
CHECKED 校核 | 1 PAGE 页号
FINAL 确定 | OF 1

▲077-客梯详图

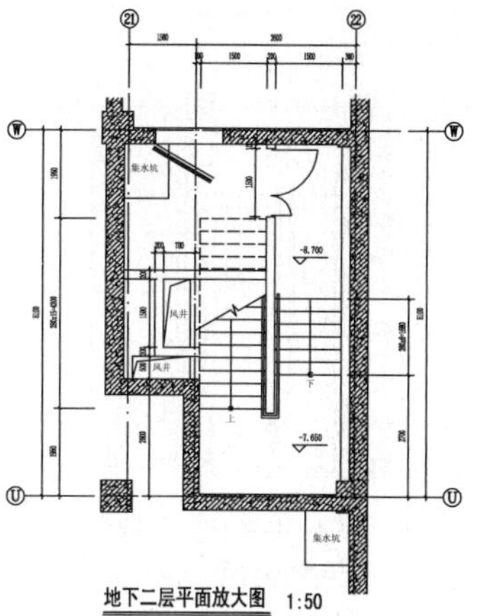

地下二层平面放大图 1:50

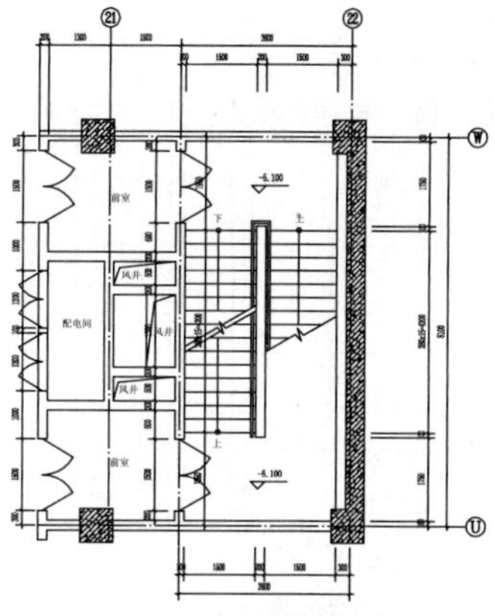

地下一层平面放大图 1:50

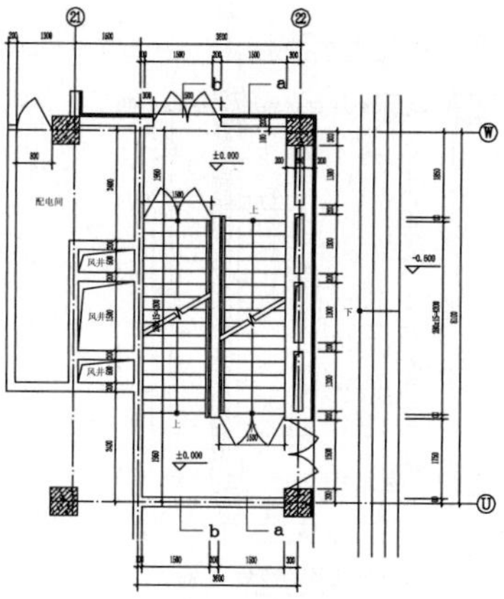

一层平面放大图 1:50

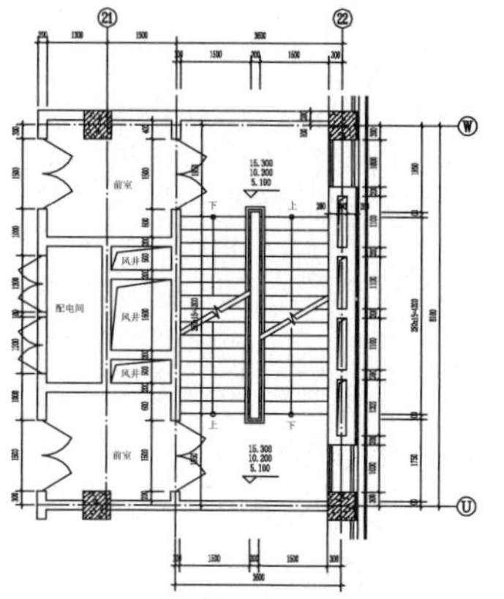

二-四层平面放大图 1:50

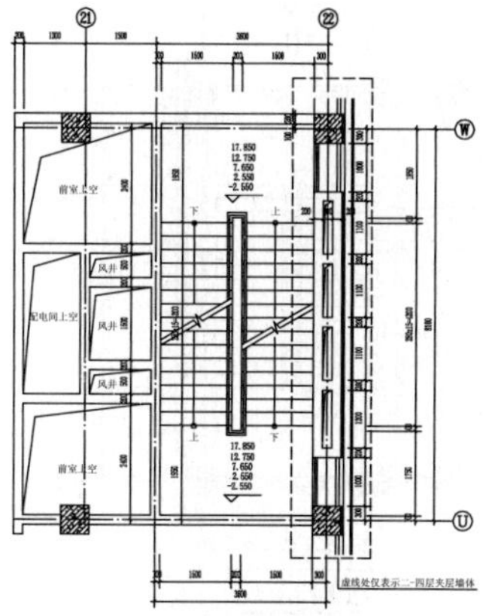

地下一层-四层夹层平面放大图 1:50

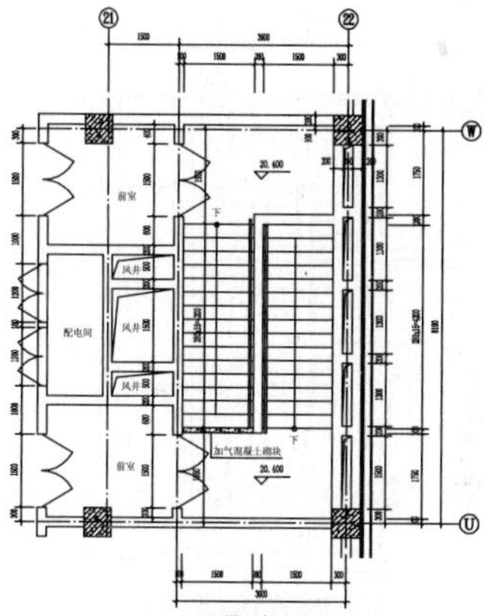

五层平面放大图 1:50

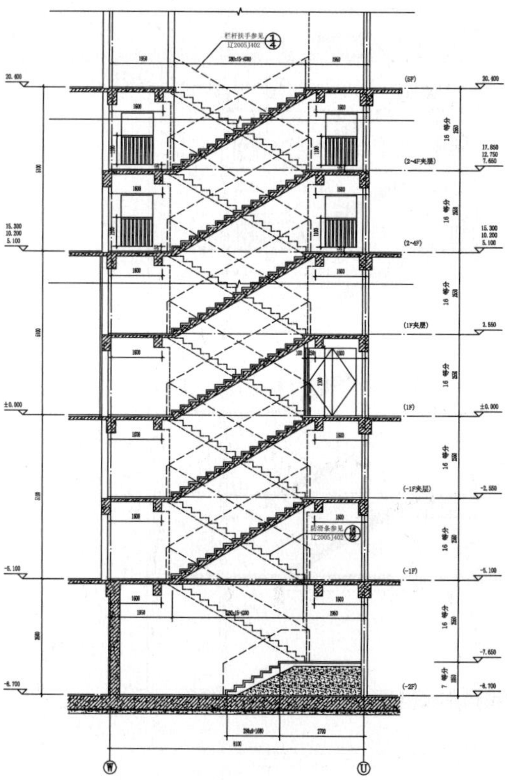

a-a剖面图 1:50

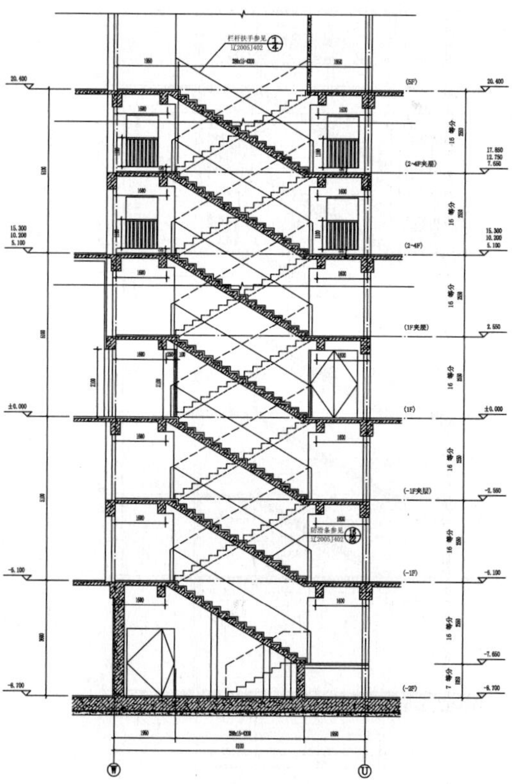

b-b剖面图 1:50

▲078-商场楼梯电梯1

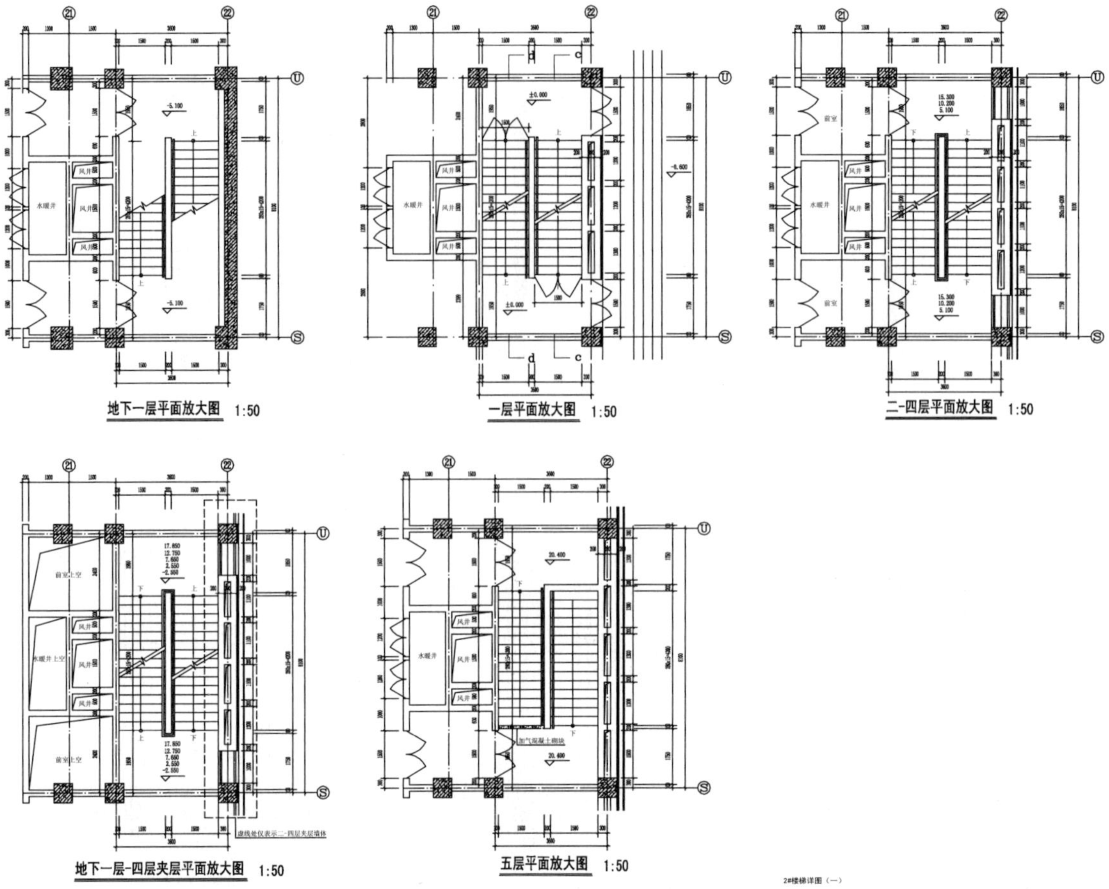
地下一层平面放大图 1:50
一层平面放大图 1:50
二-四层平面放大图 1:50
地下一层-四层夹层平面放大图 1:50
五层平面放大图 1:50
2#楼梯详图（一）

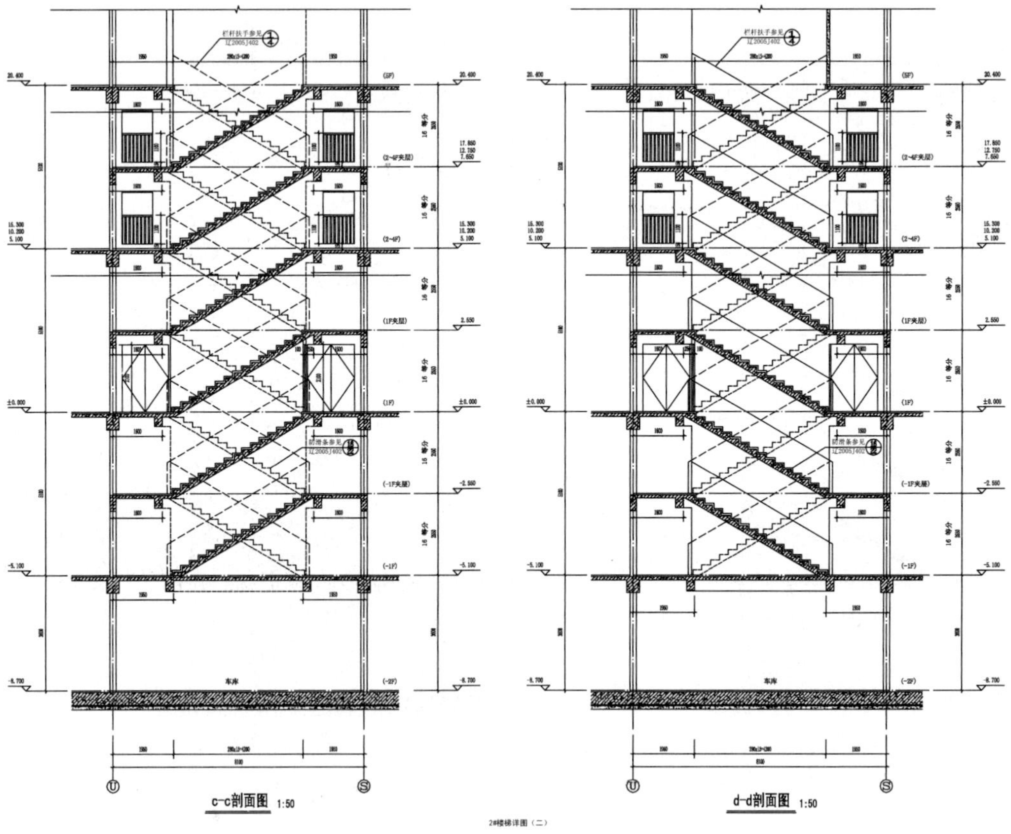
c-c剖面图 1:50
d-d剖面图 1:50
2#楼梯详图（二）

▲079-商场楼梯电梯2

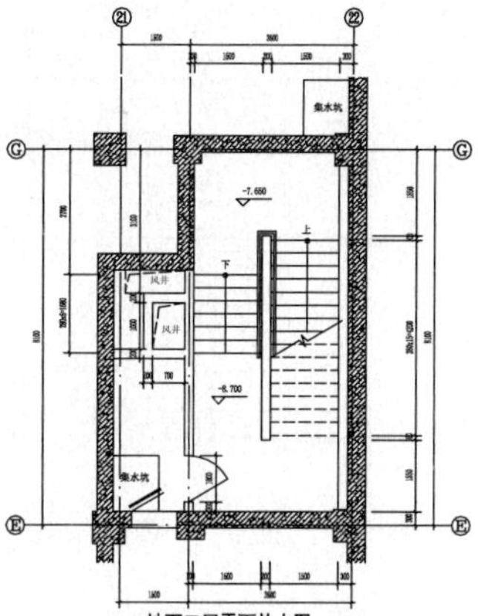

地下二层平面放大图 1:50

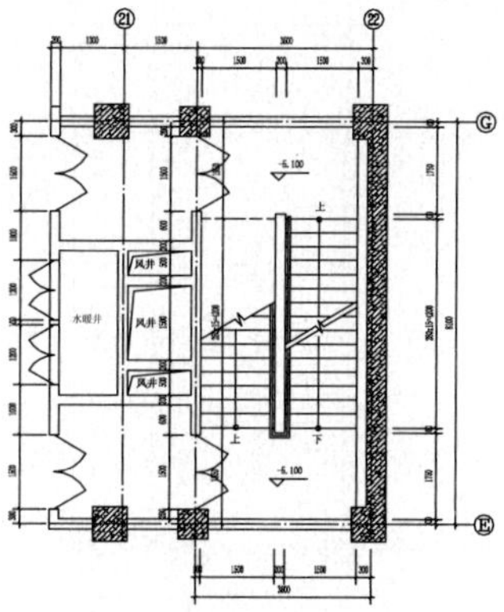

地下一层平面放大图 1:50

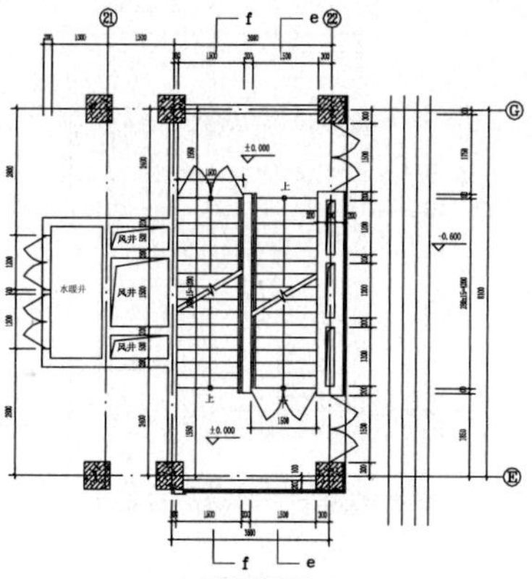

一层平面放大图 1:50

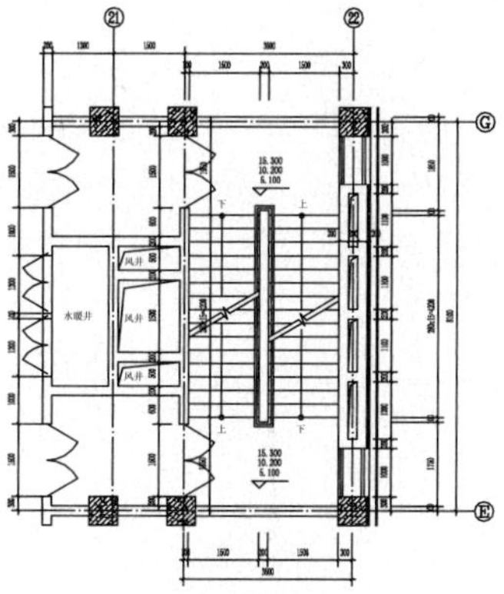

二-四层平面放大图 1:50

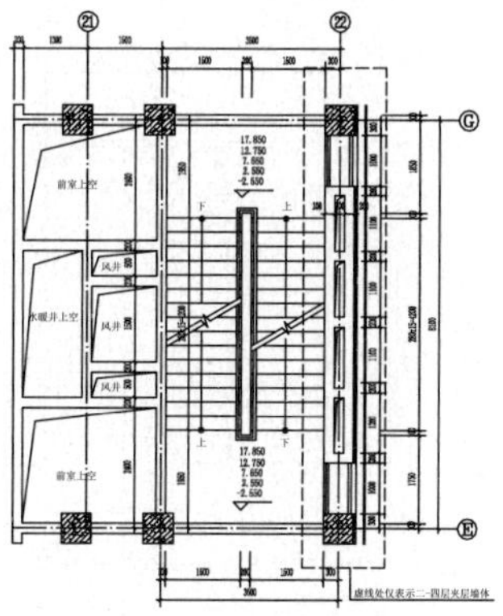

地下一层-四层夹层平面放大图 1:50

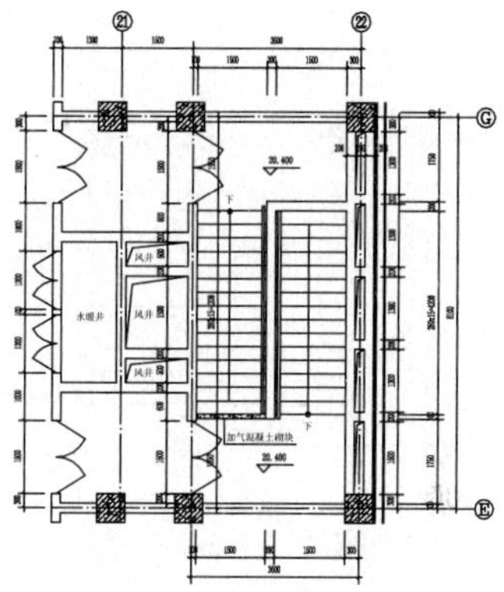

五层平面放大图 1:50

3#楼梯详图（一）

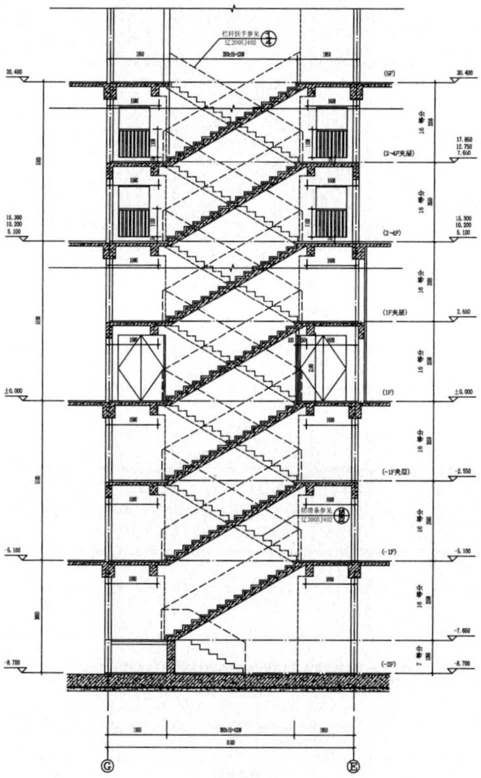

e-e剖面图 1:50

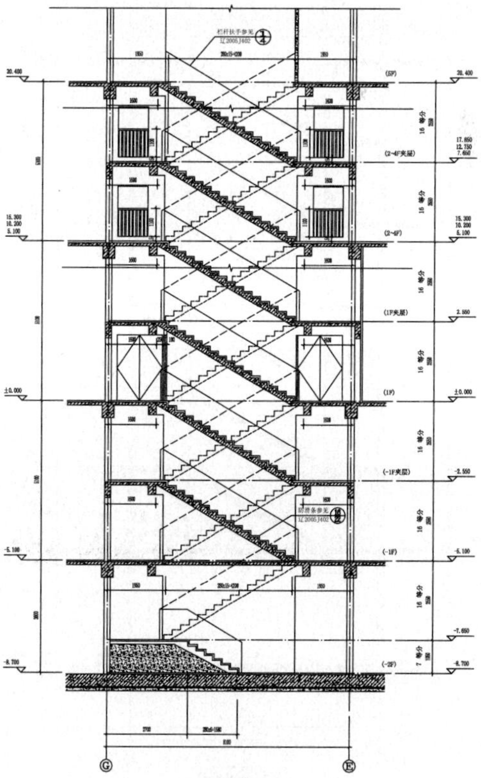

f-f剖面图 1:50

3#楼梯详图（二）

▲080-商场楼梯电梯3

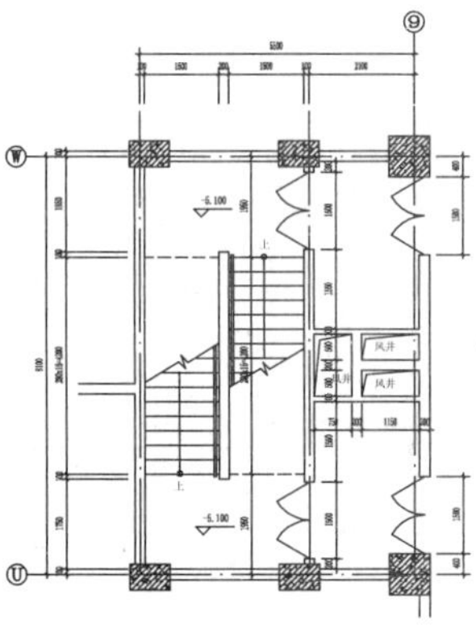

地下一层平面放大图 1:50

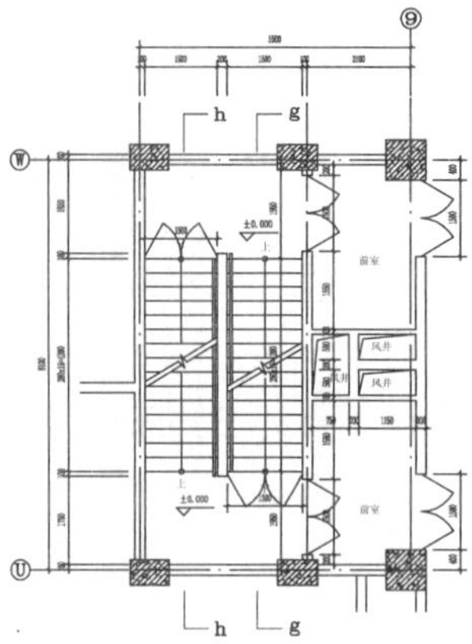

一层平面放大图 1:50

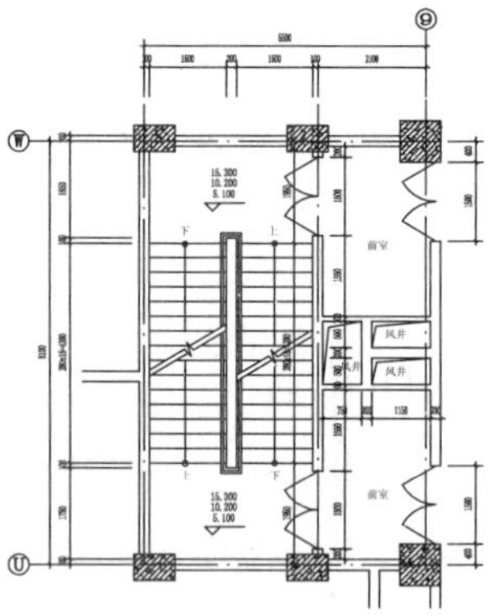

二-四层平面放大图 1:50

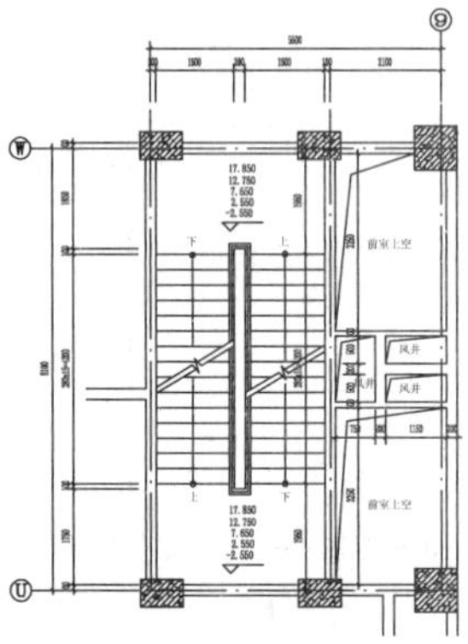

地下一层-四层夹层平面放大图 1:50

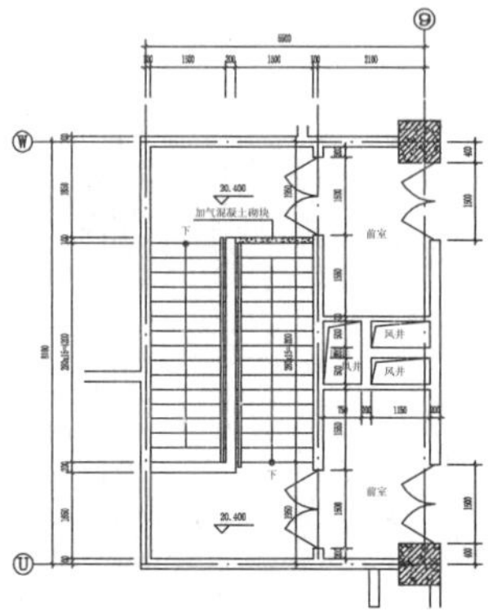

五层平面放大图 1:50

4#楼梯详图（一）

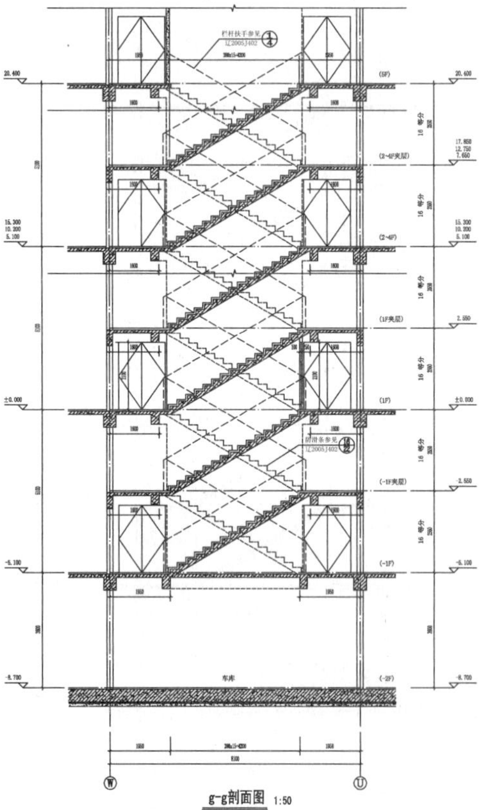

g-g剖面图 1:50

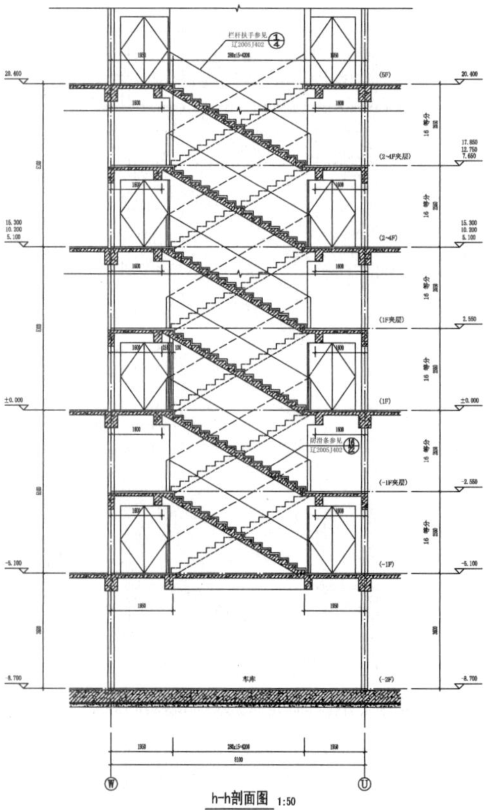

h-h剖面图 1:50

4#楼梯详图（二）

▲081-商场楼梯电梯4

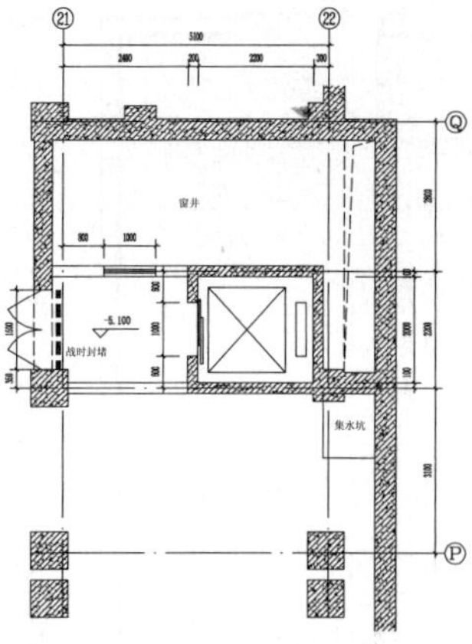
地下二层平面放大图 1:50

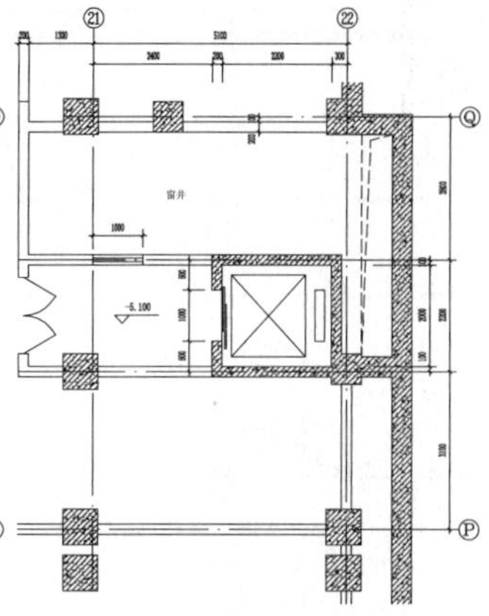
地下一层平面放大图 1:50

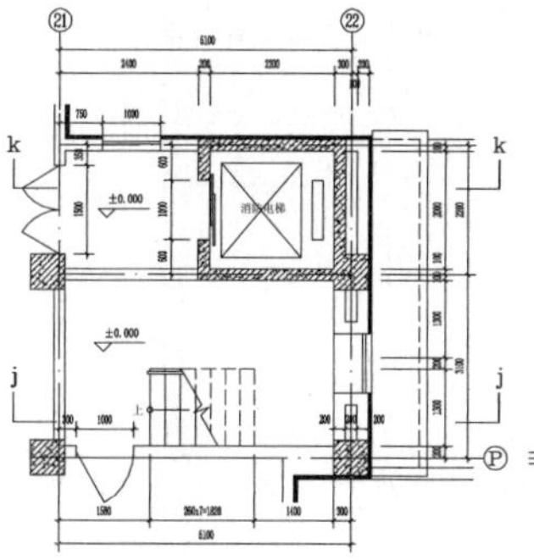
一层平面放大图 1:50

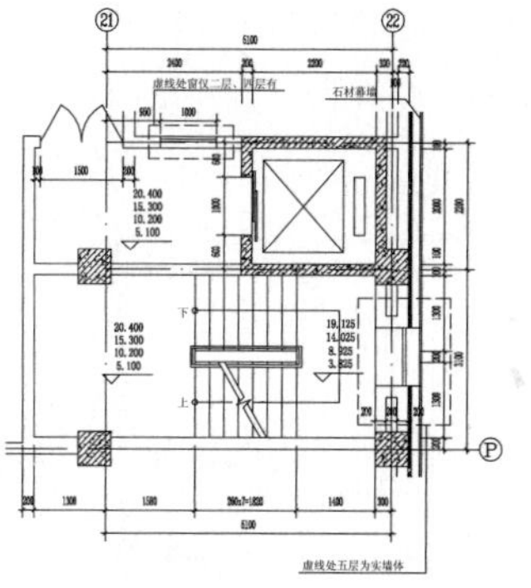
二-五层平面放大图 1:50

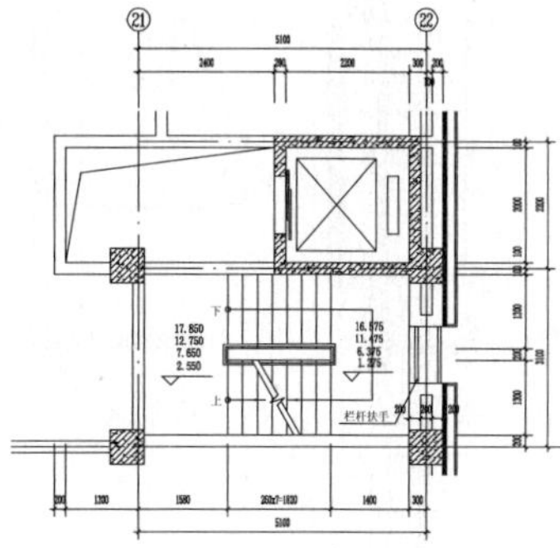
一-四层夹层平面放大图 1:50

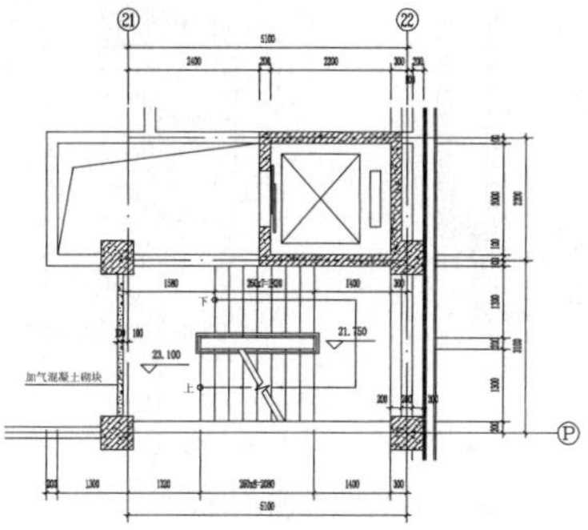
五层夹层平面放大图 1:50

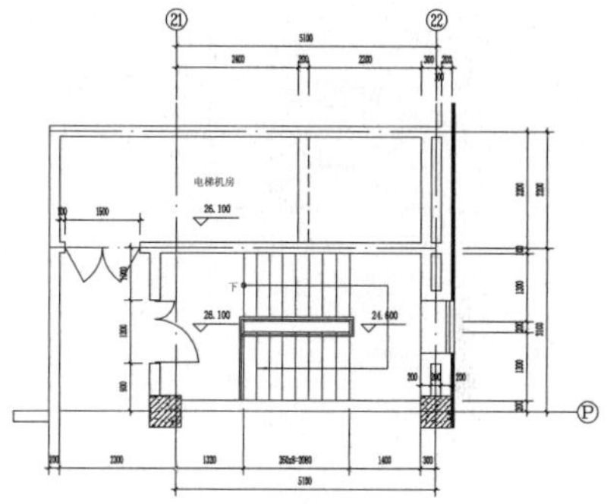
六层平面放大图 1:50

7#楼梯及电梯详图（一）

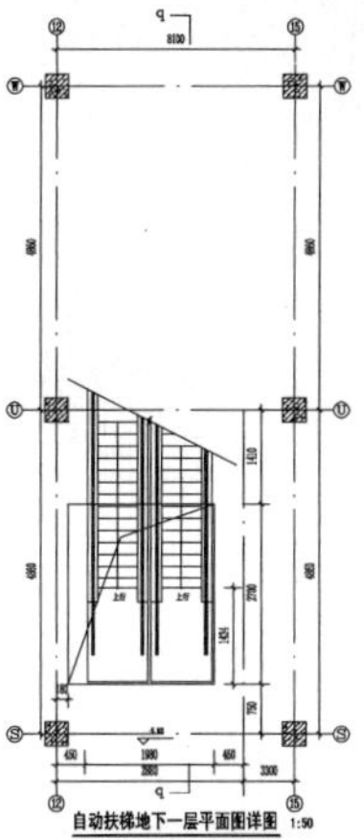
自动扶梯地下一层平面图详图 1:50

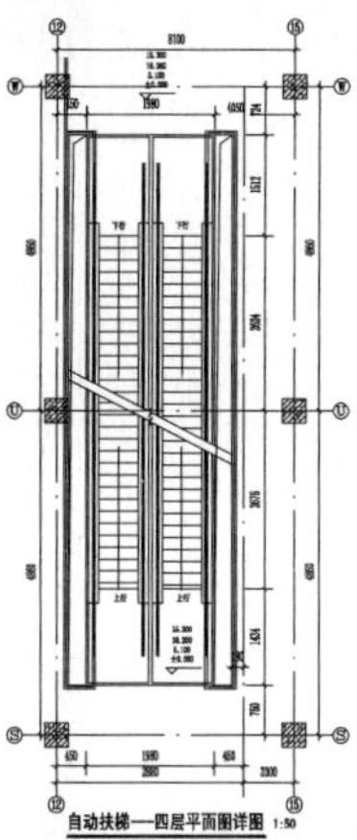
自动扶梯一四层平面图详图 1:50

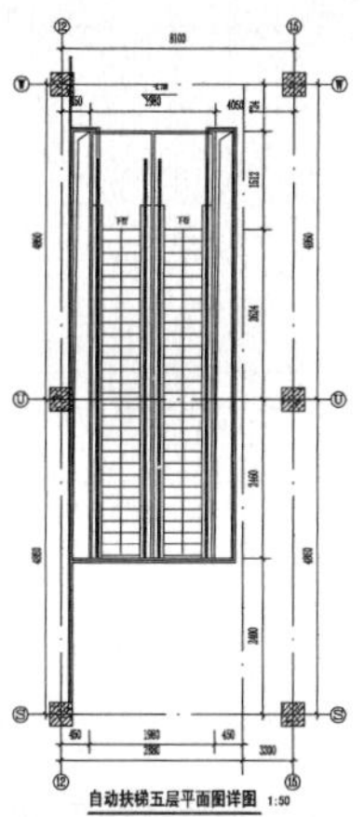
自动扶梯五层平面图详图 1:50

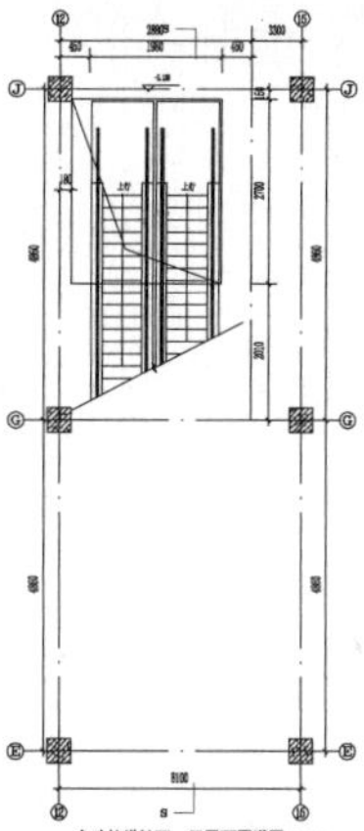
自动扶梯地下一层平面图详图 1:50

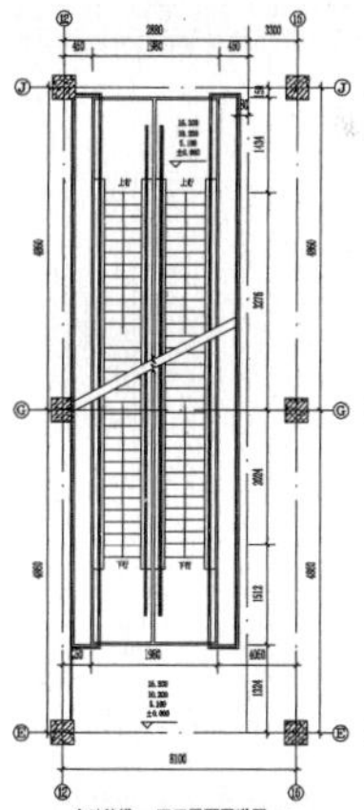
自动扶梯一四层平面图详图 1:50

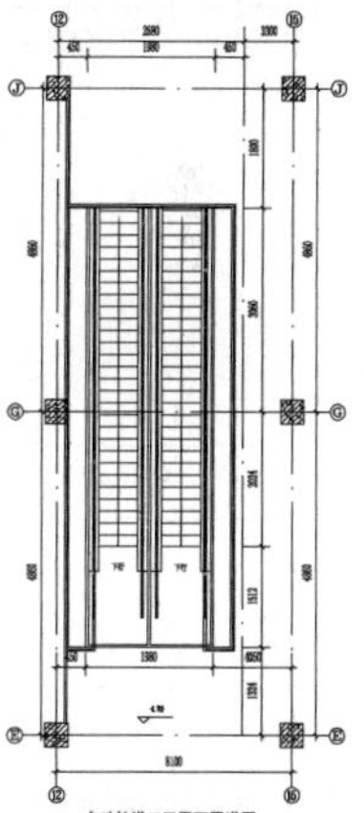
自动扶梯五层平面图详图 1:50

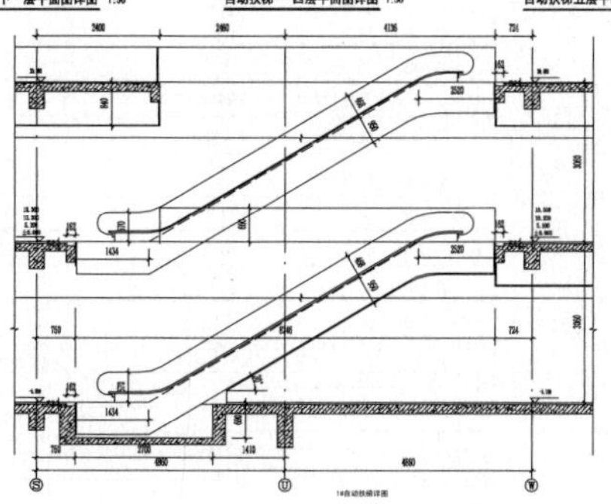
q-q剖面图 1:50

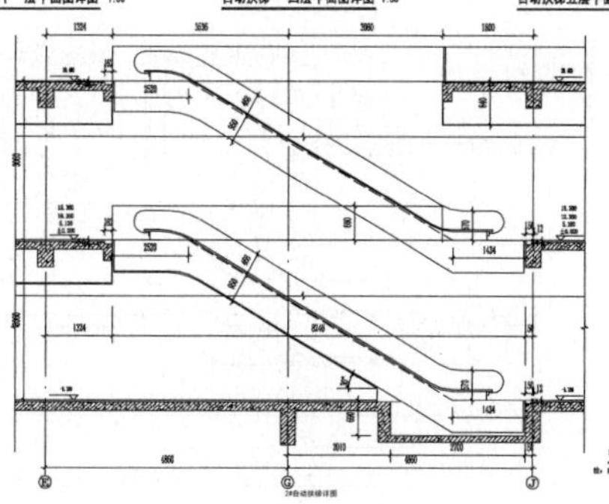
s-s剖面图 1:50

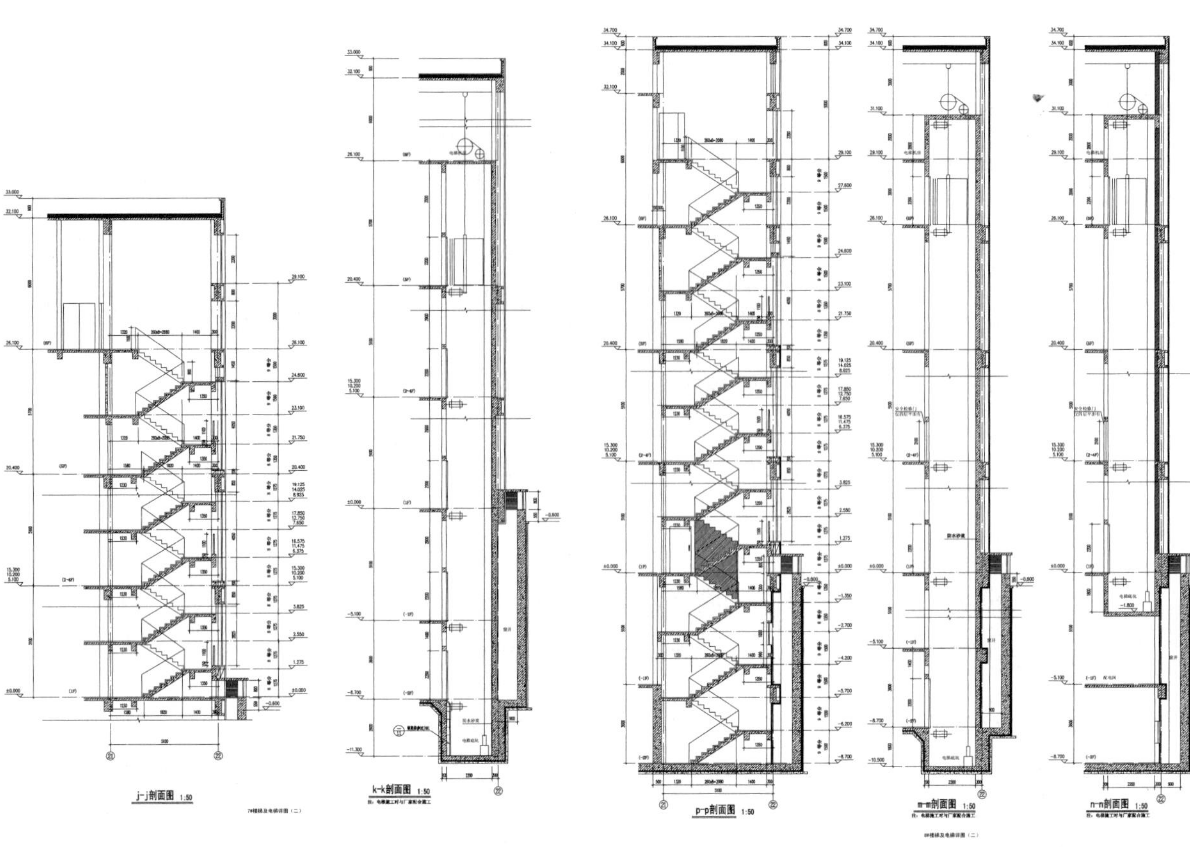

▲083-商场楼梯电梯6

自动扶梯平面图

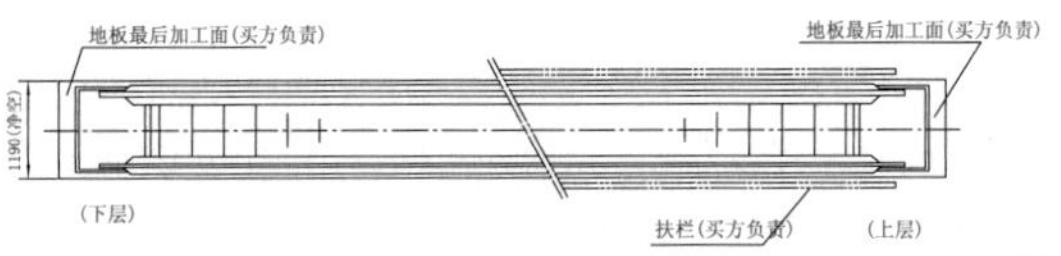

上,下部分支承局部详图

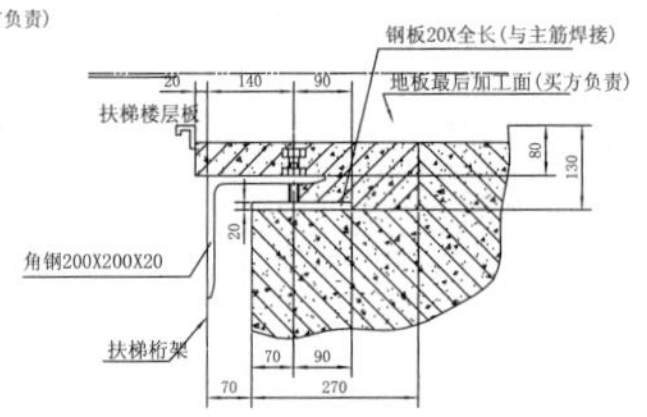

自动扶梯正面图

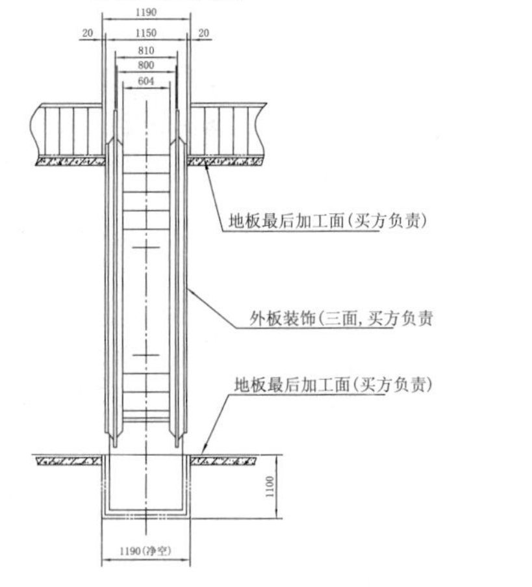

R1(N)	6.5H+32500
R2(N)	6.5H+26500

项目	内容	
提升高度(mm)	2350<H≤6000	
水平级数	2水平级	
提升高度(mm)	2350<H≤4500	4500<H≤6000
电机功率(kW)	3.7	5.5

自动扶梯剖面图

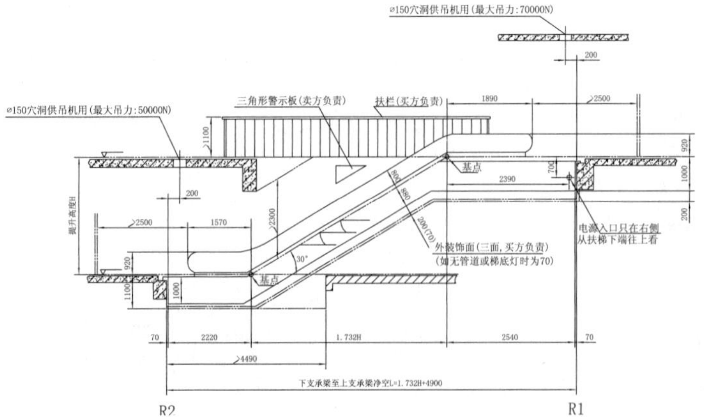

TYPE-FORM 型号	800EX-EN	
CAPACITY 乘客量	4500 人/时	
CONTROL 控制方式	AC SINGLE SPEED KEYSWITCH UP&DN REVERSIBLE	交流单速上落转换匙控制
EFFECTIVE WIDTH 公称宽度	800mm	
STEP WIDTH 梯级宽度	604mm	
SPEED 速度	30m/min (0.5m/s)	
ANGLE 角度	30°	
RISE(H) 高度		
MOTOR 电机		
POWER SOURCE 电源	AC380VOLTS 50Hz 3PHASE 交流380V 50Hz 3相	AC220VOLTS 50Hz SINGLE PHASE 交流220V 50Hz 单相

标记 处数	文件号	签字	日期	800EX-EN 自动扶梯标准设计图	合同号	数量 供货期
设计		审核			共 1 张	第 1 张
制图		审定				
校对		日期			广州日立电梯有限公司	

▲084-自动扶梯800EX-EN(30)

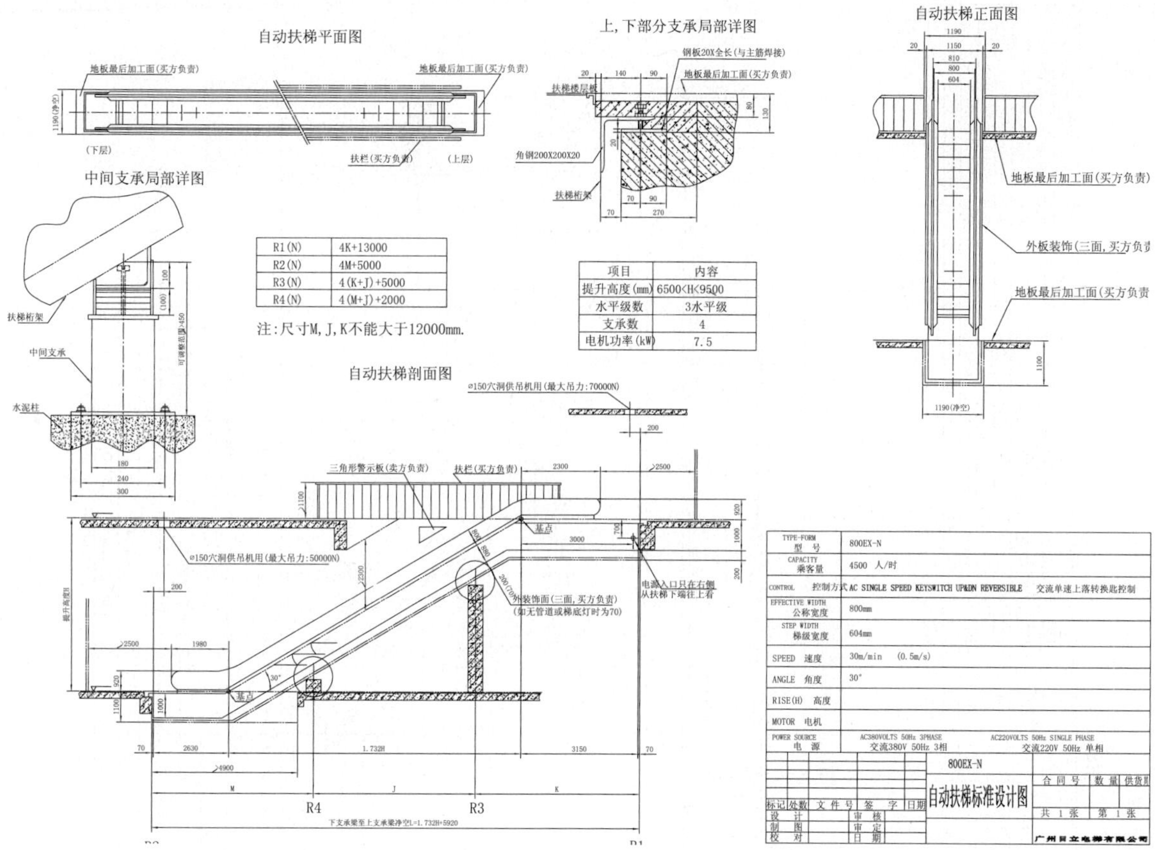

▲085-自动扶梯800EX-N(30,4点支承)

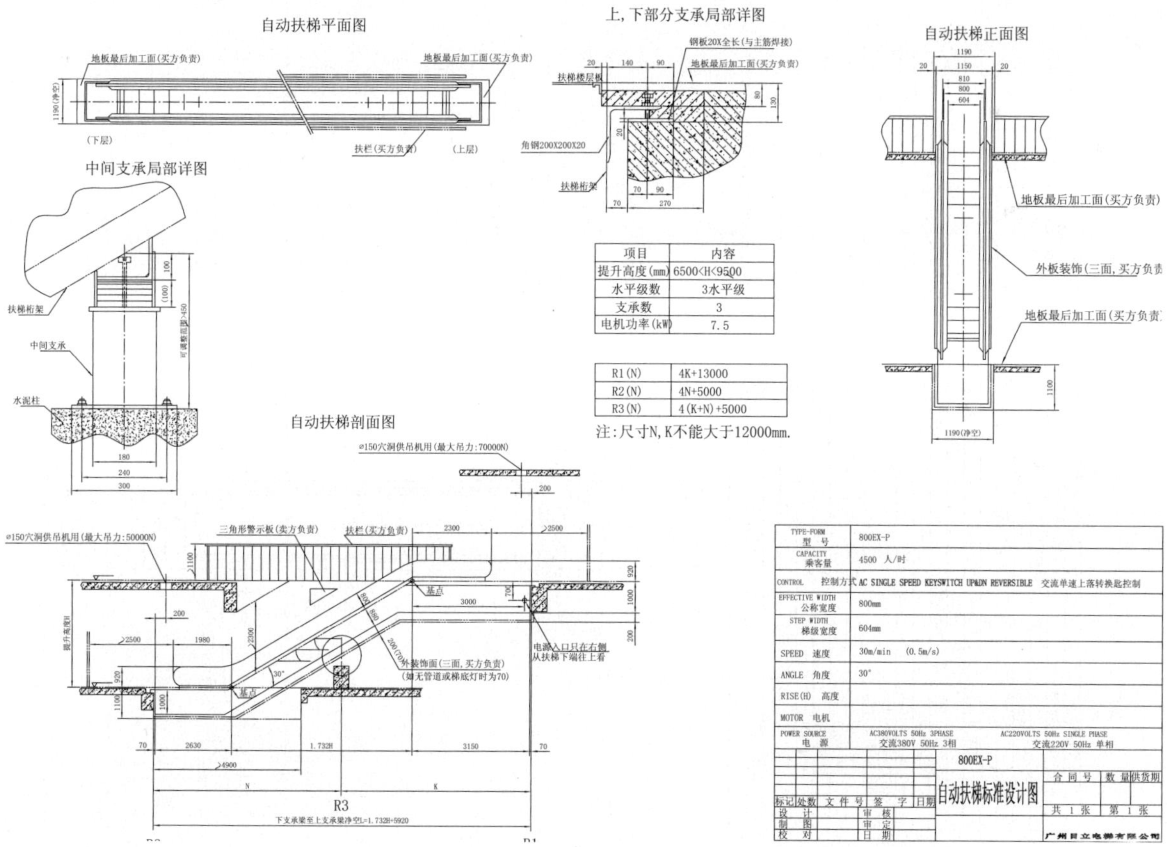

▲086-自动扶梯800EX-P(30,3点支承)

J型--系列

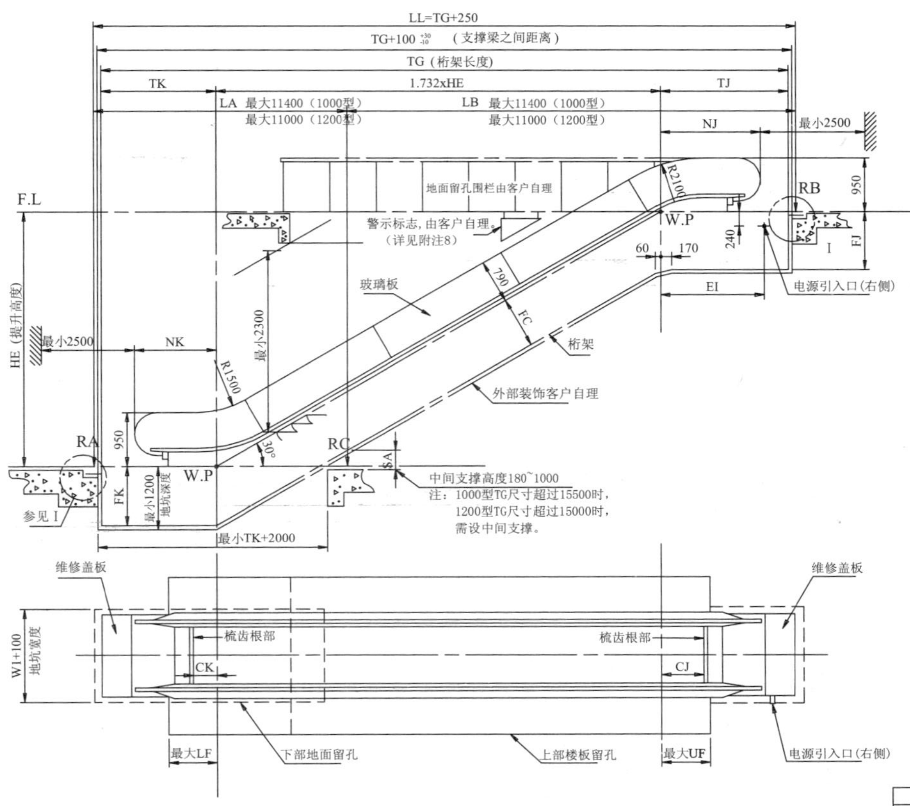

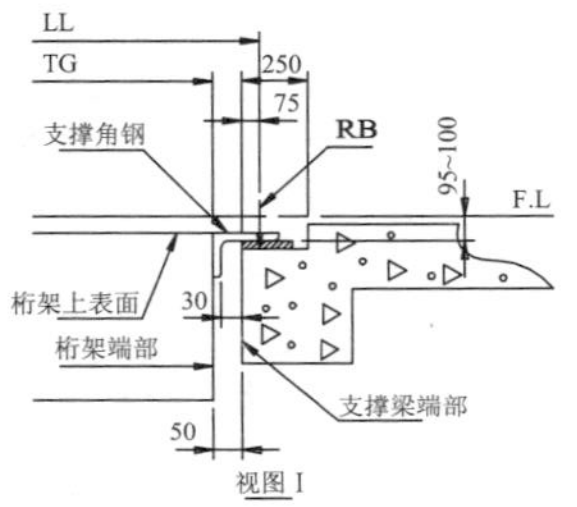

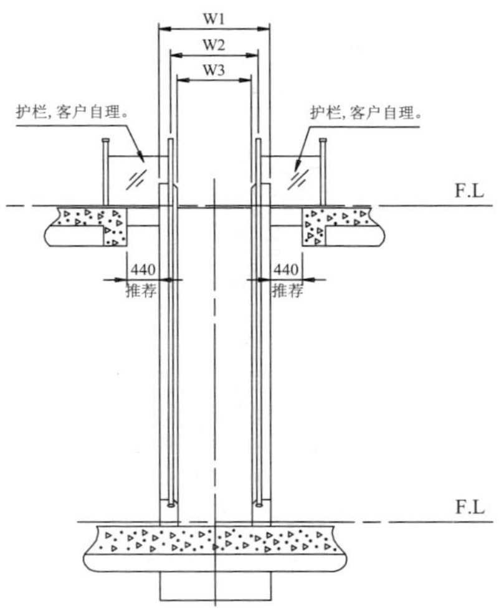

注1:TJ、TK尺寸推荐取最小值。
注2:电机功率单位kW，提升高度单位mm。
注3:因标准规定，本型号自动扶梯不能提供800型规格。
注4:本图仅适用于使用环境为室内的自动扶梯。使用环境为室外时，土建尺寸和要求会有较大不同！请与上海三菱电梯有限公司联系。

e1

变化尺寸(长度单位mm)												
提升高度及水平梯级数	TK(注1)	TJ(注1)	NK	NJ	CK	CJ	EI	LF	UF	FK	FJ	FC
2241≤HE≤6000 水平2梯级	(2290~5000)	(2560~5260)	1550	1820	784	1054	2060	900	1170	1030	1030	915
6001≤HE≤6500 水平3梯级	(2700~5410)	(2970~5670)	1960	2230	1194	1464	2470	1310	1580			
6501≤HE≤9500 水平3梯级		(3450~6150)		2435		1669	2950		1785		1100	
2241≤HE≤6000 水平3梯级	(2700~5410)	(2970~5670)	1960	2230	1194	1464	2470	1310	1580	1030	1030	915
6001≤HE≤6500 水平4梯级	(3110~5820)	(3380~6080)	2370	2640	1604	1874	2880	1720	1990			
6501≤HE≤9500 水平4梯级		(3860~6560)		2845		2079	3360		2195		1100	
2241≤HE≤6000 水平4梯级	(3110~5820)	(3380~6080)	2370	2640	1604	1874	2880	1720	1990	1030	1030	915

电源容量 c		
电机功率	驱动用 电源容量	照明及信号用 电源容量
5.5kW	8.0kVA	2.0kVA
7.5kW	10.4kVA	2.0kVA
11 kW	15.4kVA	2.0kVA

受力系数			
型号	α(N/mm)	β(N)	γ(mm) e2
1000	4.56	7840(2241≤HE≤6800) 9800(6801≤HE≤9500)	1265(2241≤HE≤6000水平2梯级 1675(2241≤HE≤6500水平3梯级 2085(2241≤HE≤6500水平4梯级 1680(6501≤HE≤9500水平3梯级 2090(6501≤HE≤9500水平4梯级
1200	5.194	7840(2241≤HE≤6500) 9800(6501≤HE≤9500)	

标准规格(注3)			
型号		1000型	1200型
使用环境		室内(注4)	
额定速度		0.5m/s	
梯级宽度		804mm	1004mm
W1(扶梯宽度)		1350mm	1550mm
W2(扶手之间宽度)		1008mm	1208mm
W3(裙板之间宽度)		810mm	1010mm
电机功率和提升高度(注2)	5.5kW	2241≤HE≤5500	2241≤HE≤4500
	7.5kW	5501≤HE≤6800	4501≤HE≤6500
	11 kW	6801≤HE≤9500	6501≤HE≤9500
理论输送能力		6750人/h	9000人/h
动力电源		380V,50Hz 三相五线制	
照明及信号电源		220V,50Hz 单相	
电源容量		驱动用电源容量+照明及信号用电源容量	

作用在梁上的力(力单位N, 长度单位mm)		
	无中间支撑	有中间支撑
RA	α× LL+β× (TJ-γ)/LL	α× LA
RB	α× LL+β-β× (TJ-γ)/LL	α× LB+β-β× (TJ-γ)/LB
RC		α× LL+β× (TJ-γ)/LB

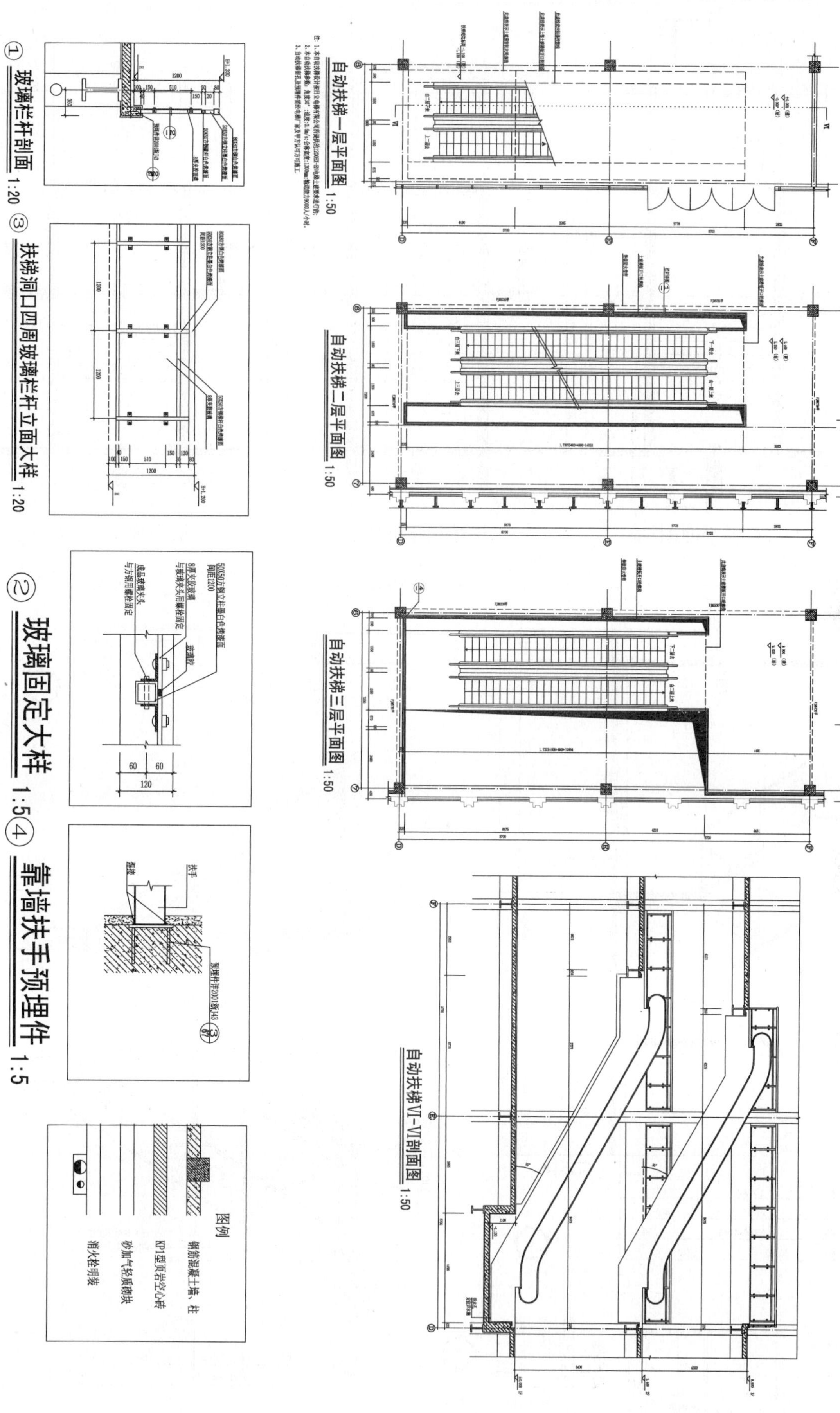
① 玻璃栏杆剖面 1:20
③ 扶梯洞口四周玻璃栏杆立面大样 1:20
② 玻璃固定大样 1:5
④ 靠墙扶手预埋件 1:5
图例
钢筋混凝土墙、柱
KP1型页岩空心砖
砂加气轻质砌块
消火栓明装
自动扶梯一层平面图 1:50
自动扶梯二层平面图 1:50
自动扶梯三层平面图 1:50
自动扶梯VI-VI剖面图 1:50

▲088-自动滚梯详图

普通楼梯

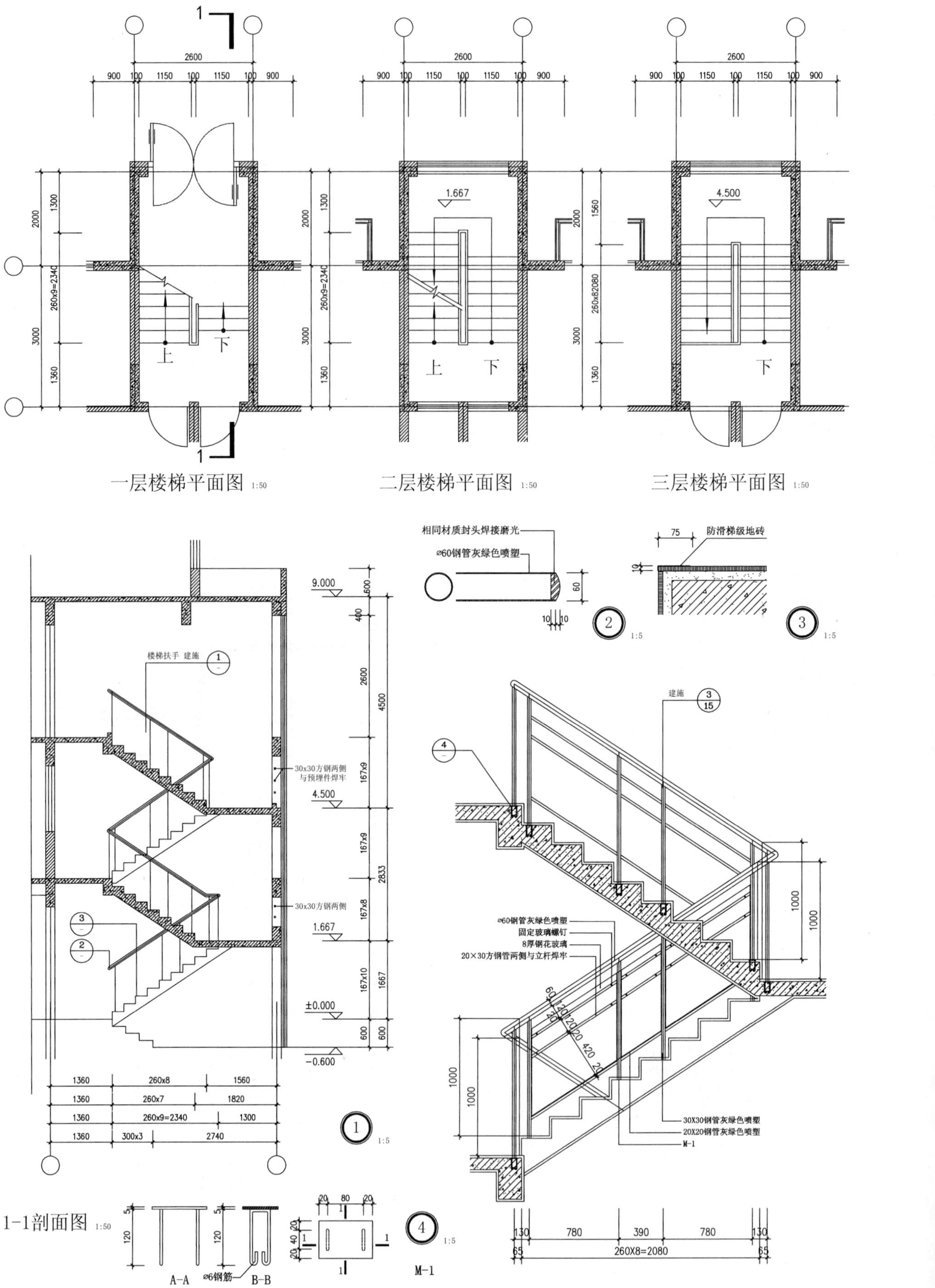

▲001-楼梯建筑详图

一层楼梯平面图 1:50
二层楼梯平面图 1:50
三层楼梯平面图 1:50
2600
900 100 1150 100 1150 100 900
1300
2000
260x9=2340
3000
1360
1.667
4.500
1560
260x8=2080
上
下
1-1剖面图 1:50
9.000
4.500
1.667
±0.000
−0.600
楼梯扶手 建施
30x30方钢两侧与预埋件焊牢
30x30方钢两侧
1360 260x8 1560
1360 260x7 1820
1360 260x9=2340 1300
1360 300x3 2740
相同材质封头焊接磨光
⌀60钢管灰绿色喷塑
防滑梯级地砖
建施
⌀60钢管灰绿色喷塑
固定玻璃螺钉
8厚钢花玻璃
20×30方钢管两侧与立杆焊牢
30X30钢管灰绿色喷塑
20X20钢管灰绿色喷塑
M-1
780 390 780
260X8=2080
A-A
B-B
⌀6钢筋
M-1

层号	层高	标高	类型	尺寸					级数n	踏步尺寸		梯板厚h	支座尺寸				梯板配筋							梯梁配筋			平台板									
				D	L	L1	L2	H		宽	高		b1	b2	h1	h2	①	②	③	④	⑤	c1	c2	⑫	⑬	⑭	类型	h3	⑥	⑦	⑧	⑨	⑰	c4	c5

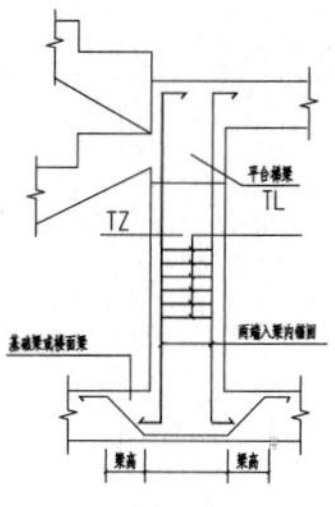
平台梁支撑大样

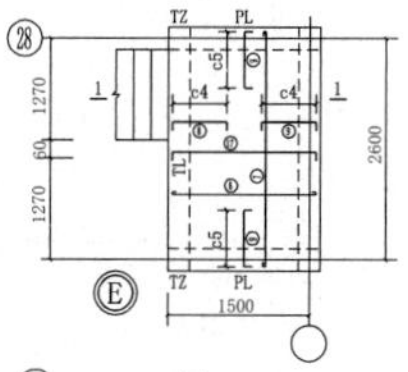

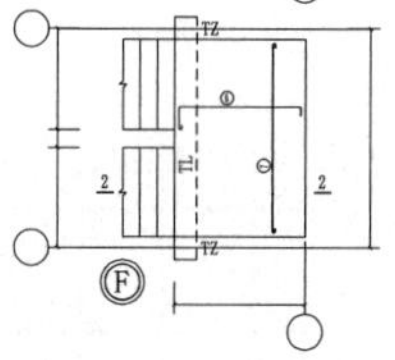

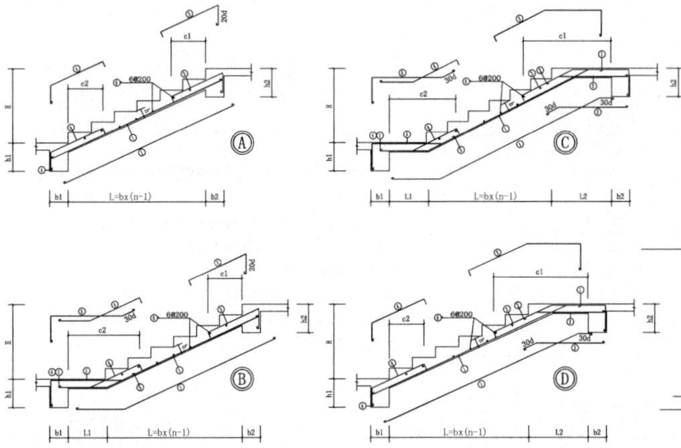

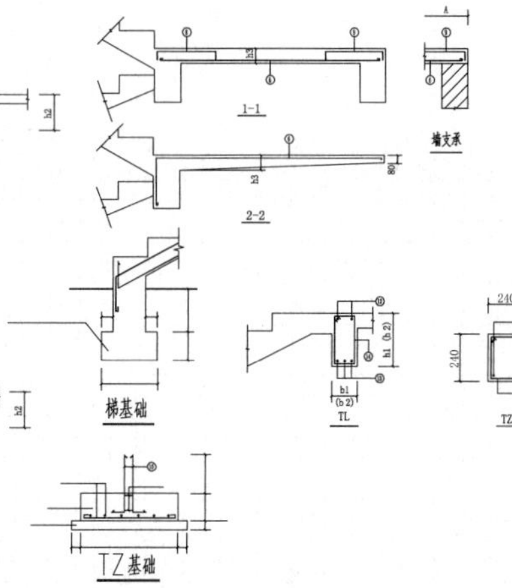

梯段统计表

楼梯编号	梯段编号	梯段类型	数量	L (mm)	L1=nxb (mm)	L2 (mm)	L3 (mm)	H=(n+1)xh (mm)	H1 (m)	H2 (m)	δ (mm)	梯段配筋 ① ①a	② ②a	③ ③a	④	备注
1号楼梯	TD-1	A	1	4600	4600=16x287.5	/	/	2700=17X158.8	-0.03	2.67	165	, 12@100	, 6@125	, 6@125	, 6@250	
	TD-2	D	1	3000	2100=7x300	/	900	1200=8X150	2.67	3.87	140	, 12@125	, 6@125	, 6@125	, 6@250	
	TD-3	B	1	3000	3000=10x300	/	/	1650=11x150	3.87	5.52	140	, 12@125	, 6@125	, 6@125	, 6@250	
	TD-4	B	1	3000	3000=10x300	/	/	1650=11x150	5.52	7.17	140	, 12@125	, 6@125	, 6@125	, 6@250	与TD-3方向相反
设计参考	TD-1	A	1	4600	4600=16x287.5	/	/	2700=17X158.8	-0.03	2.67	160	, 12@100	, 6@125	, 6@125	, 6@250	底层
	TD-2	D	1	2900	1450=5x290	/	1450	900=6X150	/	/	130	, 12@150	, 6@125	, 6@125	, 6@250	
	TD-3	D	1	2900	2030=7x290	/	870	1200=8X150	/	/	130	, 12@150	, 6@125	, 6@125	, 6@250	
	TD-4	D	1	2900	2610=9x290	/	290	1500=10X150	/	/	130	, 12@150	, 6@125	, 6@125	, 6@250	
	TD-5	B	1	3190	3190=11x290	/	/	1800=12X150	/	/	140	, 12@125	, 6@125	, 6@125	, 6@250	
	TD-6	B	1	3480	3480=12x290	/	/	1950=13X150	/	/	150	, 12@100	, 6@125	, 6@125	, 6@250	
	TD-6	B	1	3770	3770=13x290	/	/	2100=14X150	/	/	160	, 12@100	, 6@125	, 6@125	, 6@250	
	TD-7	B	1	4350	4350=15x290	/	/	2400=16X150	/	/	160	, 14@100	, 6@125	, 6@125	, 6@250	
	TD-8	B	1	4550	4600=16x287.5	/	/	2700=17X158.8	/	/	180	, 14@100	, 6@125	, 6@125	, 6@250	

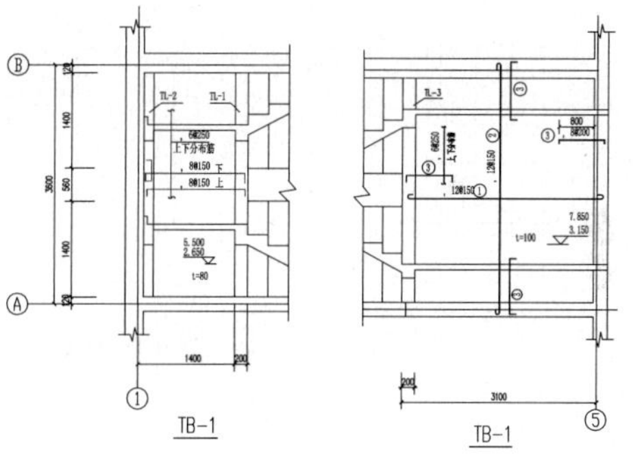

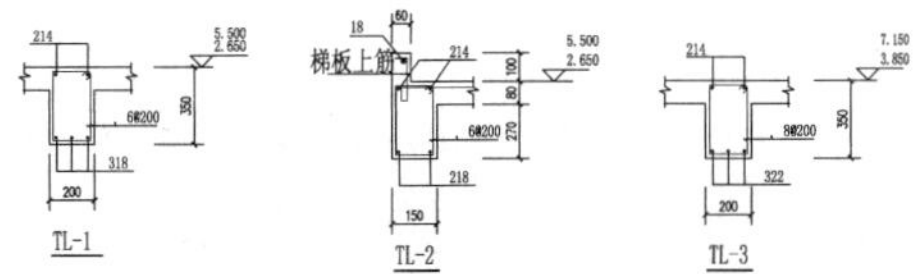

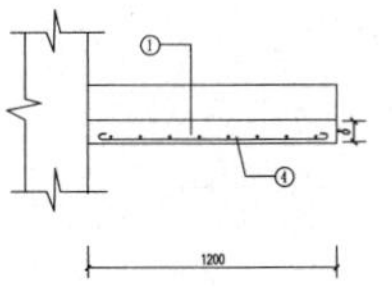

附注:
1. 构件编号见建筑图.
2. 混凝土采用C25.
3. 砼保护层厚度:板15mm,梁25mm.
4. 未注明的分布筋为, 6@250.
5. 配合建筑专业预埋扶手预埋件.

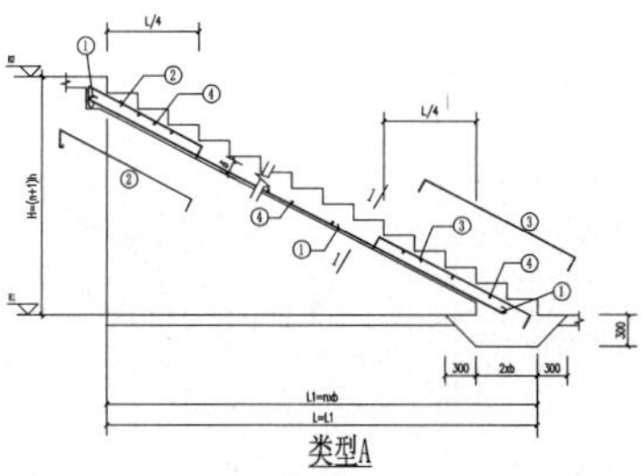
类型A

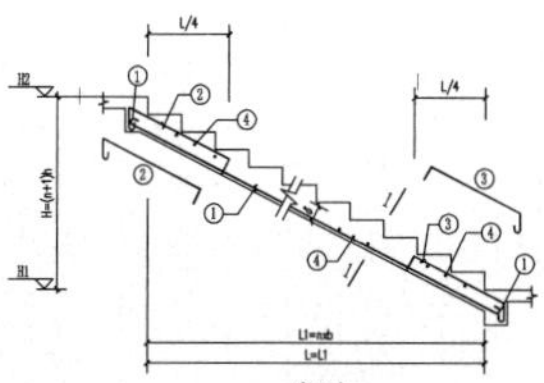
类型B

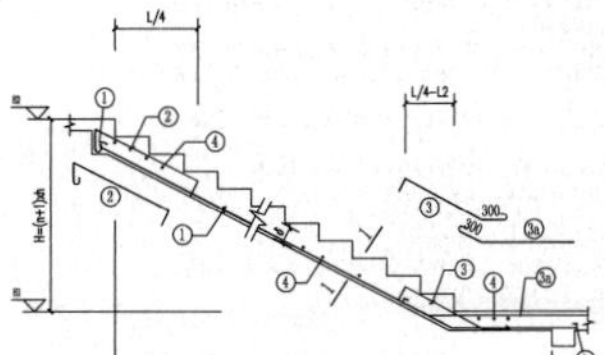
类型C

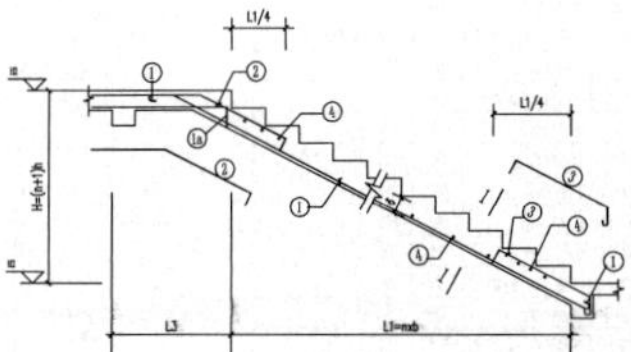
类型D

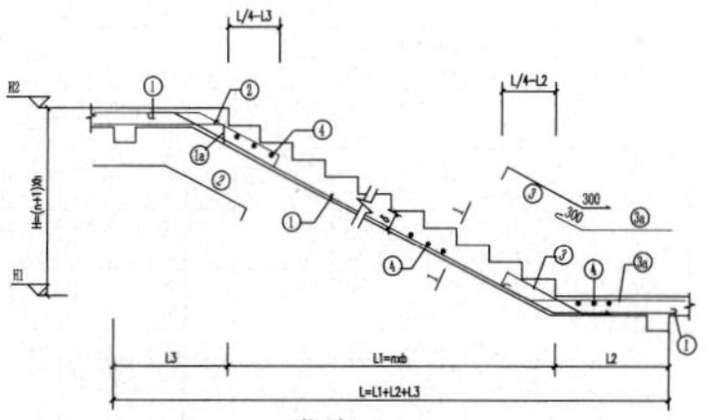
类型E

▲002-楼梯表1

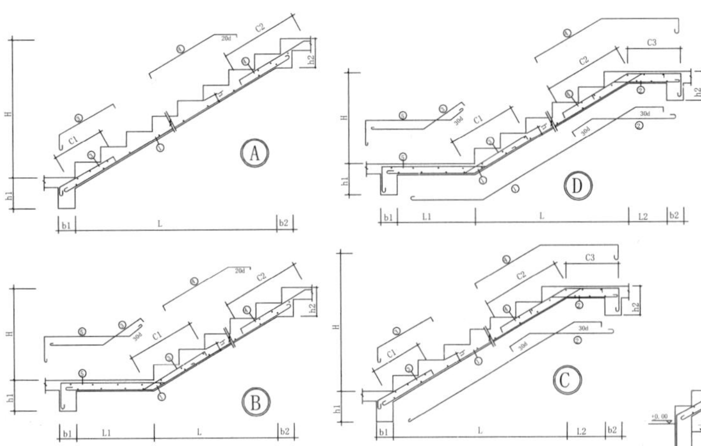

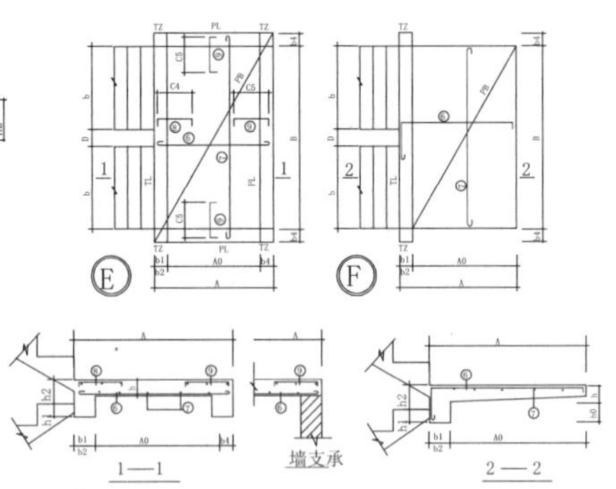

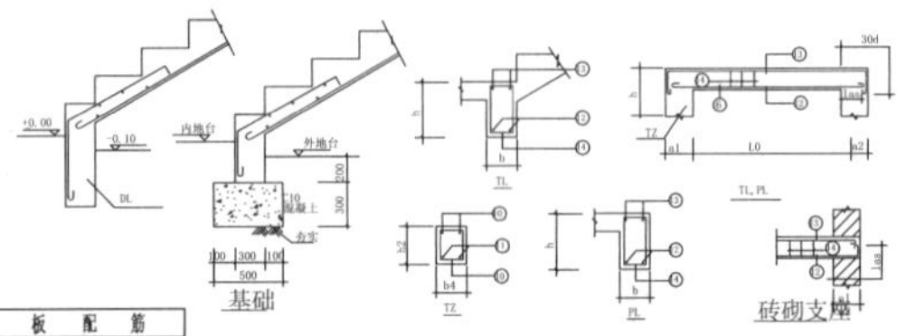

名称	编号	标高	类型	断面 bxh	尺寸 D	L	L1	L2	H	级数	踏步尺寸 宽	高	支座尺寸 b1	b2	楼板配筋 ①	②	③	C1	④	C2	C3	⑤	备注	平台板配筋 编号	标高	b4xh2	⑩	①
	TB																											

名称	编号	标高	类型	断面 AxB	平台板尺寸 b1	b2	b3	b4	A0	h	h0	平台板配筋 ⑥	⑦	⑧	C4	⑨	C5	备注
平台板	PB																	

名称	编号	标高	跨度 L0	断面 bxh	支座 a1	a2	配筋 ⑫	⑬	⑭	备注
	TL									
	PL									

说 明

1:本楼梯表与楼层结构平面及建施楼梯大样同时使用.栏板(杆)构造及安装联结予埋铁等详建施详图.配合施工.

2:本梯表混凝土材料同相应楼层, 级, 钢筋I(0)级和II(0)级, II级筋不弯钩.

3:楼板底分布筋每步106, 平台及其他部位分布筋06@200.

4:板的受力钢筋保护层15, 梁. 柱钢筋保护层25.

5:板支座负筋锚入梁内30d. (II级筋时35d), 梁底筋伸入支座las为 梁支座负筋锚固 平台柱纵向钢筋上. 下端锚固长度___.

6:本图表尺寸单位为毫米,标高为米.

楼梯表

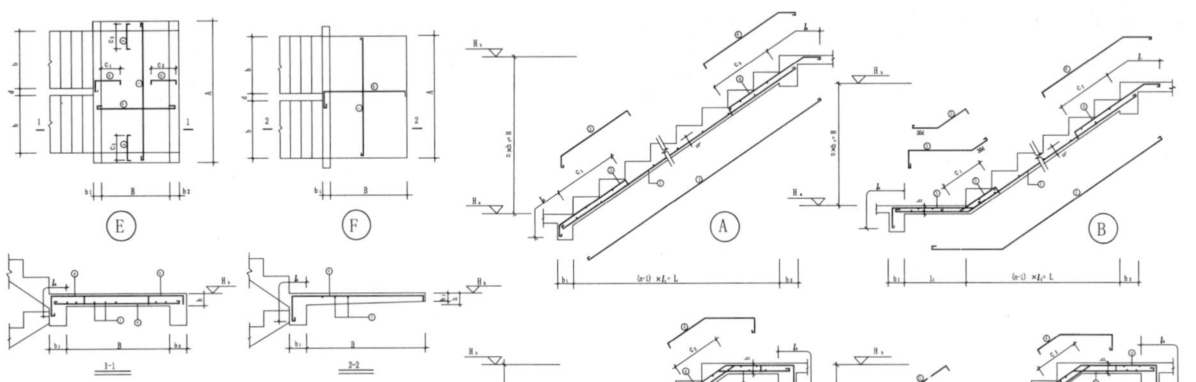

名称	编号	类型	标高 Hb	歇台板尺寸 A	B	b1	b2	h	h1	歇台板配筋 ⑥	⑦	⑧	⑨	c_1	c_2	备注
歇台板	PB-1	E	0.570 -3.630	2850	980	250	250	100		φ7@150	φ7@200	φ9@150	φ7@150	700	500	
	PB-2	E	0.130 -2.270	2850	980	250	250	100		φ7@150	φ7@200	φ9@150	φ7@150	700	500	
	PB-3	E	0.570 -3.630	2850	980	250	250	100		φ7@150	φ7@200	φ9@150	φ7@150	700	500	
	PB-4	E	0.130 -2.270	2850	980	250	250	100		φ7@150	φ7@200	φ9@150	φ7@150	700	500	
	PB-5	E	0.570 -3.630	2850	1130	250	250	100		φ7@150	φ7@200	φ9@150	φ7@150	750	500	
	PB-6	E	0.130 -2.270	2850	1130	250	250	100		φ7@150	φ7@200	φ9@150	φ7@150	750	500	
	PB-7	E	0.570 -3.630	2850	930	250	250	100		φ7@150	φ7@200	φ9@150	φ7@150	700	500	
	PB-8	E	0.130 -2.270	2850	1000	250	250	100		φ7@150	φ7@200	φ9@150	φ7@150	700	500	

名称	编号	类型	标高 H_a～H_b	截面 bxh	梯板尺寸 H	L	l_1	l_2	d	级数 n	踏步尺寸 l_s	h_s	支座尺寸 b_1	b_2	梯板配筋 ①	②	③	④	⑤	c_1	c_2	备注
楼梯板	TB4-1	A	-4.830~-3.630	1100x100	1200	1890			150	8	270	150	250	250	φ9@200		φ9@200	φ9@200		600	600	
	TB4-2	C	-3.630~-2.270	1100x100	1360	2160		270	150	9	270	151.1	250	250	φ9@150	φ9@150	φ9@150	φ9@150		800	600	
	TB4-3	A	-2.270~-0.630	1100x100	1640	2430			150	10	270	164	250	250	φ9@150		φ9@150	φ9@150		800	800	
	TB4-4	D	-0.630~0.130	1100x100	760	1080	810	540	150	5	270	152	250	250	φ9@150	φ9@150	φ9@150	φ9@150	φ9@150	600	600	
	TB4-5	A	0.130~1.770	1100x100	1640	2430			150	10	270	164	250	250	φ9@150		φ9@150	φ9@150		800	800	
	TB4-6	C	1.770~2.970	1100x100	1200	1890		540	150	8	270	150	250	250	φ9@150	φ9@150	φ9@150	φ9@150		800	600	
	TB4-7	A	2.970~26.970	1100x100	1500	2430			150	10	270	150	250	250	φ9@150		φ9@150	φ9@150		800	800	
	TB4-8	A	27.090~30.390	1100x100	1650	2430			150	10	270	165	250	250	φ9@150		φ9@150	φ9@150		800	800	
	TB4-9	A	30.390~33.590	1100x100	1600	2430			150	10	270	160	250	250	φ9@150		φ9@150	φ9@150		800	800	
	TB4-10	B	33.590~34.990	1100x100	1400	2160	270		150	9	270	155.6	250	250	φ9@150		φ9@150	φ9@150	φ9@150	600	800	
	TB4-11	C	34.990~36.390	1100x100	1400	2160		270	150	9	270	155.6	250	250	φ9@150	φ9@150	φ9@150	φ9@150		800	600	
	TB4-12	B	36.390~37.590	1100x100	1200	1890	540		150	8	270	150	250	250	φ9@150		φ9@150	φ9@150	φ9@150	600	800	
	TB4-13	C	37.590~38.790	1100x100	1200	1890		540	150	8	270	150	250	250	φ9@150	φ9@150	φ9@150	φ9@150		800	600	

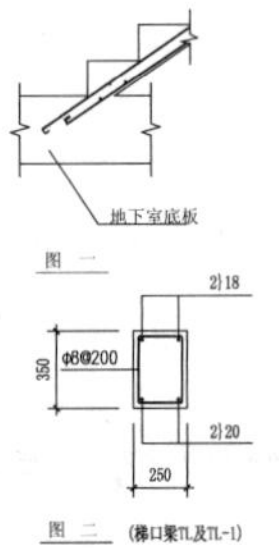

说 明

1. 本表尺寸单位为毫米，标高单位为米 .
2. 本表应配合结构平面图和建筑平面 剖面及楼梯大样图使用 表中"TB"代表梯板，"PB"代表歇台板，"d"代表钢筋直径 .
3. 材料：混凝土强度等级另详结构统一说明；钢筋采用 I级. 新III级钢筋和冷轧带肋钢筋 .
4. 表中 8号钢筋长度C1填"—"时，表示该钢筋为伸至另侧端部的贯通钢筋，此时，不设另一侧的 9号钢筋 .
5. 板的受力钢筋直径 <12时，分布钢筋采用 ⌀5@200；受力钢筋直径 >12时，分布钢筋采用 ⌀7@200 .
6. 板上部钢筋锚入支座长度 l 取40d，板下部钢筋锚入支座长度 l 取 12d .
7. 钢筋保护层厚度：板厚 <100时为10；板厚 >100时为 15 .
8. 底层起跑梯板起跑处不设梯梁时，梯板起跑处基础按图一施工.
9. 梯板施工时，应按建施图要求预埋安装栏杆的铁件 .
10. 本表板的受力钢筋按光面钢筋绘制，当受力钢筋采用变形钢筋时，末端不做半圆弯钩 .
11. 本工程楼梯梯口梁TL及TL-1断面和配筋均见图二 .

▲003-楼梯表2

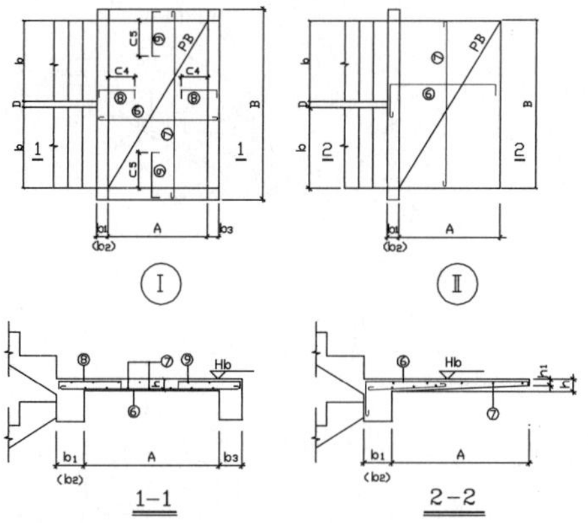

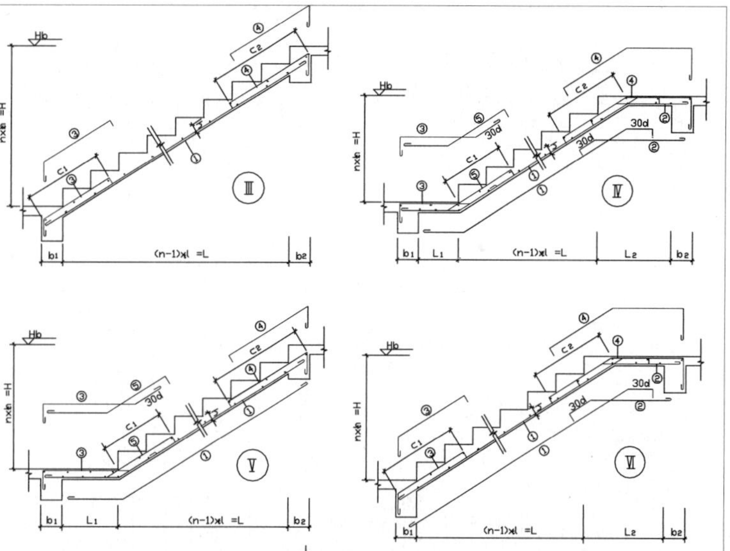

平台板																
名称	编号	标高 Hb	类型	平台板尺寸						平台板配筋						备注
				h	h1	b1 (b2)	A	b3	B	⑥	⑦	⑧	⑨	C4	C5	

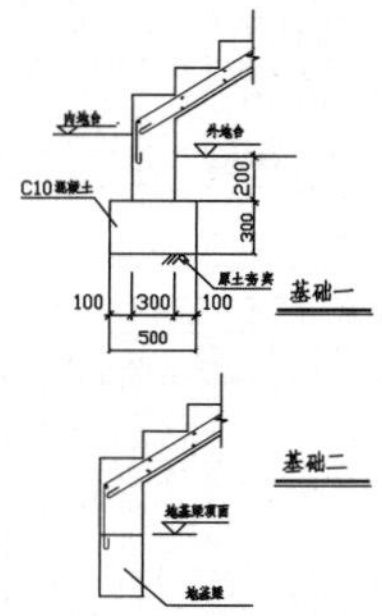

楼梯板																						
名称	编号	标高 Hb	类型	截面 bxh	尺寸					级数	踏步尺寸		支座尺寸		梯板配筋							备注
					D	L	L1	L2	H	n	lt	ht	b1	b2	①	②	③	④	⑤	C1	C2	
	TB1	2.317	Ⅲ	1800x130	60	4200	/	/	2317	15	300	154.5	250	250	Φ12@120	/	Φ12@150	Φ12@120	/	1200	1200	选用基础二
	TB2	3.400	Ⅵ	1800x120	60	3000	/	1200	1083	7	300	154.5	250	250	Φ10@120	Φ10@120	Φ10@120	Φ10@120	/	800	600	
	TB3	5.100~22.100	Ⅲ	1800x120	60	3000	/	/	1700	11	300	154.5	250	250	Φ10@120	/	Φ10@120	Φ10@120	/	900	900	
	TB3a	23.950	Ⅲ	1800x120	60	3300	/	/	1850	12	300	154.5	250	250	Φ10@100	/	Φ10@120	Φ10@120	/	1000	1000	
	TB4	2.250~20.250	Ⅲ	1800x130	60	4200	/	/	2250	15	300	150	250	250	Φ12@120	/	Φ12@120	Φ12@120	/	1200	1200	选用基础一
	TB4a	22.650	Ⅲ	1800x140	60	4500	/	/	2400	15	300	150	250	250	Φ12@100	/	Φ12@120	Φ12@120	/	1300	1300	
	TB5	4.500	Ⅲ	3660x100	0	2100	/	/	1100	8	300	137.5	250	250	Φ10@150	/	Φ10@150	Φ10@150	/	600	600	
	TB6	2.250~20.250	Ⅲ	2400x130	180	4200	/	/	2250	15	300	150	250	250	Φ12@120	/	Φ12@120	Φ12@120	/	1200	1200	
	TB7	4.500~18.000	Ⅲ	1500x130	180	4200	/	/	2250	15	300	150	250	250	Φ12@120	/	Φ12@120	Φ12@120	/	1200	1200	
	TB7a	22.650	Ⅲ	1500x140	180	4500	/	/	2400	15	300	150	250	250	Φ12@100	/	Φ12@120	Φ12@120	/	1300	1300	

说 明

1. 混凝土强度等级C20钢筋种类为HPB235级、HRB335级，fy分别为 210N/mm²和300N/mm²；
2. 梯板底分布筋为每步1[6 平台及其它部位分布筋为 [6@200；
3. 钢筋保护层厚度均为20mm；
4. 梯板支座负筋伸进支座之长度为35d 梯板底筋伸进支座之长度为 15d；
5. 扶手板下均另加2]12；
6. 本梯表与楼层结构平面及建施楼梯大样同时使用. 栏杆构造及安装连接预埋件详建施图. 梯梁编号及大样见建施大样及相应梁表.

楼梯表

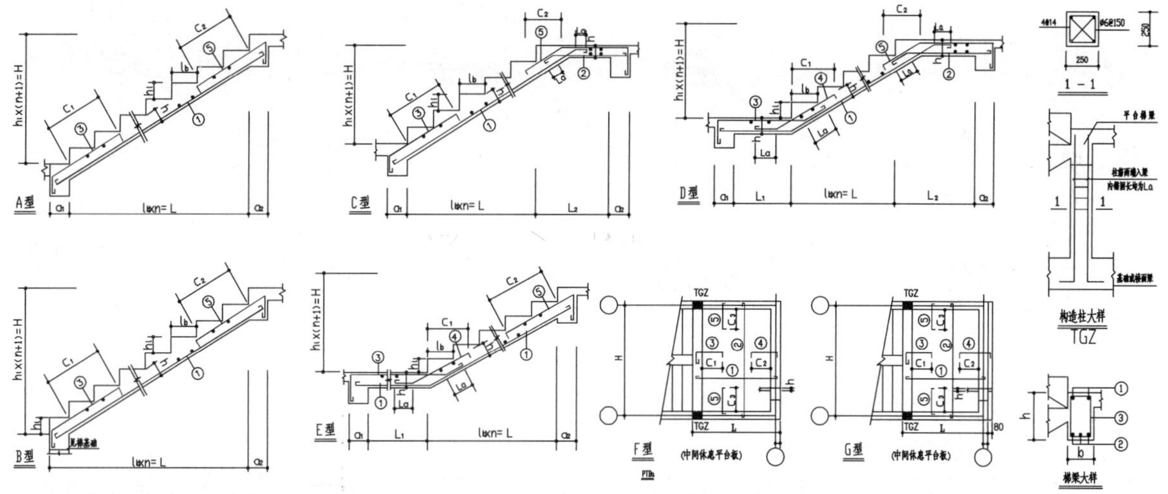

楼梯梯板配筋表

楼梯编号	梯板编号	类型	梯跑尺寸				级数	踏步尺寸		梯板厚	梯板配筋									备注
			L1	L	L2	H	n	lb	h1	h	①	②	③	④	⑤	⑥	C1	C2	C3	
1号楼梯	TB1	A		1800		1050	6	300	150	100	ø8@150		ø8@200		ø8@200		500	500		
	TB2	C		3300	175	1800	11	300	150	140	ø10@100	ø10@100	ø8@150		ø8@150		900	900		
	TB3	E	780	2700		1500	9	300	150	140	ø10@100		ø8@150	ø8@150	ø8@150		900	900		
	TB4	A		3300		1800	9	300	150	130	ø10@100		ø8@150		ø8@150		900	900		
	PB1	F		1800		3600				100	ø8@200	ø8@200	ø8@200	ø8@200	ø8@200				500	③与④号钢筋拉通
	PB2	F		2400		3600				100	ø8@150	ø8@200	ø8@150	ø8@150	ø8@200				700	
	PB3	F		2700		3600				100	ø8@150	ø8@200	ø8@150	ø8@150	ø8@200				700	
2号楼梯	TB1	A		2700		1400	9	300	140	110	ø10@150		ø8@150		ø8@150		700	700		采用时，不做弯钩
	TB2	C		2700	1675	1400	9	300	140	170	?12@150	?12@150	ø8@150		ø8@150		1100	1100		
	TB3	E	1675	2700		1400	9	300	140	170	?12@150		ø8@150	ø8@150	ø8@150		1100	1100		
	TB4	E	1075	3300		1800	11	300	140	170	?12@150		ø8@150	ø8@150	ø8@150		1100	1100		
	TB4	C		3300	1075	1800	11	300	140	170	?12@150	?12@150	ø8@150		ø8@150		1100	1100		
																				③与④号钢筋拉通
	PB1	G		1800		3900				100	ø8@200	ø8@200	ø8@200	ø8@200	ø8@200				500	

梯梁配筋表

梁编号	截面尺寸		梁配筋			楼梯编号
	b	h	①	②	③	
TL1	250	400	2?18	2?22	ø8@150	1号楼梯
TL1	250	400	2?18	2?25	ø8@150	2号楼梯
TL2	160	300	2?20	3?22	ø8@150	

说明:

1.本图梯板,歇台板编号位置,楼梯栏杆底部预埋铁件见建施。
2.本图梯板底分布筋为每步 1?6,其它未标明分布钢筋板厚≥150 均为ø8@200板厚<150 为 ø6@250
4.本图梯板,歇台板板面结构标高为其相应板面建筑标高 H-0.03。
6.梯段板的底层钢筋及面层钢筋于支座中的锚固长度为La=40d。
4.材料：混凝土：C25。钢筋用HPB235(Φ) ,HRB400(Φ).
8.楼梯间须先砌墙后浇构造柱,楼梯梁及楼梯板。
3.图中La 表示锚固长度，参照有关规范及图纸总说明.
1.本表尺寸单位为毫米，标高单位为米
5.TGZ下错入基础梁或楼面梁中,且在该楼面梁立柱处设吊筋14 .

3# 楼梯表

4# 楼梯表

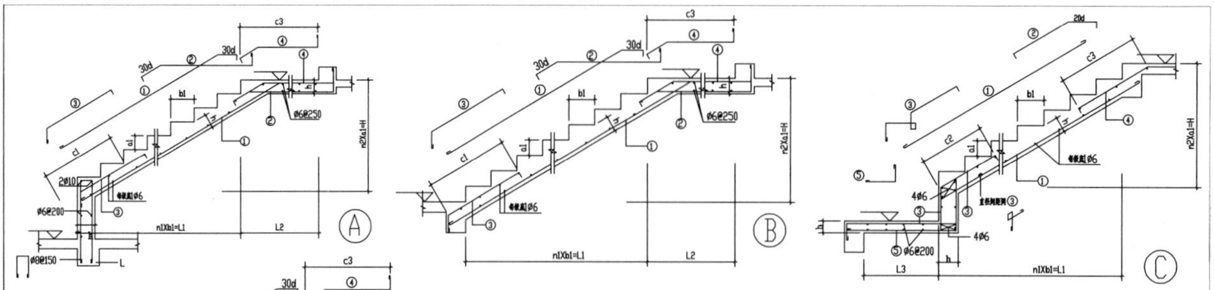

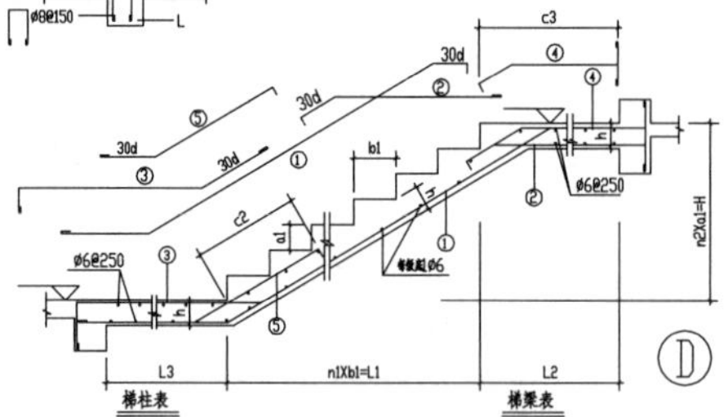

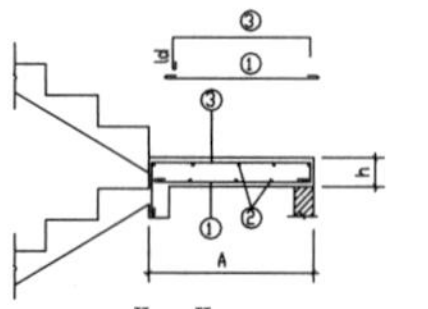

II—II

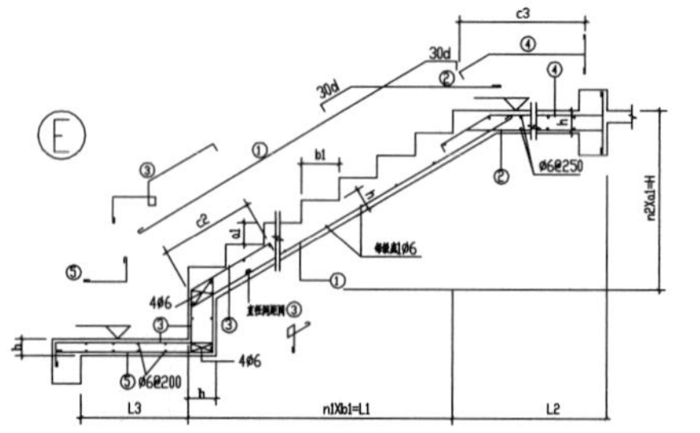

梯柱表

柱编号	平面尺寸 bxh	配筋 ①	配筋 ②	柱标高	备注
TZa	200X200	4?14	?@150	32.40~34.23	T1梯
				35.40~37.23	
TZb	200X200	4?14	?@150	32.40~34.98	T2梯
				35.40~37.926	
TZc1	200X200	4?16	?@150	32.40~33.40	T3梯
				35.40~36.365	
TZc2	200X200	4?16	?@150	32.40~34.233	
				35.40~37.168	

梯梁表

梁编号	截面尺寸 bxh	梁面标高	底直筋 ①	底直筋 ②	架立筋 ③	箍筋 ④	备注
TLa	200X450	34.23(37.23)	2?16		2?14	?@150	T1梯
TLb	200X450	33.98(36.926)	2?16		2?14	?@150	T2梯
TLc	200X450	33.4(36.365)	2?16		2?14	?@150	T3梯
		34.233(37.168)					
ATLc	200X350	34.233	2?12		2?18	?@150	按悬臂梁处理
TLd	200X400	33.90(36.85)	2?16		2?14	?@150	T4梯

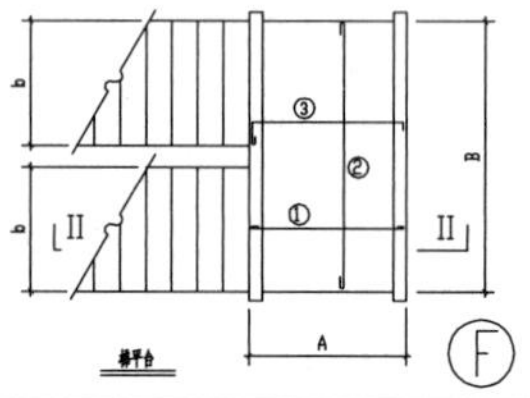

梯平台

说明:
1.本梯表与"结施66"楼梯大样一起使用
2.材料 砼强度等级C20,钢筋Ⅰ级,楼梯栏板底另加2Ø12.
3.钢筋保护层 a1=15mm.
4.本图尺寸单位为毫米,标高为米.
5.梯板钢筋长度待模板完成核对尺寸后再下料.
6.如采用Ⅱ级钢筋则取消弯钩,锚固长度30d改为35d,20d改为25d.
7.各梯板回填采用轻骨料砼,不得采用建筑垃圾.

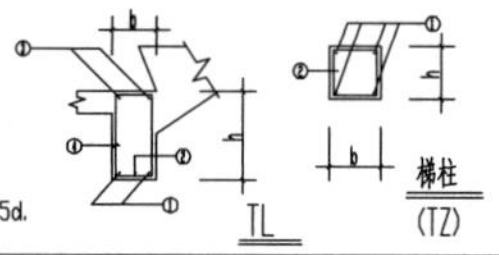

TL

梯柱 (TZ)

梯跑编号	标高	断面形式	梯宽X厚 bXh	梯跑尺寸 n1Xb1=L1	L2	L3	L4	n2Xa1=H	支承梁号 下端	支承梁号 上端	梯板底筋 ①	梯板底筋 ②	梯板支座筋 ③	梯板支座筋 ④	梯板支座筋 ⑤	支座筋长度 C1	C2	C3	备注
TB1	32.4~33.9	A	850X100	5x270=1350	890			6x166.7=1000	11AL10	TLa	Ø10@150	Ø10@150	Ø10@150	Ø10@150		800			T1梯
TB2	34.23~35.4	C	850X100	5x270=1350		890		6x166.7=1000	TLa	12AL22	Ø10@150	Ø10@150	Ø10@150	Ø10@150	Ø10@150		500	800	T1梯
TB3	35.4~36.9	B	850X100	5x270=1350	890			6x166.7=1000	12AL22	TLa	Ø10@150	Ø10@150	Ø10@150	Ø10@150		800		1540	T1梯
TB1	32.4~33.66	D	875X120	7X270=1890	880	120		8X157.5=1260	11AL28	TLb	Ø10@100	Ø10@100	Ø10@100	Ø10@100	Ø10@100		900	1700	T2梯
TB2	33.98~35.4	C	875X120	7X270=1890		880		8X157.5=1260	TLb	12AL20	Ø10@100	Ø10@100	Ø10@100	Ø10@100	Ø10@100		650	1000	T2梯
TB3	35.4~36.62	B	875X120	7X270=1890	880			8X152.5=1220	12AL20	TLb	Ø10@100	Ø10@100	Ø10@100	Ø10@100		1000		1540	T2梯
TB1	32.4~33.40	D	800X100	5x270=1350	800	1250		6x166.7=1000	11AKL13	TLc	Ø10@100	Ø10@100	Ø10@100	Ø10@100	Ø10@100		450	1450	T3梯
TB2	33.4~34.233	C	800X100	3X273.3=820		800		4x166.7=667	TLc	ATLc	Ø10@100	Ø10@100	Ø10@100	Ø10@100	Ø10@100		300	600	T3梯
TB3	34.233~35.4	C	800X100	5x270=1350		800		6x166.7=1000	TLc	12AL5	Ø10@100	Ø10@100	Ø10@100	Ø10@100	Ø10@100		500	800	T3梯
TB4	34.233~35.4	E	800X100	3X273.3=820	800	800		4x166.7=667	TLc	TLc	Ø10@100	Ø10@100	Ø10@100	Ø10@100	Ø10@100		300	1300	T3梯

板编号	板面标高	断面形式	平面尺寸 AXB	板厚 h或t1/t2	板配筋 ①	②	③	④	ld	备注

复式楼梯表(一)

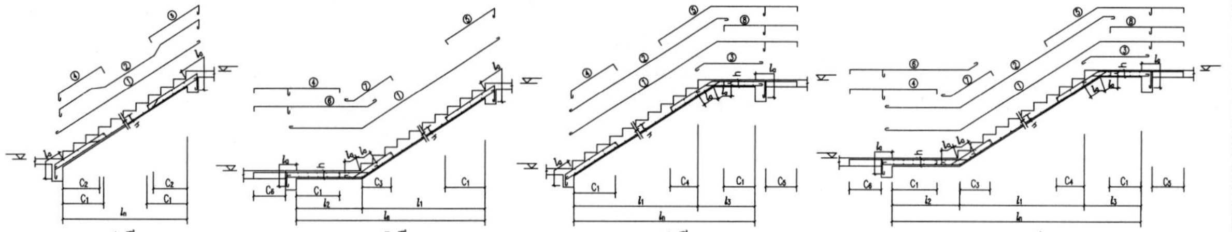

A型 (Aa、Ab)　B型 (Bb)　C型 (Ca)　D型

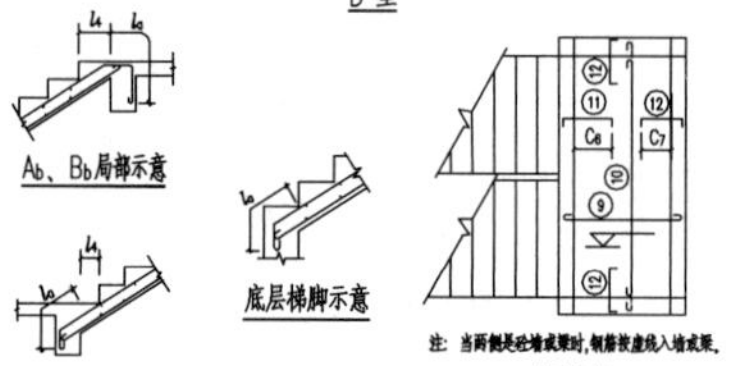

Ab、Bb局部示意

Aa、Ca局部示意

底层梯脚示意

注: 当两侧是砼墙或梁时,钢筋按虚线入墙或梁。

梯平台板

梯板表

板号	标高 (由 至)	截面型式	板厚 h	梯级及梯跑尺寸 l_n	l_1	l_2	l_3	l_4	底筋 ①	②	③	面筋 ④	⑤	⑥	⑦	⑧	C_1	C_2	C_3	C_4	C_5	备注
TB																						

梯平台板表

板号	板面标高	净跨 l_n	板厚 h	底筋 ⑨	⑩	面筋 ⑪	⑫	C_6	C_7	备注
TB										

说明

1. 混凝土强度等级: C___
   钢筋等级: Ⅰ级(φ)、Ⅱ级(φ)、Ⅲ级(φ).
2. 钢筋保护层净厚: 板15, 梁25.
3. 梯板底面分布筋为每级1φ6或φ6@250, 当主筋直径≥14时用φ8. 梯平台面分布筋为φ6@250.
4. 扶手下另加2条 ① 筋.
5. 梯板、梯平台板预留栏杆立柱插筋或预埋件等按建筑图.
6. 支座面筋锚固长度l_a详结构设计总说明, 底筋锚固长度≥5d.
7. 梯板、梯平台板型式及梯梁、梯板编号见楼梯大样图.

梯梁表　注: 表中无注时详平面图或梁表, 钢筋做法详梁构造说明.

梁号	几何尺寸 截面 b	h	悬臂部份 h_2	C	C_1	底筋 ①	面筋 ③	腰筋 ⑥	箍筋⑦ 中部 直径	中部 间距	端部 直径	端部 间距	梁面标高	备注
TL														

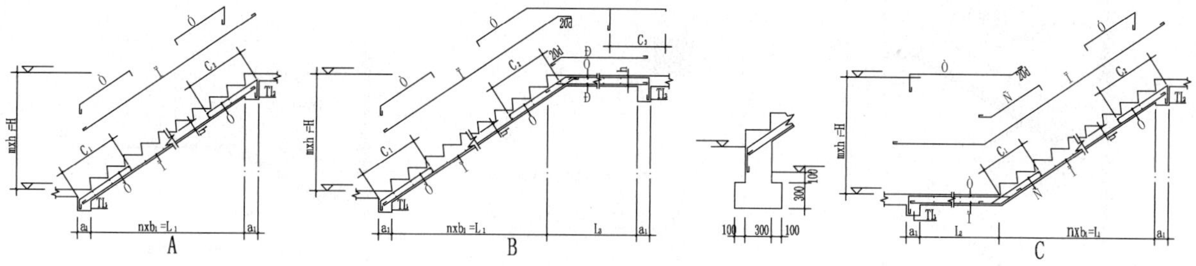

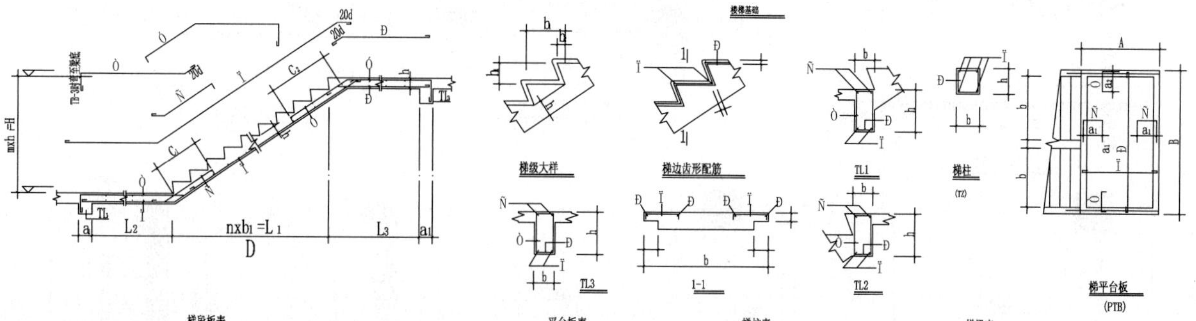

梯段板表

梯段编号	标高	截面形式	梯宽X厚 bXh	梯级及梯段尺寸 nXb1	L1	b2	m Xh1	H	L2	L3	支座宽 a1	a2	底筋 Ï	Đ	支座筋 Ñ	Ò	Ó	C1	C2	C3	备注
TB-1	0.000至2.200	A	1200X120	12X280	3360		13X169.2	2200			180	180	ƒ 12@150			ƒ 12@150	ƒ 12@150	1200	1200		
TB-2	2.200至3.500	B	1100X120	7X260	1820		8X162.5	1300		980	180	180	ƒ 12@150	ƒ 12@150		ƒ 12@150	ƒ 12@150	800	800		
TB-3	3.500至4.800	C	1100X120	7X260	1820		8X162.5	1300	980		180	180	ƒ 12@150		ƒ 12@150	ƒ 12@150	ƒ 12@150	800	800		
TB-4	4.800至6.400	B	1100X120	9X260	2340		10X160	1600		780	180	180	ƒ 12@150	ƒ 12@150		ƒ 12@150	ƒ 12@150	900	900		
TB-5	6.400至8.000	A	1100X100	9X260	2340		10X160	1600			180	180	, 10@150			, 10@150	, 10@150	900	900		
TB-5	8.000至9.600																				
TB-5	9.600至11.200																				

平台板表

板编号	板面标高	平面尺寸 AxB	板厚 h	配筋 Ï	Đ	Ñ	a1	Ò	a2	备注
PTB-1	4.800	1300X2400	80	, 6@200	, 6@200	, 6@200	500	, 6@200	600	
PTB-2	6.400	1100X2400	80	, 6@200	, 6@200	, 6@200	400	, 6@200	500	
	9.600									

梯柱表

柱编号	平面尺寸 bxh	配筋 Ï	Đ	备注
TZ-1	180X200	412	, 6@200	

梯梁表

梁编号	截面尺寸 bxh	跨度 L	底直筋 Ï	底直筋 Đ	架立筋 Ñ	箍筋 Ò	备注
TL-1	180X300	2500	216		212	, 6@200	
TL-2	180X350	2500	216		212	, 6@200	

说明

梯表一>

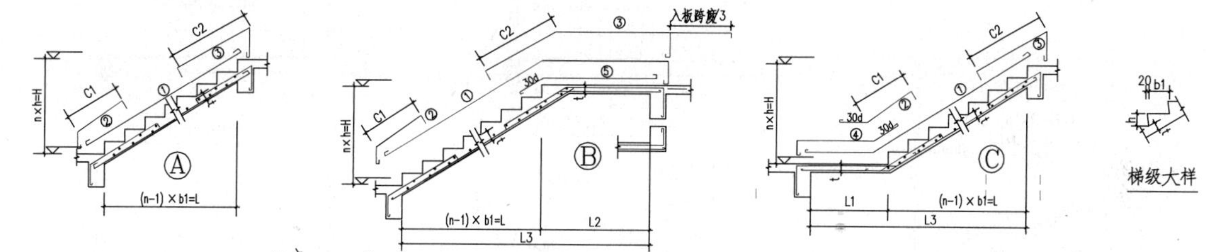

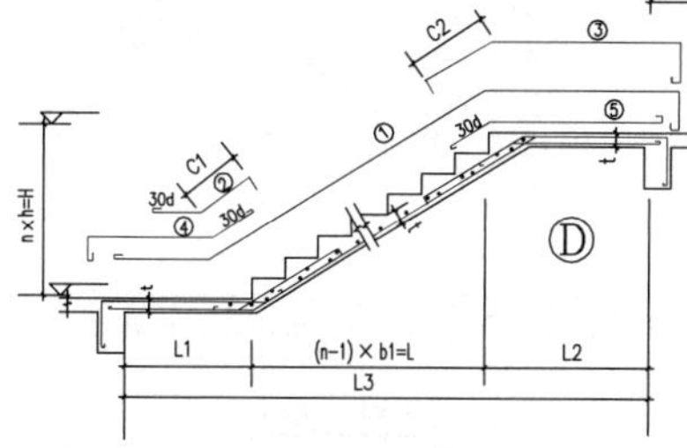

梯梁表

楼梯编号	梯梁编号	截面尺寸 bxh	跨度 L	底直筋 ①	架立筋 ②	箍筋 ③	梁顶标高	备注
T1	TL	200x400	2840	2]18	2]18	[8@200		
	PL	200x400	2840	2]18	2]18	[8@200		
T2	2PL	240x2020	2840	3]18	3]18	[8@200	3.320	

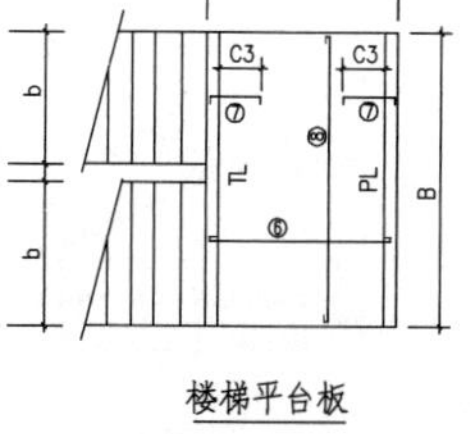

楼梯配筋表

楼梯编号	梯板编号	标高	类型	梯宽×厚 bxt	高度尺寸 n	h	H	长度尺寸 n-1	b1	L	L1	L2	L3	配筋 ①	②	③	④	⑤	C1	C2
T1 T2 T3 T4 T5	TB1	见楼梯详图	B	1180x120	9	177.8	1600	8	270	2160		500	2660	9[10	9[10	9[10		9[10	1000	1000
	TB2		C	1180x120	9	153.3	1380	8	270	2160	500		2660	9[10	9[10	9[10	9[10		1000	1000
	TB3		A	1180x100	9	161	1450	8	270	2160				8[10	8[10	8[10			1000	1000
	1TB1		B	1200x150	6	166.7	1000	5	300	1500		1340	2840	11[10	11[10	11[10		11[10	900	900
	1TB2		A	1180x100	7	177.8	1245	6	270	1620				8[10	8[10	8[10			1000	1000
	1TB4		A	1180x100	9	153.3	1380	8	270	2160				8[10	8[10	8[10			1000	1000
	1TB5		A	1180x120	11	159.1	1750	10	270	2700				10[10	10[10	10[10			1000	1000
	2TB1		B	1200x150	6	166.7	1000	5	300	1500		1140	2640	11[10	11[10	11[10		11[10	900	900
	2TB2		A	1180x100	10	160	1600	9	270	2430				10[10	10[10	10[10			1000	1000
	2TB4		A	1180x100	9	153.3	1380	8	270	2160				8[10	8[10	8[10			1000	1000
	2TB5		A	1180x120	11	159.1	1750	10	270	2700				10[10	10[10	10[10			1000	1000
	3TB4		B	1180x120	9	161	1450	8	270	2160		1300	3460	12[10	12[10	12[10		12[10	1000	1000
	3TB5		C	1180x120	9	161	1450	8	270	2160	1300		3460	12[10	12[10	12[10	12[10		1000	1000

平台板配筋表

板编号	板面标高	平面尺寸 AxB	板厚 t	配筋 ⑥	⑦	⑧	C3
PB		1300x2360 (1540)	100	[8 @150	[8 @150	[8 @200	1300 (1540)

说明：

1. 楼梯砼强度等级为C25.
2. 梯板钢筋保护层：板厚t<100时为10mm，板厚t≥100时为15mm.
3. 梯板分布筋Ø 8@250.
4. 扶手栏杆大样及预埋件见建施.
5. TB1、TB2水平段上下层分布筋Ø10@120，按受力筋制作并锚入墙内.

楼梯配筋表

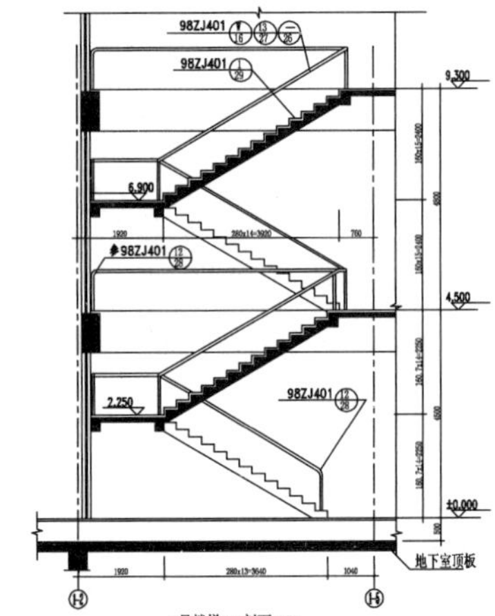
9号楼梯A-A剖面1:50

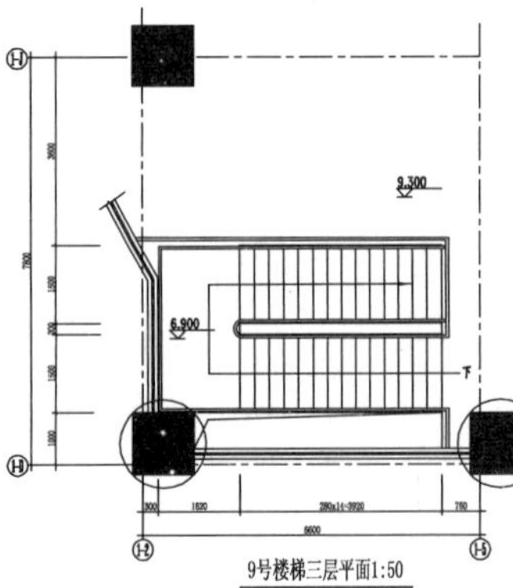
9号楼梯三层平面1:50

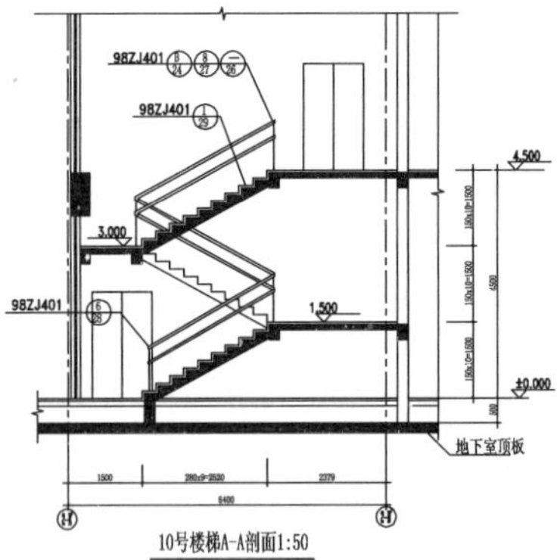
10号楼梯A-A剖面1:50

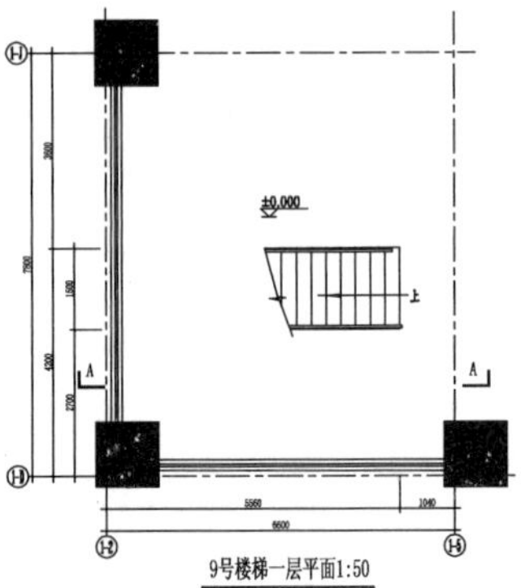
9号楼梯一层平面1:50

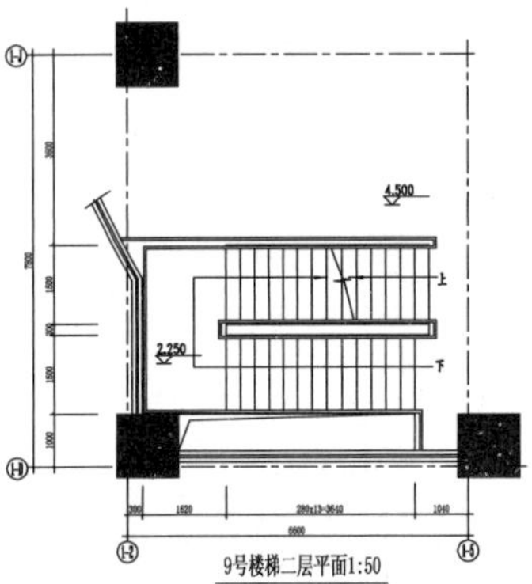
9号楼梯二层平面1:50

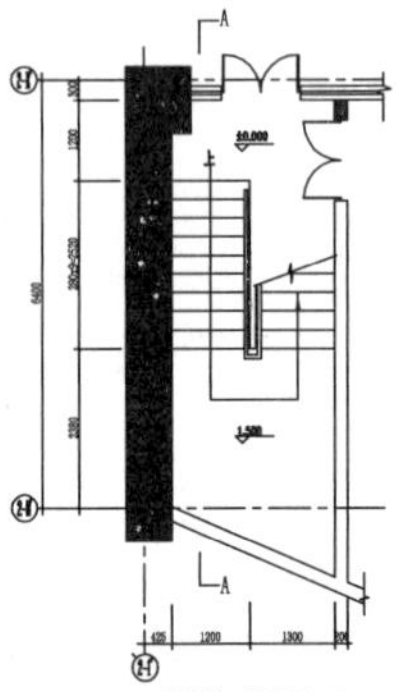
10号楼梯一层平面1:50

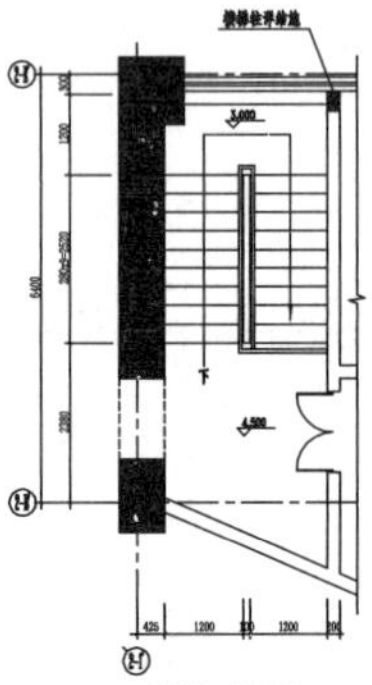
10号楼梯二层平面1:50

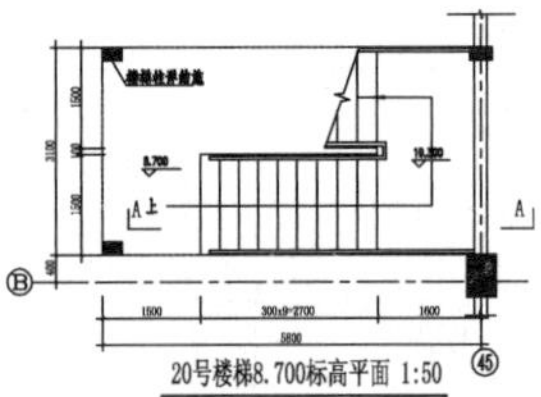
20号楼梯8.700标高平面 1:50

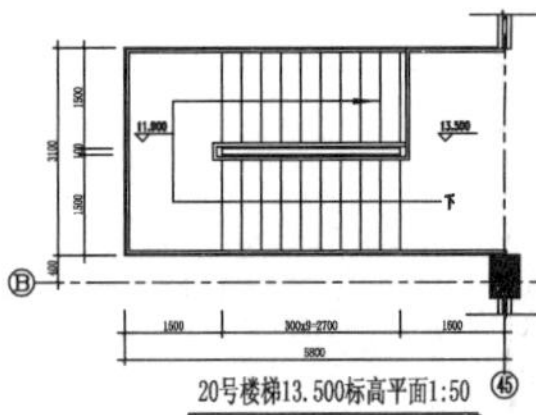
20号楼梯13.500标高平面1:50

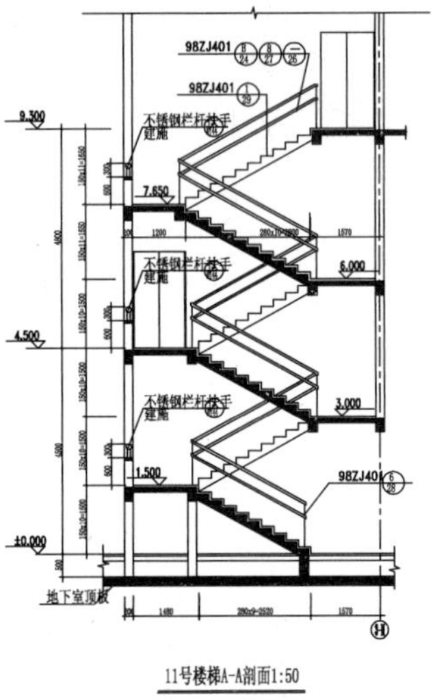
11号楼梯A-A剖面1:50

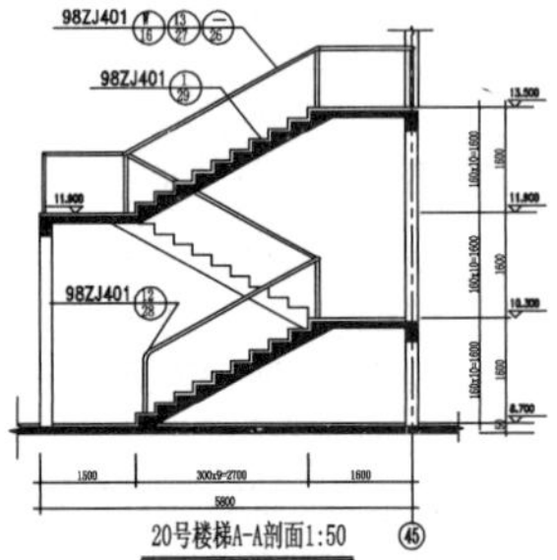
20号楼梯A-A剖面1:50

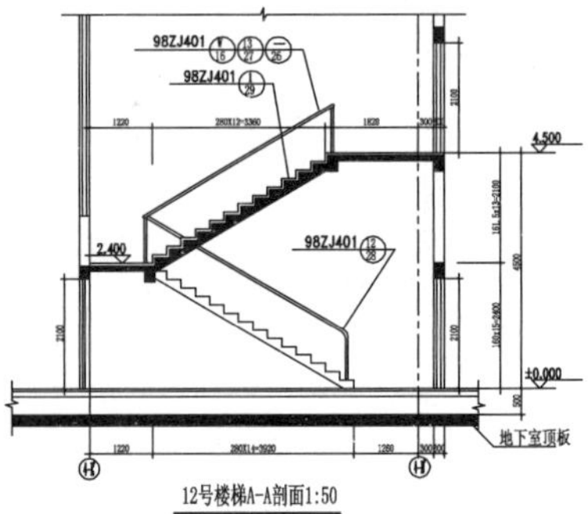
12号楼梯A-A剖面1:50

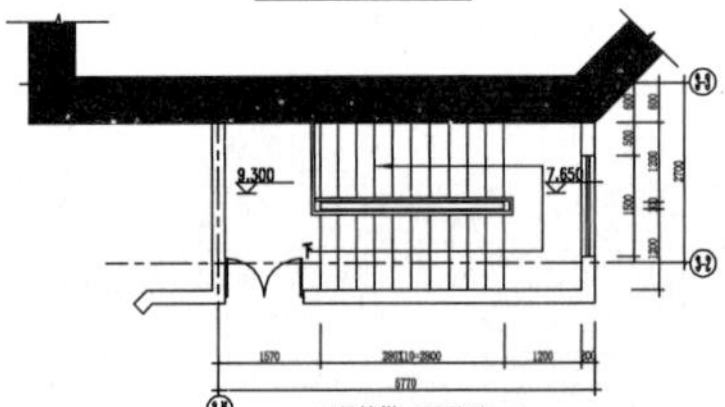
11号楼梯三层平面1:50

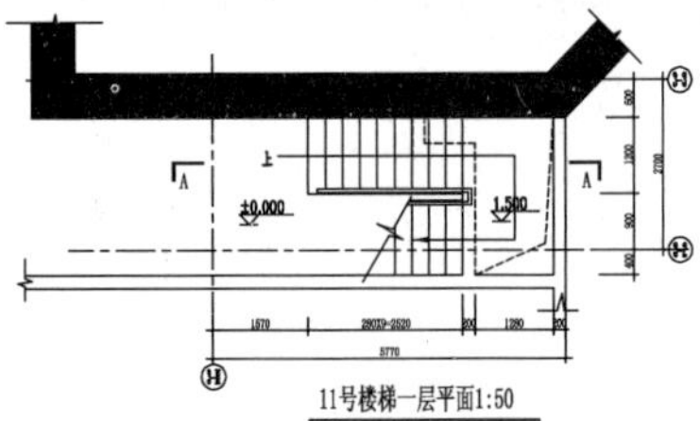
11号楼梯一层平面1:50

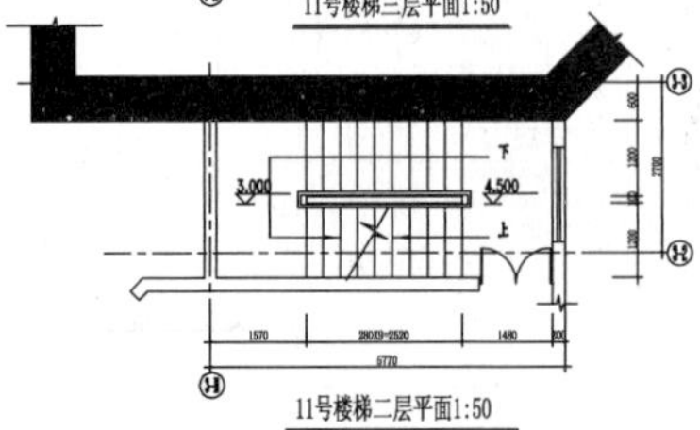
11号楼梯二层平面1:50

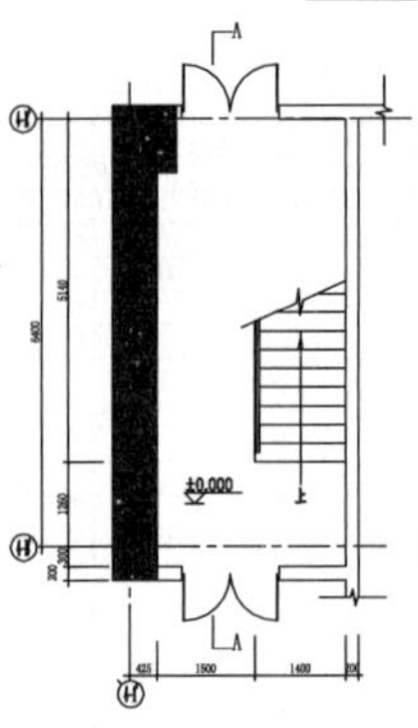
12号楼梯一层平面1:50

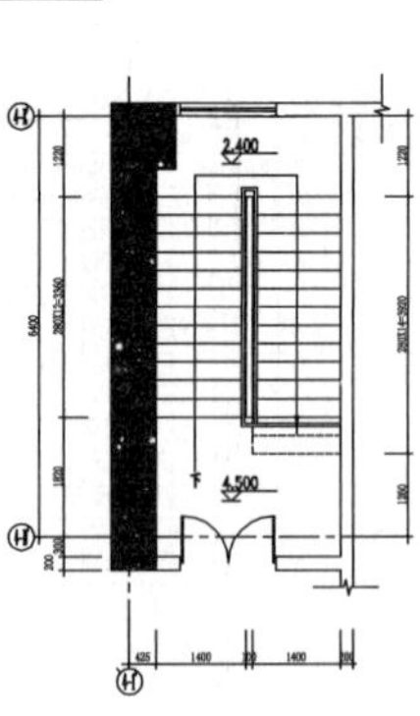
12号楼梯二层平面1:50

▲007-楼梯大样1

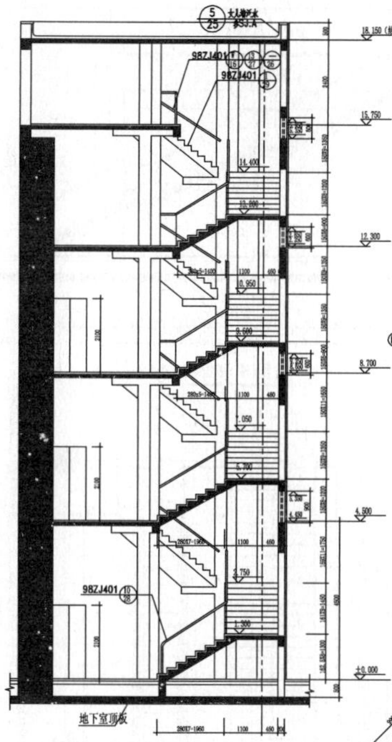

16号楼梯A-A剖面1:50

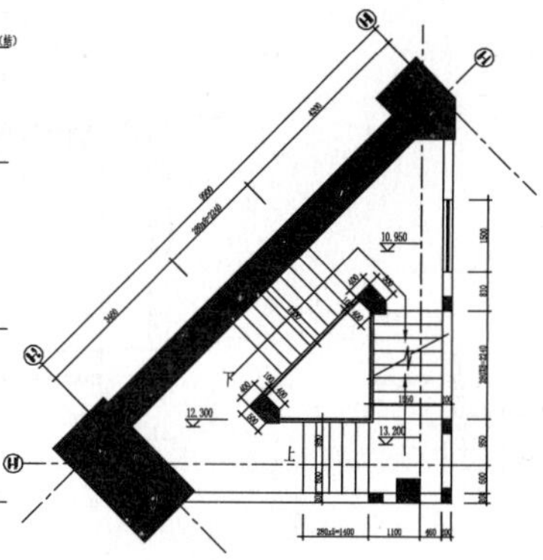

16号楼梯12.300标高平面1:50

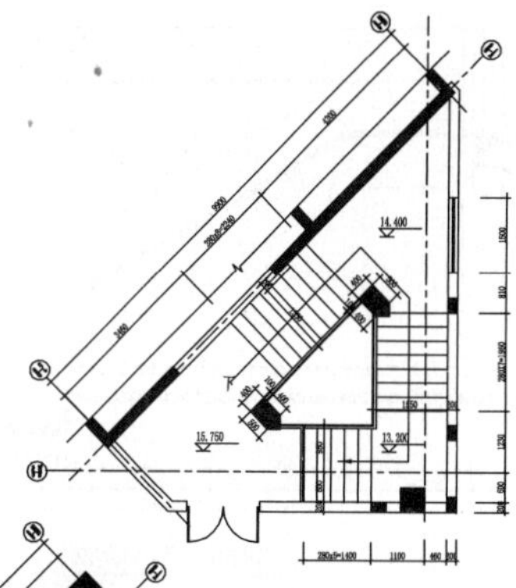

16号楼梯四层平面1:50

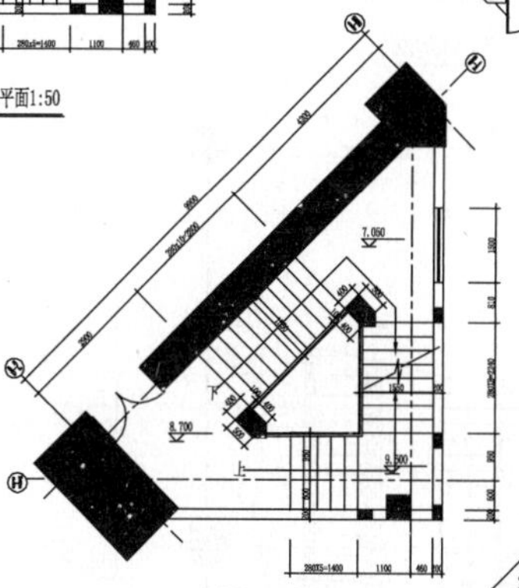

16号楼梯三层平面1:50

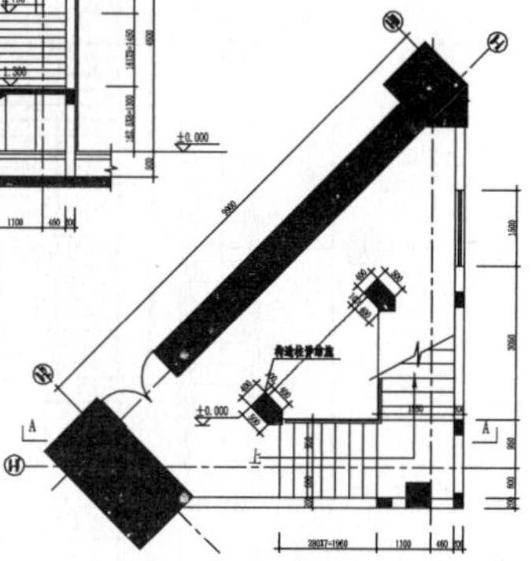

16号楼梯一层平面1:50

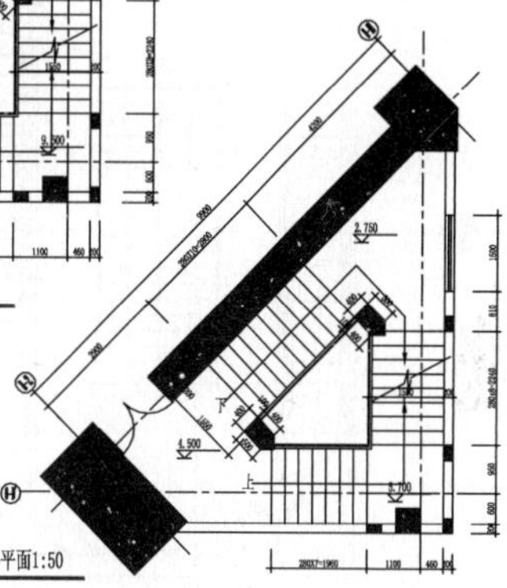

16号楼梯二层平面1:50

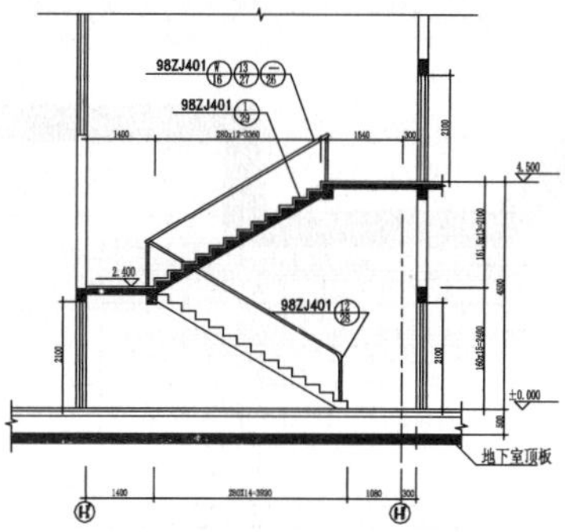

14号楼梯A-A剖面1:50

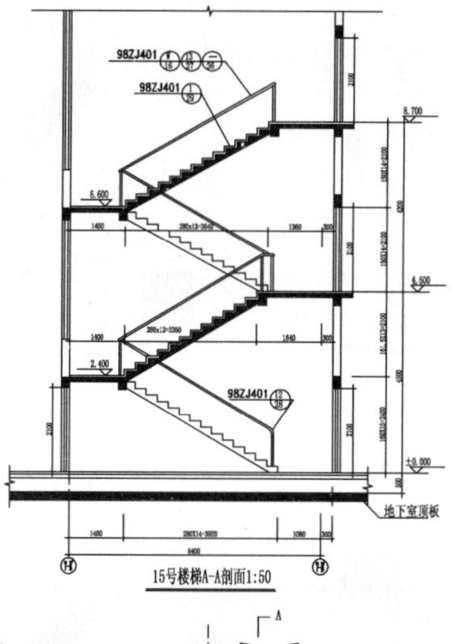

15号楼梯A-A剖面1:50

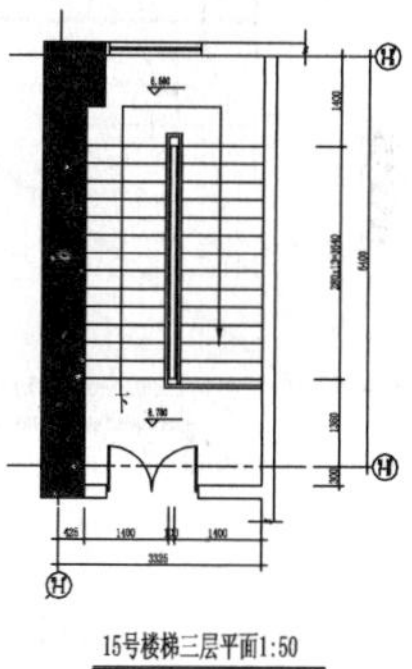

15号楼梯三层平面1:50

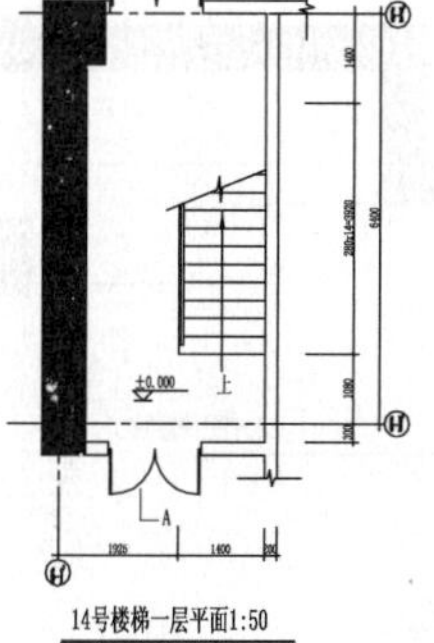

14号楼梯一层平面1:50

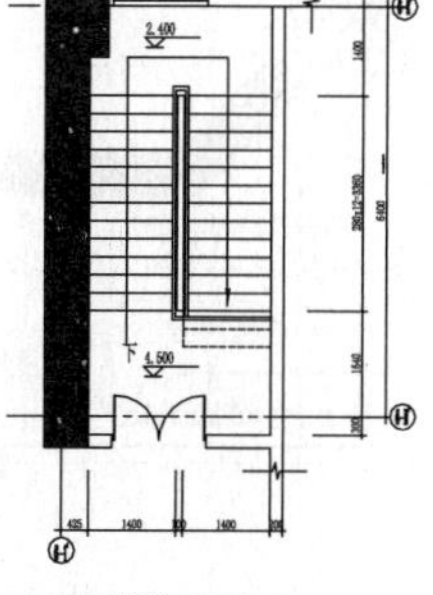

14号楼梯二层平面1:50

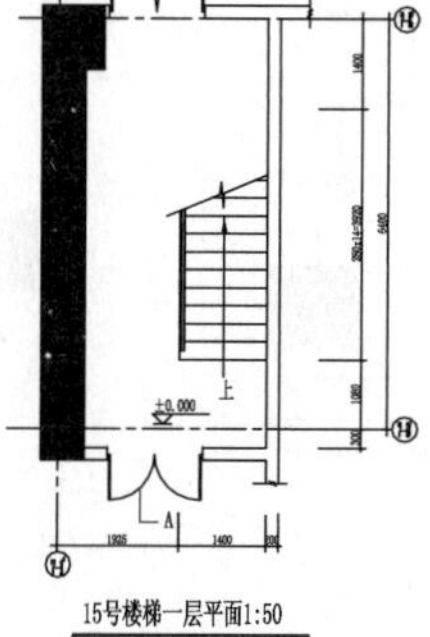

15号楼梯一层平面1:50

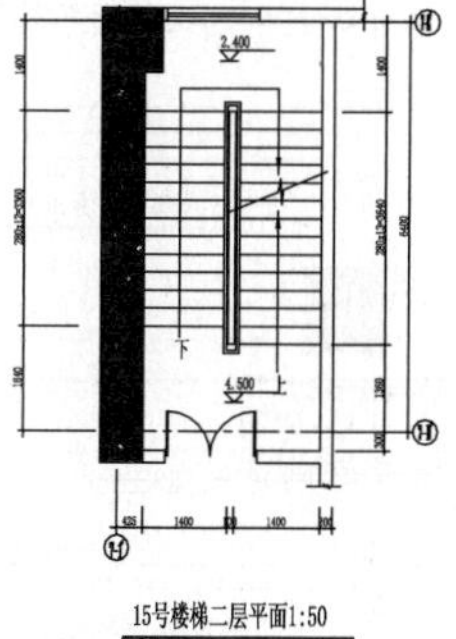

15号楼梯二层平面1:50

▲008-楼梯大样2

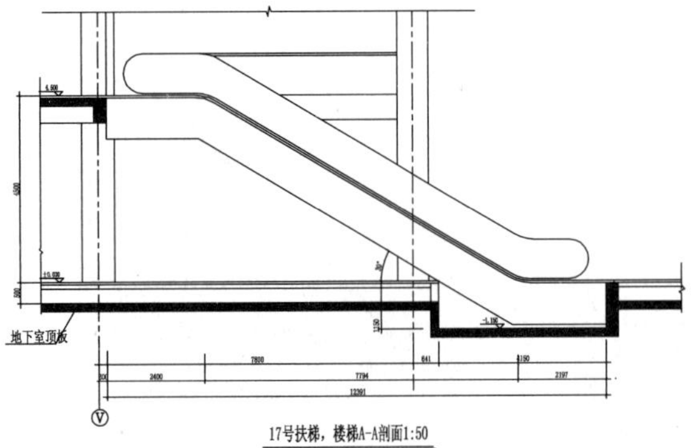

17号扶梯，楼梯A-A剖面1:50

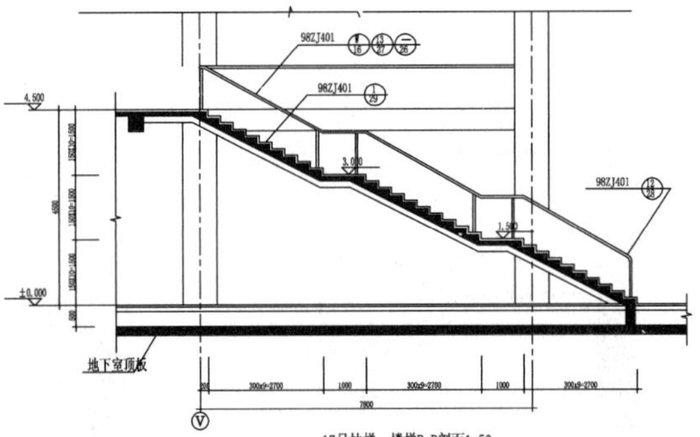

17号扶梯，楼梯B-B剖面1:50

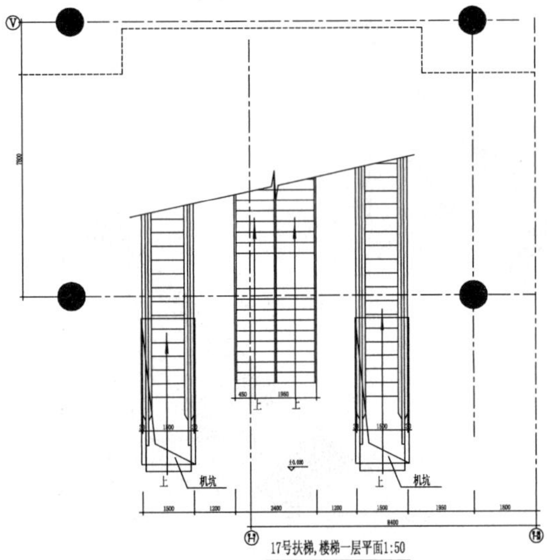

17号扶梯，楼梯一层平面1:50

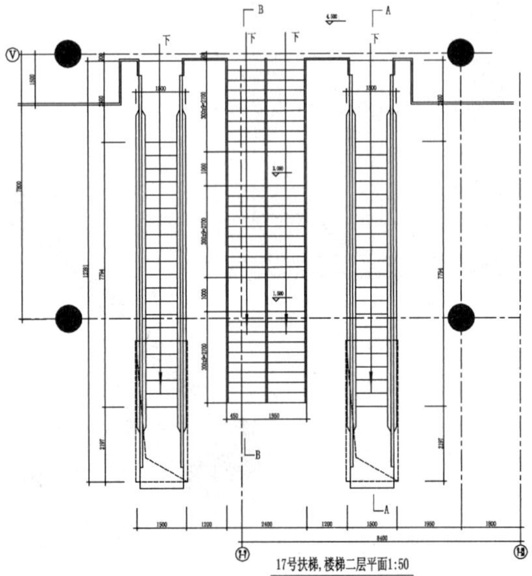

17号扶梯，楼梯二层平面1:50

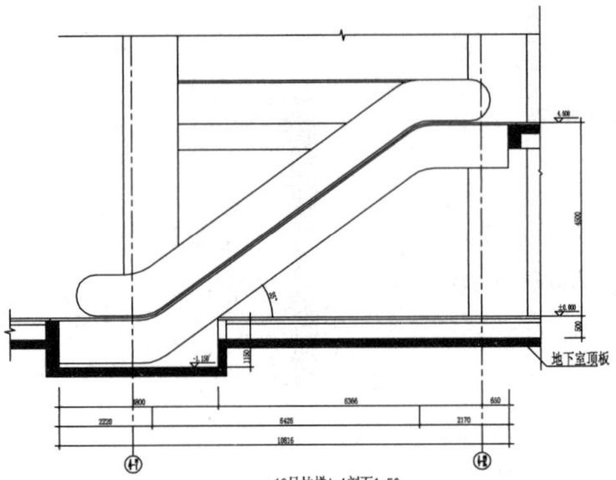

18号扶梯A-A剖面1:50

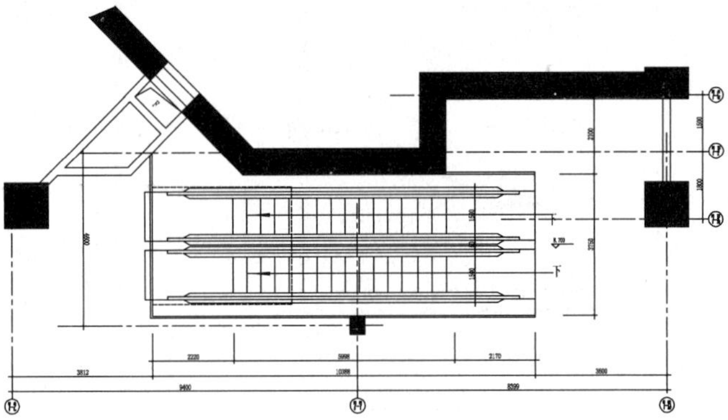

19号扶梯8.700标高平面1:50

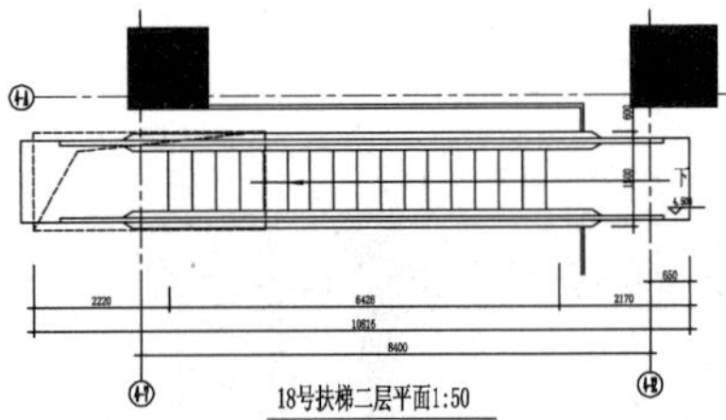

18号扶梯二层平面1:50

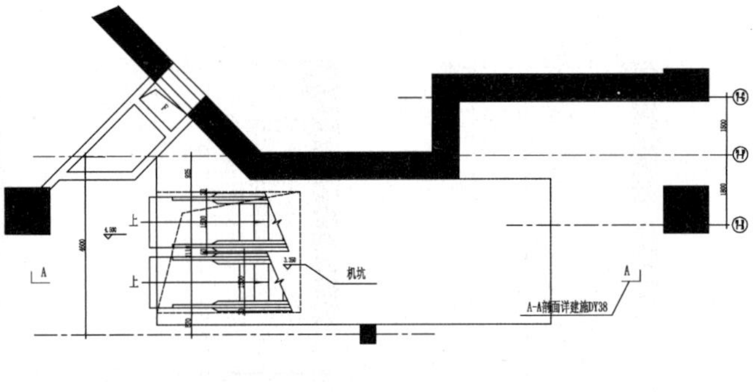

19号扶梯4.500标高平面1:50

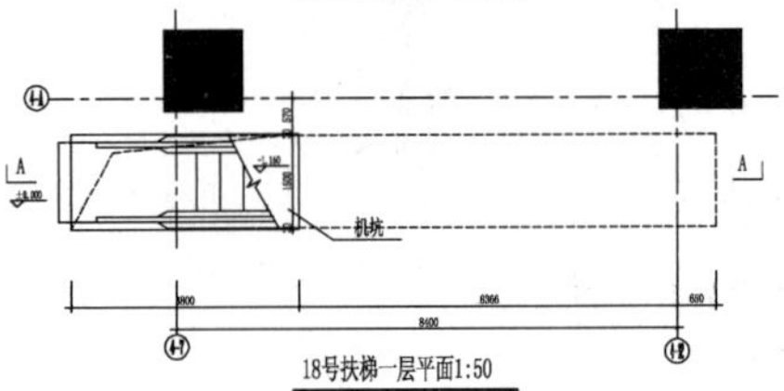

18号扶梯一层平面1:50

▲009-楼梯大样3

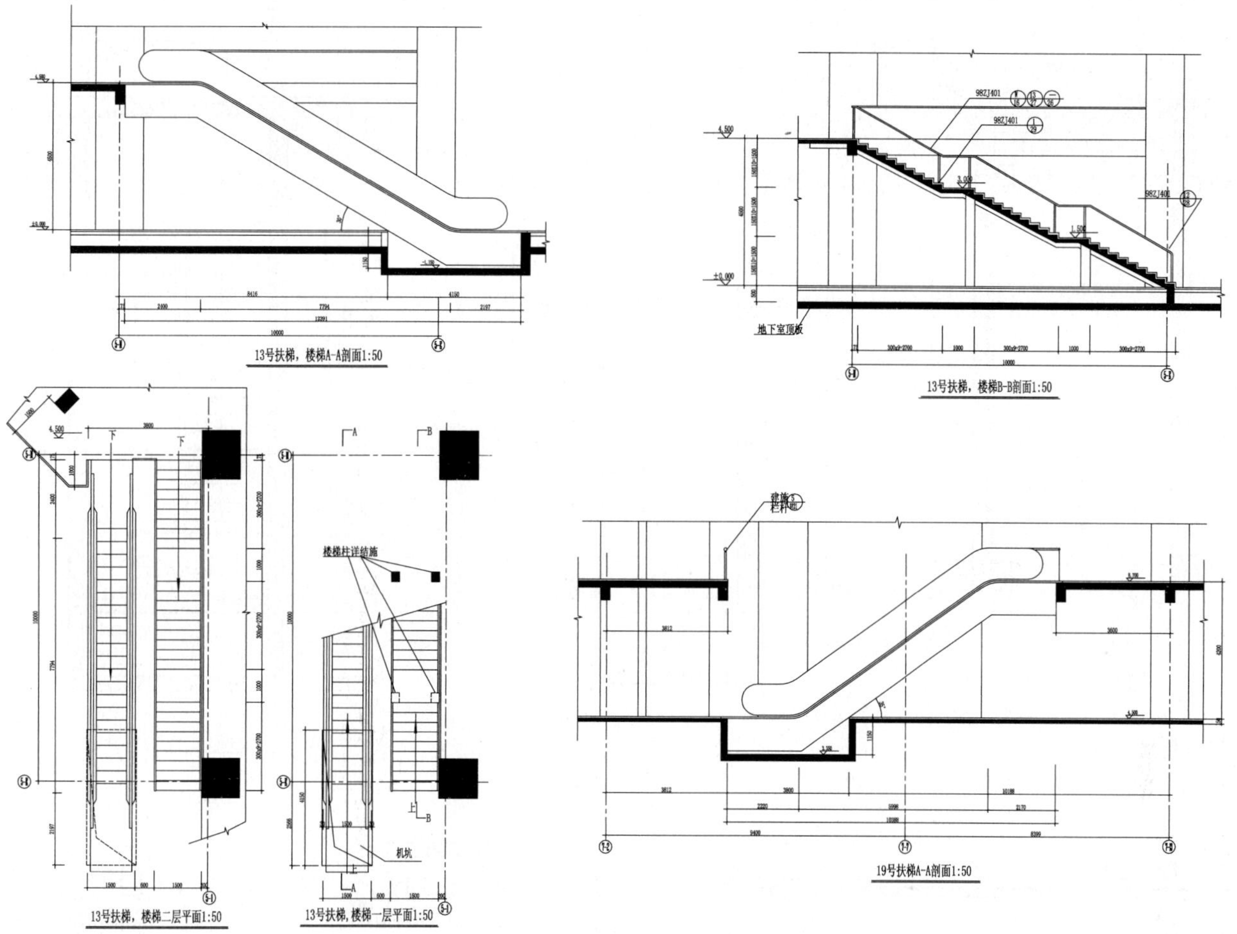
13号扶梯，楼梯A-A剖面1:50
地下室顶板
13号扶梯，楼梯B-B剖面1:50
楼梯柱详结施
机坑
13号扶梯，楼梯二层平面1:50
13号扶梯，楼梯一层平面1:50
19号扶梯A-A剖面1:50

▲010-楼梯大样4

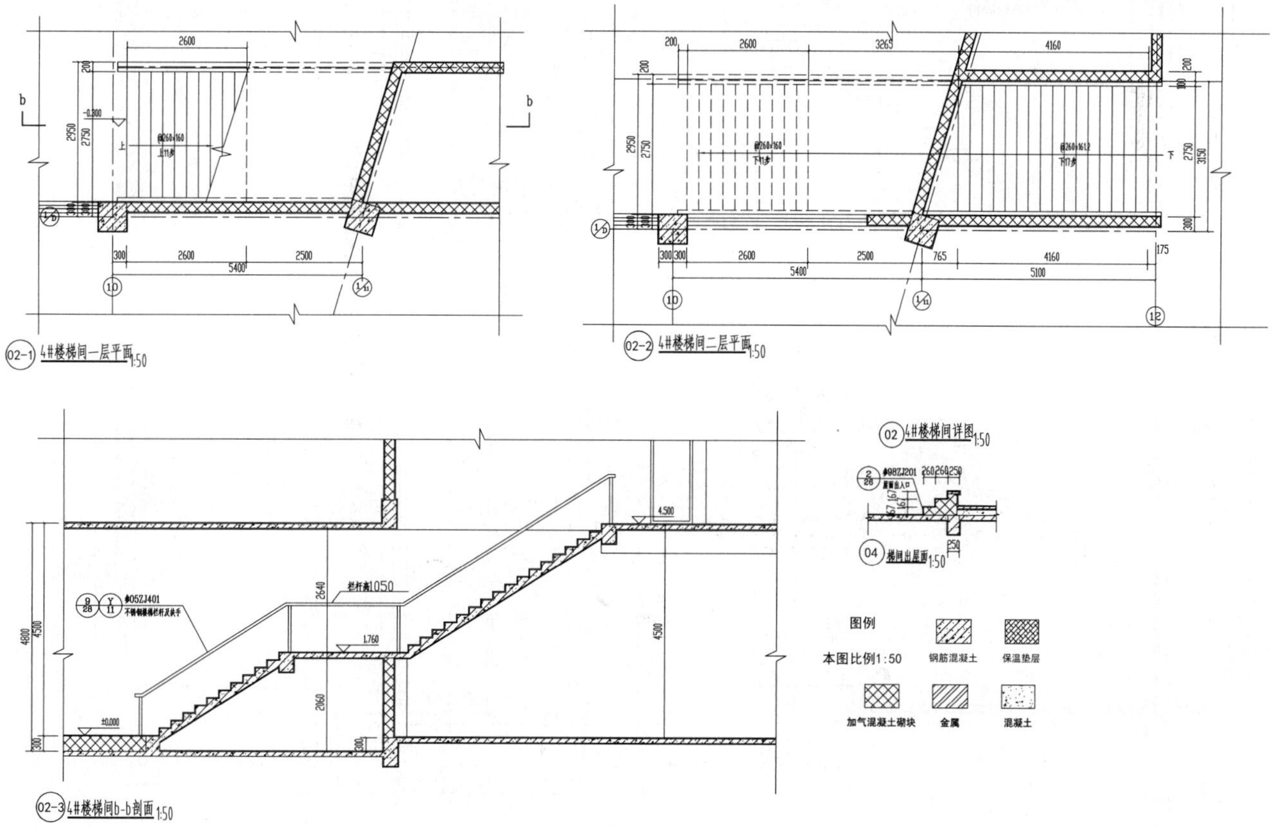
02-1 4#楼梯间一层平面1:50
02-2 4#楼梯间二层平面1:50
02 4#楼梯间详图1:50
04 梯间出屋面1:50
图例
本图比例1:50
钢筋混凝土
保温垫层
加气混凝土砌块
金属
混凝土
02-3 4#楼梯间b-b剖面1:50

▲011-楼梯大样5

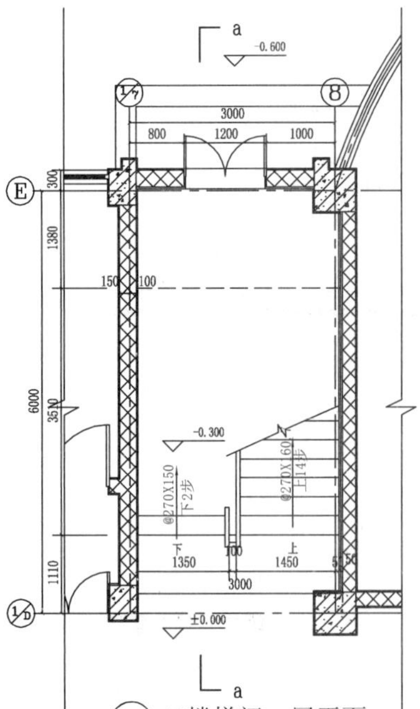

01-1 1#楼梯间一层平面 1:50

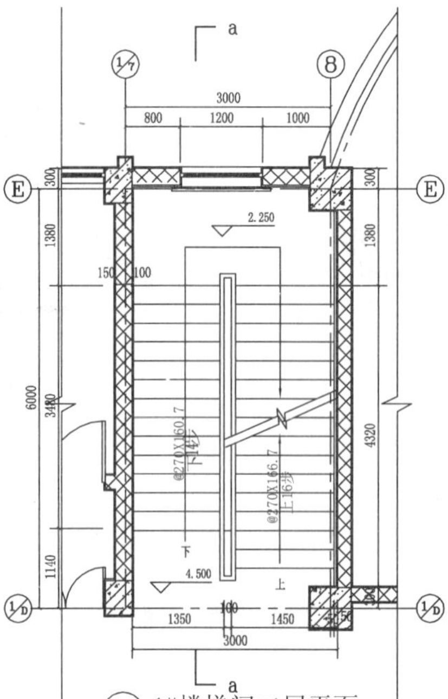

01-2 1#楼梯间二层平面 1:50

01 1#楼梯间详图 1:50

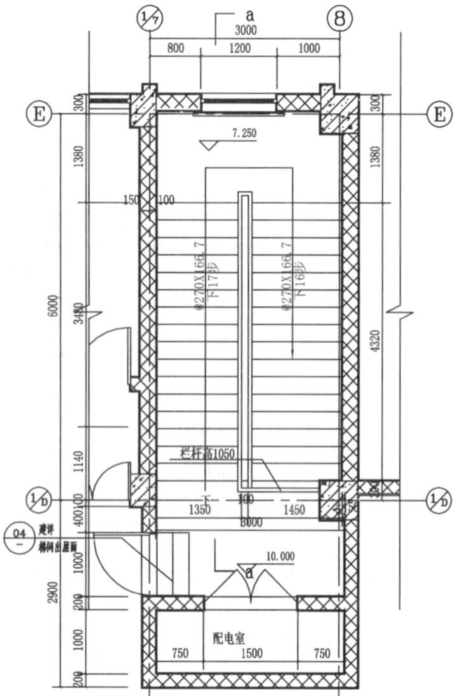

01-3 1#楼梯间三层平面 1:50

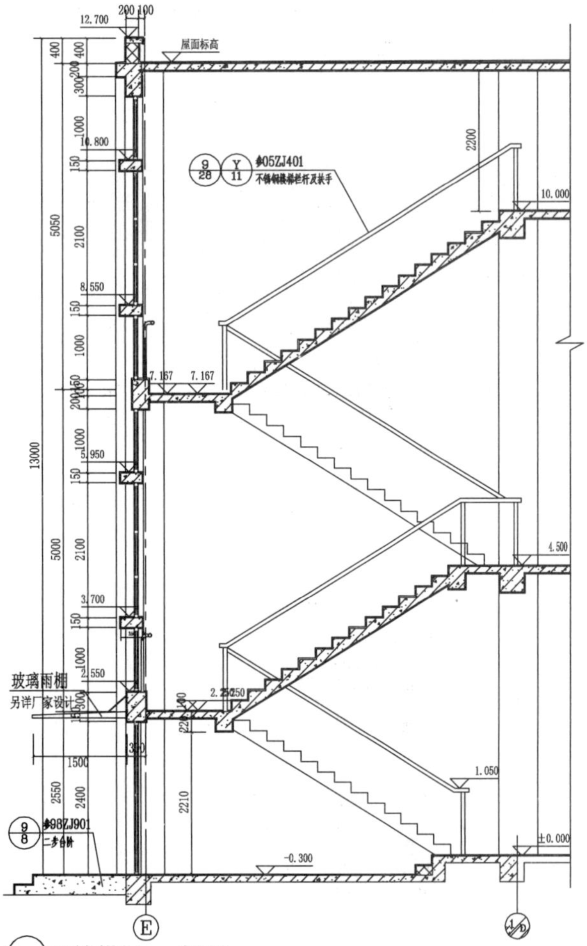

01-4 1#楼梯间a-a剖面1:50

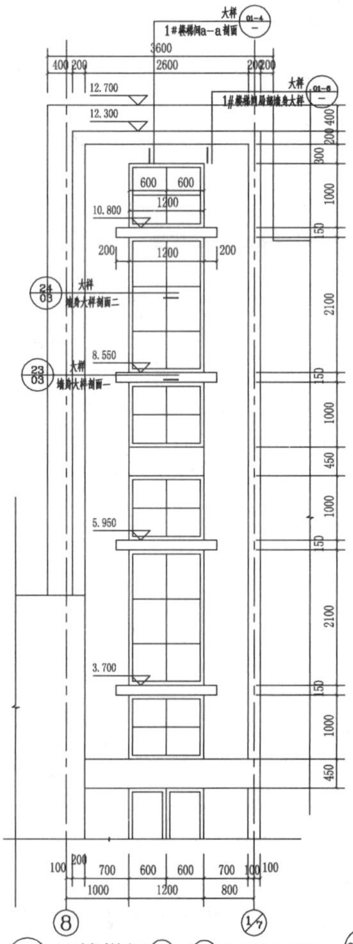

01-5 1#楼梯间⑧-1/7立面 1:50

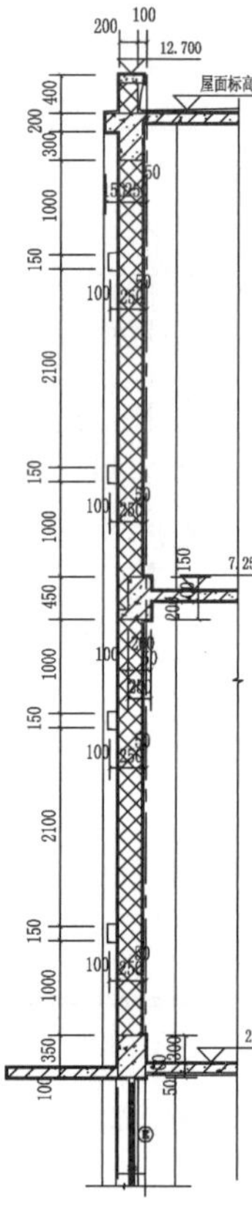

01-6 1#楼梯间局部墙身大样 1:50

▲012-楼梯大样6

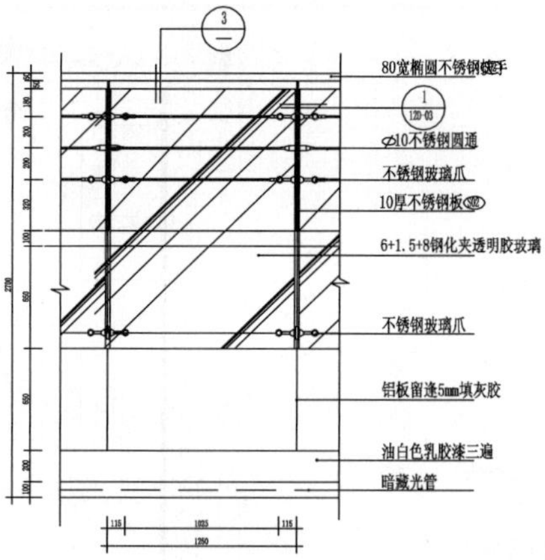

① 细部大样 1:20

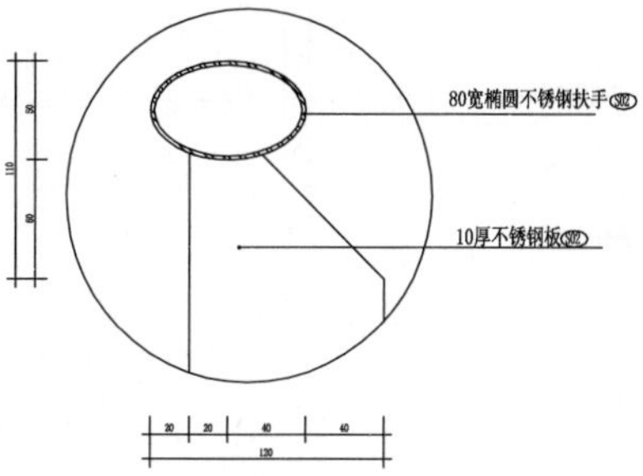

② 节点大样 1:2

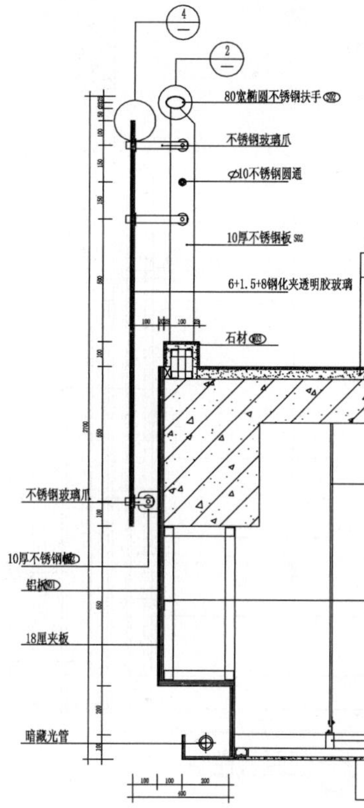

③ 剖面大样 1:2

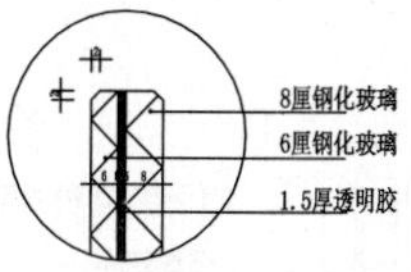

④ 节点大样 1:1

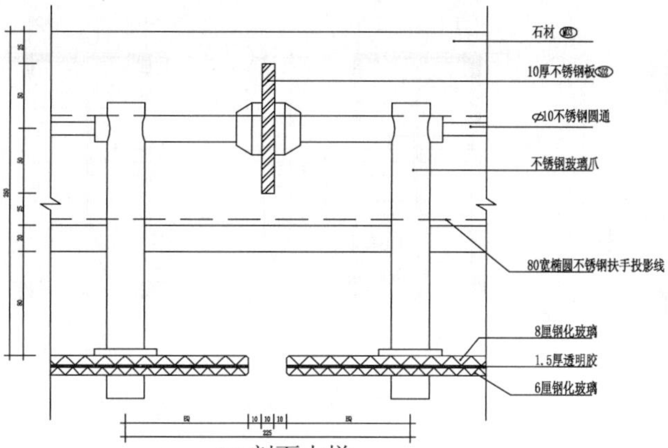

① 剖面大样 1:2

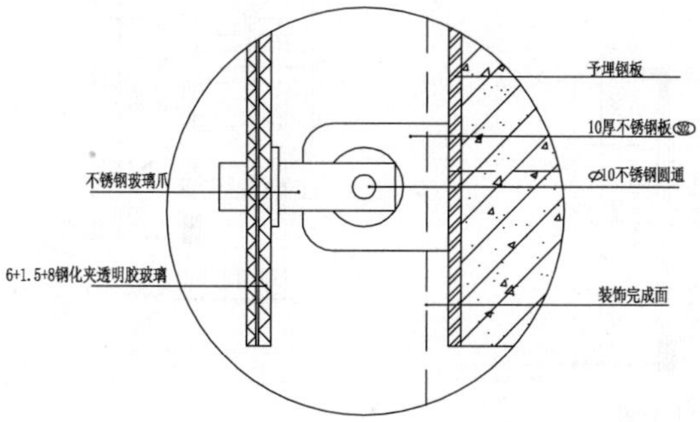

② 剖面大样 1:2

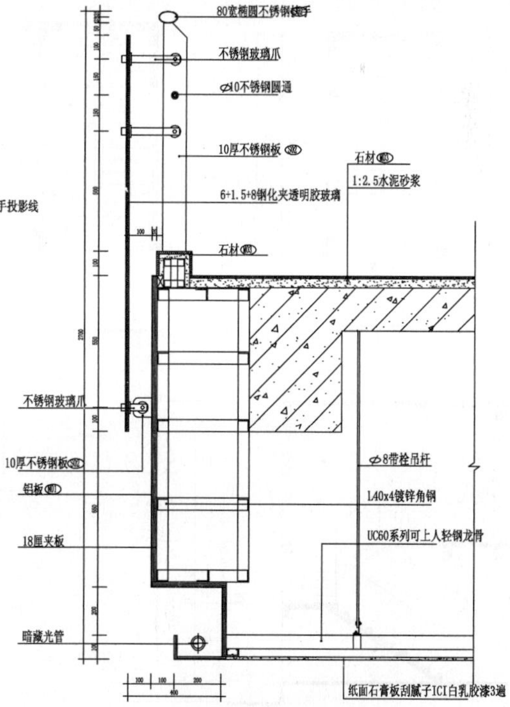

③ 剖面大样 1:10

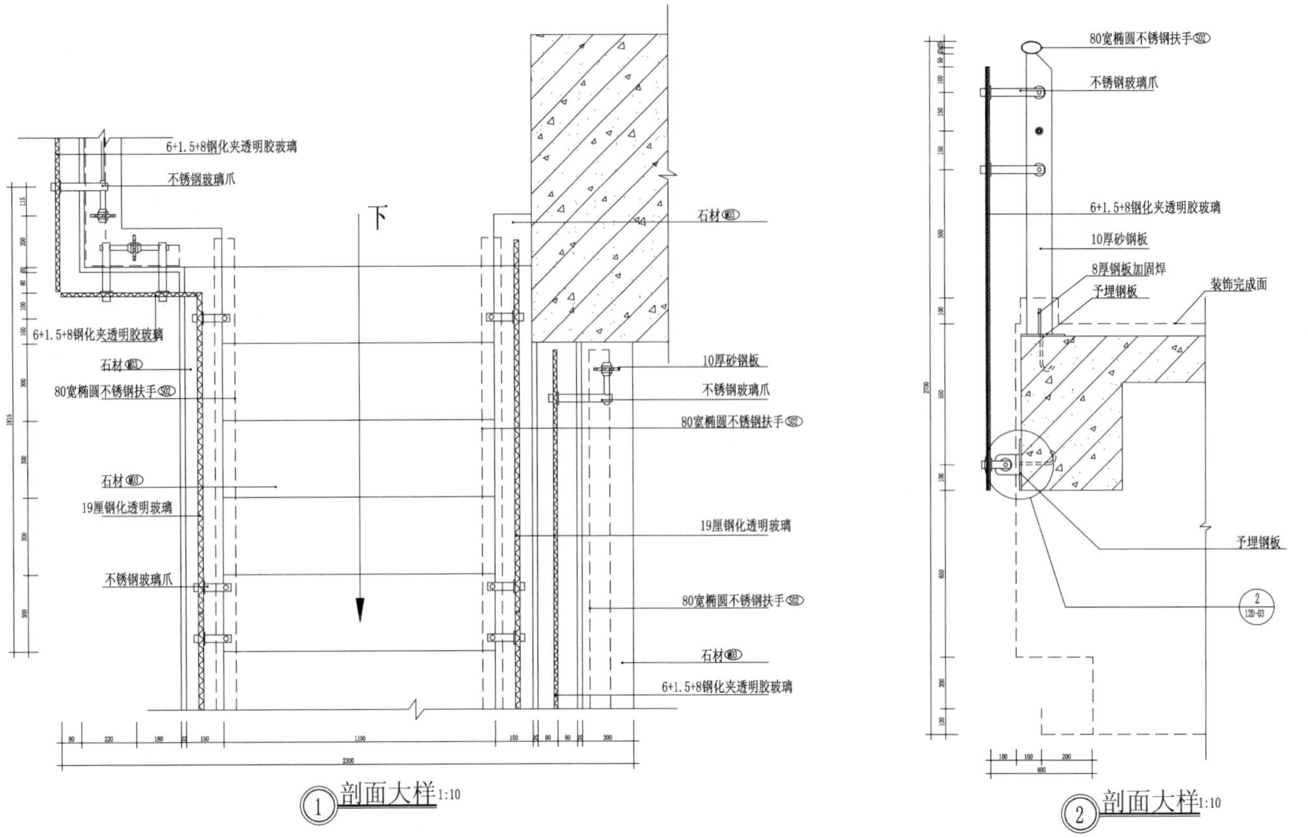
6+1.5+8钢化夹透明胶玻璃
不锈钢玻璃爪
石材
80宽椭圆不锈钢扶手
19厘钢化透明玻璃
下
10厚砂钢板
8厚钢板加固焊
予埋钢板
装饰完成面
1 剖面大样 1:10
2 剖面大样 1:10

▲014-楼梯大样8

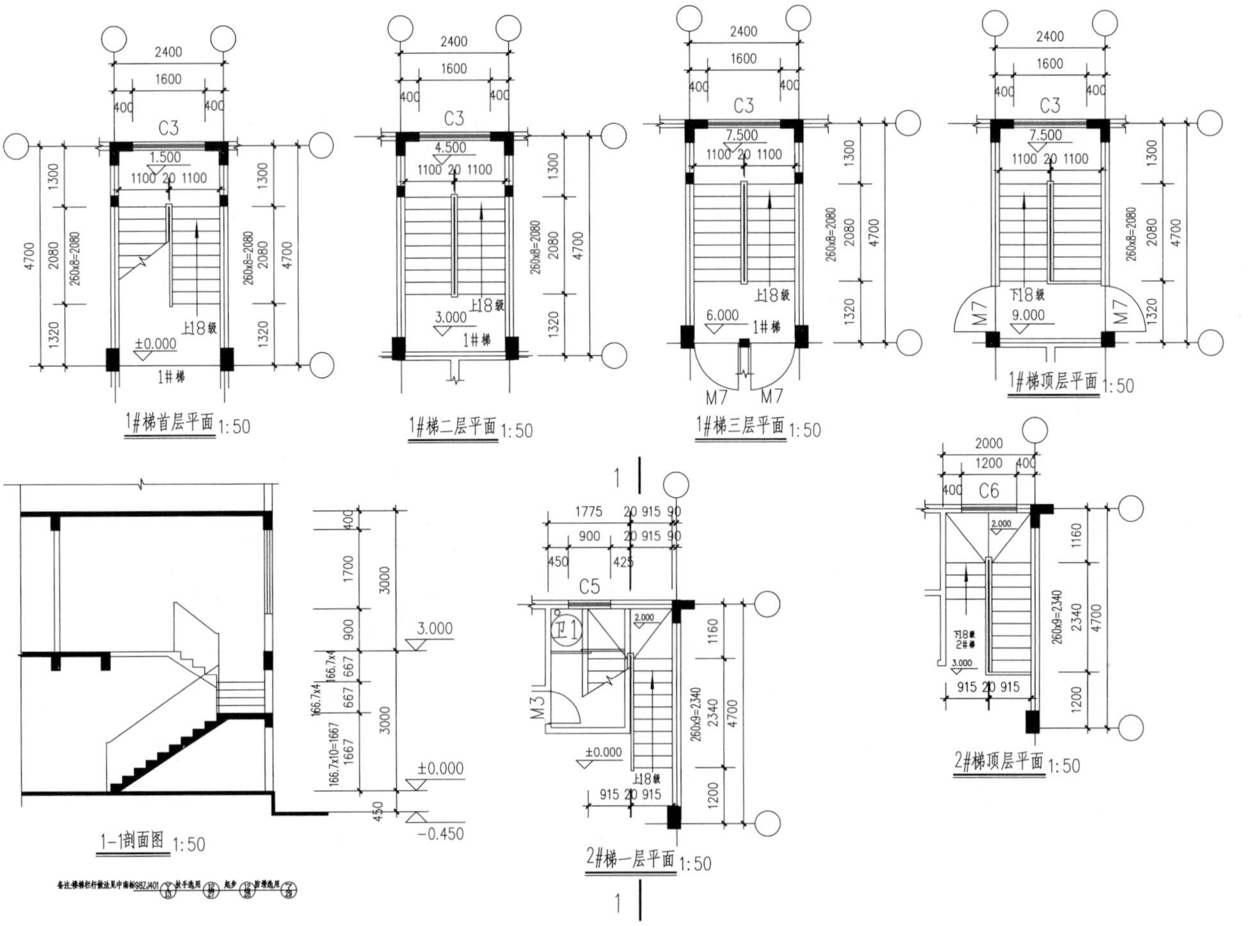
1#梯首层平面 1:50
1#梯二层平面 1:50
1#梯三层平面 1:50
1#梯顶层平面 1:50
1-1剖面图 1:50
2#梯一层平面 1:50
2#梯顶层平面 1:50

▲015-楼梯大样9

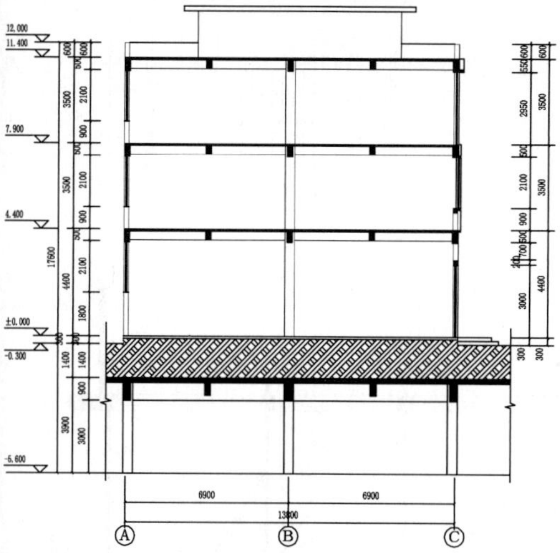

1-1剖面图 1:100

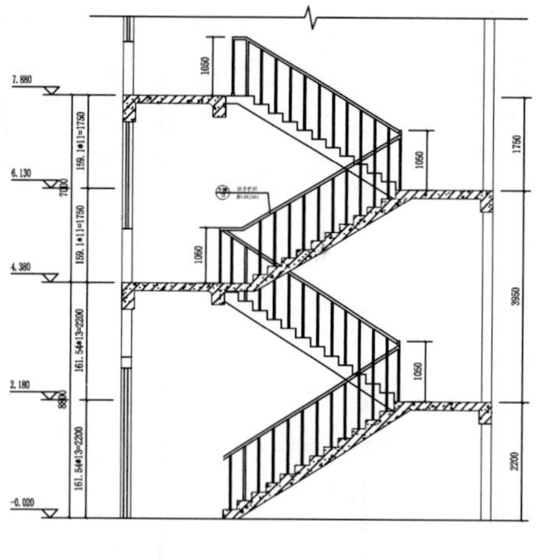

楼梯甲 1-1剖面图 1:50

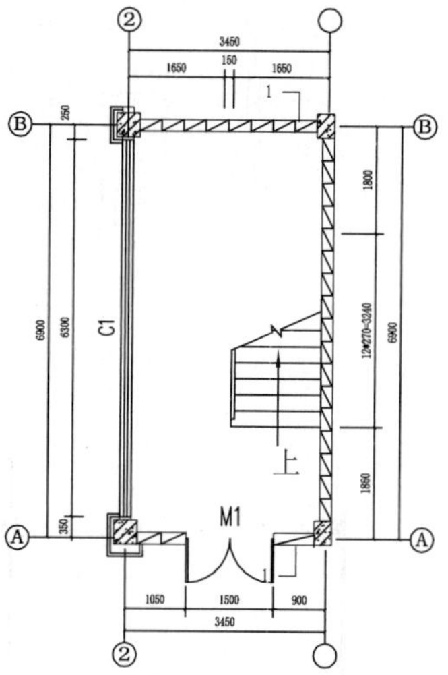

楼梯甲 一层楼梯平面图 1:50

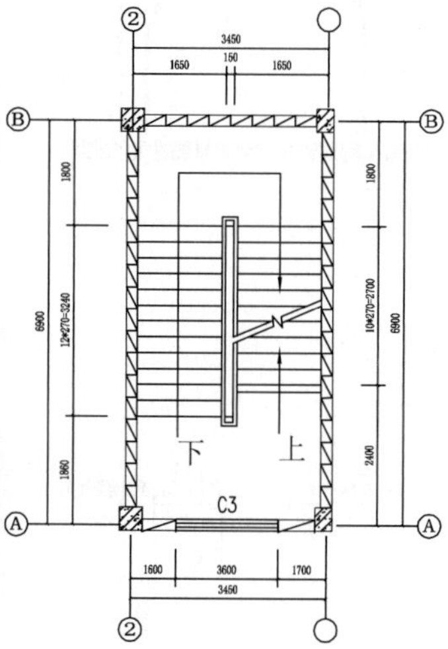

楼梯甲 二层楼梯平面图 1:50

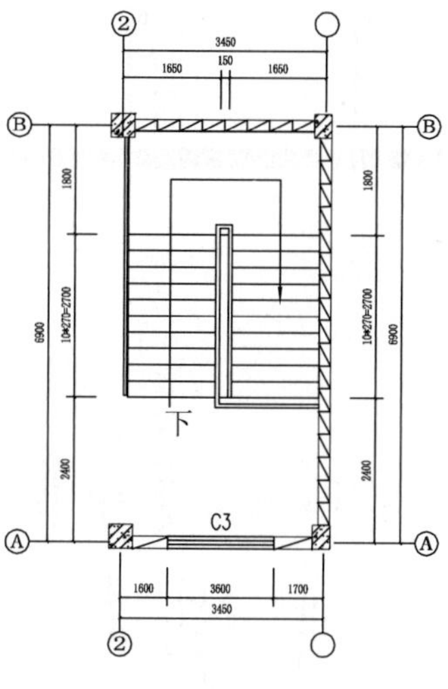

楼梯甲 三层楼梯平面图 1:50

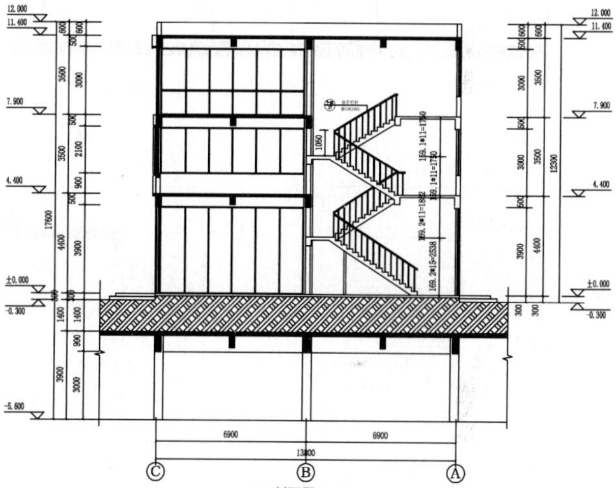

2-2剖面图 1:100

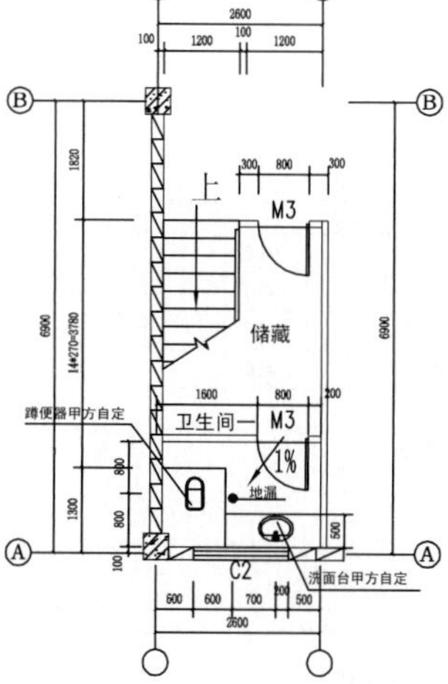

楼梯乙 一层楼梯平面图 1:50

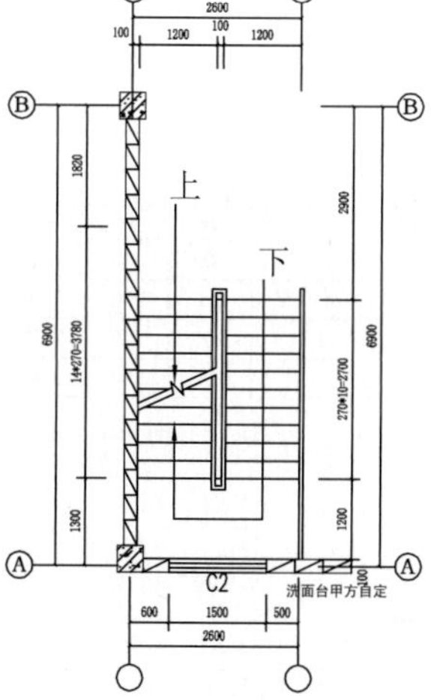

楼梯乙 二层楼梯平面图 1:50

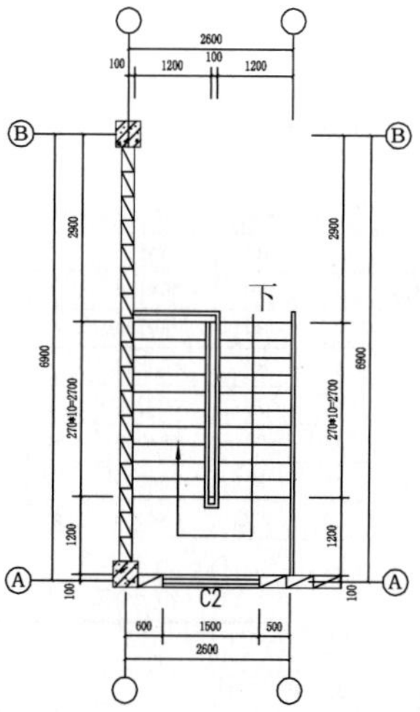

楼梯乙 三层楼梯平面图 1:50

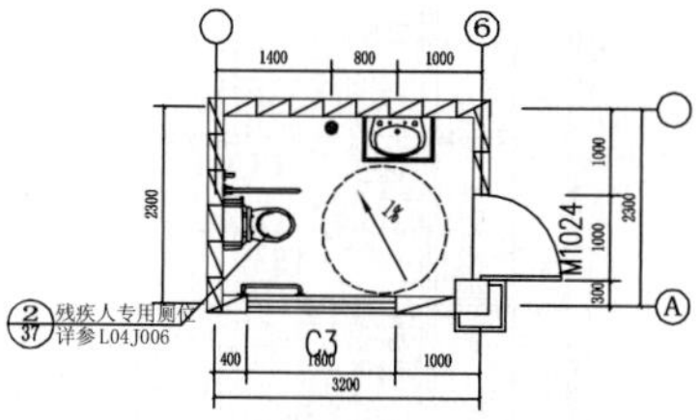

卫生间大样图 1:50

▲016-楼梯大样图10

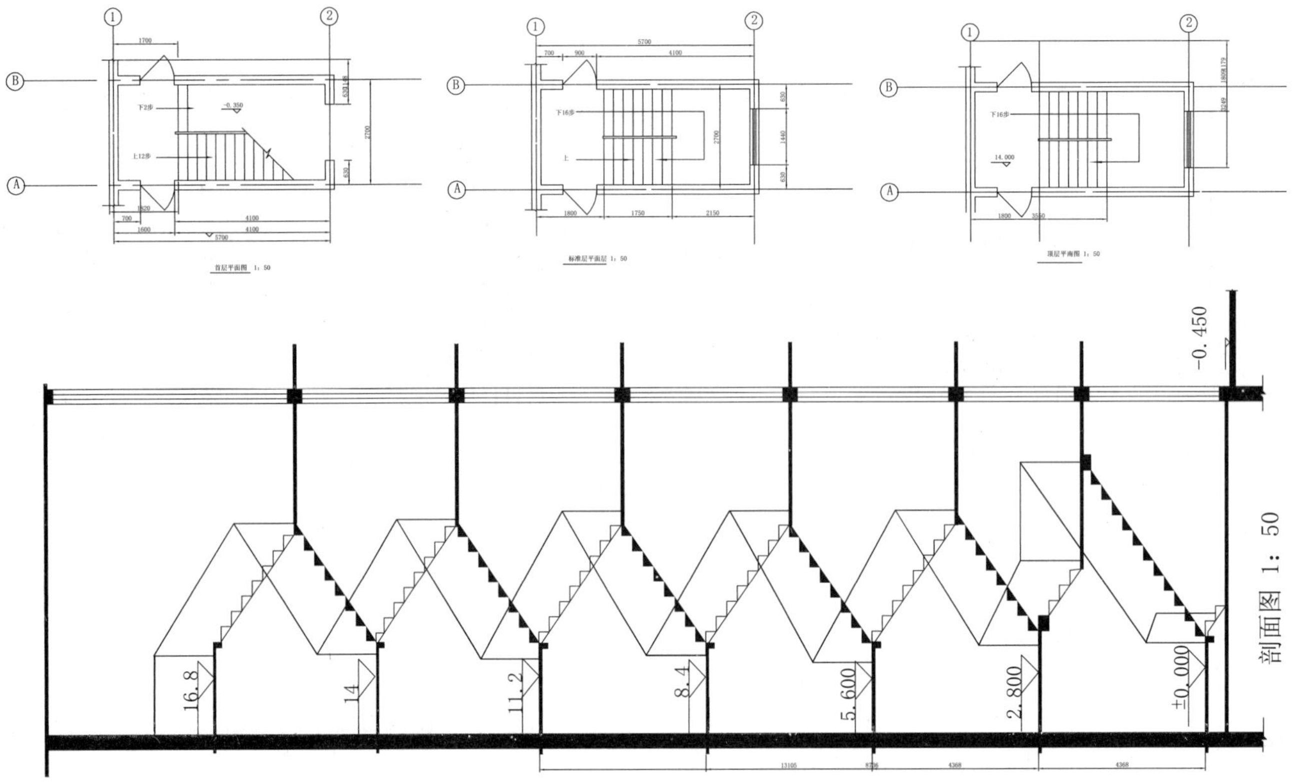

▲017-楼梯平面、剖面图

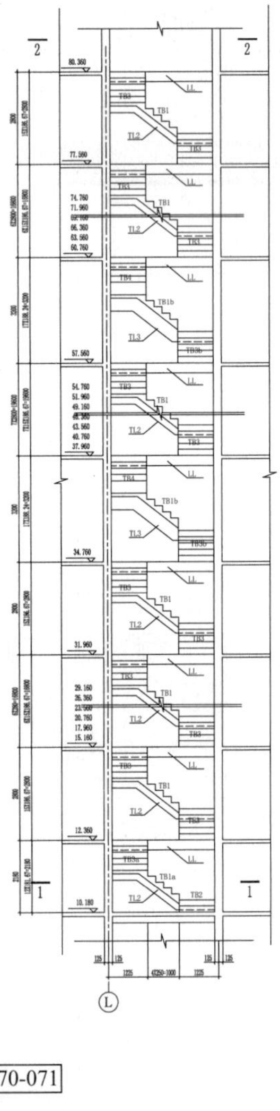

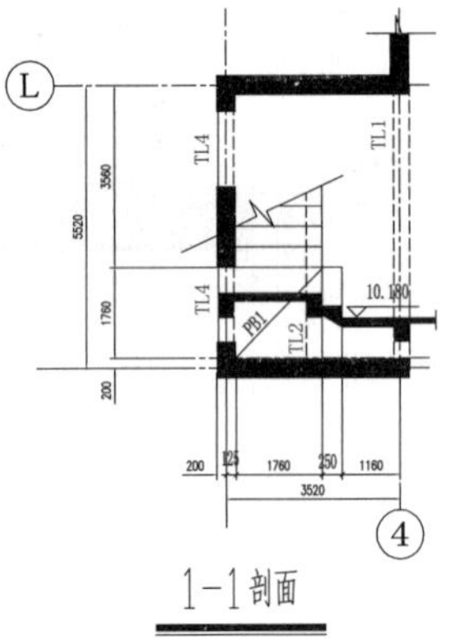

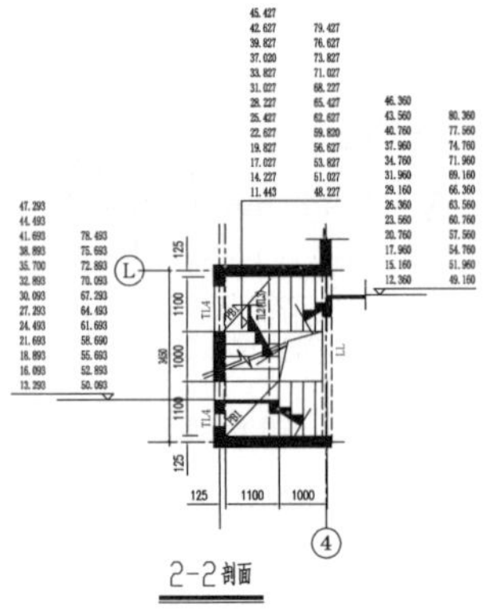

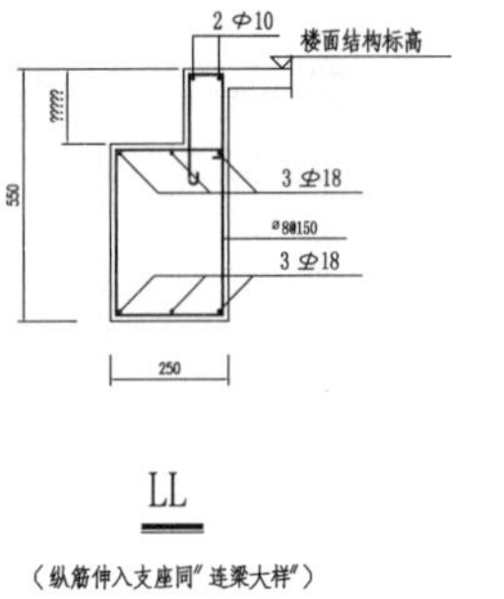

梯板表

编号	类型	板厚(mm)	钢筋 ①②③④⑤	L1(mm)
TB1	L	80	Φ6@120	
TB1a	L	80	Φ6@120	
TB1b	L	80	Φ6@120	
TB2	bA	80	Φ6@200	
TB3	aA	80	Φ8@200	300
TB3a	aA	80	Φ8@200	300
TB3b	aA	80	Φ8@200	300
TB4	aA	230	Φ8@150	300

梯梁表

编号	类型	截面(mm) b	截面(mm) h	纵向钢筋 ①④⑥	纵向钢筋 ②③⑤	纵向钢筋 ⑦	箍筋 ⑧	箍筋 ⑨
TL1	P	200	350	2Φ14	2Φ14		Φ6@200	
TL2	XyZ	200	350	2Φ16	2Φ16		Φ6@150	
TL3	XyZ	200	500	2Φ16	2Φ16		Φ6@150	
TL4	P	200	300	2Φ14	2Φ14		Φ6@200	

平台板表

编号	板厚(mm)	B(mm)	钢筋 ①	钢筋 ②	钢筋 ③	钢筋 ④	L1(mm)	L2(mm)
PB1	80	1350	Φ6@200	Φ6@200	Φ6@200	Φ6@200	400	400

说明:
1.有关材料说明同总说明,
2.本图表格应配合结施"楼梯构件大样图"施工,

▲018-平法标注的梁式楼梯

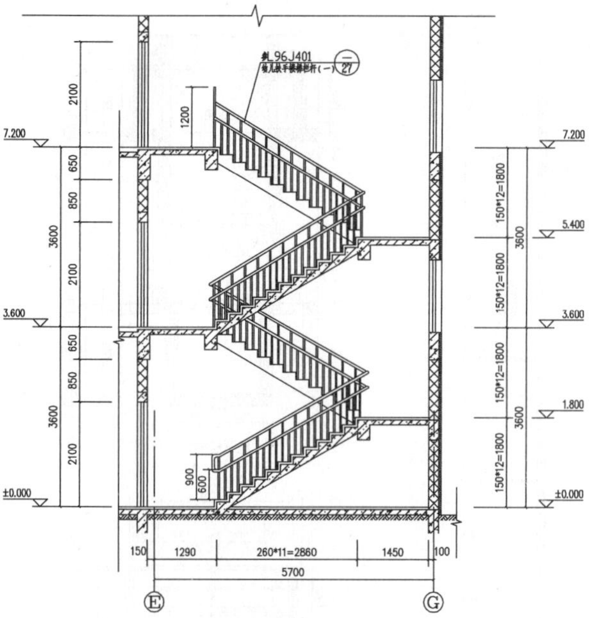
楼梯2B-B剖面图 1:50

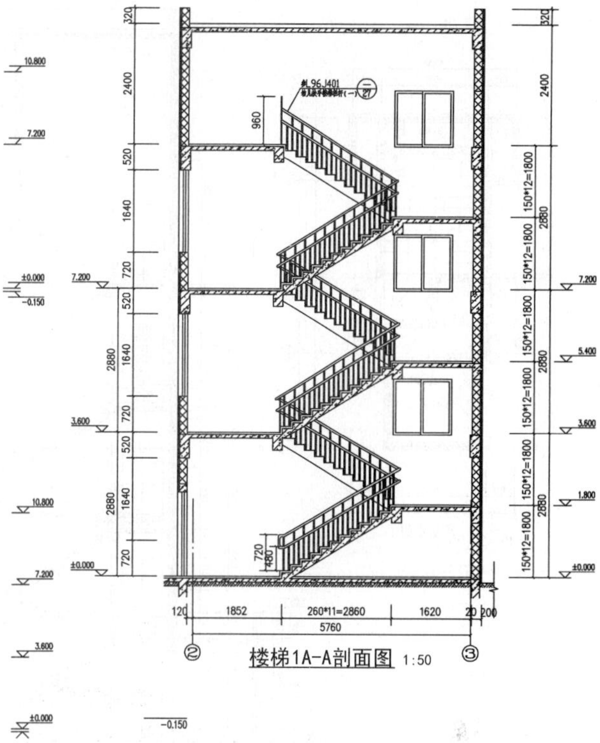
楼梯1A-A剖面图 1:50

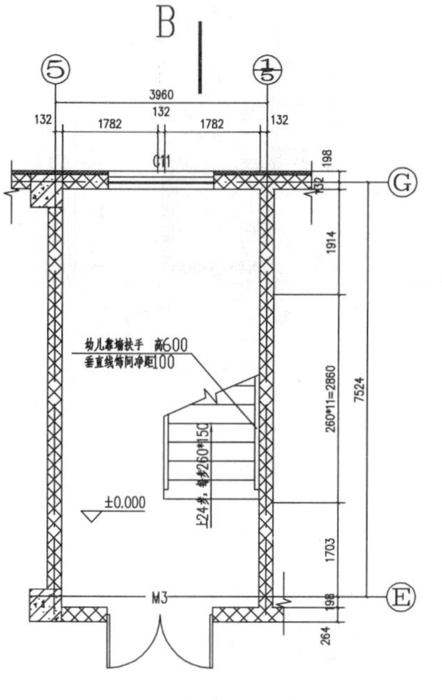
楼梯2一层平面图 1:50

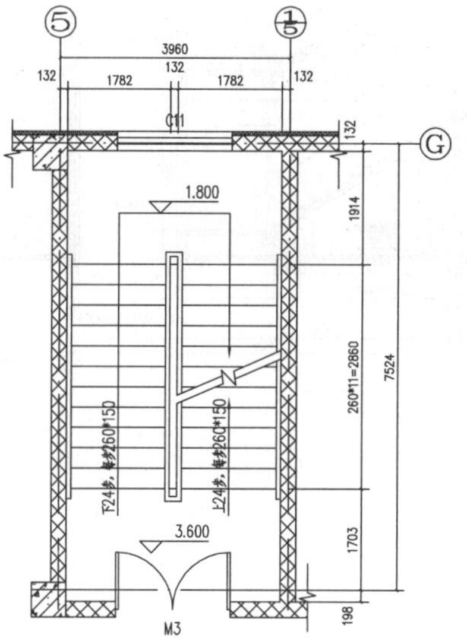
楼梯2二层平面图 1:50

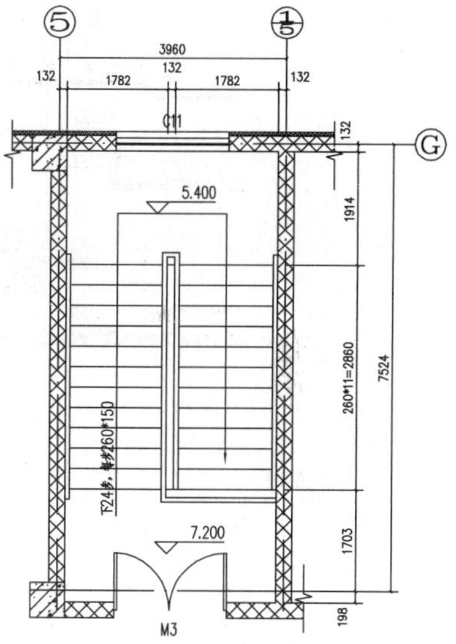
楼梯2三层平面图 1:50

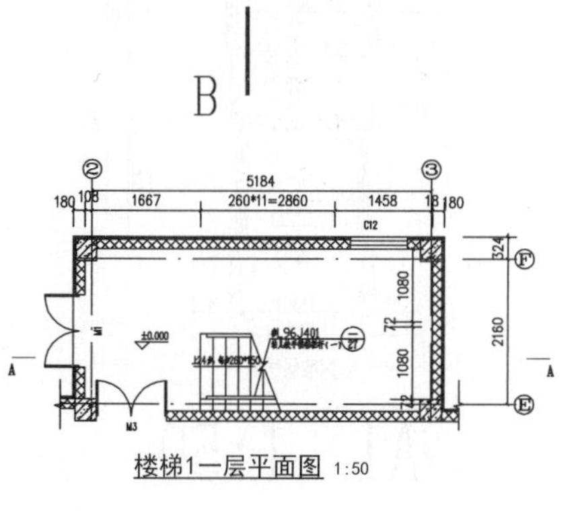
楼梯1一层平面图 1:50

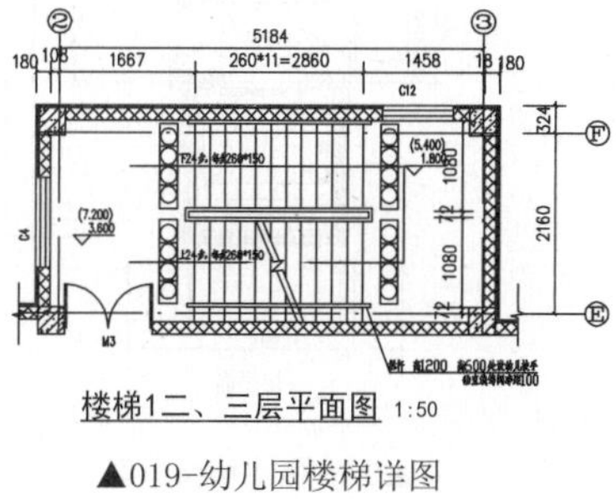
楼梯1二、三层平面图 1:50

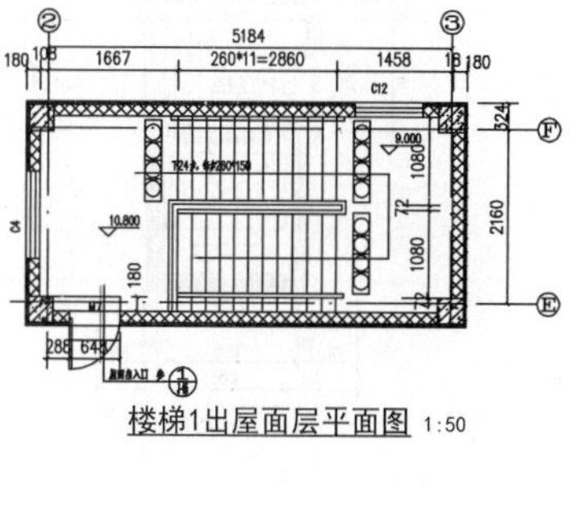
楼梯1出屋面层平面图 1:50

▲019-幼儿园楼梯详图

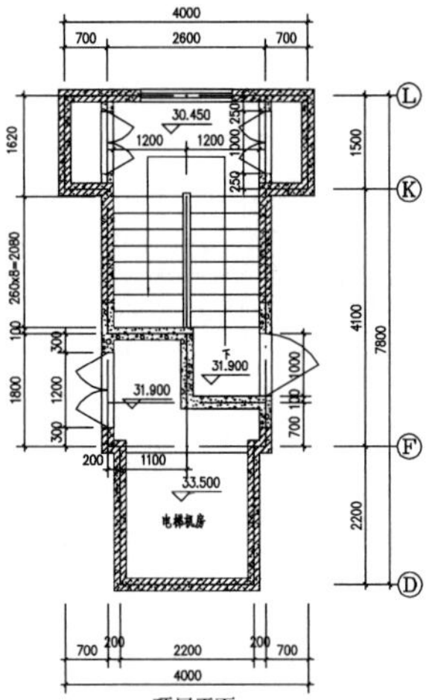

顶层平面

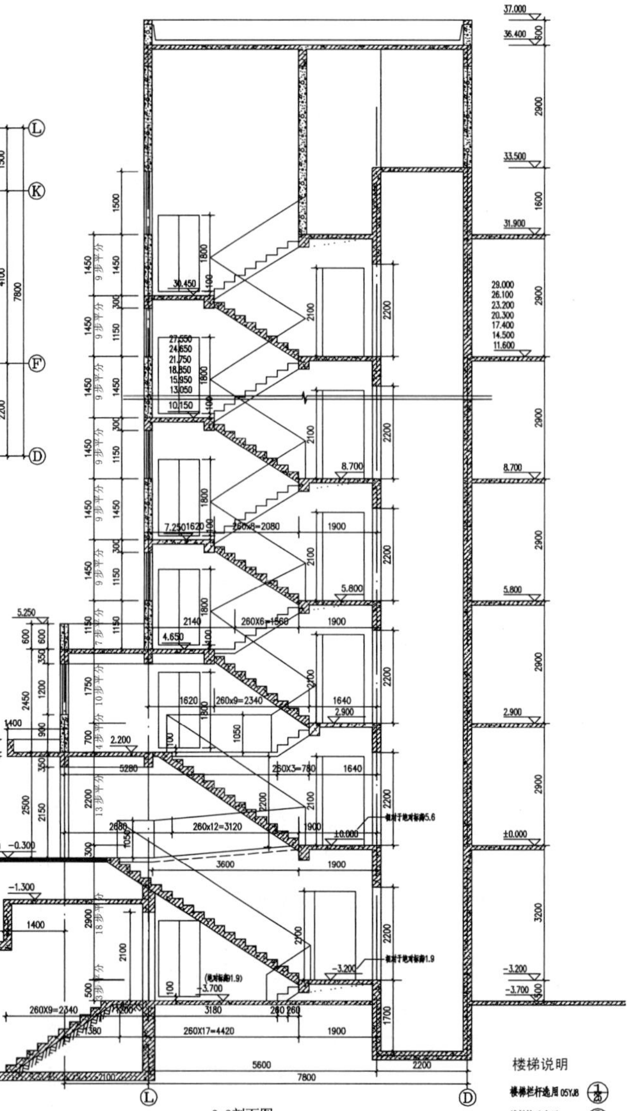

2-2剖面图

楼梯说明

楼梯栏杆选用05YJ8

楼梯扶手选用05YJ8

竖向杆件净距≤110

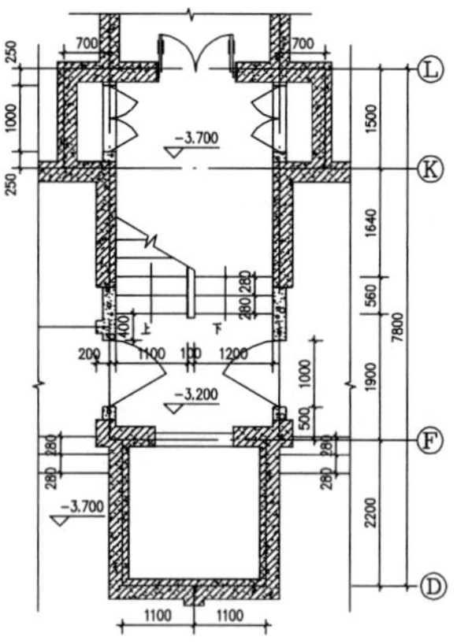

地下层平面

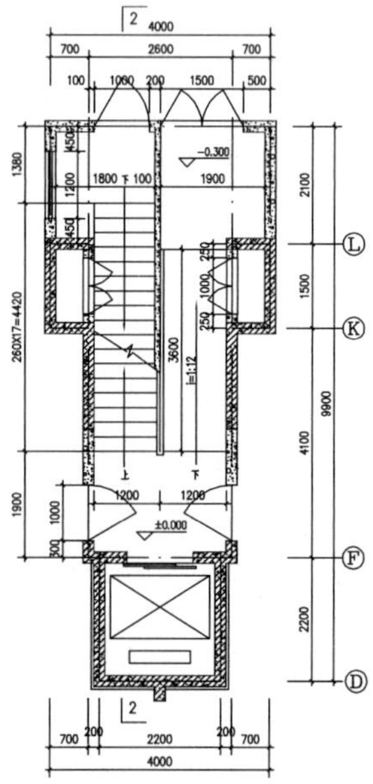

一层平面

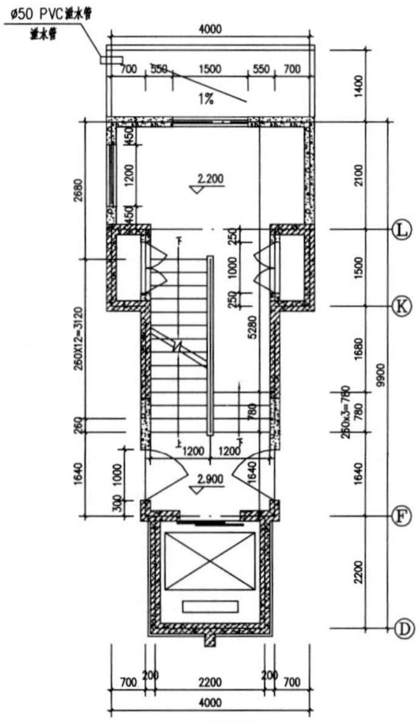

二层平面

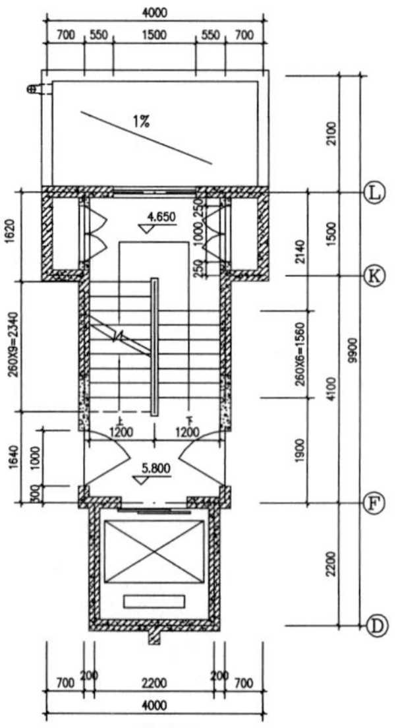

三层平面

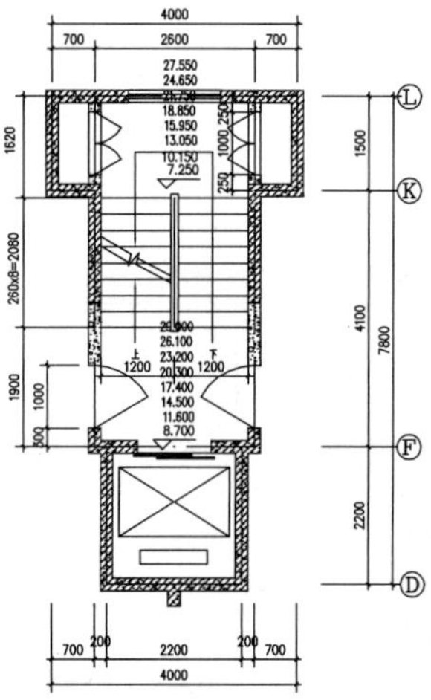

标准层平面

A1　1:50

▲020-住宅楼梯详图

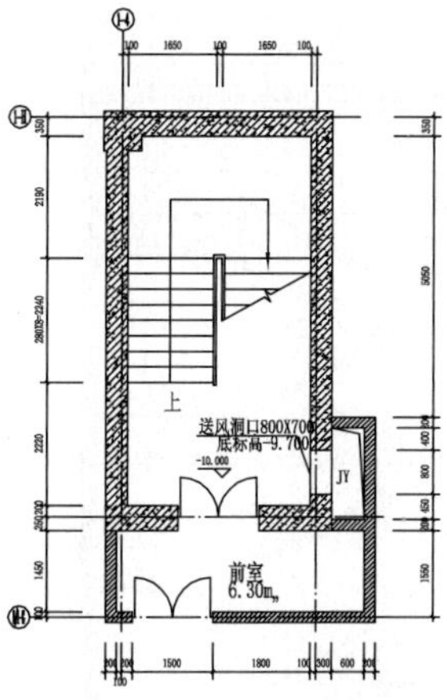

S-T1楼梯地下二层平面图 1:50

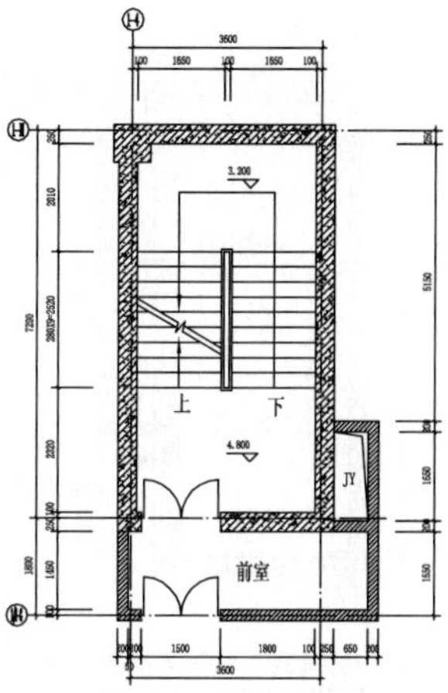

S-T1楼梯二层平面图 1:50

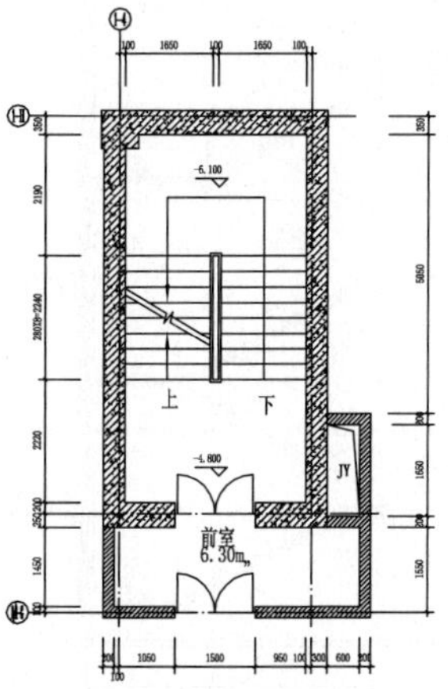

S-T1楼梯地下一层平面图 1:50

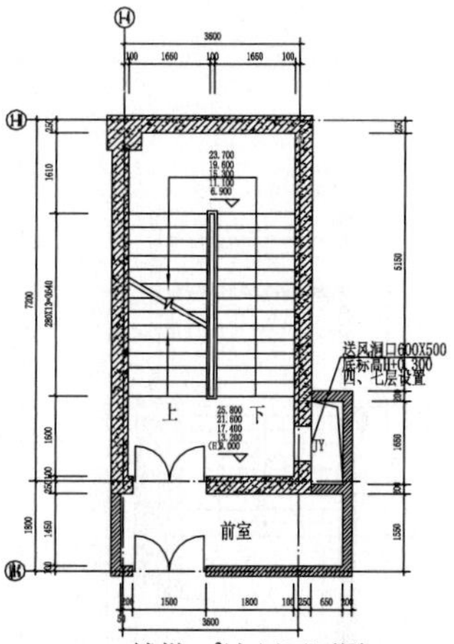

S-T1楼梯三~七层平面图 1:50

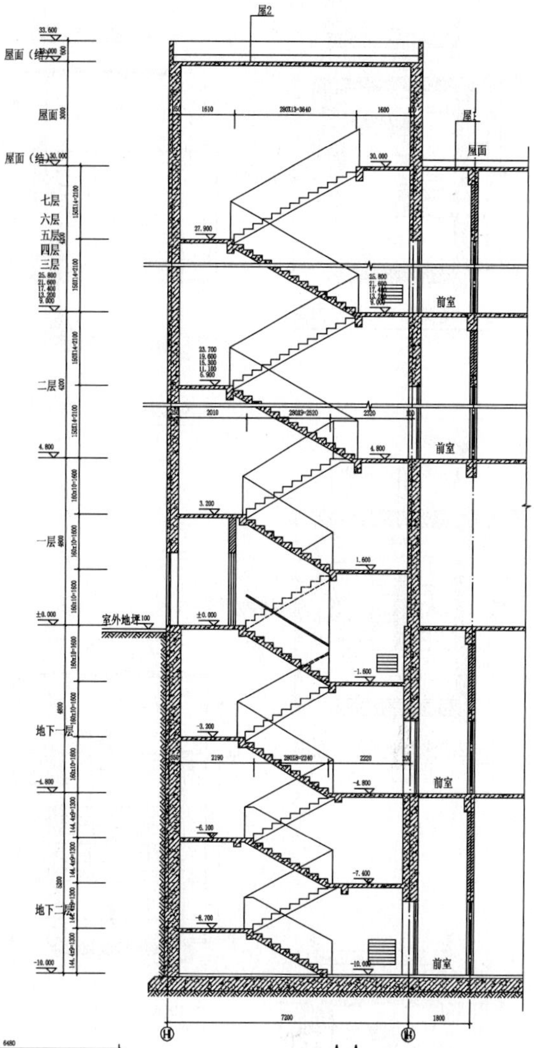

A-A 1:50

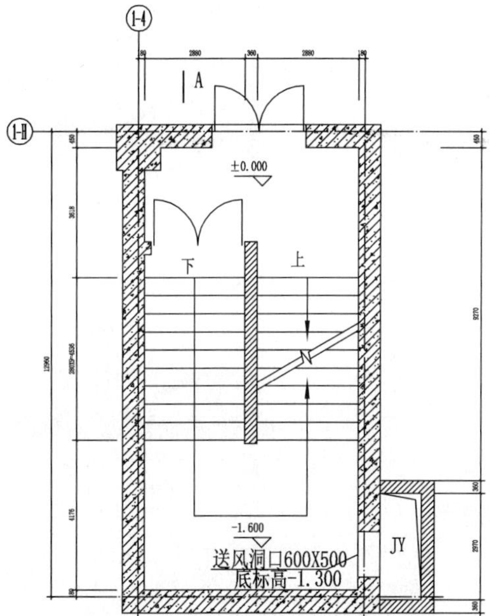

S-T1楼梯一层平面图 1:50

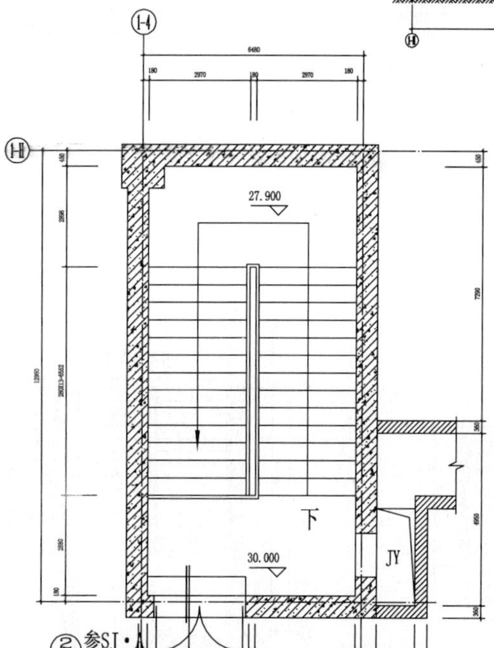

S-T1楼梯顶层平面图 1:50

▲021-楼梯详图S-T1详图

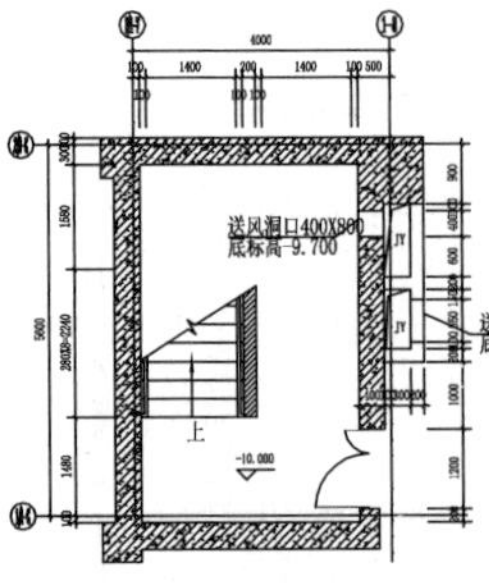

S-T2楼梯地下二层平面图 1:50

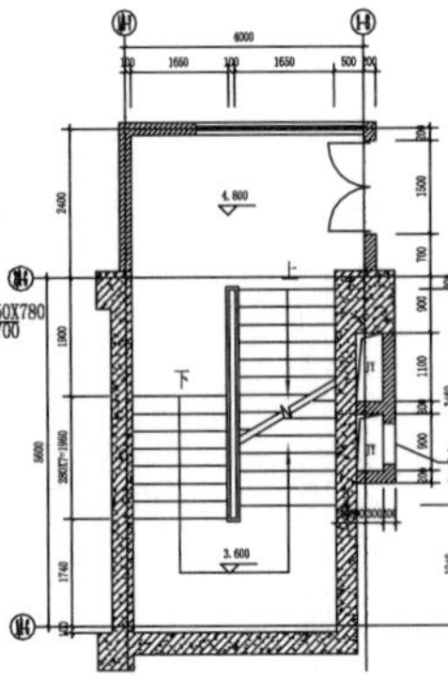

S-T2楼梯二层平面图 1:50

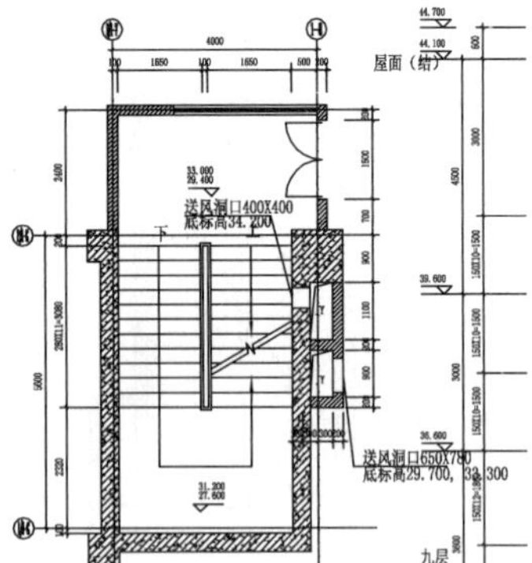

S-T2楼梯八、九层平面图 1:50

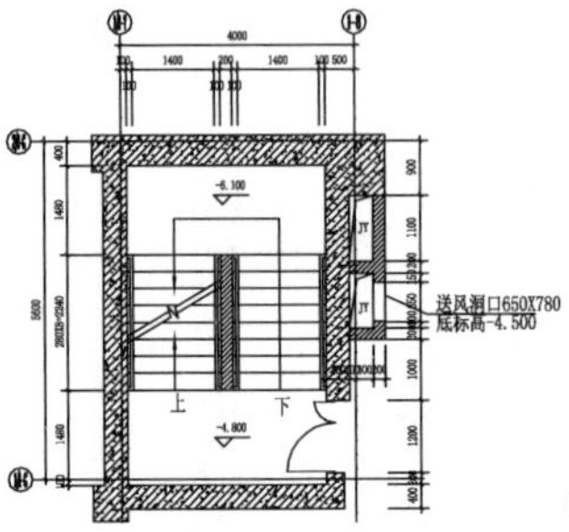

S-T2楼梯地下一层平面图 1:50

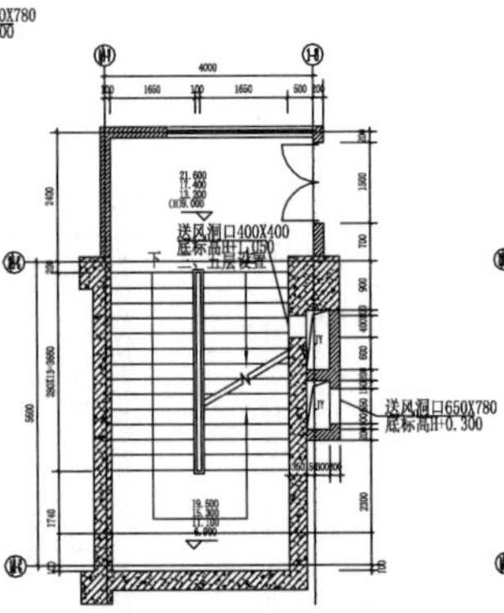

S-T2楼梯三~六层平面图 1:50

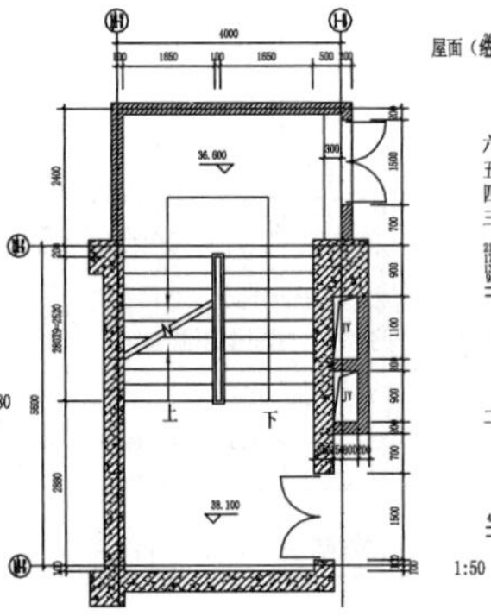
S-T2楼梯电梯机房层平面图 1:50

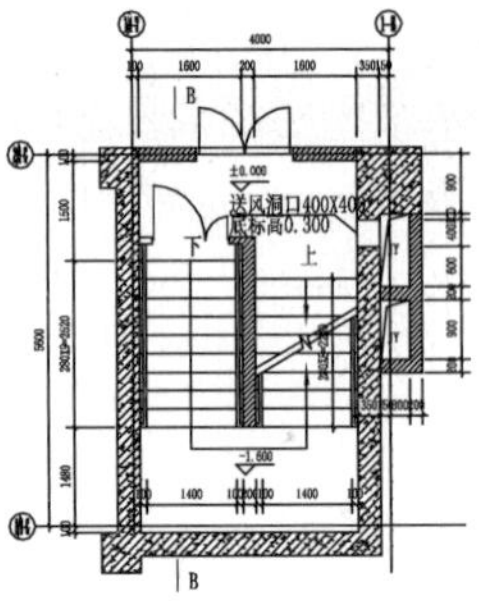

S-T2楼梯一层平面图 1:50

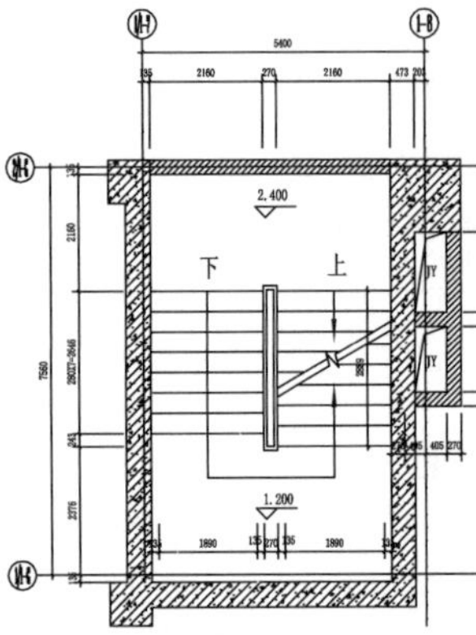
S-T2楼梯2.4米标高平面图 1:50

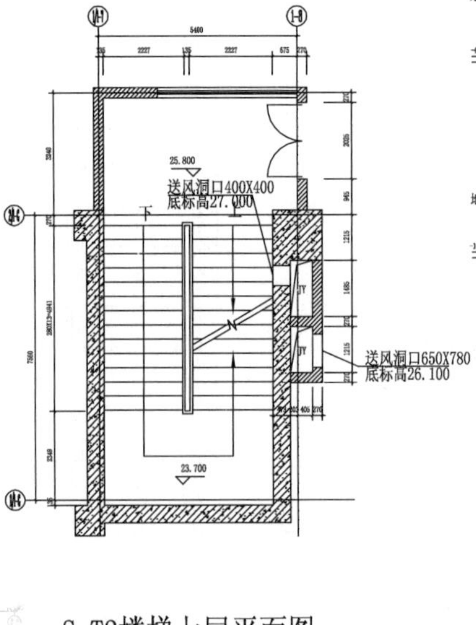

S-T2楼梯七层平面图 1:50

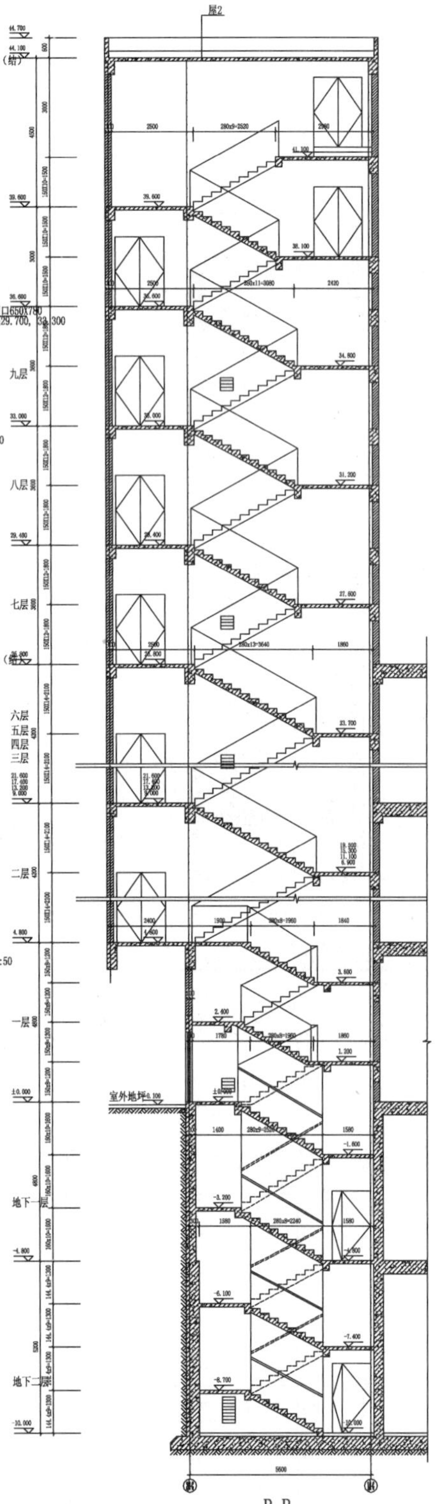
B-B 1:50

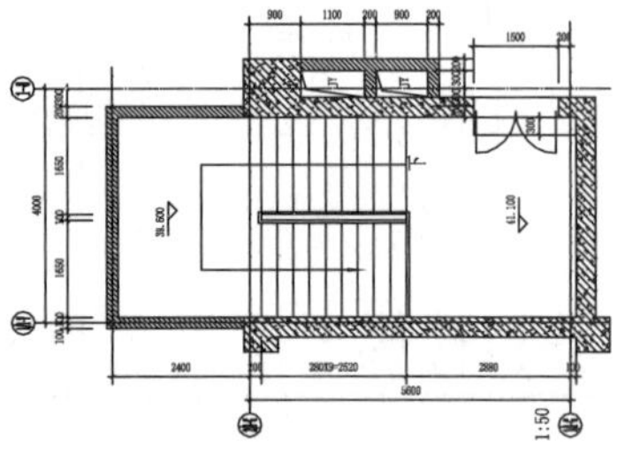
S-T2楼梯顶层平面图 1:50

▲022-楼梯详图S-T2

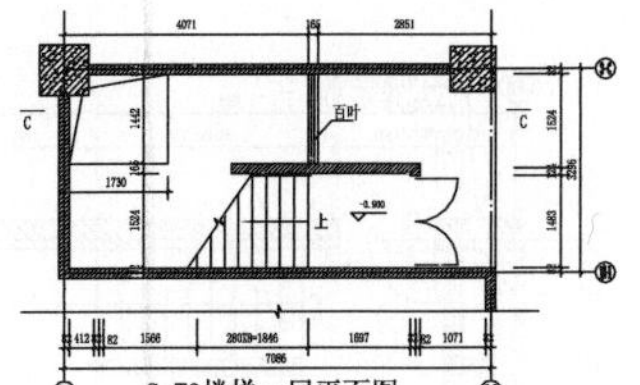

S-T3楼梯一层平面图 1:50

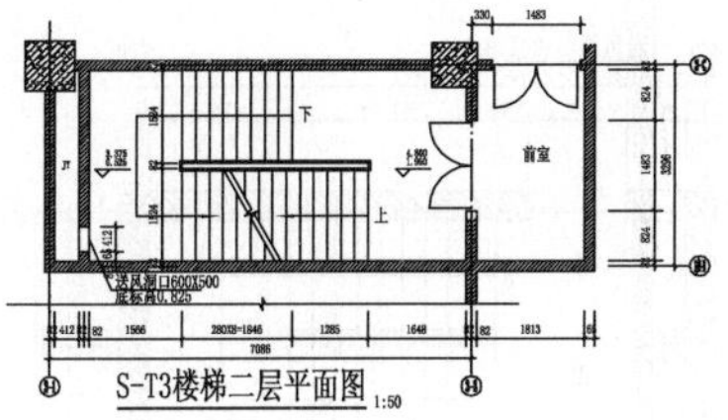

S-T3楼梯二层平面图 1:50

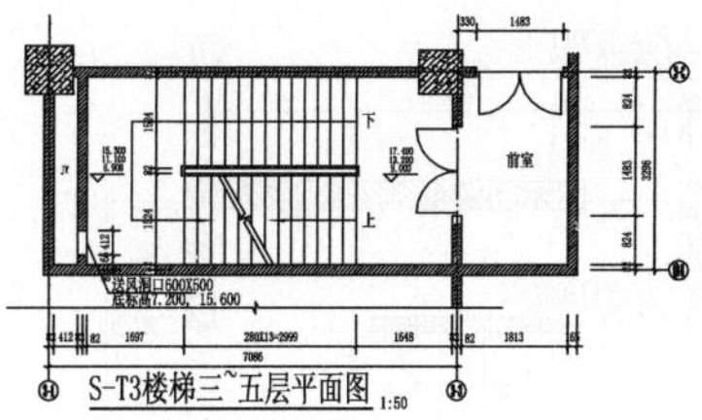

S-T3楼梯三~五层平面图 1:50

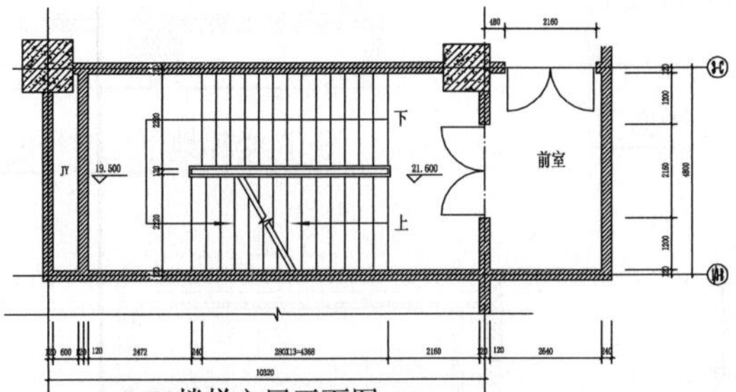

S-T3楼梯六层平面图 1:50

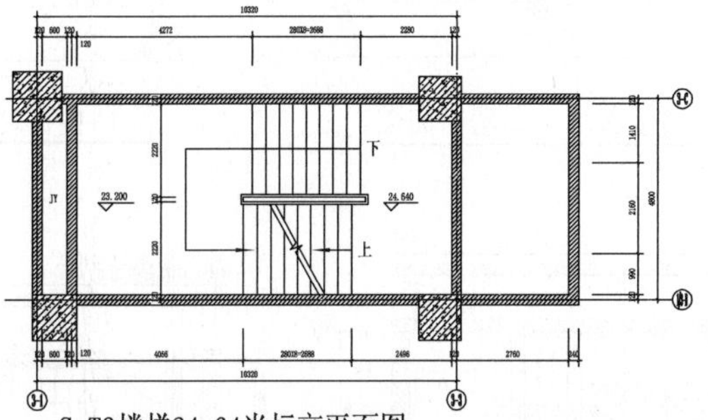

S-T3楼梯24.64米标高平面图 1:50

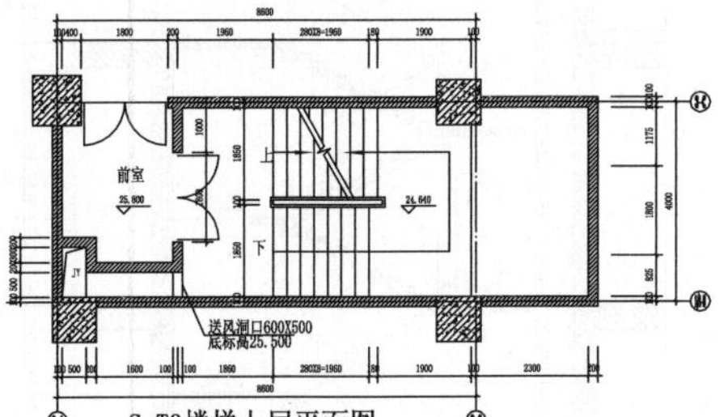

S-T3楼梯七层平面图 1:50

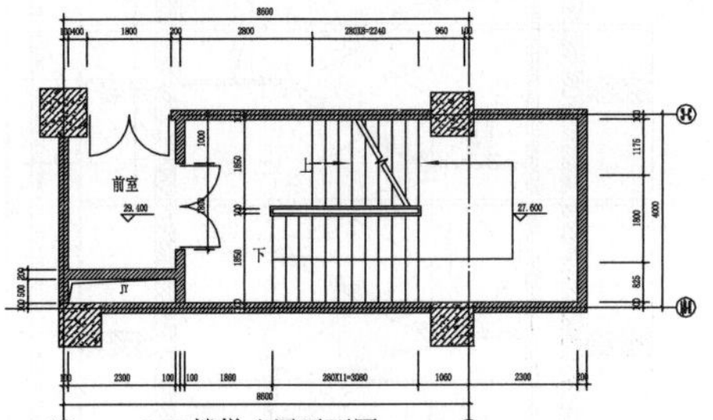

S-T3楼梯八层平面图 1:50

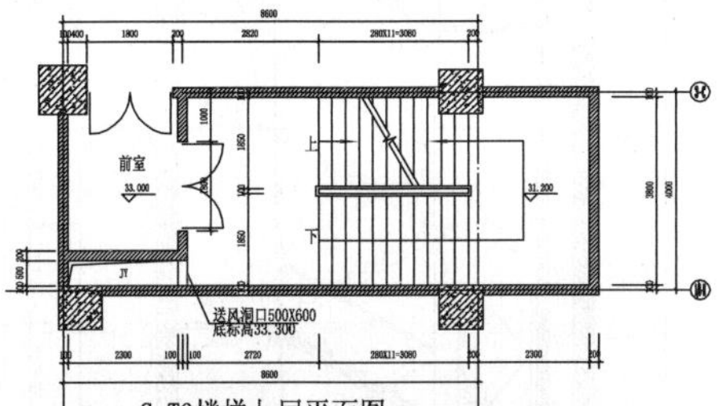

S-T3楼梯九层平面图 1:50

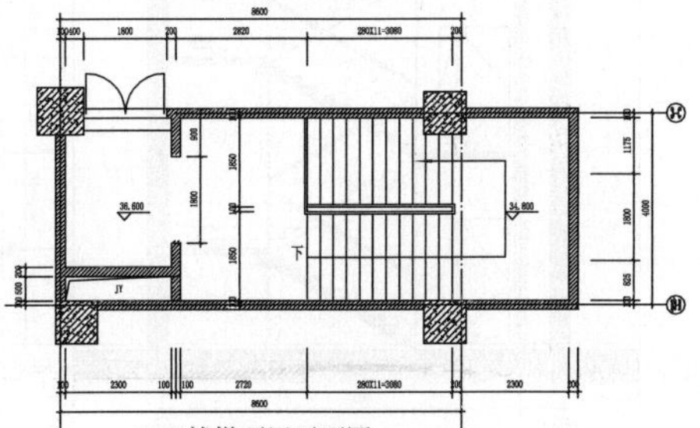

S-T3楼梯顶层平面图 1:50

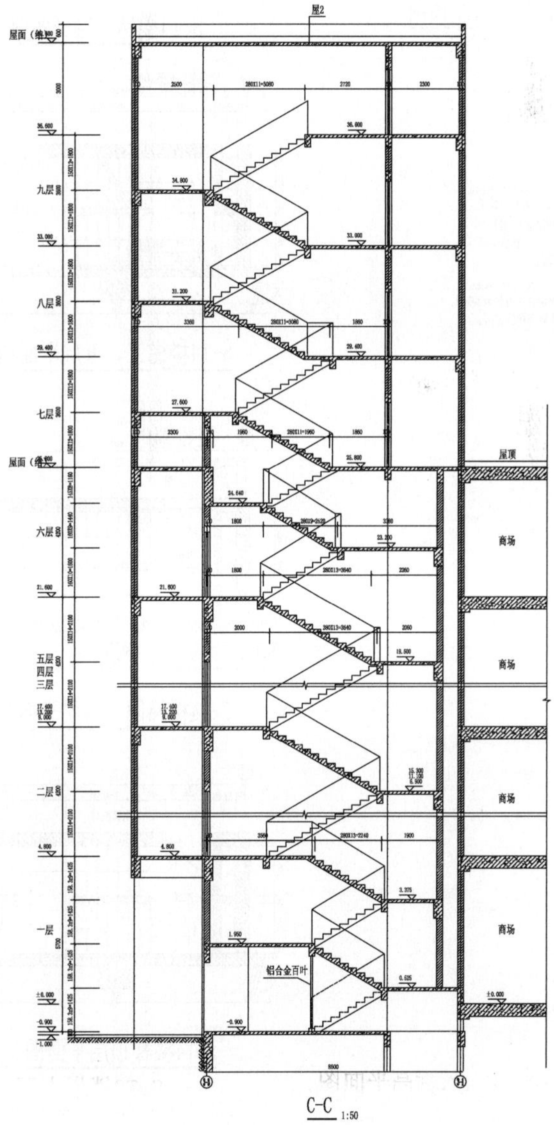

C-C 1:50

▲023-楼梯详图S-T3

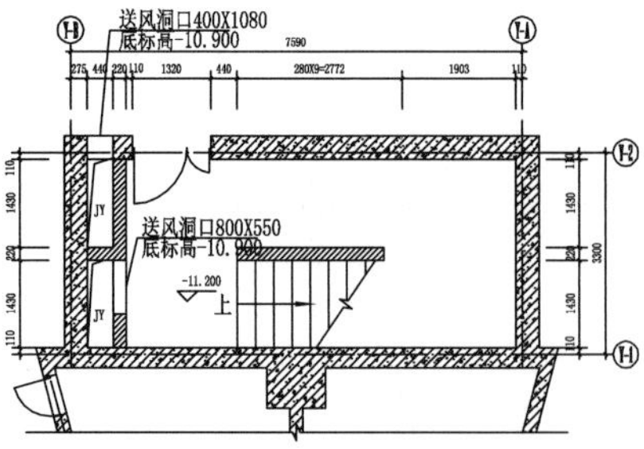

S-T4楼梯地下二层平面图 1:50

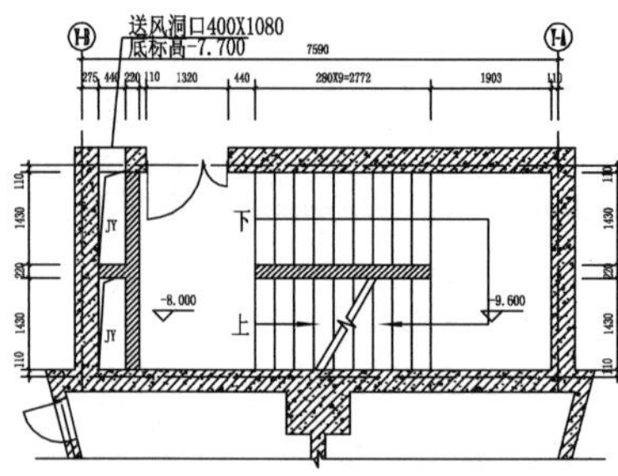

S-T4楼梯地下二层夹层平面图 1:50

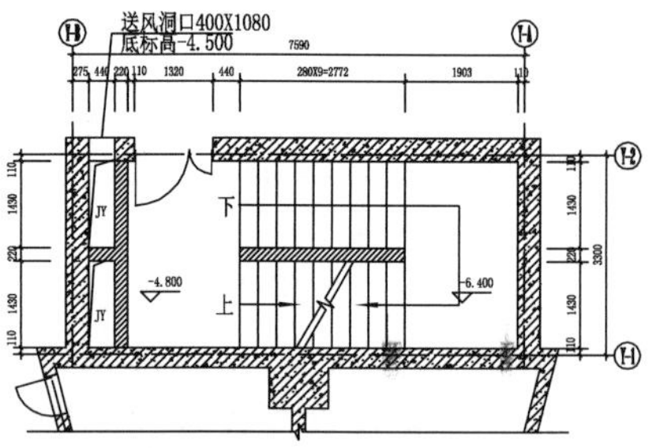

S-T4楼梯地下一层平面图 1:50

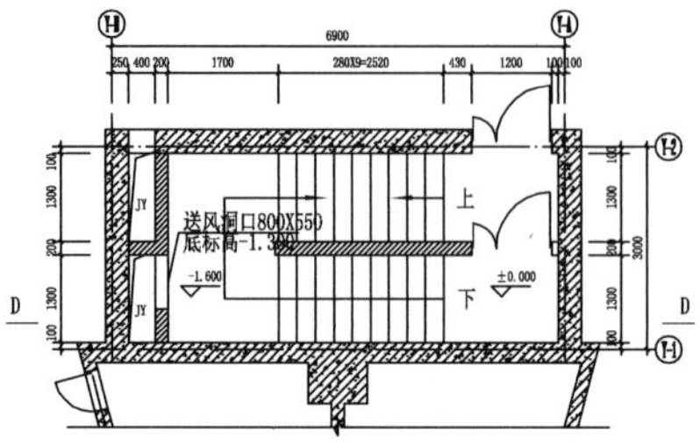

S-T4楼梯一层平面图 1:50

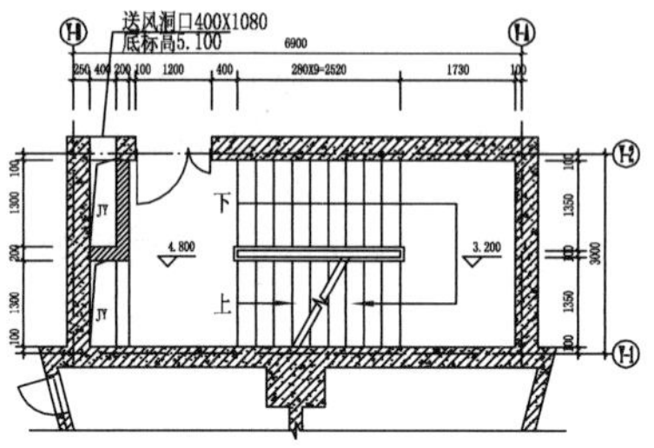

S-T4楼梯二层平面图 1:50

附注:

1. 楼梯栏杆: 98ZJ401第16页 无梯群钢管扶手.
   扶手选用 (19/27) 防滑选用 (8/29)
   靠墙扶手.
   扶手选用 (1/28)
2. 楼梯栏杆高度均为1100mm.
3. 墙体厚度除注明外均为200mm.
4. 洞口尺寸标注均为宽x高.

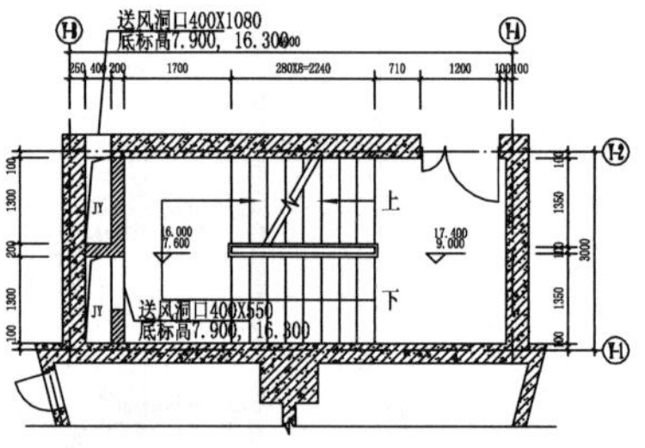

S-T4楼梯三、五层平面图 1:50

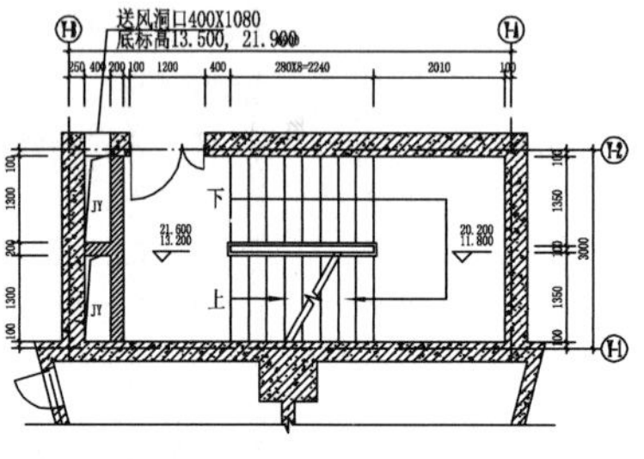

S-T4楼梯四、六层平面图 1:50

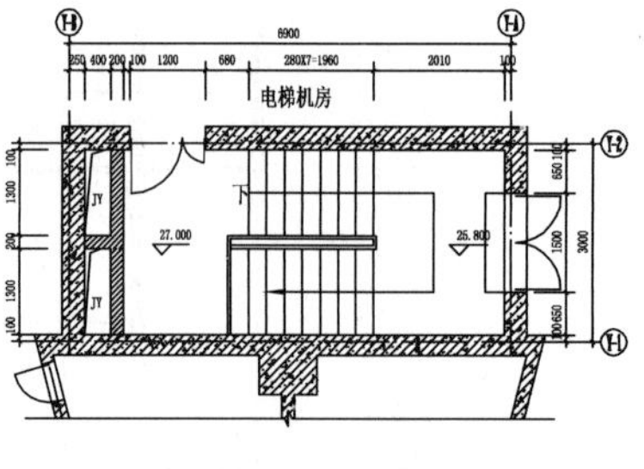

S-T4楼梯顶层平面图 1:50

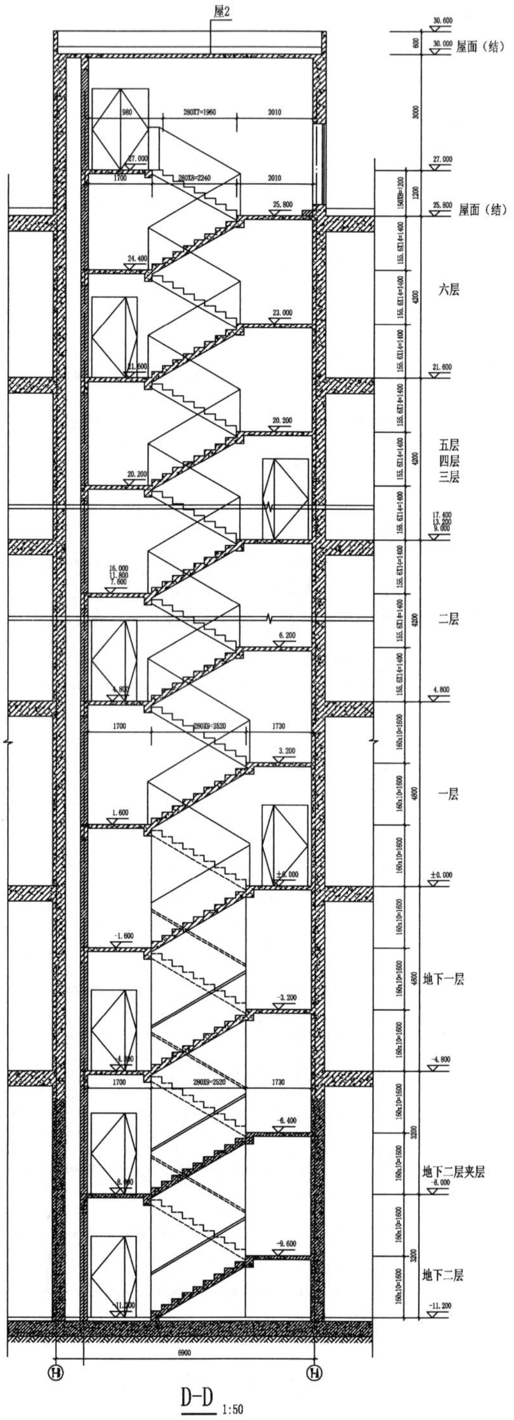

D-D 1:50

▲024-楼梯详图S-T4

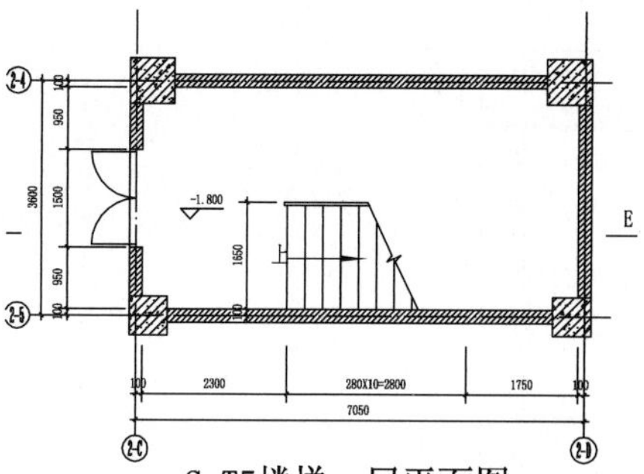

S-T5楼梯一层平面图 1:50

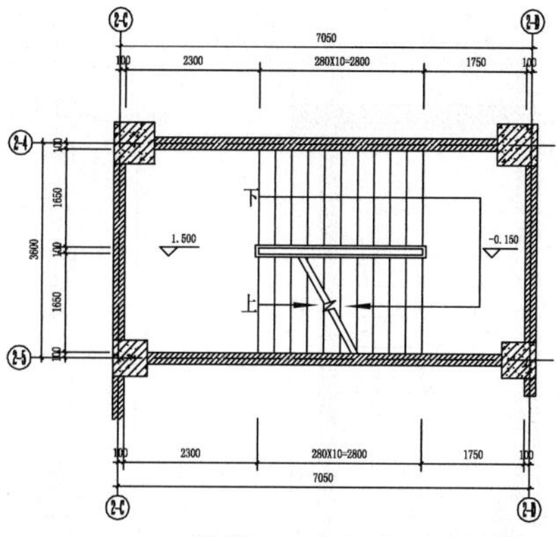

S-T5楼梯1.5米标高平面图 1:50

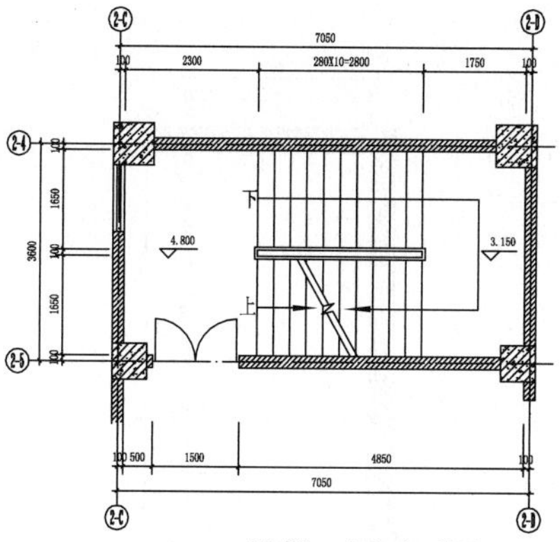

S-T5楼梯二层平面图 1:50

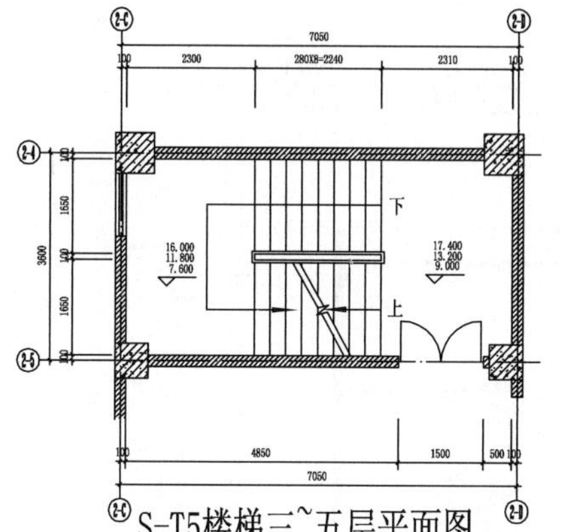

S-T5楼梯三~五层平面图 1:50

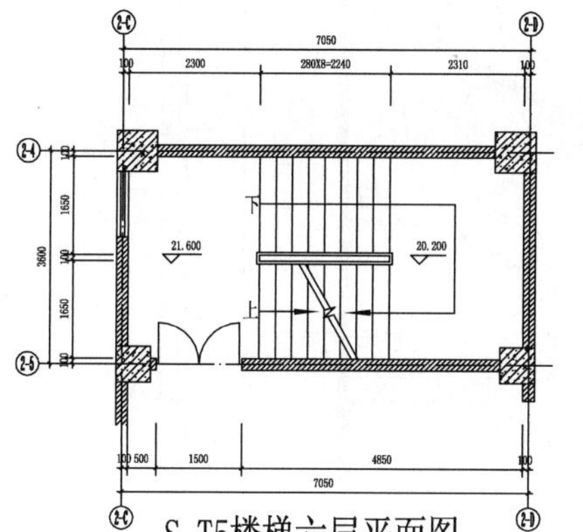

S-T5楼梯六层平面图 1:50

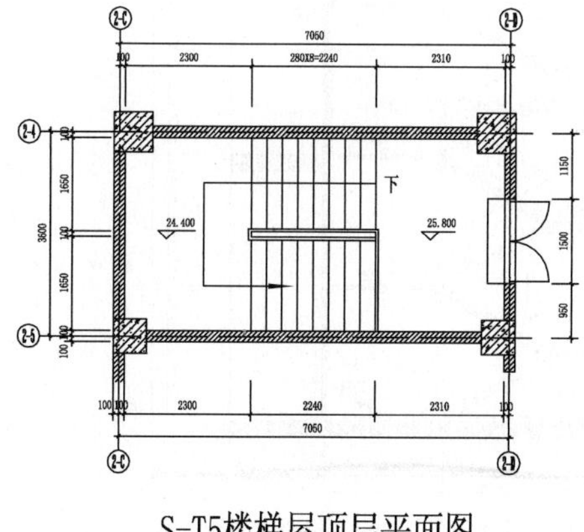

S-T5楼梯屋顶层平面图 1:50

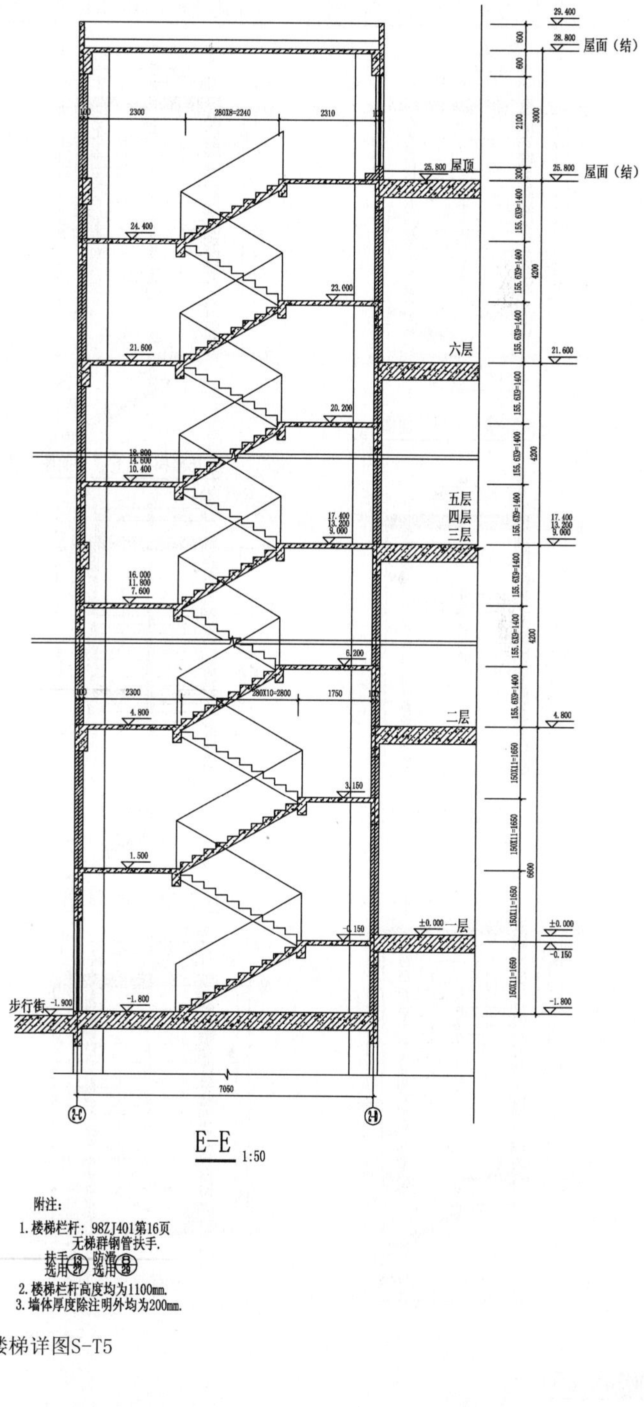

E-E 1:50

附注:

1. 楼梯栏杆：98ZJ401第16页
   无梯群钢管扶手.
   扶手 (19) 防滑 (8)
   选用 (37) 选用 (38)
2. 楼梯栏杆高度均为1100mm.
3. 墙体厚度除注明外均为200mm.

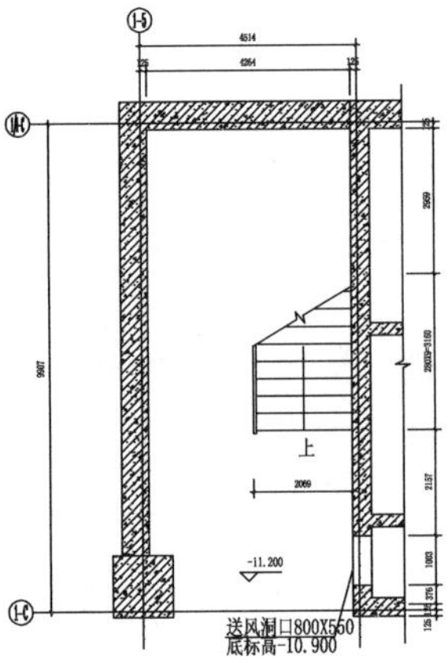

S-T6楼梯地下二层平面图 1:50

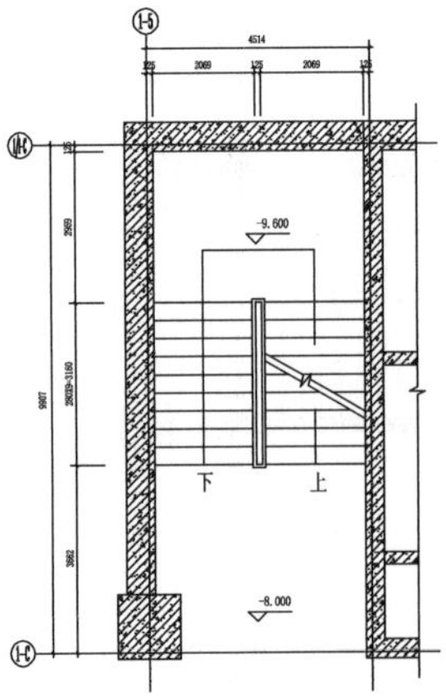

S-T6楼梯-8.000米标高平面图 1:50

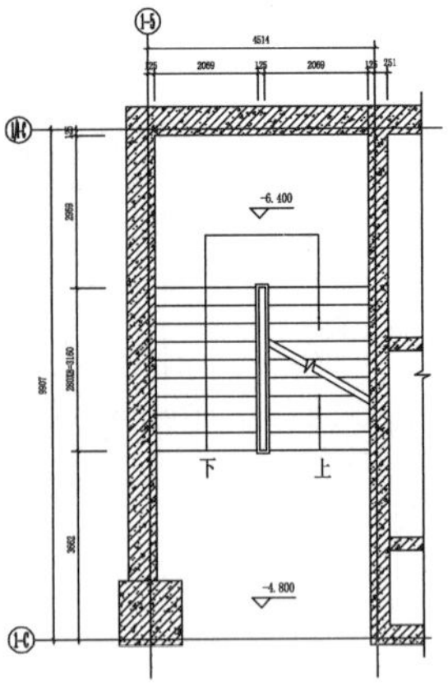

S-T6楼梯地下一层平面图 1:50

附注:

1. 楼梯栏杆: 98ZJ401第16页 无梯井钢管扶手. 扶手选用 防滑选用 靠墙扶手. 扶手选用
2. 楼梯栏杆高度均为1100mm.
3. 墙体厚度除注明外均为200mm.
4. 洞口尺寸标注均为宽x高.

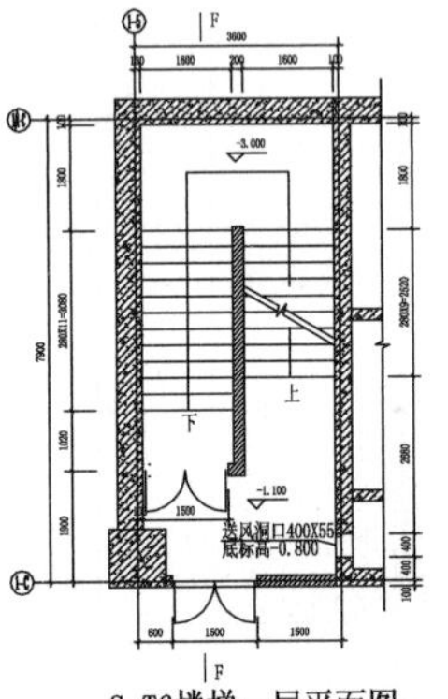

S-T6楼梯一层平面图 1:50

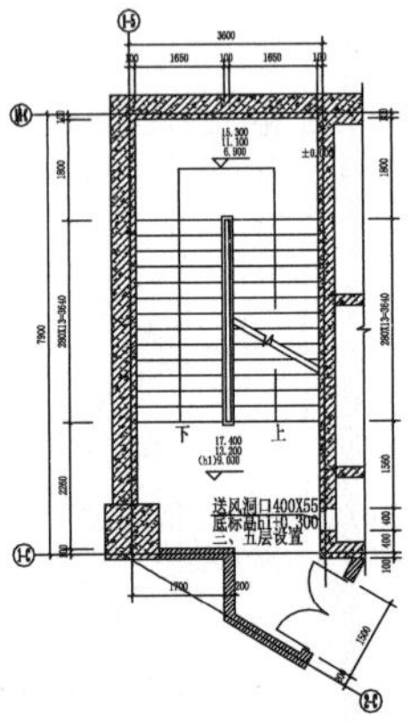

S-T6楼梯三~五层平面图 1:50

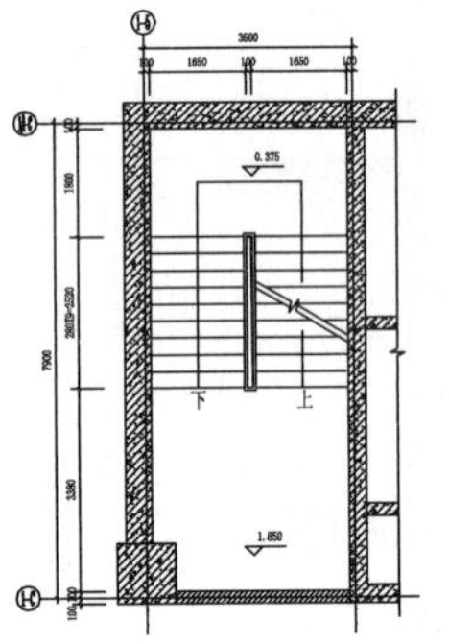

S-T6楼梯1.85米标高平面图 1:50

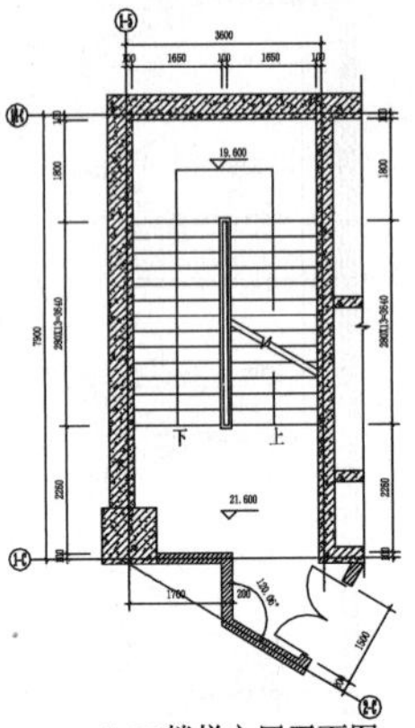

S-T6楼梯六层平面图 1:50

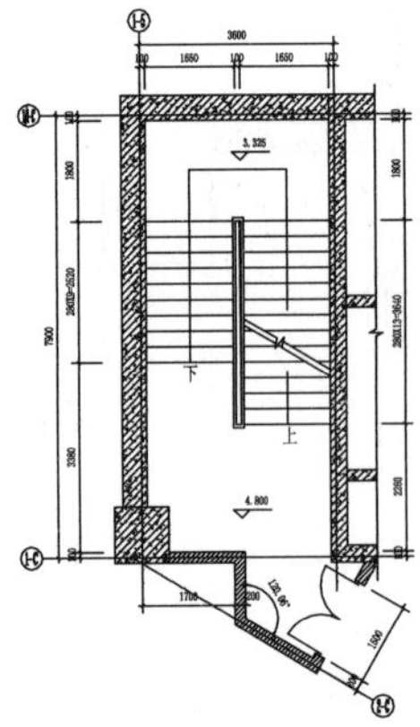

S-T6楼梯二层平面图 1:50

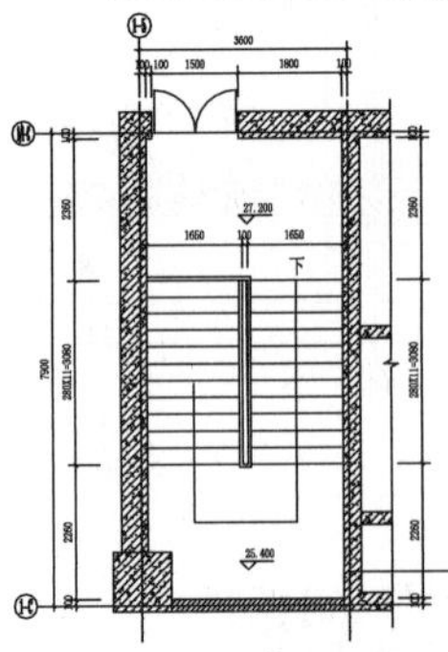

S-T6楼梯顶层平面图 1:50

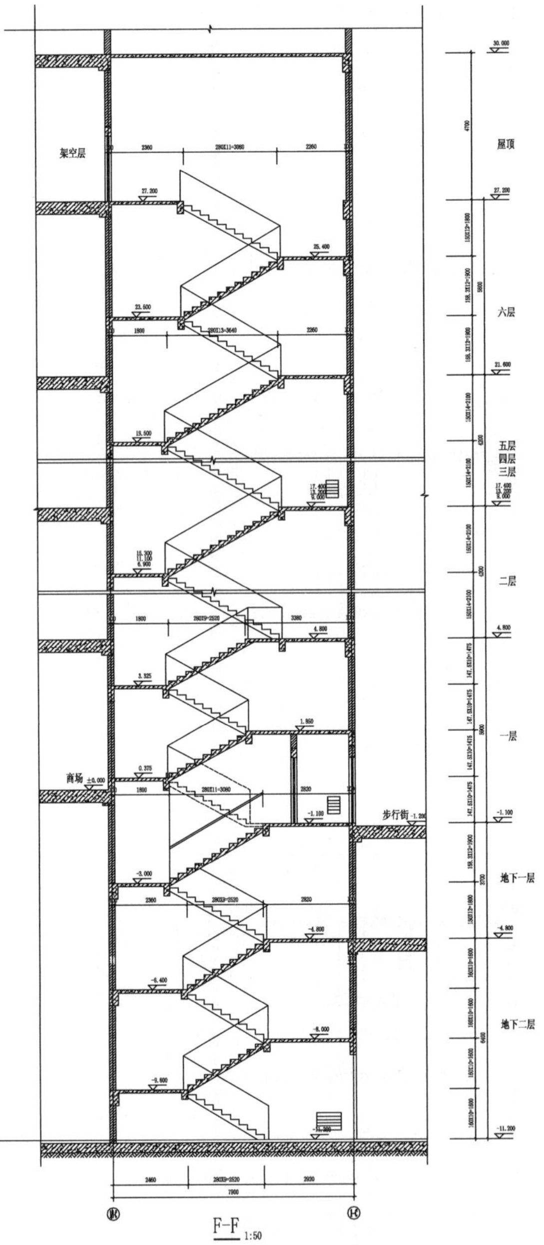

F-F 1:50

▲026-楼梯详图S-T6

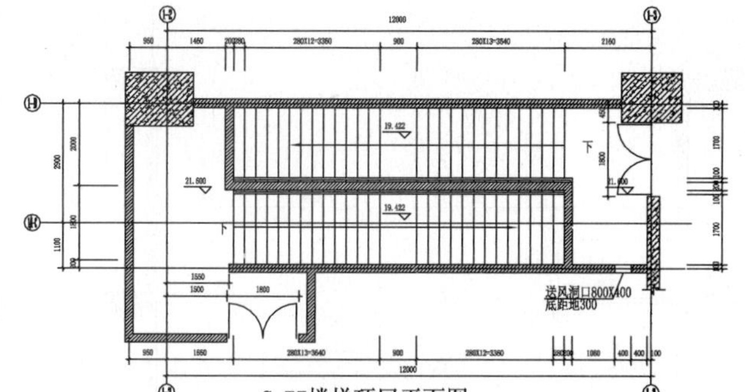

S-T7楼梯顶层平面图 1:50

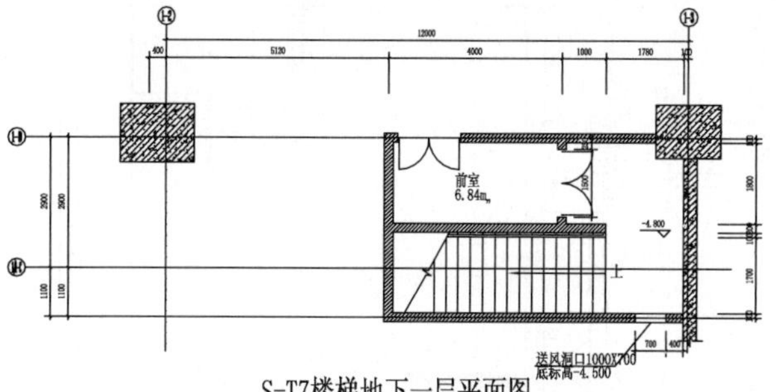

S-T7楼梯地下一层平面图 1:50

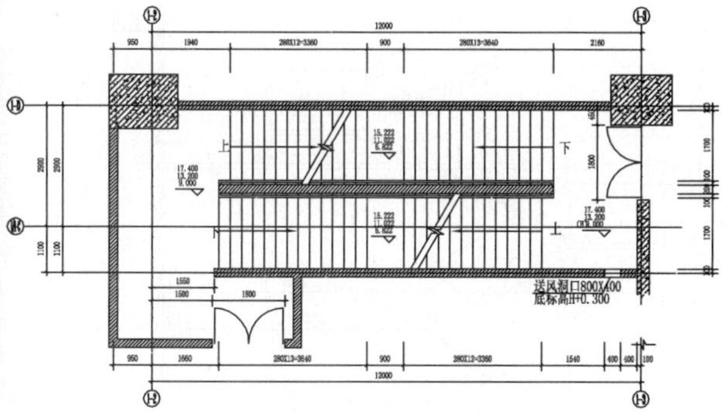

S-T7楼梯三~五层平面图 1:50

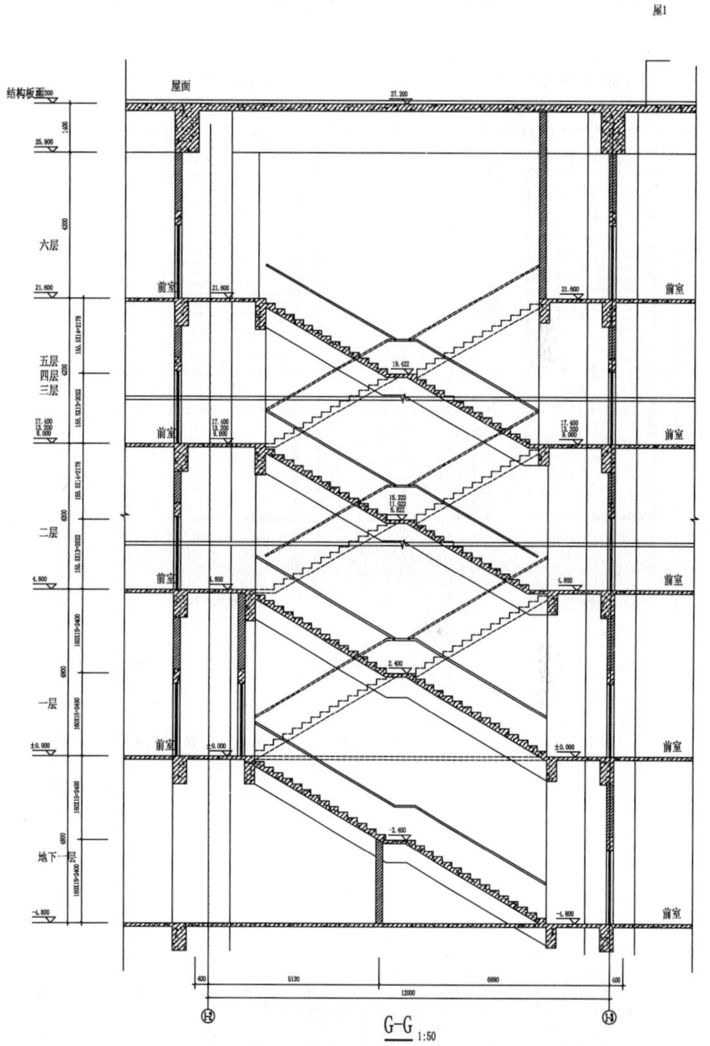

G-G 1:50

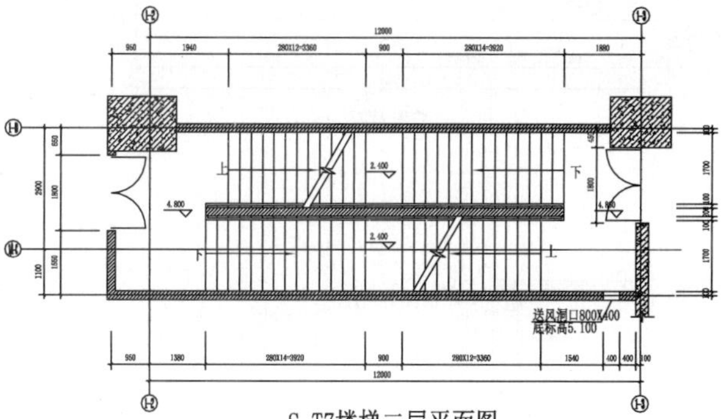

S-T7楼梯二层平面图 1:50

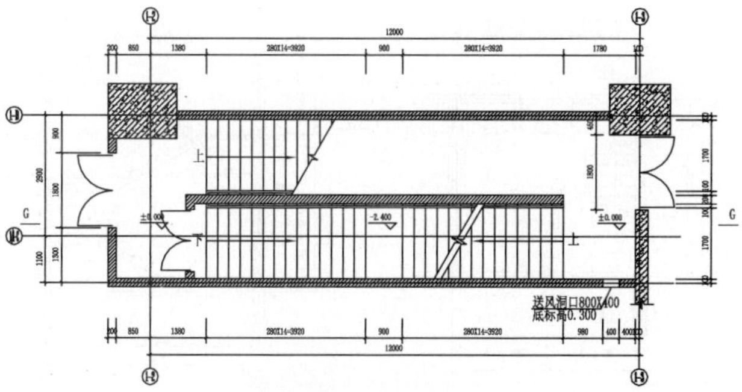

S-T7楼梯一层平面图 1:50

附注：

1. 楼梯栏杆：98ZJ401第26页 靠墙扶手.
   扶手 选用①/26 防滑 选用⑧/29
2. 楼梯栏杆高度均为1100mm.
3. 墙体厚度除注明外均为200mm.
4. 洞口尺寸标注均为宽x高.

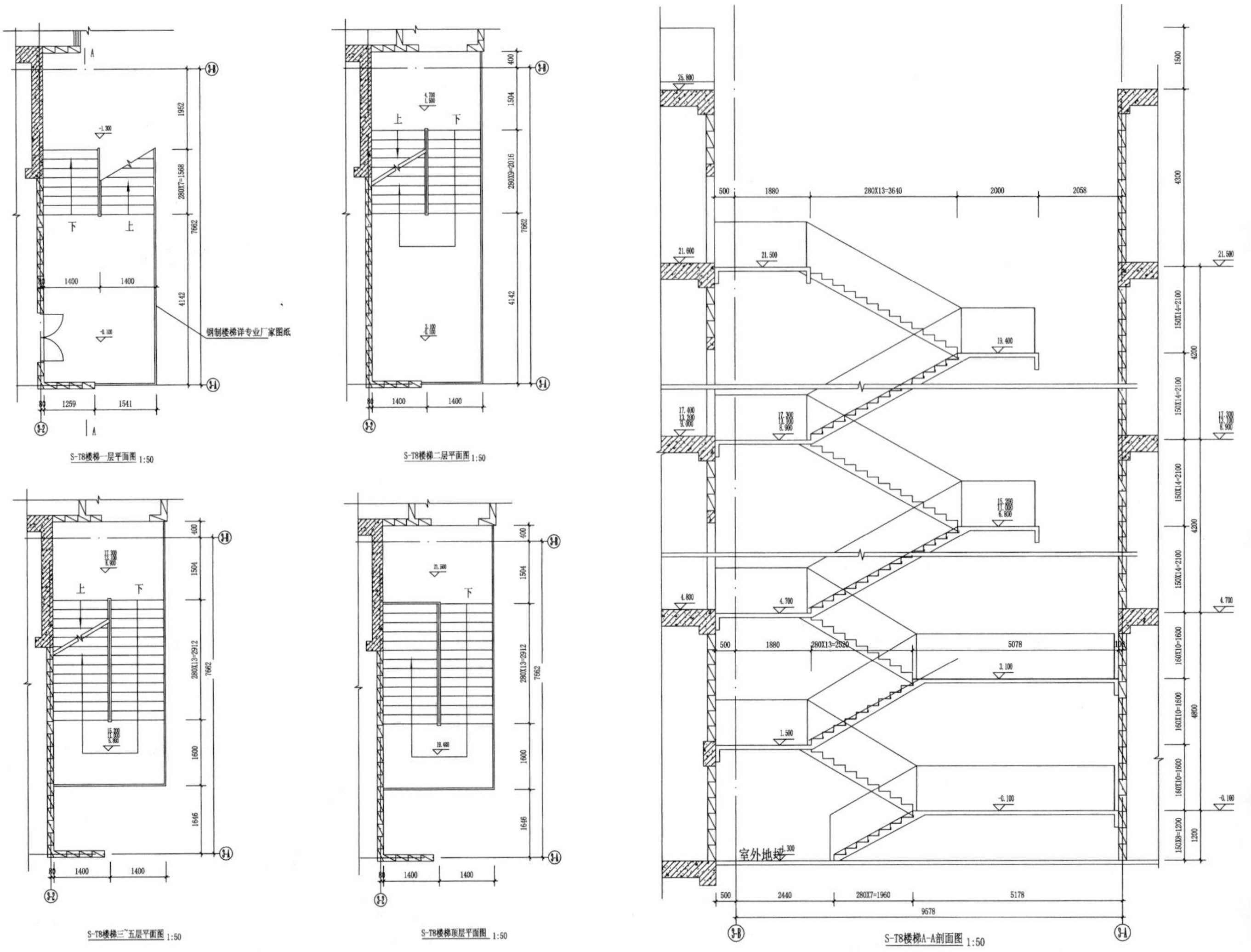

▲028-楼梯详图S-T8

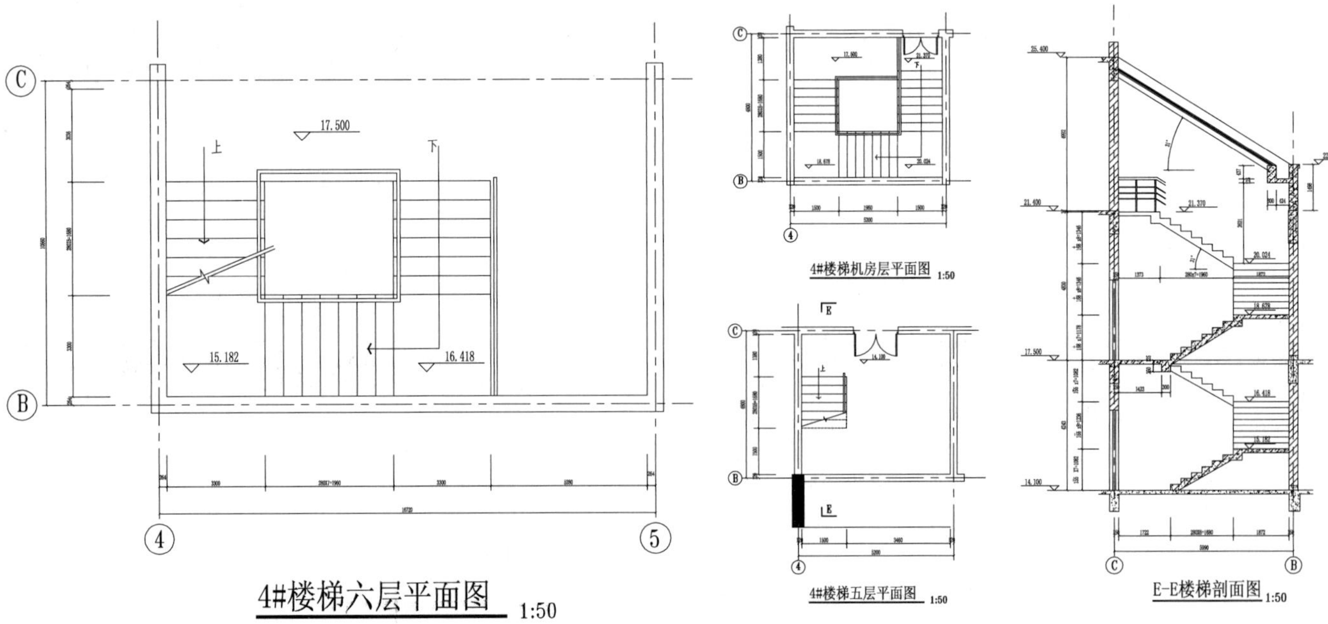

▲029-楼梯详图1

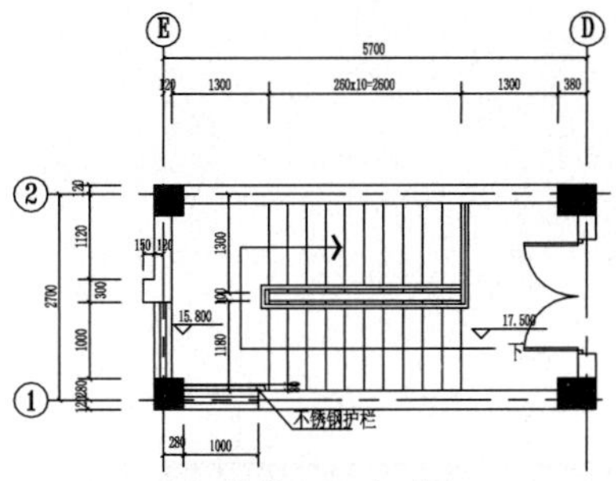

1#楼梯六层平面图 1:50

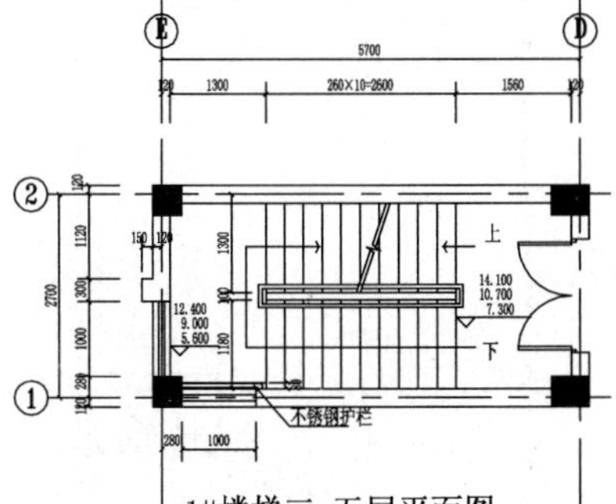

1#楼梯三-五层平面图 1:50

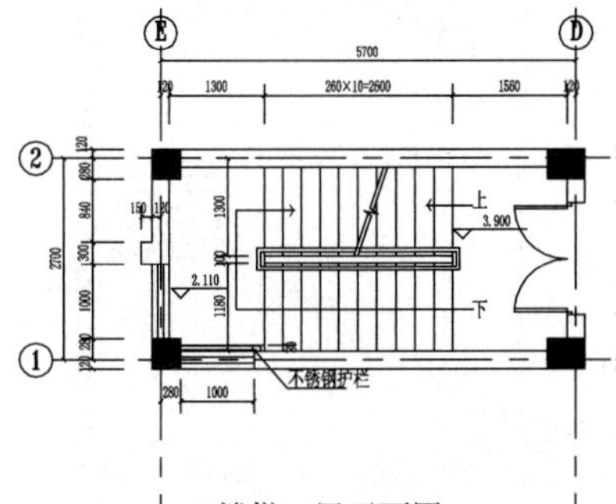

1#楼梯二层平面图 1:50

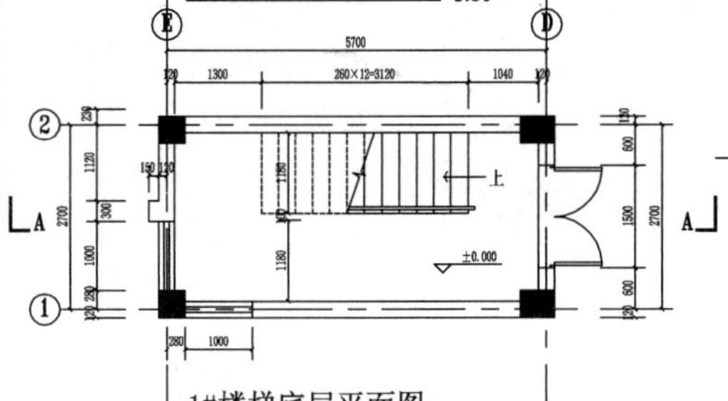

1#楼梯底层平面图 1:50

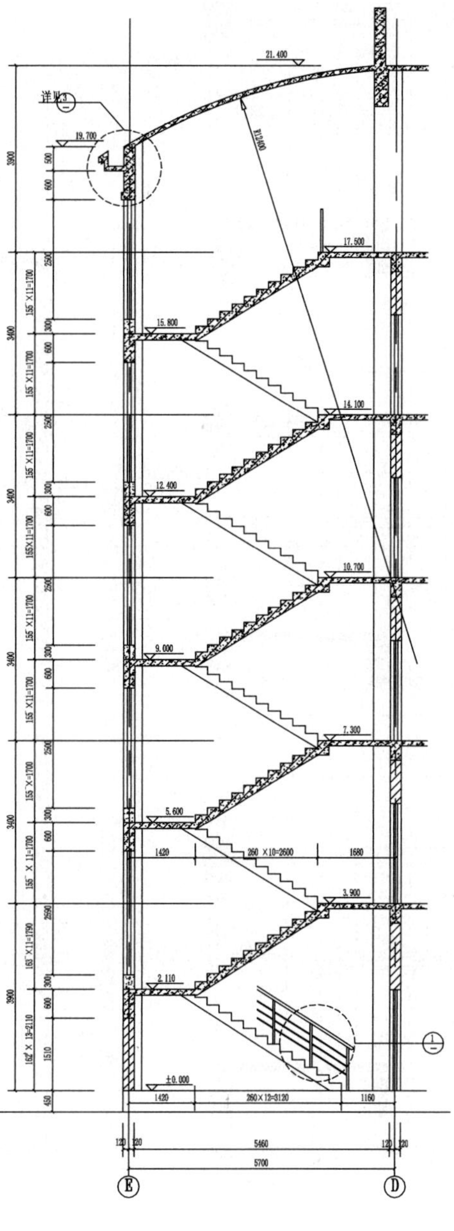

A-A楼梯剖面图 1:50

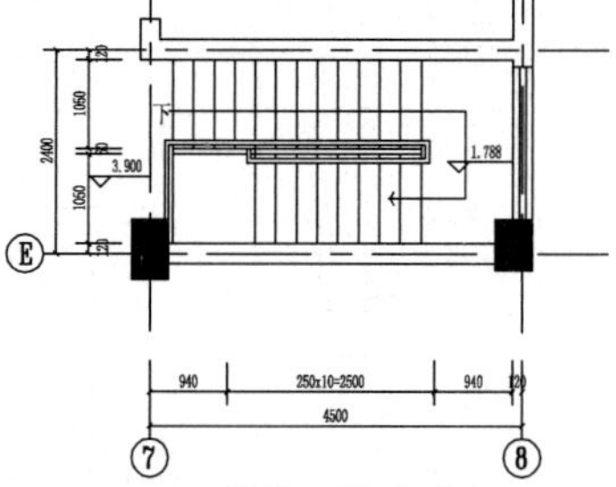

3#楼梯二层平面图 1:50

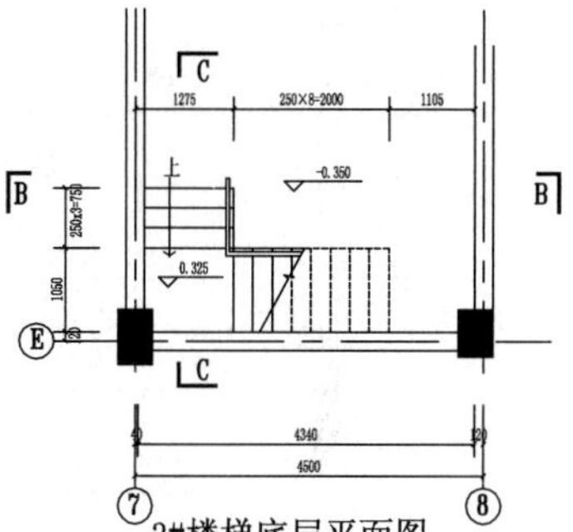

3#楼梯底层平面图 1:50

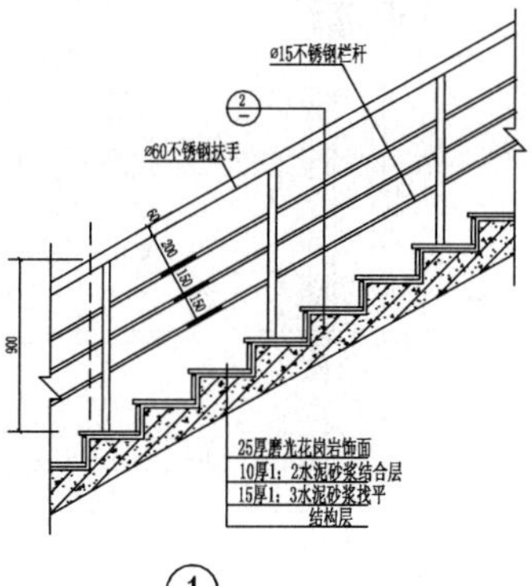
ø15不锈钢栏杆
ø60不锈钢扶手
25厚磨光花岗岩饰面
10厚1：2水泥砂浆结合层
15厚1：3水泥砂浆找平
结构层

① 1:20

注：室内楼梯栏杆均照此详图

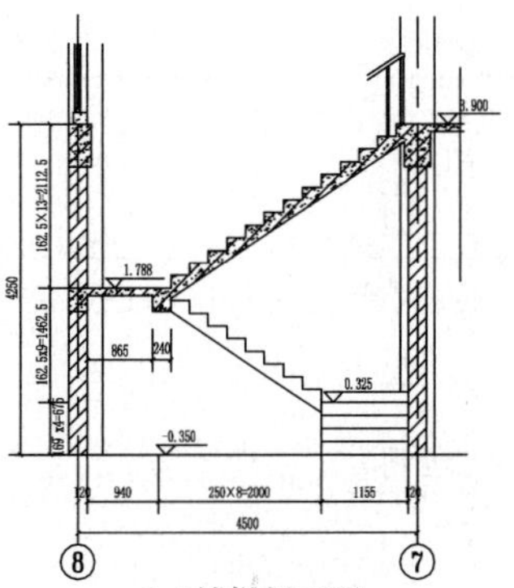

B-B楼梯剖面图 1:50

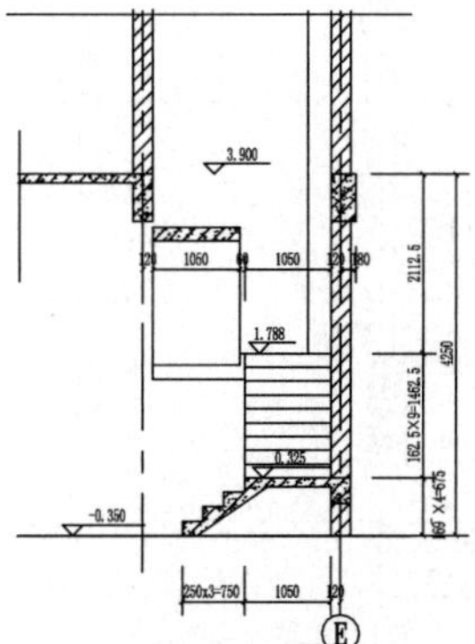

C-C楼梯剖面图 1:50

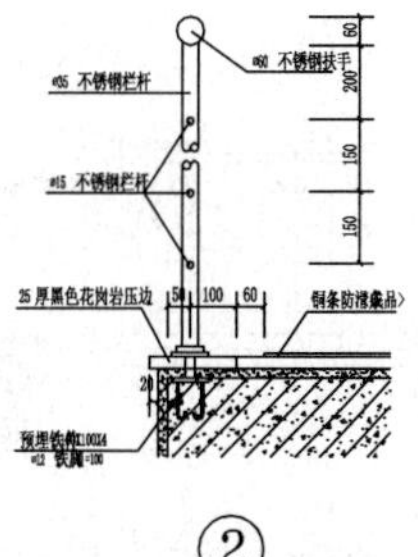

② 1:10

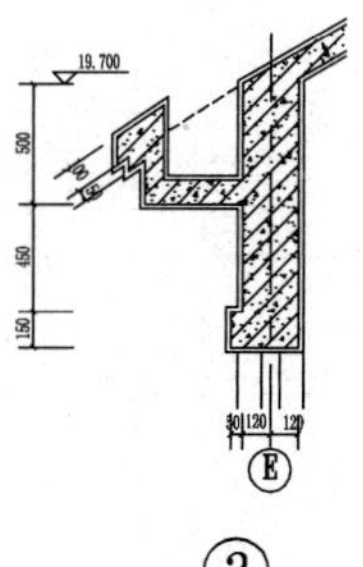

③ 1:20

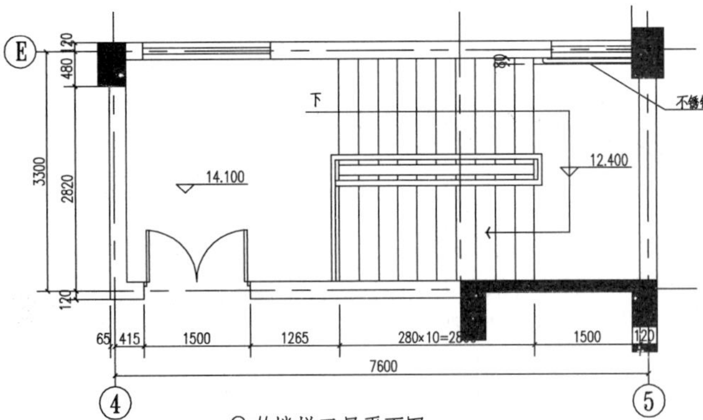

2#楼梯五层平面图 1:50

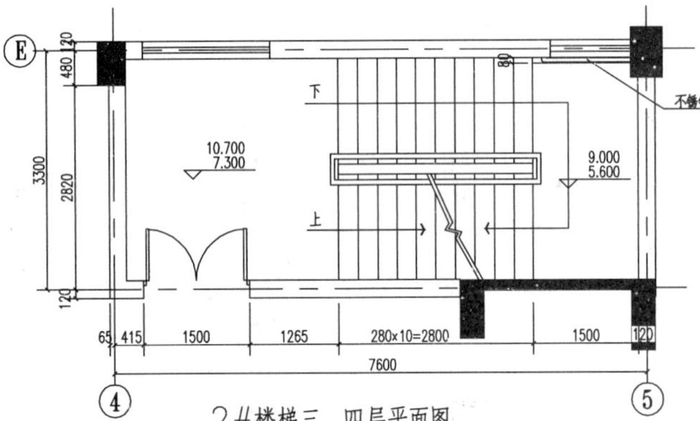

2#楼梯三、四层平面图 1:50

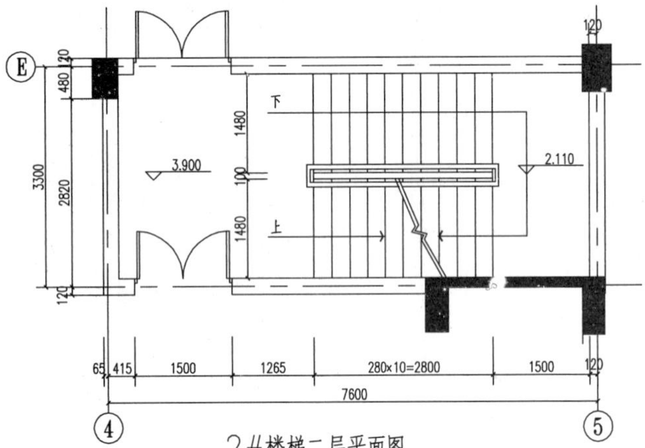

2#楼梯二层平面图 1:50

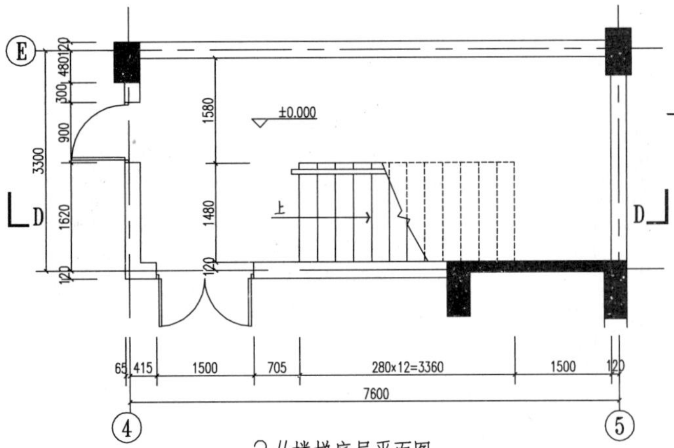

2#楼梯底层平面图 1:50

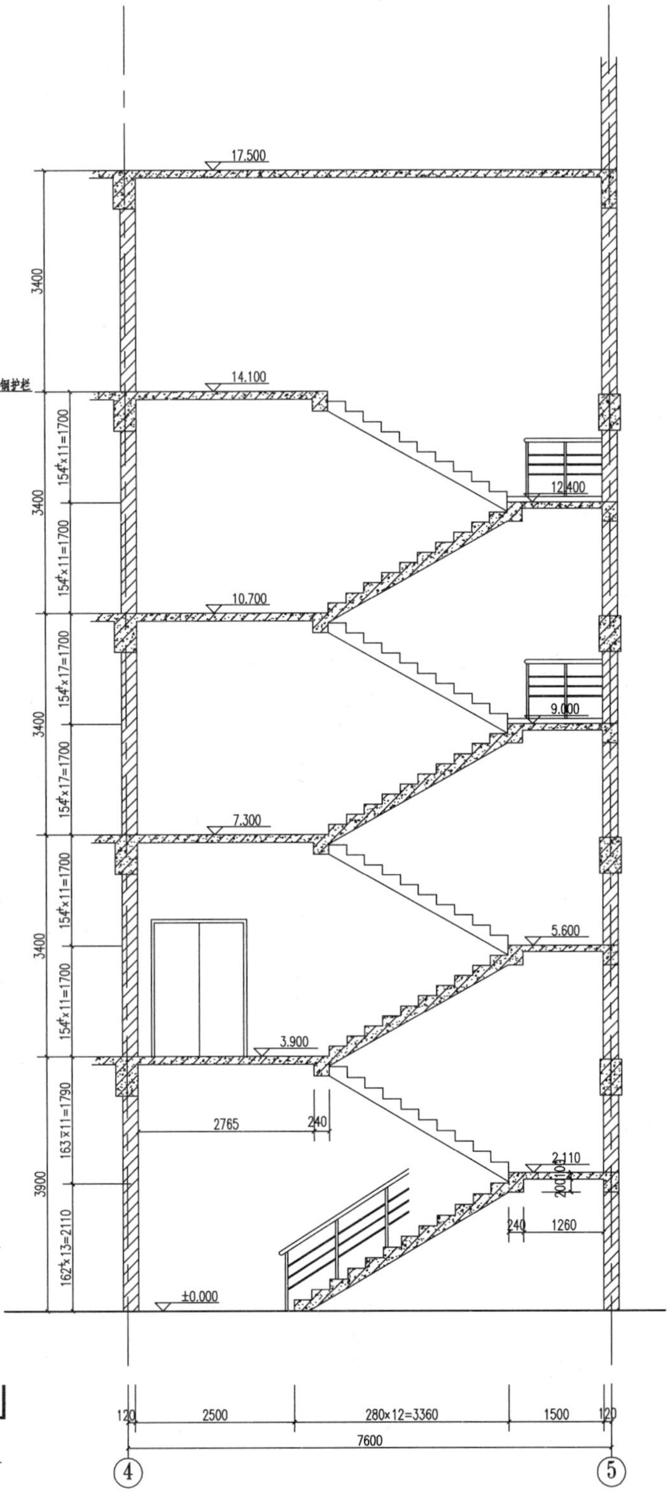

D—D楼梯剖面图 1:50

▲031-楼梯详图3

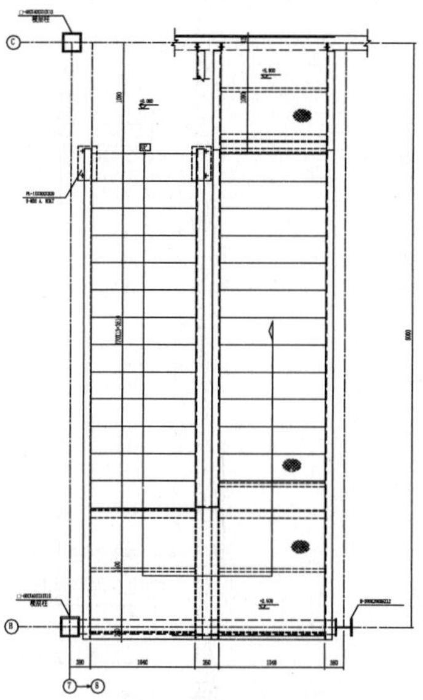

一层平面图

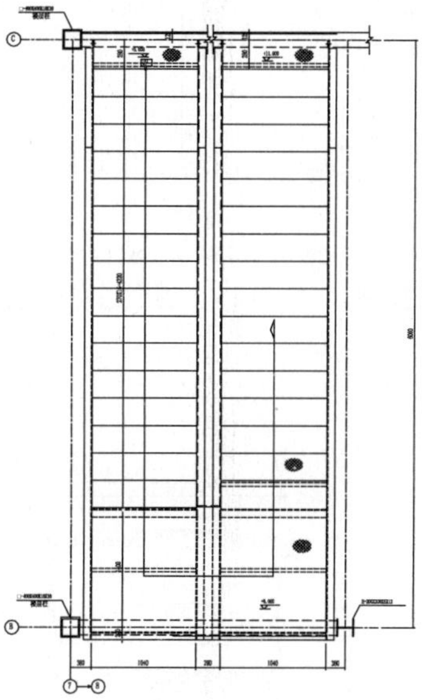

二层平面图

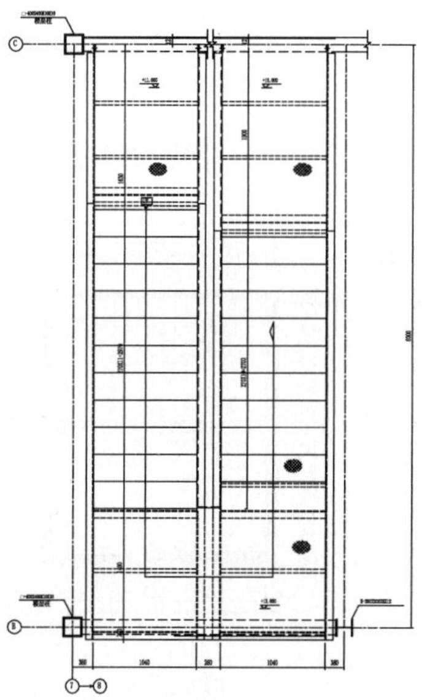

三层平面图

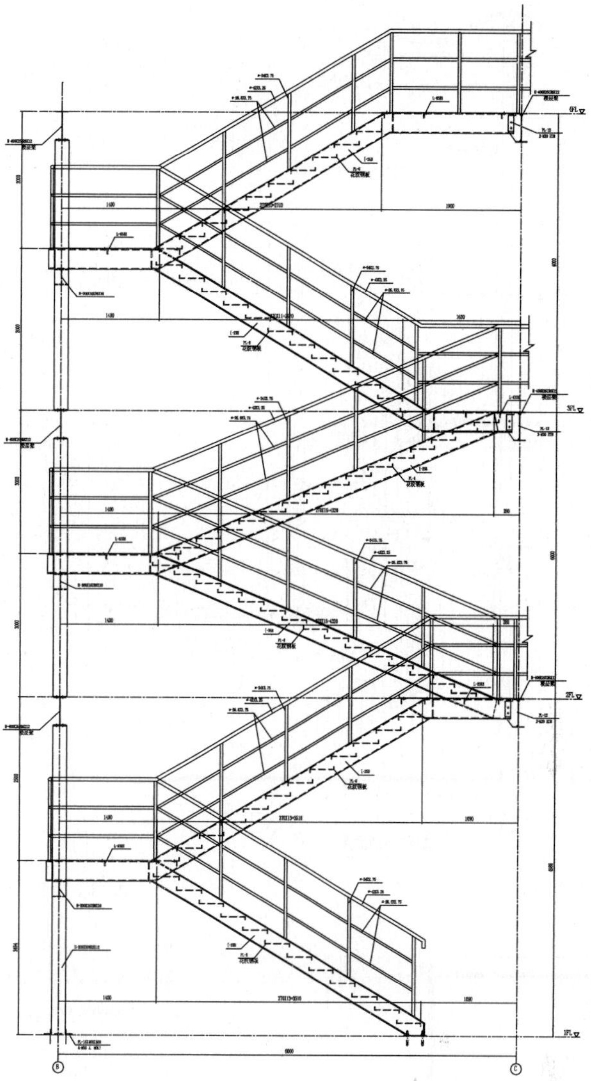

楼梯 3 剖面图

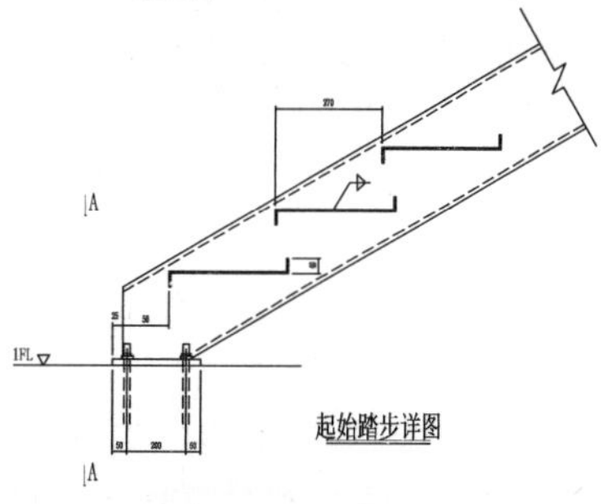

起始踏步详图

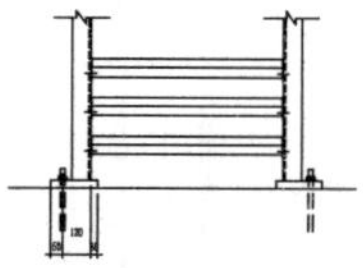

A-A

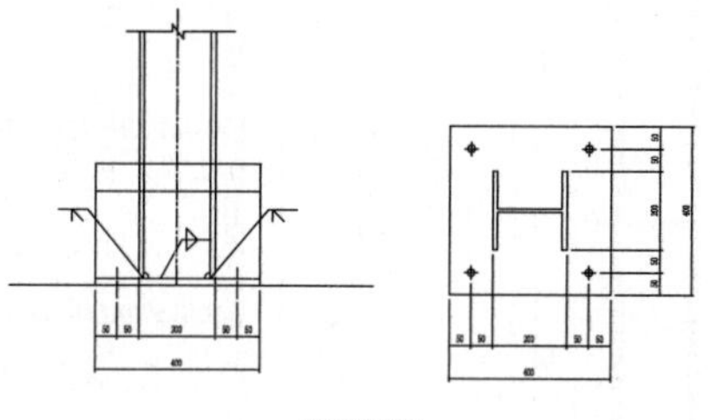

底板详图

▲032-楼梯详图4

普通楼梯

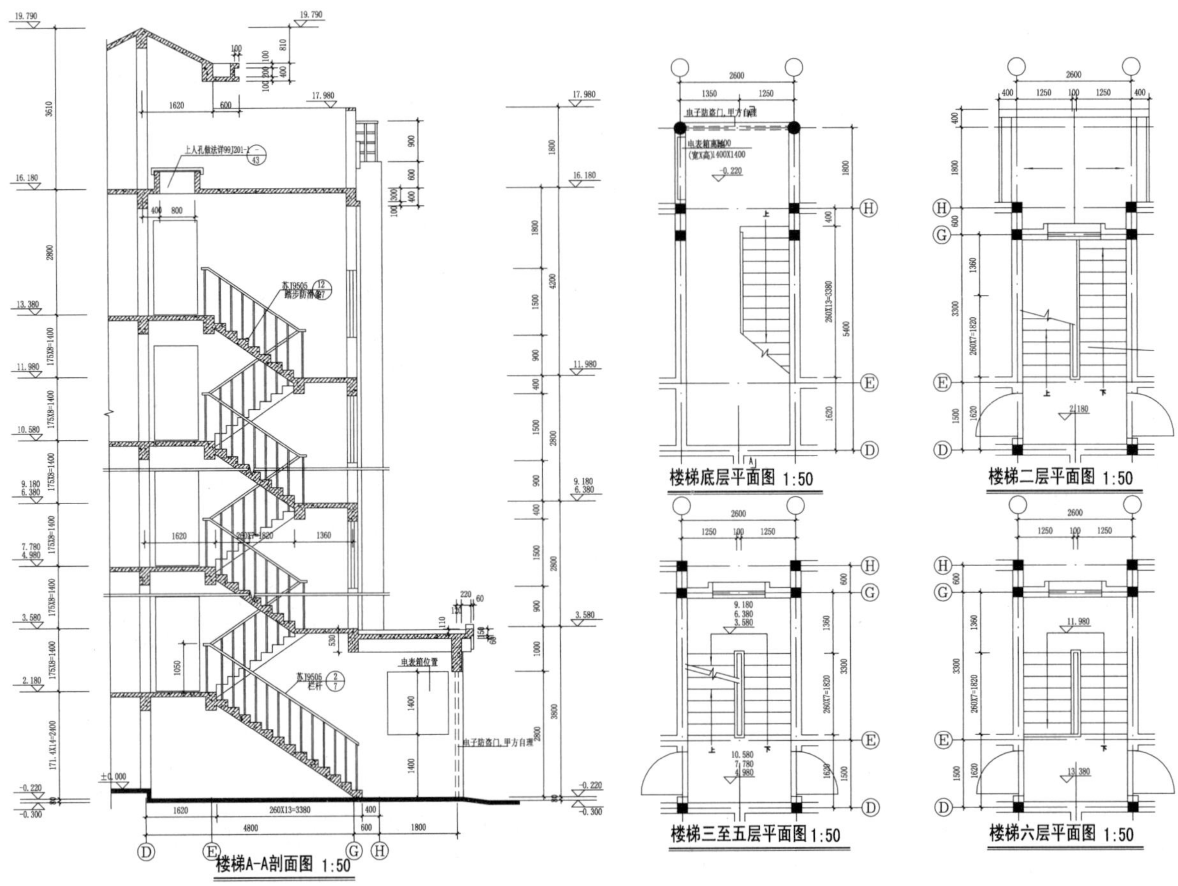
楼梯A-A剖面图 1:50
楼梯底层平面图 1:50
楼梯二层平面图 1:50
楼梯三至五层平面图 1:50
楼梯六层平面图 1:50

▲033-楼梯详图5

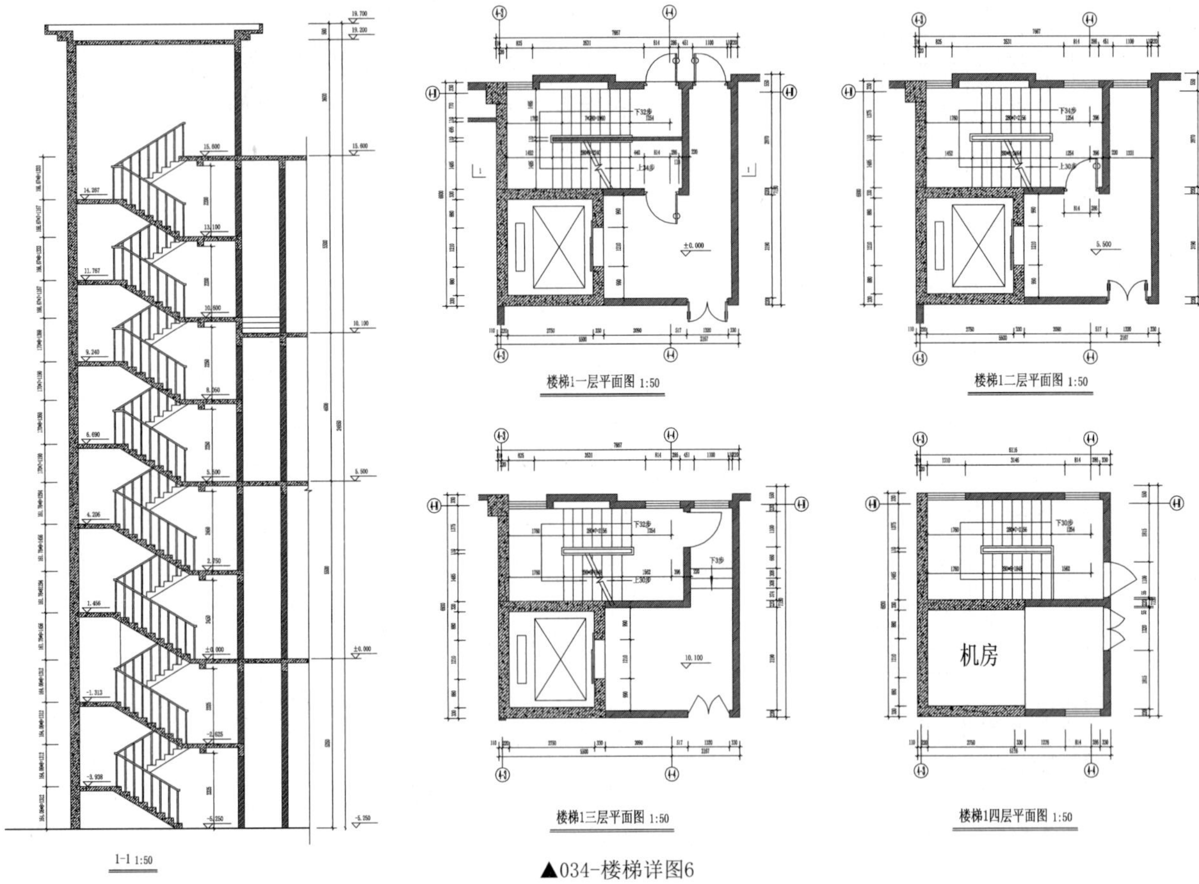
1-1 1:50
楼梯1一层平面图 1:50
楼梯1二层平面图 1:50
楼梯1三层平面图 1:50
楼梯1四层平面图 1:50
机房

▲034-楼梯详图6

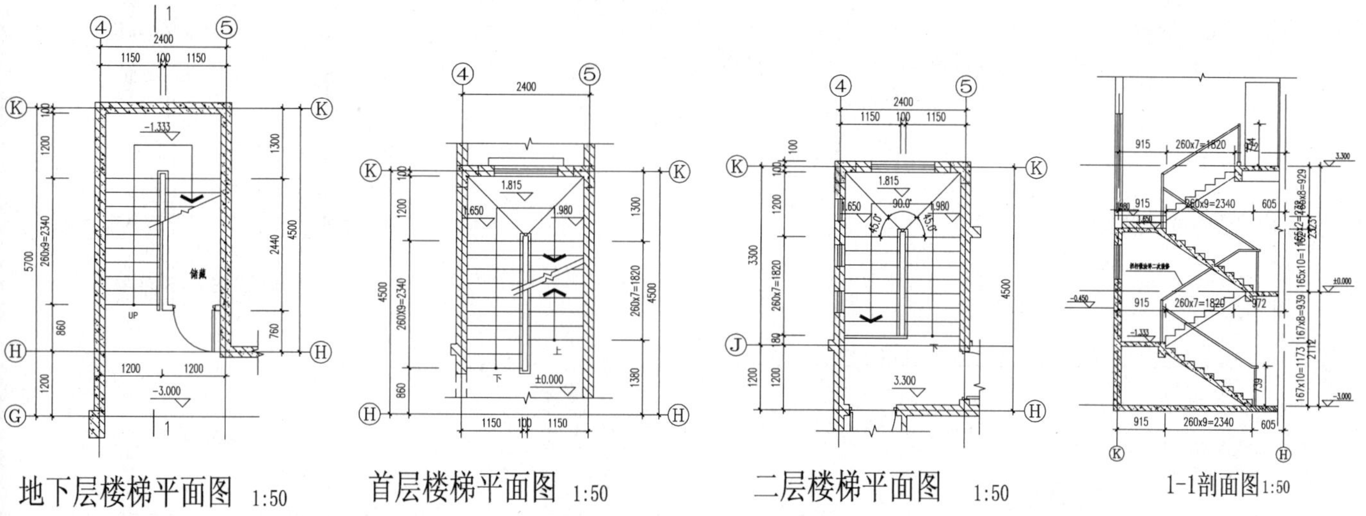
地下层楼梯平面图 1:50
首层楼梯平面图 1:50
二层楼梯平面图 1:50
1-1剖面图1:50

▲035-楼梯详图7

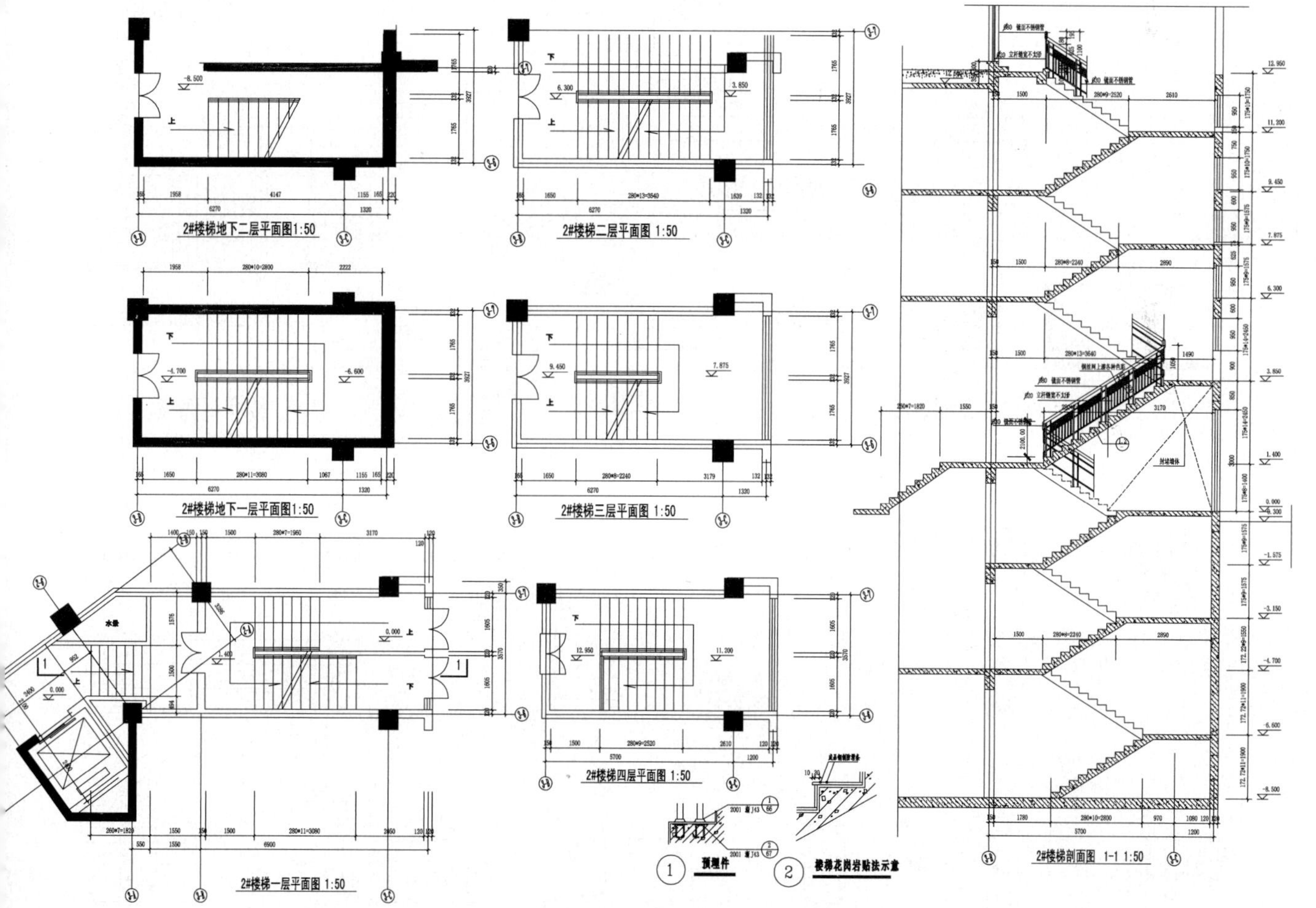
2#楼梯地下二层平面图1:50
2#楼梯二层平面图 1:50
2#楼梯地下一层平面图1:50
2#楼梯三层平面图 1:50
2#楼梯一层平面图 1:50
2#楼梯四层平面图 1:50
2#楼梯剖面图 1-1 1:50
预埋件
楼梯花岗岩贴法示意

▲036-楼梯详图8

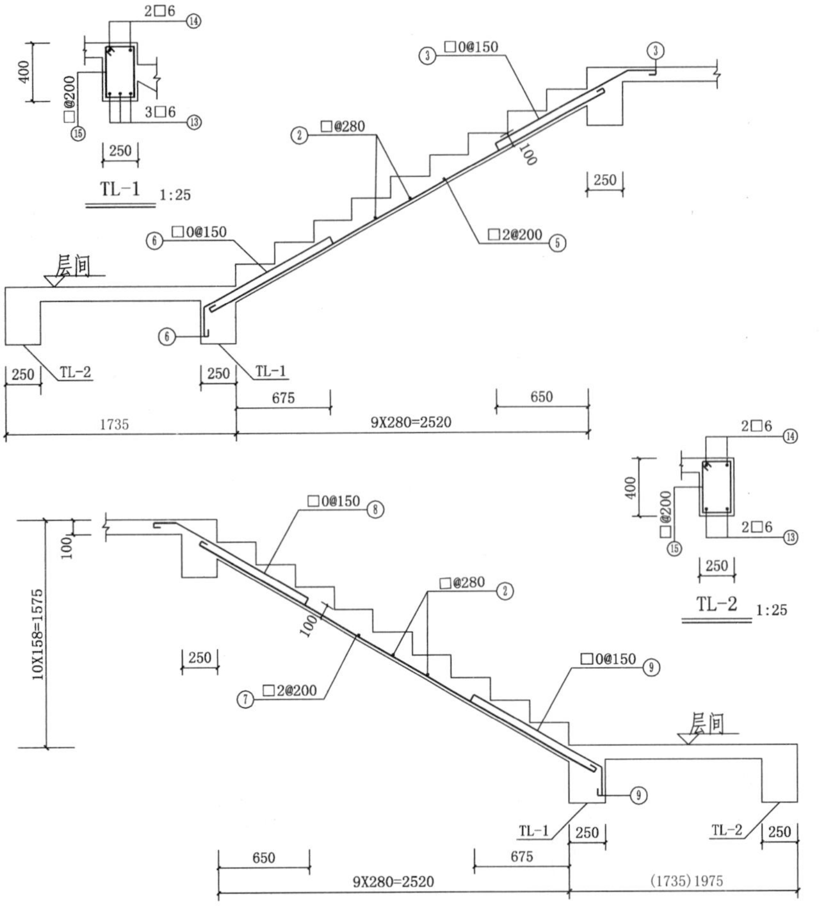

梯板配筋图

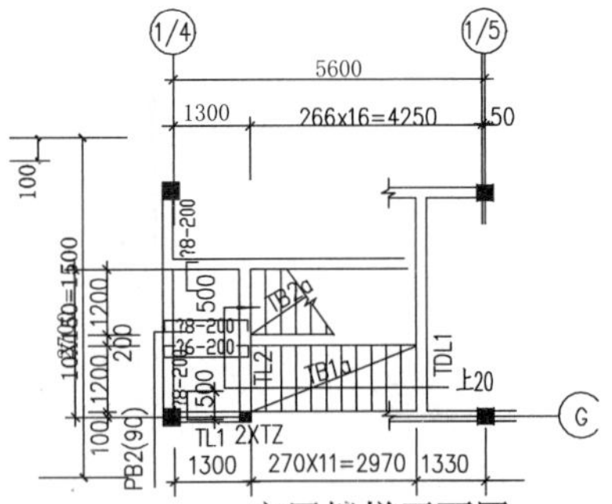

底层楼梯平面图

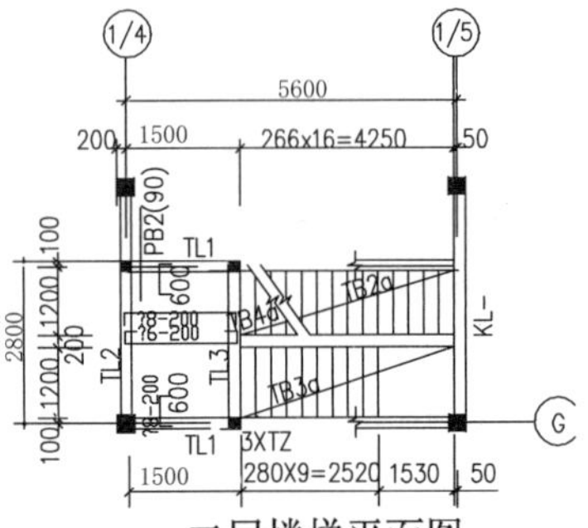

二层楼梯平面图

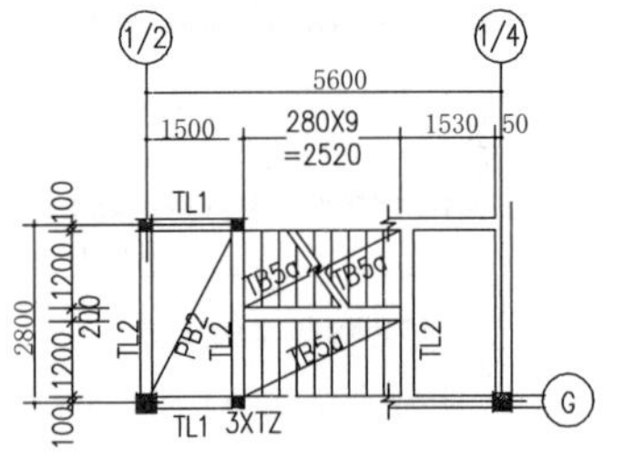

标准层楼梯平面图

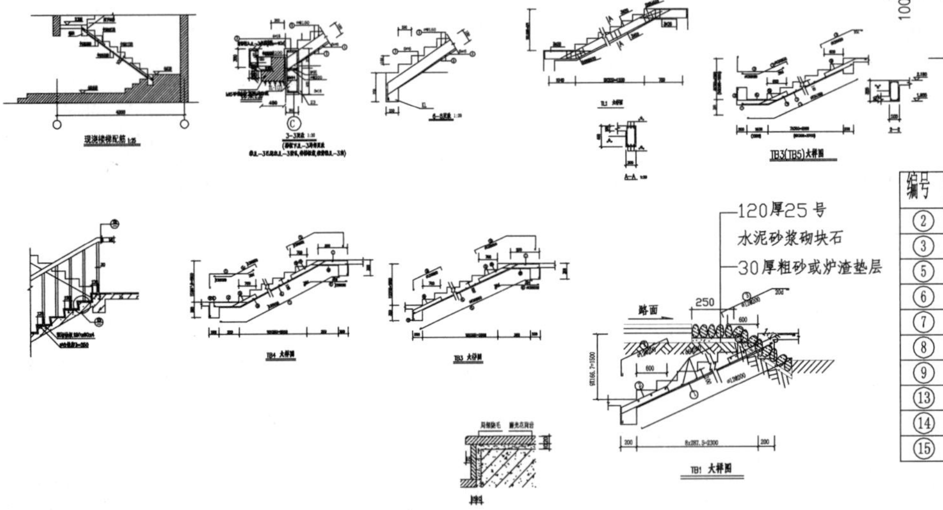

楼梯钢筋表

编号	钢筋简图	规格	长度
②	1400	□	1480
③	90 1060 160	□0	1370
⑤	3200	□2	3200
⑥	210 1030	□0	1390
⑦	3240	□2	3240
⑧	90 1070 160	□0	1380
⑨	200 1050	□0	1400
⑬	3740	□6	3740
⑭	330 3740	□6	4400
⑮	200 350	□	1180

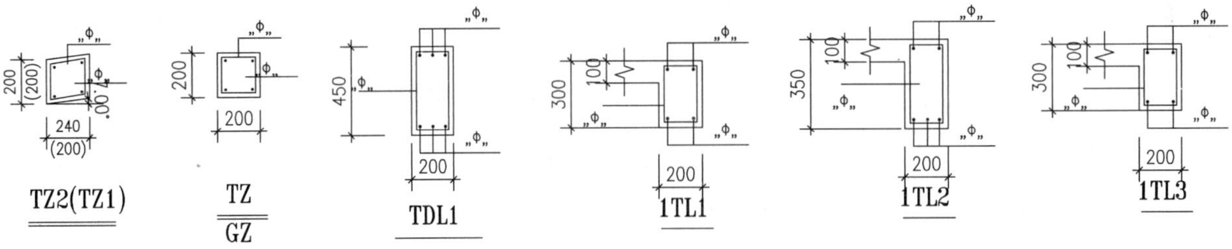

▲037-楼梯详图9

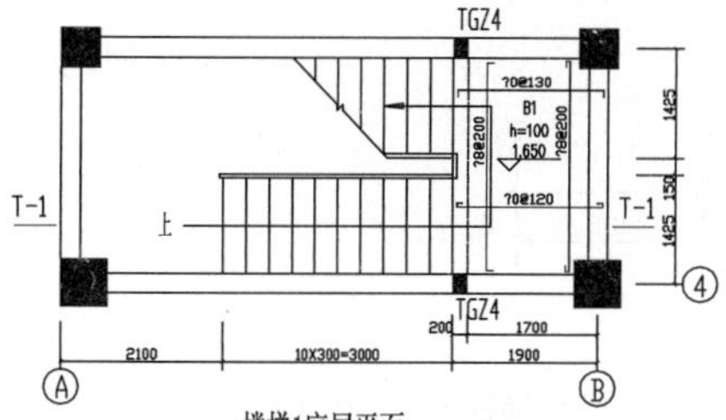
楼梯1底层平面 1:50

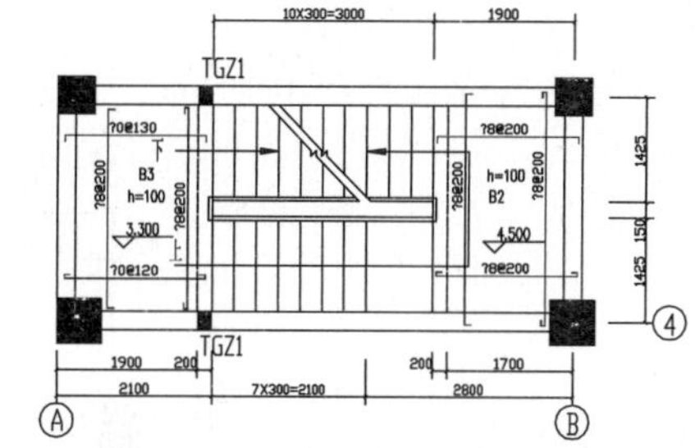
楼梯1二层平面 1:50

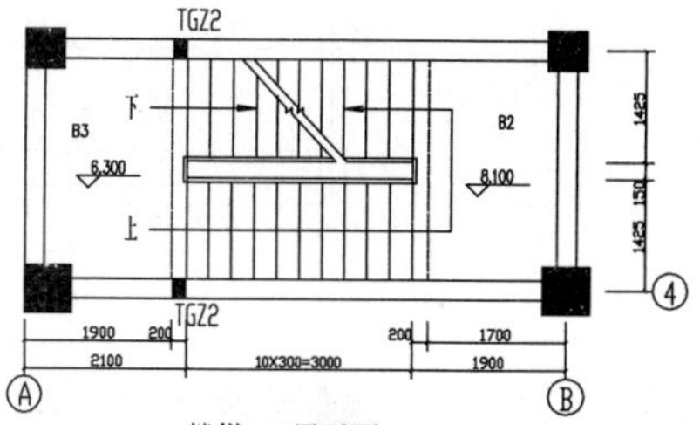
楼梯1三层平面 1:50

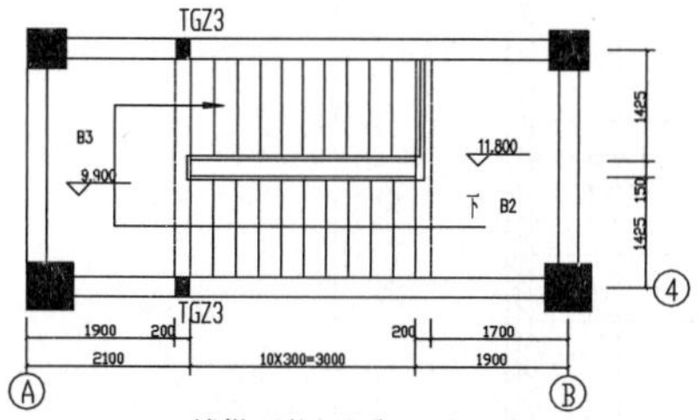
楼梯1顶层平面 1:50

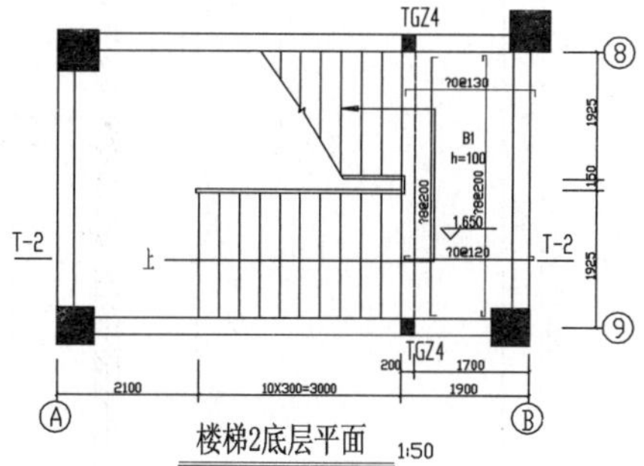
楼梯2底层平面 1:50

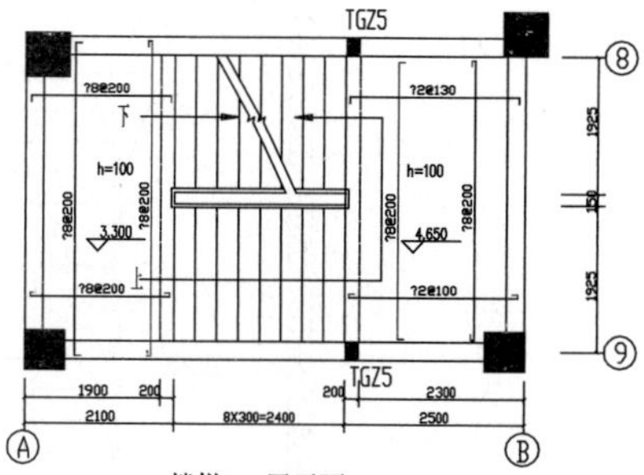
楼梯2二层平面 1:50

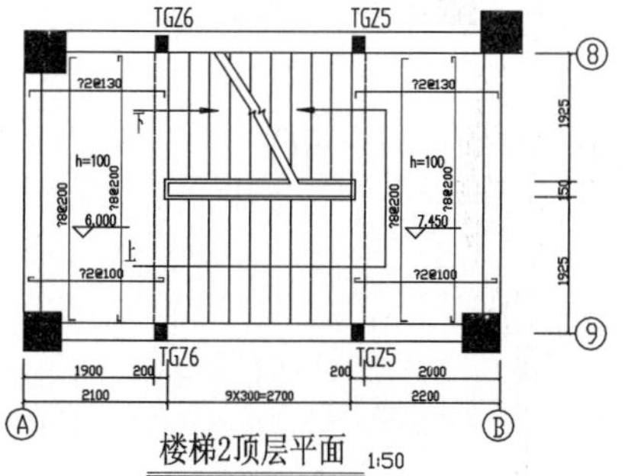
楼梯2顶层平面 1:50

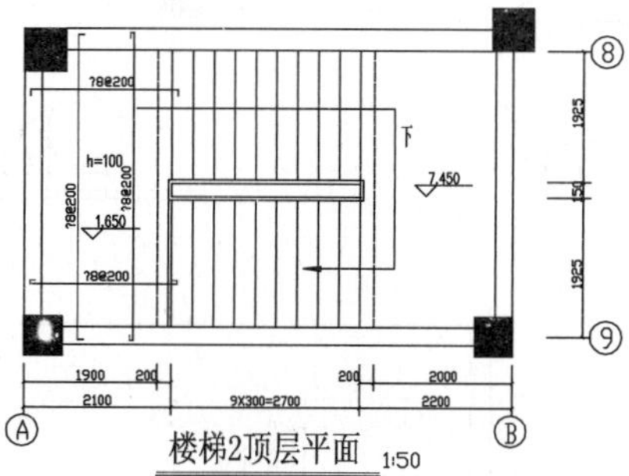
楼梯2顶层平面 1:50

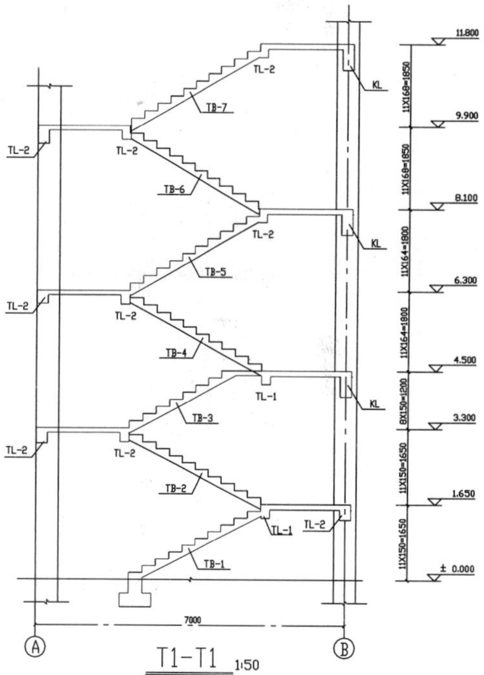
T1-T1 1:50

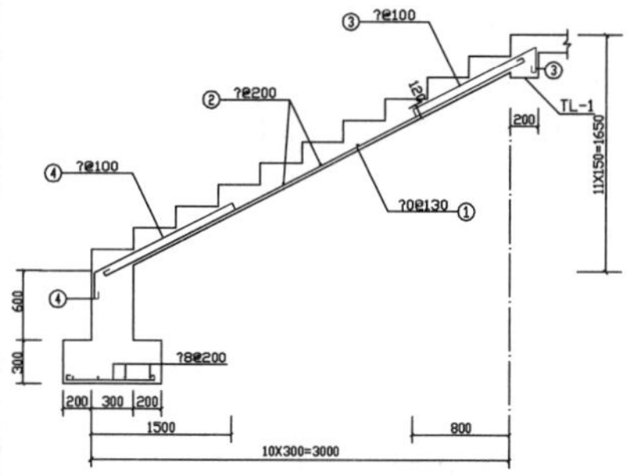
TB-1 1:25

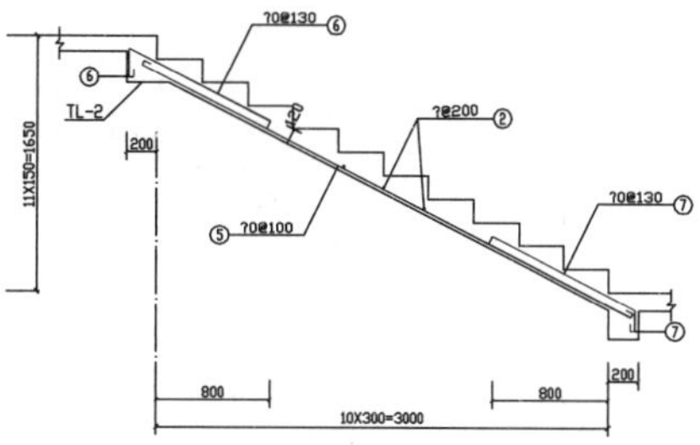
TB-2 1:25

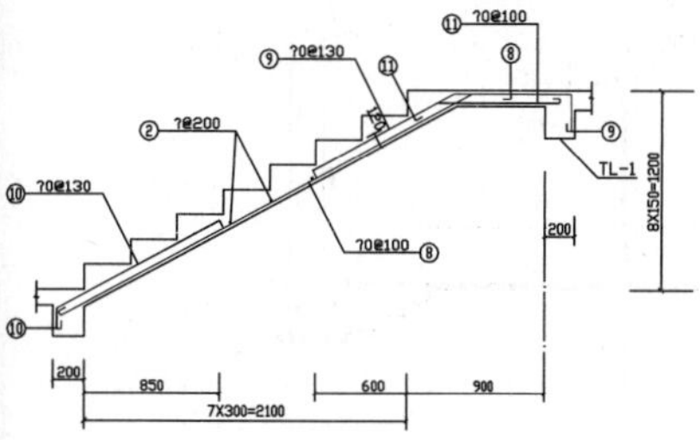
TB-3 1:25

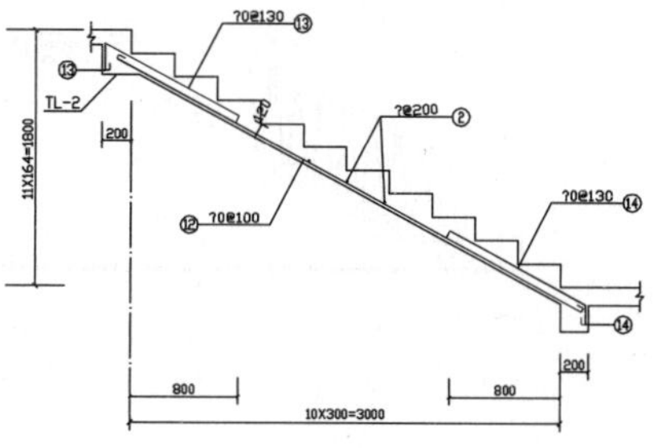
TB-4 1:25

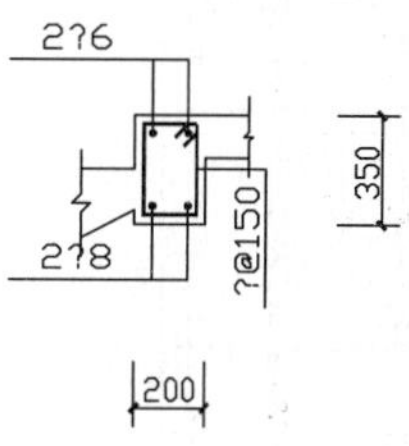
TL-1 1:25

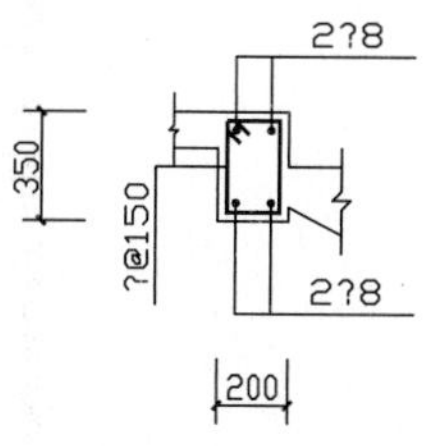
TL-2 1:25

▲038-楼梯详图10

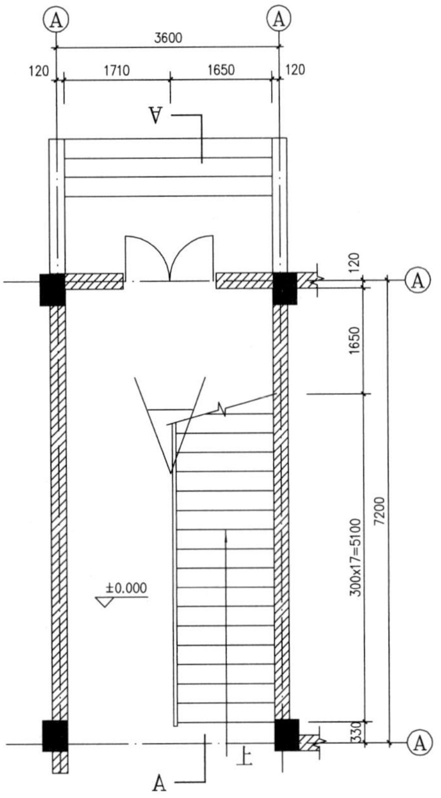

一层楼梯平面 1:50

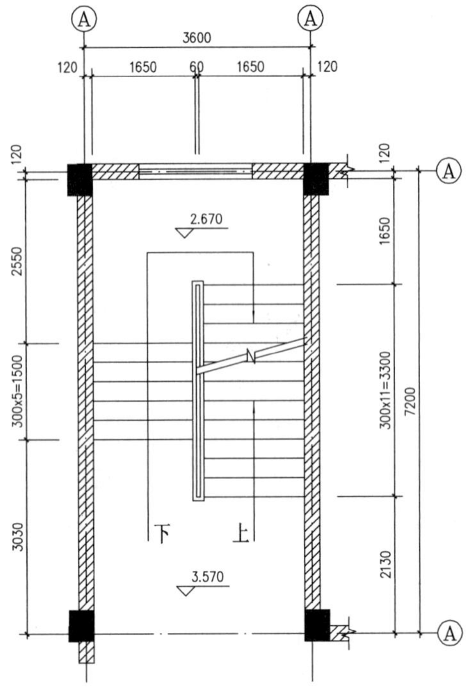

二层楼梯平面 1:50

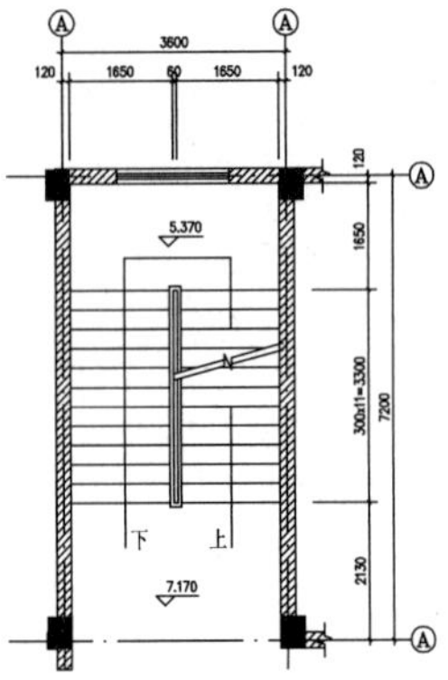

三层楼梯平面 1:50

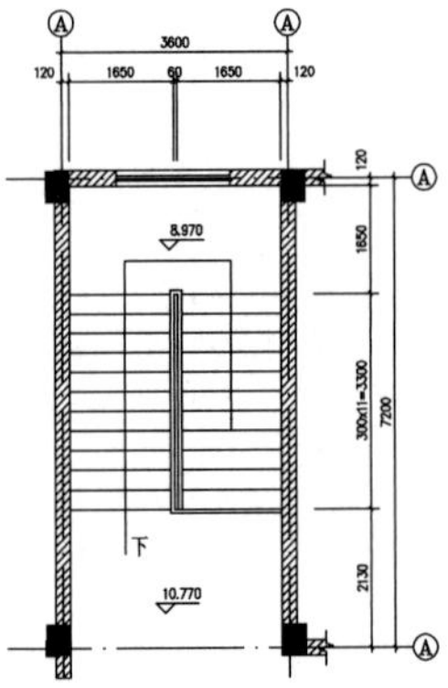

四层楼梯平面 1:50

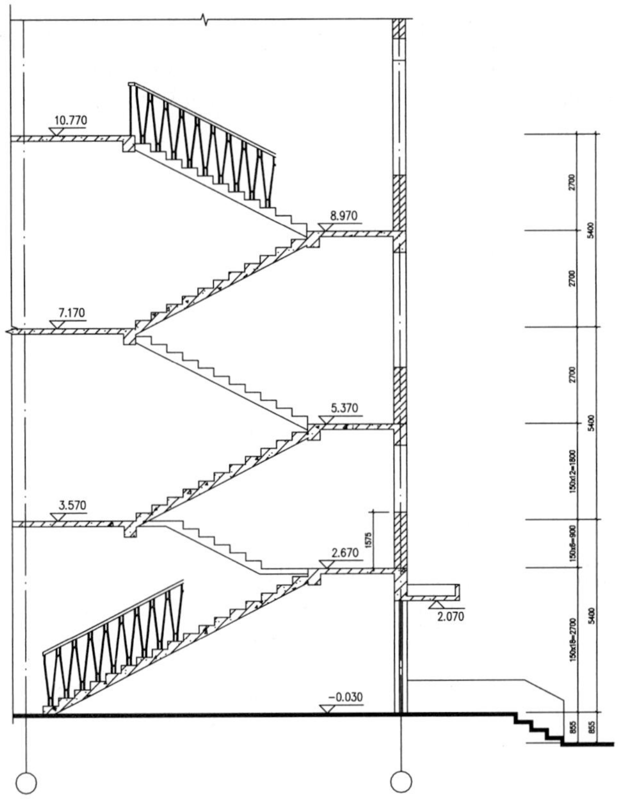

A-A剖面 1:50

▲039-楼梯详图11

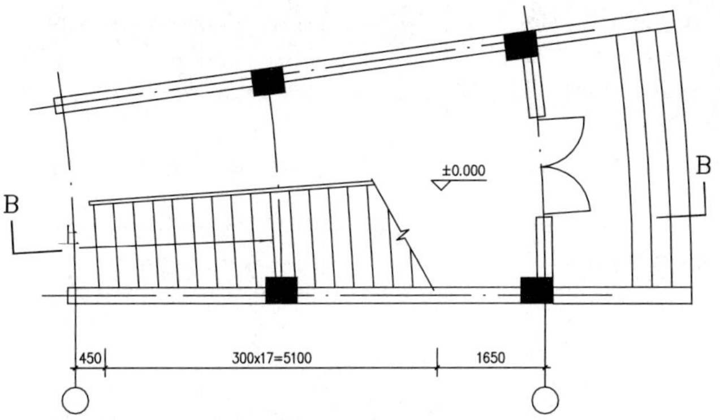

一层楼梯平面 1:50

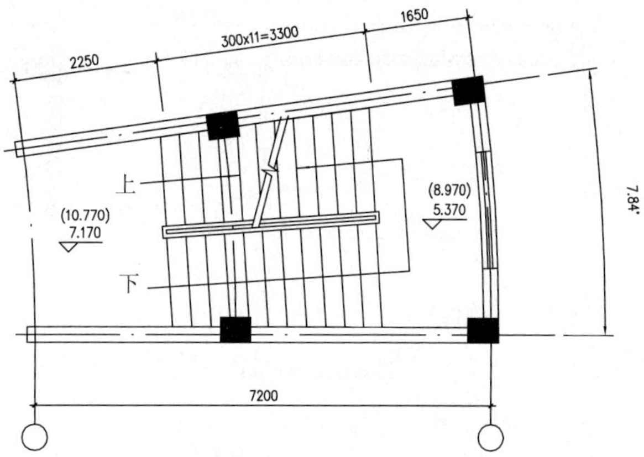

标准层楼梯平面 1:50

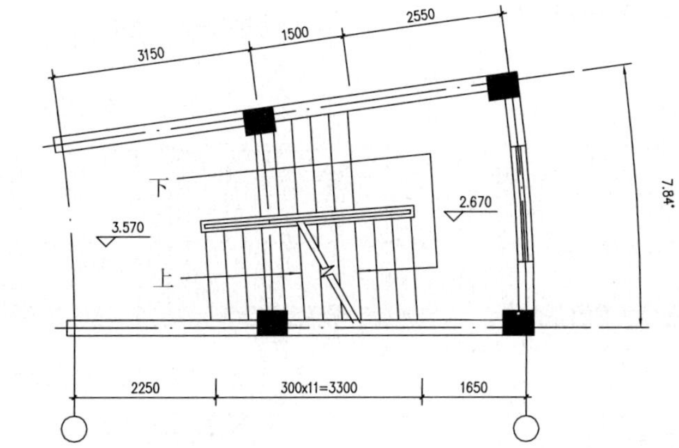

二层楼梯平面 1:50

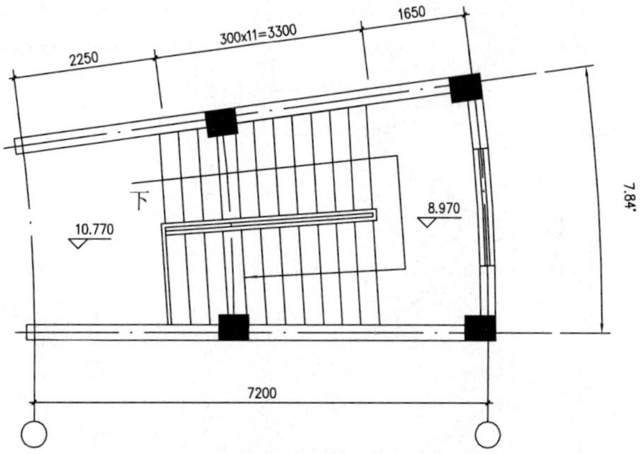

3#楼梯顶层平面 1:50

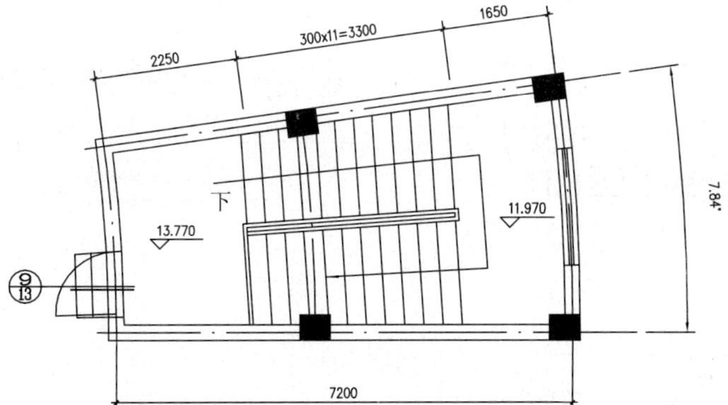

2#楼梯顶层平面 1:50

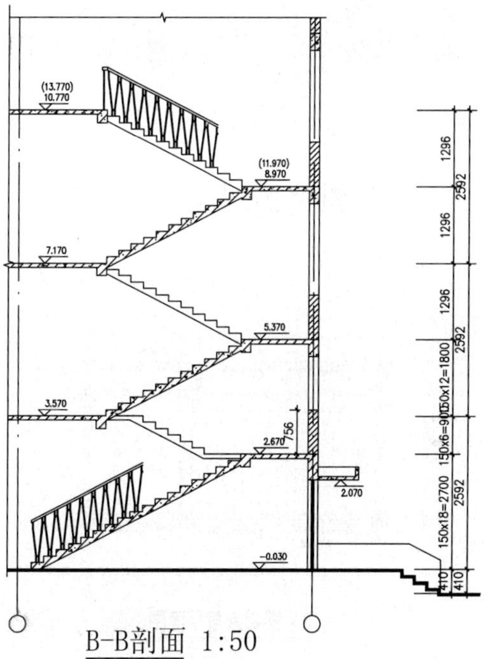

B-B剖面 1:50

▲040-楼梯详图12

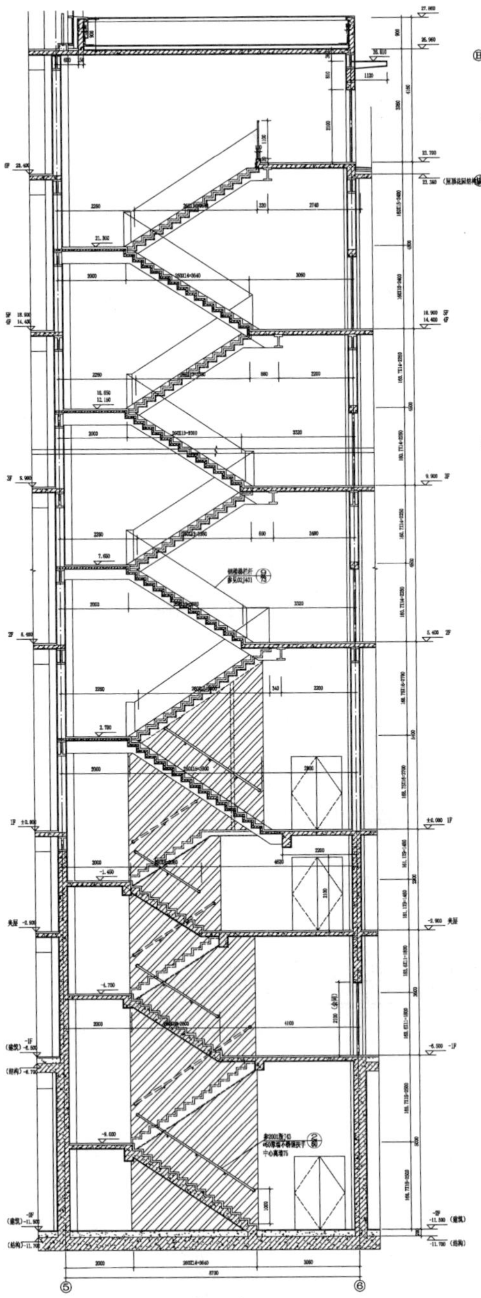

3号楼梯3-3剖面图 1:50

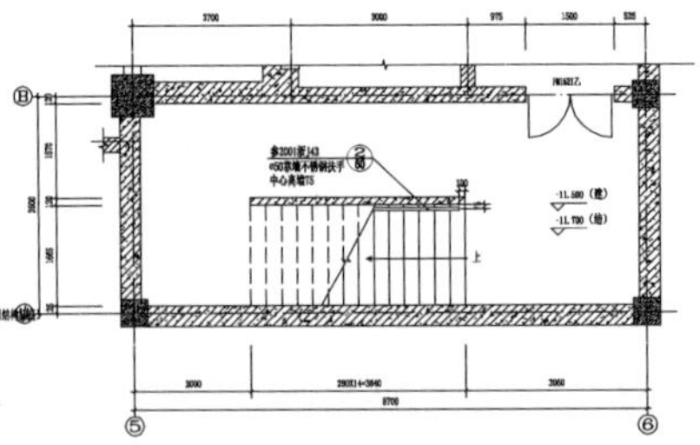

3号楼梯地下二层平面图 1:50

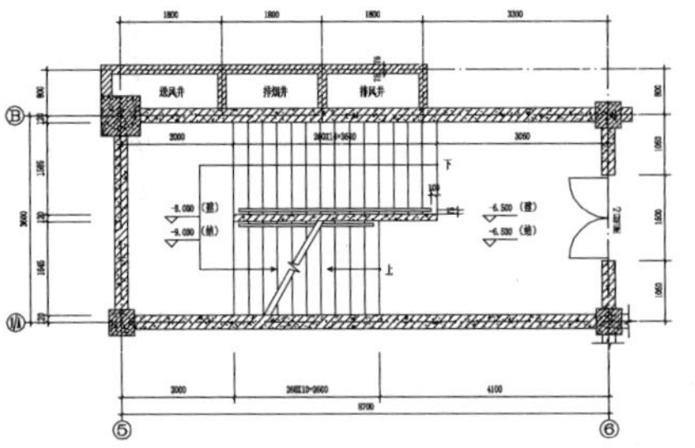

3号楼梯地下一层平面图 1:50

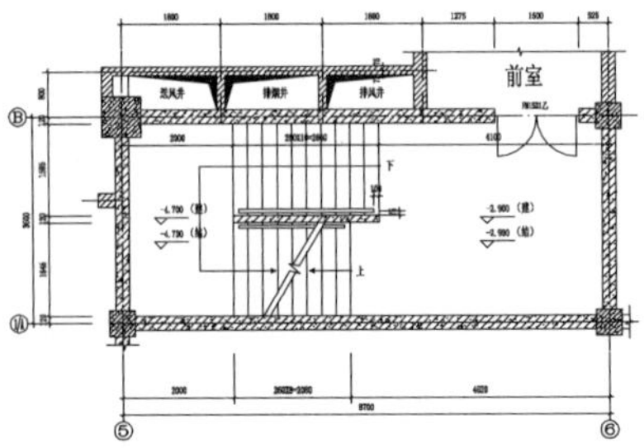

3号楼梯地下夹层平面图 1:50

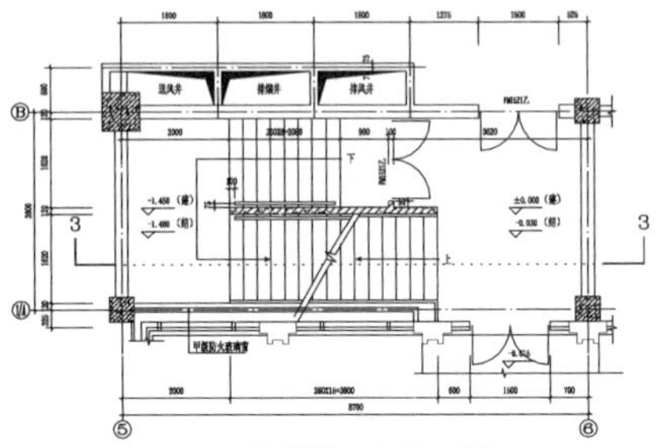

3号楼梯一层平面图 1:50

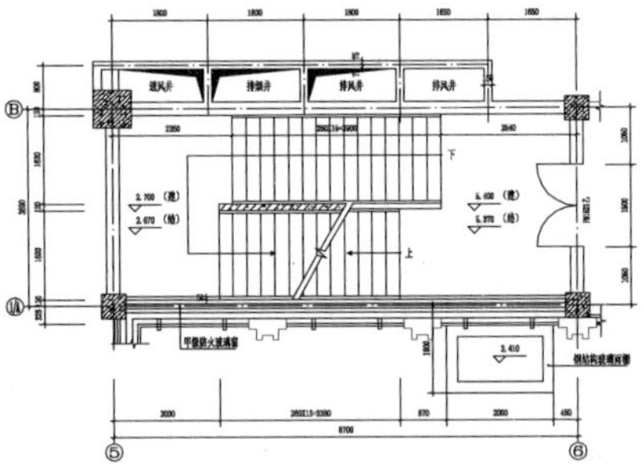

3号楼梯二层平面图 1:50

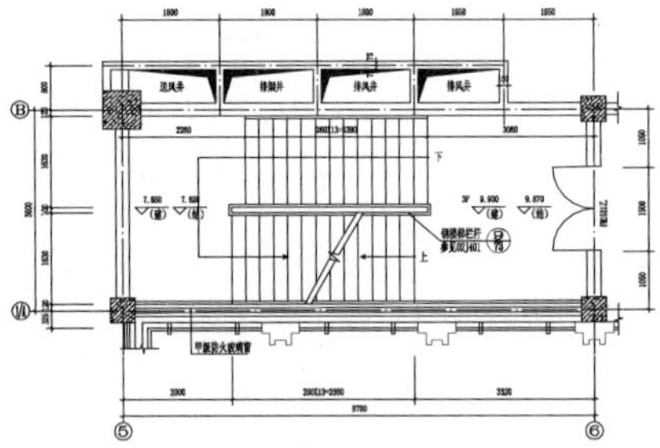

3号楼梯三层平面图 1:50

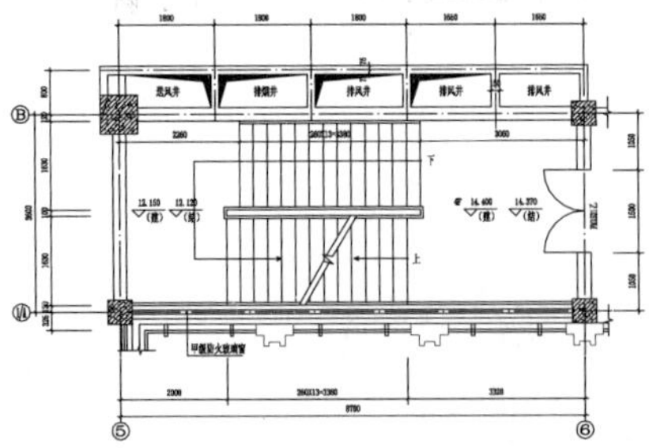

3号楼梯四层平面图 1:50

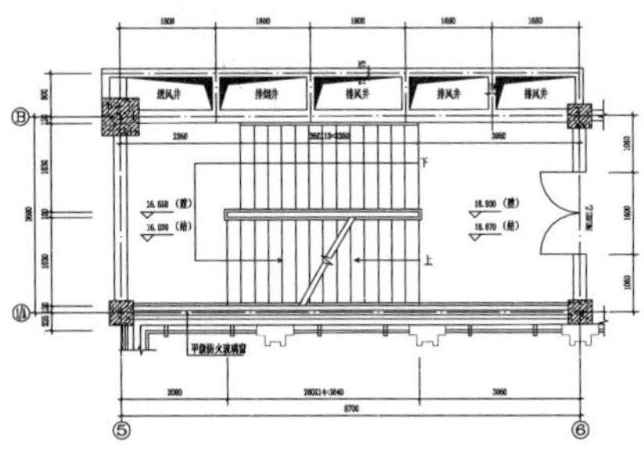

3号楼梯五层平面图 1:50

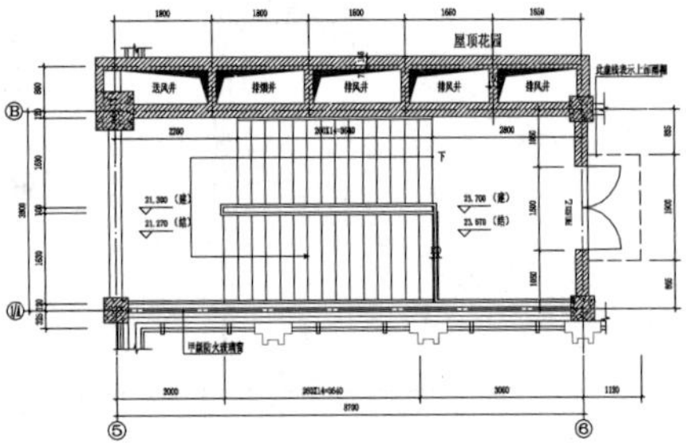

3号楼梯六层平面图 1:50

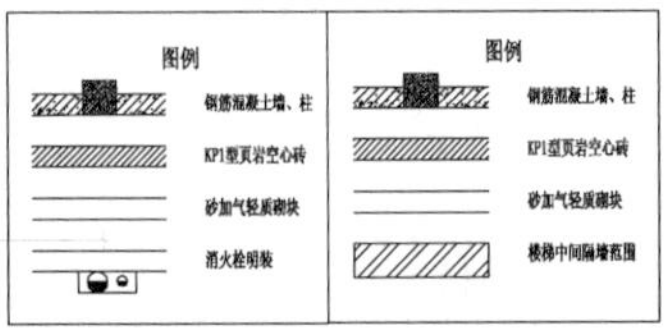

▲041-楼梯详图13

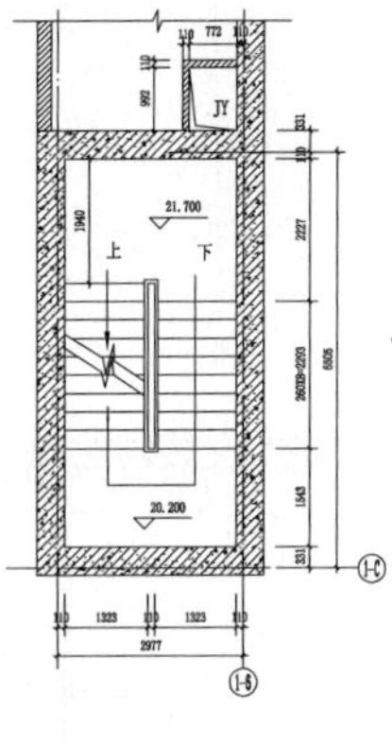

A-T2楼梯六层平面图 1:50

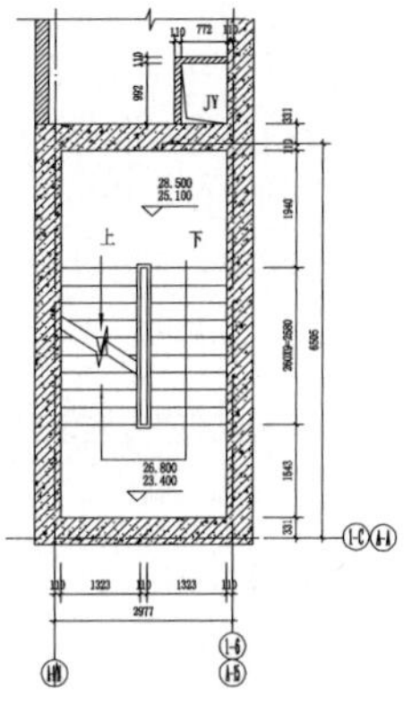

A-T2楼梯七层平面图 1:50

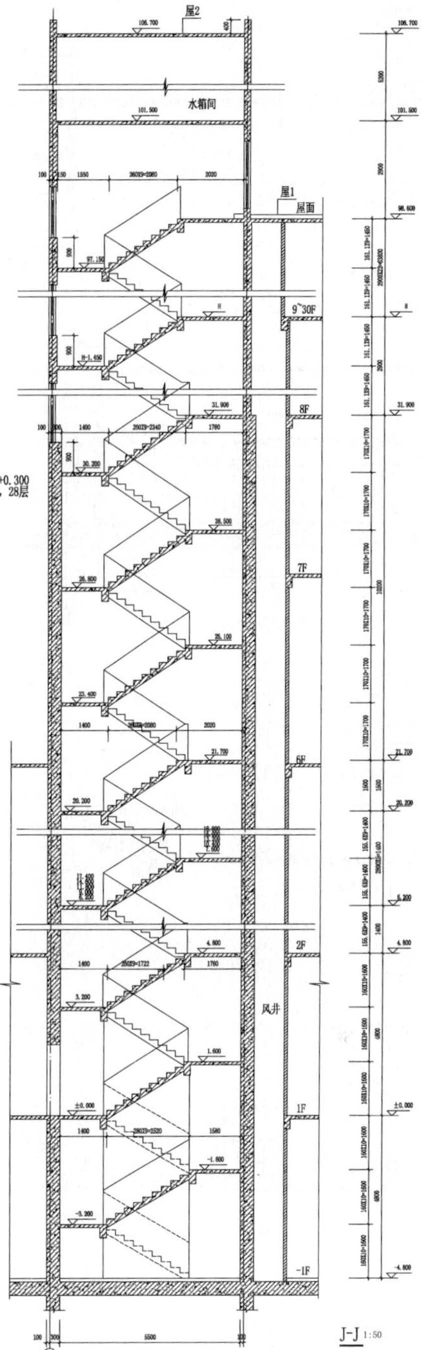

J-J 1:50

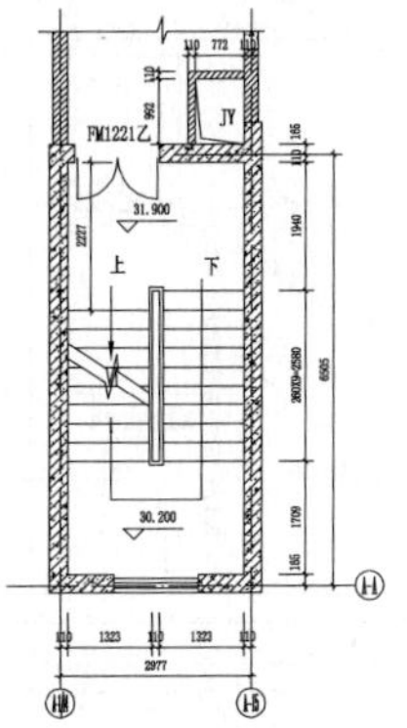

A-T2楼梯八层平面图 1:50

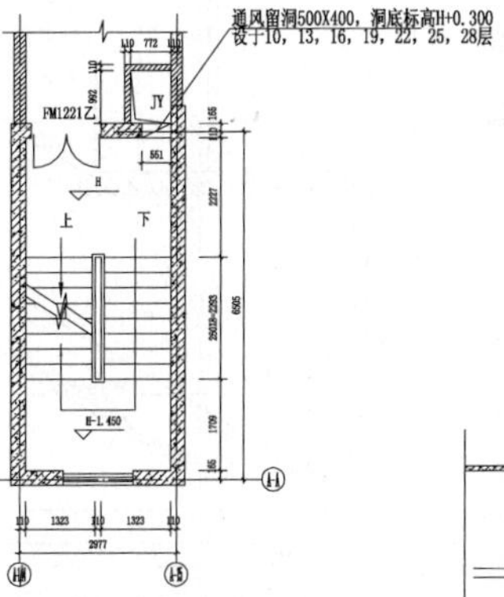

A-T2楼梯九~三十层平面图 1:50

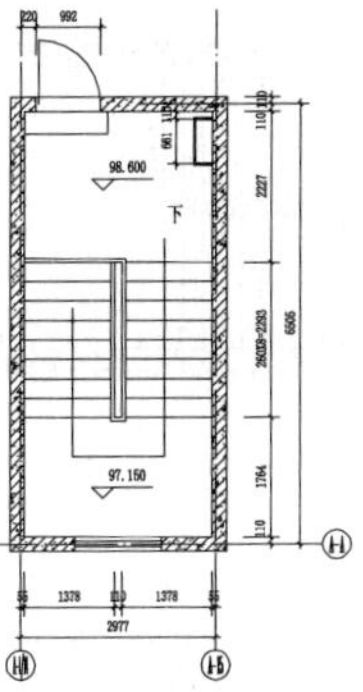

A-T2楼梯屋顶层平面图 1:50

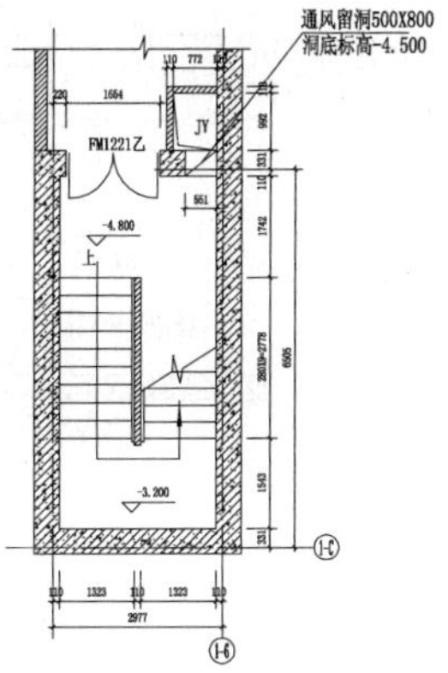

A-T2楼梯地下一层平面图 1:50

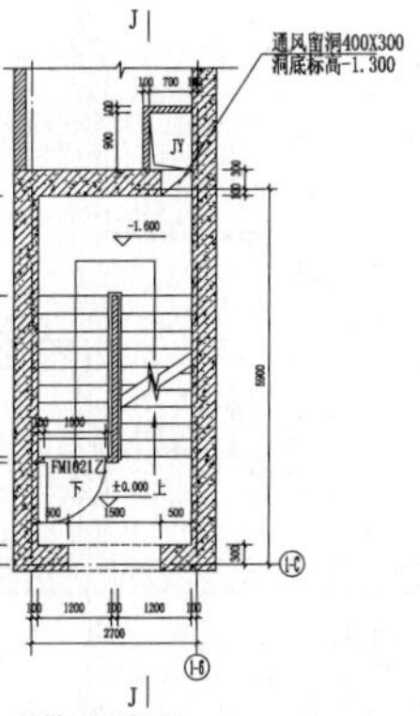

A-T2楼梯一层平面图 1:50

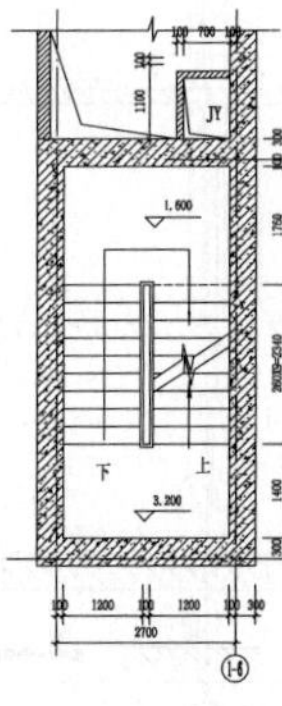

A-T2楼梯3.200标高平面图 1:50

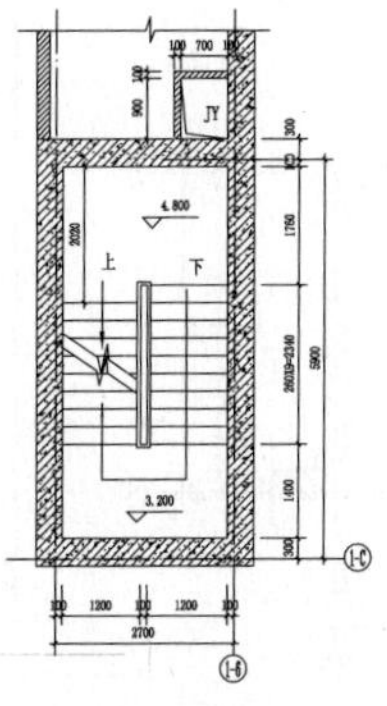

A-T2楼梯二层平面图 1:50

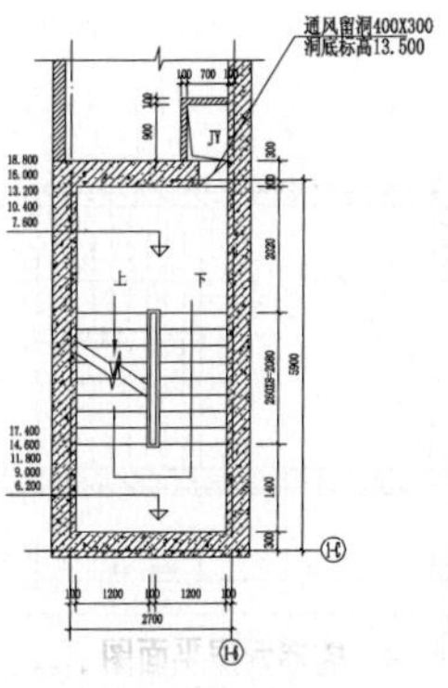

A-T2楼梯6.200 ~ 18.800标高平面图 1:50

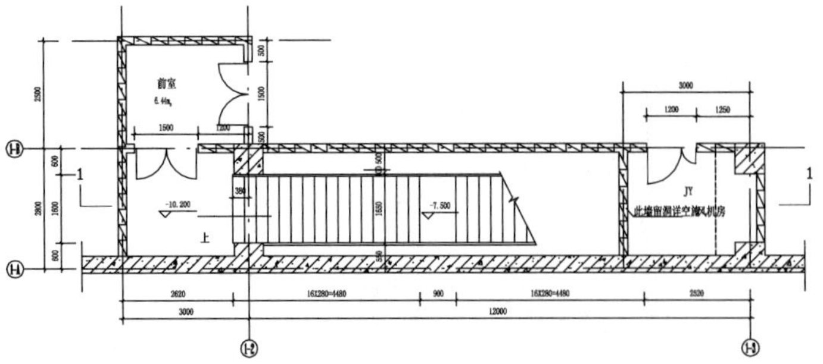

D-T1 地下二层平面 1:50

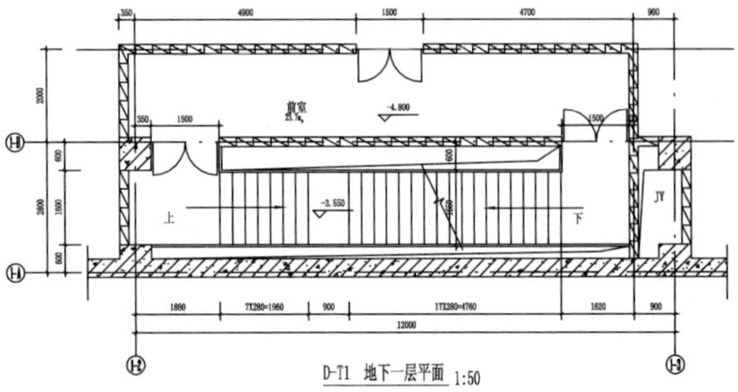

D-T1 地下一层平面 1:50

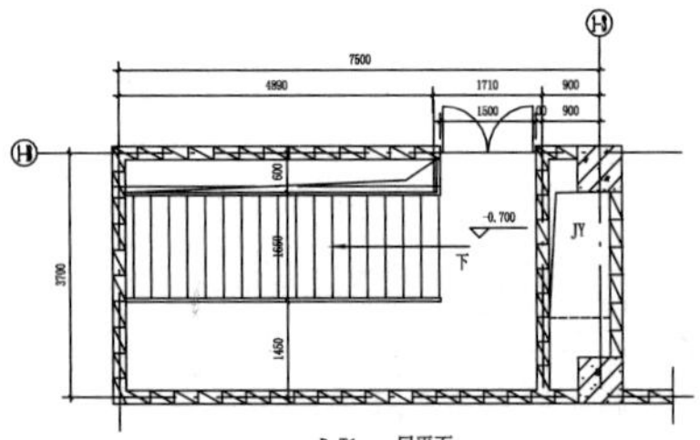

D-T1 一层平面 1:50

附注:
1.楼梯栏杆: 98ZJ401第18页
无梯裙木扶手.

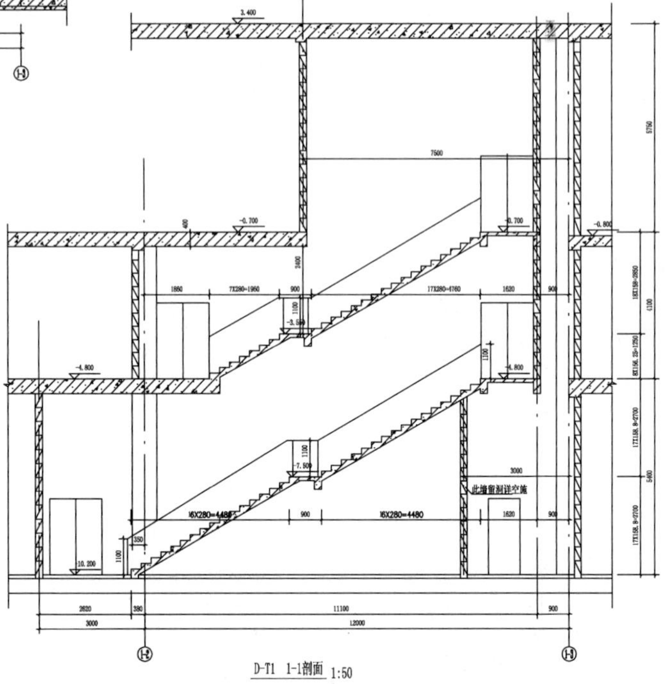

D-T1 1-1剖面 1:50

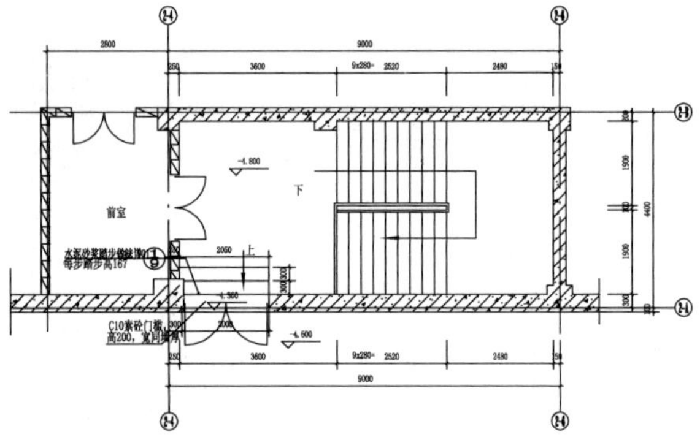

D-T2 地下一层平面 1:50

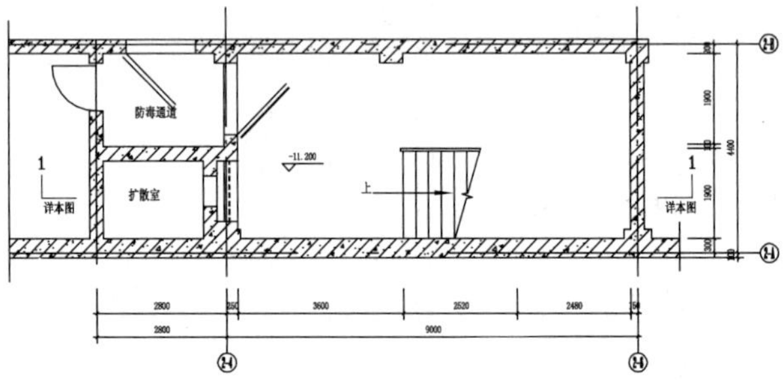

D-T2 地下二层平面 1:50

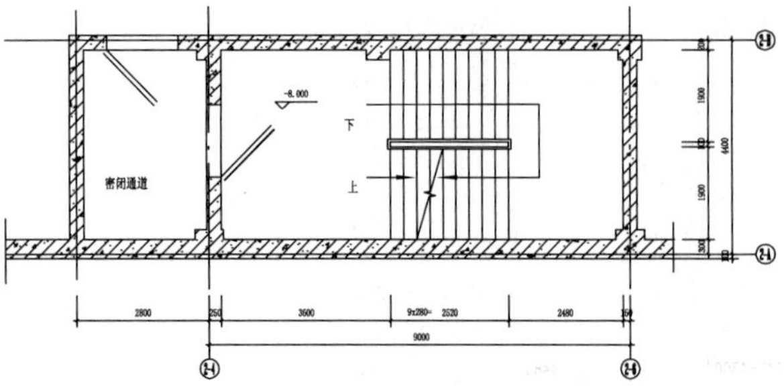

D-T2 地下夹层平面 1:50

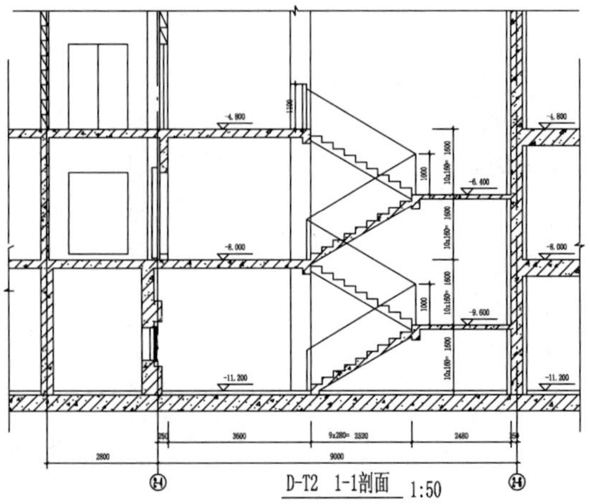

D-T2 1-1剖面 1:50

附注:
1.楼梯栏杆: 98ZJ401第18页
无梯裙木扶手.
2.靠墙扶手: 98ZJ401第表26页
靠墙木扶手.

▲043-楼梯详图15

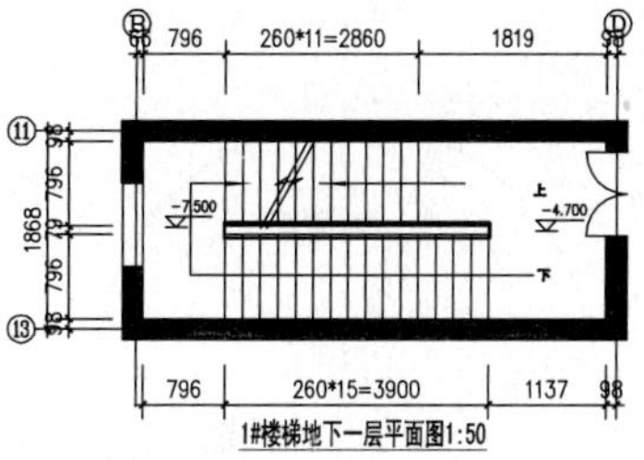

1#楼梯地下一层平面图1:50

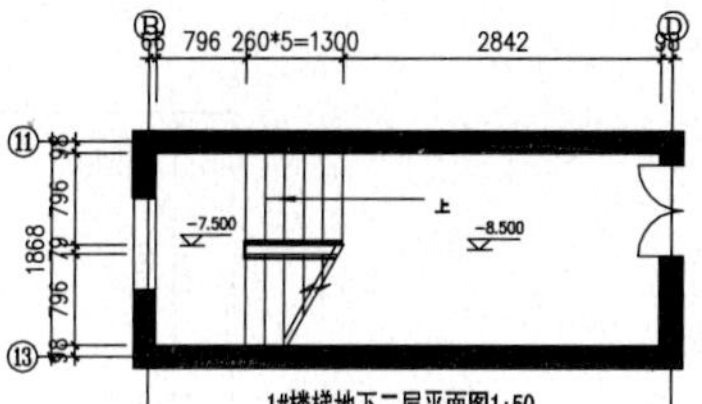

1#楼梯地下二层平面图1:50

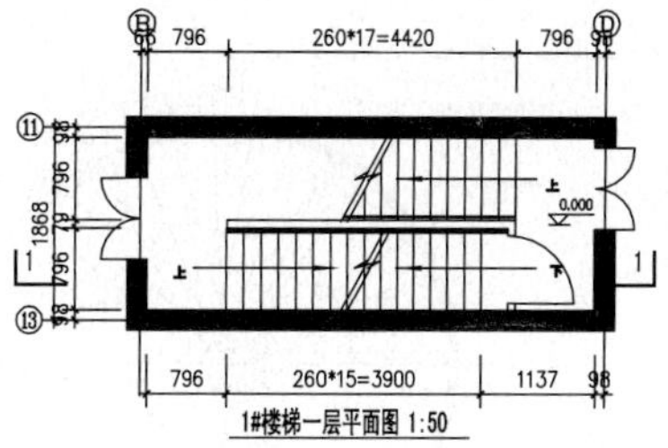

1#楼梯一层平面图 1:50

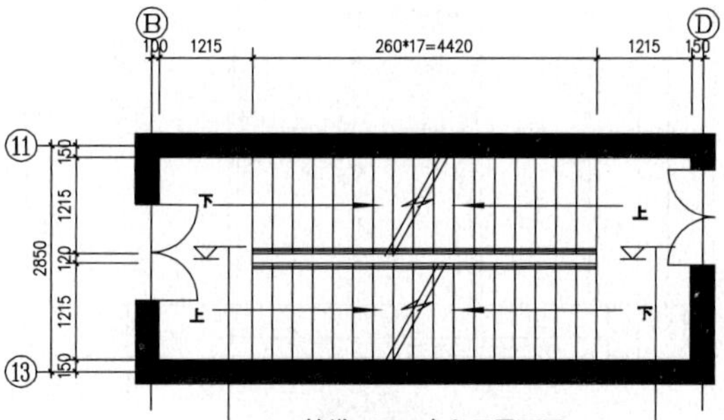

1#楼梯二至三十七层平面图 1:50

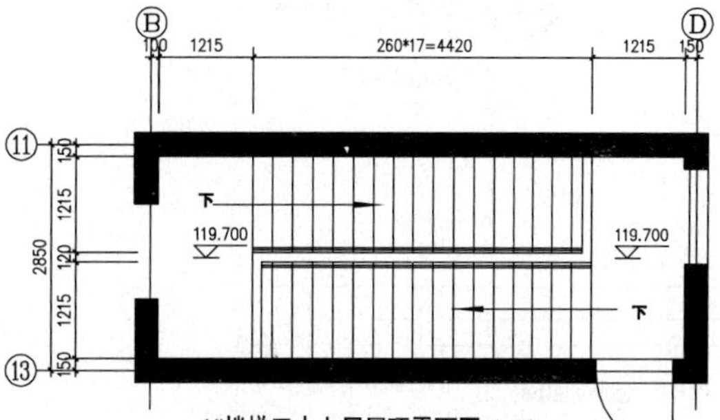

1#楼梯三十七层屋顶平面图 1:50

31.500	63.000	94.500	
28.350	59.850	91.350	
25.200	56.700	88.200	116.550
22.050	53.550	85.050	113.400
18.900	50.400	81.900	110.250
15.750	47.250	78.750	107.100
12.600	44.100	75.600	103.950
9.450	40.950	72.450	100.800
6.300	37.800	69.300	97.650
3.150	34.650	66.150	

31.500	63.000	94.500	
28.350	59.850	91.350	
25.200	56.700	88.200	116.550
22.050	53.550	85.050	113.400
18.900	50.400	81.900	110.250
15.750	47.250	78.750	107.100
12.600	44.100	75.600	103.950
9.450	40.950	72.450	100.800
6.300	37.800	69.300	97.650
	34.650	66.150	

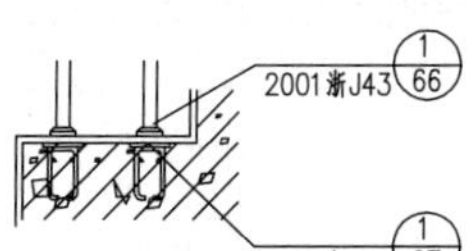

2 预埋件

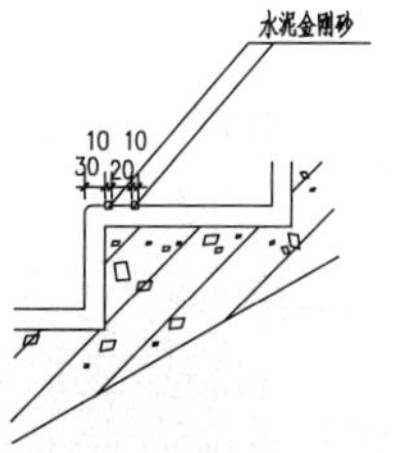

3 水泥面踏步防滑条

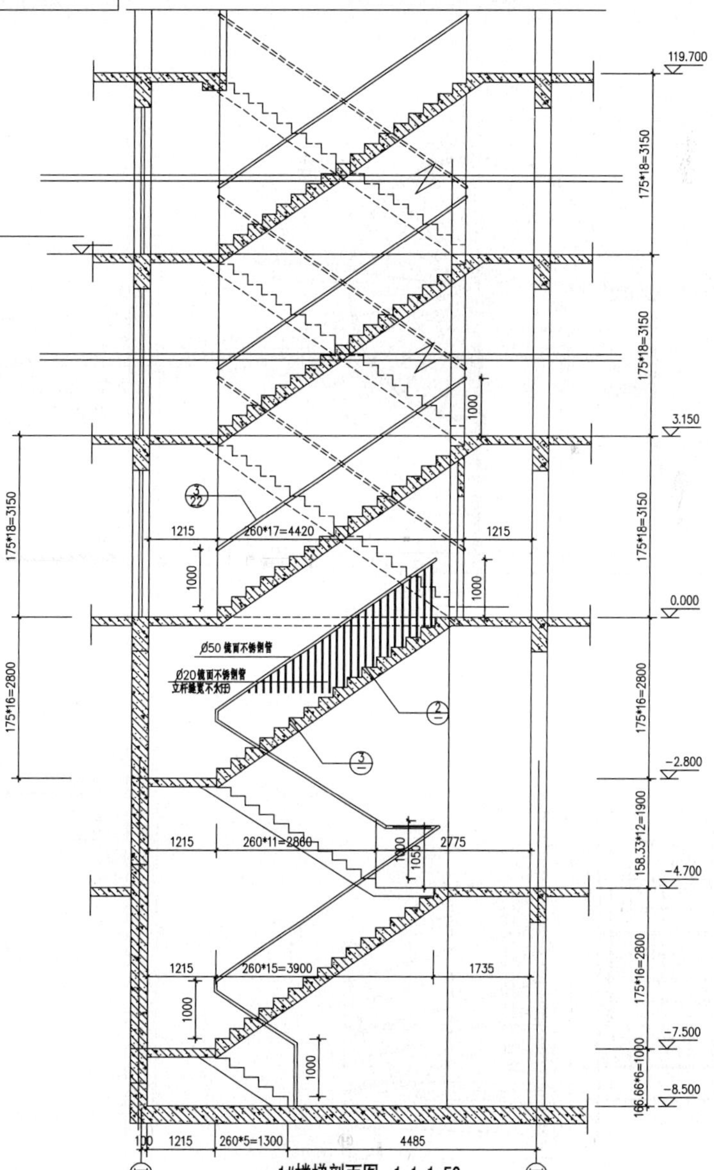

1#楼梯剖面图 1-1 1:50

▲044-剪刀梯详图

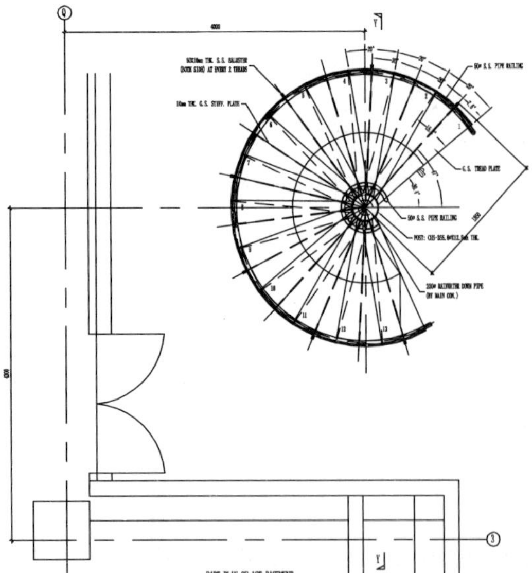

PART PLAN OF 1ST BASEMENT
SCALE: 1:30

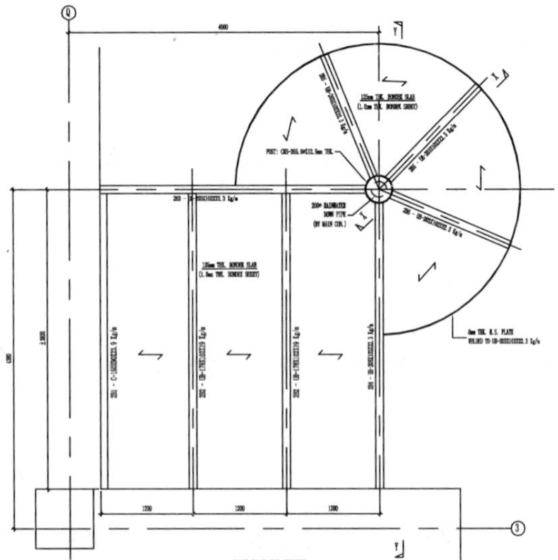

PART PLAN 2ND STOREY
SCALE: 1:30

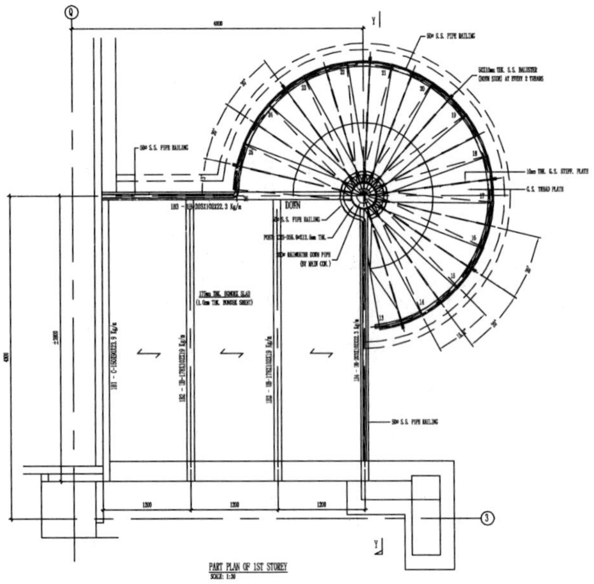

PART PLAN OF 1ST STOREY
SCALE: 1:30

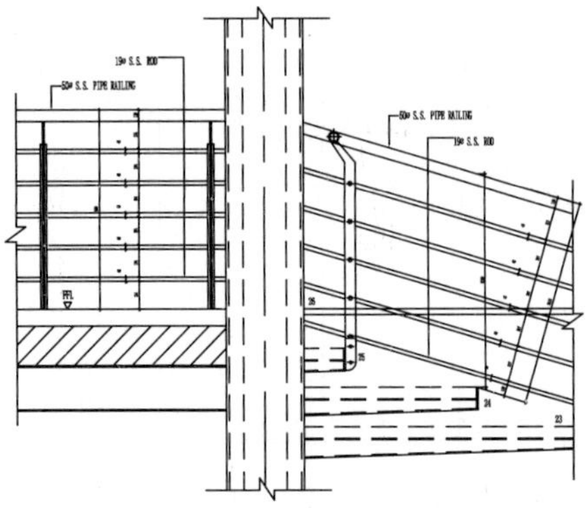

DETAIL 1
SCALE: 1:15

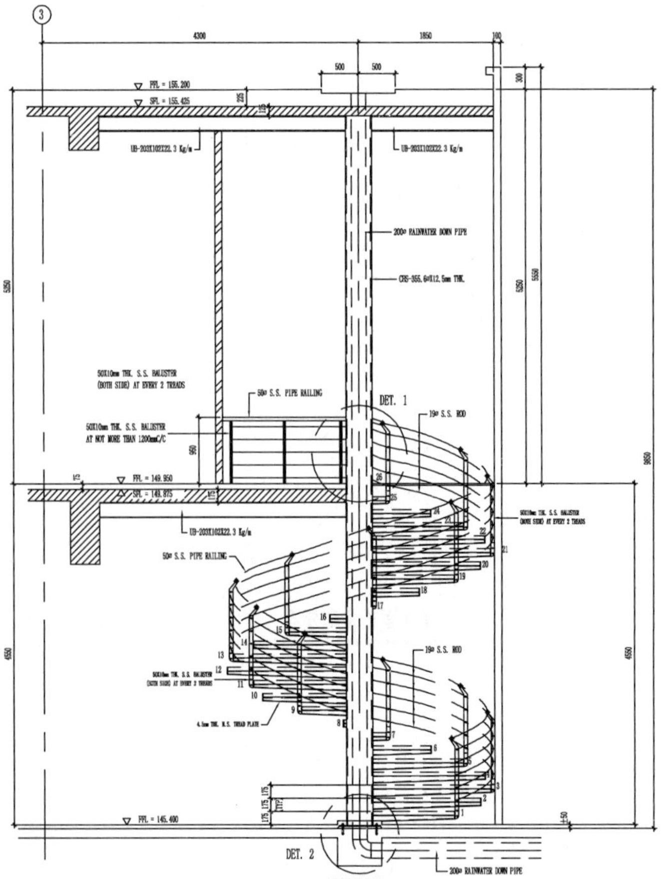

SECTION Y-Y
SCALE: 1:40

▲001-国外“钢螺旋楼梯”1

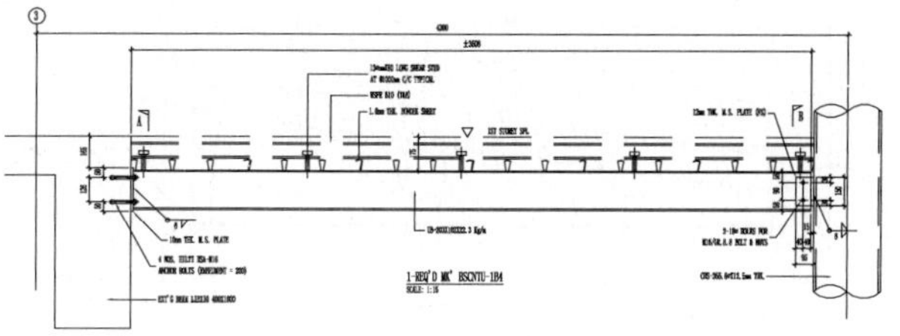

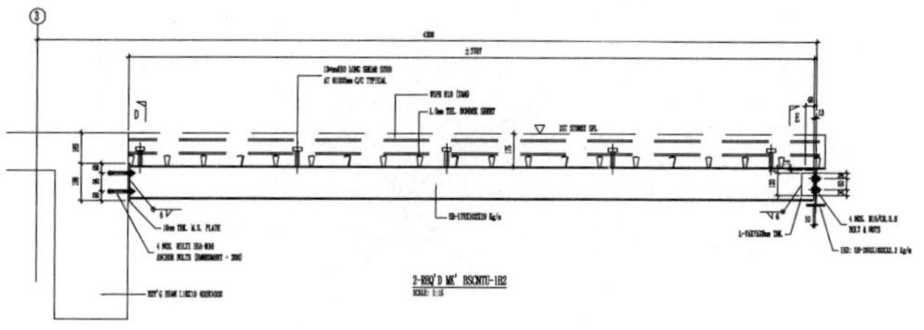

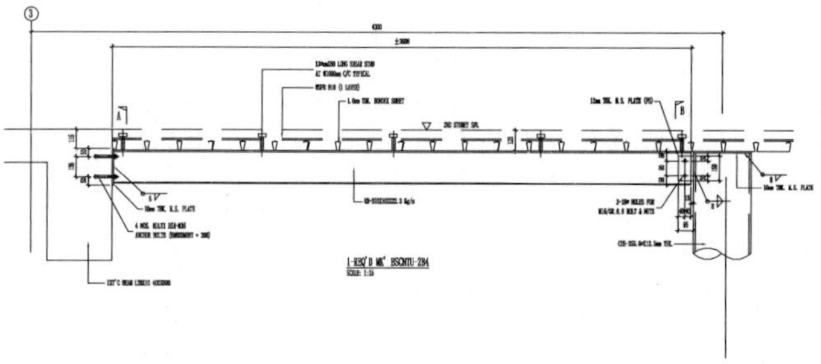

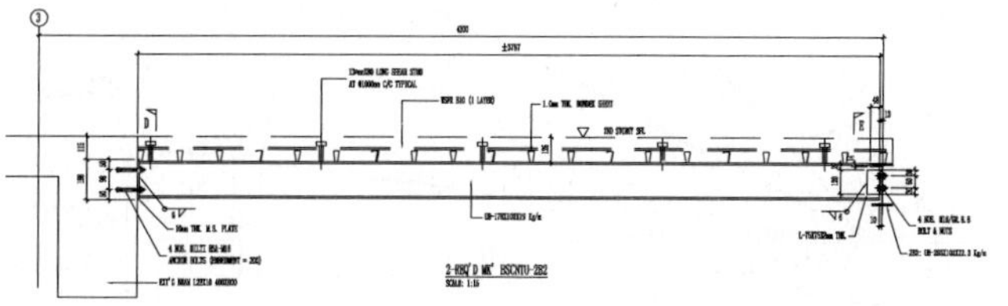

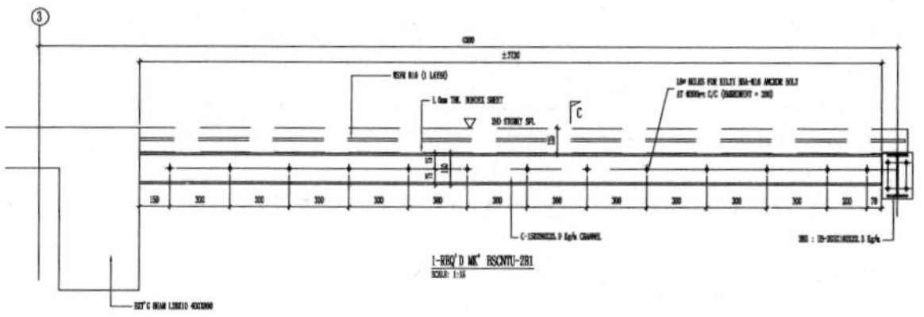

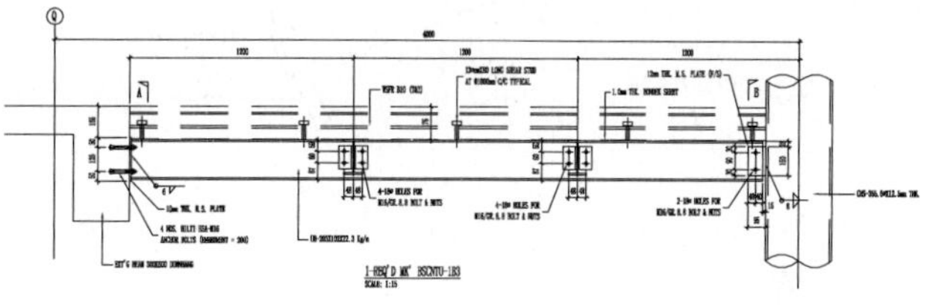

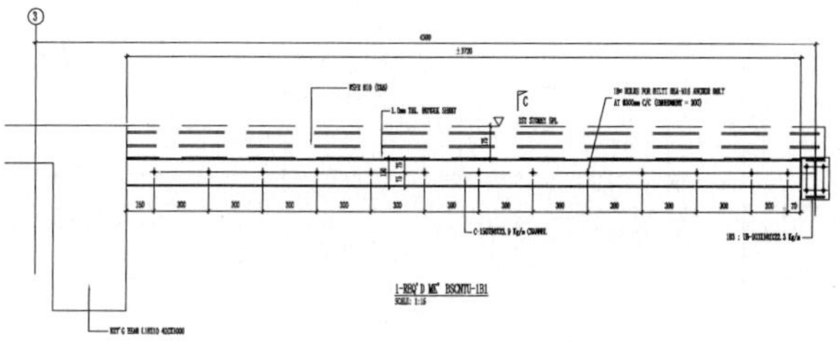

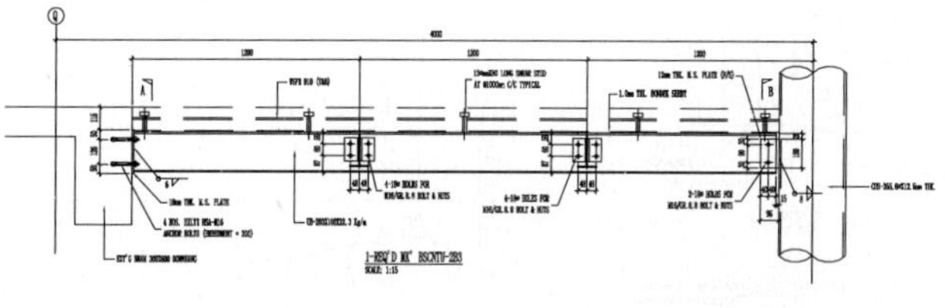

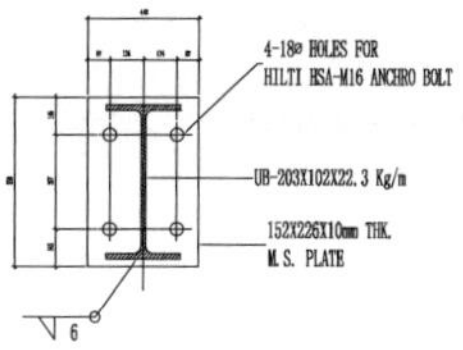

SECTION A
SCALE: 1:10

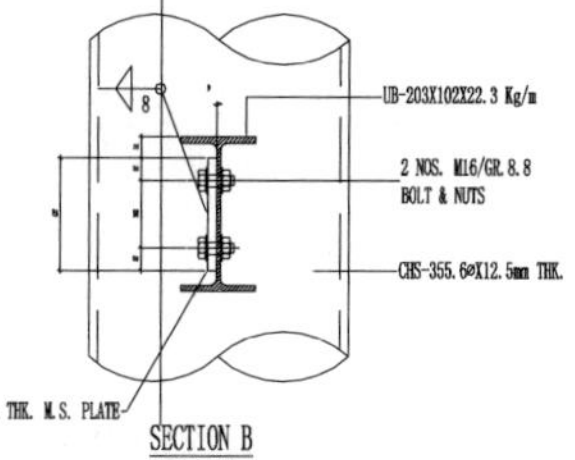

SECTION B
SCALE: 1:10

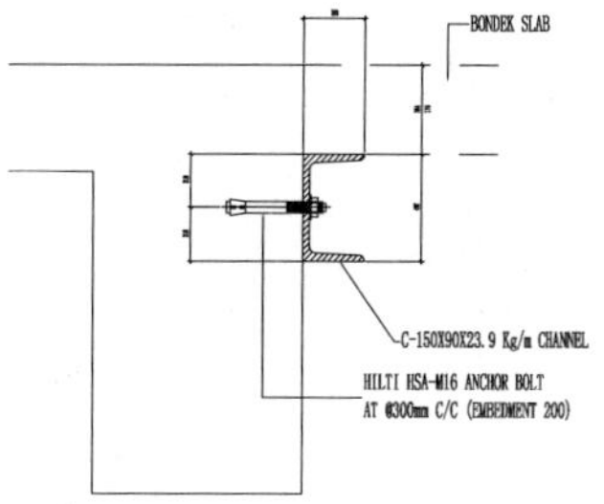

SECTION C
SCALE: 1:10

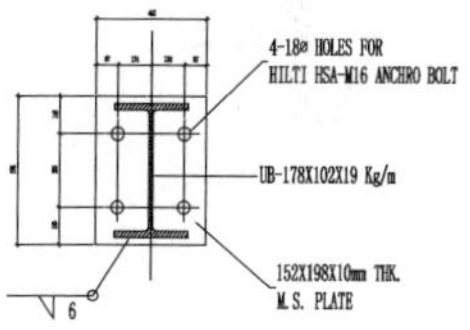

SECTION D
SCALE: 1:10

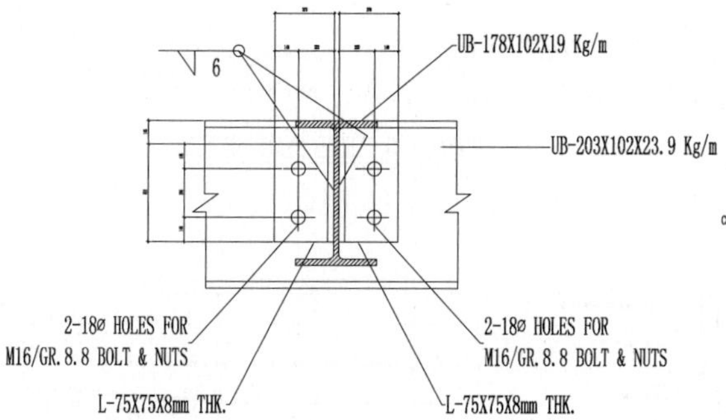

SECTION E
SCALE: 1:10

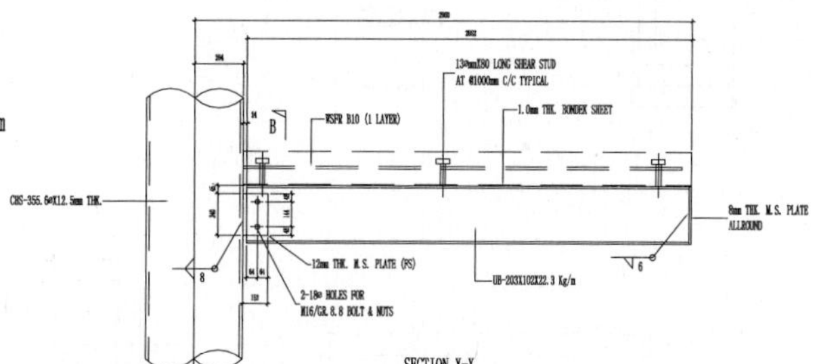

SECTION X-X
3-REQ'D MK' BSCNTU-2B5
SCALE: 1:15

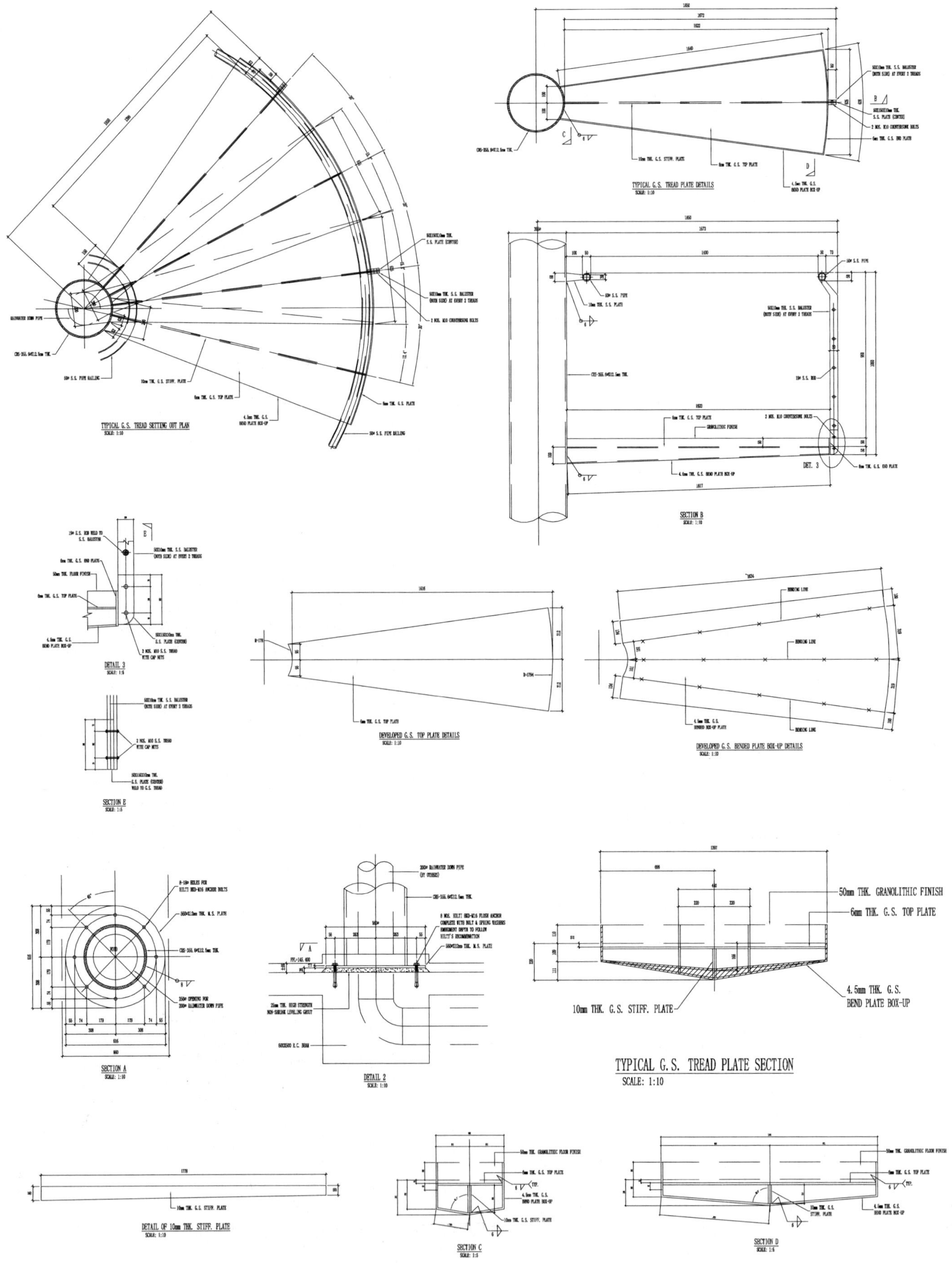
TYPICAL G.S. TREAD SETTING OUT PLAN
TYPICAL G.S. TREAD PLATE DETAILS
SECTION B
DETAIL 3
SECTION E
DEVELOPED G.S. TOP PLATE DETAILS
DEVELOPED G.S. BENDED PLATE BOX-UP DETAILS
SECTION A
DETAIL 2
50mm THK. GRANOLITHIC FINISH
6mm THK. G.S. TOP PLATE
10mm THK. G.S. STIFF. PLATE
4.5mm THK. G.S.
BEND PLATE BOX-UP
TYPICAL G.S. TREAD PLATE SECTION
SCALE: 1:10
DETAIL OF 10mm THK. STIFF. PLATE
SECTION C
SECTION D

▲003-国外"钢螺旋楼梯"3

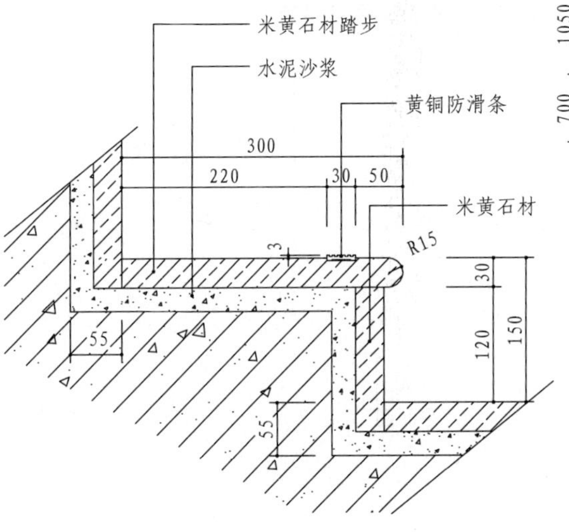
米黄石材踏步
水泥沙浆
黄铜防滑条
米黄石材
300
220
30
50
R15
3
30
120
150
55
55

B SECTION 剖面图

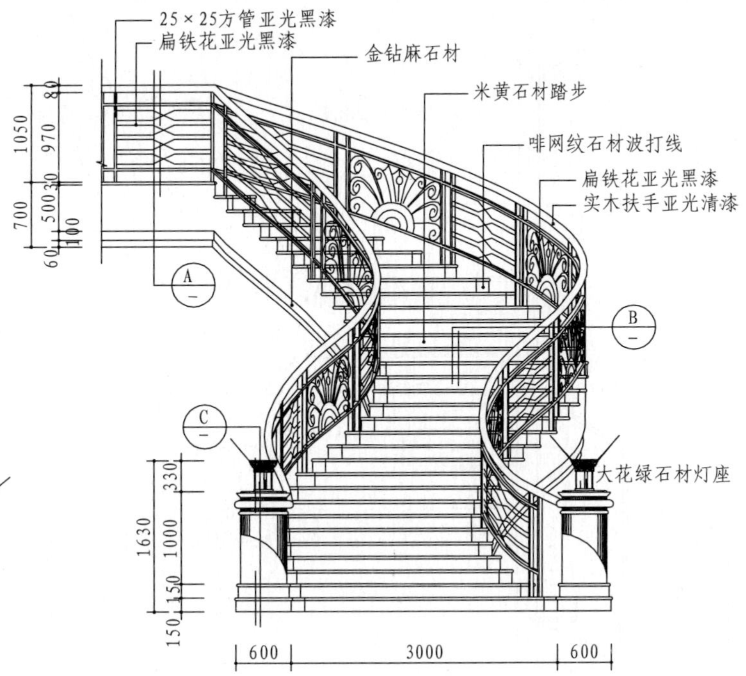
25×25方管亚光黑漆
扁铁花亚光黑漆
金钻麻石材
米黄石材踏步
啡网纹石材波打线
扁铁花亚光黑漆
实木扶手亚光清漆
大花绿石材灯座
A
B
C
1050
80
970
30
700
500
100
60
1630
330
1000
150
150
600
3000
600

ELEVATION 立面图

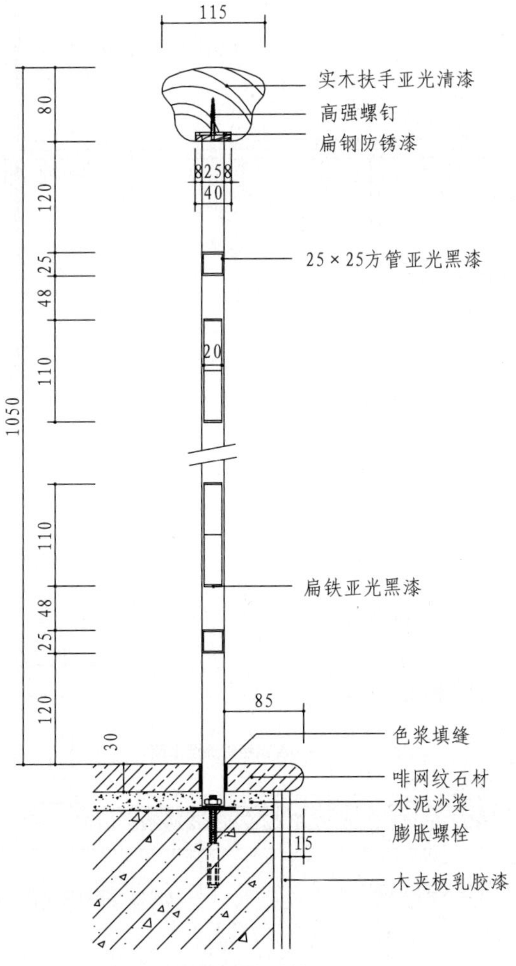
115
实木扶手亚光清漆
高强螺钉
扁钢防锈漆
8 25 8
40
25×25方管亚光黑漆
20
扁铁亚光黑漆
85
色浆填缝
啡网纹石材
水泥沙浆
膨胀螺栓
15
木夹板乳胶漆
1050
80
120
25
48
110
110
48
25
120
30

A SECTION 剖面图

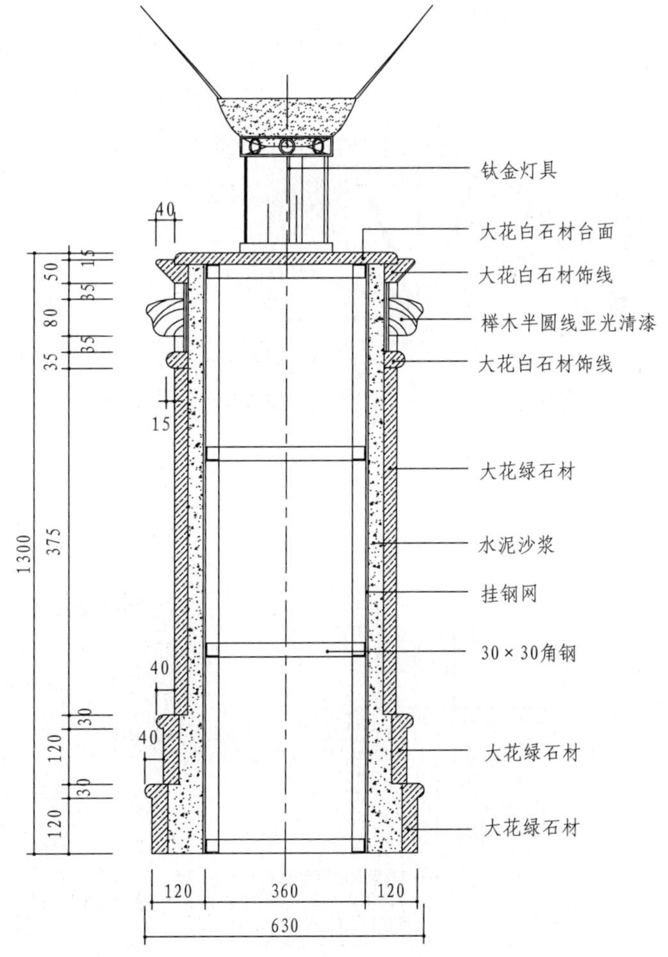
钛金灯具
40
大花白石材台面
大花白石材饰线
榉木半圆线亚光清漆
大花白石材饰线
15
大花绿石材
水泥沙浆
挂钢网
30×30角钢
40
40
大花绿石材
大花绿石材
1300
50
15
35
80
35
35
375
30
120
30
120
120
360
120
630

C SECTION 剖面图

▲004-弧形楼梯节点详图

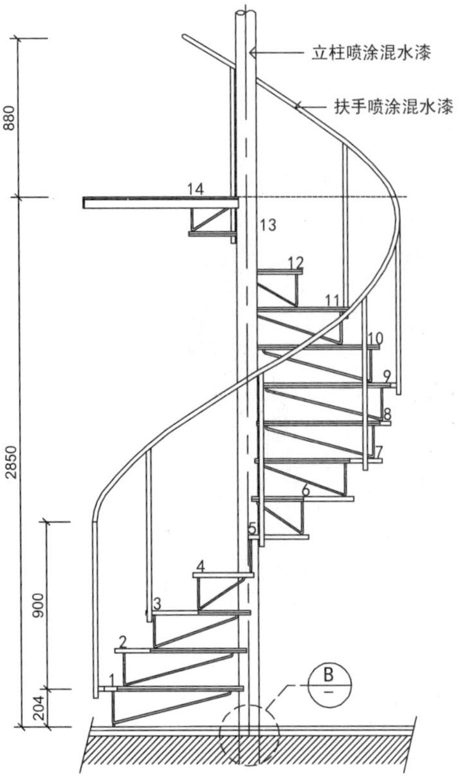
立柱喷涂混水漆
扶手喷涂混水漆
880
2850
900
204
14
13
12
11
10
9
8
7
6
5
4
3
2
1
B
ELEVATION
立面图

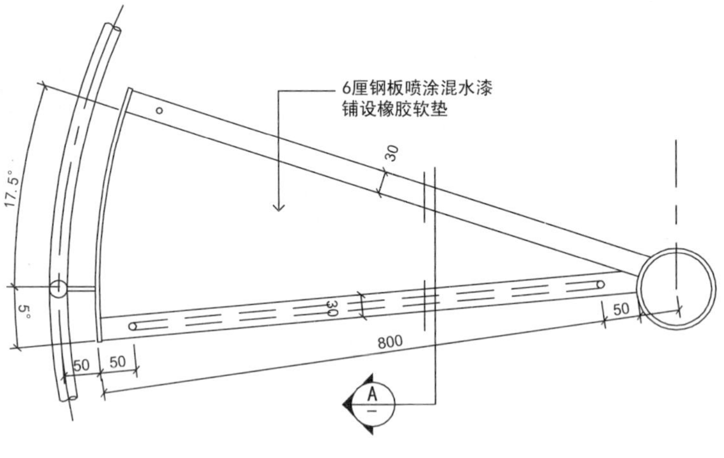
6厘钢板喷涂混水漆
铺设橡胶软垫
30
17.5°
5°
30
50
800
50
50
A
PLAN
平面图

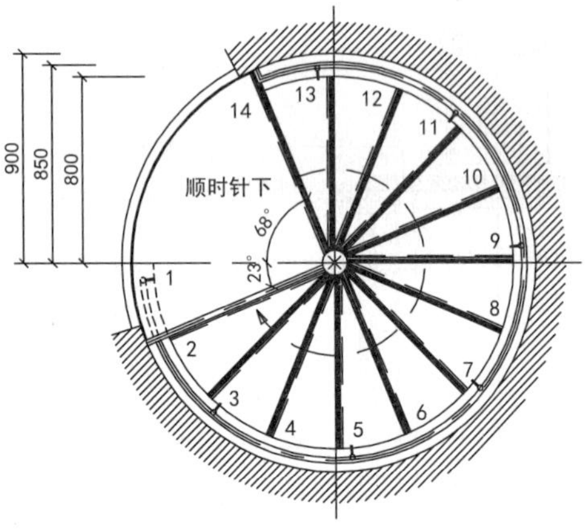
900
850
800
顺时针下
68°
23°
14
13
12
11
10
9
8
7
6
5
4
3
2
1

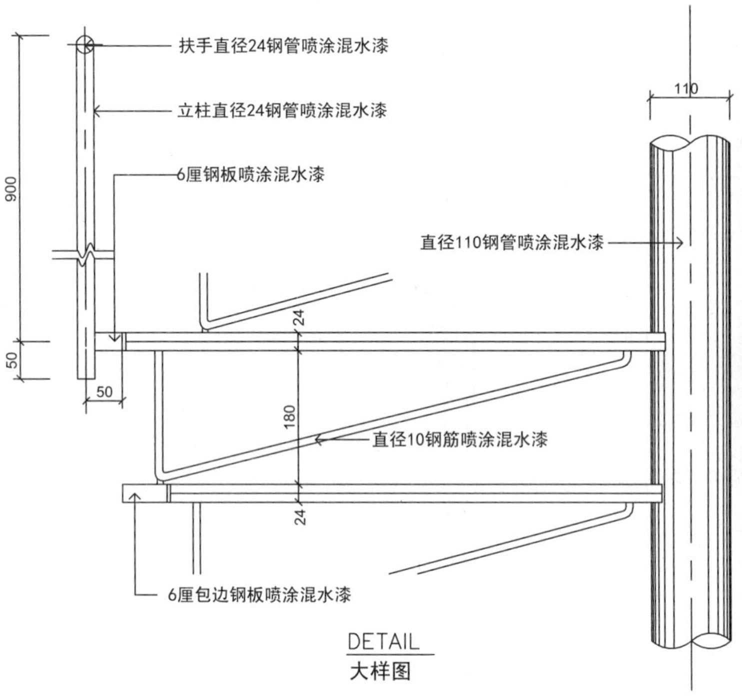
扶手直径24钢管喷涂混水漆
立柱直径24钢管喷涂混水漆
6厘钢板喷涂混水漆
110
直径110钢管喷涂混水漆
900
50
50
24
180
24
直径10钢筋喷涂混水漆
6厘包边钢板喷涂混水漆
DETAIL
大样图

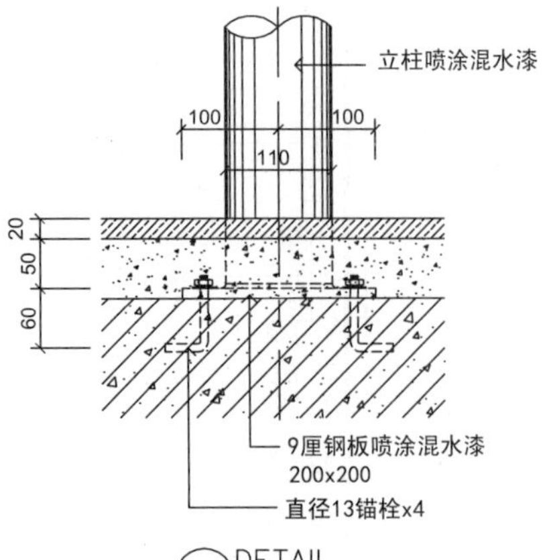
立柱喷涂混水漆
100
100
110
20
50
60
9厘钢板喷涂混水漆
200x200
直径13锚栓x4
B DETAIL
大样图

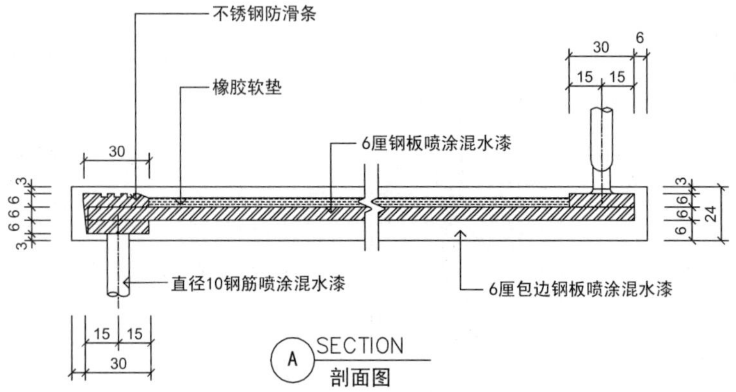
不锈钢防滑条
橡胶软垫
6厘钢板喷涂混水漆
30
6
15
15
30
3
6
6
6
3
24
直径10钢筋喷涂混水漆
6厘包边钢板喷涂混水漆
15
15
30
6
A SECTION
剖面图

▲005-楼梯详图

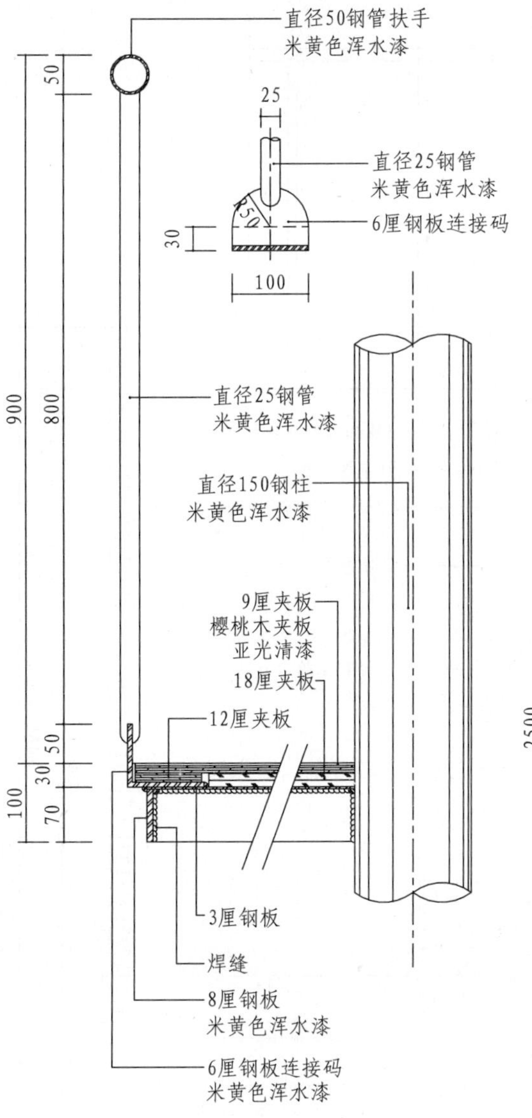
直径50钢管扶手
米黄色浑水漆
25
直径25钢管
米黄色浑水漆
R50
6厘钢板连接码
30
100
50
900
800
直径25钢管
米黄色浑水漆
直径150钢柱
米黄色浑水漆
9厘夹板
樱桃木夹板
亚光清漆
18厘夹板
12厘夹板
50
100
30
70
3厘钢板
焊缝
8厘钢板
米黄色浑水漆
6厘钢板连接码
米黄色浑水漆

SECTION
楼梯扶手剖面图

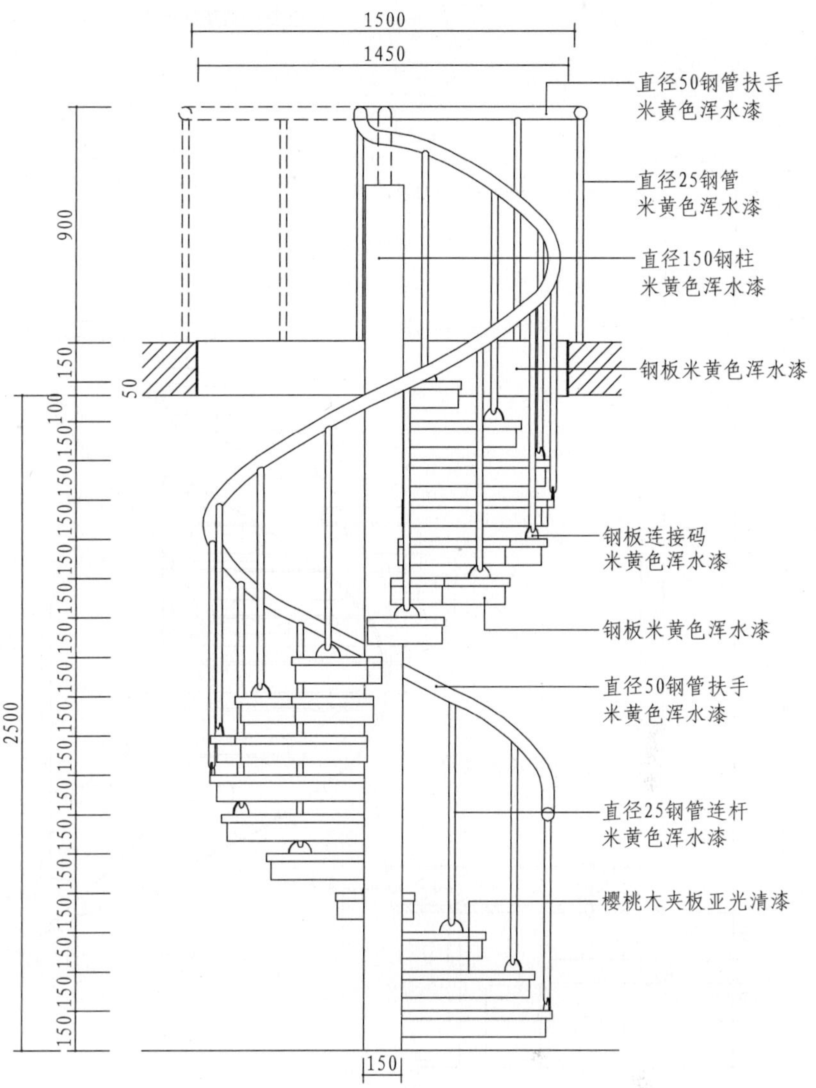
1500
1450
直径50钢管扶手
米黄色浑水漆
直径25钢管
米黄色浑水漆
直径150钢柱
米黄色浑水漆
900
150
50
钢板米黄色浑水漆
100
2500
钢板连接码
米黄色浑水漆
钢板米黄色浑水漆
直径50钢管扶手
米黄色浑水漆
直径25钢管连杆
米黄色浑水漆
樱桃木夹板亚光清漆
150

ELEVATION
立面图

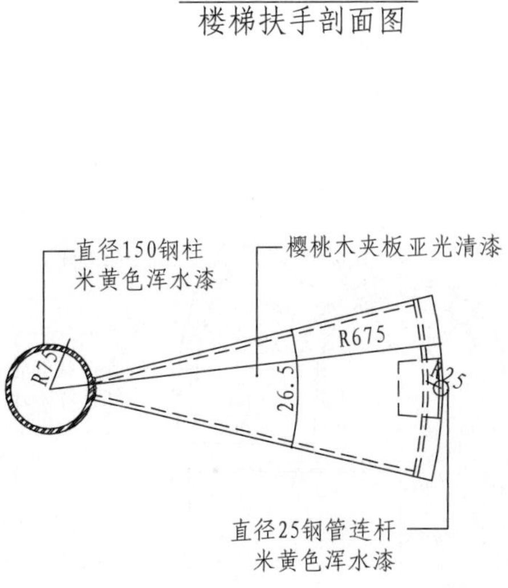
直径150钢柱
米黄色浑水漆
樱桃木夹板亚光清漆
R75
R675
26.5
R25
直径25钢管连杆
米黄色浑水漆

PLAN
踏步平面图

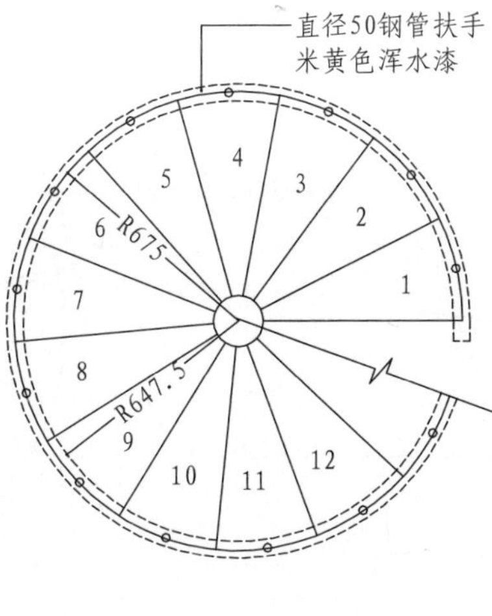
直径50钢管扶手
米黄色浑水漆
1
2
3
4
5
6
R675
7
8
R647.5
9
10
11
12

PLAN
一层平面图

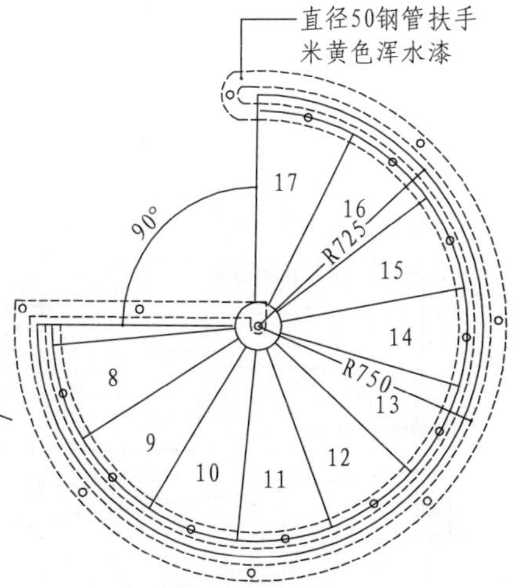
直径50钢管扶手
米黄色浑水漆
90°
17
16
R725
15
14
R750
13
12
11
10
9
8

PLAN
二层平面图

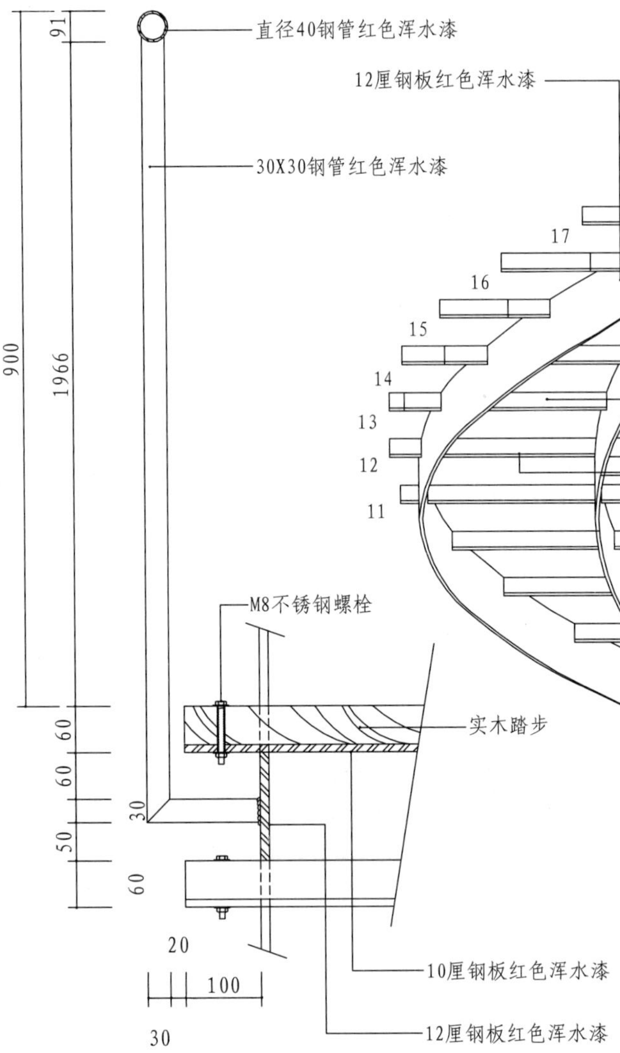
直径40钢管红色浑水漆
12厘钢板红色浑水漆
30X30钢管红色浑水漆
M8不锈钢螺栓
实木踏步
10厘钢板红色浑水漆
12厘钢板红色浑水漆
91
1966
900
60
60
50
60
30
20
100
30

SECTION
楼梯扶手剖面图

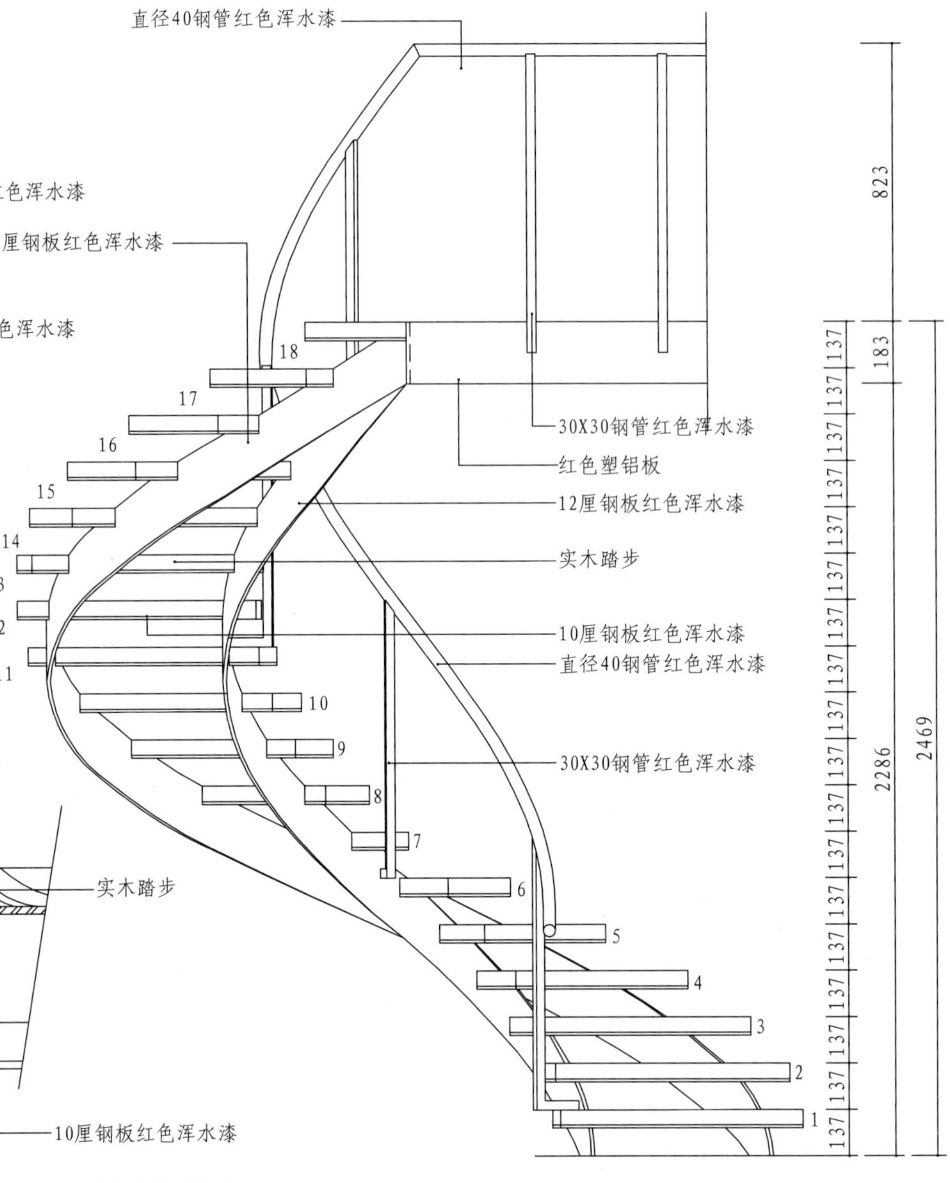
直径40钢管红色浑水漆
30X30钢管红色浑水漆
红色塑铝板
12厘钢板红色浑水漆
实木踏步
10厘钢板红色浑水漆
直径40钢管红色浑水漆
30X30钢管红色浑水漆
823
183
2286
2469
137

ELEVATION
立面图

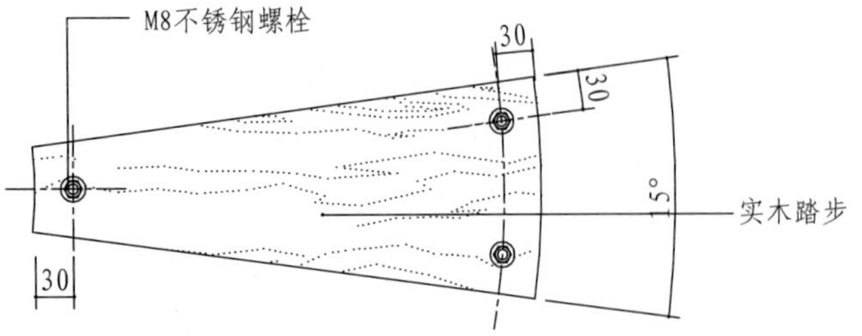
M8不锈钢螺栓
30
30
15°
实木踏步
30

DETAIL
大样图

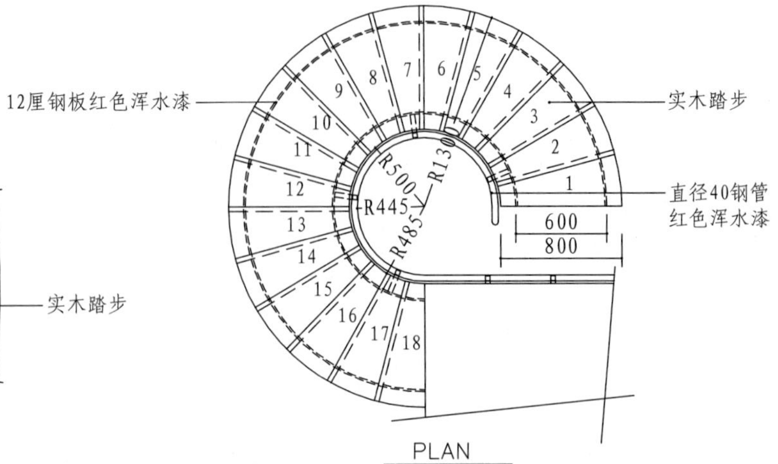
12厘钢板红色浑水漆
实木踏步
直径40钢管
红色浑水漆
R500
R130
R445
R485
600
800

PLAN
平面图

▲007-螺旋楼梯2

梯梁（焊接槽钢）[25
钢管柱ø219x8
梯梁槽钢
[]25a
5.000
±0.000
12545
楼梯布置图
梯踏步花纹钢板
δ=5mm
梯梁（焊接槽钢）[25
梯梁槽钢
[]25a
1600
1397
钢管柱ø219x8
B-B
钢筋混凝土梁板
梯踏步花纹钢板
δ=5mm
梯梁[]25
梯梁（焊接槽钢）[25
250
M-1钢板 δ=10
宽250mm
梁高+20
梯梁（焊接槽钢）[25
两块劲板，宽为50mm，梯梁两边30处设
δ=10 mm
50
>150
1650
钢板 δ=10宽80mm
每块埋件处最少设两条，卡紧焊死
C-C
5x302.5=1512.5
20x309=6180
9x309=2781
1600
1480
梯板中心线
8x150+25x152=5000
9x152=1368
1x150+18x152=2884
5x150=750
钢管柱ø200x5
柱底竖向力为26kPa
钢管柱ø200x5
柱底竖向力为35kPa
A-A
次梁
安装螺栓
ø12
连接板
-100x10
主梁
连接角钢
L100x10
梁与梁连接大样图
连接板
-100x10
次梁
连接角钢 L100x10
安装螺栓
ø12
主梁

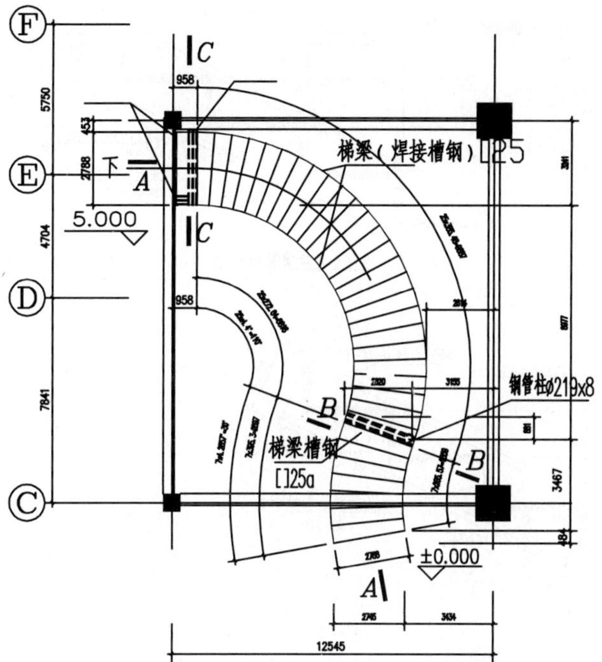

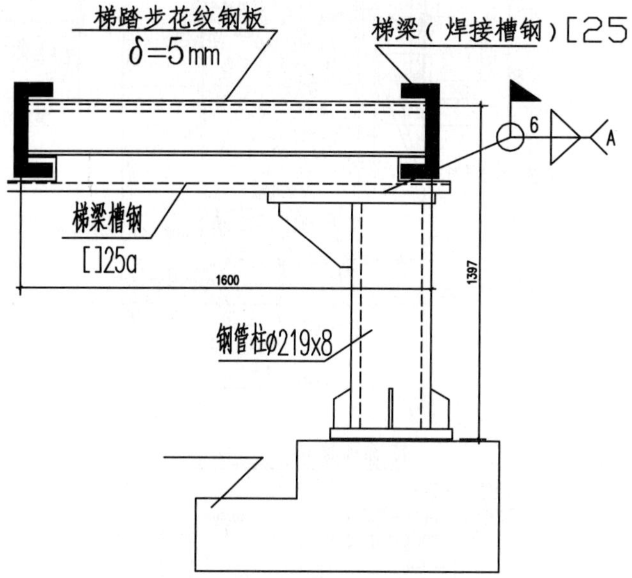

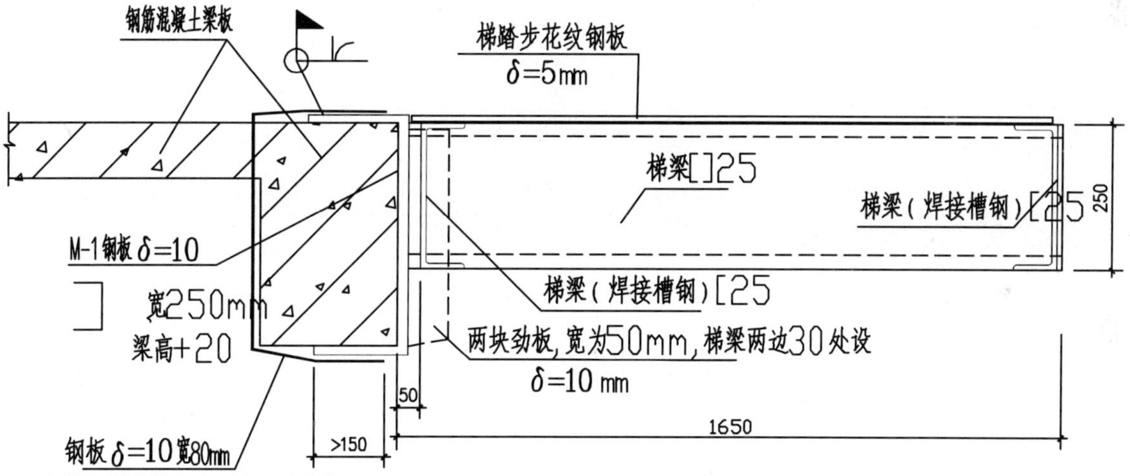

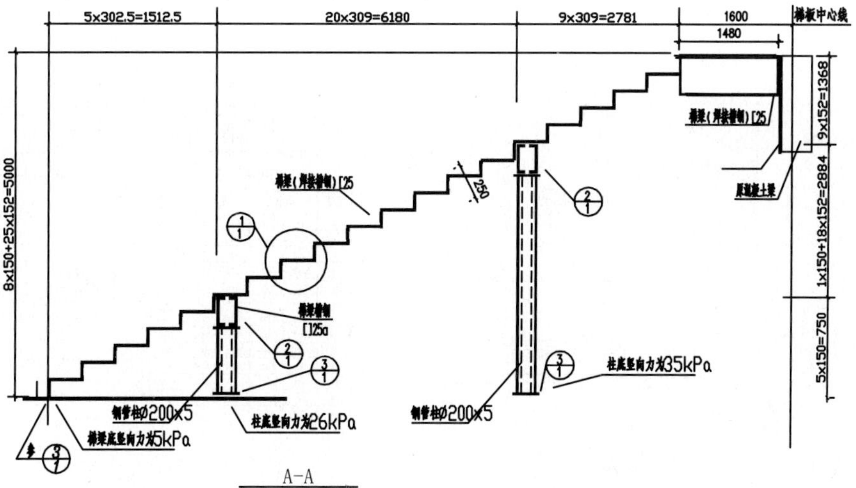

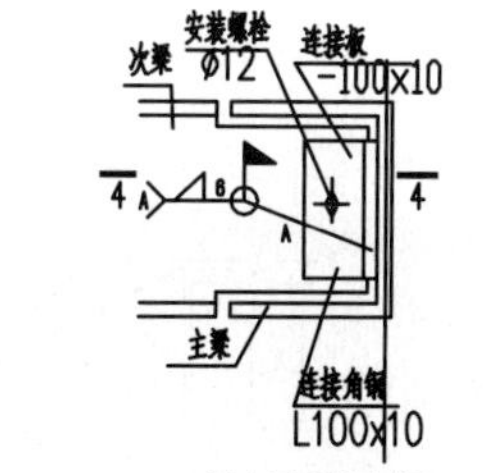

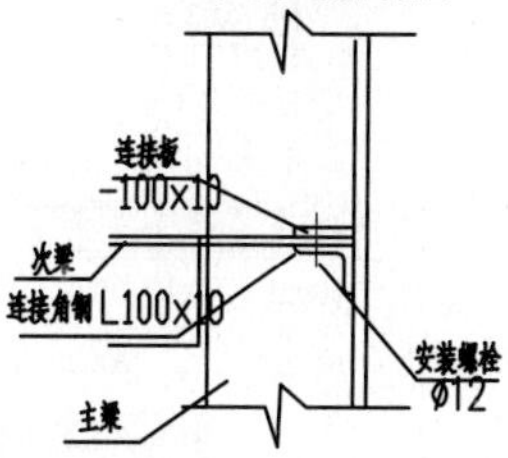

▲008-螺旋楼梯3

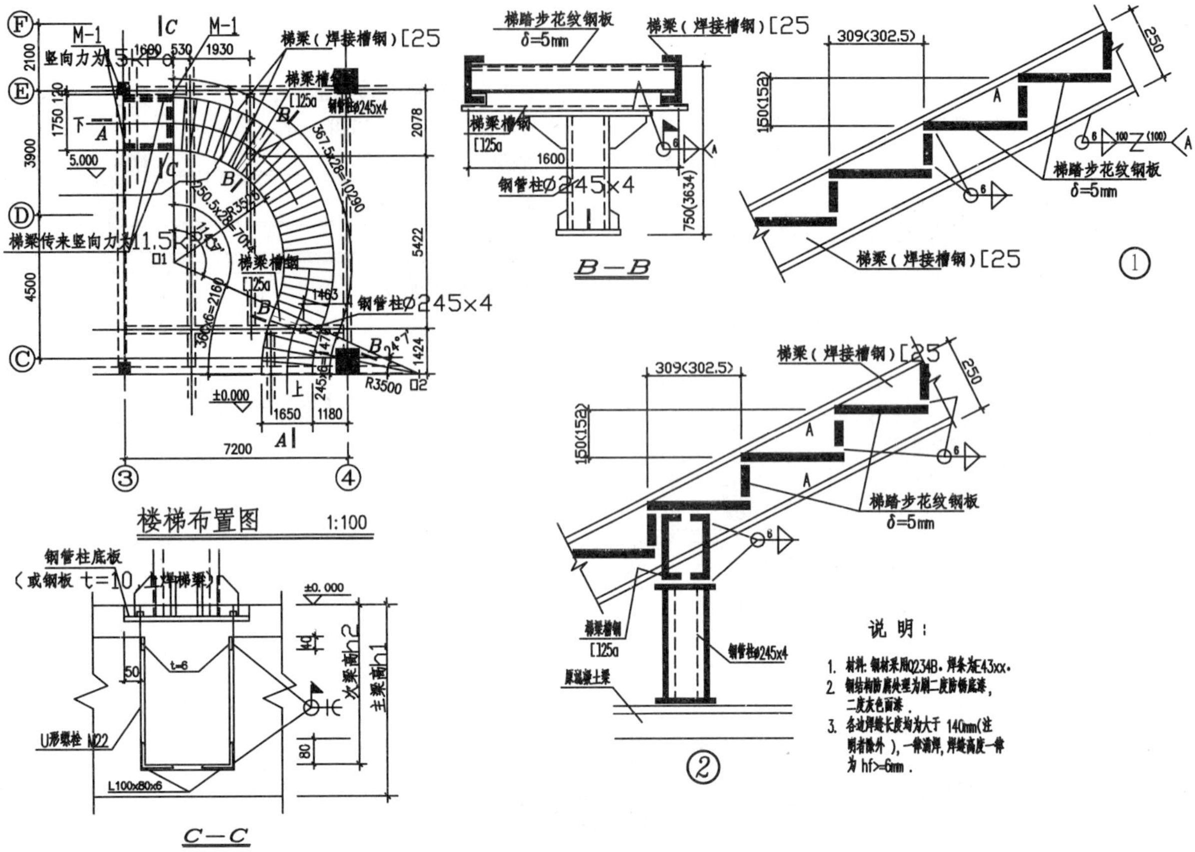

▲009-螺旋楼梯4

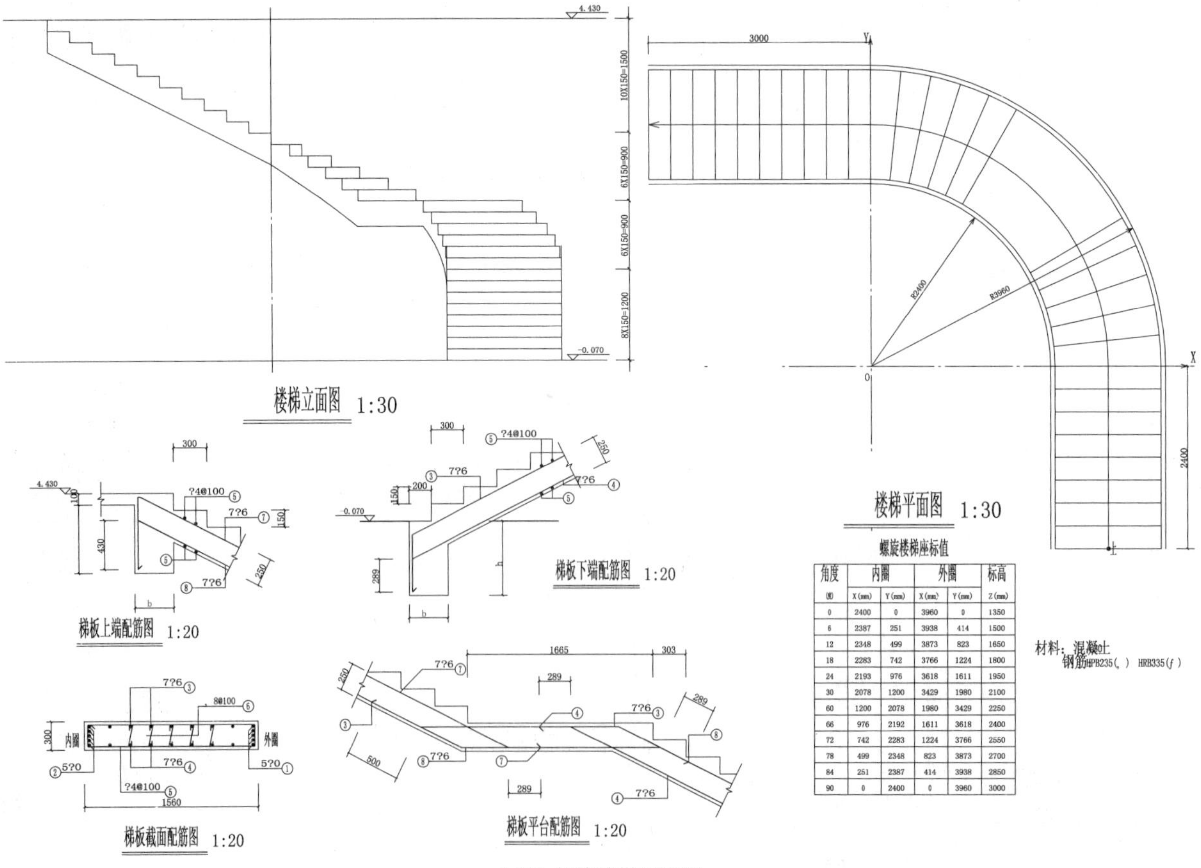

螺旋楼梯座标值

角度	内圈		外圈		标高
(度)	X (mm)	Y (mm)	X (mm)	Y (mm)	Z (mm)
0	2400	0	3960	0	1350
6	2387	251	3938	414	1500
12	2348	499	3873	823	1650
18	2283	742	3766	1224	1800
24	2193	976	3618	1611	1950
30	2078	1200	3429	1980	2100
60	1200	2078	1980	3429	2250
66	976	2192	1611	3618	2400
72	742	2283	1224	3766	2550
78	499	2348	823	3873	2700
84	251	2387	414	3938	2850
90	0	2400	0	3960	3000

▲010-螺旋楼梯配筋图

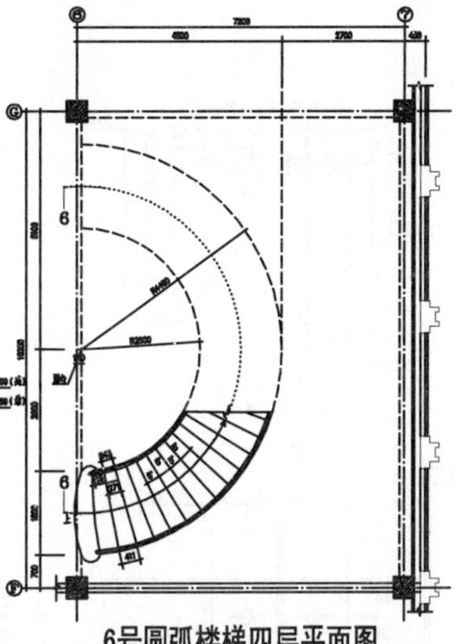

6号圆弧楼梯四层平面图 1:50

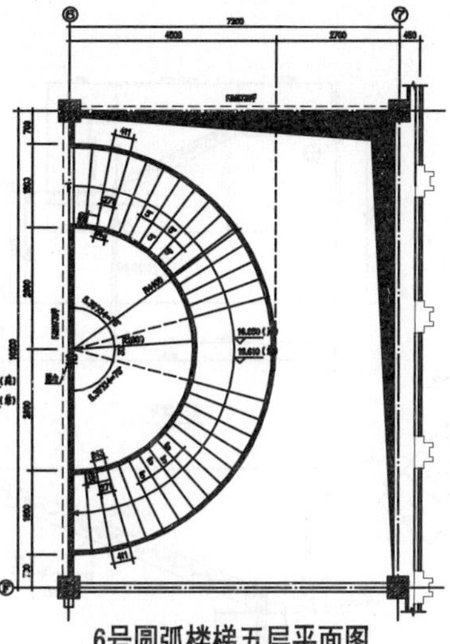

6号圆弧楼梯五层平面图 1:50

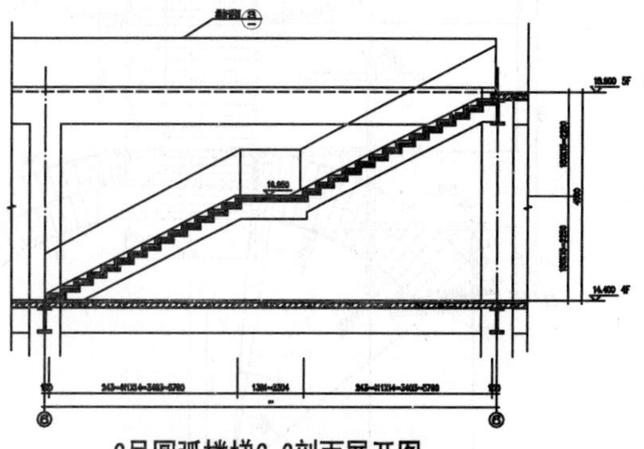

6号圆弧楼梯6-6剖面展开图 1:50

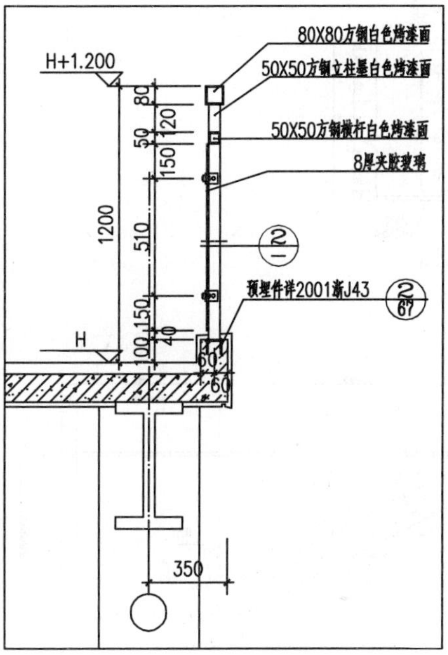

① 玻璃栏杆剖面 1:20

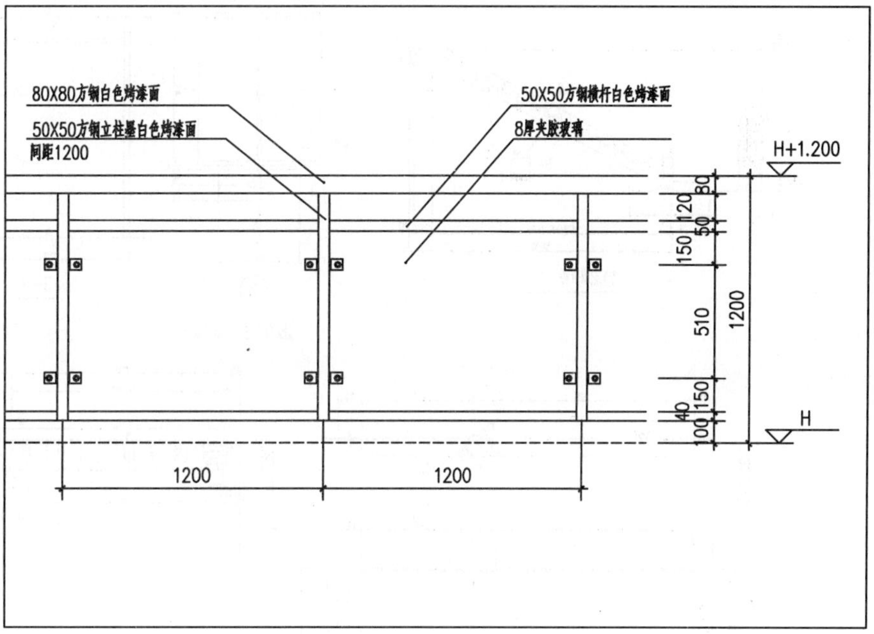

③ 扶梯洞口四周玻璃栏杆立面大样 1:20

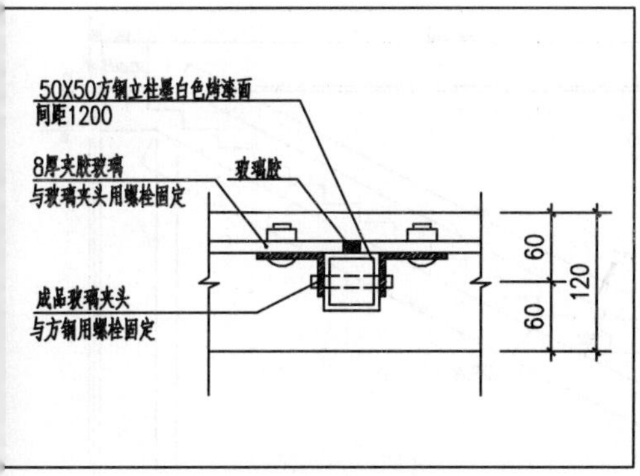

② 玻璃固定大样 1:5

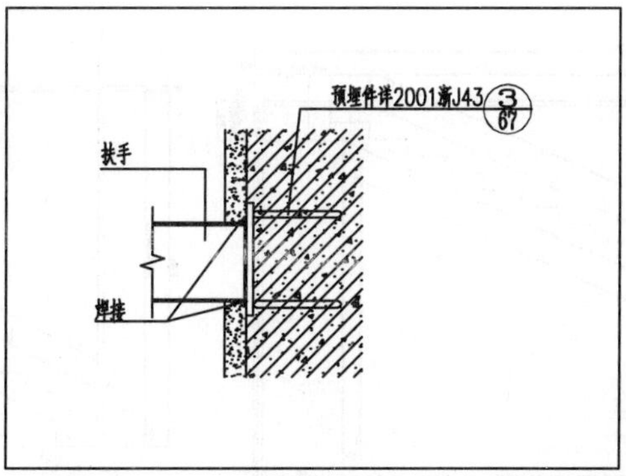

④ 靠墙扶手预埋件 1:5

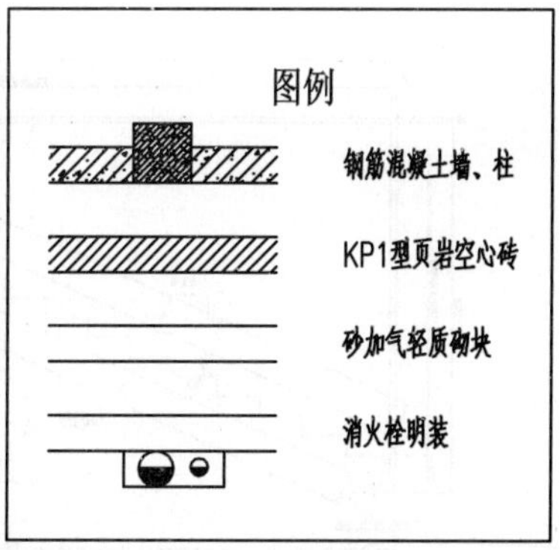

▲011-圆弧楼梯详图

弧形楼梯

A-A剖面图
TL3展开图
TL2展开图
①
②
2-2
3-3
L2
TL1
TL3
TL2

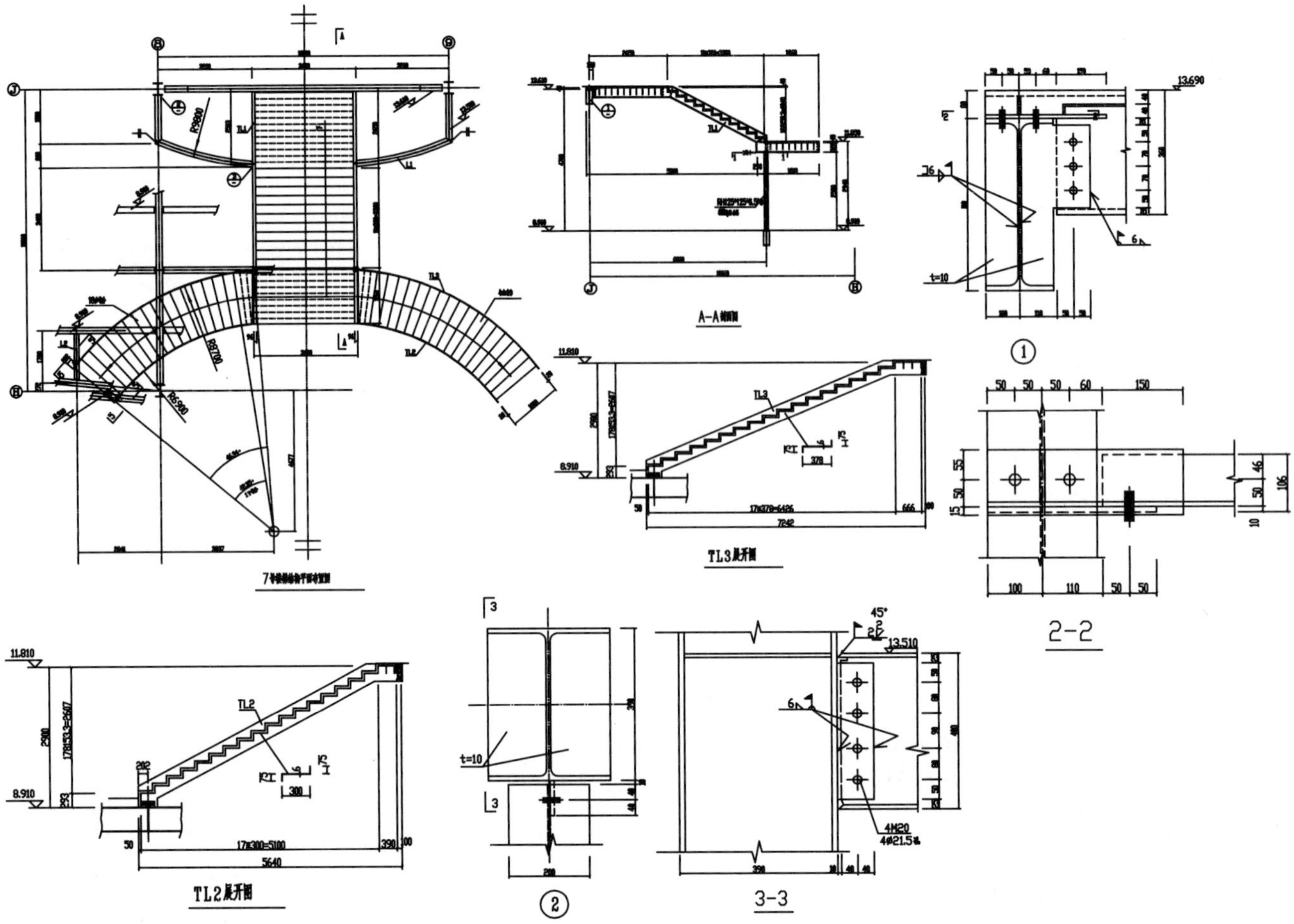

▲012-圆弧1

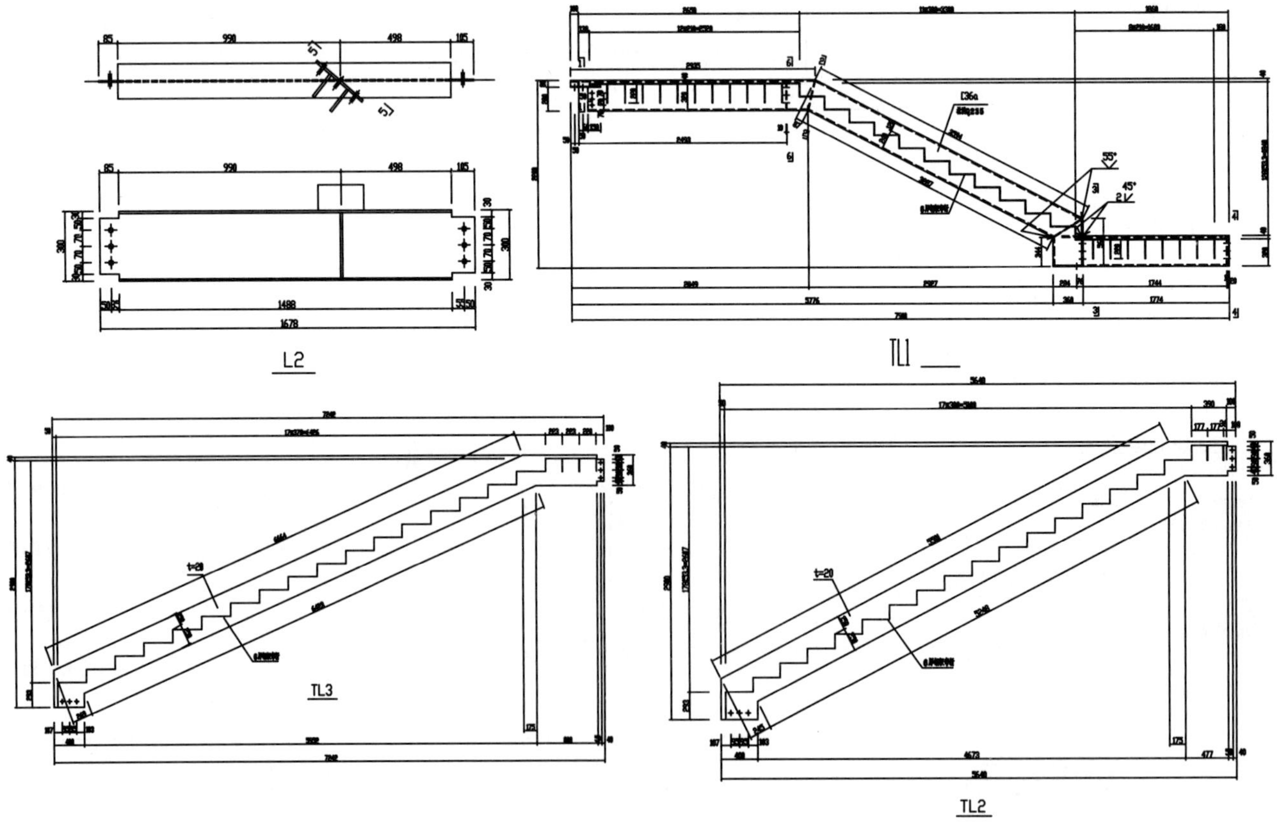

▲013-圆弧2

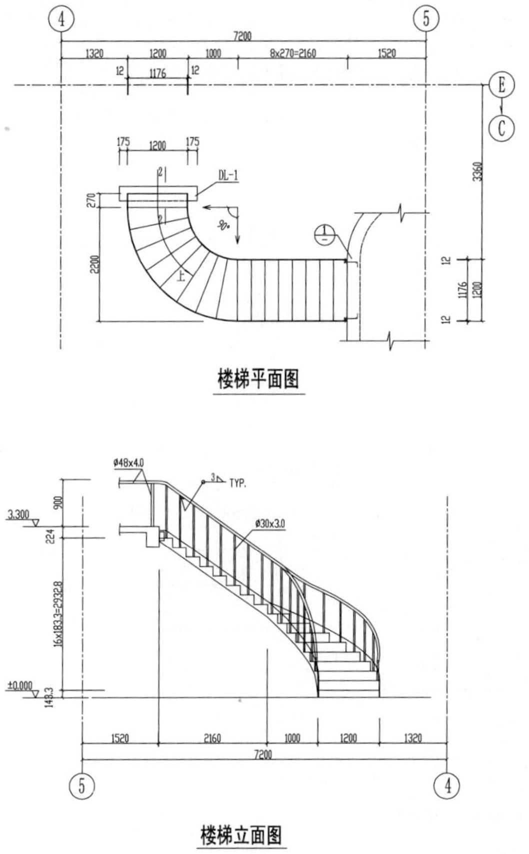
楼梯平面图
楼梯立面图

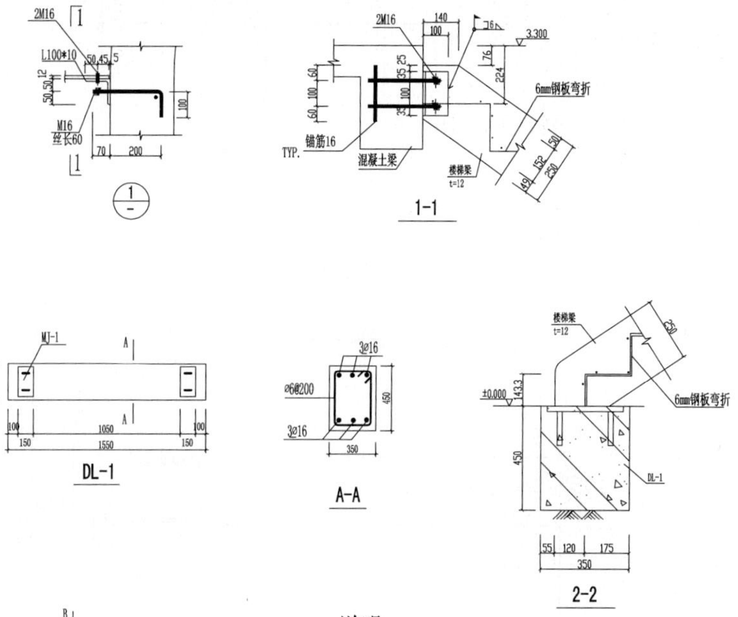
1-1
DL-1
A-A
2-2

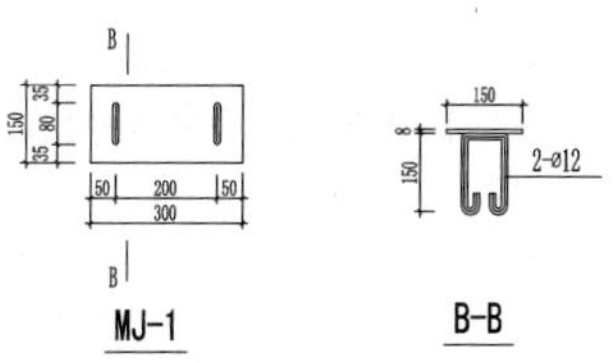
MJ-1
B-B

说明：

1. 连接螺栓均为M16，相应连接板开孔17.5mm。
2. 未注明连接板厚度均为10mm。
3. 所有钢结构材质均为Q235钢；未注明焊缝均满焊。焊缝高度均为5mm。
4. 楼梯钢筋按构造配筋，每踏面、踢面均两根φ6。

▲014-圆弧3

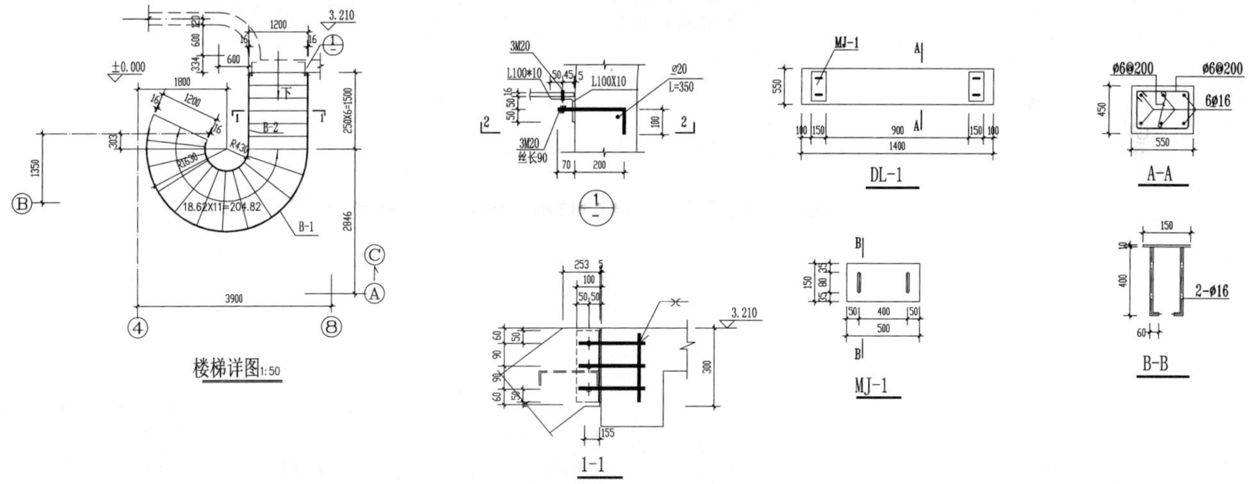
楼梯详图1:50
DL-1
A-A
1-1
MJ-1
B-B

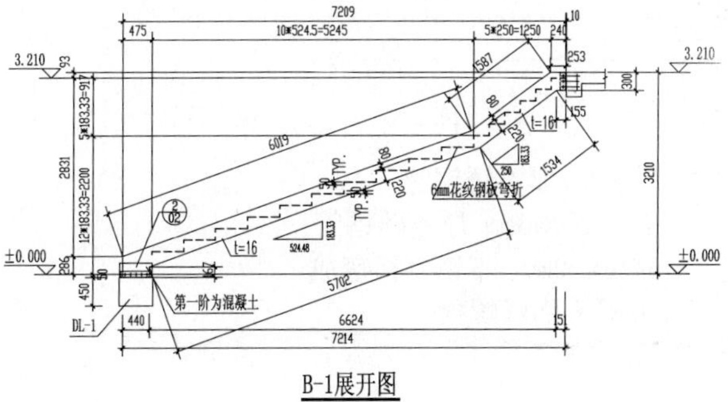
B-1展开图

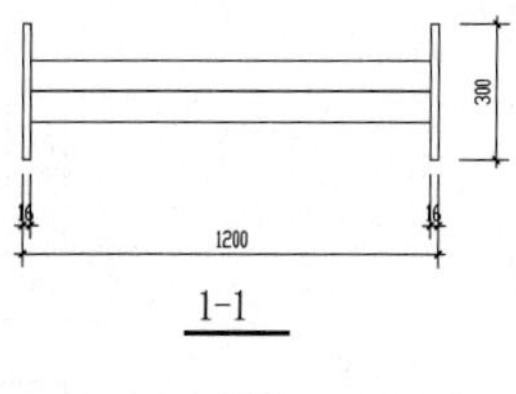
1-1

设计说明

一、本施工图图中所注尺寸除标高以米为单位外，其余均以毫米为单位.

二、材料

1、本工程钢构件均采用Q235钢制作，结构钢应符合《GB700-88》规定之要求.
2、焊条：手工焊时用E43系列焊条，其性能应符合《GB5117-85》的规定.

三、结构制造

1、所有钢构件在制作前均1：1施工大样，复核无误后方可下料.
2、焊接时应选择合理的焊接顺序，以减小钢结构中产生的焊接应力和变形，焊缝长度及高度除图中已注明外，其余均为满焊，对接焊缝检验等级为三级. 焊缝高度：hf＝4mm.

四、钢结构油漆和除锈

1、所有钢构件均应彻底清除脏物及油污，严格除锈，手工应达st2级，喷砂应达sa2级. 其要求见<GBJ205-90>.
2、所有钢构件出厂前均需防锈底漆两度、面漆自定.
3、未注明板厚为6mm.

五、本工程按国家现行有关规范进行施工及验收.

六、连接螺栓均为M20，相应连接板开孔21.5mm.

▲015-圆弧4

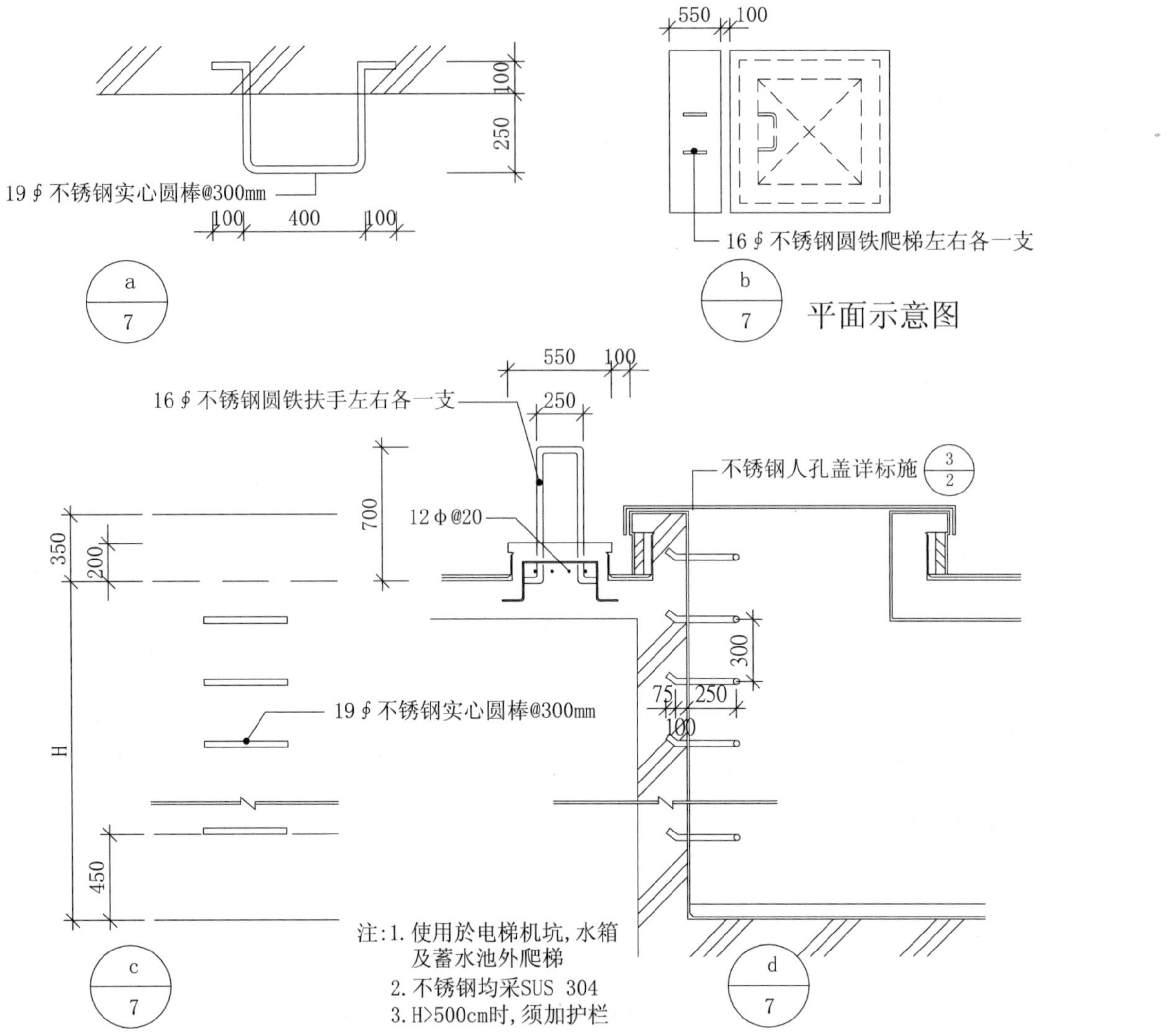
100
250
19∮不锈钢实心圆棒@300mm
100 400 100
a
7
550 100
16∮不锈钢圆铁爬梯左右各一支
b
7
平面示意图
550 100
16∮不锈钢圆铁扶手左右各一支
250
不锈钢人孔盖详标施 3/2
700
12φ@20
350
200
300
75 250
100
19∮不锈钢实心圆棒@300mm
H
450
注:1.使用於电梯机坑,水箱
及蓄水池外爬梯
2.不锈钢均采SUS 304
3.H>500cm时,须加护栏
c
7
d
7

⑦ ㄇ字型不锈钢爬梯大样图 单位:mm

▲001-ㄇ字型不锈钢爬梯大样图

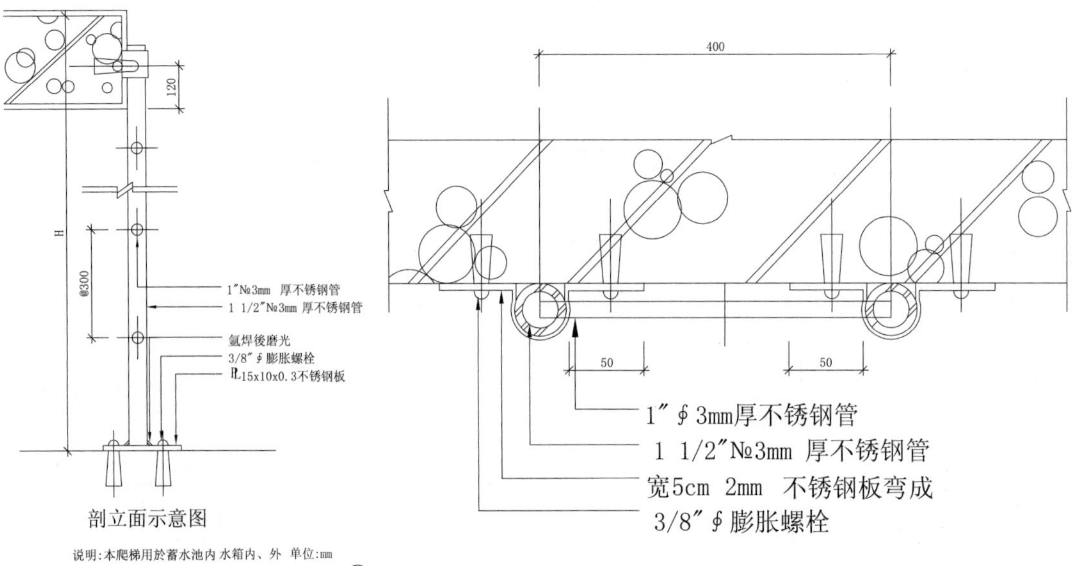
120
H
@300
1″№3mm 厚不锈钢管
1 1/2″№3mm 厚不锈钢管
氩焊後磨光
3/8″∮膨胀螺栓
PL15x10x0.3不锈钢板
剖立面示意图
说明:本爬梯用於蓄水池内 水箱内、外 单位:mm
400
50
50
1″∮3mm厚不锈钢管
1 1/2″№3mm 厚不锈钢管
宽5cm 2mm 不锈钢板弯成
3/8″∮膨胀螺栓

② 水箱内不锈钢直立内爬梯

▲002-水箱内不锈钢直立内爬梯

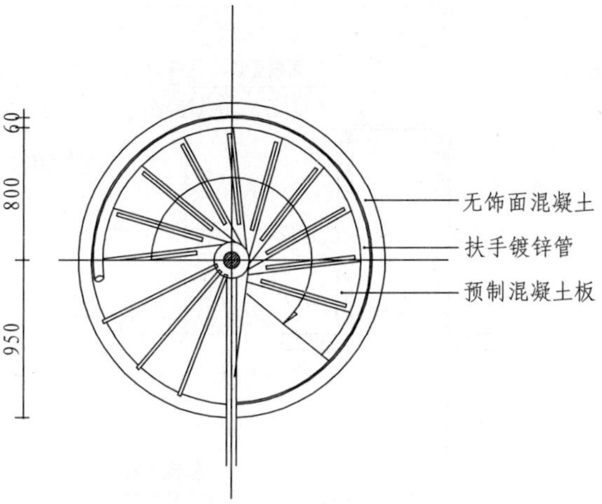
60
800
950
无饰面混凝土
扶手镀锌管
预制混凝土板

楼梯平面图

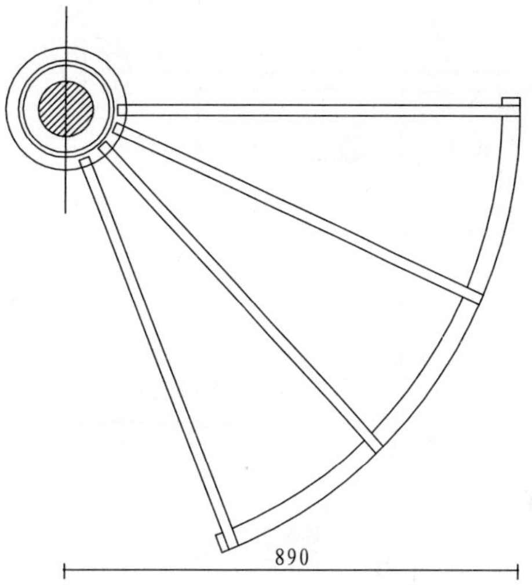
890

大样图

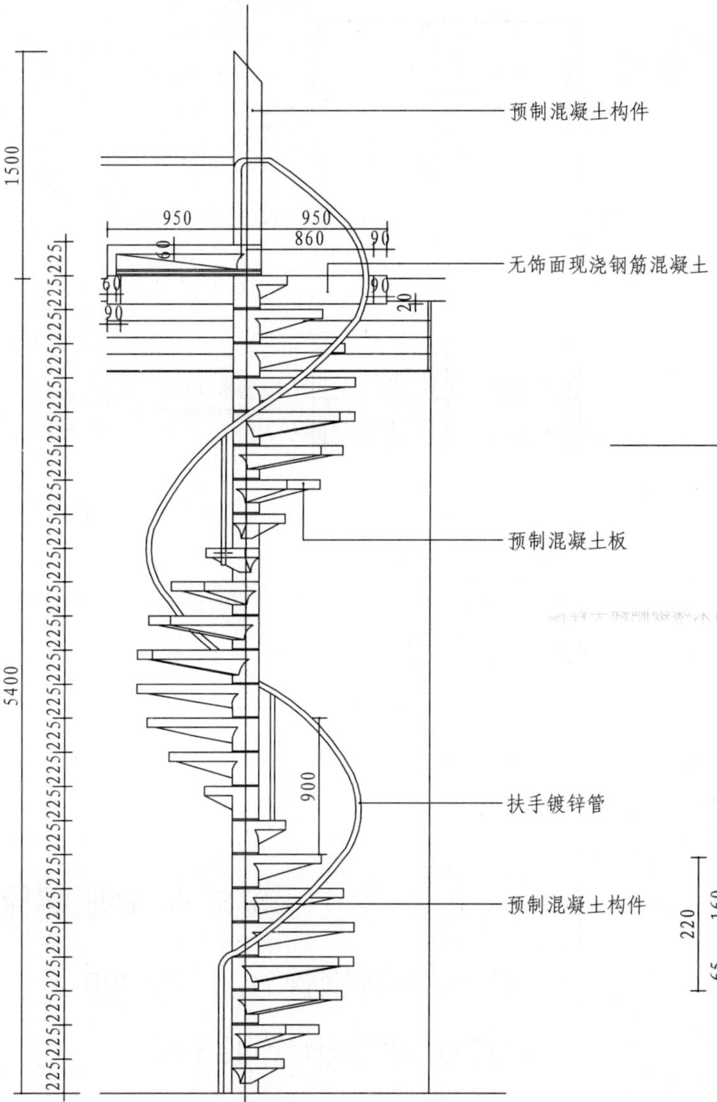
1500
5400
950
950
860
60
90
90
60
90
20
预制混凝土构件
无饰面现浇钢筋混凝土
预制混凝土板
900
扶手镀锌管
预制混凝土构件

楼梯立面图

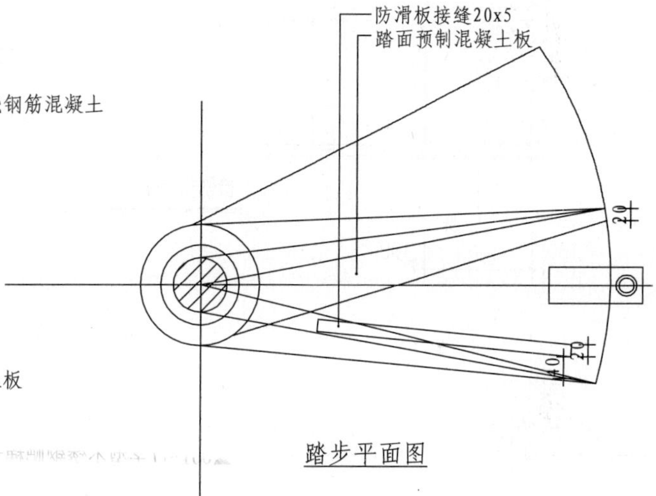
防滑板接缝20x5
踏面预制混凝土板
20
20
40

踏步平面图

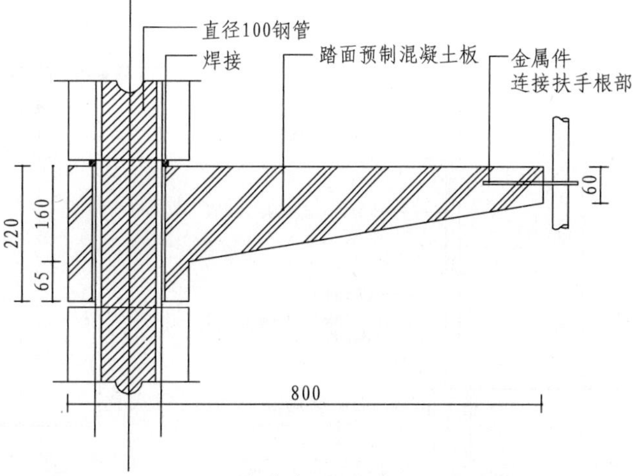
直径100钢管
焊接
踏面预制混凝土板
金属件
连接扶手根部
220
160
65
60
800

踏步立面图

▲003-楼梯及栏杆做法详图

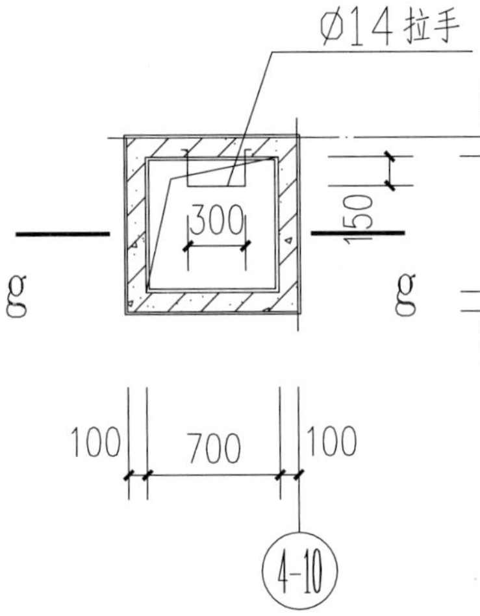
Ø14 拉手
300
150
100
700
100
2-E
g
g
100
700
100
4-10

爬梯平面大样 1:25

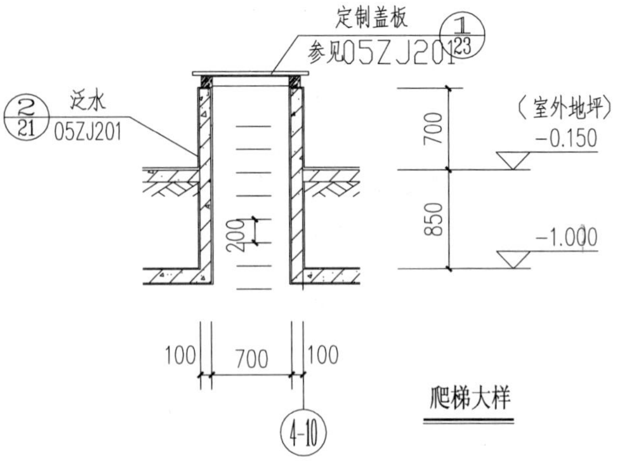
定制盖板
参见05ZJ201
1
23
2
21
泛水
05ZJ201
（室外地坪）
-0.150
-1.000
700
850
200
100
700
100
4-10

爬梯大样

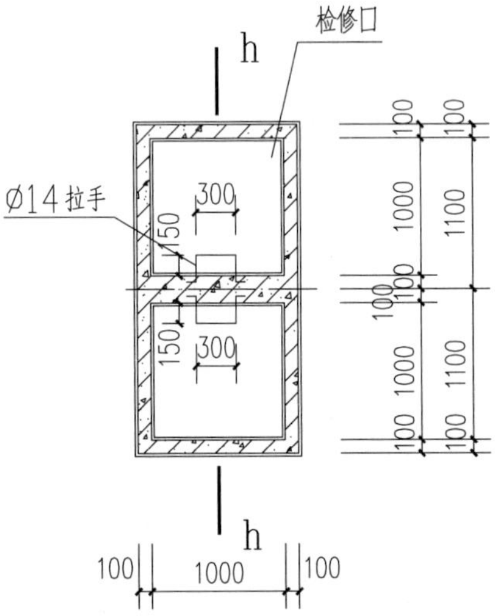
检修口
h
h
Ø14 拉手
300
150
300
150
100
1000
100
1100
100
1000
1100
100
1000
100

检修口平面大样 1:25

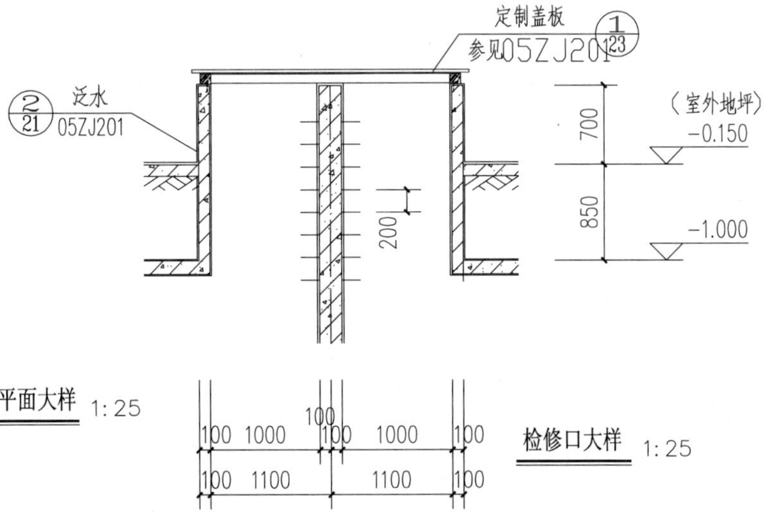
定制盖板
参见05ZJ201
1
23
2
21
泛水
05ZJ201
（室外地坪）
-0.150
-1.000
700
850
200
100
100 1000
100
1000
100
100 1100
1100
100

检修口大样 1:25

▲004-爬梯

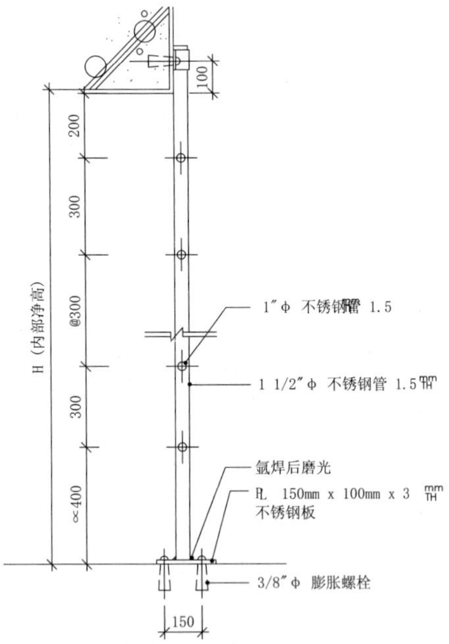
100
200
300
@300
300
≈400
H（内部净高）
1″ф 不锈钢管 1.5
1 1/2″ф 不锈钢管 1.5
氩焊后磨光
150mm x 100mm x 3 不锈钢板
3/8″ф 膨胀螺栓
150

剖立面示意图

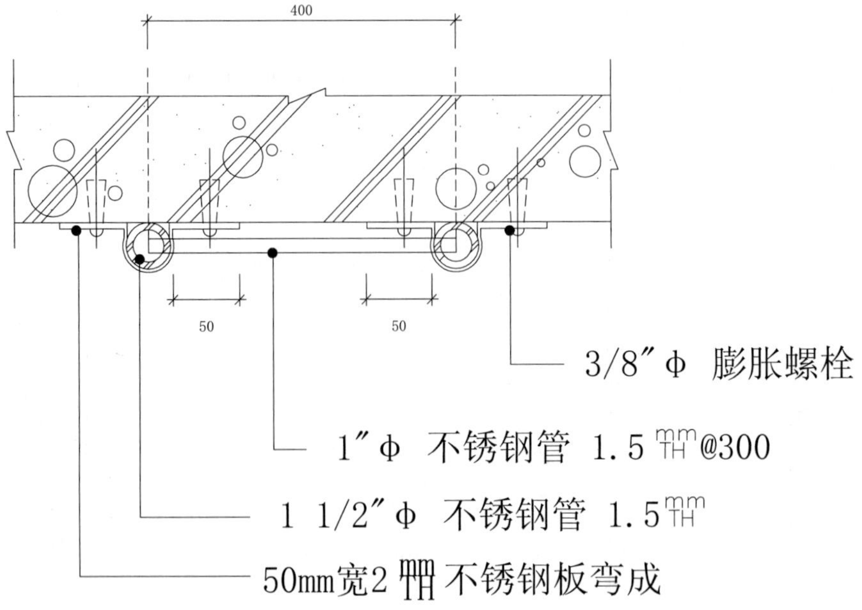
400
50
50
3/8″ф 膨胀螺栓
1″ф 不锈钢管 1.5 mm TH @300
1 1/2″ф 不锈钢管 1.5 mm TH
50mm宽2 不锈钢板弯成

平面示意图

⑥ 直立型不锈钢内爬梯大样图

▲005-直立型不锈钢内爬梯大样图

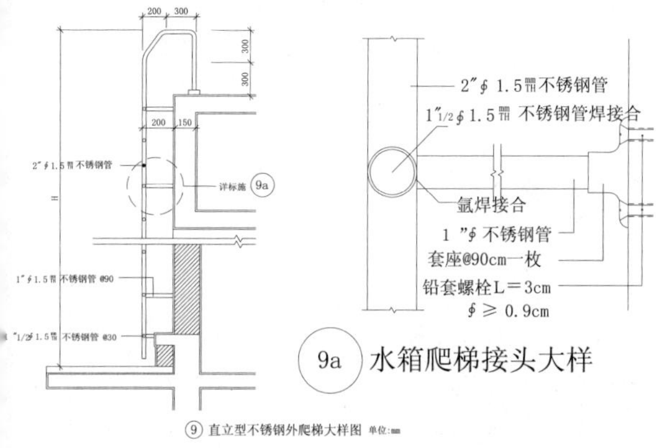

▲006-直立型不锈钢外爬梯大样图1

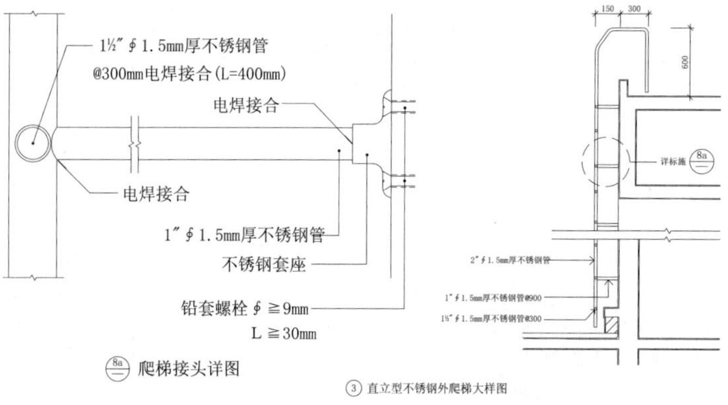

▲007-直立型不锈钢外爬梯大样图2

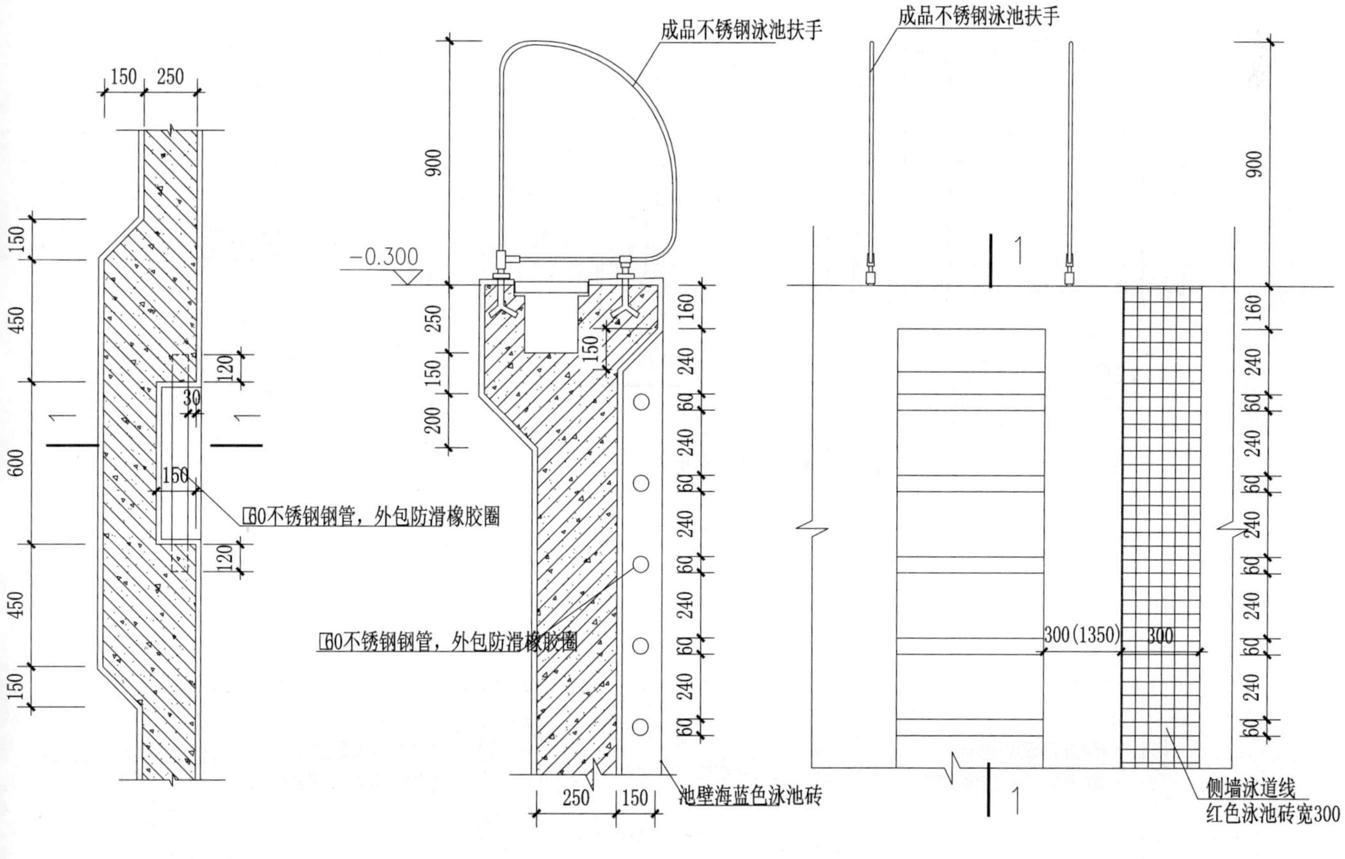

▲008-游泳馆攀梯详图

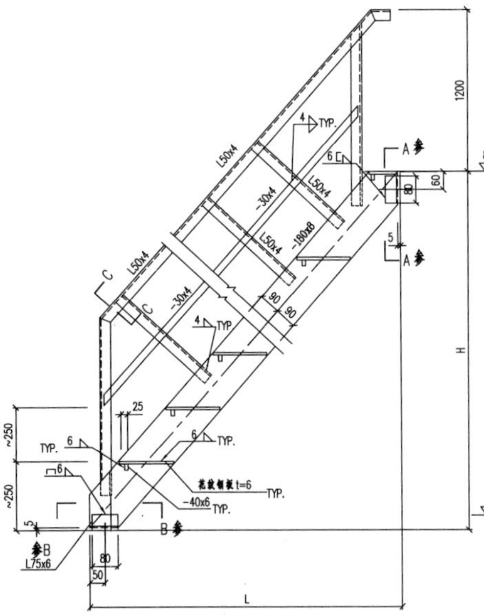

梯子 A15 详图

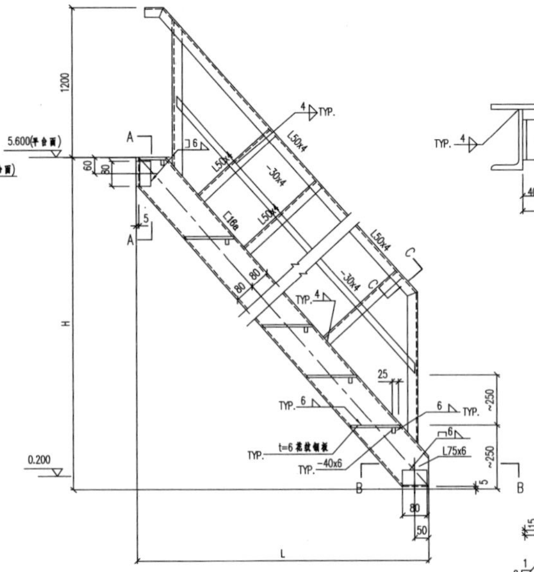

梯子 A钢图

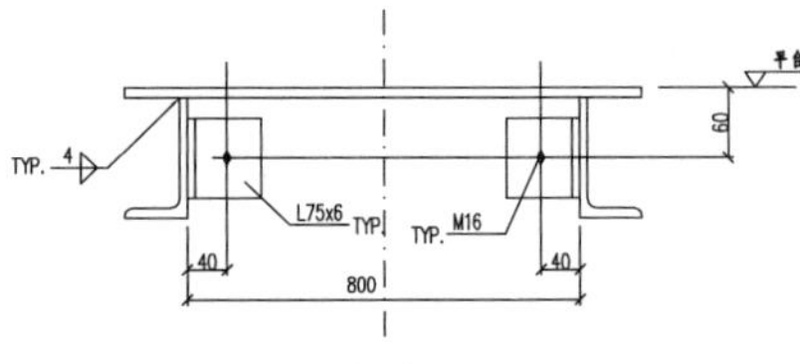

A–A

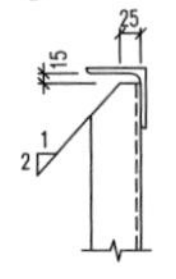

①

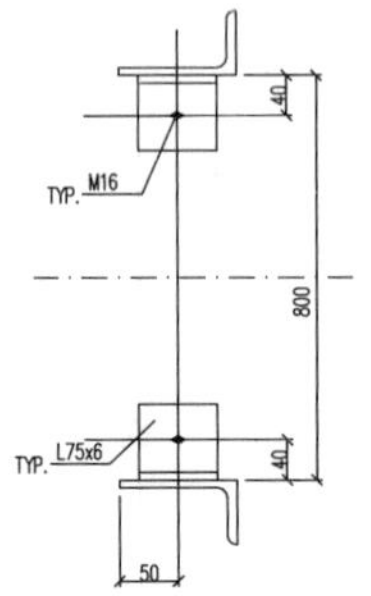

B–B

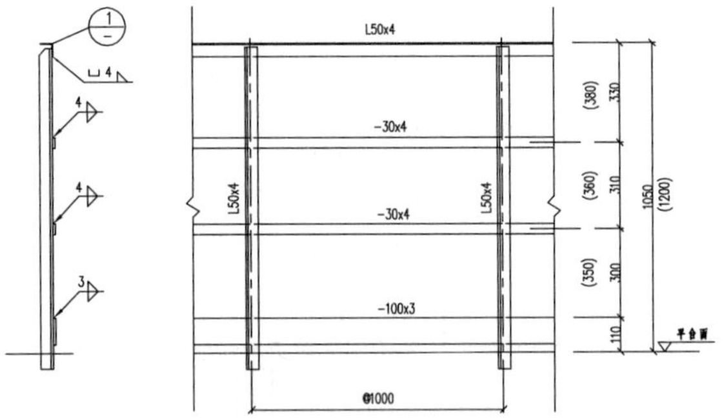

水泥库内平台栏杆详图

(水泥库外平台栏杆详图)

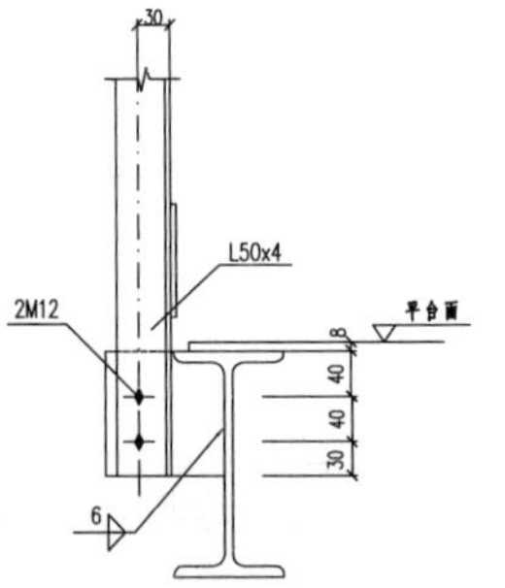

栏杆与 I 钢连接详图

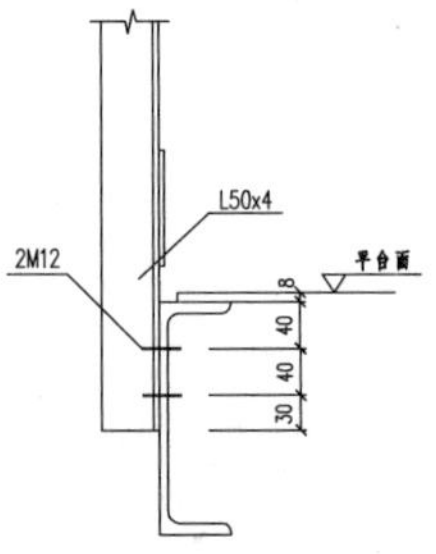

栏杆与槽钢连接详图

▲001-钢结构框架图

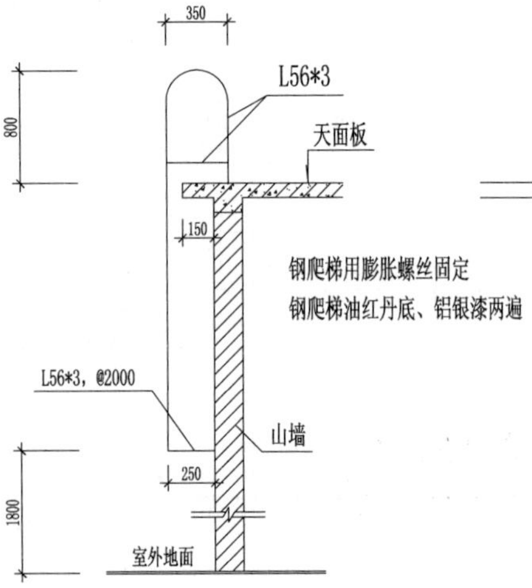

钢爬梯侧立面图

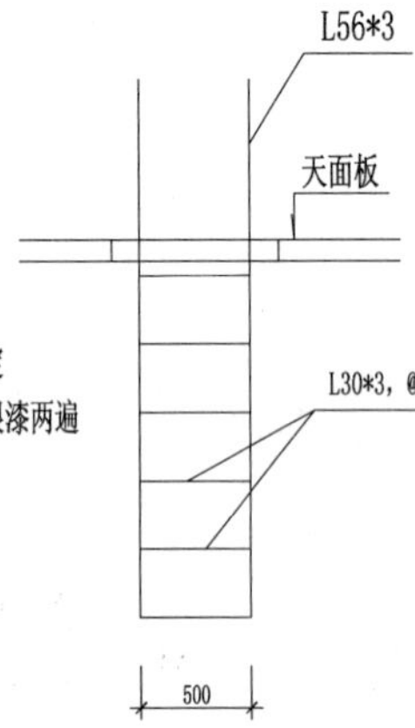

钢爬梯正立面图

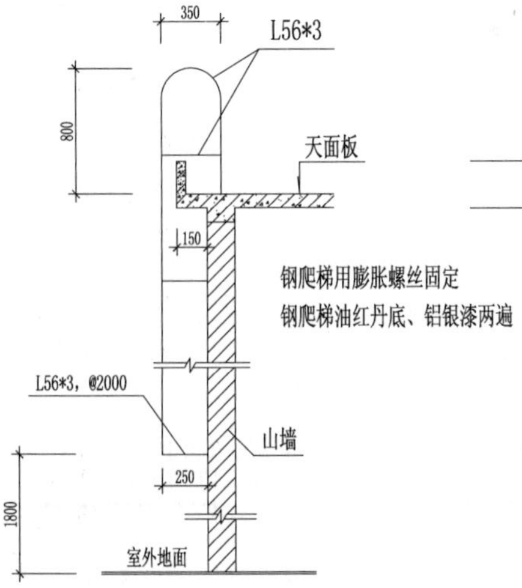

钢爬梯侧立面图

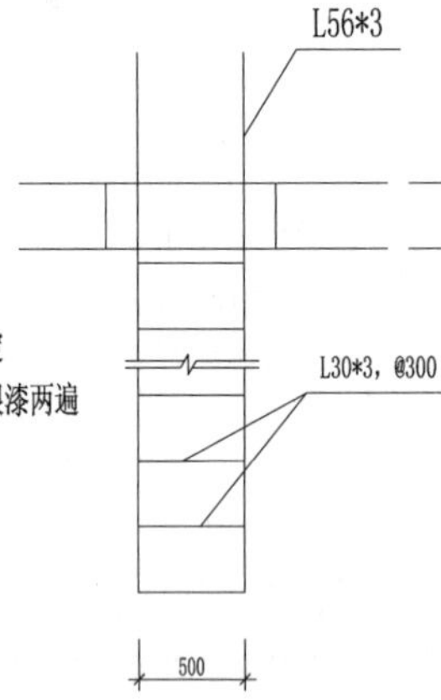

钢爬梯正立面图

▲002-钢结构—爬梯大样

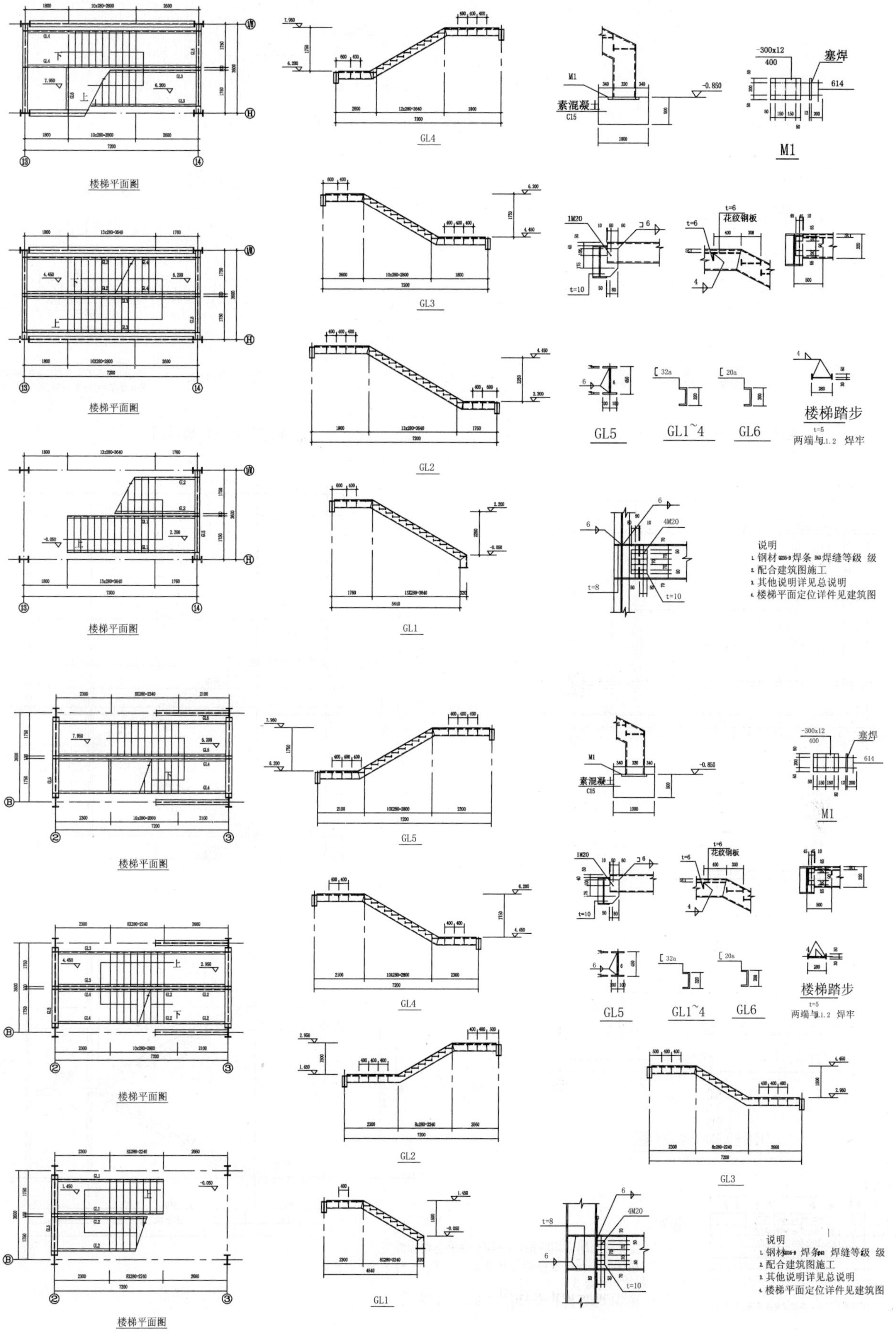
楼梯平面图
GL4
GL3
GL2
GL1
M1
素混凝土
C15
塞焊
花纹钢板
GL5
GL1~4
GL6
楼梯踏步
两端与L1.2 焊牢
说明
1. 钢材Q235-B 焊条E43 焊缝等级 级
2. 配合建筑图施工
3. 其他说明详见总说明
4. 楼梯平面定位详件见建筑图
楼梯平面图
GL5
GL4
GL2
GL3
GL1
M1
说明
1. 钢材Q235-B 焊条E43 焊缝等级 级
2. 配合建筑图施工
3. 其他说明详见总说明
4. 楼梯平面定位详件见建筑图

▲003-钢结构楼梯

钢梯

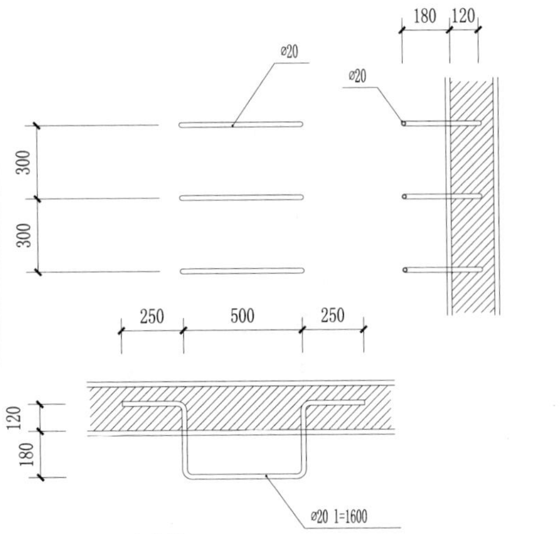

钢爬梯 1:20

注:1、钢爬梯起步高度离地面1.500m
2、预埋铁件均先用红丹打底,油铅油二度

▲004-钢爬梯

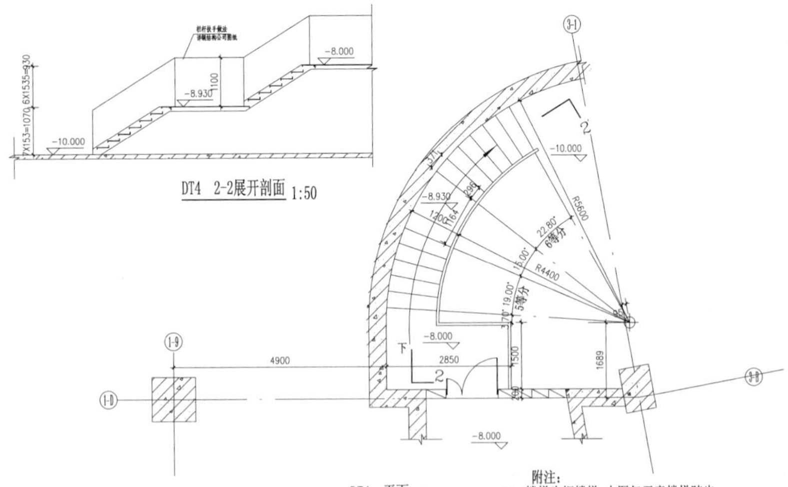

DT4 平面 1:50

附注:
DT4楼梯为钢楼梯,本图仅示意楼梯踏步,
楼梯及楼梯栏杆具体做法详专业公司图纸

▲005-弧形钢梯详图

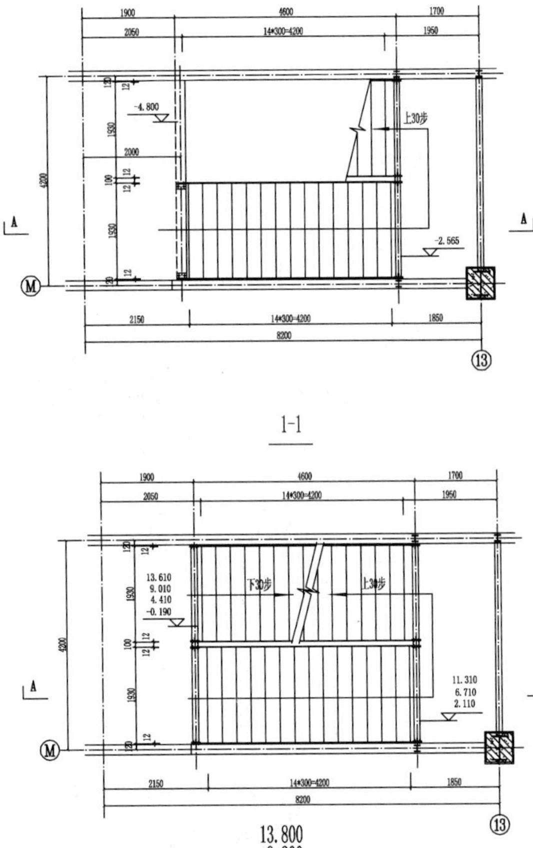

13.800
9.200
4.600
3号楼梯±0.000标高结构平面图

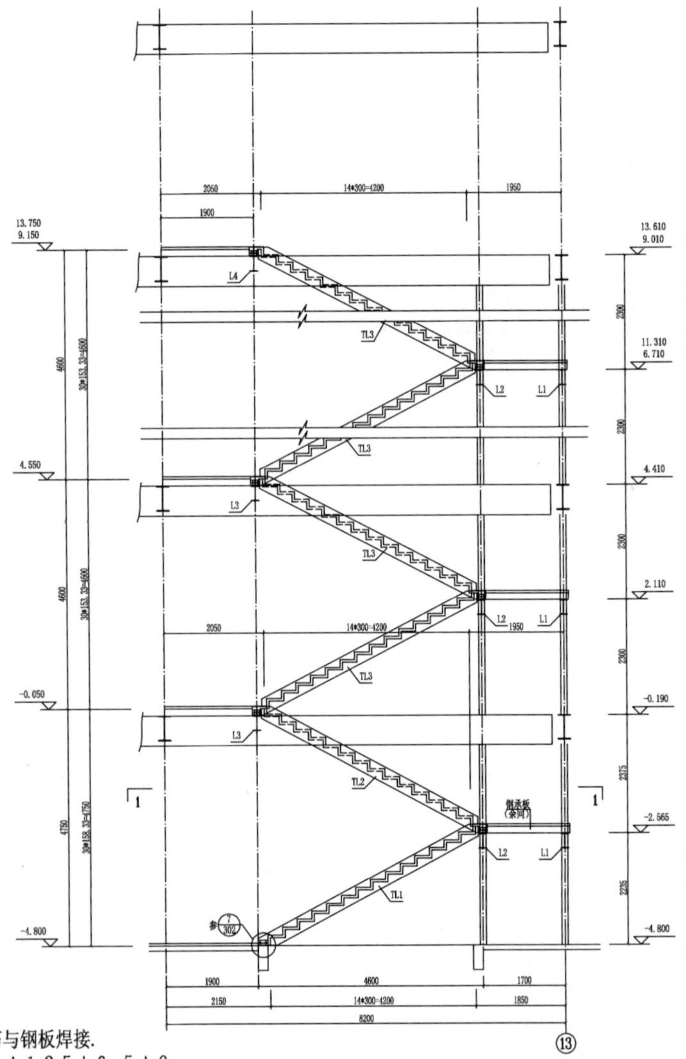

A-A剖面图

材料表

名称	数量	规格	材料	备注
L1	5	RH300*150*6.5*9	Q235	
L2	5	RH300*150*6.5*9	Q235	
L3	4	RH300*150*6.5*9	Q235	
L4	1	RH300*150*6.5*9	Q235	

注:所有楼梯连接板、加劲肋材质均为Q345.

说明:
1.楼梯踏面踢面均两根Ø6钢筋,钢筋与钢板焊接.
2.楼梯间小短柱规格均为RH125*125*6.5*9.
材质均为Q345.B.
3.楼梯标准连接节点详图见306~7图.

▲006-两跑楼梯图1

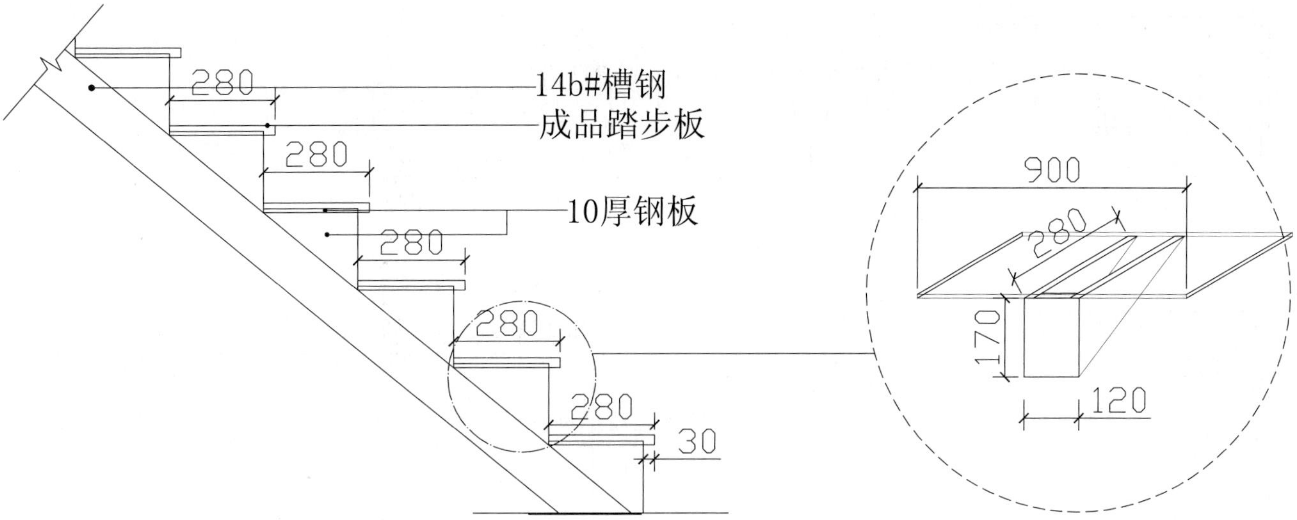
280
14b#槽钢
成品踏步板
280
10厚钢板
280
280
280
30
900
280
170
120

楼梯详图　说明：楼梯钢结构刷酚醛防锈漆三遍后再喷白色聚脂漆两遍。

▲007-简易钢楼梯做法详图

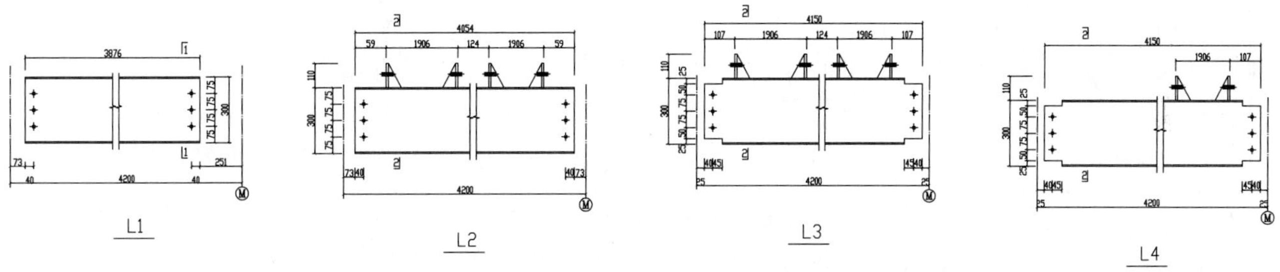
L1
L2
L3
L4

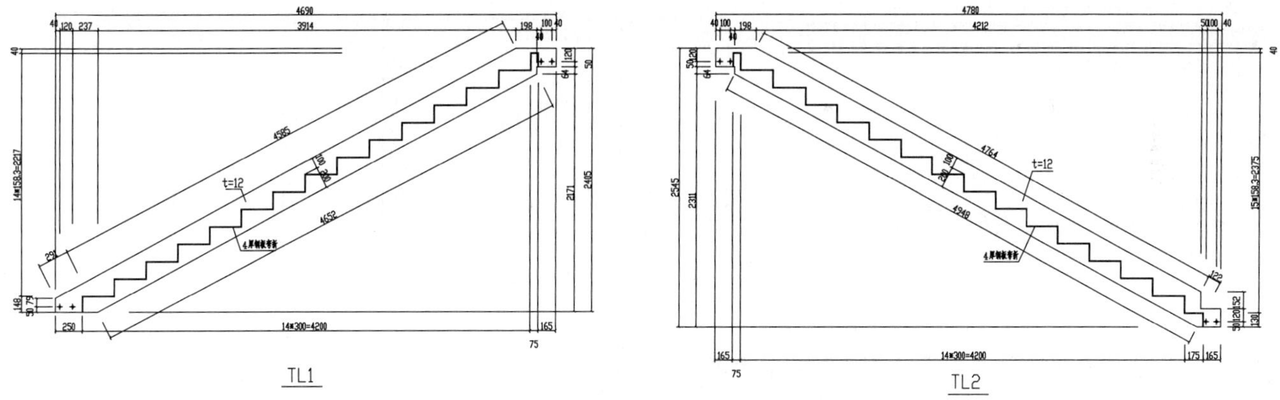
TL1
TL2

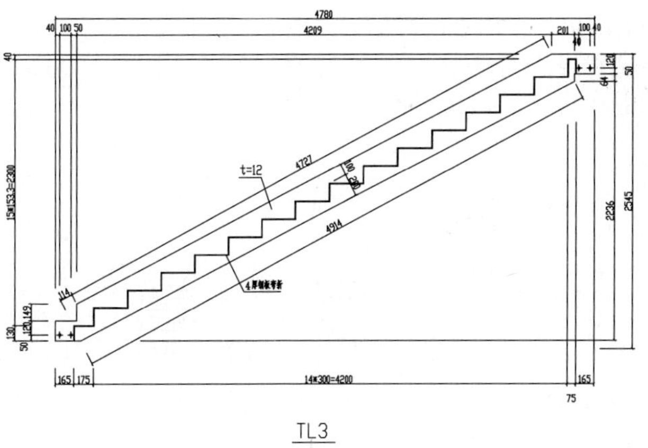
TL3

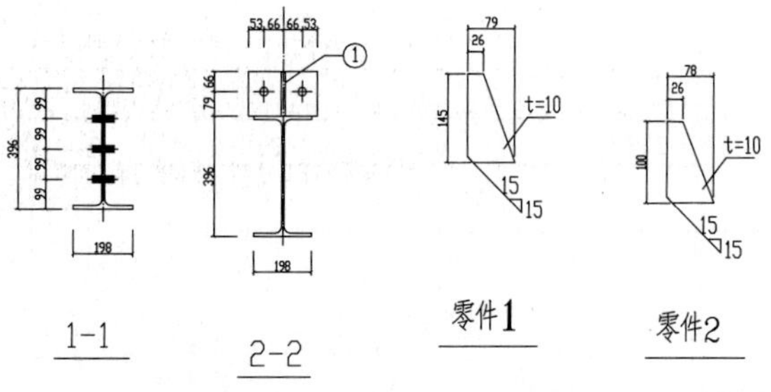
t=10
t=10
1-1
2-2
零件1
零件2

说明：

1、未注明板厚为10mm；未注明螺栓直径 为20，对应孔径为21.5mm.

2、4厚钢板弯折之楼梯板或休息平台板材质均为Q235.

▲008-两跑楼梯图2

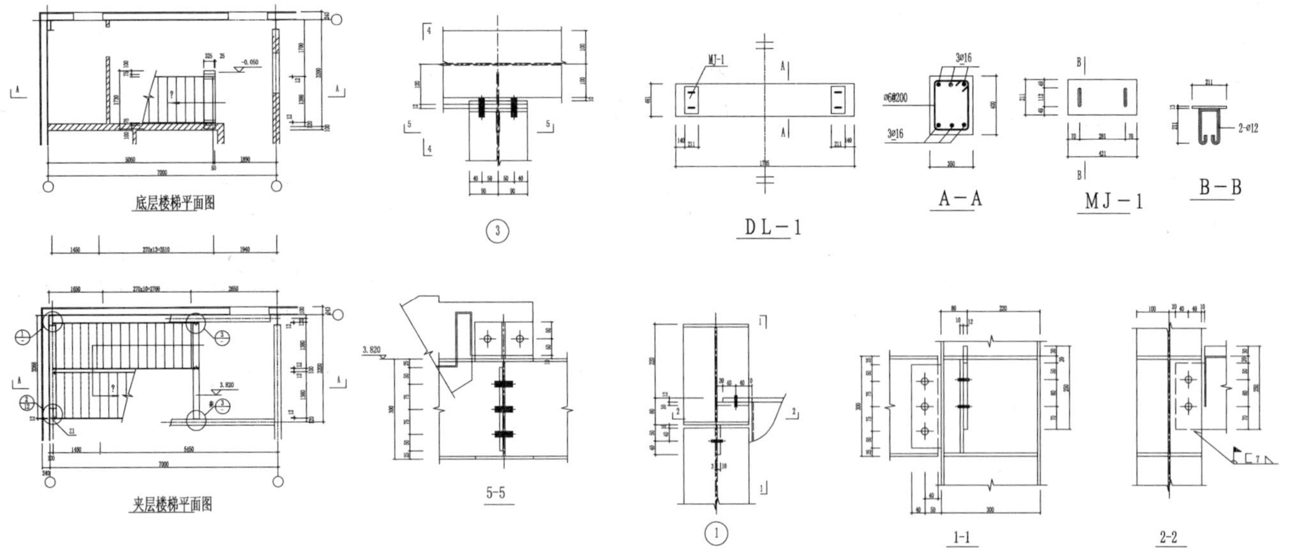
底层楼梯平面图
③
DL－1
MJ-1
A－A
MJ－1
B－B
夹层楼梯平面图
5-5
①
1-1
2-2

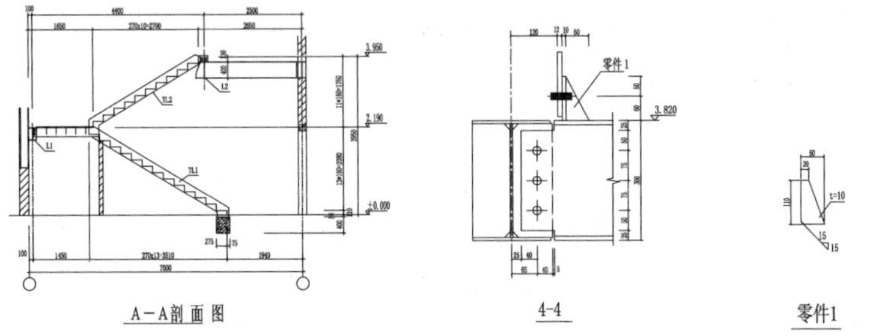
A－A剖 面 图
零件1
4-4
零件1

说明：

1. 楼梯踏面踢面均两根⌀6钢筋，钢筋与钢板焊接.
2. L1、L2、Z1规格为BH300＊180＊6＊8，材质为Q345.
3. TL1～2材质均为Q345.
4. 未注明板厚为10mm;未注明螺栓直径为20，对应孔径为21.5mm.
5. 4厚钢板弯折之楼梯板或休息平台板材质均为Q235.

▲009-两跑楼梯图3

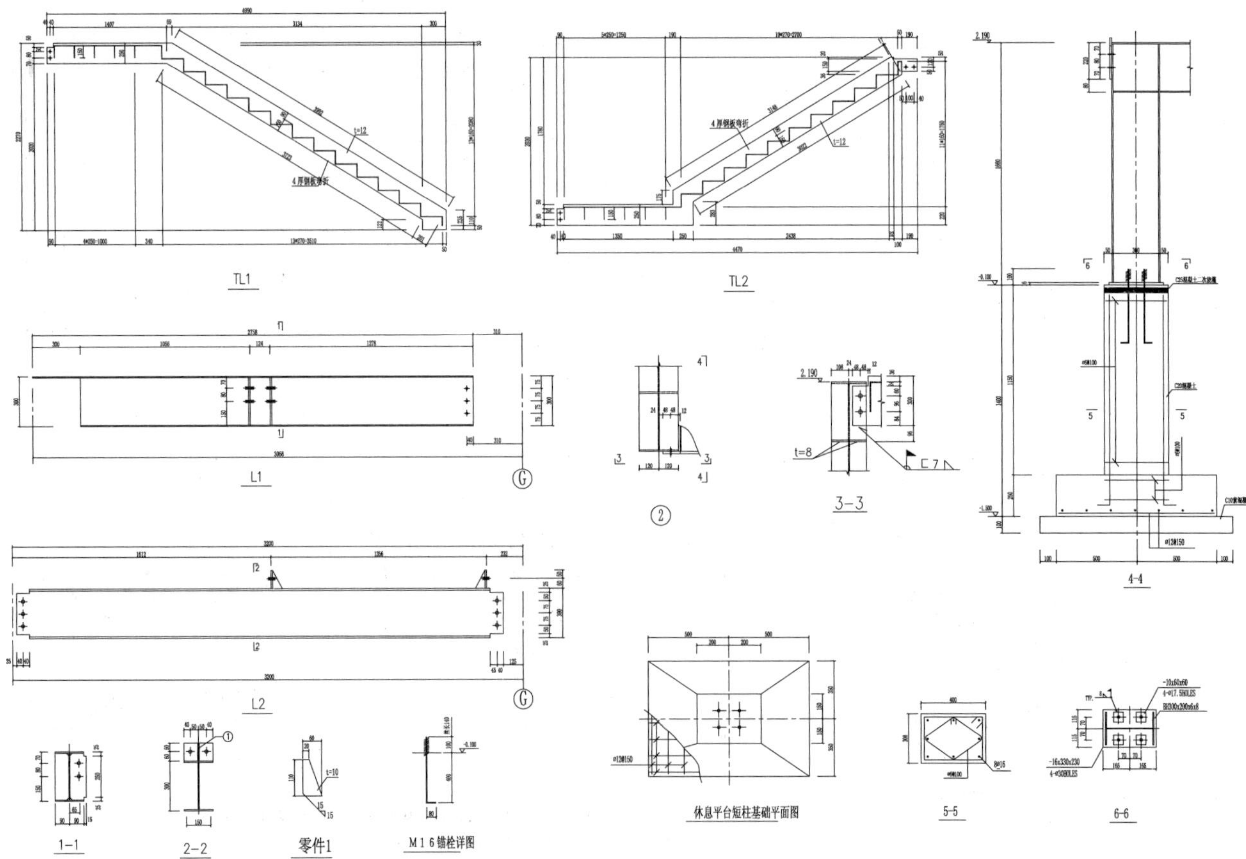
4厚钢板弯折
TL1
4厚钢板弯折
TL2
L1
②
3-3
4-4
L2
1-1
2-2
零件1
M16锚栓详图
休息平台短柱基础平面图
5-5
6-6

▲010-两跑楼梯图4

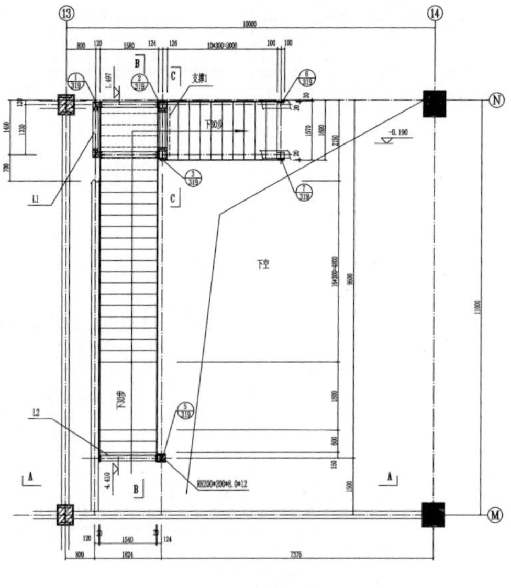

6号楼梯结构平面布置图

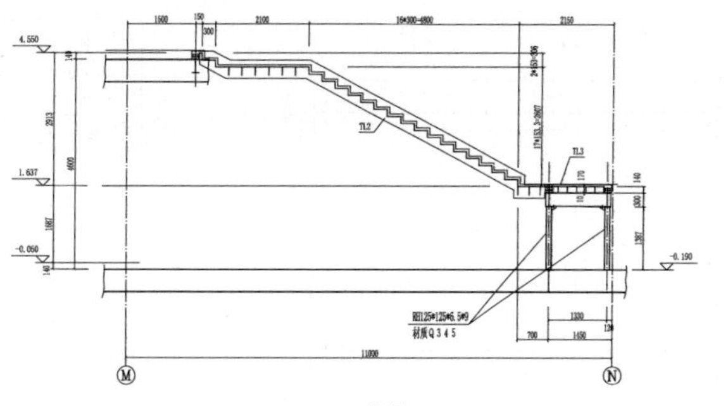

B-B剖面图

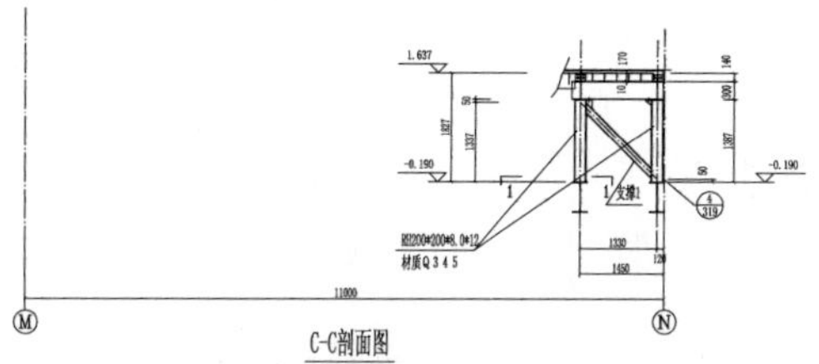

C-C剖面图

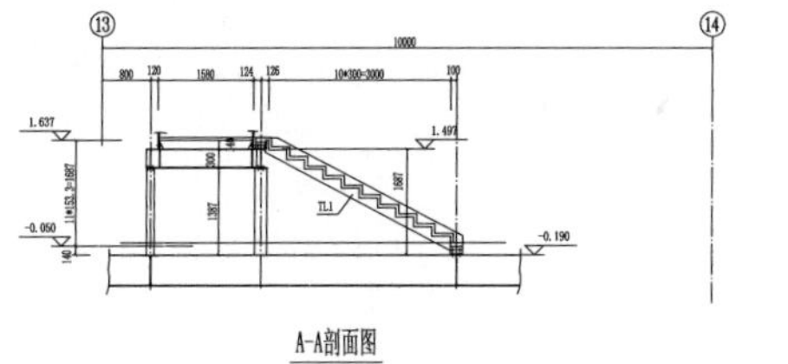

A-A剖面图

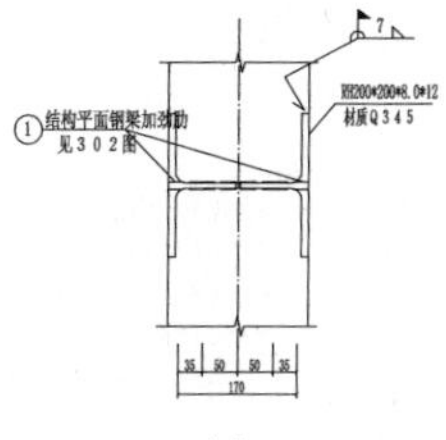

1-1

材料表

名称	数量	规格	材料	备注
L1	1	4RH300×150×6.5×9	Q235	
L2	1	RH300×150×6.5×9	Q235	
支撑1	1	RH125×125×6.5×9	Q345	

注：所有楼梯连接板、加劲肋材质均为Q345.

说明：

1. 楼梯踏面踢面均两根⌀6钢筋，钢筋与钢板焊接.
2. 楼梯标准连接节点详图见306～7图.
3. 楼梯间小短柱规格见剖面图、材质均为Q345. B.

▲011-两折楼梯1

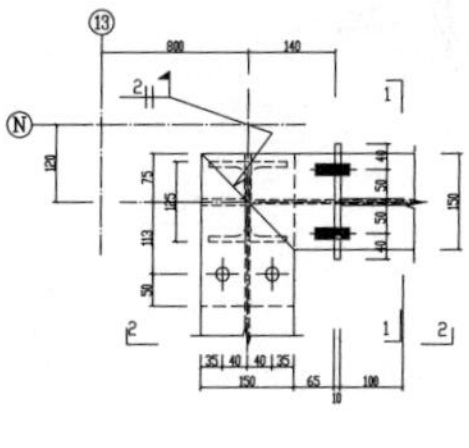

①

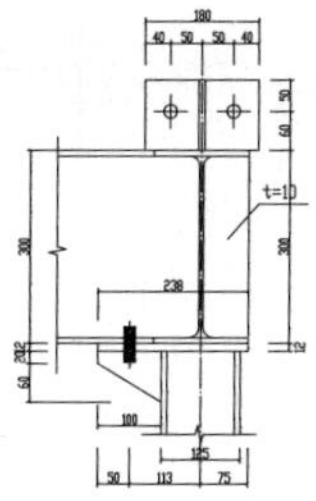

1-1

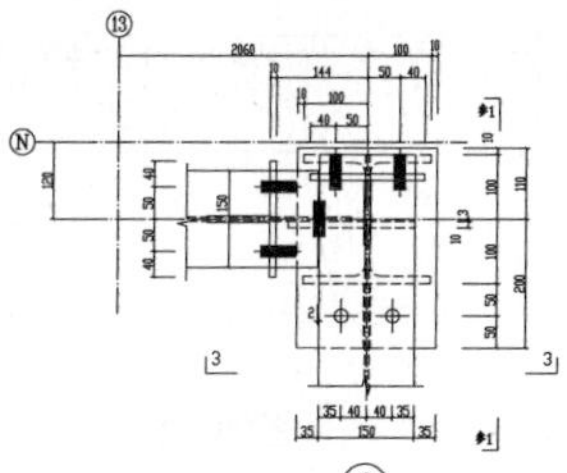

②

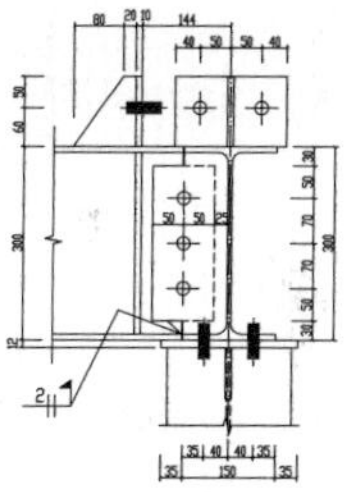

3-3

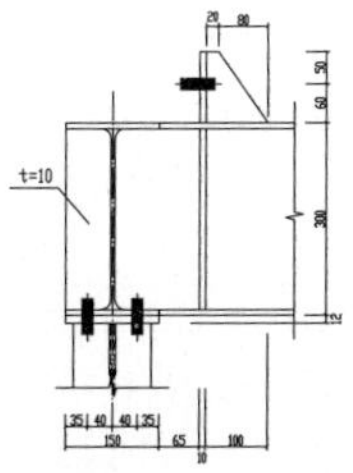

2-2

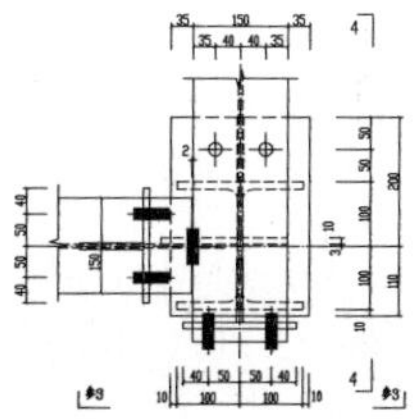

③

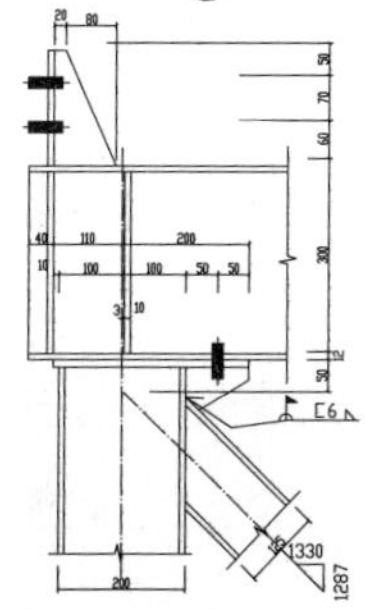

4-4

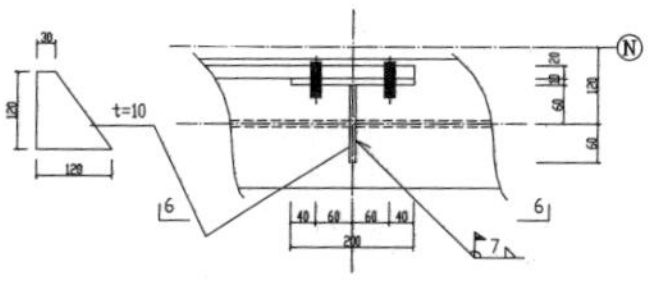

⑥

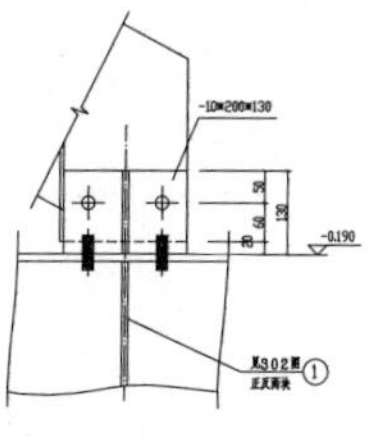

6-6

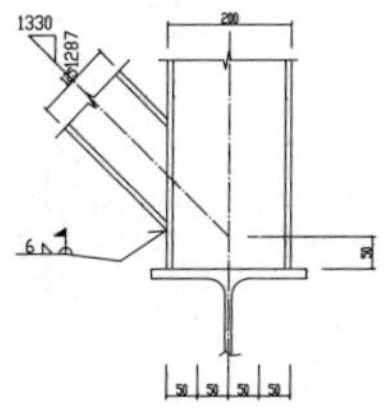

④

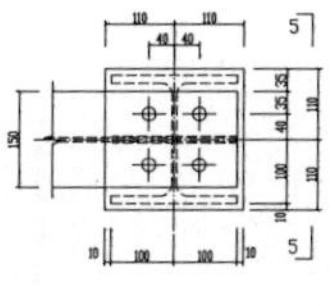

⑤

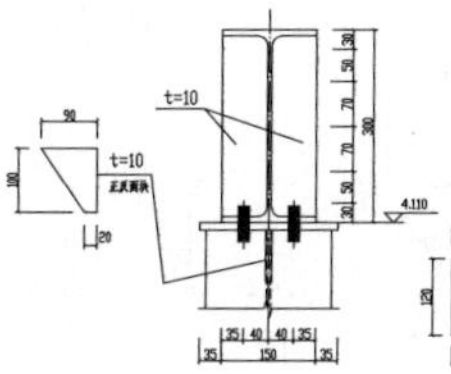

5-5

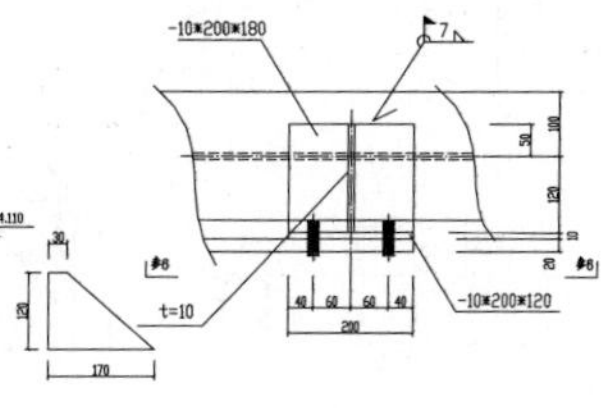

⑦

说明：

1. 未注明板厚为10mm；未注明螺栓直径为20，对应孔径为21.5mm.

▲012-两折楼梯2

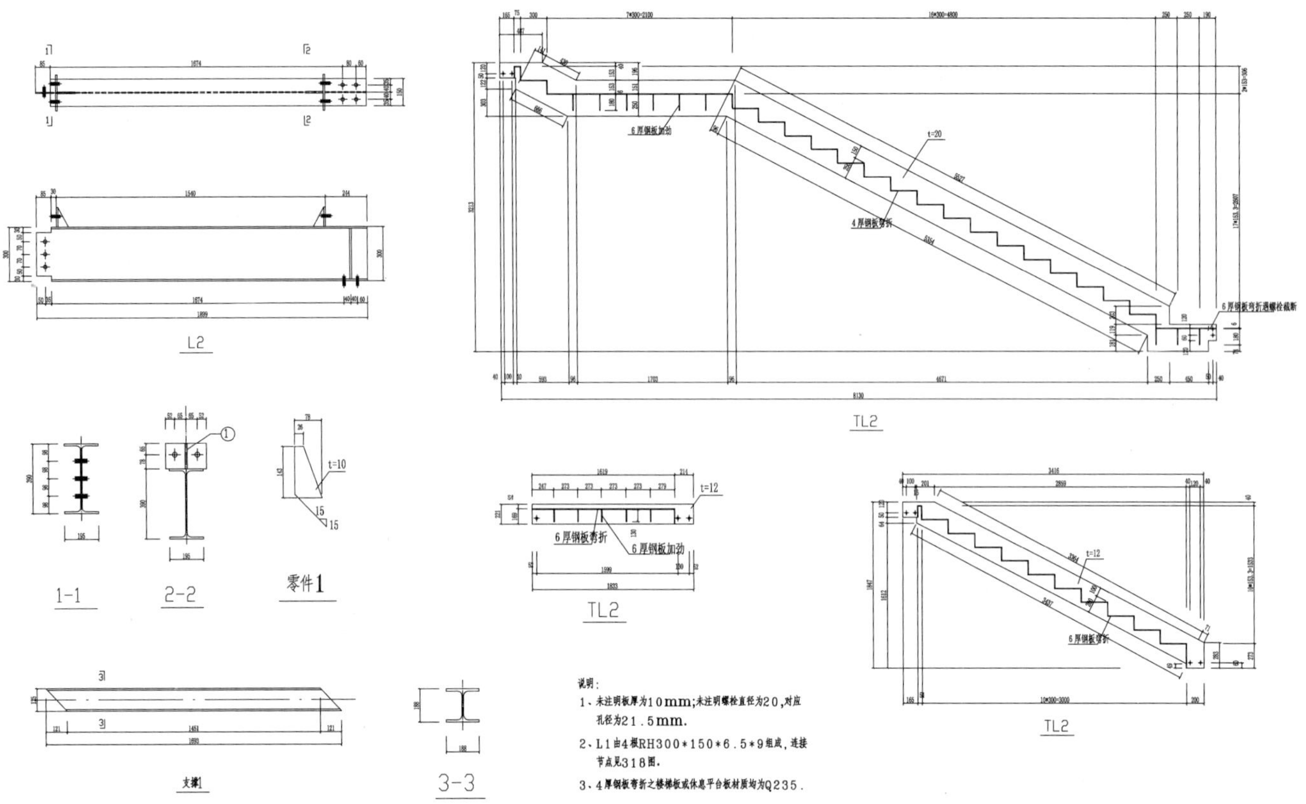

▲013-两折楼梯3

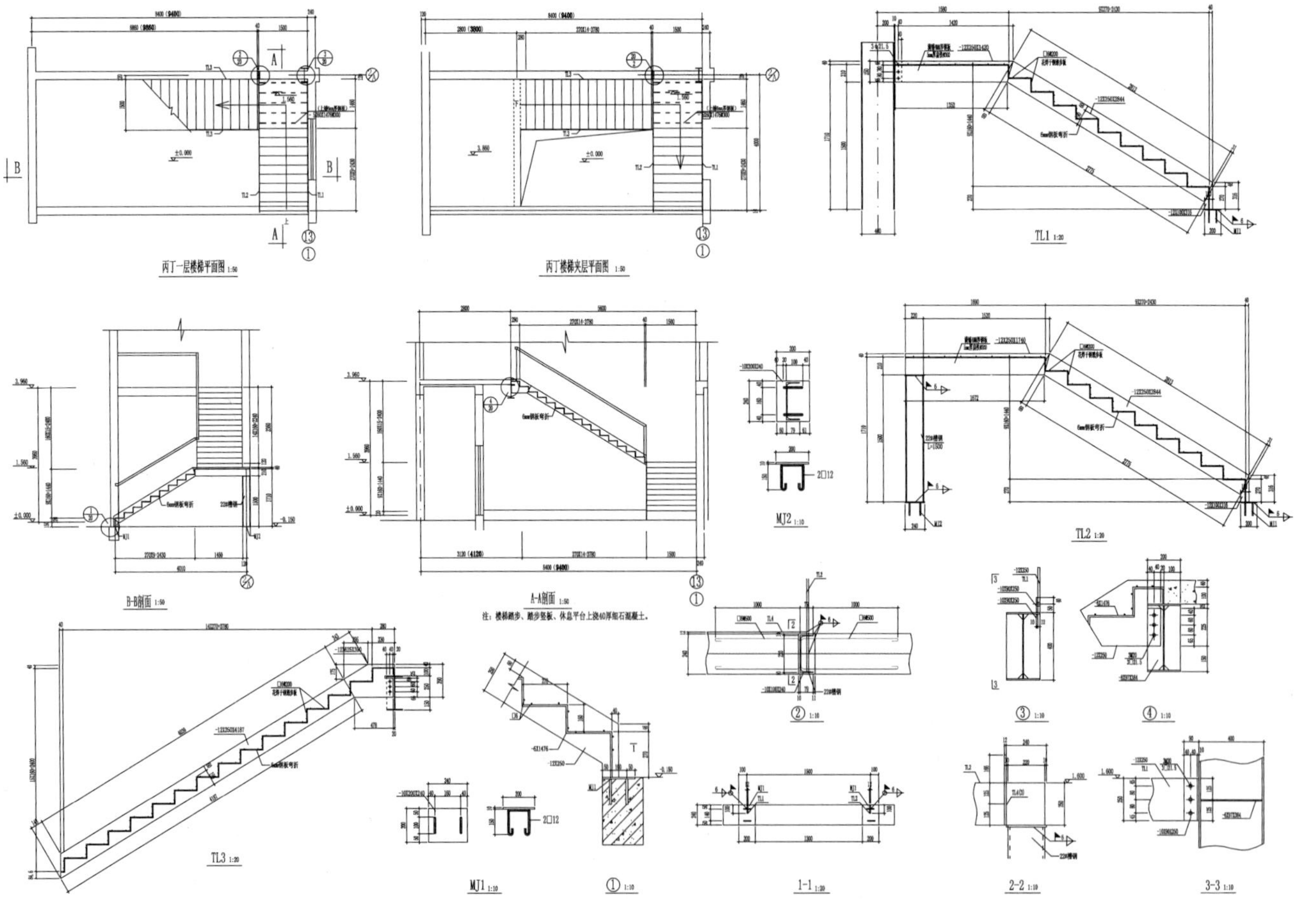

▲014-两折楼梯4

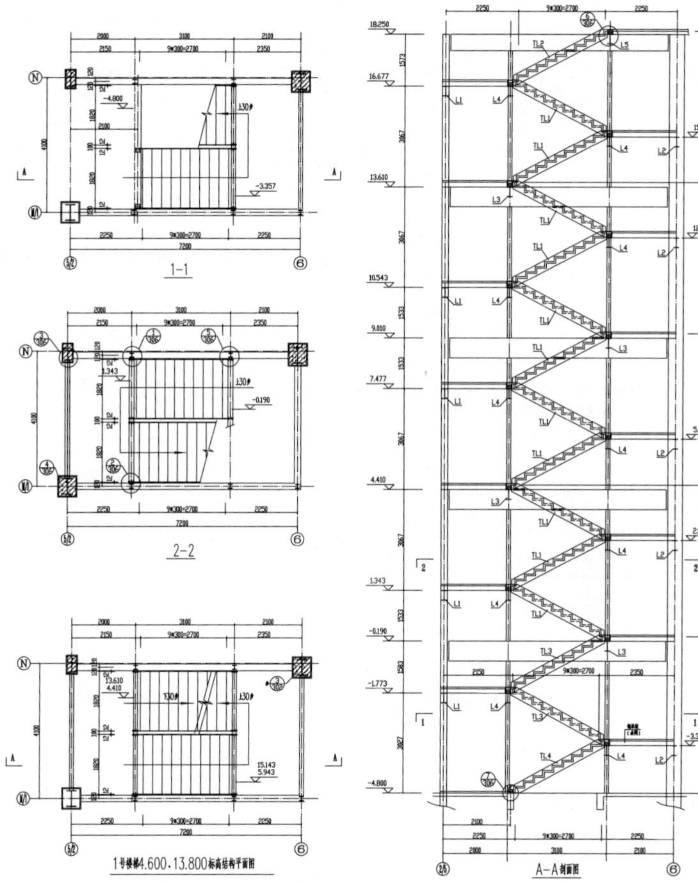

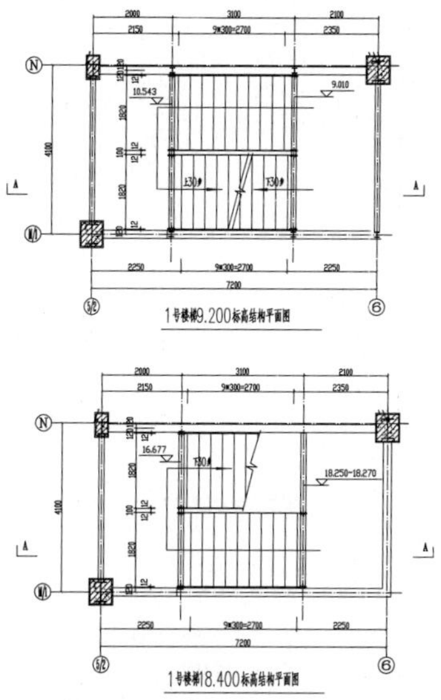

材料表

名称	数量	规格	材料	备注
L1	5	RH300*150*6.5*9	Q235	
L2	5	RH300*150*6.5*9	Q235	
L3	4	RH300*150*6.5*9	Q235	
L4	10	RH300*150*6.5*9	Q235	
L5	1	RH300*150*6.5*9	Q235	

注：所有楼梯连接板、加劲肋材质均为Q345.

说明：
1.楼梯踏面踢面均两根∅6钢筋，钢筋与钢板焊接.
2.楼梯间小短柱规格均为RH125*125*6.5*9.
材质均为Q345.B.
3.TL1～4材质均为Q345.

▲015-三跑楼梯图1

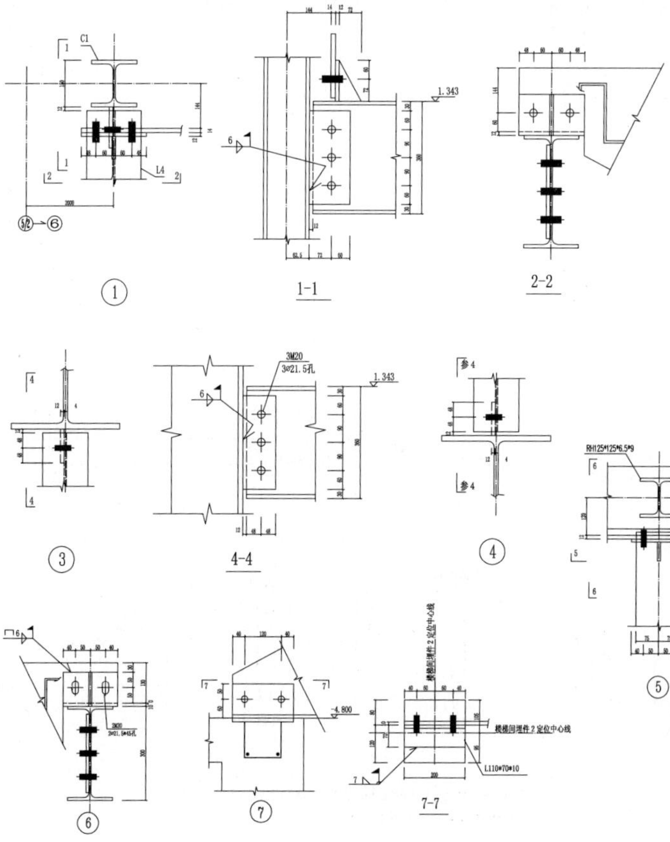

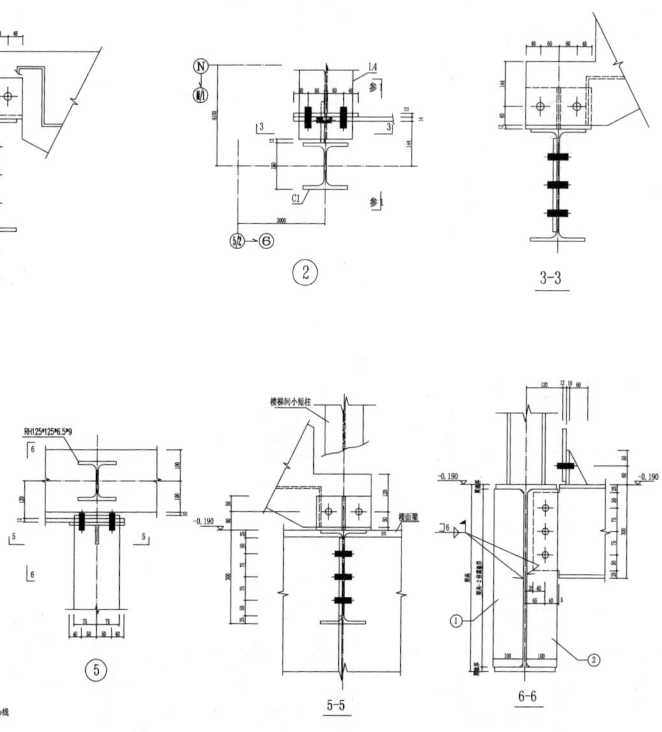

说明：
1.未注明板厚为10mm;未注明螺栓直径为20,对应孔径为21.5mm.

▲016-三跑楼梯图2

钢
梯

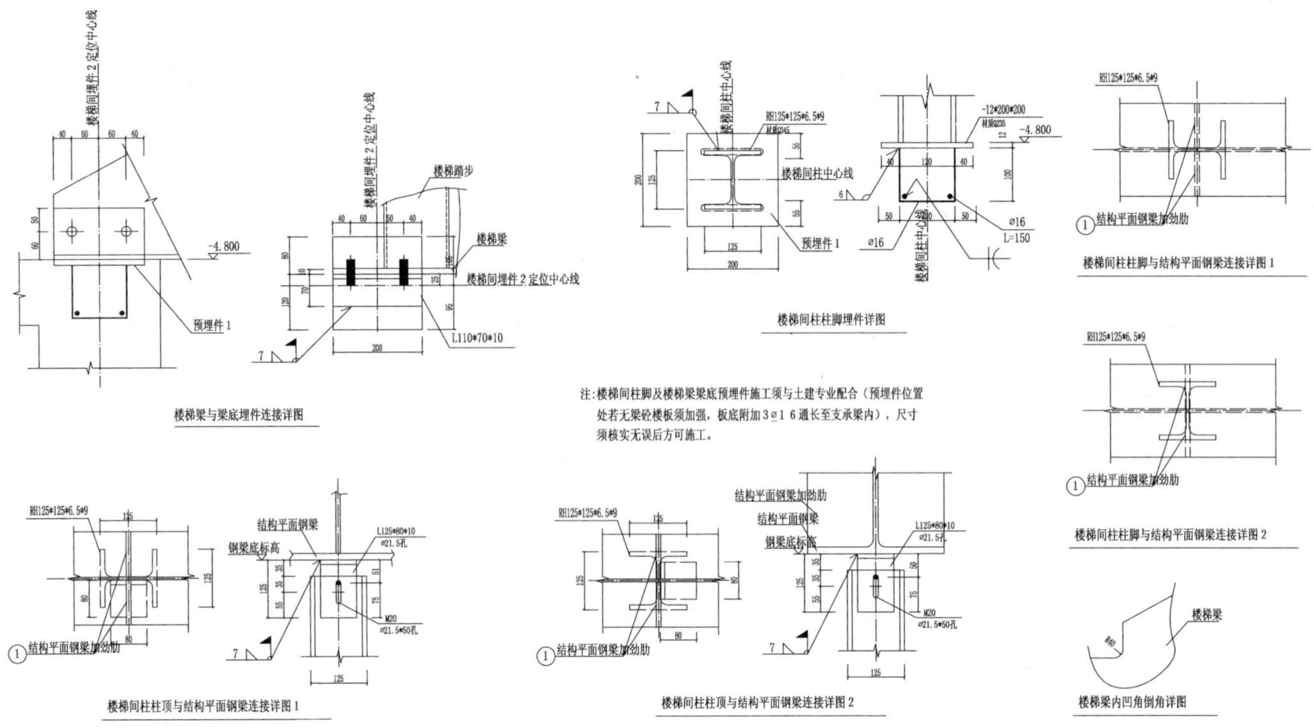
楼梯梁与梁底埋件连接详图
楼梯间柱柱脚埋件详图
楼梯间柱柱脚与结构平面钢梁连接详图 1
楼梯间柱柱脚与结构平面钢梁连接详图 2
楼梯间柱柱顶与结构平面钢梁连接详图 1
楼梯间柱柱顶与结构平面钢梁连接详图 2
楼梯梁内凹角倒角详图

注:楼梯间柱脚及楼梯梁梁底预埋件施工须与土建专业配合（预埋件位置处若无梁砼楼板须加强，板底附加3ø16通长至支承梁内），尺寸须核实无误后方可施工。

说明：　1.未注明板厚为10mm;未注明螺栓直径为20,对应孔 径为21．5mm.

▲017-三跑楼梯图3

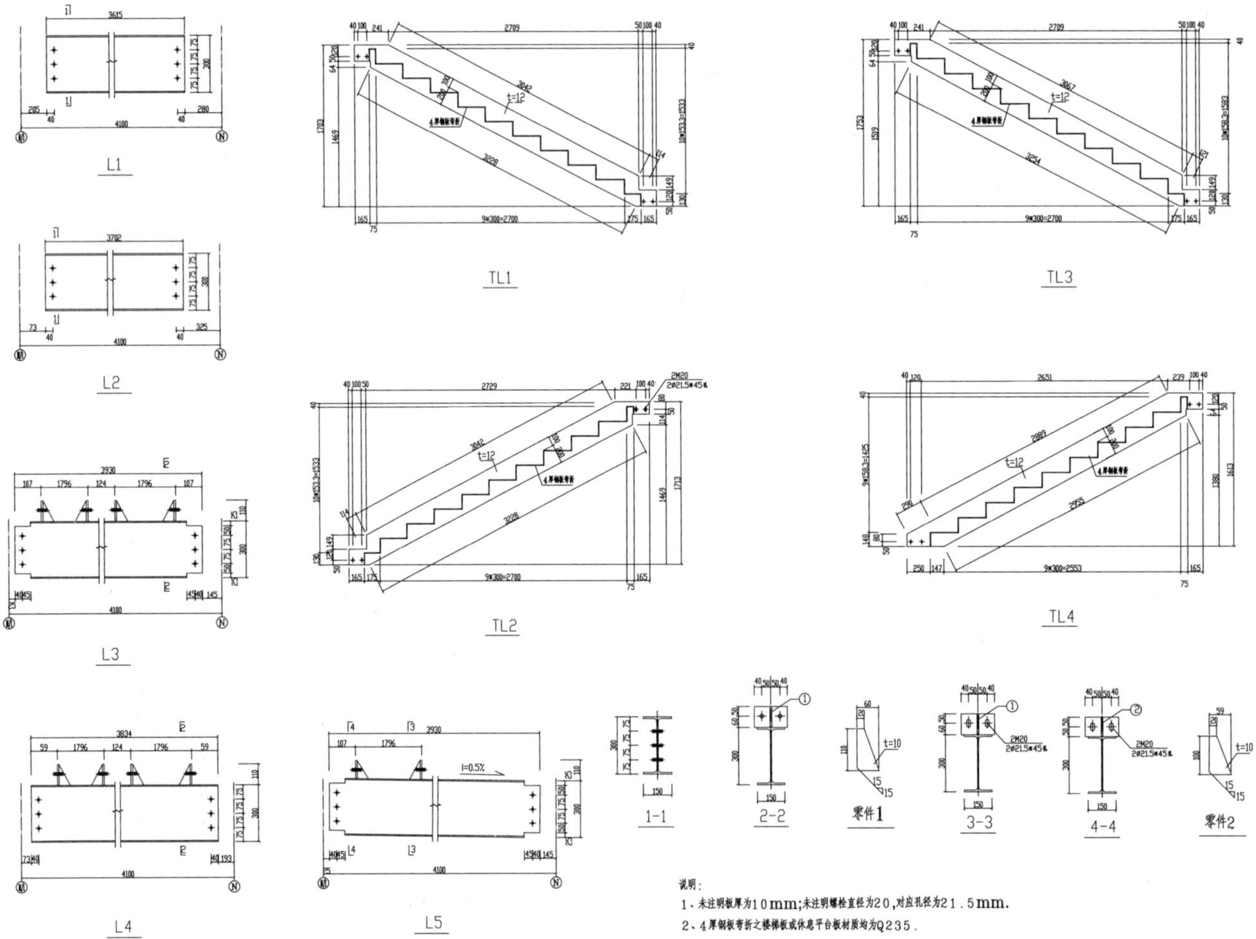
L1
L2
L3
L4
L5
TL1
TL2
TL3
TL4
1-1
2-2
3-3
4-4
零件1
零件2

说明：
1、未注明板厚为10mm;未注明螺栓直径为20,对应孔径为21.5mm.
2、4厚钢板弯折之楼梯板或休息平台板材质均为Q235.

▲018-三跑楼梯图4

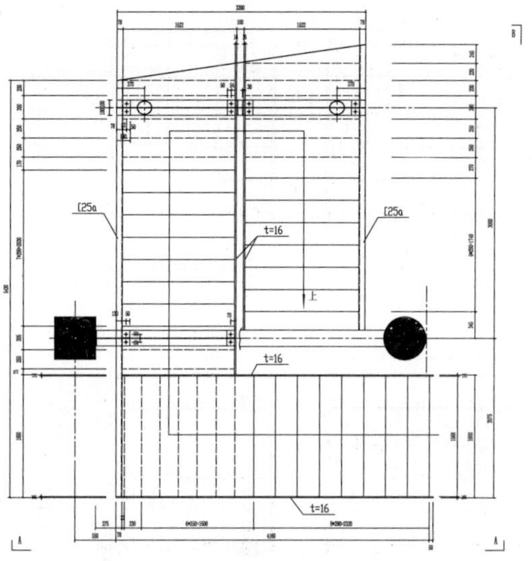

楼梯平面图

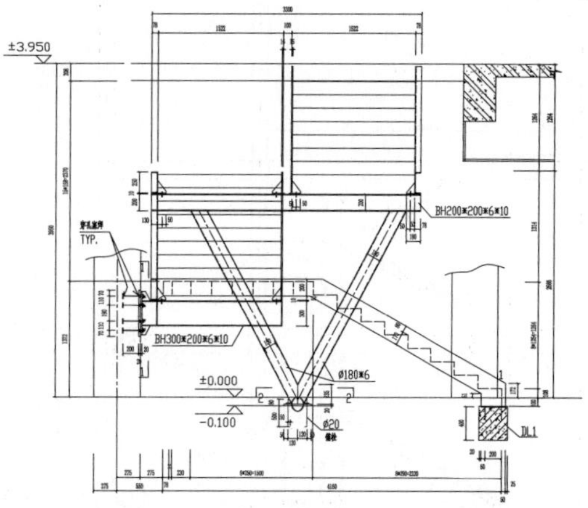

A-A

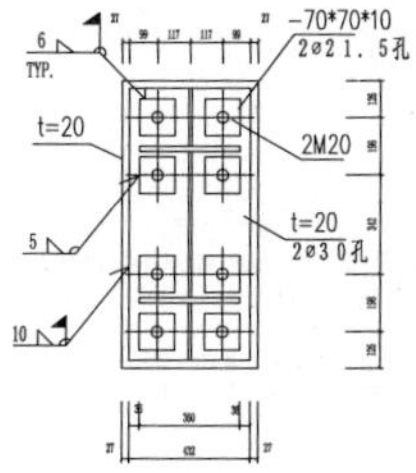

1-1

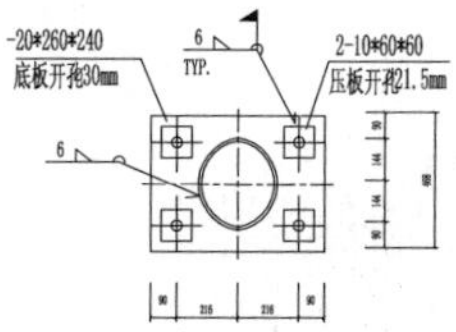

2-2

设计说明

一、本施工图图中所注尺寸除标高以米为单位外，其余均以毫米为单位。
二、材料
 1、本工程钢构件均采用Q235钢制作，结构钢应符合《GB700-88》规定之要求。
 2、焊条:手工焊时用E43系列焊条,其性能应符合《GB5117-85》的规定。
三、结构制造
 1、所有钢构件在制作前均1：1施工大样，复核无误后方可下料。
 2、焊接时应选择合理的焊接顺序，以减小钢结构中产生的焊接应力和变形，焊缝长度及高度除图中已注明外，其余均为满焊，对接焊缝检验等级为三级。焊缝高度：hf=5mm.
四、钢结构油漆和除锈
 1、所有钢构件均应彻底清除脏物及油污，严格除锈，手工应达st2级，喷砂应达sa2级。其要求见〈GBJ205-90〉。
 2、所有钢构件出厂前均需防锈底漆两度、面漆自定。
五、本工程按国家现行有关规范进行施工及验收。
六、其它。
 1.楼梯踏面踢面均两根ø6钢筋,钢筋与钢板焊接.
 2.未注明板厚为10mm;未注明螺栓直径为20,对应孔径为21.5mm.
 3.6厚钢板弯折之楼梯板或休息平台板材质均为Q235.

▲019-三折楼梯1

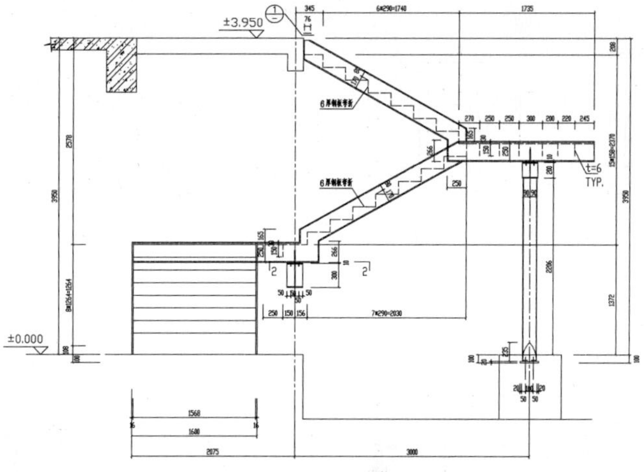

B-B

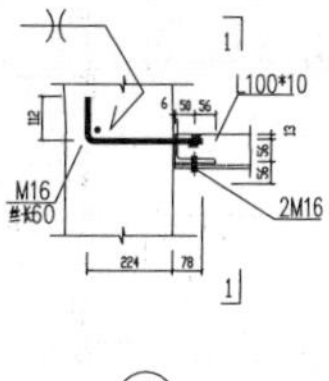

①

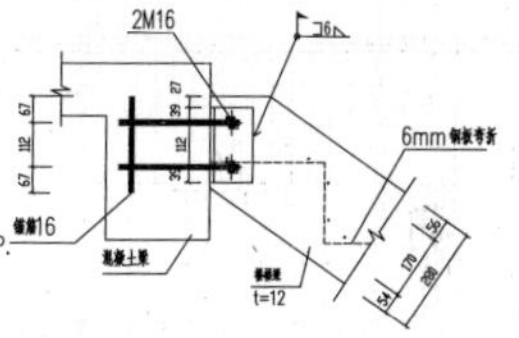

1-1

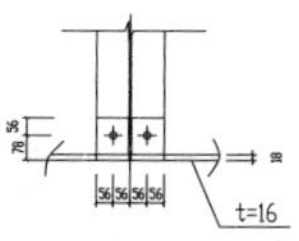

2-2

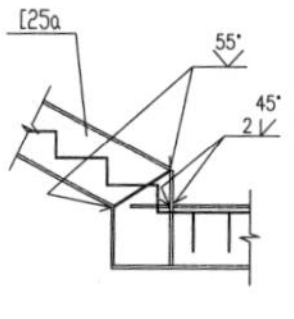

楼梯梁连接节点大样

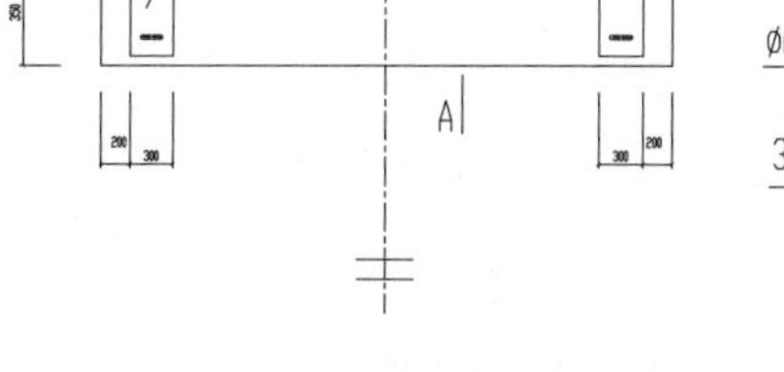

DL1

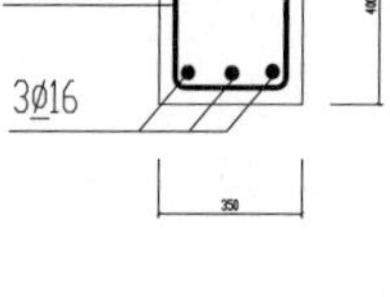

A-A

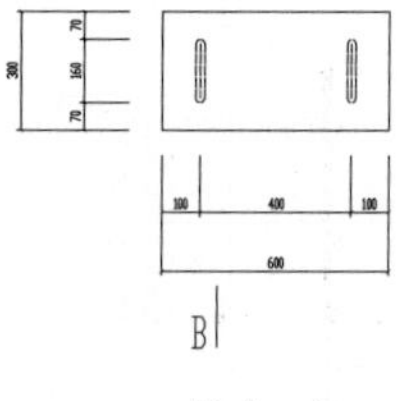

MJ-1

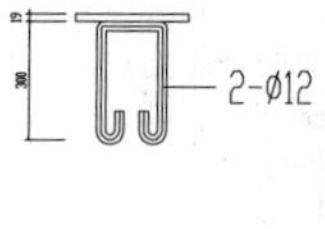

B-B

▲020-三折楼梯2

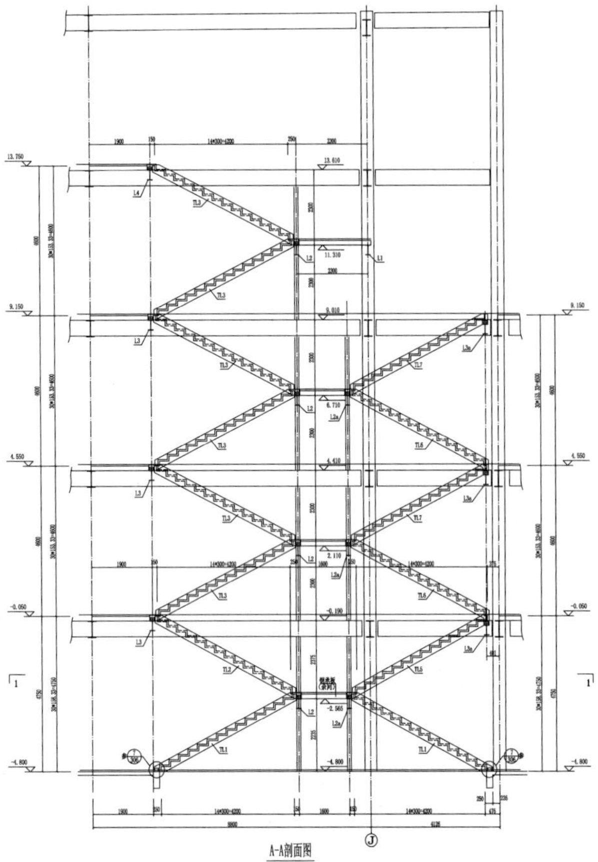

A-A剖面图

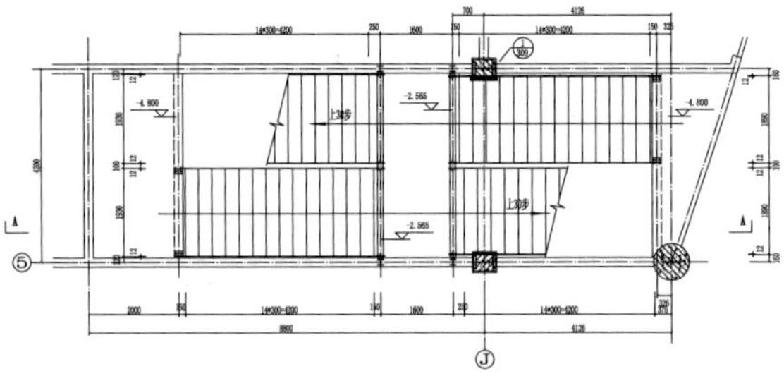

1-1

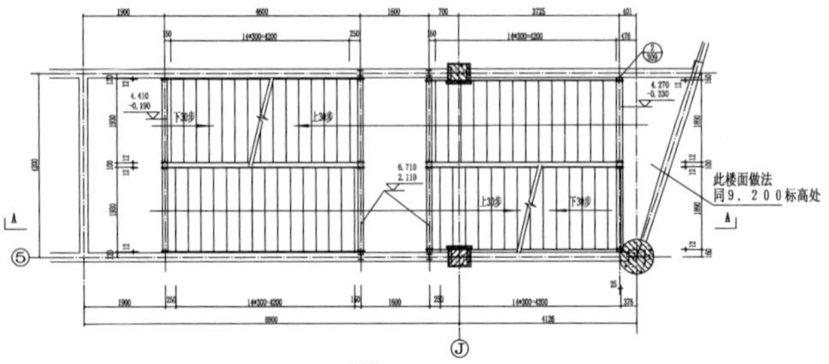

4.600
4号楼梯±0.000标高结构平面图

材料表

名称	数量	规格	材料	备注
L1	1	RH300*150*6.5*9	Q235	
L2	4	RH300*150*6.5*9	Q235	
L2a	3	RH300*150*6.5*9	Q235	
L3	3	RH300*150*6.5*9	Q235	
L3a	3	RH300*150*6.5*9	Q235	
L4	1	RH300*150*6.5*9	Q235	

注：所有楼梯连接板、加劲肋材质均为Q345.

说明：

1.楼梯踏面踢面均两根⌀6钢筋,钢筋与钢板焊接.
2.楼梯间小短柱规格均为RH125*125*6.5*9.
材质均为Q345.B.
3.楼梯标准连接节点详图见306～7图.
4.TL1～3详图3号楼梯TL1～3。

▲021-双剪1

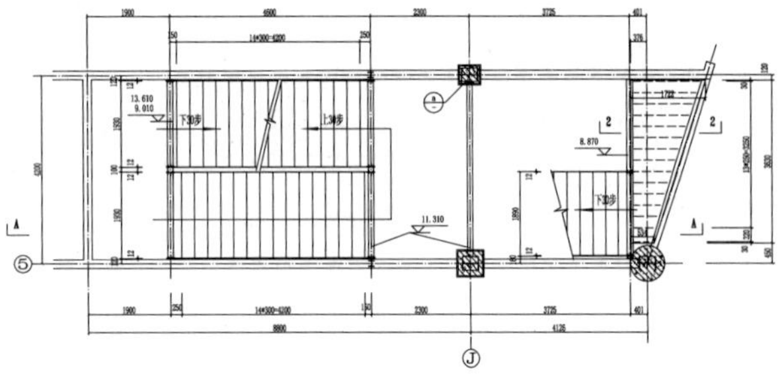

13.800
4号楼梯9.200标高结构平面图

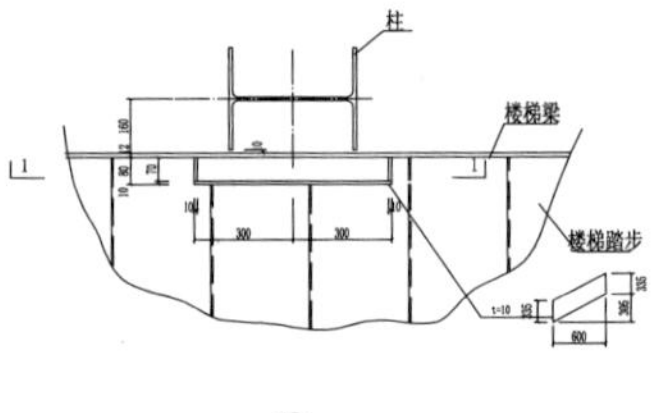

①

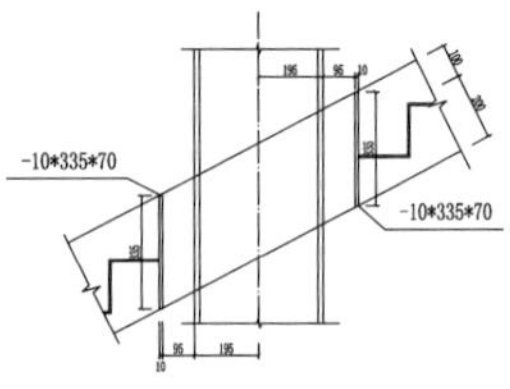

1-1

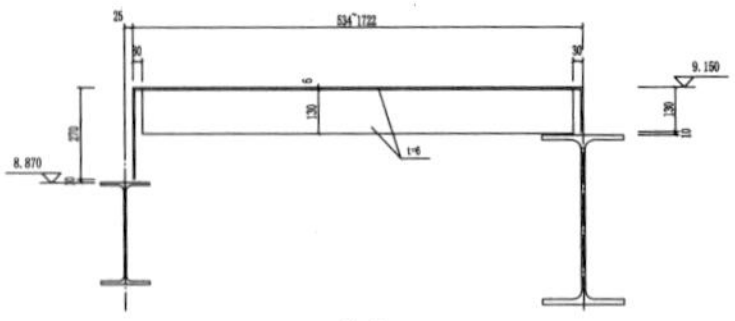

2-2

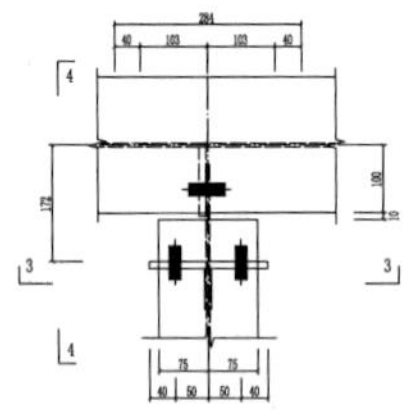

②

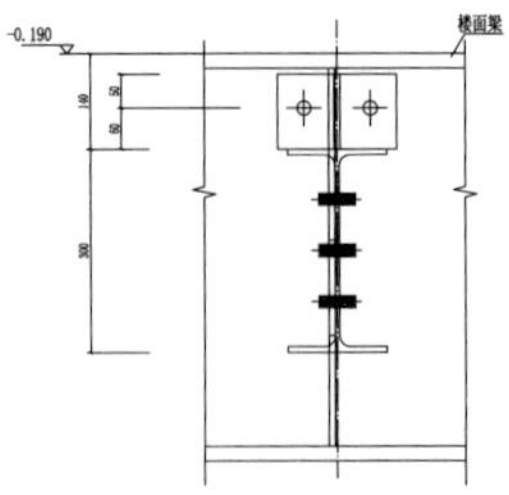

3-3

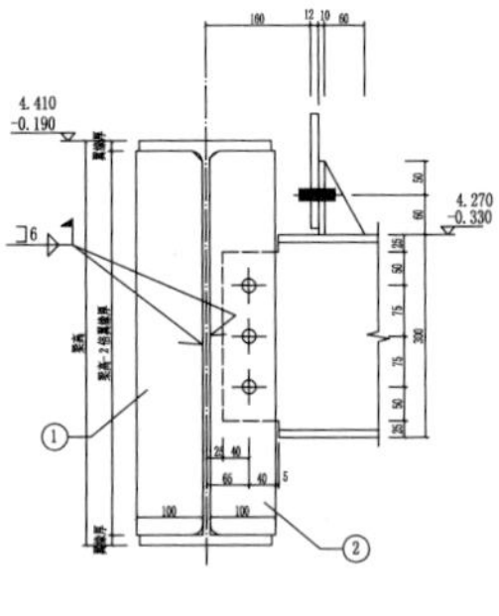

4-4

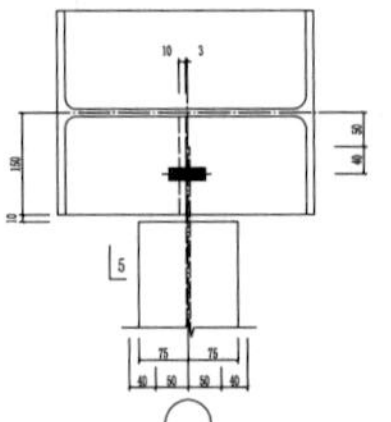

a

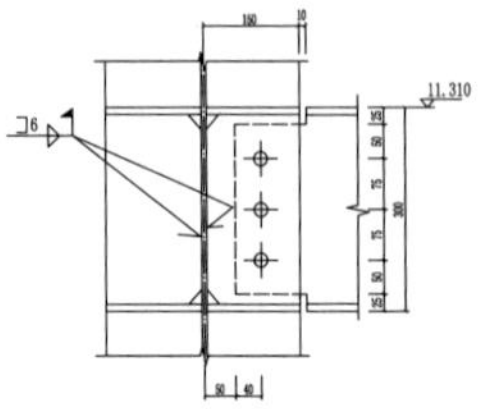

5-5

说明：

1.未注明板厚为10mm;未注明螺栓直径为20,对应孔径为21.5mm.

▲022-双剪2

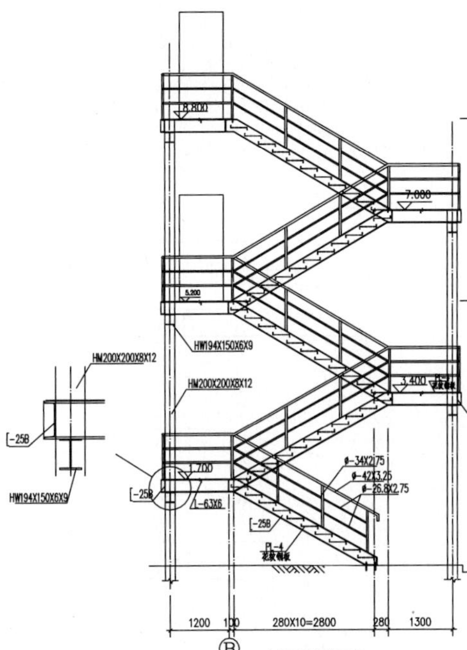

室外钢结构楼梯立面图1:50

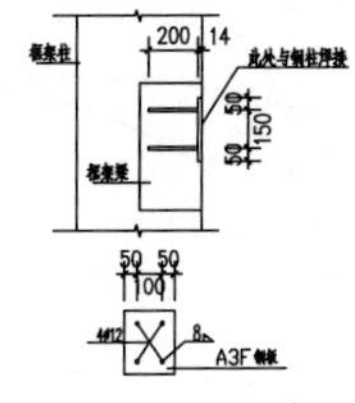

钢楼梯钢柱与框架梁连接预埋件大样

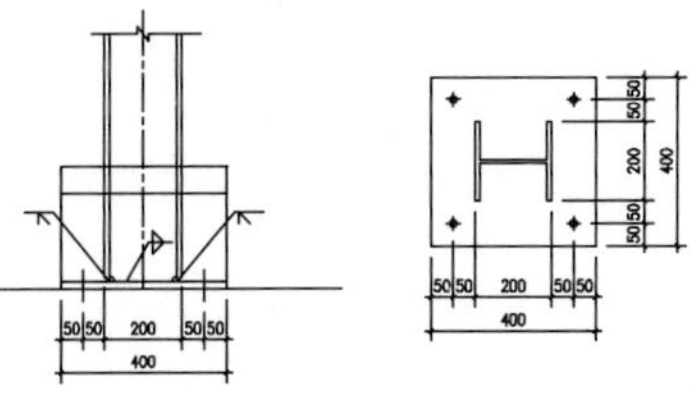

钢柱底板详图

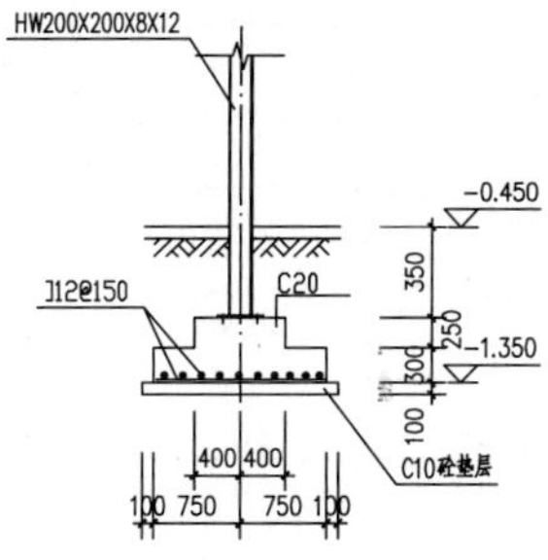

1-1

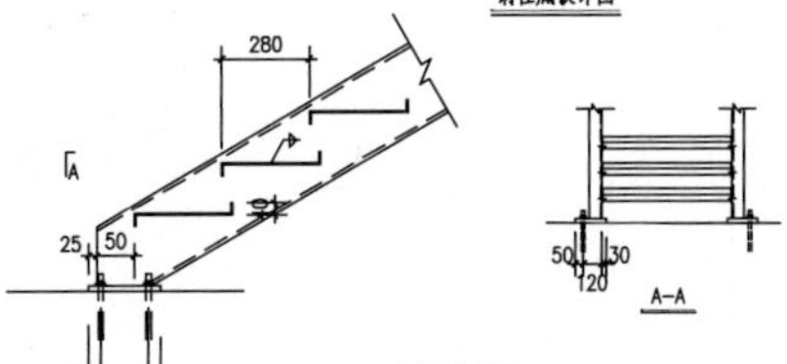

起始踏步详图

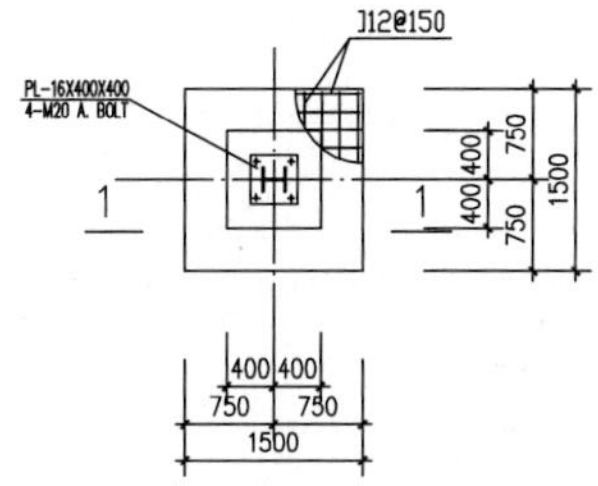

GZJ1

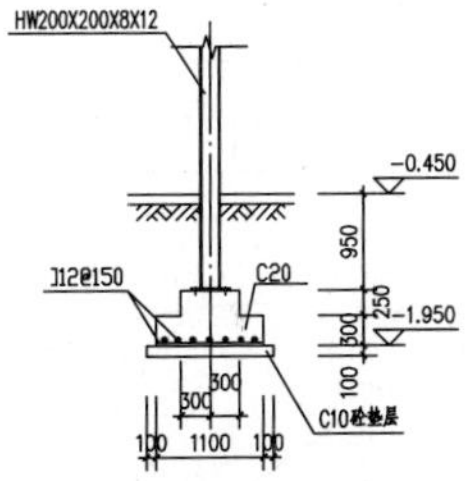

2-2

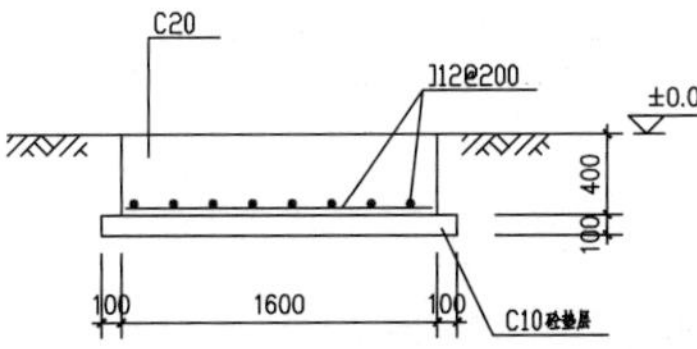

3-3

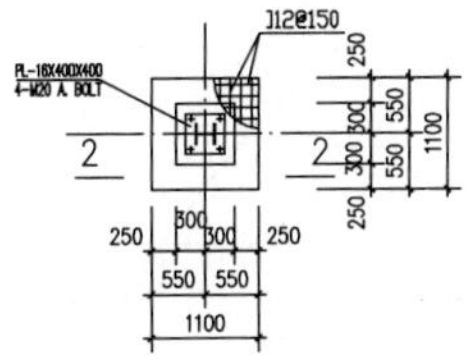

GZJ2

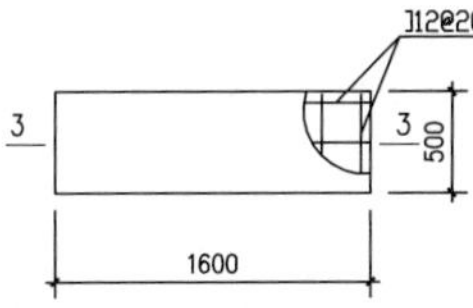

GZJ3

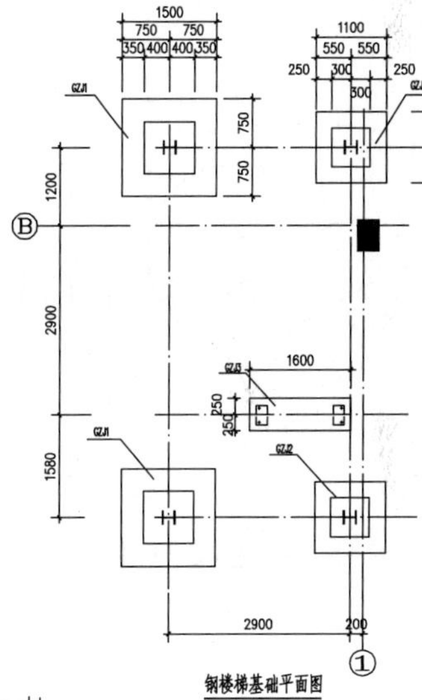

钢楼梯基础平面图

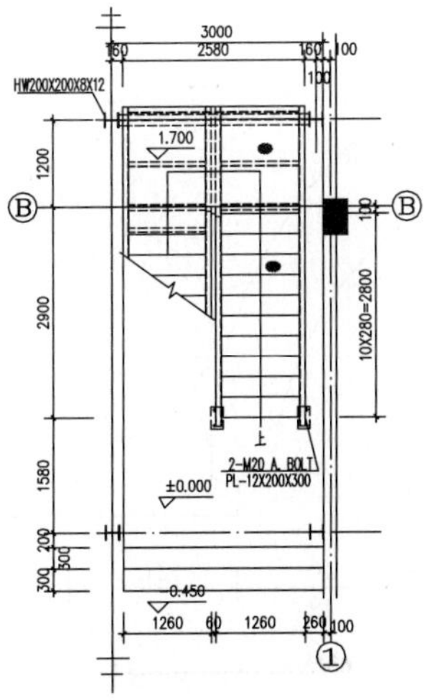

室外钢结构楼梯一层平面图1:50

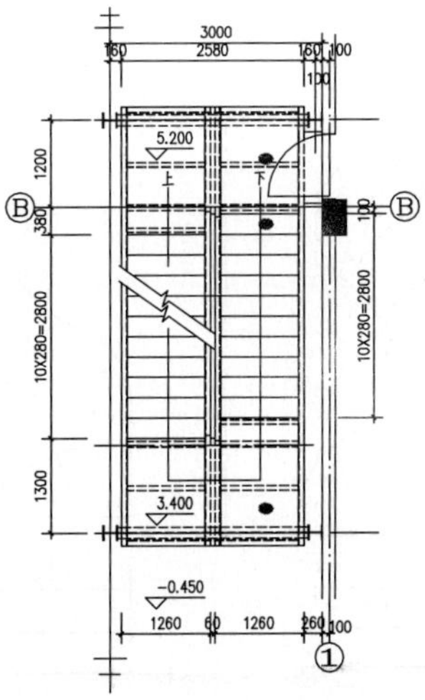

室外钢结构楼梯二层平面图1:50

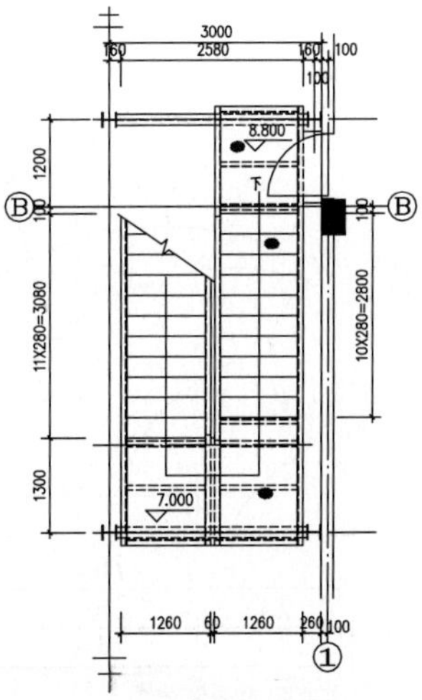

室外钢结构楼梯三层平面图1:50

基础工程说明

1.本工程采用柱下独立基础。
2.基础开挖完成后应请设计人员及其他有关部门技术人员现场验槽,合格后方可进行基础混凝土浇注。基础开挖后应尽量避免雨水浸泡、太阳暴晒,应及时浇捣并回填夯实。
3.基坑回填必须用中粗砂或干黏土，分层夯实，每层厚度不超过300mm。
4.基础底面土层用砂石垫层[中粗砂:碎石(2:1)]换土，砂石垫层须进入第2层持力土层300mm，砂石垫层宽度为b'>b+2Ztg30°,b'为砂石垫层的宽度，b为基础底面宽度，Z为砂石垫层厚度。
5.砂石垫层必须分层夯实，每层厚度不超过300mm。

钢结构说明

1.为了确保工程质量,加工应达到《钢结构工程施工及验收规范》的要求,施工要符合设计图纸的要求,除本要求外必须遵照国家现行的现行有关施工及验收规范
2.设计尺寸和标高
设计图采尺寸单位均以毫米计,标高以米计.
3.钢结构材料
(1) 设计图未注明的钢材均为Q235,所选的槽钢和H型钢除注明外均为普通型钢,钢材必须具备出厂证明,并有屈服强度和含碳量的合格保证.
(2) 采用手工焊时,钢结构采用E4301或E4303焊条
(3) 自动焊接和半自动焊接采用的焊丝和焊剂,应与主体金属的强度相匹配,焊丝应符合现行标准《焊接用钢丝》的规定,具体可由施工单位根据焊接选用
4.技术要求
(1) 本设计中未注明焊缝均为满焊,焊缝高度Hf=6mm.
(2) 在钢结构制作时,应采用合理的工艺,尽量减少由于焊接产生的残余应力,并采用合理的方法矫正误差
(3) 所有钢结构制品,在刷防锈油漆前,必须将构件表面的毛刺,铁锈,油污及附着物清除干净,手工除锈达到St2,机械除锈达到Sa2.
(4) 钢结构除锈干净后,用铁红醇酸底漆涂二度后再涂面漆为银灰色调和漆二度.

▲023-室外钢楼梯

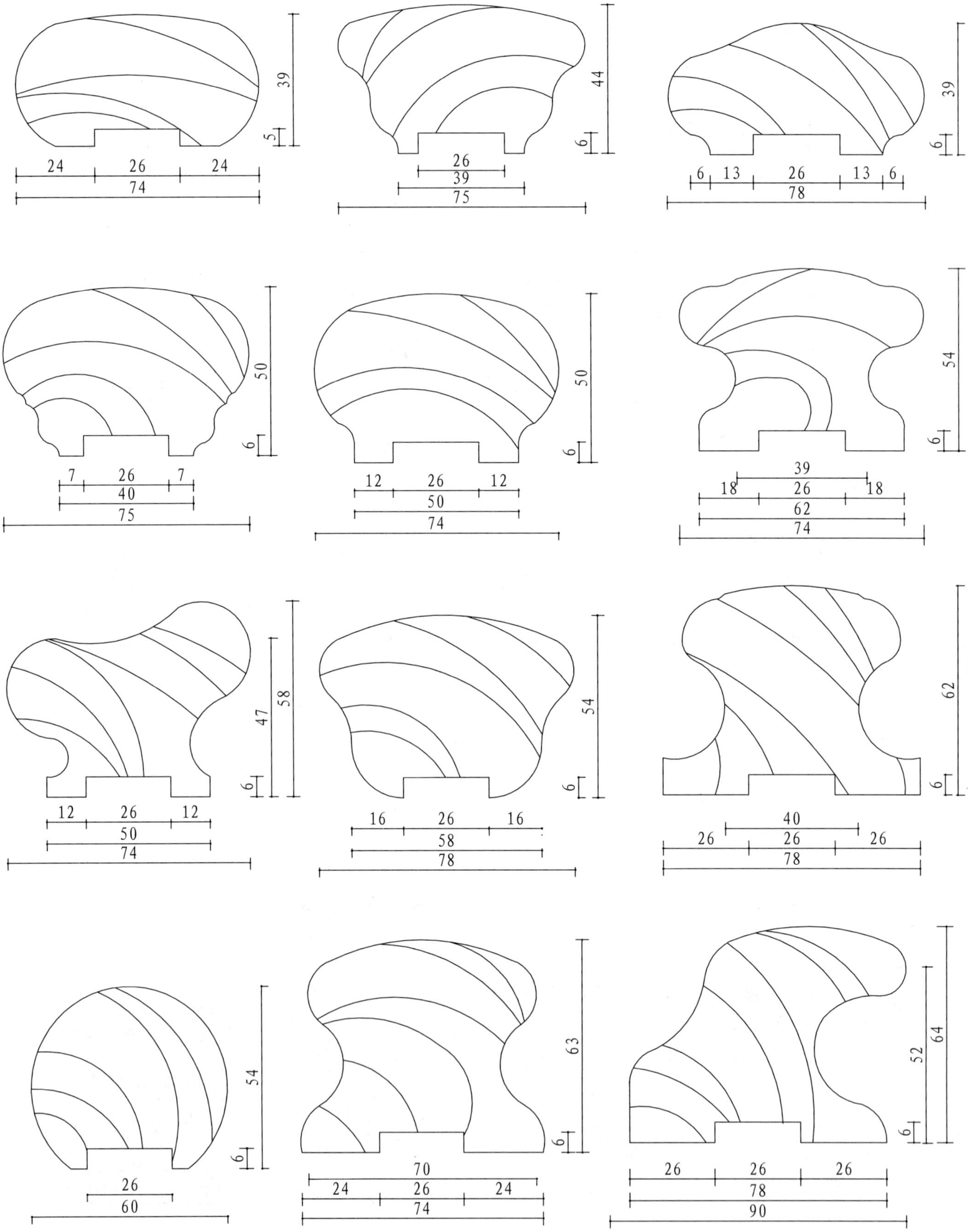
39
5
24 26 24
74
44
6
26
39
75
39
6
6 13 26 13 6
78
50
6
7 26 7
40
75
50
6
12 26 12
50
74
54
6
39
18 26 18
62
74
47
58
6
12 26 12
50
74
54
6
16 26 16
58
78
62
6
40
26 26 26
78
54
6
26
60
63
6
70
24 26 24
74
52
64
6
26 26 26
78
90

▲001-扶手详图

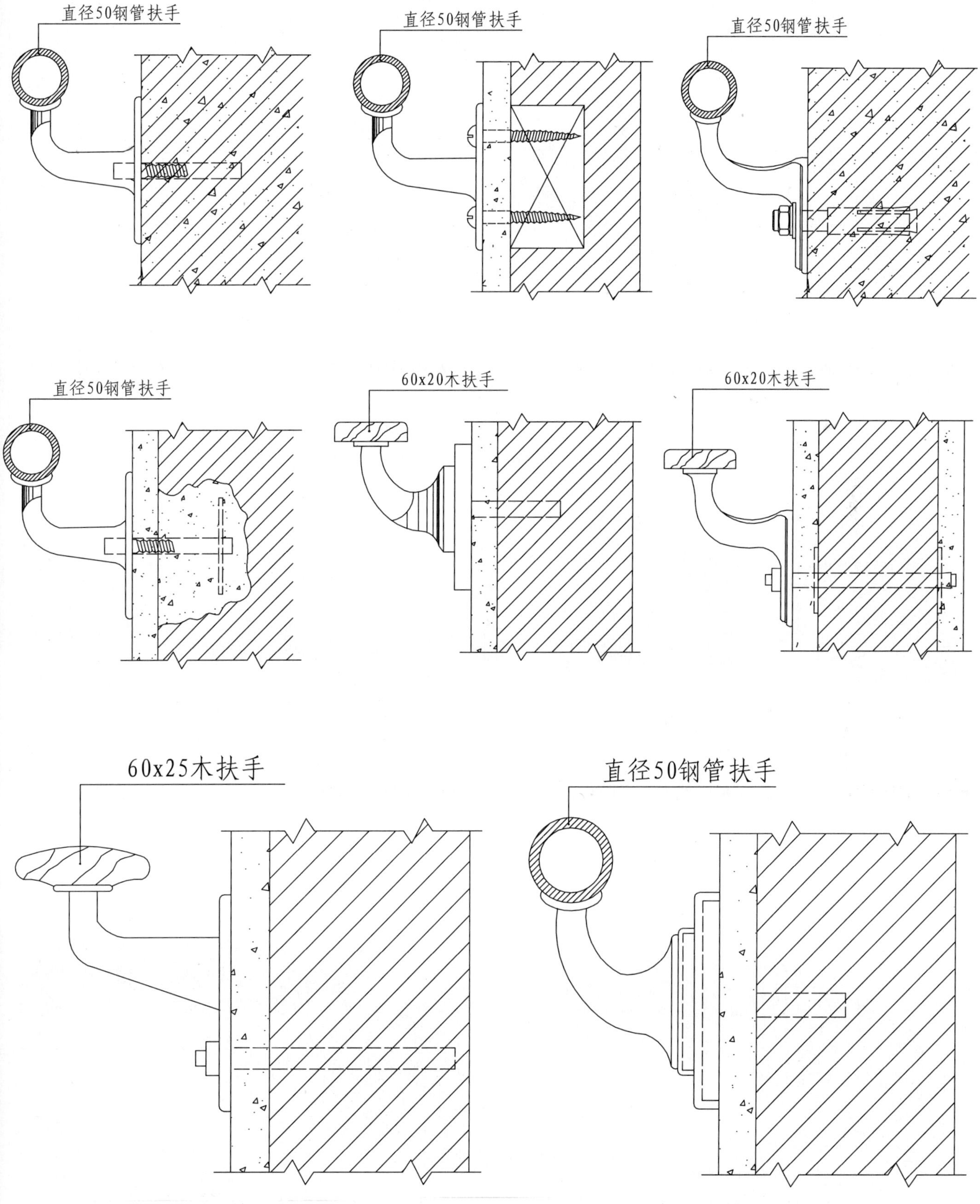
直径50钢管扶手
直径50钢管扶手
直径50钢管扶手
直径50钢管扶手
60x20木扶手
60x20木扶手
60x25木扶手
直径50钢管扶手

▲002-扶手与墙体连接详图

▲003-楼梯栏杆详图01

▲004-楼梯栏杆详图02

▲005-楼梯栏杆详图03

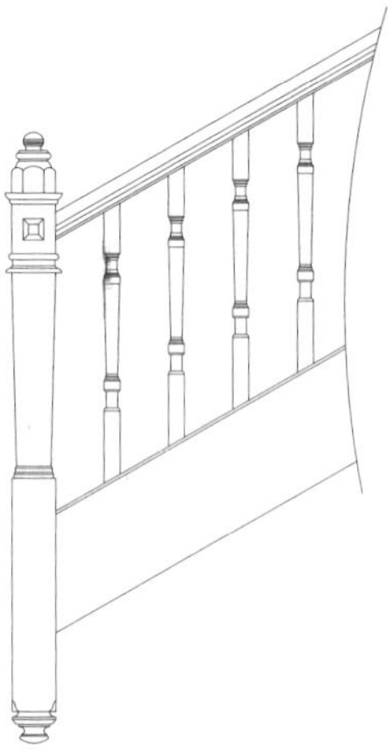

▲006-楼梯栏杆详图04

▲007-楼梯栏杆详图05

▲008-楼梯栏杆详图06

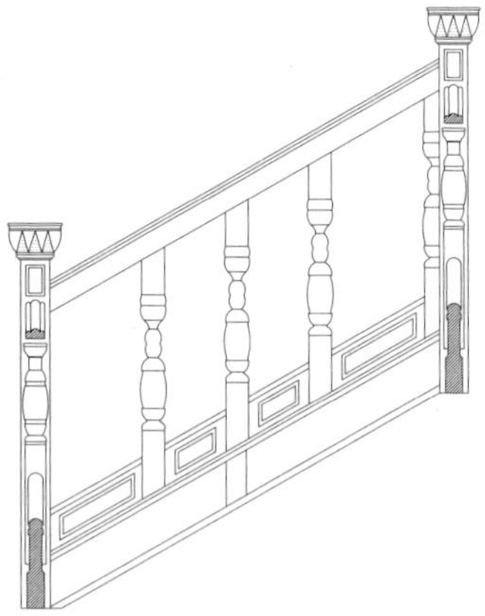

▲009-楼梯栏杆详图07

▲010-楼梯栏杆详图08

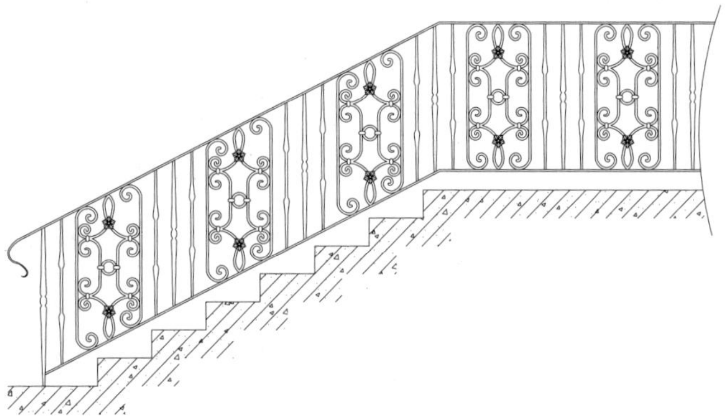

▲011-楼梯栏杆详图09

▲012-楼梯栏杆详图10

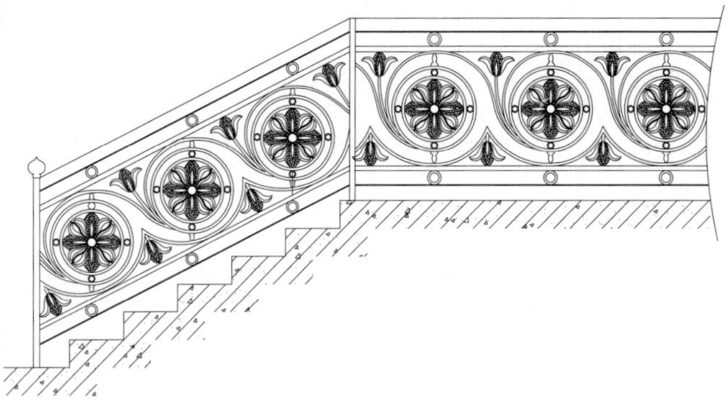

▲013-楼梯栏杆详图11

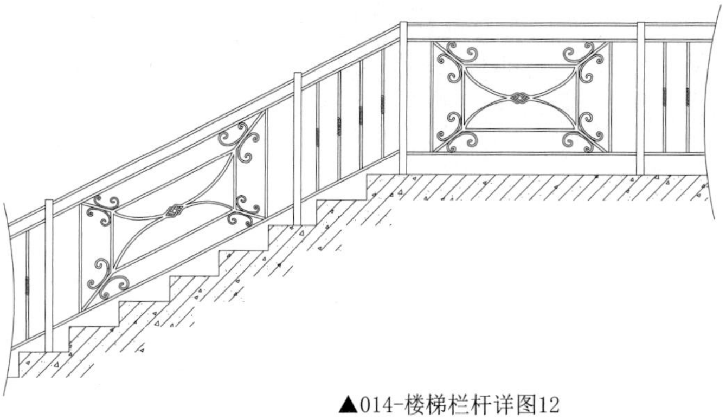

▲014-楼梯栏杆详图12

▲015-楼梯栏杆详图13

▲016-楼梯栏杆详图14

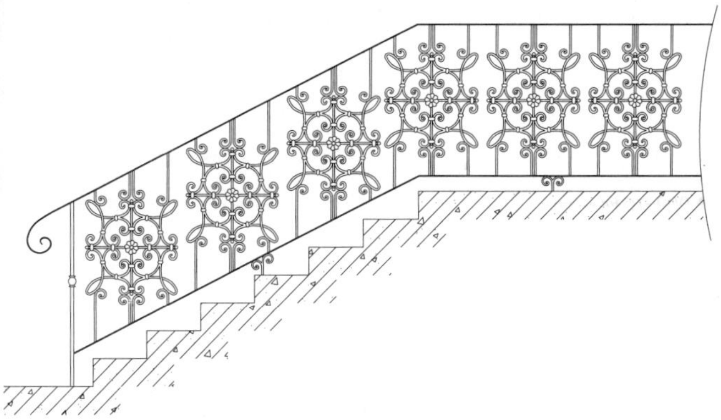

▲017-楼梯栏杆详图15

▲018-楼梯栏杆详图16

▲019-楼梯栏杆详图17

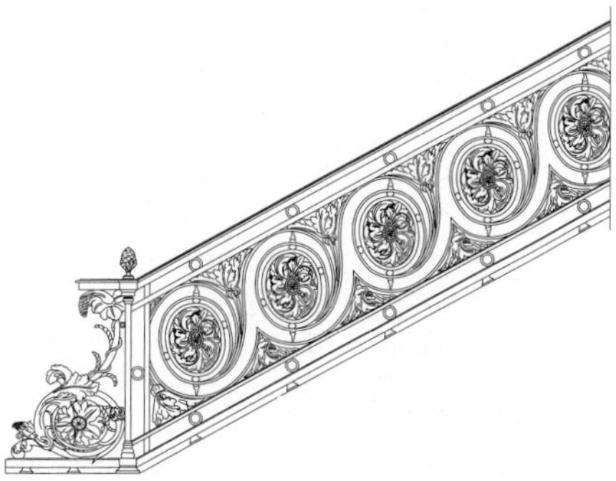

▲020-楼梯栏杆详图18

▲021-楼梯栏杆详图19

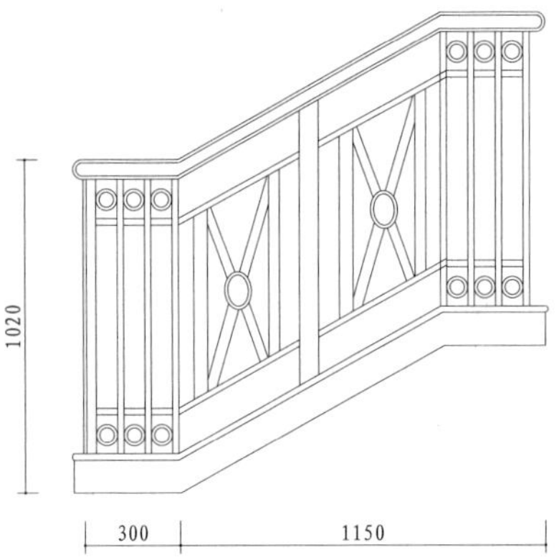

▲022-楼梯栏杆详图20

▲023-楼梯栏杆详图21

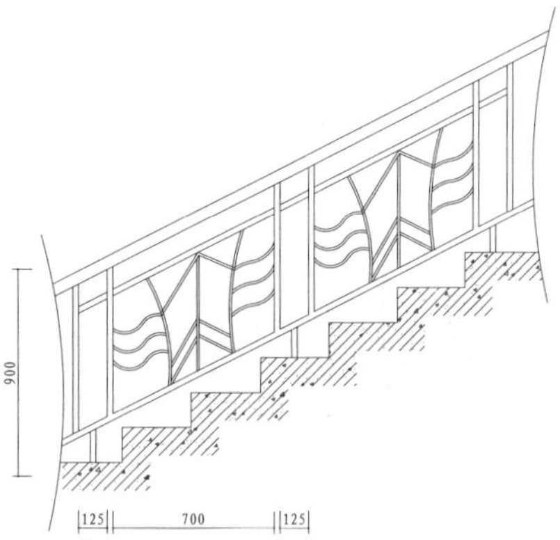

▲024-楼梯栏杆详图22

▲025-楼梯栏杆详图23

▲026-楼梯栏杆详图24

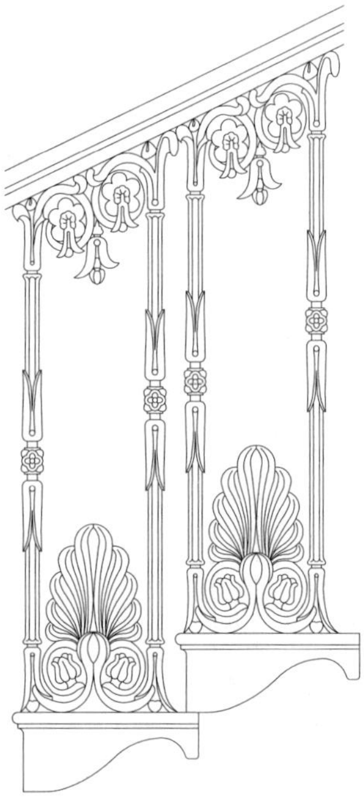

▲027-楼梯栏杆详图25

▲028-楼梯栏杆详图26

▲029-楼梯栏杆详图27

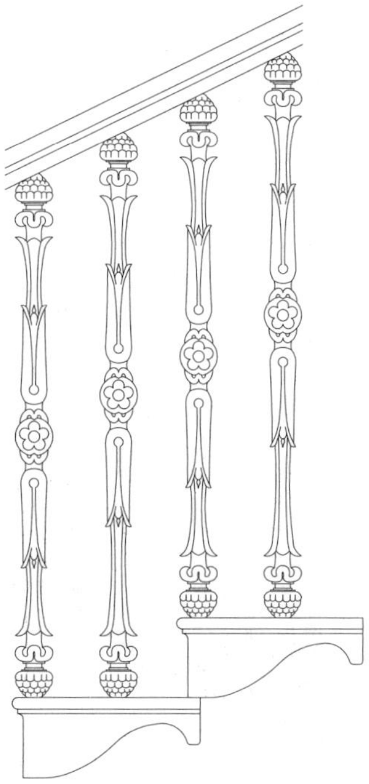

▲030-楼梯栏杆详图28

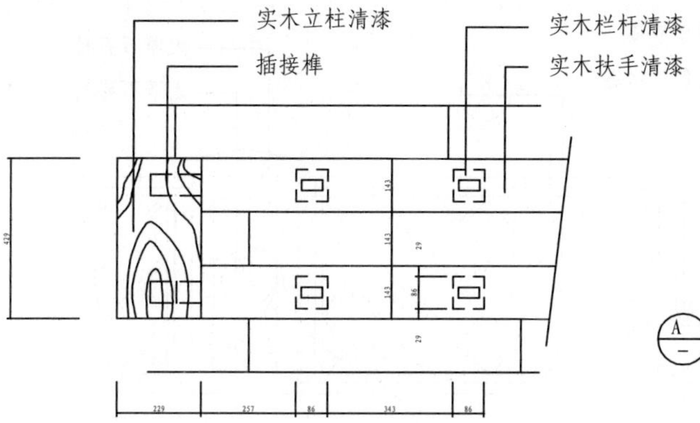
实木立柱清漆
插接榫
实木栏杆清漆
实木扶手清漆

A SECTION 剖面图

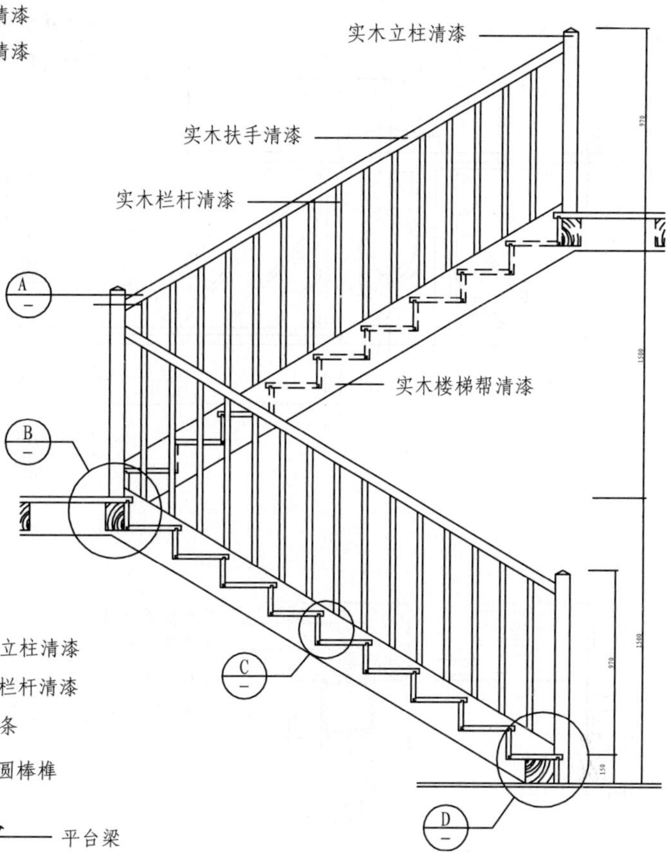
实木立柱清漆
实木扶手清漆
实木栏杆清漆
实木楼梯帮清漆

ELEVATION 立面图

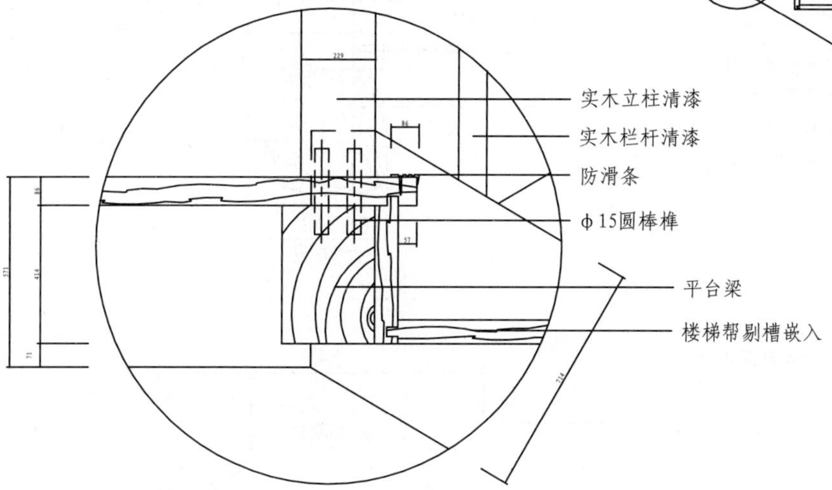
实木立柱清漆
实木栏杆清漆
防滑条
ϕ15圆棒榫
平台梁
楼梯帮剔槽嵌入

B DETAIL 大样图

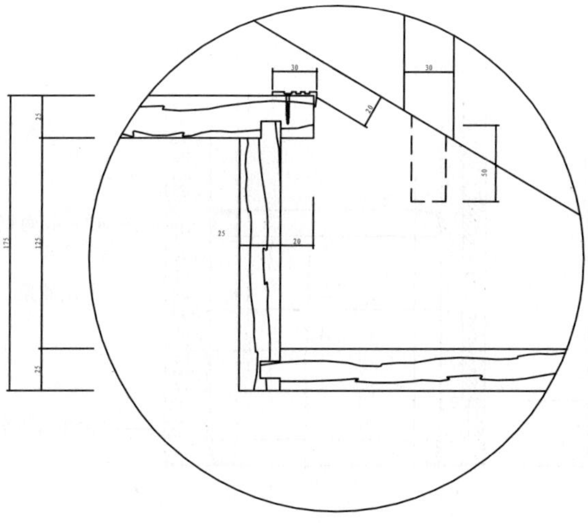

C DETAIL 大样图

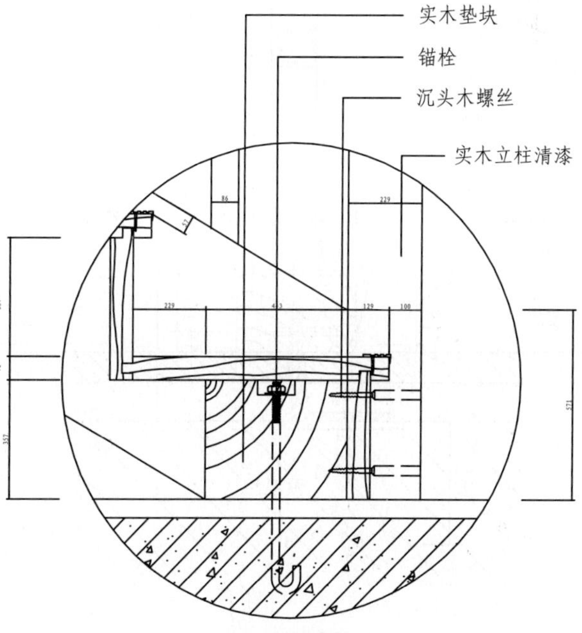
实木垫块
锚栓
沉头木螺丝
实木立柱清漆

D DETAIL 大样图

▲031-螺旋楼梯栏杆详图1

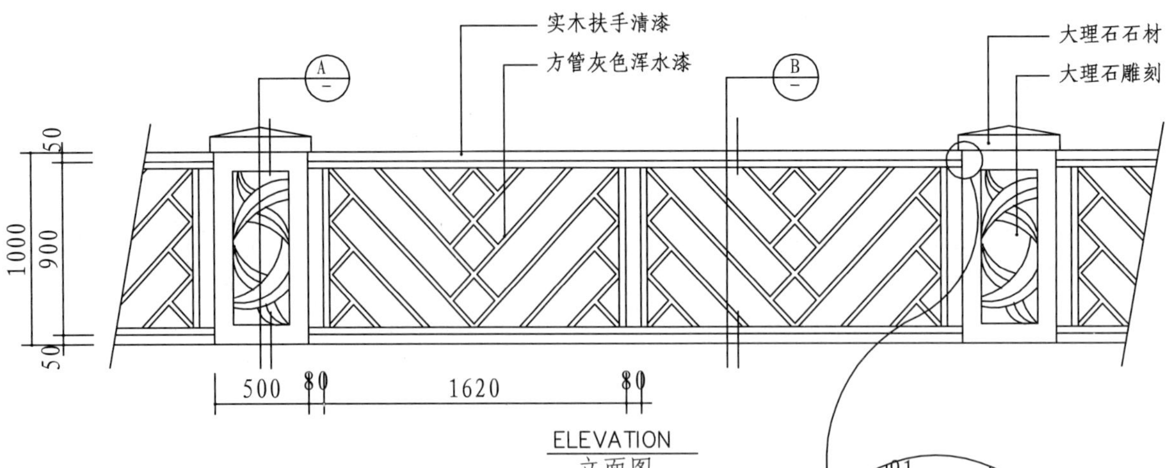
实木扶手清漆
方管灰色浑水漆
大理石石材
大理石雕刻
ELEVATION
立面图

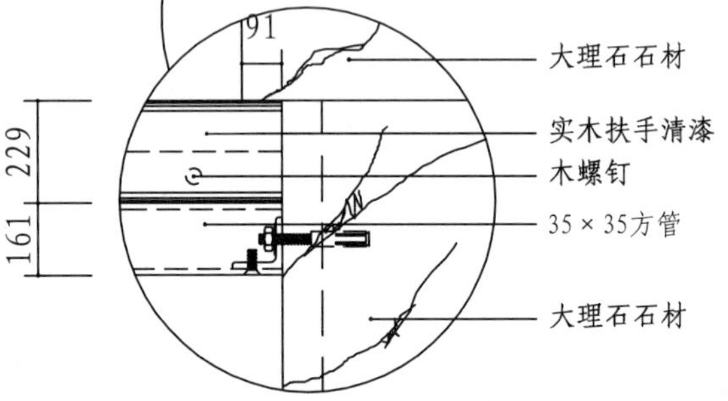
大理石石材
实木扶手清漆
木螺钉
35×35方管
大理石石材
DETAIL
大样图

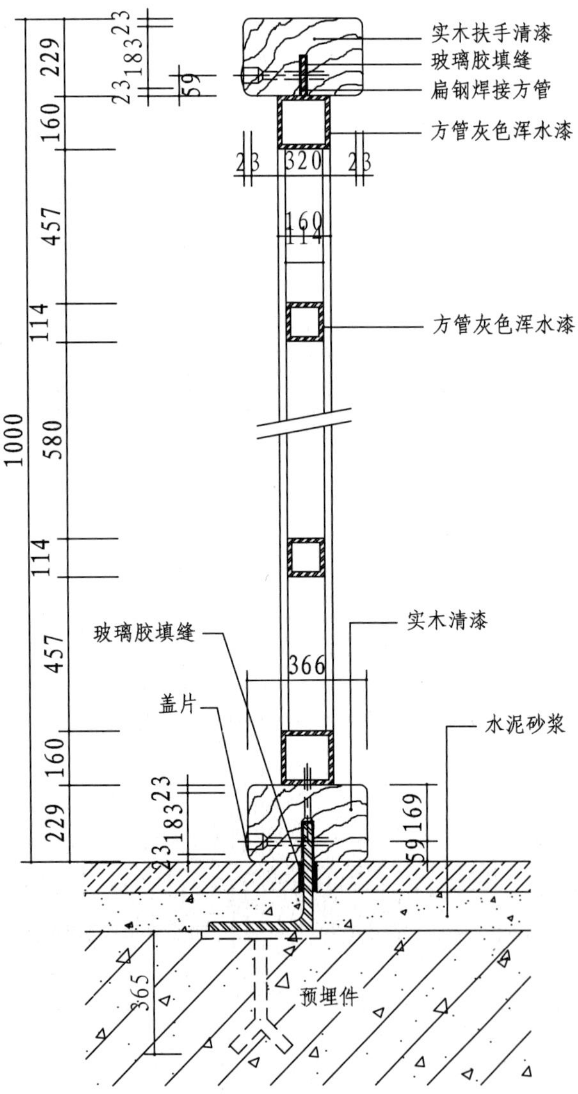
实木扶手清漆
玻璃胶填缝
扁钢焊接方管
方管灰色浑水漆
方管灰色浑水漆
实木清漆
玻璃胶填缝
盖片
水泥砂浆
预埋件
SECTION
剖面图

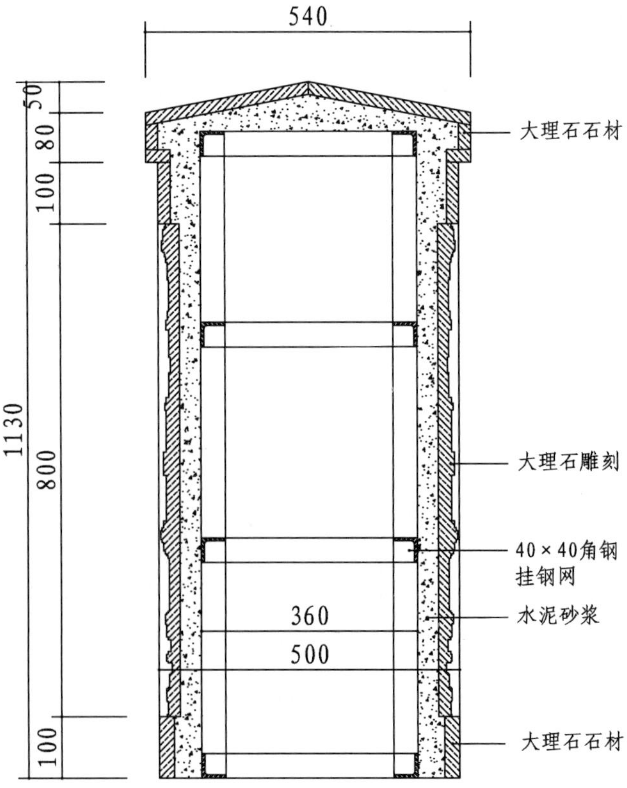
大理石石材
大理石雕刻
40×40角钢
挂钢网
水泥砂浆
大理石石材
SECTION
剖面图

▲032-螺旋楼梯栏杆详图2

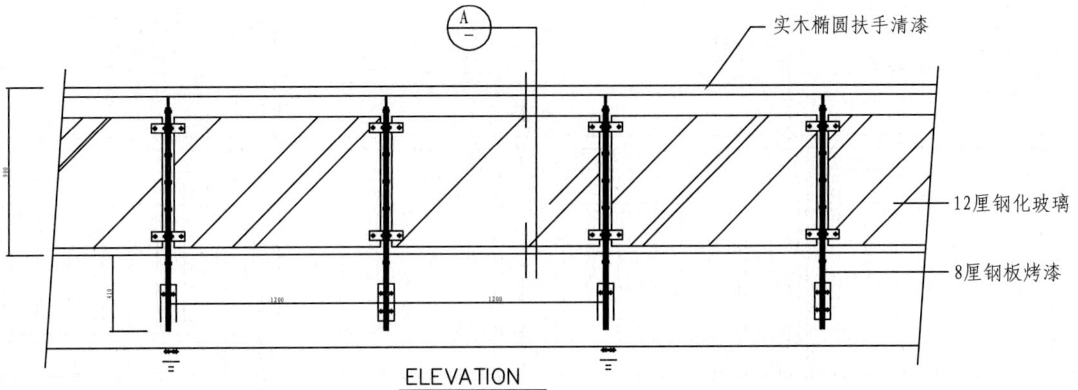

ELEVATION
立面图

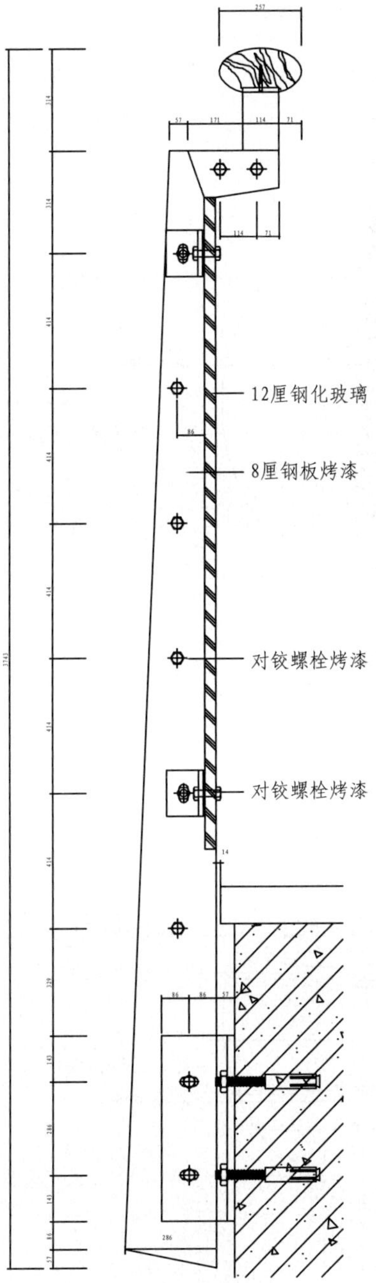

A SECTION
剖面图

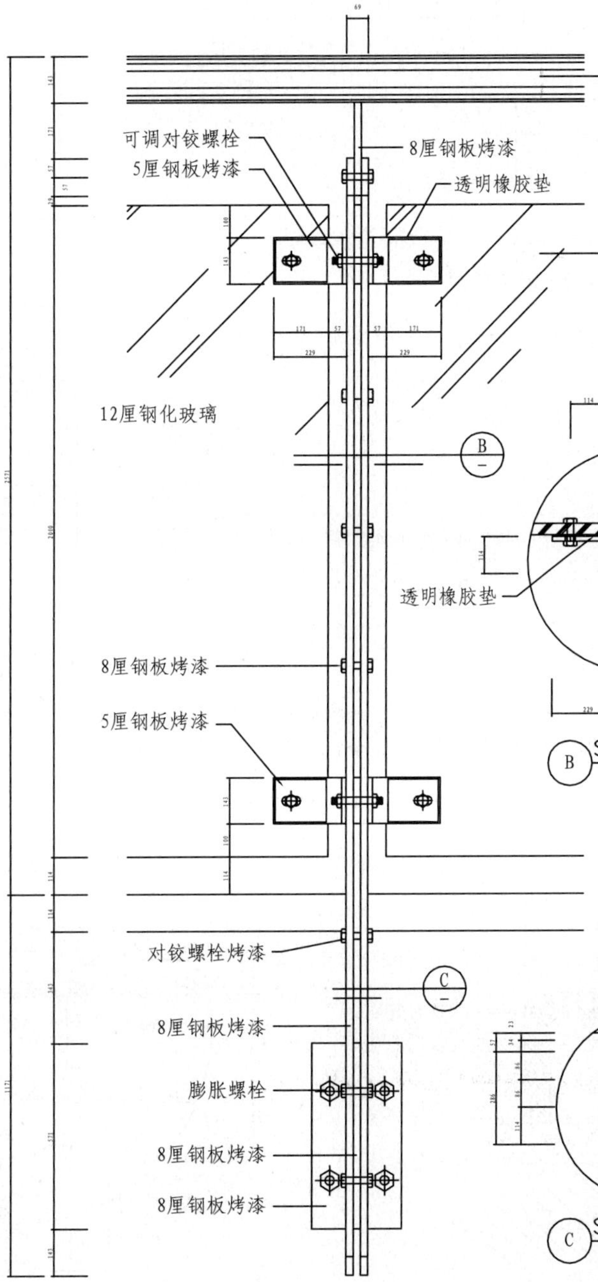

DETAIL
大样图

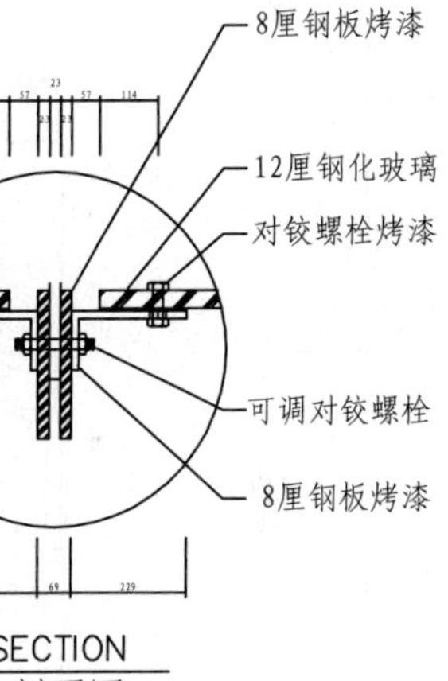

B SECTION
剖面图

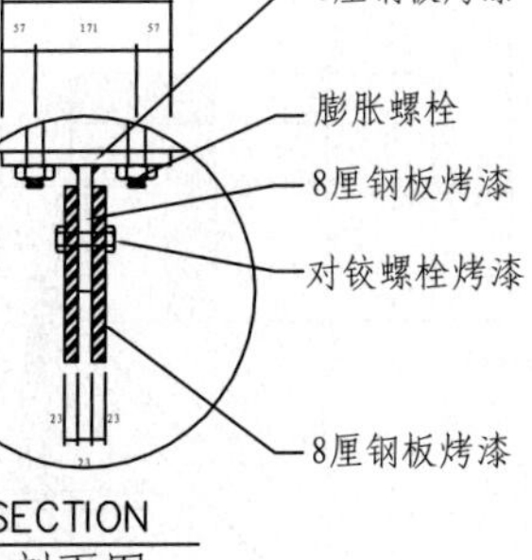

C SECTION
剖面图

▲033-螺旋楼梯栏杆详图3

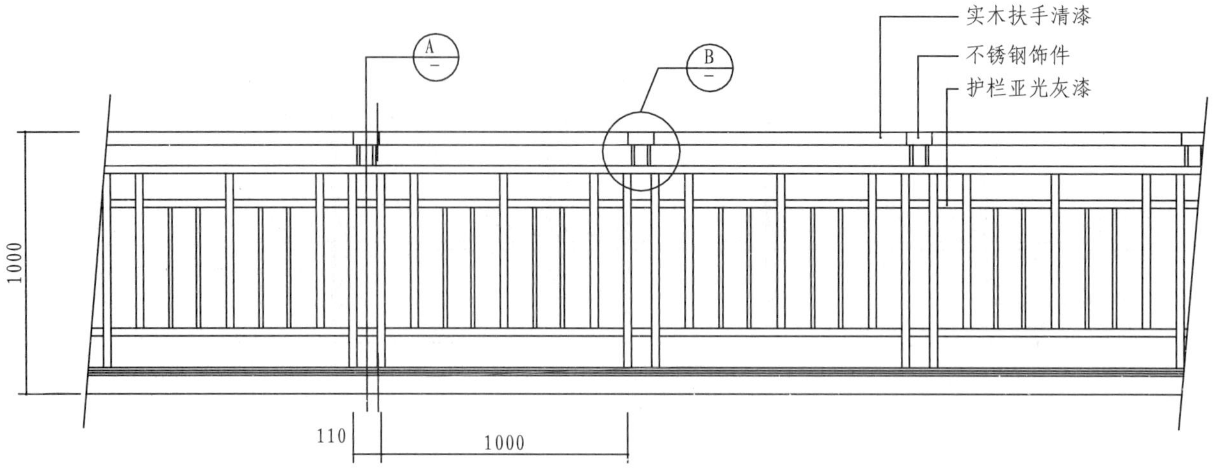
A
B
实木扶手清漆
不锈钢饰件
护栏亚光灰漆
1000
110
1000
ELEVATION
立面图

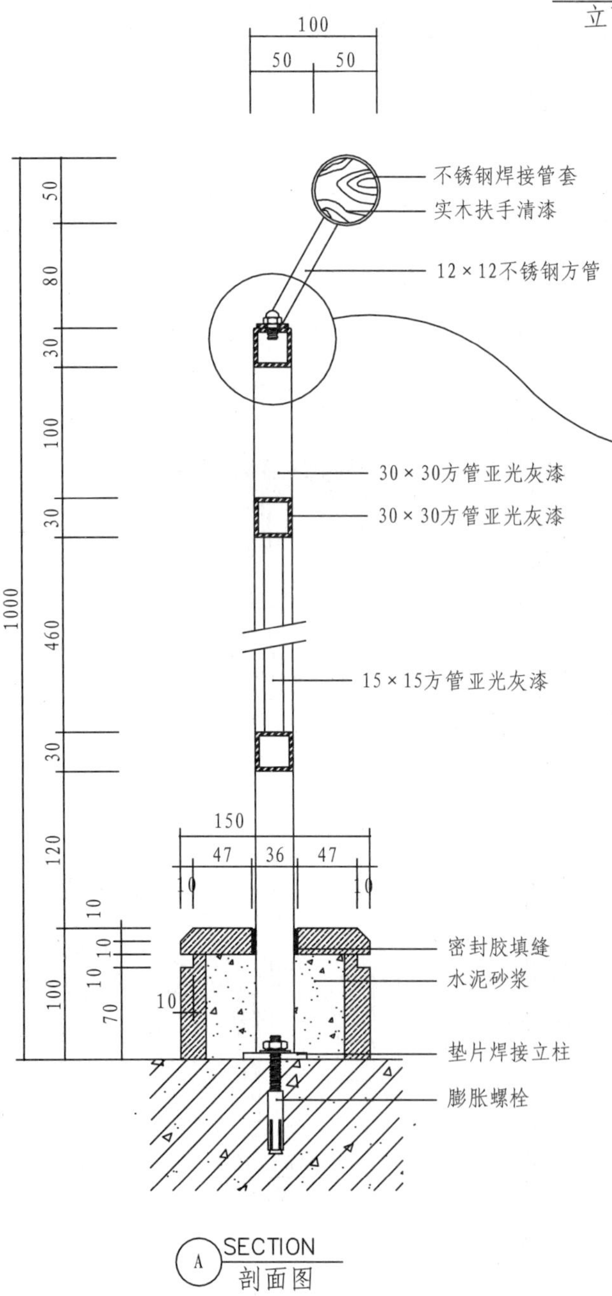
100
50
50
不锈钢焊接管套
实木扶手清漆
12×12不锈钢方管
30×30方管亚光灰漆
30×30方管亚光灰漆
15×15方管亚光灰漆
1000
50
80
30
100
30
460
30
120
100
150
47
36
47
密封胶填缝
水泥砂浆
垫片焊接立柱
膨胀螺栓
SECTION
剖面图

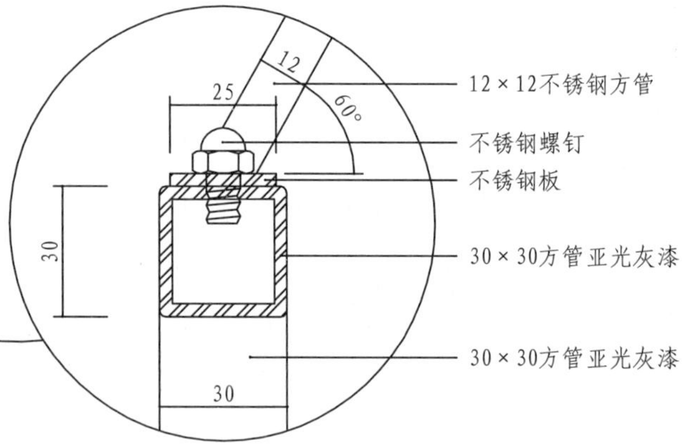
12
25
60°
12×12不锈钢方管
不锈钢螺钉
不锈钢板
30×30方管亚光灰漆
30×30方管亚光灰漆
30
30
DETAIL
大样图

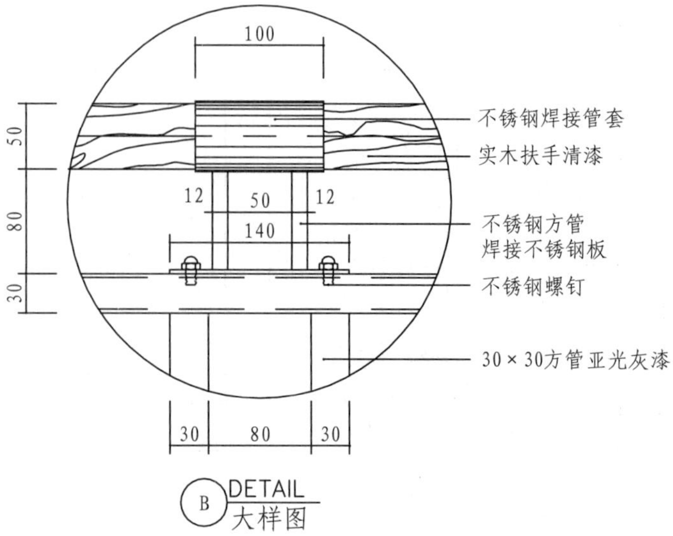
100
不锈钢焊接管套
实木扶手清漆
12
50
12
140
不锈钢方管
焊接不锈钢板
不锈钢螺钉
30×30方管亚光灰漆
50
80
30
30
80
30
DETAIL
大样图

▲034-螺旋楼梯栏杆详图4

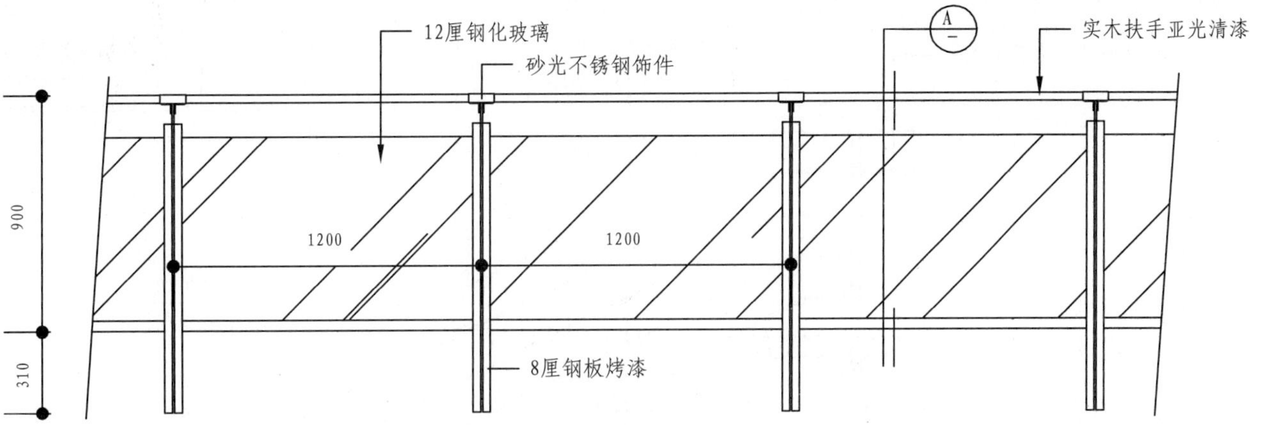

12厘钢化玻璃
砂光不锈钢饰件
实木扶手亚光清漆
A
900
310
1200
1200
8厘钢板烤漆

ELEVATION
立面图

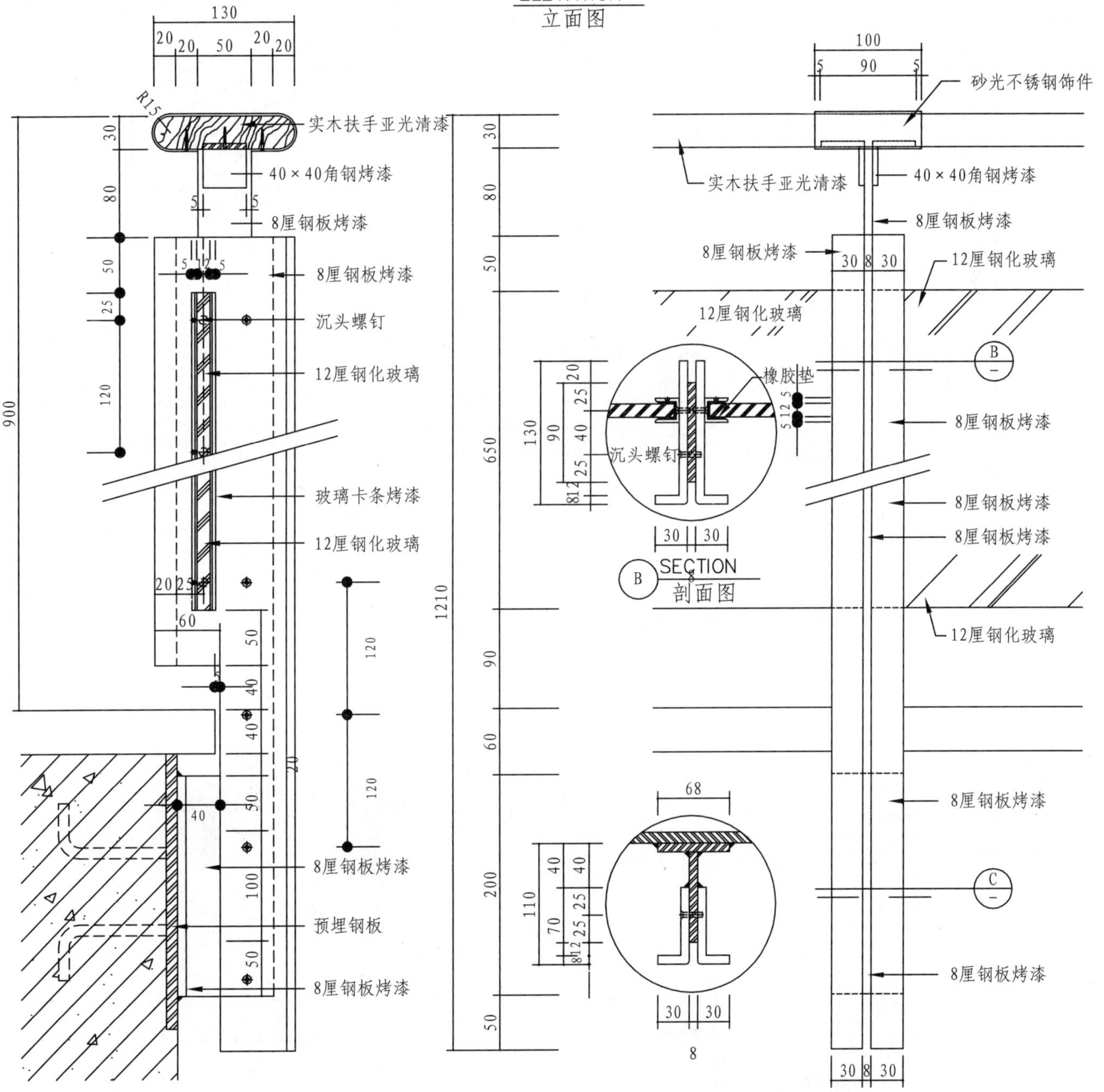

130
20 20 50 20 20
R15
实木扶手亚光清漆
40×40角钢烤漆
8厘钢板烤漆
8厘钢板烤漆
沉头螺钉
12厘钢化玻璃
玻璃卡条烤漆
12厘钢化玻璃
8厘钢板烤漆
预埋钢板
8厘钢板烤漆
900
1210
100
5 90 5
砂光不锈钢饰件
实木扶手亚光清漆
40×40角钢烤漆
8厘钢板烤漆
8厘钢板烤漆
30 8 30
12厘钢化玻璃
12厘钢化玻璃
橡胶垫
沉头螺钉
B
8厘钢板烤漆
8厘钢板烤漆
8厘钢板烤漆
12厘钢化玻璃
68
C
8厘钢板烤漆
8厘钢板烤漆
30 30
30 8 30

A SECTION 剖面图

B SECTION 剖面图

C SECTION 剖面图

DETAIL 大样图

▲035-螺旋楼梯栏杆详图5

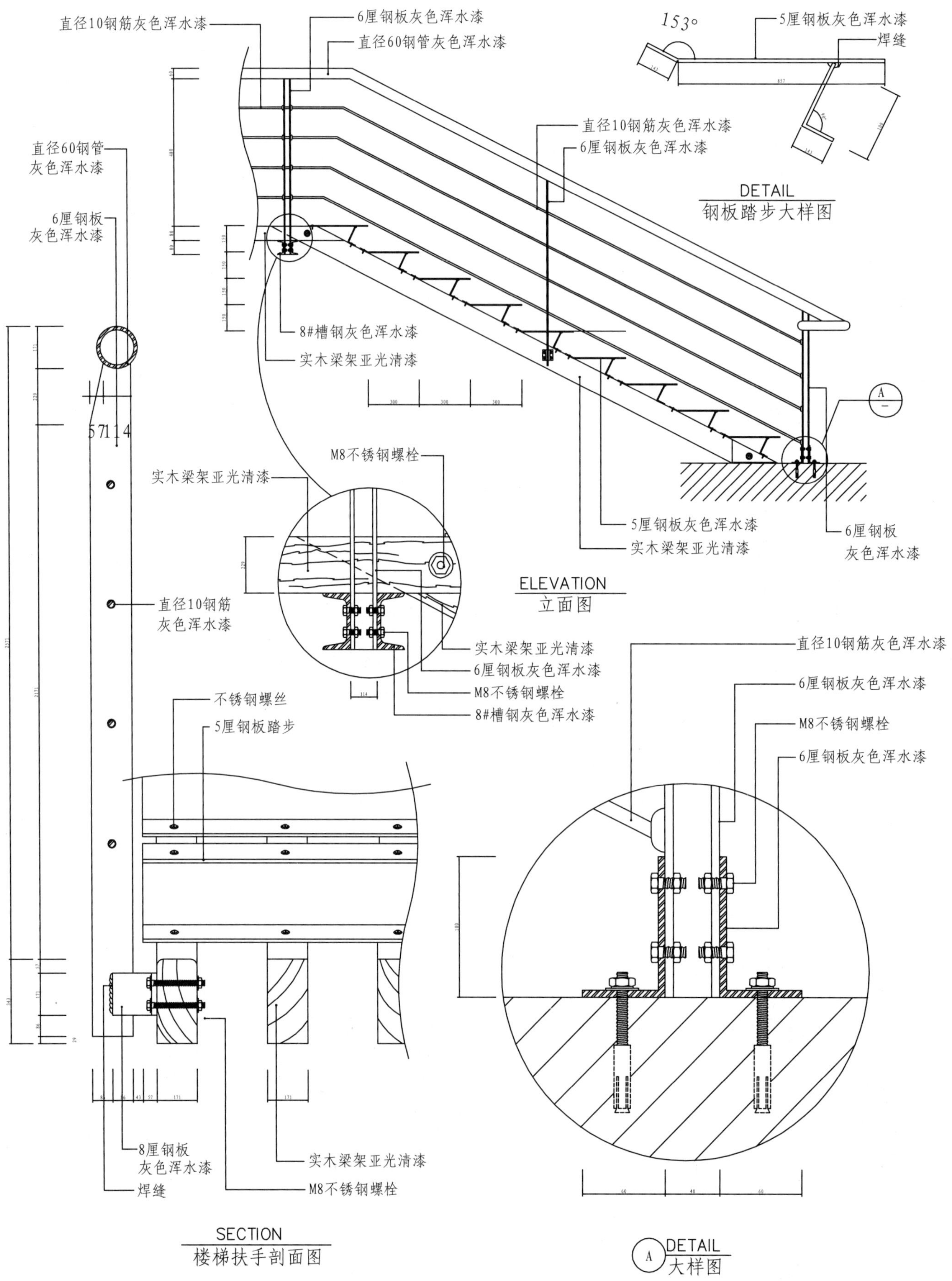
直径10钢筋灰色浑水漆
6厘钢板灰色浑水漆
直径60钢管灰色浑水漆
直径60钢管
灰色浑水漆
6厘钢板
灰色浑水漆
8#槽钢灰色浑水漆
实木梁架亚光清漆
直径10钢筋灰色浑水漆
6厘钢板灰色浑水漆
5厘钢板灰色浑水漆
实木梁架亚光清漆
6厘钢板
灰色浑水漆
ELEVATION
立面图
153°
5厘钢板灰色浑水漆
焊缝
DETAIL
钢板踏步大样图
M8不锈钢螺栓
实木梁架亚光清漆
直径10钢筋
灰色浑水漆
实木梁架亚光清漆
6厘钢板灰色浑水漆
M8不锈钢螺栓
8#槽钢灰色浑水漆
不锈钢螺丝
5厘钢板踏步
8厘钢板
灰色浑水漆
焊缝
实木梁架亚光清漆
M8不锈钢螺栓
SECTION
楼梯扶手剖面图
直径10钢筋灰色浑水漆
6厘钢板灰色浑水漆
M8不锈钢螺栓
6厘钢板灰色浑水漆
A
DETAIL
大样图

▲036-螺旋楼梯栏杆详图6

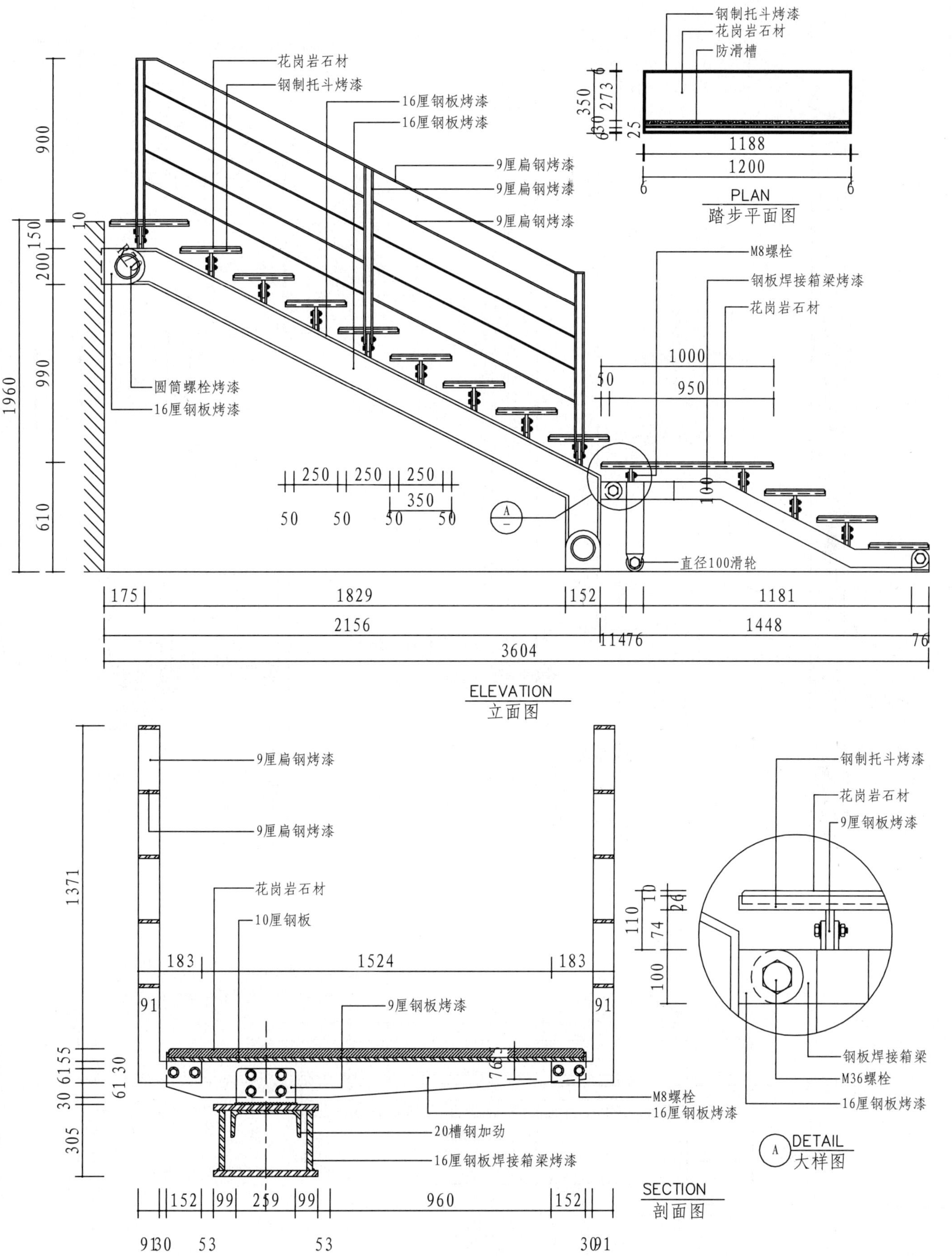
钢制托斗烤漆
花岗岩石材
防滑槽
1188
1200
PLAN
踏步平面图
花岗岩石材
钢制托斗烤漆
16厘钢板烤漆
16厘钢板烤漆
9厘扁钢烤漆
9厘扁钢烤漆
9厘扁钢烤漆
M8螺栓
钢板焊接箱梁烤漆
花岗岩石材
圆筒螺栓烤漆
16厘钢板烤漆
直径100滑轮
ELEVATION
立面图
9厘扁钢烤漆
9厘扁钢烤漆
花岗岩石材
10厘钢板
9厘钢板烤漆
M8螺栓
16厘钢板烤漆
20槽钢加劲
16厘钢板焊接箱梁烤漆
钢制托斗烤漆
花岗岩石材
9厘钢板烤漆
钢板焊接箱梁
M36螺栓
16厘钢板烤漆
DETAIL
大样图
SECTION
剖面图

▲037-螺旋楼梯栏杆详图7

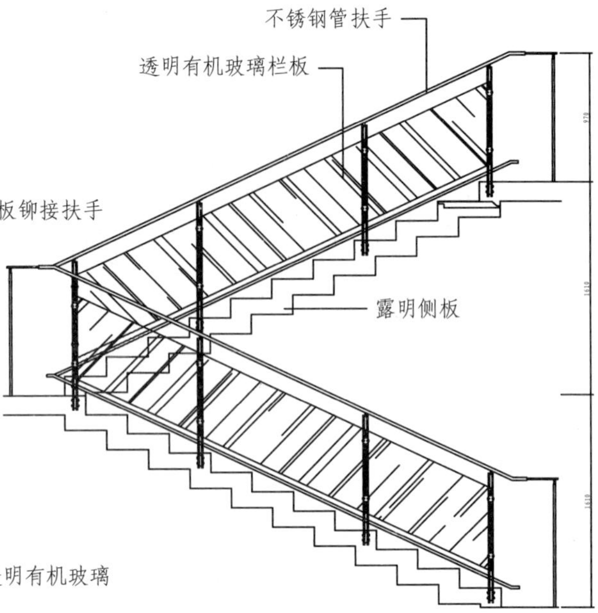
不锈钢管扶手
透明有机玻璃栏板
露明侧板

ELEVATION
立面图

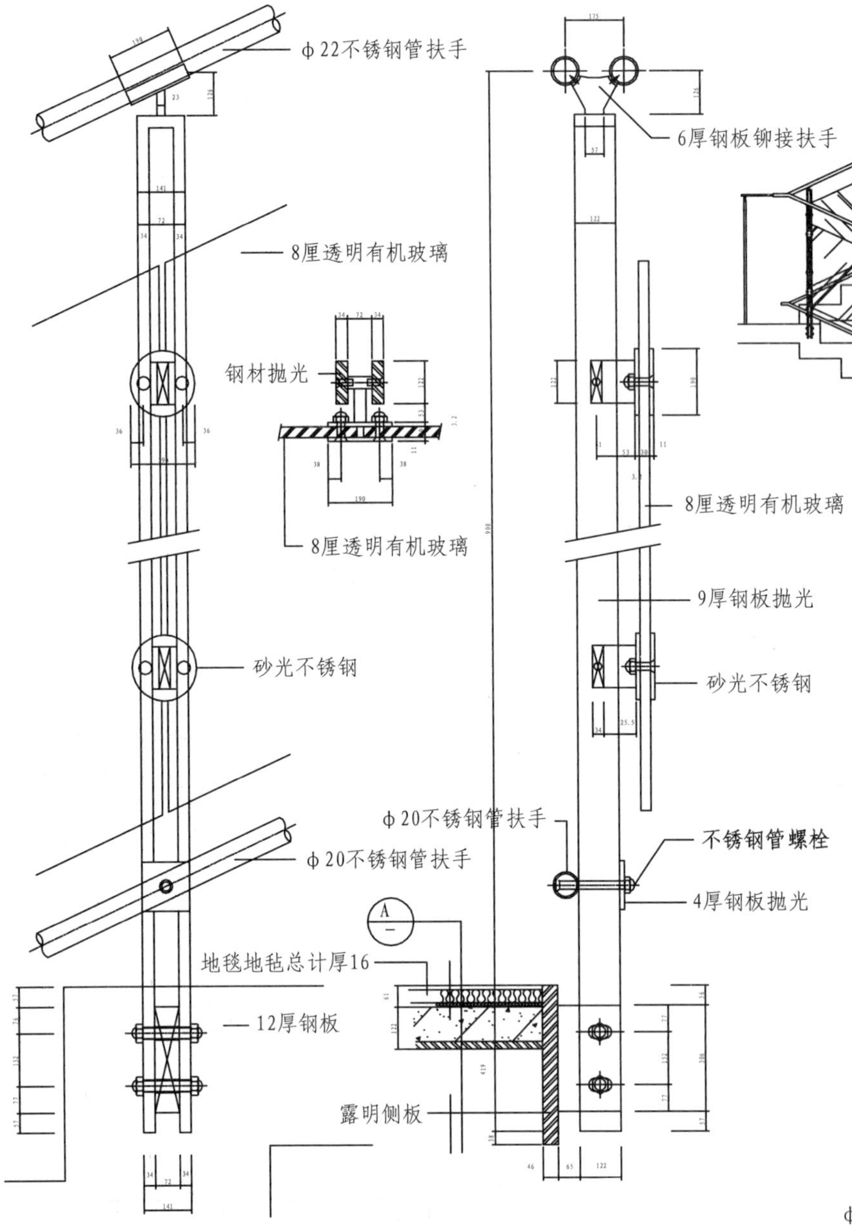
φ22不锈钢管扶手
6厚钢板铆接扶手
8厘透明有机玻璃
钢材抛光
8厘透明有机玻璃
8厘透明有机玻璃
9厚钢板抛光
砂光不锈钢
砂光不锈钢
φ20不锈钢管扶手
φ20不锈钢管扶手
不锈钢管螺栓
4厚钢板抛光
地毯地毡总计厚16
12厚钢板
露明侧板

DETAIL
大样图

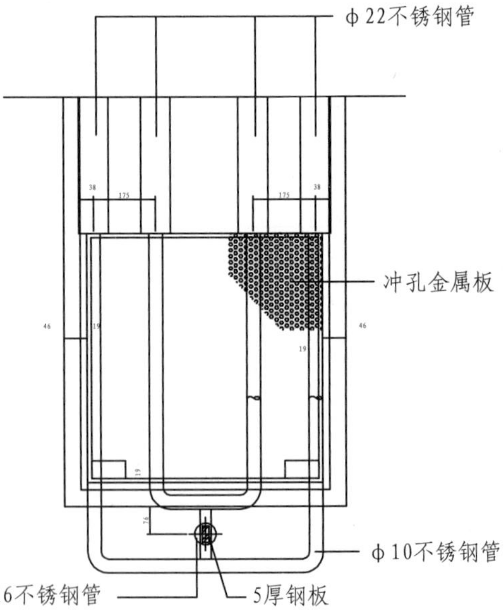
φ22不锈钢管
冲孔金属板
φ10不锈钢管
φ16不锈钢管
5厚钢板

PLAN
平面图

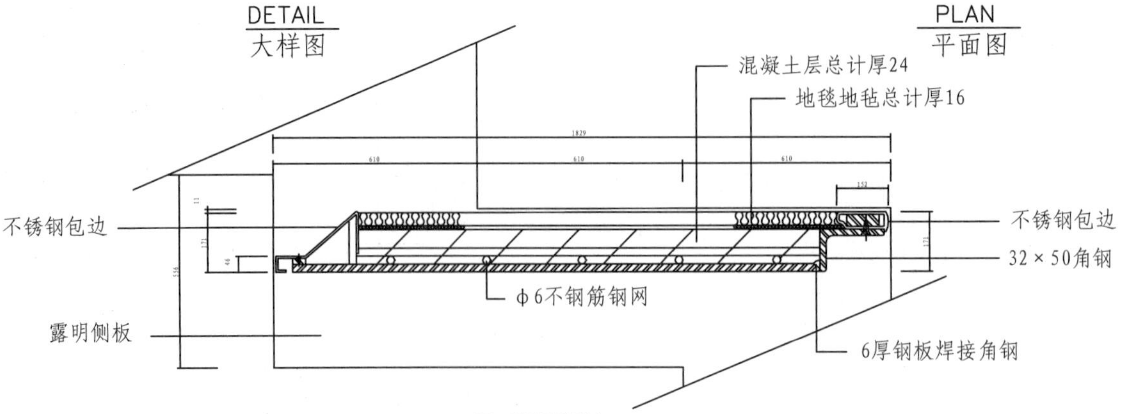
混凝土层总计厚24
地毯地毡总计厚16
不锈钢包边
不锈钢包边
32×50角钢
φ6不钢筋钢网
露明侧板
6厚钢板焊接角钢

A SECTION
剖面图

▲038-螺旋楼梯栏杆详图8

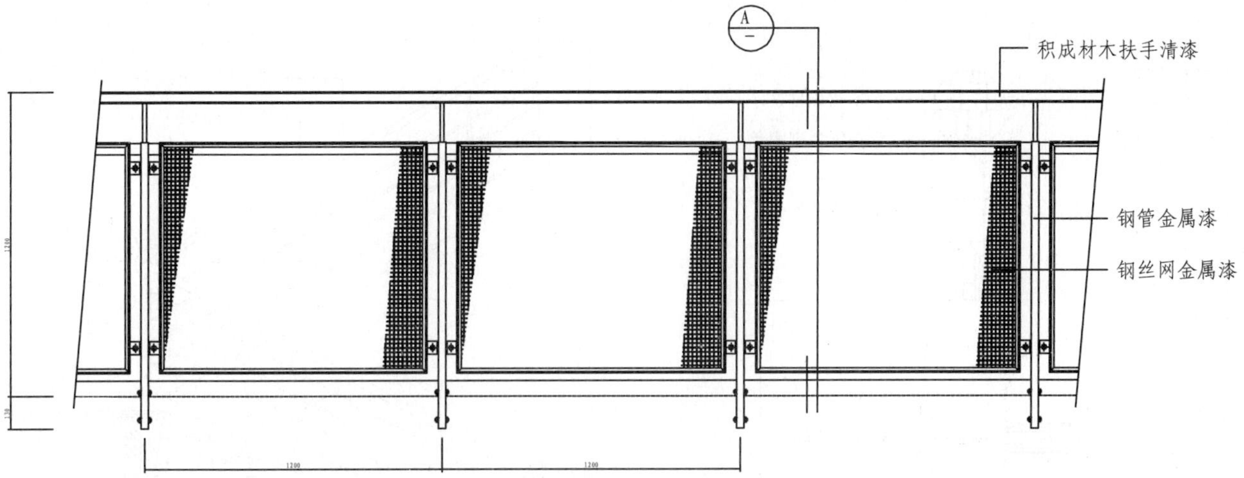
积成材木扶手清漆
钢管金属漆
钢丝网金属漆
1200
1200

ELEVATION
立面图

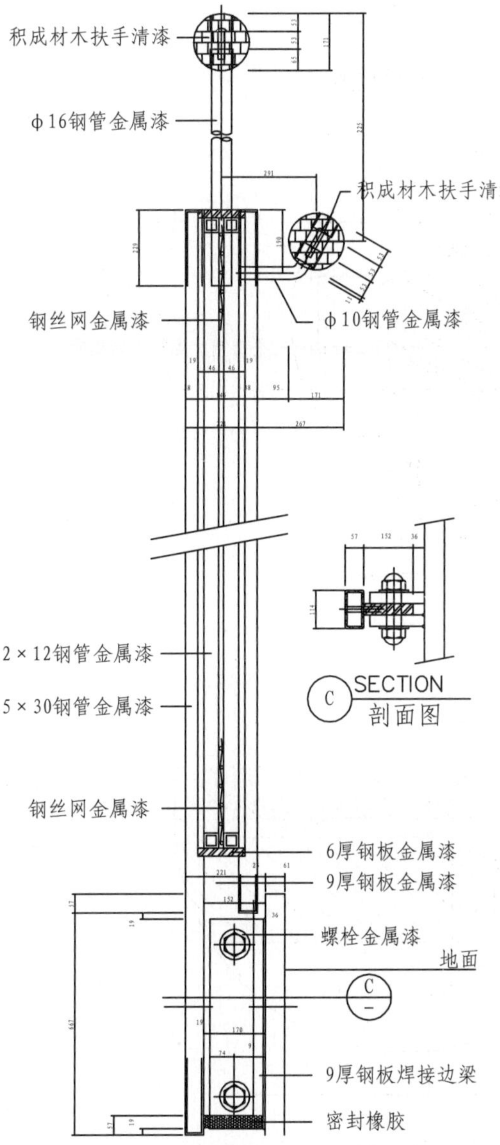
积成材木扶手清漆
ϕ16钢管金属漆
积成材木扶手清漆
ϕ10钢管金属漆
钢丝网金属漆
12×12钢管金属漆
15×30钢管金属漆
钢丝网金属漆
6厚钢板金属漆
9厚钢板金属漆
螺栓金属漆
地面
9厚钢板焊接边梁
密封橡胶

C SECTION
剖面图

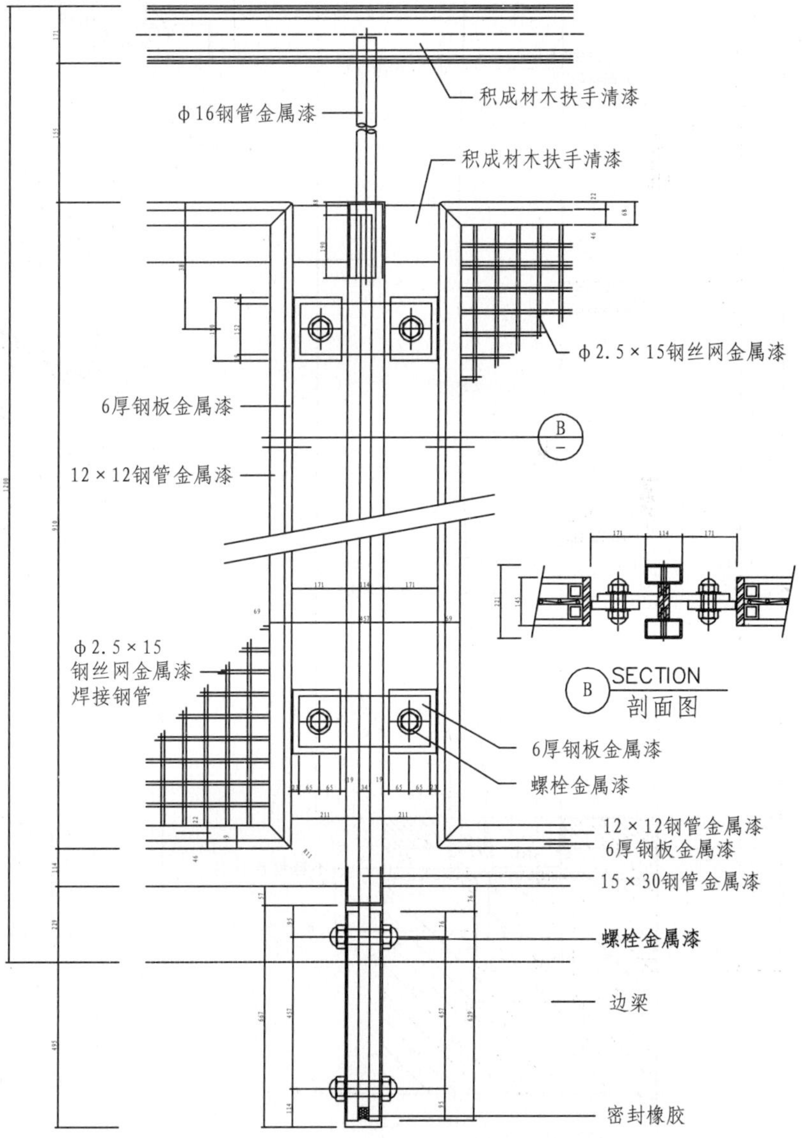
积成材木扶手清漆
ϕ16钢管金属漆
积成材木扶手清漆
ϕ2.5×15钢丝网金属漆
6厚钢板金属漆
12×12钢管金属漆
ϕ2.5×15
钢丝网金属漆
焊接钢管
6厚钢板金属漆
螺栓金属漆
12×12钢管金属漆
6厚钢板金属漆
15×30钢管金属漆
螺栓金属漆
边梁
密封橡胶

B SECTION
剖面图

A SECTION
剖面图

DETAIL
大样图

▲039-螺旋楼梯栏杆详图9

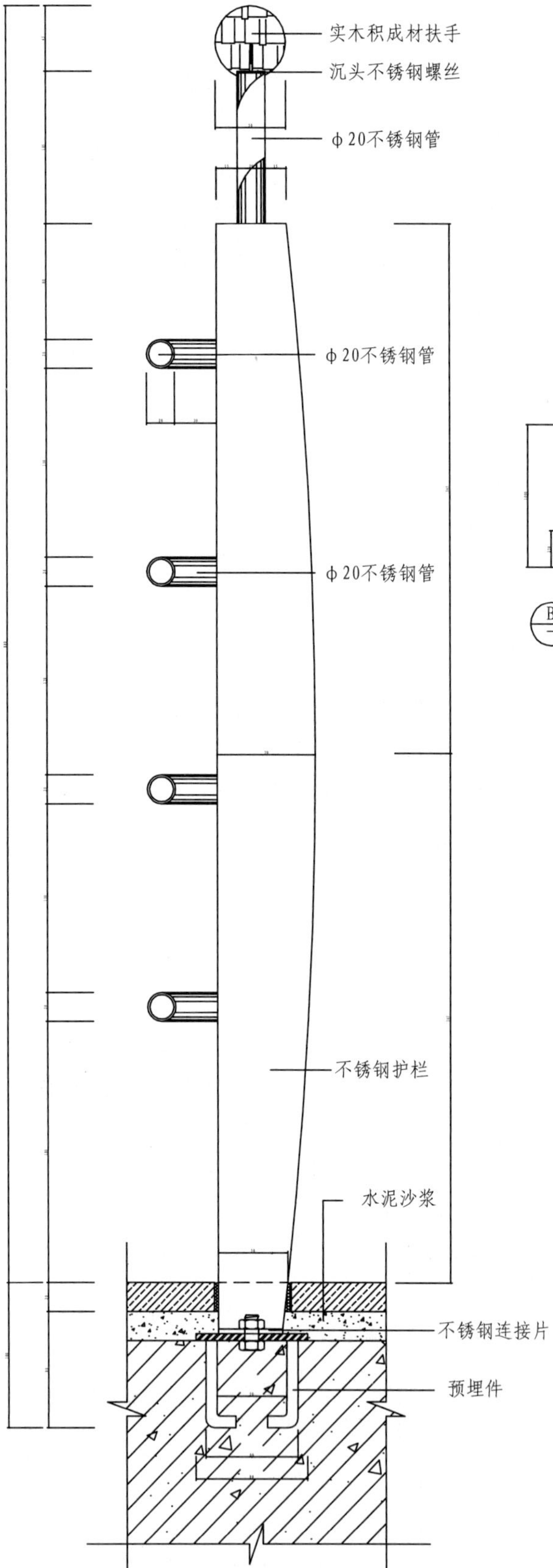
实木积成材扶手
沉头不锈钢螺丝
ϕ20不锈钢管
ϕ20不锈钢管
ϕ20不锈钢管
不锈钢护栏
水泥沙浆
不锈钢连接片
预埋件

A SECTION 剖面图

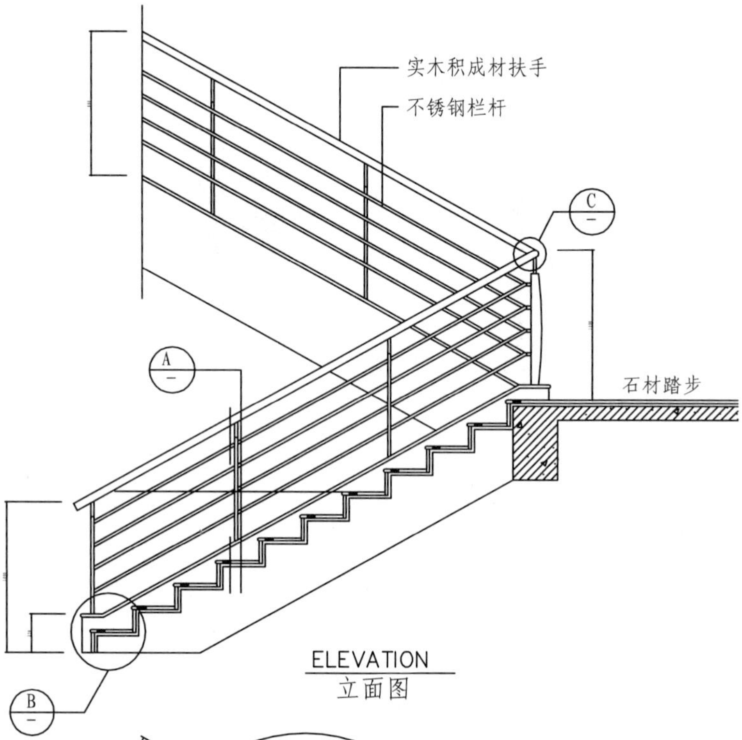
实木积成材扶手
不锈钢栏杆
C
A
石材踏步
B

ELEVATION 立面图

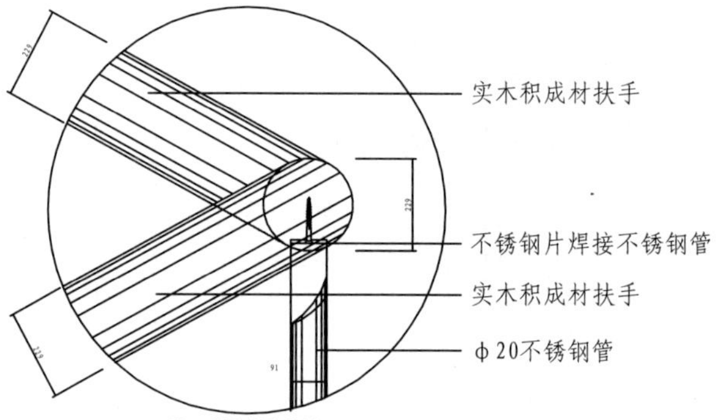
实木积成材扶手
不锈钢片焊接不锈钢管
实木积成材扶手
ϕ20不锈钢管

C SECTION 剖面图

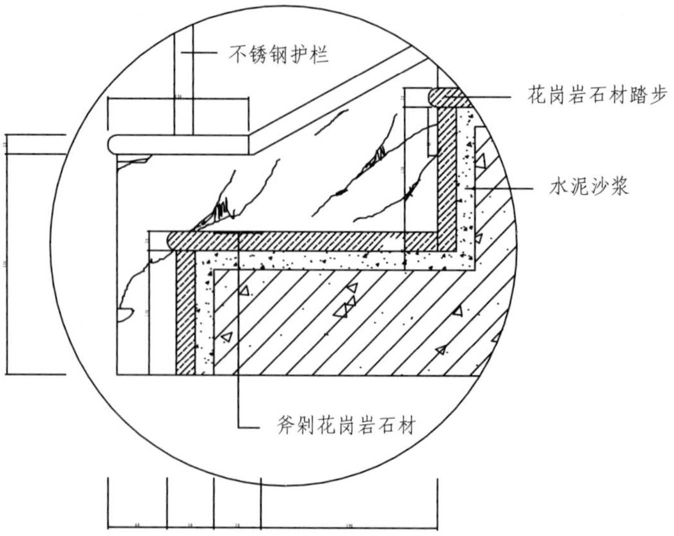
不锈钢护栏
花岗岩石材踏步
水泥沙浆
斧剁花岗岩石材

B SECTION 剖面图

▲040-螺旋楼梯栏杆详图10

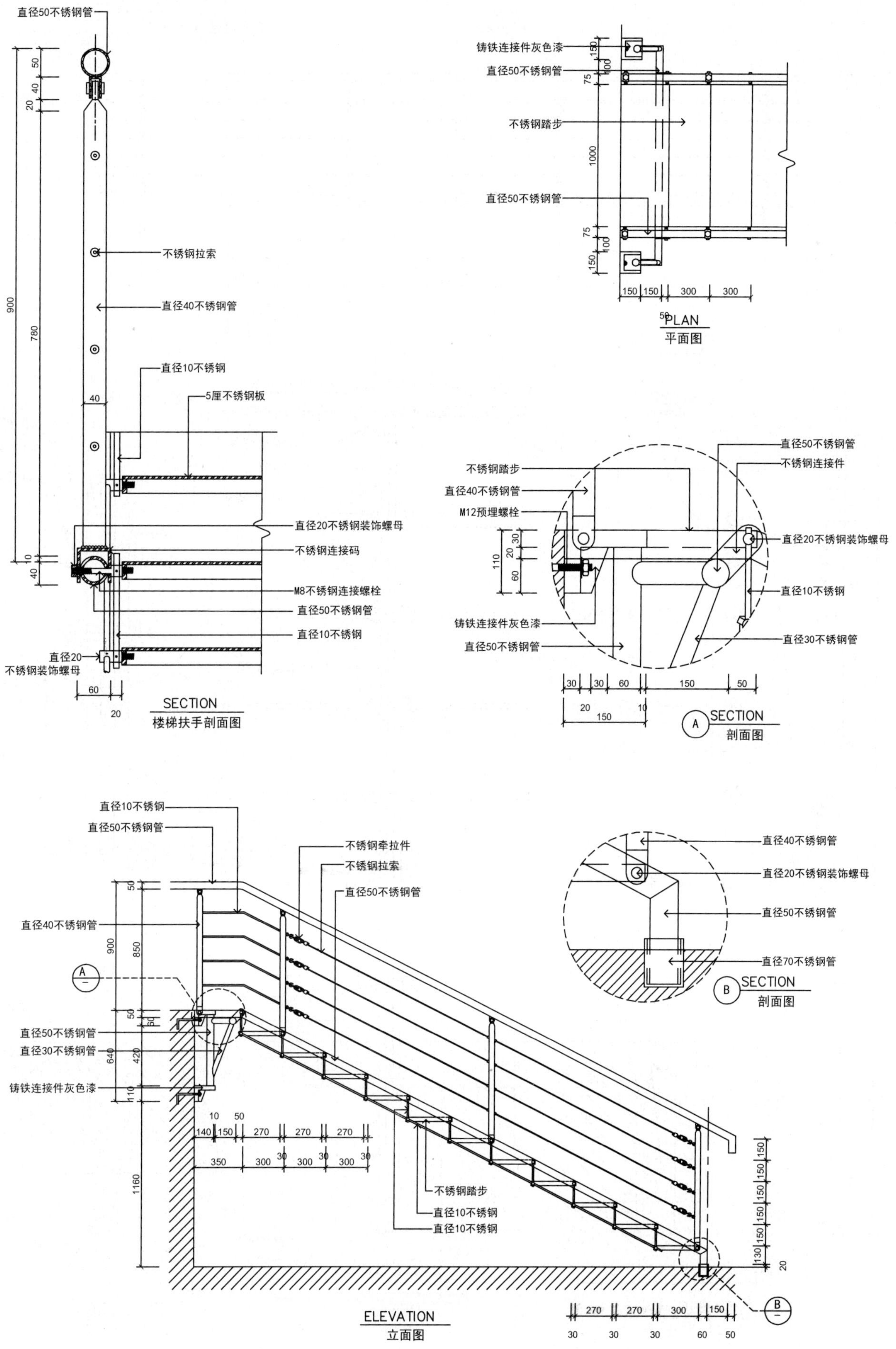
直径50不锈钢管
不锈钢拉索
直径40不锈钢管
直径10不锈钢
5厘不锈钢板
直径20不锈钢装饰螺母
不锈钢连接码
M8不锈钢连接螺栓
直径50不锈钢管
直径10不锈钢
直径20
不锈钢装饰螺母
SECTION
楼梯扶手剖面图
铸铁连接件灰色漆
直径50不锈钢管
不锈钢踏步
直径50不锈钢管
PLAN
平面图
不锈钢踏步
直径40不锈钢管
M12预埋螺栓
铸铁连接件灰色漆
直径50不锈钢管
直径50不锈钢管
不锈钢连接件
直径20不锈钢装饰螺母
直径10不锈钢
直径30不锈钢管
SECTION
剖面图
直径10不锈钢
直径50不锈钢管
直径40不锈钢管
直径50不锈钢管
直径30不锈钢管
铸铁连接件灰色漆
不锈钢牵拉件
不锈钢拉索
直径50不锈钢管
不锈钢踏步
直径10不锈钢
直径10不锈钢
ELEVATION
立面图
直径40不锈钢管
直径20不锈钢装饰螺母
直径50不锈钢管
直径70不锈钢管
SECTION
剖面图

▲041-螺旋楼梯栏杆详图11

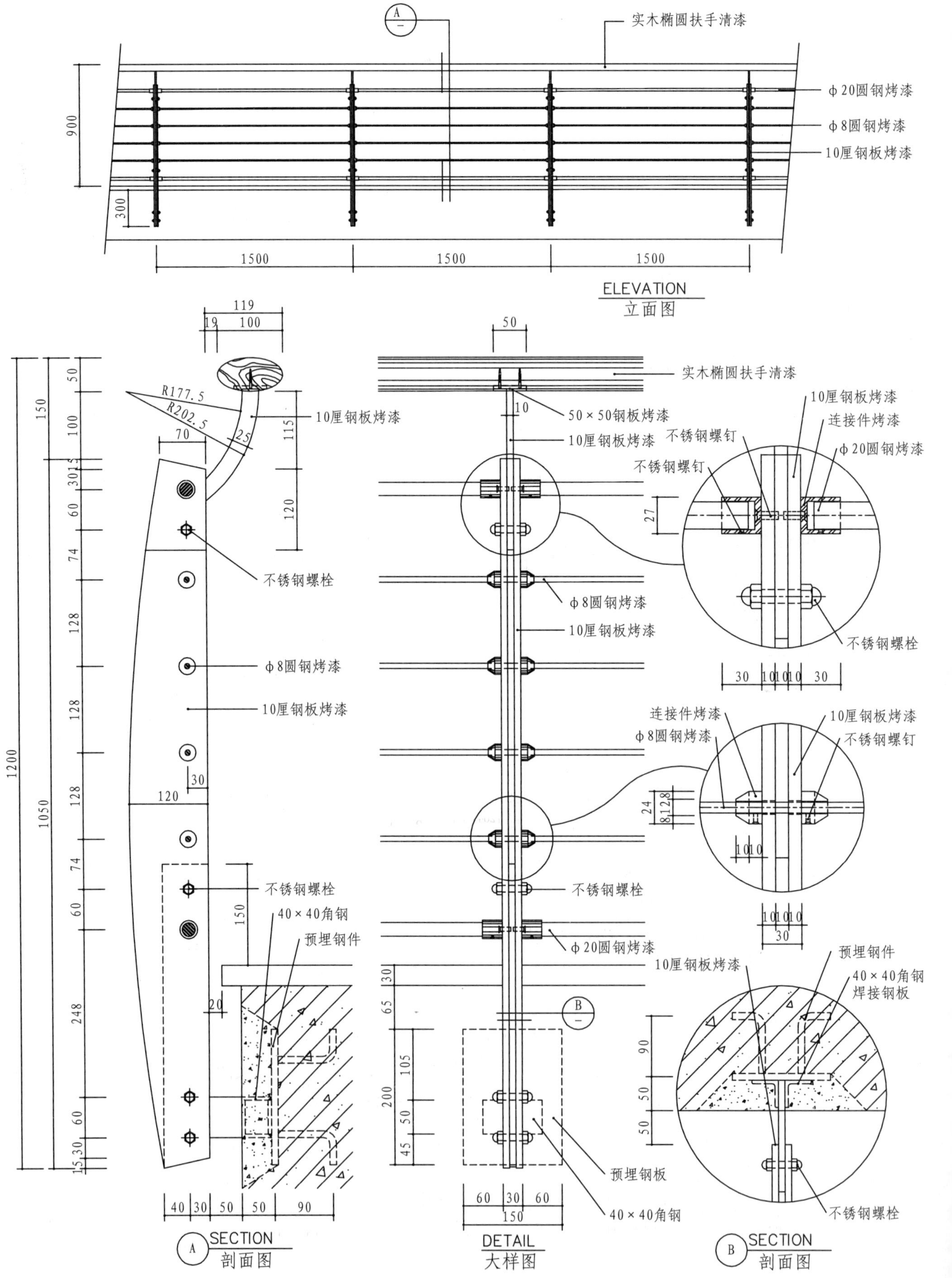
实木椭圆扶手清漆
ф20圆钢烤漆
ф8圆钢烤漆
10厘钢板烤漆
900
300
1500
1500
1500
ELEVATION
立面图
10厘钢板烤漆
不锈钢螺栓
ф8圆钢烤漆
40×40角钢
预埋钢件
50×50钢板烤漆
不锈钢螺钉
连接件烤漆
ф20圆钢烤漆
预埋钢板
40×40角钢焊接钢板
SECTION
剖面图
DETAIL
大样图
SECTION
剖面图

▲042-栏杆大样

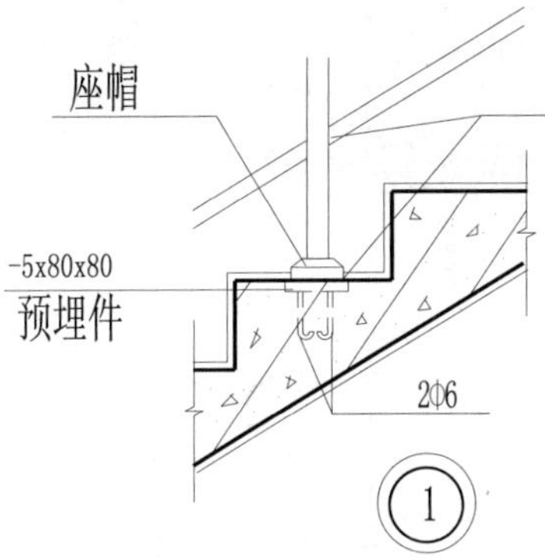
座帽
焊接(余同)
-5x80x80
预埋件
2Φ6
1
▲043-栏杆1

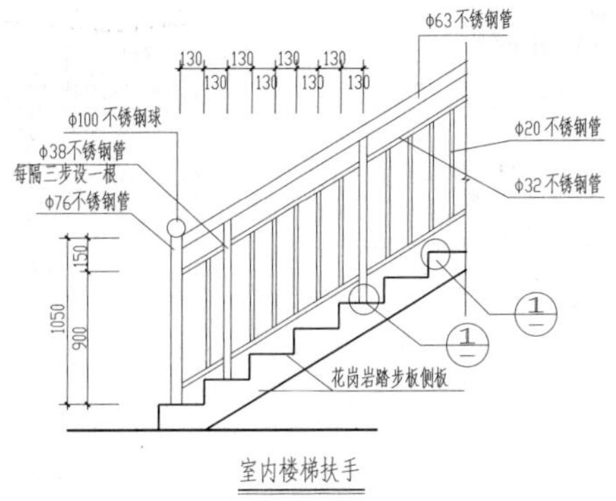
Φ63不锈钢管
Φ100不锈钢球
Φ38不锈钢管
每隔三步设一根
Φ76不锈钢管
Φ20不锈钢管
Φ32不锈钢管
花岗岩踏步板侧板
室内楼梯扶手
▲044-栏杆2

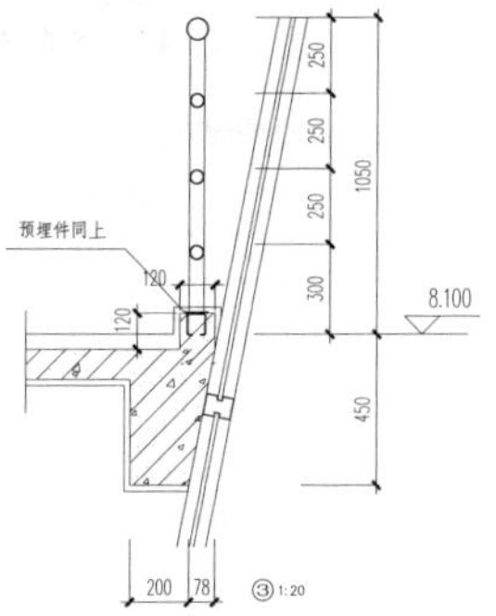
预埋件同上
8.100
▲045-栏杆3

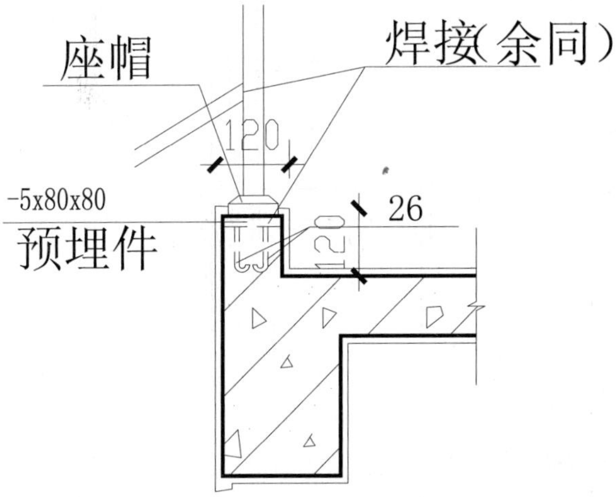
座帽
焊接(余同)
120
-5x80x80
预埋件
26
120
▲046-栏杆节点

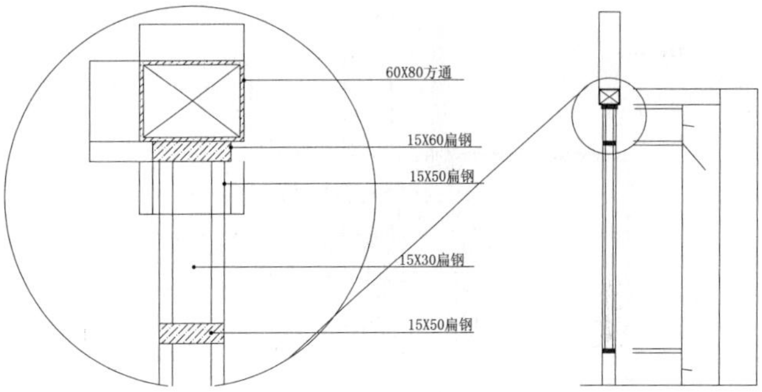
60X80方通
15X60扁钢
15X50扁钢
15X30扁钢
15X50扁钢
▲047-栏杆剖面大样

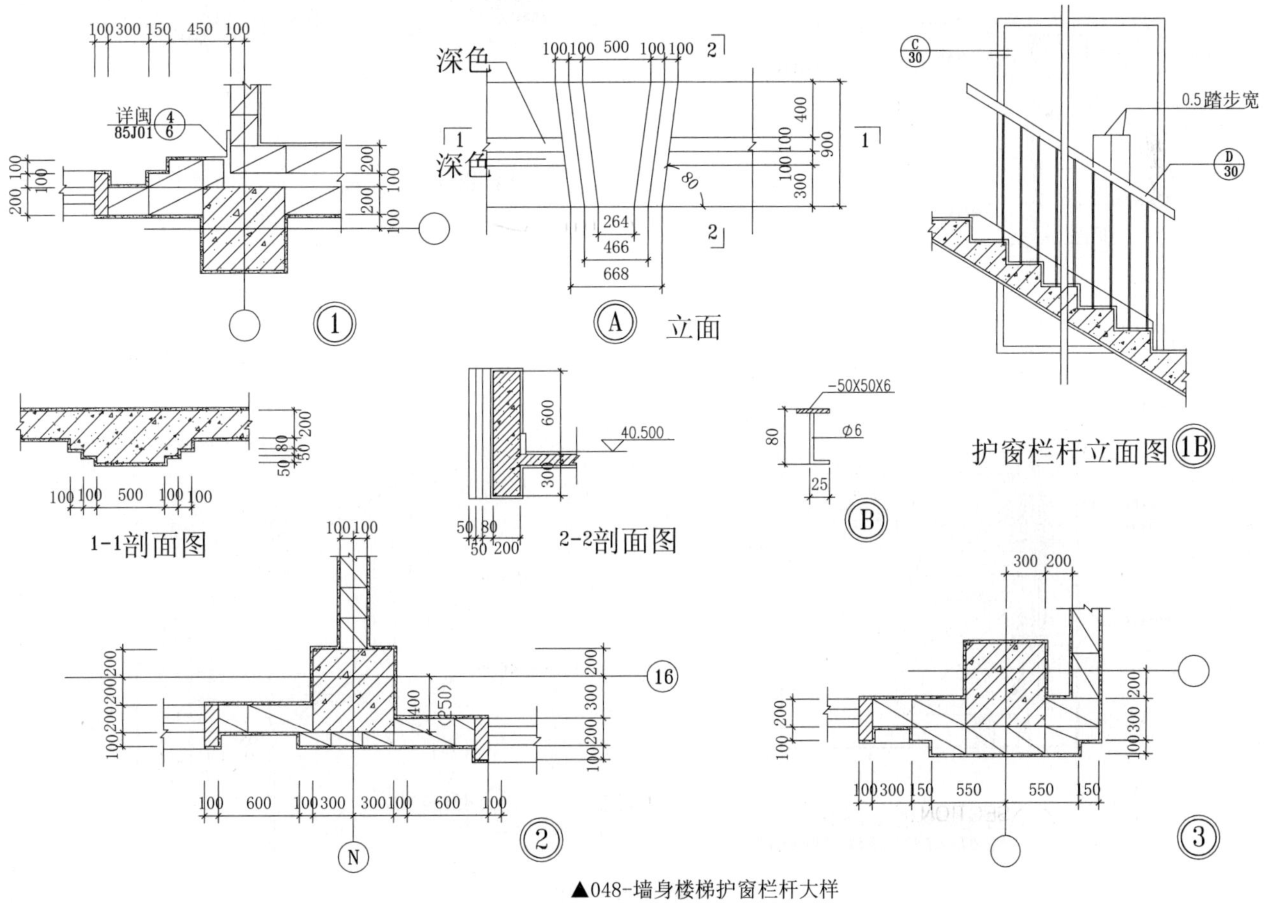
详闽 4/6
85J01
深色
深色
立面
0.5踏步宽
护窗栏杆立面图 1B
-50X50X6
Φ6
40.500
1-1剖面图
2-2剖面图
▲048-墙身楼梯护窗栏杆大样

注：铝板、玻璃拦板的厚度最后以厂商为准。
铝板、玻璃拦板的预埋件与具体做法详见厂商技术要求。

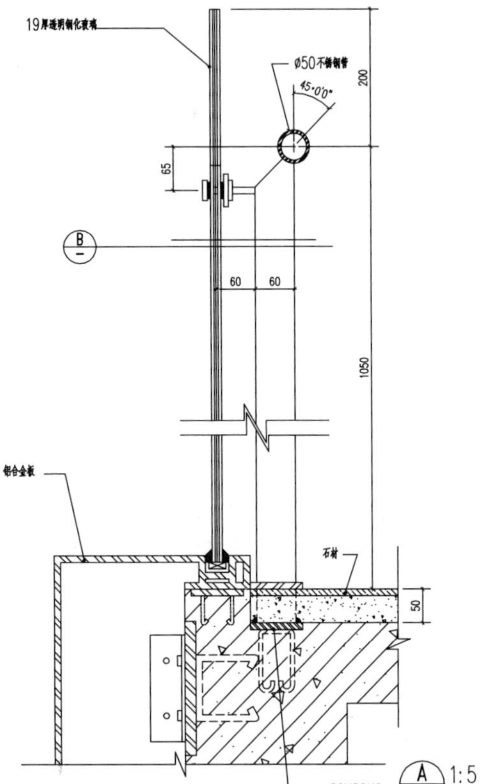

A 1:5

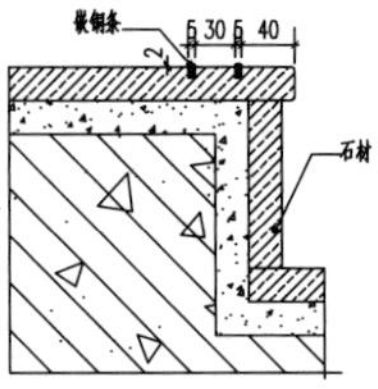

C 1:5

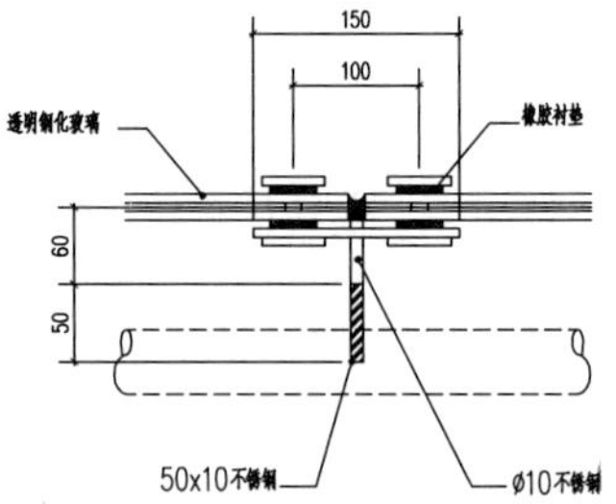

B 1:5

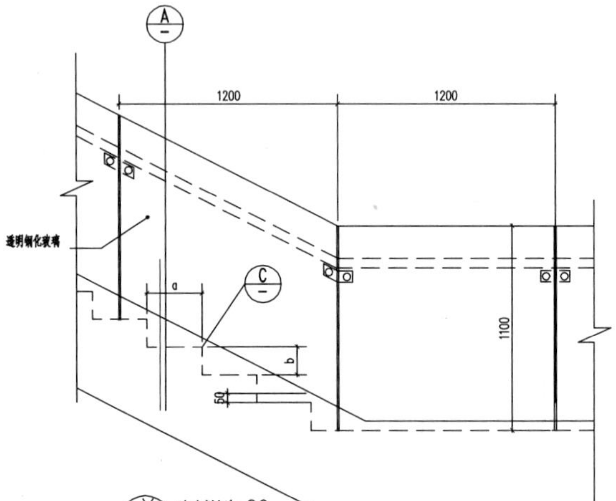

X 玻璃拦板1:20
JJ-8-

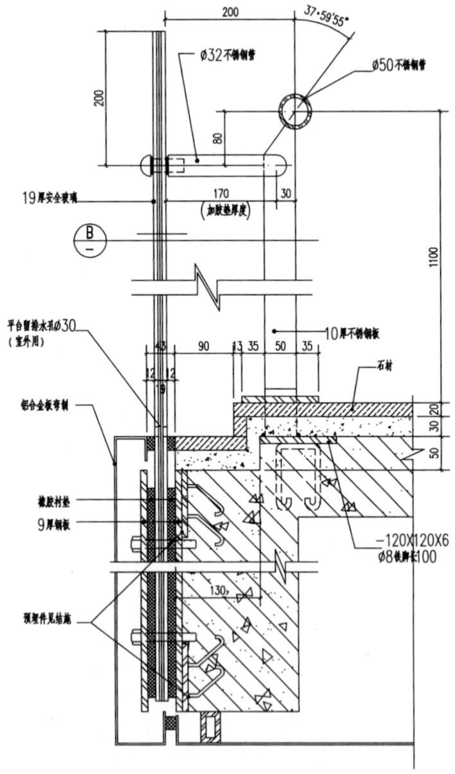

A 1:5

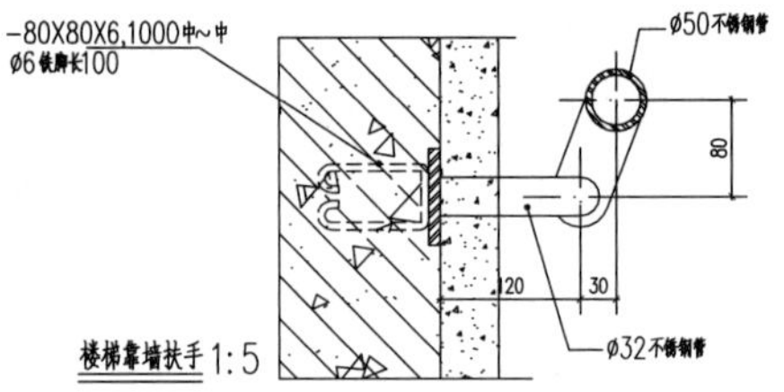

楼梯靠墙扶手 1:5

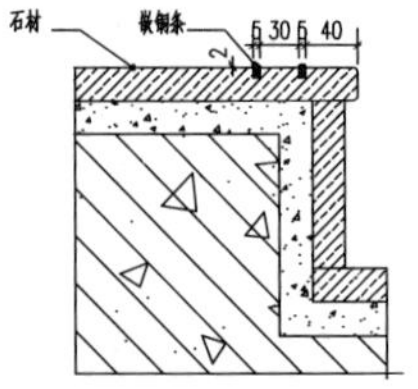

B 1:5

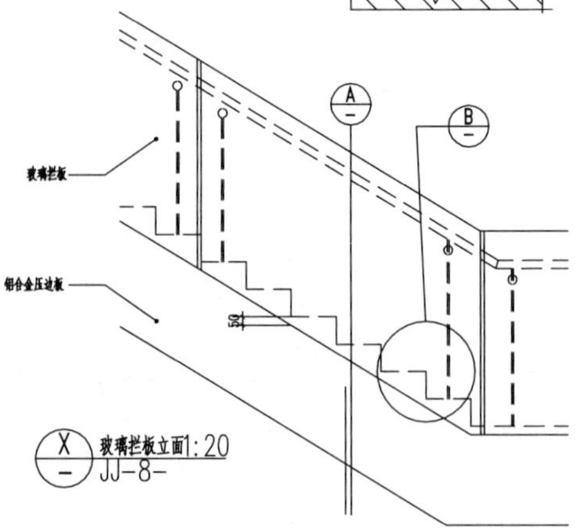

X 玻璃拦板立面1:20
JJ-8-

注：铝板、玻璃拦板的厚度最后以厂商为准。
铝板、玻璃拦板的预埋件与具体做法详见厂商技术要求。

▲049-栏杆图集1

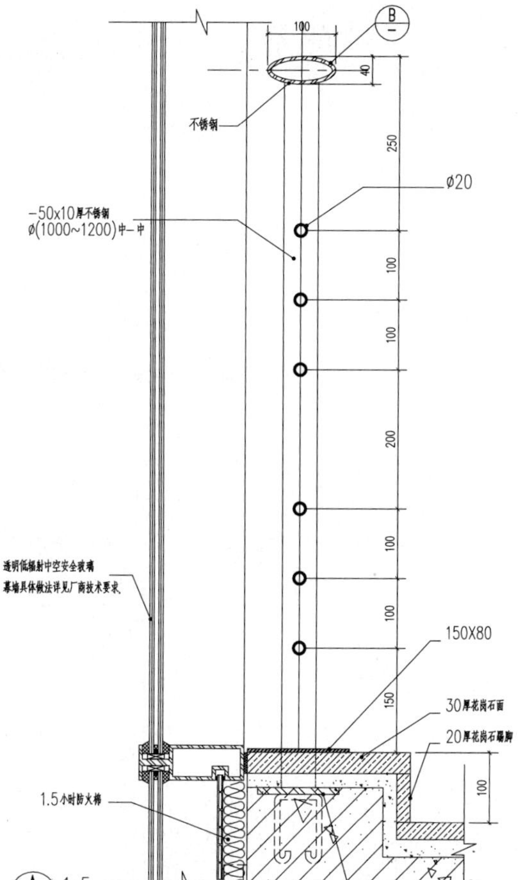

A 1:5

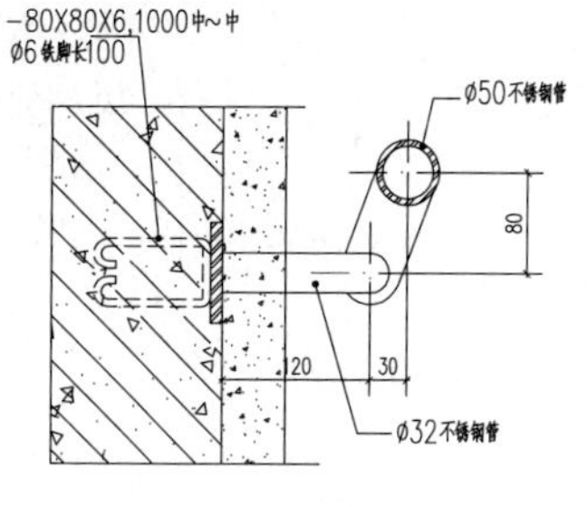

楼梯靠墙扶手1:5

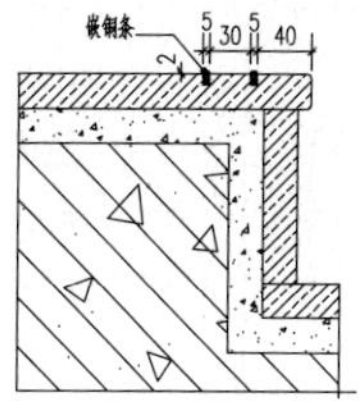

C 1:5

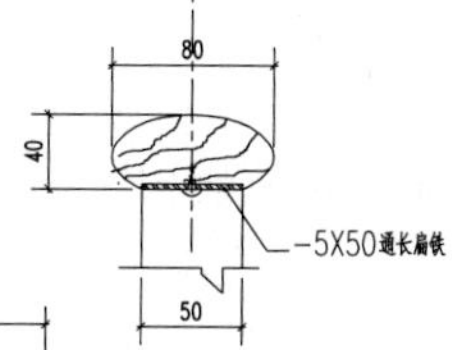

B 木质1:5

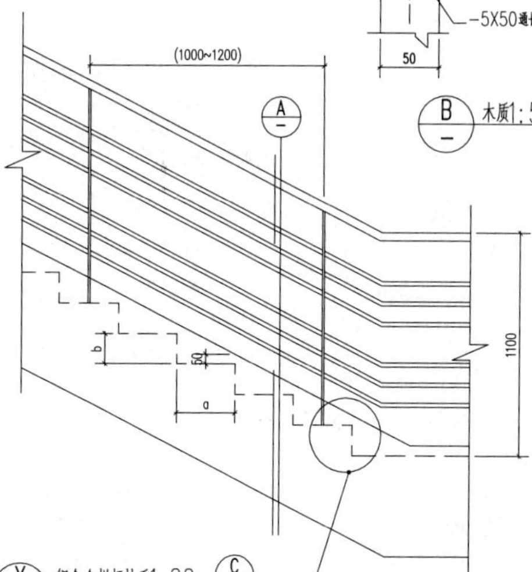

X 铝合金栏杆扶手1:20
JJ-8-

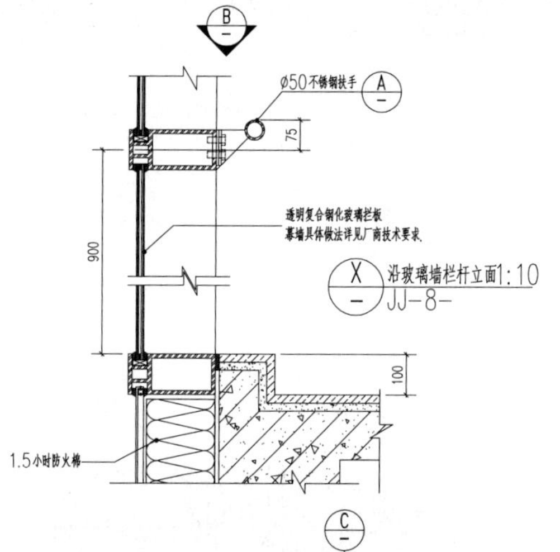

X 沿玻璃墙栏杆立面1:10
JJ-8-

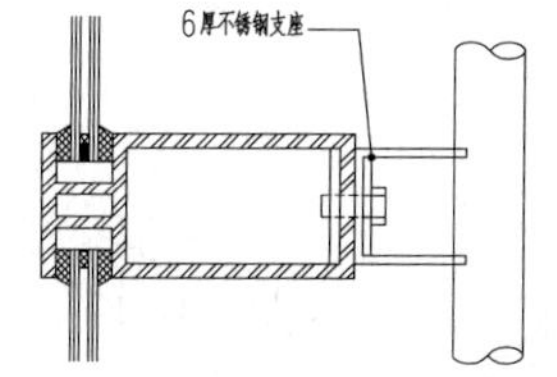

B 1:5

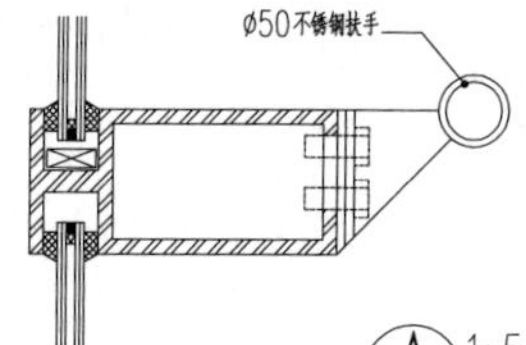

A 1:5

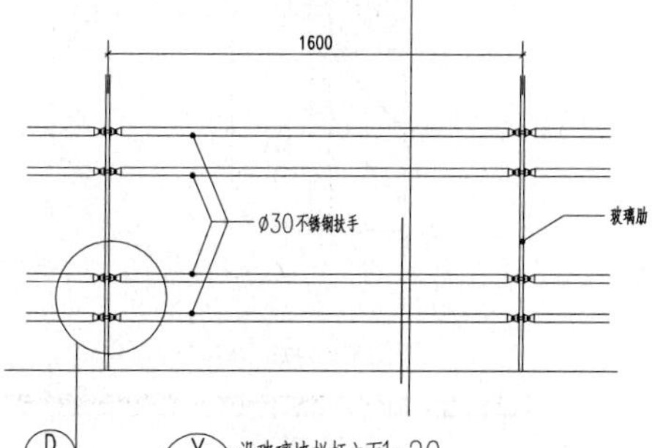

X 沿玻璃墙栏杆立面1:20
JJ-8-

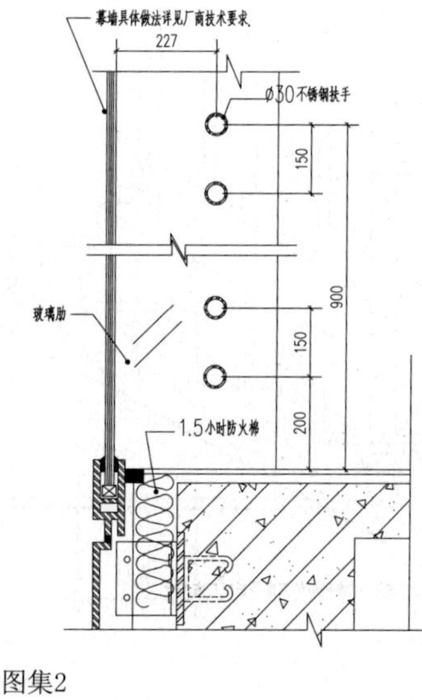

C 1:10

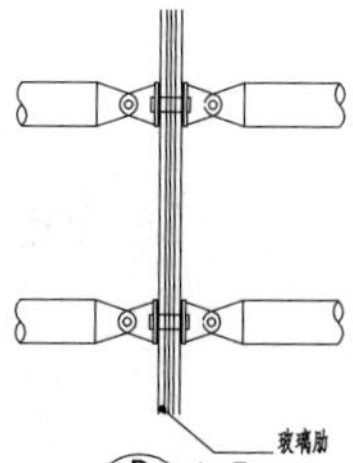

D 1:5

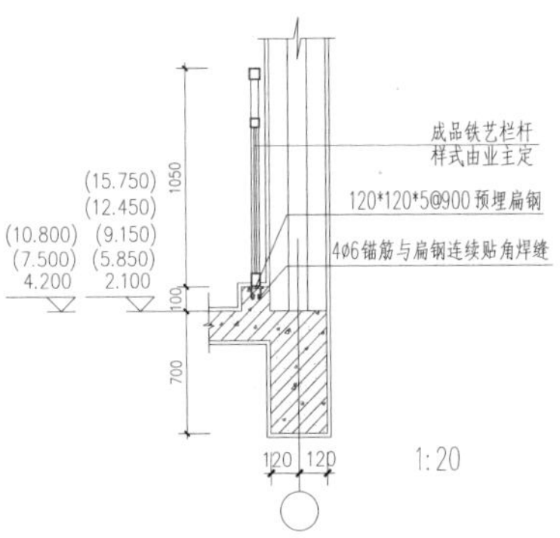

▲051-楼梯扶手1

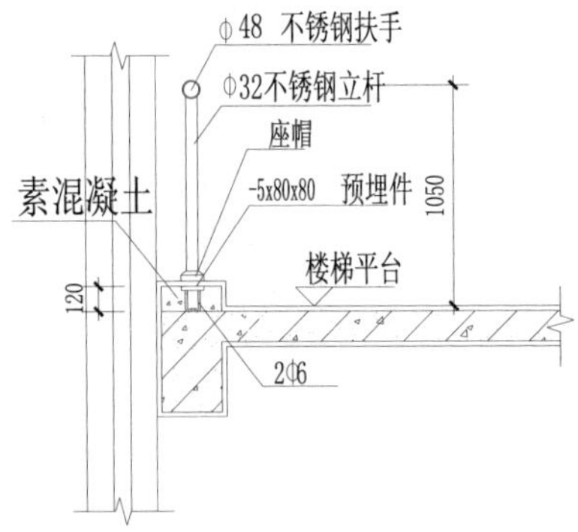

▲052-楼梯扶手2

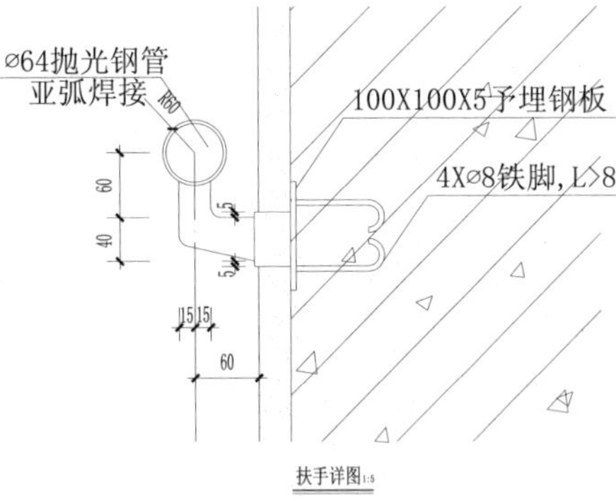

▲053-楼梯间栏杆扶手详图

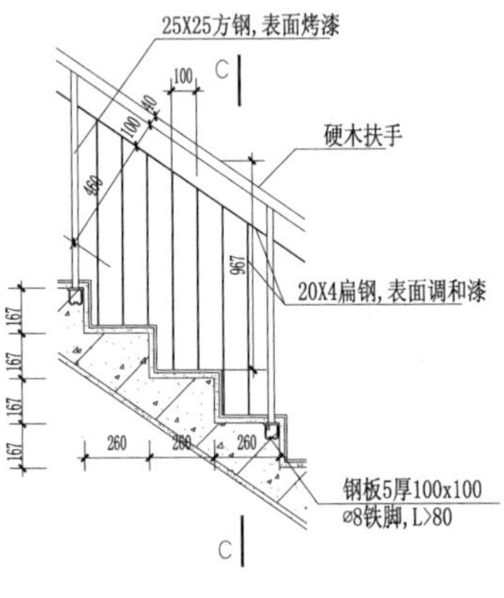

楼梯间栏杆详图 1:20

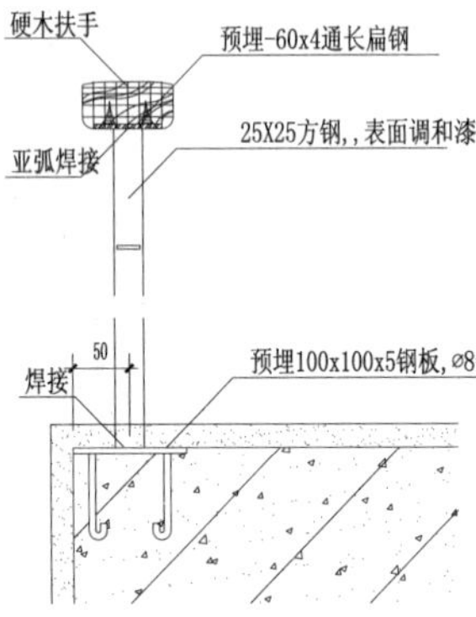

C-C 1:5

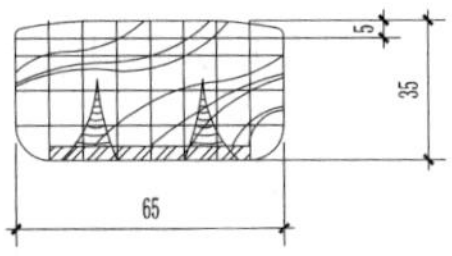

硬木扶手 1:2

▲054-楼梯间栏杆详图

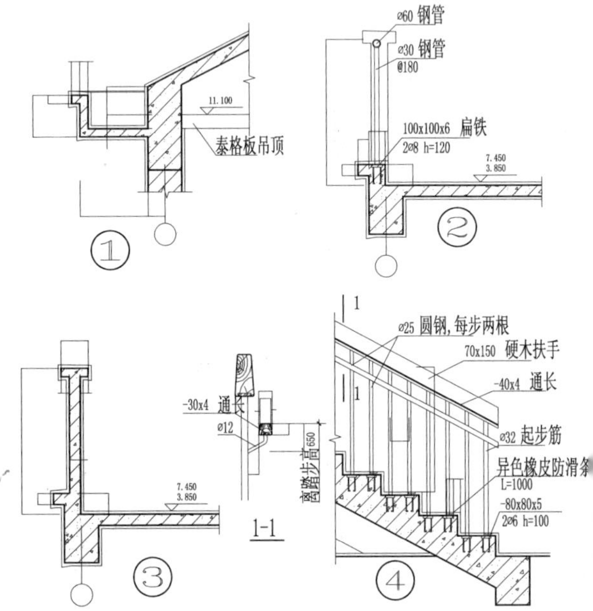

▲055-楼梯靠墙扶手节点1

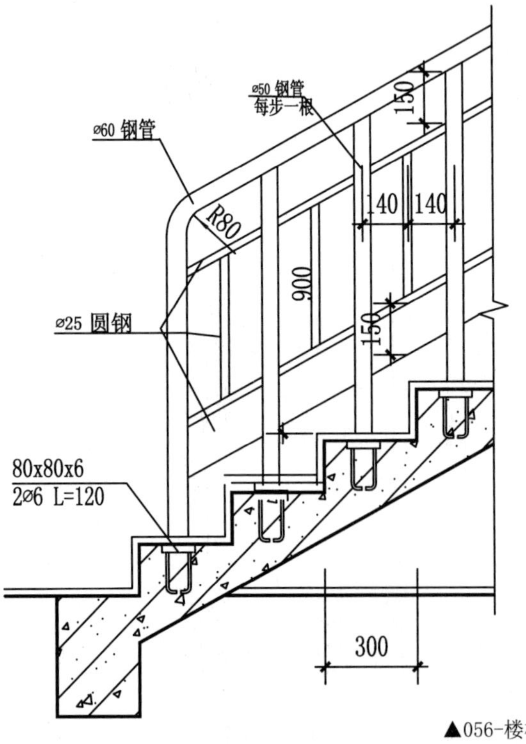

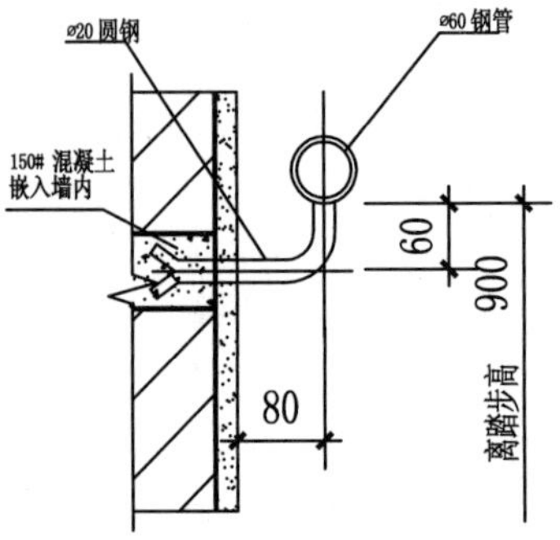

楼梯靠墙扶手节点 1:10

▲056-楼梯靠墙扶手节点2

▲057-楼梯栏杆大样1

▲058-楼梯栏杆大样2

① 主要台阶钢扶手详图 1:10

② 走道及护窗钢扶手详图 1:10

(一)

(二)

靠墙不锈钢扶手详图 1:5

③ 主要楼梯钢扶手详图 1:10

防滑地砖面踏步详图 1:5

花岗石面踏步详图 1:5

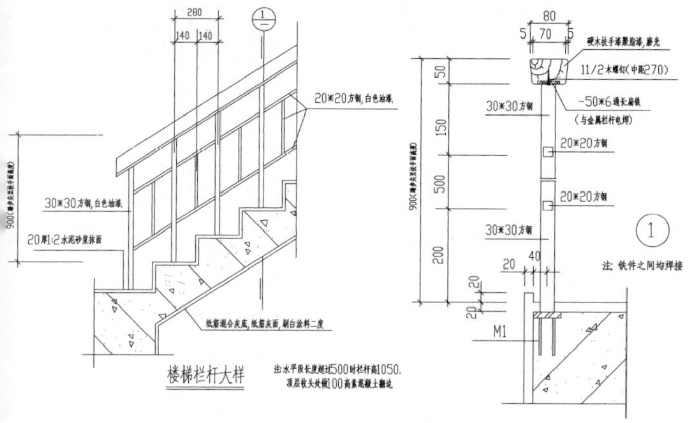

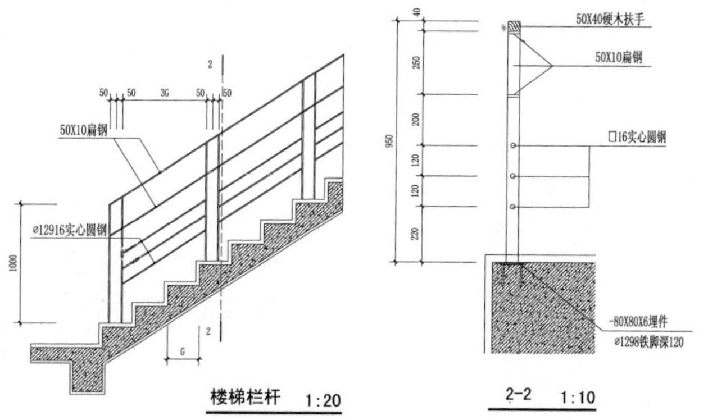

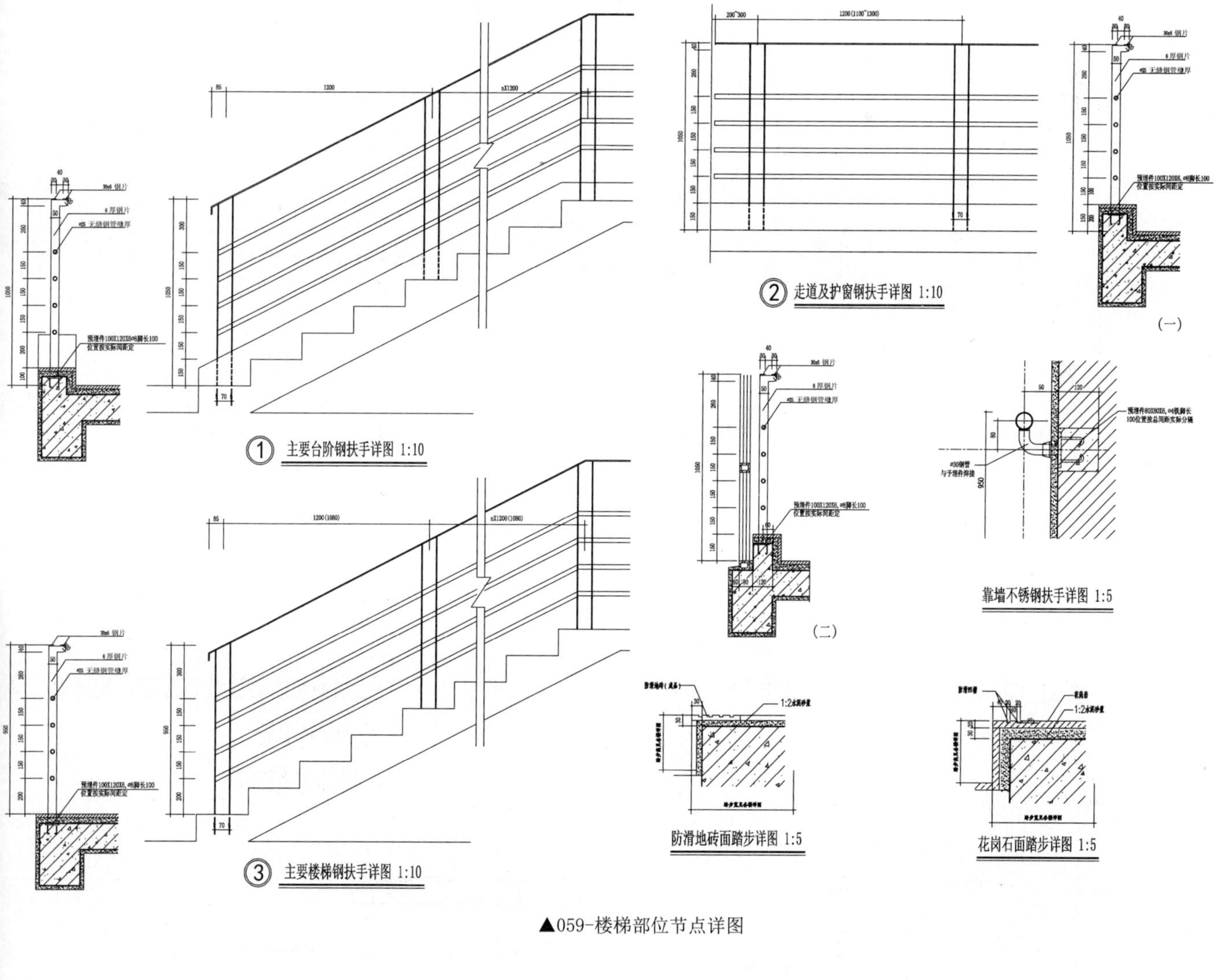

▲059-楼梯部位节点详图

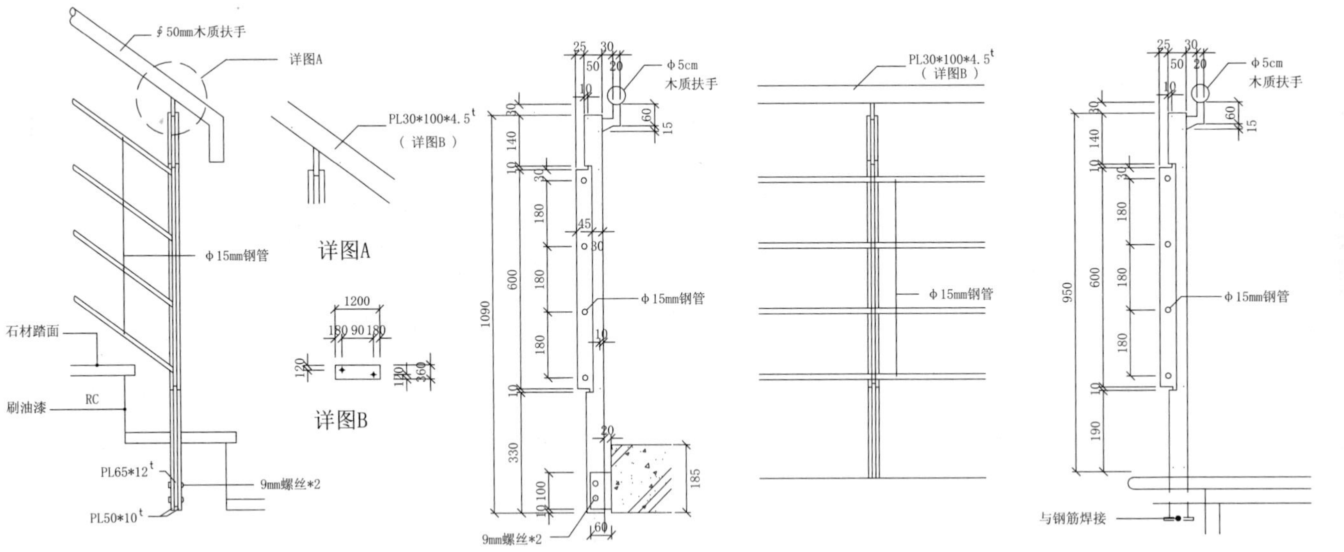
∮50mm木质扶手
详图A
PL30*100*4.5t
（详图B）
ф15mm钢管
石材踏面
刷油漆
RC
PL65*12t
9mm螺丝*2
PL50*10t
详图A
1200
180 90 180
详图B
ф5cm
木质扶手
1090
600
330
9mm螺丝*2
950
190
与钢筋焊接

ⓐ 楼梯扶手立面图(侧立式)　ⓑ 楼梯扶手剖面图(侧立式)　ⓒ 楼梯扶手立面图(侧立式)　ⓓ 楼梯扶手剖面图(直立式)

A型楼梯栏杆扶手大样图

▲060-A型楼梯栏杆扶手大样图

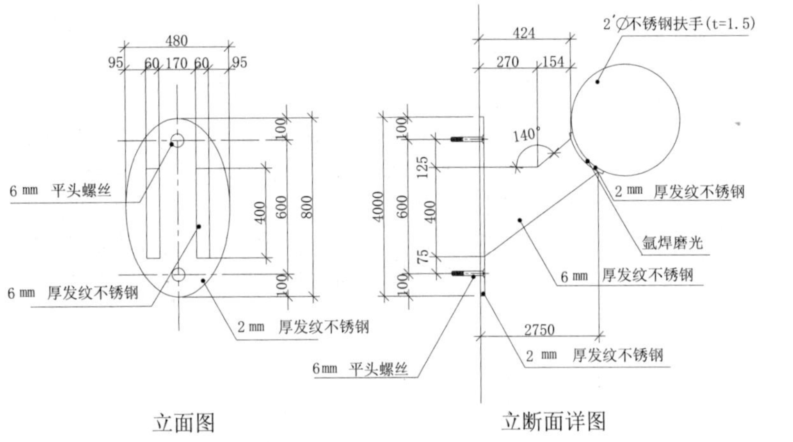
480
95 60 170 60 95
6 mm 平头螺丝
6 mm 厚发纹不锈钢
2 mm 厚发纹不锈钢
424
270 154
2'∅不锈钢扶手(t=1.5)
140°
2 mm 厚发纹不锈钢
氩焊磨光
6 mm 厚发纹不锈钢
2750
2 mm 厚发纹不锈钢
6mm 平头螺丝

立面图　立断面详图

壁式扶手大样(D TYPE)　单位:mm

▲061-壁式扶手大样

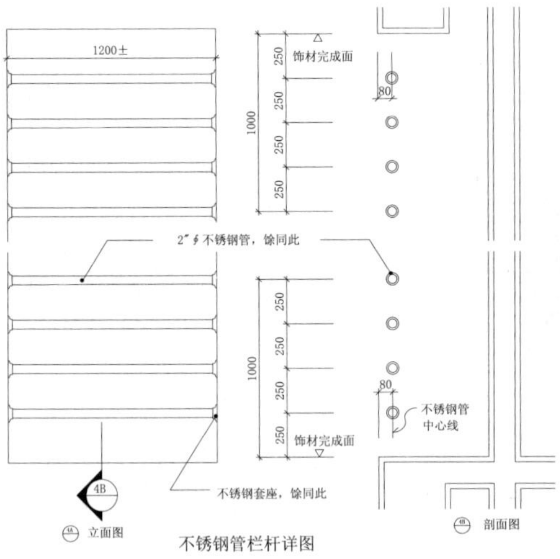
1200±
饰材完成面
1000
2" ∮不锈钢管，馀同此
不锈钢管
中心线
不锈钢套座，馀同此
立面图
剖面图

不锈钢管栏杆详图

▲062-不锈钢管栏杆详图

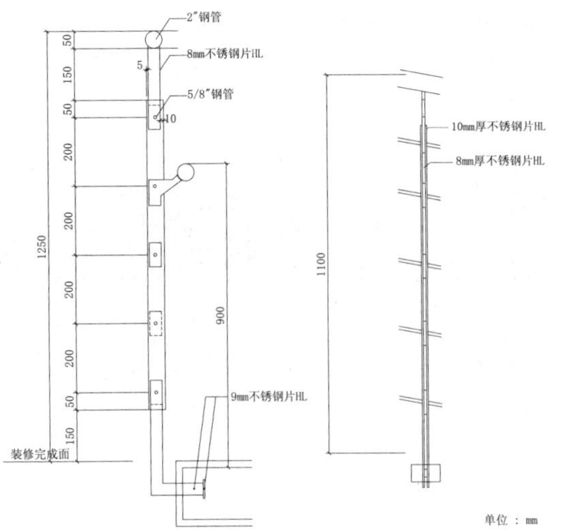
2"钢管
8mm不锈钢片HL
5/8"钢管
1250
900
装修完成面
10mm厚不锈钢片HL
8mm厚不锈钢片HL
1100
9mm不锈钢片HL
单位：mm

侧立式扶手详图 (A TYPE)

▲063-侧立式扶手详图

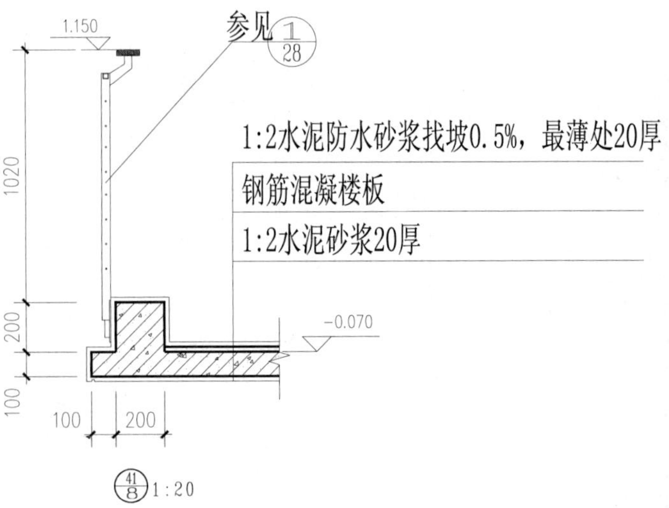
1.150
参见 1/28
1:2水泥防水砂浆找坡0.5%，最薄处20厚
钢筋混凝楼板
1:2水泥砂浆20厚
1020
200
100
-0.070
100 200
41/8 1:20

▲064-扶手

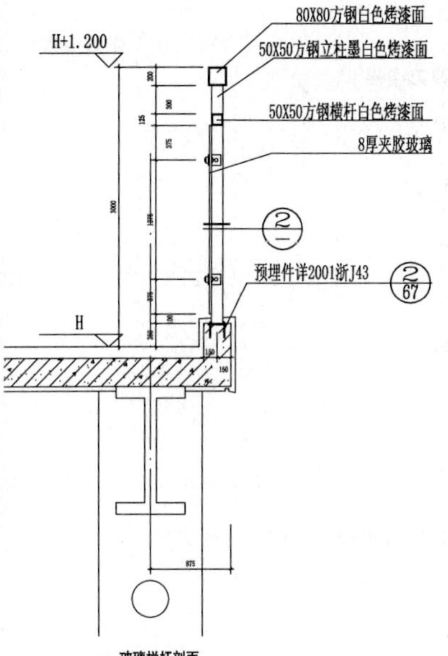
80X80方钢白色烤漆面
50X50方钢立柱墨白色烤漆面
50X50方钢横杆白色烤漆面
8厚夹胶玻璃
预埋件详2001浙J43
H+1.200
H

① 玻璃栏杆剖面 1:20

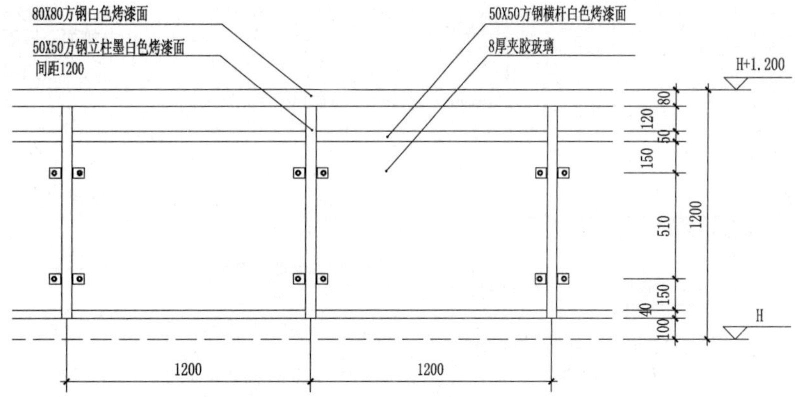
80X80方钢白色烤漆面
50X50方钢立柱墨白色烤漆面
间距1200
50X50方钢横杆白色烤漆面
8厚夹胶玻璃
H+1.200
H
1200
1200

③ 扶梯洞口四周玻璃栏杆立面大样 1:20

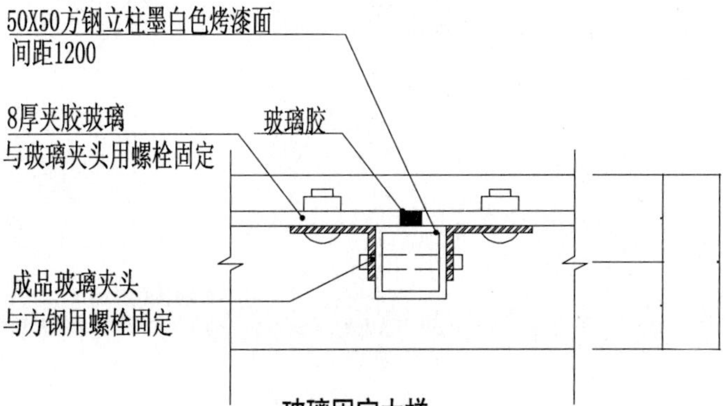
50X50方钢立柱墨白色烤漆面
间距1200
8厚夹胶玻璃
与玻璃夹头用螺栓固定
玻璃胶
成品玻璃夹头
与方钢用螺栓固定

② 玻璃固定大样 1:5

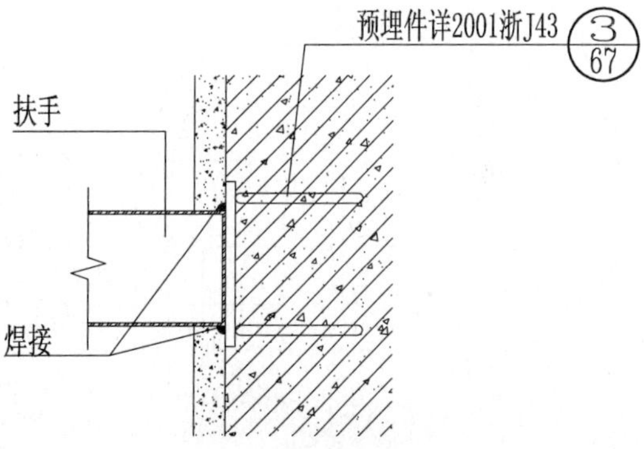
预埋件详2001浙J43
扶手
焊接

④ 靠墙扶手预埋件 1:5

▲065-玻璃栏杆大样

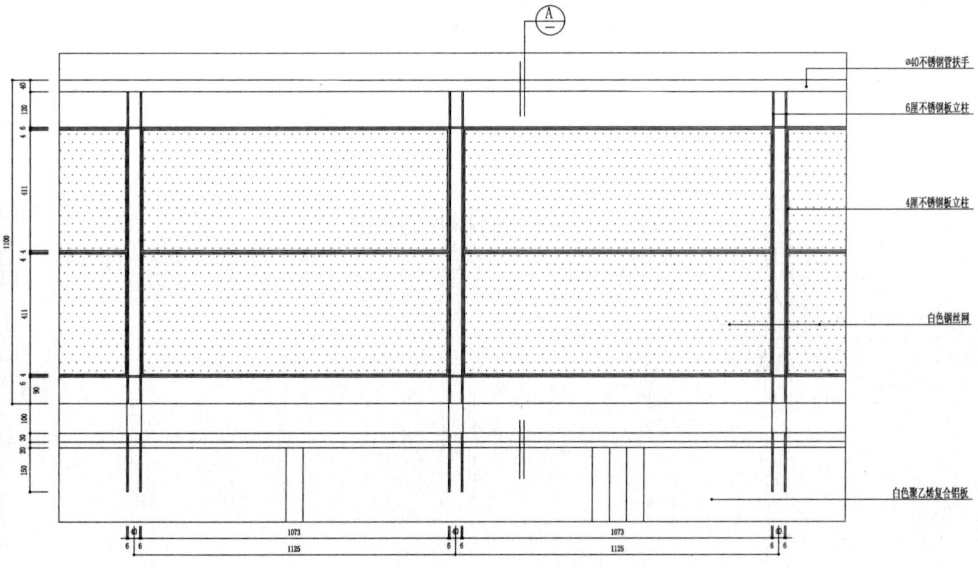
⌀40不锈钢管扶手
6厚不锈钢板立柱
4厚不锈钢板立柱
白色钢丝网
白色聚乙烯复合铝板
1073
1073
1125
1125

① 栏杆立面图 1:10

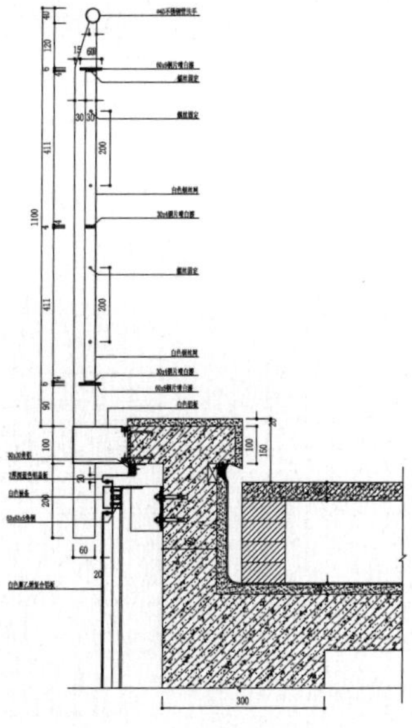

e 栏杆剖面图 1:5

▲066-钢丝网式栏杆立面及大样图

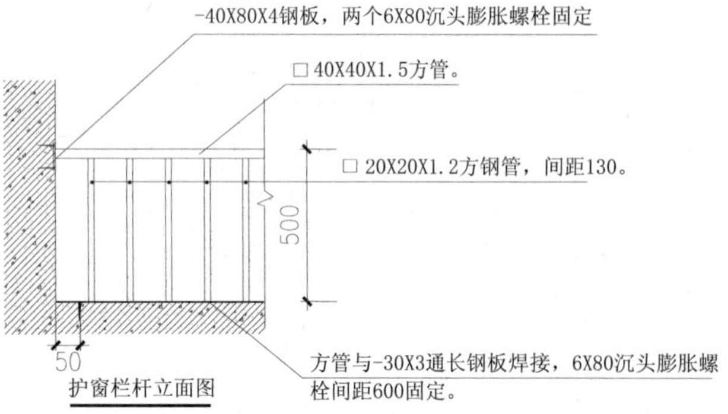
-40X80X4钢板，两个6X80沉头膨胀螺栓固定
□40X40X1.5方管。
□20X20X1.2方钢管，间距130。
500
50
方管与-30X3通长钢板焊接，6X80沉头膨胀螺栓间距600固定。
护窗栏杆立面图

注：油漆做法：98ZJ001涂13，色彩同栏杆。
栏杆扶手中心距内墙皮75宽。

▲067-护窗栏杆

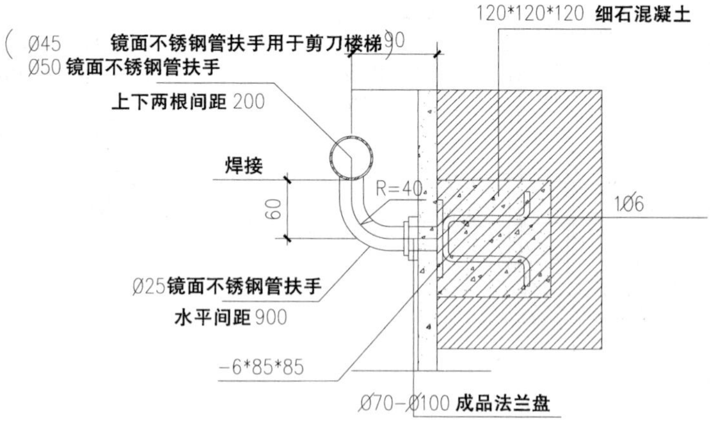
Ø45 镜面不锈钢管扶手用于剪刀楼梯
Ø50 镜面不锈钢管扶手
上下两根间距 200
焊接
60
R=40
Ø25镜面不锈钢管扶手
水平间距 900
-6*85*85
Ø70-Ø100 成品法兰盘
120*120*120 细石混凝土
106
90

▲068-剪刀楼梯不锈钢管扶手大样

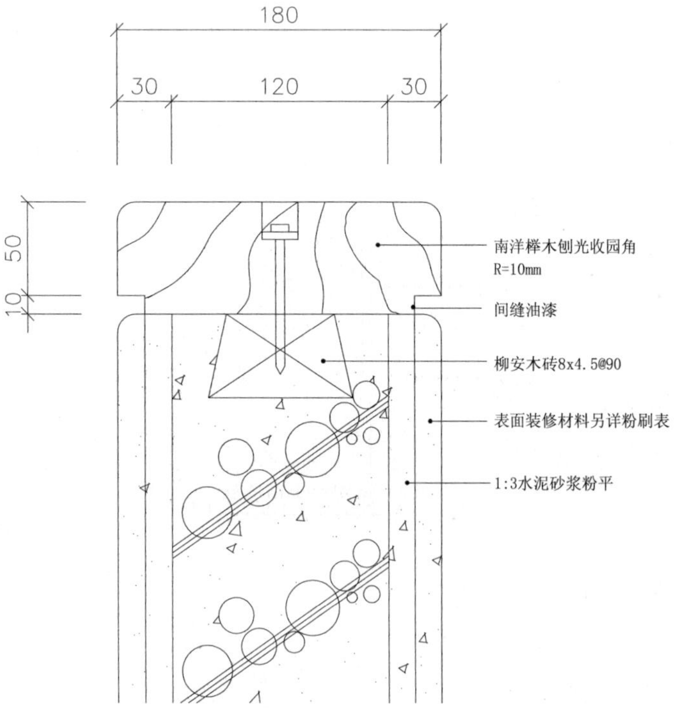
180
30
120
30
50
10
南洋榉木刨光收园角
R=10mm
间缝油漆
柳安木砖8x4.5@90
表面装修材料另详粉刷表
1:3水泥砂浆粉平

榉木扶手大样图

▲069-榉木扶手大样图

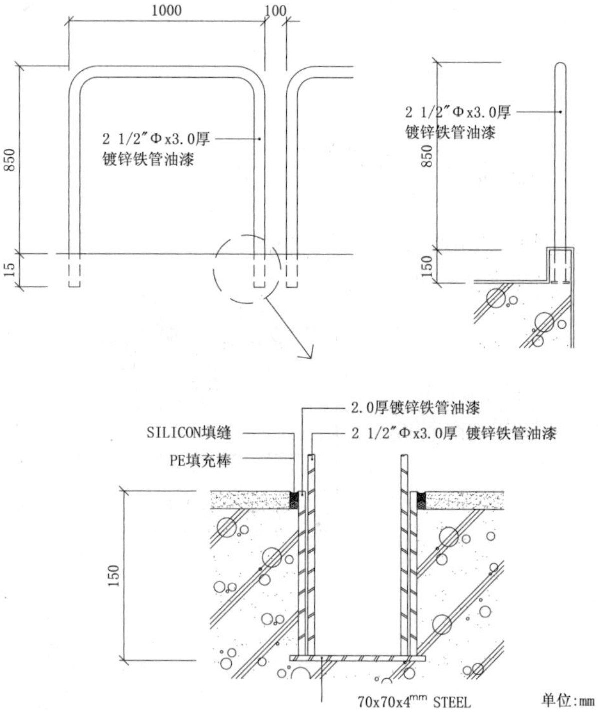
1000
100
850
15
2 1/2″Φx3.0厚
镀锌铁管油漆
150
2.0厚镀锌铁管油漆
SILICON填缝
2 1/2″Φx3.0厚 镀锌铁管油漆
PE填充棒
70x70x4mm STEEL
单位:mm

可拆式栏杆大样图

▲070-可拆式栏杆大样图

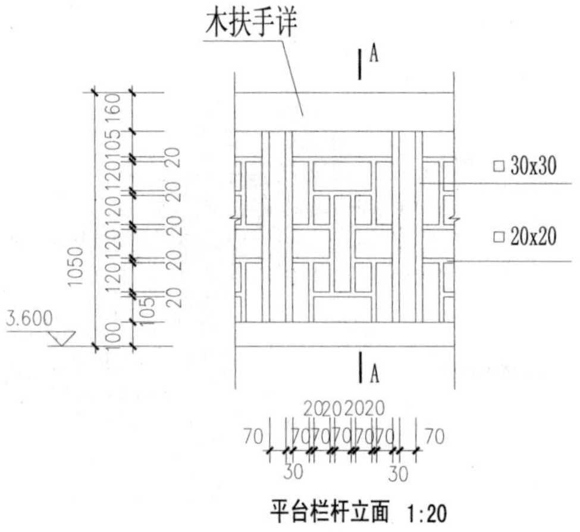
木扶手详
A
□30x30
□20x20
1050
3.600
160
105
120
120
120
120
105
100
20
70
30
平台栏杆立面 1:20

▲071-平台栏杆立面

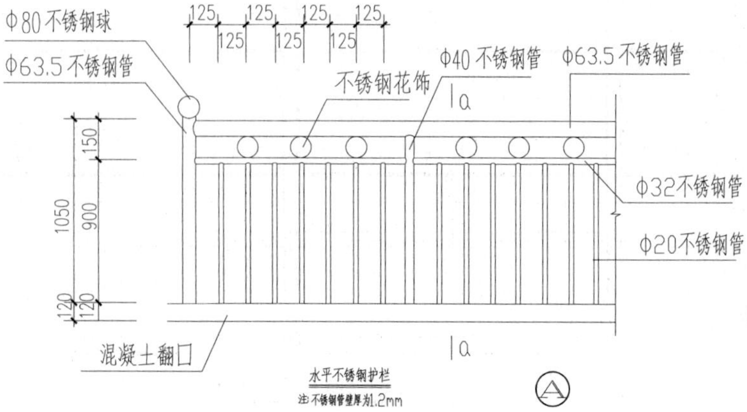
Φ80不锈钢球
Φ63.5不锈钢管
125
不锈钢花饰
Φ40不锈钢管
Φ63.5不锈钢管
a
Φ32不锈钢管
Φ20不锈钢管
150
900
1050
120
混凝土翻口
水平不锈钢护栏
注:不锈钢管壁厚为1.2mm
A

▲072-水平不锈钢护栏

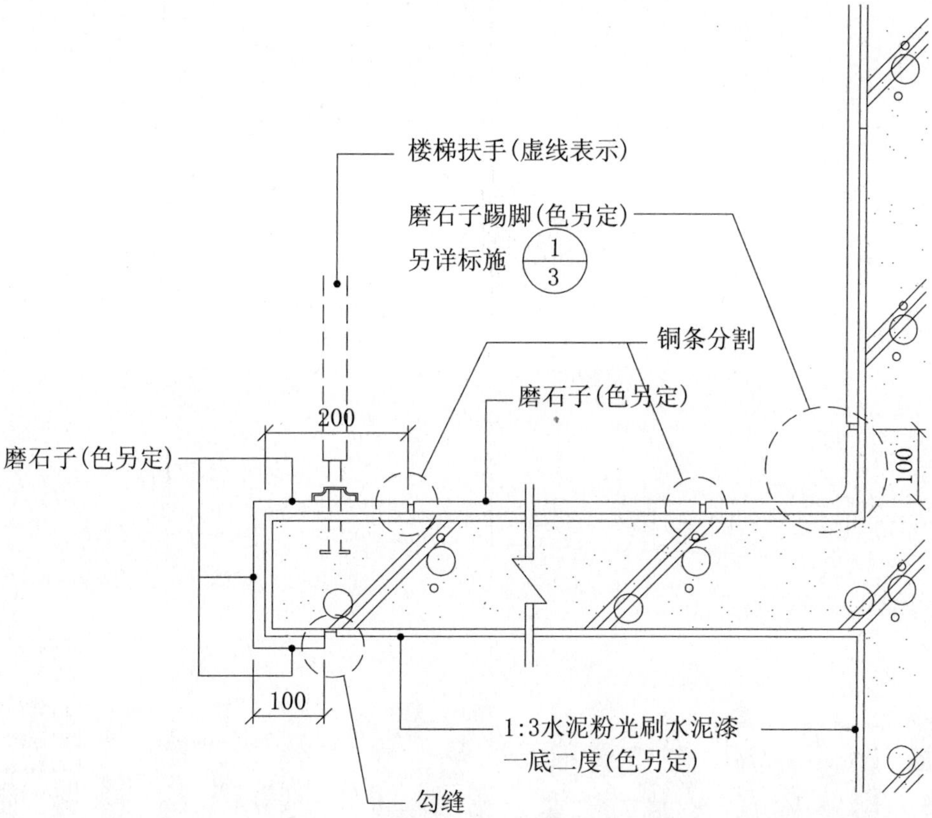
楼梯扶手(虚线表示)
磨石子踢脚(色另定)
另详标施 1/3
铜条分割
磨石子(色另定)
200
磨石子(色另定)
100
100
1:3水泥粉光刷水泥漆
一底二度(色另定)
勾缝

注：如有楼梯小梁，应将磨石子地坪收边至小梁之阴角处。

直立式扶手大样图

▲073-直立式扶手大样图

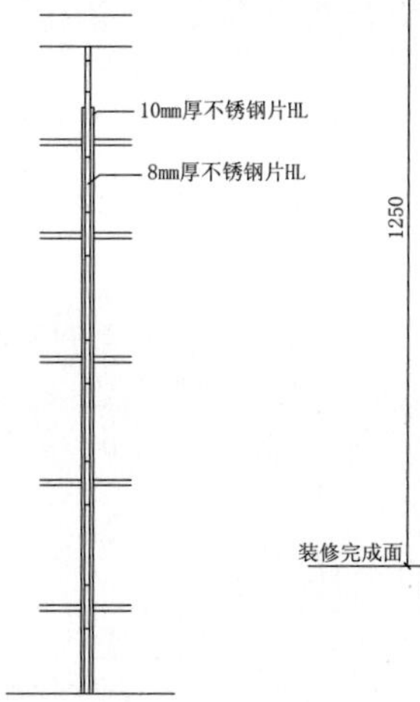
10mm厚不锈钢片HL
8mm厚不锈钢片HL

(8a) 楼梯扶手立面图(直立式)

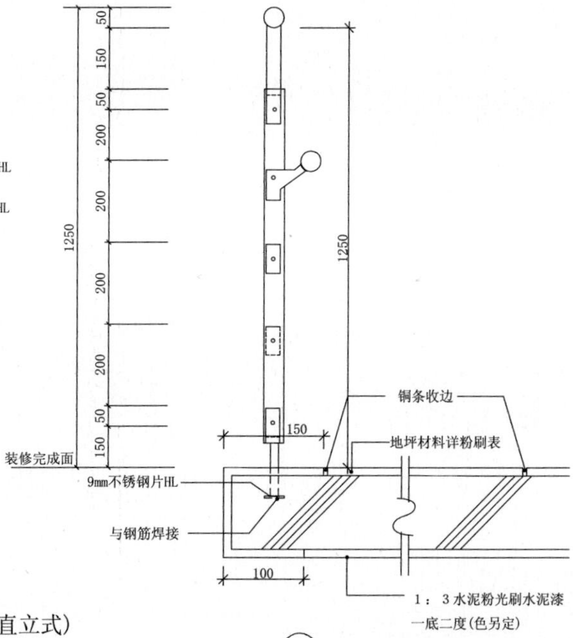
50
150
50
200
200
200
200
50
150
1250
1250
150
铜条收边
地坪材料详粉刷表
装修完成面
9mm不锈钢片HL
与钢筋焊接
100
1：3水泥粉光刷水泥漆
一底二度(色另定)

(8b) 楼梯扶手剖面图
(B TYPE)

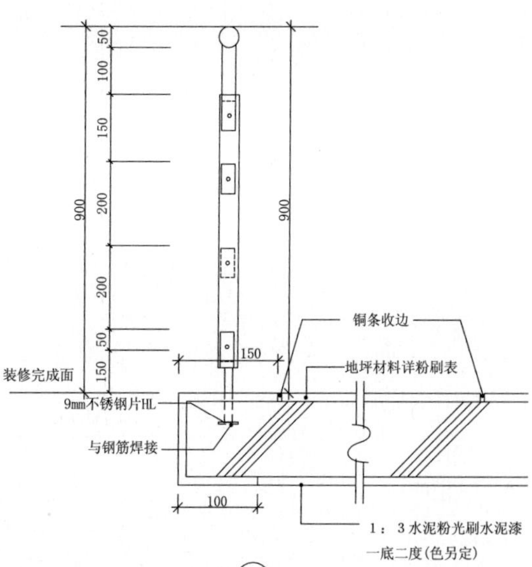
50
100
150
200
200
50
150
900
900
150
铜条收边
地坪材料详粉刷表
装修完成面
9mm不锈钢片HL
与钢筋焊接
100
1：3水泥粉光刷水泥漆
一底二度(色另定)

(8c) 楼梯扶手剖面图
(C TYPE)

直立式楼梯扶手大样图 单位:mm

▲074-直立式楼梯扶手大样图

屋面建筑构造

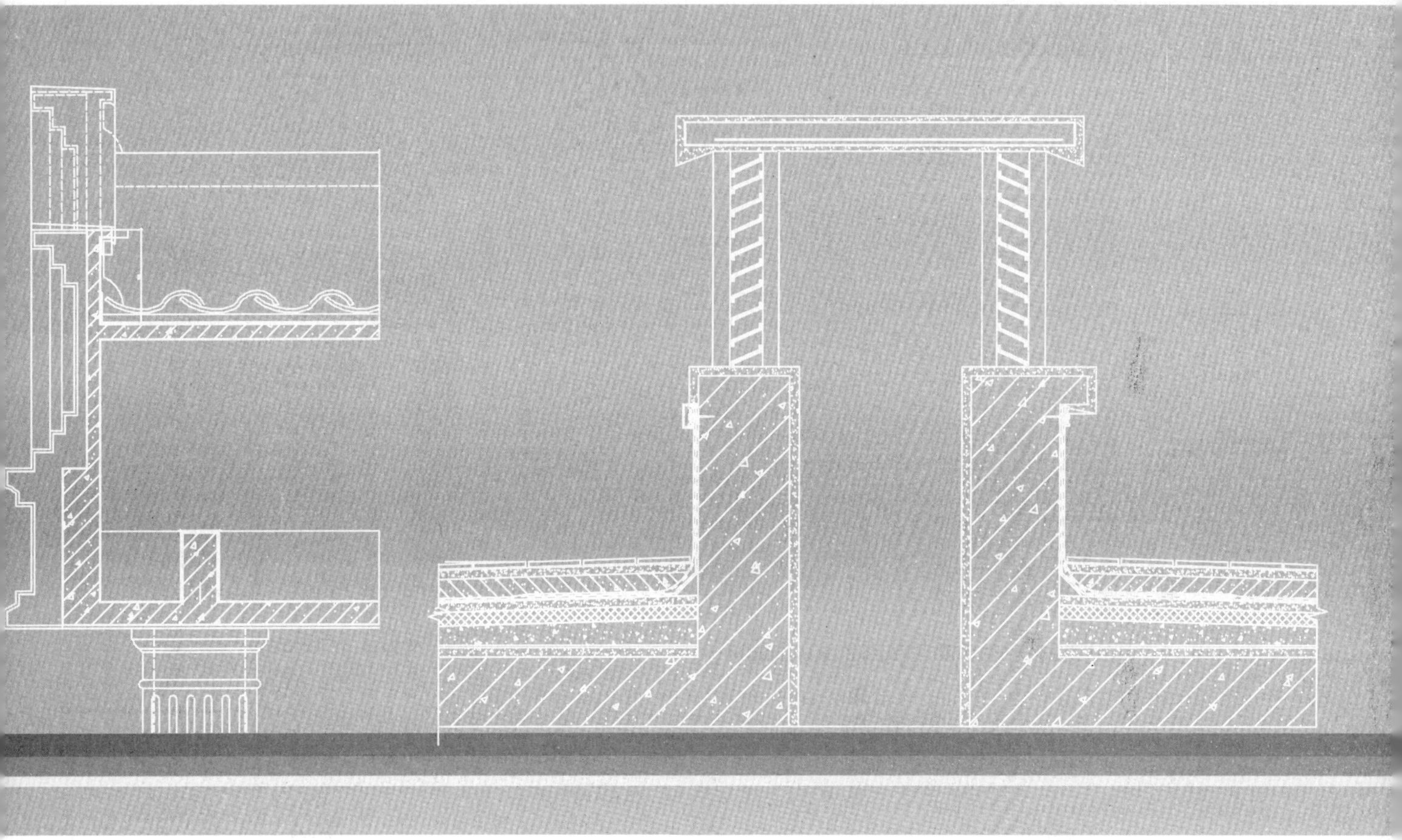

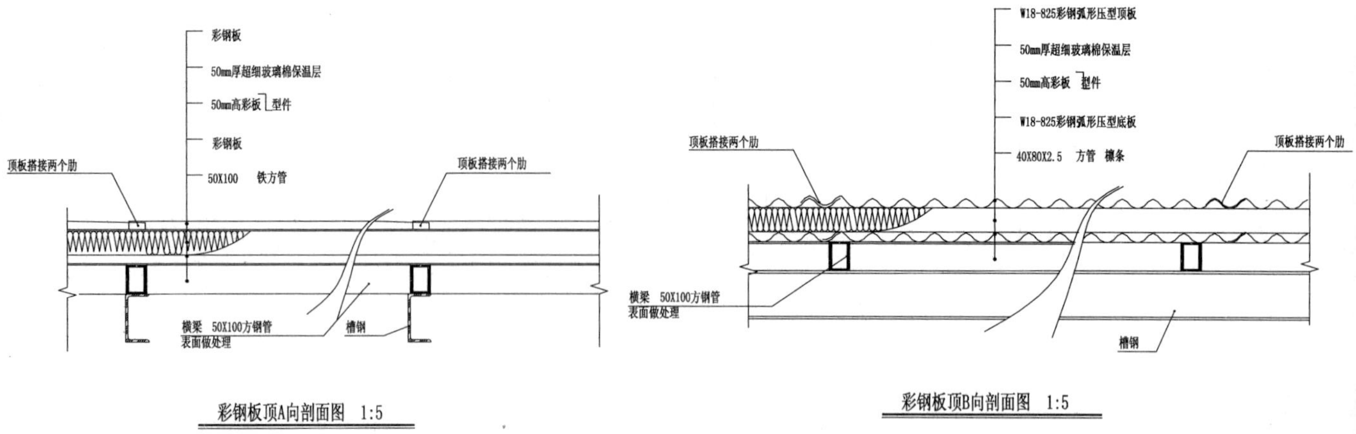

▲001-彩钢板顶

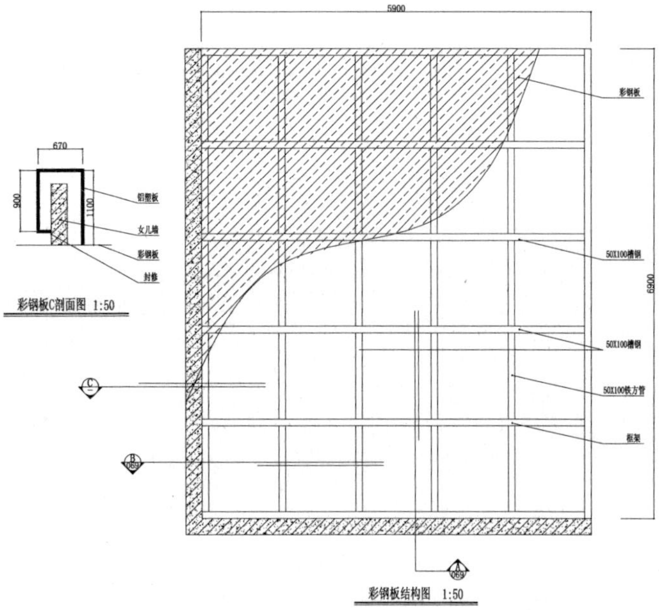

▲002-彩钢板节点图

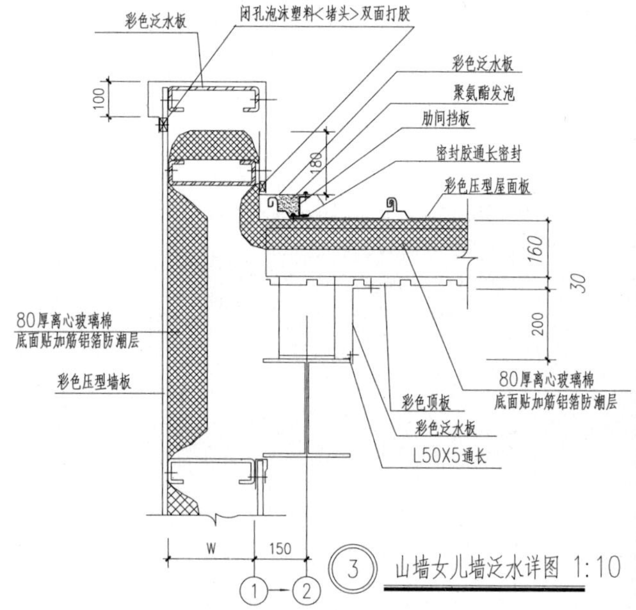

▲003-钢结构一山墙女儿墙泛水详图

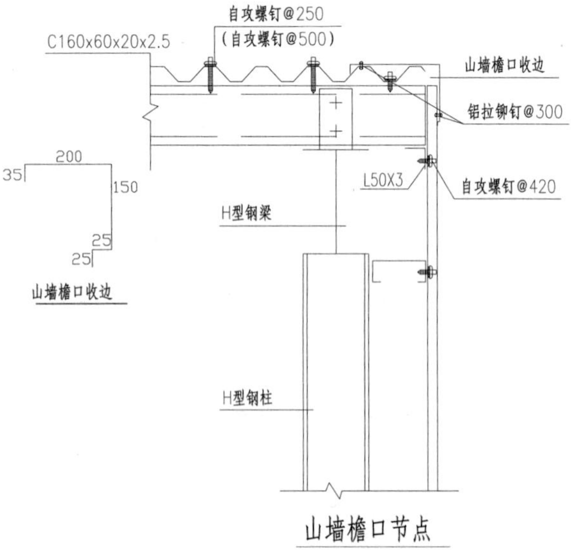

▲004-钢结构山墙檐口节点1

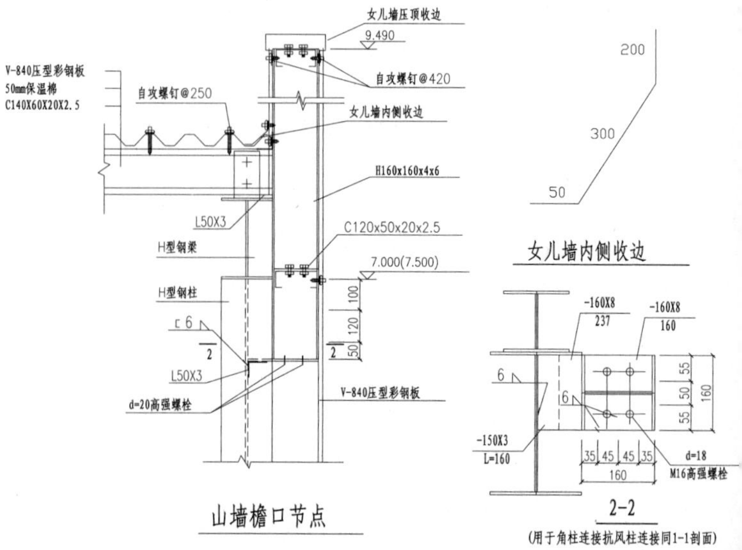

▲005-钢结构山墙檐口节点2

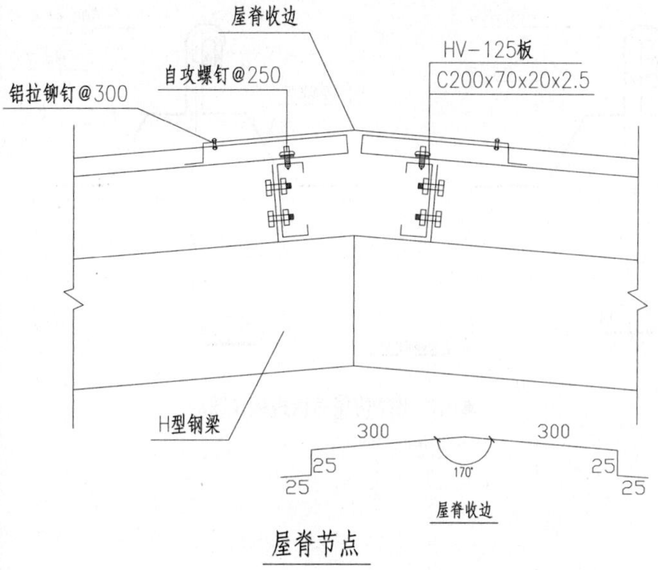

▲006-钢结构屋脊节点（一）

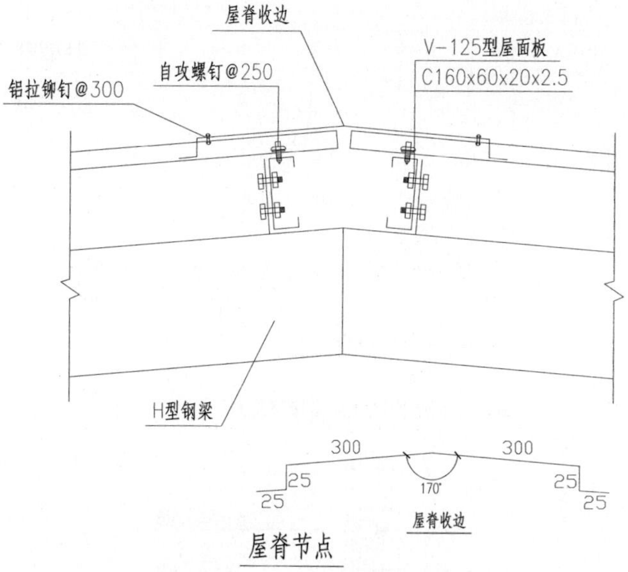

▲007-钢结构屋脊节点（二）

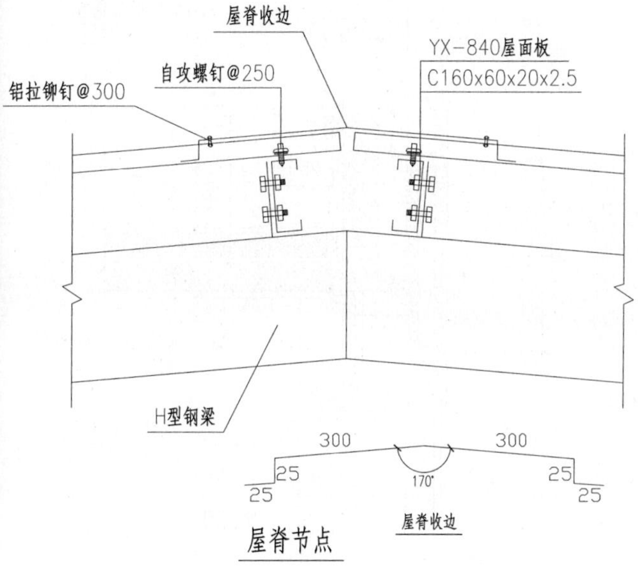

▲008-钢结构屋脊节点（三）

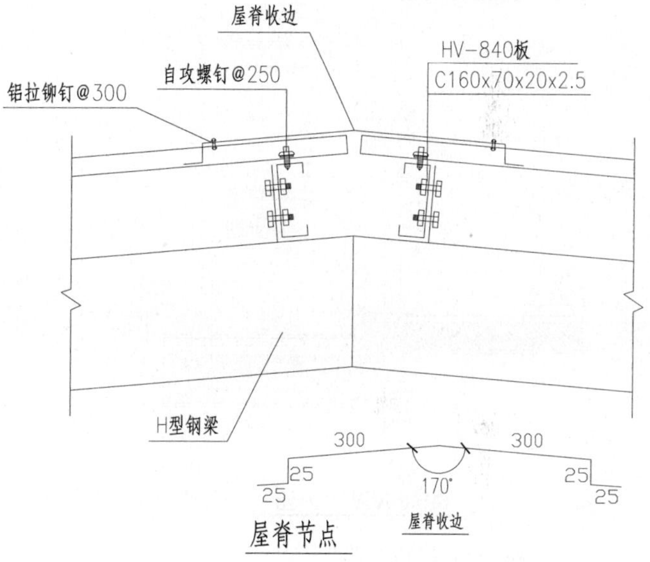

▲009-钢结构屋脊节点（四）

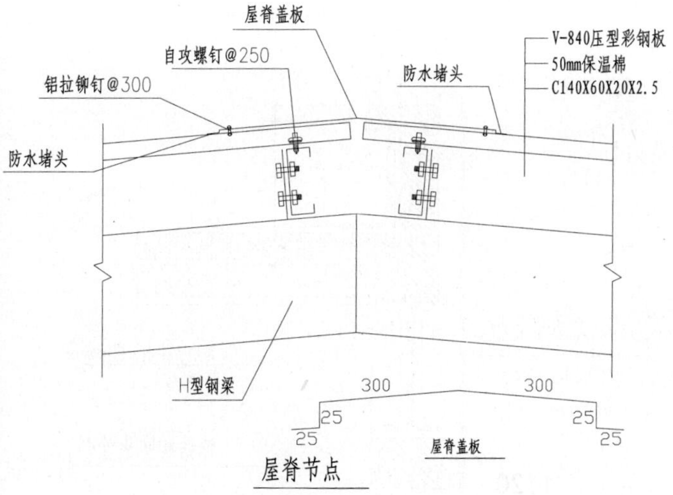

▲010-钢结构屋脊节点（五）

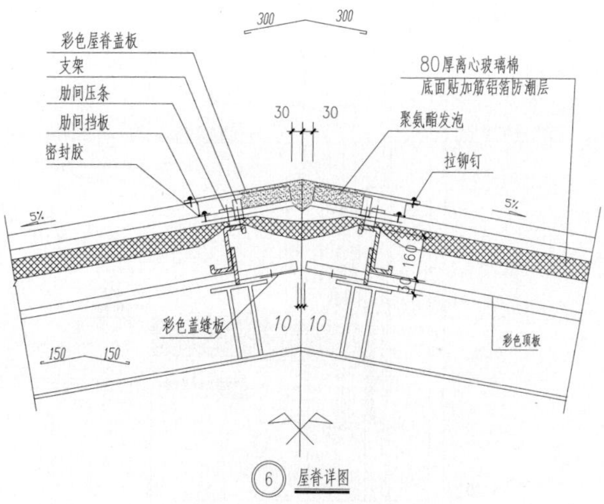

▲011-钢结构屋脊详图（六）

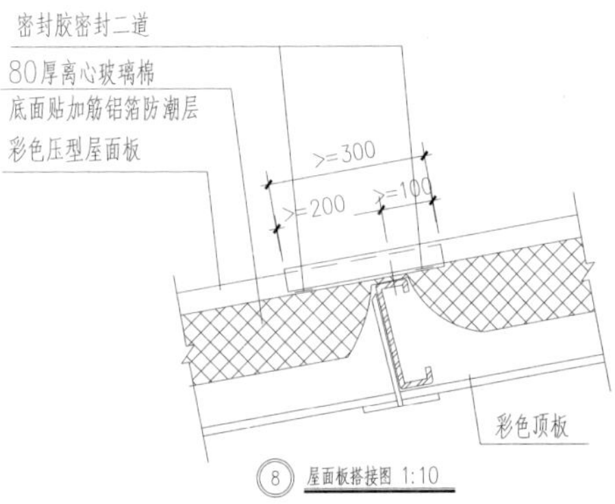

▲012-钢结构屋面板搭接详图1

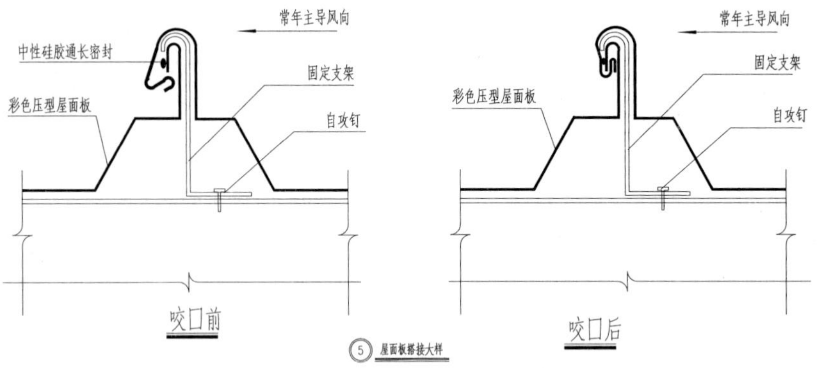

▲013-钢结构屋面板搭接详图2

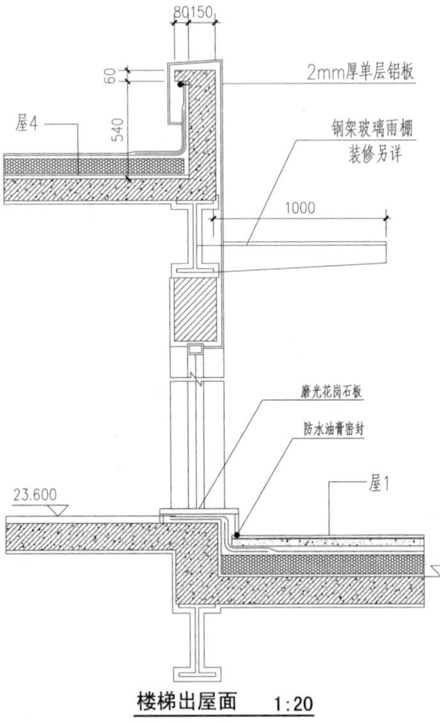

▲014-钢结构屋面节点

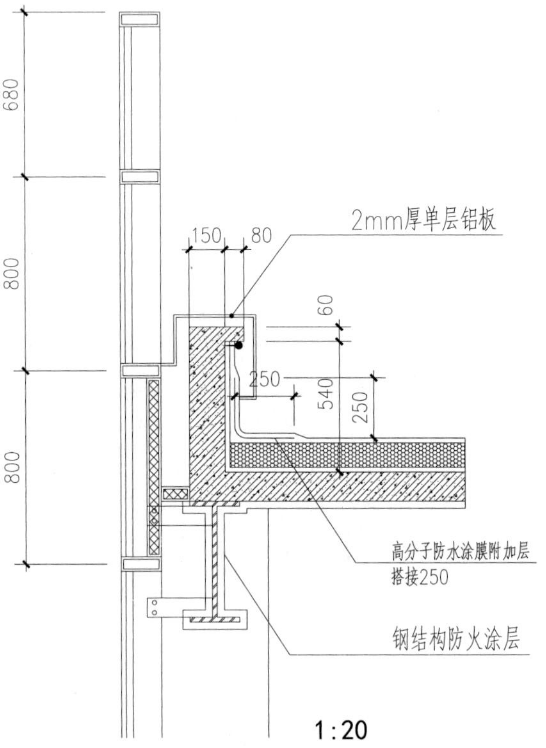

▲015-钢结构屋面节点-女儿墙1

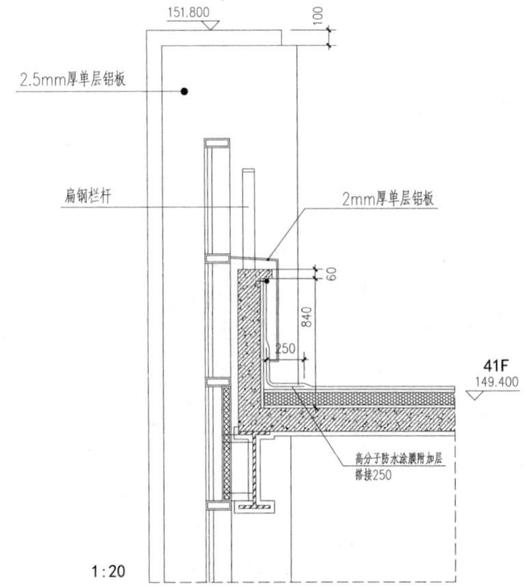

▲016-钢结构屋面节点-女儿墙2

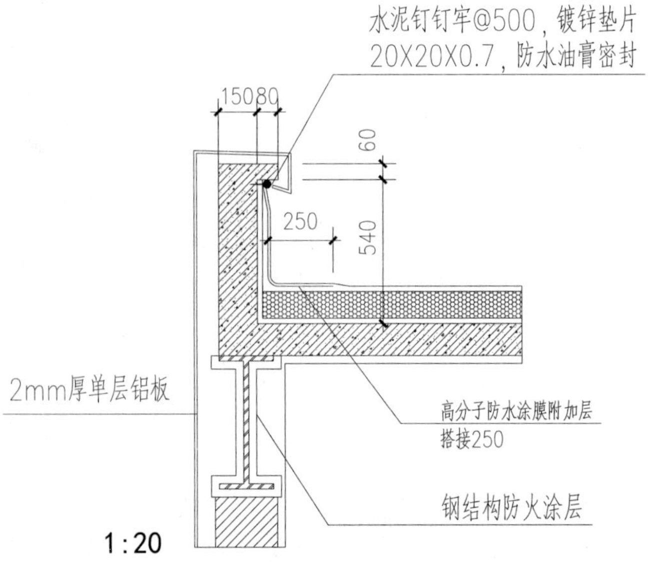

▲017-钢结构屋面节点-女儿墙3

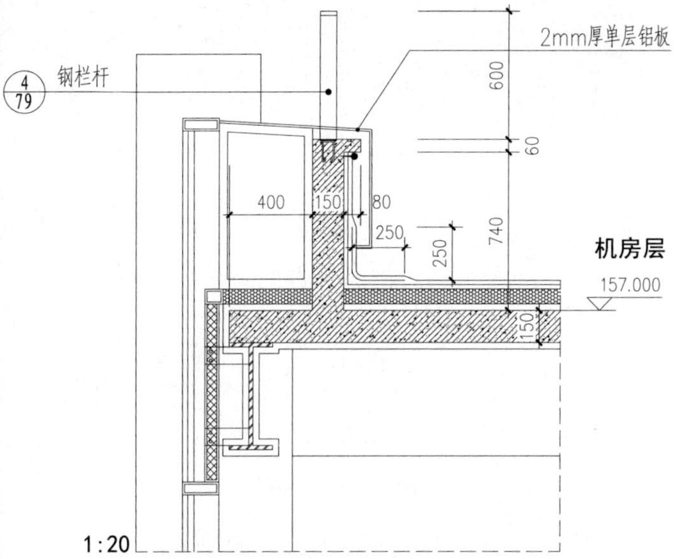
2mm厚单层铝板
4/79
钢栏杆
600
60
400
150
80
250
250
740
机房层
157.000
150
1:20

▲018-钢结构屋面节点-女儿墙4

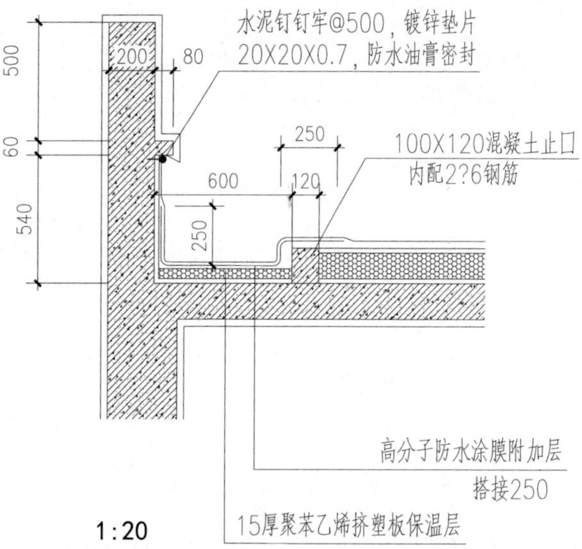
水泥钉钉牢@500，镀锌垫片
20X20X0.7，防水油膏密封
500
200
80
60
250
100X120混凝土止口
内配2?6钢筋
600
120
540
250
高分子防水涂膜附加层
搭接250
15厚聚苯乙烯挤塑板保温层
1:20

▲019-钢结构屋面节点-女儿墙5

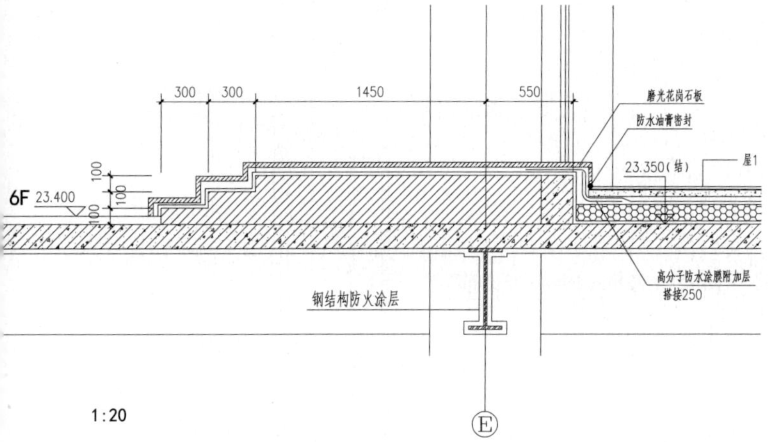
300
300
1450
550
磨光花岗石板
防水油膏密封
23.350(结)
屋1
6F 23.400
100
100
100
高分子防水涂膜附加层
搭接250
钢结构防火涂层
1:20
E

▲020-钢结构屋面节点-上人屋面1

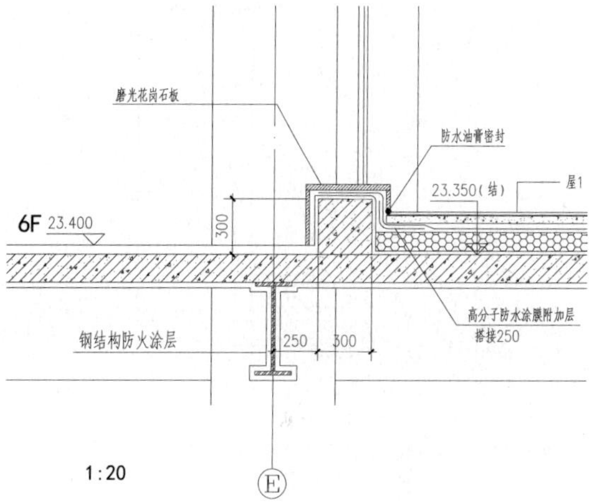
磨光花岗石板
防水油膏密封
23.350(结)
屋1
6F 23.400
300
高分子防水涂膜附加层
搭接250
钢结构防火涂层
250
300
1:20
E

▲021-钢结构屋面节点-上人屋面2

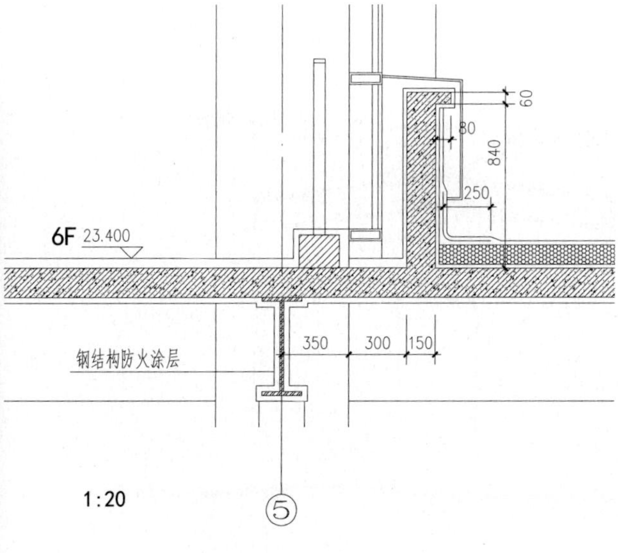
60
80
840
250
6F 23.400
钢结构防火涂层
350
300
150
1:20
5

▲022-钢结构屋面节点-上人屋面3

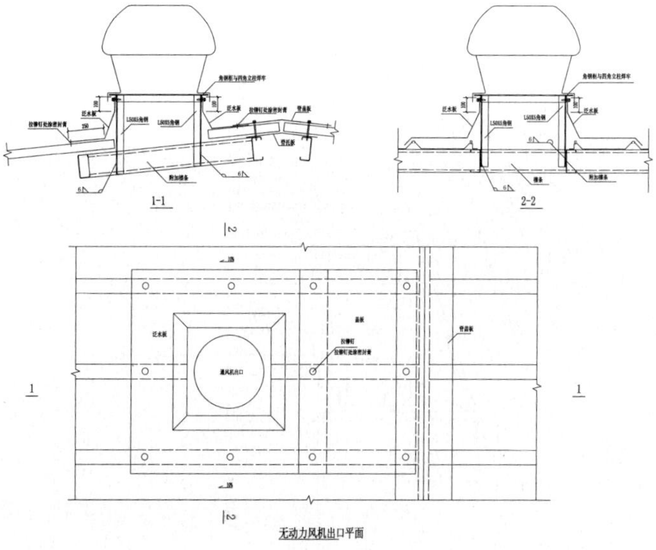
1-1
2-2
无动力风机出口平面

▲023-钢结构无动力风机出口大样

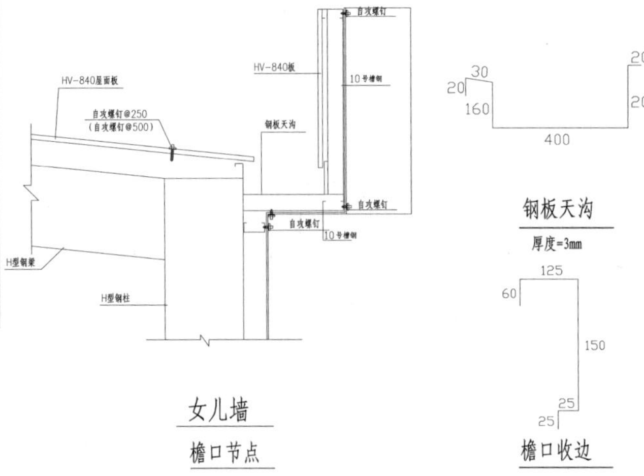
HV-840屋面板
自攻螺钉@250
(自攻螺钉@500)
HV-840板
钢板天沟
H型钢梁
H型钢柱
钢板天沟
厚度=3mm
女儿墙
檐口节点
檐口收边

▲024-钢结构檐口节点1

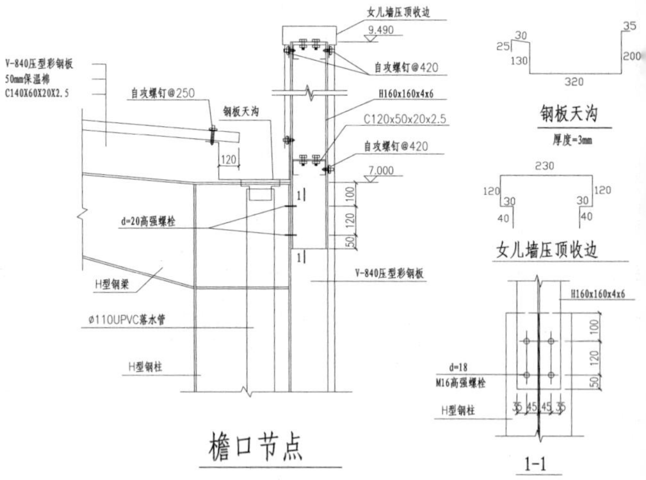
女儿墙压顶收边
V-840压型彩钢板
50mm保温棉
C140X60X20X2.5
自攻螺钉@250
钢板天沟
自攻螺钉@420
H160x160x4x6
C120x50x20x2.5
自攻螺钉@420
d=20高强螺栓
H型钢梁
Ø110UPVC落水管
H型钢柱
V-840压型彩钢板
檐口节点
钢板天沟
厚度=3mm
女儿墙压顶收边
H160x160x4x6
d=18
M16高强螺栓
H型钢柱
1-1

▲025-钢结构檐口节点2

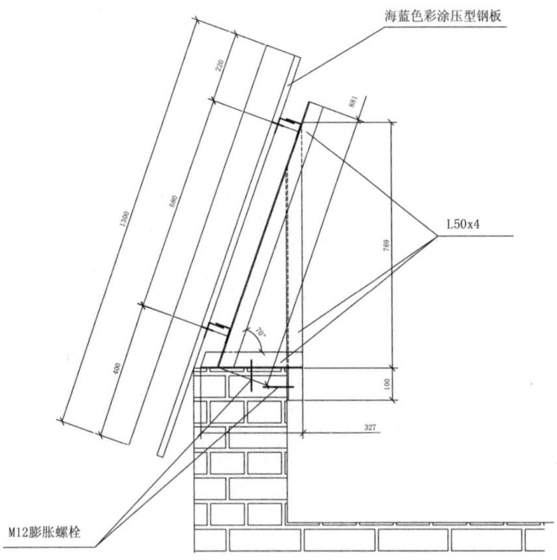
海蓝色彩涂压型钢板
L50x4
M12膨胀螺栓

+10.000米高屋面檐口截面结构图

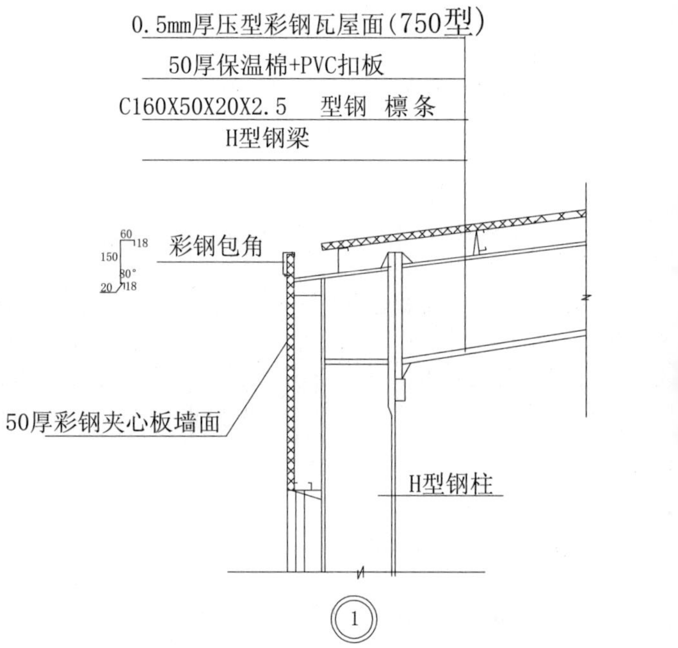
0.5mm厚压型彩钢瓦屋面(750型)
50厚保温棉+PVC扣板
C160X50X20X2.5 型钢 檩条
H型钢梁
彩钢包角
50厚彩钢夹心板墙面
H型钢柱
1

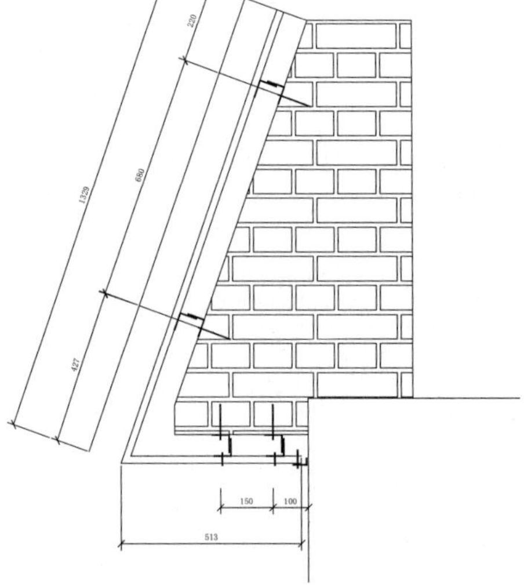

+15.000米高屋面檐口截面结构图

▲026-女儿墙装饰

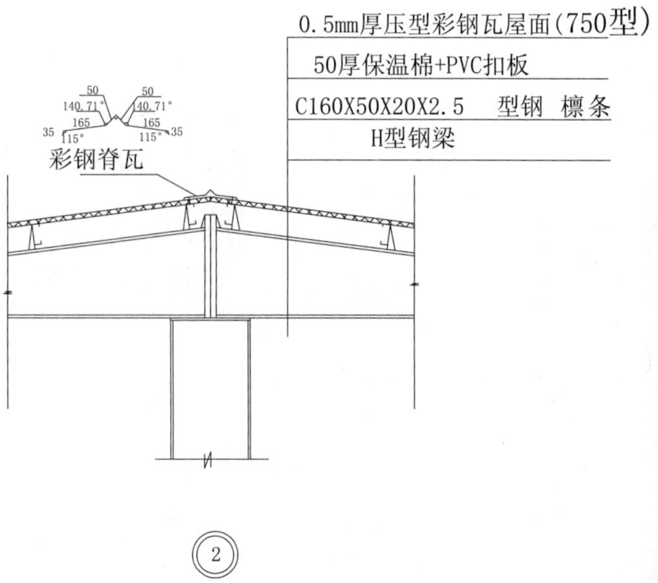
0.5mm厚压型彩钢瓦屋面(750型)
50厚保温棉+PVC扣板
C160X50X20X2.5 型钢 檩条
H型钢梁
彩钢脊瓦
2

▲027-坡屋顶1

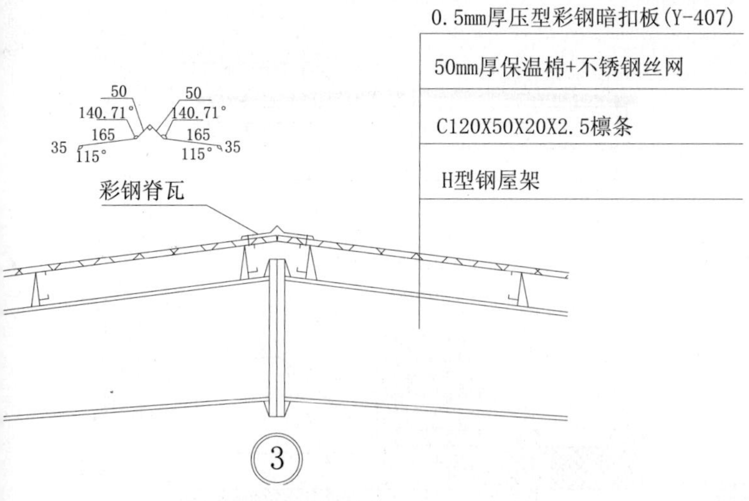
0.5mm厚压型彩钢暗扣板(Y-407)
50mm厚保温棉+不锈钢丝网
C120X50X20X2.5檩条
H型钢屋架
50
140.71°
165
35
115°
50
140.71°
165
115°
35
彩钢脊瓦
3

▲028-坡屋顶2

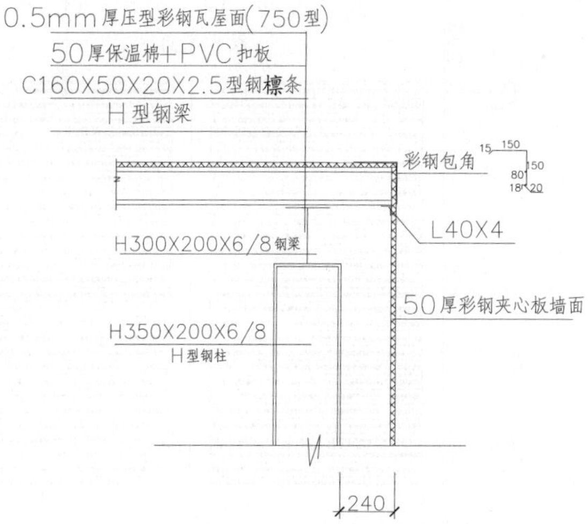
0.5mm厚压型彩钢瓦屋面(750型)
50厚保温棉+PVC扣板
C160X50X20X2.5型钢檩条
H型钢梁
彩钢包角
15
150
150
80
18
20
L40X4
H300X200X6/8钢梁
50厚彩钢夹心板墙面
H350X200X6/8
H型钢柱
240

▲029-坡屋顶3

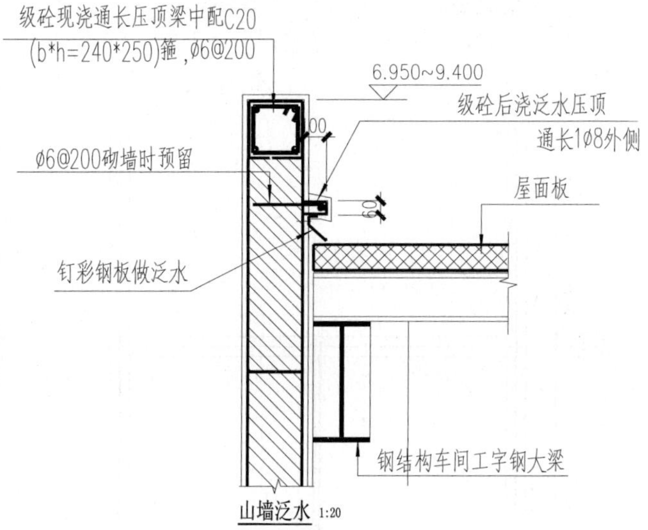
级砼现浇通长压顶梁中配C20
(b*h=240*250)箍,ø6@200
6.950~9.400
级砼后浇泛水压顶
通长1ø8外侧
ø6@200砌墙时预留
屋面板
钉彩钢板做泛水
钢结构车间工字钢大梁
山墙泛水 1:20

▲030-山墙泛水详图

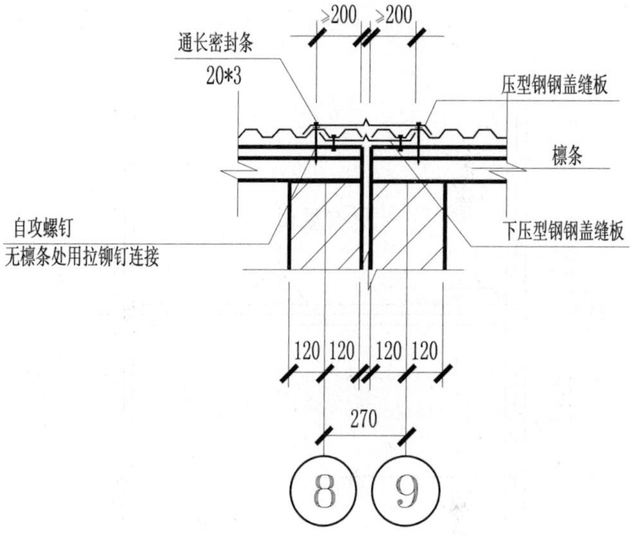
≥200
≥200
通长密封条
20*3
压型钢钢盖缝板
檩条
自攻螺钉
无檩条处用拉铆钉连接
下压型钢钢盖缝板
120
120
120
120
270
8
9

▲031-压型钢板变形缝处屋面构造

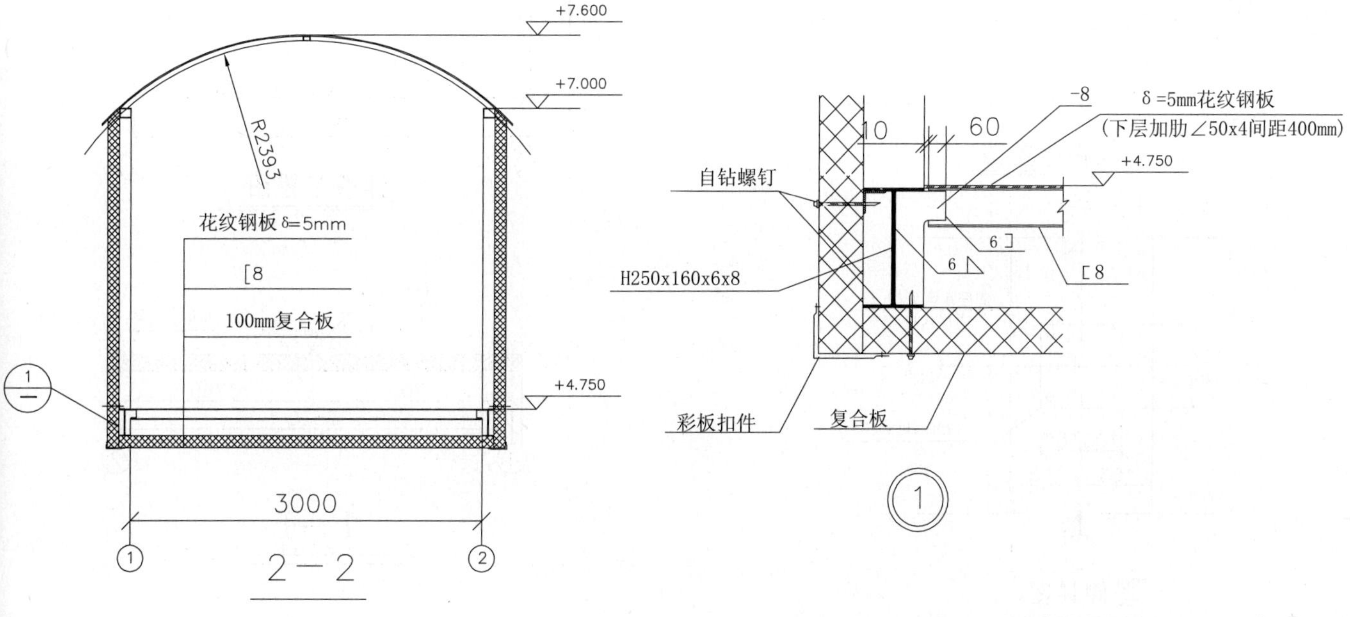
+7.600
+7.000
R2393
花纹钢板 δ=5mm
[8
100mm复合板
+4.750
3000
1
2
2-2
-8
δ=5mm花纹钢板
(下层加肋∠50x4间距400mm)
10
60
+4.750
自钻螺钉
6
6
[8
H250x160x6x8
彩板扣件
复合板
1

▲032-连廊彩板维护节点图

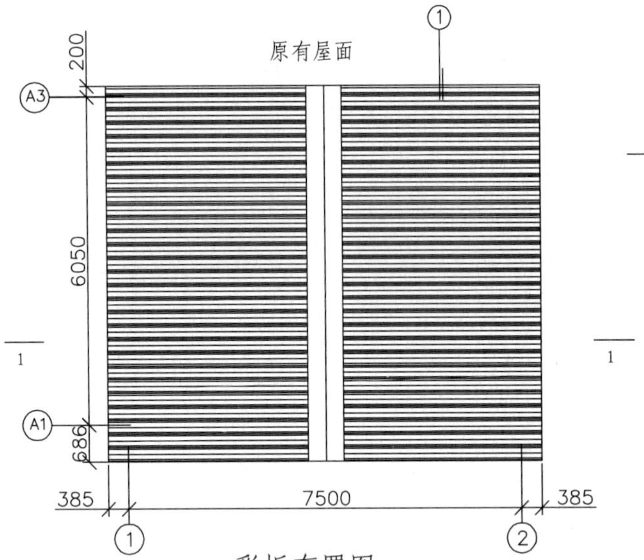
原有屋面
1
200
A3
6050
1
1
A1
686
385
7500
385
1
2
彩板布置图

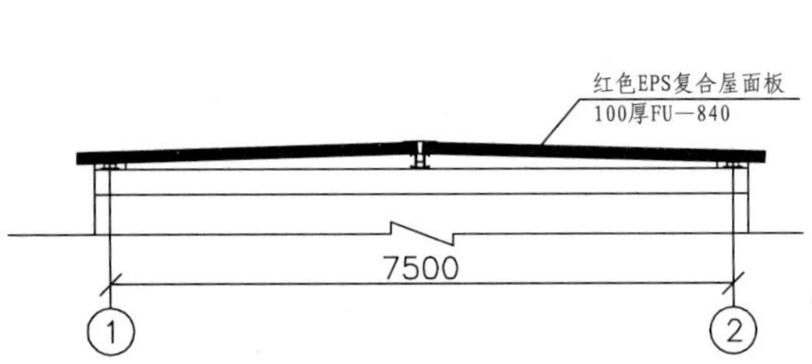
红色EPS复合屋面板
100厚FU—840
7500
1
2
1—1

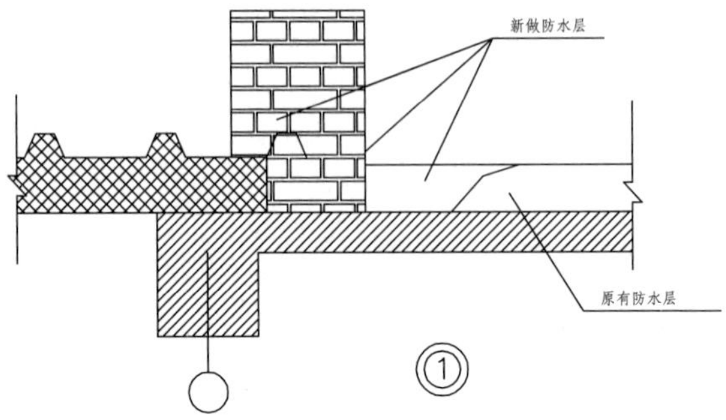
新做防水层
原有防水层
1

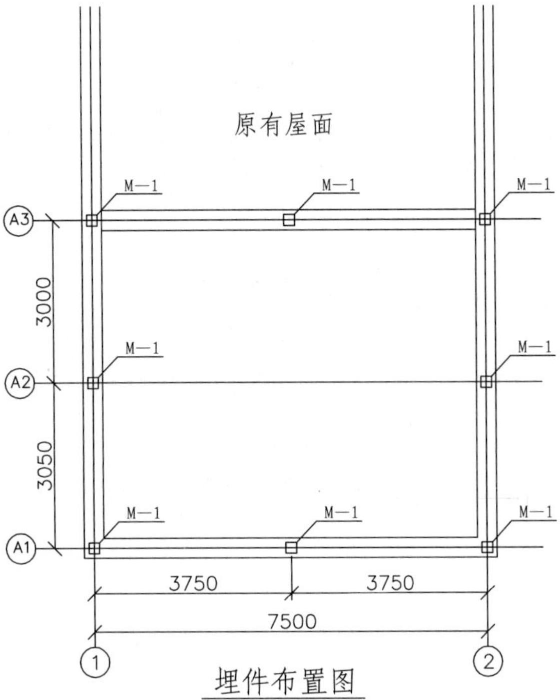
原有屋面
M—1
M—1
M—1
A3
3000
M—1
M—1
A2
3050
M—1
M—1
M—1
A1
3750
3750
7500
1
2
埋件布置图

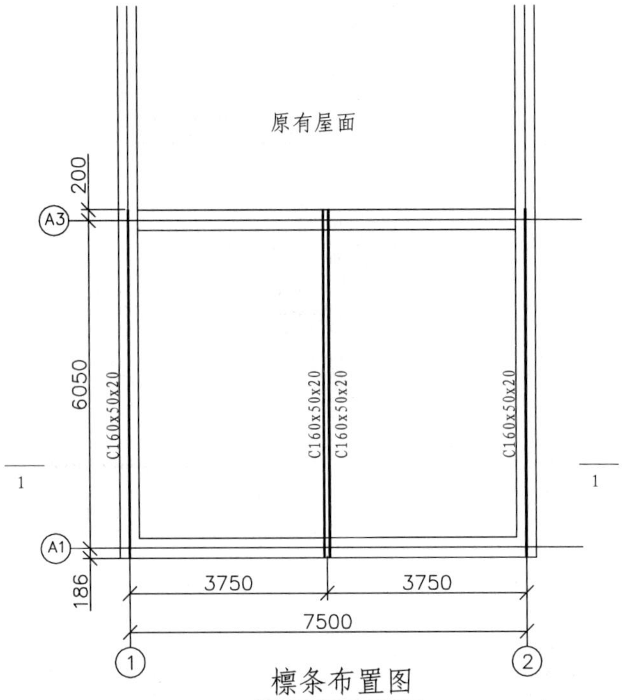
原有屋面
200
A3
6050
C160x50x20
C160x50x20
C160x50x20
C160x50x20
1
1
A1
186
3750
3750
7500
1
2
檩条布置图

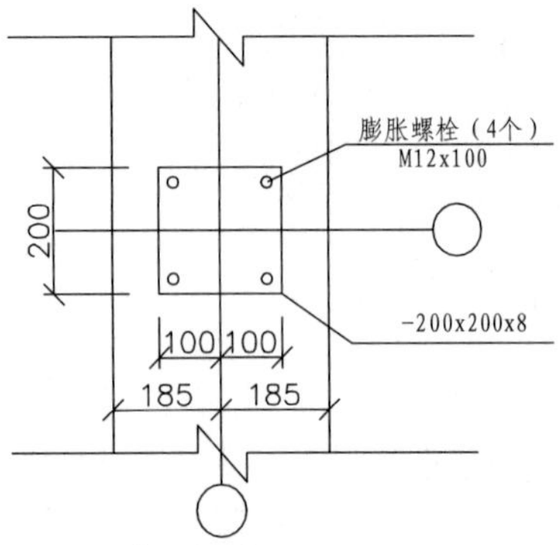
膨胀螺栓（4个）
M12x100
200
-200x200x8
100
100
185
185
埋件详图

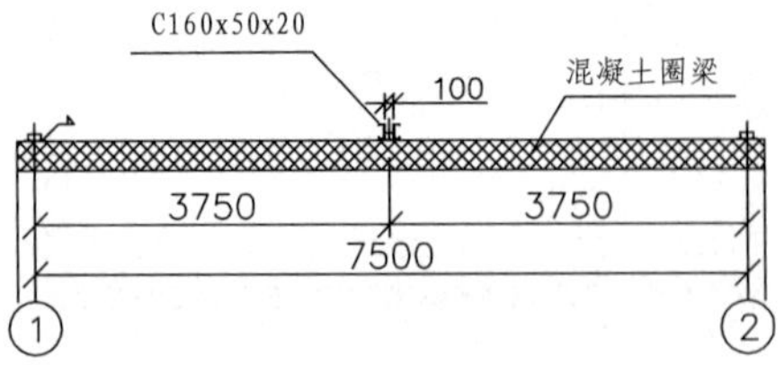
C160x50x20
100
混凝土圈梁
3750
3750
7500
1
2
1—1

▲033-屋面改造施工图

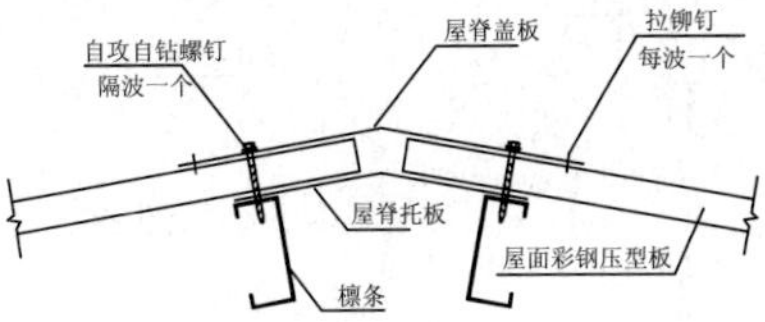

① 屋脊

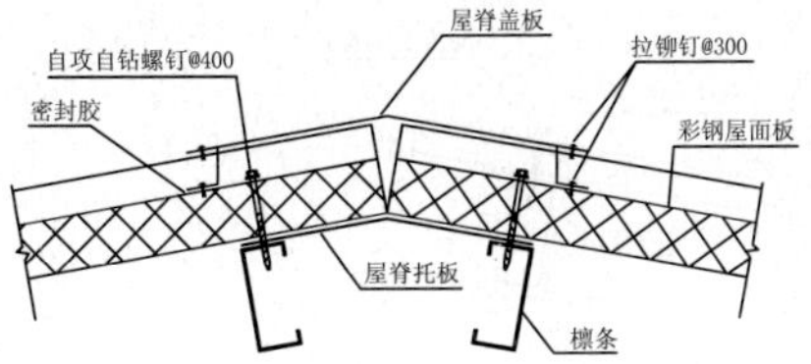

② 屋脊

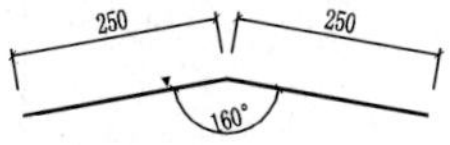

屋脊盖板

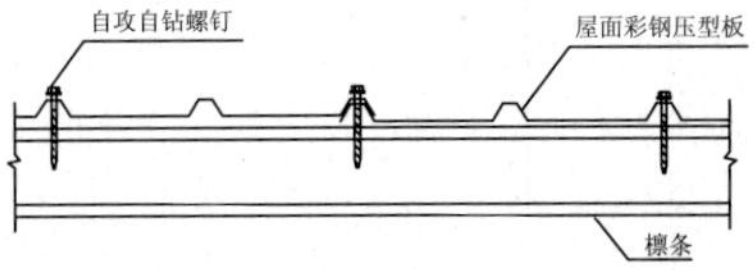

③ 横坡连接

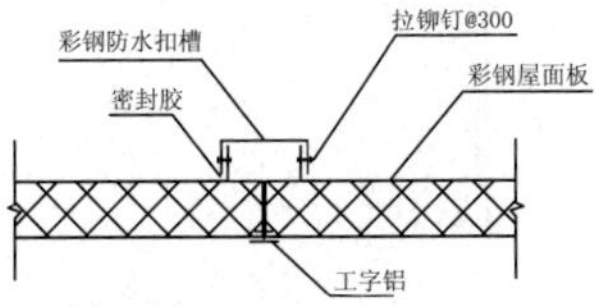

④ 横坡连接

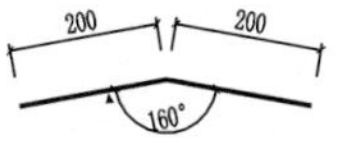

屋脊托板

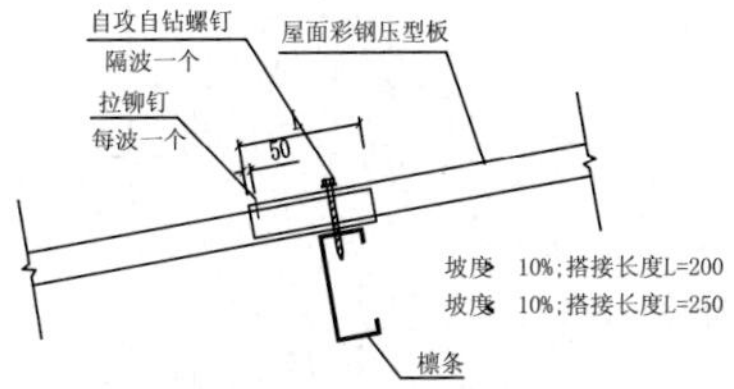

⑤ 顺坡连接

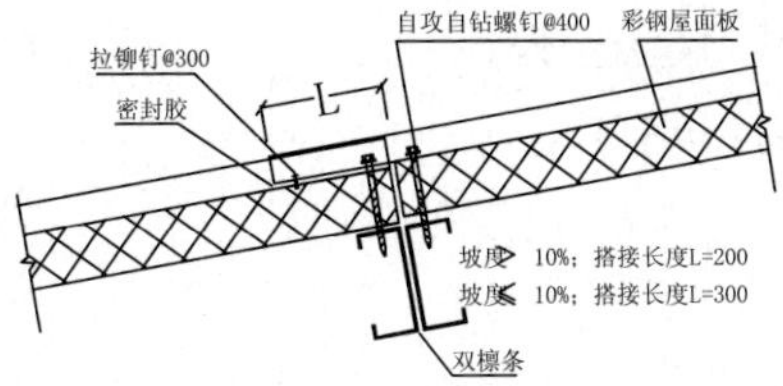

⑥ 顺坡连接

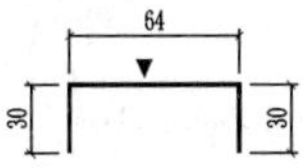

彩钢防水扣槽

压型板屋面连接

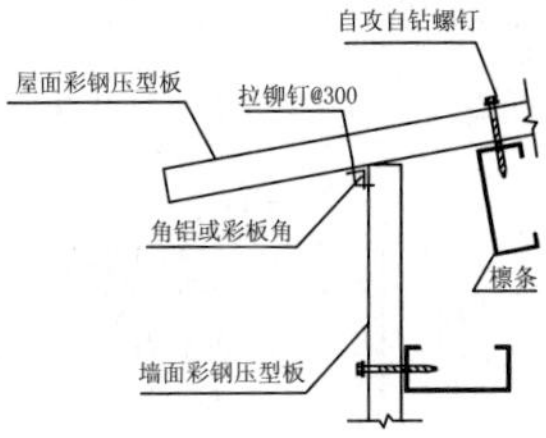

③ 檐口

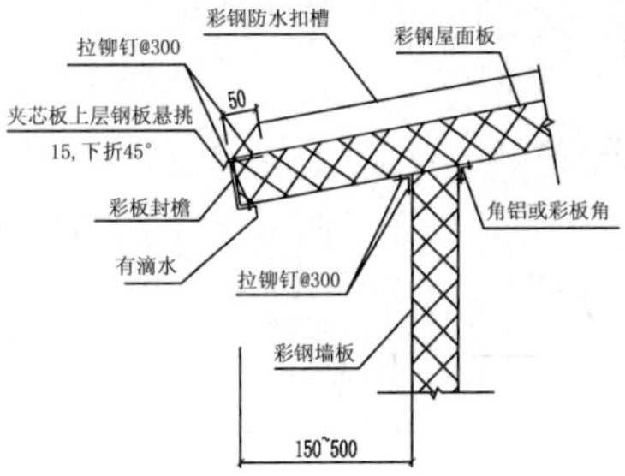

① 檐口

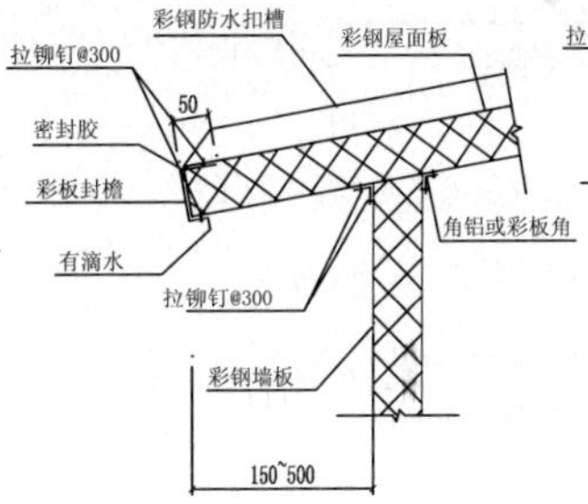

② 檐口

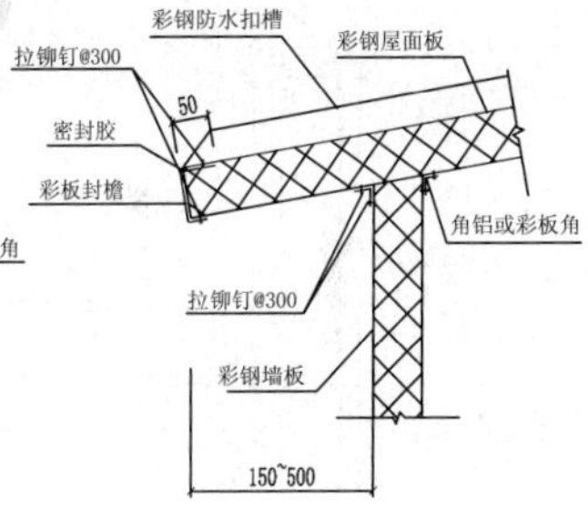

③ 檐口

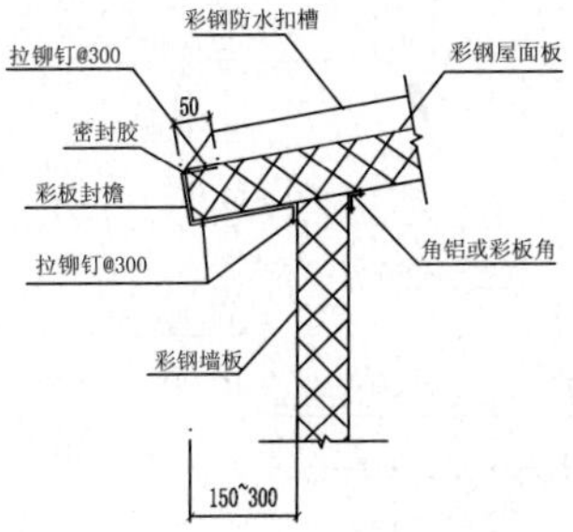

④ 檐口

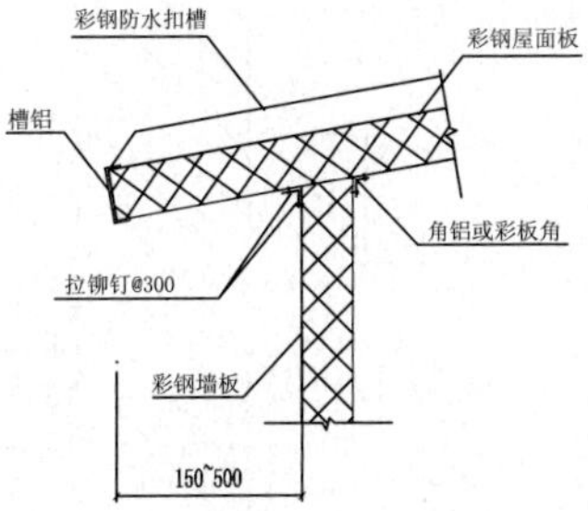

⑤ 檐口

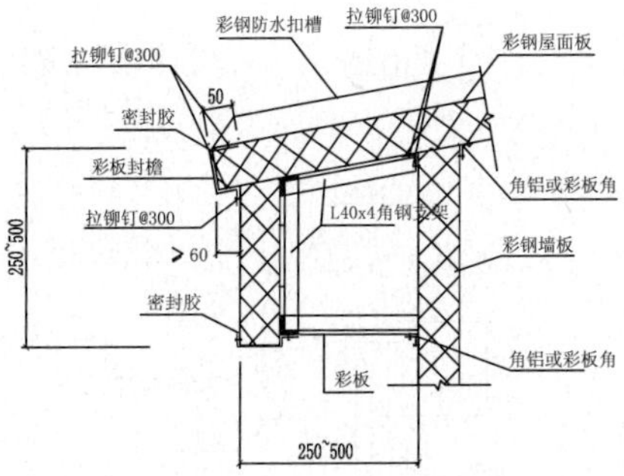

⑥ 檐口

▲034-彩钢压型钢板图集1

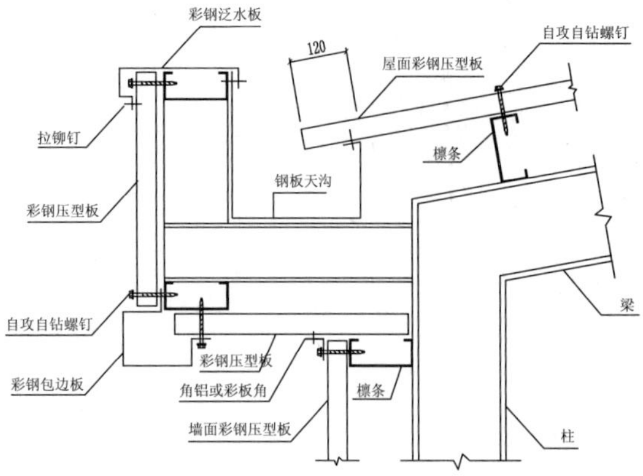

1 1a 外天沟

注：1a外墙顶采用节点4

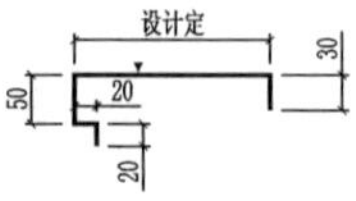

彩钢泛水板

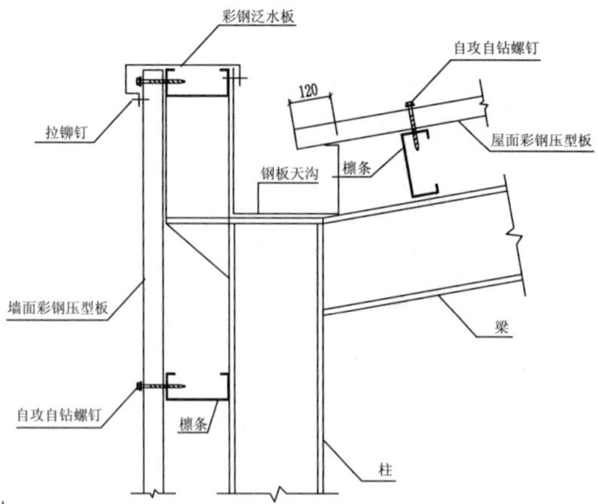

2 2a 外天沟

注：2a外墙顶采用节点4

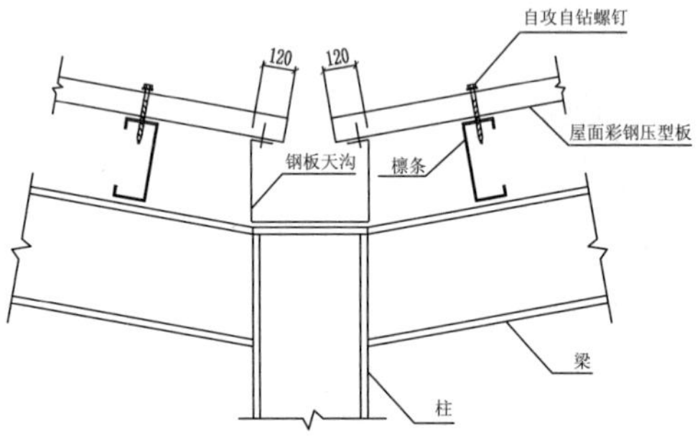

3 内天沟

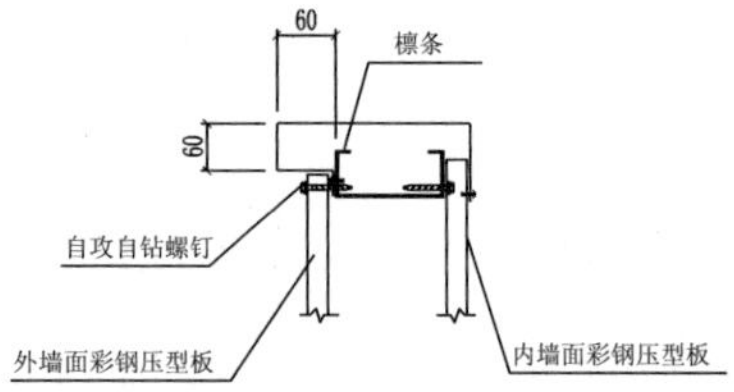

4 外墙顶

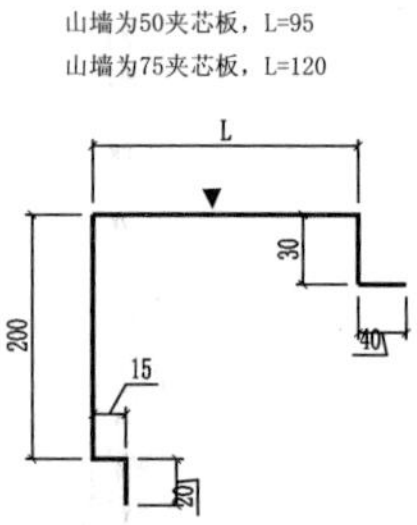

山墙彩钢包边板

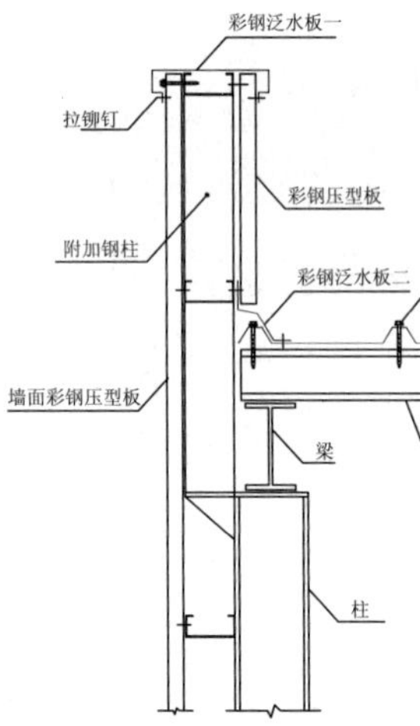

1 山墙

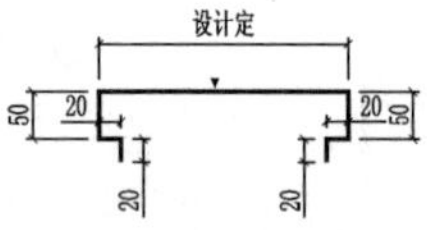

彩钢泛水板一

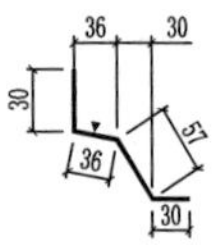

彩钢泛水板二

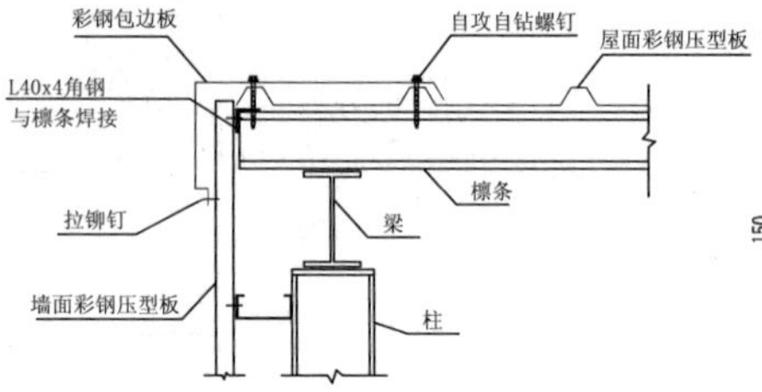

2 山墙

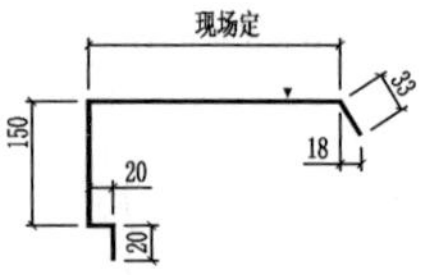

彩钢包边板

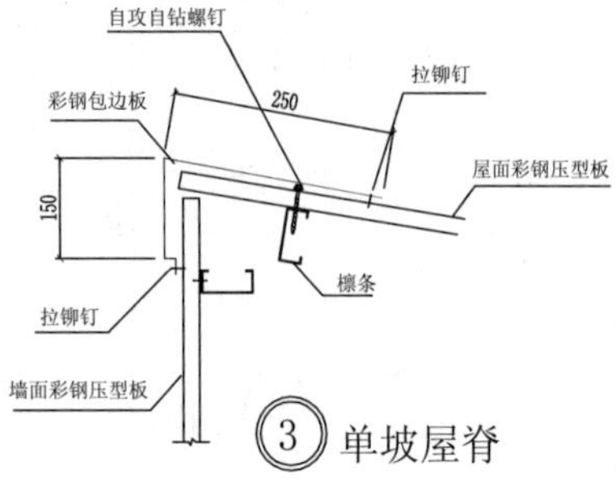

3 单坡屋脊

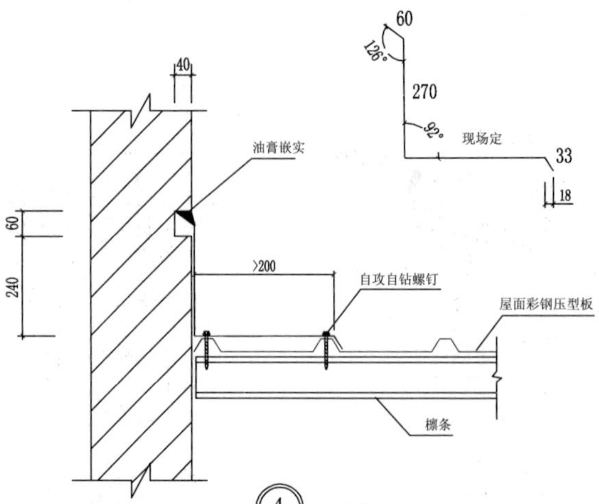

4 山墙

▲035-彩钢压型钢板图集2

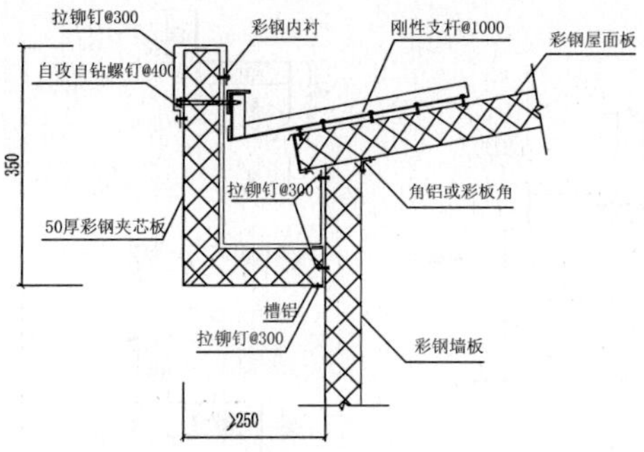

① 外天沟

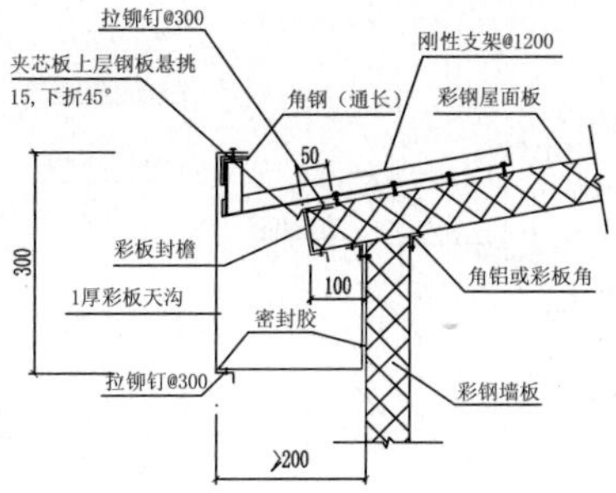

② 外天沟

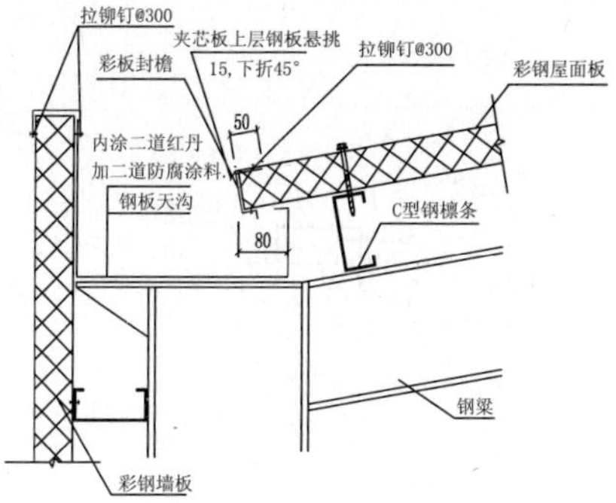

③ 内天沟

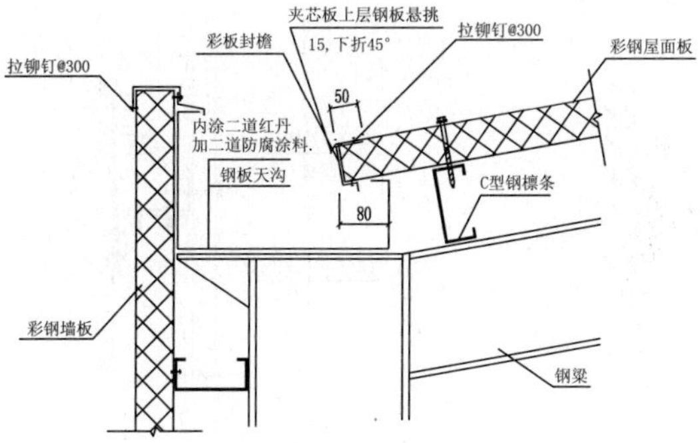

④ 内天沟

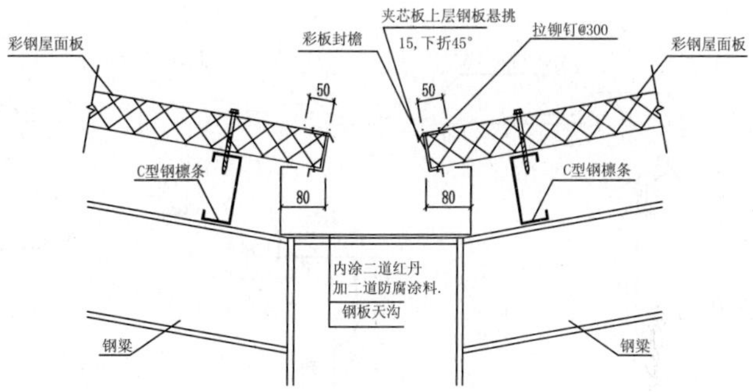

⑤ 内天沟

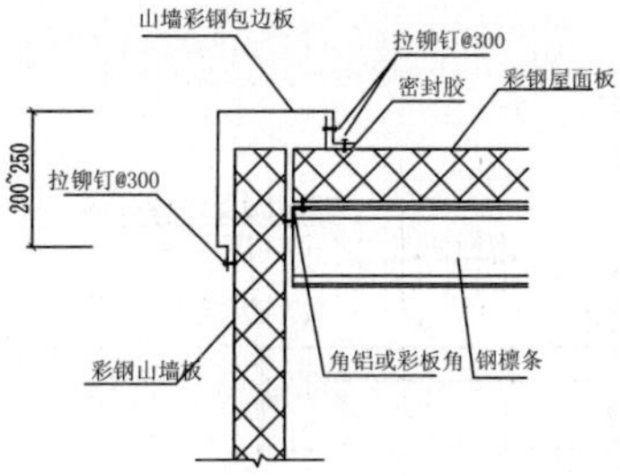

① 山墙包角

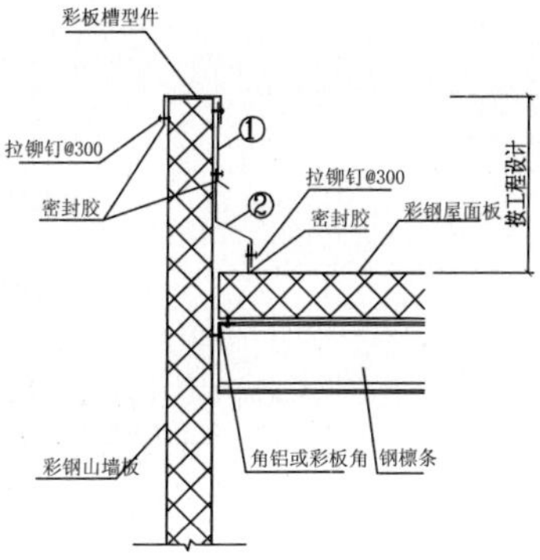

② 山墙

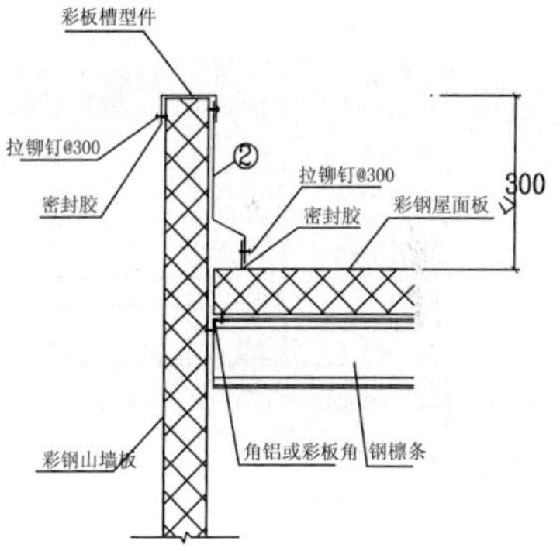

③ 山墙

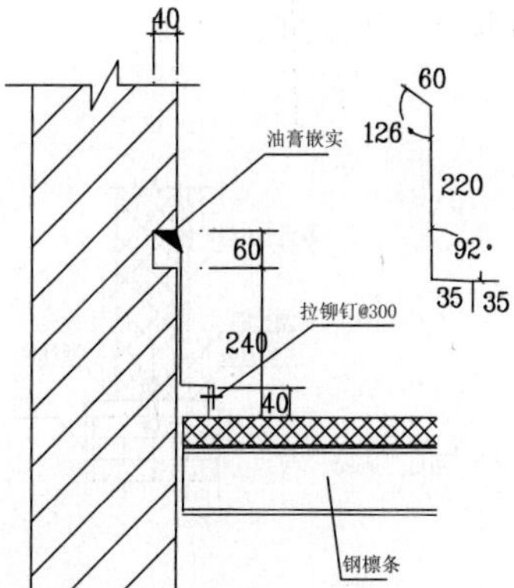

④ 山墙

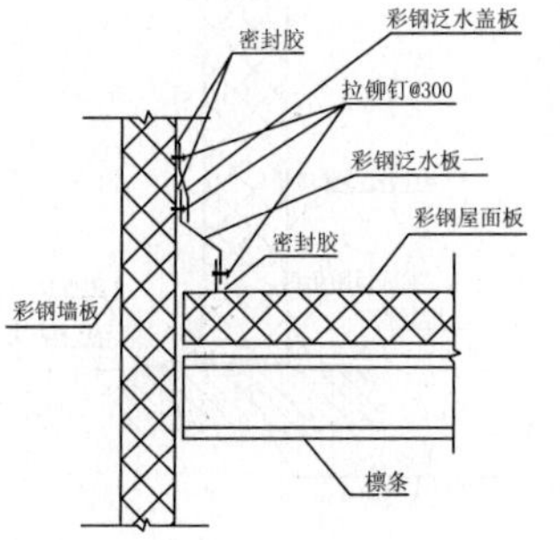

⑤ 高低屋面

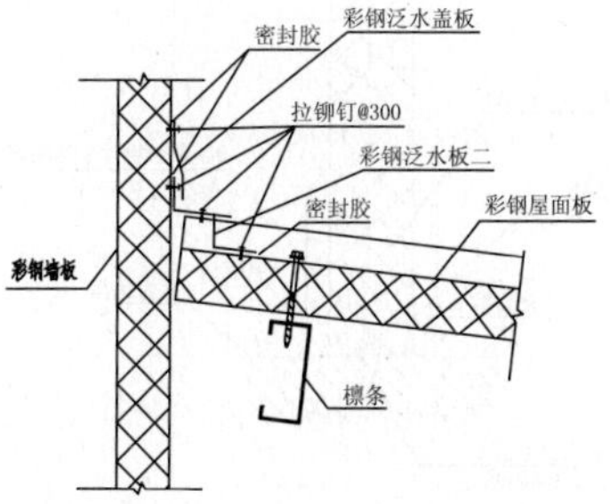

⑥ 高低屋面

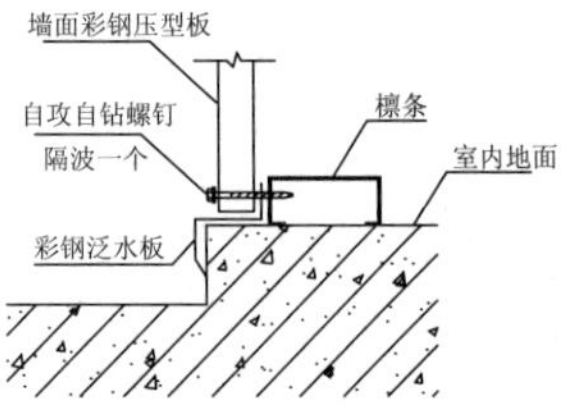

1

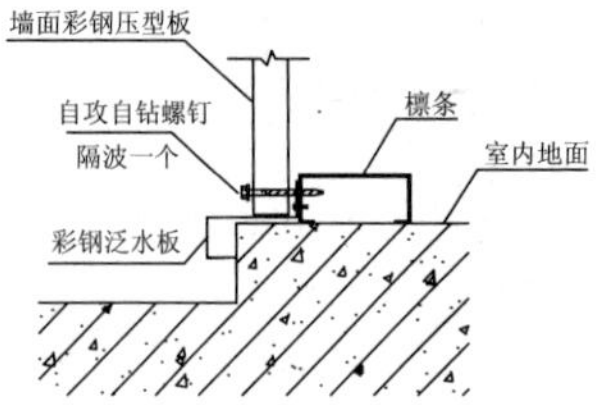

2

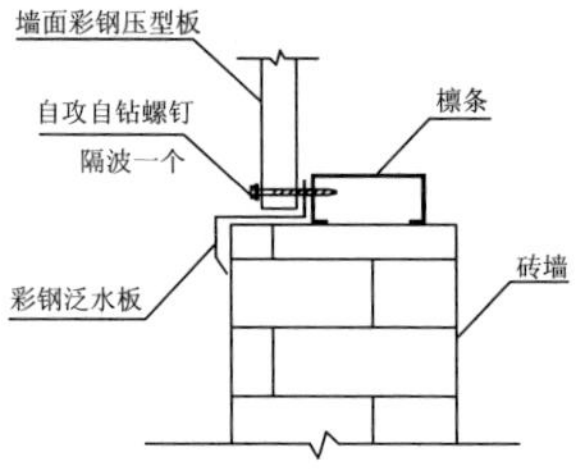

3

外墙与地面连接

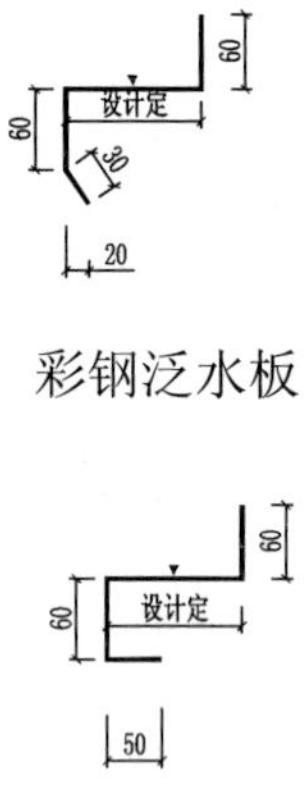

彩钢泛水板

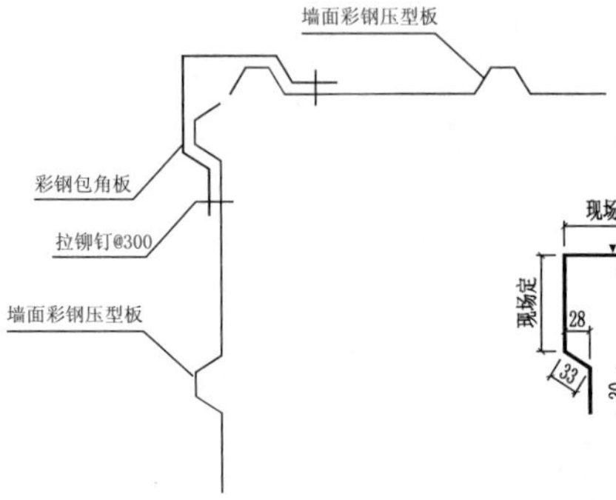

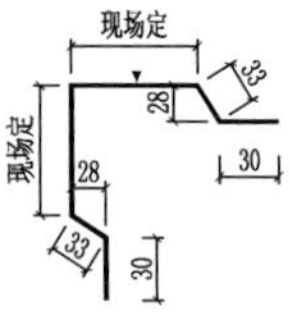

彩钢包角板

4 墙角

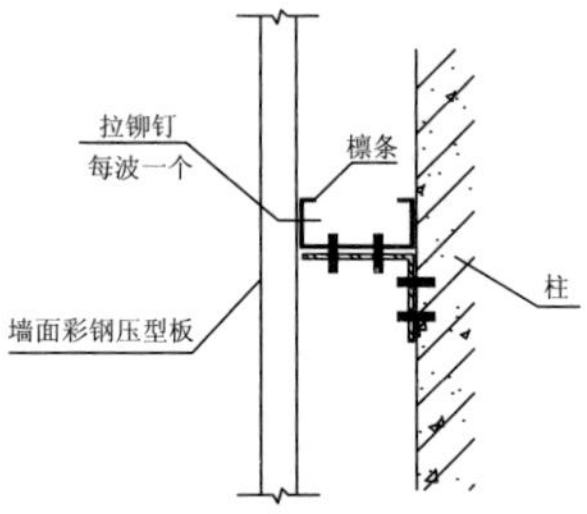

5

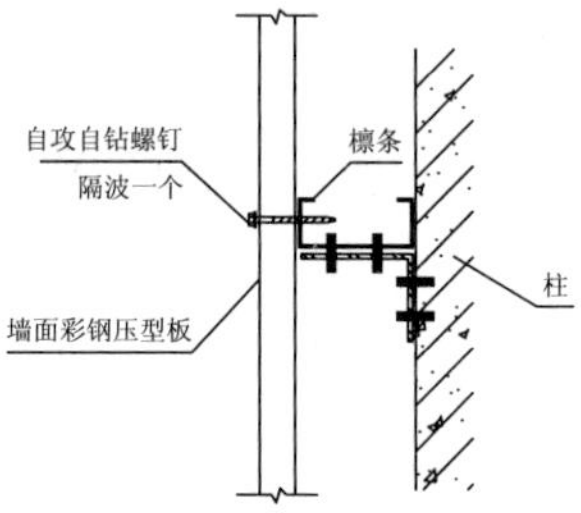

6

外墙与柱连接

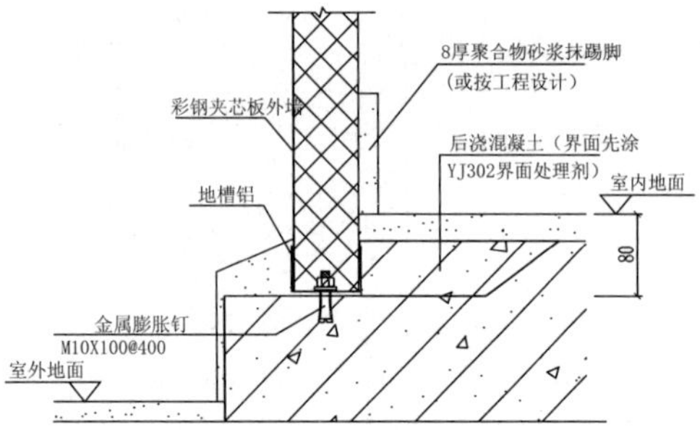

1 外墙与基础连接

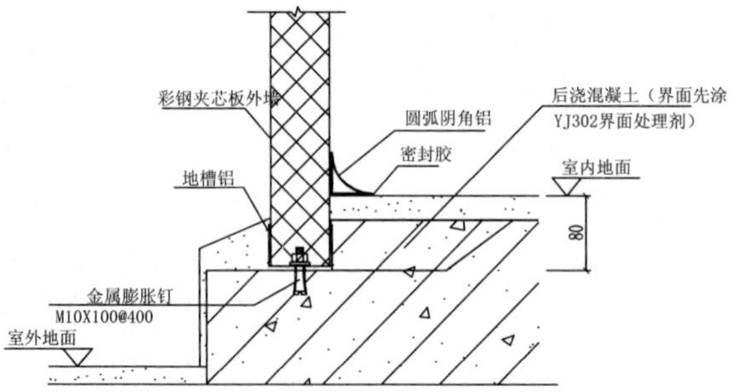

2 外墙与基础连接
适用于净化工程

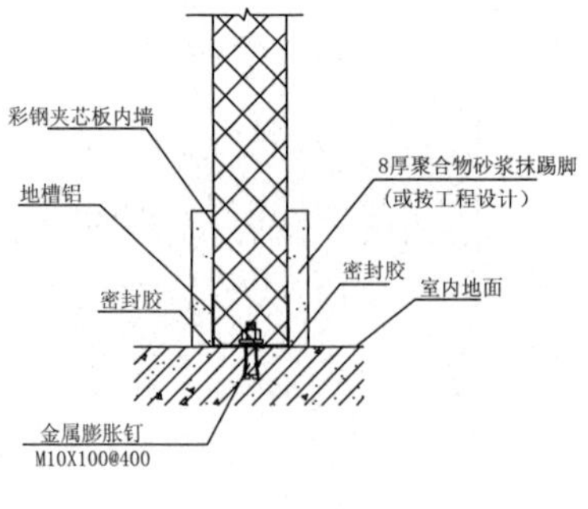

3 内墙与基础连接

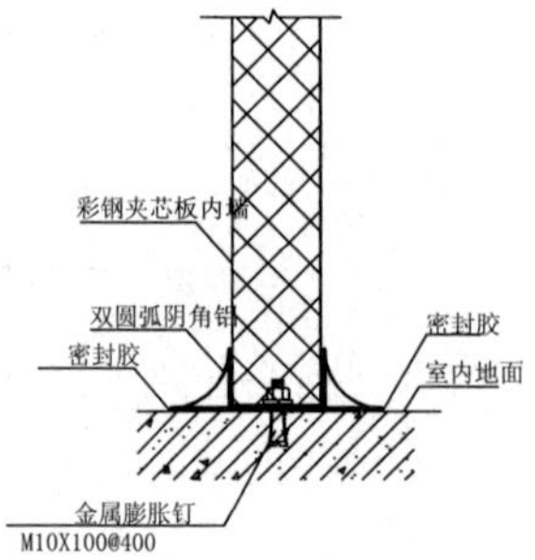

4 内墙与基础连接
适用于净化工程

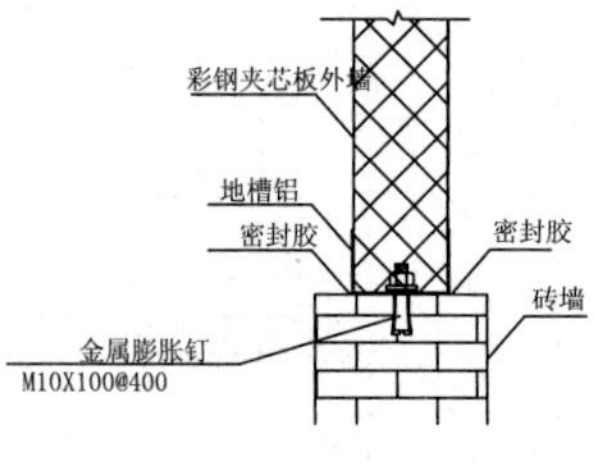

5 墙与砖墙连接

▲037-彩钢压型钢板图集4

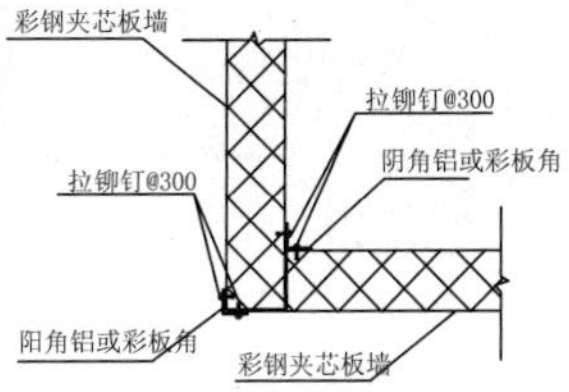

① 外墙转角

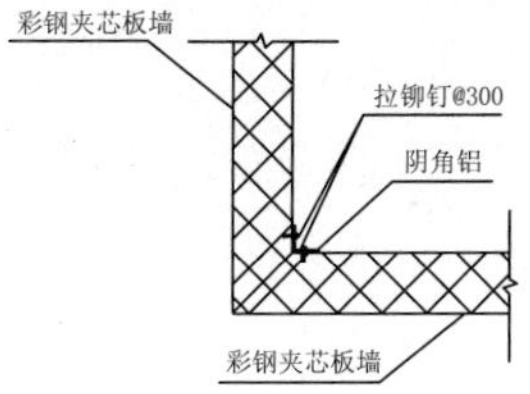

② 外墙转角

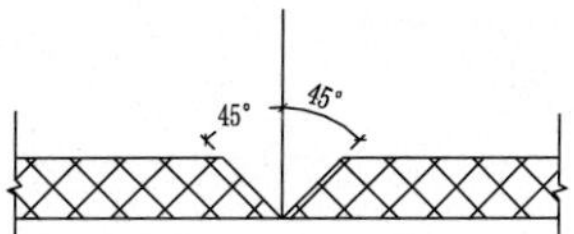

板切割示意图

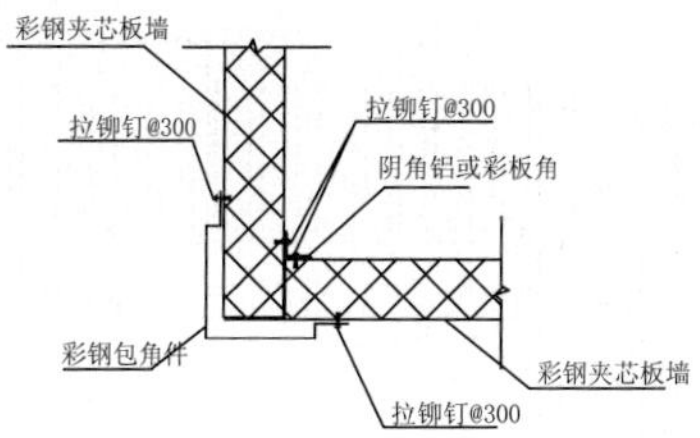

③ 外墙转角

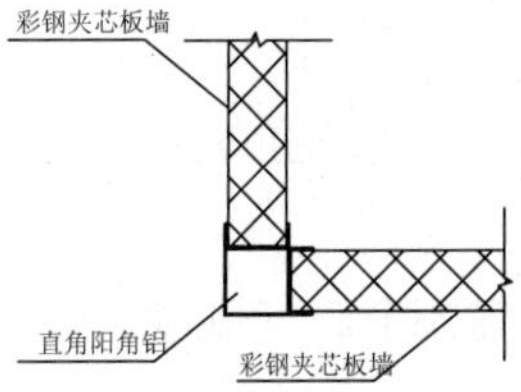

④ 外墙转角

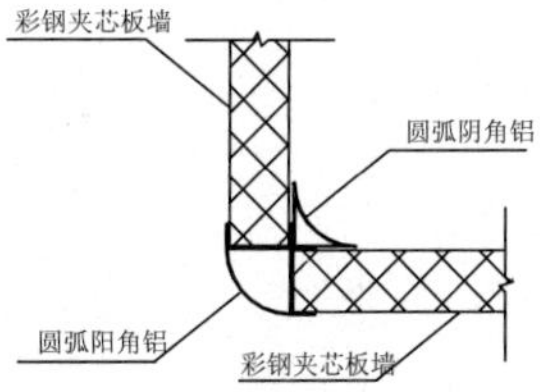

⑤ 外墙转角

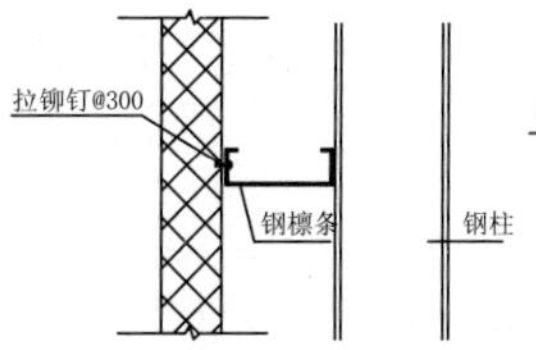

⑥ 外墙纵向连接

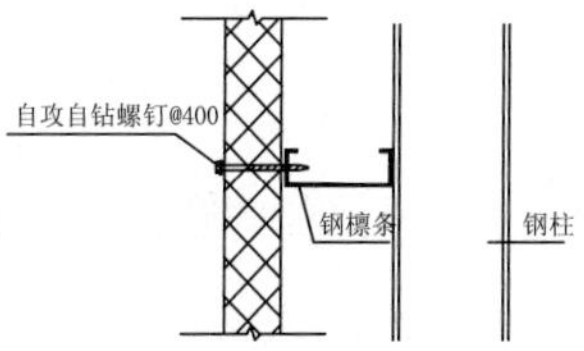

⑦ 外墙纵向连接

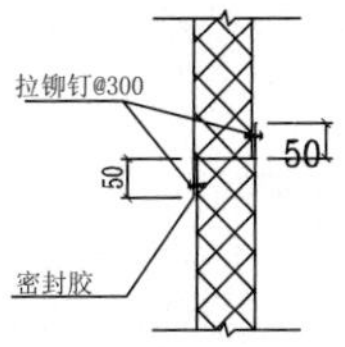

⑧ 外墙纵向拼接

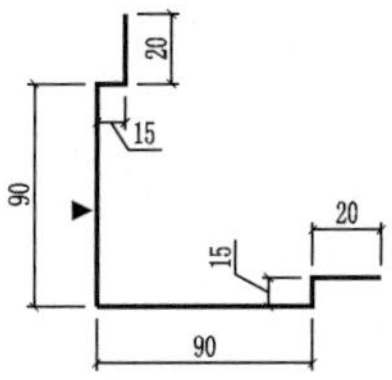

彩钢包角件

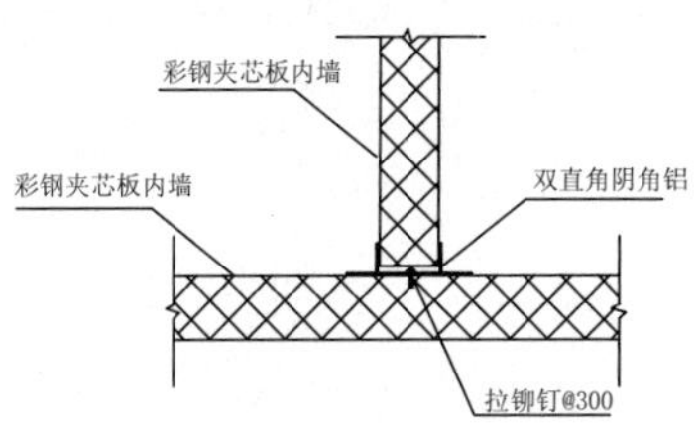

① 内墙与内墙连接

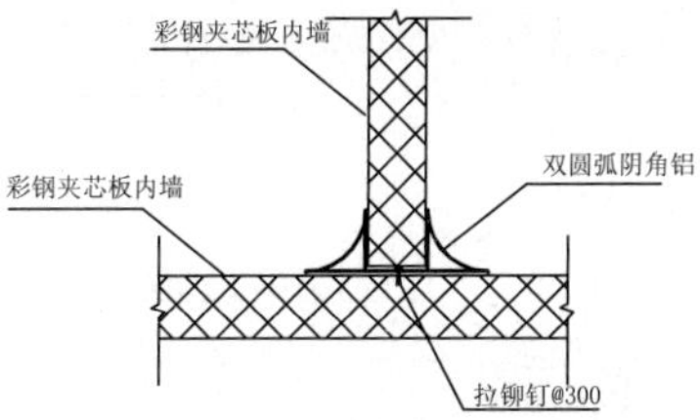

② 内墙与内墙连接

适用于净化工程

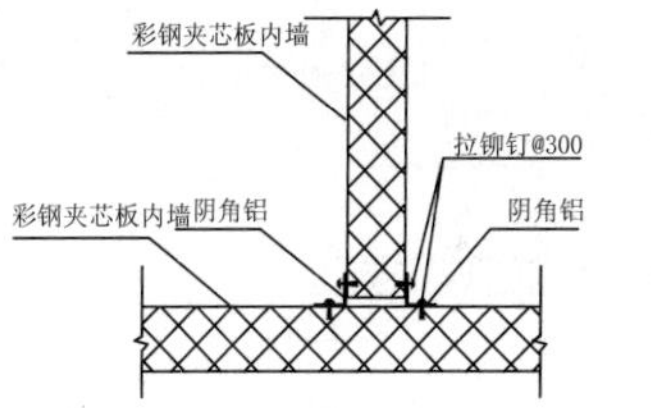

③ 内墙与内墙连接

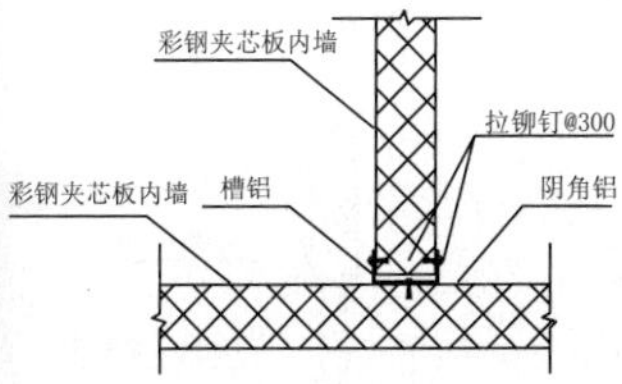

④ 内墙与内墙连接

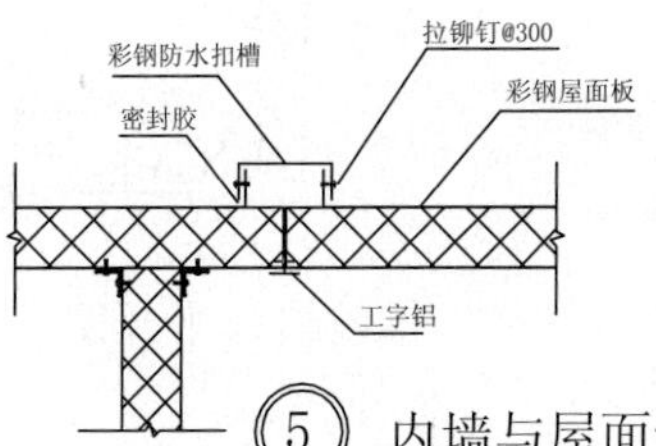

⑤ 内墙与屋面连接

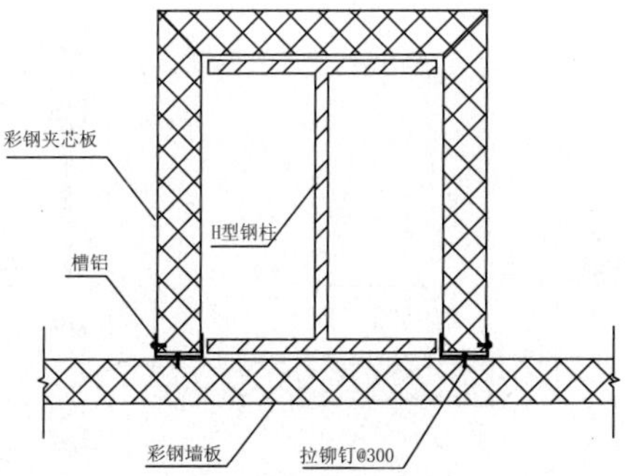

⑥ 彩钢夹芯板包柱

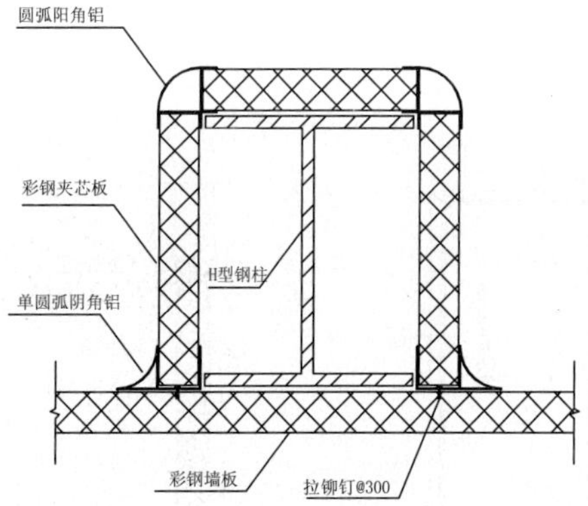

⑦ 彩钢夹芯板包柱

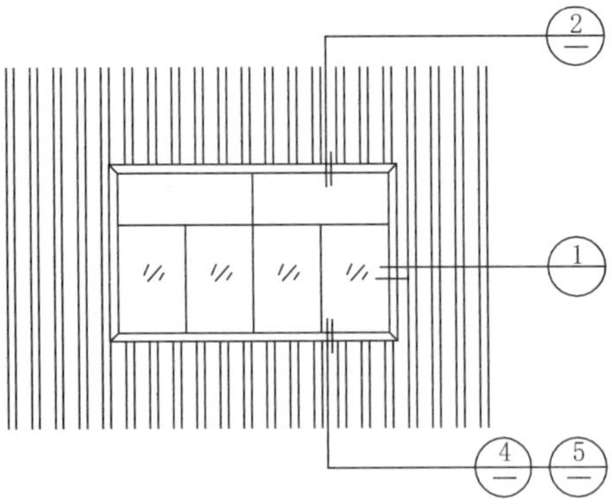

窗、门洞立面

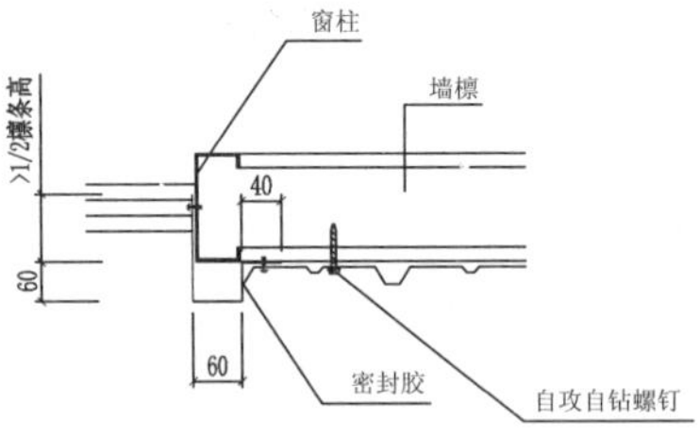

① 门（窗）洞左右包边

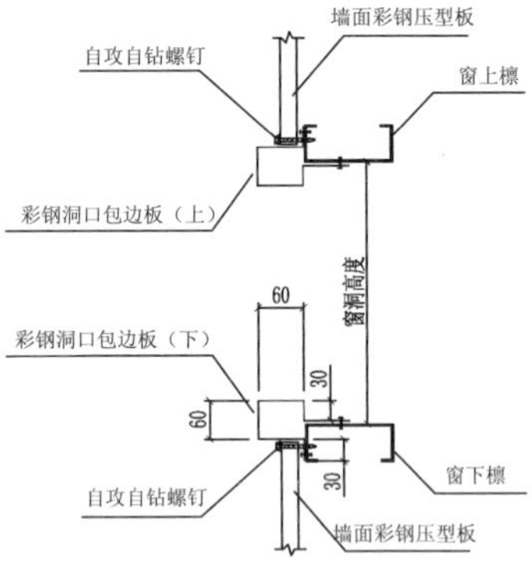

③ 内隔墙窗洞上、下包边

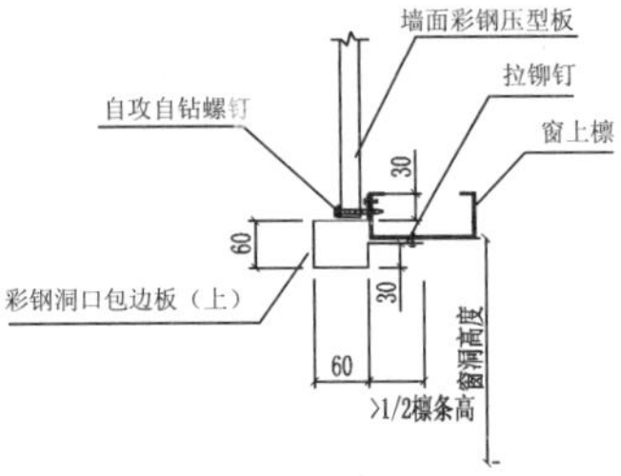

② 窗洞上包边

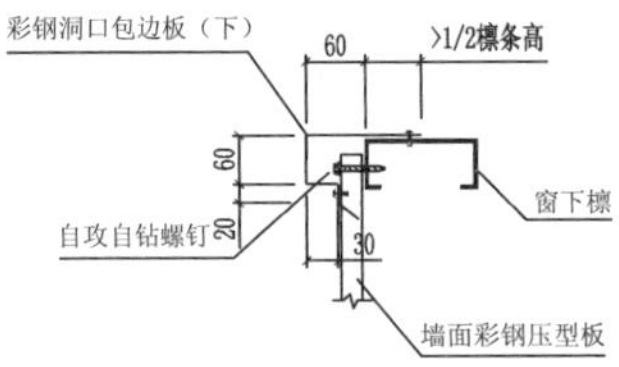

④ 窗洞下包边

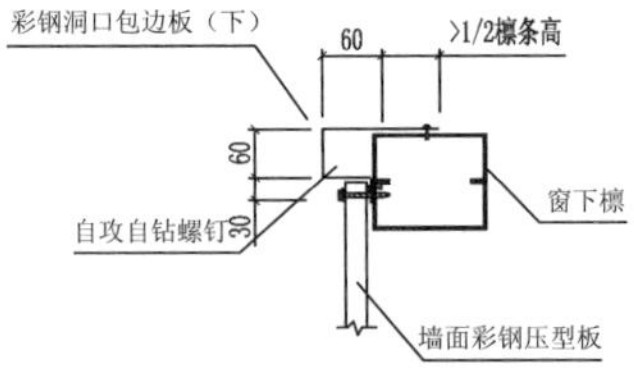

⑤ 窗洞下包边

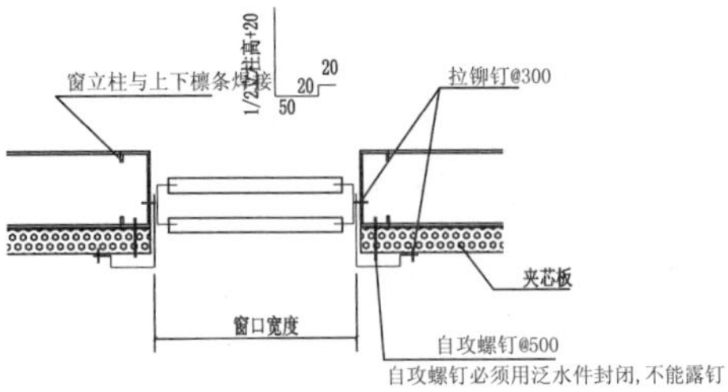

窗左，右口连接大样

①

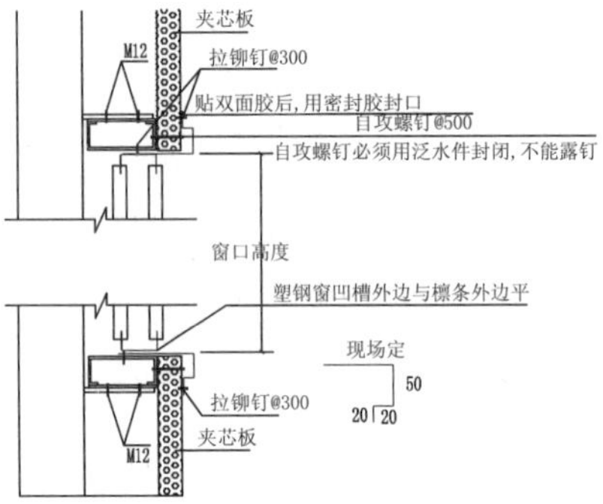

窗上，下口连接大样

②

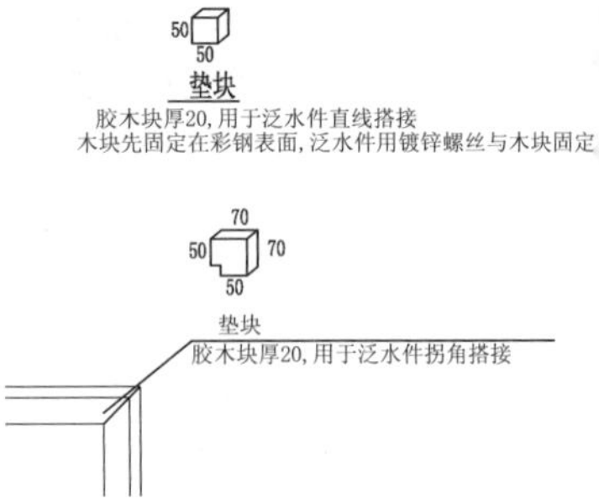

洞口角泛水件做法

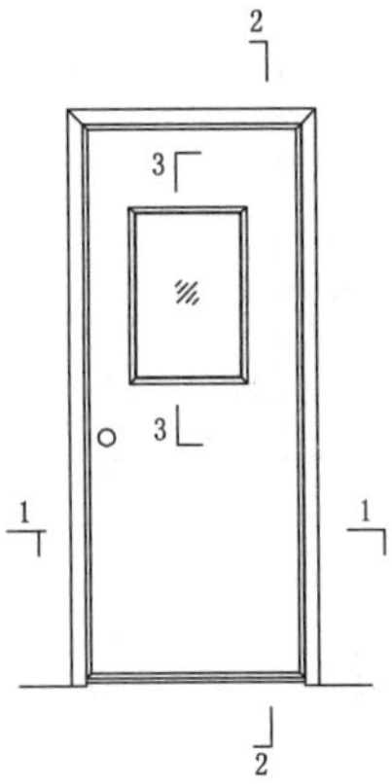

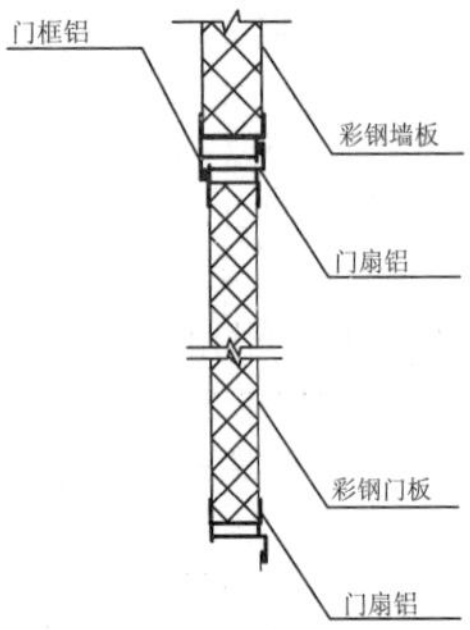

2 - 2

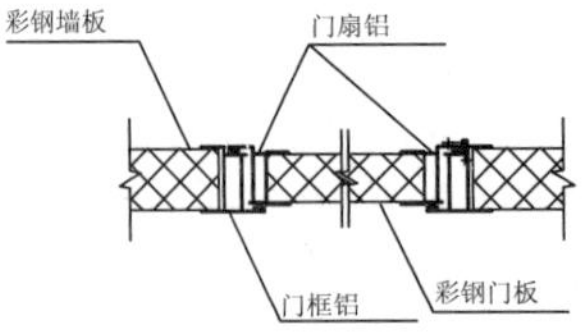

1 - 1

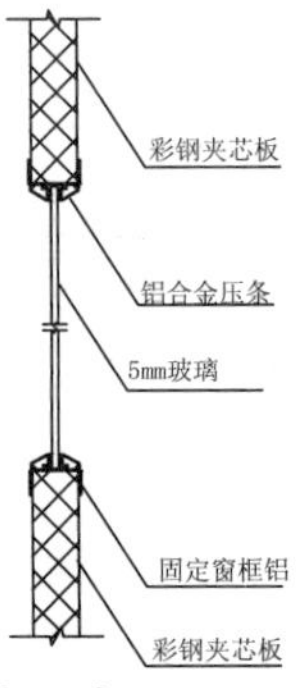

3 - 3

固定窗

③

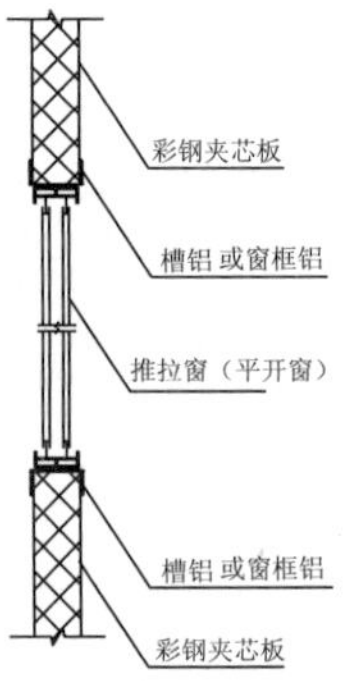

推拉窗（平开窗）

④

▲039-彩钢压型钢板图集6

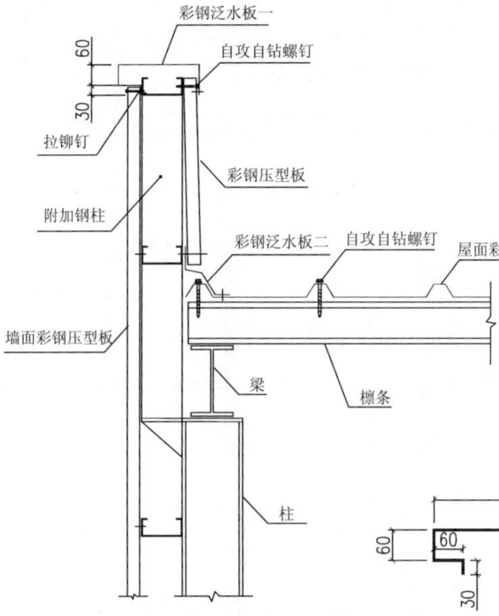

① 山墙

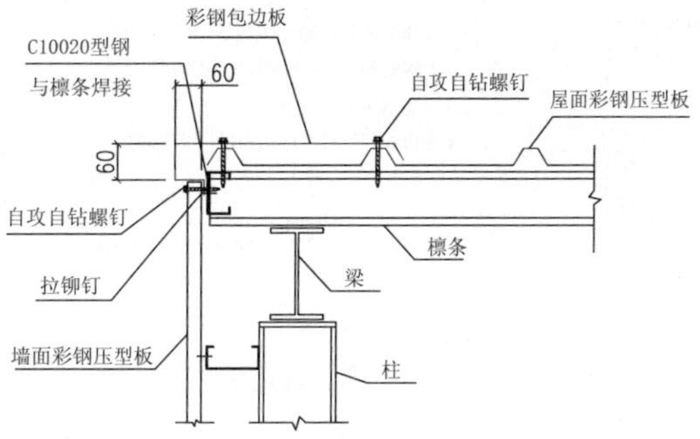

② 山墙

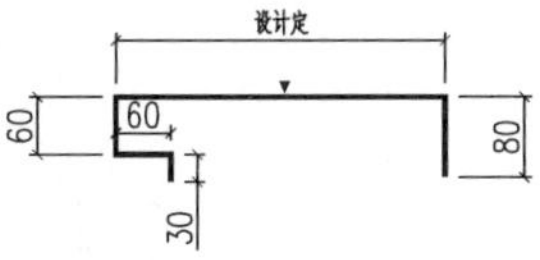

泛水板一

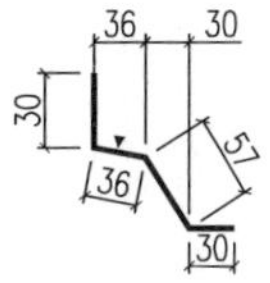

泛水板二

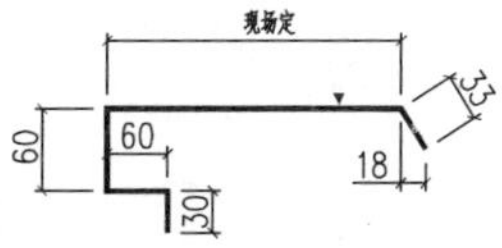

包边板

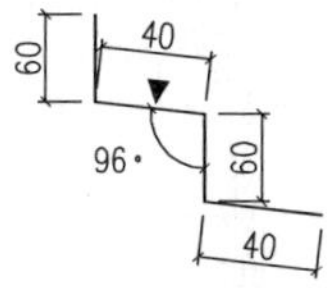

彩钢泛水板二

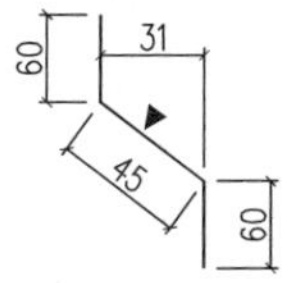

彩钢泛水板一

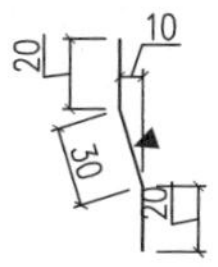

彩钢泛水盖板

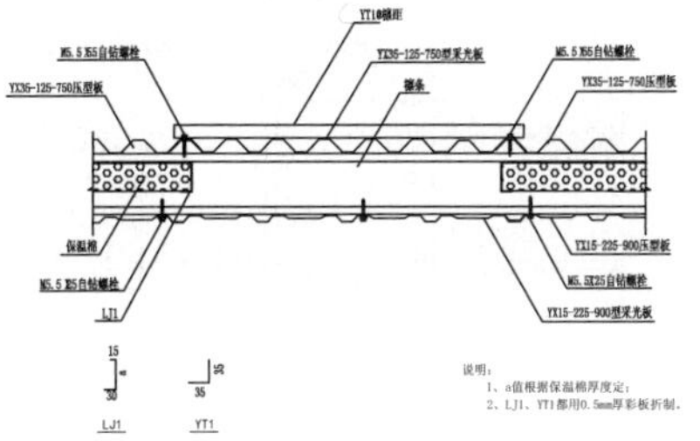

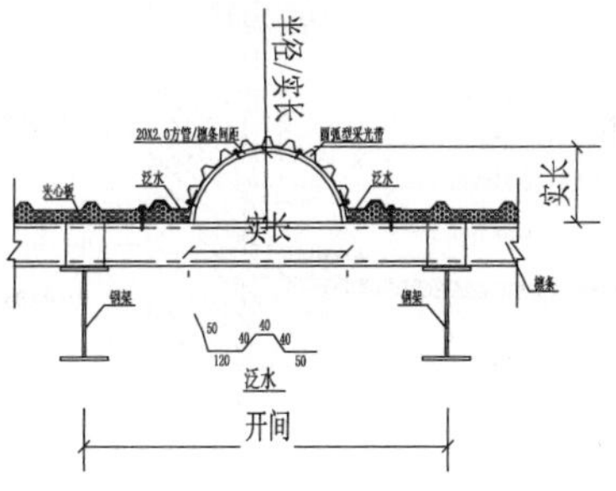

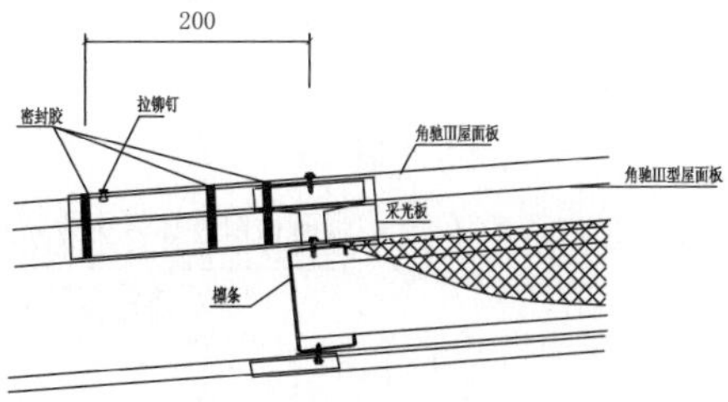

采光板纵横向搭接

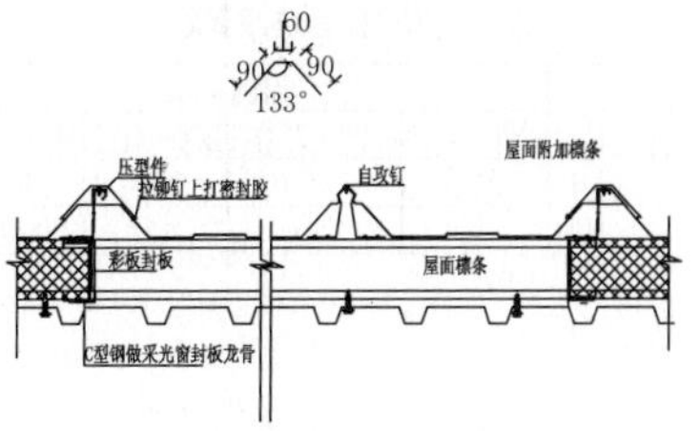

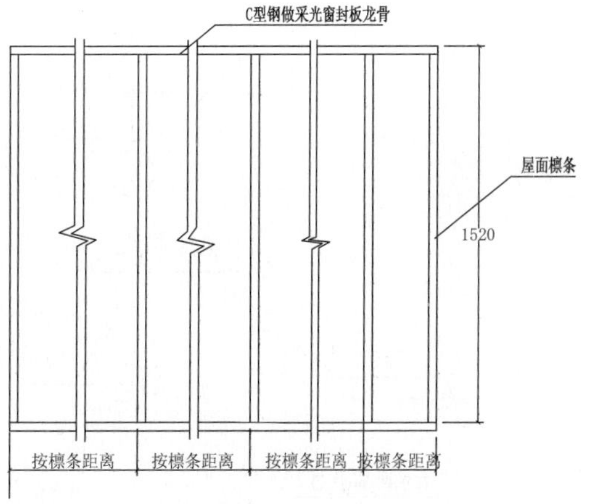

角驰Ⅲ型采光板骨架平面图

彩钢板屋面节点

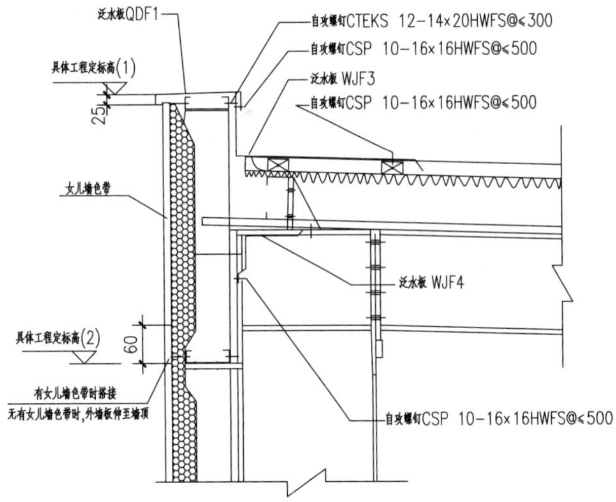

① 单坡屋脊

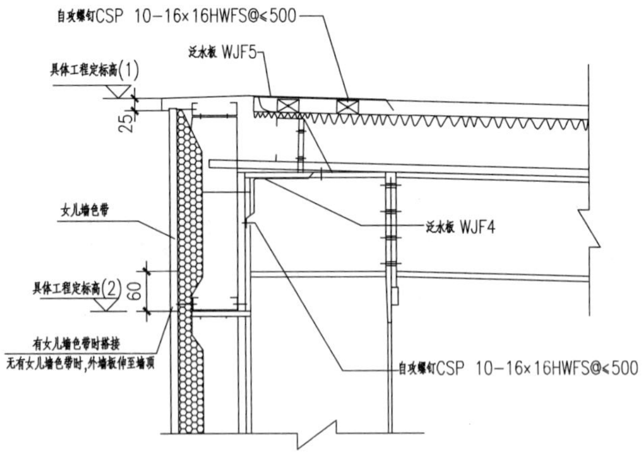

② 单坡屋脊

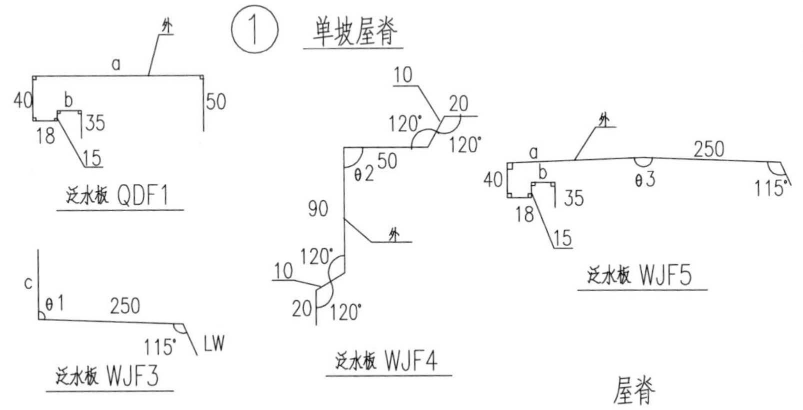

屋脊

注: 1.屋面板的组合型式根据具体工程定.
2.墙面板的组合型式根据具体工程定.
3.a由墙梁和墙板规格定.
4.θ1=a+90°,θ2=a-90°,θ1=180°-a,a为屋面倾角.
5.b由墙板规格定,LW为屋面板披高.

	板型号		
	HXY-980	HXY-820	HXY-373
b	32	26	52

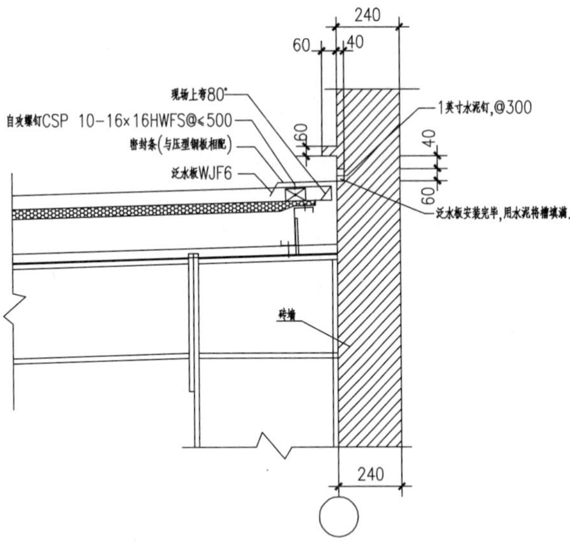

① 单坡屋脊

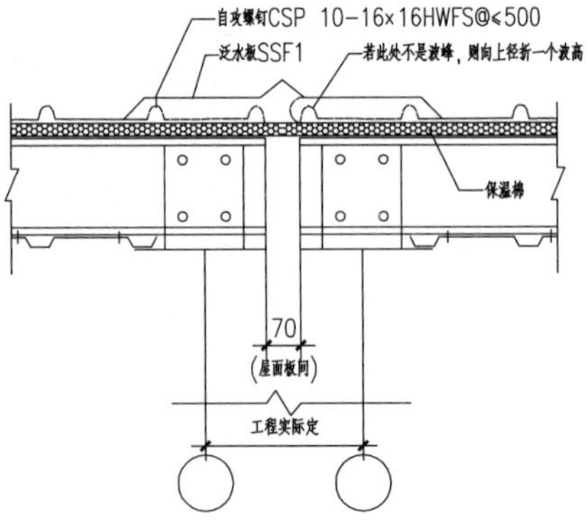

② 屋面伸缩缝处泛水收边板节点图
(墙面参照)

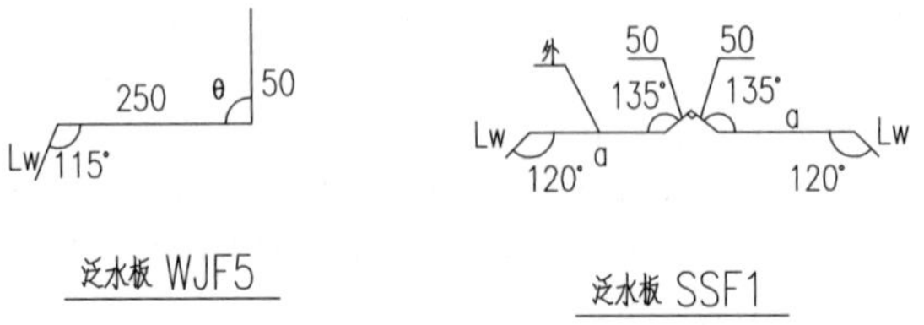

注: 1.屋面板的组合型式根据具体工程定.
2.θ=a+90°,a为屋面倾角.
3.a,LW根据屋面板参数定.

	墙板型号			
	HXY-980	HXY-750	HXY-407	HXY-450
a	320	240	250	100
Lw	30	35	41	60

屋顶平面示意图

▲041-钢结构收边图集1

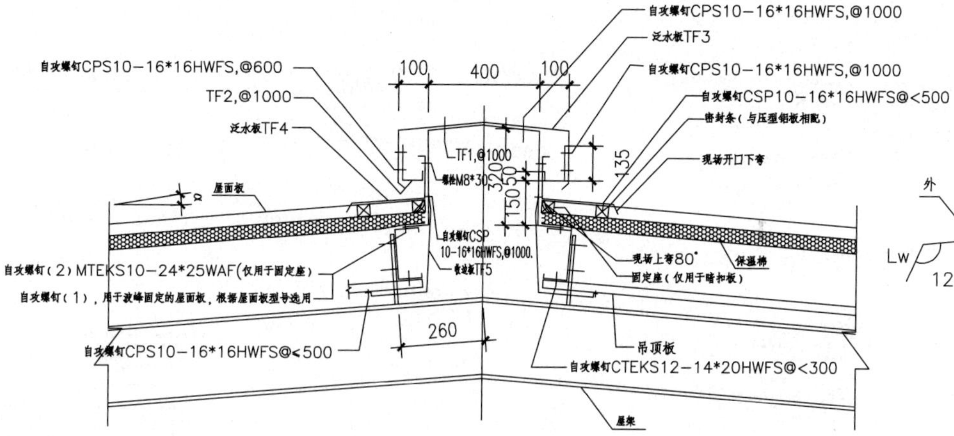

① 通风屋脊处泛水收边板节点图

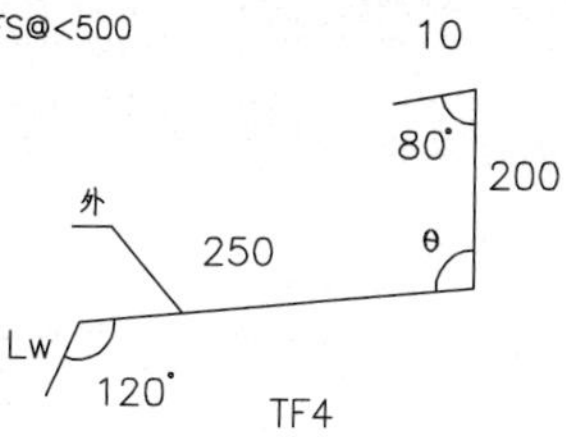

TF4

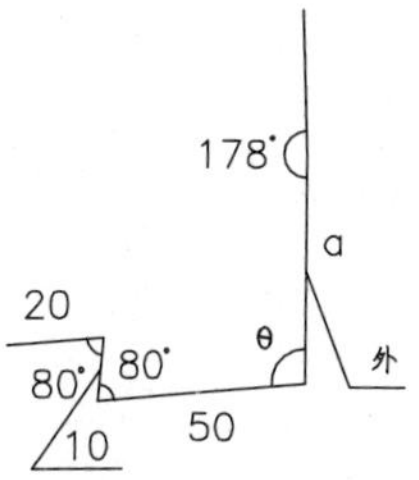

TF5

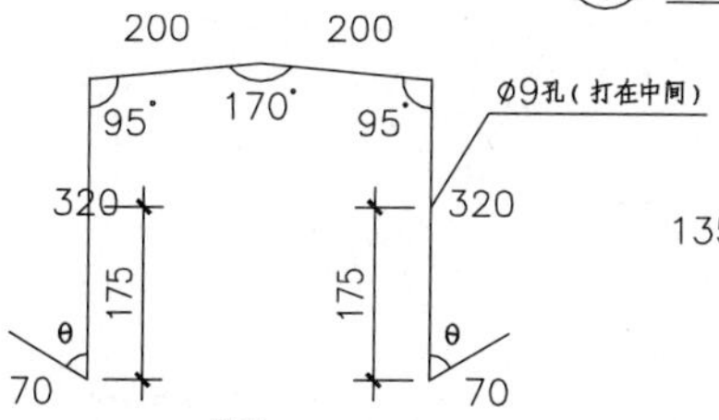

TF1

厚2.5mm镀锌钢板，L=50

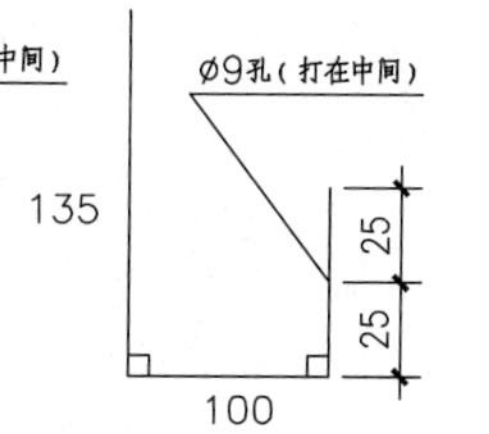

TF2

厚2.5mm镀锌钢板，L=50

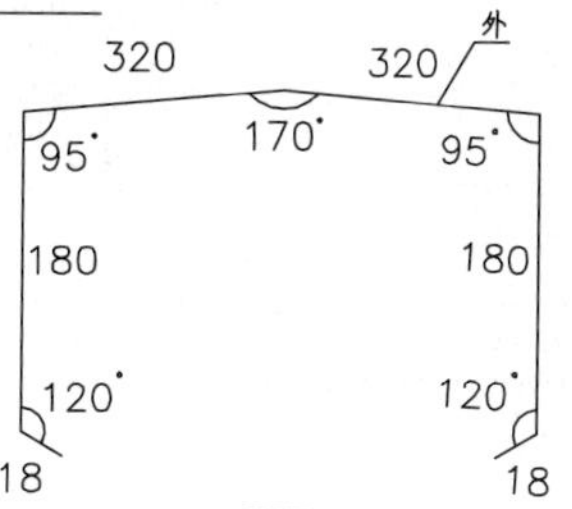

TF3

注：1.屋面板的组合型式根据具体工程定
2.单层屋面时取消TF5
3.自攻螺钉（1）根据屋面板型号定
4.θ=α+90.,α为屋面倾角
5.Lw由屋面板肋高，见第18页
6.α由屋面檩条高度和屋面板型式定

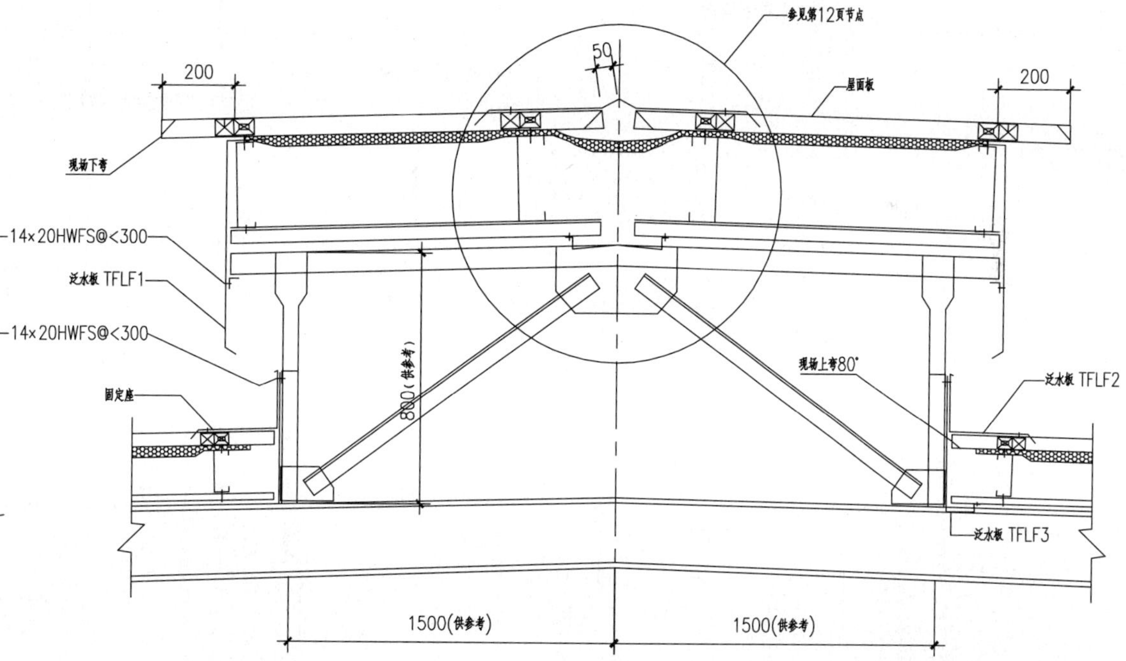

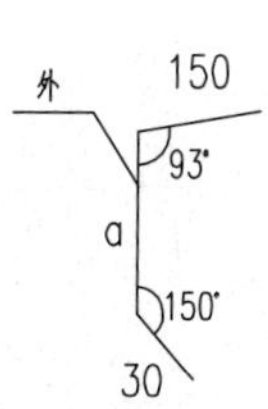

TFLF1

① 屋脊与通风屋脊处泛水收边板节点图

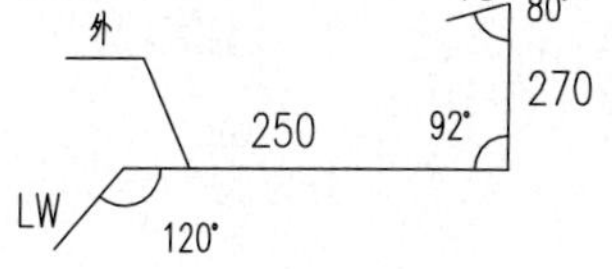

TFLF2

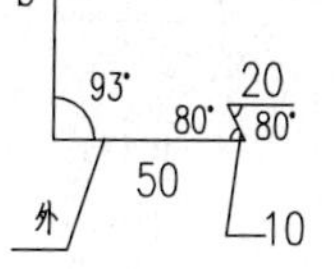

TFLF3

注：1.屋面板的组合型式根据具体工程定.
2.LW等于屋面板肋高.

	屋面板型号			
	HXY-980	HXY-750	HXY-407	HXY-450
LW	30	35	41	60

3.单层屋面取消TFLF3.
4.a,b根据檩条高度和通风楼结构定.

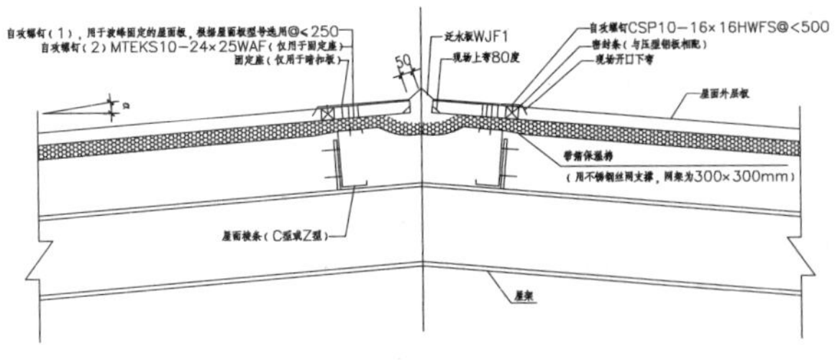

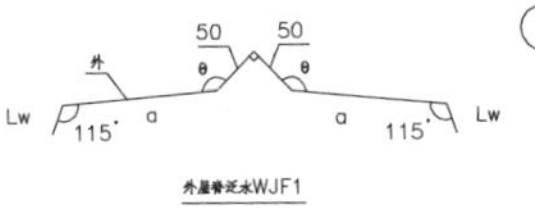

① 屋脊

注：1.屋面板的组合型式根据具体工程定
2.保温棉的设置根据具体工程定
3.θ=α+135°,α为屋面坡角
4.α，Lw由屋面板参数定

	屋面板型号			
	HXY-980	HXY-750	HXY-407	HXY-450
a	220	215	209	190
Lw	30	35	41	60

屋脊

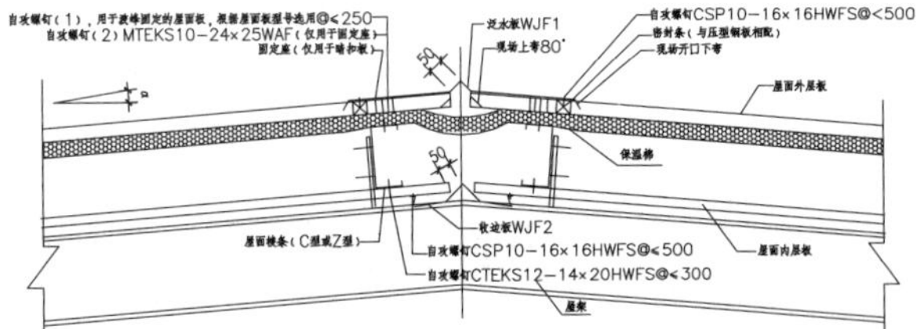

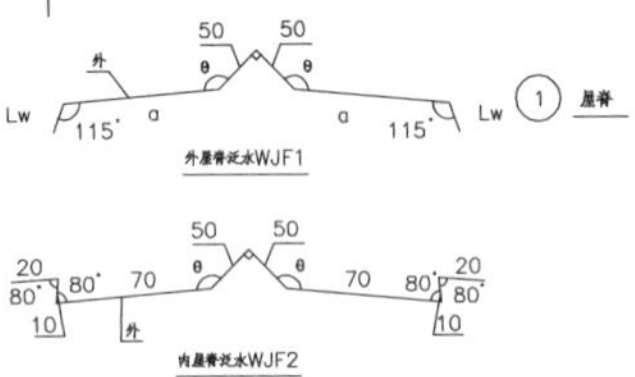

① 屋脊

注：1.屋面板的组合型式根据具体工程定
2.保温棉的设置根据具体工程定
3.θ=α+135.,α为屋面坡角
4.α，Lw由屋面板参数定

	屋面板型号			
	HXY-980	HXY-750	HXY-407	HXY-450
a	220	215	209	190
Lw	30	35	41	60

屋脊

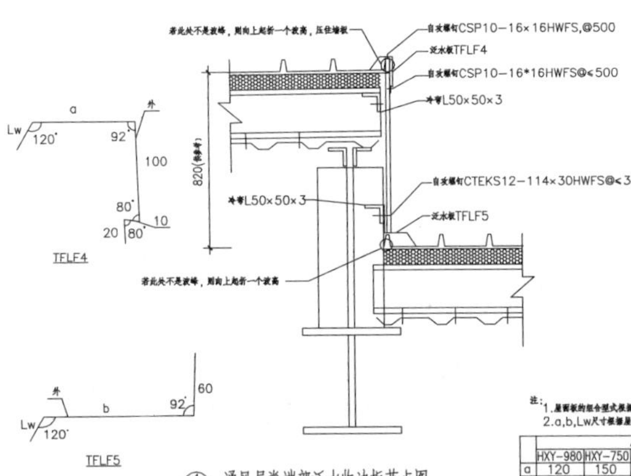

① 通风屋脊端部泛水收边板节点图

注：1.屋面板的组合型式根据具体工程定
2.a,b,Lw尺寸根据屋面板型号及参数定

	屋面板型号			
	HXY-980	HXY-750	HXY-407	HXY-450
a	120	150	120	150
b	120	100	120	100
Lw	30	35	41	60

通风屋脊

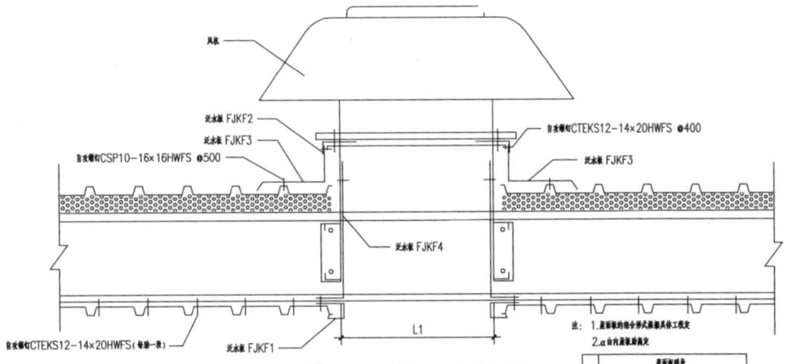

① 风机口处横坡方向泛水收边板节点图

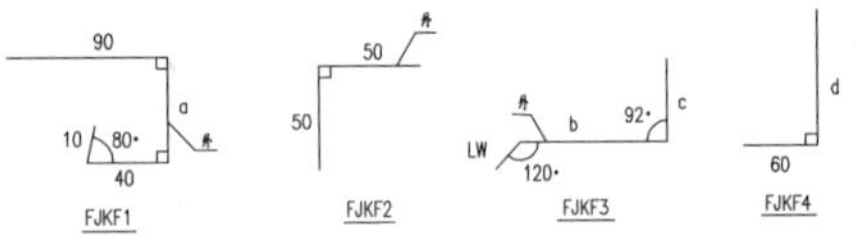

注：1.屋面板的组合型式根据具体工程定
2.a由屋面板参数定

	屋面板型号		
	HXY-980	HXY-820	HXY-1038
a	40	34	25

3.b由屋面板参数定LW由于屋面板参数

	屋面板型号			
	HXY-980	HXY-750	HXY-407	HXY-450
b	350	230	250	100
LW	30	35	41	60

4.c由风机口高度定
5.d由风机支座高度定
6.L1为风机口尺寸

风机口

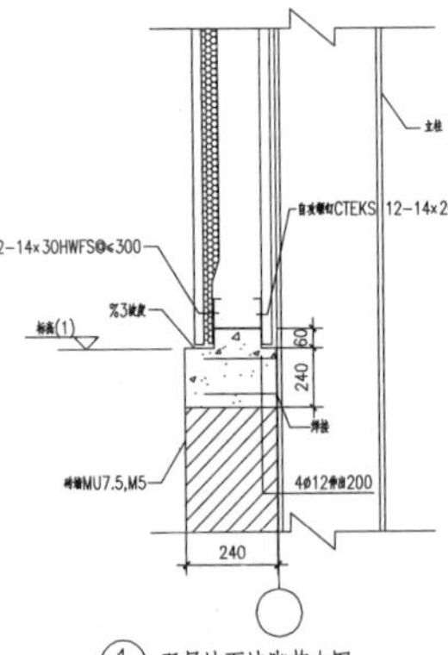

① 双层墙面墙脚节点图

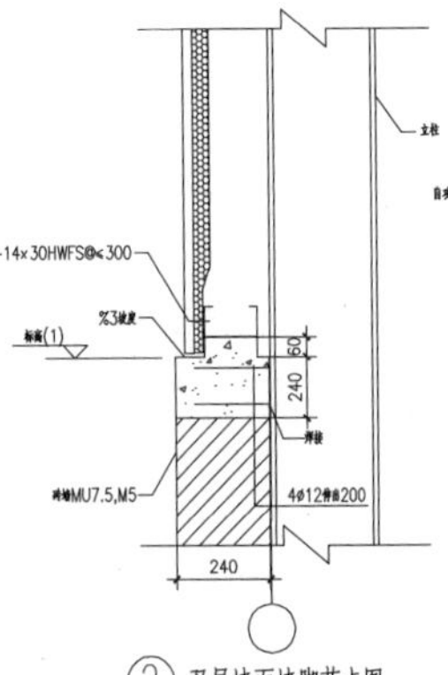

② 双层墙面墙脚节点图

注：1.墙面板的组合型式根据具体工程定
2.保温棉根据需要设置

墙脚

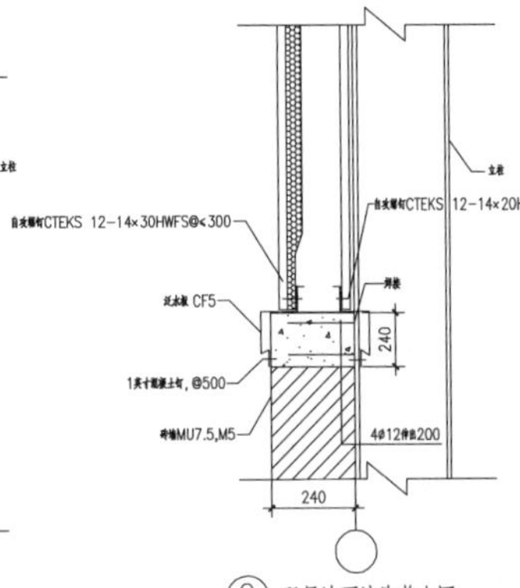

② 双层墙面墙脚节点图

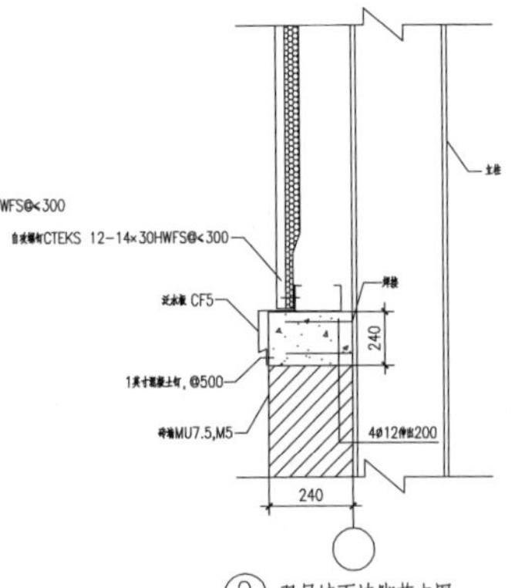

② 双层墙面墙脚节点图

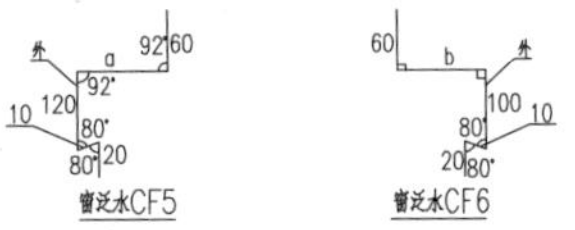

注：1.墙面板的组合型式根据具体工程定
2.a,b根据砖墙厚度和墙梁高度定
3.单层墙面时，无泛水板QF6
4.保温棉根据需要设置

墙脚

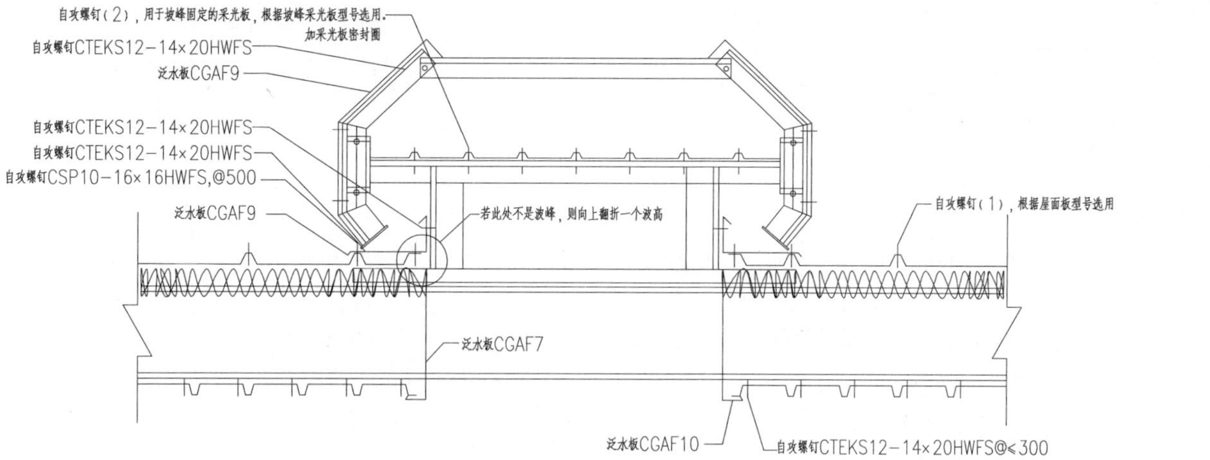

① 通风器处泛水收边板节点图

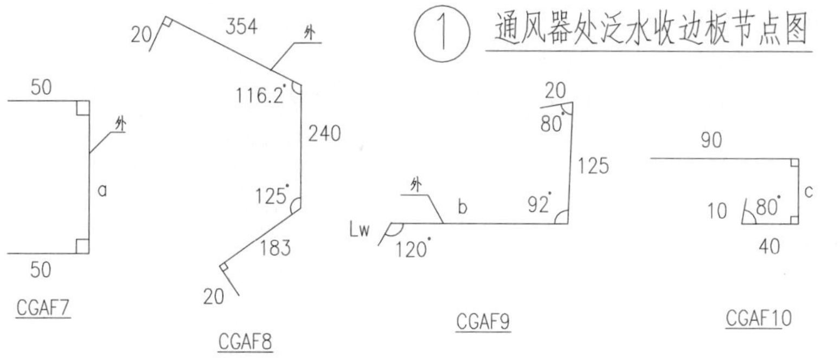

注：1.屋面板的组合型式根据具体工程定
2.a由檩条高度定
3.CGAF8根据采光通风器支架制作，图中尺寸供参考
4.b根据屋面板参数定，Lw等于屋面板肋高

	屋面板型号			
	HXY-980	HXY-750	HXY-407	HXY-450
b	350	230	250	100
Lw	30	35	41	60

5.c由内层板波高定

	屋面板型号		
	HXY-980	HXY-820	HXY-1038
c	40	34	25

采光通风器

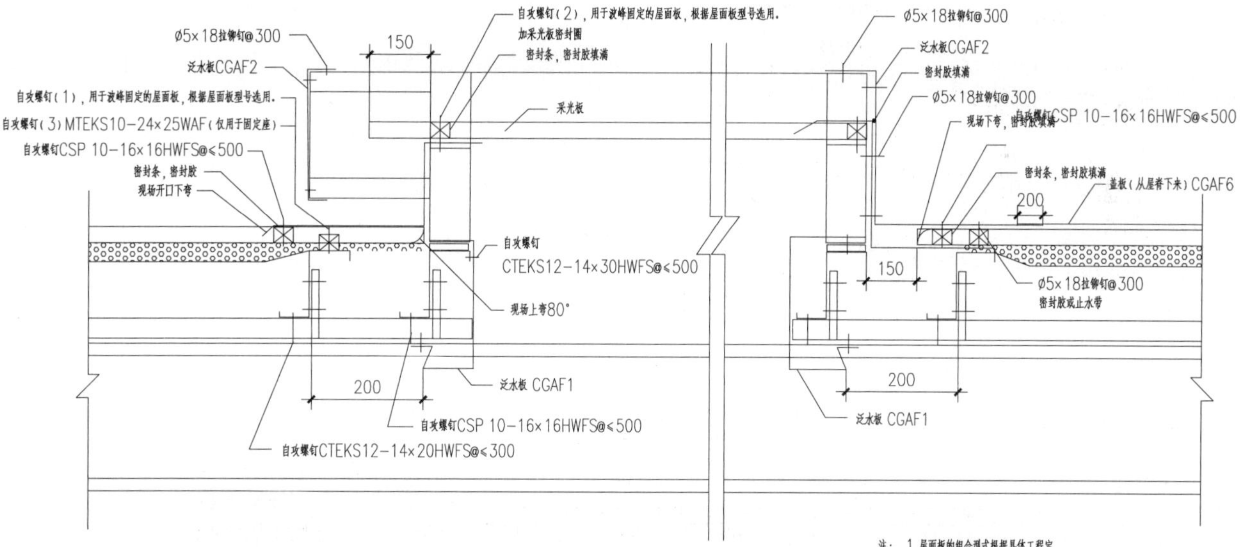

① 通风器顺坡方向泛水收边节点图

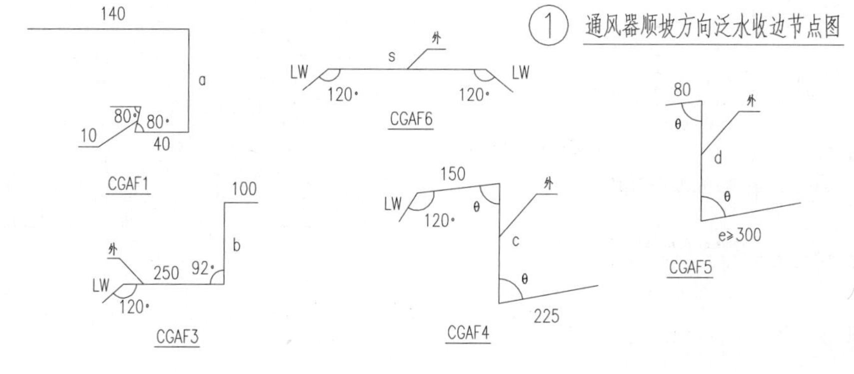

注：1.屋面板的组合型式根据具体工程定
2.a由檩条高度和内层板波高定
3.b由采光通风器高度定
4.c由采光通风器高度定
5.CGAF2可以根据采光通风器大小现场制作
6.S由采光通风器宽度和CGAF9定
7.θ=α90°-α，α为屋面倾角
8.LW等于屋面板或采光板肋高

	屋面板型号			
	HXY-980	HXY-750	HXY-407	HXY-450
LW	30	35	41	60

采光通风器

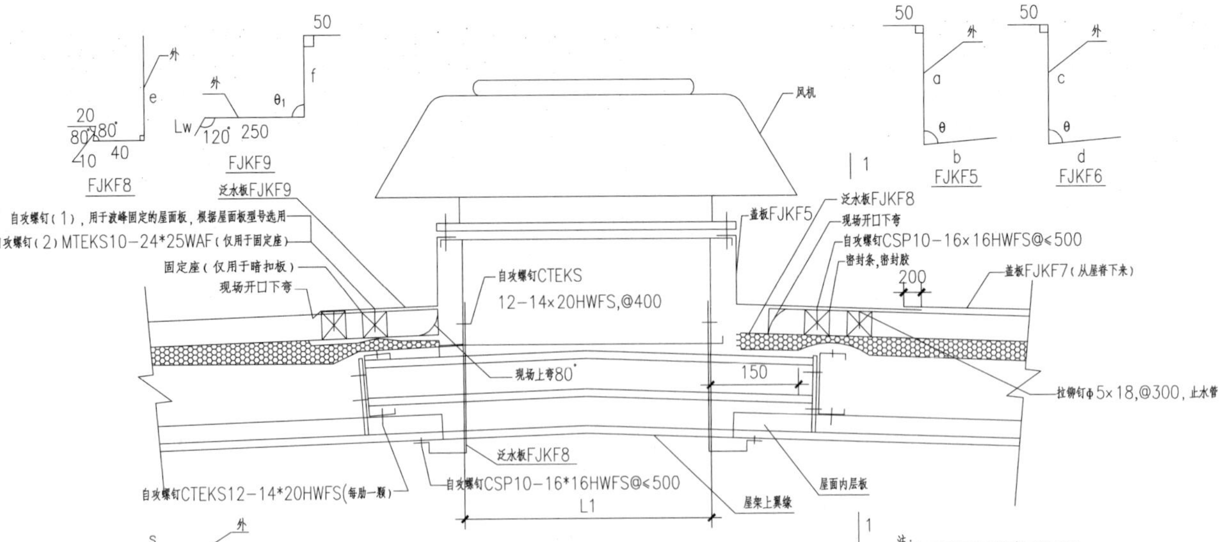

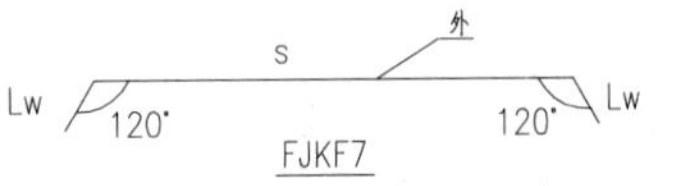

① 风机口处顺坡方向泛水收边板节点图

注：1.屋面板的组合型式根据具体工程定
2.Lw等于屋面板肋高见第22页Lw
3.a由风机口高度定
4.b由风机口结构定
5.c由风机口高度定
6.d由风机口结构定
7.L1为风机口尺寸
8.$\theta=90^\circ-\alpha$，α为屋面倾角
9.e由风机口高度定
10.f由风机口结构定
11.$\theta_1=90^\circ+\alpha$，α为屋面倾角
12.s由风机口尺寸和FJKF3定

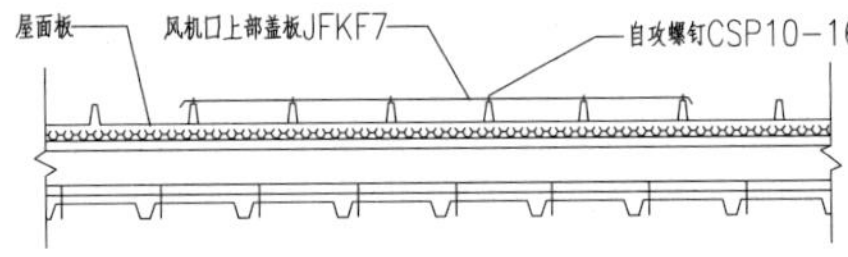

② 风机口至屋脊盖板节点图

1-1

风机口

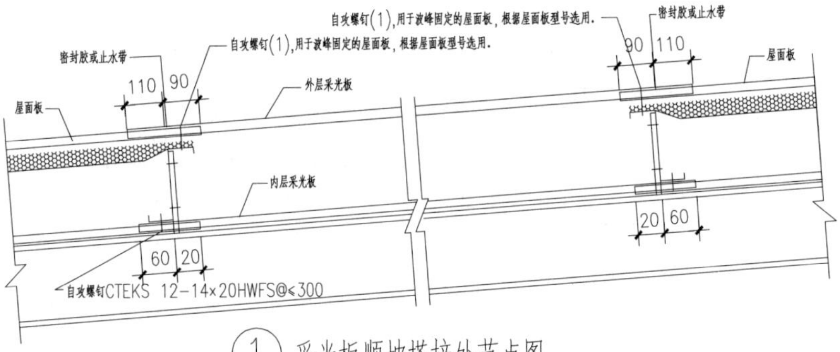

① 采光板顺坡搭接处节点图

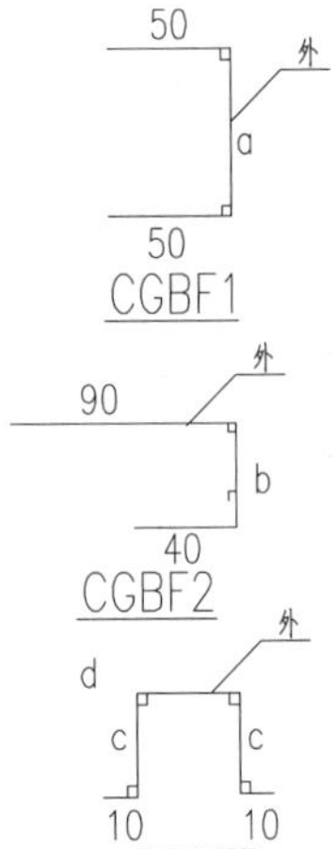

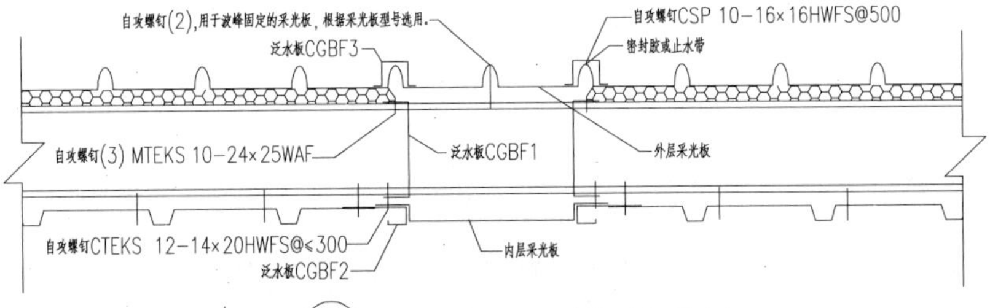

② 屋面采光板处泛水收边板节点图

注：1.屋面板的组合型式根据具体工程定.
2.a根据檩条规格定
3.b由内层板波高定

	板型号		
	HXY-980	HXY-820	HXY-373
b	40	34	25

4.c,d由屋面板波高定

	墙板型号			
	HXY-980	HXY-750	HXY-407	HXY-450
c	27	32	38	57
d	85	120	50	94

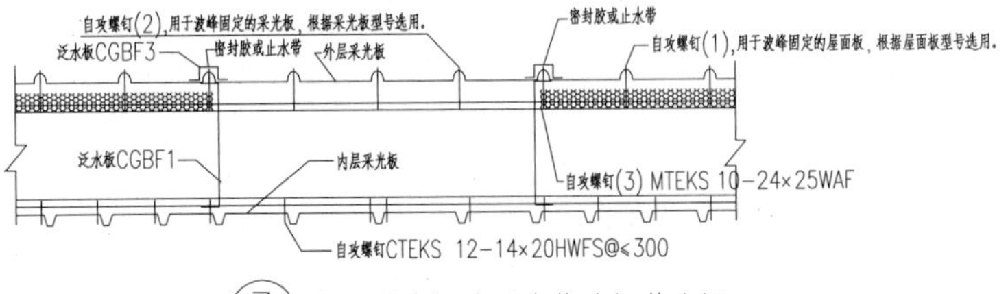

③ 屋面采光板处泛水收边板节点图

采光板

▲045-钢结构收边图集5

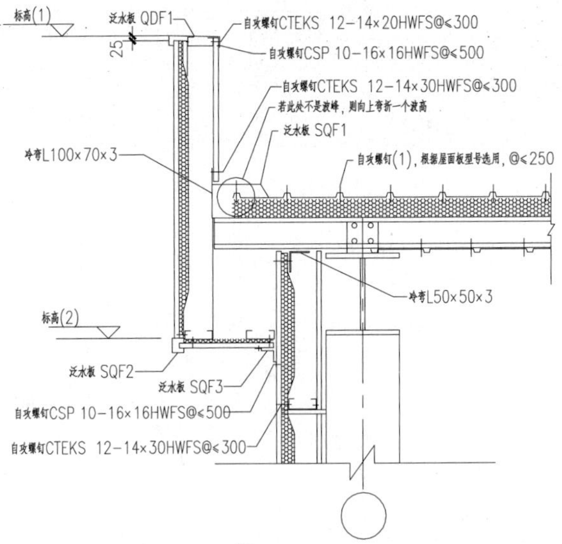

① 山墙处泛水收边板节点图

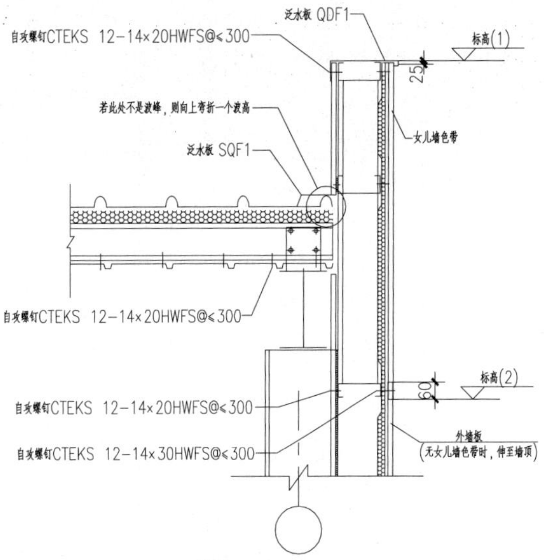

② 山墙处泛水收边板节点图

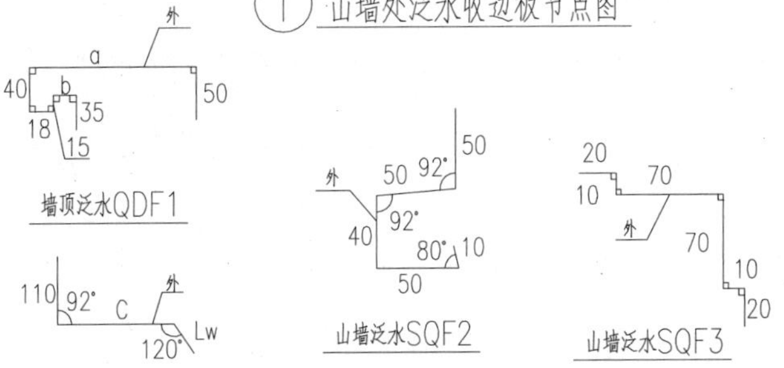

墙顶泛水QDF1

山墙泛水SQF1

山墙泛水SQF2

山墙泛水SQF3

注：1.屋面板的组合型式根据具体工程定.
2.墙面板的组合型式根据具体工程定.
3.由墙梁和墙板规格定.
4.b根据墙面板参数定.见第12页b.
5.c根据屋面板参数定.见第21页b.
6.Lw等于屋面板肋高.见第26页Lw.

山墙

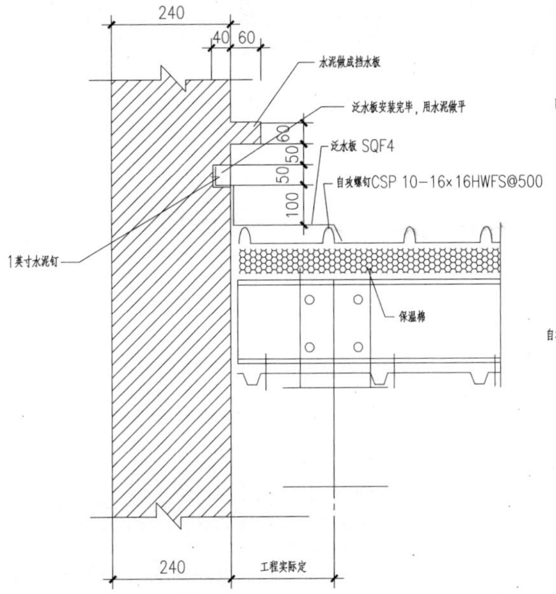

① 山墙处泛水收边板节点图

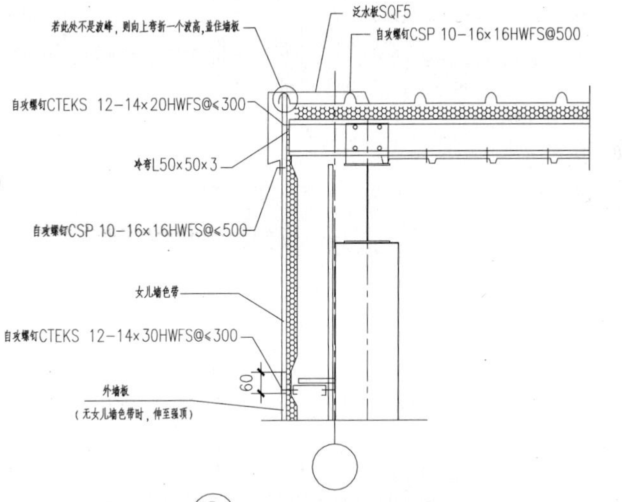

② 山墙处泛水收边板节点图

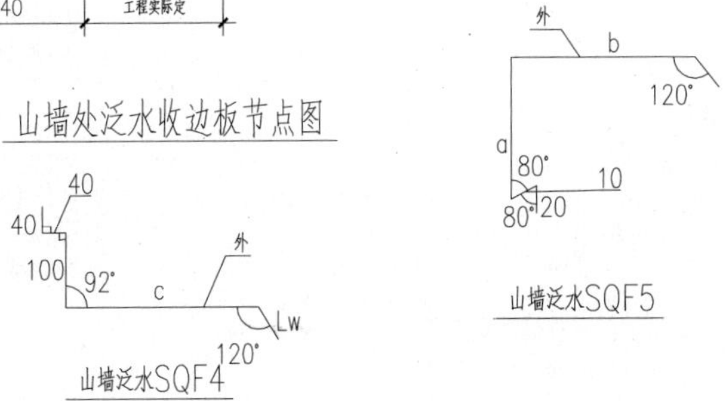

山墙泛水SQF4

山墙泛水SQF5

注：1.屋面板的组合型式根据具体工程定.
2.墙面板的组合型式根据具体工程定.
3.a与纵墙面配套定.
4.b、c、Lw根据屋面板参数定.

	屋面板型号			
	HXY-980	HXY-750	HXY-407	HXY-450
b	370	250	270	100
c	350	230	250	100
Lw	30	35	41	60

山墙

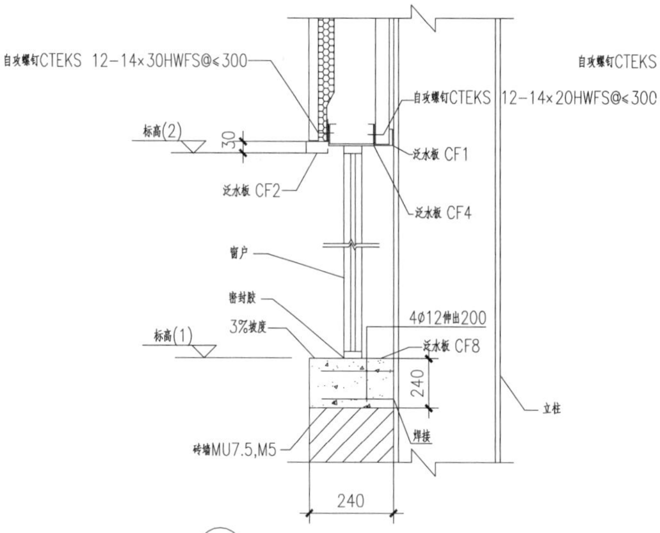

① 窗上窗下泛水收边板节点图

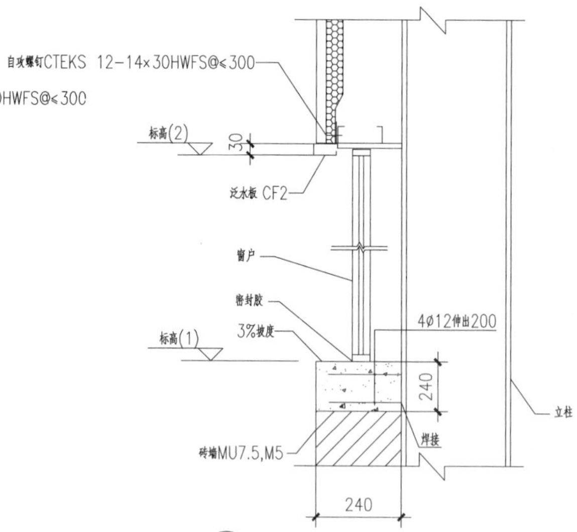

② 窗上窗下泛水收边板节点图

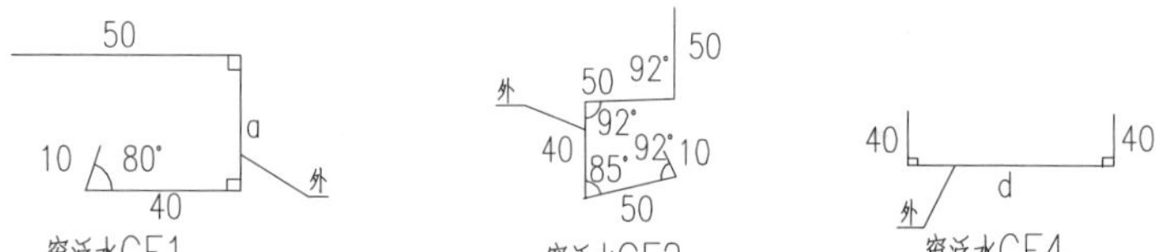

注：1.墙面板的组合型式根据具体工程定.
　　2.a根据内墙板波高定.

	内墙板型号		
	HXY-980	HXY-820	HXY-1038
a	40	34	25

　　3.d根据墙梁高度定.
　　4.保温棉根据需要设置.

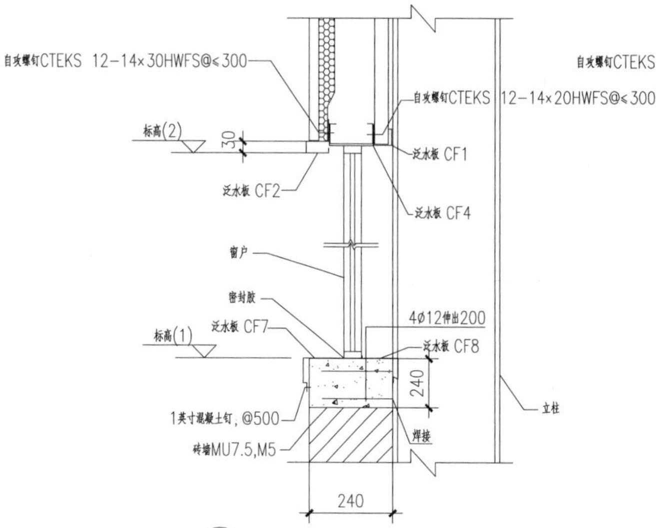

① 窗上窗下泛水收边板节点图

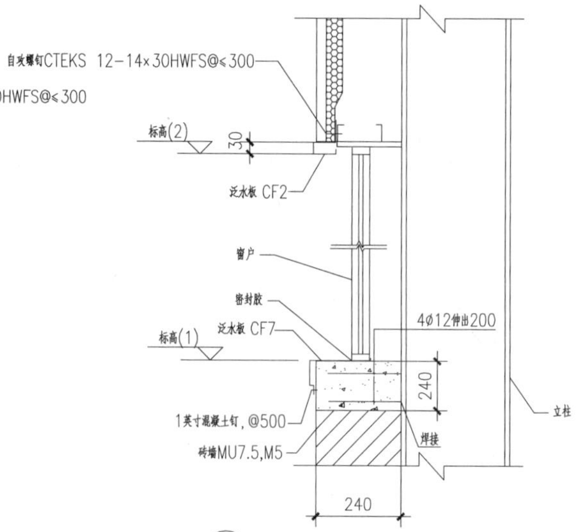

② 窗上窗下泛水收边板节点图

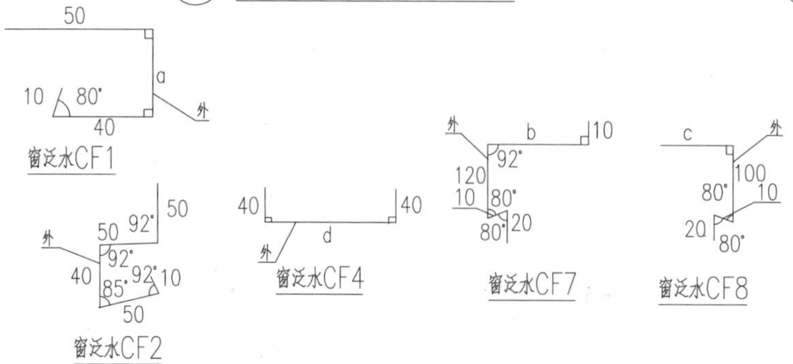

注：1.墙面板的组合型式根据具体工程定.
　　2.a根据内墙板波高定.

	内墙板型号		
	HXY-980	HXY-820	HXY-1038
a	40	34	25

　　3.b,C根据窗规格和墙梁高度定.
　　4.d根据墙梁高度定.
　　5.保温棉根据需要设置.

▲047-钢结构收边图集7

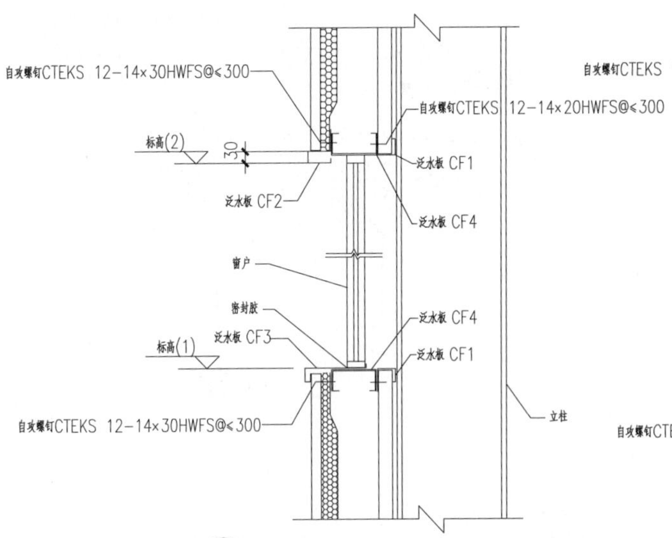

① 窗上窗下泛水收边板节点图

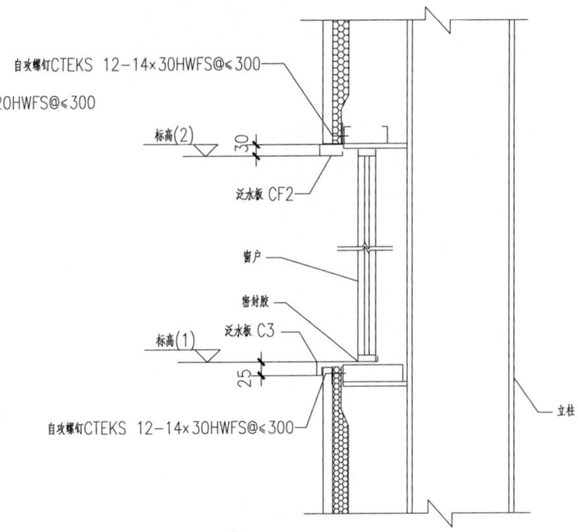

② 窗上窗下泛水收边板节点图

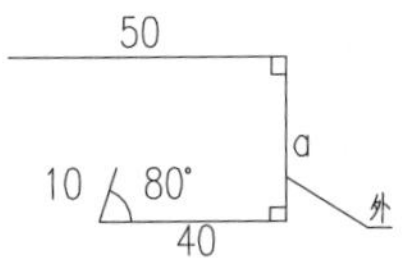

窗泛水CF1

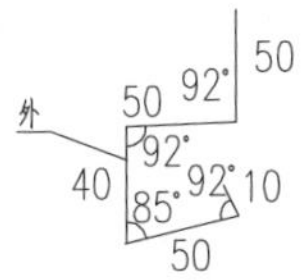

窗泛水CF2

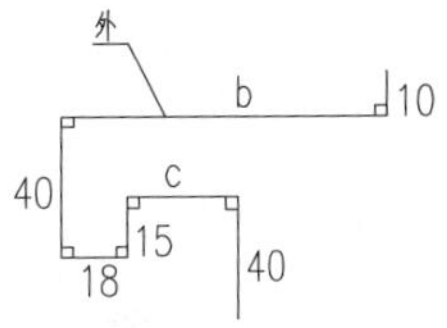

窗泛水CF3

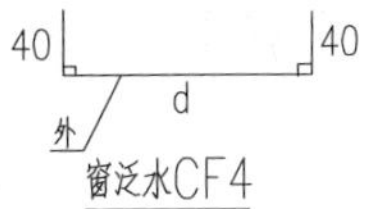

窗泛水CF4

注：1.墙面板的组合型式根据具体工程定.
2.a根据内墙板波高定,见第35页a.
3.b根据窗规格和墙梁高度定.
4.c根据外墙板波高定.见第12页b.
5.d根据墙梁高度定.
6.单层墙面时，无泛水板CF1，CF4.
7.保温棉根据需要设置.

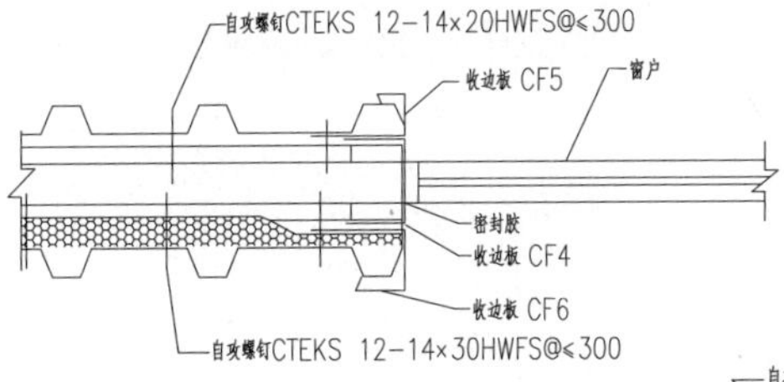

① 窗侧泛水收边板节点图

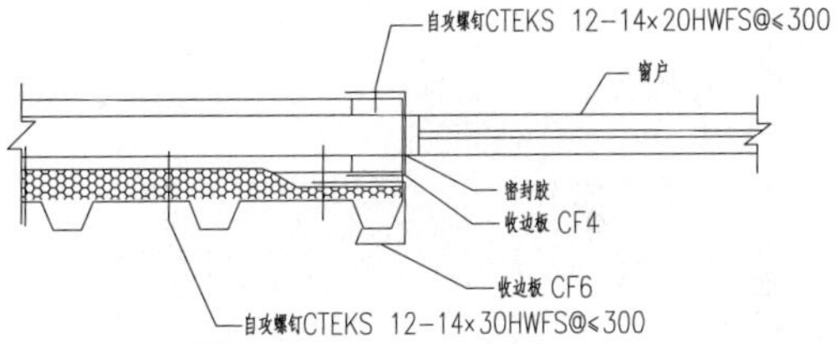

② 窗侧泛水收边板节点图

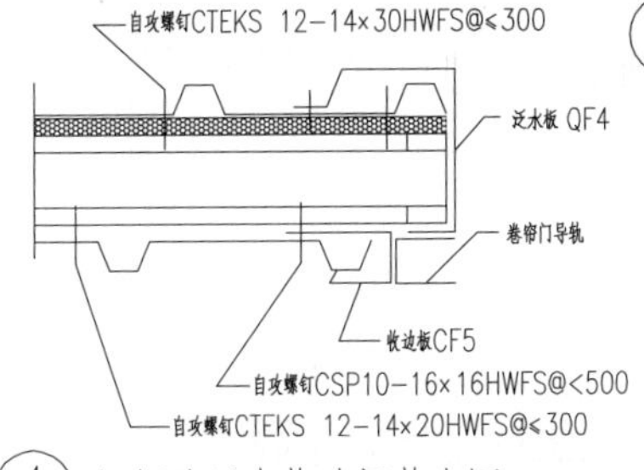

④ 门框处泛水收边板节点图

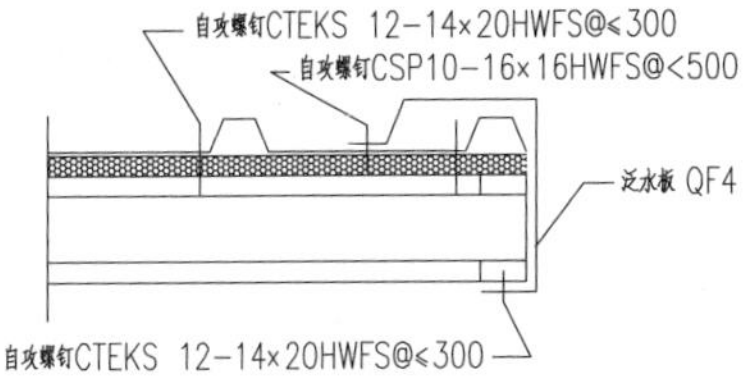

⑤ 门框处泛水收边板节点图

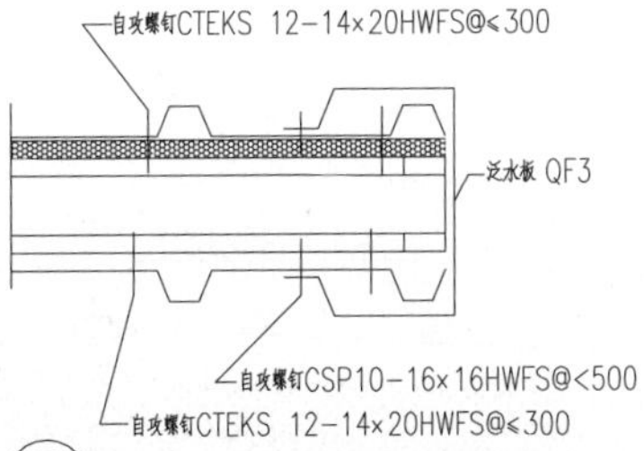

③ 门框处泛水收边板节点图

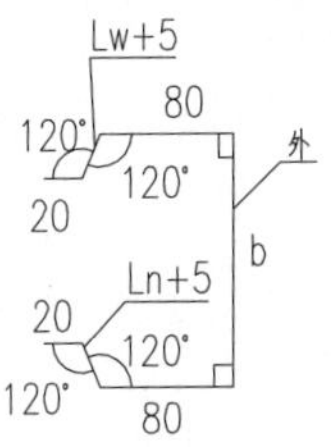

QF3

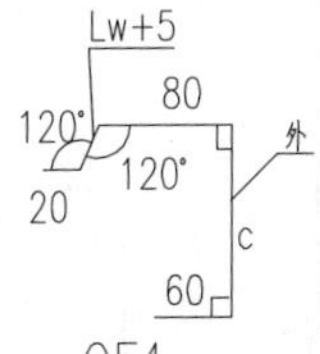

QF4

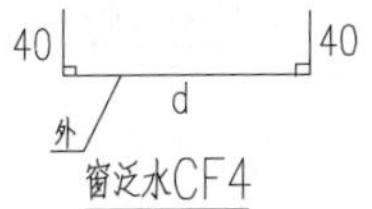

窗泛水CF4

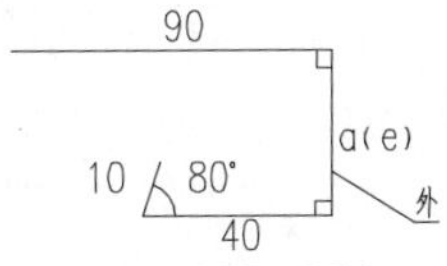

窗泛水CF5(CF6)

注：1.墙面板的组合型式根据具体工程定.
2.a根据内墙板波高定,见第35页a.
3.b,C根据墙板波高和窗柱或门柱的宽度定.
4.d根据墙梁宽度定.
5.Lw,Ln等于外内墙板肋高，e根据外墙板波高定.

	墙板型号			
	HXY-980	HXY-820	HXY-373	HXY-1038
Lw	30	24	12	15
Ln	30	24	12	15
e	40	34	60	25

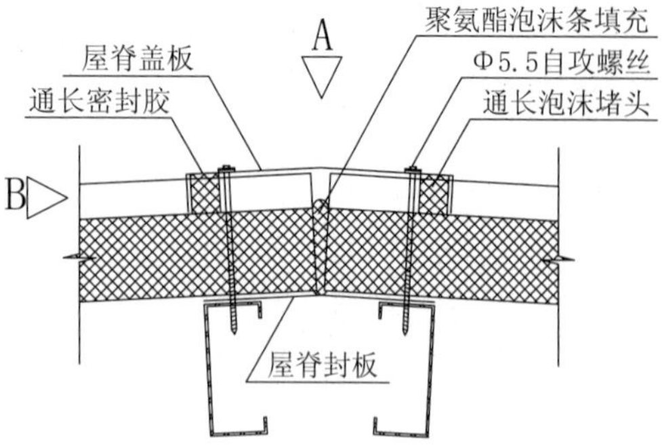
A
B
屋脊盖板
通长密封胶
聚氨酯泡沫条填充
Φ5.5自攻螺丝
通长泡沫堵头
屋脊封板

① 屋脊

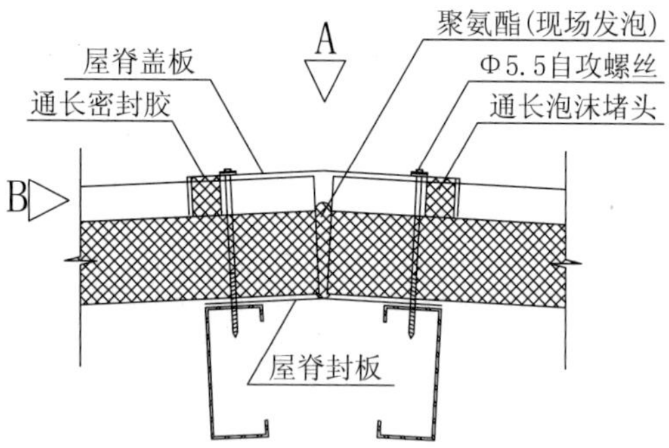
A
B
屋脊盖板
通长密封胶
聚氨酯(现场发泡)
Φ5.5自攻螺丝
通长泡沫堵头
屋脊封板

② 屋脊

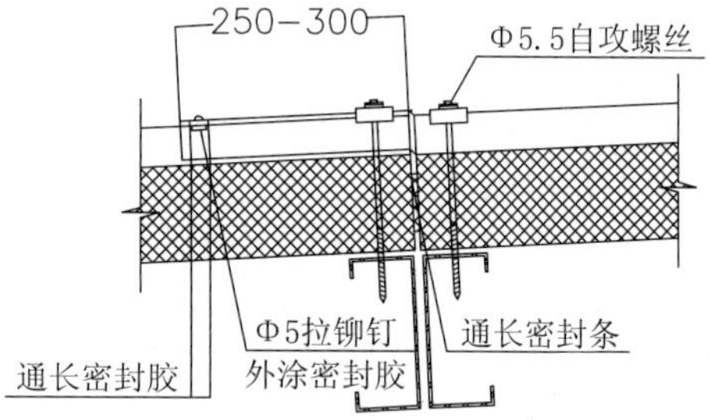
250—300
Φ5.5自攻螺丝
Φ5拉铆钉
外涂密封胶
通长密封条
通长密封胶

③ 横向搭接

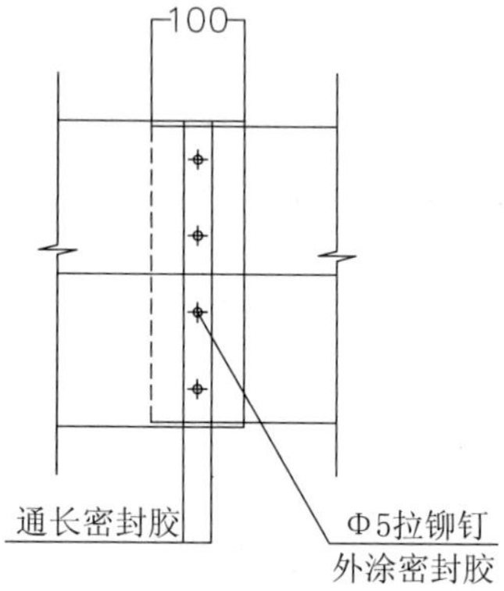
100
通长密封胶
Φ5拉铆钉
外涂密封胶

A视图

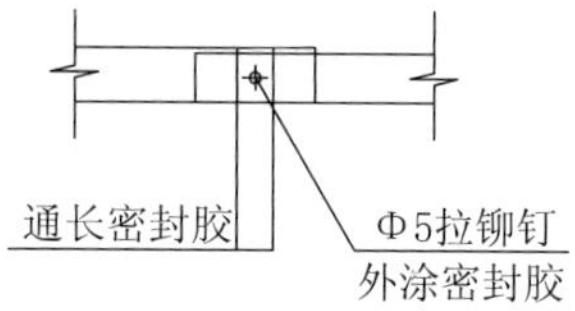
通长密封胶
Φ5拉铆钉
外涂密封胶

B视图

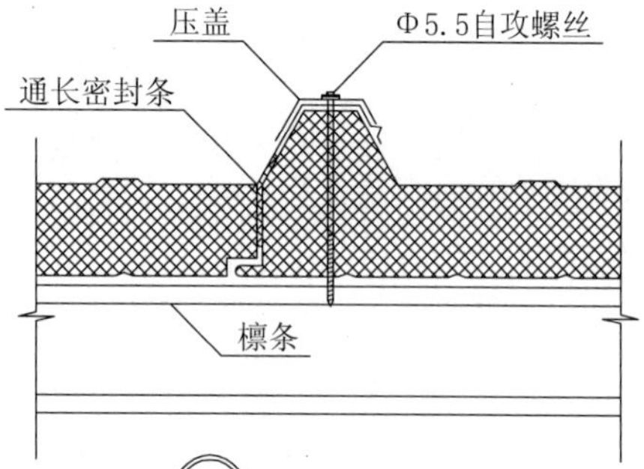
压盖
Φ5.5自攻螺丝
通长密封条
檩条

① 纵向搭接

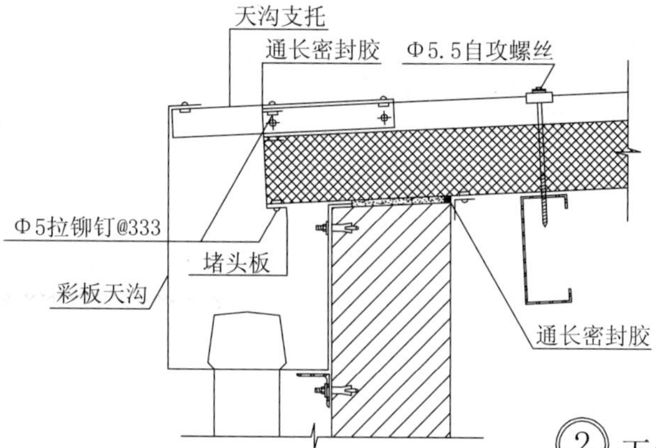
天沟支托
通长密封胶
Φ5.5自攻螺丝
Φ5拉铆钉@333
堵头板
彩板天沟
通长密封胶

② 天沟

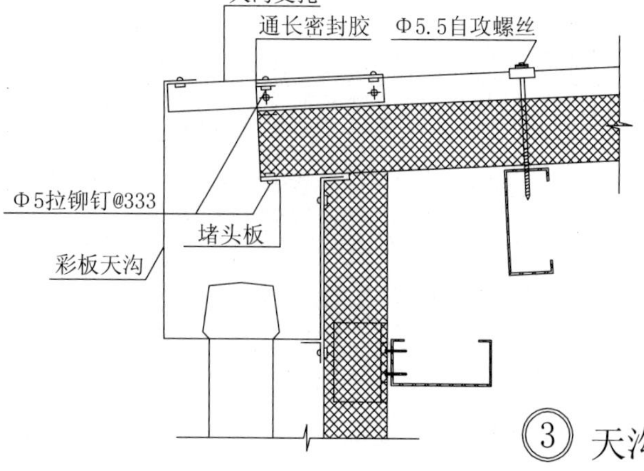
天沟支托
通长密封胶
Φ5.5自攻螺丝
Φ5拉铆钉@333
堵头板
彩板天沟

③ 天沟

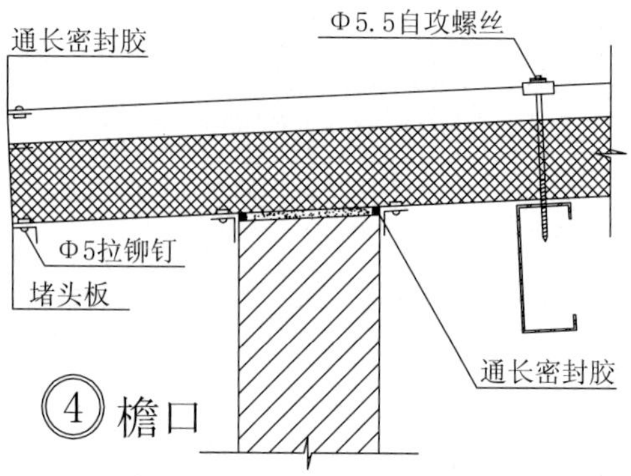
通长密封胶
Φ5.5自攻螺丝
Φ5拉铆钉
堵头板
通长密封胶

④ 檐口

▲049-金属绝热夹心板屋面墙面建筑构造图集1

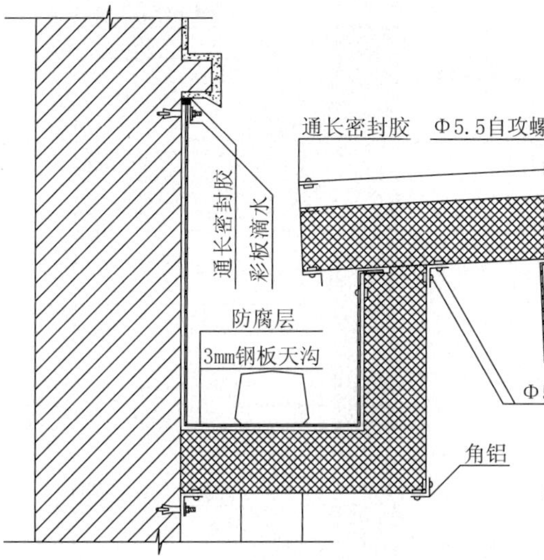

① 天沟

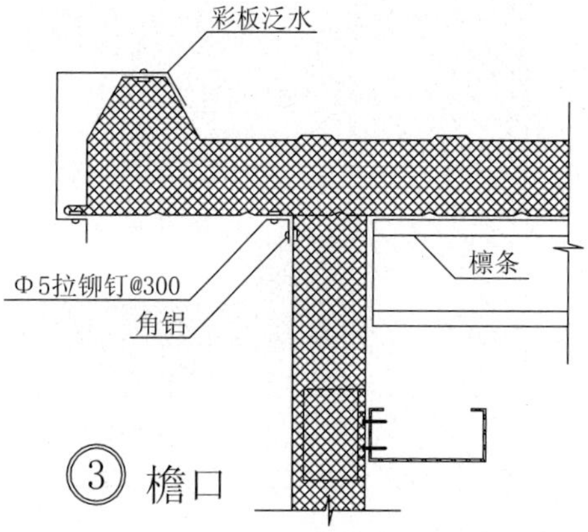

③ 檐口

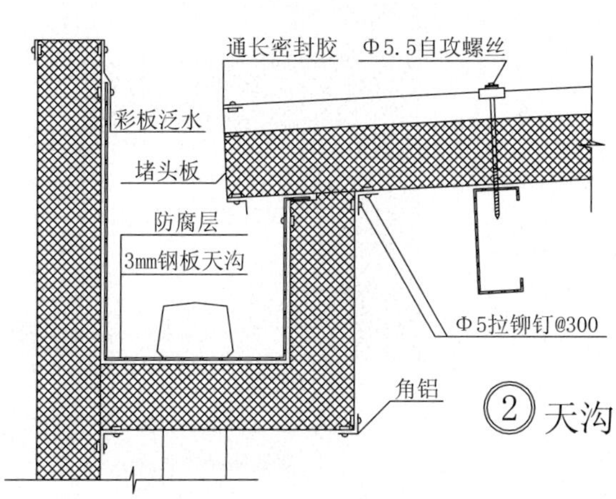

② 天沟

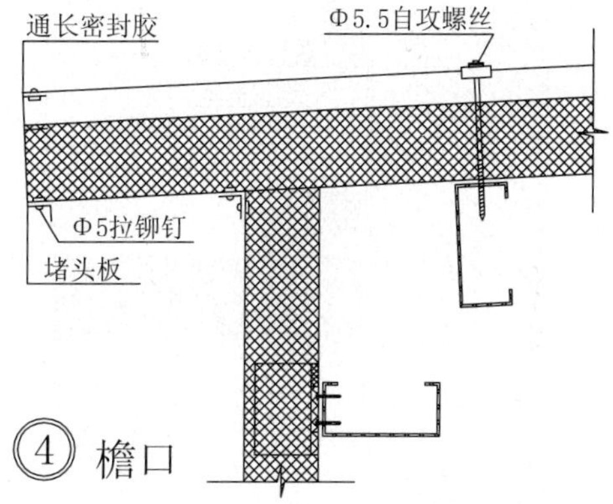

④ 檐口

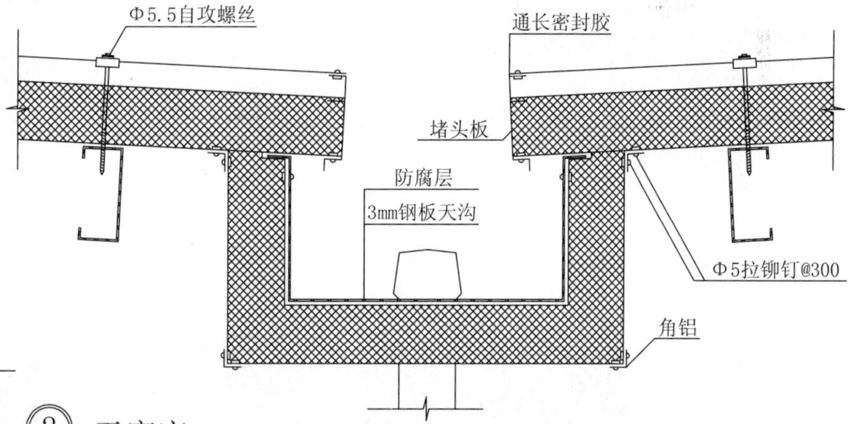

① 内天沟

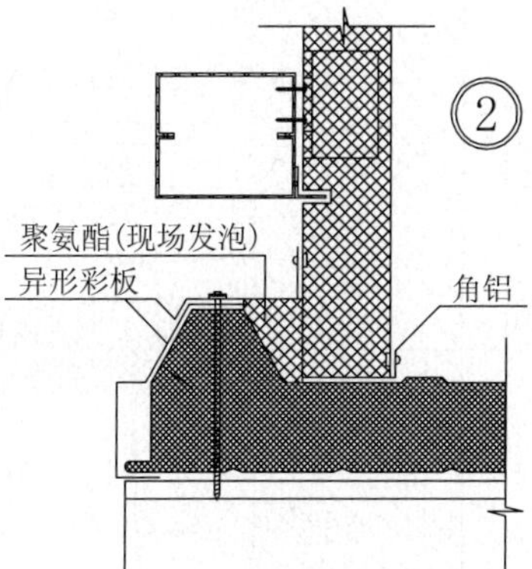

② 天窗底

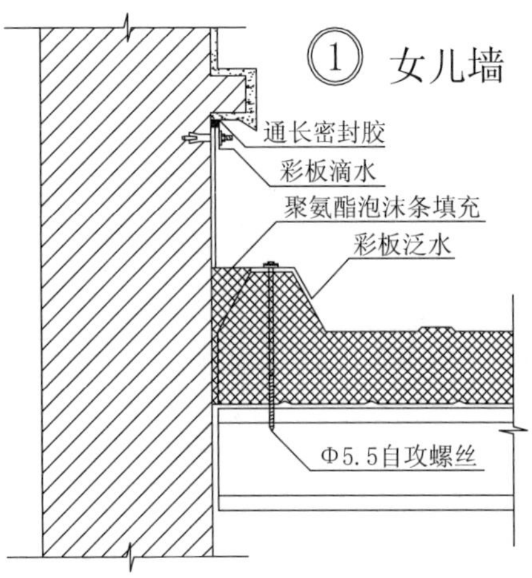
① 女儿墙
通长密封胶
彩板滴水
聚氨酯泡沫条填充
彩板泛水
Φ5.5自攻螺丝

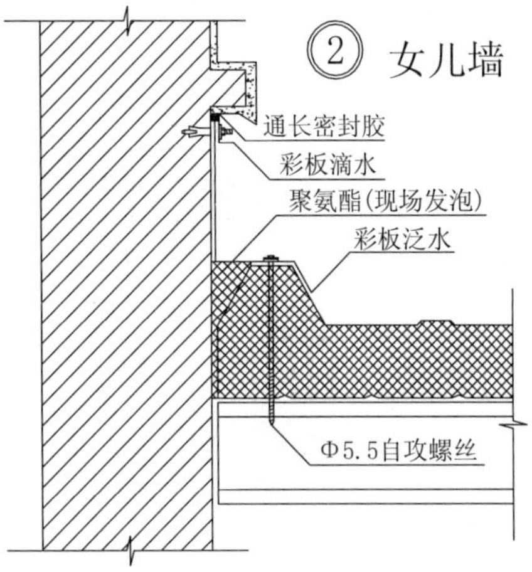
② 女儿墙
通长密封胶
彩板滴水
聚氨酯(现场发泡)
彩板泛水
Φ5.5自攻螺丝

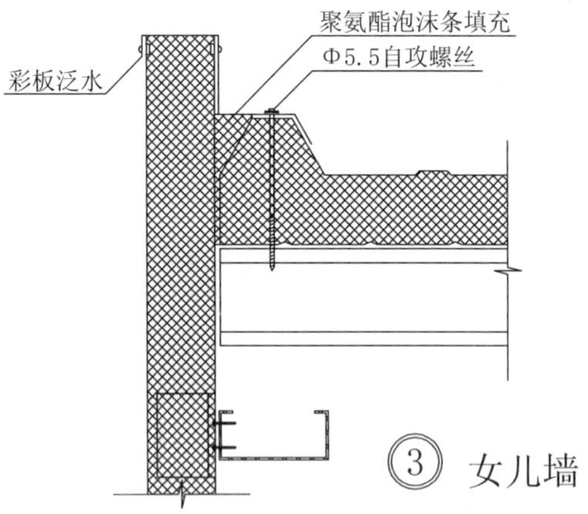
聚氨酯泡沫条填充
Φ5.5自攻螺丝
彩板泛水
③ 女儿墙

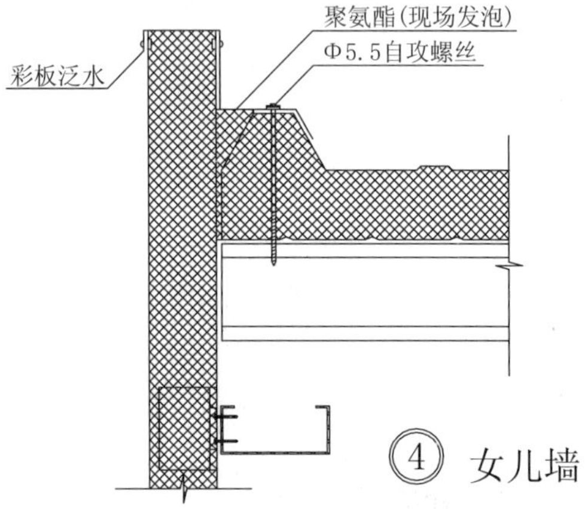
聚氨酯(现场发泡)
Φ5.5自攻螺丝
彩板泛水
④ 女儿墙

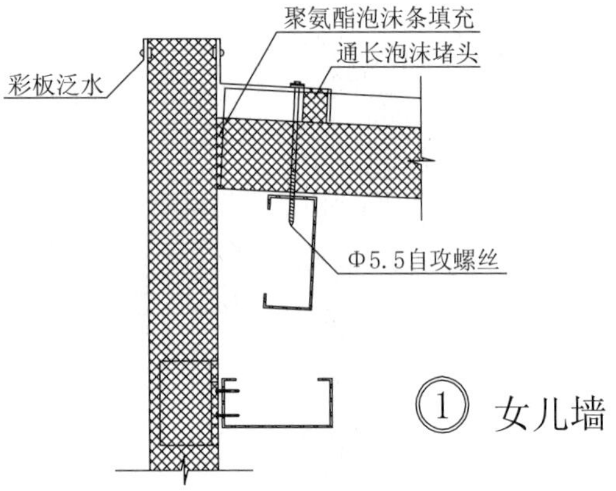
聚氨酯泡沫条填充
通长泡沫堵头
彩板泛水
Φ5.5自攻螺丝
① 女儿墙

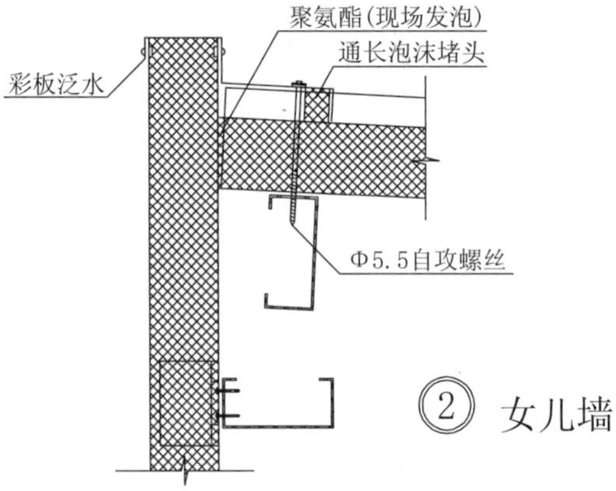
聚氨酯(现场发泡)
通长泡沫堵头
彩板泛水
Φ5.5自攻螺丝
② 女儿墙

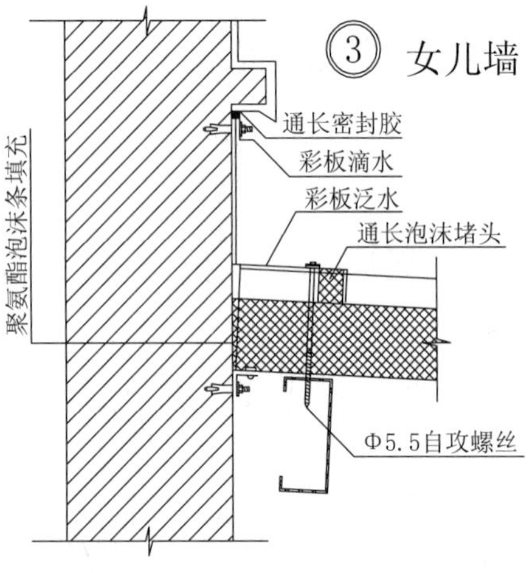
③ 女儿墙
通长密封胶
彩板滴水
彩板泛水
通长泡沫堵头
聚氨酯泡沫条填充
Φ5.5自攻螺丝

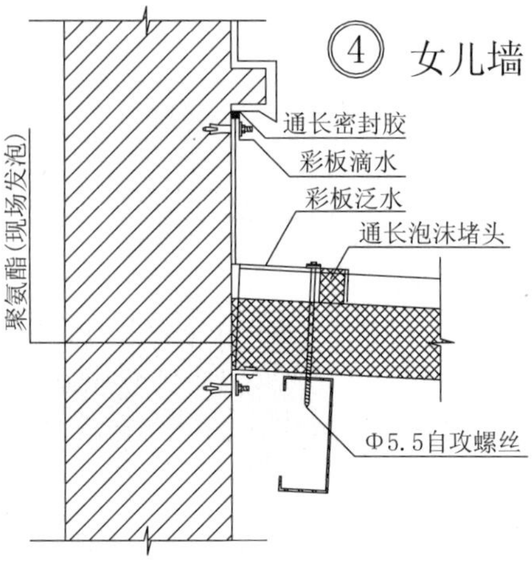
④ 女儿墙
通长密封胶
彩板滴水
彩板泛水
通长泡沫堵头
聚氨酯(现场发泡)
Φ5.5自攻螺丝

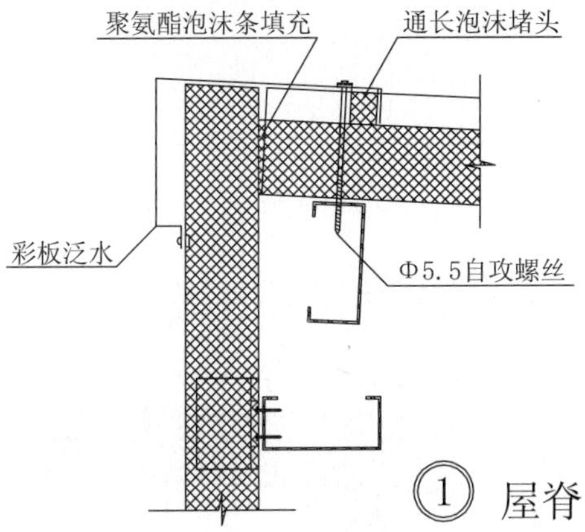

① 屋脊

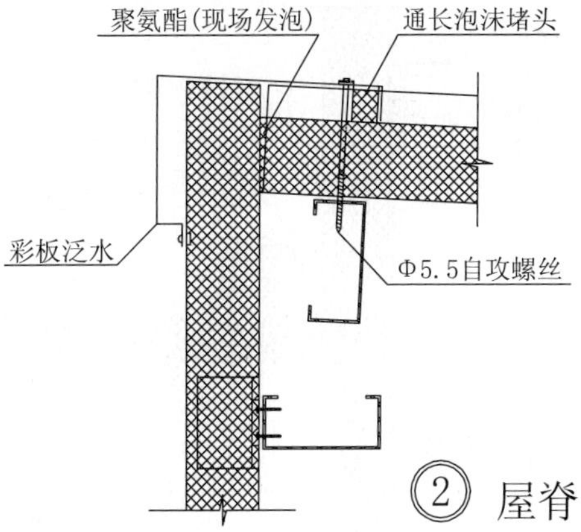

② 屋脊

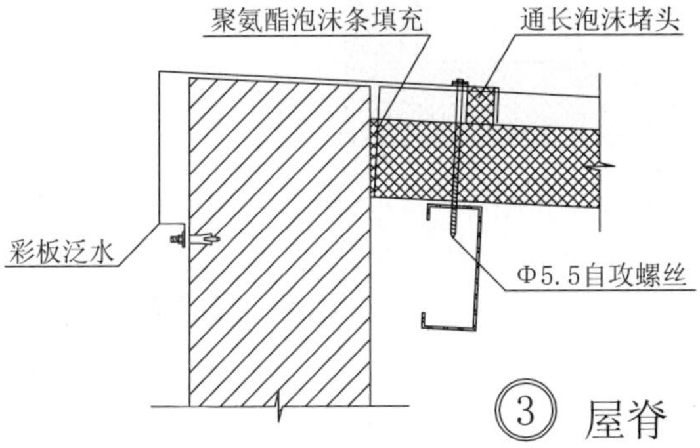

③ 屋脊

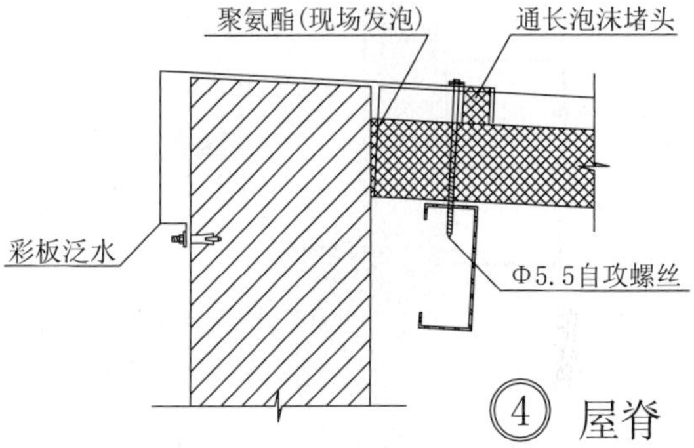

④ 屋脊

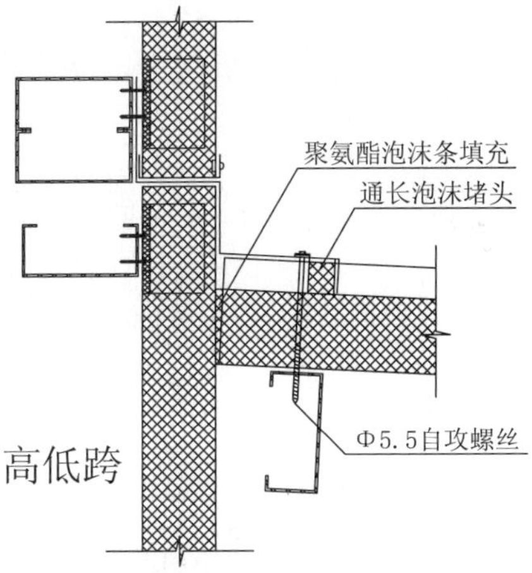

① 高低跨

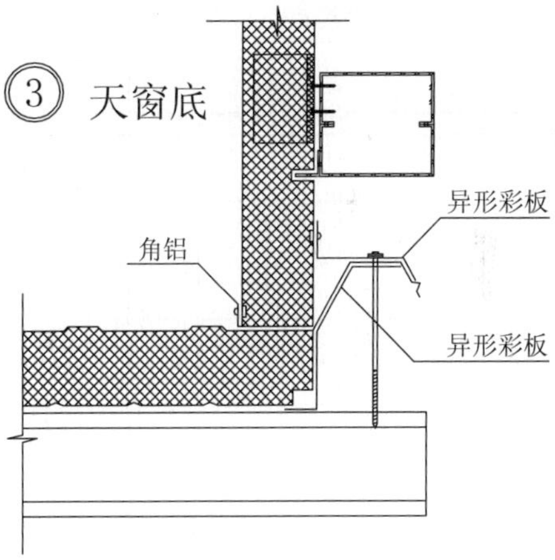

③ 天窗底

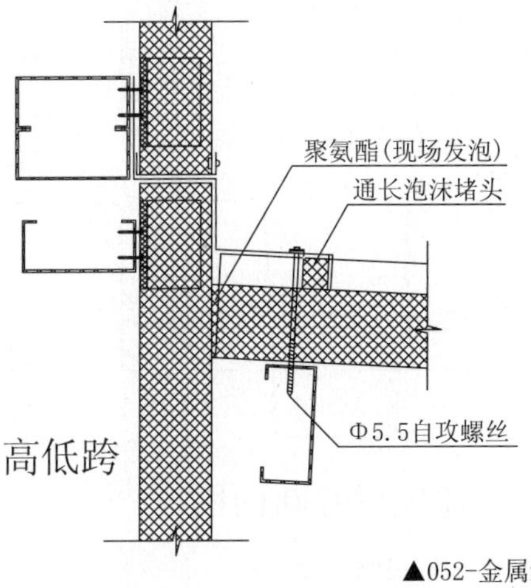

② 高低跨

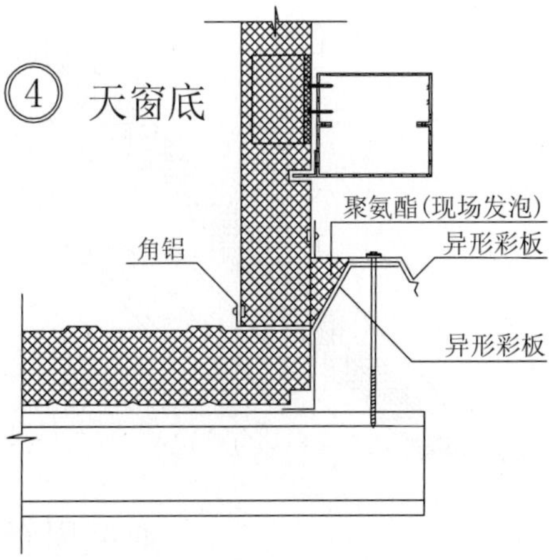

④ 天窗底

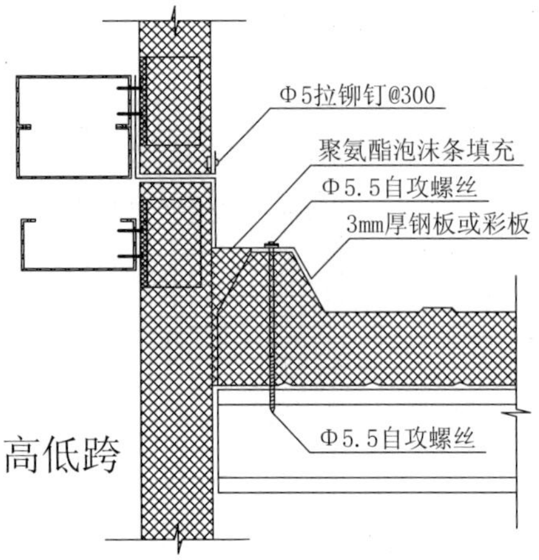
Φ5拉铆钉@300
聚氨酯泡沫条填充
Φ5.5自攻螺丝
3mm厚钢板或彩板
Φ5.5自攻螺丝

① 高低跨

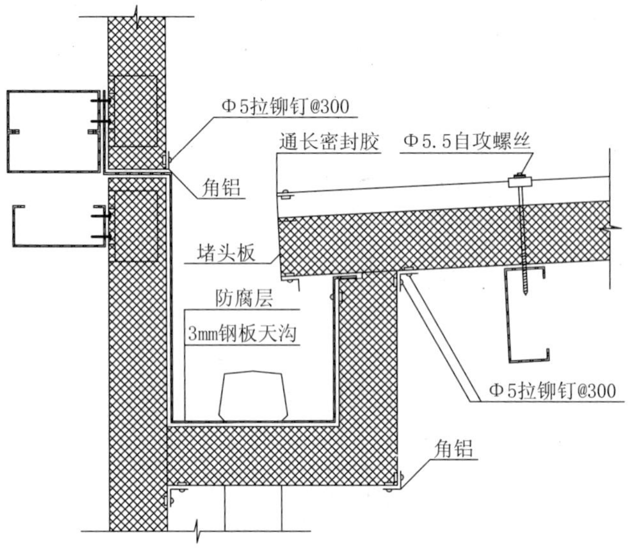
Φ5拉铆钉@300
通长密封胶
Φ5.5自攻螺丝
角铝
堵头板
防腐层
3mm钢板天沟
Φ5拉铆钉@300
角铝

③ 高低跨

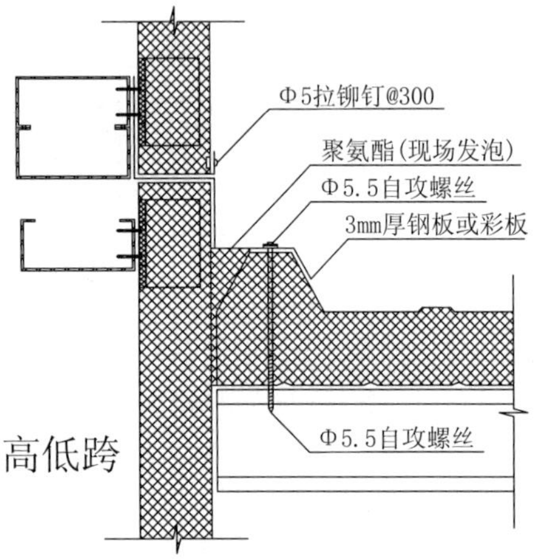
Φ5拉铆钉@300
聚氨酯(现场发泡)
Φ5.5自攻螺丝
3mm厚钢板或彩板
Φ5.5自攻螺丝

② 高低跨

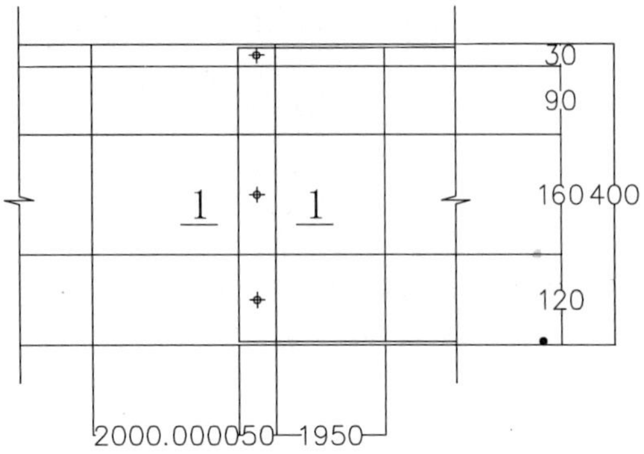
30
90
160
400
120
1
1
2000.0000
50
1950

A视图

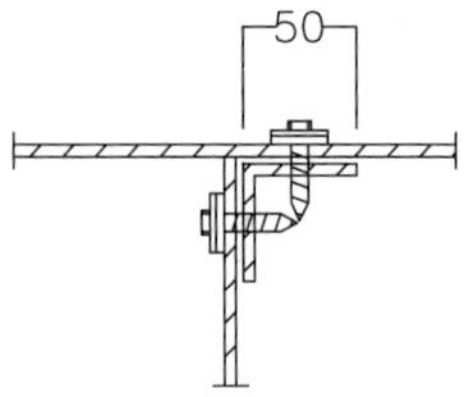
50

1—1

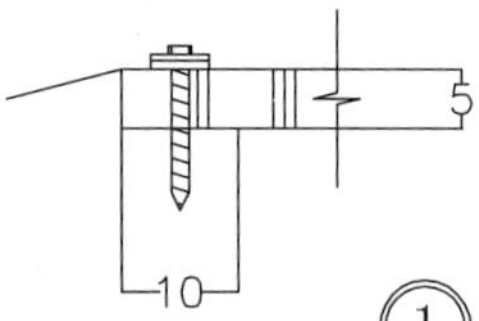
5
10

①

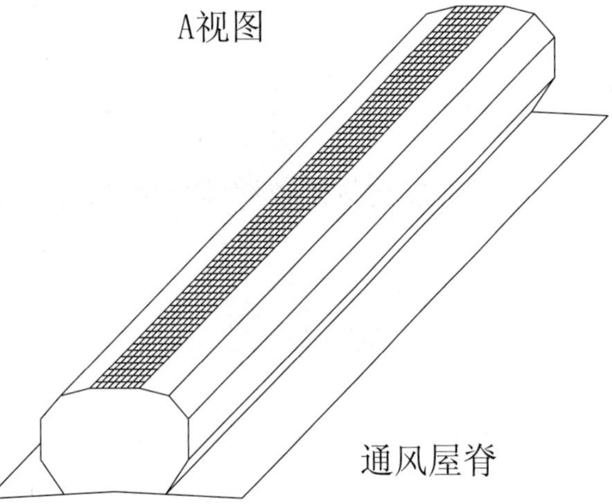

通风屋脊

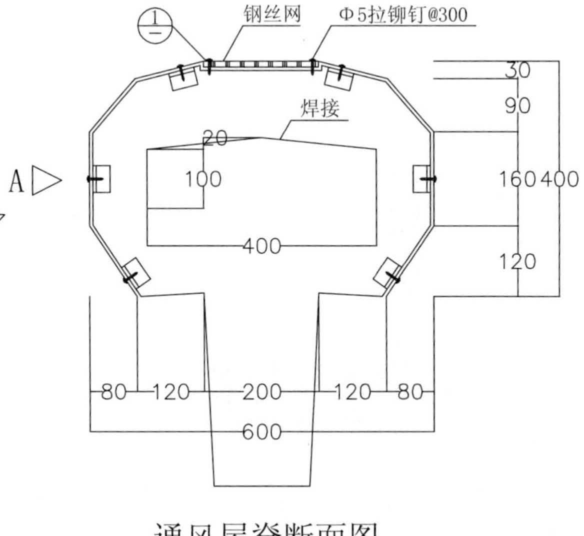
钢丝网
Φ5拉铆钉@300
焊接
A
20
100
400
30
90
160
400
120
80
120
200
120
80
600

通风屋脊断面图

▲053-金属绝热夹心板屋面墙面建筑构造图集5

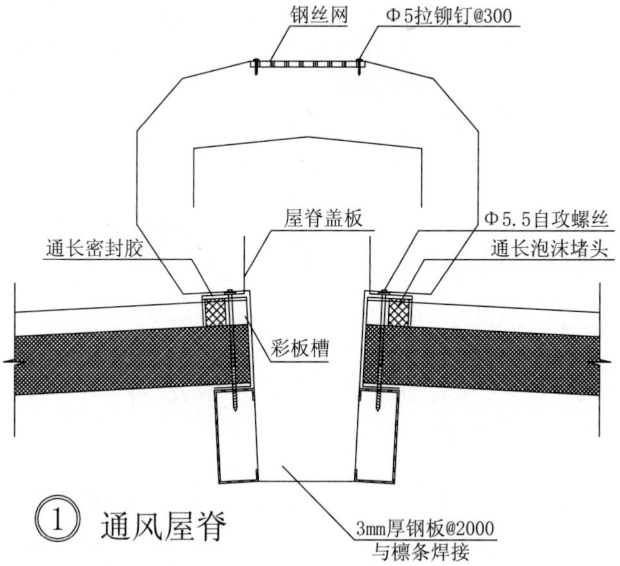
钢丝网
Φ5拉铆钉@300
屋脊盖板
Φ5.5自攻螺丝
通长密封胶
通长泡沫堵头
彩板槽
3mm厚钢板@2000
与檩条焊接

① 通风屋脊

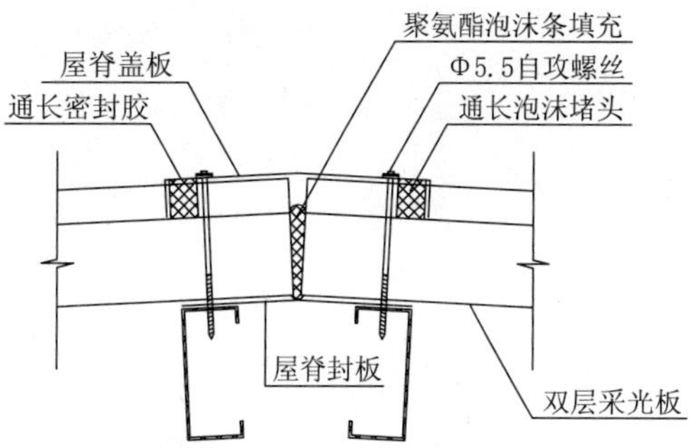
聚氨酯泡沫条填充
屋脊盖板
Φ5.5自攻螺丝
通长密封胶
通长泡沫堵头
屋脊封板
双层采光板

② 采光屋脊

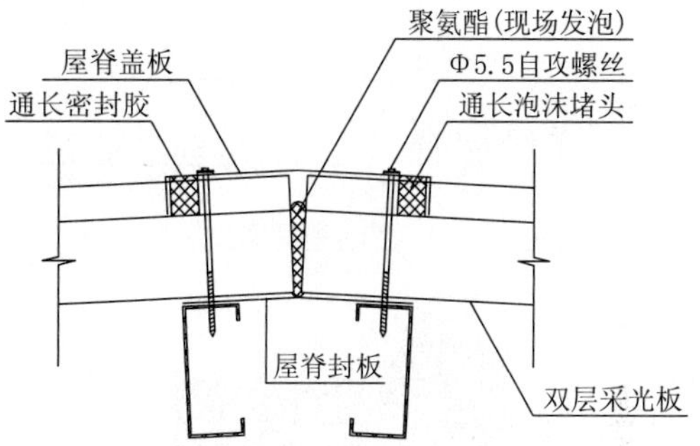
聚氨酯(现场发泡)
屋脊盖板
Φ5.5自攻螺丝
通长密封胶
通长泡沫堵头
屋脊封板
双层采光板

③ 采光屋脊

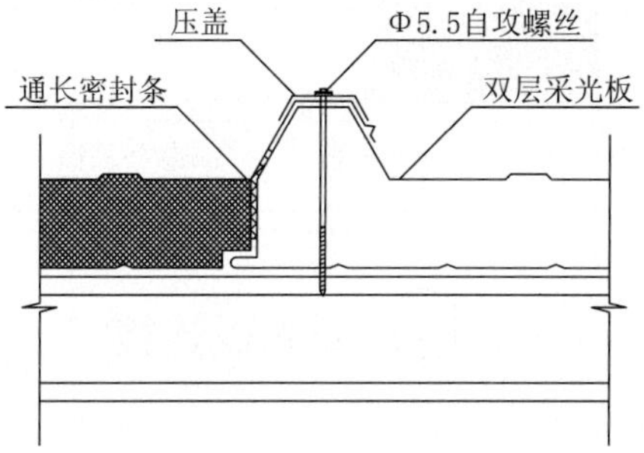
压盖
Φ5.5自攻螺丝
通长密封条
双层采光板

④ 采光板连接

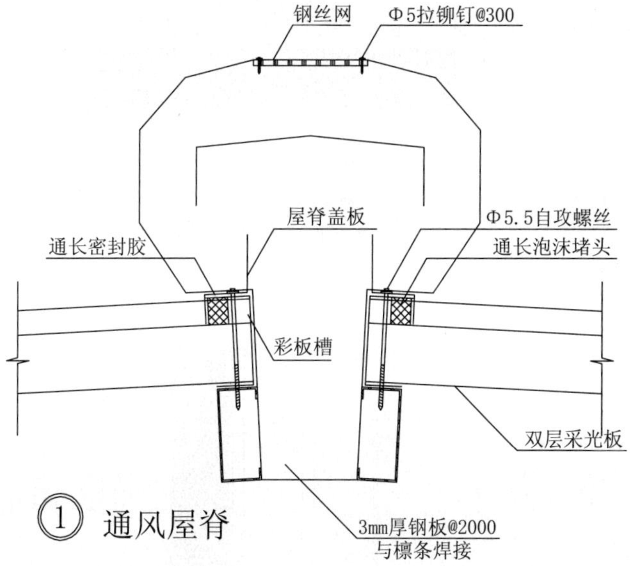
钢丝网
Φ5拉铆钉@300
屋脊盖板
Φ5.5自攻螺丝
通长密封胶
通长泡沫堵头
彩板槽
双层采光板
3mm厚钢板@2000
与檩条焊接

① 通风屋脊

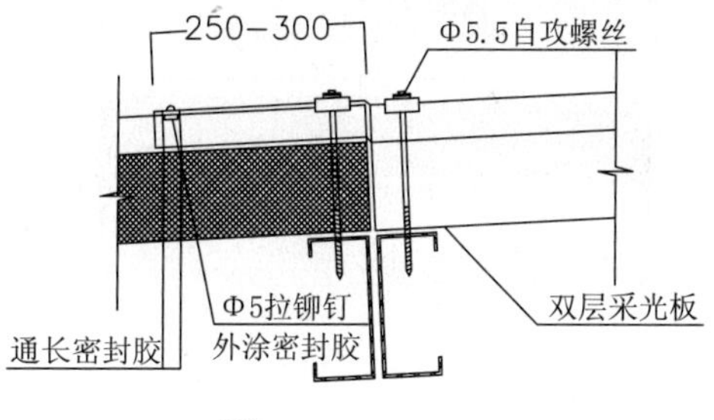
250-300
Φ5.5自攻螺丝
Φ5拉铆钉
外涂密封胶
双层采光板
通长密封胶

② 采光板连接

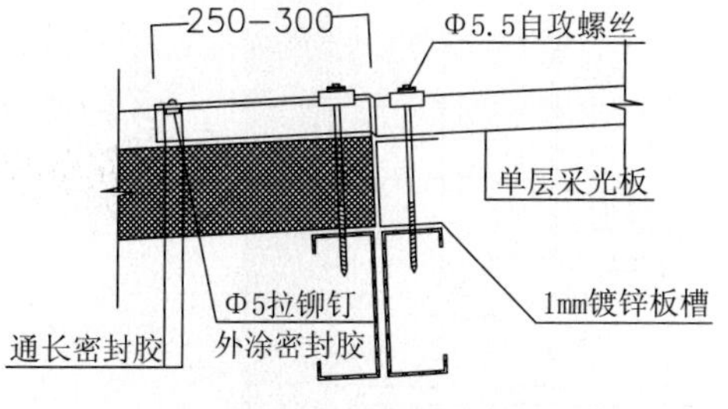
250-300
Φ5.5自攻螺丝
单层采光板
1mm镀锌板槽
Φ5拉铆钉
外涂密封胶
通长密封胶

③ 采光板连接

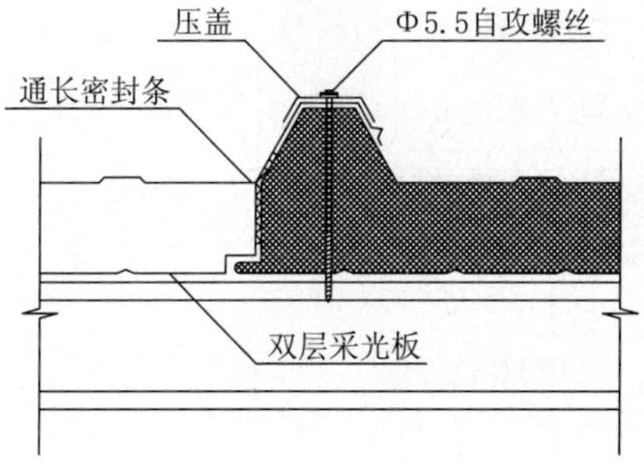
压盖
Φ5.5自攻螺丝
通长密封条
双层采光板

④ 采光板连接

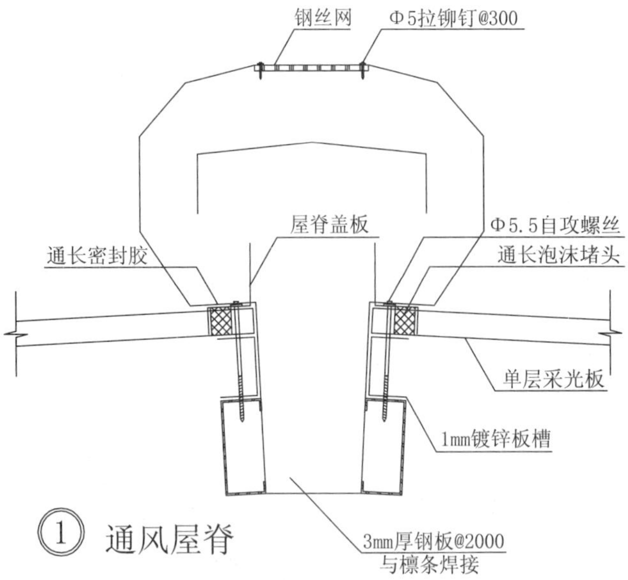
钢丝网
Φ5拉铆钉@300
屋脊盖板
Φ5.5自攻螺丝
通长密封胶
通长泡沫堵头
单层采光板
1mm镀锌板槽
3mm厚钢板@2000
与檩条焊接

① 通风屋脊

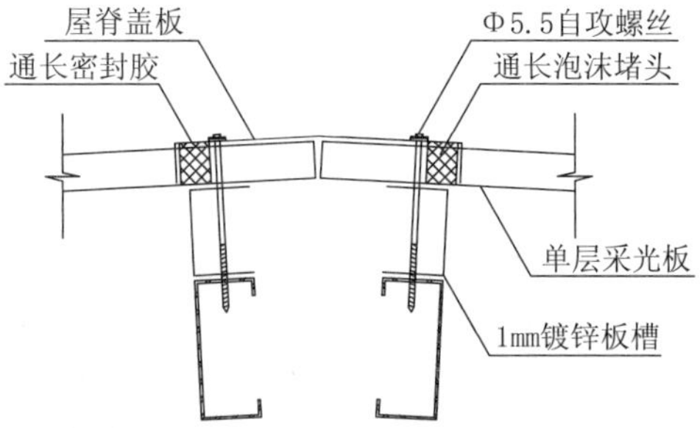
屋脊盖板
Φ5.5自攻螺丝
通长密封胶
通长泡沫堵头
单层采光板
1mm镀锌板槽

② 采光屋脊

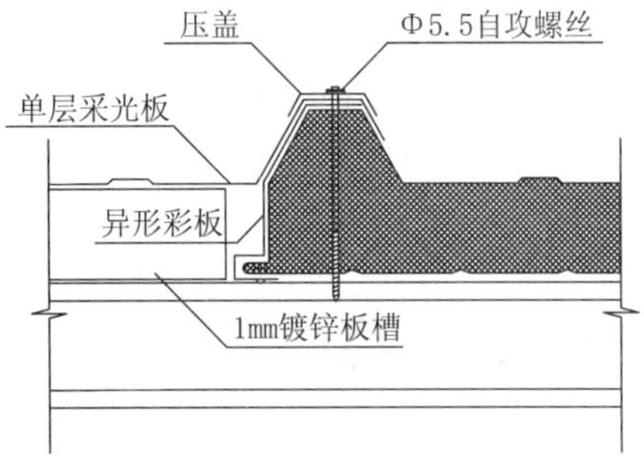
压盖
Φ5.5自攻螺丝
单层采光板
异形彩板
1mm镀锌板槽

③ 采光板连接

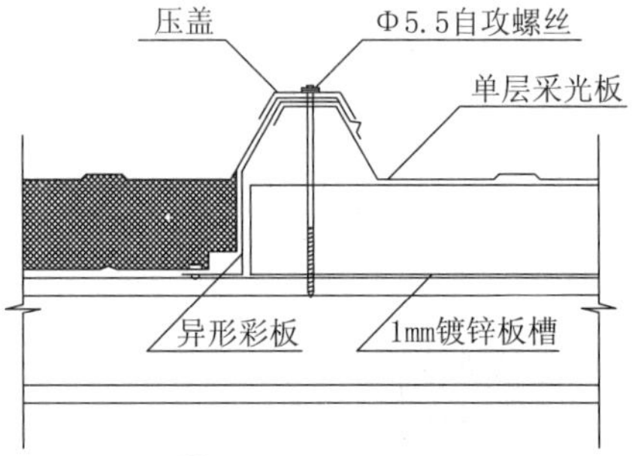
压盖
Φ5.5自攻螺丝
单层采光板
异形彩板
1mm镀锌板槽

④ 采光板连接

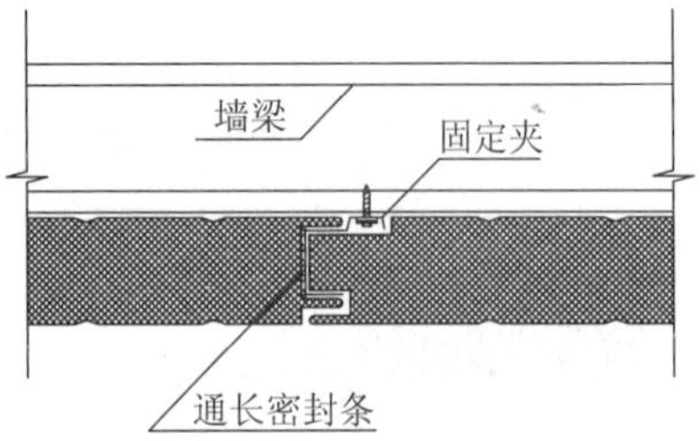
墙梁
固定夹
通长密封条

① 外墙与墙梁连接

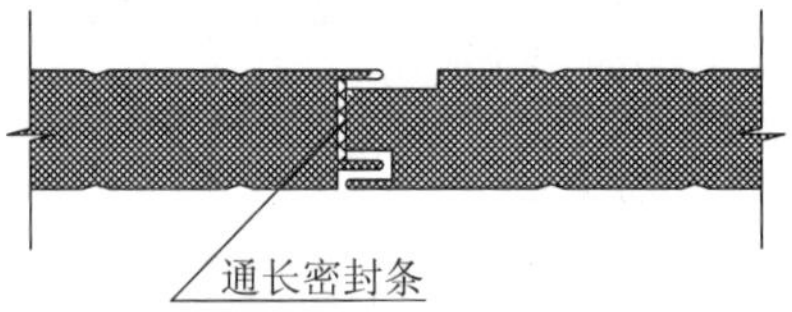
通长密封条

② 纵向搭接

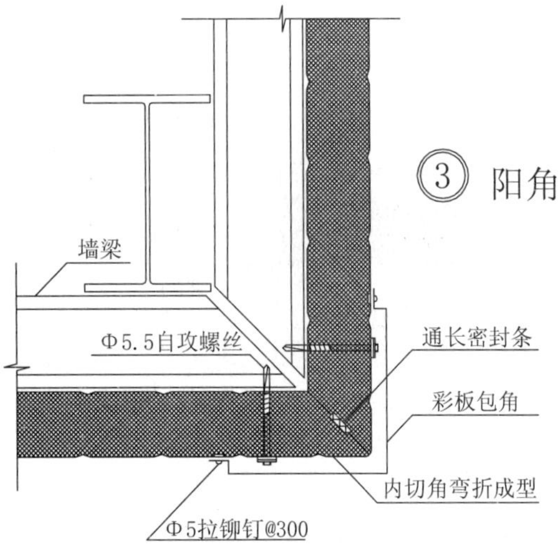
墙梁
Φ5.5自攻螺丝
通长密封条
彩板包角
内切角弯折成型
Φ5拉铆钉@300

③ 阳角

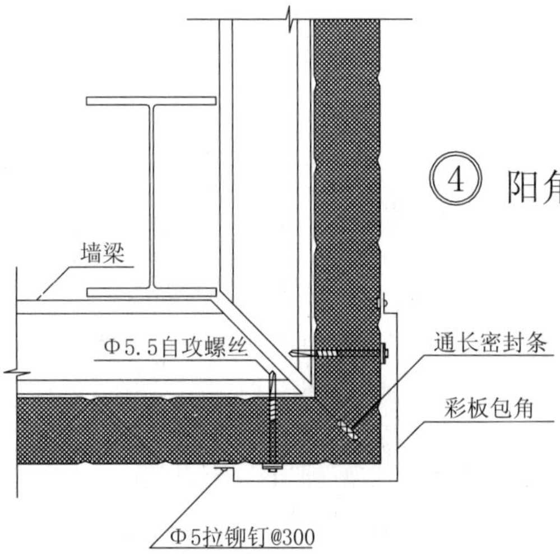
墙梁
Φ5.5自攻螺丝
通长密封条
彩板包角
Φ5拉铆钉@300

④ 阳角

▲055-金属绝热夹心板屋面墙面建筑构造图集7

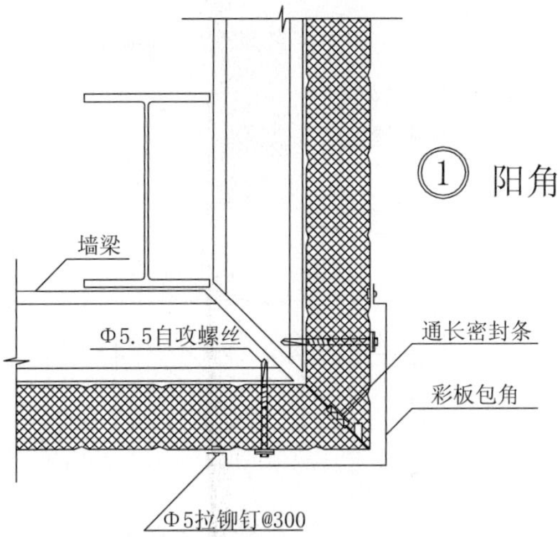
墙梁
Φ5.5自攻螺丝
通长密封条
彩板包角
Φ5拉铆钉@300

① 阳角

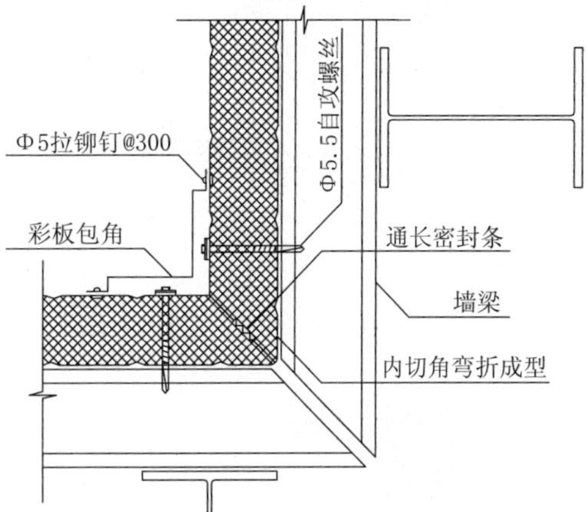
Φ5拉铆钉@300
Φ5.5自攻螺丝
彩板包角
通长密封条
墙梁
内切角弯折成型

③ 阴角

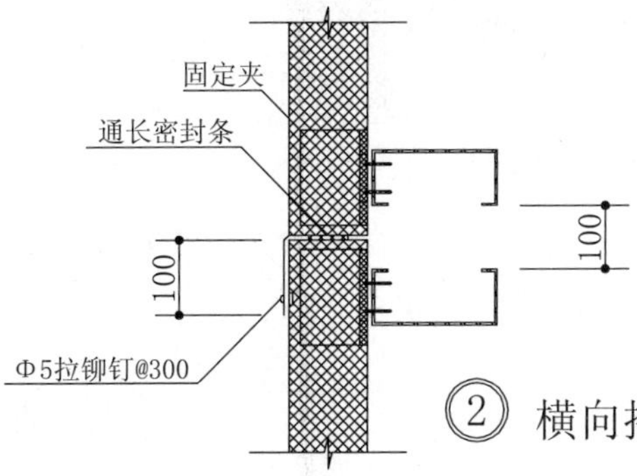
固定夹
通长密封条
100
100
Φ5拉铆钉@300

② 横向搭接(聚氨酯墙面板)

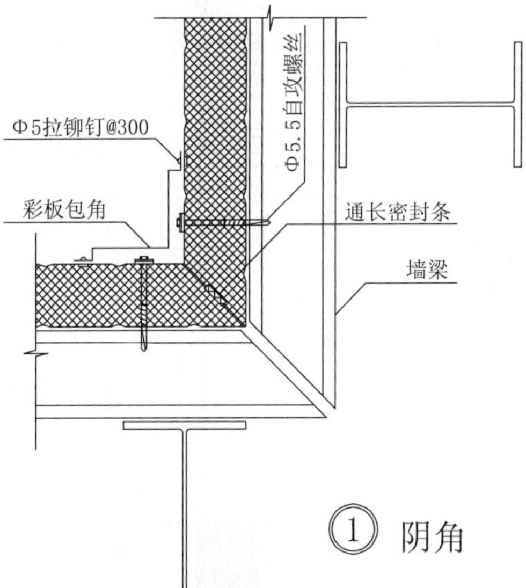
Φ5拉铆钉@300
Φ5.5自攻螺丝
彩板包角
通长密封条
墙梁

① 阴角

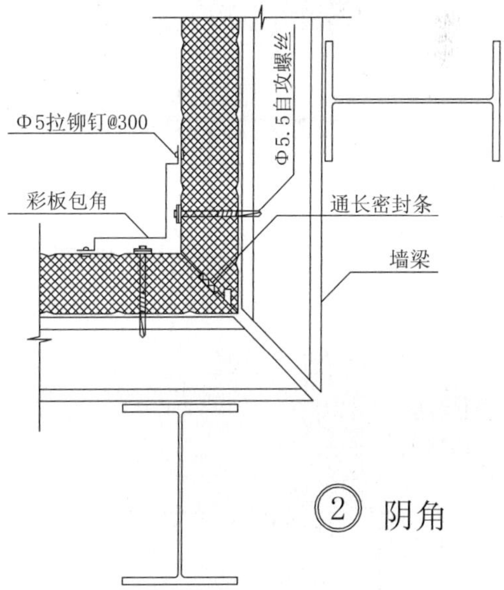
Φ5拉铆钉@300
Φ5.5自攻螺丝
彩板包角
通长密封条
墙梁

② 阴角

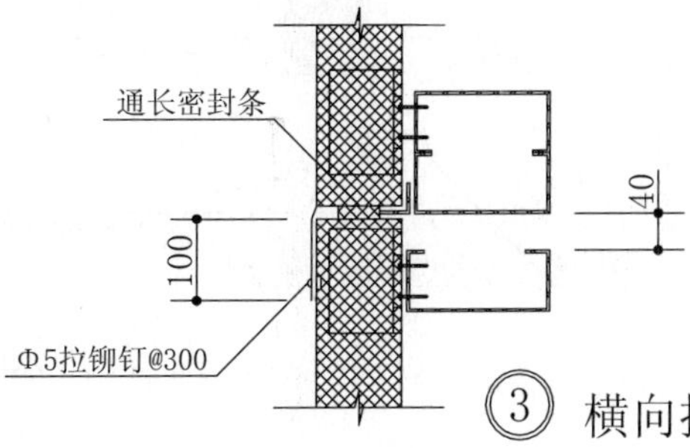
通长密封条
40
100
Φ5拉铆钉@300

③ 横向搭接(岩棉墙面板)

▲056-金属绝热夹心板屋面墙面建筑构造图集8

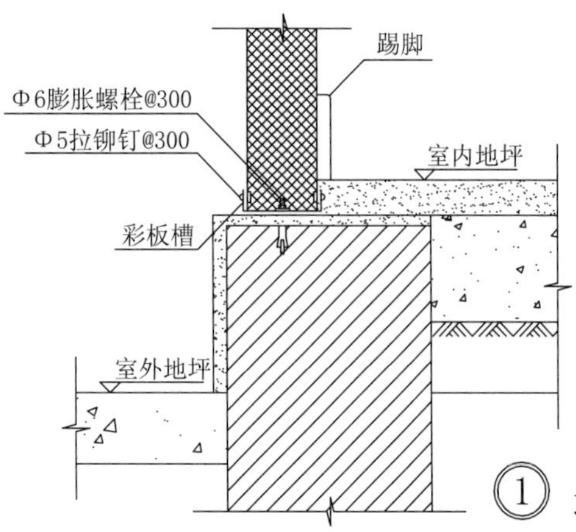
踢脚
Φ6膨胀螺栓@300
Φ5拉铆钉@300
室内地坪
彩板槽
室外地坪

① 地脚

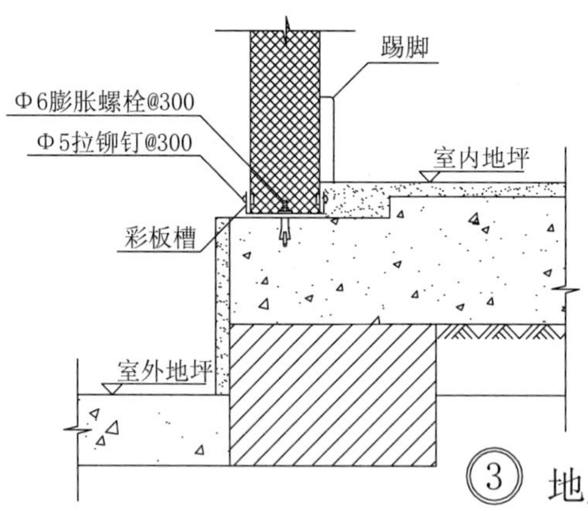
踢脚
Φ6膨胀螺栓@300
Φ5拉铆钉@300
室内地坪
彩板槽
室外地坪

③ 地脚

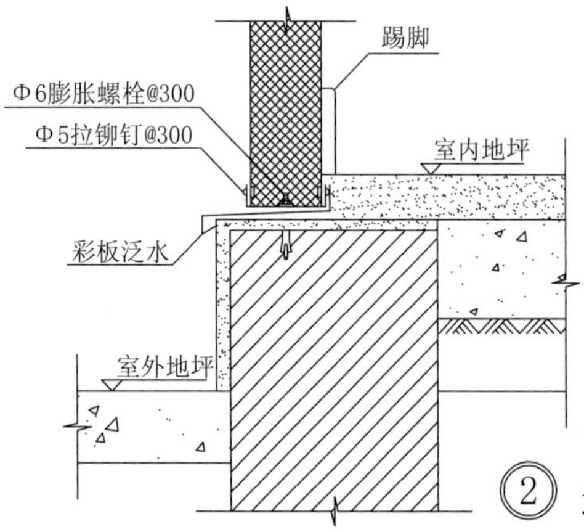
踢脚
Φ6膨胀螺栓@300
Φ5拉铆钉@300
室内地坪
彩板泛水
室外地坪

② 地脚

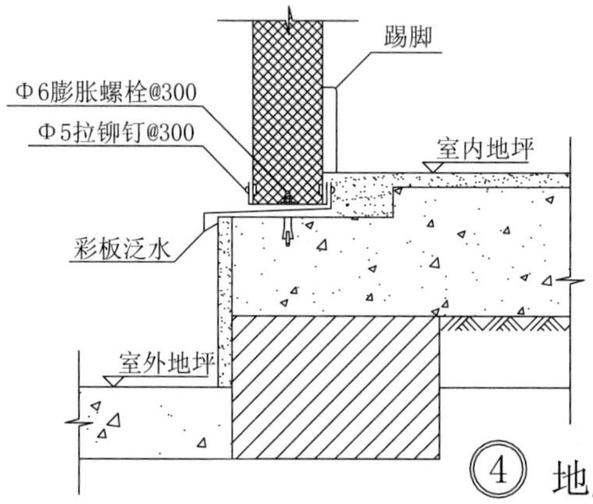
踢脚
Φ6膨胀螺栓@300
Φ5拉铆钉@300
室内地坪
彩板泛水
室外地坪

④ 地脚

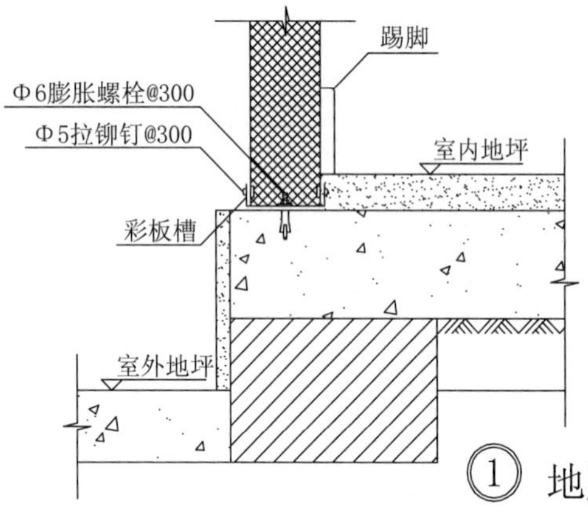
踢脚
Φ6膨胀螺栓@300
Φ5拉铆钉@300
室内地坪
彩板槽
室外地坪

① 地脚

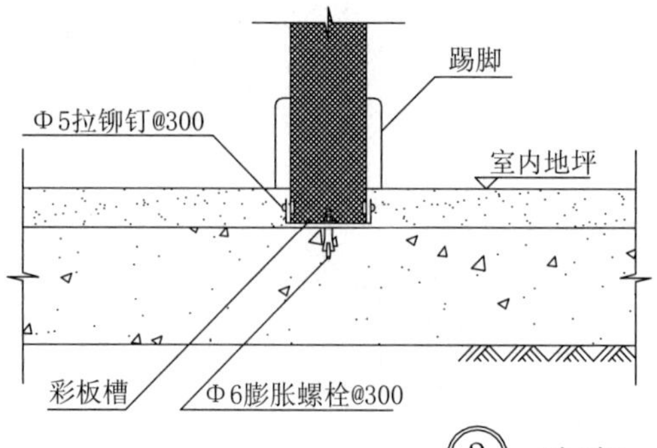
踢脚
Φ5拉铆钉@300
室内地坪
彩板槽
Φ6膨胀螺栓@300

③ 地脚

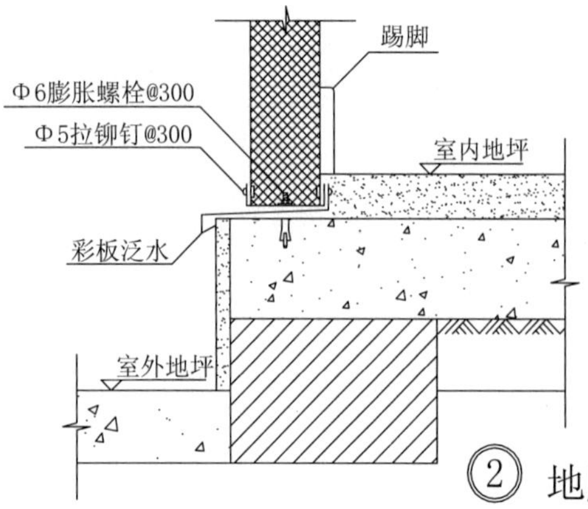
踢脚
Φ6膨胀螺栓@300
Φ5拉铆钉@300
室内地坪
彩板泛水
室外地坪

② 地脚

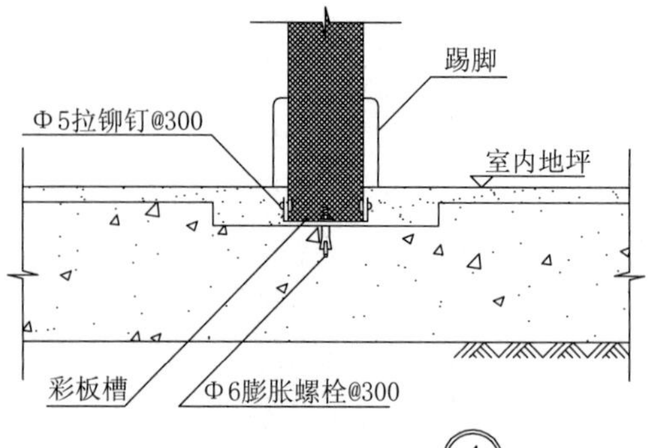
踢脚
Φ5拉铆钉@300
室内地坪
彩板槽
Φ6膨胀螺栓@300

④ 地脚

▲057-金属绝热夹心板屋面墙面建筑构造图集9

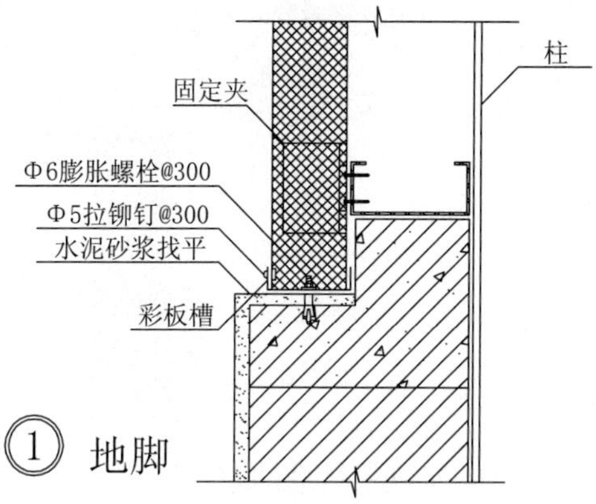
柱
固定夹
Φ6膨胀螺栓@300
Φ5拉铆钉@300
水泥砂浆找平
彩板槽

1 地脚

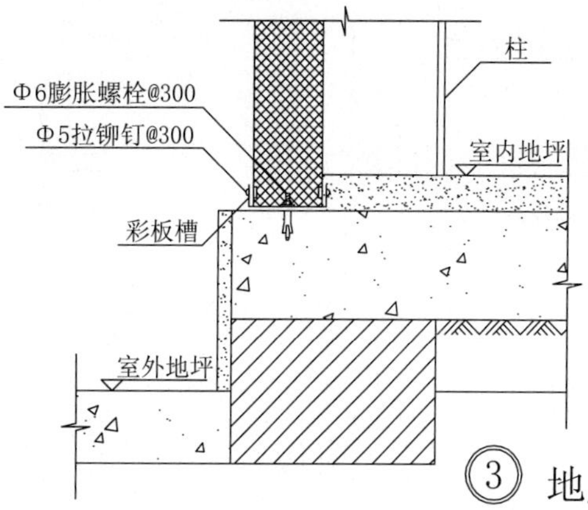
柱
Φ6膨胀螺栓@300
Φ5拉铆钉@300
室内地坪
彩板槽
室外地坪

3 地脚

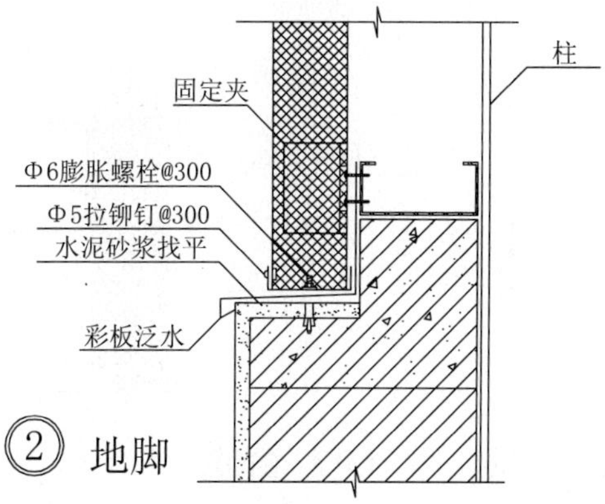
柱
固定夹
Φ6膨胀螺栓@300
Φ5拉铆钉@300
水泥砂浆找平
彩板泛水

2 地脚

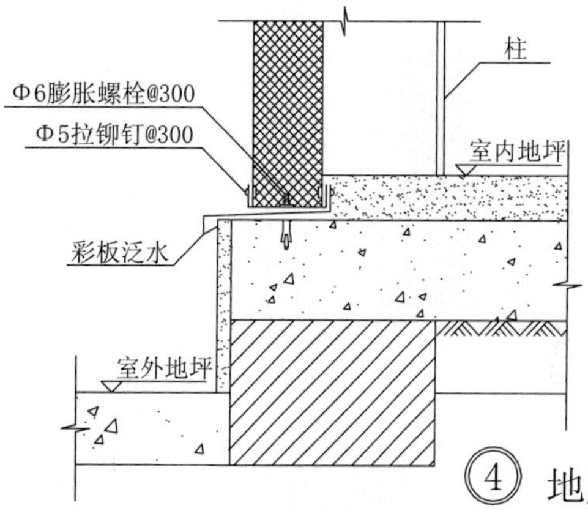
柱
Φ6膨胀螺栓@300
Φ5拉铆钉@300
室内地坪
彩板泛水
室外地坪

4 地脚

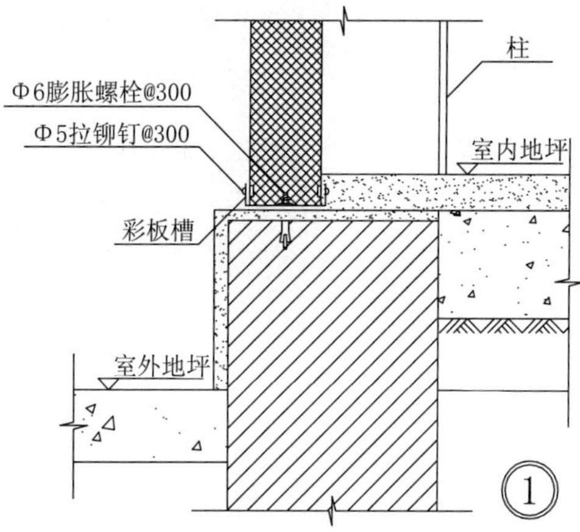
柱
Φ6膨胀螺栓@300
Φ5拉铆钉@300
室内地坪
彩板槽
室外地坪

1 地脚

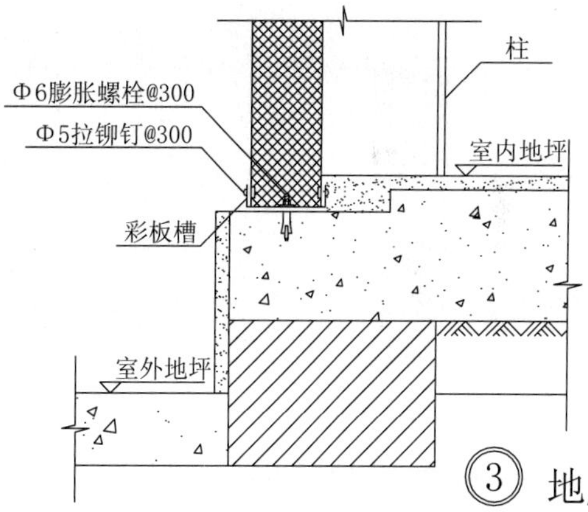
柱
Φ6膨胀螺栓@300
Φ5拉铆钉@300
室内地坪
彩板槽
室外地坪

3 地脚

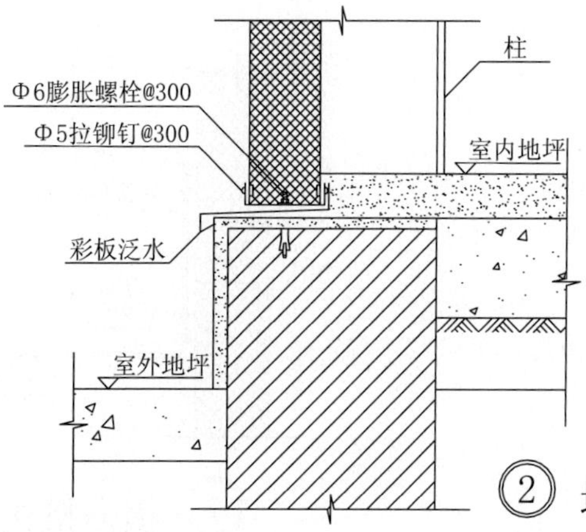
柱
Φ6膨胀螺栓@300
Φ5拉铆钉@300
室内地坪
彩板泛水
室外地坪

2 地脚

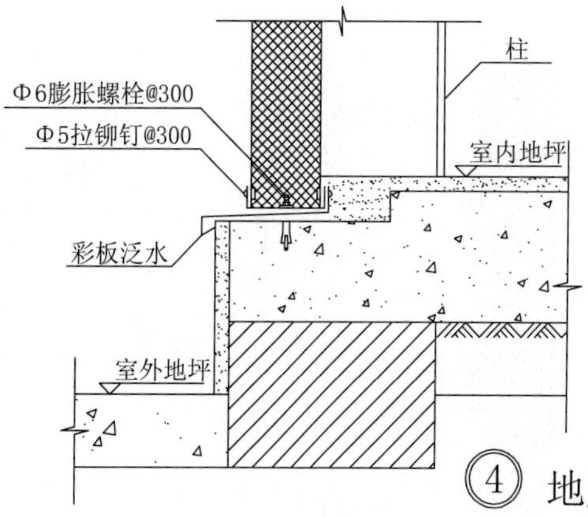
柱
Φ6膨胀螺栓@300
Φ5拉铆钉@300
室内地坪
彩板泛水
室外地坪

4 地脚

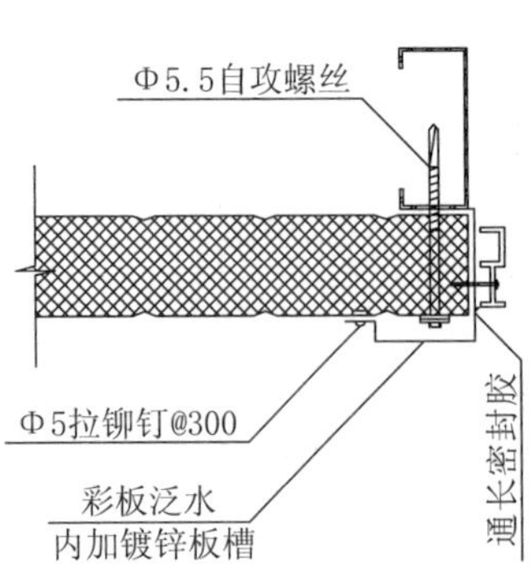
Φ5.5自攻螺丝
Φ5拉铆钉@300
彩板泛水
内加镀锌板槽
通长密封胶

① 窗边

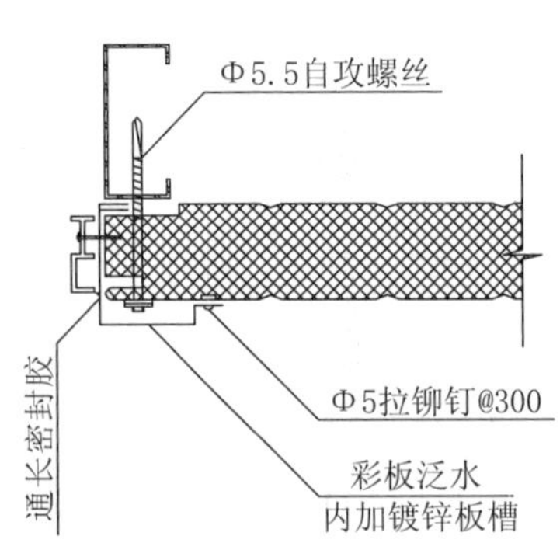
Φ5.5自攻螺丝
通长密封胶
Φ5拉铆钉@300
彩板泛水
内加镀锌板槽

② 窗边

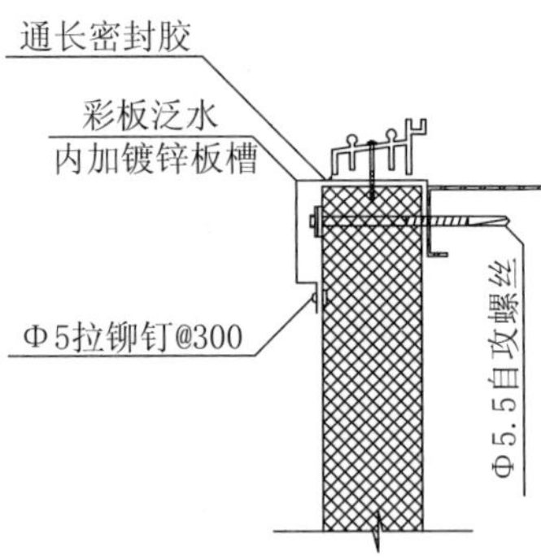
通长密封胶
彩板泛水
内加镀锌板槽
Φ5拉铆钉@300
Φ5.5自攻螺丝

⑤ 窗底

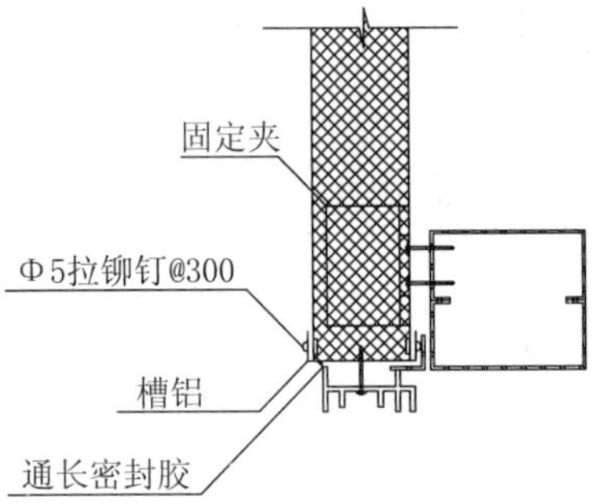
固定夹
Φ5拉铆钉@300
槽铝
通长密封胶

③ 窗顶

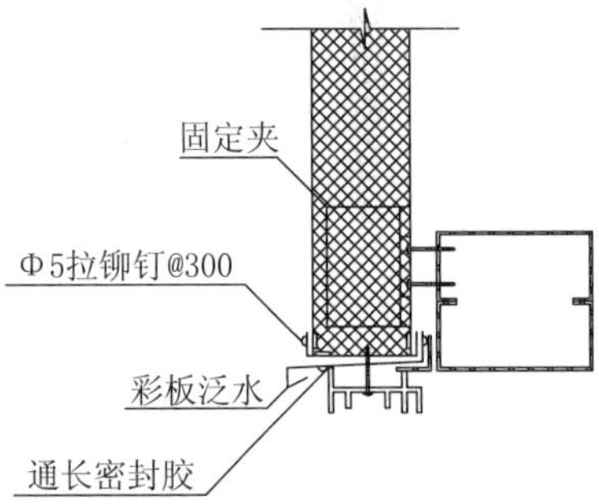
固定夹
Φ5拉铆钉@300
彩板泛水
通长密封胶

④ 窗顶

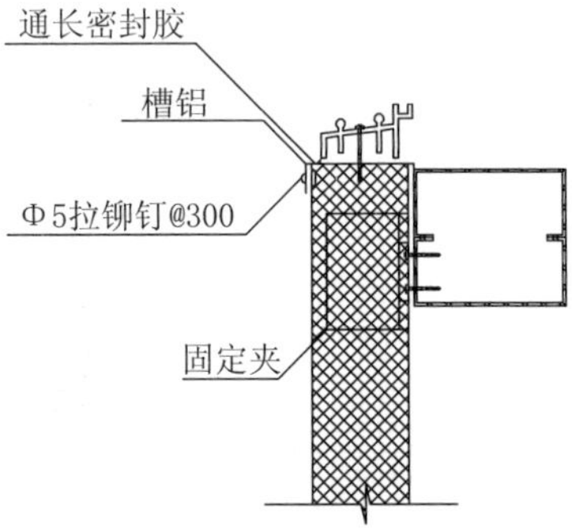
通长密封胶
槽铝
Φ5拉铆钉@300
固定夹

⑥ 窗底

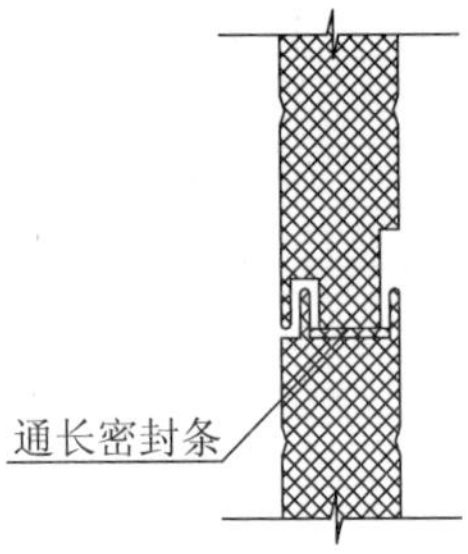
通长密封条

① 纵向搭接

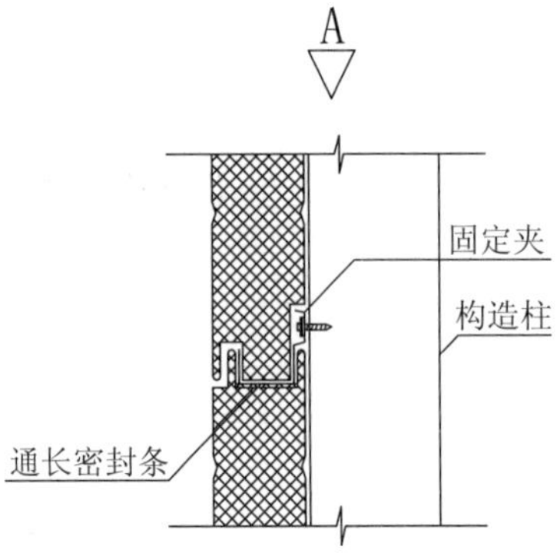
A
固定夹
构造柱
通长密封条

② 外墙与构造柱连接

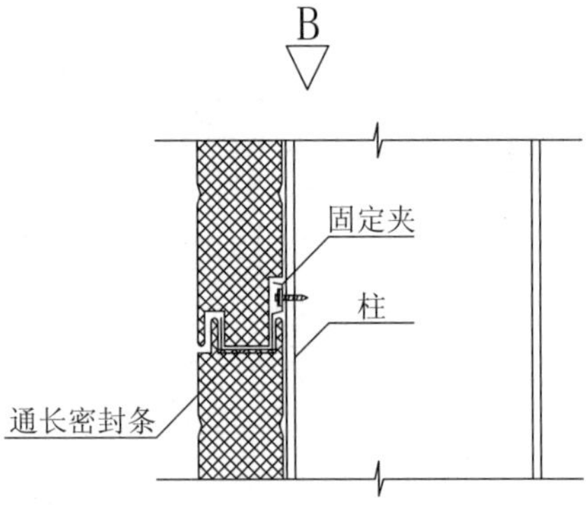
B
固定夹
柱
通长密封条

③ 外墙与柱连接

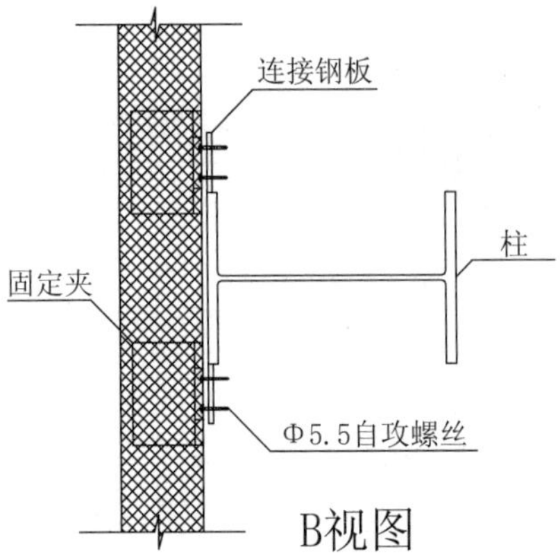
连接钢板
柱
固定夹
Φ5.5自攻螺丝

B视图

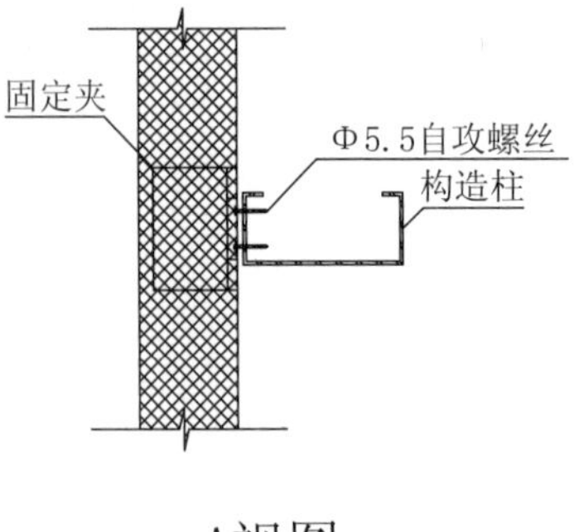
固定夹
Φ5.5自攻螺丝
构造柱

A视图

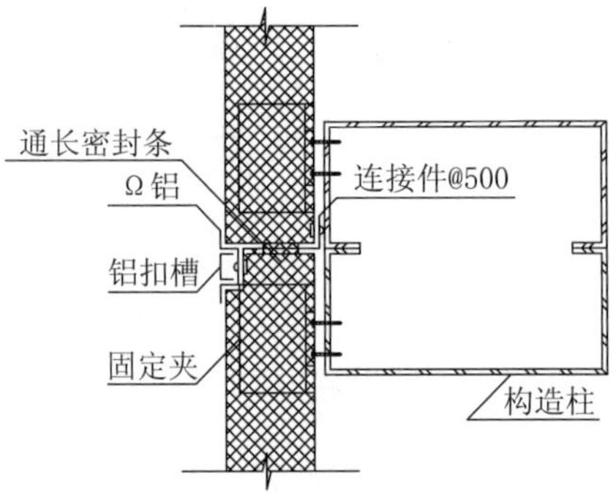
通长密封条
Ω铝
连接件@500
铝扣槽
固定夹
构造柱

④ 横向搭接

▲059-金属绝热夹心板屋面墙面建筑构造图集11

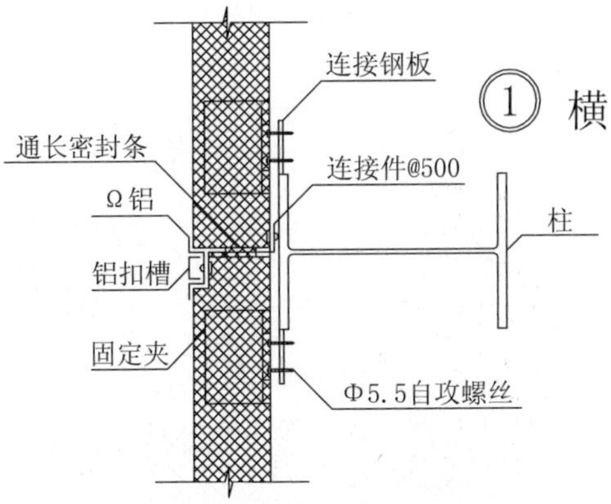
连接钢板
通长密封条
连接件@500
Ω铝
柱
铝扣槽
固定夹
Φ5.5自攻螺丝
① 横向搭接

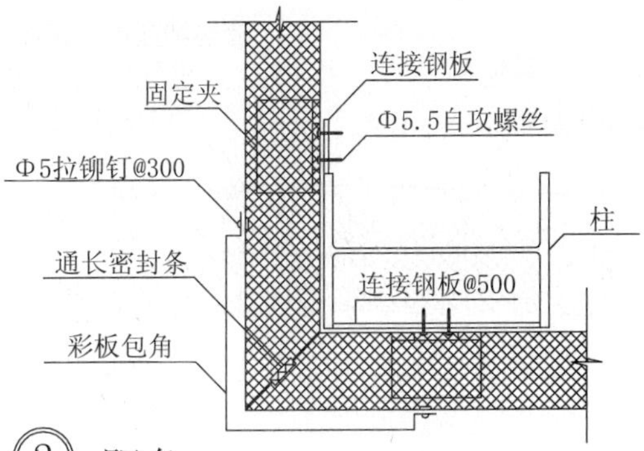
连接钢板
固定夹
Φ5.5自攻螺丝
Φ5拉铆钉@300
柱
通长密封条
连接钢板@500
彩板包角
② 阳角

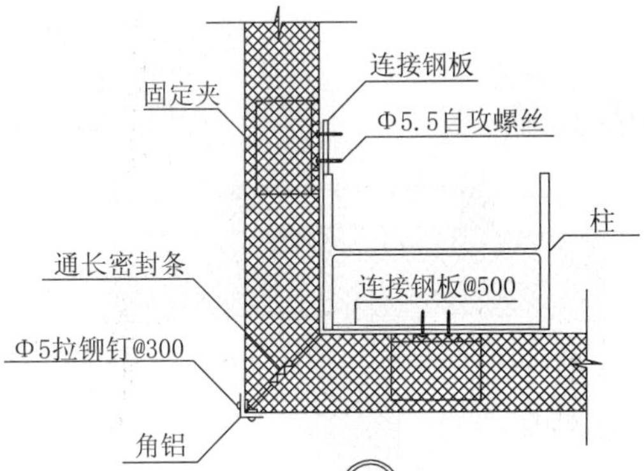
连接钢板
固定夹
Φ5.5自攻螺丝
柱
通长密封条
连接钢板@500
Φ5拉铆钉@300
角铝
③ 阳角

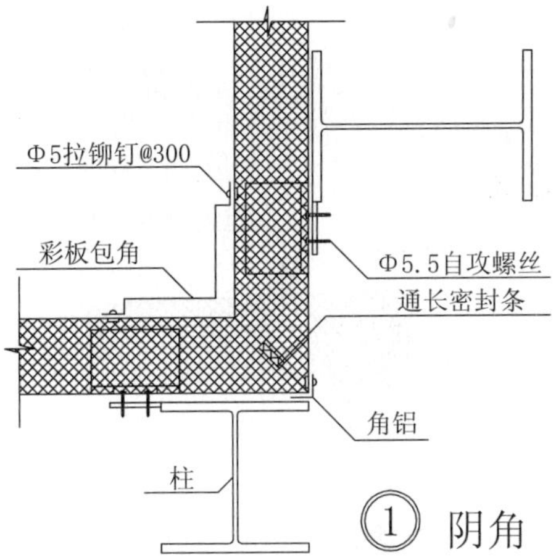
Φ5拉铆钉@300
彩板包角
Φ5.5自攻螺丝
通长密封条
角铝
柱
① 阴角

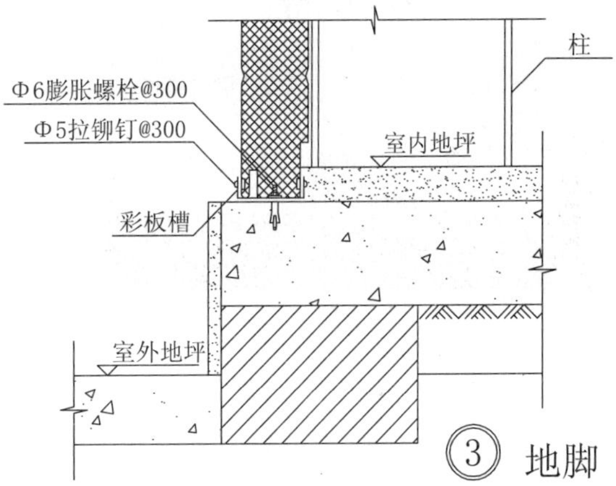
柱
Φ6膨胀螺栓@300
Φ5拉铆钉@300
室内地坪
彩板槽
室外地坪
③ 地脚

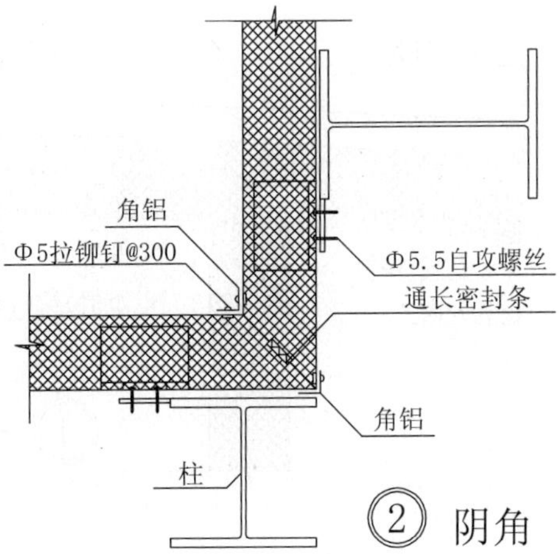
角铝
Φ5拉铆钉@300
Φ5.5自攻螺丝
通长密封条
角铝
柱
② 阴角

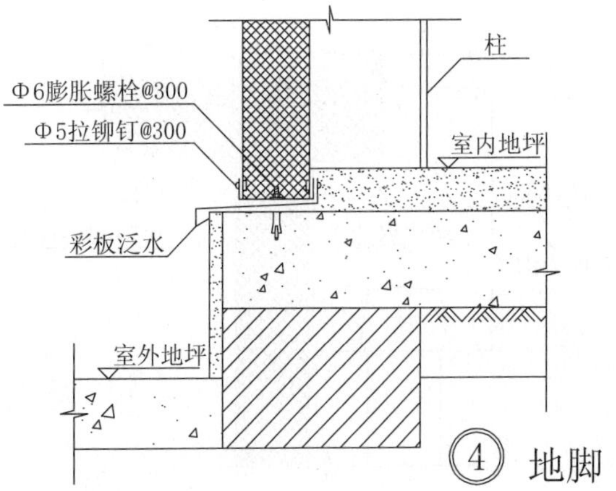
柱
Φ6膨胀螺栓@300
Φ5拉铆钉@300
室内地坪
彩板泛水
室外地坪
④ 地脚

▲060-金属绝热夹心板屋面墙面建筑构造图集12

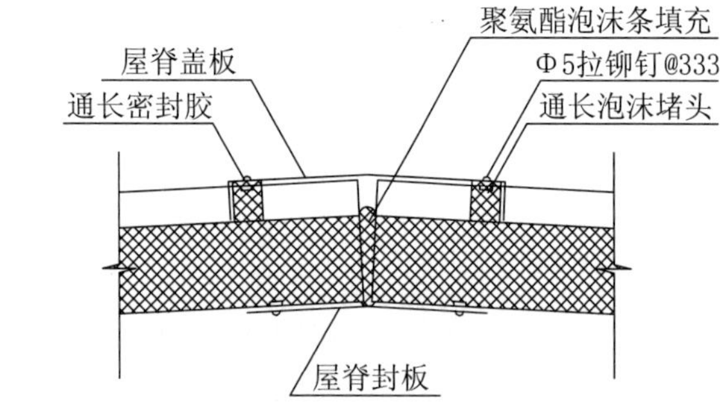
聚氨酯泡沫条填充
屋脊盖板
Φ5拉铆钉@333
通长密封胶
通长泡沫堵头
屋脊封板

① 屋脊

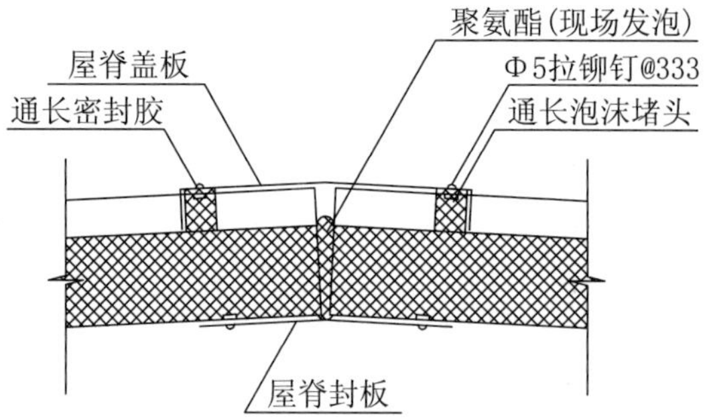
聚氨酯(现场发泡)
屋脊盖板
Φ5拉铆钉@333
通长密封胶
通长泡沫堵头
屋脊封板

② 屋脊

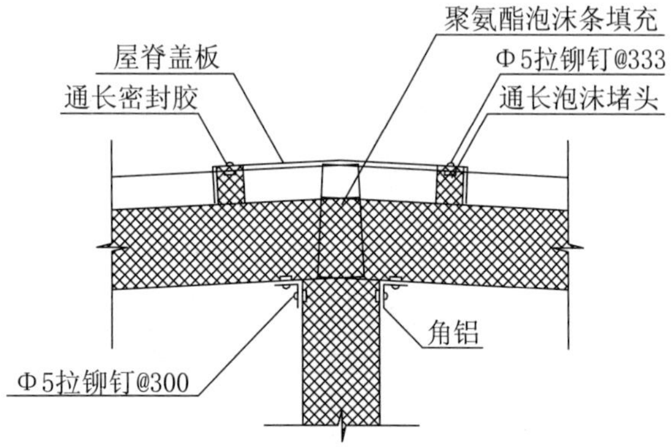
聚氨酯泡沫条填充
屋脊盖板
Φ5拉铆钉@333
通长密封胶
通长泡沫堵头
角铝
Φ5拉铆钉@300

③ 屋脊

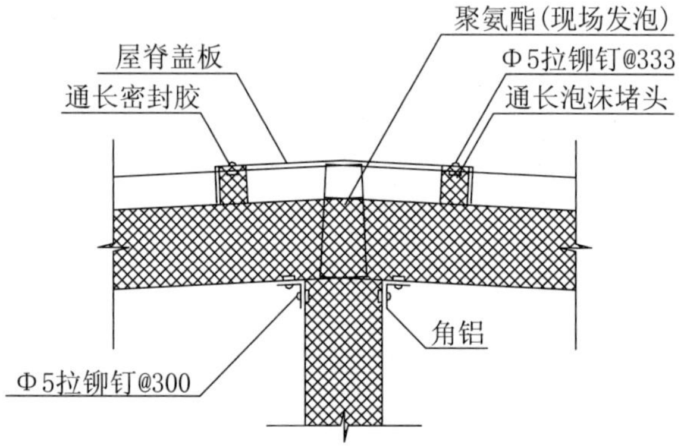
聚氨酯(现场发泡)
屋脊盖板
Φ5拉铆钉@333
通长密封胶
通长泡沫堵头
角铝
Φ5拉铆钉@300

④ 屋脊

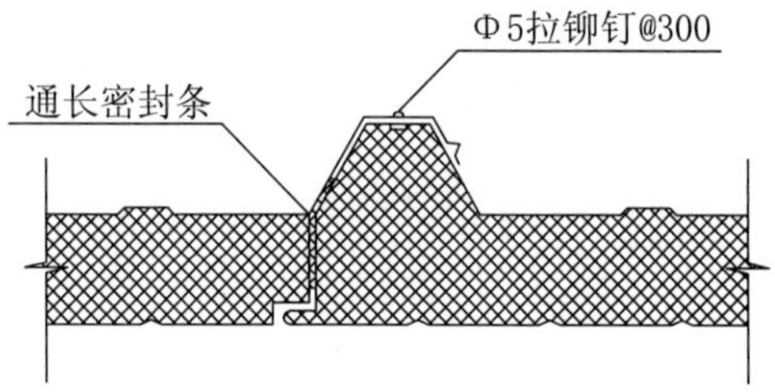
Φ5拉铆钉@300
通长密封条

① 纵向搭接

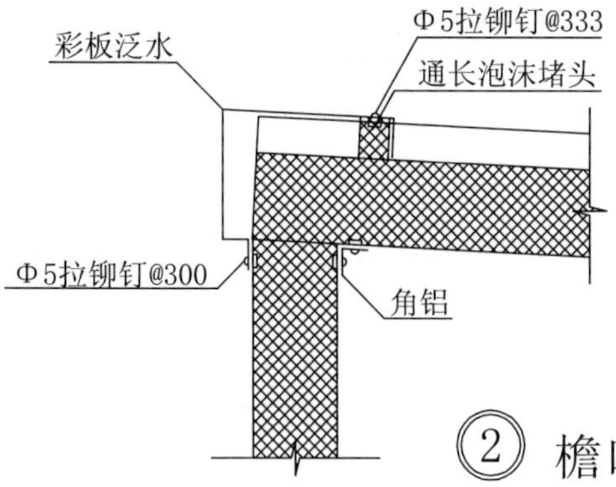
Φ5拉铆钉@333
彩板泛水
通长泡沫堵头
Φ5拉铆钉@300
角铝

② 檐口

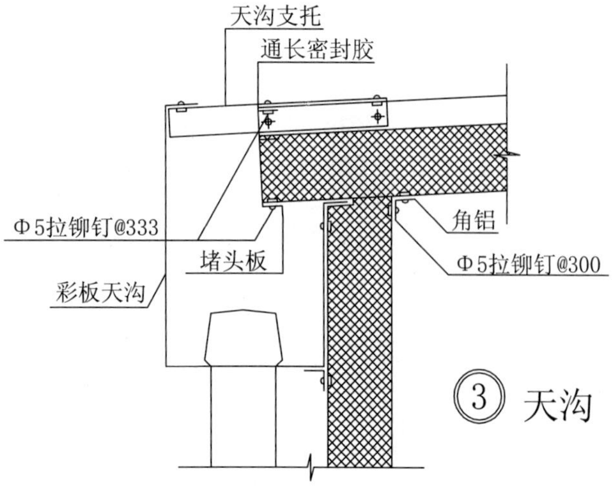
天沟支托
通长密封胶
Φ5拉铆钉@333
角铝
堵头板
Φ5拉铆钉@300
彩板天沟

③ 天沟

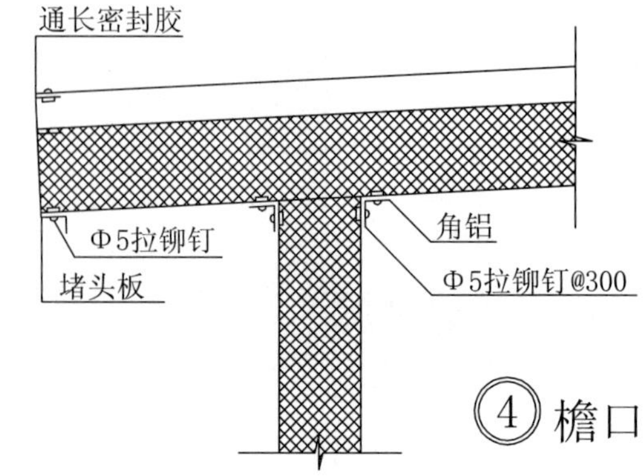
通长密封胶
角铝
Φ5拉铆钉
Φ5拉铆钉@300
堵头板

④ 檐口

▲061-金属绝热夹心板屋面墙面建筑构造图集13

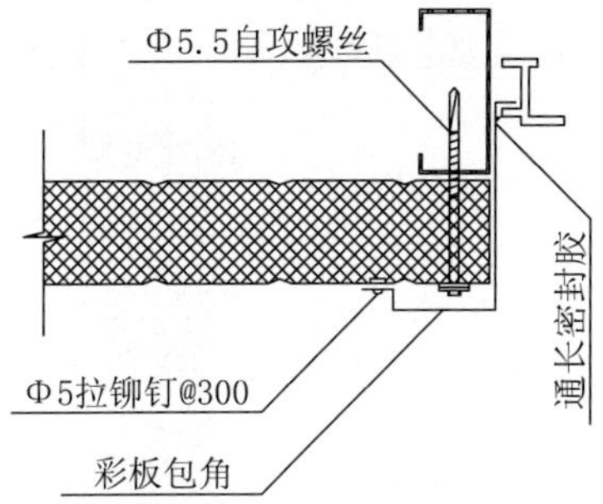

① 窗边

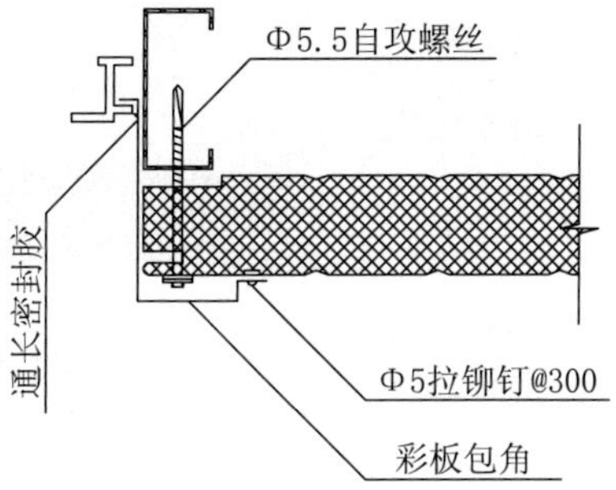

② 窗边

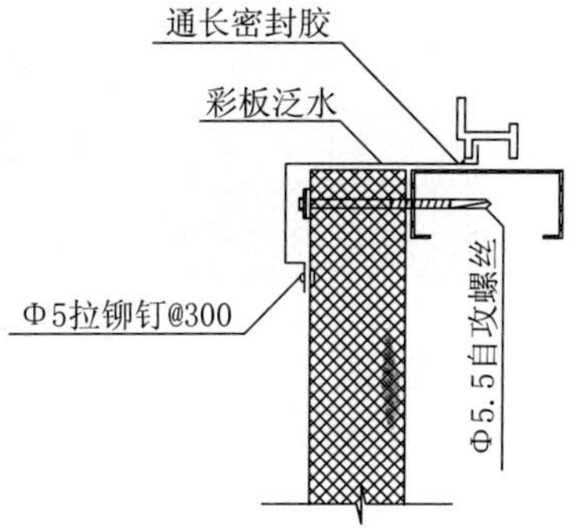

⑤ 窗底

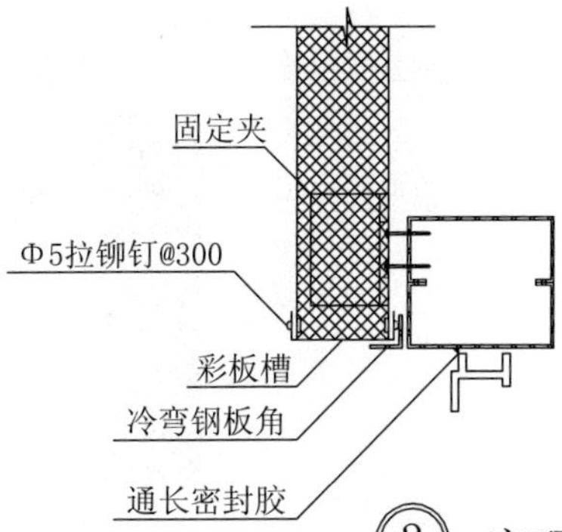

③ 窗顶

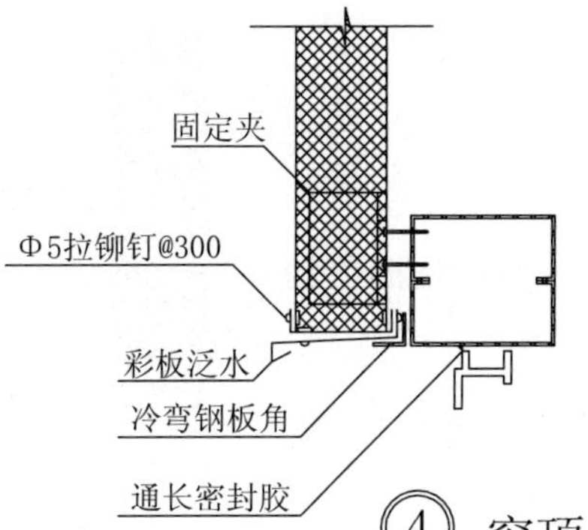

④ 窗顶

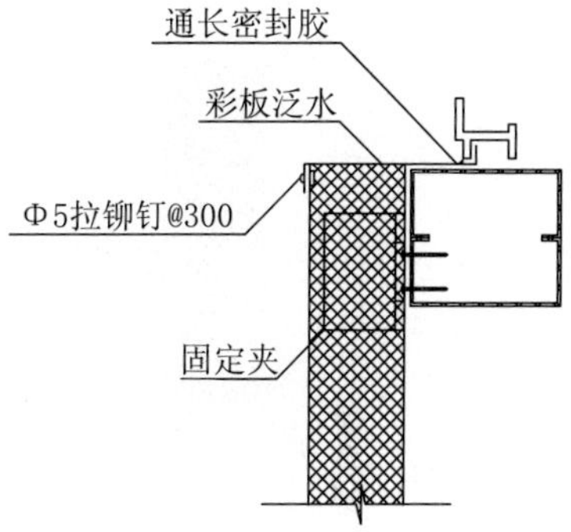

⑥ 窗底

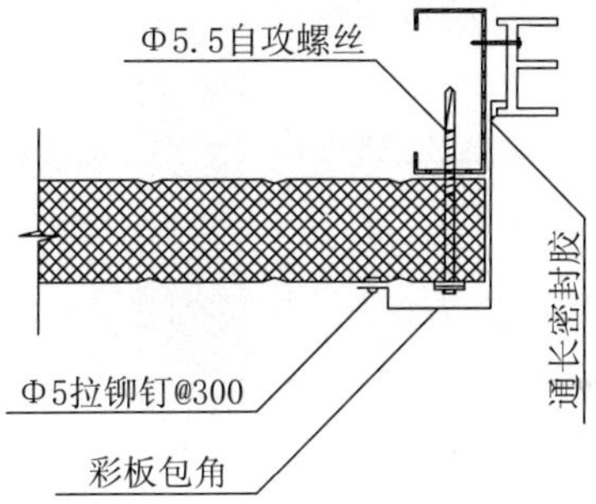

① 窗边

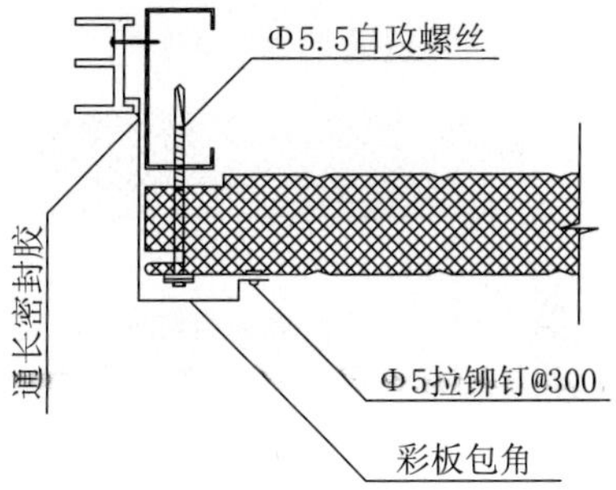

② 窗边

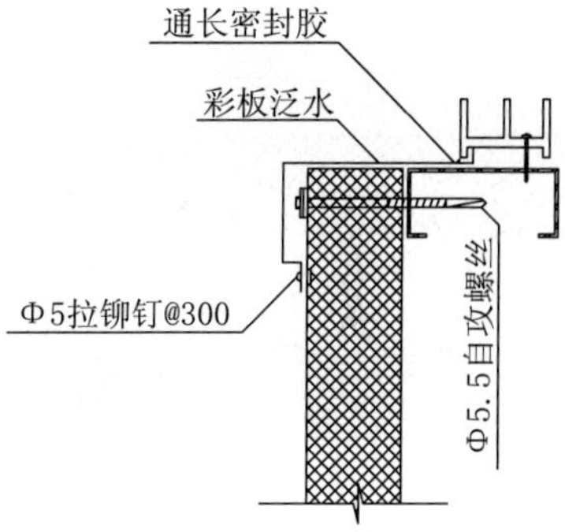

⑤ 窗底

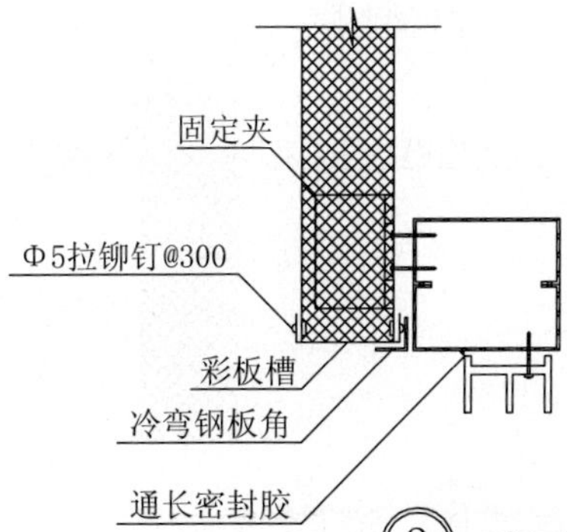

③ 窗顶

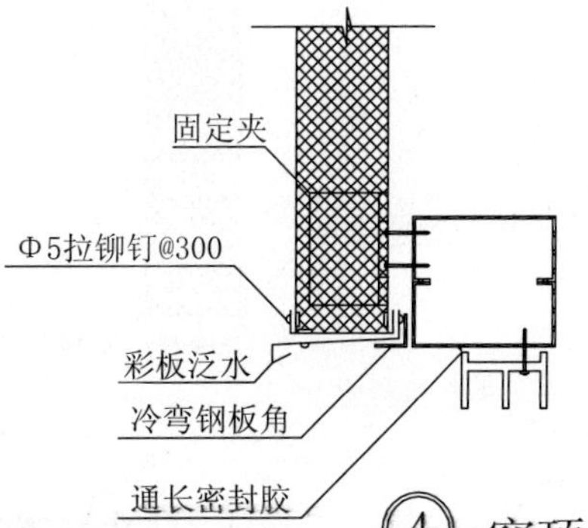

④ 窗顶

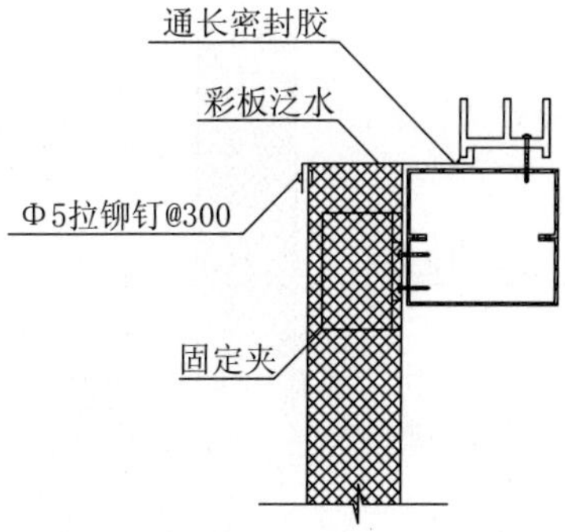

⑥ 窗底

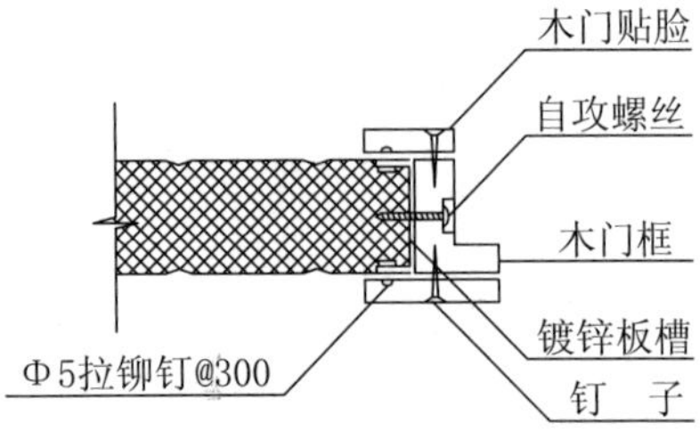
木门贴脸
自攻螺丝
木门框
镀锌板槽
Φ5拉铆钉@300
钉 子

① 门边

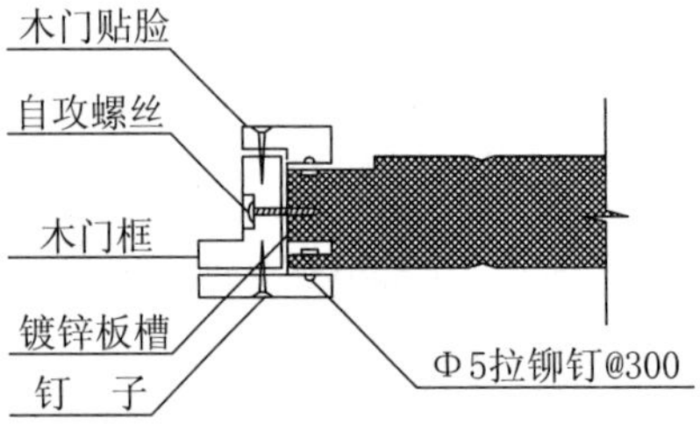
木门贴脸
自攻螺丝
木门框
镀锌板槽
钉 子
Φ5拉铆钉@300

② 门边

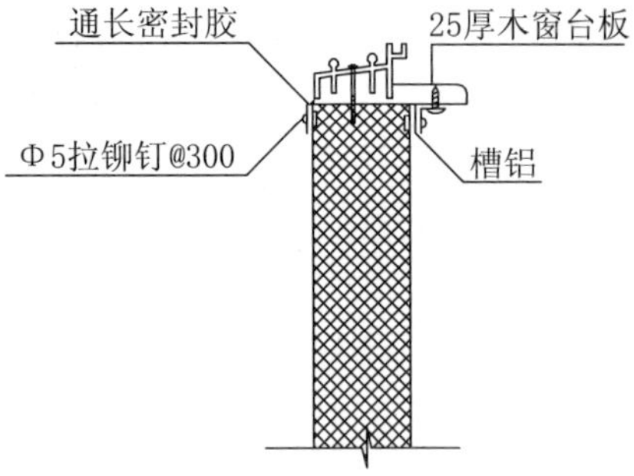
通长密封胶
25厚木窗台板
Φ5拉铆钉@300
槽铝

⑤ 窗底

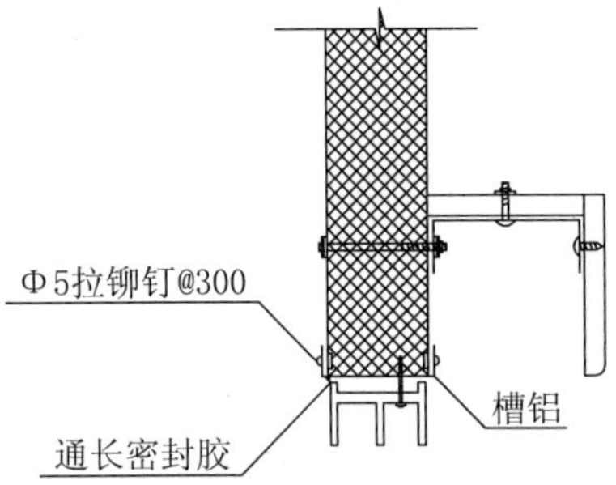
Φ5拉铆钉@300
槽铝
通长密封胶

③ 窗顶

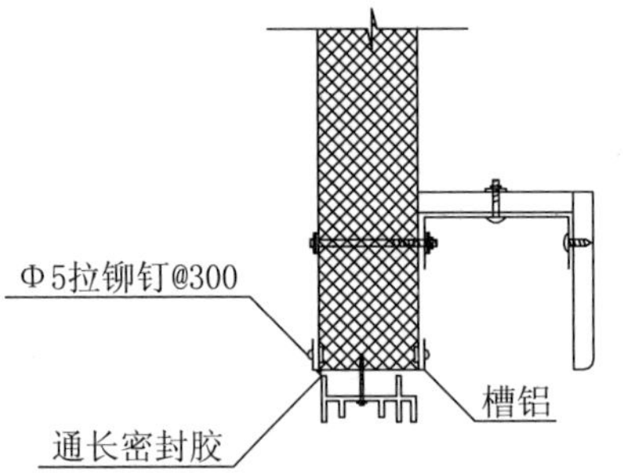
Φ5拉铆钉@300
槽铝
通长密封胶

④ 窗顶

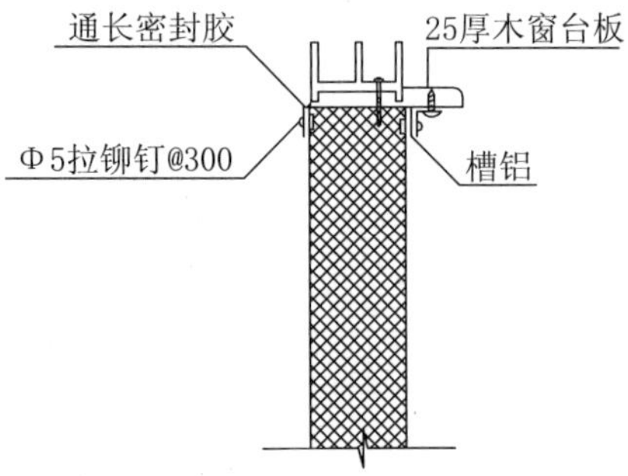
通长密封胶
25厚木窗台板
Φ5拉铆钉@300
槽铝

⑥ 窗底

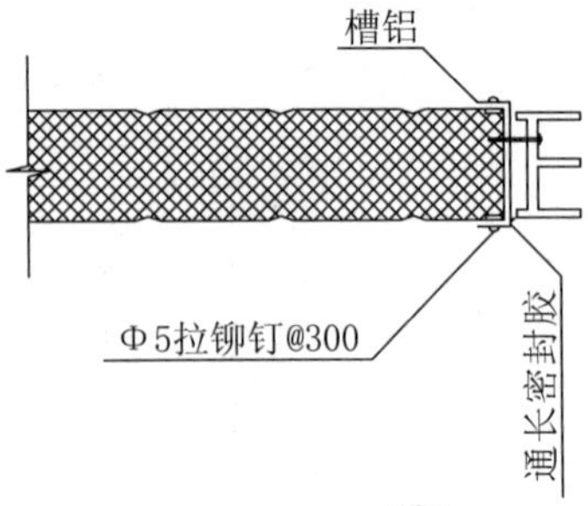
槽铝
Φ5拉铆钉@300
通长密封胶

① 窗边

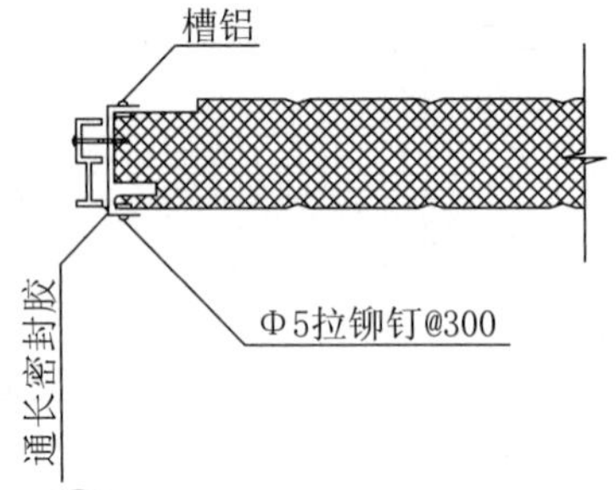
槽铝
通长密封胶
Φ5拉铆钉@300

② 窗边

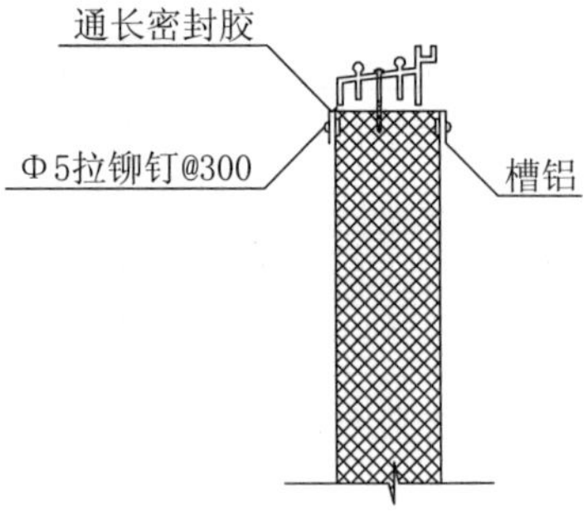
通长密封胶
Φ5拉铆钉@300
槽铝

⑤ 窗底

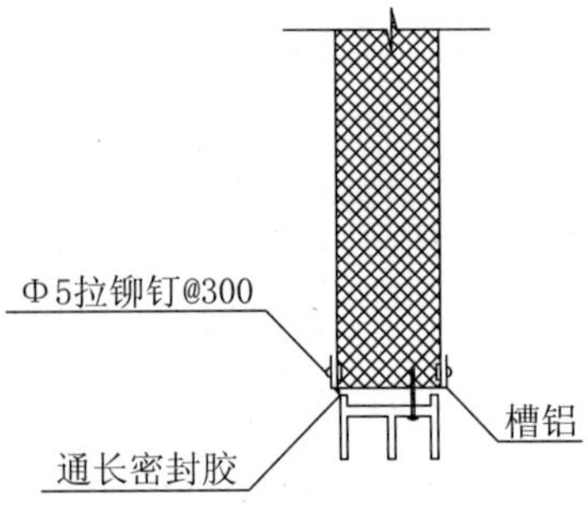
Φ5拉铆钉@300
槽铝
通长密封胶

③ 窗顶

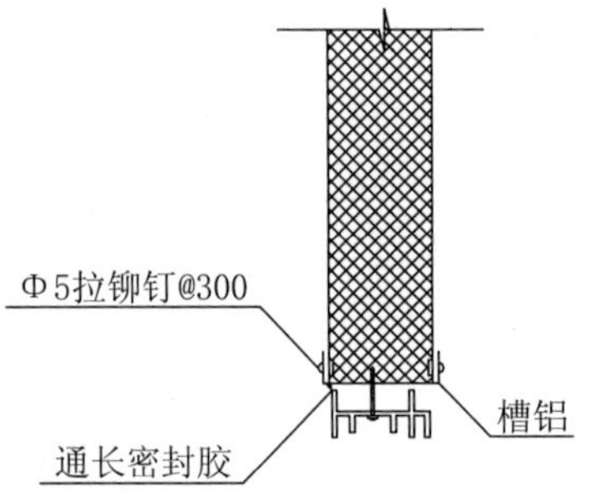
Φ5拉铆钉@300
槽铝
通长密封胶

④ 窗顶

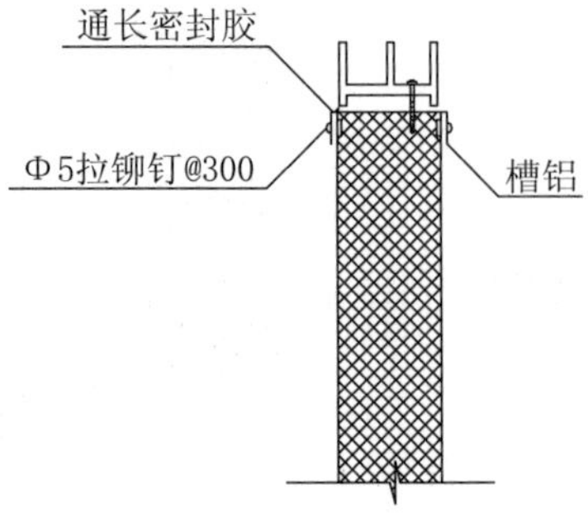
通长密封胶
Φ5拉铆钉@300
槽铝

⑥ 窗底

▲063-金属绝热夹心板屋面墙面建筑构造图集15

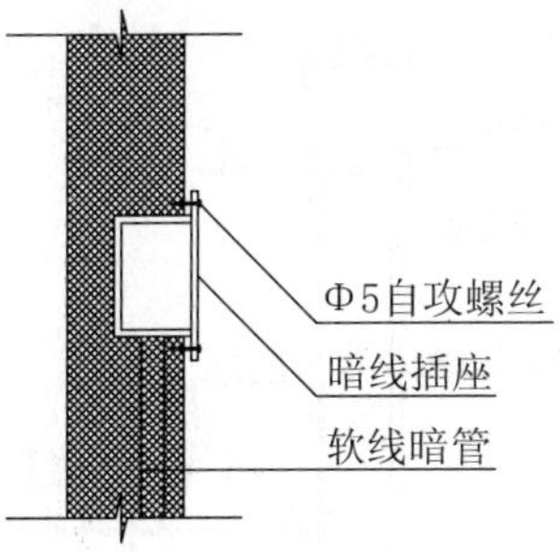
Φ5自攻螺丝
暗线插座
软线暗管

① 暗线插座

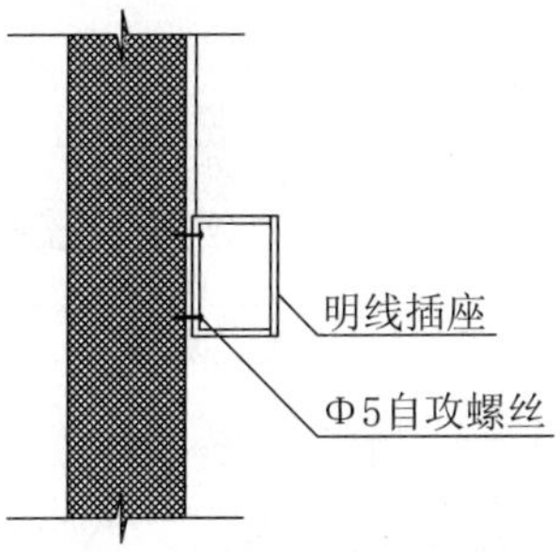
明线插座
Φ5自攻螺丝

② 明线插座

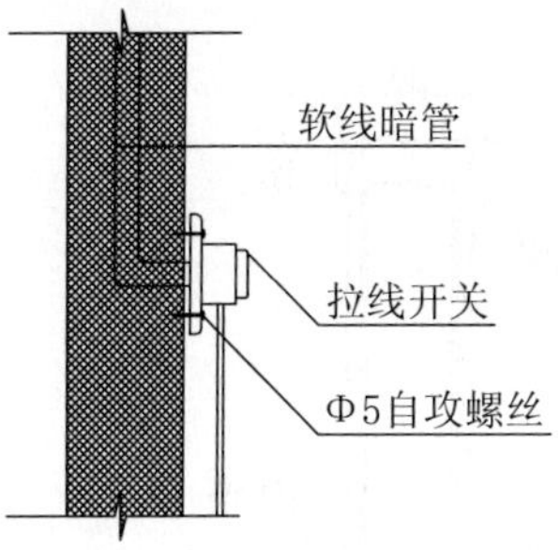
软线暗管
拉线开关
Φ5自攻螺丝

③ 拉线开关

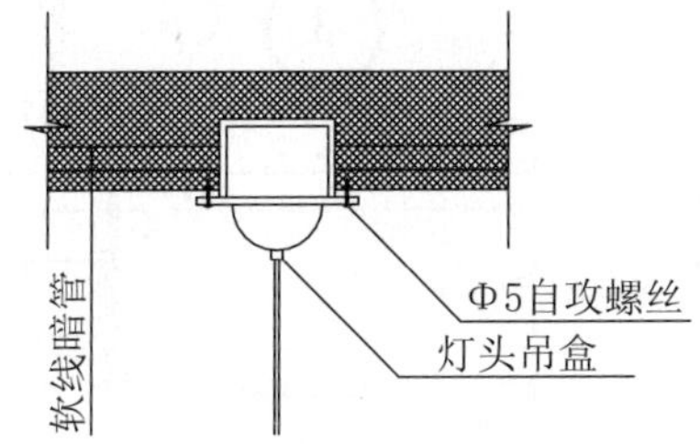
Φ5自攻螺丝
灯头吊盒
软线暗管

④ 暗线吊灯

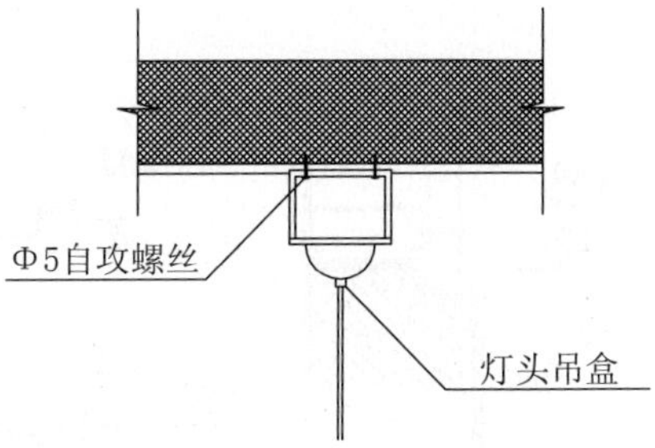
Φ5自攻螺丝
灯头吊盒

⑤ 明线吊灯

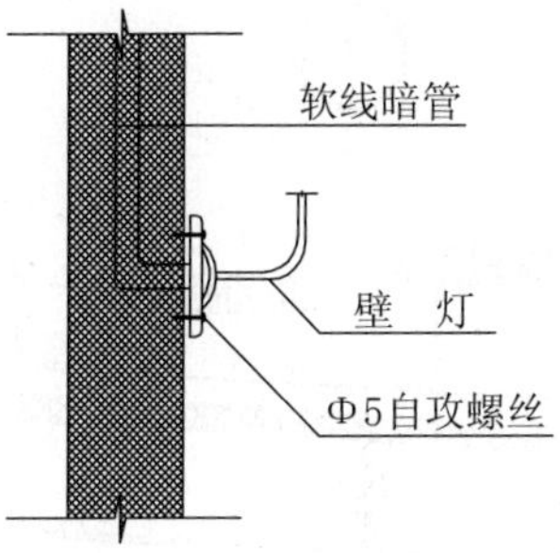
软线暗管
壁 灯
Φ5自攻螺丝

⑥ 暗线壁灯

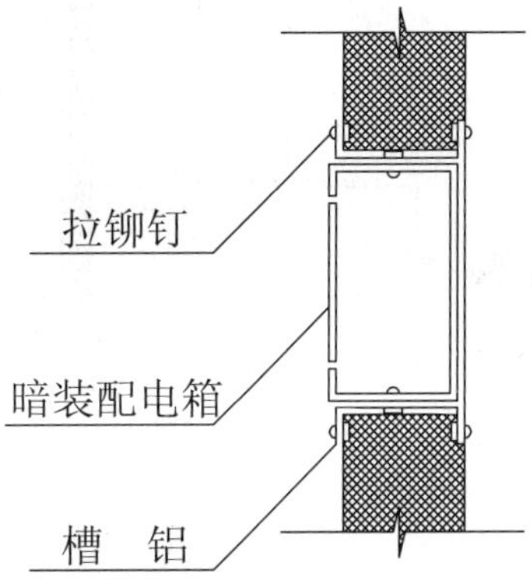
拉铆钉
暗装配电箱
槽 铝

① 暗装配电箱

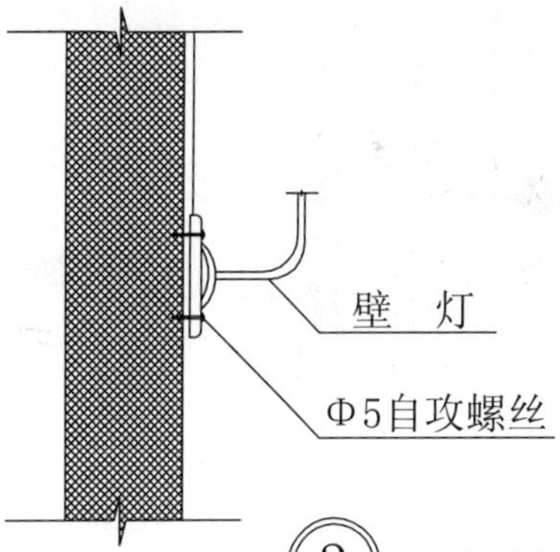
壁 灯
Φ5自攻螺丝

③ 明线壁灯

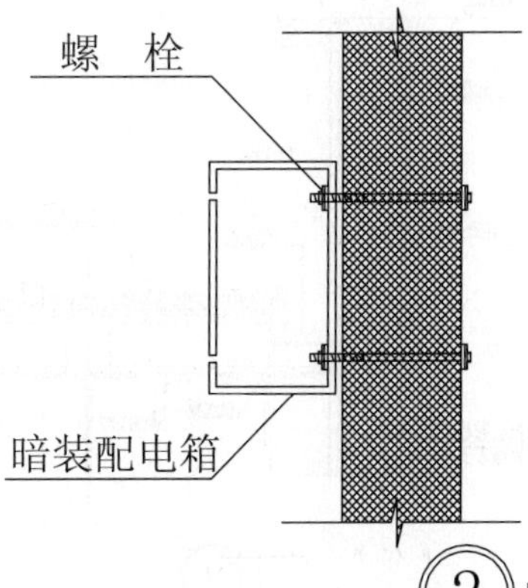
螺 栓
暗装配电箱

② 暗装配电箱

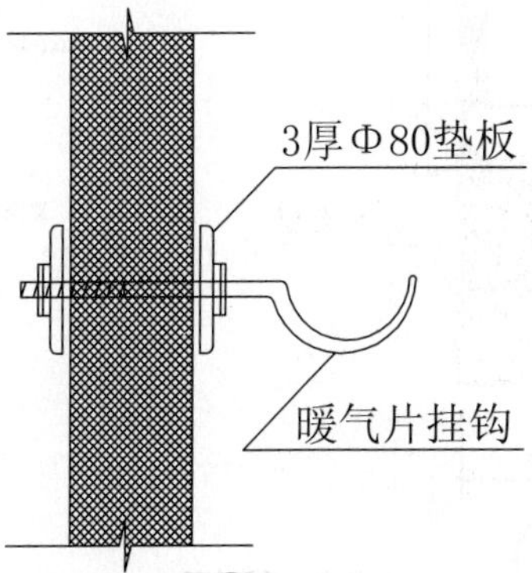
3厚Φ80垫板
暖气片挂钩

④ 暖气挂钩

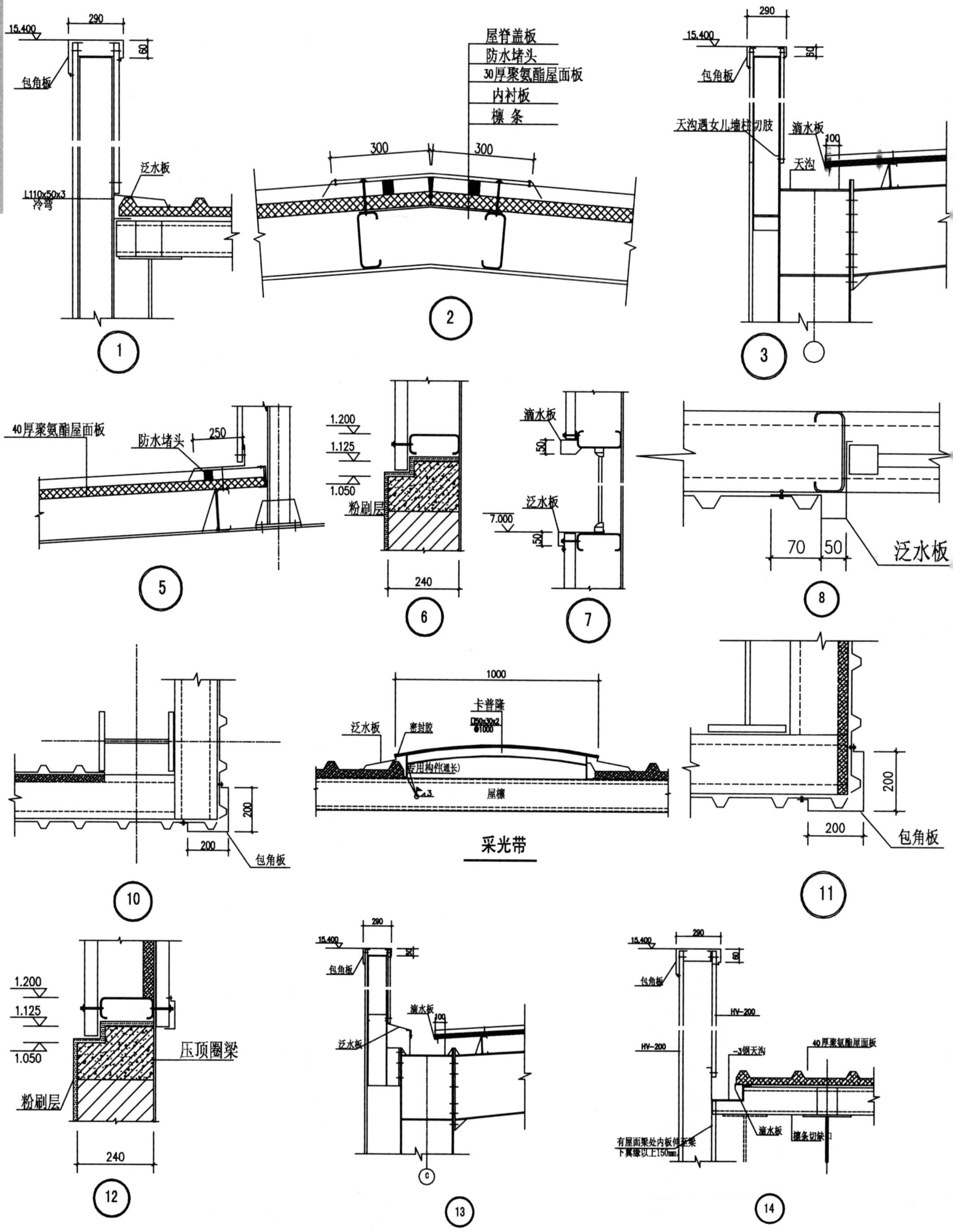
15.400
290
60
包角板
泛水板
L110x50x3
冷弯
1
屋脊盖板
防水堵头
30厚聚氨酯屋面板
内衬板
檩 条
300
300
2
15.400
290
包角板
天沟遇女儿墙柱切肢
滴水板
100
天沟
3
40厚聚氨酯屋面板
防水堵头
250
5
1.200
1.125
1.050
粉刷层
240
6
滴水板
50
泛水板
7.000
50
7
70
50
泛水板
8
200
200
包角板
10
1000
泛水板
密封胶
卡普隆
专用构件(通长)
屋檩
采光带
200
200
包角板
11
1.200
1.125
1.050
压顶圈梁
粉刷层
240
12
290
15.400
包角板
滴水板
100
泛水板
13
290
15.400
60
包角板
HV-200
HV-200
-3钢天沟
40厚聚氨酯屋面板
滴水板
檩条切缺口
有屋面梁处内板伸至梁下翼缘以上150mm
14

▲065-钢结构泛水节点1

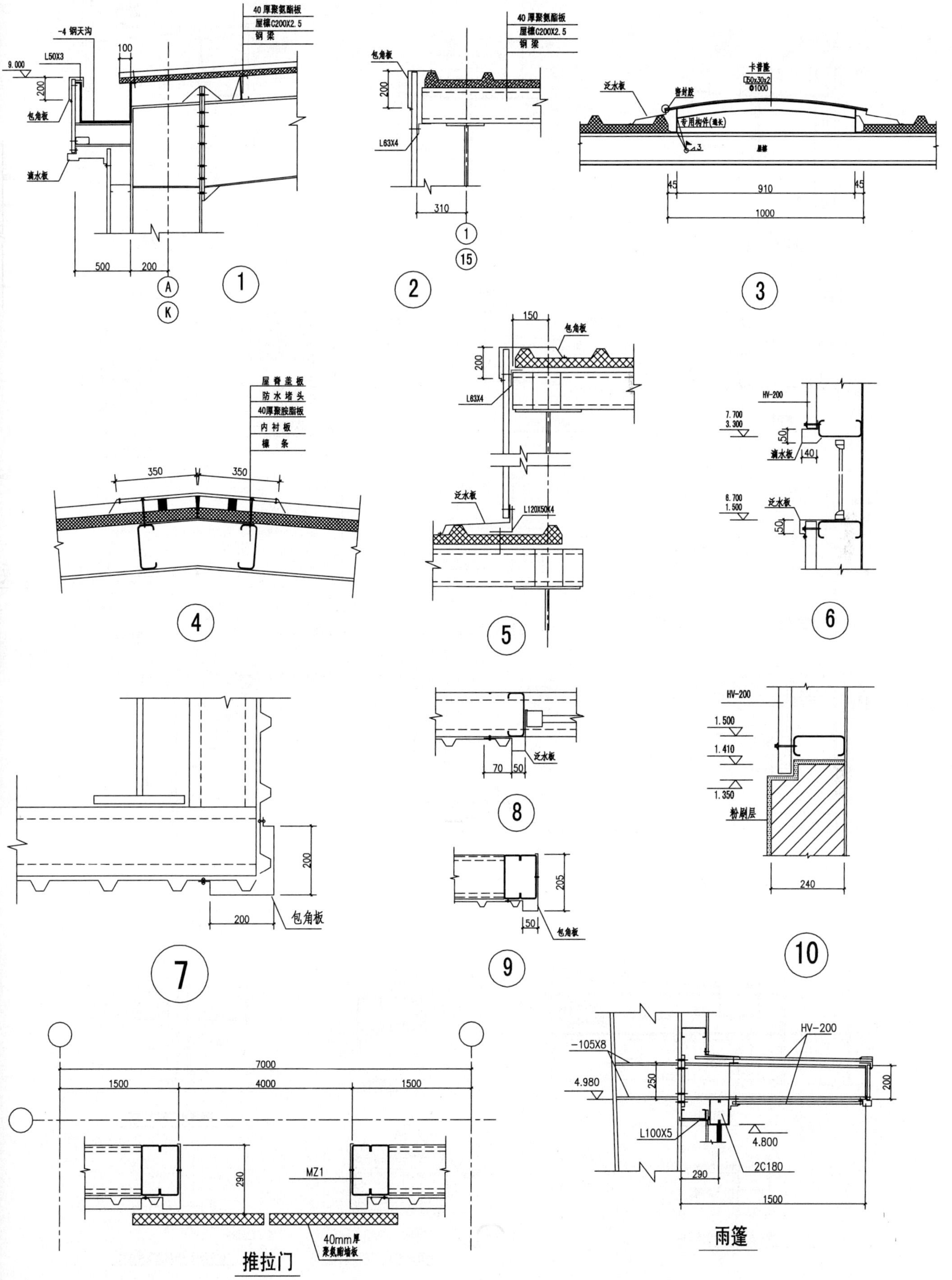
40厚聚氨酯板
屋檩C200X2.5
钢梁
-4钢天沟
L50X3
9.000
100
200
包角板
滴水板
500
200
A
K
1
包角板
200
L63X4
310
1
15
2
卡普隆
泛水板
密封胶
专用构件(通长)
910
1000
45
45
3
屋脊盖板
防水堵头
40厚聚胺脂板
内衬板
檩条
350
350
4
150
包角板
200
L63X4
泛水板
L120X50X4
5
HV-200
7.700
3.300
50
滴水板
40
6.700
1.500
泛水板
50
6
200
200
包角板
7
70
50
泛水板
8
205
50
包角板
9
HV-200
1.500
1.410
1.350
粉刷层
240
10
7000
1500
4000
1500
MZ1
290
40mm厚聚氨酯墙板
推拉门
-105X8
HV-200
4.980
250
200
L100X5
4.800
2C180
290
1500
雨篷

▲066-钢结构泛水节点2

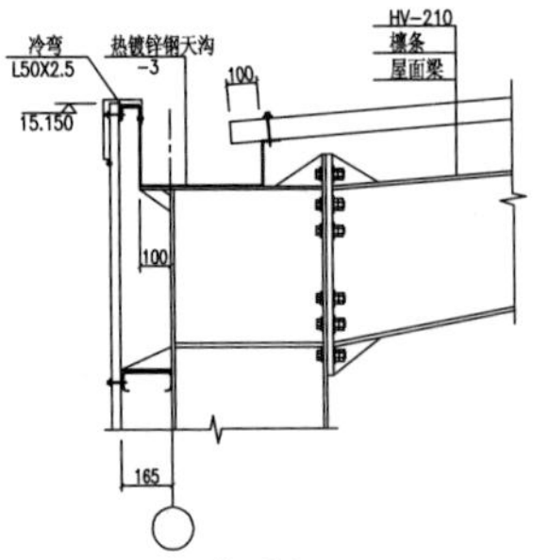

檐口节点一

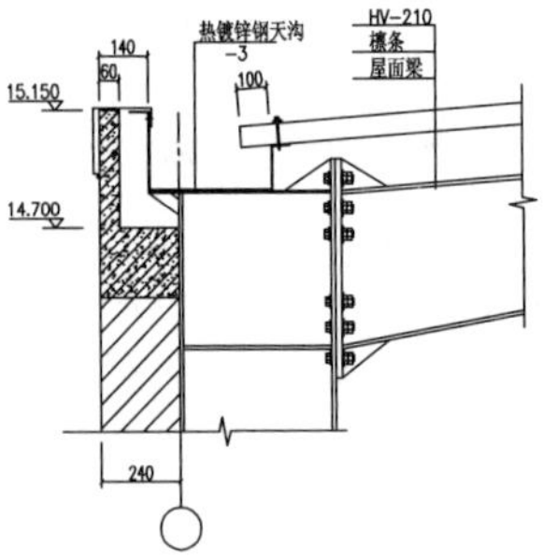

檐口节点二

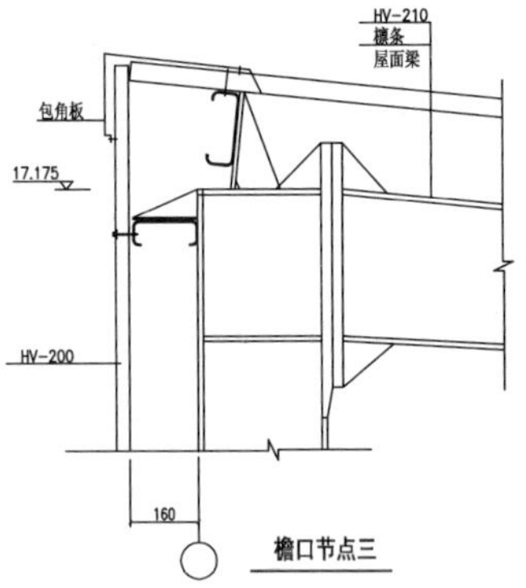

檐口节点三

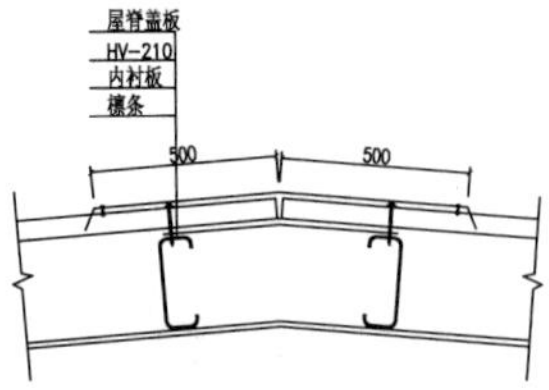

屋脊详图

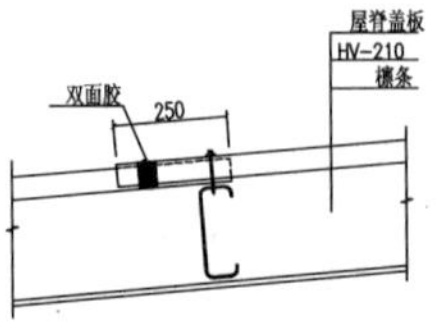

屋面板搭接

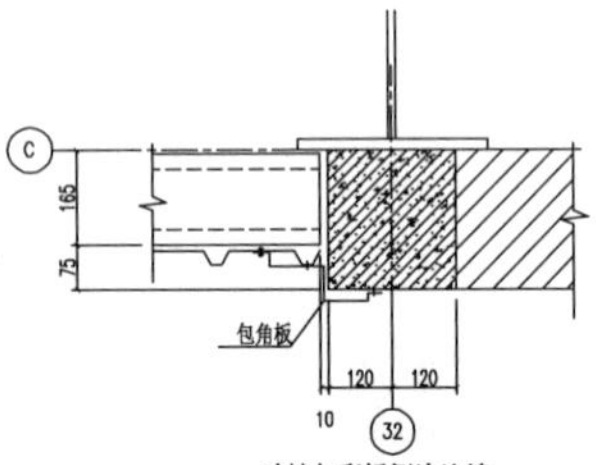

砖墙与彩板侧边连接

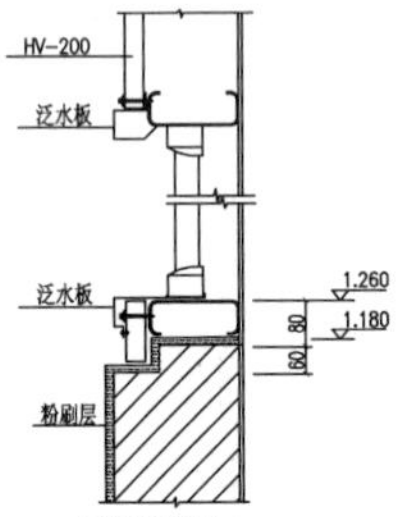

窗台窗楣泛水

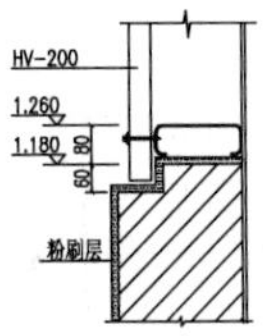

墙板与砖墙的连接

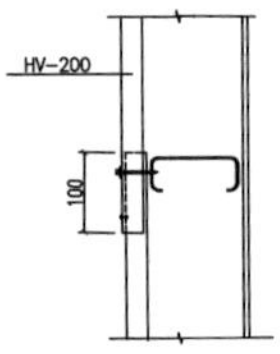

墙板搭接

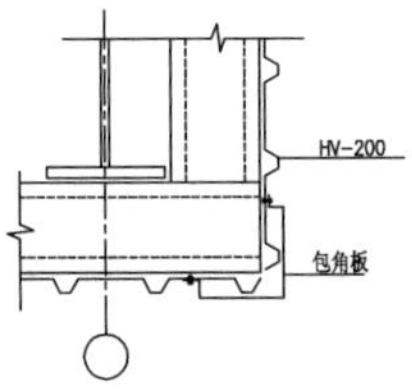

墙角包角(一)

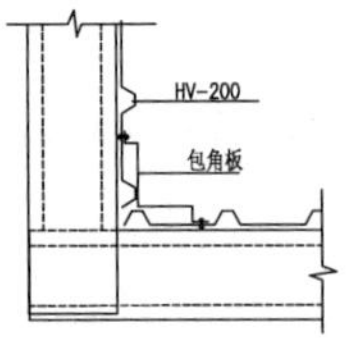

墙角包角(二)

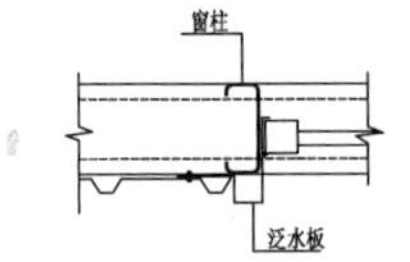

窗侧泛水

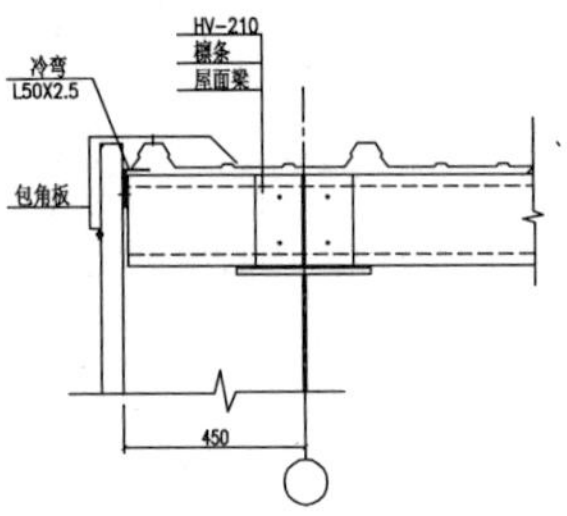

山墙节点一

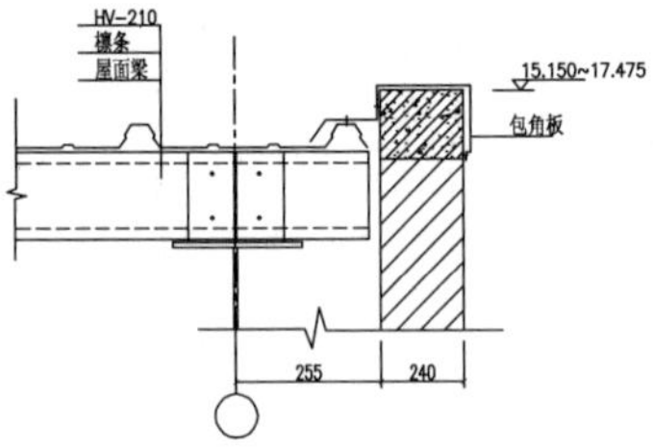

山墙节点二

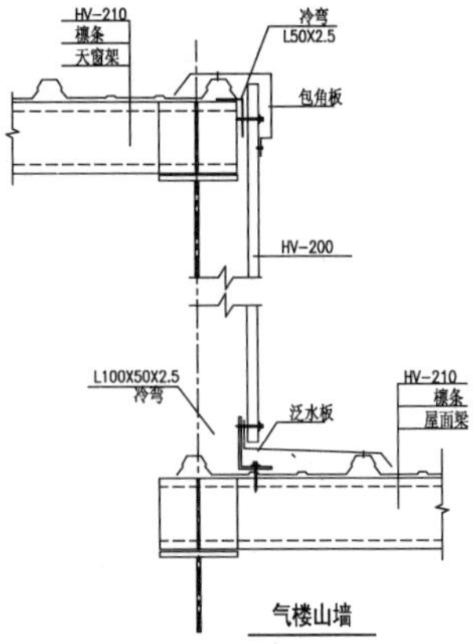

气楼山墙

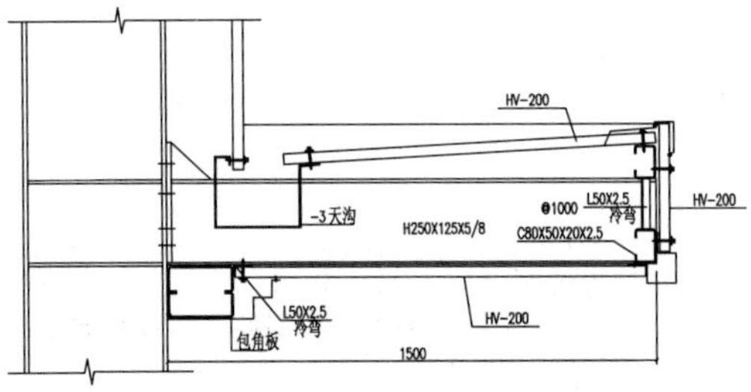

雨蓬详图

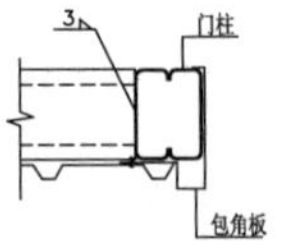

门柱包边

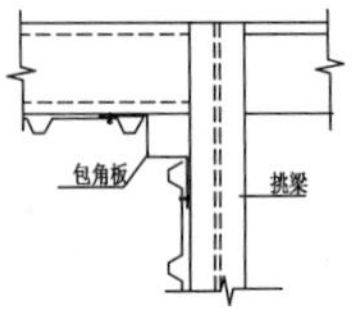

雨蓬侧板与墙板的连接

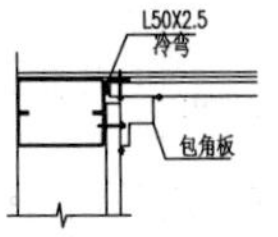

雨棚底板与门侧挂板的连接

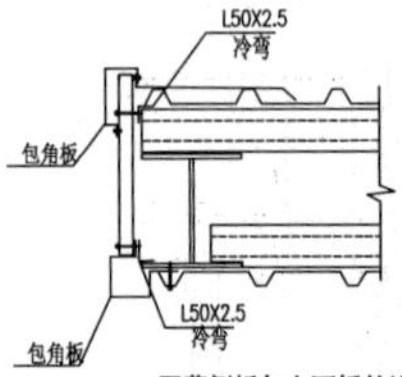

雨蓬侧板与上下板的连接

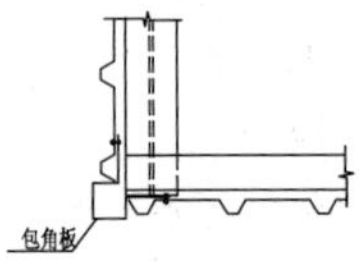

雨蓬侧板与端板之间的连接

▲067-钢结构泛水节点3

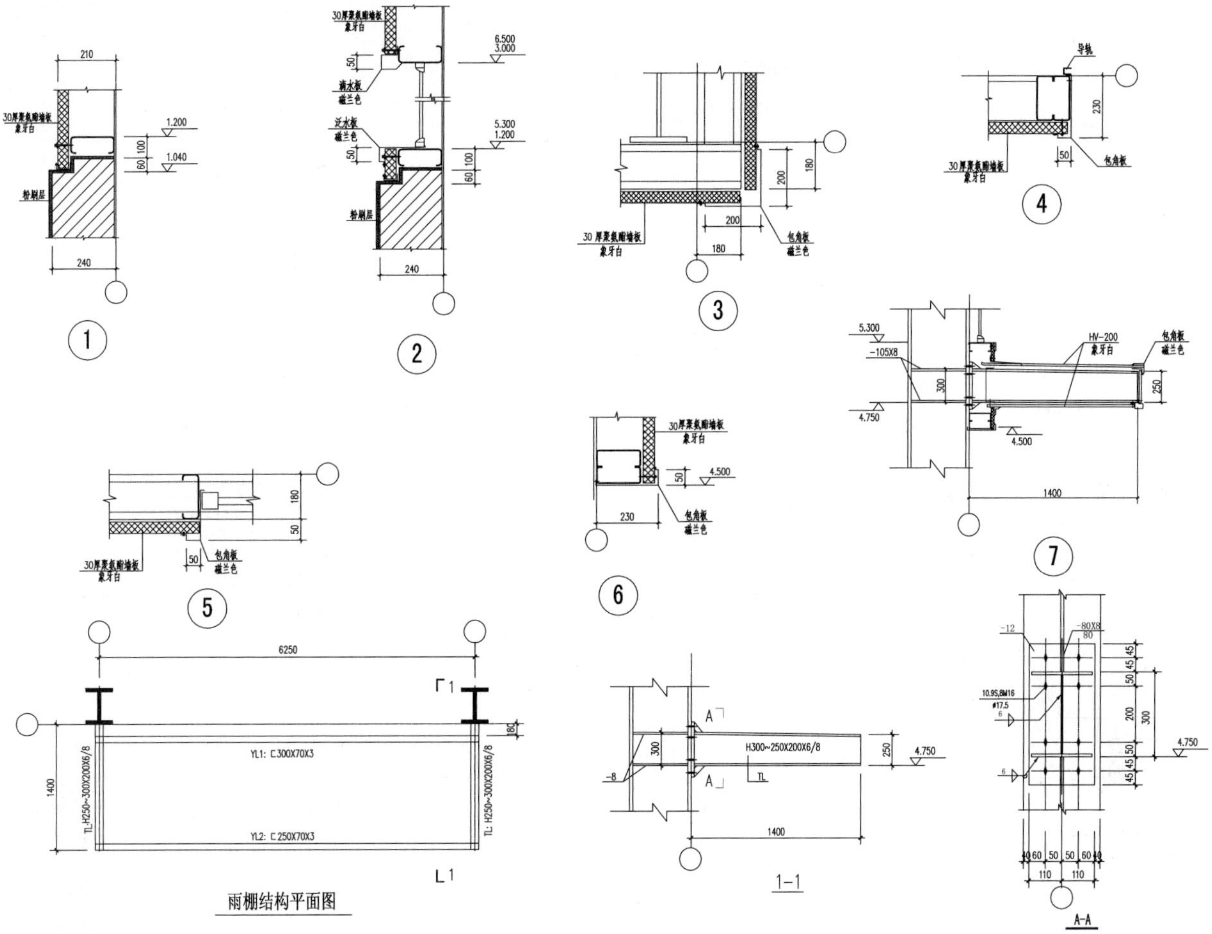

▲068-钢结构泛水节点4

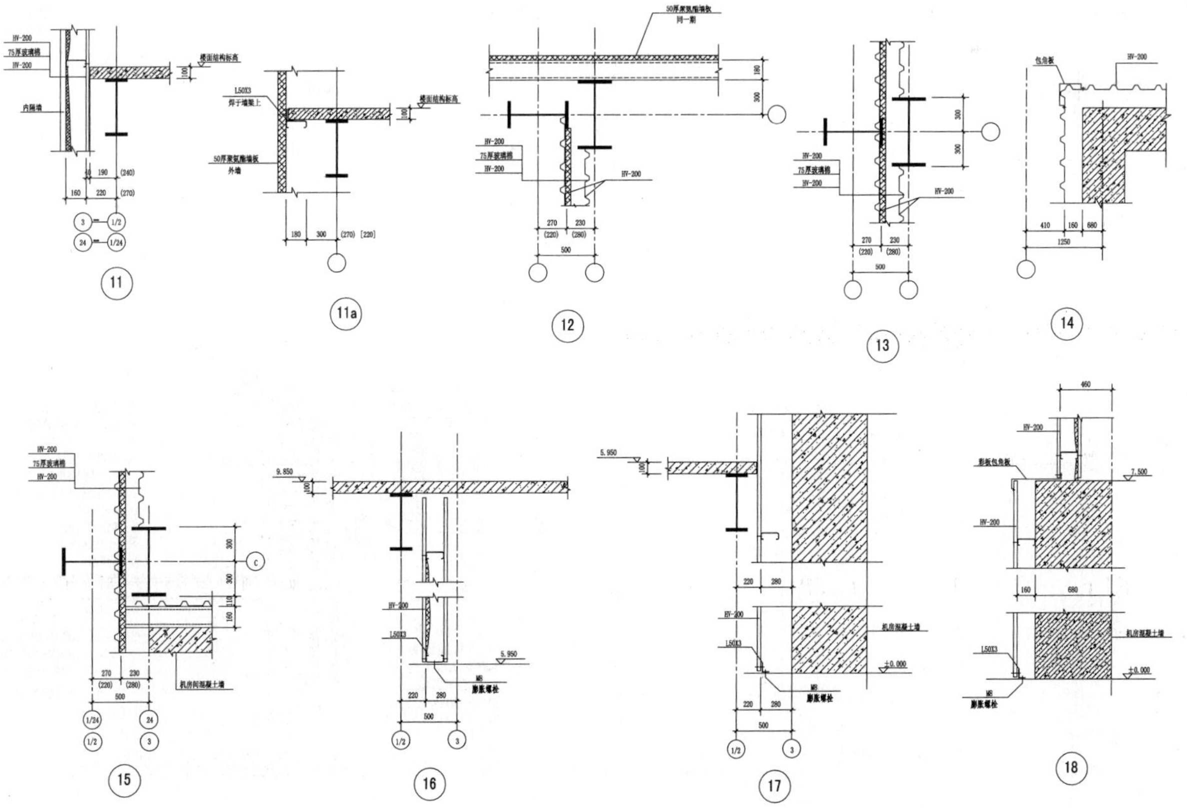

▲069-钢结构泛水节点5

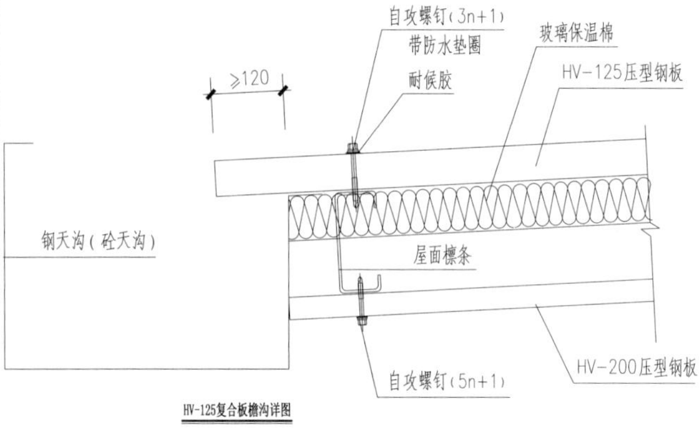
自攻螺钉(3n+1)
带防水垫圈
耐候胶
玻璃保温棉
HV-125压型钢板
≥120
钢天沟(砼天沟)
屋面檩条
自攻螺钉(5n+1)
HV-200压型钢板
HV-125复合板檐沟详图

▲001-HV-125复合板檐沟详图

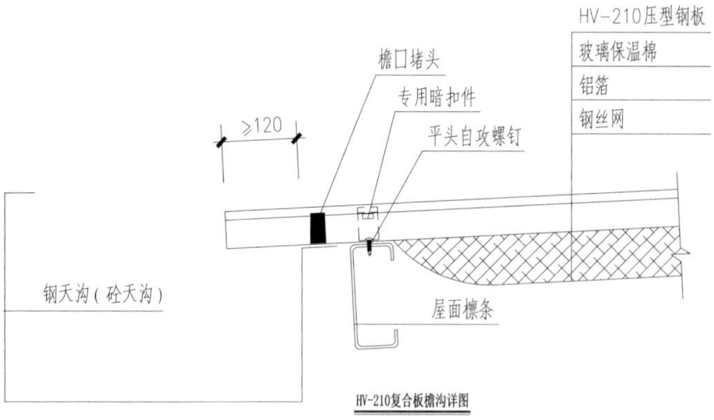
HV-210压型钢板
玻璃保温棉
铝箔
钢丝网
檐口堵头
专用暗扣件
平头自攻螺钉
≥120
钢天沟(砼天沟)
屋面檩条
HV-210复合板檐沟详图

▲002-HV-210复合板檐沟详图

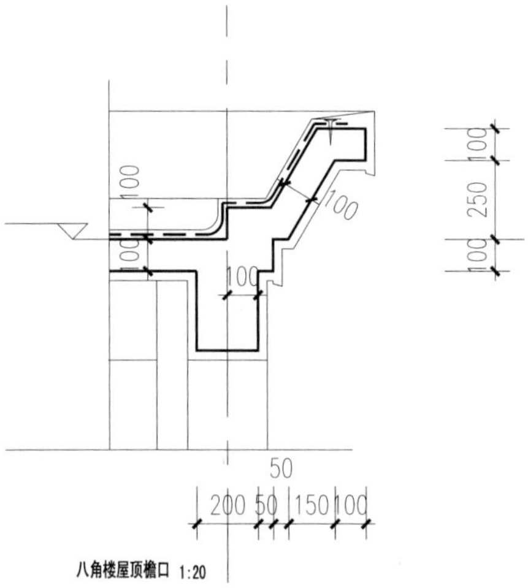
100
100
100
100
100
250
100
50
200 50 150 100
八角楼屋顶檐口 1:20

▲003-八角楼屋顶檐口

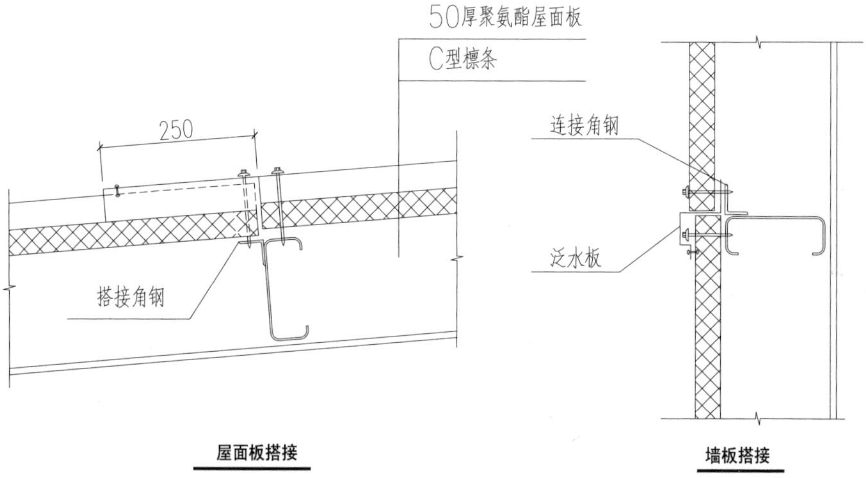
50厚聚氨酯屋面板
C型檩条
250
搭接角钢
屋面板搭接
连接角钢
泛水板
墙板搭接

▲004-板长向搭接1

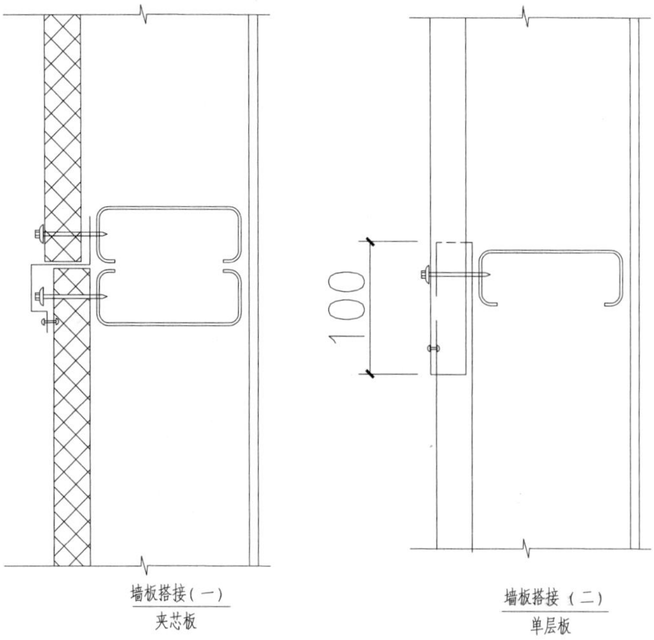
墙板搭接(一)
夹芯板
100
墙板搭接(二)
单层板

▲005-板长向搭接2

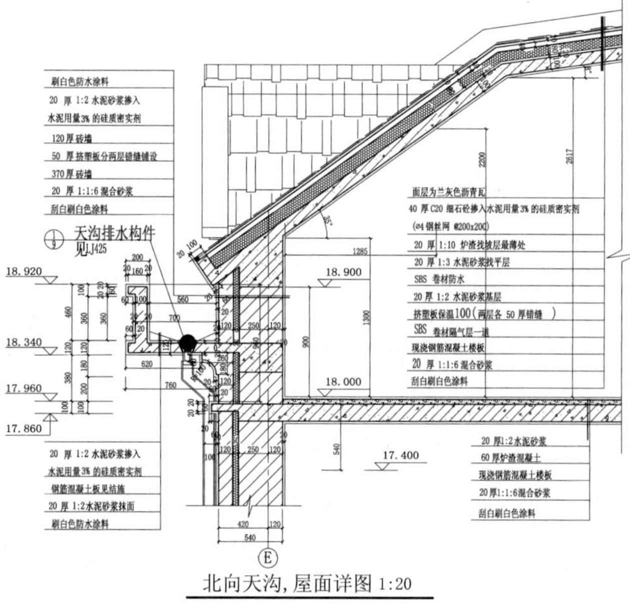
刷白色防水涂料
20 厚 1:2 水泥砂浆掺入
水泥用量3% 的硅质密实剂
120厚砖墙
50 厚 挤塑板分两层错缝铺设
370厚砖墙
20 厚 1:1:6 混合砂浆
刮白刷白色涂料
天沟排水构件
见J425
18.920
18.340
17.960
17.860
18.900
18.000
17.400
面层为兰灰色沥青瓦
SBS 卷材防水
SBS 卷材隔气层一道
现浇钢筋混凝土楼板
刮白刷白色涂料
20 厚 1:2 水泥砂浆掺入
水泥用量3% 的硅质密实剂
钢筋混凝土板见结施
20 厚 1:2 水泥砂浆抹面
刷白色防水涂料
20 厚1:2水泥砂浆
60 厚炉渣混凝土
现浇钢筋混凝土楼板
20 厚1:1:6混合砂浆
刮白刷白色涂料
420
540
E
北向天沟,屋面详图 1:20

▲006-北向天沟,屋面详图

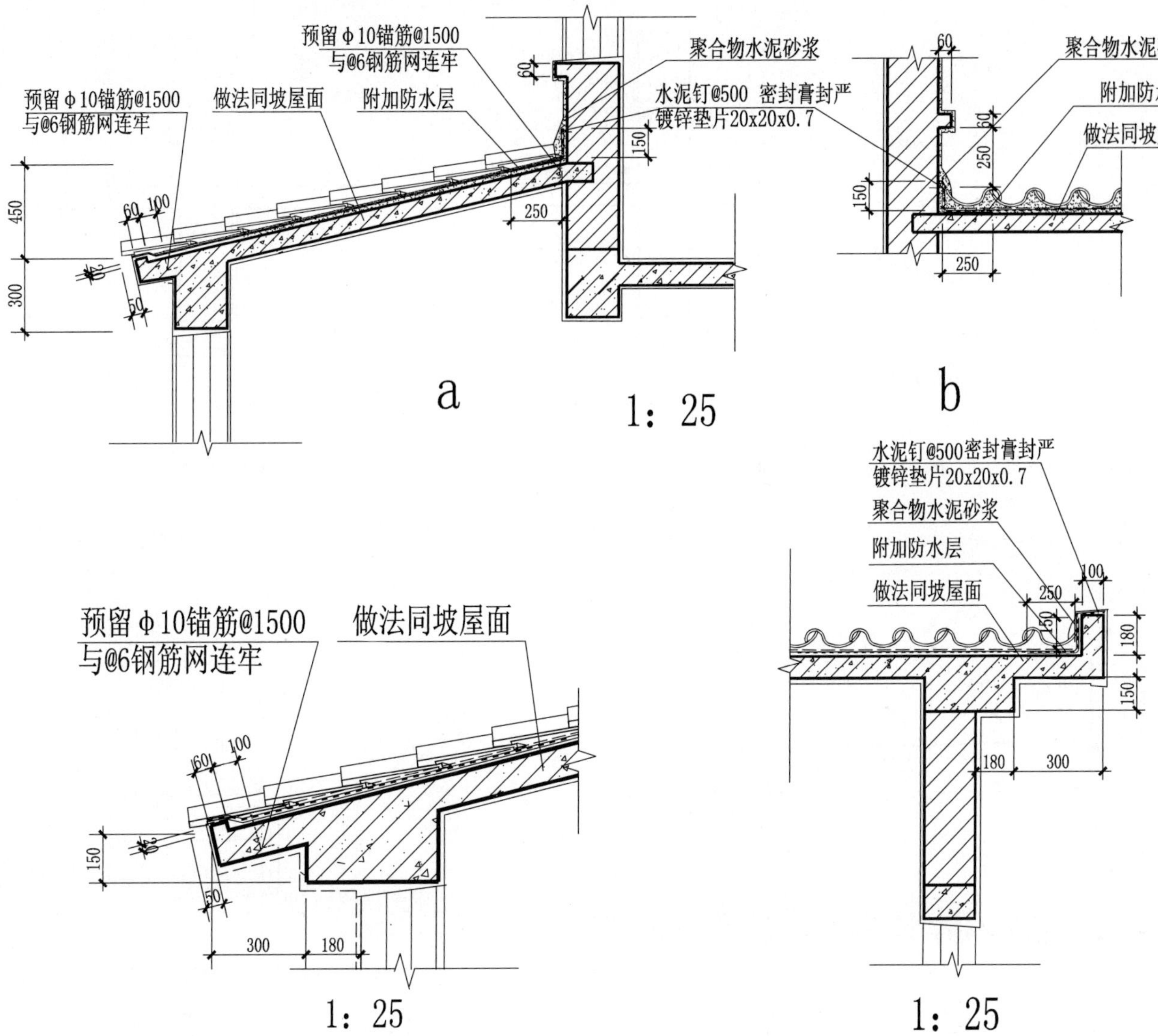

预留φ10锚筋@1500
与@6钢筋网连牢
做法同坡屋面
附加防水层
聚合物水泥砂浆
水泥钉@500 密封膏封严
镀锌垫片20x20x0.7
a
1：25
b
1：25

▲007-别墅用檐口详图

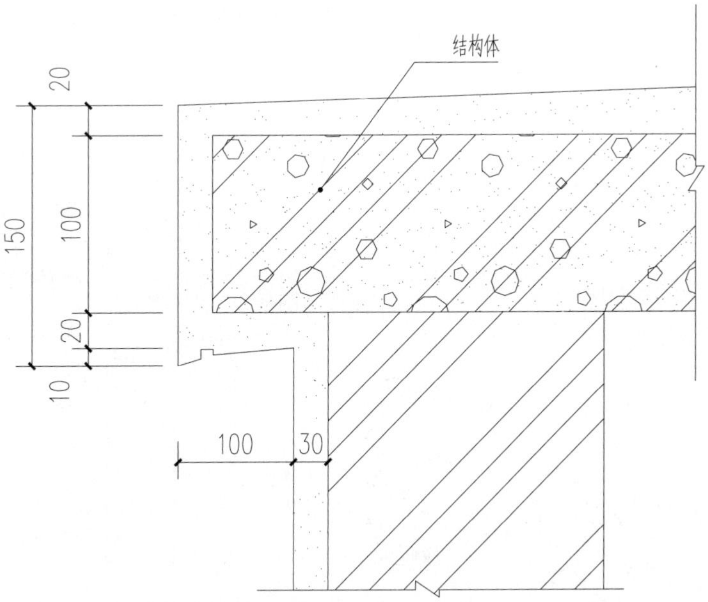

结构体

注：外墙面所有突出物其下口均参照此图施作滴水线。

3c 滴水线详图

▲008-滴水线详图

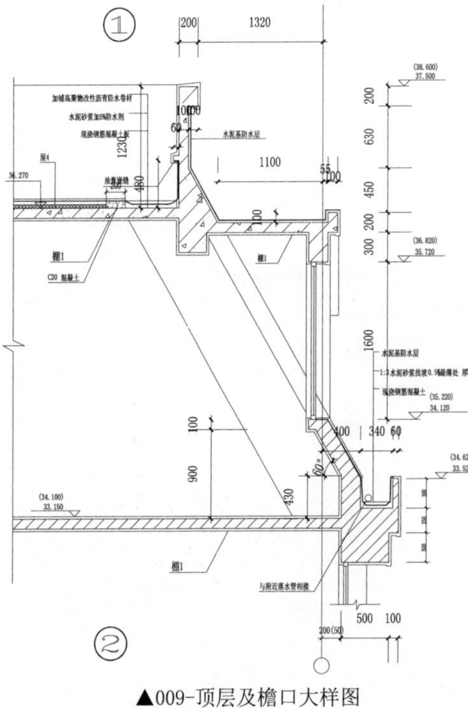

①
②

▲009-顶层及檐口大样图

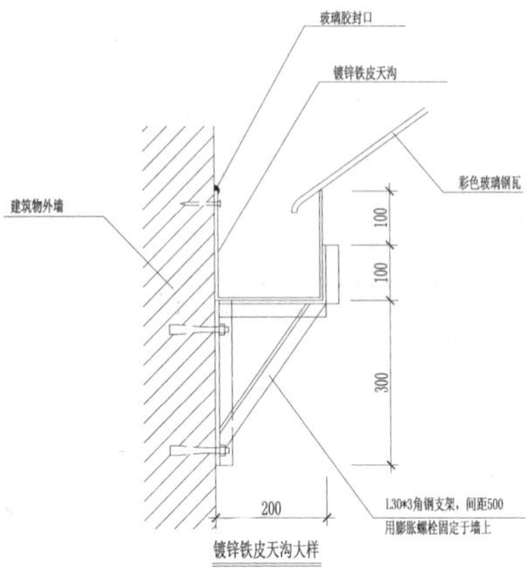

▲010-镀锌铁皮天沟大样

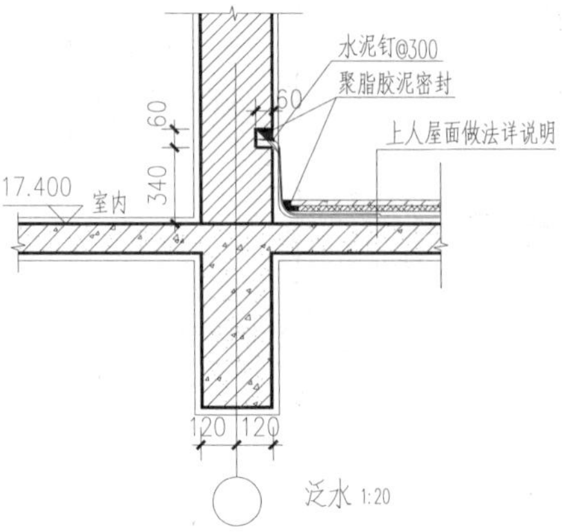

▲011-泛水1

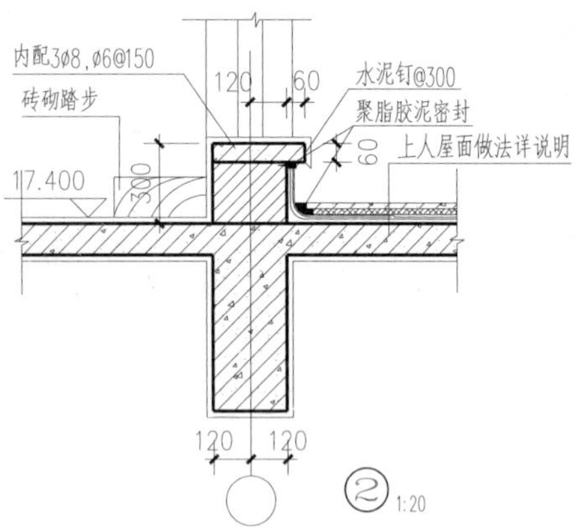

▲012-泛水2

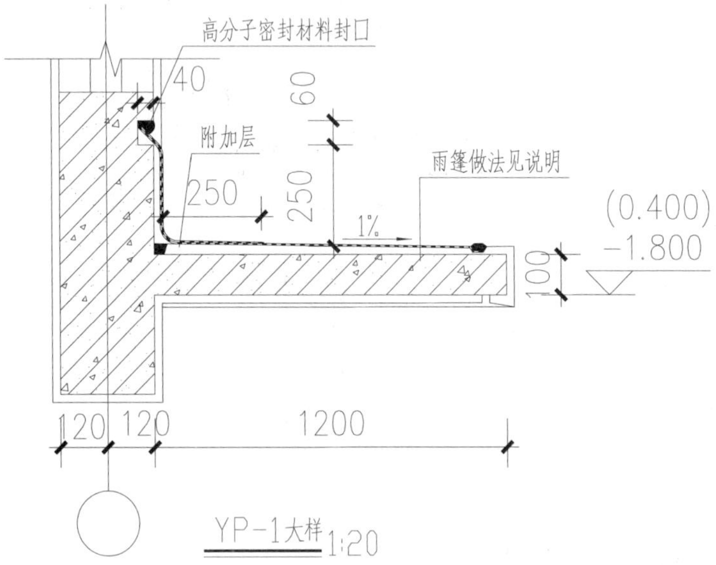

▲013-泛水3

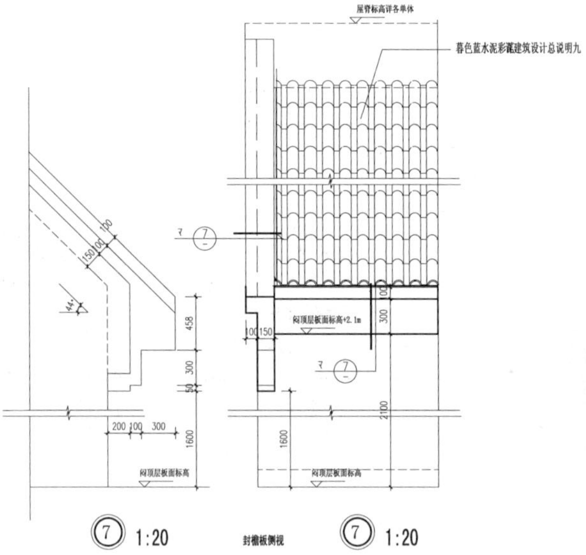

▲014-封檐板侧视

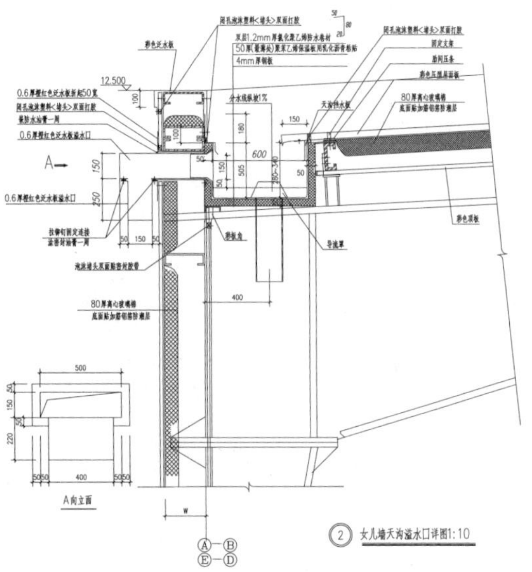

▲015-钢结构女儿墙天沟溢水口详图

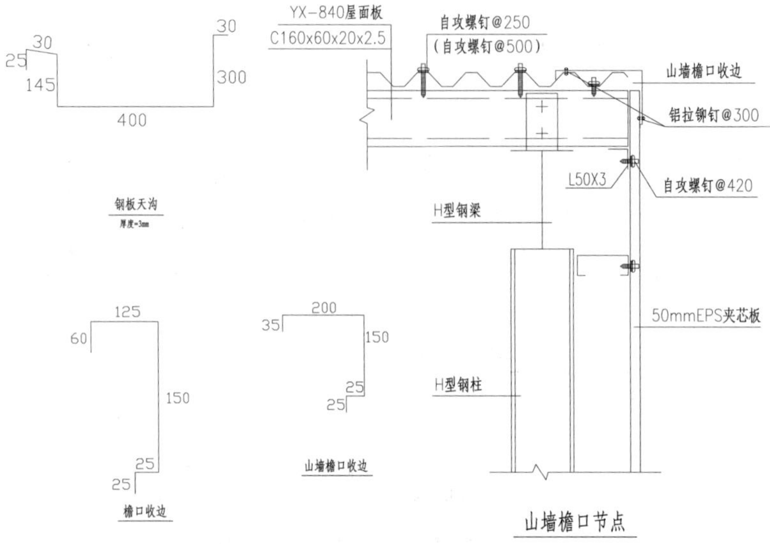

▲016-钢结构山墙檐口节点

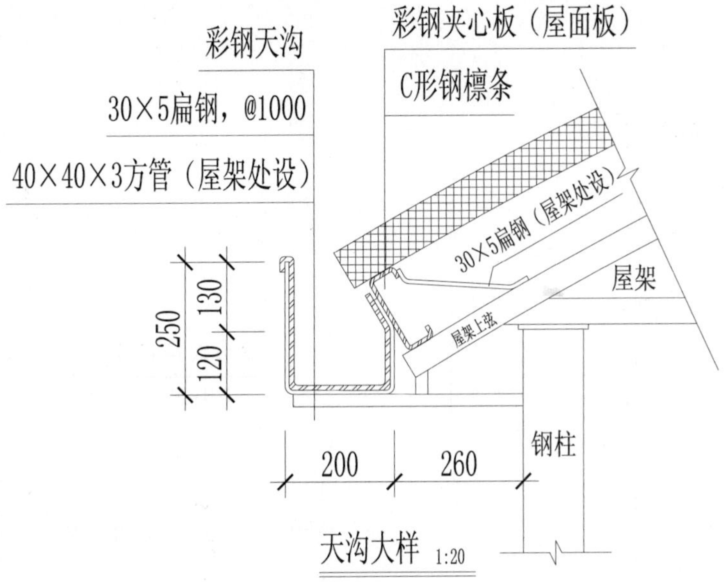

▲017-钢结构天沟（一）

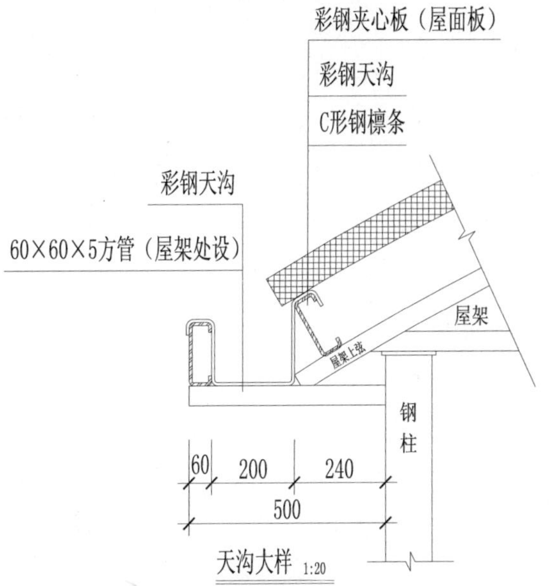

▲018-钢结构天沟（二）

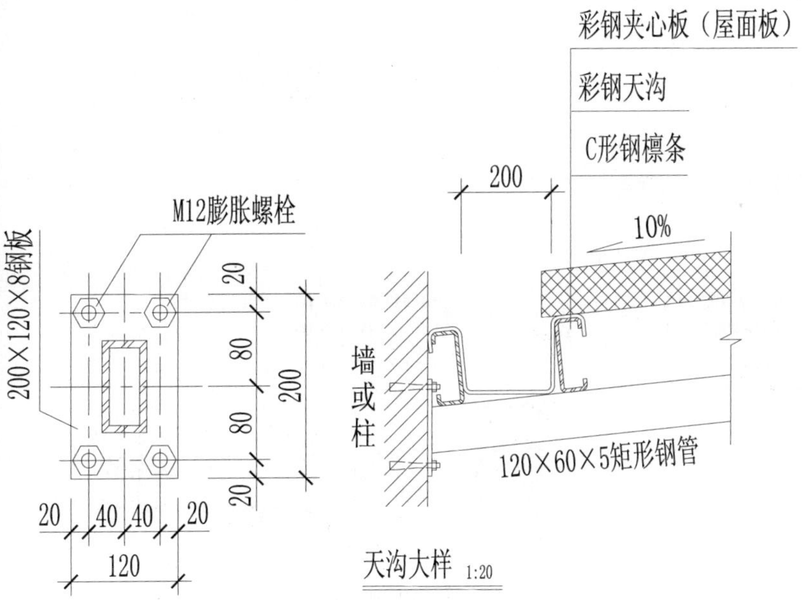

▲019-钢结构天沟（三）

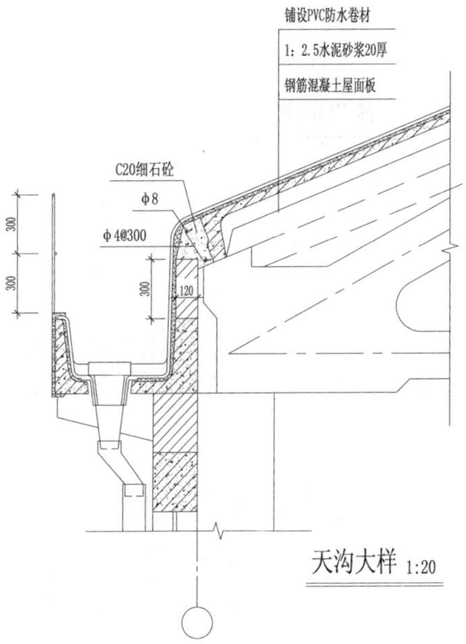

▲020-钢结构天沟（四）

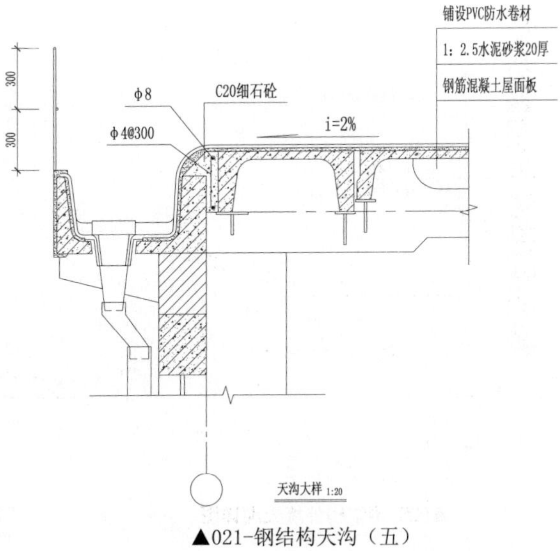

▲021-钢结构天沟（五）

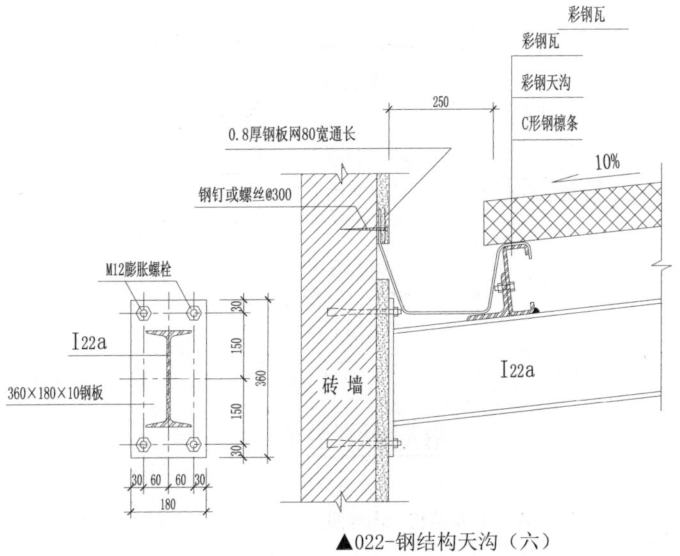

▲022-钢结构天沟（六）

钢板天沟(一)

厚度=3mm

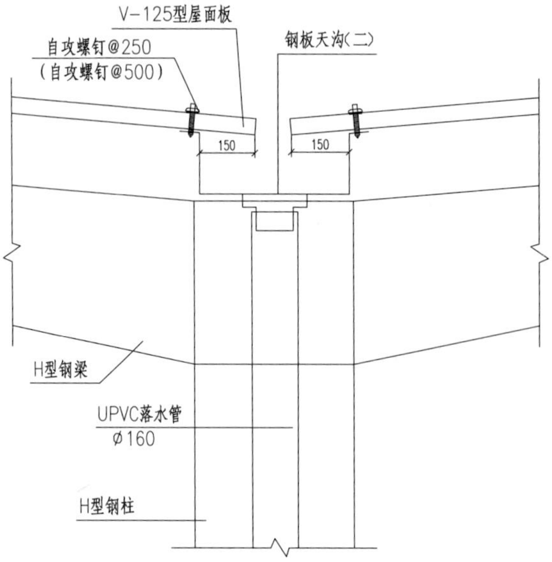

钢板天沟(二)

厚度=3mm

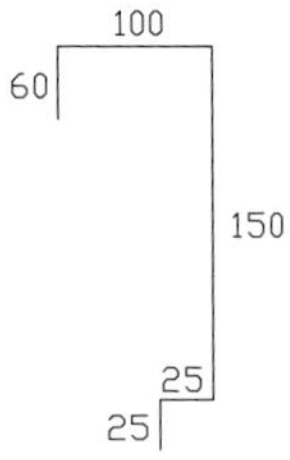

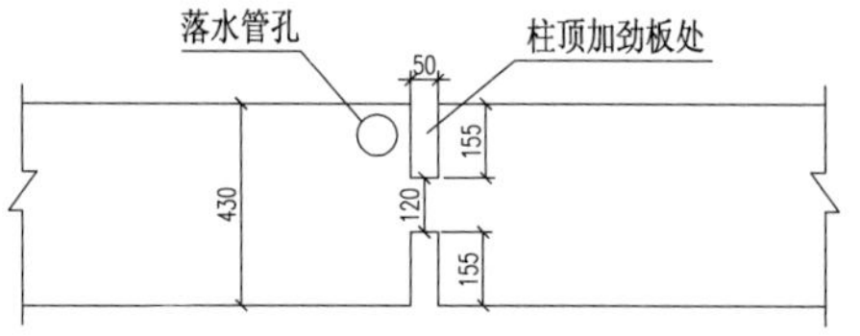

檐口收边

内天沟节点

钢板天沟(二)平面图

▲023-钢结构天沟节点

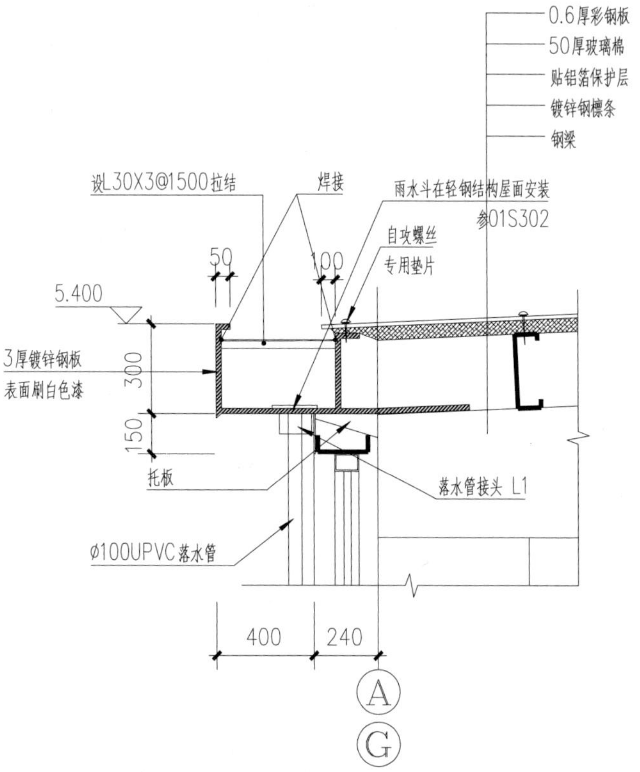

钢天沟大样图 1:25

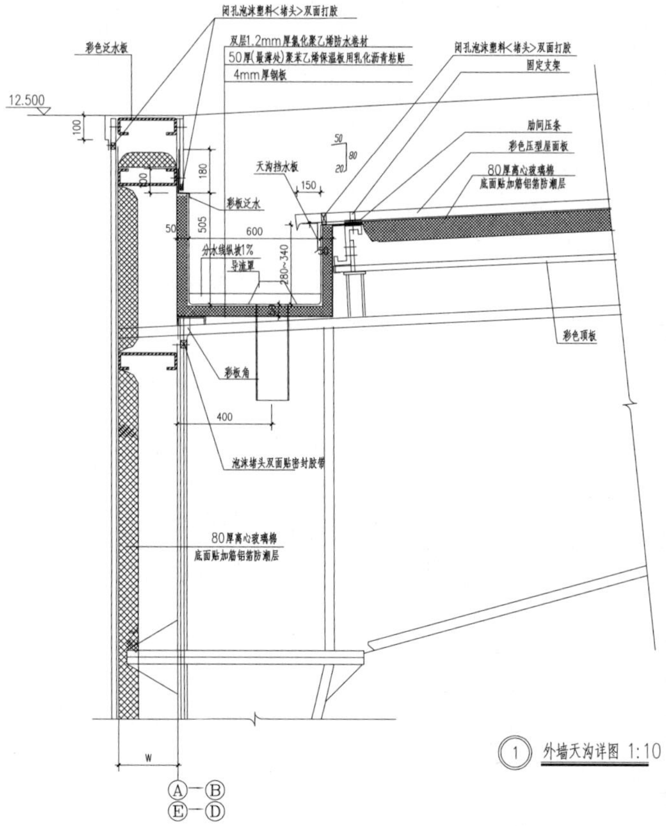

① 外墙天沟详图 1:10

▲024-钢结构天沟详图

▲025-钢结构外墙天沟详图

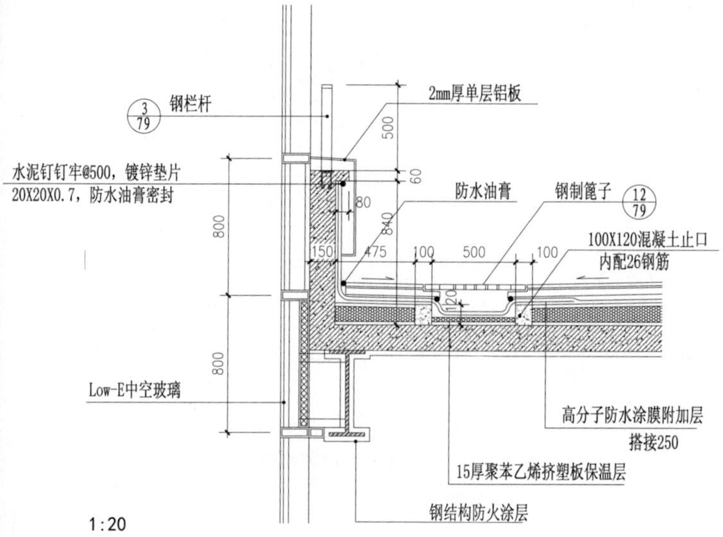

▲026-钢结构屋面节点-排水沟1

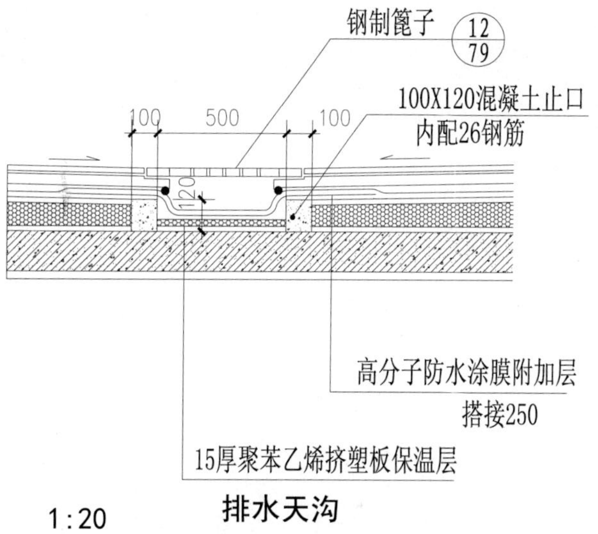

▲027-钢结构屋面节点-排水沟2

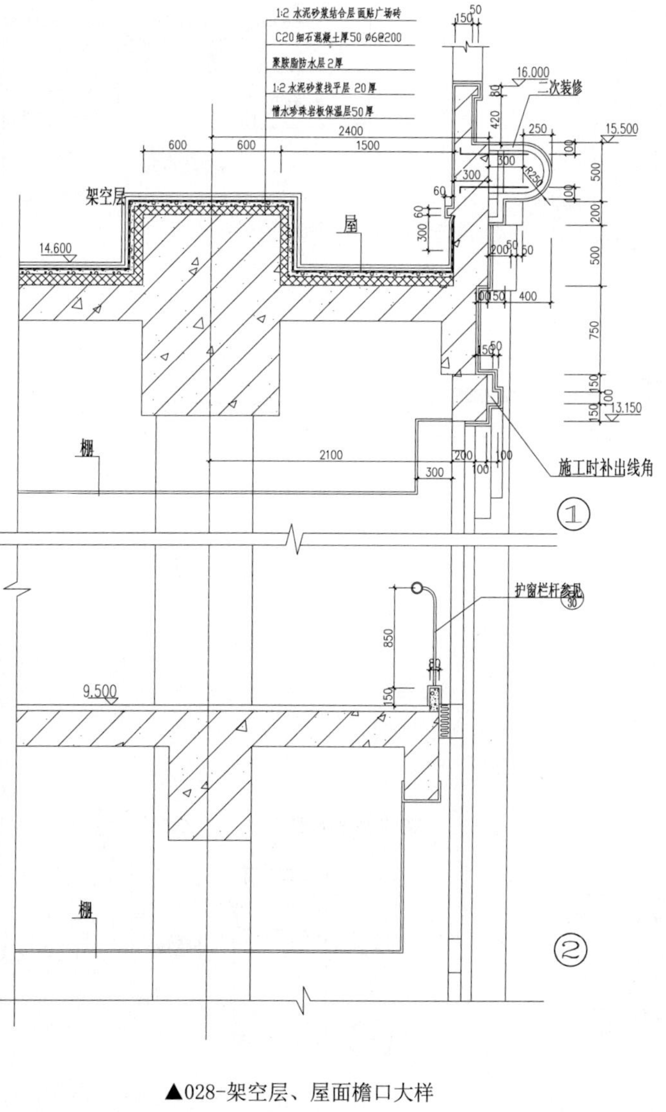

▲028-架空层、屋面檐口大样

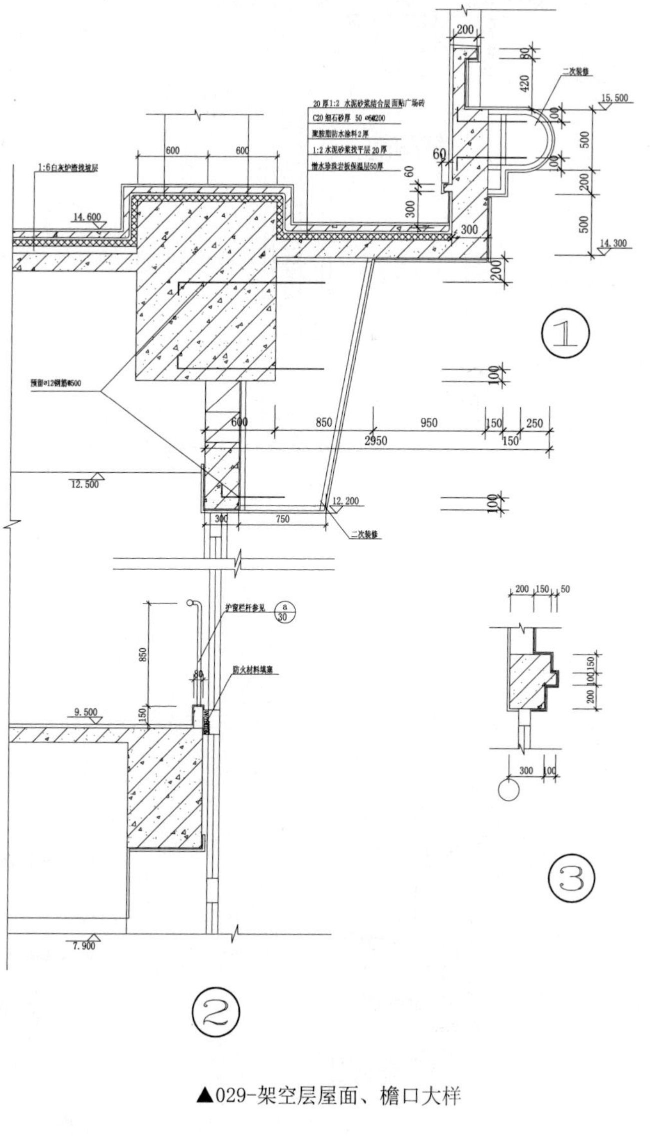

▲029-架空层屋面、檐口大样

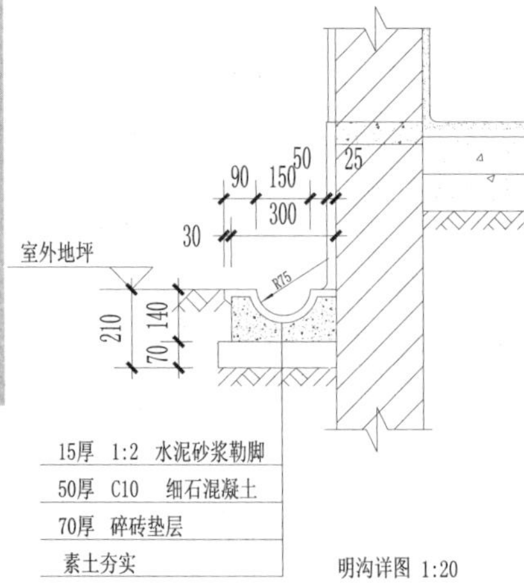
室外地坪
90
150
50
25
300
30
R75
210
140
70
15厚 1:2 水泥砂浆勒脚
50厚 C10 细石混凝土
70厚 碎砖垫层
素土夯实
明沟详图 1:20

▲030-明沟详图

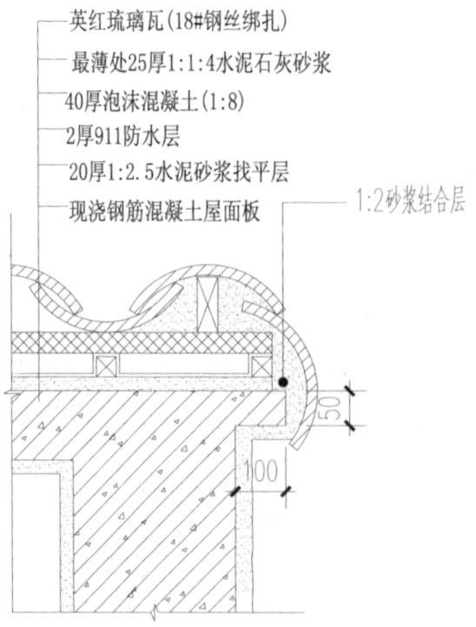
英红琉璃瓦(18#钢丝绑扎)
最薄处25厚1:1:4水泥石灰砂浆
40厚泡沫混凝土(1:8)
2厚911防水层
20厚1:2.5水泥砂浆找平层
现浇钢筋混凝土屋面板
1:2砂浆结合层
50
100

▲031-南加州檐口大样（一）

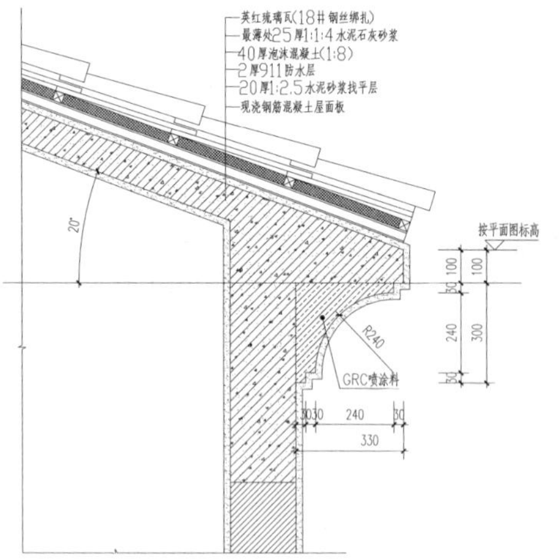
英红琉璃瓦(18#钢丝绑扎)
最薄处25厚1:1:4水泥石灰砂浆
40厚泡沫混凝土(1:8)
2厚911防水层
20厚1:2.5水泥砂浆找平层
现浇钢筋混凝土屋面板
按平面图标高
R240
GRC喷涂料
240
330
300

▲032-南加州檐口大样（二）

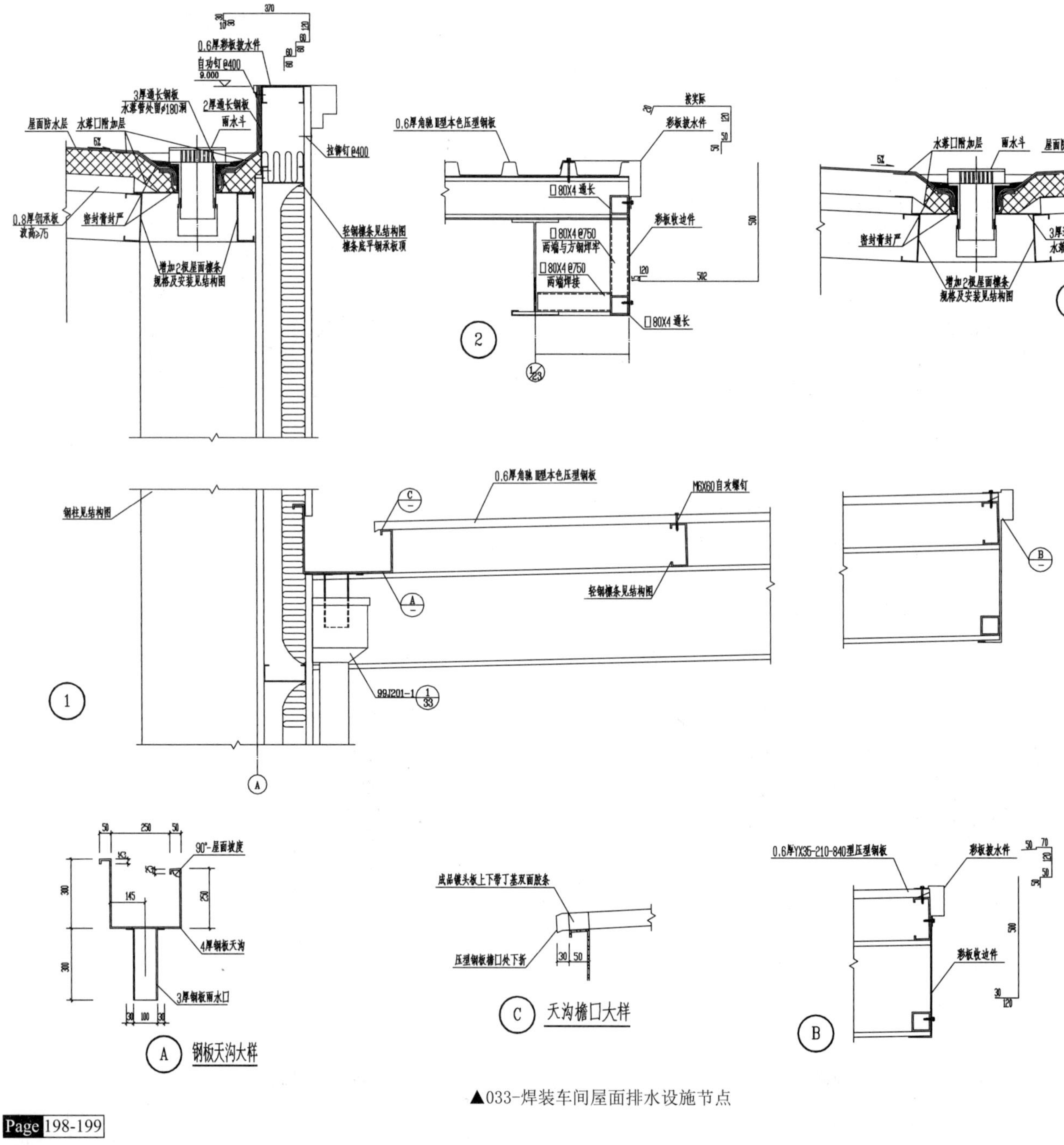
0.6厚彩板披水件
自功钉@400
3厚通长钢板
水落管处留Ø180洞
2厚通长钢板
雨水斗
屋面防水层
水落口附加层
0.8厚钢承板
波高≥75
密封膏封严
增加2根屋面檩条
规格及安装见结构图
拉铆钉@400
轻钢檩条见结构图
檩条底平钢承板顶
0.6厚角驰Ⅲ型本色压型钢板
按实际
彩板披水件
□80X4通长
彩板收边件
□80X4@750
两端与方钢焊牢
两端焊接
1
2
3
M6X60自攻螺钉
钢柱见结构图
99J201-1
A
B
C
90°-屋面坡度
4厚钢板天沟
3厚钢板雨水口
钢板天沟大样
成品镀头板上下带丁基双面胶条
压型钢板檐口处下折
天沟檐口大样
0.6厚YX35-210-840型压型钢板

▲033-焊装车间屋面排水设施节点

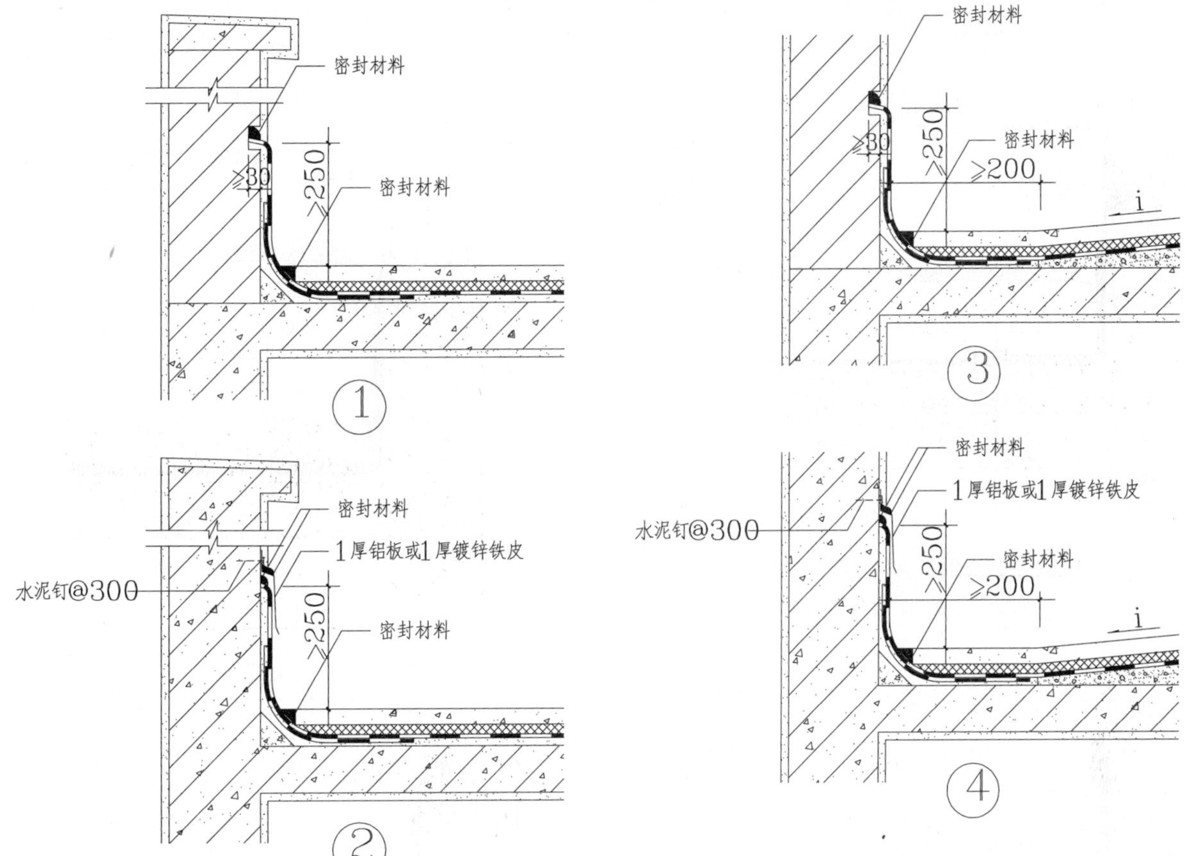

密封材料
≥30
≥250
密封材料
1
密封材料
1厚铝板或1厚镀锌铁皮
水泥钉@300
≥250
密封材料
2
密封材料
≥30
≥250
密封材料
≥200
i
3
密封材料
1厚铝板或1厚镀锌铁皮
水泥钉@300
≥250
密封材料
≥200
i
4

▲034-女儿墙内天沟构造详图

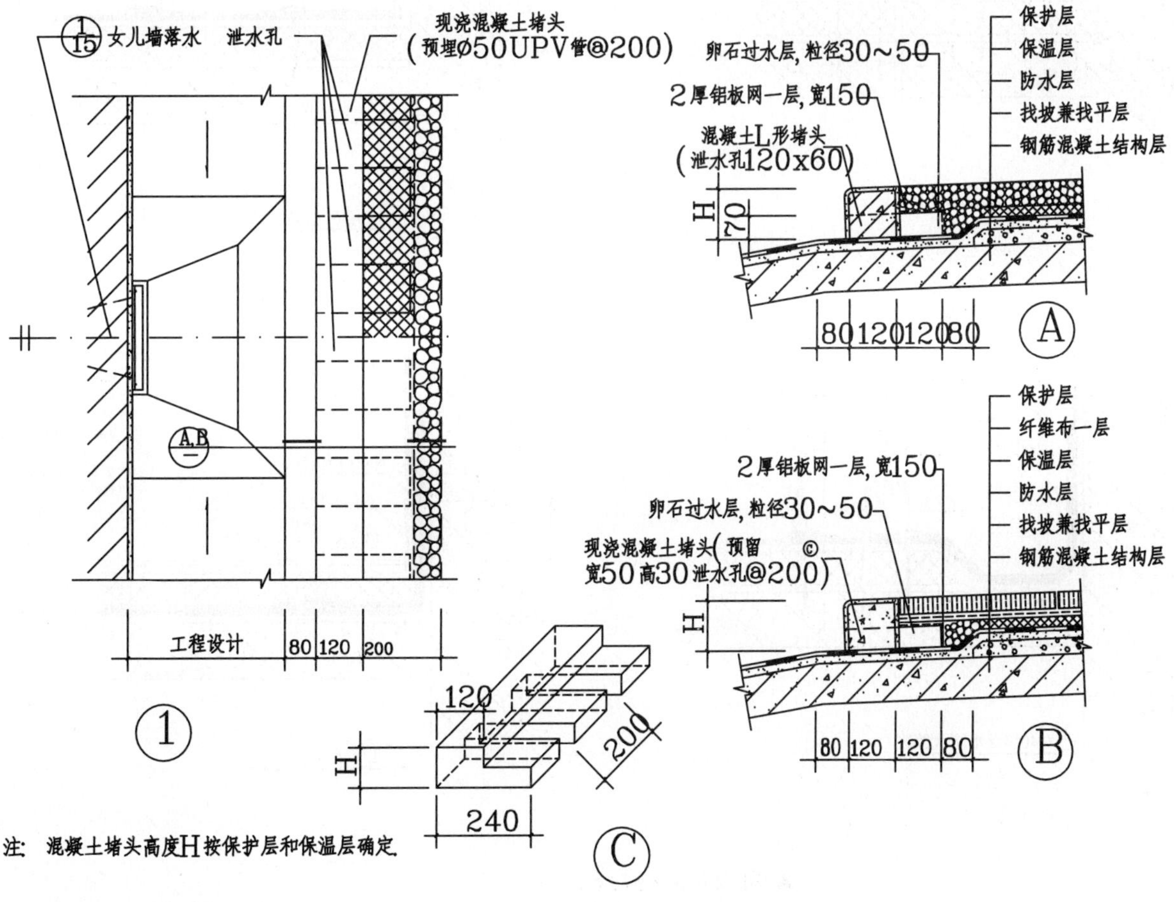

1/15 女儿墙落水
泄水孔
现浇混凝土堵头
(预埋Ø50UPV管@200)
A,B
工程设计
80
120
200
1
120
200
H
240
C
保护层
保温层
防水层
找坡兼找平层
钢筋混凝土结构层
卵石过水层,粒径30~50
2厚铝板网一层,宽150
混凝土L形堵头
(泄水孔120x60)
H
70
80 120 120 80
A
保护层
纤维布一层
保温层
防水层
找坡兼找平层
钢筋混凝土结构层
2厚铝板网一层,宽150
卵石过水层,粒径30~50
现浇混凝土堵头(预留
宽50高30泄水孔@200)
H
80 120 120 80
B

注：混凝土堵头高度H按保护层和保温层确定

▲035-女儿墙檐沟屋面落水构造详图

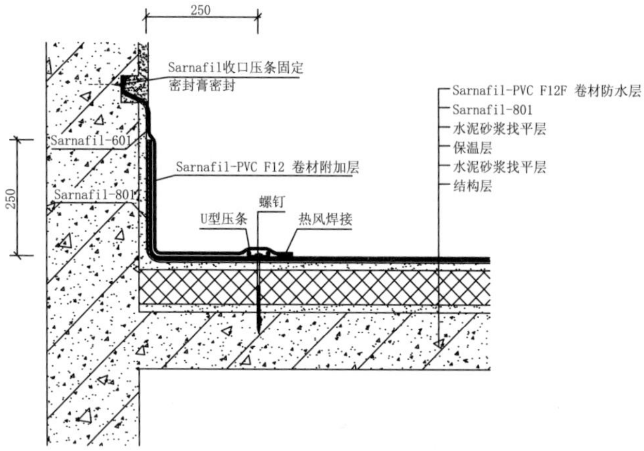

女儿墙泛水防水做法

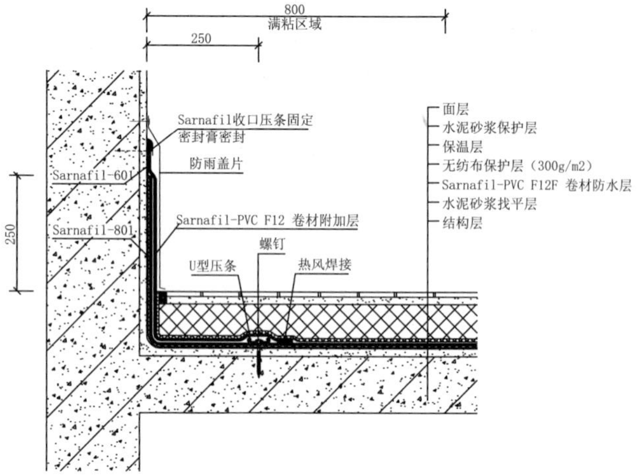

女儿墙泛水防水做法

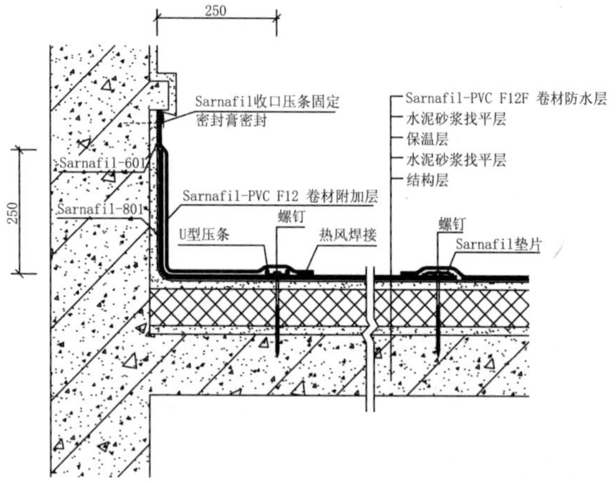

女儿墙泛水防水做法

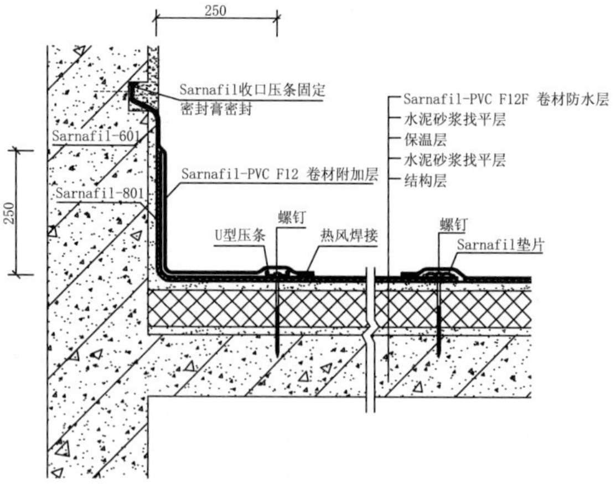

女儿墙泛水防水做法

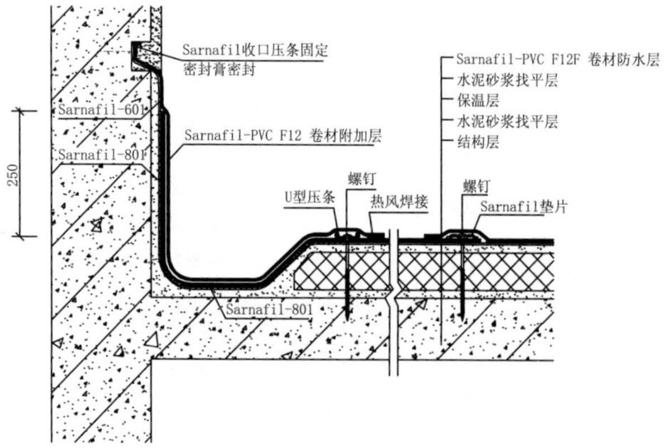

女儿墙泛水防水做法

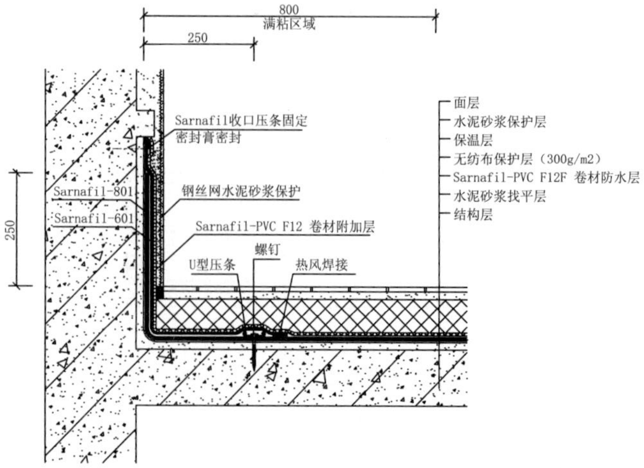

女儿墙泛水防水做法

▲036-女儿墙泛水防水做法1

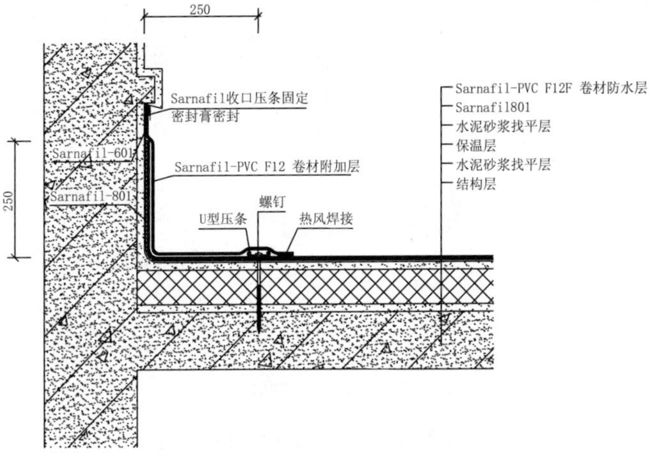

女儿墙泛水防水做法

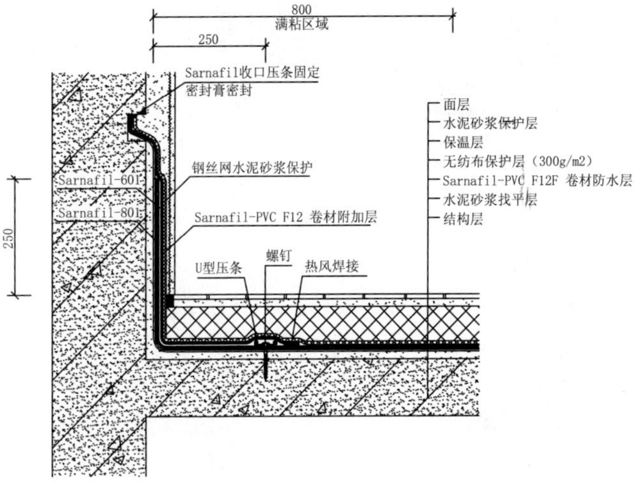

女儿墙泛水防水做法

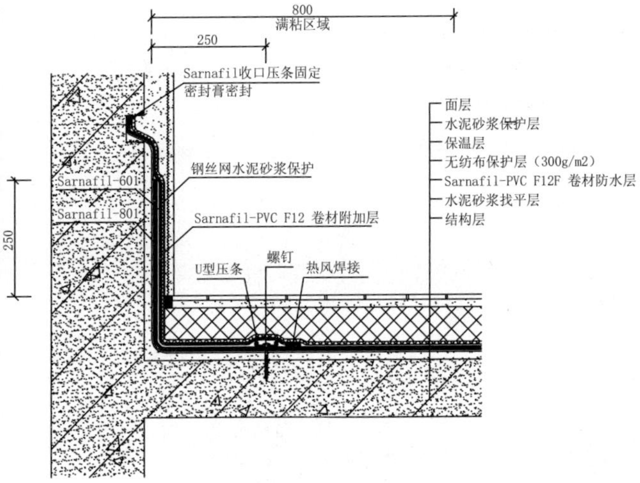

女儿墙泛水防水做法

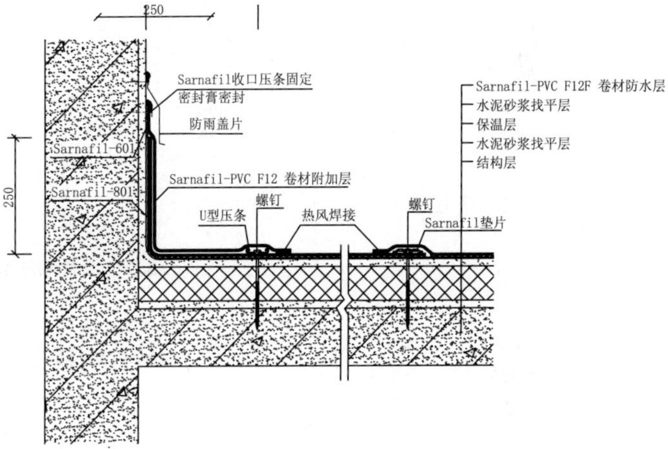

女儿墙泛水防水做法

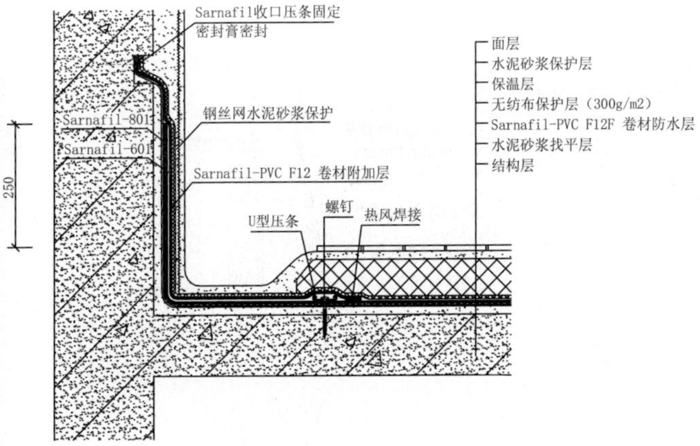

女儿墙泛水防水做法

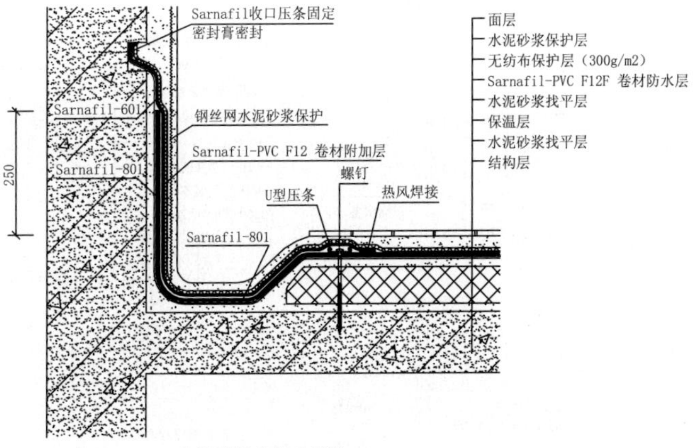

女儿墙泛水防水做法
带天沟

▲037-女儿墙泛水防水做法2

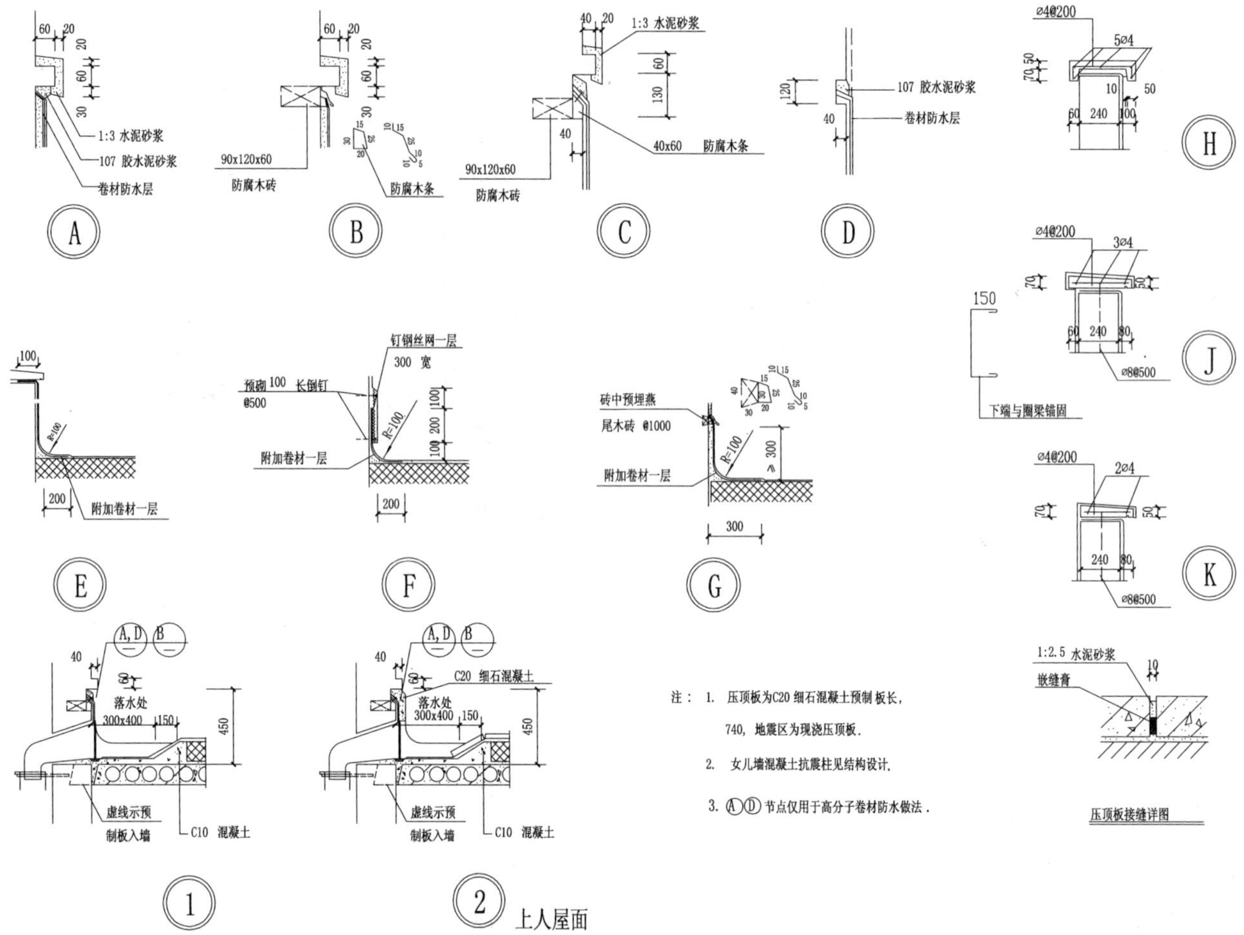

注：1. 压顶板为C20 细石混凝土预制板长,740, 地震区为现浇压顶板.

2. 女儿墙混凝土抗震柱见结构设计.

3. Ⓐ Ⓓ 节点仅用于高分子卷材防水做法.

▲038-女儿墙泛水及压顶板

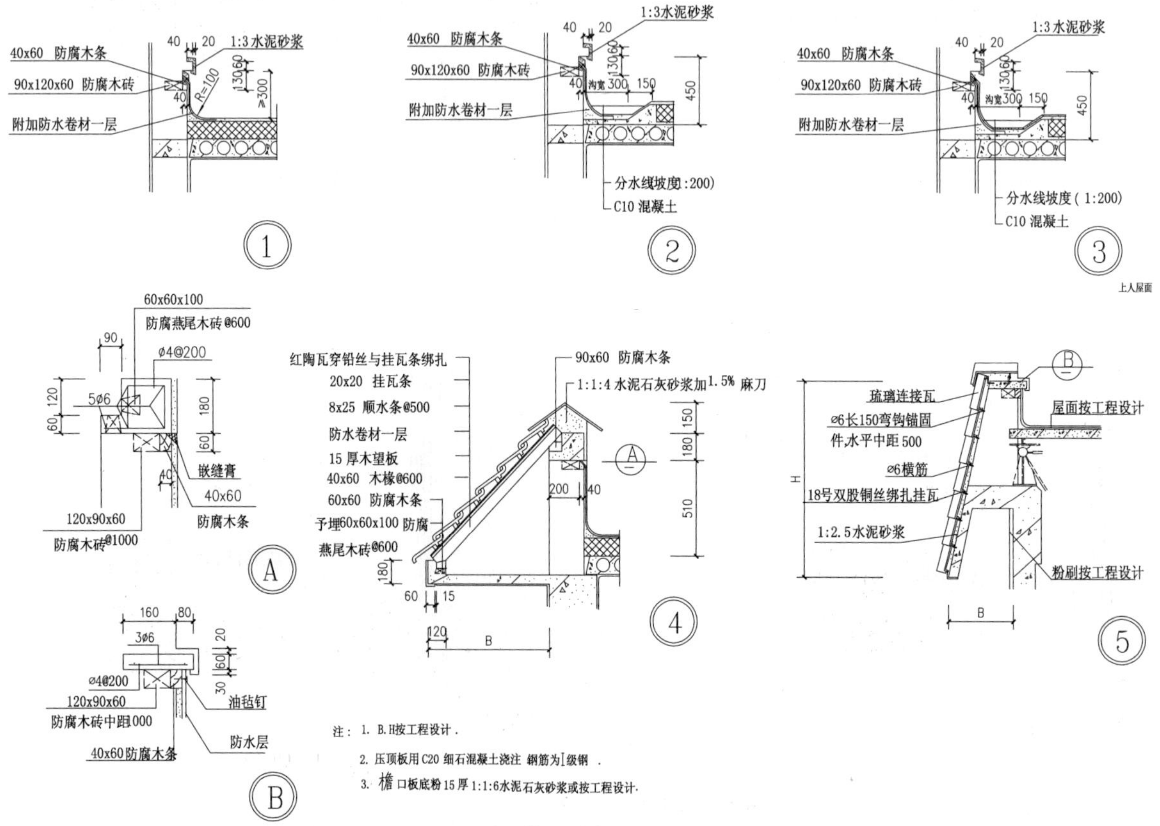

注：1. B.H按工程设计.

2. 压顶板用 C20 细石混凝土浇注 钢筋为Ⅰ级钢 .

3. 檐口板底粉15厚 1:1:6水泥石灰砂浆或按工程设计.

▲039-女儿墙及泛水1

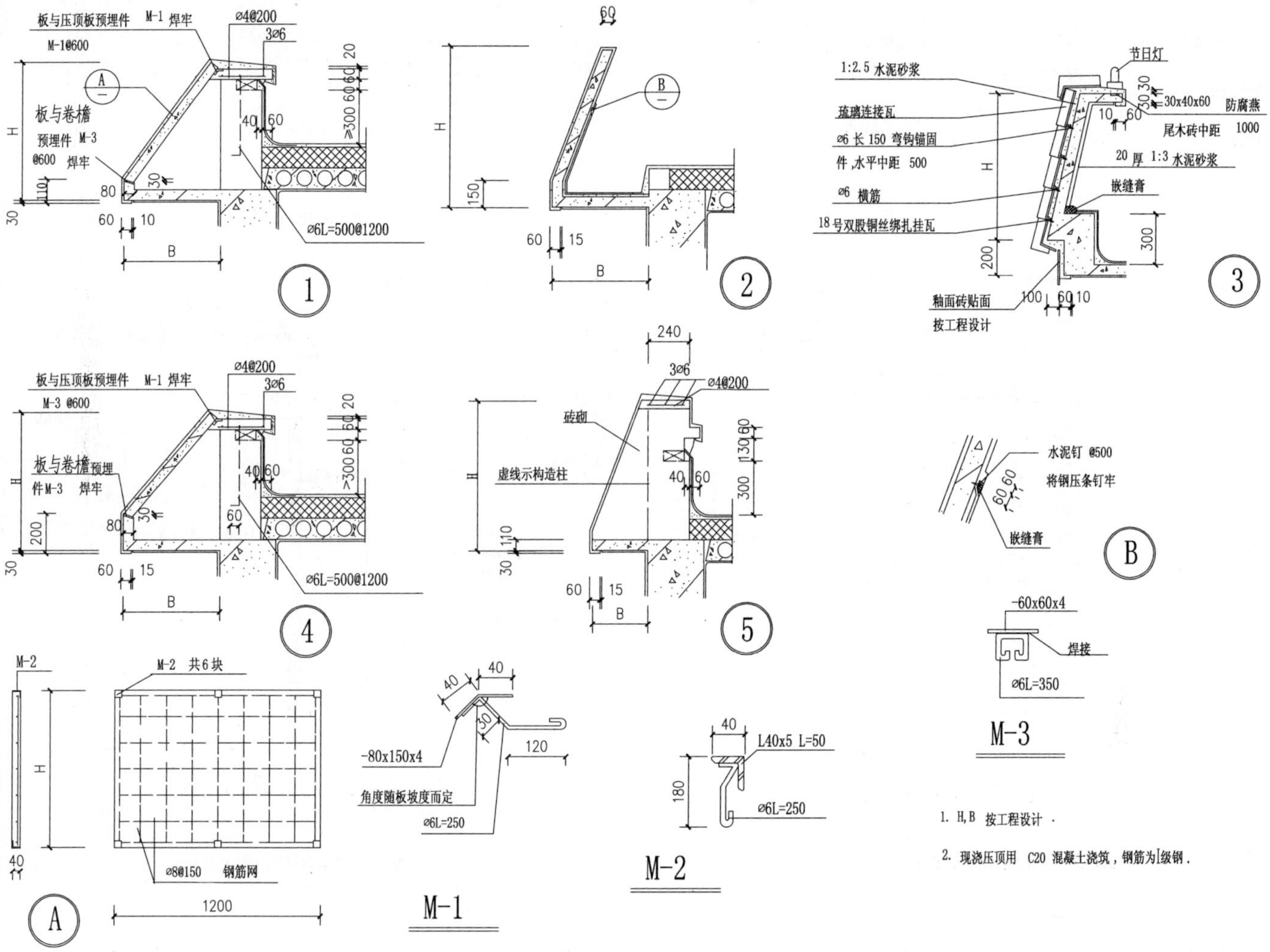

▲040-女儿墙及泛水2

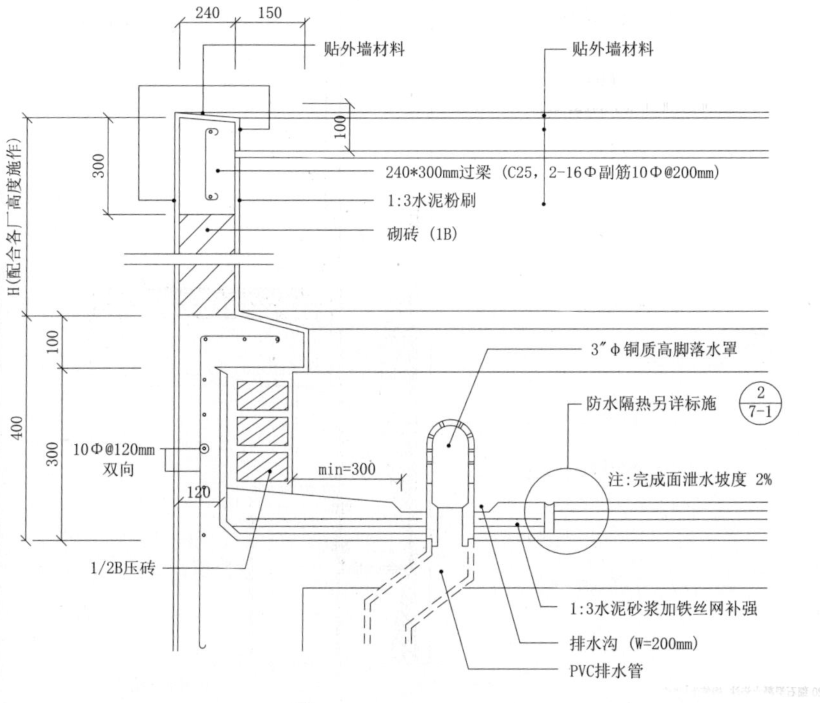

① 女儿墙及泛水大样图 单位：mm

▲041-女儿墙及泛水大样图

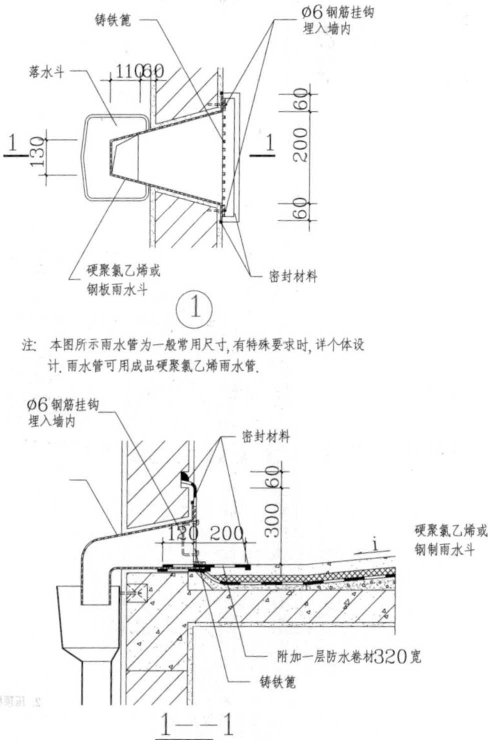

▲042-女儿墙落水构造详图

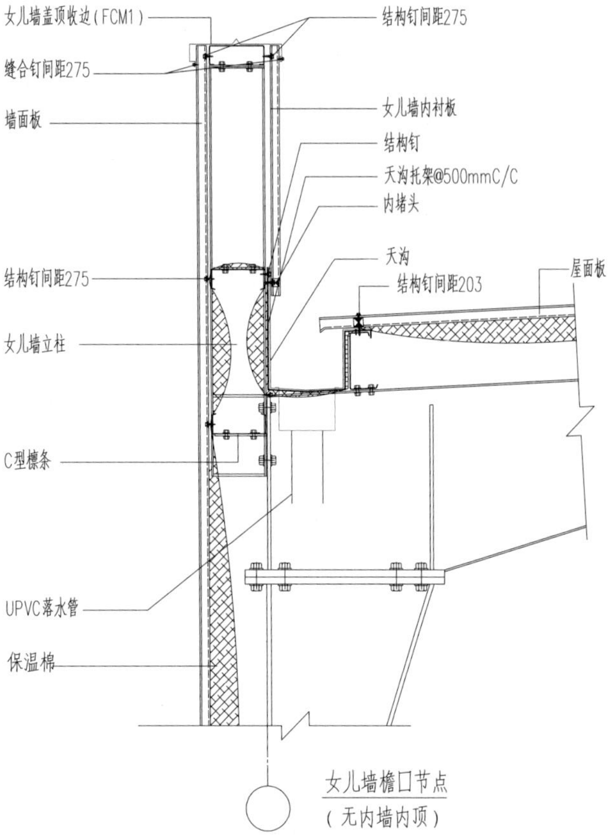
女儿墙盖顶收边(FCM1)
结构钉间距275
缝合钉间距275
墙面板
女儿墙内衬板
结构钉
天沟托架@500mmC/C
内堵头
天沟
结构钉间距203
屋面板
结构钉间距275
女儿墙立柱
C型檩条
UPVC落水管
保温棉
女儿墙檐口节点
(无内墙内顶)

▲043-女儿墙檐口节点1

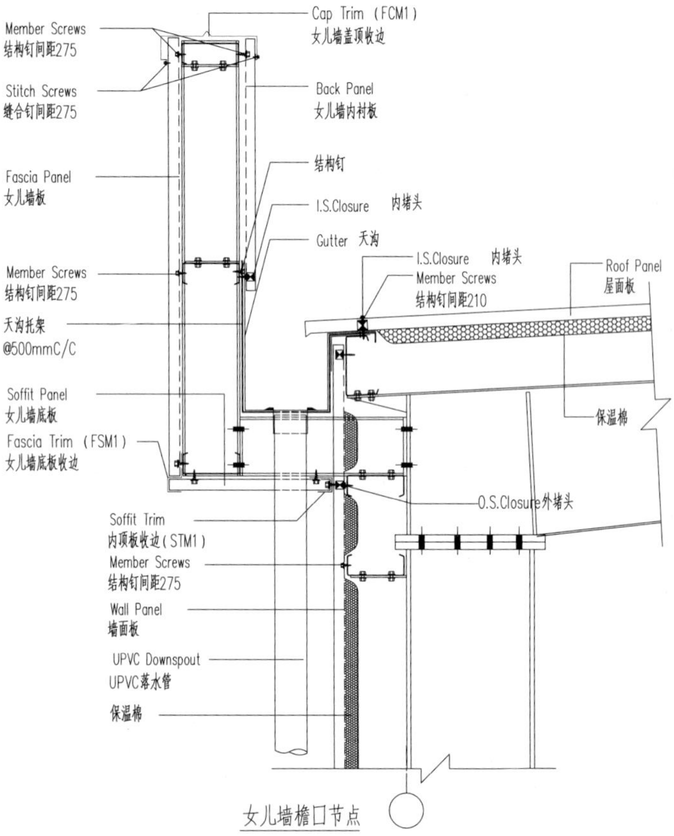
Member Screws
结构钉间距275
Stitch Screws
缝合钉间距275
Fascia Panel
女儿墙板
Member Screws
结构钉间距275
天沟托架
@500mmC/C
Soffit Panel
女儿墙底板
Fascia Trim (FSM1)
女儿墙底板收边
Cap Trim (FCM1)
女儿墙盖顶收边
Back Panel
女儿墙内衬板
结构钉
I.S.Closure 内堵头
Gutter 天沟
I.S.Closure 内堵头
Member Screws
结构钉间距210
Roof Panel
屋面板
保温棉
O.S.Closure外堵头
Soffit Trim
内顶板收边(STM1)
Member Screws
结构钉间距275
Wall Panel
墙面板
UPVC Downspout
UPVC落水管
保温棉
女儿墙檐口节点

▲044-女儿墙檐口节点2

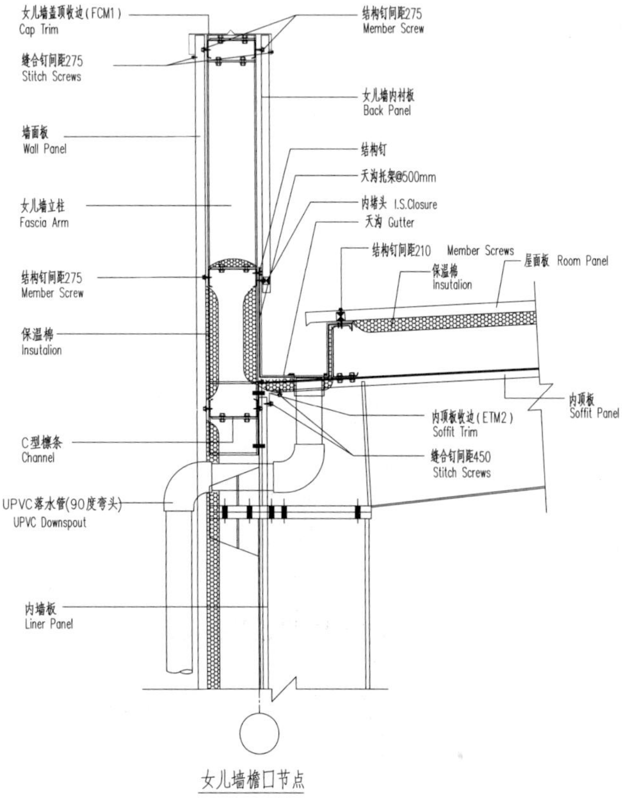
女儿墙盖顶收边(FCM1)
Cap Trim
缝合钉间距275
Stitch Screws
墙面板
Wall Panel
女儿墙立柱
Fascia Arm
结构钉间距275
Member Screw
保温棉
Insulation
C型檩条
Channel
UPVC落水管(90度弯头)
UPVC Downspout
内墙板
Liner Panel
结构钉间距275
Member Screw
女儿墙内衬板
Back Panel
结构钉
天沟托架@500mm
内堵头 I.S.Closure
天沟 Gutter
结构钉间距210 Member Screws
保温棉
Insulation
屋面板 Room Panel
内顶板
Soffit Panel
内顶板收边(ETM2)
Soffit Trim
缝合钉间距450
Stitch Screws
女儿墙檐口节点

▲045-女儿墙檐口节点3

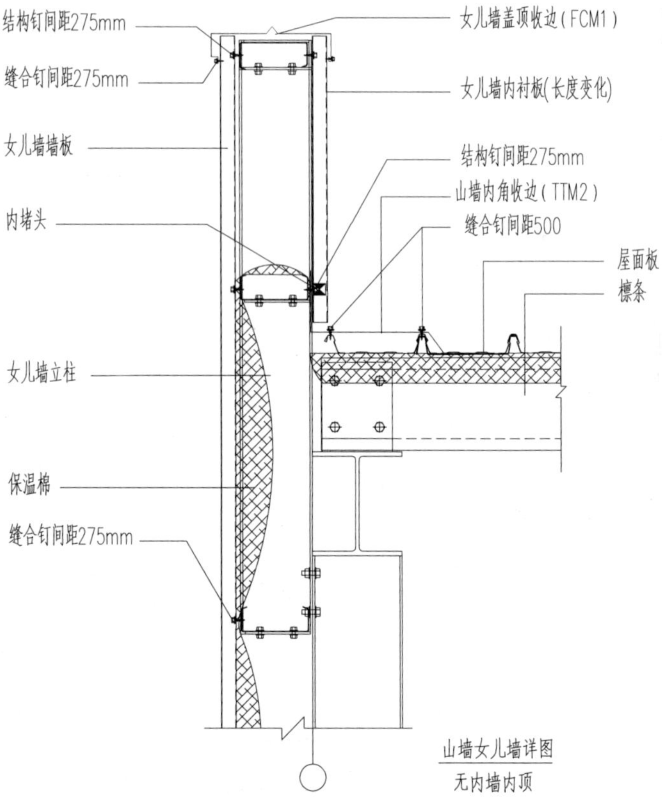
结构钉间距275mm
缝合钉间距275mm
女儿墙墙板
内堵头
女儿墙立柱
保温棉
缝合钉间距275mm
女儿墙盖顶收边(FCM1)
女儿墙内衬板(长度变化)
结构钉间距275mm
山墙内角收边(TTM2)
缝合钉间距500
屋面板
檩条
山墙女儿墙详图
无内墙内顶

▲046-山墙女儿墙详图

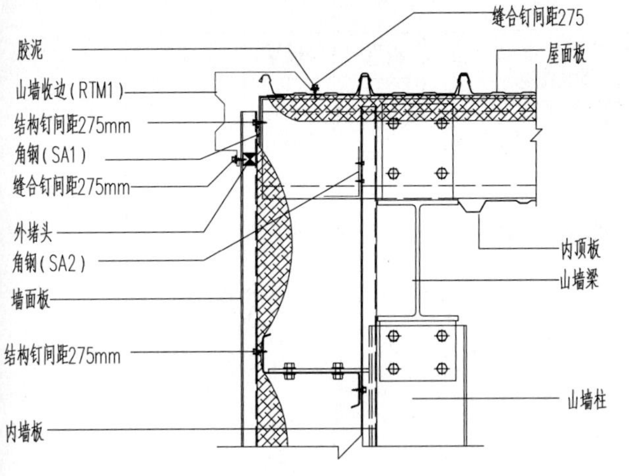
缝合钉间距275
胶泥
屋面板
山墙收边(RTM1)
结构钉间距275mm
角钢(SA1)
缝合钉间距275mm
外堵头
角钢(SA2)
墙面板
内顶板
山墙梁
结构钉间距275mm
山墙柱
内墙板

山墙檐口节点
有内顶板

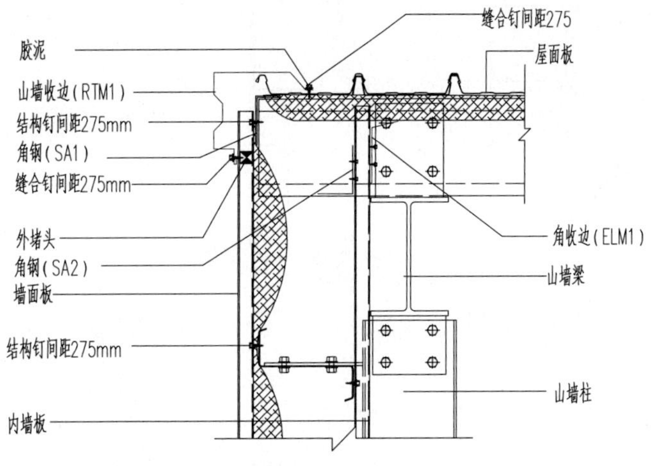
缝合钉间距275
胶泥
屋面板
山墙收边(RTM1)
结构钉间距275mm
角钢(SA1)
缝合钉间距275mm
角收边(ELM1)
外堵头
角钢(SA2)
墙面板
山墙梁
结构钉间距275mm
山墙柱
内墙板

山墙檐口节点
无内顶板

▲047-山墙檐口节点

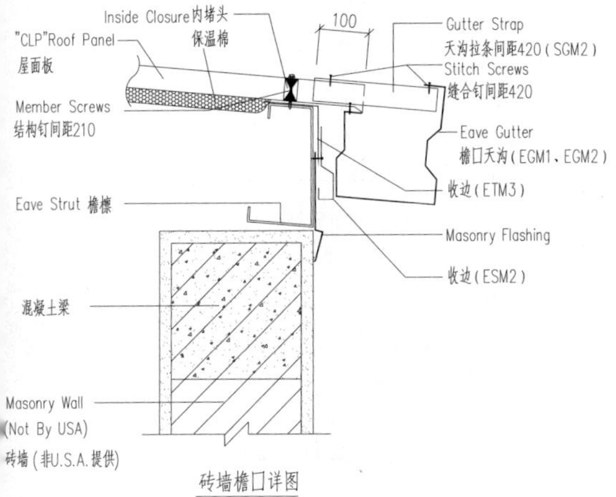
Inside Closure内堵头
"CLP"Roof Panel
屋面板
保温棉
100
Gutter Strap
天沟拉条间距420(SGM2)
Stitch Screws
缝合钉间距420
Member Screws
结构钉间距210
Eave Gutter
檐口天沟(EGM1、EGM2)
收边(ETM3)
Eave Strut 檐檩
Masonry Flashing
收边(ESM2)
混凝土梁
Masonry Wall
(Not By USA)
砖墙(非U.S.A.提供)

砖墙檐口详图

▲048-砖墙檐口详图

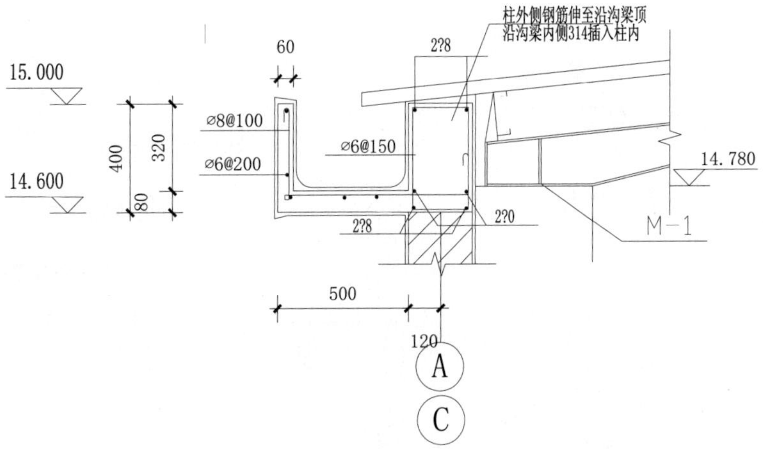
柱外侧钢筋伸至沿沟梁顶
沿沟梁内侧314插入柱内
60
2?8
15.000
ø8@100
ø6@150
ø6@200
400
320
80
14.600
2?8
2?0
14.780
M-1
500
120
A
C

▲049-坡屋顶

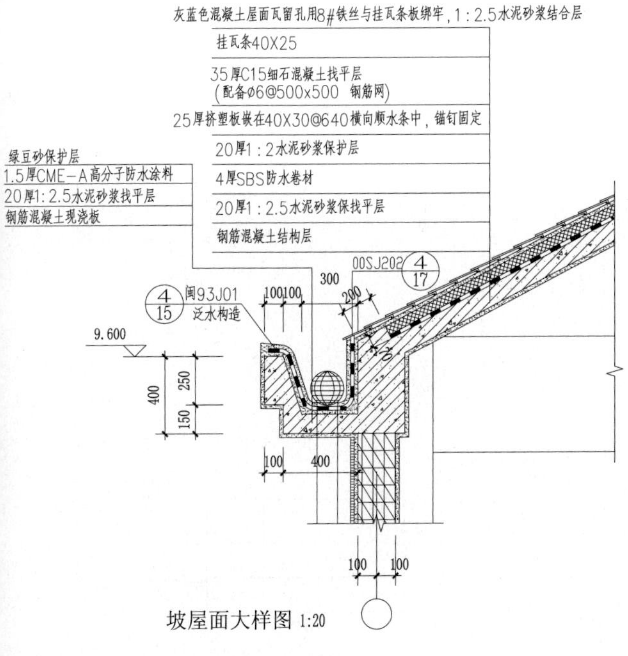
灰蓝色混凝土屋面瓦留孔用8#铁丝与挂瓦条板绑牢,1:2.5水泥砂浆结合层
挂瓦条40X25
35厚C15细石混凝土找平层
(配备ø6@500x500 钢筋网)
25厚挤塑板嵌在40X30@640横向顺水条中,锚钉固定
绿豆砂保护层
1.5厚CME-A高分子防水涂料
20厚1:2.5水泥砂浆找平层
钢筋混凝土现浇板
20厚1:2水泥砂浆保护层
4厚SBS防水卷材
20厚1:2.5水泥砂浆保找平层
钢筋混凝土结构层
00SJ202 4/17
4/15 闽93J01 泛水构造
100100
300
200
9.600
400
250
150
100
400
100
100

坡屋面大样图 1:20

▲050-坡屋面构造

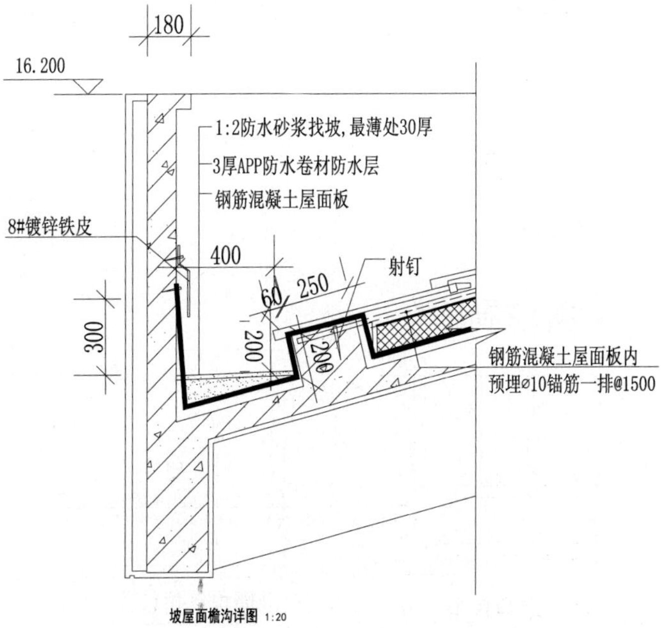
180
16.200
1:2防水砂浆找坡,最薄处30厚
3厚APP防水卷材防水层
钢筋混凝土屋面板
8#镀锌铁皮
400
射钉
60
250
300
200
200
钢筋混凝土屋面板内
预埋ø10锚筋一排@1500

坡屋面檐沟详图 1:20

▲051-坡屋面檐沟详图

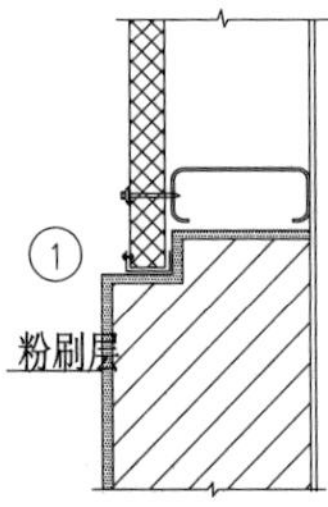
1
粉刷层
80
60

墙与砖墙的连接

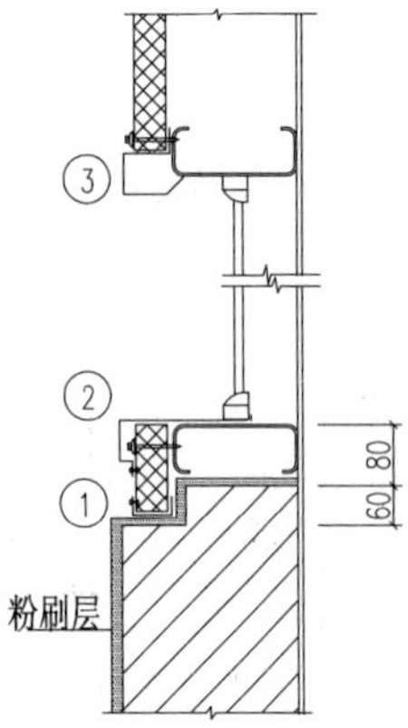
3
2
1
粉刷层
80
60

窗台窗楣泛水

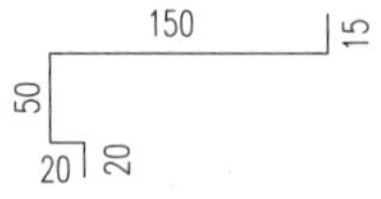
150
15
50
20
20

②

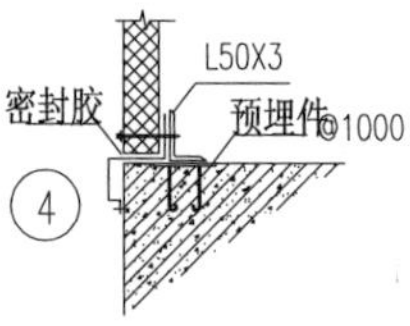
L50X3
密封胶
预埋件@1000
4

墙与地面的连接

板型	板厚	a	b
复合夹心板	40	40	60
	50	50	70

单位:mm

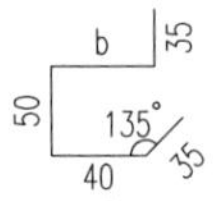
b
35
50
135°
40
35

③

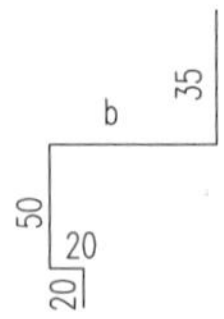
b
35
50
20
20

④

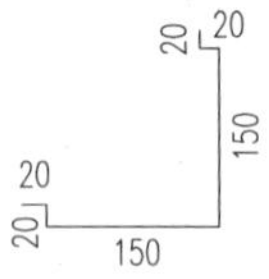
20
20
150
20
20
150

⑤

20
20
a

①

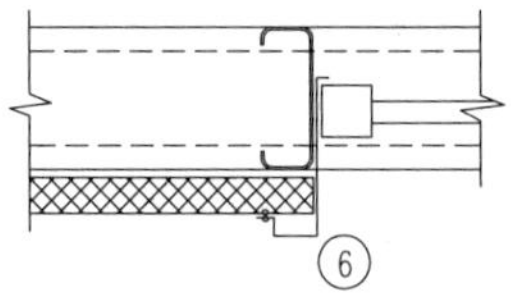
6

窗侧泛水

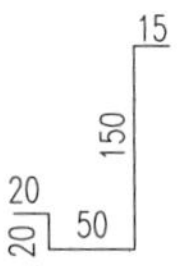
15
150
20
20
50

⑥

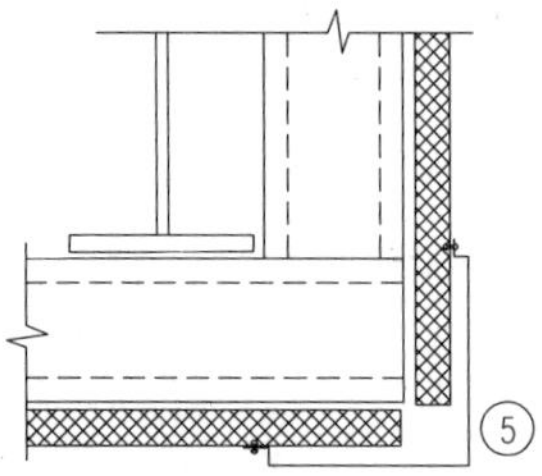
5

墙角包角(一)

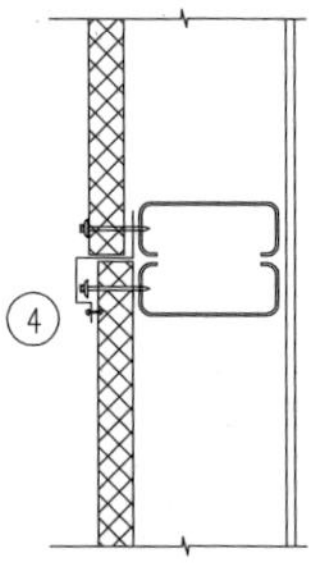
4

墙板搭接(一)
夹芯板

▲052-墙面节点1

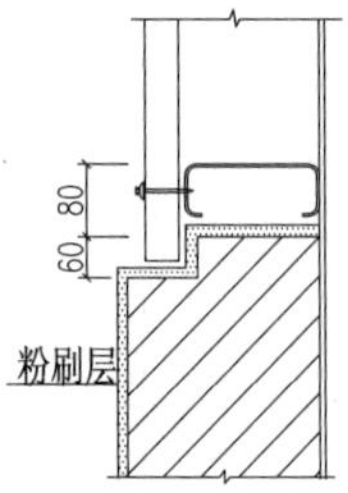
80
60
粉刷层

墙与砖墙的连接

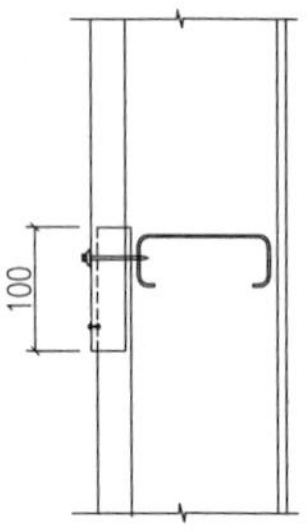
100

墙板搭接(二)
单层板及现场复合板

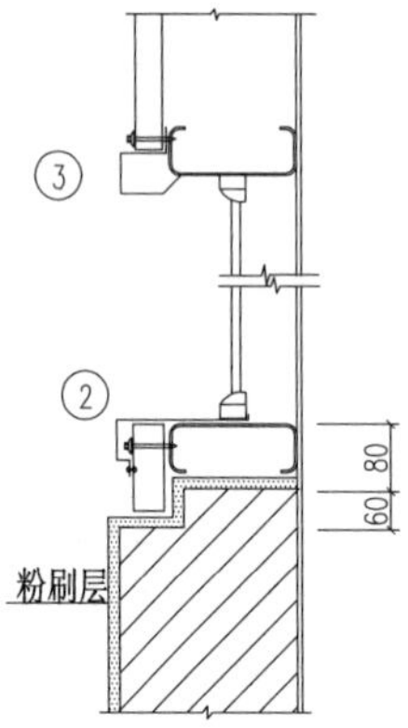
3
2
80
60
粉刷层

窗台窗楣泛水

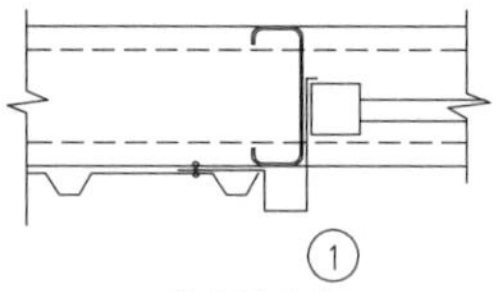
1

窗侧泛水

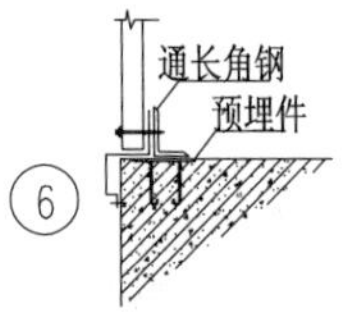
通长角钢
预埋件
6

墙与地面的连接

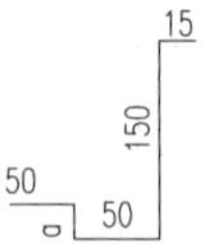
15
150
50
a
50

①

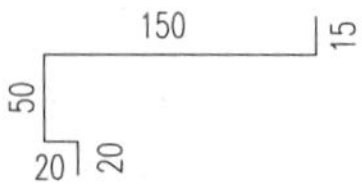
150
15
50
20
20

②

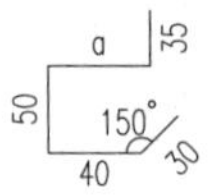
a
35
50
150°
40
30

③

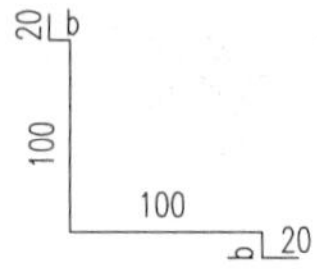
20
b
100
100
b
20

④

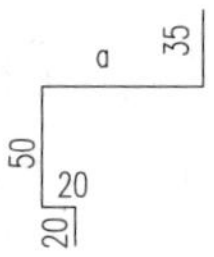
a
35
50
20
20

⑥

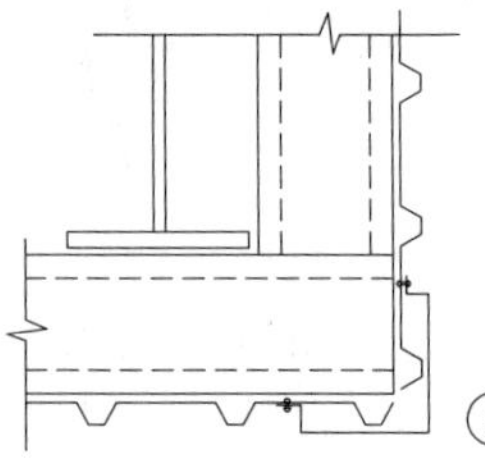
5

墙角包角(一)

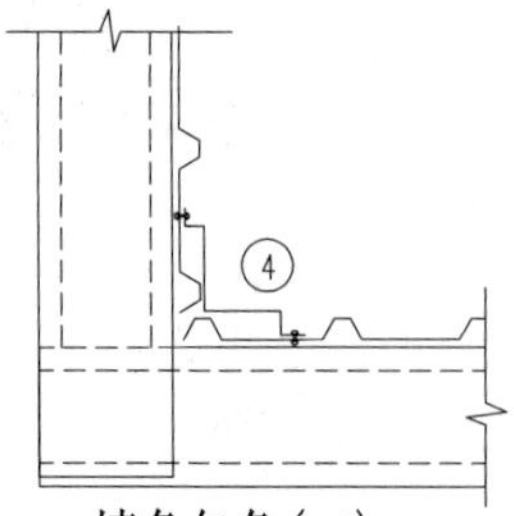
4

墙角包角(二)

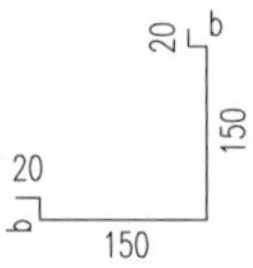
20
b
150
20
b
150

⑤

板型	a	b
HV-200	45	25
V-125	55	35

单位mm

▲053-墙面节点2

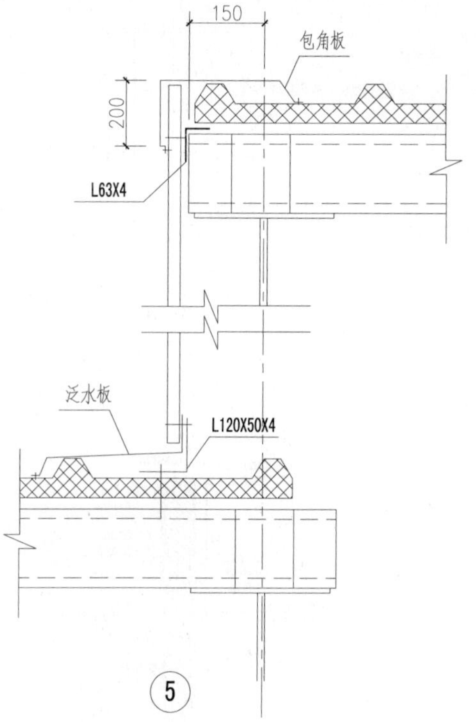
150
包角板
200
L63X4
泛水板
L120X50X4
5

▲054-墙面节点3

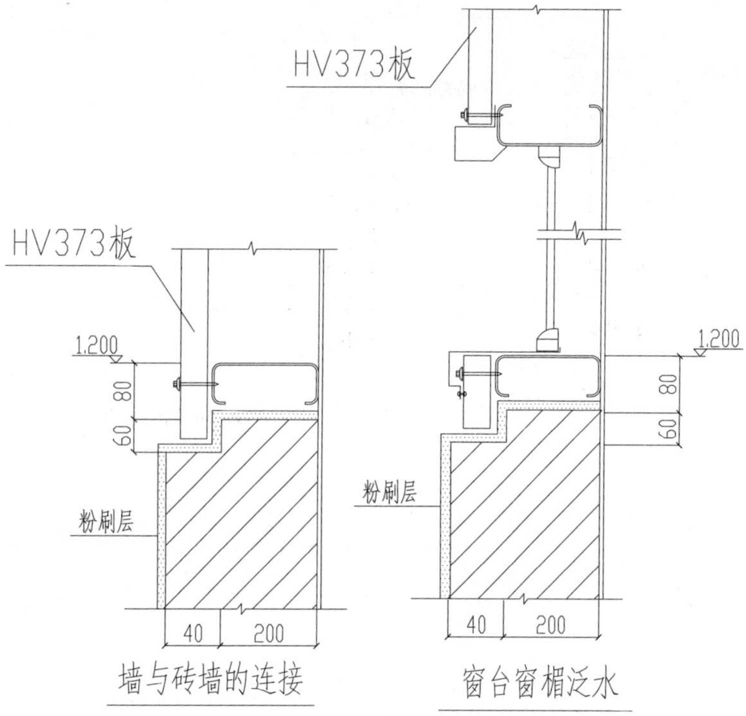
HV373板
HV373板
1.200
80
60
粉刷层
40
200
墙与砖墙的连接
1.200
80
60
粉刷层
40
200
窗台窗楣泛水

▲055-墙面节点4

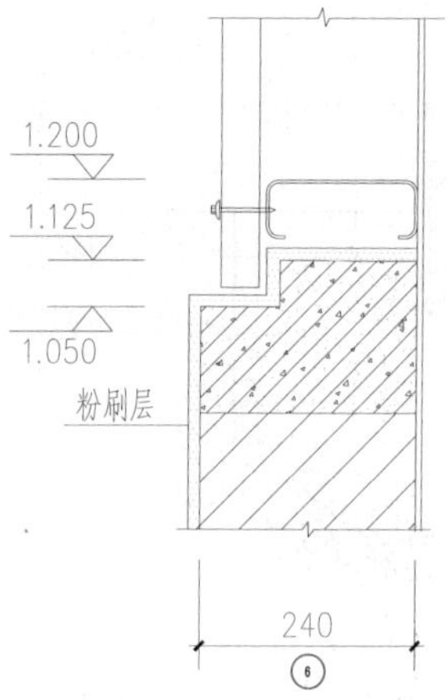
1.200
1.125
1.050
粉刷层
240
6

▲056-墙面节点5

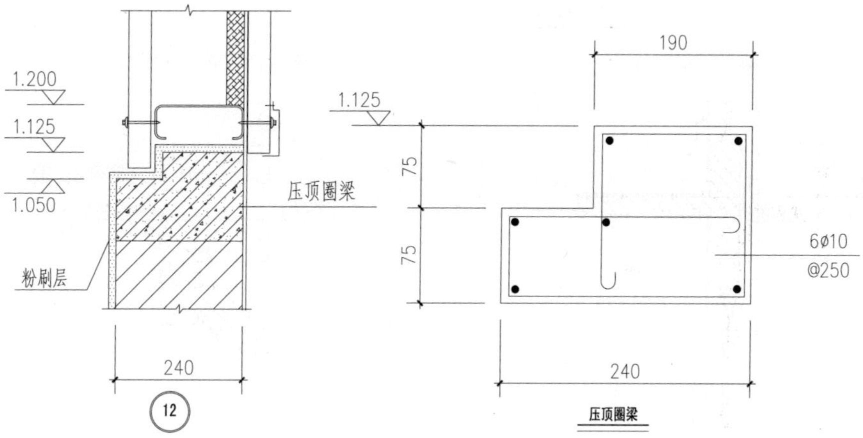
1.200
1.125
1.050
压顶圈梁
粉刷层
240
12
190
1.125
75
75
6Ø10
@250
240
压顶圈梁

▲057-墙面节点6

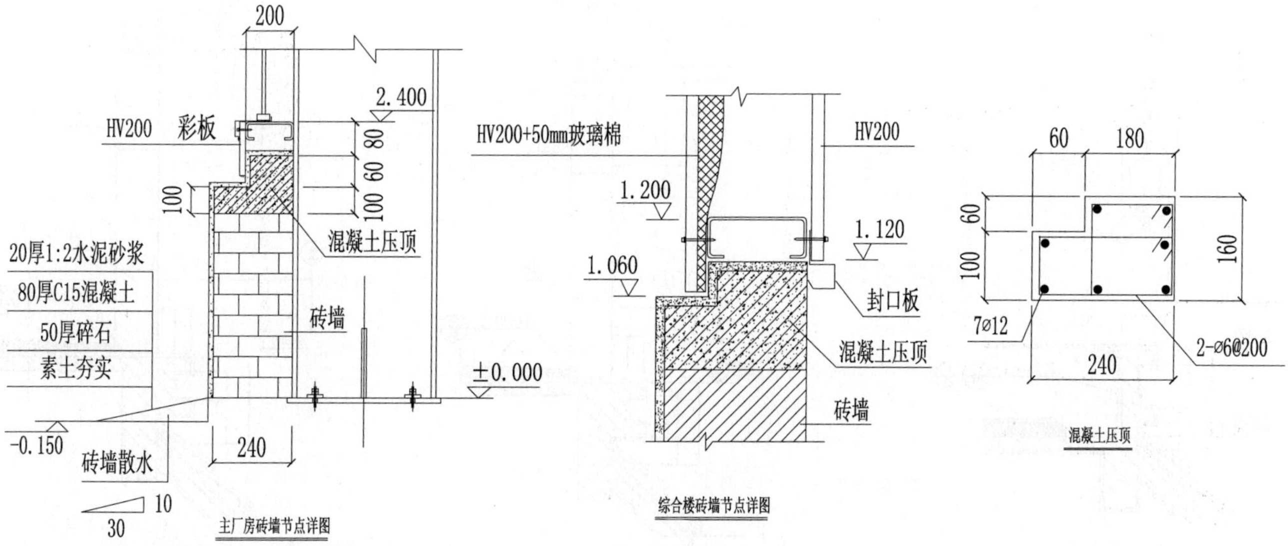
200
2.400
HV200
彩板
80
60
100
100
混凝土压顶
20厚1:2水泥砂浆
80厚C15混凝土
50厚碎石
素土夯实
砖墙
±0.000
-0.150
240
砖墙散水
10
30
主厂房砖墙节点详图
HV200+50mm玻璃棉
HV200
1.200
1.120
1.060
封口板
混凝土压顶
砖墙
综合楼砖墙节点详图
60
180
60
100
160
7Ø12
2-Ø6@200
240
混凝土压顶

▲058-墙面节点7

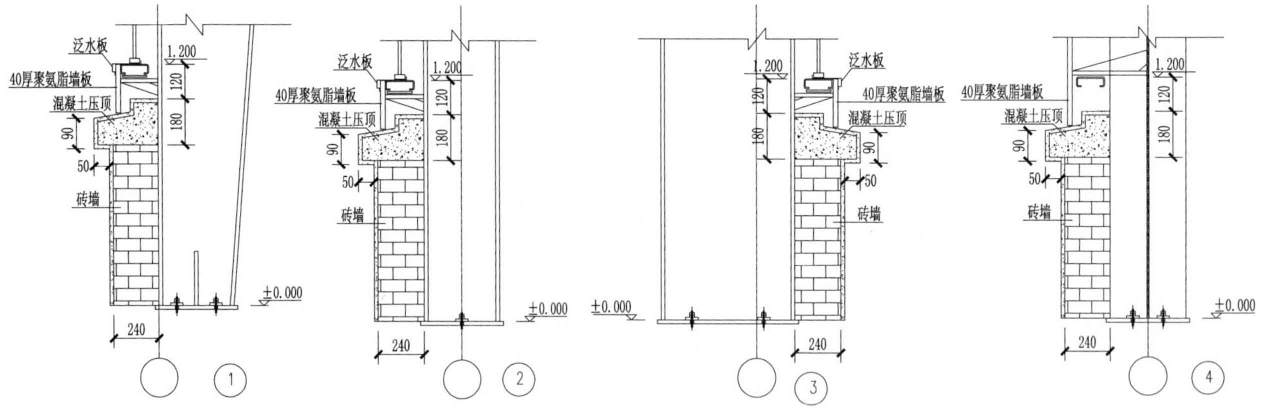

▲059-墙面节点8

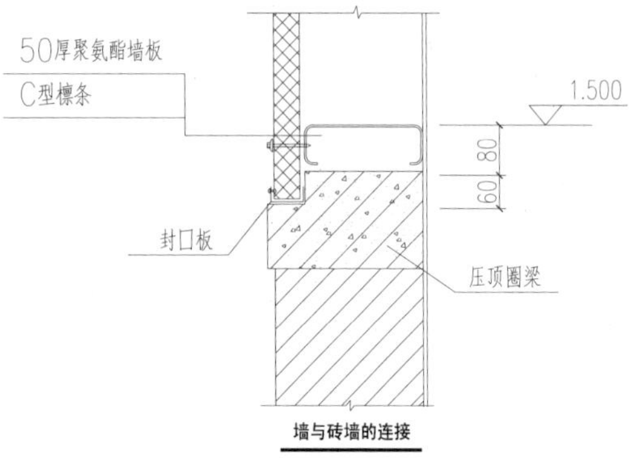

▲060-墙面节点9

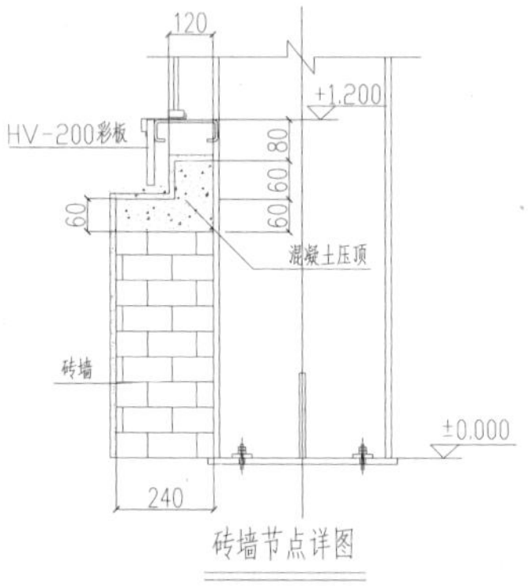

▲061-砖墙节点详图

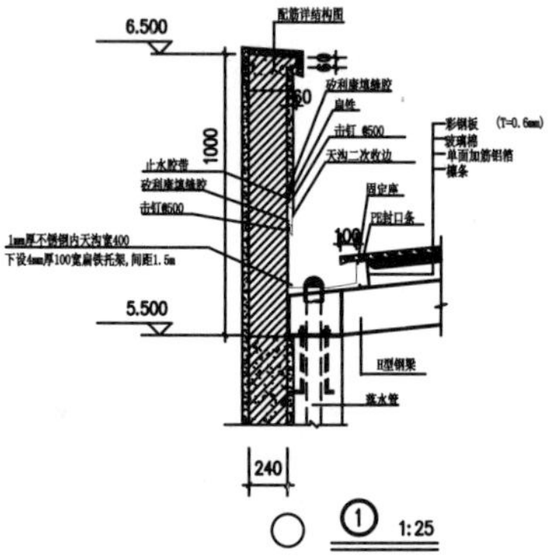

▲062-轻钢屋面内排水天沟详图

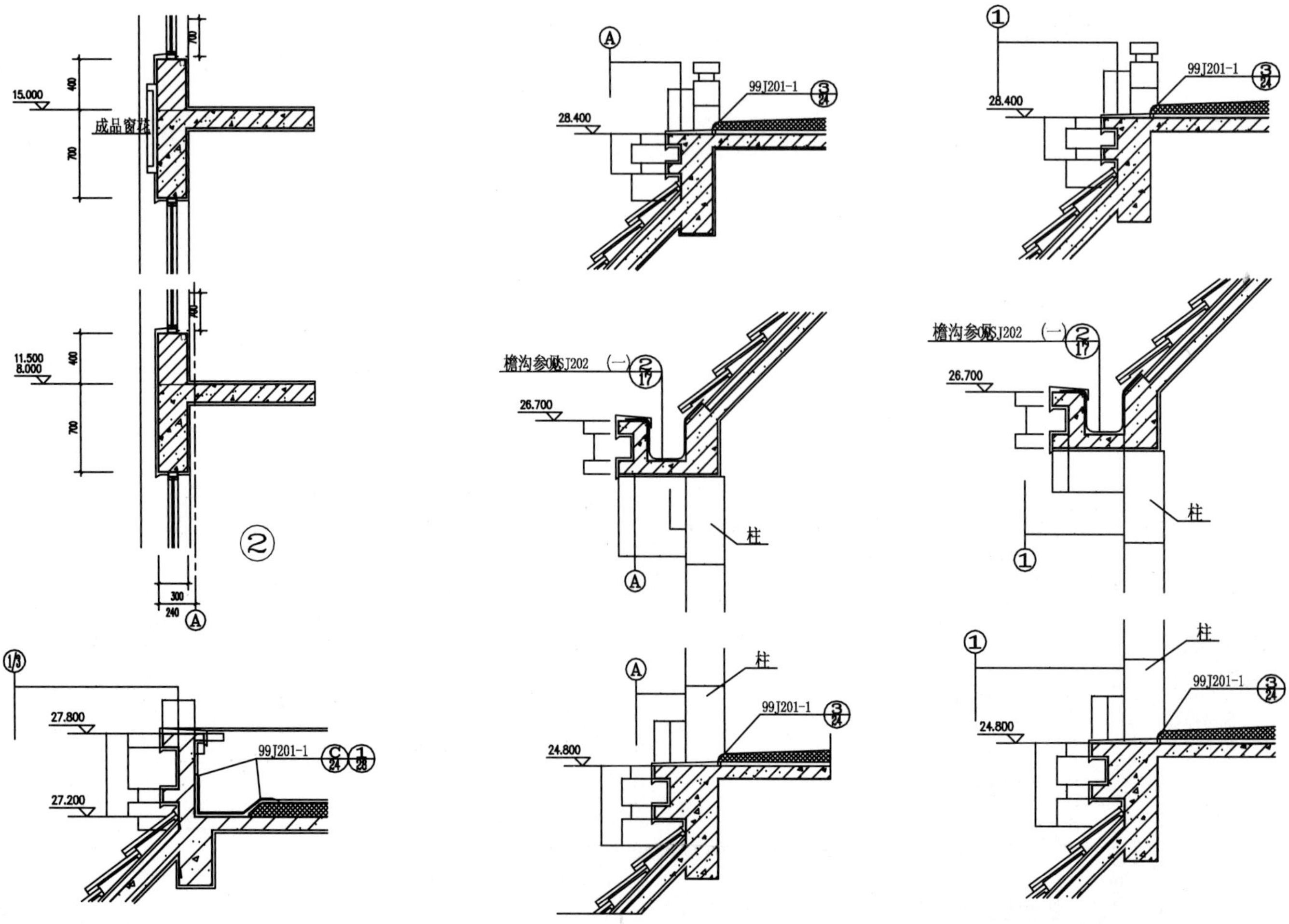

▲063-墙身檐沟和线脚大样1

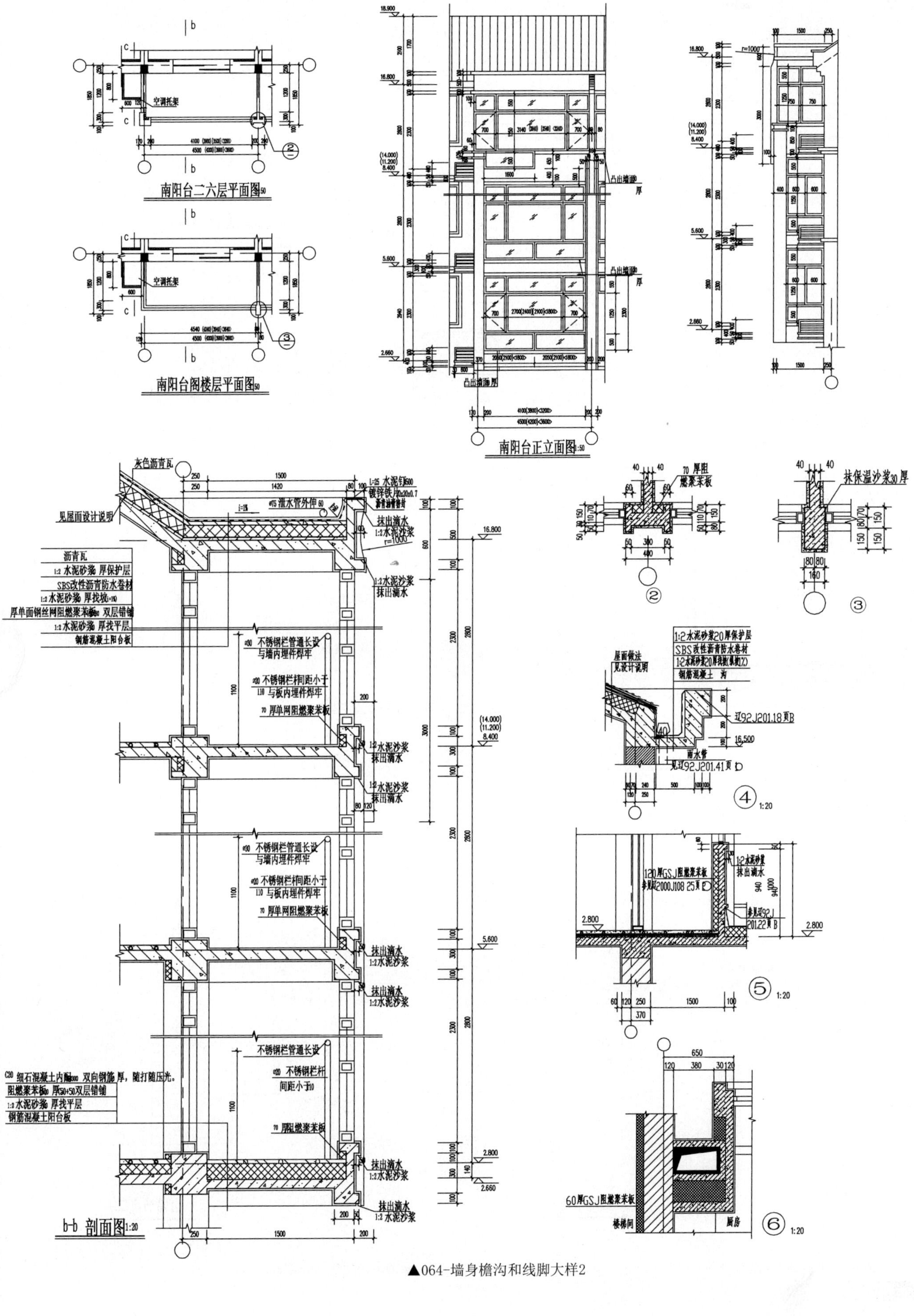
南阳台二六层平面图
南阳台阁楼层平面图
南阳台正立面图
b-b 剖面图
空调托架
凸出墙面
灰色沥青瓦
见屋面设计说明
沥青瓦
1:2 水泥砂浆 厚保护层
SBS改性沥青防水卷材
1:2 水泥砂浆 厚找坡
1:2 水泥砂浆 厚找平层
钢筋混凝土阳台板
不锈钢栏管通长设 与墙内埋件焊牢
不锈钢栏杆间距小于110 与板内埋件焊牢
厚单网阻燃聚苯板
1:2水泥沙浆
抹出滴水
抹保温沙浆30厚
屋面做法 见设计说明
雨水管
见辽92J201.41页D
辽92J201.18页B
参见辽92J 201.22页B
60厚GSJ阻燃聚苯板
楼梯间
厨房

▲064-墙身檐沟和线脚大样2

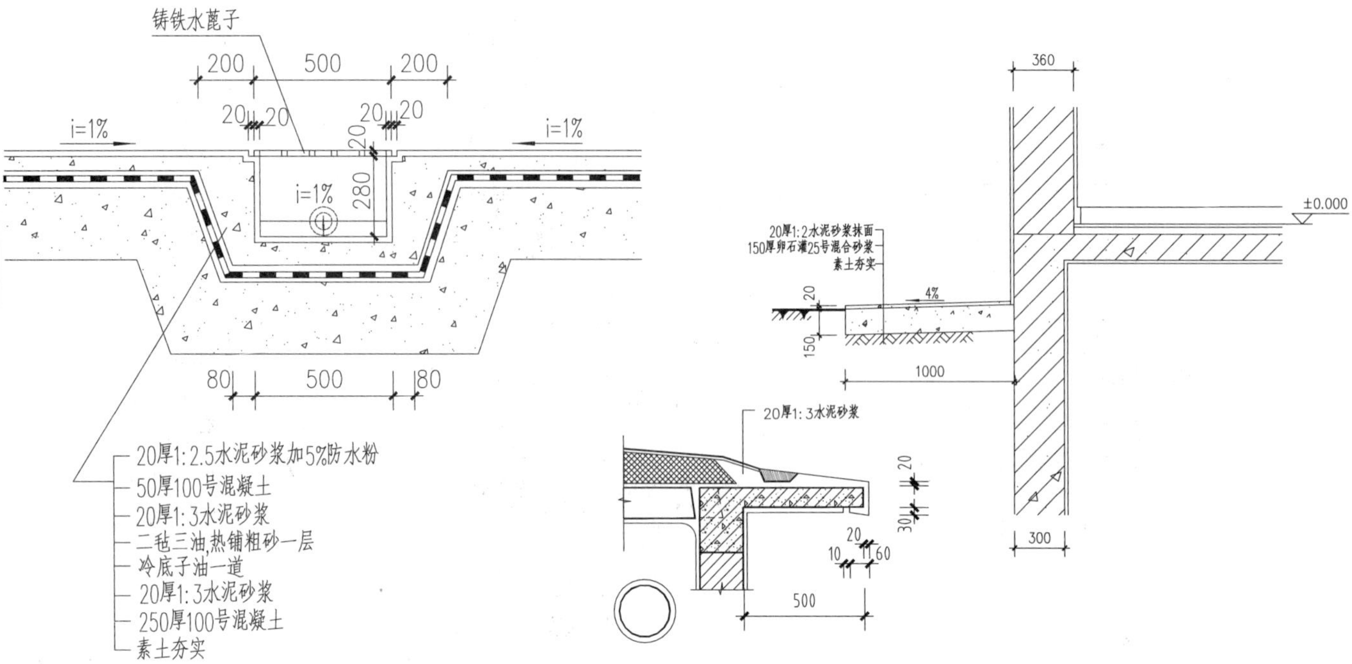
铸铁水篦子
200
500
200
20
20
20
20
i=1%
i=1%
i=1%
20
280
80
500
80
20厚1:2.5水泥砂浆加5%防水粉
50厚100号混凝土
20厚1:3水泥砂浆
二毡三油,热铺粗砂一层
冷底子油一道
20厚1:3水泥砂浆
250厚100号混凝土
素土夯实
360
±0.000
20厚1:2水泥砂浆抹面
150厚卵石灌25号混合砂浆
素土夯实
4%
20
150
1000
300
20厚1:3水泥砂浆
20
30
20
10
60
500

▲065-散水檐口节点大样图

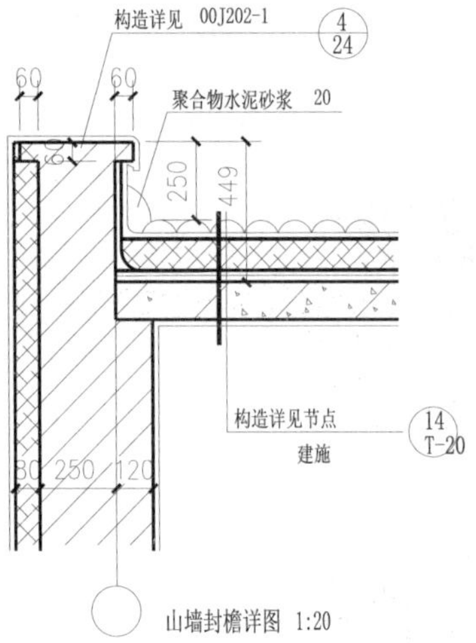
构造详见 00J202-1
4
24
60
60
聚合物水泥砂浆 20
60
250
449
构造详见节点
14
T-20
建施
30 250 120
山墙封檐详图 1:20

▲066-山墙封檐详图

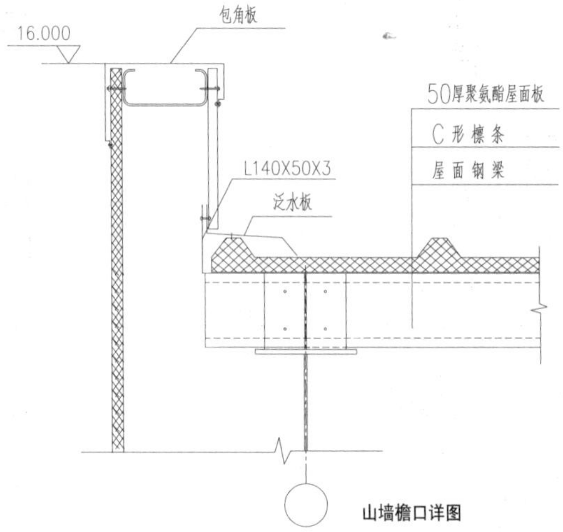
16.000
包角板
50厚聚氨酯屋面板
C形檩条
屋面钢梁
L140X50X3
泛水板
山墙檐口详图

▲067-山墙檐口详图1

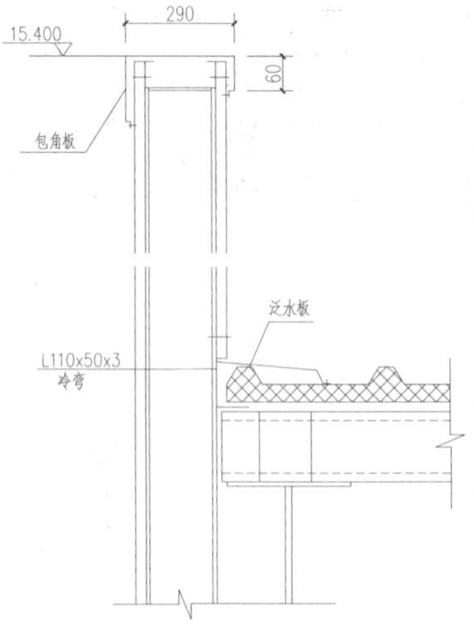
15.400
290
60
包角板
泛水板
L110x50x3
冷弯

▲068-山墙檐口详图2

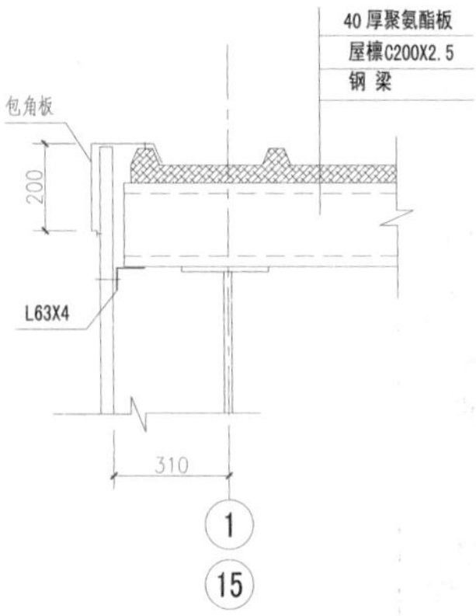
40厚聚氨酯板
屋檩C200X2.5
钢梁
包角板
200
L63X4
310
1
15

▲069-山墙檐口详图3

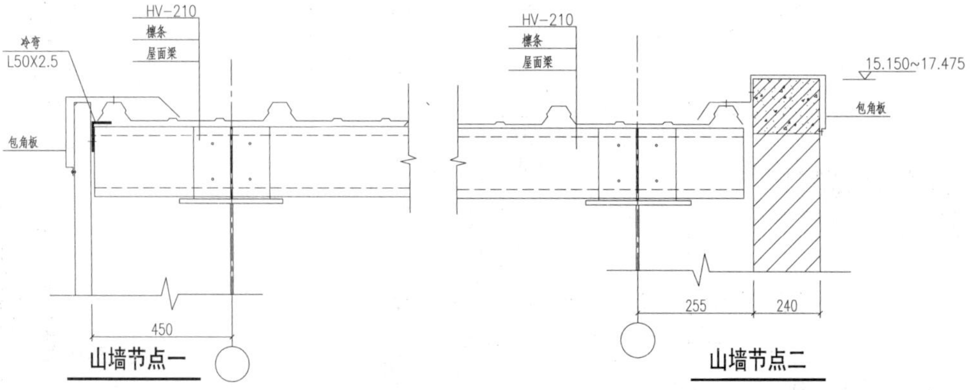
HV-210
檩条
屋面梁
冷弯
L50X2.5
包角板
450
山墙节点一
HV-210
檩条
屋面梁
15.150~17.475
包角板
255
240
山墙节点二

▲070-山墙檐口详图4

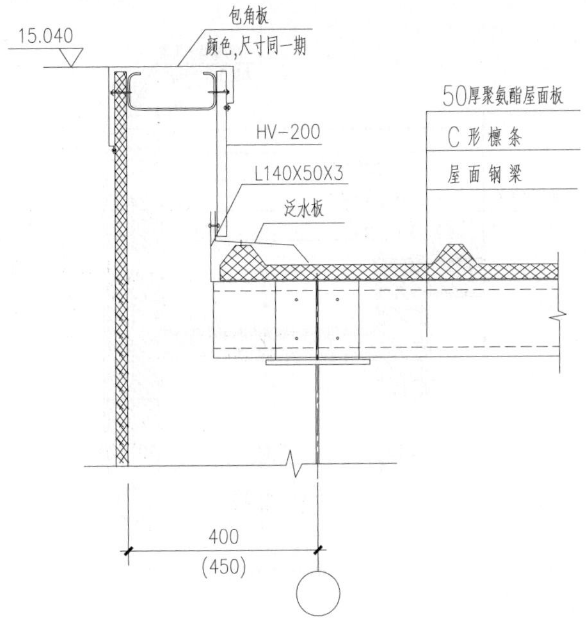

15.040
包角板
颜色,尺寸同一期
50厚聚氨酯屋面板
HV-200
C形檩条
L140X50X3
屋面钢梁
泛水板
400
(450)

▲071-山墙檐口详图5

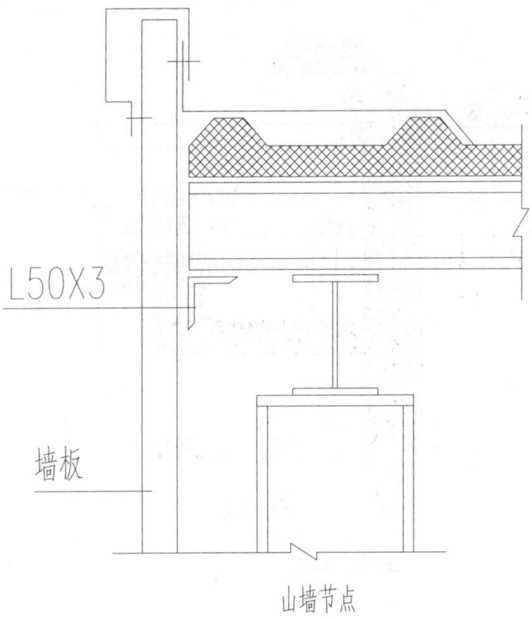

L50X3
墙板
山墙节点

▲072-山墙檐口详图6

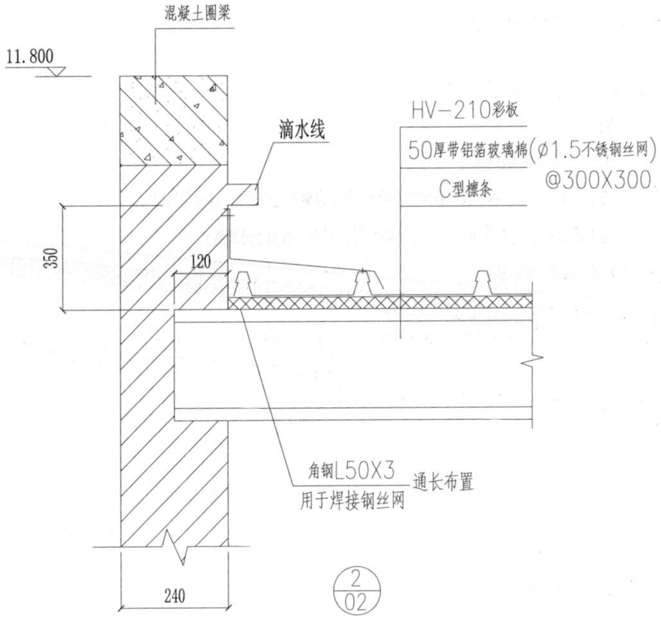

混凝土圈梁
11.800
滴水线
HV-210彩板
50厚带铝箔玻璃棉(Ø1.5不锈钢丝网)
@300X300
C型檩条
350
120
角钢L50X3
用于焊接钢丝网
通长布置
240
2
02

▲073-山墙檐口详图7

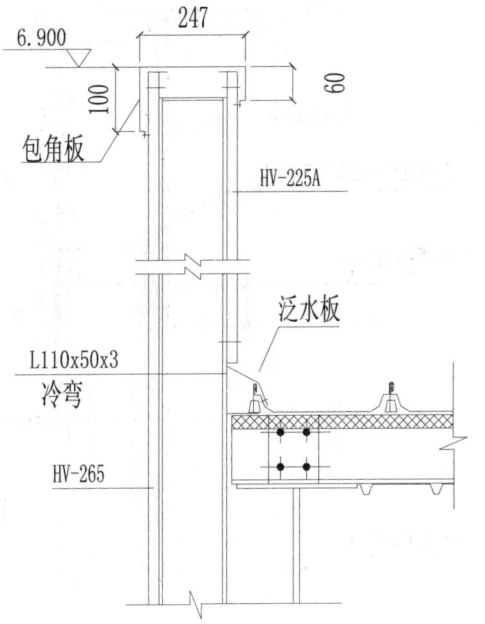

247
6.900
100
60
包角板
HV-225A
泛水板
L110x50x3
冷弯
HV-265

▲074-山墙檐口详图8

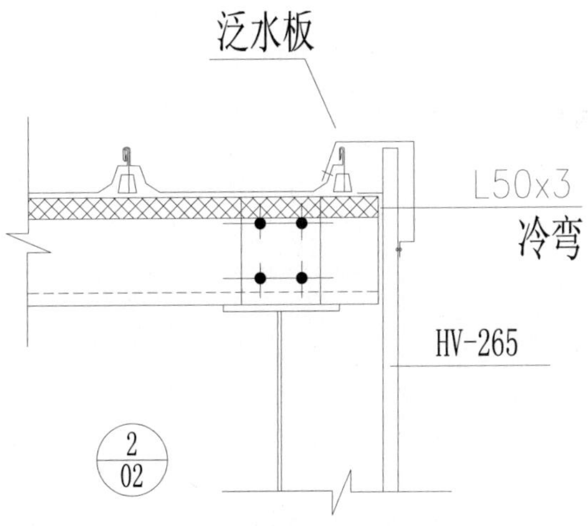

泛水板
L50x3
冷弯
HV-265
2
02

▲075-山墙檐口详图9

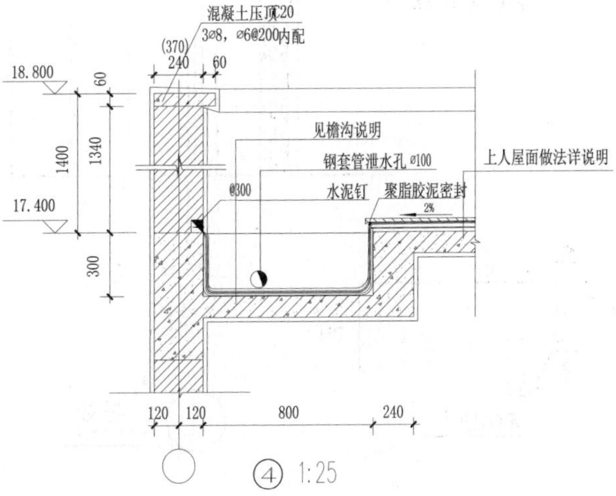

混凝土压顶C20
3Ø8，Ø6@200内配
(370)
240
60
18.800
60
1400
1340
见檐沟说明
钢套管泄水孔 Ø100
上人屋面做法详说明
@300
水泥钉
聚脂胶泥密封
2%
17.400
300
120
120
800
240
④ 1:25

▲076-天沟1

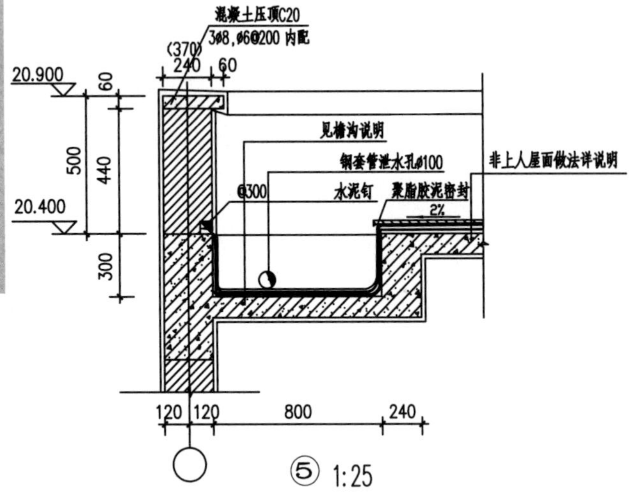

▲077-天沟2

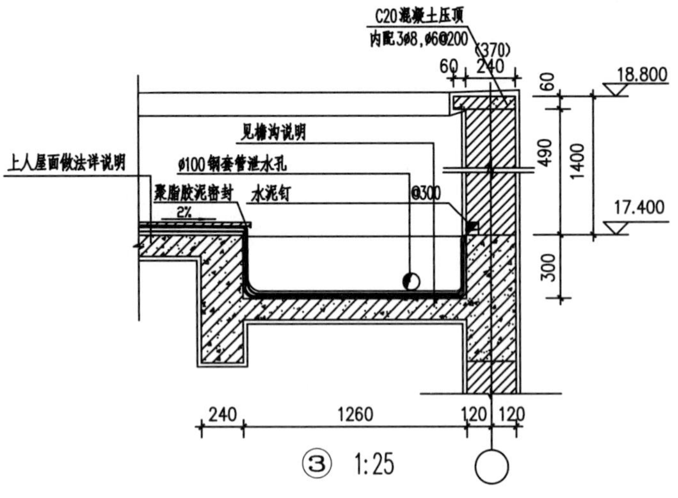

▲078-天沟3

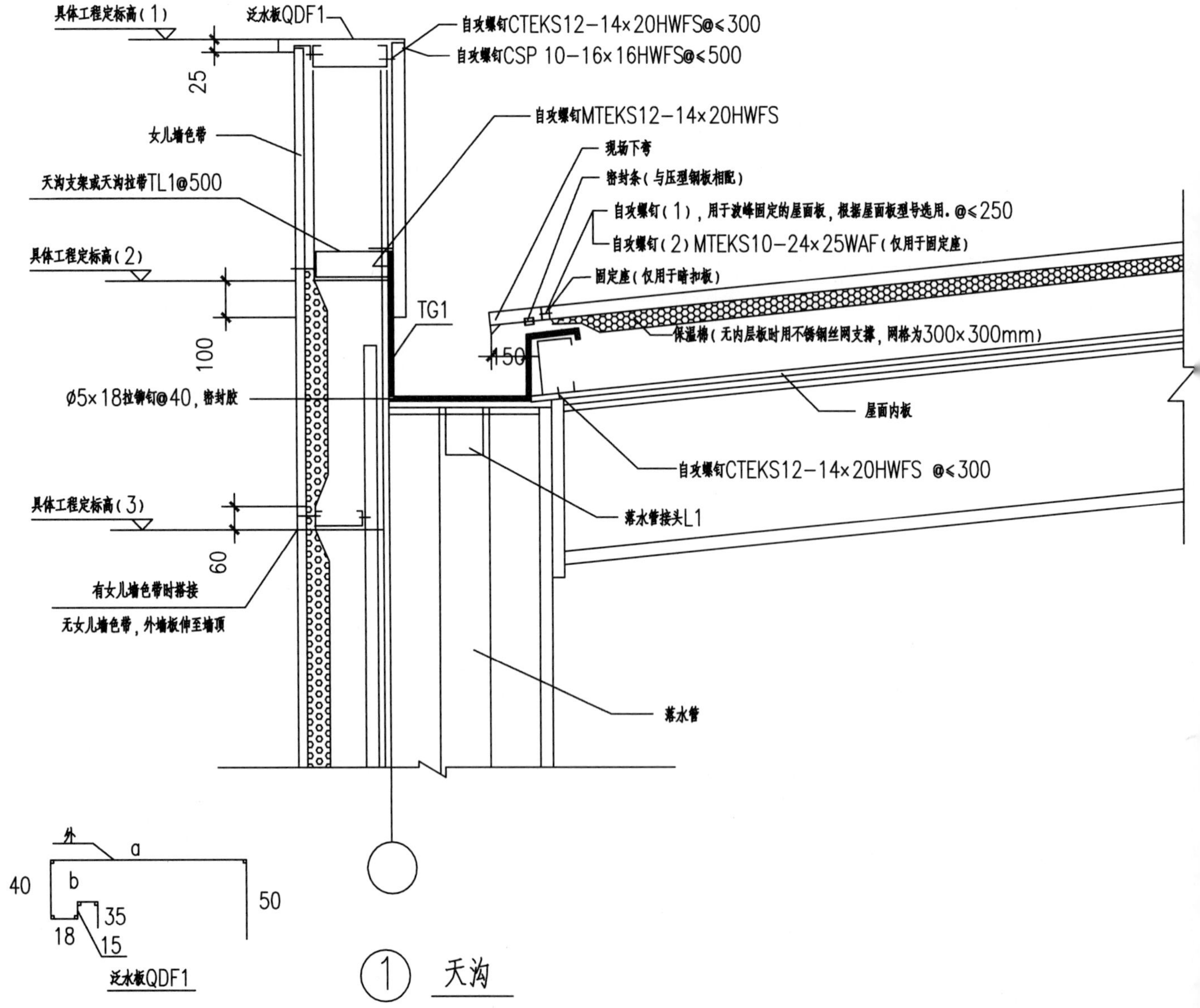

▲079-天沟4

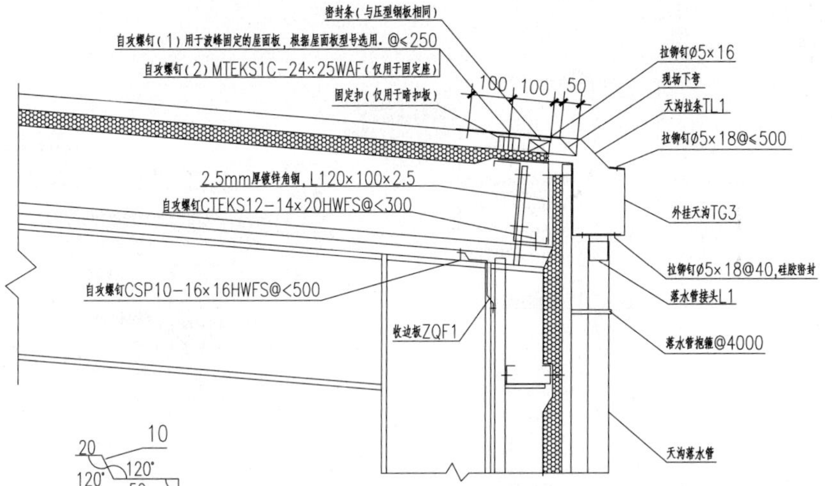

密封条(与压型钢板相同)
自攻螺钉(1)用于波峰固定的屋面板，根据屋面板型号选用.@≤250
自攻螺钉(2)MTEKS1C-24×25WAF(仅用于固定座)
固定扣(仅用于暗扣板)
100
100
50
拉铆钉ø5×16
现场下弯
天沟拉条TL1
拉铆钉ø5×18@≤500
2.5mm厚镀锌角钢，L120×100×2.5
自攻螺钉CTEKS12-14×20HWFS@<300
外挂天沟TG3
拉铆钉ø5×18@40,硅胶密封
落水管接头L1
自攻螺钉CSP10-16×16HWFS@<500
收边板ZQF1
落水管抱箍@4000
天沟落水管

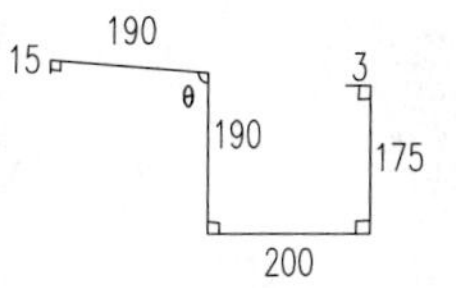

15
190
θ
190
3
175
200

外挂天沟
(彩板或不锈板制作)

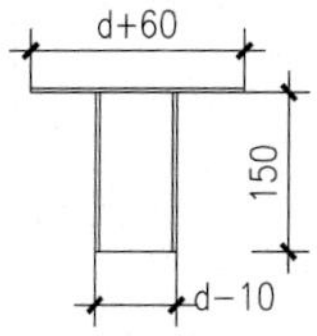

d+60
150
d-10

落水管接头L1

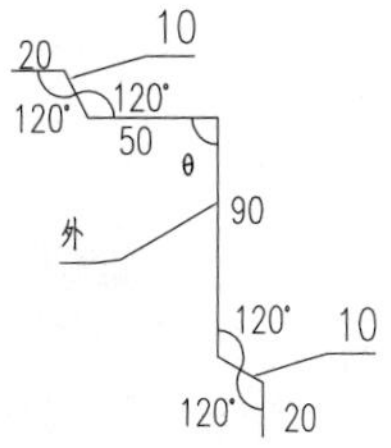

20
10
120°
120°
50
θ
外
90
120°
10
120°
20

① 天沟

纵墙收边板ZQF1

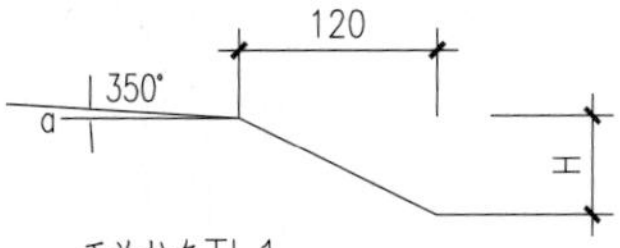

120
350°
a
H

天沟拉条TL1
2.5mm厚镀锌钢板

注：1.屋面板的组合型式根据具体工程定.
2.墙面板的组合型式根据具体工程定.
3.θ=α+90°,α为屋面倾角.
4.H由屋面板规格定.

	墙板型号			
	HXY-980	HXY-750	HXY-407	HXY-450
H	45	50	56	75

5.d等于落水管内径.

▲083-天沟8

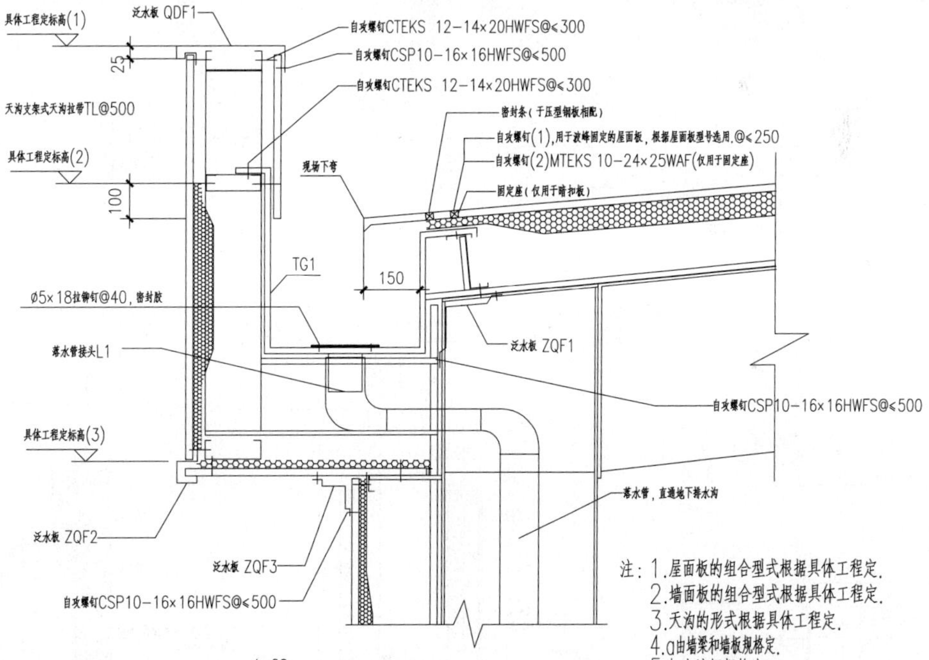

具体工程定标高(1)
泛水板 QDF1
25
自攻螺钉CTEKS 12-14×20HWFS@≤300
自攻螺钉CSP10-16×16HWFS@≤500
自攻螺钉CTEKS 12-14×20HWFS@≤300
天沟支架式天沟拉带TL@500
密封条(于压型钢板相配)
自攻螺钉(1),用于波峰固定的屋面板，根据屋面板型号选用.@≤250
自攻螺钉(2)MTEKS 10-24×25WAF(仅用于固定座)
具体工程定标高(2)
现场下弯
固定座(仅用于暗扣板)
100
TG1
150
ø5×18拉铆钉@40，密封胶
泛水板 ZQF1
落水管接头L1
自攻螺钉CSP10-16×16HWFS@≤500
具体工程定标高(3)
落水管，直通地下排水沟
泛水板 ZQF2
泛水板 ZQF3
自攻螺钉CSP10-16×16HWFS@≤500

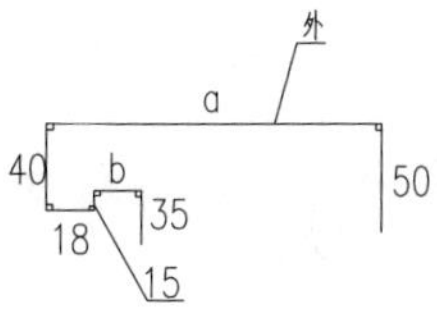

外
a
40
b
50
18
35
15

泛水板 QDF1

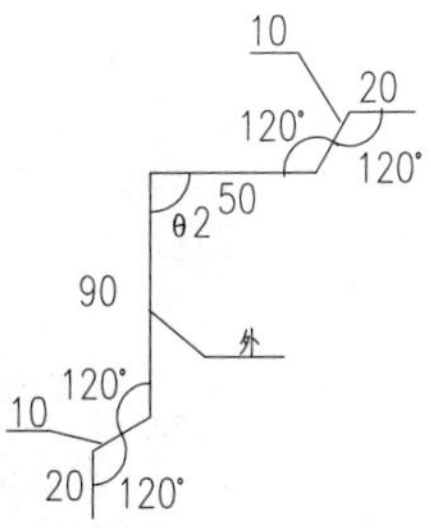

10
20
120°
120°
50
θ2
90
外
120°
10
20
120°

纵墙收边板ZQF1

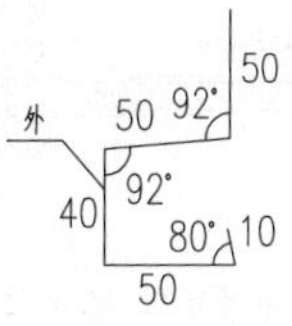

外
50
92°
50
92°
40
80°
10
50

泛水板ZQF2

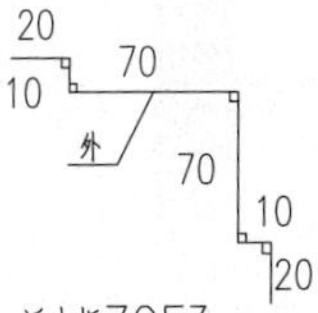

20
70
10
外
70
10
20

泛水板ZQF3

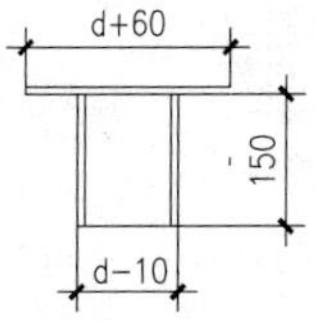

d+60
150
d-10

落水管接头L1

① 天沟

注：1.屋面板的组合型式根据具体工程定.
2.墙面板的组合型式根据具体工程定.
3.天沟的形式根据具体工程定.
4.a由墙梁和墙板规格定.
5.b由墙板规格定.

	墙板型号		
	HXY-980	HXY-820	HXY-373
b	32	26	52

6.d等于落水管内径.

▲084-天沟9

檐口天沟大样

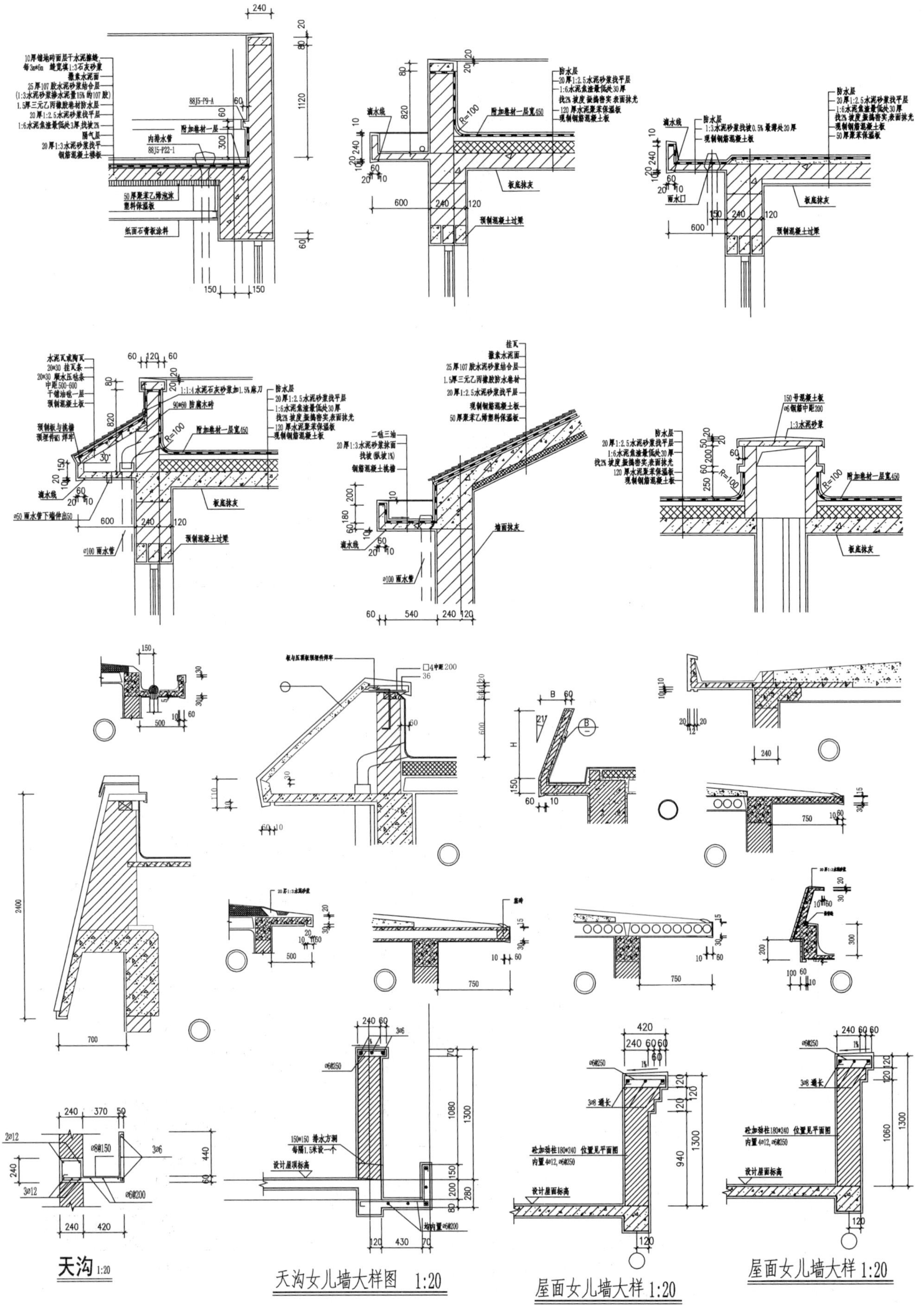
10厚铺地砖面层干水泥擦缝
每3m*6m 缝宽填1:3石灰砂浆
撒素水泥面
25厚107胶水泥砂浆结合层
(1:3水泥砂浆掺水泥量15%的107胶)
1.5厚三元乙丙橡胶卷材防水层
20厚1:2.5水泥砂浆找平层
1:6水泥焦渣最低处3厚 找坡2%
隔气层
20厚1:3水泥砂浆找平
钢筋混凝土楼板
附加卷材一层
内排水管
50厚聚苯乙烯泡沫塑料保温板
纸面石膏板涂料
防水层
20厚1:2.5水泥砂浆找平层
1:6水泥焦渣最低处30厚
找2%坡度振捣密实表面抹光
120厚水泥聚苯保温板
现制钢筋混凝土板
附加卷材一层宽450
滴水线
板底抹灰
现制混凝土过梁
雨水口
水泥瓦或陶瓦
挂瓦条
顺水压毡条
干铺油毡一层
现制钢筋混凝土板
现制板与挑檐预埋件焊牢
防腐木砖
雨水管
挂瓦
撒素水泥面
25厚107胶水泥砂浆结合层
1.5厚三元乙丙橡胶防水卷材
20厚1:2.5水泥砂浆找平层
现制钢筋混凝土板
50厚聚苯乙烯塑料保温板
二毡三油
20厚1:3水泥砂浆找面
找坡(纵坡1%)
钢筋混凝土挑檐
墙面抹灰
150号混凝土板
1:3水泥砂浆
天沟 1:20
天沟女儿墙大样图 1:20
屋面女儿墙大样 1:20
屋面女儿墙大样 1:20

▲085-天沟女儿墙节点图

100100
不上人屋面
3.300
200
100
600
400
100
(6.600)
3.300
100
100
600
400
100
3.300
100100 250
100
600
400
100
450
天沟大样一 1:20

▲086-天沟大样

保护层
保温层
防水层
密封材料
i
20 100
20
H
30
20 40
B
1 结构找坡

保护层
保温层
防水层
密封材料
i
20 100
20
H
30
B
2 结构找坡
5~10
B
16
120
i
防水层
50
H
30
20 40
B
4 建筑找坡

5~10
B
16
120
i
附加卷材
防水层
50
H
30
20 40
B
3 建筑找坡

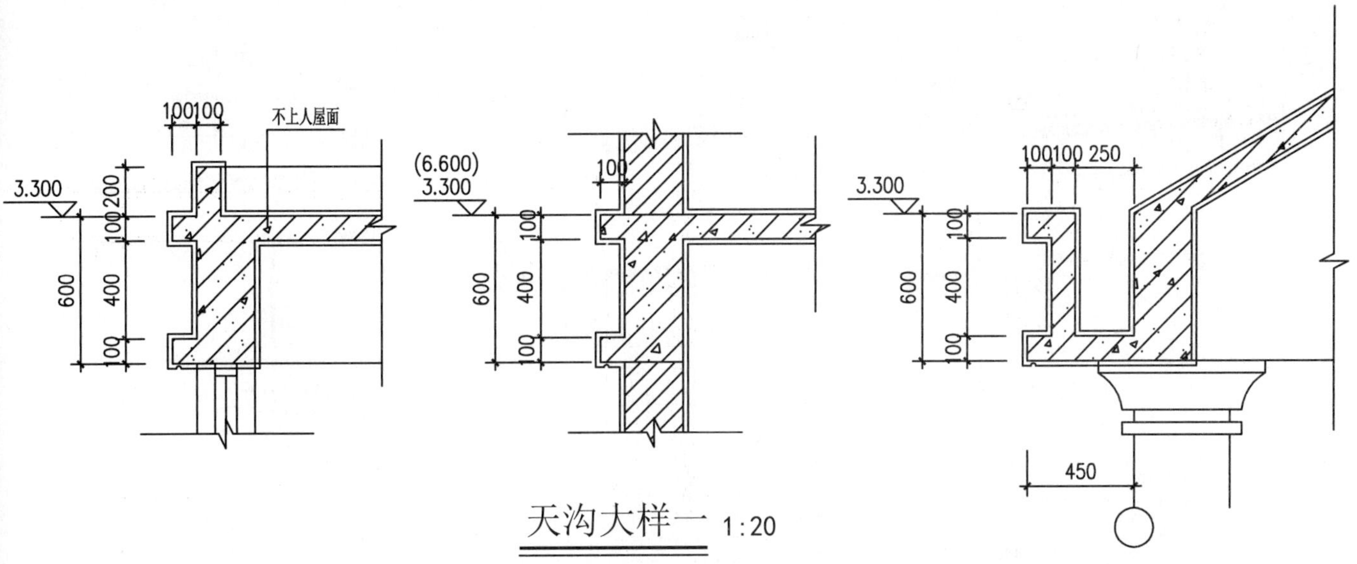

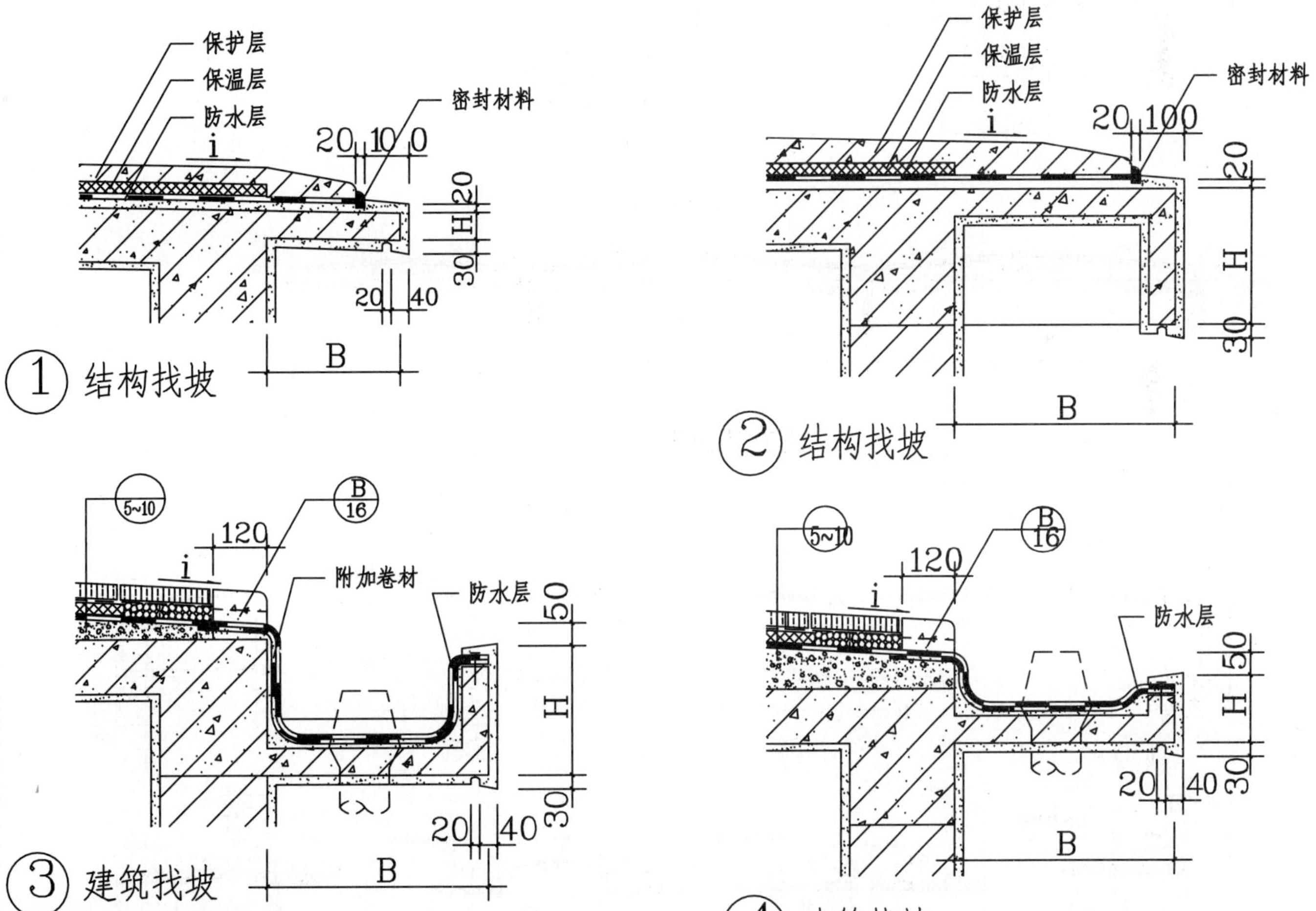

注: 1.B H按工程设计.
2.有天沟的H应大于200.

▲087-挑檐檐沟构造详图

50mm厚EPS板
檩条
屋面梁
滴水板
包角板
HV-200
TG1,TG2
檐口节点
山墙节点
L100X4
预埋件
@1200
C180x2.5
A-A剖面图
40mm聚氨酯屋面板
泛水板
屋面伸缩缝节点
采光带
屋脊

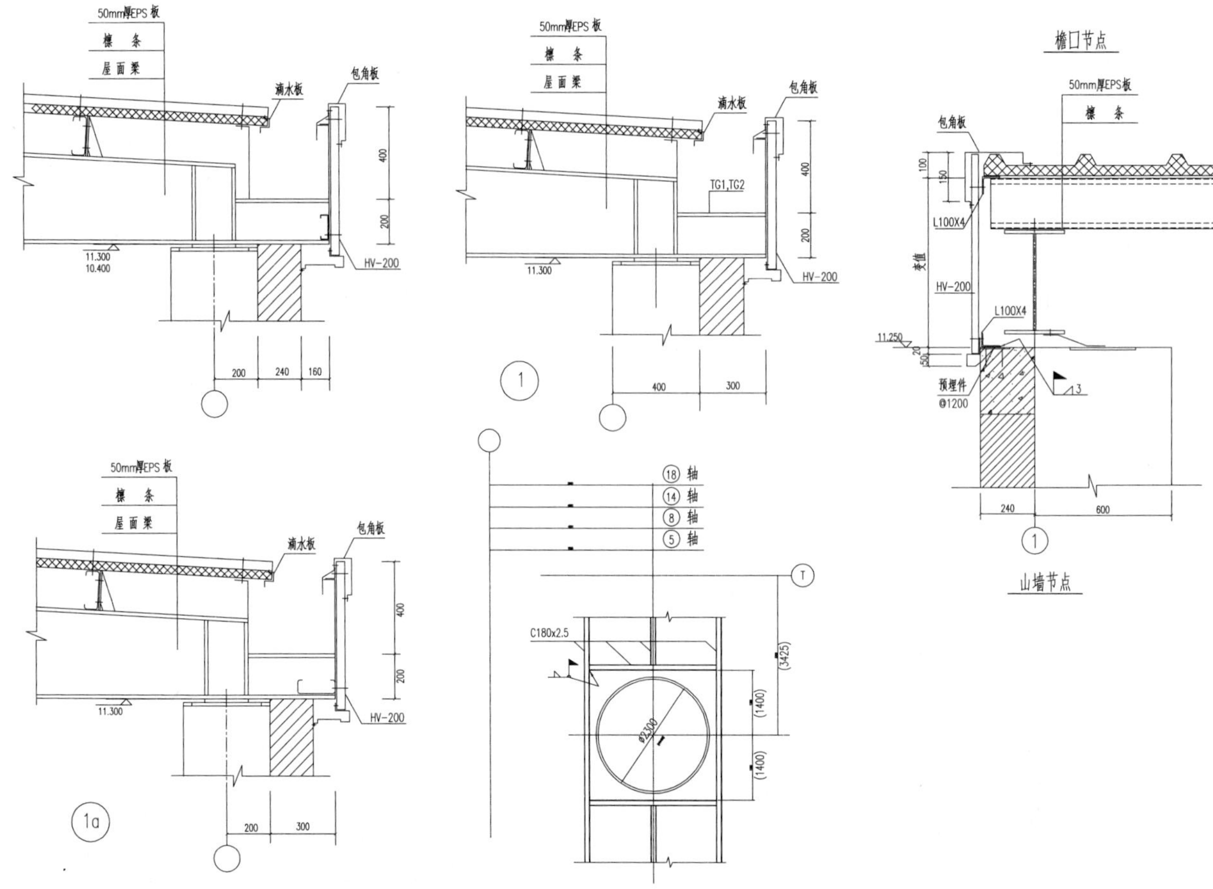

▲088-屋盖1

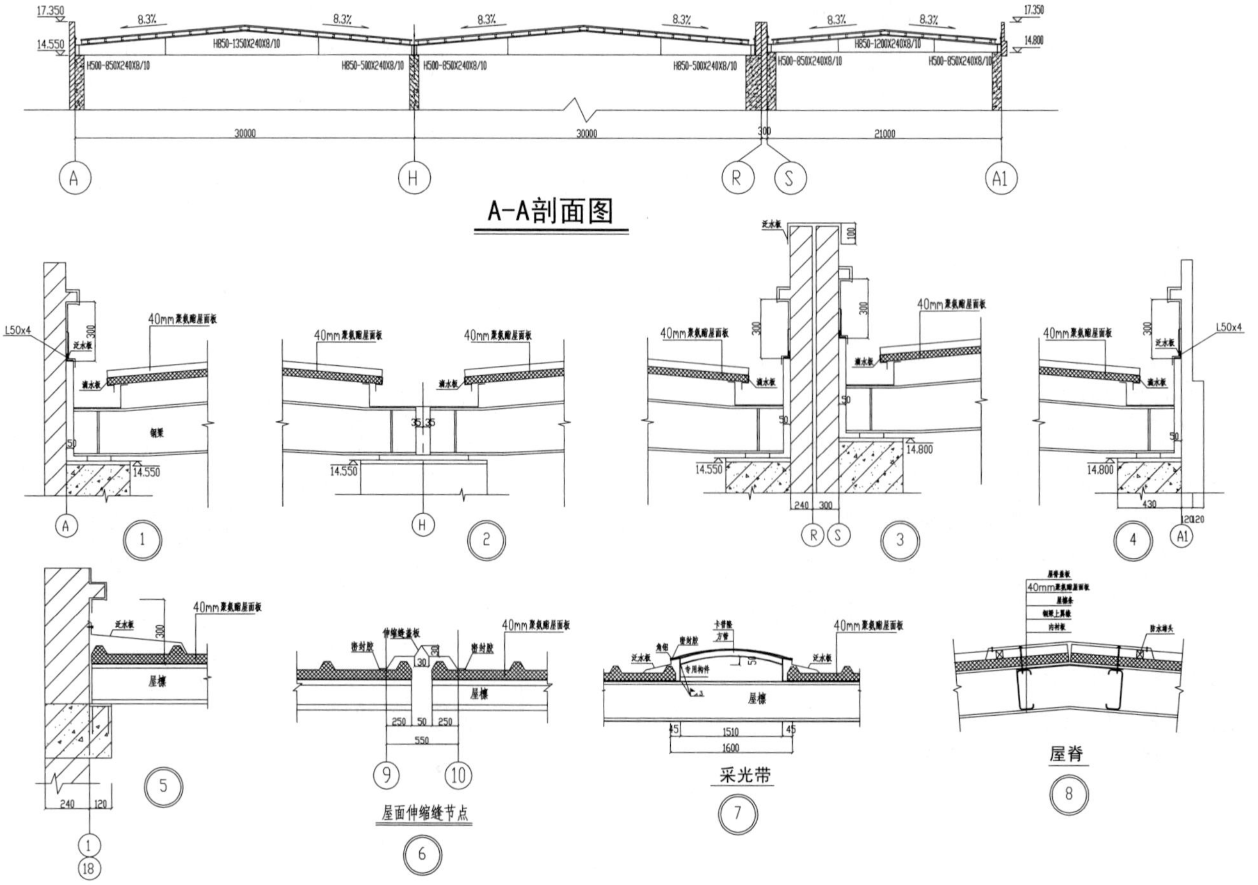

▲089-屋盖2

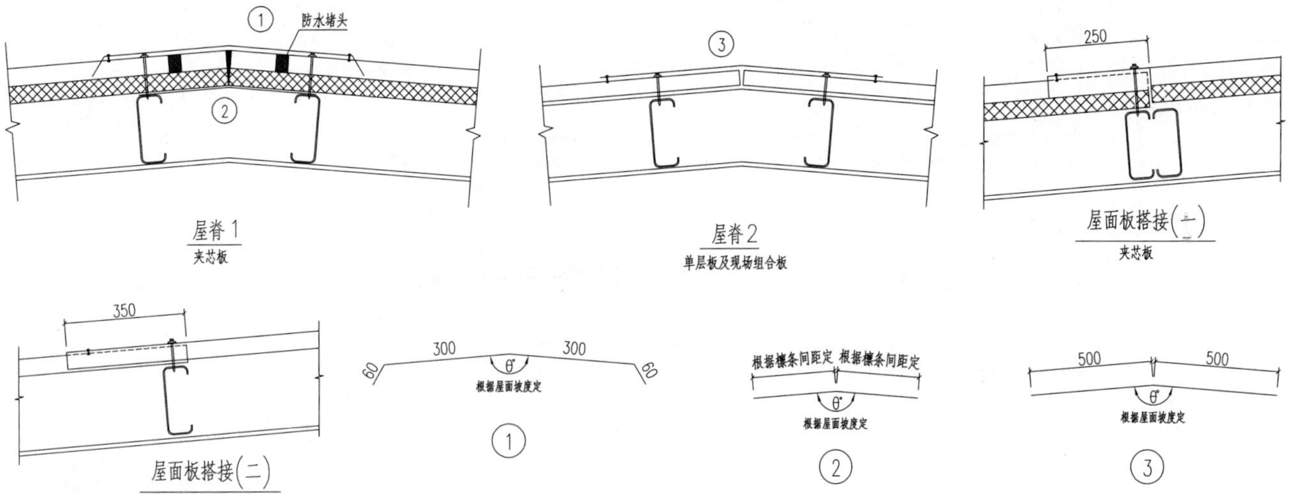
1
防水堵头
2
屋脊1
夹芯板
3
屋脊2
单层板及现场组合板
250
屋面板搭接(一)
夹芯板
350
屋面板搭接(二)
单层板及现场组合板
300
300
60
60
θ°
根据屋面坡度定
1
根据檩条间距定 根据檩条间距定
θ°
根据屋面坡度定
2
500
500
θ°
根据屋面坡度定
3

▲090-屋脊1

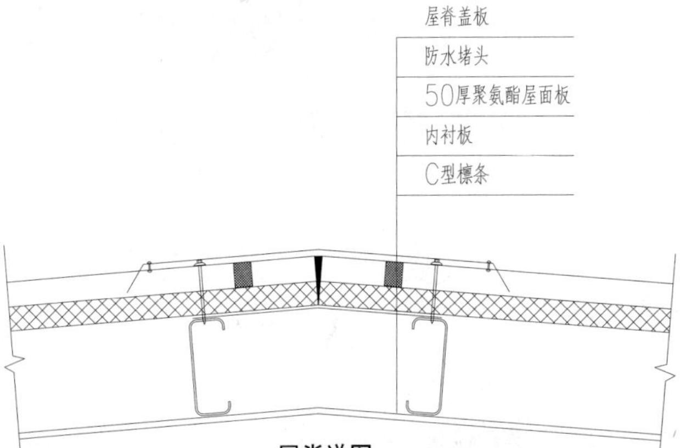
屋脊盖板
防水堵头
50厚聚氨酯屋面板
内衬板
C型檩条

屋脊详图

▲091-屋脊2

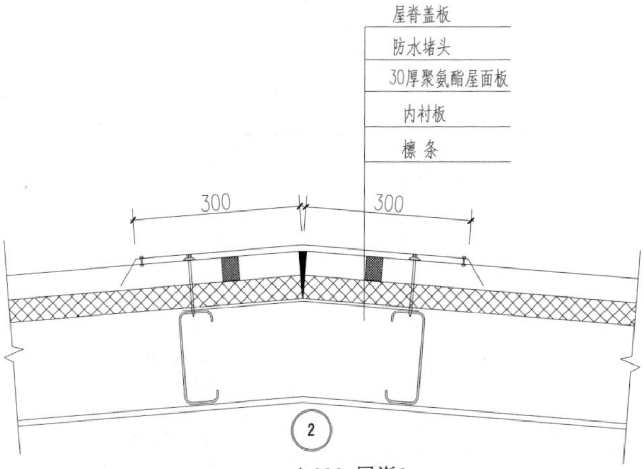
屋脊盖板
防水堵头
30厚聚氨酯屋面板
内衬板
檩 条
300
300
2

▲092-屋脊3

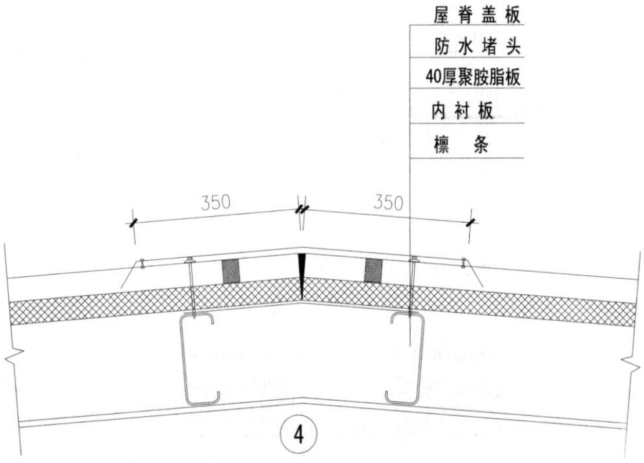
屋 脊 盖 板
防 水 堵 头
40厚聚胺脂板
内 衬 板
檩　条
350
350
4

▲093-屋脊4

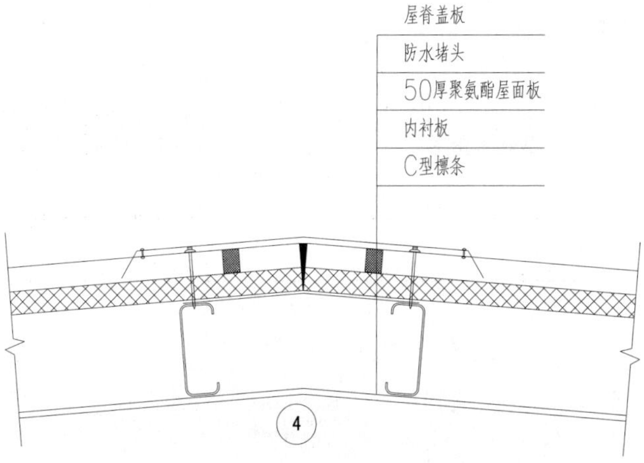
屋脊盖板
防水堵头
50厚聚氨酯屋面板
内衬板
C型檩条
4

▲094-屋脊5

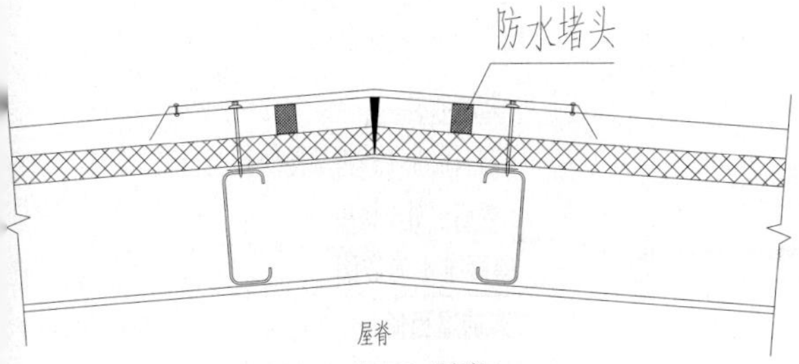
防水堵头
屋脊

▲095-屋脊6

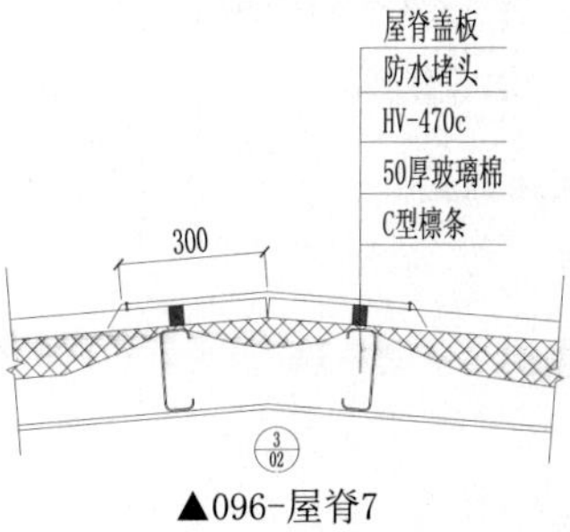
屋脊盖板
防水堵头
HV-470c
50厚玻璃棉
C型檩条
300
3
02

▲096-屋脊7

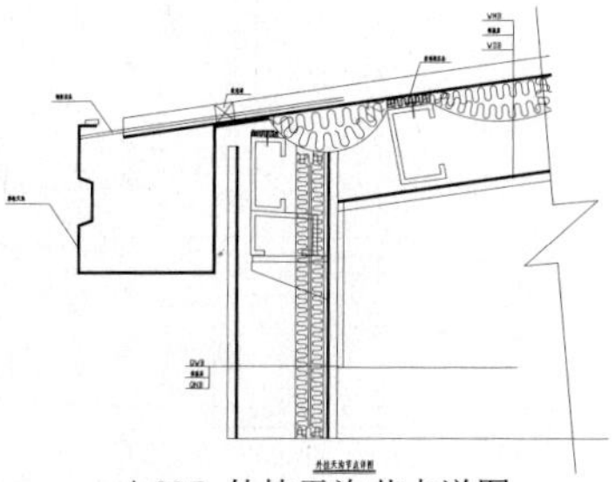

▲097-外挂天沟节点详图

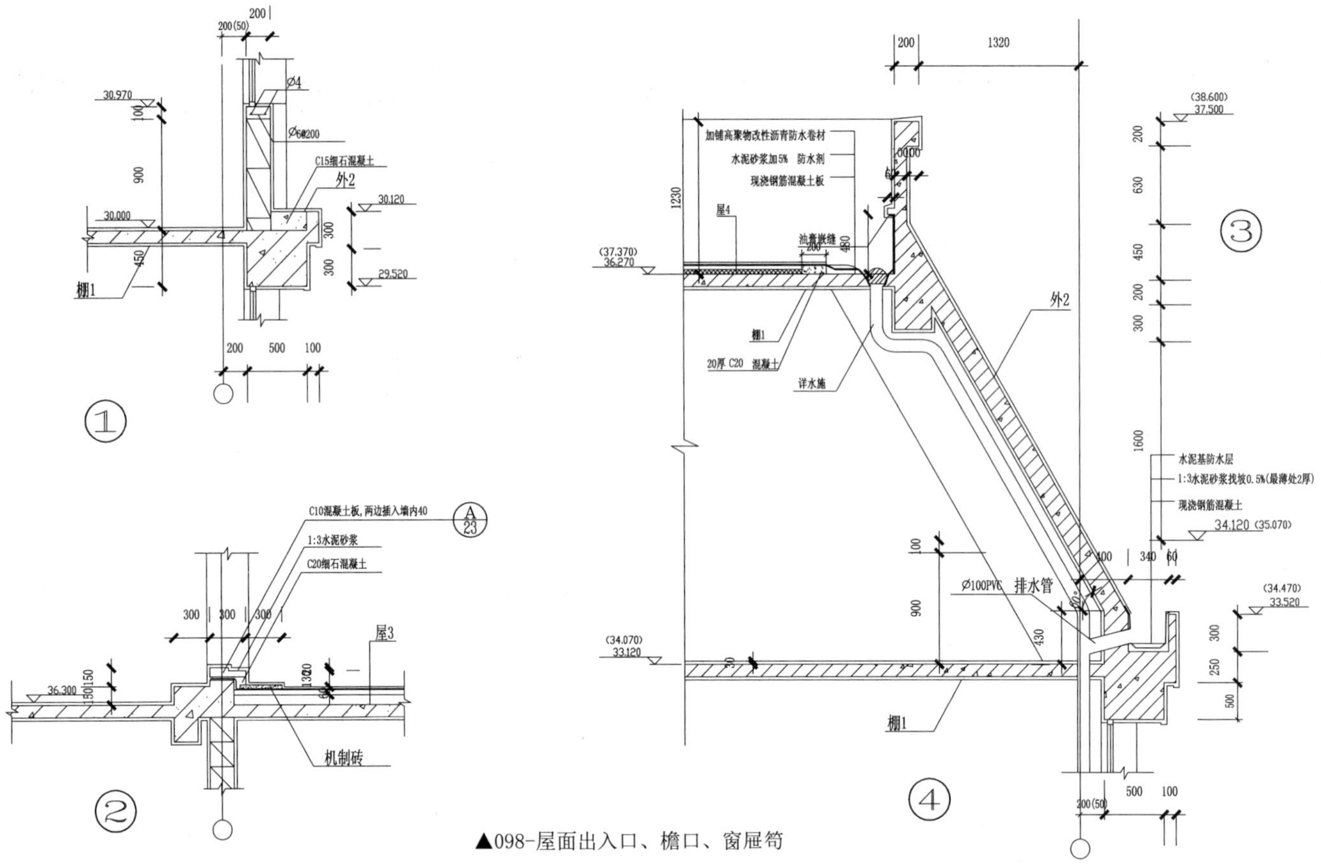
①
②
③
④
C15细石混凝土
外2
棚1
C10混凝土板,两边插入墙内40
1:3水泥砂浆
C20细石混凝土
屋3
机制砖
加铺高聚物改性沥青防水卷材
水泥砂浆加5% 防水剂
现浇钢筋混凝土板
屋4
20厚 C20 混凝土
详水施
水泥基防水层
1:3水泥砂浆找坡0.5%(最薄处2厚)
现浇钢筋混凝土
Ø100PVC 排水管

▲098-屋面出入口、檐口、窗屉筍

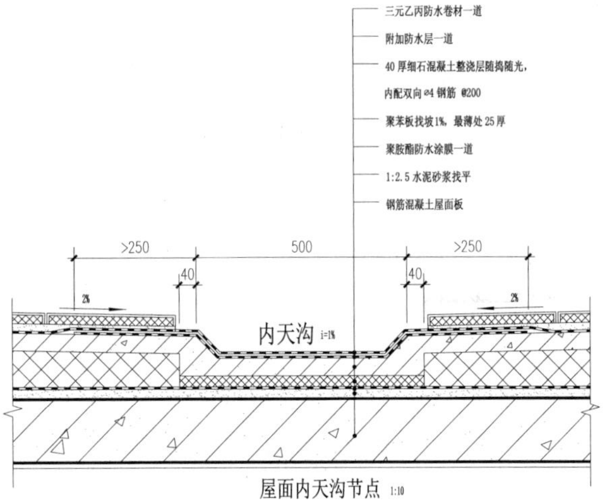
三元乙丙防水卷材一道
附加防水层一道
40厚细石混凝土整浇层随捣随光,
内配双向Ø4钢筋 @200
聚苯板找坡1%, 最薄处25厚
聚胺酯防水涂膜一道
1:2.5水泥砂浆找平
钢筋混凝土屋面板
内天沟 i=1%
屋面内天沟节点 1:10

▲099-屋面内天沟节点

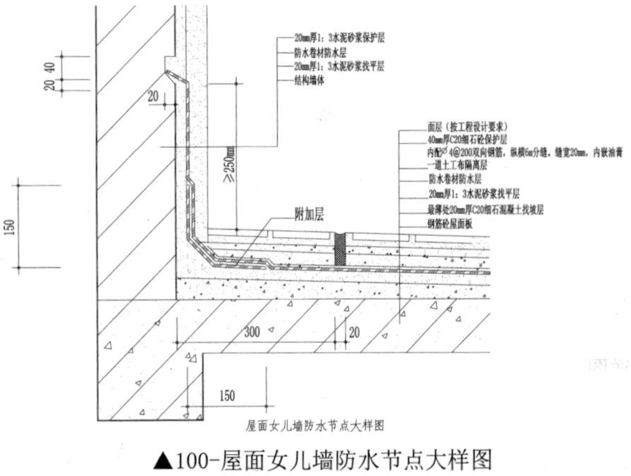
附加层
屋面女儿墙防水节点大样图

▲100-屋面女儿墙防水节点大样图

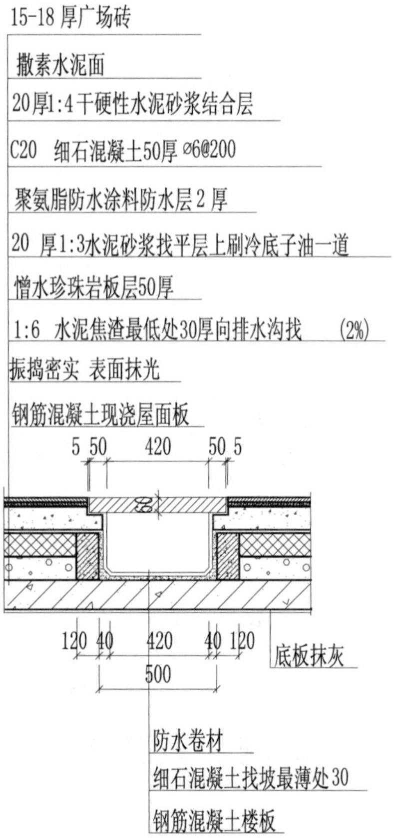
15-18厚广场砖
撒素水泥面
20厚1:4干硬性水泥砂浆结合层
C20 细石混凝土50厚 ∅6@200
聚氨脂防水涂料防水层2厚
20 厚1:3水泥砂浆找平层上刷冷底子油一道
憎水珍珠岩板层50厚
1:6 水泥焦渣最低处30厚向排水沟找 (2%)
振捣密实 表面抹光
钢筋混凝土现浇屋面板
底板抹灰
防水卷材
细石混凝土找坡最薄处30
钢筋混凝土楼板

屋面排水沟详图

实铺屋面做法

▲101-屋面排水沟详图（实铺屋面）

块瓦
1:3水泥砂浆卧瓦层,最薄处20(配ø6@500X500钢筋网)
(卧瓦砂浆应铺砌饱满,砂浆层内的钢筋不得外露,且其中的ø6钢筋网应与屋脊和檐口处预埋的ø10锚筋连牢.)
3厚APP防水卷材防水层
20厚1:3水泥砂浆找平层
30厚高强防水树脂珍珠岩
钢筋混凝土屋面板
射钉
屋面瓦顶部穿洞并采用铁丝与预埋ø10锚筋帮扎
块瓦
20厚1:3水泥砂浆卧瓦层
钢筋混凝土屋面板
钢筋混凝土屋面板内预埋ø10锚筋一排@1500
1:2防水砂浆找平最薄处20厚
沿弧长方向预埋一排ø10锚筋
屋面檐口详图 1:20
作法详见节点
150高暗踢脚线
阁楼层地面标高
i=1%
作法详见节点
作法详见雨篷节点
节点 33 1:20 屋面檐口详图
成品装饰柱
虚线示混凝土柱
铝板吊顶
成品欧式线脚
50厚花岗岩板
30厚1:3干拌水泥黄砂加水结合层
180厚C30钢筋混凝土±ø8@200双向
100厚C10素混凝土
150厚道渣垫层
素土夯实
50厚花岗条石(硅胶嵌缝)
20厚1:3水泥砂浆
玻璃
防火矿棉板充塞
护窗栏杆
块状矿棉板填实
水泥钉钉牢
1厚铝板
ø100钢管

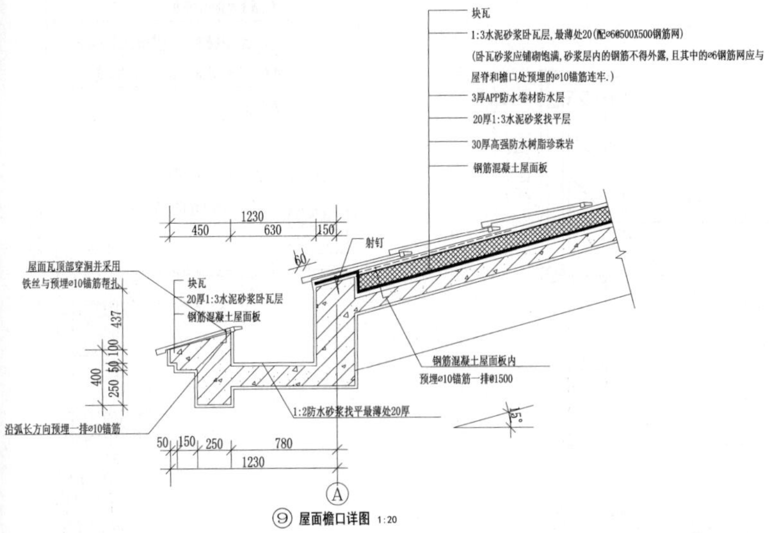

▲102-屋面檐口详图1

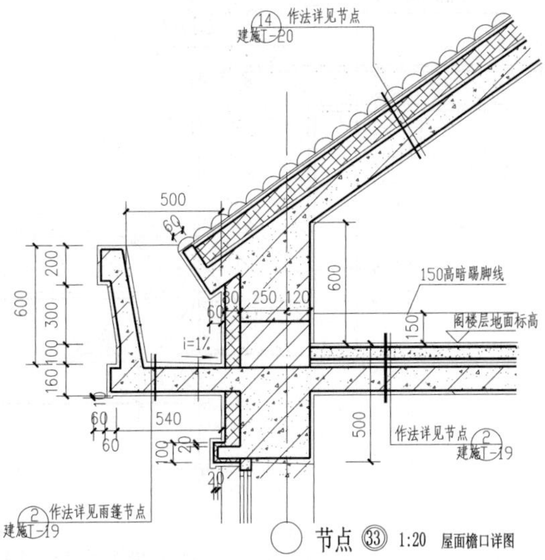

▲103-屋面檐口详图2

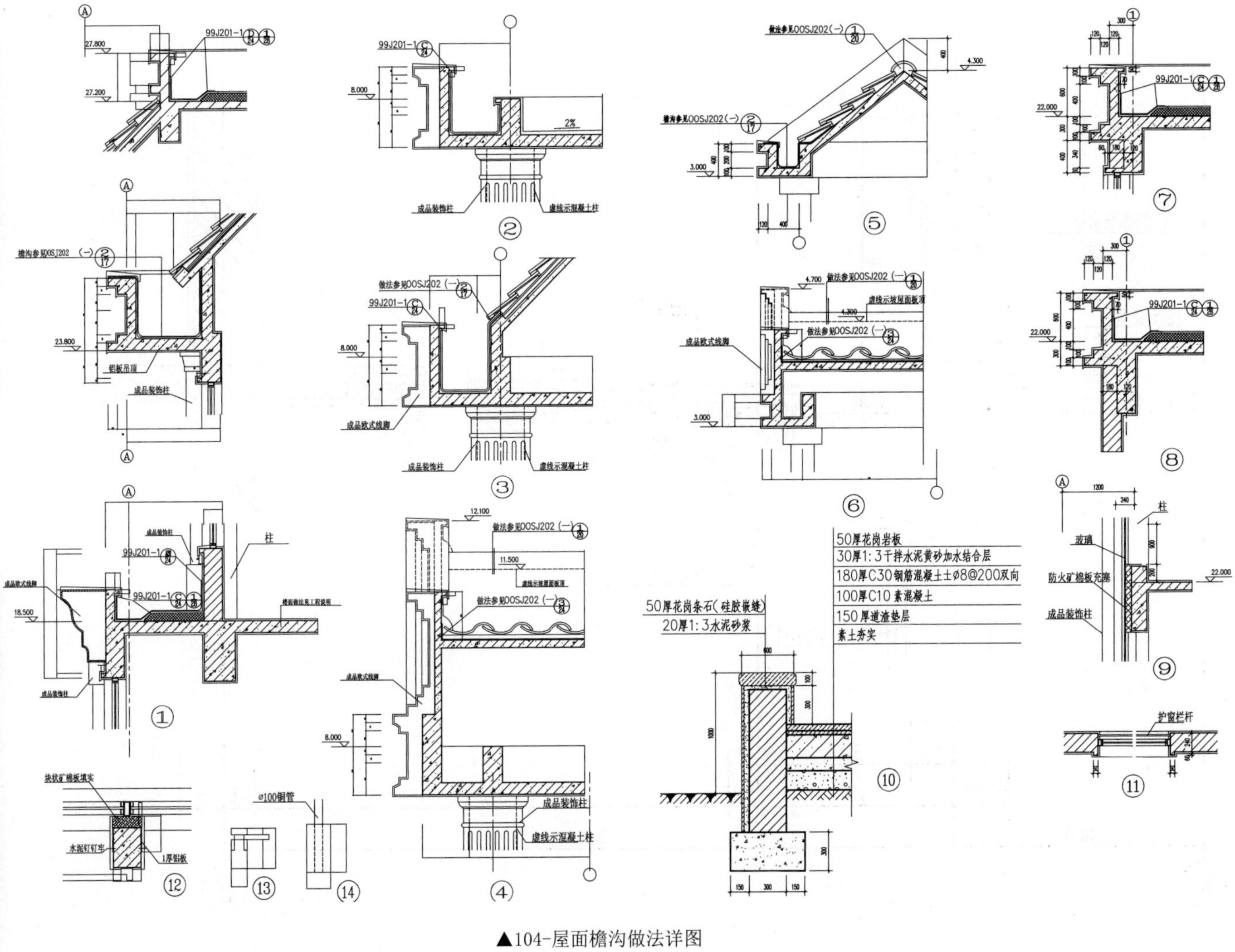

▲104-屋面檐沟做法详图

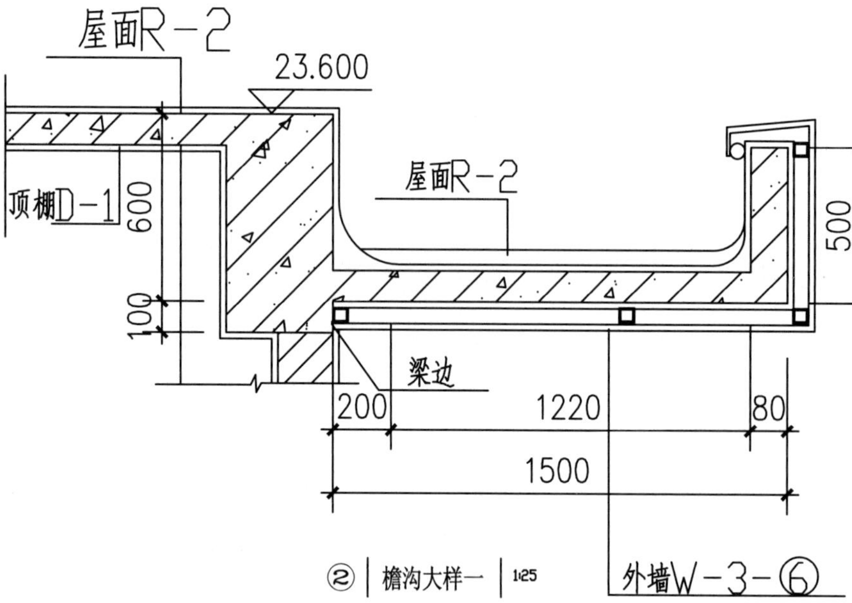
屋面R-2
23.600
顶棚D-1
600
100
屋面R-2
500
梁边
200
1220
80
1500
② 檐沟大样一 1:25
外墙W-3-⑥

▲105-檐沟大样

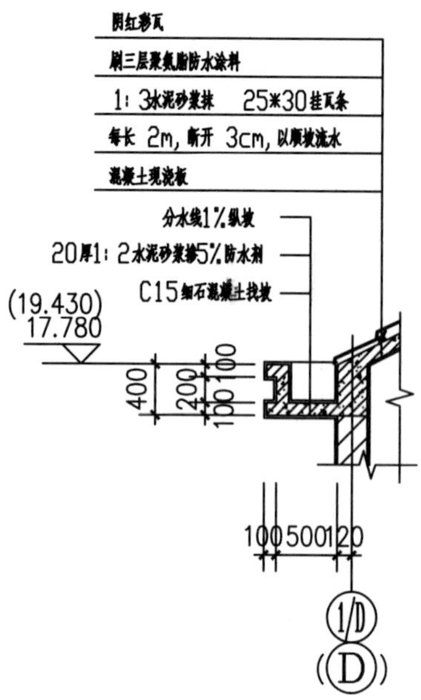
阴红彩瓦
刷三层聚氨脂防水涂料
1:3水泥砂浆抹 25*30挂瓦条
每长 2m，断开 3cm，以顺坡流水
混凝土现浇板
分水线1%纵坡
20厚1:2水泥砂浆掺5%防水剂
C15细石混凝土找坡
(19.430)
17.780
400
200
100
100
100
500
120
1/D
(D)

▲106-檐沟详图1

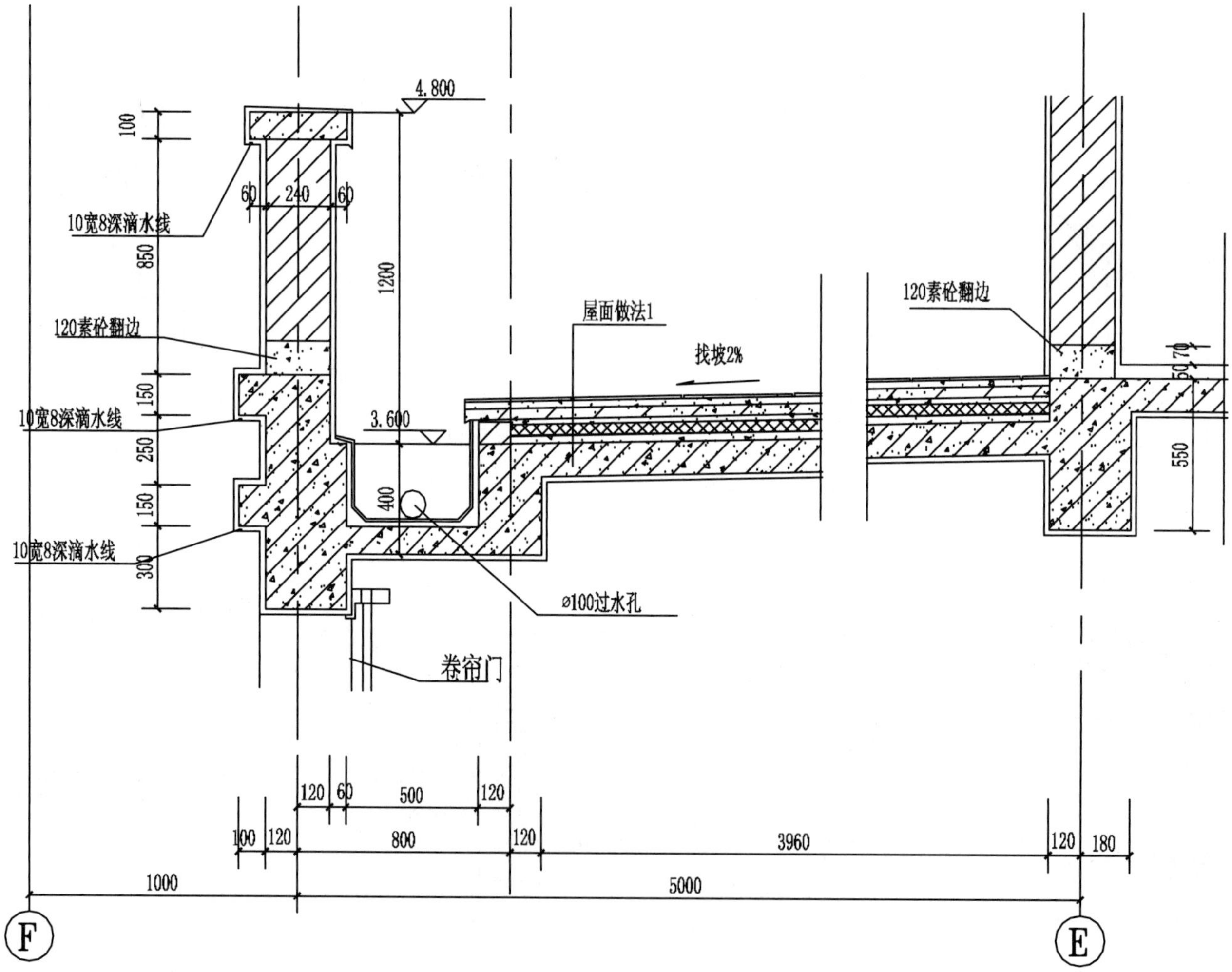
4.800
100
850
150
250
150
300
60
240
60
1200
10宽8深滴水线
120素砼翻边
10宽8深滴水线
10宽8深滴水线
3.600
400
屋面做法1
找坡2%
Ø100过水孔
卷帘门
120素砼翻边
3.900
50
70
550
120
60
500
120
100
120
800
120
3960
120
180
1000
5000
F
E

▲107-檐沟详图2

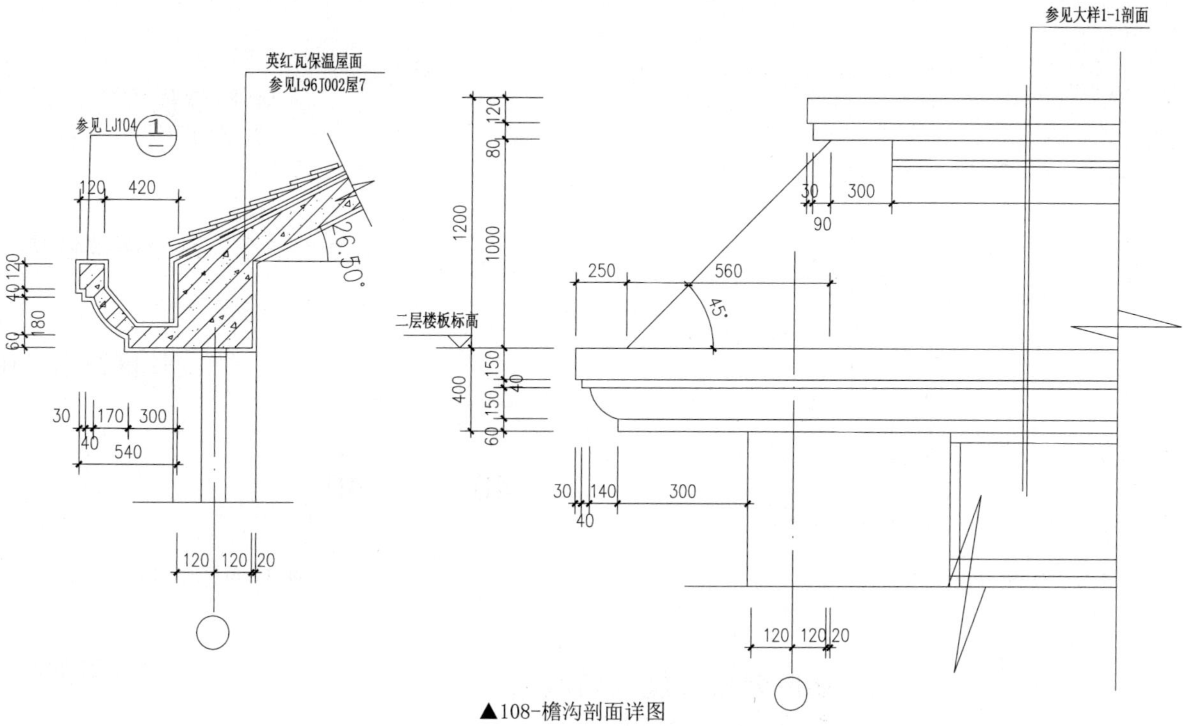
英红瓦保温屋面
参见L96J002屋7
参见 LJ104
26.50°
二层楼板标高
参见大样1-1剖面
45°
120 420
30 170 300
540
120 120 20
250 560
30 300
90
30 140 300
40

▲108-檐沟剖面详图

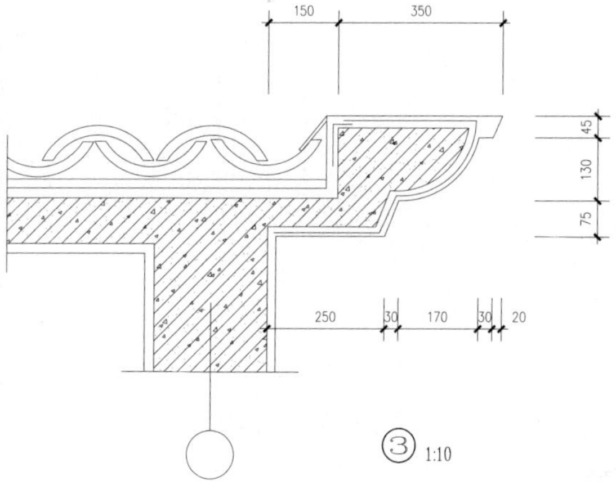
150 350
45 130 75
250 30 170 30 20
③ 1:10

▲109-檐口1

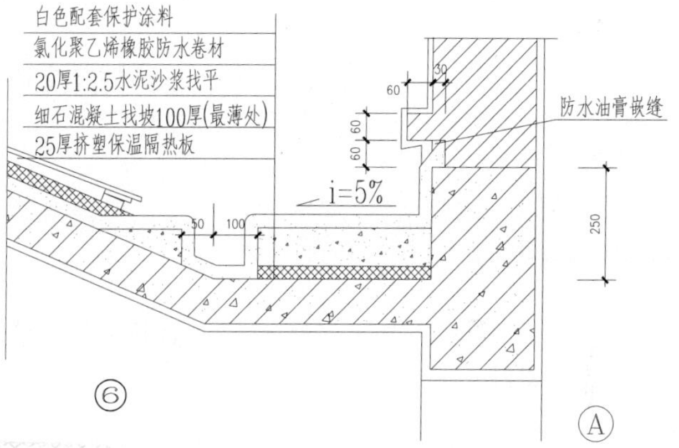
白色配套保护涂料
氯化聚乙烯橡胶防水卷材
20厚1:2.5水泥沙浆找平
细石混凝土找坡100厚(最薄处)
25厚挤塑保温隔热板
i=5%
防水油膏嵌缝
60 30
60 60
50 100
250
⑥
A

▲110-檐口2

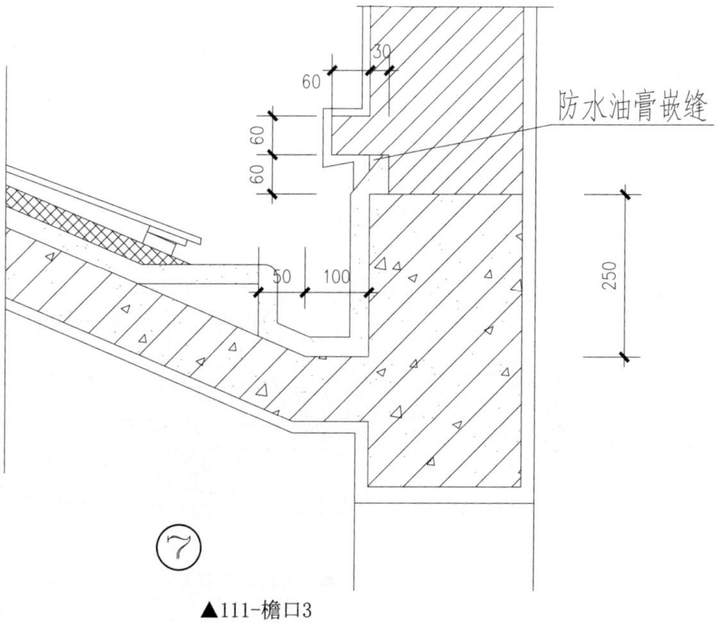
防水油膏嵌缝
30
60
60
60
50 100
250
⑦

▲111-檐口3

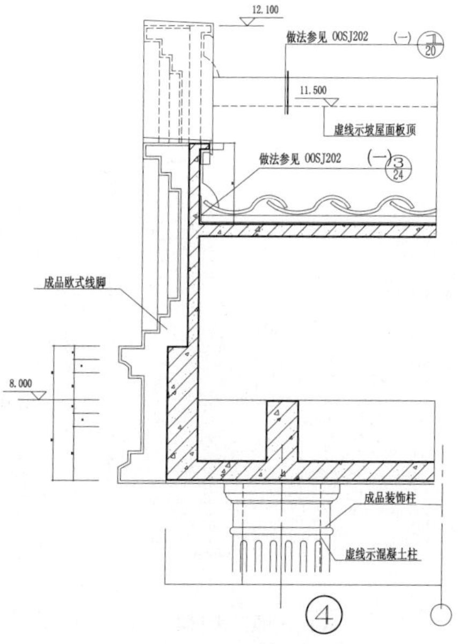
12.100
做法参见 00SJ202
11.500
虚线示坡屋面板顶
做法参见 00SJ202
成品欧式线脚
8.000
成品装饰柱
虚线示混凝土柱
④

▲112-檐口4

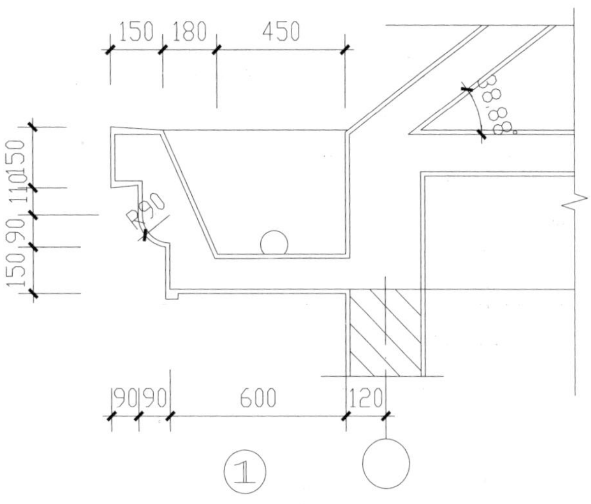
150
180
450
38.88°
R90
150
110
90
150
90
90
600
120
1

▲113-檐口5

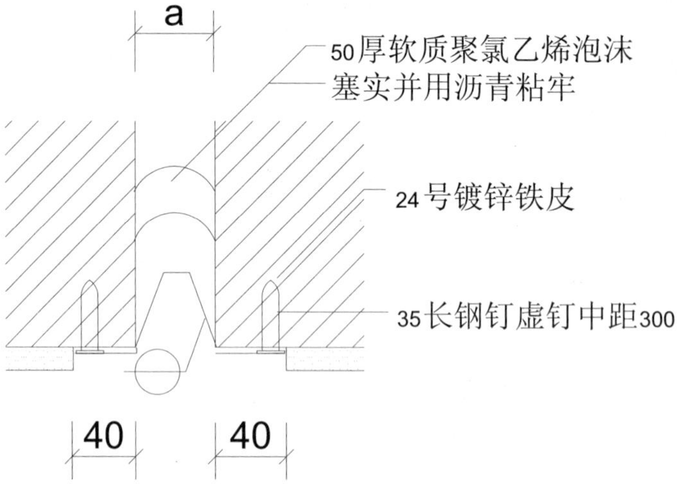
a
50厚软质聚氯乙烯泡沫
塞实并用沥青粘牢
24号镀锌铁皮
35长钢钉虚钉中距300
40
40

▲114-檐口大样1

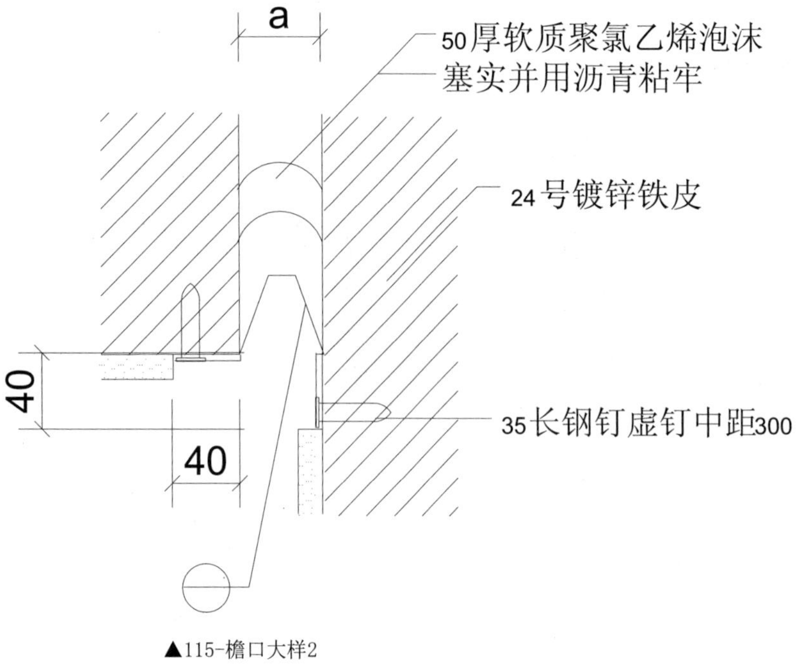
a
50厚软质聚氯乙烯泡沫
塞实并用沥青粘牢
24号镀锌铁皮
40
35长钢钉虚钉中距300
40

▲115-檐口大样2

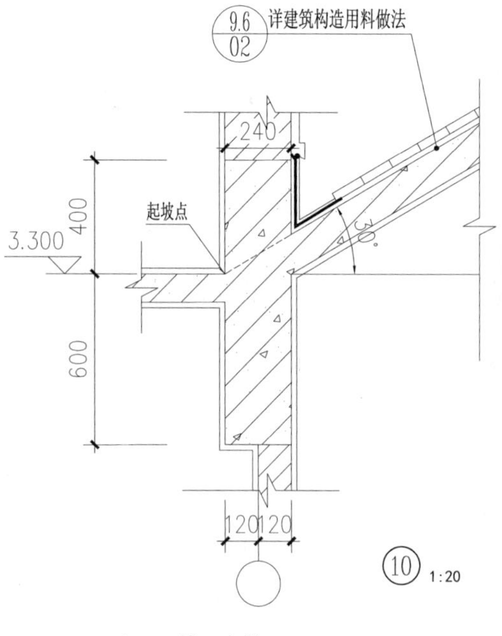
9.6
02
详建筑构造用料做法
240
400
起坡点
30°
3.300
600
120
120
10
1:20

▲116-檐口大样3

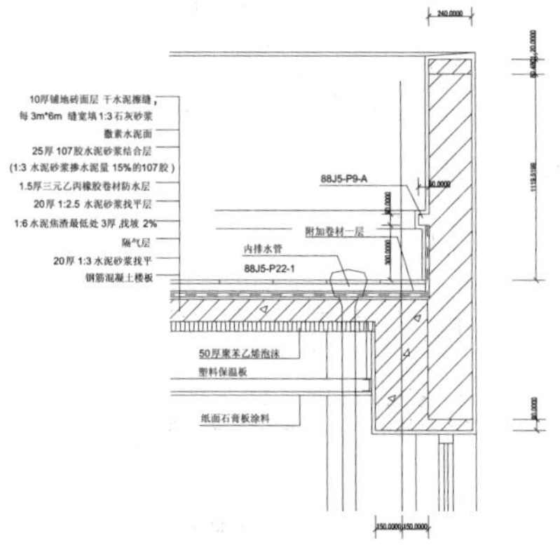

▲117-檐口大样4

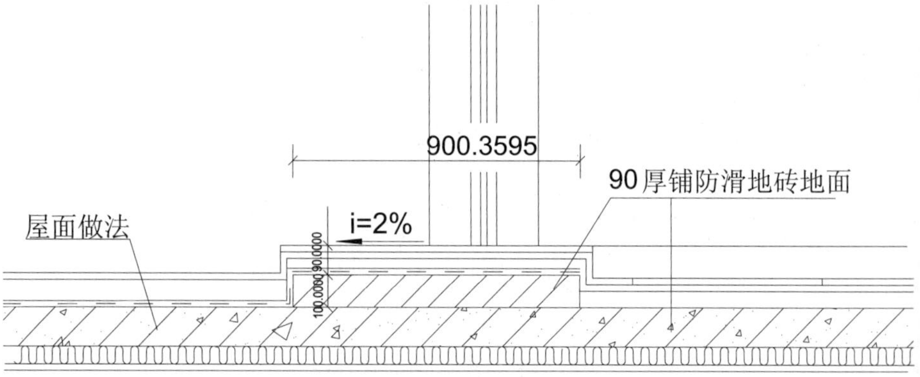
900.3595
90厚铺防滑地砖地面
屋面做法
i=2%

▲118-檐口大样5

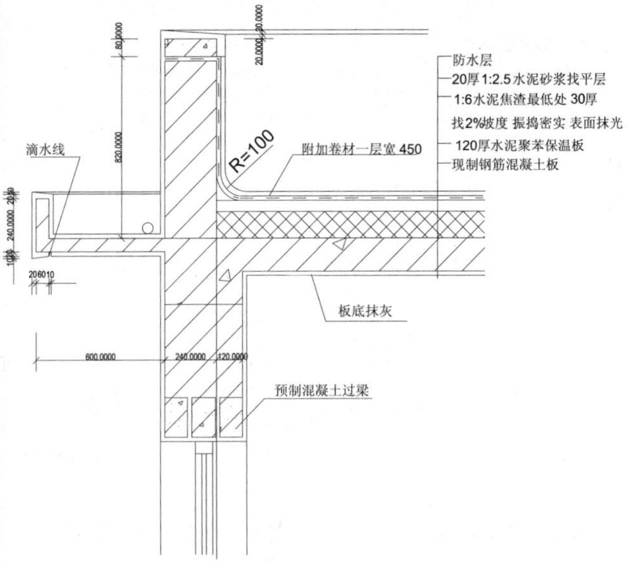
防水层
20厚1:2.5水泥砂浆找平层
1:6水泥焦渣最低处30厚
找2%坡度 振捣密实 表面抹光
120厚水泥聚苯保温板
现制钢筋混凝土板
附加卷材一层宽450
R=100
滴水线
板底抹灰
预制混凝土过梁

▲119-檐口大样6

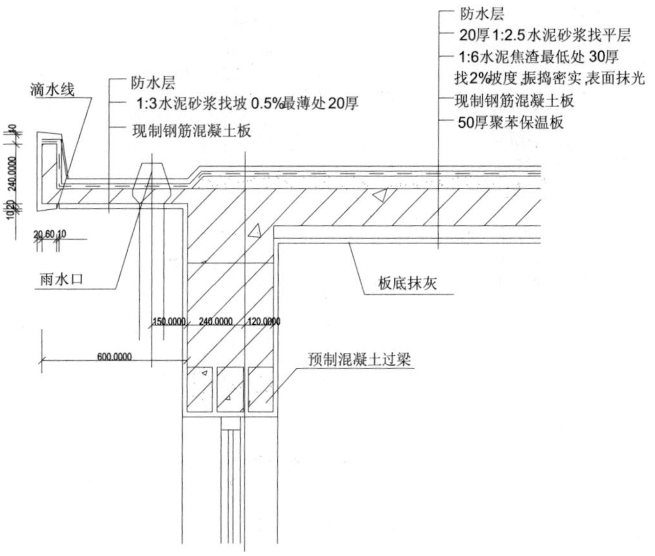
防水层
20厚1:2.5水泥砂浆找平层
1:6水泥焦渣最低处30厚
找2%坡度 振捣密实 表面抹光
现制钢筋混凝土板
50厚聚苯保温板
滴水线
防水层
1:3水泥砂浆找坡0.5%最薄处20厚
现制钢筋混凝土板
雨水口
板底抹灰
预制混凝土过梁

▲120-檐口大样7

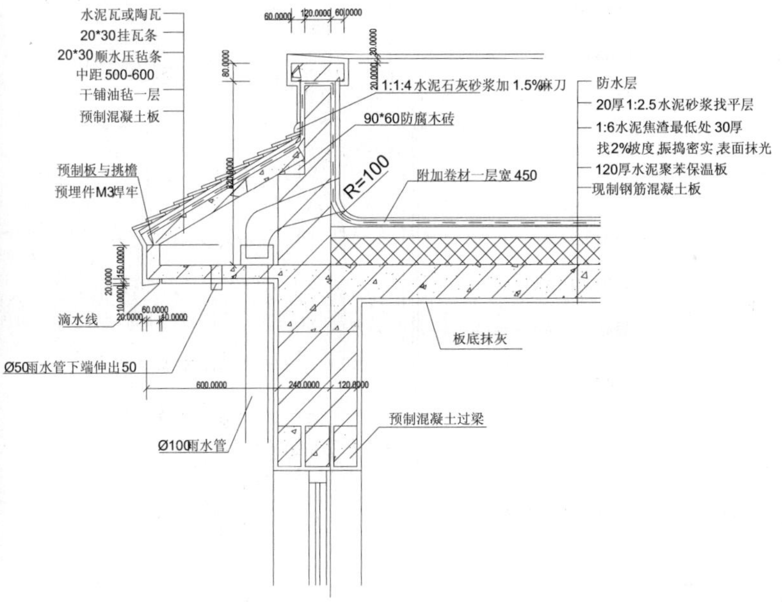
水泥瓦或陶瓦
20*30挂瓦条
20*30顺水压毡条
中距500-600
干铺油毡一层
预制混凝土板
1:1:4水泥石灰砂浆加1.5%麻刀
90*60防腐木砖
防水层
20厚1:2.5水泥砂浆找平层
1:6水泥焦渣最低处30厚
找2%坡度 振捣密实 表面抹光
120厚水泥聚苯保温板
现制钢筋混凝土板
预制板与挑檐
预埋件M3焊牢
R=100
附加卷材一层宽450
滴水线
板底抹灰
Ø50雨水管下端伸出50
Ø100雨水管
预制混凝土过梁

▲121-檐口大样8

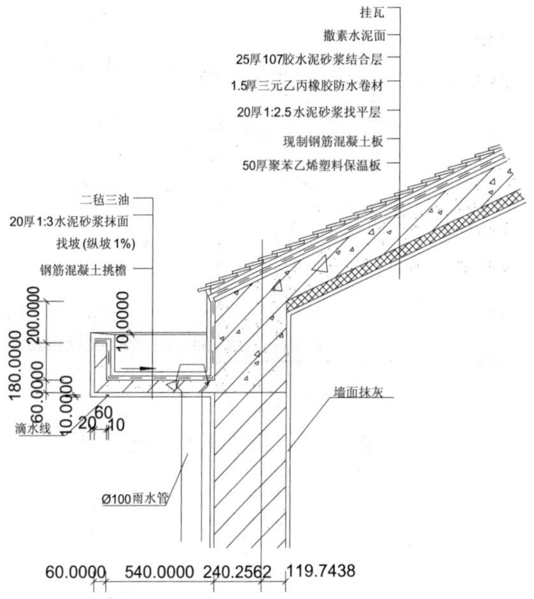
挂瓦
撒素水泥面
25厚107胶水泥砂浆结合层
1.5厚三元乙丙橡胶防水卷材
20厚1:2.5水泥砂浆找平层
现制钢筋混凝土板
50厚聚苯乙烯塑料保温板
二毡三油
20厚1:3水泥砂浆抹面
找坡(纵坡1%)
钢筋混凝土挑檐
墙面抹灰
滴水线
Ø100雨水管
60.0000 540.0000 240.2562 119.7438

▲122-檐口大样9

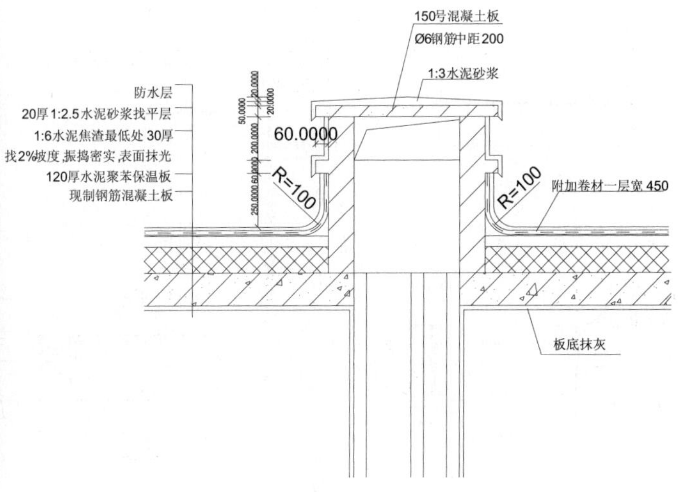
150号混凝土板
Ø6钢筋中距200
1:3水泥砂浆
防水层
20厚1:2.5水泥砂浆找平层
1:6水泥焦渣最低处30厚
找2%坡度 振捣密实 表面抹光
120厚水泥聚苯保温板
现制钢筋混凝土板
60.0000
R=100
附加卷材一层宽450
板底抹灰

▲123-檐口大样10

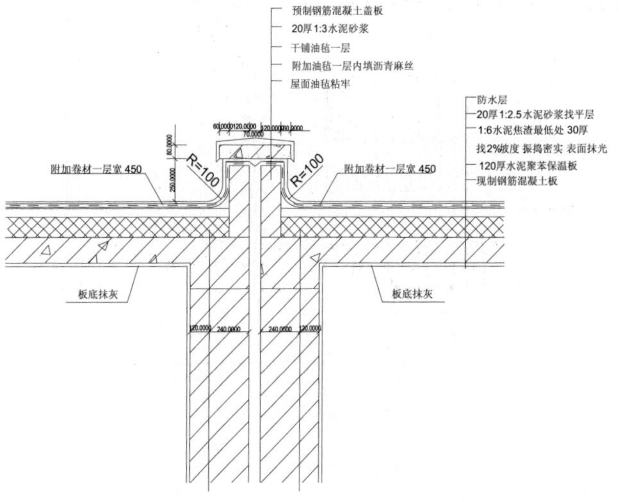
预制钢筋混凝土盖板
20厚1:3水泥砂浆
干铺油毡一层
附加油毡一层内填沥青麻丝
屋面油毡粘牢
防水层
20厚1:2.5水泥砂浆找平层
1:6水泥焦渣最低处30厚
找2%坡度 振捣密实 表面抹光
120厚水泥聚苯保温板
现制钢筋混凝土板
附加卷材一层宽450
R=100
板底抹灰

▲124-檐口大样11

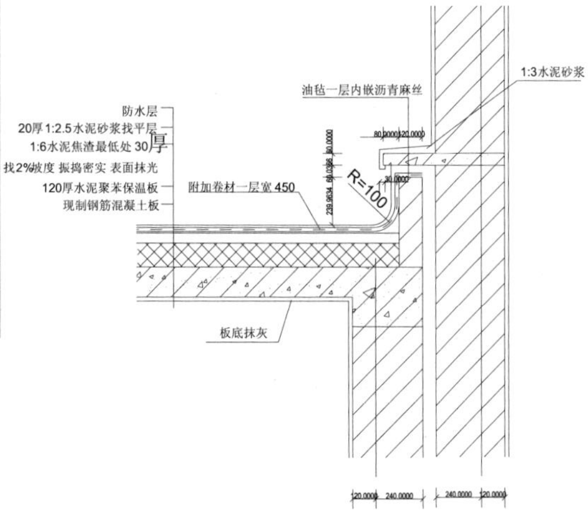

▲125-檐口大样12

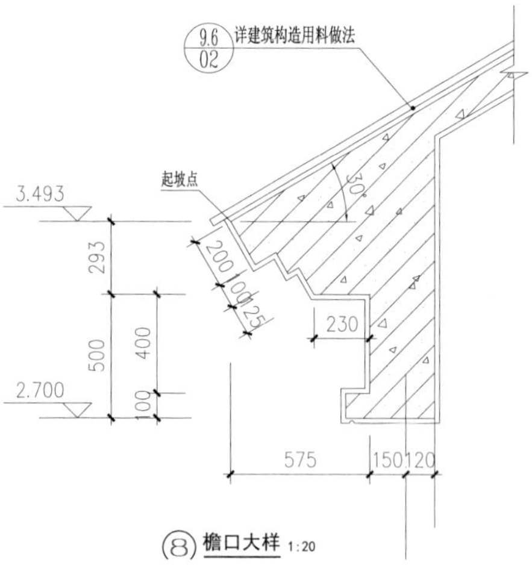

▲126-檐口大样13

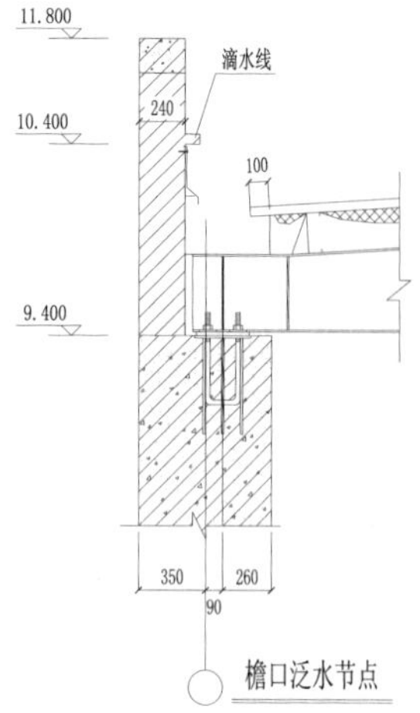

▲127-檐口泛水节点

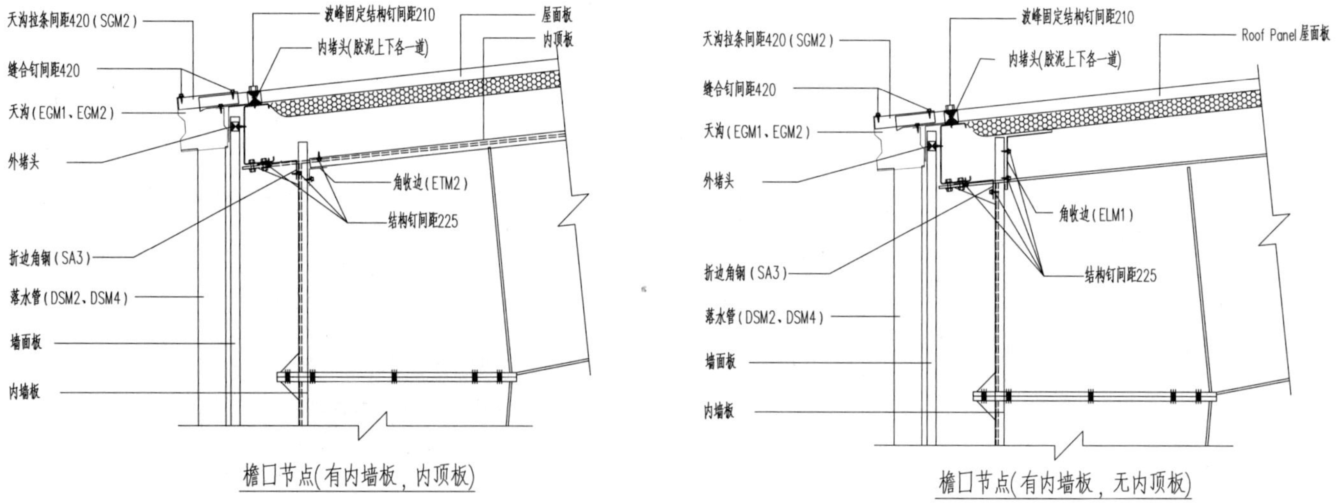

▲128-檐口节点(有内墙板，内顶板)

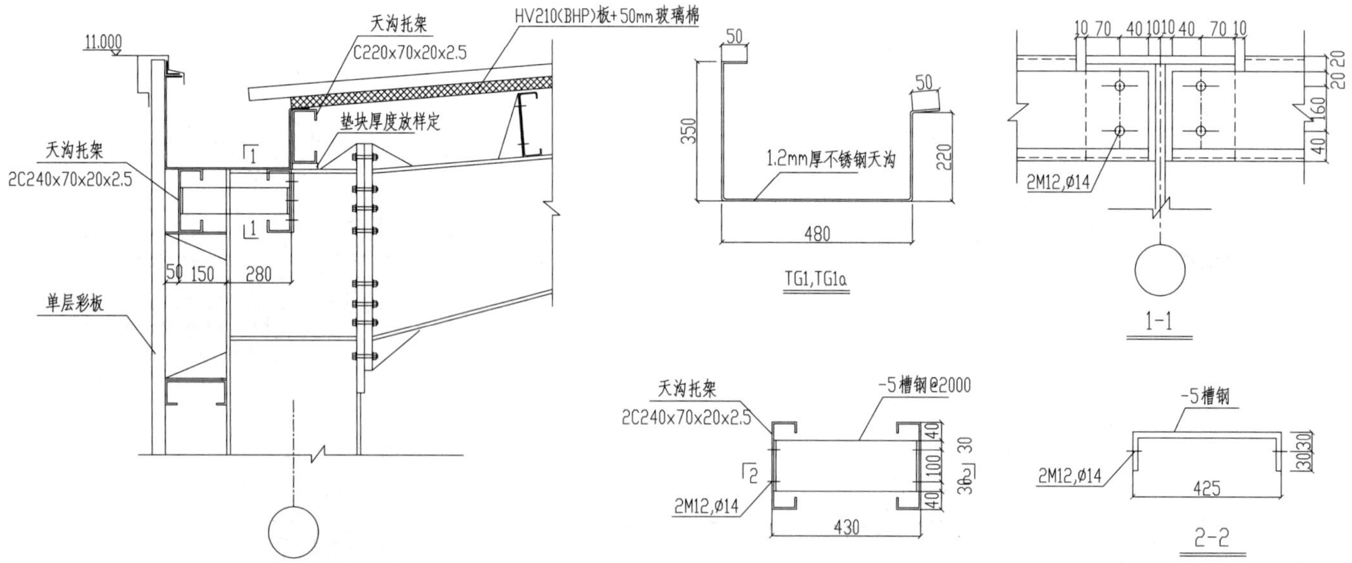

▲129-檐口节点-无女儿墙1

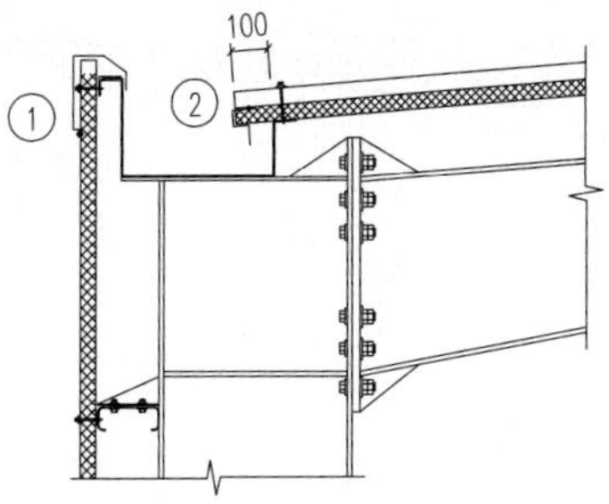

檐口1

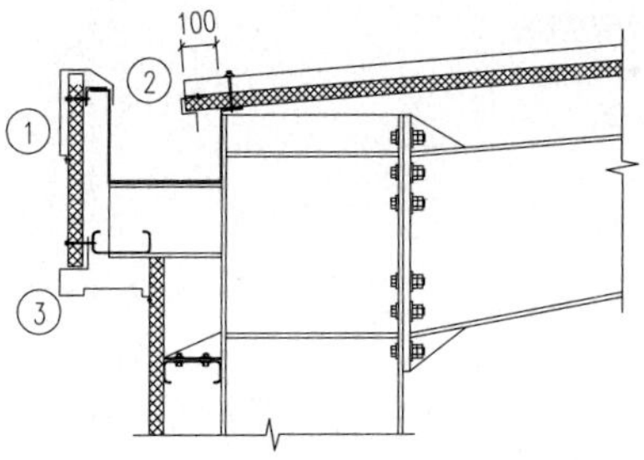

檐口2

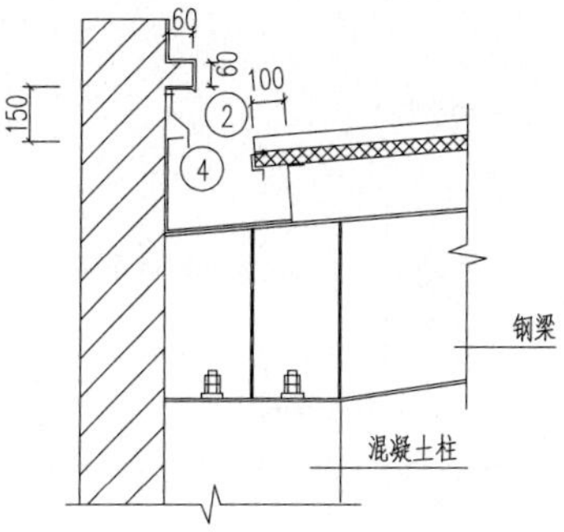

檐口3

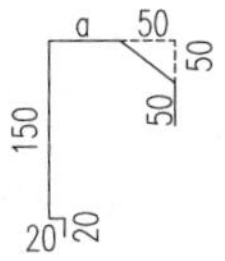

①

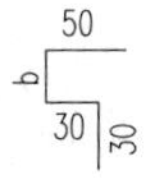

②

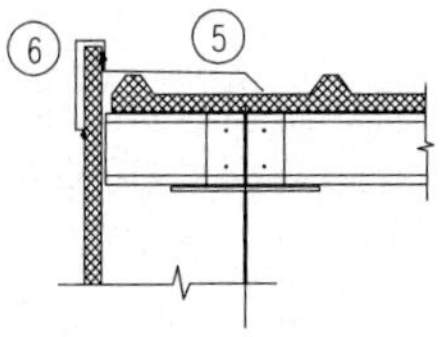

山墙1

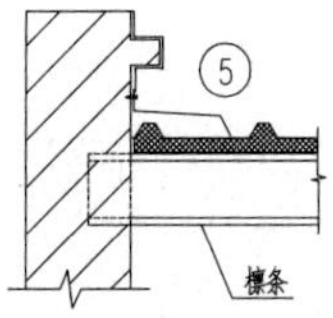

山墙2

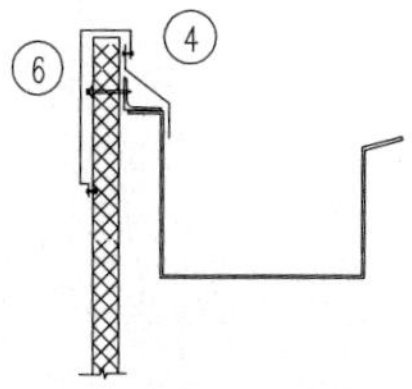

檐口包角(一)

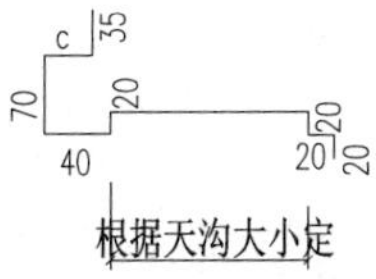

③

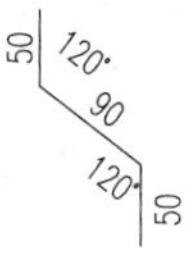

④

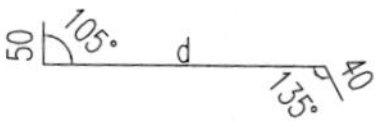

⑤

⑥

板型	板厚	a	b	c	d
复合夹心板	40	40	60	60	300
	50	50	70	70	300
HV-200		20	／	45	／
V-125		35	／	55	150

单位：mm

▲130-檐口节点-无女儿墙2

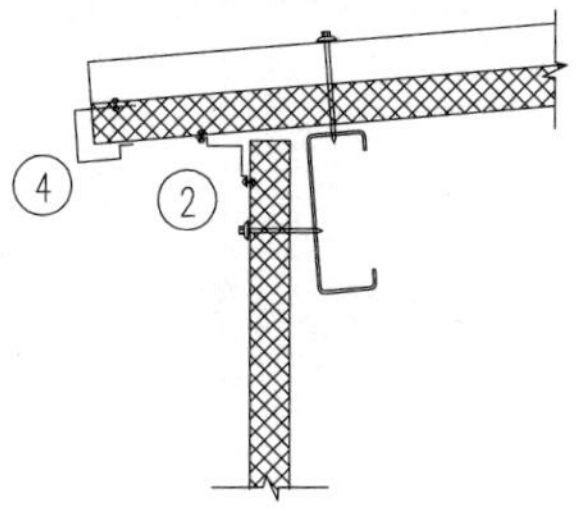

檐口4

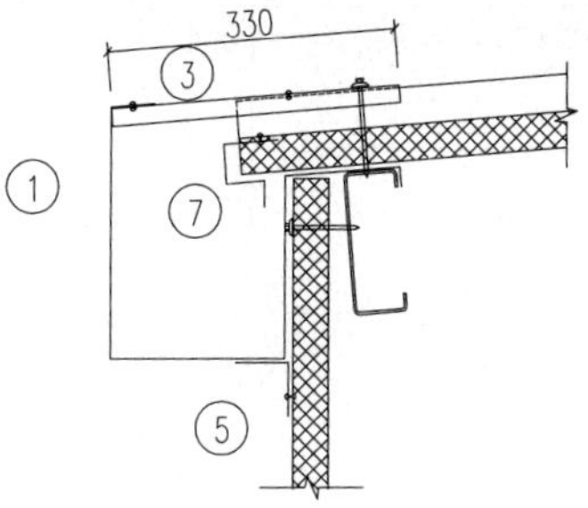

檐口6

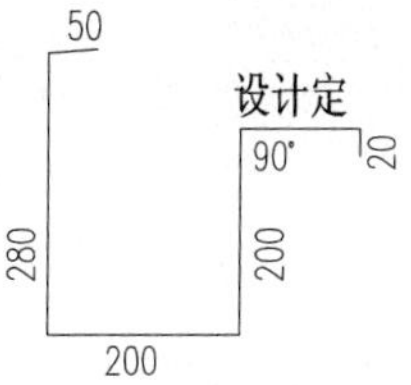

①

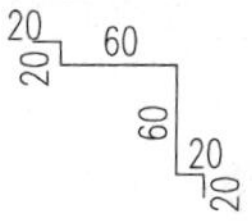

②

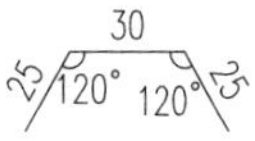

③

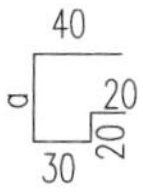

④

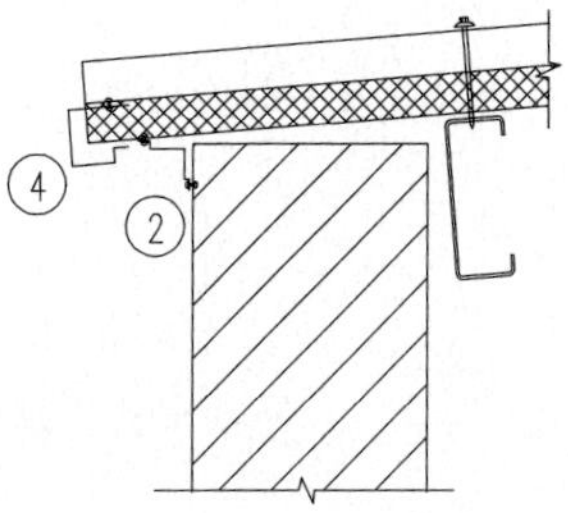

檐口5

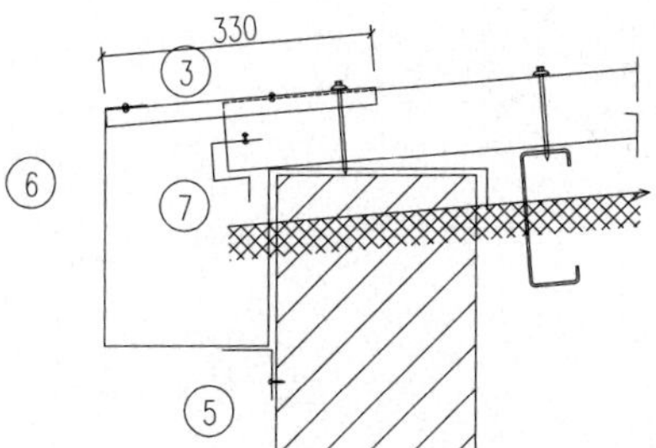

檐口7

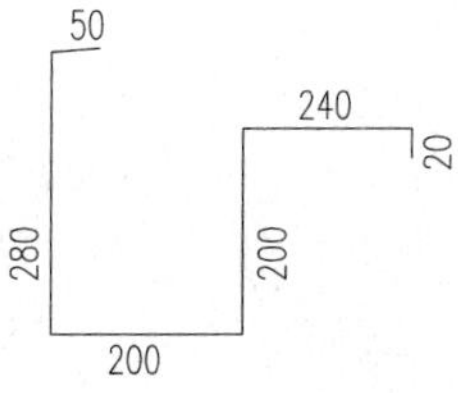

⑥

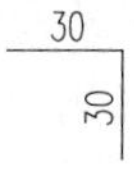

⑤

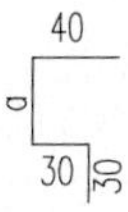

⑦

板型	a	
	板厚40	板厚50
复合夹心板	60	70
V-125	／	

单位：mm

▲131-檐口节点-无女儿墙3

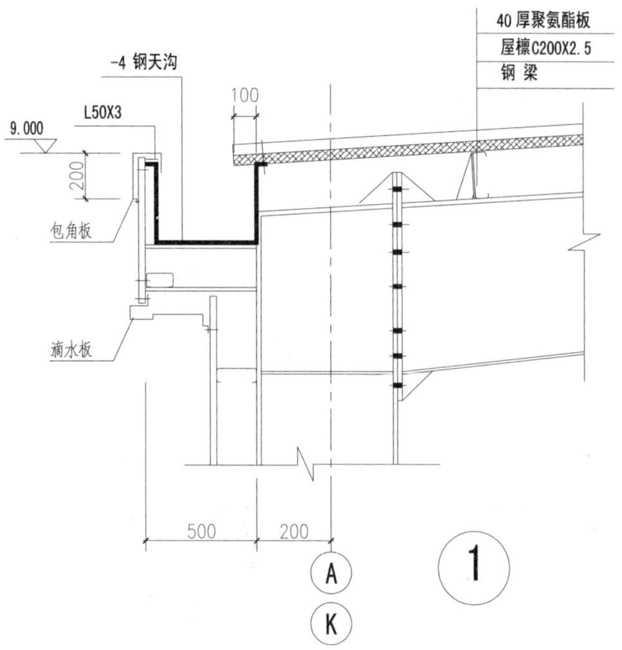

▲132-檐口节点-无女儿墙4

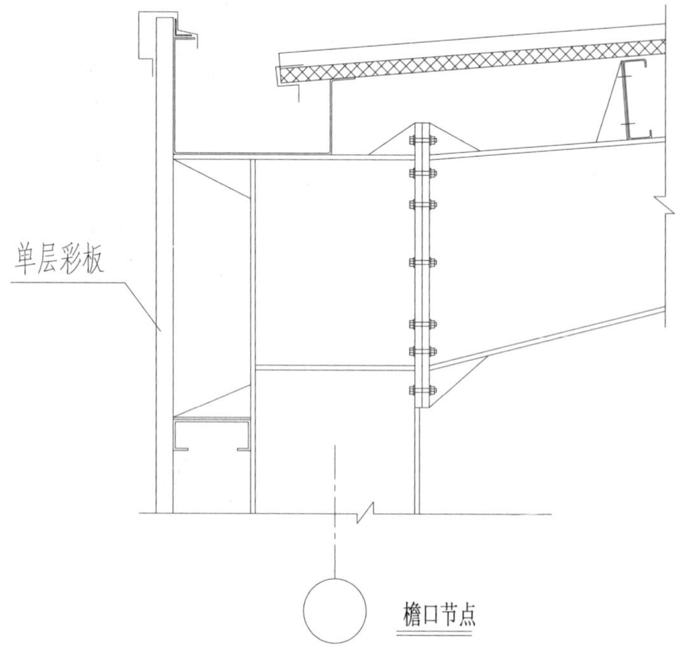

▲133-檐口节点-无女儿墙5

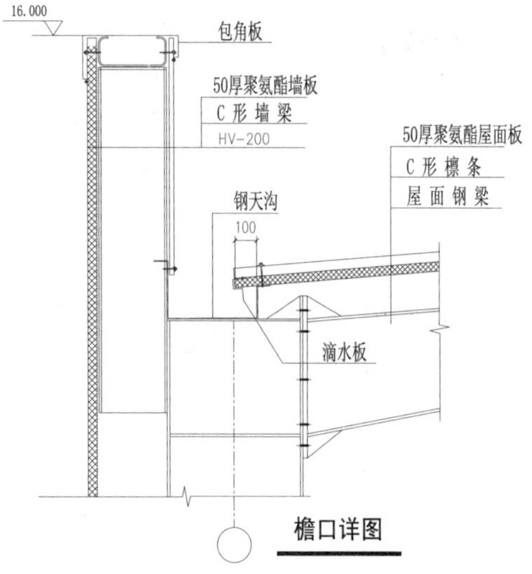

▲134-檐口节点-有女儿墙1

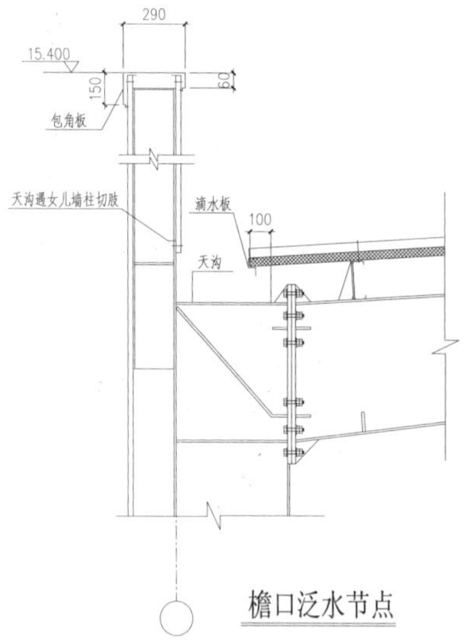

▲135-檐口节点-有女儿墙2

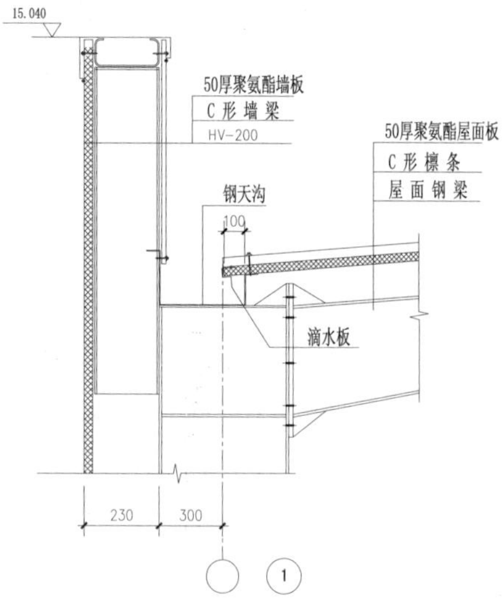

▲136-檐口节点-有女儿墙3

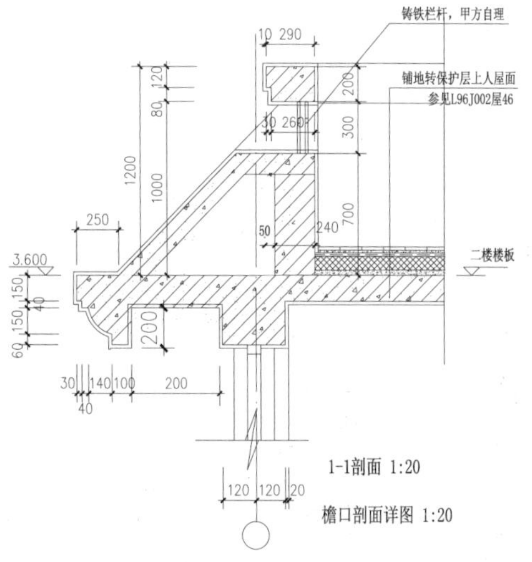

▲137-檐口剖面详图1

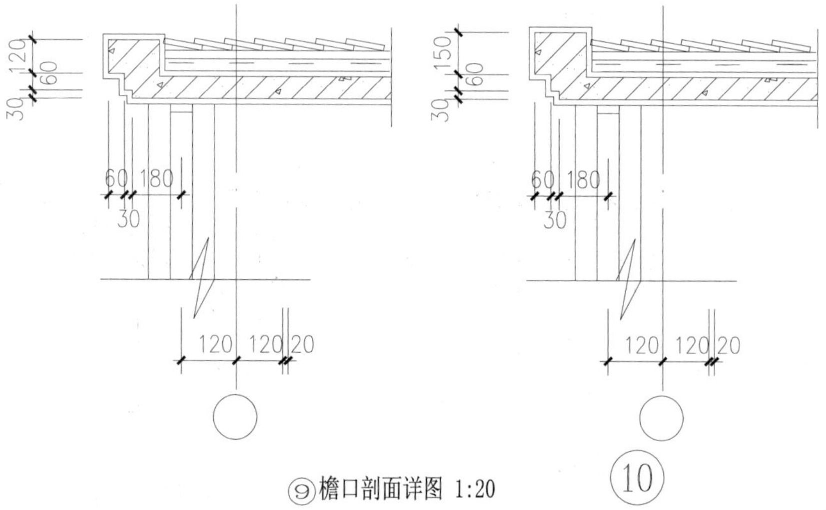

▲138-檐口剖面详图2

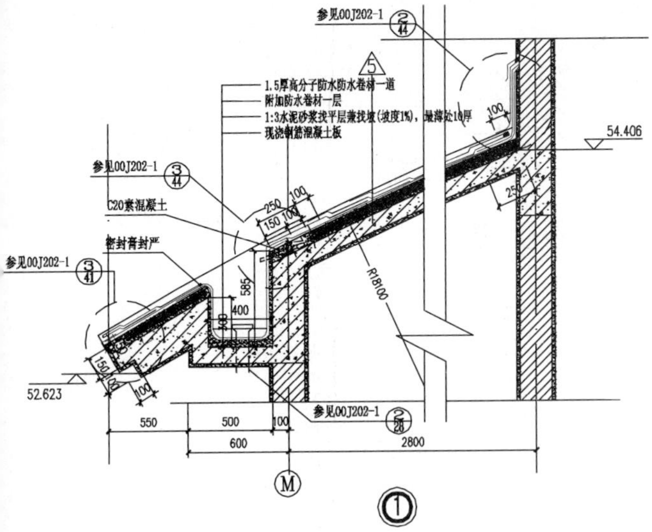
参见00J202-1
1.5厚高分子防水防水卷材一道
附加防水卷材一层
1:3水泥砂浆找平层兼找坡(坡度1%)，最薄处10厚
现浇钢筋混凝土板
54.406
参见00J202-1
C20素混凝土
密封膏封严
参见00J202-1
R18100
52.623
参见00J202-1
550
500
100
600
2800
M
①

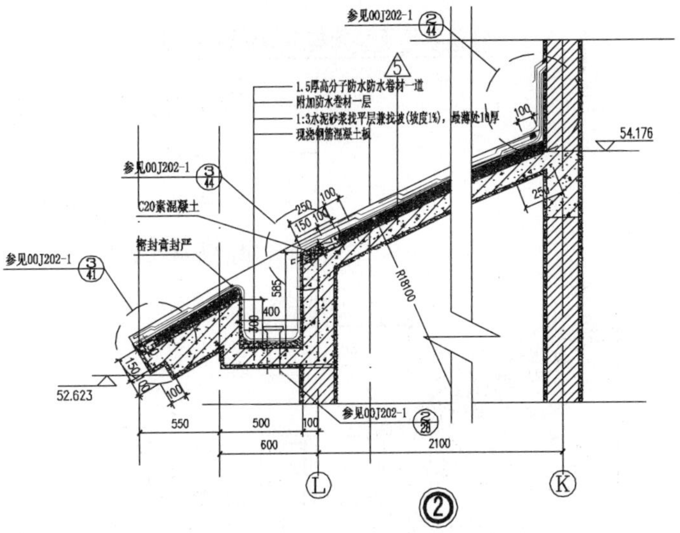
参见00J202-1
1.5厚高分子防水防水卷材一道
附加防水卷材一层
1:3水泥砂浆找平层兼找坡(坡度1%)，最薄处10厚
现浇钢筋混凝土板
54.176
参见00J202-1
C20素混凝土
密封膏封严
参见00J202-1
R18100
52.623
参见00J202-1
550
500
100
600
2100
L
K
②

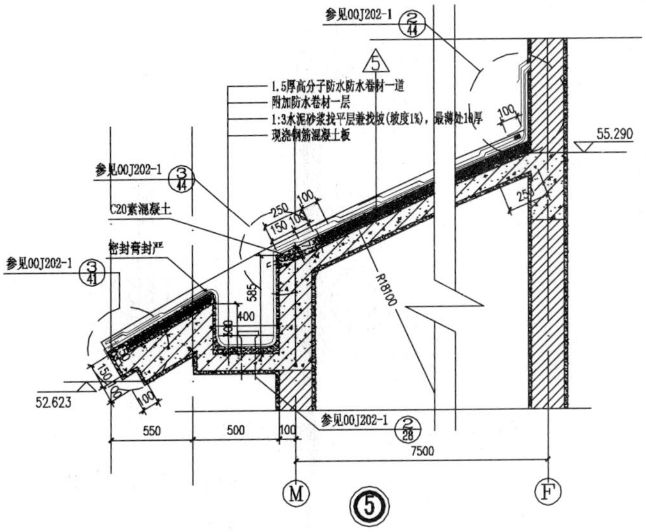
参见00J202-1
1.5厚高分子防水防水卷材一道
附加防水卷材一层
1:3水泥砂浆找平层兼找坡(坡度1%)，最薄处10厚
现浇钢筋混凝土板
55.290
参见00J202-1
C20素混凝土
密封膏封严
参见00J202-1
R18100
52.623
参见00J202-1
550
500
100
7500
M
F
⑤

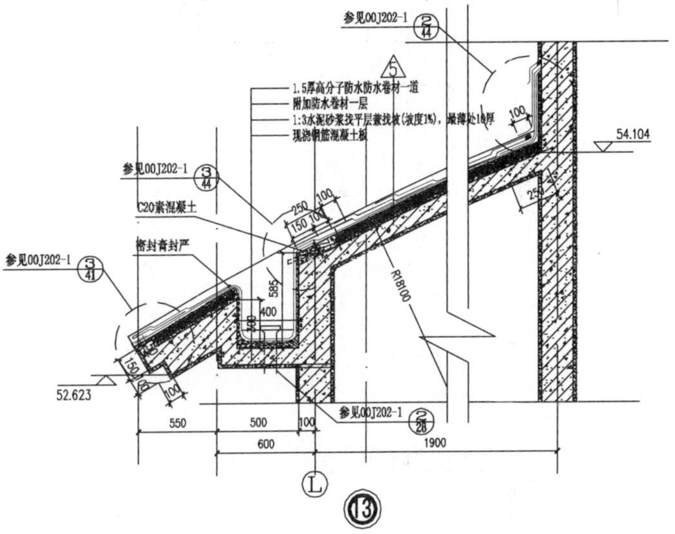
参见00J202-1
1.5厚高分子防水防水卷材一道
附加防水卷材一层
1:3水泥砂浆找平层兼找坡(坡度1%)，最薄处10厚
现浇钢筋混凝土板
54.104
参见00J202-1
C20素混凝土
密封膏封严
参见00J202-1
R18100
52.623
参见00J202-1
550
500
100
600
1900
L
⑬

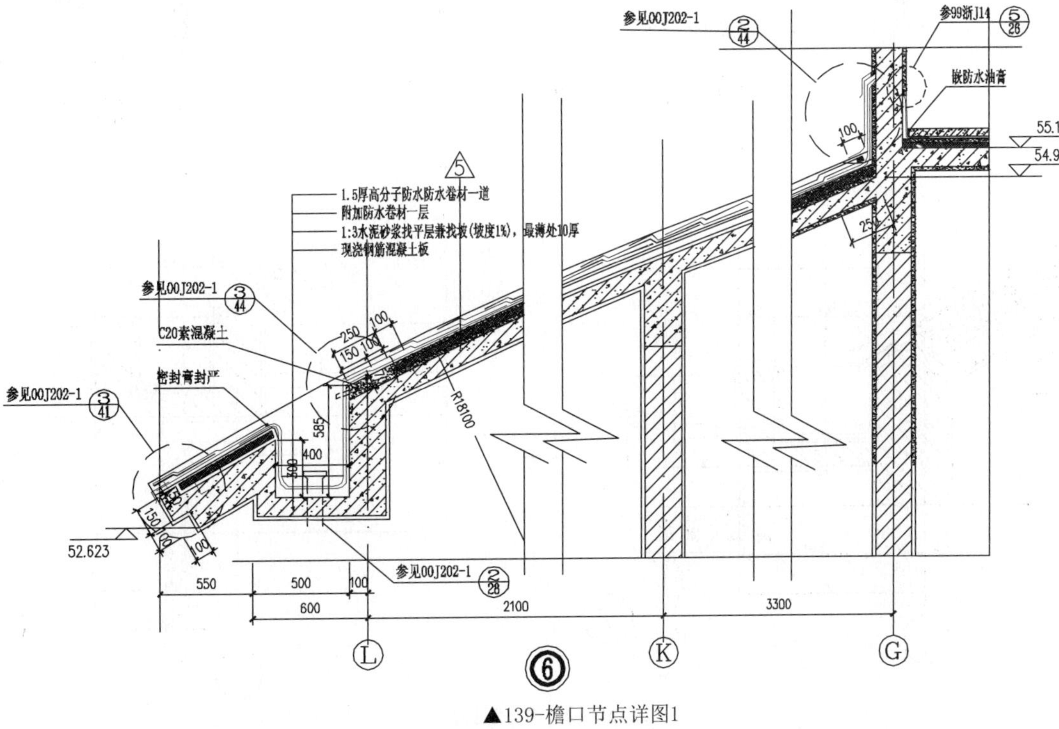
参见00J202-1
参99浙J14
嵌防水油膏
55.100
54.997
1.5厚高分子防水防水卷材一道
附加防水卷材一层
1:3水泥砂浆找平层兼找坡(坡度1%)，最薄处10厚
现浇钢筋混凝土板
参见00J202-1
C20素混凝土
密封膏封严
参见00J202-1
R18100
52.623
参见00J202-1
550
500
100
600
2100
3300
L
K
G
⑥

▲139-檐口节点详图1

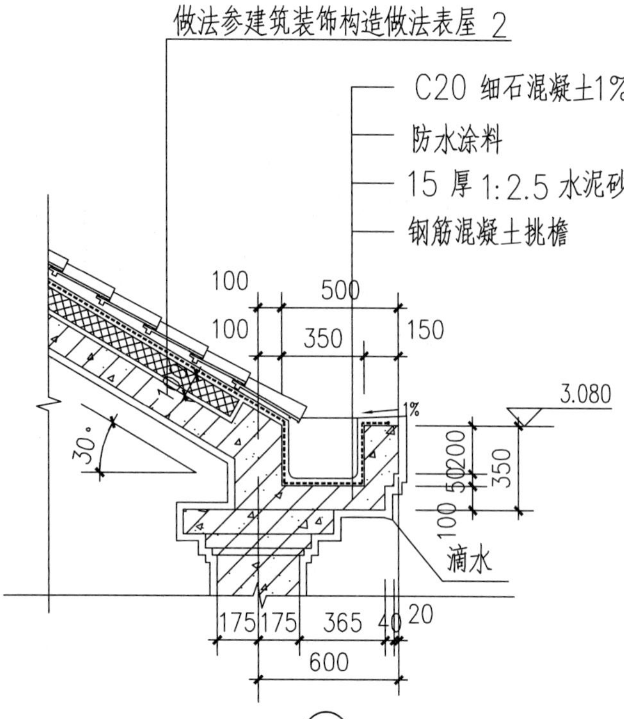
做法参建筑装饰构造做法表屋 2
C20 细石混凝土1%找坡
防水涂料
15 厚 1:2.5 水泥砂浆找平层
钢筋混凝土挑檐
100
500
100
350
150
3.080
1%
30°
200
50
100
350
滴水
175
175
365
40
20
600

①

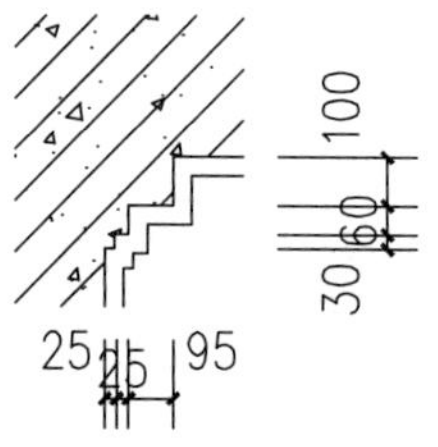
100
60
30
25
45
95

②

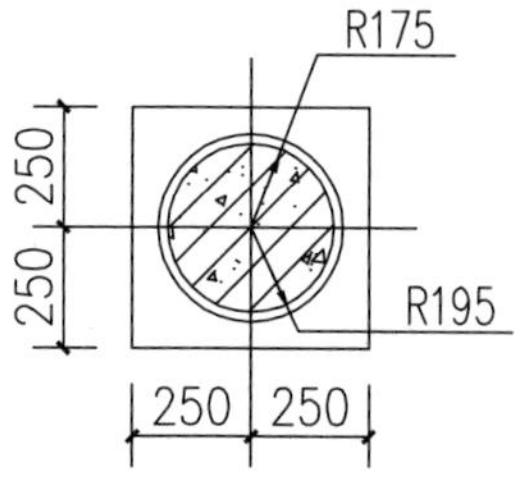
R175
R195
250
250
250
250

③

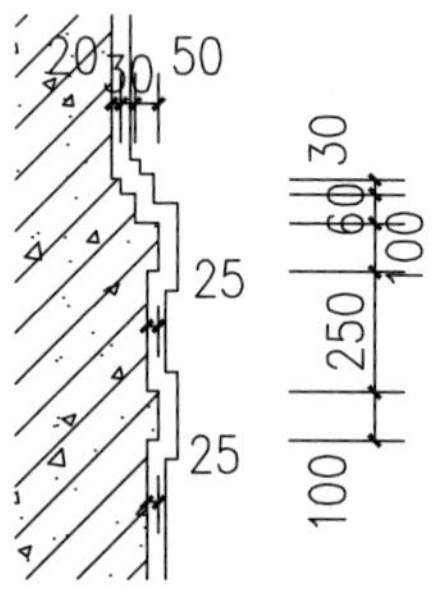
20
30
50
30
60
100
25
250
25
100

④

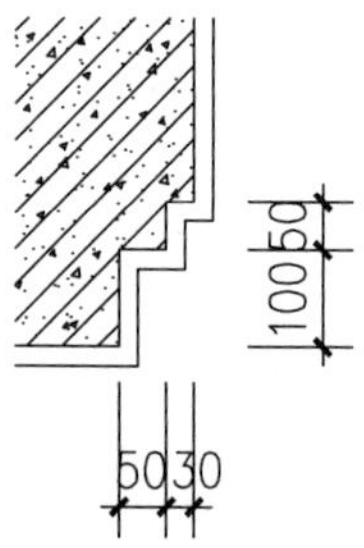
50
100
50
30

⑤

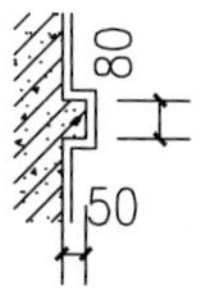
80
50

⑥

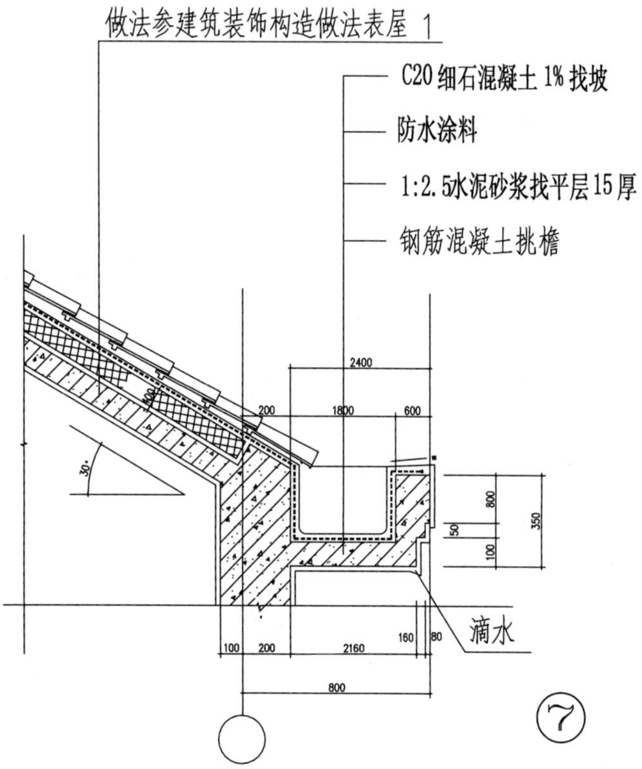
做法参建筑装饰构造做法表屋 1
C20 细石混凝土 1% 找坡
防水涂料
1:2.5水泥砂浆找平层15厚
钢筋混凝土挑檐
2400
200
1800
600
30°
800
50
100
350
滴水
100
200
2160
160
80
800

⑦

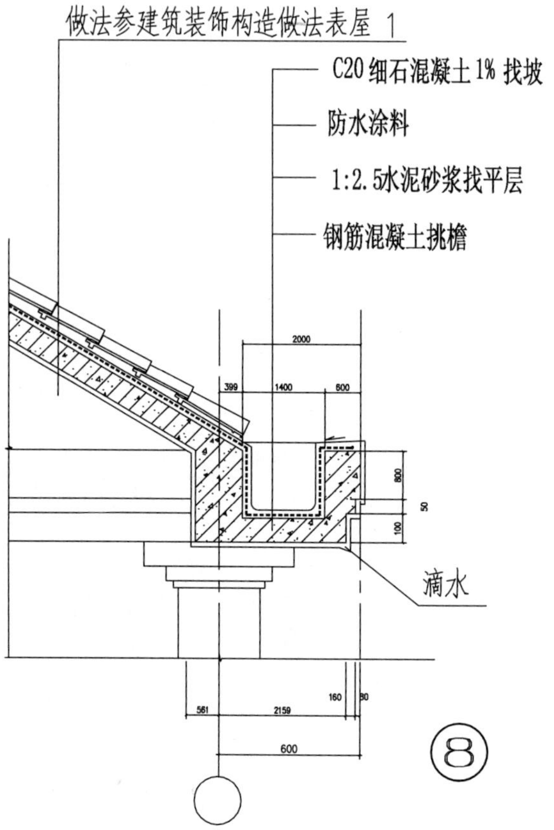
做法参建筑装饰构造做法表屋 1
C20 细石混凝土 1% 找坡
防水涂料
1:2.5水泥砂浆找平层
钢筋混凝土挑檐
2000
399
1400
600
800
50
100
滴水
160
80
561
2159
600

⑧

▲140-檐口节点详图2

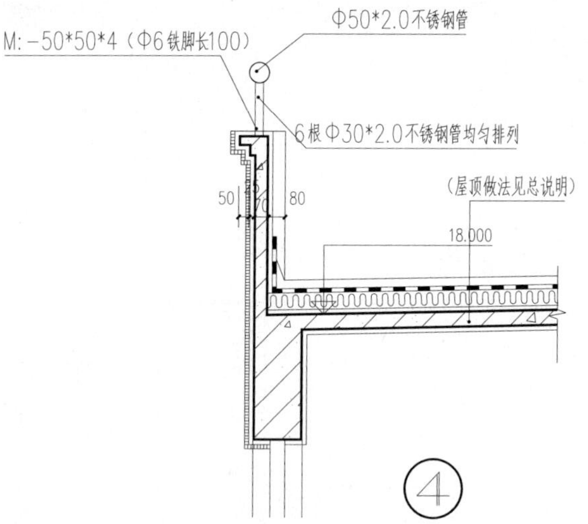

M:-50*50*4（Φ6铁脚长100）
Φ50*2.0不锈钢管
6根Φ30*2.0不锈钢管均匀排列
50
80
（屋顶做法见总说明）
18.000
4

▲141-檐口详图1

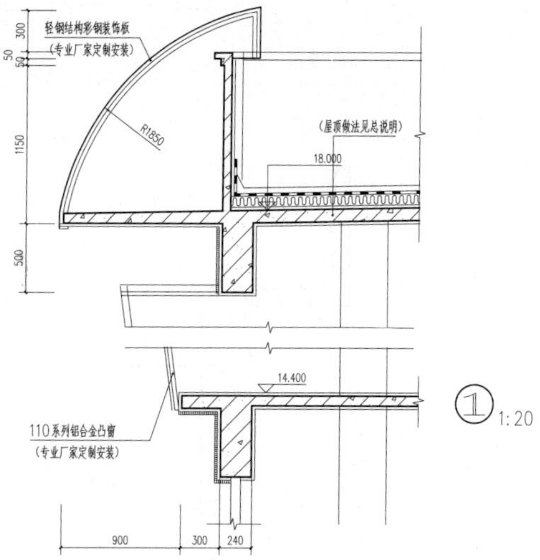

轻钢结构彩钢装饰板
（专业厂家定制安装）
R1650
（屋顶做法见总说明）
18.000
14.400
110系列铝合金凸窗
（专业厂家定制安装）
1
1:20
300
50
1150
500
900
300
240

▲142-檐口详图2

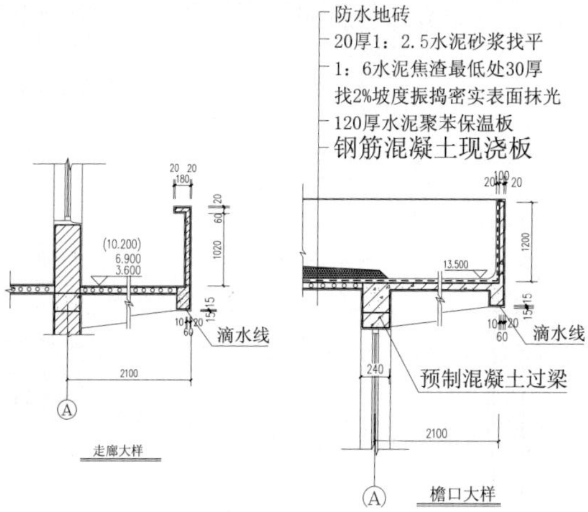

防水地砖
20厚1：2.5水泥砂浆找平
1：6水泥焦渣最低处30厚
找2%坡度振捣密实表面抹光
120厚水泥聚苯保温板
钢筋混凝土现浇板
(10.200)
6.900
3.600
13.500
滴水线
滴水线
预制混凝土过梁
2100
2100
240
A
A
走廊大样
檐口大样

▲143-檐口详图3

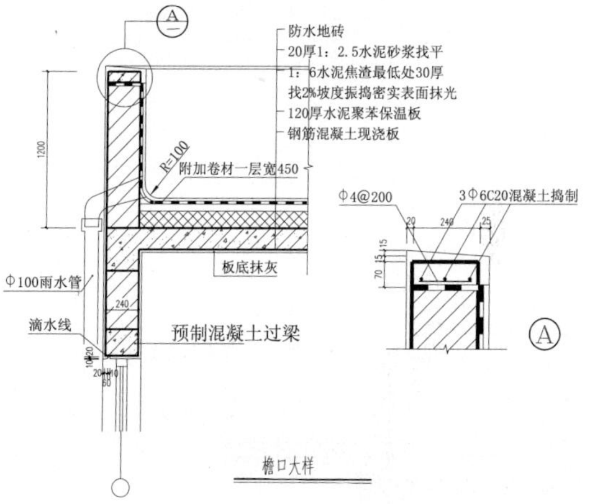

A
防水地砖
20厚1：2.5水泥砂浆找平
1：6水泥焦渣最低处30厚
找2%坡度振捣密实表面抹光
120厚水泥聚苯保温板
钢筋混凝土现浇板
R=100
附加卷材一层宽450
板底抹灰
Φ100雨水管
滴水线
预制混凝土过梁
Φ4@200
3Φ6C20混凝土捣制
A
檐口大样

▲144-檐口详图4

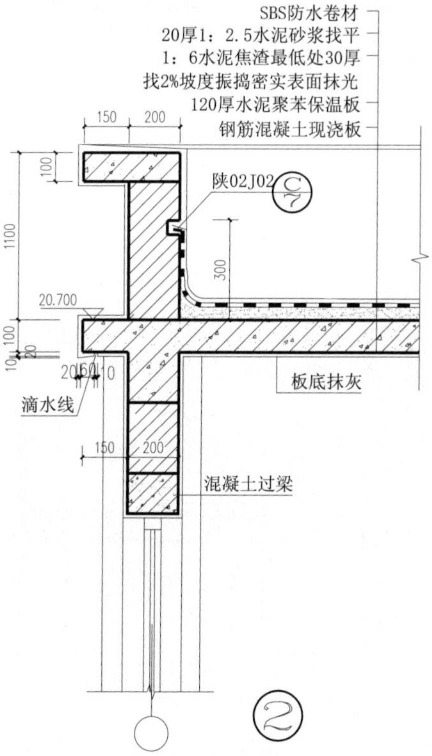

SBS防水卷材
20厚1：2.5水泥砂浆找平
1：6水泥焦渣最低处30厚
找2%坡度振捣密实表面抹光
120厚水泥聚苯保温板
钢筋混凝土现浇板
150
200
陕02J02
C/7
20.700
300
1100
100
板底抹灰
滴水线
混凝土过梁
2

▲145-檐口详图5

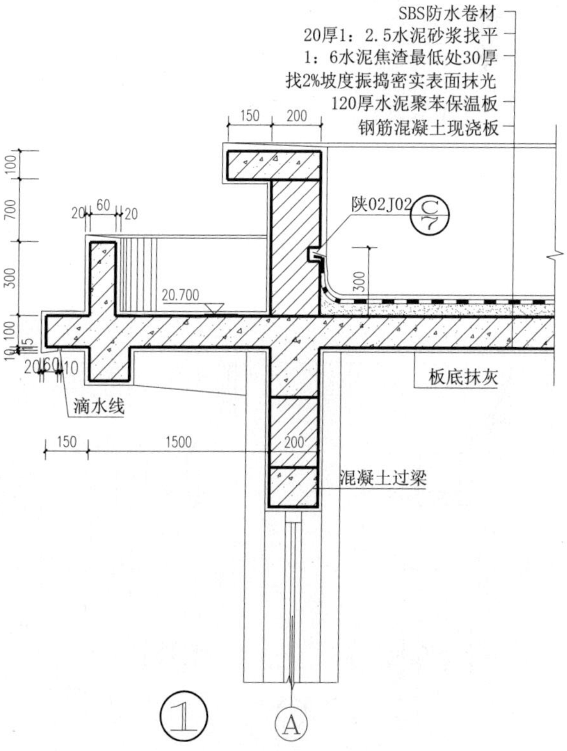

SBS防水卷材
20厚1：2.5水泥砂浆找平
1：6水泥焦渣最低处30厚
找2%坡度振捣密实表面抹光
120厚水泥聚苯保温板
钢筋混凝土现浇板
150
200
陕02J02
C/7
20.700
板底抹灰
滴水线
1500
混凝土过梁
1
A

▲146-檐口详图6

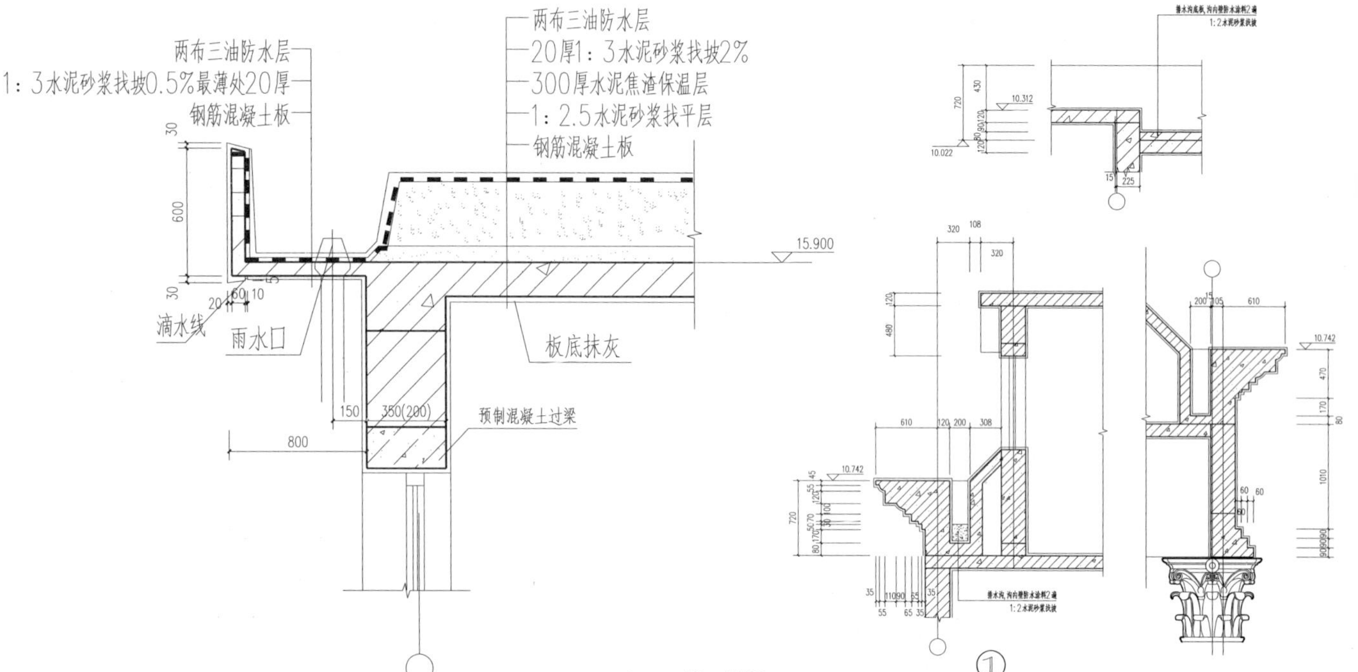
两布三油防水层
1：3水泥砂浆找坡0.5%最薄处20厚
钢筋混凝土板
两布三油防水层
20厚1：3水泥砂浆找坡2%
300厚水泥焦渣保温层
1：2.5水泥砂浆找平层
钢筋混凝土板
滴水线
雨水口
板底抹灰
预制混凝土过梁
15.900
800
150
350(200)
10.312
10.022
10.742
①
▲147-檐口详图7

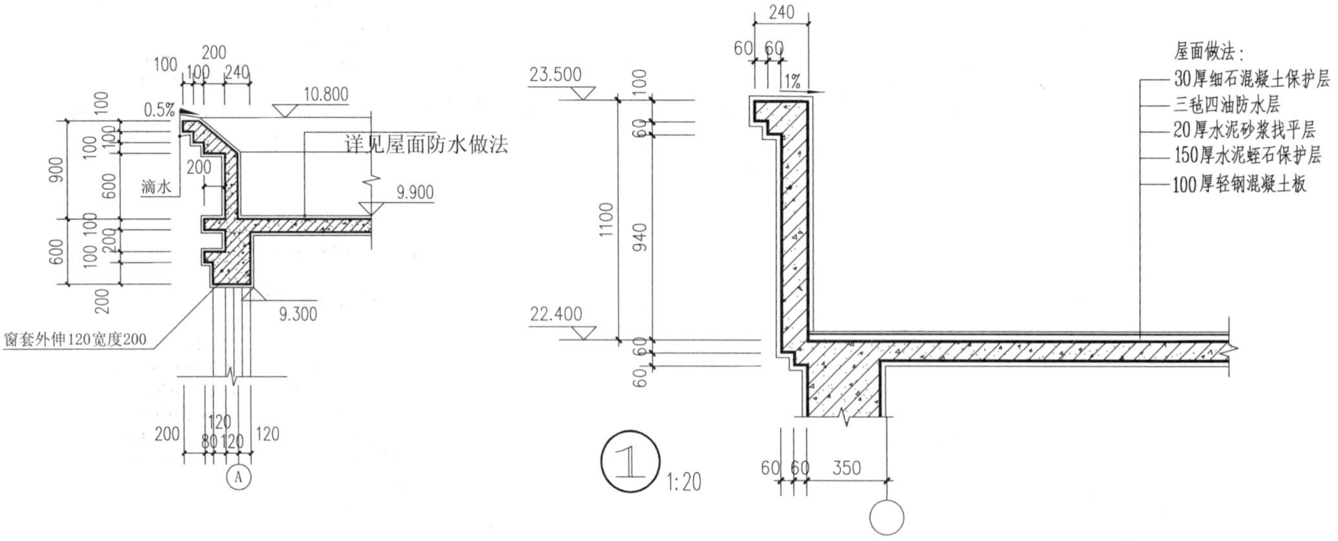
10.800
9.900
9.300
0.5%
详见屋面防水做法
滴水
窗套外伸120宽度200
23.500
22.400
1%
1:20
屋面做法：
30厚细石混凝土保护层
三毡四油防水层
20厚水泥砂浆找平层
150厚水泥蛭石保护层
100厚轻钢混凝土板
▲148-檐口详图8

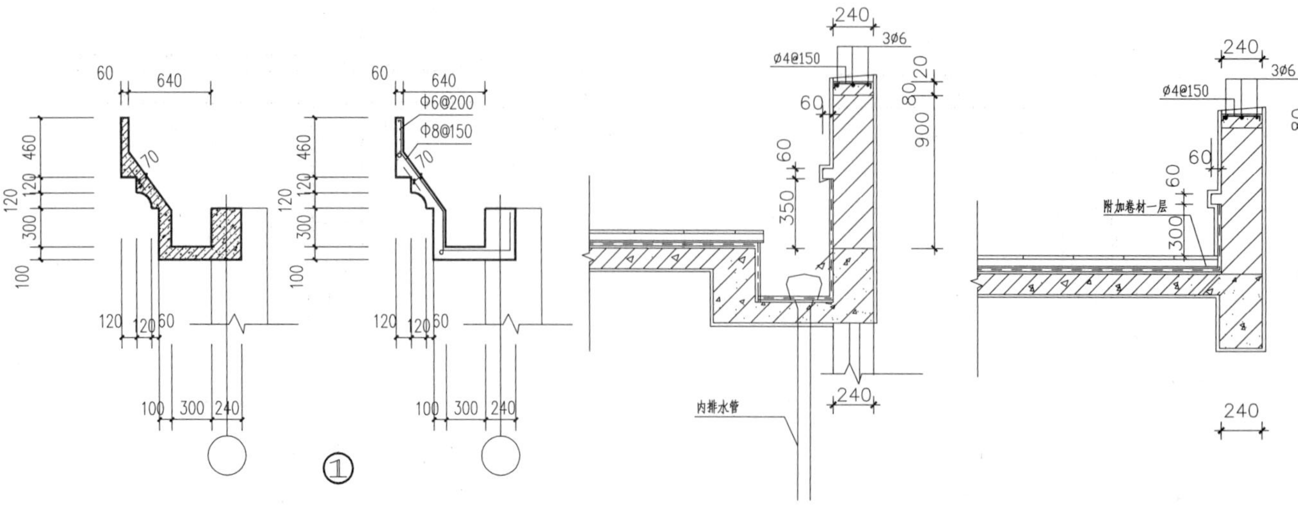
Φ6@200
Φ8@150
ø4@150
3ø6
附加卷材一层
内排水管
①
▲149-檐口详图9

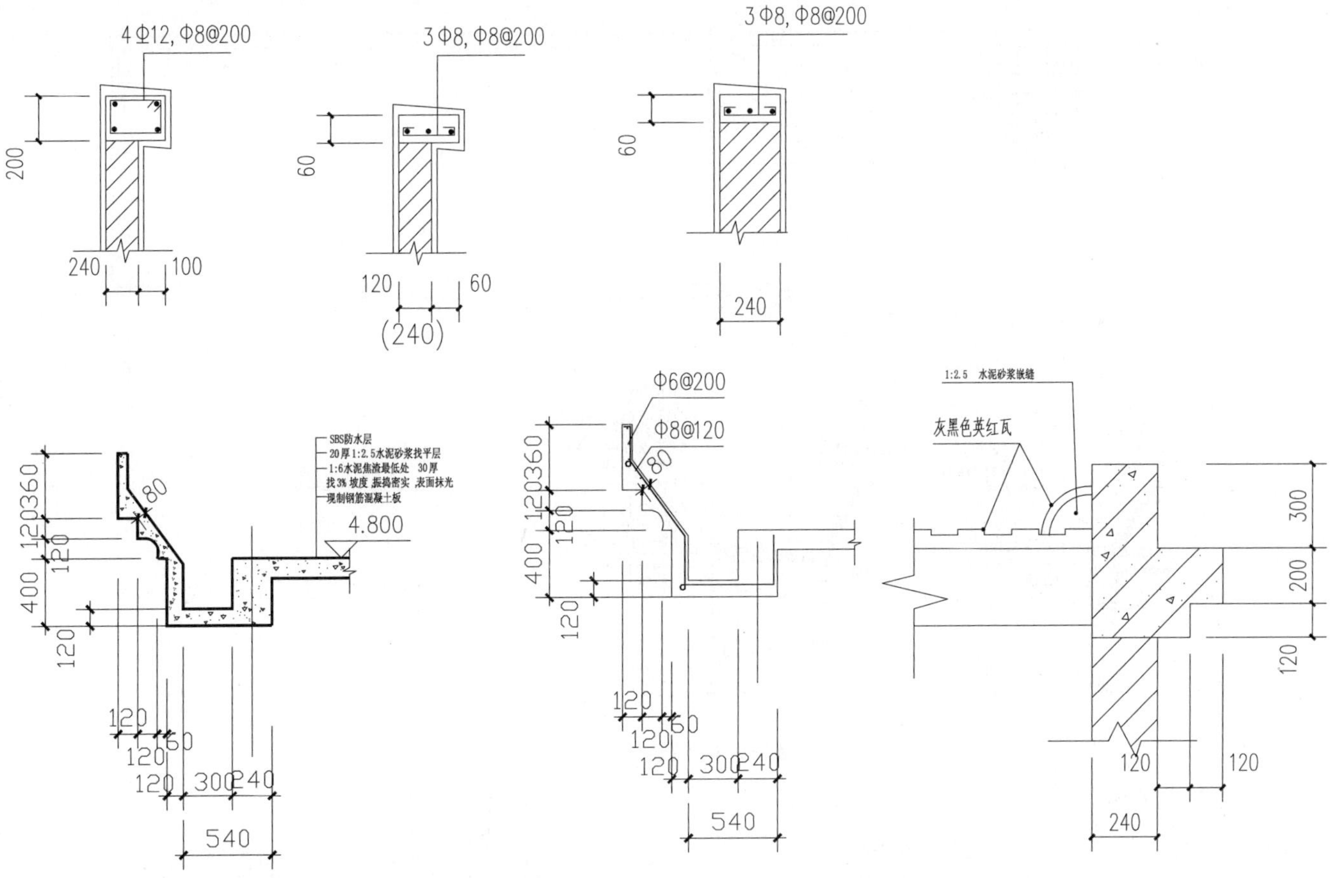

▲150-檐口详图10

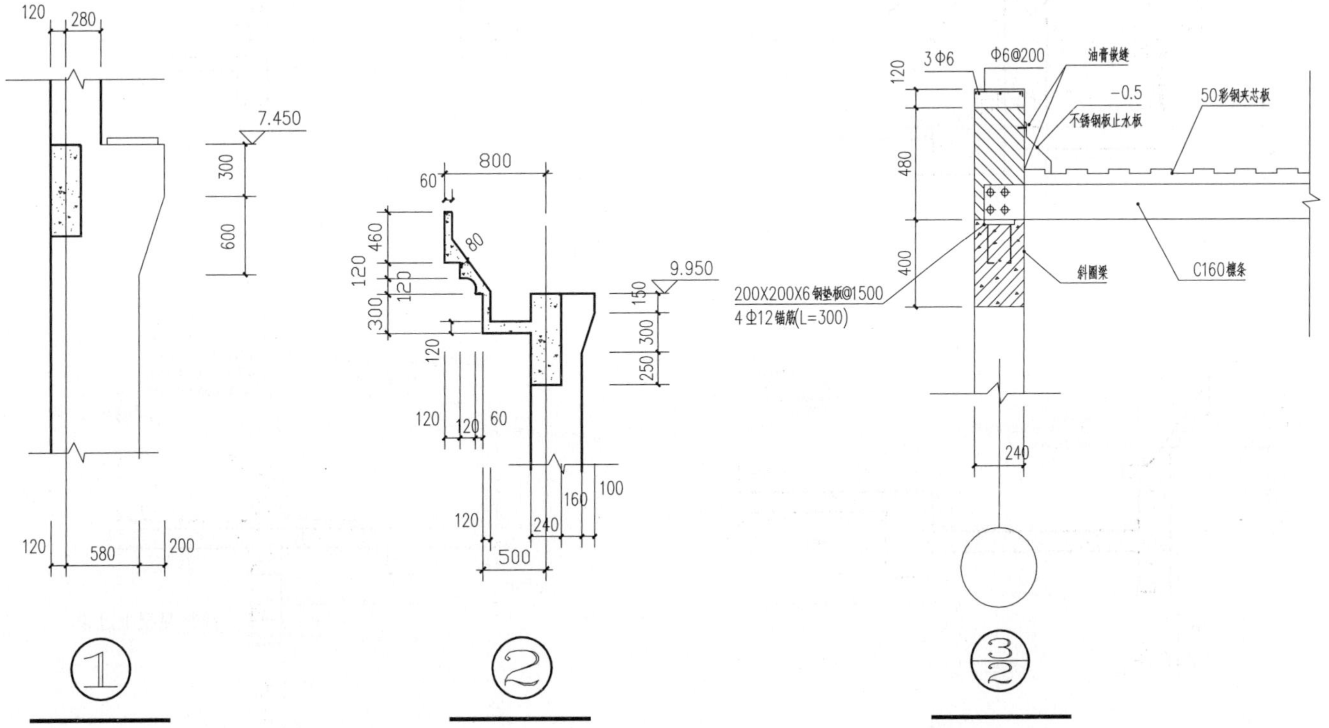

▲151-檐口详图11

檐口天沟大样

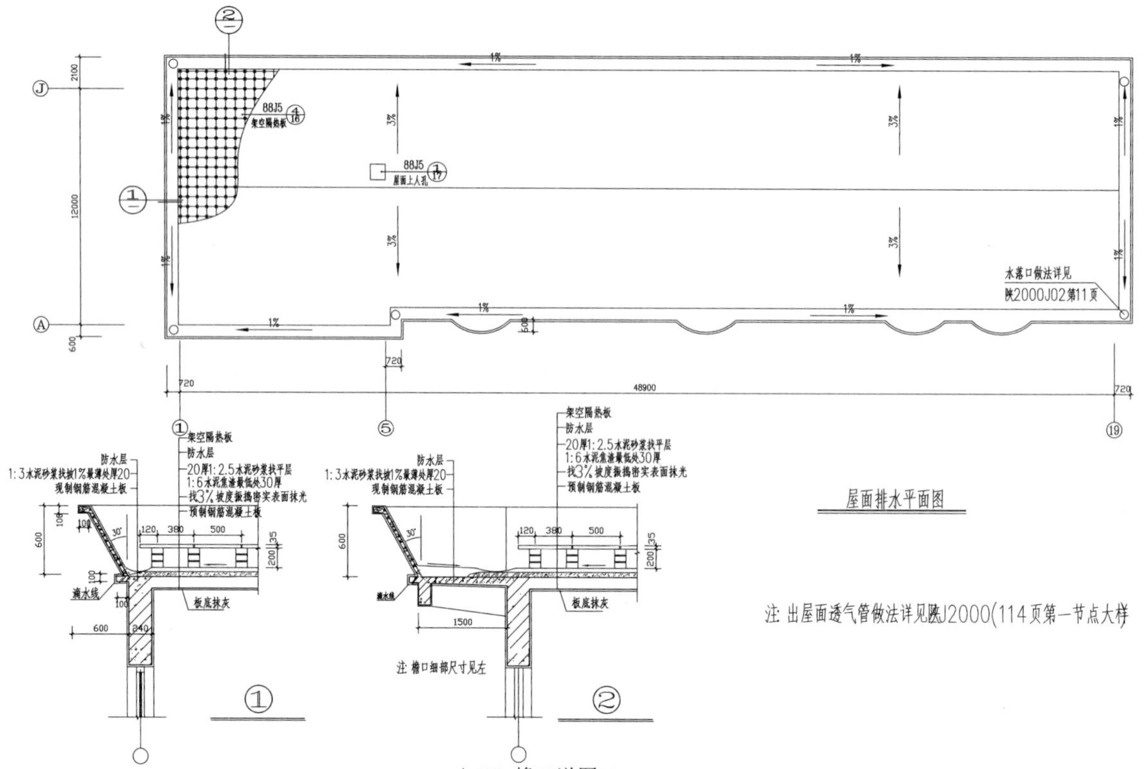
1%
3%
88J5
架空隔热板
屋面上人孔
水落口做法详见
陕2000J02第11页
720
48900
720
2100
12000
600
架空隔热板
防水层
1:3水泥砂浆找坡1%最薄处厚20
20厚1:2.5水泥砂浆找平层
1:6水泥焦渣最低处30厚
找3%坡度振捣密实表面抹光
现制钢筋混凝土板
预制钢筋混凝土板
滴水线
板底抹灰
120
380
500
1500
注：檐口细部尺寸见左
屋面排水平面图
注 出屋面透气管做法详见陕J2000(114页第一节点大样

▲152-檐口详图12

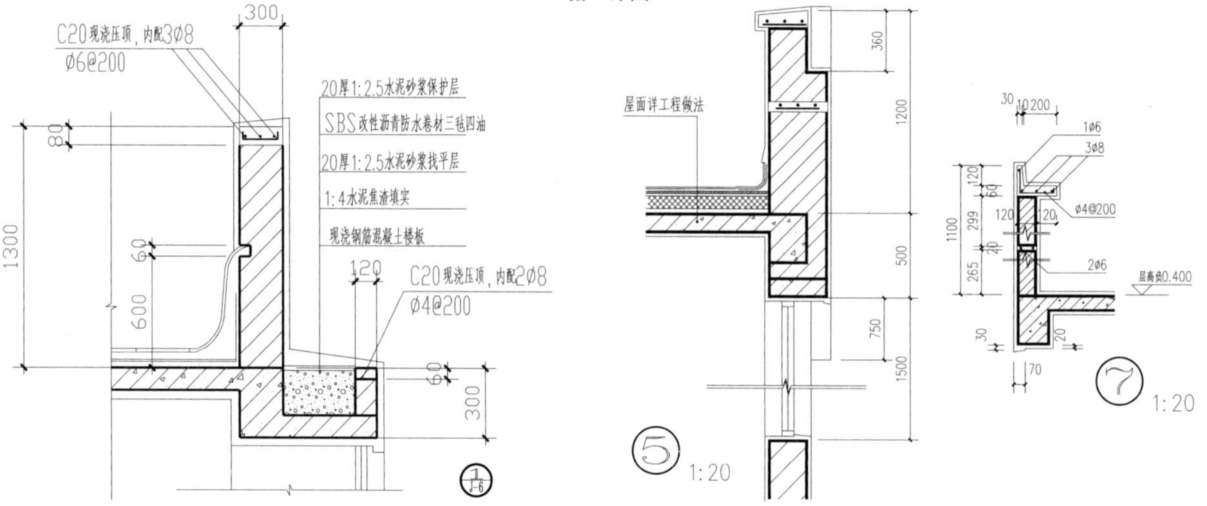
C20现浇压顶，内配3Ø8
Ø6@200
300
20厚1:2.5水泥砂浆保护层
SBS改性沥青防水卷材三毡四油
20厚1:2.5水泥砂浆找平层
1:4水泥焦渣填实
现浇钢筋混凝土楼板
C20现浇压顶，内配2Ø8
Ø4@200
1300
600
屋面详工程做法
360
1200
500
750
1500
1:20
1Ø6
3Ø8
Ø4@200
2Ø6
层高度0.400
1:20

▲153-檐口详图13

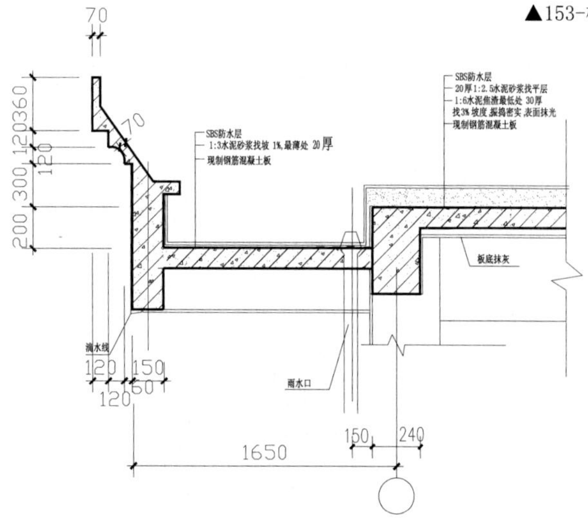
SBS防水层
1:3水泥砂浆找坡 1%,最薄处 20厚
现制钢筋混凝土板
SBS防水层
20厚1:2.5水泥砂浆找平层
1:6水泥焦渣最低处 30厚
找3%坡度 振捣密实 表面抹光
现制钢筋混凝土板
板底抹灰
滴水线
雨水口
1650
150
240

▲154-檐口详图14

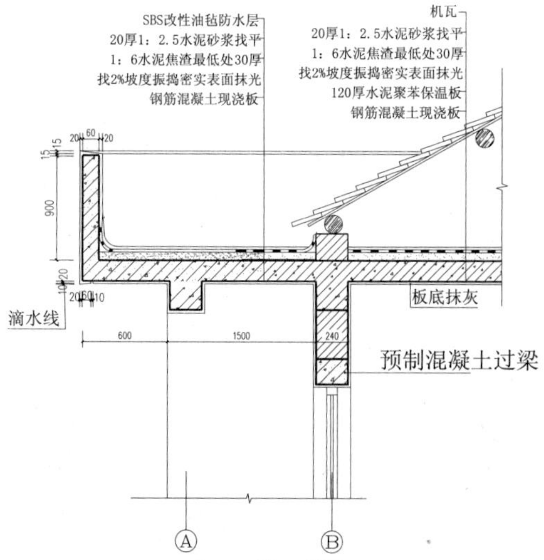
SBS改性油毡防水层
20厚1：2.5水泥砂浆找平
1：6水泥焦渣最低处30厚
找2%坡度振捣密实表面抹光
钢筋混凝土现浇板
机瓦
20厚1：2.5水泥砂浆找平
1：6水泥焦渣最低处30厚
找2%坡度振捣密实表面抹光
120厚水泥聚苯保温板
钢筋混凝土现浇板
滴水线
板底抹灰
预制混凝土过梁
600
1500
900
240
A
B

▲155-檐口详图15

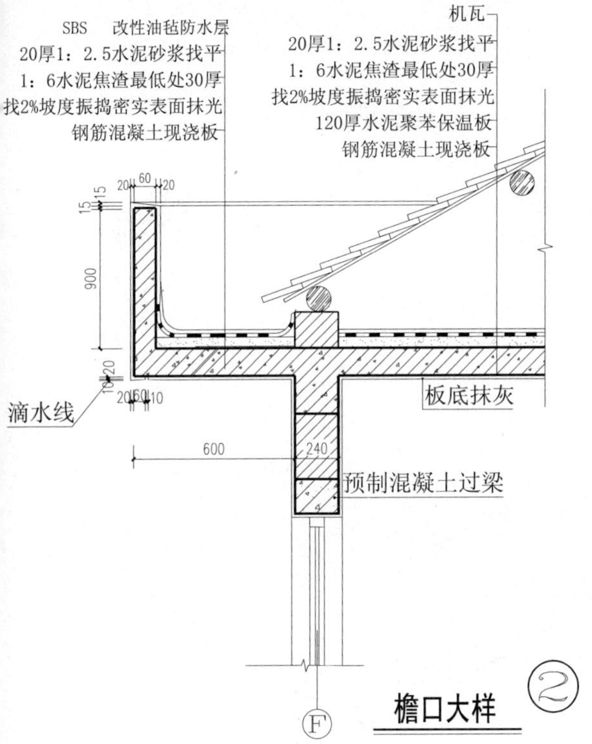
SBS 改性油毡防水层
20厚1：2.5水泥砂浆找平
1：6水泥焦渣最低处30厚
找2%坡度振捣密实表面抹光
钢筋混凝土现浇板
机瓦
20厚1：2.5水泥砂浆找平
1：6水泥焦渣最低处30厚
找2%坡度振捣密实表面抹光
120厚水泥聚苯保温板
钢筋混凝土现浇板
滴水线
板底抹灰
预制混凝土过梁
600
240
900
檐口大样
②
F

▲156-檐口详图16

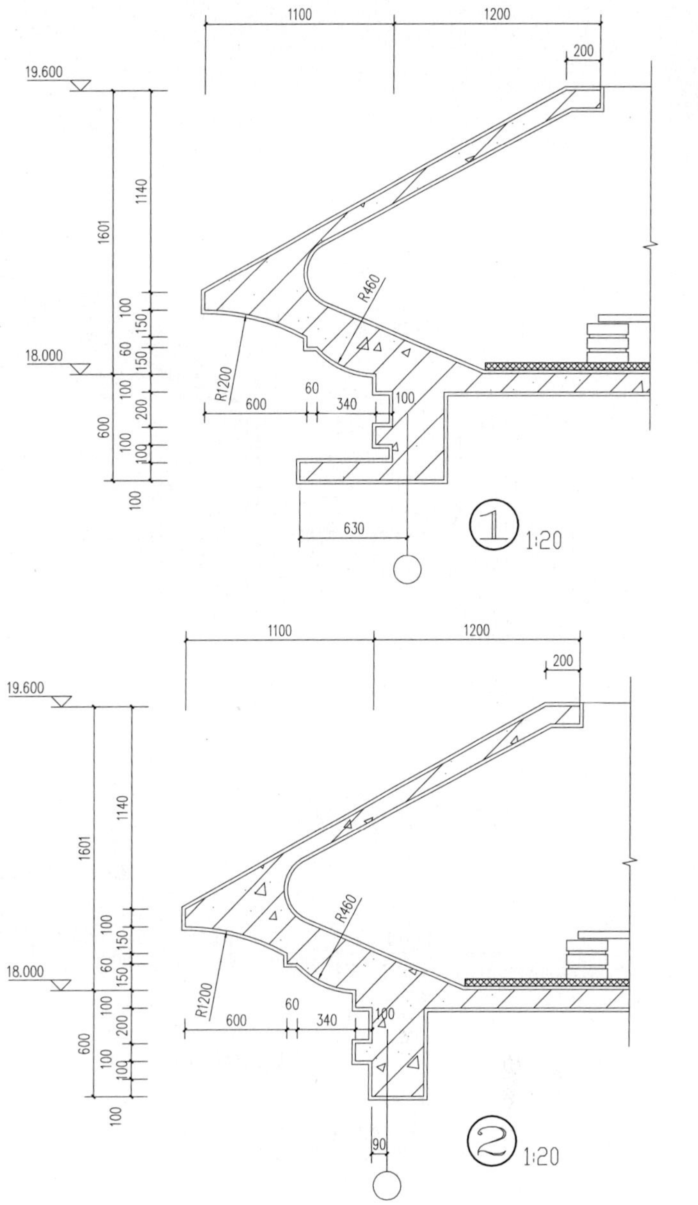
1100
1200
200
19.600
18.000
1601
1140
R460
R1200
600
60
340
100
630
① 1:20
90
② 1:20

▲157-檐口详图17

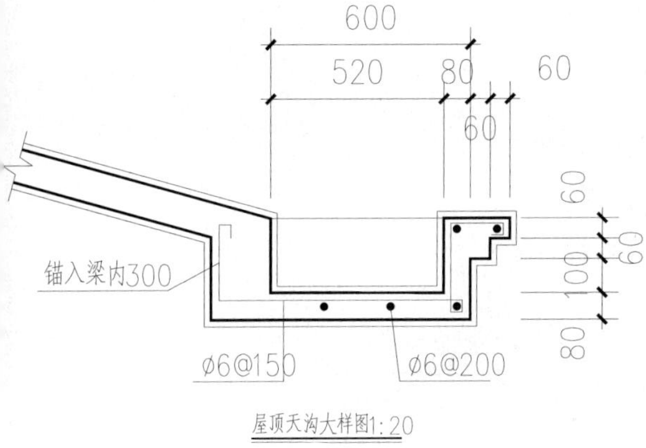
600
520
80
60
锚入梁内300
ø6@150
ø6@200
屋顶天沟大样图1:20

▲158-檐口详图18

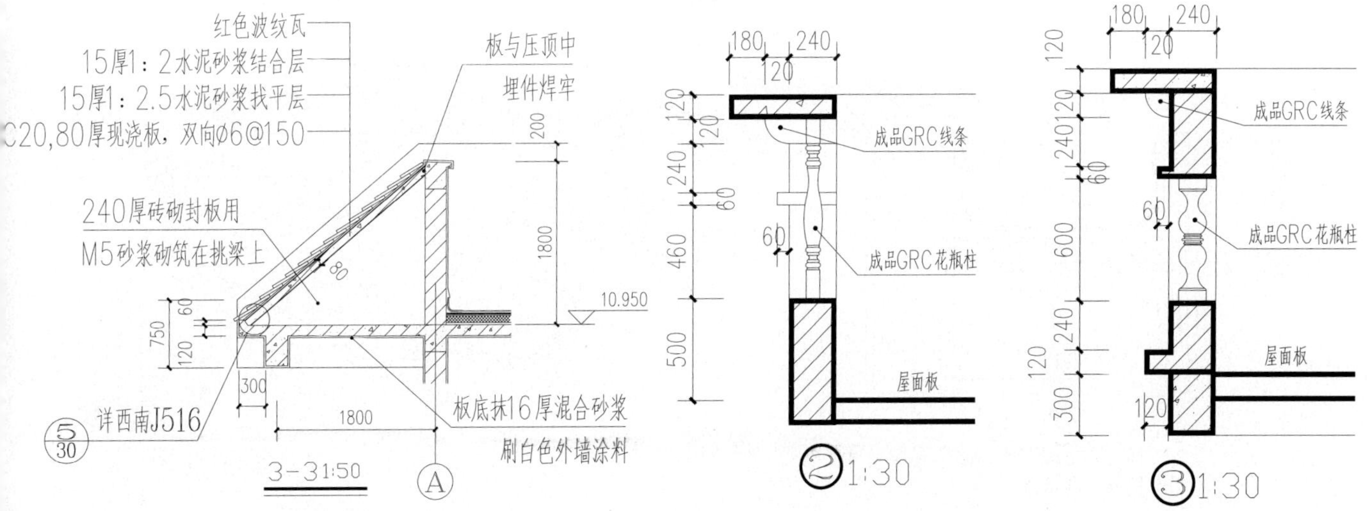
红色波纹瓦
15厚1：2水泥砂浆结合层
15厚1：2.5水泥砂浆找平层
C20,80厚现浇板，双向ø6@150
板与压顶中
埋件焊牢
240厚砖砌封板用
M5砂浆砌筑在挑梁上
详西南J516
5
30
板底抹16厚混合砂浆
刷白色外墙涂料
10.950
1800
3-3 1:50
A
180
240
120
成品GRC线条
成品GRC花瓶柱
屋面板
② 1:30
③ 1:30

▲159-檐口详图19

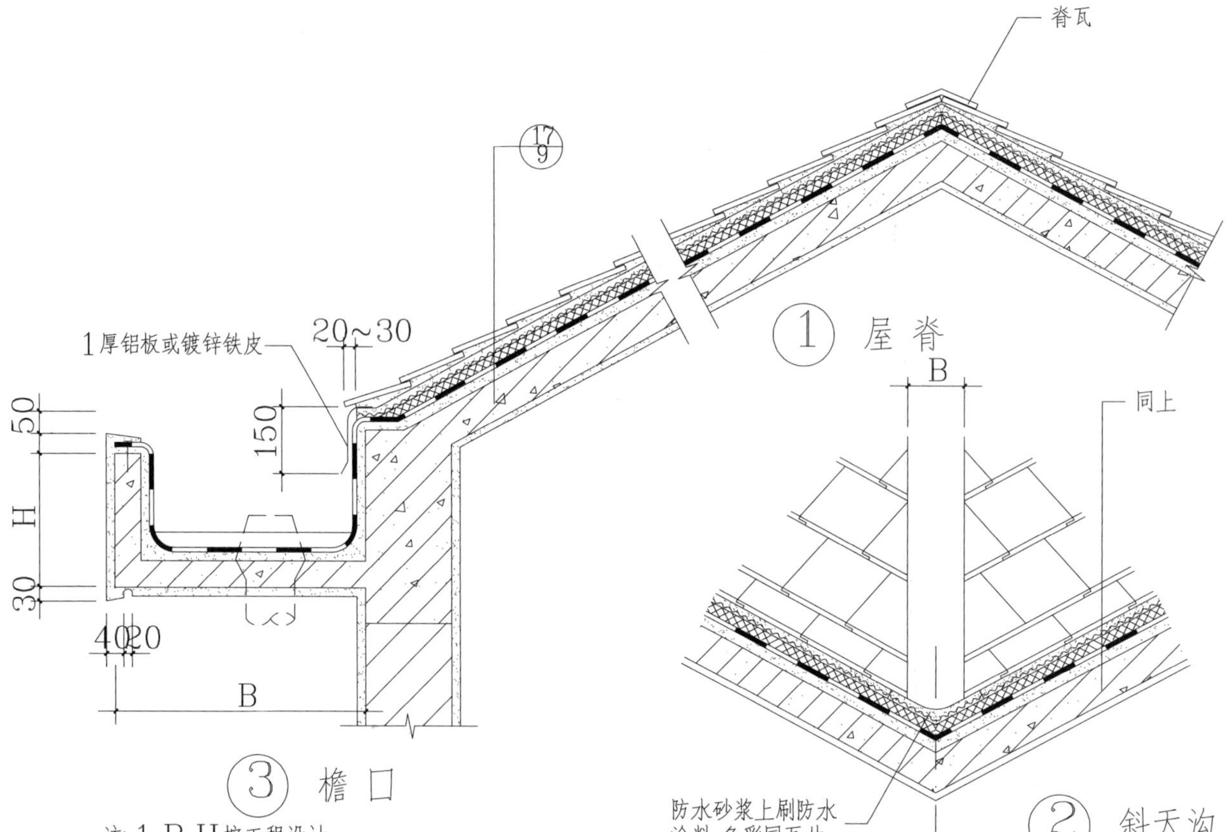
脊瓦
17
9
1 屋脊
1厚铝板或镀锌铁皮
20~30
B
同上
50
150
H
30
40 20
B
3 檐口
防水砂浆上刷防水
涂料，色彩同瓦片
2 斜天沟

注: 1.B H按工程设计.

▲001-玻纤瓦坡屋面构造详图

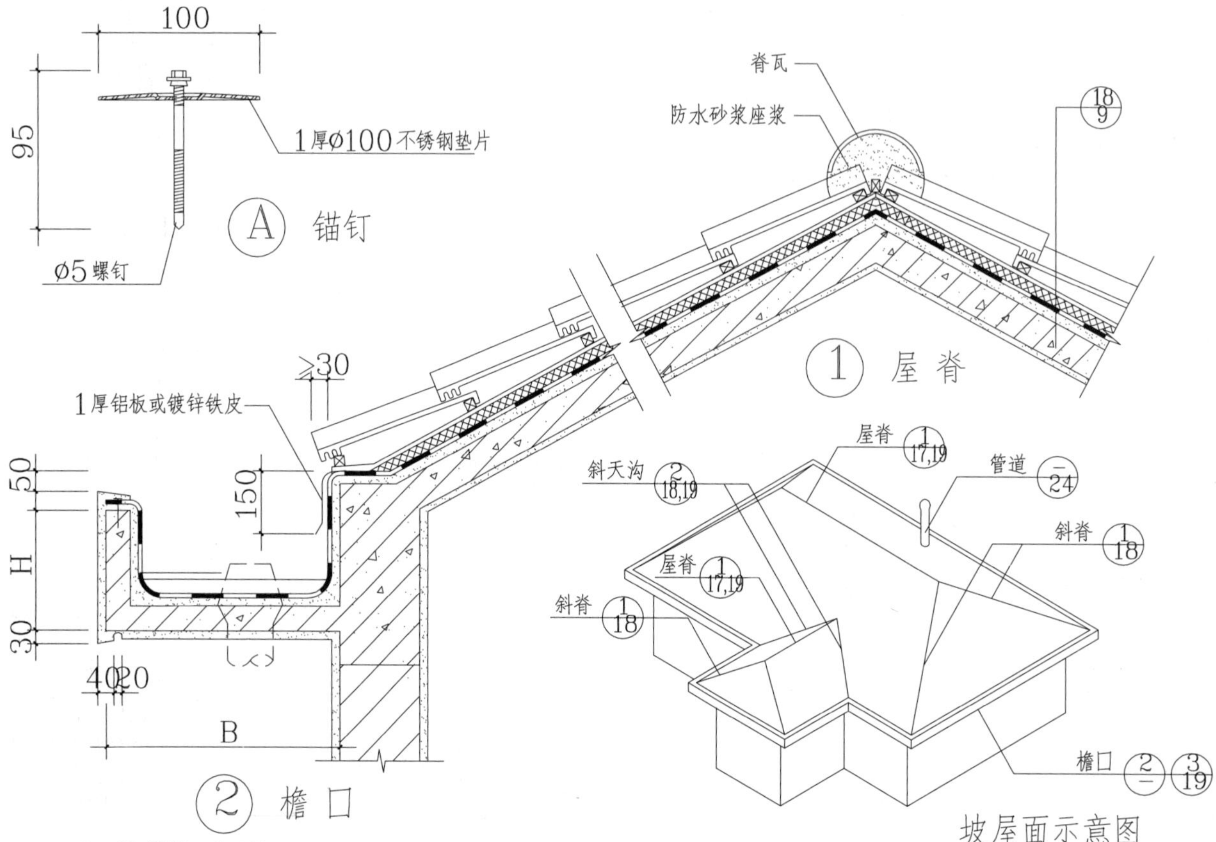
100
95
1厚Ø100不锈钢垫片
A 锚钉
Ø5螺钉
脊瓦
防水砂浆座浆
18
9
1 屋脊
≥30
1厚铝板或镀锌铁皮
50
150
H
30
40 20
B
2 檐口
屋脊 1 17,19
管道 一 24
斜天沟 2 18,19
斜脊 1 18
屋脊 1 17,19
斜脊 1 18
檐口 2 二 3 19
坡屋面示意图

注: B H按工程设计.

▲002-彩瓦、彩陶瓦坡屋面构造详图

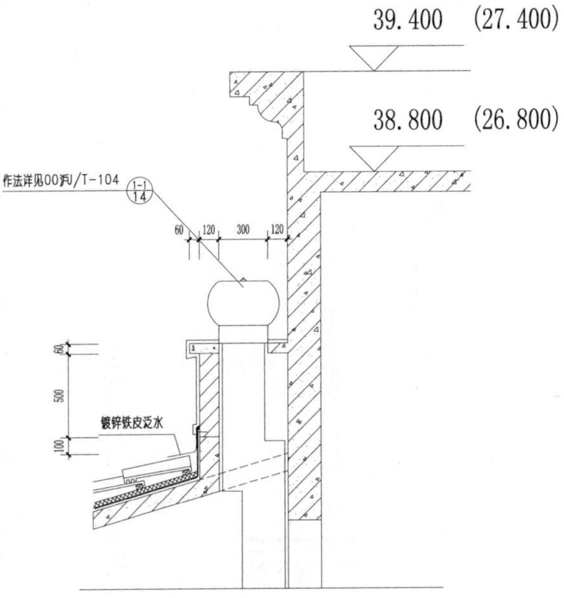
39.400 (27.400)
38.800 (26.800)
作法详见00沪J/T-104
1-1
14
60
120
300
120
60
500
100
镀锌铁皮泛水

出坡屋面烟道详图 1:20

▲003-出坡屋面烟道详图

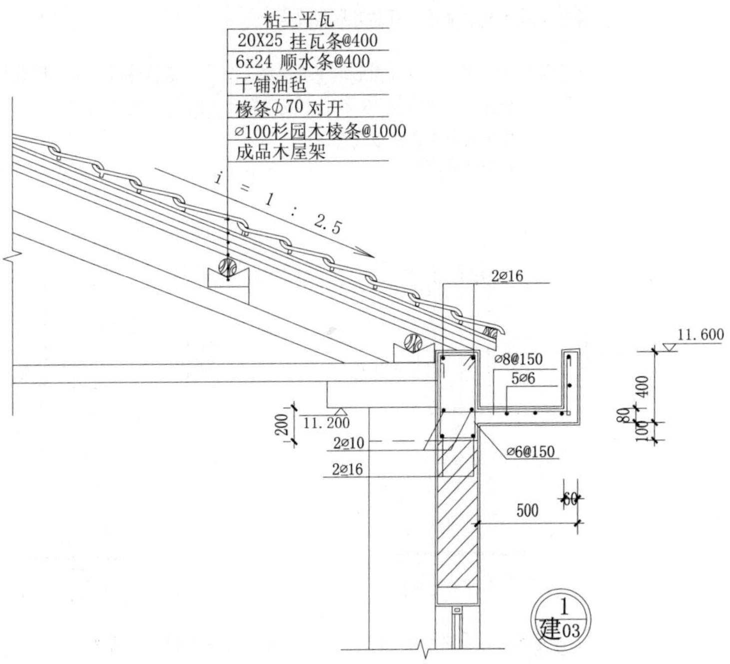
粘土平瓦
20X25 挂瓦条@400
6x24 顺水条@400
干铺油毡
椽条φ70 对开
⌀100杉园木棱条@1000
成品木屋架
i = 1 : 2.5
2⌀16
11.600
⌀8@150
5⌀6
400
80
100
200
11.200
2⌀10
2⌀16
⌀6@150
500
60
1
建03

▲004-坡屋顶1

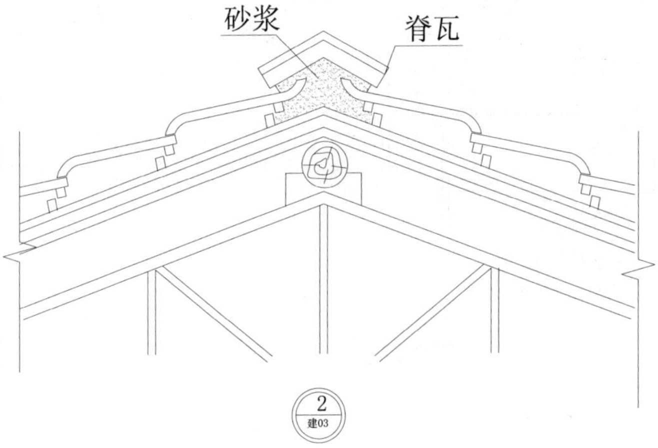
砂浆
脊瓦
2
建03

▲005-坡屋顶2

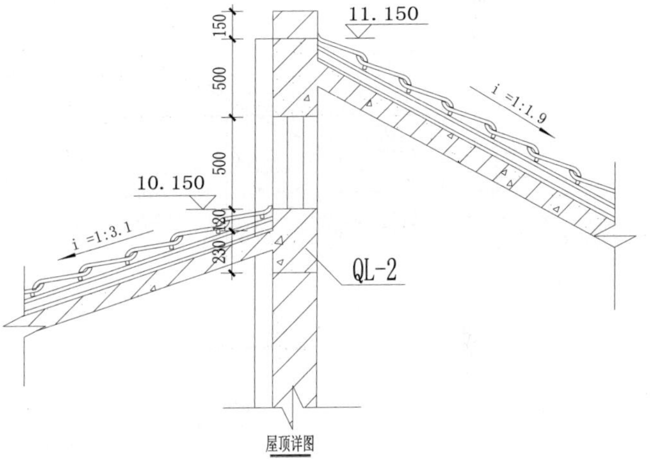
150
500
500
11.150
i =1:1.9
10.150
120
230
i =1:3.1
QL-2
屋顶详图

▲006-坡屋顶3

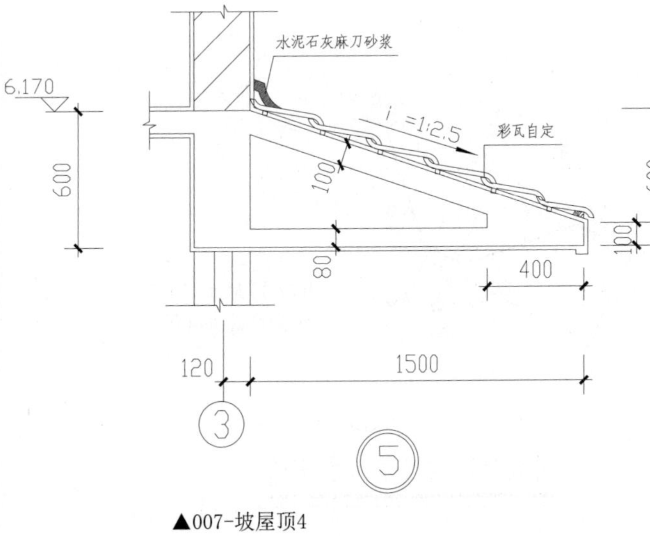
水泥石灰麻刀砂浆
6.170
6.170
600
i =1:2.5
彩瓦自定
100
600
100
80
400
120
1500
3
5

▲007-坡屋顶4

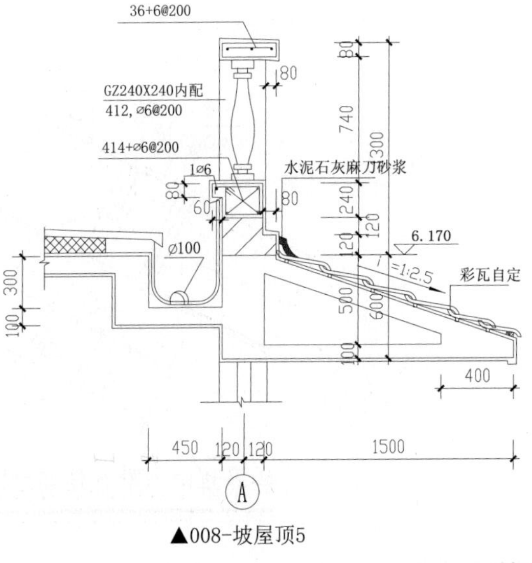
36+6@200
80
80
GZ240X240内配
412, ⌀6@200
740
1300
414+⌀6@200
1⌀6
水泥石灰麻刀砂浆
80
60
80
240
120
120
6.170
⌀100
i =1:2.5
彩瓦自定
300
100
500
600
100
400
450
120
120
1500
A

▲008-坡屋顶5

梁的截面形式、高度、标高等取值规定

一般情况下，坡屋面梁顶面随坡屋面板面。当无特定标注时，按下图取用：

4.1. 坡屋面水平梁按"图4.1a"或"图4.1b"或"图4.1c"

4.2. 坡屋面斜梁按矩形截面。

4.3. 对于坡屋面梁既有水平部分，又有斜梁部分，则分别按第4.1条和第 4.2条的规定。

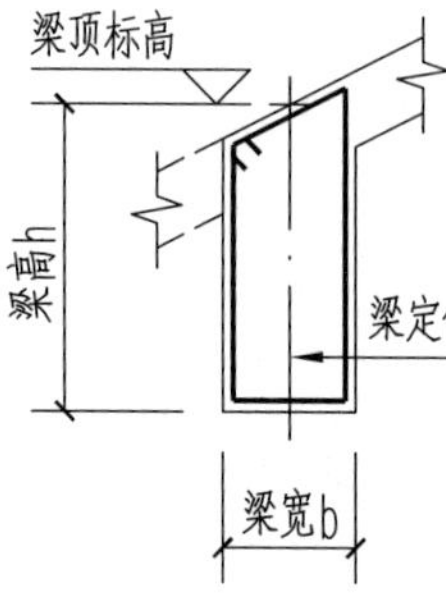

图4.1a

(用于非屋脊梁)

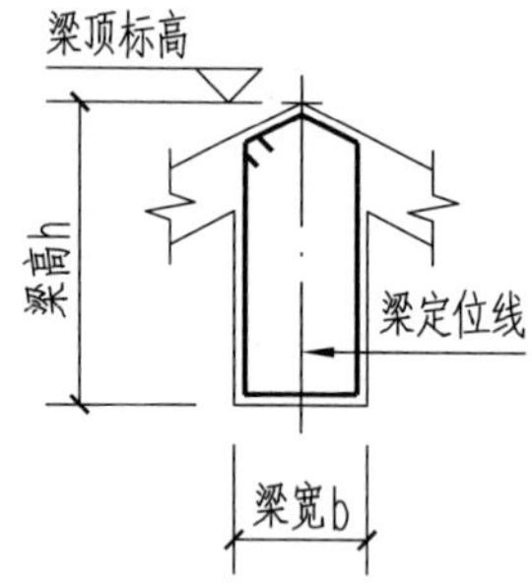

图4.1b

(用于屋脊梁)

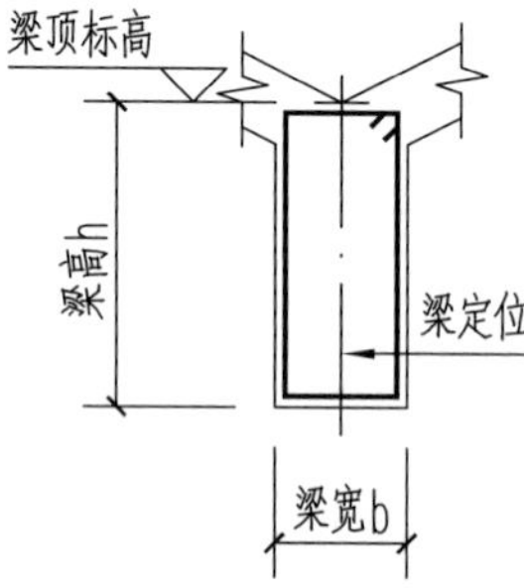

图4.1c

(用于屋谷梁)

当坡屋面梁在中间支座处存在如下折角时，上部钢筋锚固有"图7.1"、"图7.2"两种方式。当设计无指定时，则按"图7.1"方式施工，无法按"图7.1"方式施工时按"图7.2"方式施工。

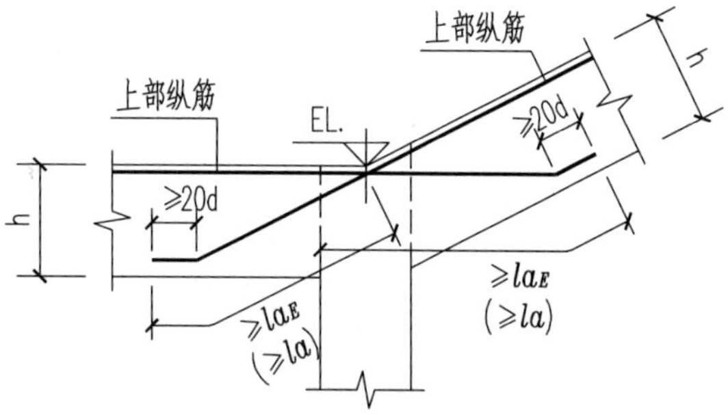

图7.1

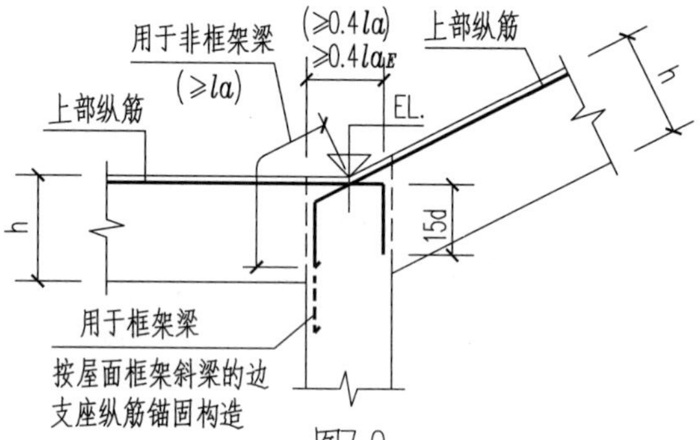

图7.2

说明：

1. 括号内为非框架梁纵筋的锚固长度
2. 当上部纵筋直锚入支座内的长度≥laE(la)时，可不必弯锚

斜梁的次梁集中力附加筋构造见下列详图：

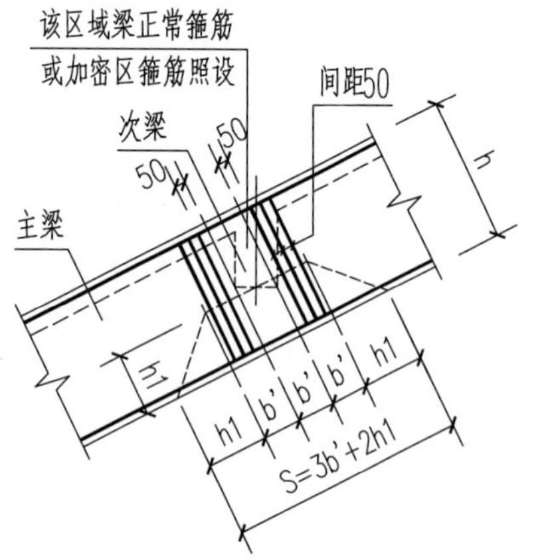

斜梁集中力附加箍筋构造

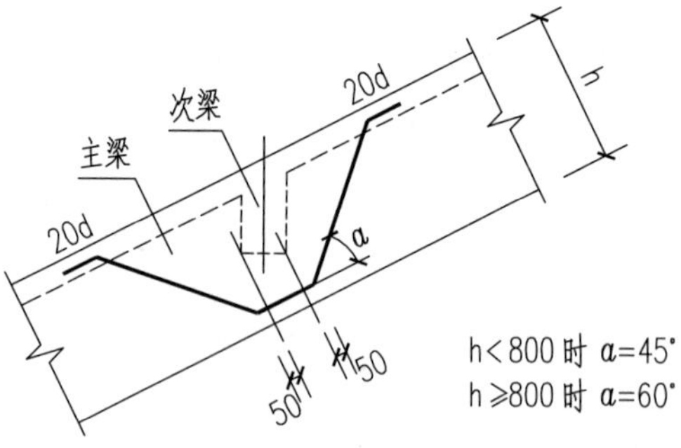

斜梁集中力附加吊筋构造

斜梁的边支座纵筋锚固按下图施工。屋面框架斜梁的边支座纵筋锚固构造与《03G101-1》第37页抗震KZ柱顶纵向钢筋构造（二）配合使用。

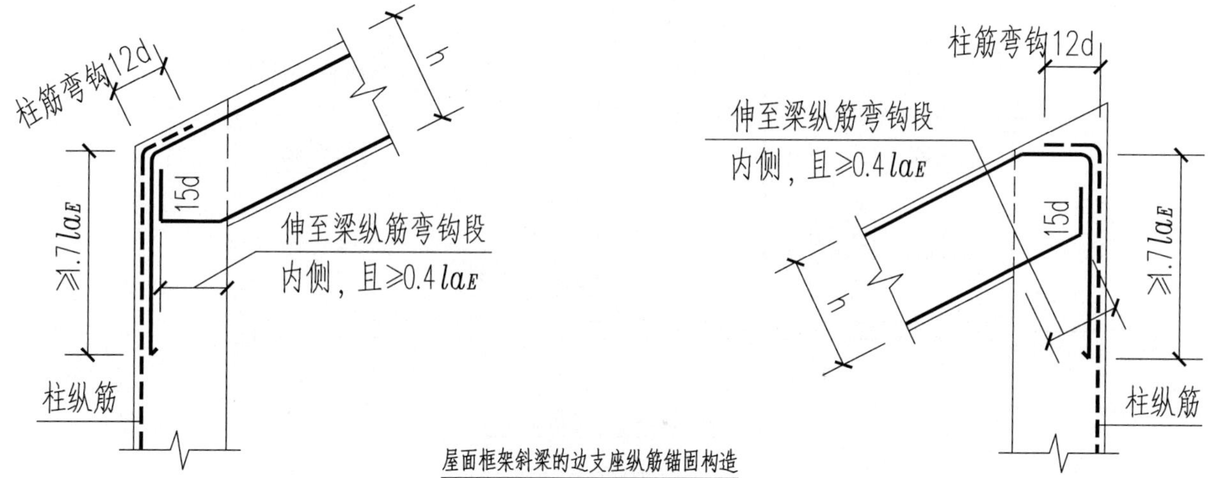

屋面框架斜梁的边支座纵筋锚固构造

本图未表示的其它构造见《03G101-1》P56

（用于梁上部纵筋配筋率≤1.2%）

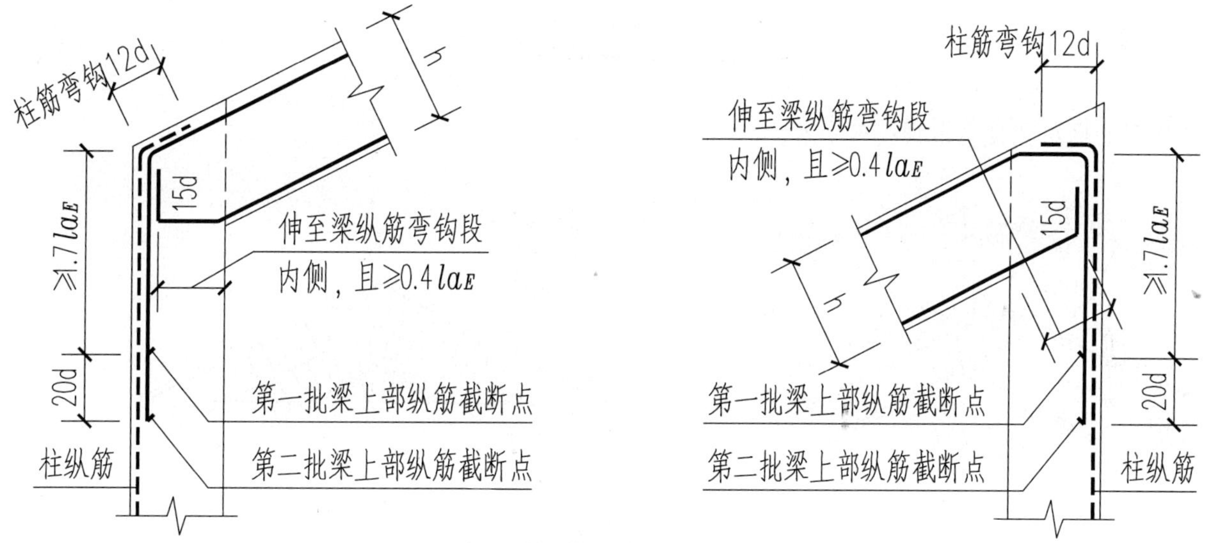

屋面框架斜梁的边支座纵筋锚固构造

本图未表示的其它构造见《03G101-1》P56

（用于梁上部纵筋配筋率>1.2%）

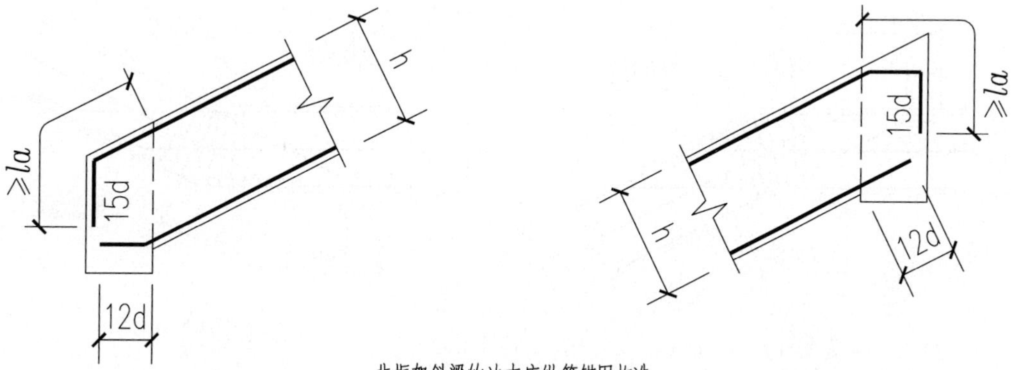

非框架斜梁的边支座纵筋锚固构造

当梁内有竖向折角时，则在梁平法施工图中梁折角处用引线标注该折角所引用的构造详图，并注写折角处的附加箍筋值，其值前加注字母“Z”以便与集中力附加箍筋区分。附加箍筋间距以梁中心线距离为准，附加箍筋形式同梁箍筋，平法施工图中该附加箍筋间距未注明的均取100。当折角处有次梁时，次梁集中力附加筋另设。

例：

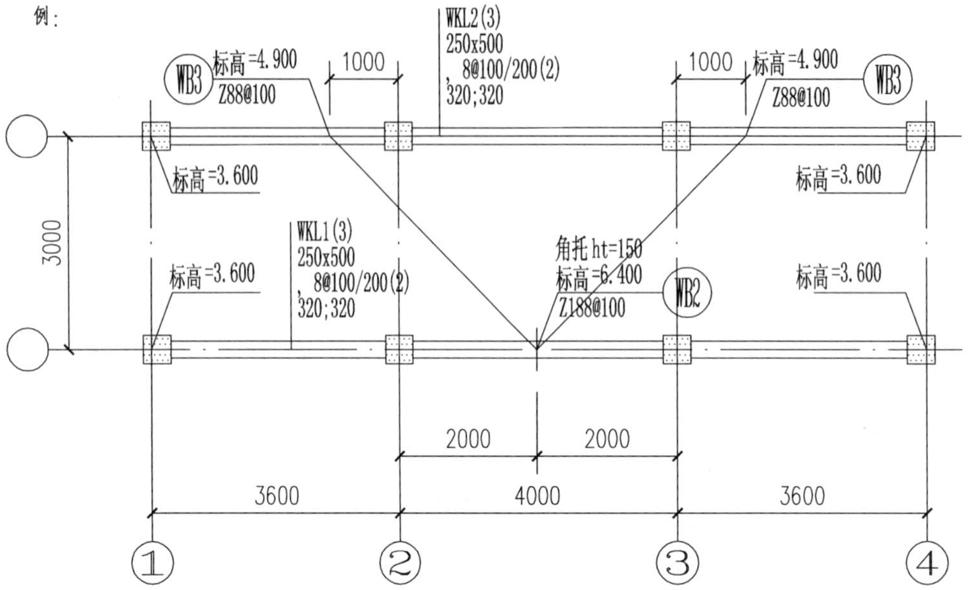

局部梁平法施工图

梁内竖向折角处构造详图如下：

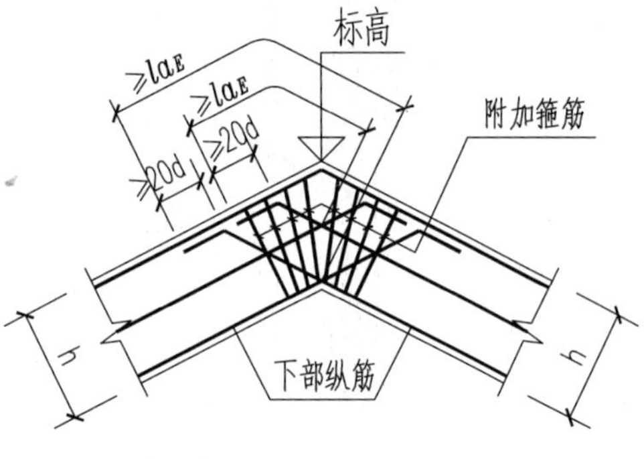

WB1

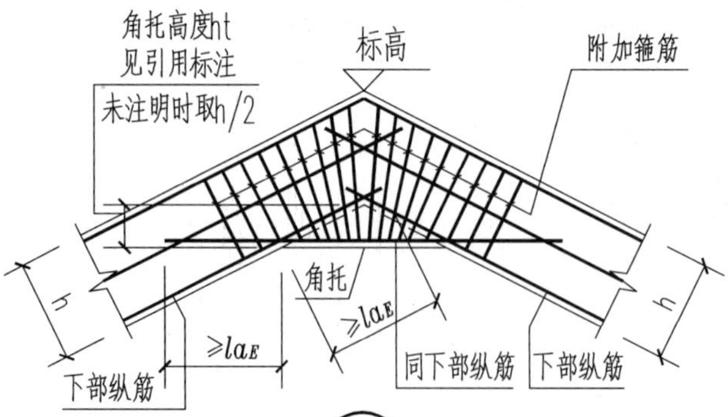

WB2

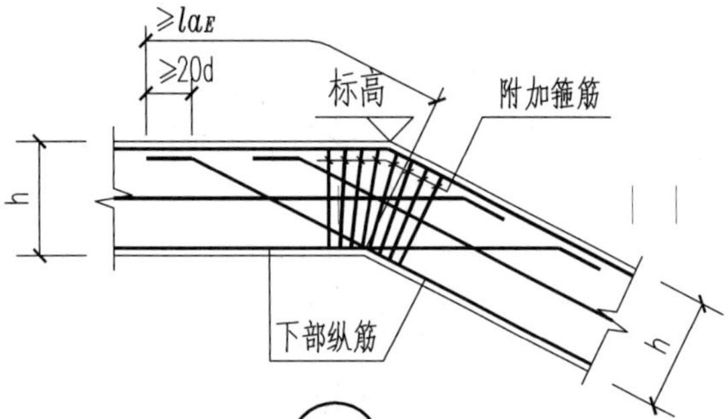

WB3

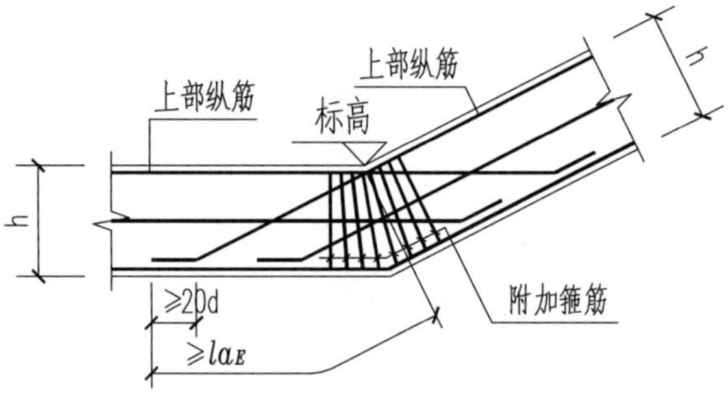

WB4

说明：a. 图中箍筋数量仅为示意，应按标注的数量配置。

▲011-坡屋面平法3

当坡屋面梁部分或全部为斜梁时，则在梁平法施工图中原位标注该梁的梁顶面各控制点标高，相邻控制点之间梁顶面为一直线段。

例：

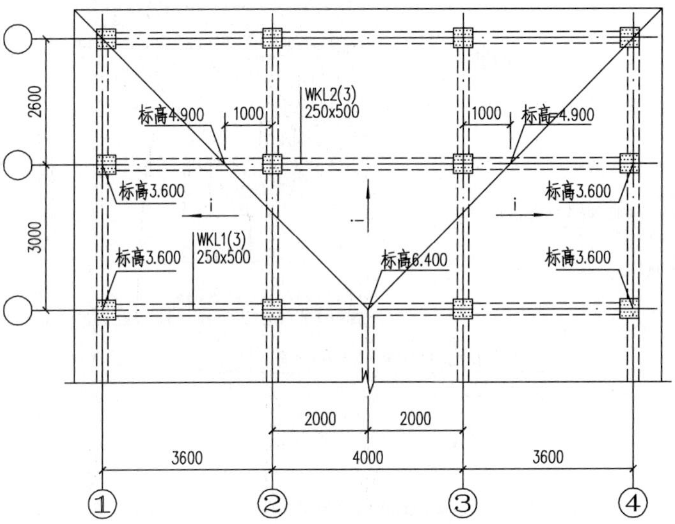

局部梁平法施工图

(图中仅表示出模板)j以建筑为准

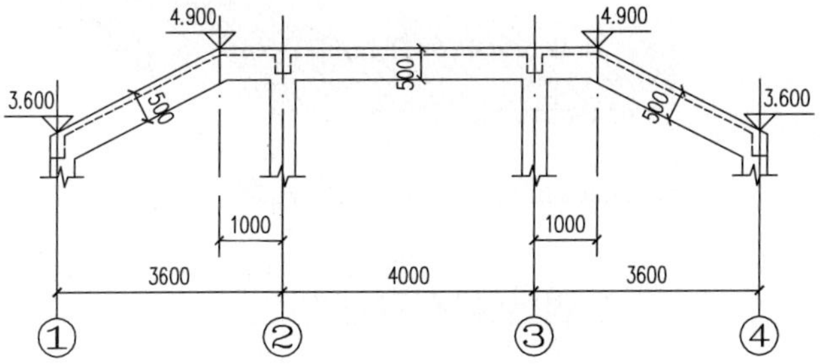

WKL2模板图 (梁宽b=250)

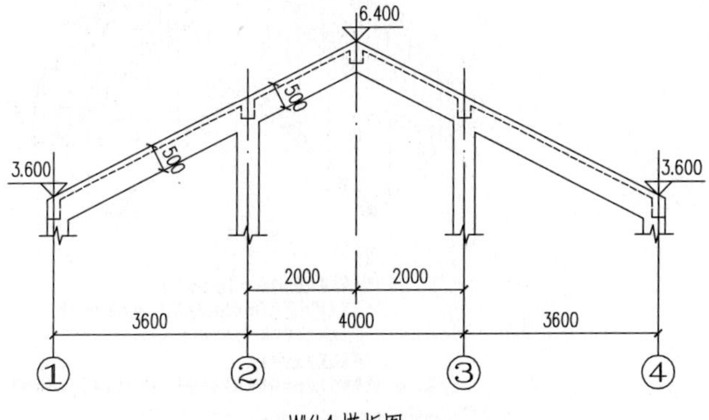

WKL1模板图 (梁宽b=250)

坡屋面现浇板折角处未设置梁时，按下列详图要求施工：

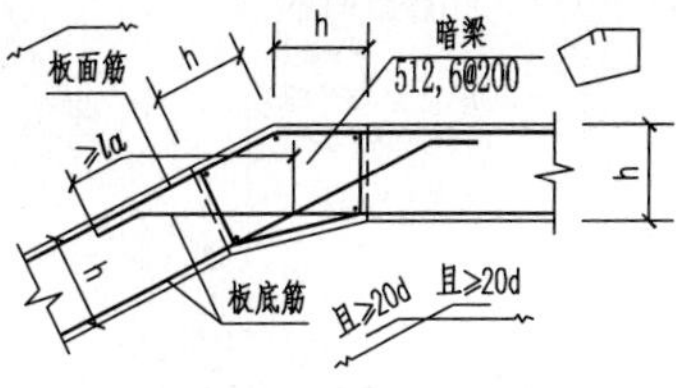

(S1)

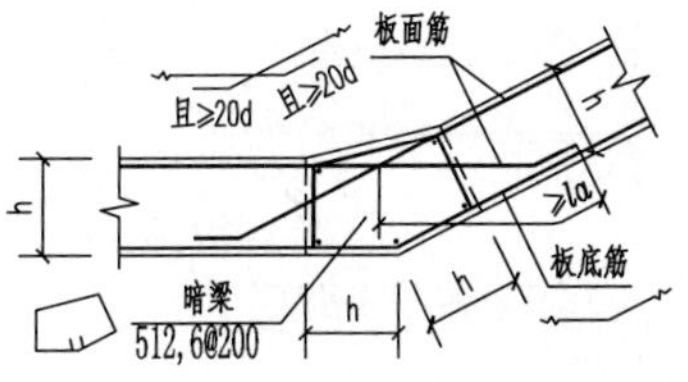

(S2)

当坡屋面板在中间支座处存在如下折角时，上部钢筋按下图要求锚固。

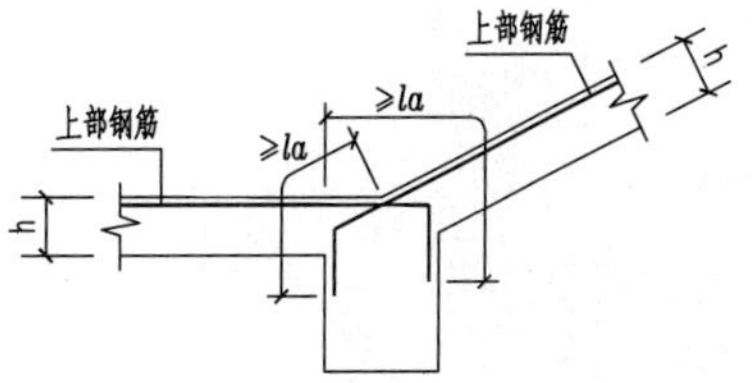

(S3)

坡屋面下砌体填充墙或隔墙的顶部为斜面时，待墙体砌好五天后，在墙顶部两边用干硬性的C20细石混凝土塞入顶部缝内，务必嵌实。见下列详图：

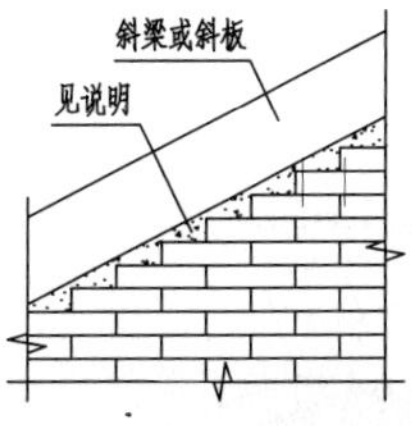

墙顶部为斜面时顶部构造

(墙长方向为顶部斜面)

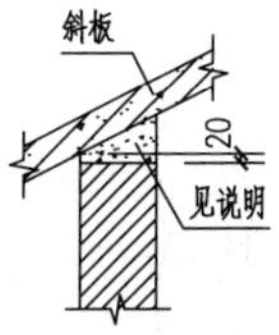

墙顶部为斜面时顶部构造

(墙厚度方向为顶部斜面)

斜梁的梁端箍筋起始位置按下图施工：

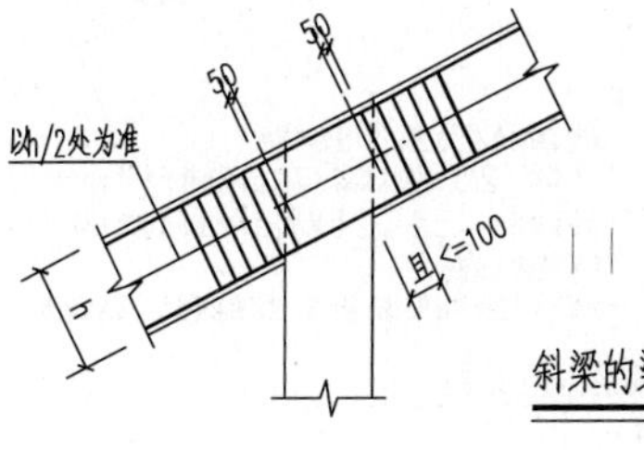

斜梁的梁端箍筋起始位置图

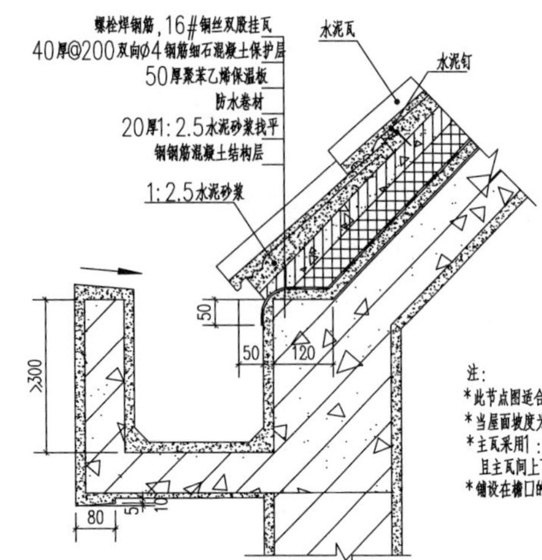
螺栓焊钢筋，16#铜丝双股挂瓦
40厚@200双向Ø4钢筋细石混凝土保护层
50厚聚苯乙烯保温板
防水卷材
20厚1:2.5水泥砂浆找平
钢筋混凝土结构层
1:2.5水泥砂浆
水泥瓦
水泥钉
50
50
120
≥300
80

注:
*此节点图适合30度-60度的坡屋面.
*当屋面坡度为17.5度-22.5度时，主瓦间上下搭接最少为100mm.
*主瓦采用1:2.5水泥砂浆粘贴用16#铜丝加钉子固定
且主瓦间上下搭接最少为75mm.
*铺设在檐口的主瓦挑出长度可视实际情况而定.

X 倒置式保温混凝土瓦屋面檐口1:10
– JJ-4-

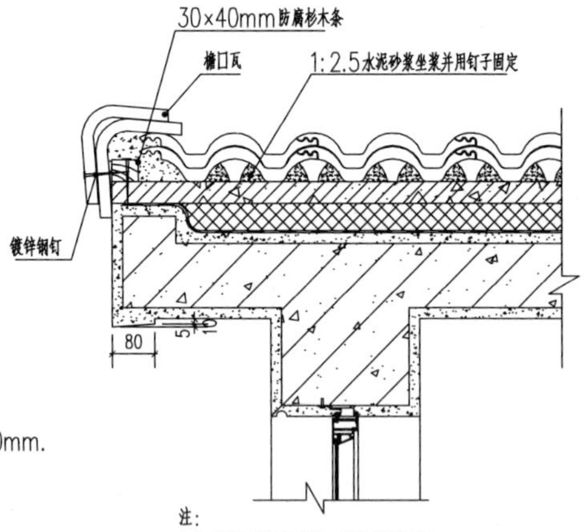
30×40mm防腐杉木条
檐口瓦
1:2.5水泥砂浆坐浆并用钉子固定
镀锌钢钉
80

注:
*此节点图适合22.5度-30度的坡屋面.
*当屋面坡度为17.5度-22.5度时，主瓦间上下搭接最少为100mm.

X 倒置式保温混凝土瓦屋面老虎窗1:10
– JJ-4-

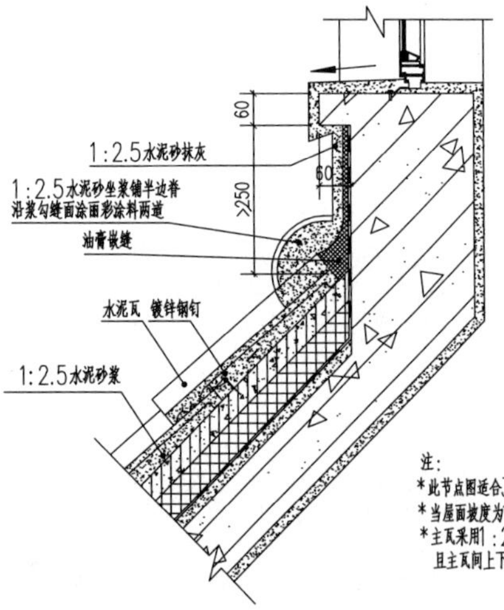
60
1:2.5水泥砂抹灰
1:2.5水泥砂浆铺半边脊
沿浆勾缝面涂面彩涂料两道
油膏嵌缝
≥250
60
水泥瓦 镀锌钢钉
1:2.5水泥砂浆

注:
*此节点图适合30度-60度的坡屋面.
*当屋面坡度为17.5度-22.5度时，主瓦间上下搭接最少为100mm.
*主瓦采用1:2.5水泥砂浆粘贴用16#铜丝加钉子固定
且主瓦间上下搭接最少为75mm.

X 倒置式保温混凝土瓦屋面老虎窗1:10
– JJ-4-

注:
*主瓦采用1:2.5水泥砂浆粘贴主瓦间上下搭接最少为75mm.
*当屋面坡度为17.5度-22.5度时，主瓦间上下搭接最少为100mm.
*排水沟瓦坐浆嵌入屋面斜天沟内且用钉子加固.
*排水沟垂直宽度应根据其集水区面积而定，通常小于200mm.
*此节点图适合22.5度-30度的坡屋面.

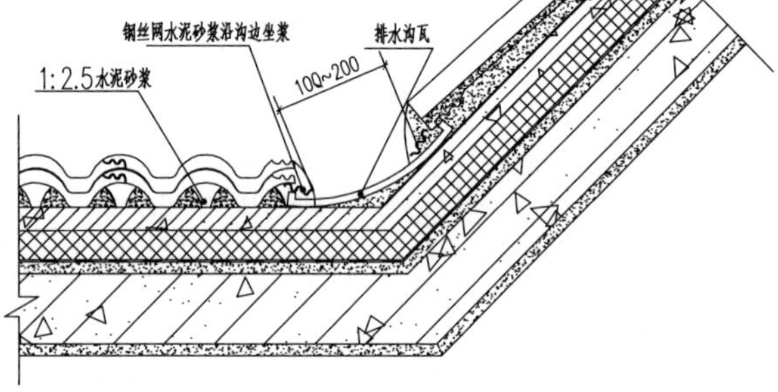
钢丝网水泥砂浆沿沟边坐浆
排水沟瓦
1:2.5水泥砂浆
100~200

X 倒置式保温混凝土瓦屋面1:10
– JJ-4-

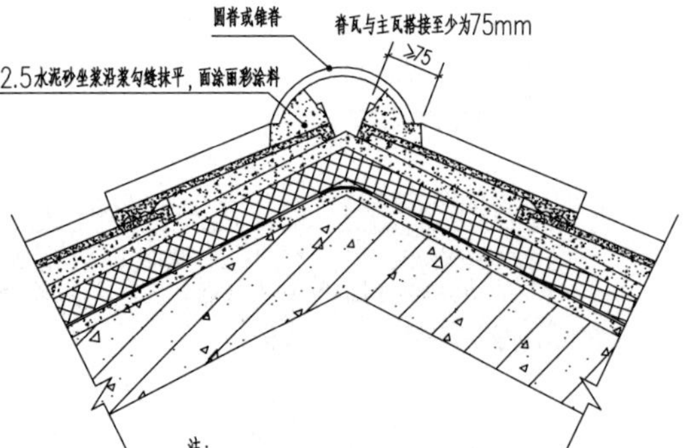
圆脊或锥脊
脊瓦与主瓦搭接至少为75mm
1:2.5水泥砂坐浆沿浆勾缝抹平，面涂面彩涂料
≥75

注:
*此节点图适合22.5度-30度的坡屋面.
*主瓦采用1:2.5水泥砂浆粘贴主瓦间上下搭接最少为75mm.
*当屋面坡度为17.5度-22.5度时，主瓦间上下搭接最少为100mm.
*可采用圆脊瓦或锥脊瓦.
*所有脊瓦搭接处均需用水泥砂浆坐实，并沿浆勾缝抹平，面涂面彩两道.

X 倒置式保温混凝土瓦屋面1:10
– JJ-4-

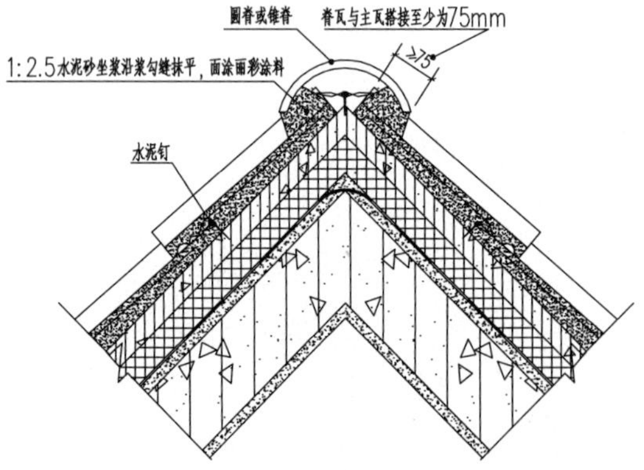
圆脊或锥脊
脊瓦与主瓦搭接至少为75mm
1:2.5水泥砂坐浆沿浆勾缝抹平，面涂面彩涂料
≥75
水泥钉

注:
*此节点图适合30度~60度的坡屋面.
*主瓦采用1:2.5水泥砂浆粘贴并用16#铜丝加钉子固定
且主瓦间上下搭接最少为75mm.
*可采用圆脊瓦或锥脊瓦.
*所有脊瓦搭接处均需用水泥砂浆坐实，并沿浆勾缝抹平，面涂面彩两道.

X 倒置式保温混凝土瓦屋面1:10
– JJ-4-

▲013-坡屋面详图1

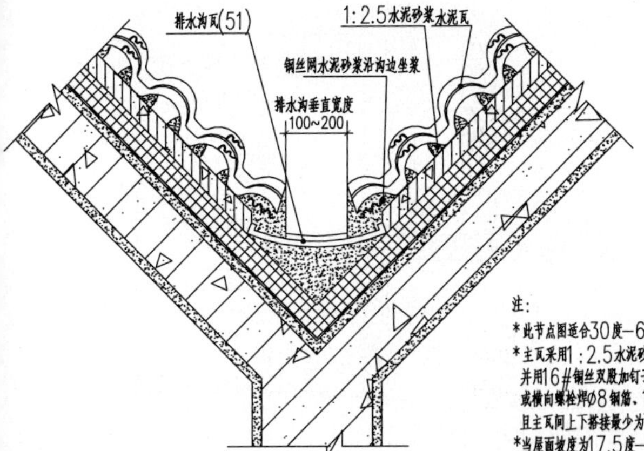
排水沟瓦(51)
1:2.5水泥砂浆
水泥瓦
钢丝网水泥砂浆沿沟边坐浆
排水沟垂直宽度
100~200

注:
*此节点图适合30度-60度的坡屋面.
*主瓦采用1:2.5水泥砂浆粘贴
并用16#钢丝双股加钉子固定
或横向螺栓焊Ø8钢筋，16#钢丝双股坐浆挂瓦
且主瓦间上下搭接最少为75mm.
*当屋面坡度为17.5度-22.5度时，
主瓦间上下搭接最少为100mm.
*排水沟宽度应根据集水区面积决定.

X/— 倒置式保温混凝土瓦屋面排水斜天沟1:10 JJ-4-

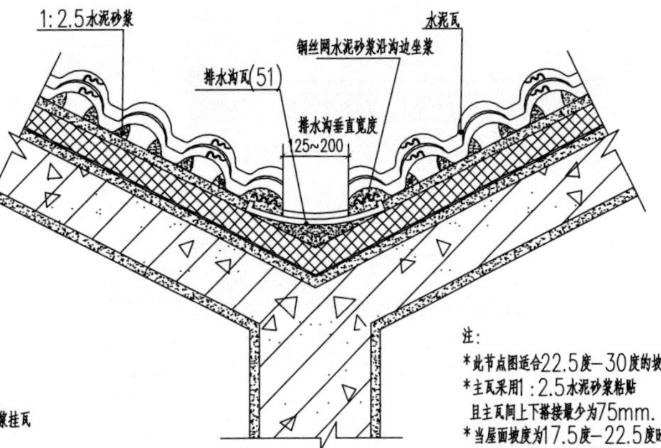
1:2.5水泥砂浆
水泥瓦
钢丝网水泥砂浆沿沟边坐浆
排水沟瓦(51)
排水沟垂直宽度
25~200

注:
*此节点图适合22.5度-30度的坡屋面.
*主瓦采用1:2.5水泥砂浆粘贴
且主瓦间上下搭接最少为75mm.
*当屋面坡度为17.5度-22.5度时，
主瓦间上下搭接最少为100mm.
*排水沟宽度应根据集水区面积决定.

X/— 倒置式保温混凝土瓦屋面排水斜天沟1:10 JJ-4-

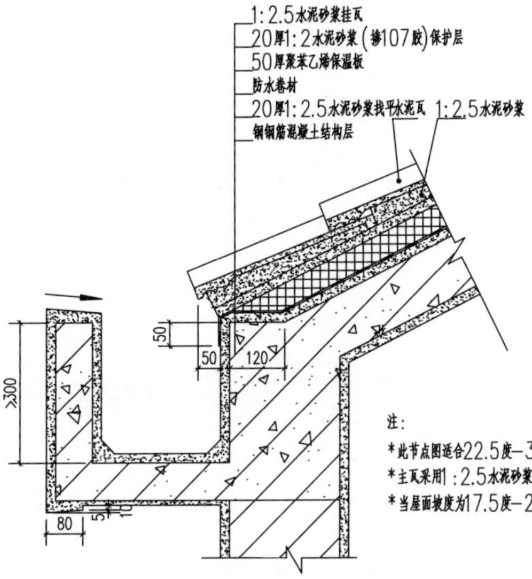
1:2.5水泥砂浆挂瓦
20厚1:2水泥砂浆(掺107胶)保护层
50厚聚苯乙烯保温板
防水卷材
20厚1:2.5水泥砂浆找平水泥瓦
1:2.5水泥砂浆
钢筋混凝土结构层
50
50
120
≥300
80
5
1

注:
*此节点图适合22.5度-30度的坡屋面.
*主瓦采用1:2.5水泥砂浆粘贴主瓦间上下搭接最少为75mm.
*当屋面坡度为17.5度-22.5度时，主瓦间上下搭接最少为100mm.

X/— 倒置式保温混凝土瓦屋面檐口1:10 JJ-4-

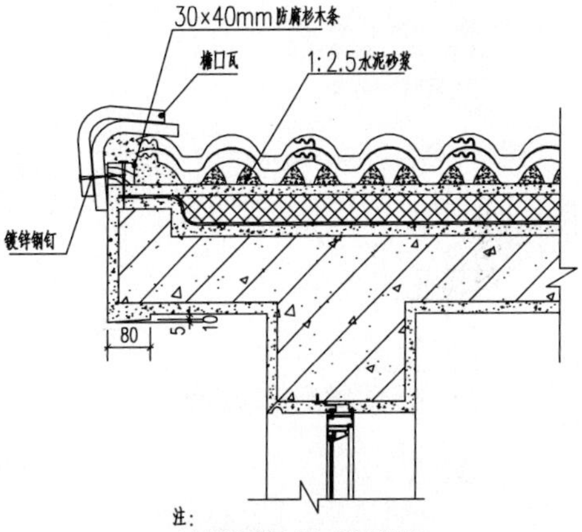
30×40mm防腐杉木条
檐口瓦
1:2.5水泥砂浆
镀锌钢钉
80
5
10

注:
*此节点图适合22.5度-30度的坡屋面.
*当屋面坡度为17.5度-22.5度时，主瓦间上下搭接最少为100mm.

X/— 倒置式保温混凝土瓦屋面老虎窗1:10 JJ-4-

注:
*此节点图适合22.5度-30度的坡屋面.
*主瓦采用1:2.5水泥砂浆粘贴主瓦间上下搭接最少为75mm.
*当屋面坡度为17.5度-22.5度时，主瓦间上下搭接最少为100mm.
*排水沟瓦坐浆锲入屋面斜天沟内且用钉子加固.
*排水沟垂直宽度应根据其集水区面积而定，通常小于200mm.

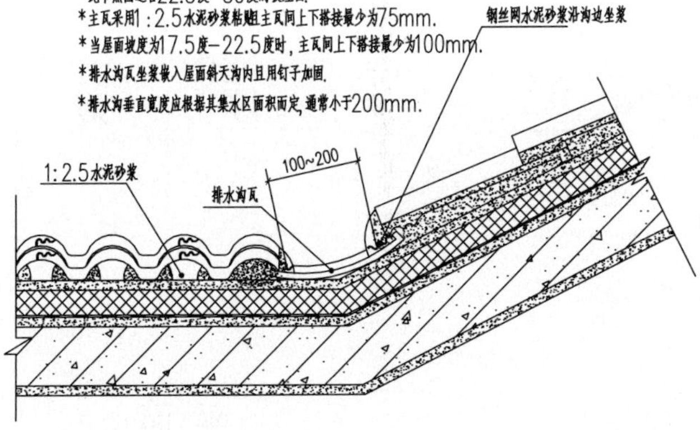
钢丝网水泥砂浆沿沟边坐浆
1:2.5水泥砂浆
100~200
排水沟瓦

X/— 倒置式保温混凝土瓦屋面1:10 JJ-4-

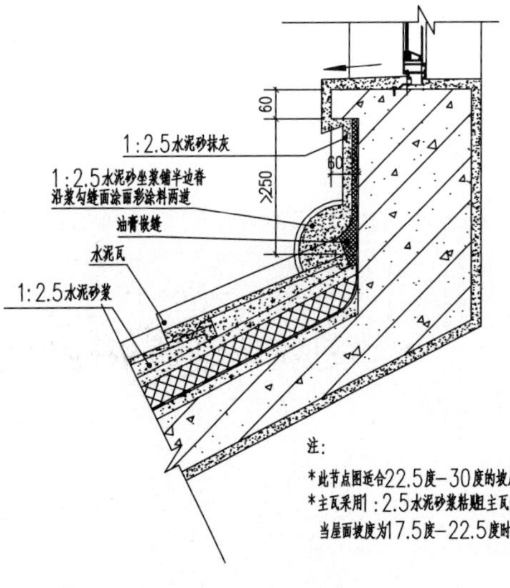
60
1:2.5水泥砂抹灰
60
≥250
1:2.5水泥砂浆铺半边脊
沿浆勾缝面涂画形涂料两道
油膏嵌缝
水泥瓦
1:2.5水泥砂浆

注:
*此节点图适合22.5度-30度的坡屋面.
*主瓦采用1:2.5水泥砂浆粘贴主瓦间上下搭接最少为75mm.
当屋面坡度为17.5度-22.5度时，主瓦间上下搭接最少为100mm.

X/— 倒置式保温混凝土瓦屋面老虎窗1:10 JJ-4-

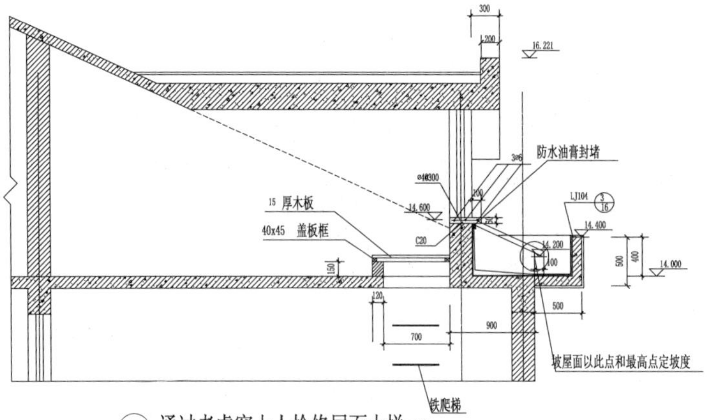
防水油膏封堵
15 厚木板
40x45 盖板框
C20
14.600
14.400
14.200
14.000
16.221
900
700
500
铁爬梯
坡屋面以此点和最高点定坡度

① 通过老虎窗上人检修屋面大样1:25

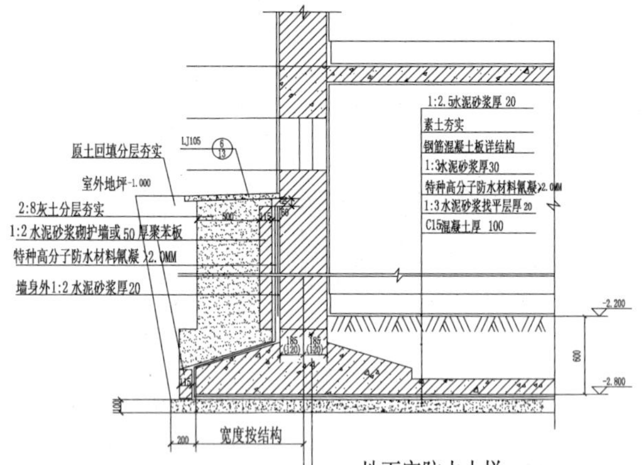
原土回填分层夯实
室外地坪-1.000
2:8灰土分层夯实
1:2水泥砂浆砌护墙或50厚聚苯板
特种高分子防水材料氟凝x2.0MM
墙身外1:2水泥砂浆厚20
1:2.5水泥砂浆厚 20
素土夯实
钢筋混凝土板详结构
1:3水泥砂浆厚30
特种高分子防水材料氟凝x2.0MM
1:3水泥砂浆找平层厚 20
C15混凝土厚 100
-2.200
-2.800
宽度按结构

地下室防水大样1:20

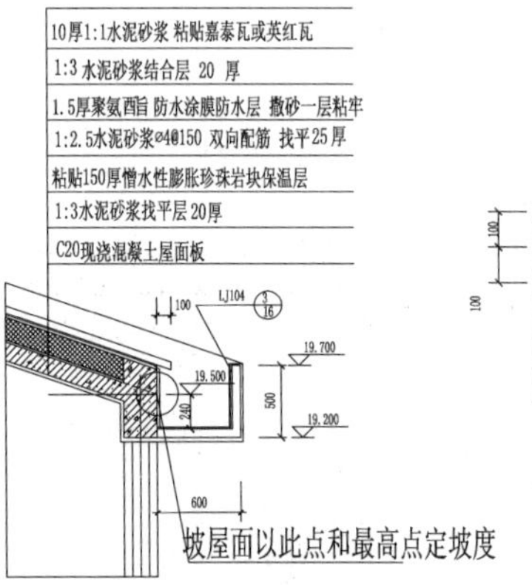
10厚1:1水泥砂浆 粘贴嘉泰瓦或英红瓦
1:3水泥砂浆结合层 20 厚
1.5厚聚氨酯防水涂膜防水层 撒砂一层粘牢
1:2.5水泥砂浆ø4@150 双向配筋 找平25厚
粘贴150厚憎水性膨胀珍珠岩块保温层
1:3水泥砂浆找平层20厚
C20现浇混凝土屋面板
19.700
19.500
19.200
坡屋面以此点和最高点定坡度

② 挑檐大样 1:25

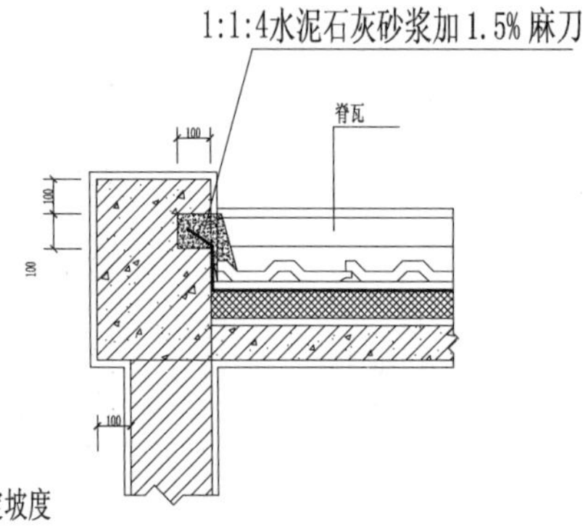
1:1:4水泥石灰砂浆加1.5%麻刀
脊瓦

③ 山墙做法

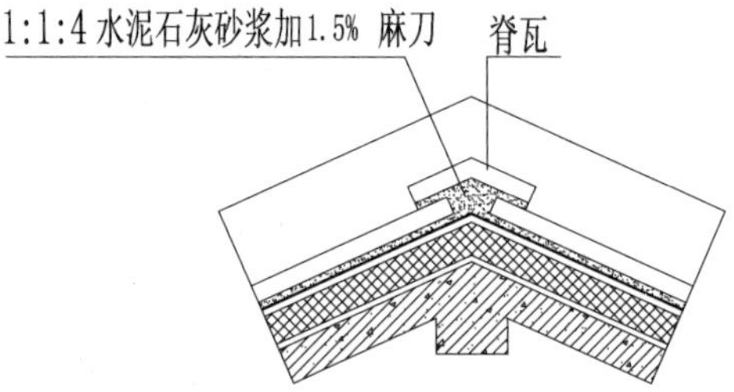
1:1:4水泥石灰砂浆加1.5% 麻刀
脊瓦

④ 屋脊做法

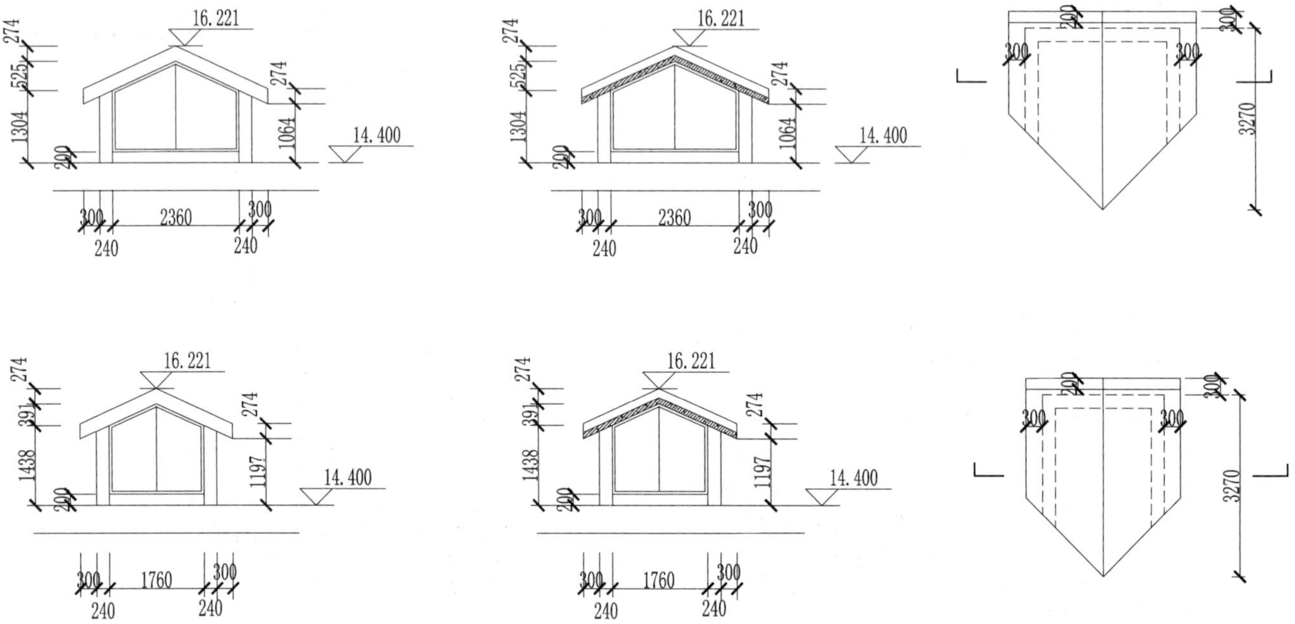
16.221
14.400
274
525
1304
200
1064
300
2360
240
391
1438
1197
1760
3270

立面　　剖面　　平面

老虎窗大样 1:100

▲015-坡屋面详图3

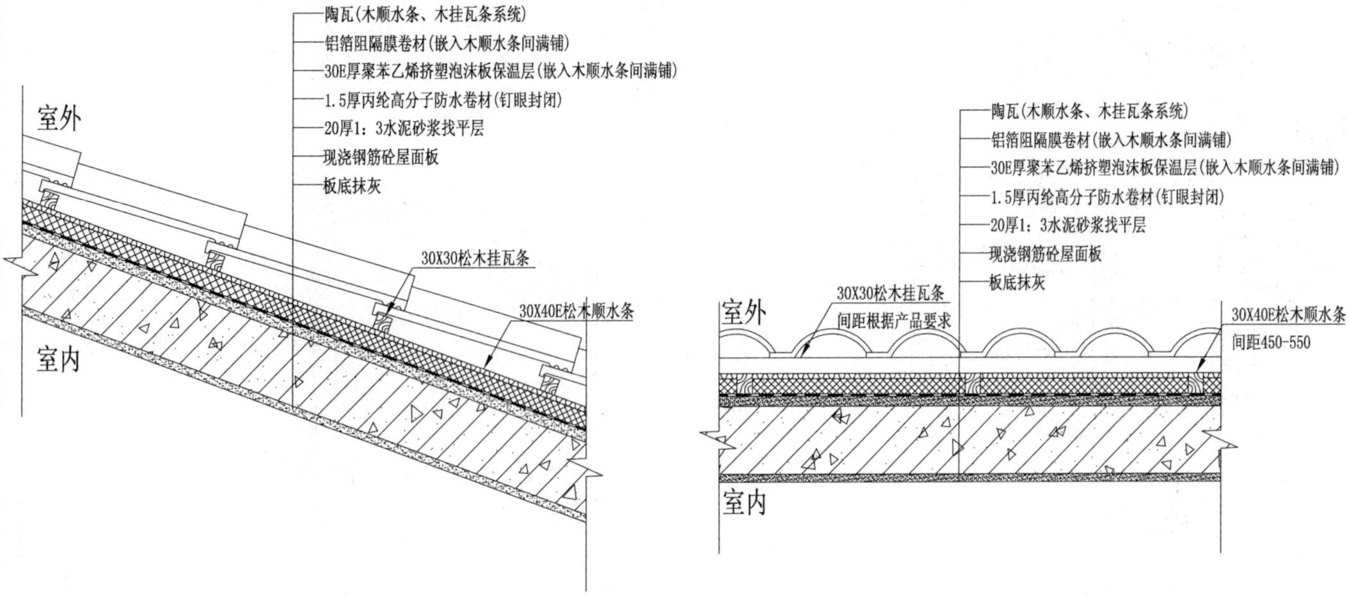
陶瓦(木顺水条、木挂瓦条系统)
铝箔阻隔膜卷材(嵌入木顺水条间满铺)
30E厚聚苯乙烯挤塑泡沫板保温层(嵌入木顺水条间满铺)
1.5厚丙纶高分子防水卷材(钉眼封闭)
20厚1：3水泥砂浆找平层
现浇钢筋砼屋面板
板底抹灰
室外
室内
30X30松木挂瓦条
30X40E松木顺水条
30X30松木挂瓦条
间距根据产品要求
30X40E松木顺水条
间距450-550

坡屋面构造做法 1：10

注：施工前瓦厂家应对坡屋面构造做法进行确认。

▲016-坡屋面构造做法详图

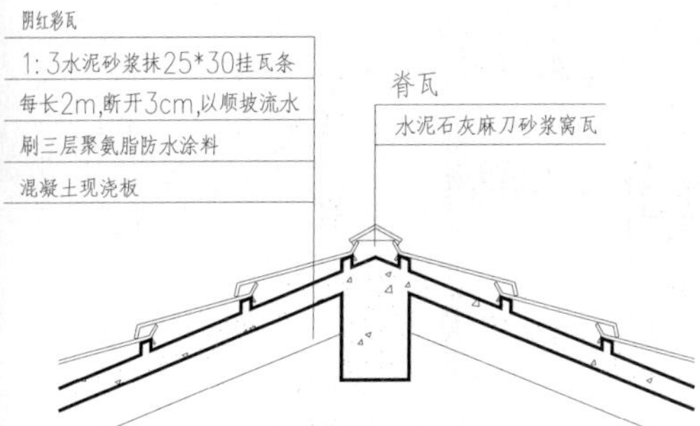
阴红彩瓦
1:3水泥砂浆抹25*30挂瓦条
每长2m,断开3cm,以顺坡流水
刷三层聚氨脂防水涂料
混凝土现浇板
脊瓦
水泥石灰麻刀砂浆窝瓦

屋脊脊瓦详图

▲017-屋脊脊瓦详图

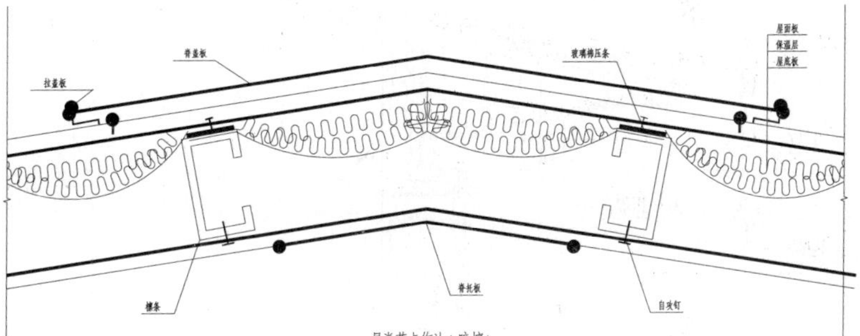
拉盖板
脊盖板
玻璃棉压条
屋面板
保温层
屋底板
檩条
脊托板
自攻钉

屋脊节点作法（暗檩）

▲018-屋脊节点作法（暗檩）

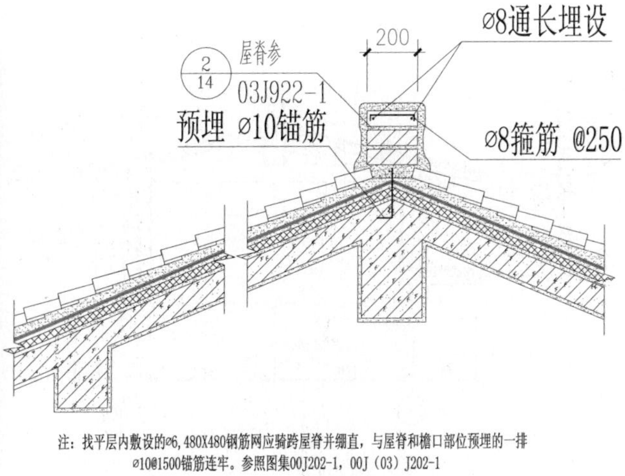
2
14
屋脊参
03J922-1
预埋 ⌀10锚筋
200
⌀8通长埋设
⌀8箍筋 @250

注：找平层内敷设的⌀6，480X480钢筋网应骑跨屋脊并绷直，与屋脊和檐口部位预埋的一排⌀10@1500锚筋连牢。参照图集00J202-1，00J（03）J202-1

屋脊详图 1:20

▲019-屋脊详图

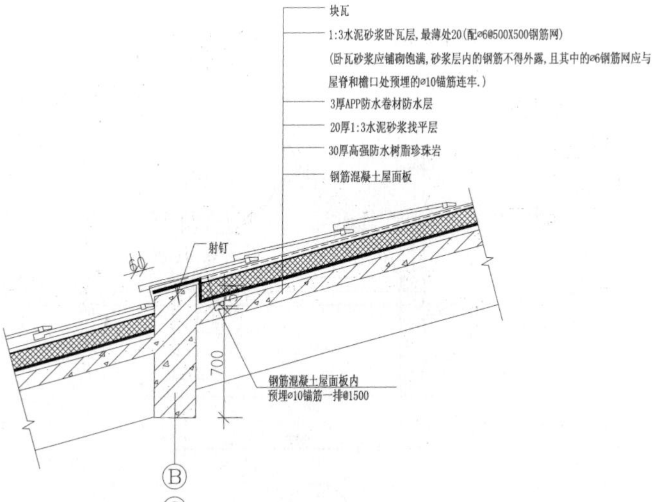
块瓦
1:3水泥砂浆卧瓦层，最薄处20(配⌀6@500X500钢筋网)
(卧瓦砂浆应铺砌饱满，砂浆层内的钢筋不得外露，且其中的⌀6钢筋网应与屋脊和檐口处预埋的⌀10锚筋连牢.)
3厚APP防水卷材防水层
20厚1:3水泥砂浆找平层
30厚高强防水树脂珍珠岩
钢筋混凝土屋面板
射钉
700
钢筋混凝土屋面板内
预埋⌀10锚筋一排@1500
B
C

屋面阶梯处详图 1:20

▲020-屋面阶梯处详图

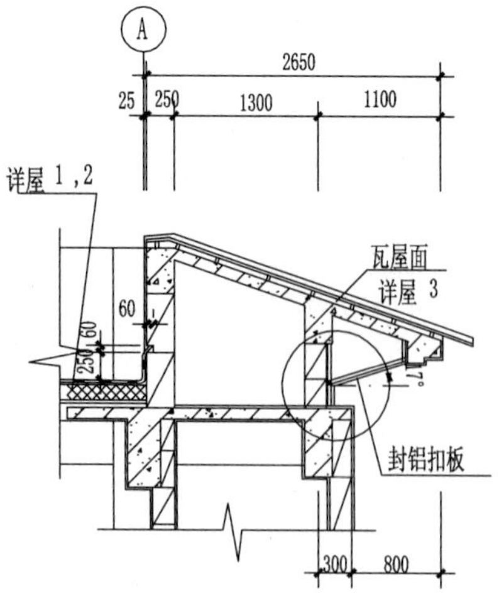

1 改6 1:50

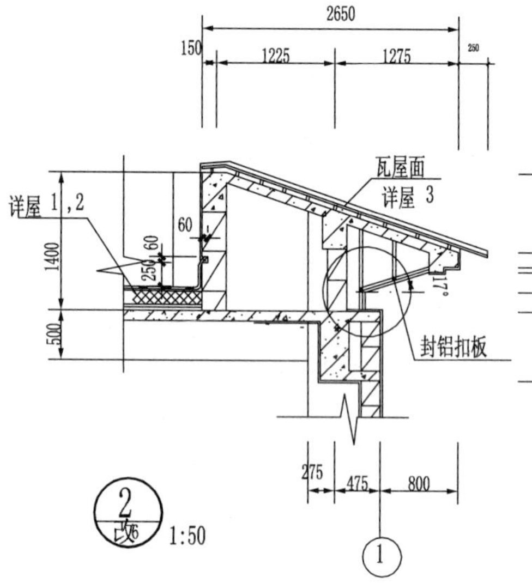

2 改6 1:50

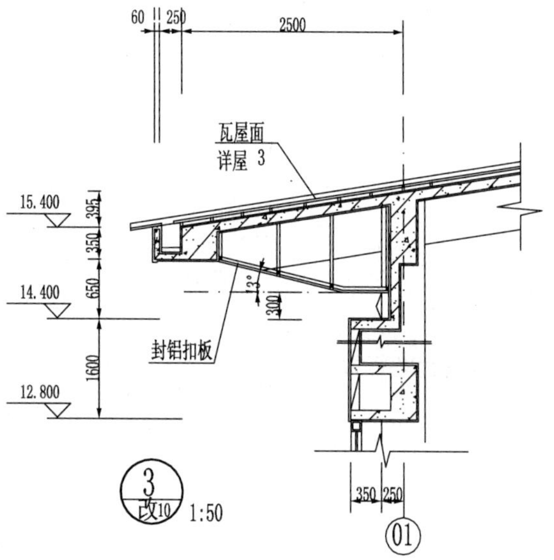

3 改10 1:50

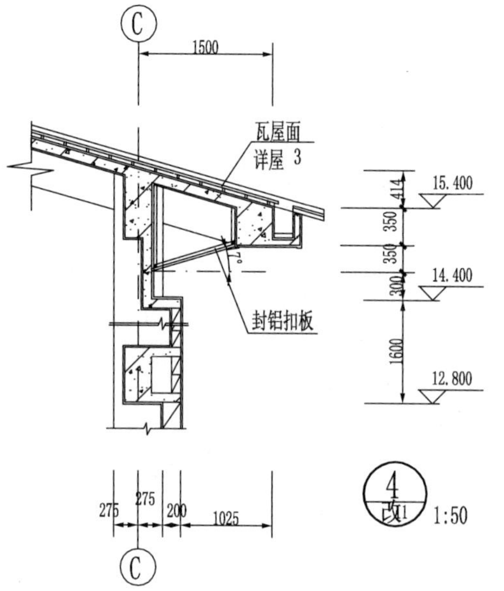

4 改11 1:50

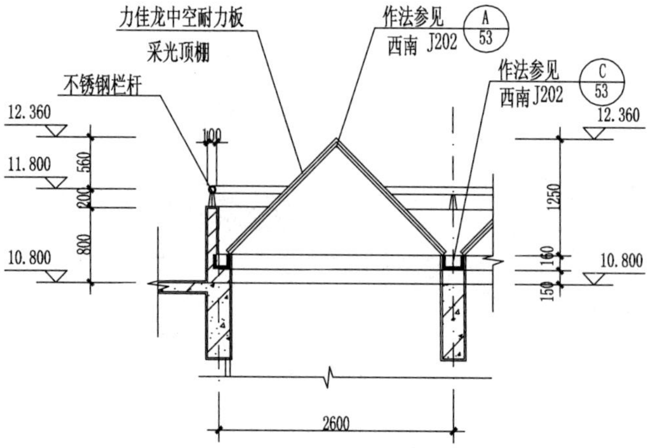

6 改10 1:50

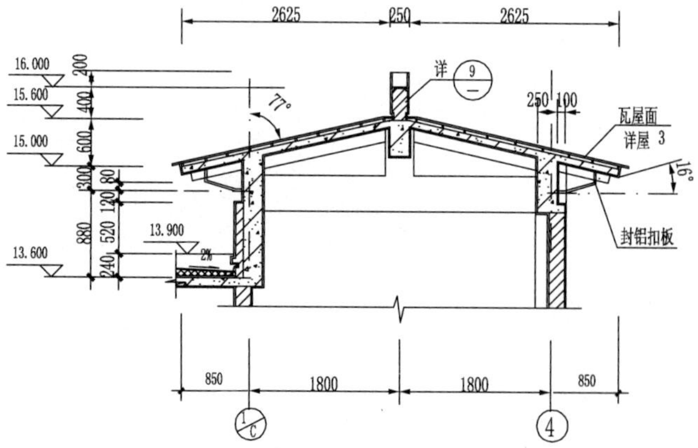

7 改7 1:50

▲021-屋面节点图1

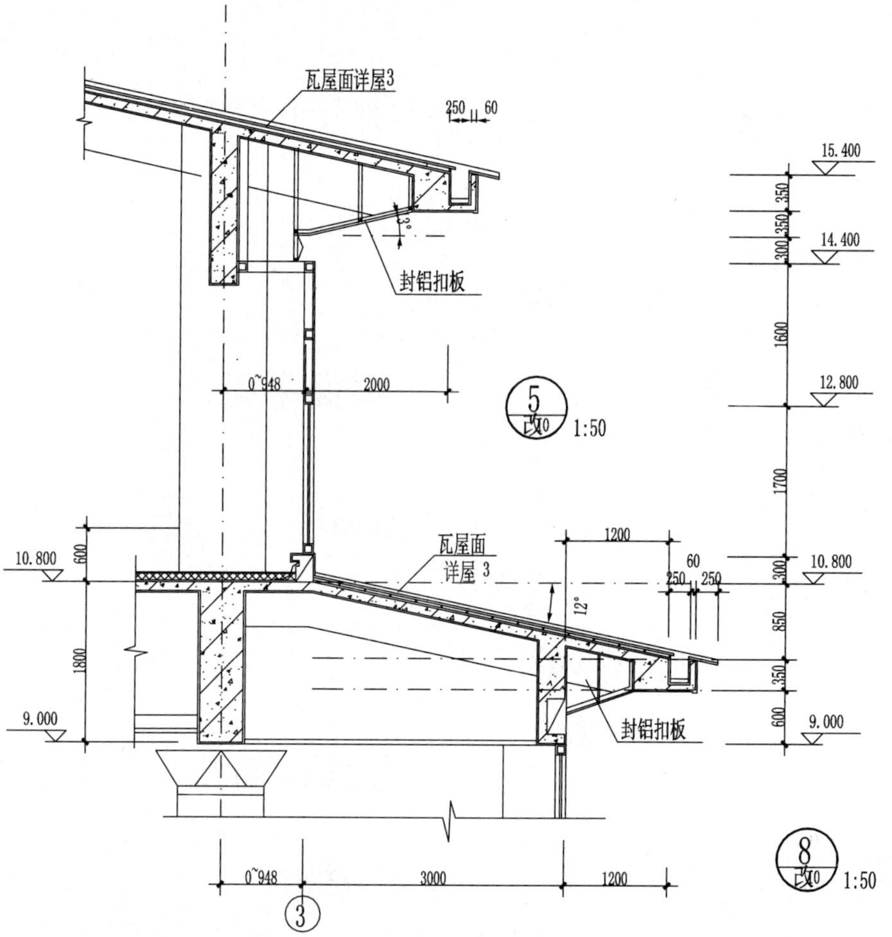
瓦屋面详屋3
250 60
封铝扣板
15.400
14.400
12.800
10.800
9.000
0~948
2000
3000
1200
瓦屋面
详屋 3
12°
1:50
3

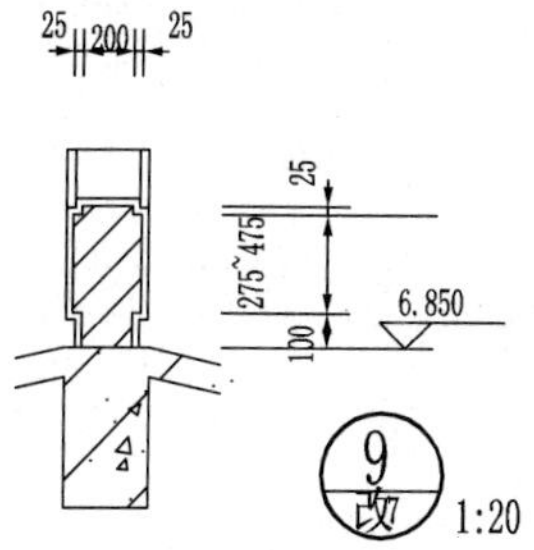
25 200 25
275~475
100
6.850
1:20

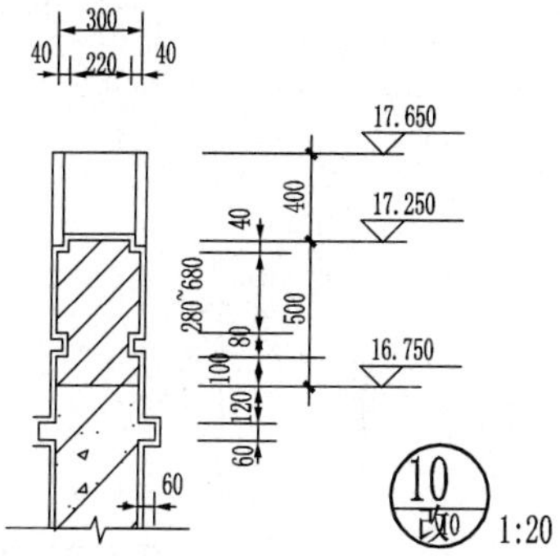
300
40 220 40
17.650
17.250
16.750
280~680
60
1:20

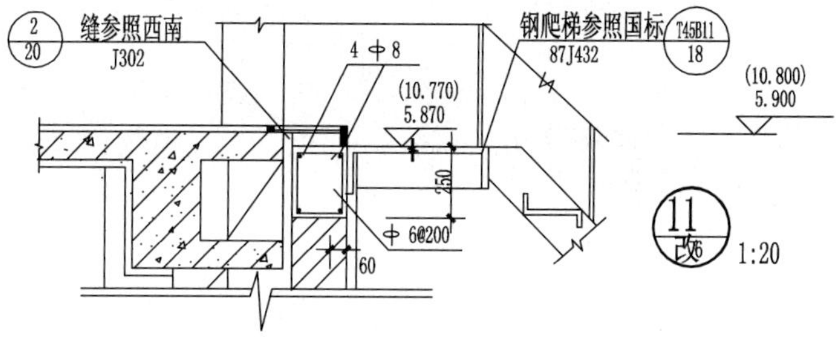
缝参照西南
J302
4 Φ 8
钢爬梯参照国标
87J432
T45B11
18
(10.770)
5.870
(10.800)
5.900
250
Φ 6@200
60
1:20

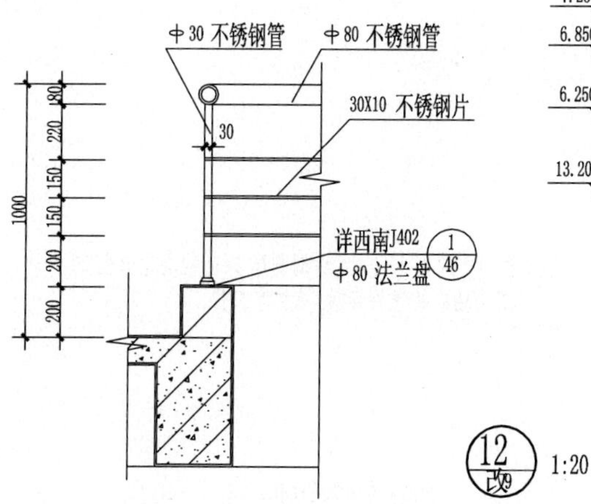
Φ 30 不锈钢管
Φ 80 不锈钢管
30X10 不锈钢片
详西南J402
Φ 80 法兰盘
1
46
1000
1:20

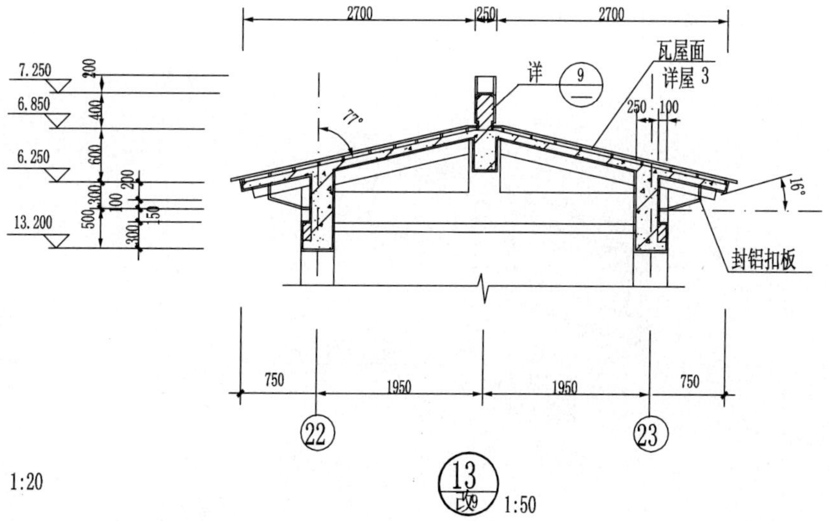
7.250
6.850
6.250
13.200
2700
250
2700
详
9
瓦屋面
详屋 3
77°
16°
封铝扣板
750
1950
1950
750
22
23
1:50

▲022-屋面节点图2

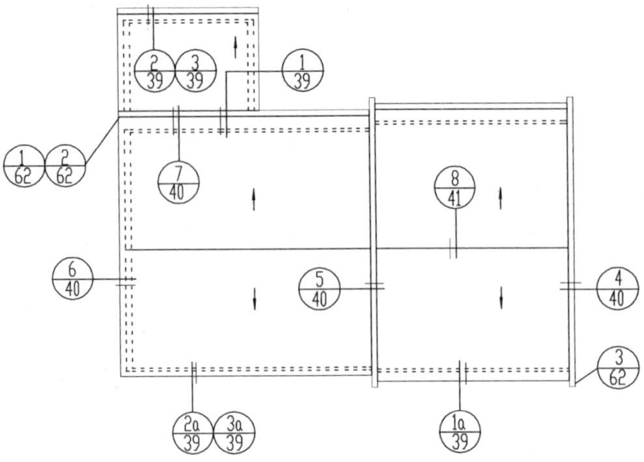
2/39
3/39
1/39
1/62
2/62
7/40
8/41
6/40
5/40
4/40
3/62
2a/39
3a/39
1a/39

屋面平面一

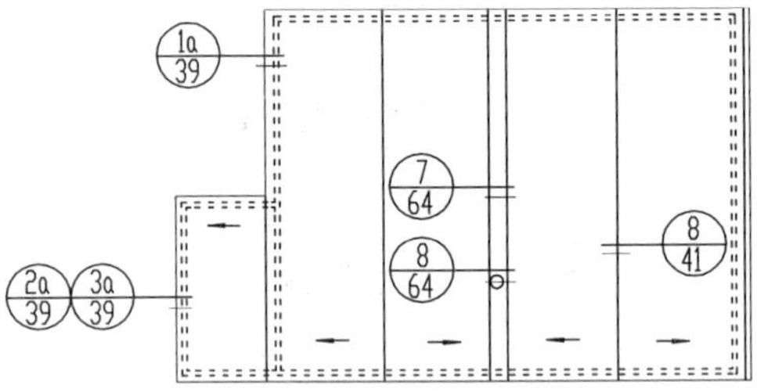
1a/39
7/64
8/64
8/41
2a/39
3a/39

屋面平面二

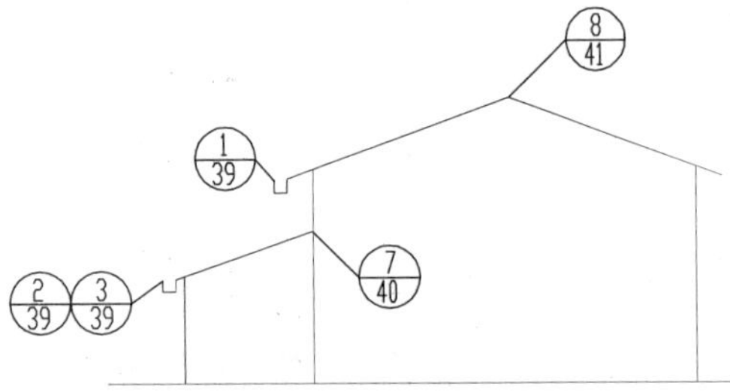
8/41
1/39
2/39
3/39
7/40

屋面剖面一

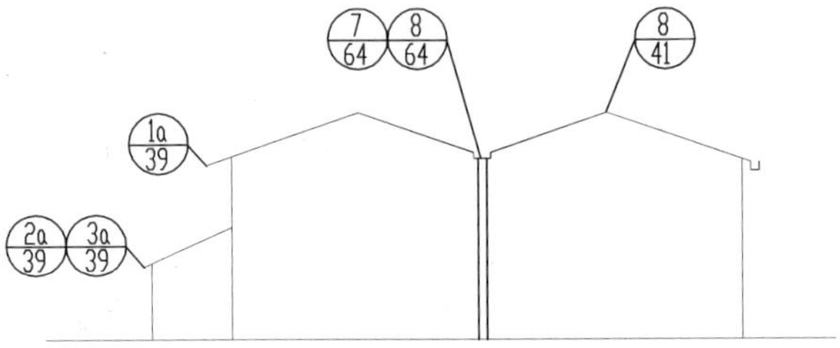
7/64
8/64
8/41
1a/39
2a/39
3a/39

屋面剖面二

雨鳞瓦屋面详图索引

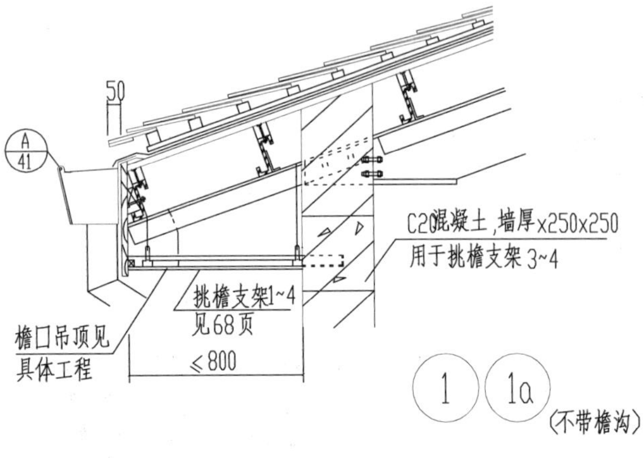
50
A/41
C20混凝土，墙厚x250x250
用于挑檐支架3~4
挑檐支架1~4
见68页
檐口吊顶见
具体工程
≤800
1
1a
(不带檐沟)

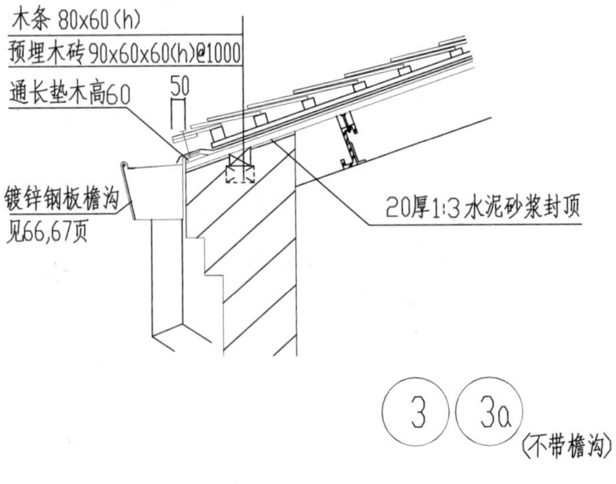
木条 80x60(h)
预埋木砖90x60x60(h)@1000
通长垫木高60
50
镀锌钢板檐沟
见66,67页
20厚1:3水泥砂浆封顶
3
3a
(不带檐沟)

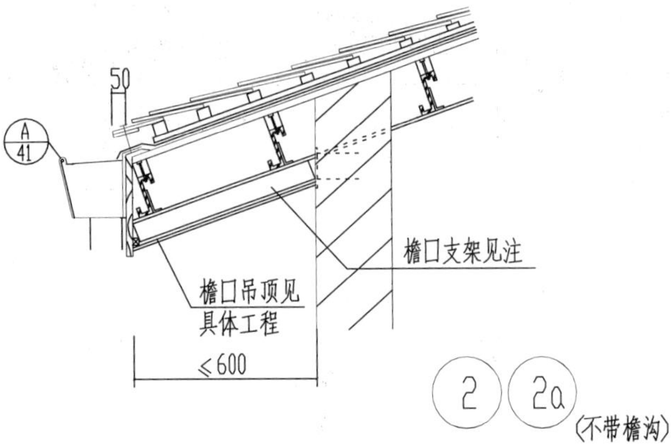
50
A/41
檐口支架见注
檐口吊顶见
具体工程
≤600
2
2a
(不带檐沟)

注：檐口支架用Q235号钢制作，以螺栓与屋架固定或与墙内的埋件连接，见具体工程。

雨鳞瓦屋面侧墙挑檐

▲023-雨鳞瓦屋面1

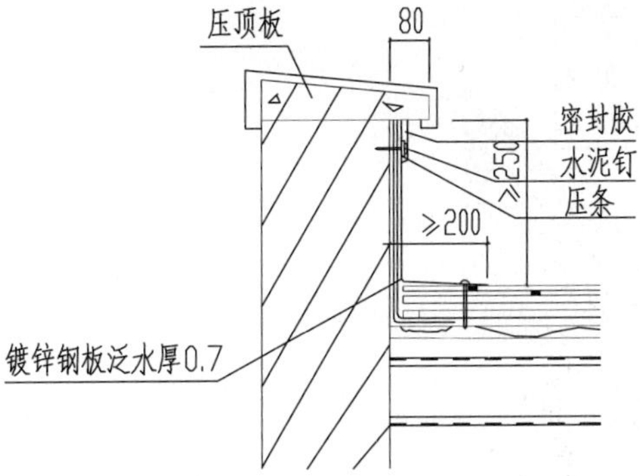
压顶板
80
密封胶
水泥钉
压条
≥250
≥200
镀锌钢板泛水厚0.7

4

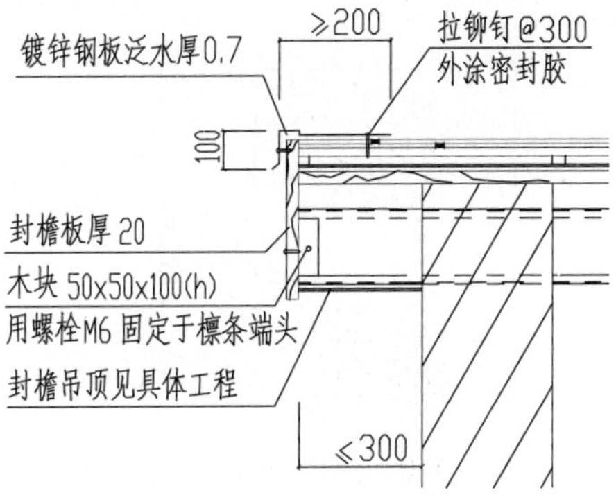
≥200
镀锌钢板泛水厚0.7
拉铆钉@300
外涂密封胶
100
封檐板厚20
木块 50x50x100(h)
用螺栓M6 固定于檩条端头
封檐吊顶见具体工程
≤300

6

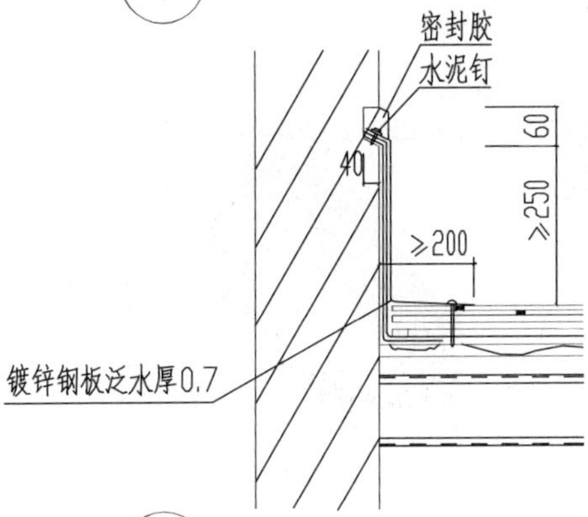
密封胶
水泥钉
40
60
≥250
≥200
镀锌钢板泛水厚0.7

5

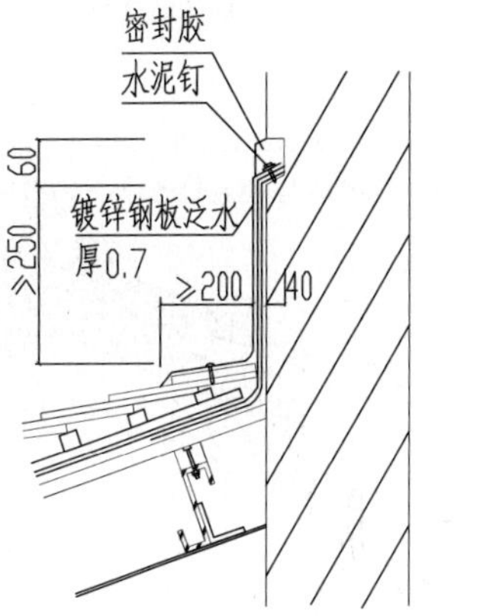
密封胶
水泥钉
60
镀锌钢板泛水
厚0.7
≥250
≥200
40

7

鱼鳞瓦屋面硬山封檐、山墙挑檐及高低跨

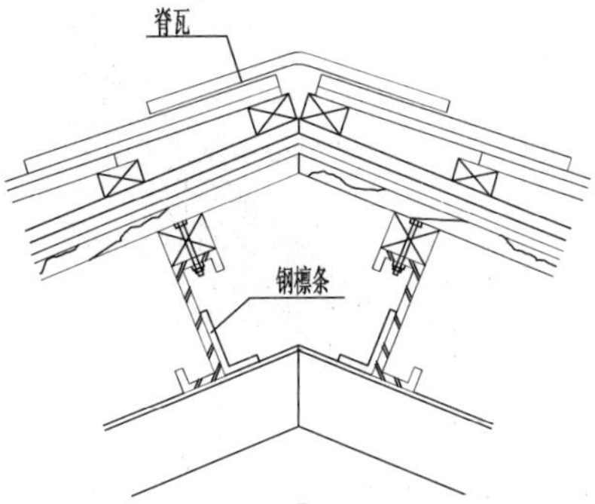
脊瓦
钢檩条

8

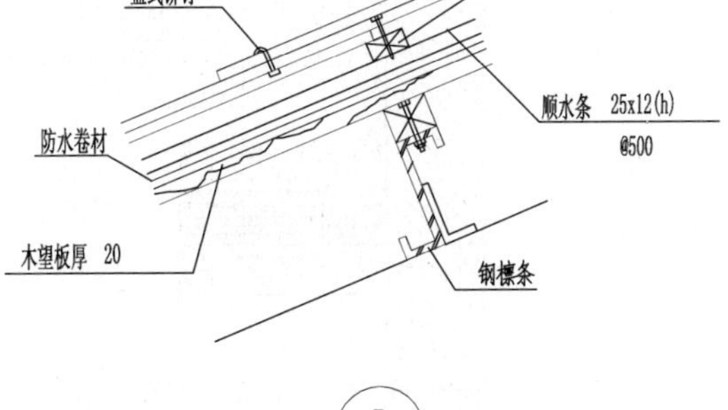
盘式铆钉
挂瓦条40x25(h)
防水卷材
顺水条 25x12(h)
@500
木望板厚 20
钢檩条

9 (不带檐沟)

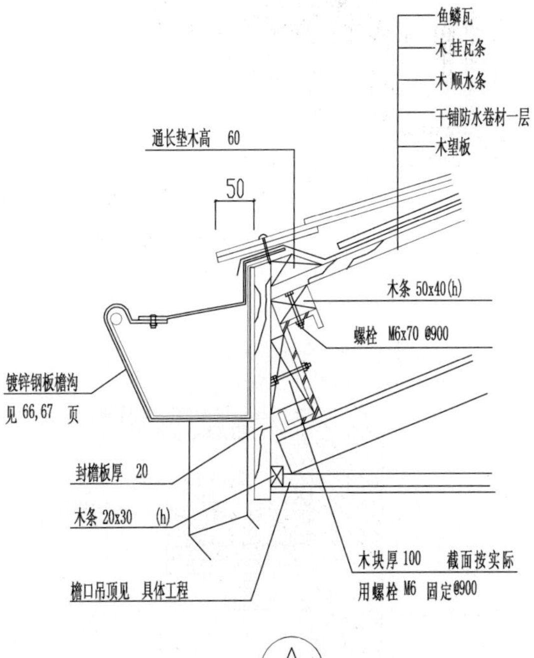
鱼鳞瓦
木挂瓦条
木顺水条
干铺防水卷材一层
木望板
通长垫木高 60
50
木条 50x40(h)
螺栓 M6x70 @900
镀锌钢板檐沟
见 66,67 页
封檐板厚 20
木条 20x30 (h)
檐口吊顶见 具体工程
木块厚 100 截面按实际
用螺栓 M6 固定@900

A
39

雨鳞瓦屋面屋脊、瓦纵向搭接及檐口

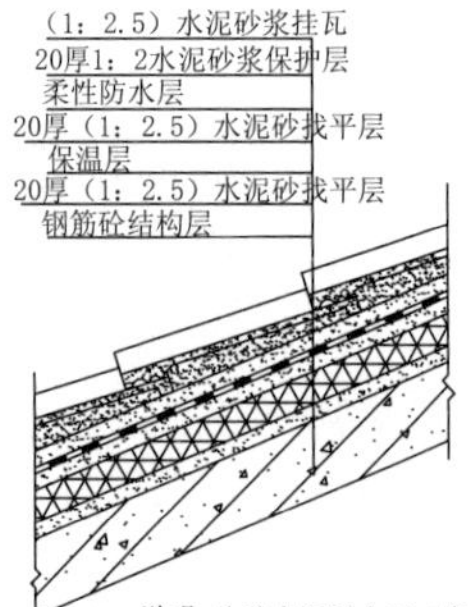
（1：2.5）水泥砂浆挂瓦
20厚1：2水泥砂浆保护层
柔性防水层
20厚（1：2.5）水泥砂找平层
保温层
20厚（1：2.5）水泥砂找平层
钢筋砼结构层

说明*此节点图适合22.5度-30度的坡屋面
*主瓦采用（1：2.5）水泥砂浆粘贴且主瓦间上下搭接最少为75mm
*当屋面坡度为17.5度-22.5度时，主瓦间上下搭接最少为100mm

钢筋砼屋面双重防水坐浆挂瓦大样

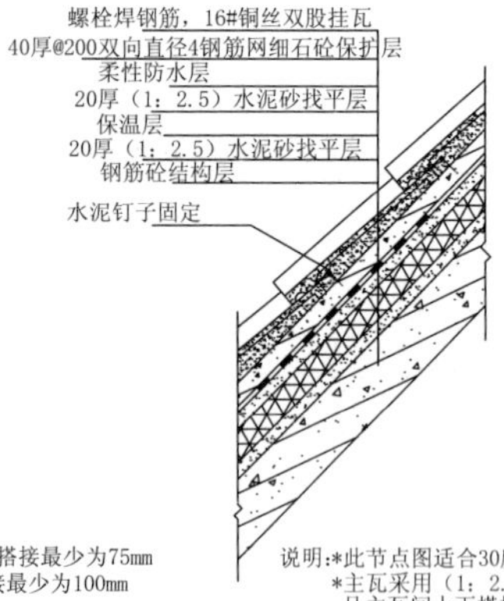
螺栓焊钢筋，16#铜丝双股挂瓦
40厚@200双向直径4钢筋网细石砼保护层
柔性防水层
20厚（1：2.5）水泥砂找平层
保温层
20厚（1：2.5）水泥砂找平层
钢筋砼结构层
水泥钉子固定

说明:*此节点图适合30度-60度的坡屋面
*主瓦采用（1：2.5）水泥砂浆粘贴并用16#铜丝加水泥钉子固定
且主瓦间上下搭接最少为75mm
*当屋面坡度为17.5度-22.5度时，主瓦间上下搭接最少为100mm

钢筋砼屋面双重防水坐浆挂瓦大样

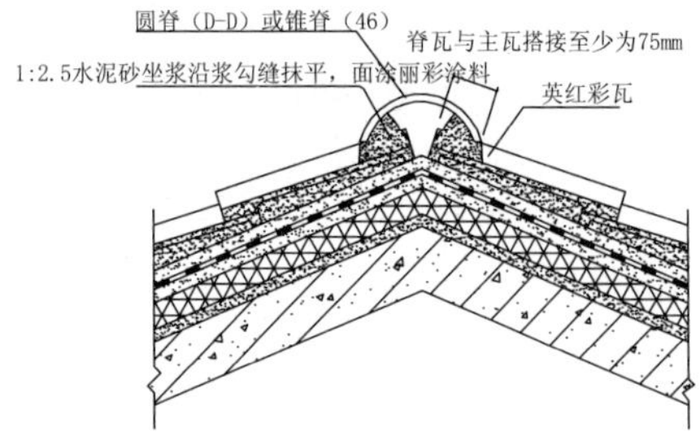
圆脊（D-D）或锥脊（46）
脊瓦与主瓦搭接至少为75mm
1:2.5水泥砂坐浆沿浆勾缝抹平，面涂丽彩涂料
英红彩瓦

说明:*此节点图适合22.5度-30度的坡屋面
*主瓦采用1：2.5水泥砂浆粘贴
且主瓦间上下搭接最少为75mm
*当屋面坡度为17.5度-22.5度时，主瓦间上下搭接最少为100mm

屋脊构造大样

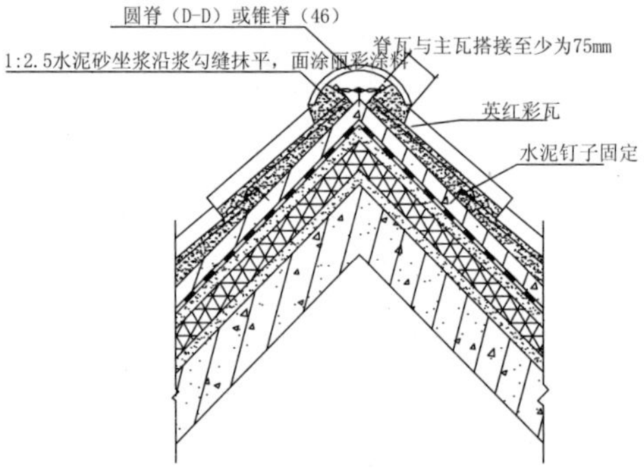
圆脊（D-D）或锥脊（46）
1:2.5水泥砂坐浆沿浆勾缝抹平，面涂丽彩涂料
脊瓦与主瓦搭接至少为75mm
英红彩瓦
水泥钉子固定

说明*此节点图适合30度-60度的坡屋面
*主瓦采用1：2.5水泥砂浆粘贴并用16#铜丝加水泥钉子固定
且主瓦间上下搭接最少为75mm

屋脊构造大样

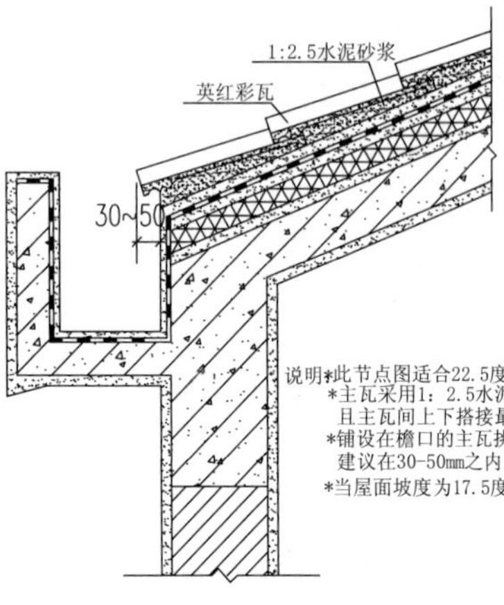
1:2.5水泥砂浆
英红彩瓦
30~50

说明*此节点图适合22.5度-30度的坡屋面
*主瓦采用1：2.5水泥砂浆粘贴
且主瓦间上下搭接最少为75mm
*铺设在檐口的主瓦挑出长度可视实际情况而定
建议在30-50mm之内
*当屋面坡度为17.5度-22.5度时，主瓦间上下搭接最少为100mm

组织排水檐口大样

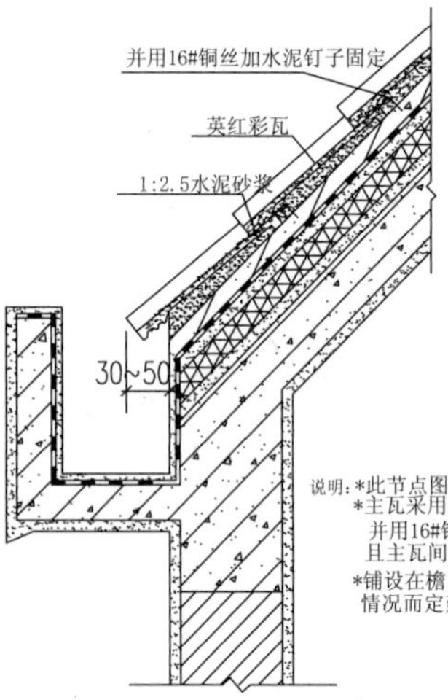
并用16#铜丝加水泥钉子固定
英红彩瓦
1:2.5水泥砂浆
30~50

说明:*此节点图适合30度-60度的坡屋面
*主瓦采用1：2.5水泥砂浆粘贴
并用16#铜丝加水泥钉子固定
且主瓦间上下搭接最少为75mm
*铺设在檐口的主瓦挑出长度可视实际
情况而定建议在30-50mm之内

组织排水檐口大样

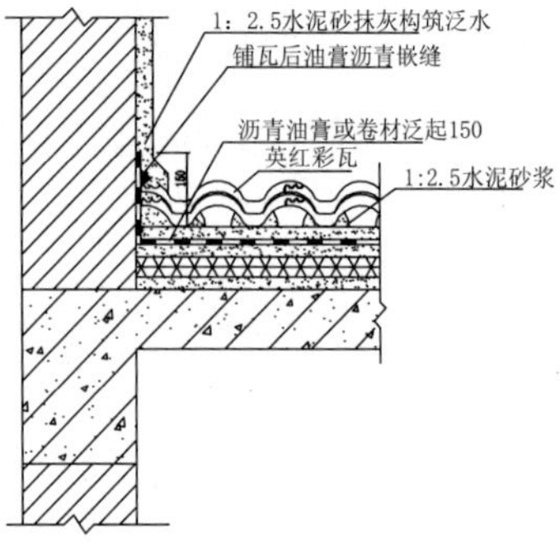
1：2.5水泥砂抹灰构筑泛水
铺瓦后油膏沥青嵌缝
沥青油膏或卷材泛起150
英红彩瓦
1:2.5水泥砂浆

垂直结合部大样

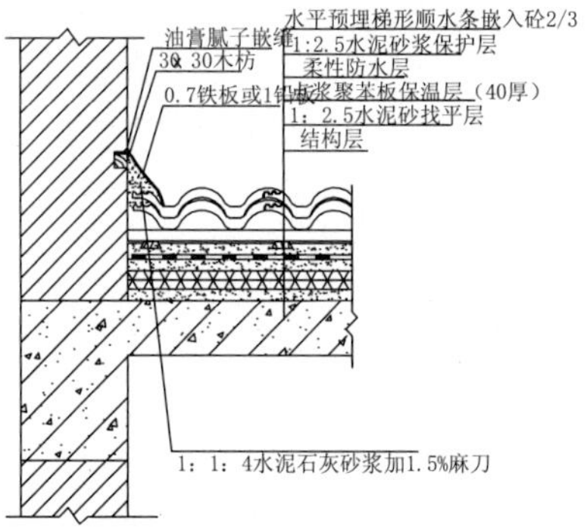
水平预埋梯形顺水条嵌入砼2/3
油膏腻子嵌缝
1:2.5水泥砂浆保护层
30x30木枋
柔性防水层
0.7铁板或1铝板
聚苯板保温层（40厚）
1：2.5水泥砂找平层
结构层
1：1：4水泥石灰砂浆加1.5%麻刀

垂直结合部大样

▲025-英红彩瓦图集1

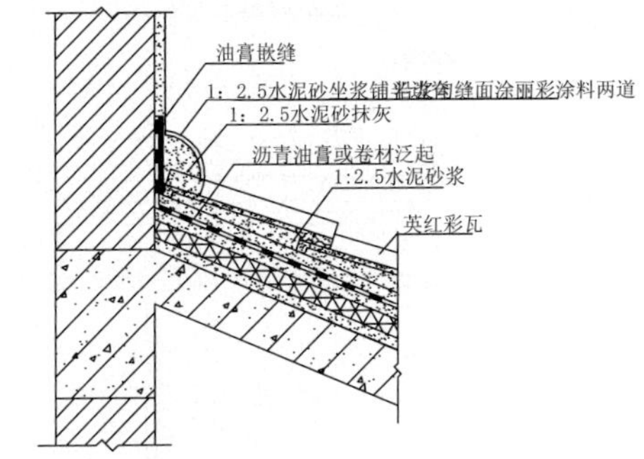
油膏嵌缝
1：2.5水泥砂坐浆铺半边脊沿浆勾缝面涂丽彩涂料两道
1：2.5水泥砂抹灰
沥青油膏或卷材泛起
1:2.5水泥砂浆
英红彩瓦

水平结合部构造大样

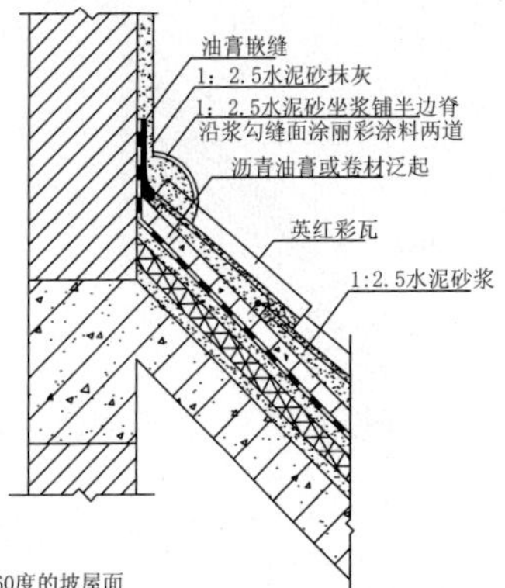
油膏嵌缝
1：2.5水泥砂抹灰
1：2.5水泥砂坐浆铺半边脊
沿浆勾缝面涂丽彩涂料两道
沥青油膏或卷材泛起
英红彩瓦
1:2.5水泥砂浆

说明*此节点图适合30度-60度的坡屋面
*主瓦采用（1：2.5）水泥砂浆粘贴并用16#铜丝加钉子固定
且主瓦间搭接上下最少为75mm
*当屋面坡度为17.5度-22.5度时，主瓦间上下搭接最少为100mm

水平结合部构造大样

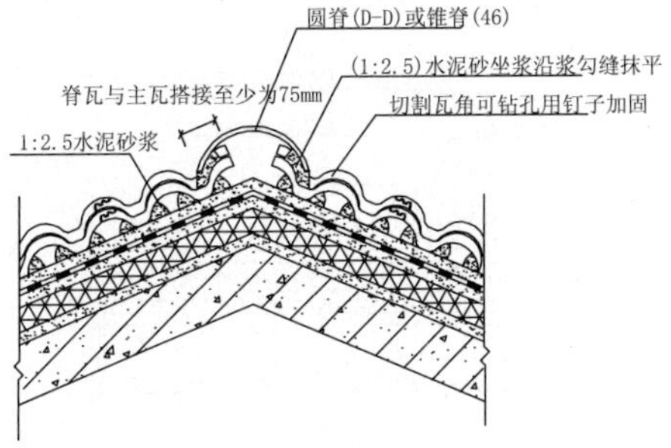
圆脊(D-D)或锥脊(46)
(1:2.5)水泥砂坐浆沿浆勾缝抹平
脊瓦与主瓦搭接至少为75mm
切割瓦角可钻孔用钉子加固
1:2.5水泥砂浆

说明:水泥砂浆安装斜脊
*可采用圆脊瓦或锥脊瓦
*所有脊瓦搭接处均需用水泥砂浆坐实，并沿浆勾缝抹平，面涂丽彩两道
*斜脊收头相应采用圆脊斜封(S-D)或锥脊斜封(34)安装
*当屋面坡度为17.5度-22.5度时，主瓦间上下搭接最少为100mm

斜脊安装大样

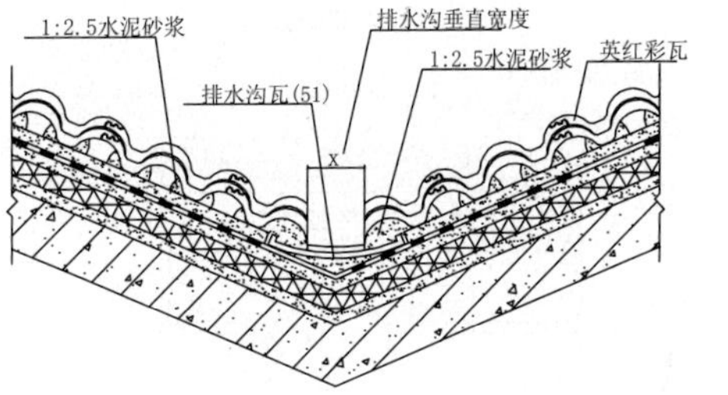
1:2.5水泥砂浆
排水沟垂直宽度
1:2.5水泥砂浆
英红彩瓦
排水沟瓦(51)
X

说明*主瓦采用1：2.5水泥砂浆粘贴 主瓦间上下搭接最少为75mm
*排水沟瓦坐浆嵌入屋面斜天沟内且用水泥钉子加固
*排水沟垂直宽度应根据其集水区面积而定，通常小于200mm
*当屋面坡度为17.5度-22.5度时，主瓦间上下搭接最少为100mm

斜天沟结合部大样

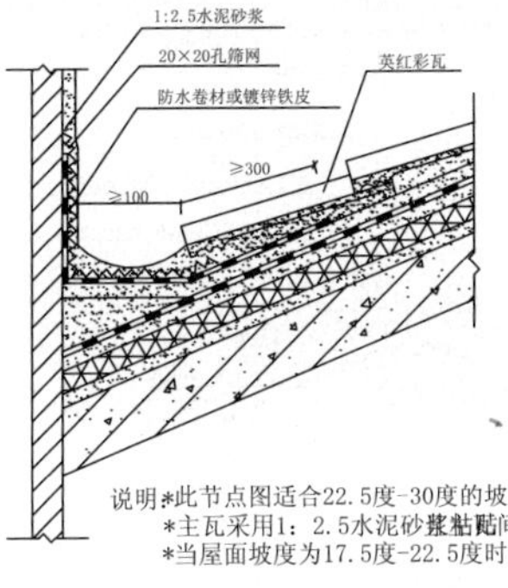
1:2.5水泥砂浆
20×20孔筛网
防水卷材或镀锌铁皮
英红彩瓦
≥300
≥100

说明*此节点图适合22.5度-30度的坡屋面
*主瓦采用1：2.5水泥砂浆粘贴 主瓦间上下搭接最少为75mm
*当屋面坡度为17.5度-22.5度时，主瓦间上下搭接最少为100mm

烟囱后部构筑大样

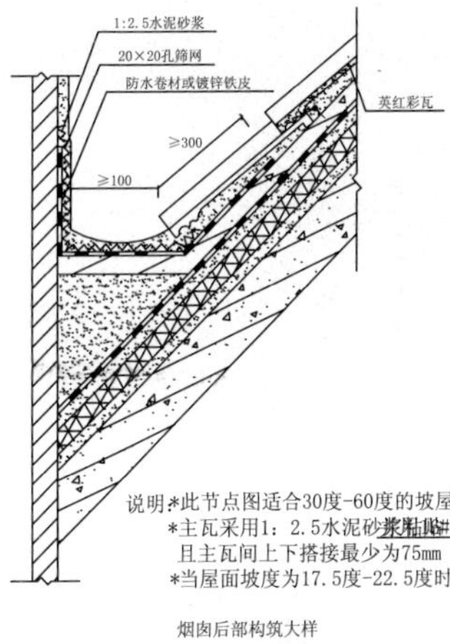
1:2.5水泥砂浆
20×20孔筛网
防水卷材或镀锌铁皮
英红彩瓦
≥300
≥100

说明*此节点图适合30度-60度的坡屋面
*主瓦采用1：2.5水泥砂浆粘贴并用16#铜丝加钉子固定
且主瓦间上下搭接最少为75mm
*当屋面坡度为17.5度-22.5度时，主瓦间上下搭接最少为100mm

烟囱后部构筑大样

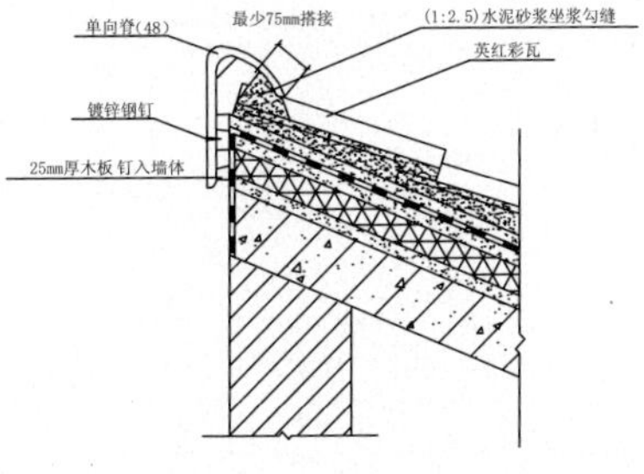
单向脊(48)
最少75mm搭接
(1:2.5)水泥砂浆坐浆勾缝
英红彩瓦
镀锌钢钉
25mm厚木板钉入墙体

说明*此节点图适合22.5度-30度的坡屋面
*主瓦采用1：2.5水泥砂浆粘贴 且主瓦间上下搭接最少为75mm
*单向脊坐浆勾缝抹平，并用钉子固定在
一条高度与钉孔位置相适的木条上。
*当屋面坡度为17.5度-22.5度时，主瓦间上下搭接最少为100mm

单向脊或压顶部位大样

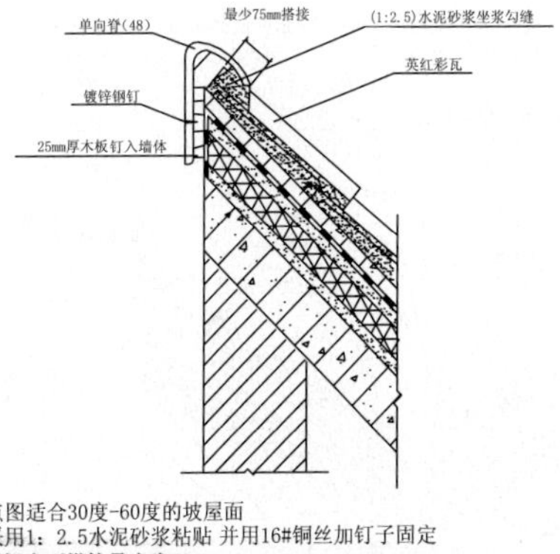
单向脊(48)
最少75mm搭接
(1:2.5)水泥砂浆坐浆勾缝
英红彩瓦
镀锌钢钉
25mm厚木板钉入墙体

说明*此节点图适合30度-60度的坡屋面
*主瓦采用1：2.5水泥砂浆粘贴 并用16#铜丝加钉子固定
且主瓦间上下搭接最少为75mm
*单向脊坐浆勾缝抹平，并用钉子固定在 一条高度与钉孔位置相适的木条上。
*当屋面坡度为17.5度-22.5度时，主瓦间上下搭接最少为100mm

单向脊或压顶部位大样

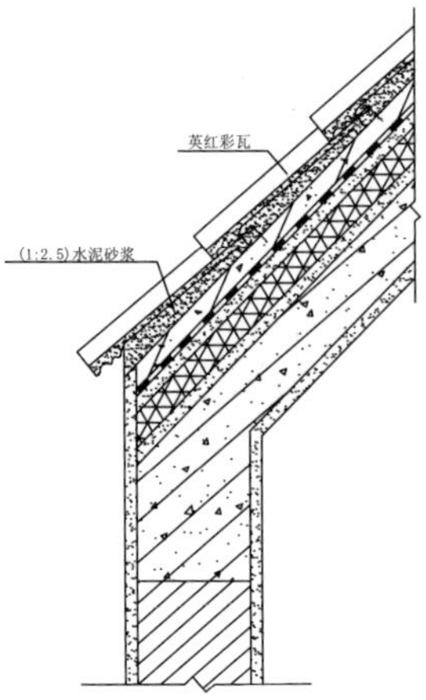

说明：适用屋面：各种类型的钢筋混凝土屋面
*主瓦采用1：2.5水泥砂浆粘贴
并用16#铜丝加钉子固定
且主瓦间上下搭接最少为75mm
*铺设在檐口的主瓦挑出长度可视实际情况而定
建议在50～80mm之内
*此节点图适合30度-60度的坡屋面
*当屋面坡度为17.5度-22.5度时，
主瓦间上下搭接最少为100mm
备注：该图亦可参考图集号为99浙J15、
98ZJ211、88JX4-2（99版）
等相关图样。

无组织排水檐口大样

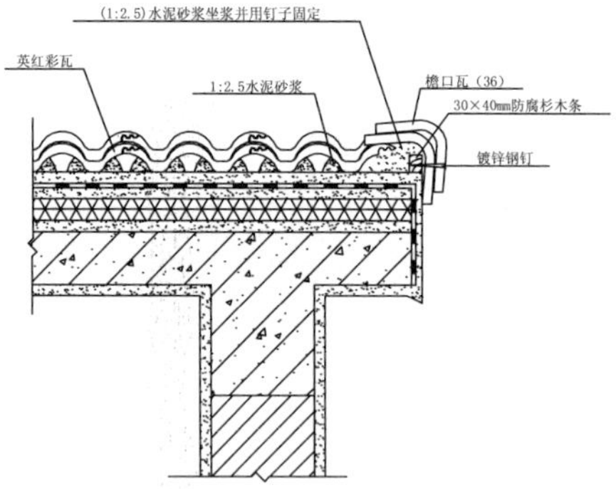

说明：适用屋面：各种类型的钢筋混凝土屋面
*沿山檐边从下往上安装
配件顺序为：檐口封(39)+檐口瓦(36)+檐口顶瓦(37)
*此节点图适合22.5度-30度的坡屋面
*当屋面坡度为17.5度-22.5度时，主瓦间上下搭接最少为100mm
备注：该图亦可参考图集号为99浙J15、98ZJ211、88JX4-2（99版）
等相关图样。

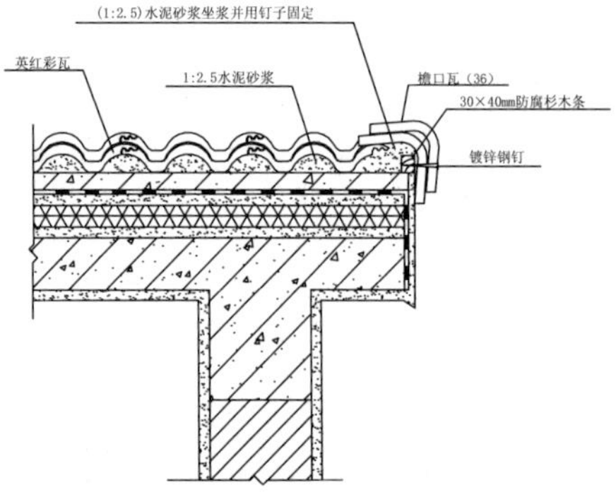

说明：*沿山檐边从下往上安装
配件顺序为：檐口封(39)+檐口瓦(36)+檐口顶瓦(37)
*当屋面坡度为17.5度-22.5度时，主瓦间上下搭接最少为100mm

檐口构造大样

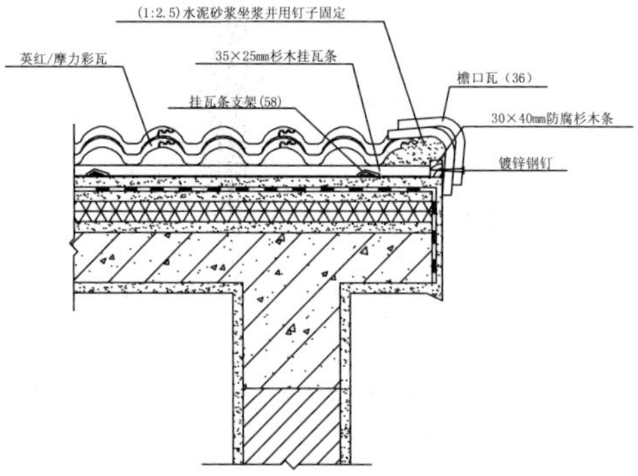

说明：屋面类型：钢筋砼结构层+保温层+柔性防水层
*沿山檐边从下往上安装 配件顺序为：檐口封(39)+檐口瓦(36)+檐口顶瓦(37)
*挂瓦条支架（58）@550-600mm
*杉木挂瓦条须经防腐处理(柴油沥青浸入或沥青防腐涂料)
*此节点图适合22.5度-60度的坡屋面
*当屋面坡度为17.5度-22.5度时，主瓦间上下搭接最少为100mm

檐口构造大样

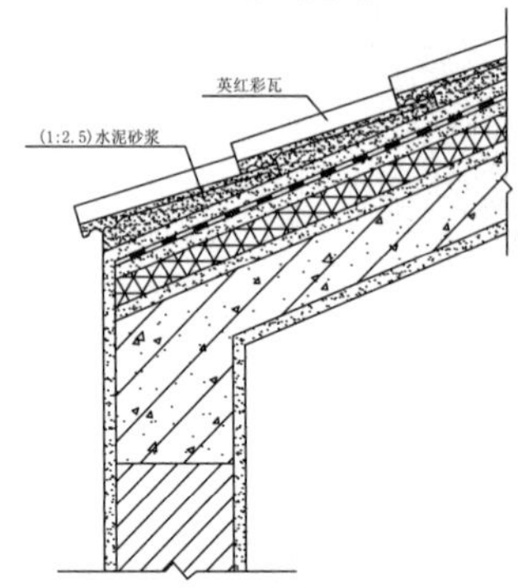

说明：适用屋面：各种类型的钢筋混凝土屋面
*主瓦采用1：2.5水泥砂浆粘贴 且主瓦间上下搭接最少为75mm
*铺设在檐口的主瓦挑出长度可视实际情况而定 建议在50～80mm之内
*此节点图适合22.5度-30度的坡屋面
*当屋面坡度为17.5度-22.5度时，主瓦间上下搭接最少为100mm
备注：该图亦可参考图集号为99浙J15、98ZJ211、88JX4-2（99版）
等相关图样。

无组织排水檐口大样

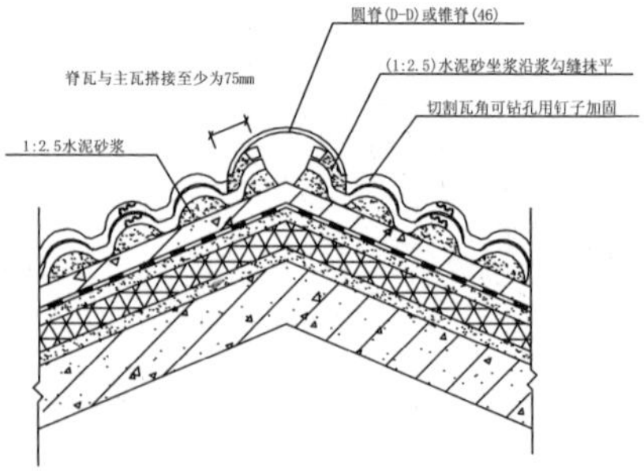

说明：适用屋面：各种类型的钢筋混凝土屋面
水泥砂浆安装斜脊
*可采用圆脊瓦或锥脊瓦
*所有脊瓦搭接处均需用水泥砂浆坐实，并沿浆勾缝抹平，面涂丽彩两道
*斜脊收头相应采用圆脊斜封(S-D)或锥脊斜封(34)安装
*此节点图适合30度-60度的坡屋面
*当屋面坡度为17.5度-22.5度时，主瓦间上下搭接最少为100mm
备注：该图亦可参考图集号为99浙J15、98ZJ211、88JX4-2（99版）
等相关图样。

斜脊安装大样

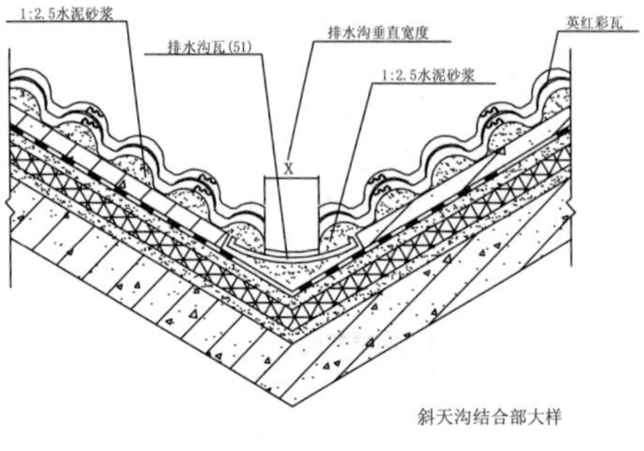

说明：适用屋面：各种类型的钢筋混凝土屋面
*主瓦采用1：2.5水泥砂浆粘贴 且主瓦间上下搭接最少为75mm
*排水沟瓦坐浆嵌入屋面斜天沟内且用钉子加固
*排水沟垂直宽度应根据其集水区面积而定，通常小于200mm
*此节点图适合30度-60度的坡屋面
*当屋面坡度为17.5度-22.5度时，主瓦间上下搭接最少为100mm
备注：该图亦可参考图集号为99浙J15、98ZJ211、88JX4-2（99版）
等相关图样。

斜天沟结合部大样

▲027-英红彩瓦图集3

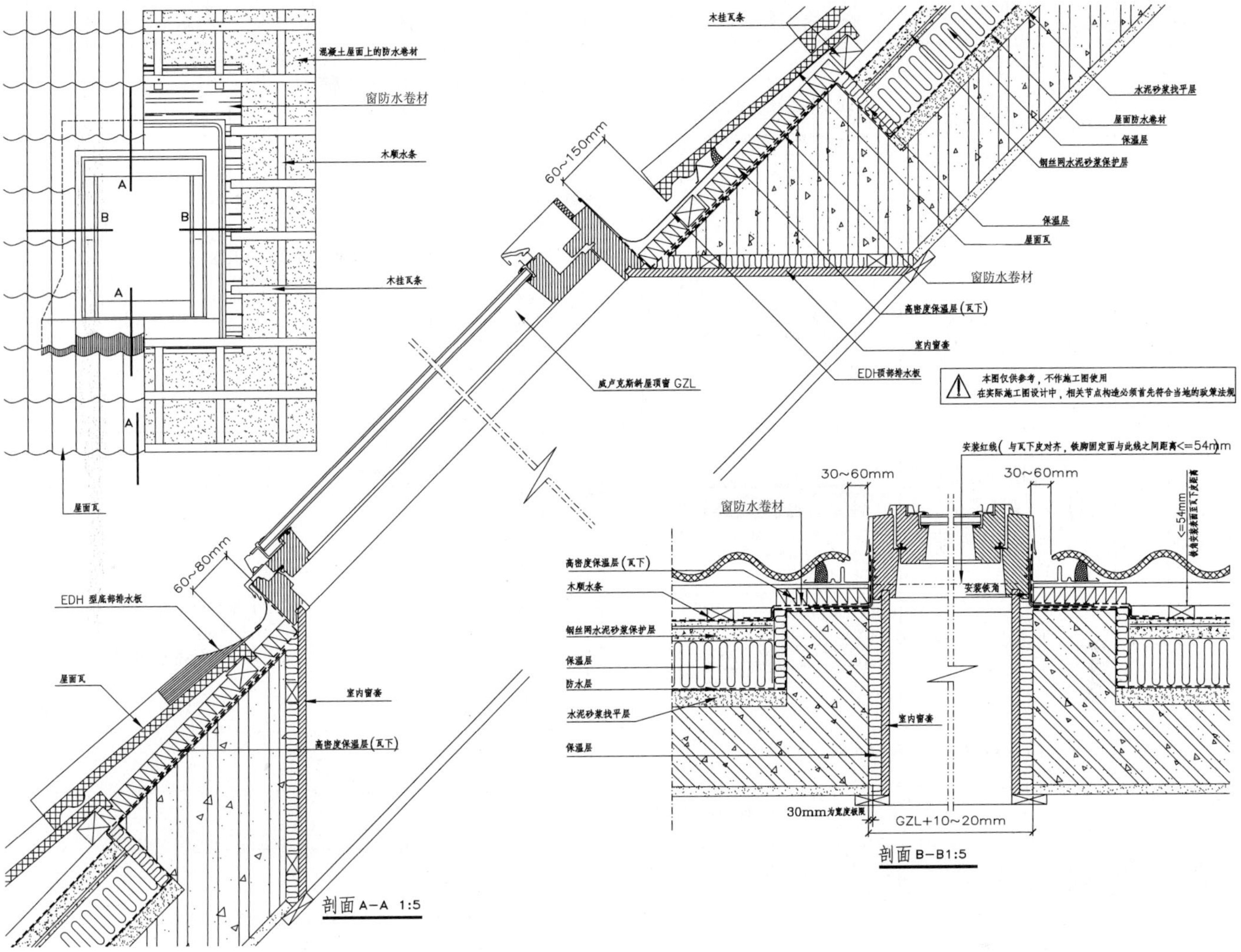

▲028-屋面详图大样

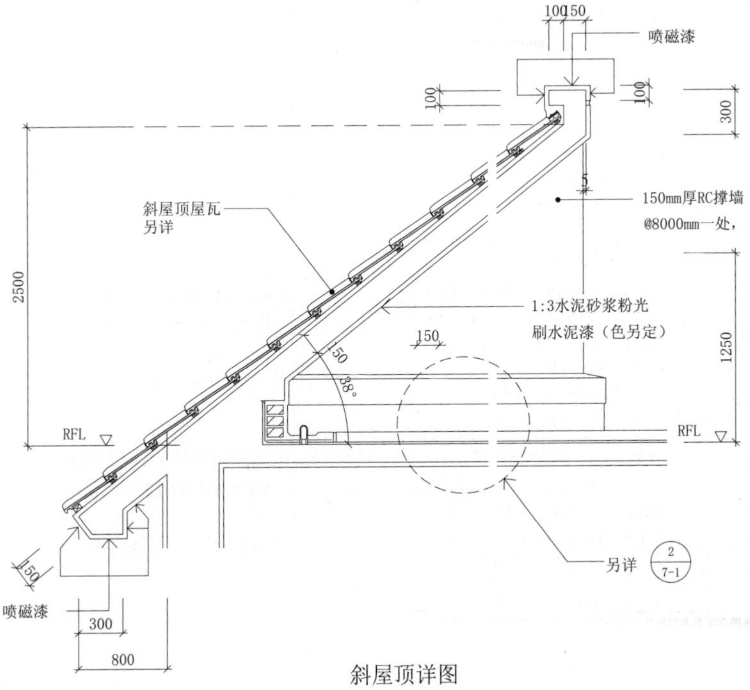

斜屋顶详图

▲029-斜屋顶详图

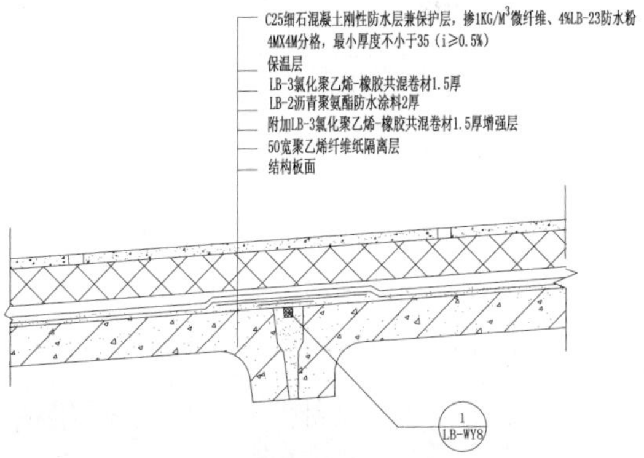

保护层选择表	
	18＃钢丝网c25细石砼最小40厚, 4m×4m分格
	18＃钢丝网水泥砂浆最小30厚, 2m×2m分格
	18＃钢丝网掺聚丙烯单丝纤维水泥砂浆最小30厚, 4m×4m分格
合成高分子材料保温层选择表	
	熔珠型聚苯乙烯板40厚，容重30kg/m³
	挤塑型聚苯乙烯板25厚，压缩强度为150（或250）KPA
	预制硬质聚氨酯板40厚
	现场发泡硬质发泡聚氨酯40厚
无机刚性保温层选择表	
	容重600kg/m³ 发泡砼60（80、100）厚，吸水率≤30%
	预制轻质砼保温板60厚
	发泡玻璃保温层40厚

注：前面方格内打勾者为选用设计

▲030-预制屋面构造层次（Ⅰ级设防）

防水等级	编号	名称	构造简图	层次	构造做法	备注
防水等级II级的保温屋面	⑧	卷材+涂膜防水 不上人屋面	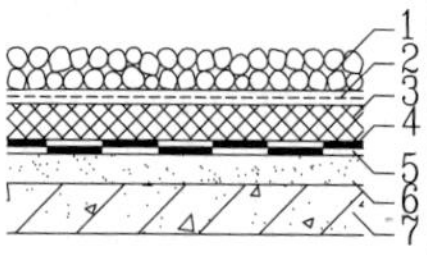	1 2 3 4 5 6 7	保护层: 40厚卵石(粒径15~25),檐口边和排水沟处做120的堵头,高度按保护层和保温层厚度确定; 隔离层: 纤维布一层; 保温层: 25厚挤塑板或见单项工程; 防水层: 防水卷材一层; 防水层: 防水涂膜一层; 找平层(或找坡层): 同①; 结构层: 钢筋混凝土结构层.	挡头详见第16页.
	⑨	卷材+涂膜防水 不上人屋面	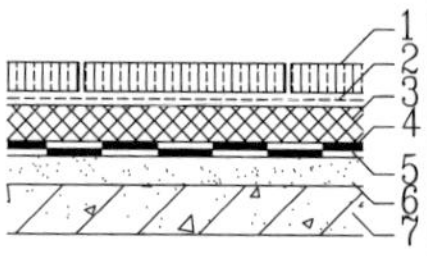	1 2 3 4 5 6 7	保护层: 30厚200x200彩色混凝土预制块材或30厚500x500预制混凝土板,下铺30厚粗砂垫层,加堵头同上; 隔离层: 纤维布一层; 保温层: 25厚挤塑板或见单项工程; 防水层: 防水卷材一层; 防水层: 防水涂膜一层; 找平层(或找坡层): 同①; 结构层: 钢筋混凝土结构层.	
	⑩	卷材+涂膜防水 人造草皮 不上人屋面	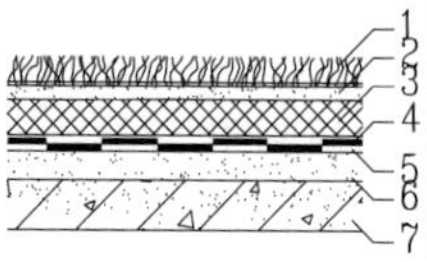	1 2 3 4 5 6 7	保护层: 人造草皮(四周自粘性橡胶粘贴); 找平层: 20厚1:2.5水泥砂浆加钢丝网; 保温层: 25厚挤塑板或见单项工程; 防水层: 防水卷材一层; 防水层: 防水涂膜一层; 找平层(或找坡层): 同①; 结构层: 钢筋混凝土结构层.	
	⑪	卷材+涂膜防水 上人屋面	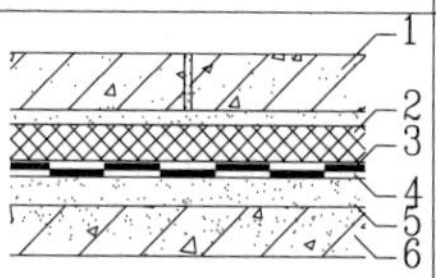	1 2 3 4 5 6	保护层: 同④; 保温层: 25厚挤塑板或见单项工程; 防水层: 防水卷材一层; 防水层: 防水涂膜一层; 找平层(或找坡层): 同①; 结构层: 钢筋混凝土结构层.	1. 加装饰性面层(水泥砖 水泥花砖 地缸砖等)做法见工程设计; 2. 保护层均设分仓缝和分格缝;
注: 节能型居住建筑屋面的保温层采用>35厚挤塑板.						

▲001-保温屋面构造详图1

防水等级	编号	名称	构造简图	层次	构造做法	备注
防水等级III级的保温屋面	①	卷材防水 不上人屋面	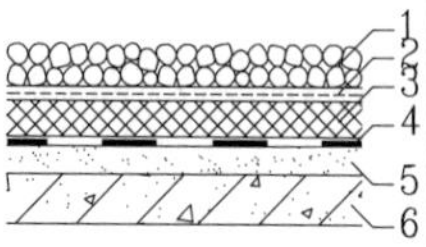	1 2 3 4 5 6	保护层: 40厚卵石(粒径15~25),檐口边和排水沟处做120的堵头,高度按保护层和保温层厚度确定; 隔离层: 纤维布一层; 保温层: 25厚挤塑板或见单项工程; 防水层: 防水卷材一层; 找平层(或找坡层): 20厚1:2.5水泥砂浆(或加1:8水泥加气混凝土,找坡>2%,最薄处20;) 结构层: 钢筋混凝土结构层.	挡头详见第16页.
	②	卷材防水 不上人屋面	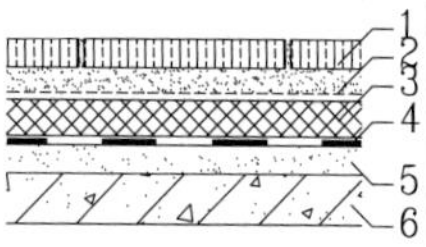	1 2 3 4 5 6	保护层: 30厚200x200彩色混凝土预制块材或30厚500x500预制混凝土板,下铺30厚粗砂垫层,加堵头同上; 隔离层: 纤维布一层; 保温层: 25厚挤塑板或见单项工程; 防水层: 防水卷材一层; 找平层(或找坡层): 同①; 结构层: 钢筋混凝土结构层.	
	③	卷材防水 人造草皮 不上人屋面	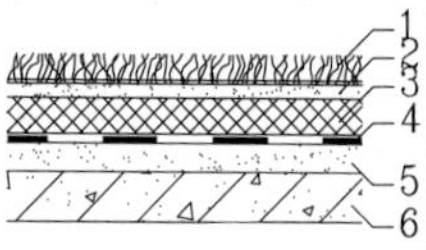	1 2 3 4 5 6	保护层: 人造草皮(四周自粘性橡胶粘贴); 找平层: 20厚1:2.5水泥砂浆加钢丝网; 保温层: 25厚挤塑板或见单项工程; 防水层: 防水卷材一层; 找平层(或找坡层): 同①; 结构层: 钢筋混凝土结构层.	1. 人造草皮可换加装饰性面层(水泥砖,水泥花砖,地面砖,地缸砖等)做法见工程设计; 2. 保护层均设分仓缝和分格缝.
	④	卷材防水 上人屋面	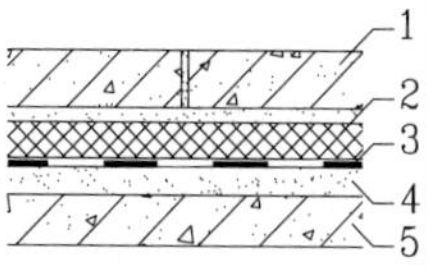	1 2 3 4 5	保护层: 40厚C20细石混凝土(内配Ø4@200双向),20厚1:2.5水泥砂浆保护层; 保温层: 25厚挤塑板或见单项工程; 防水层: 防水卷材一层; 找平层(或找坡层): 同①; 结构层: 钢筋混凝土结构层.	1. 加装饰性面层(水泥砖 水泥花砖 地面砖,地缸砖等)做法见工程设计; 2. 保护层均设分仓缝和分格缝.
注: 节能型居住建筑屋面的保温层采用>35厚挤塑板.						

▲002-保温屋面构造详图2

防水等级	编号	名称	构造简图	层次	构造做法	备注
防水等级Ⅱ级的保温屋面	16	卷材防水天然草皮不上人屋面	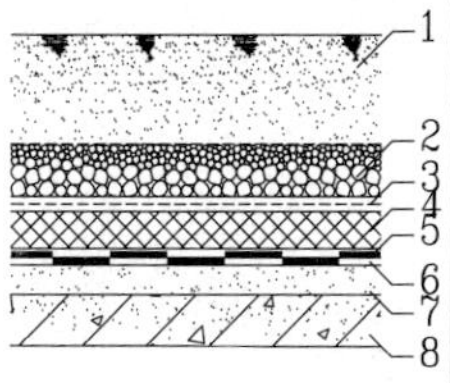	1 2 3 4 5 6 7 8	保护层：200～300厚种植土； 排水层：20厚5～10细卵石层，下铺30厚10～25粗卵石层； 隔离层：纤维布一层； 保温层：25厚挤塑板或见单项工程； 防水层：防水卷材一层； 防水层：防水涂膜一层； 找平层(或找坡层)：同 1 ○ 结构层：钢筋混凝土结构层.	1. 锚钉为挤塑板的配套材料，详见第17页. 2. 需结构验算.
	17	粘贴瓦坡屋面	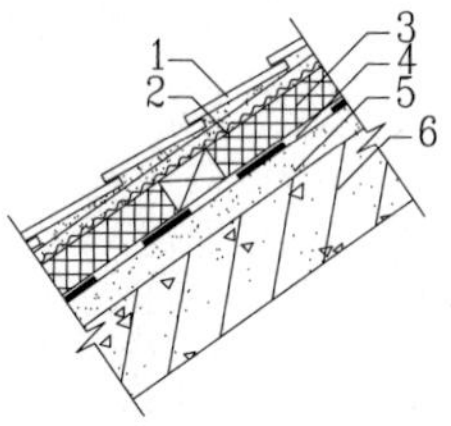	1 2 3 4 5 6	保护层：玻纤瓦用粘结剂加钉铺贴； 结合层：镀锌钢丝网用骑马钉钉在分格木上，间距<300，上粉20厚1：2水泥砂浆； 保温层：25厚挤塑板(或见单项工程)嵌在40X25@640纵向分格木，当屋面坡度<26°时胶粘剂粘贴；当屋面坡度>26°时用锚钉固定； 防水层：防水卷材一层(宜用自闭型防水卷材)； 找平层：20厚1：2.5水泥砂浆； 结构层：钢筋混凝土结构层.	
	18	挂瓦坡屋面	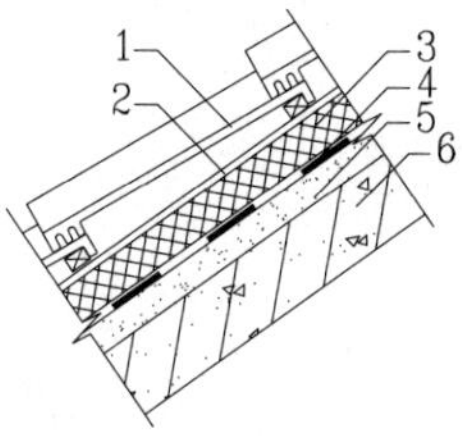	1 2 3 4 5 6	保护层：彩色混凝土屋面瓦 彩陶瓦； 结合层：挂瓦条40x25，顺水条40x30； 保温层：25厚挤塑板或见单项工程，嵌在40x30@640横向顺水条中，当屋面坡度<26°时用胶粘剂粘贴；当屋面坡度>26°时用锚钉固定； 防水层：防水卷材一层； 找平层：1：2.5水泥砂浆； 结构层：钢筋混凝土结构层.	1. 锚钉为挤塑板的配套材料. 2. 木材需防腐处理. 3. 防水卷材宜用有自闭功能的卷材，如TBL自粘性沥青，橡胶卷材等.
注：节能型居住建筑屋面的保温层采用>35厚挤塑板.						

▲003-保温屋面构造详图3

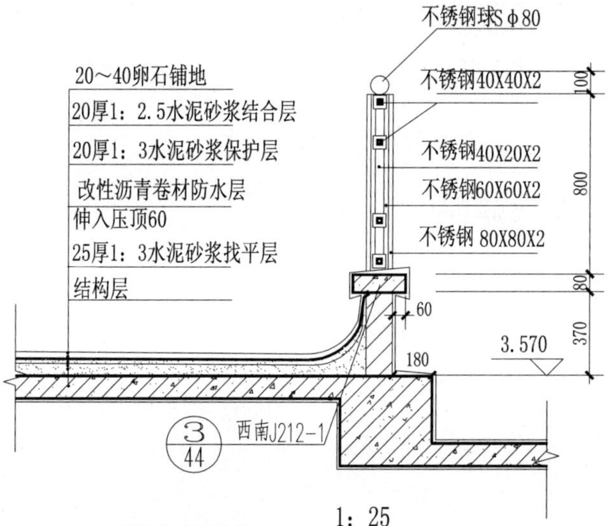

不锈钢球S φ80
20～40卵石铺地
20厚1：2.5水泥砂浆结合层
20厚1：3水泥砂浆保护层
改性沥青卷材防水层
伸入压顶60
25厚1：3水泥砂浆找平层
结构层
不锈钢40X40X2
不锈钢40X20X2
不锈钢60X60X2
不锈钢 80X80X2
100
800
80
370
60
180
3.570
3
44
西南J212-1

1：25

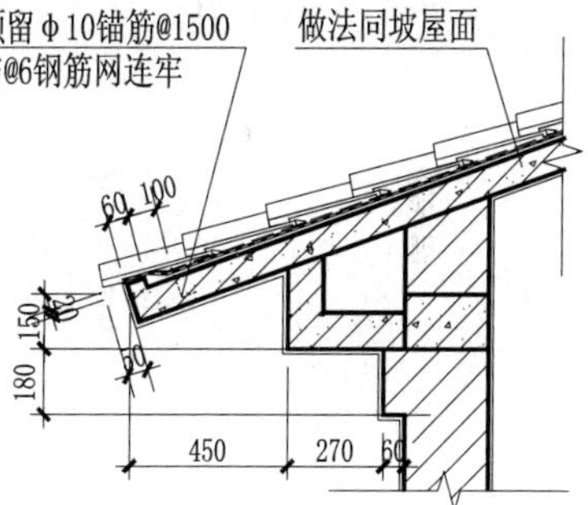

预留φ10锚筋@1500
与@6钢筋网连牢
做法同坡屋面
60
100
150
180
50
450
270
60

1：25

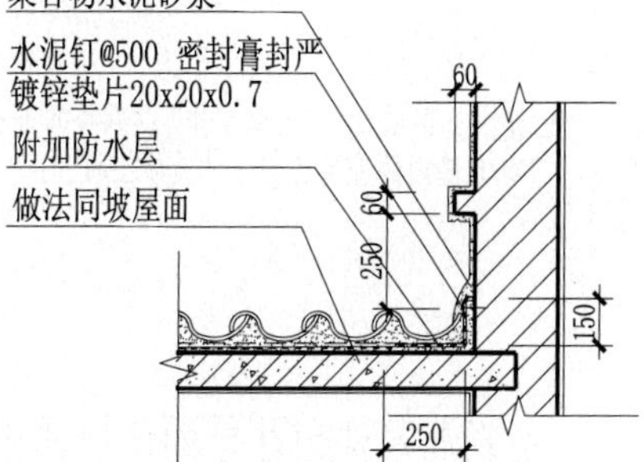

聚合物水泥砂浆
水泥钉@500 密封膏封严
镀锌垫片20x20x0.7
附加防水层
做法同坡屋面
60
60
250
150
250

1：25

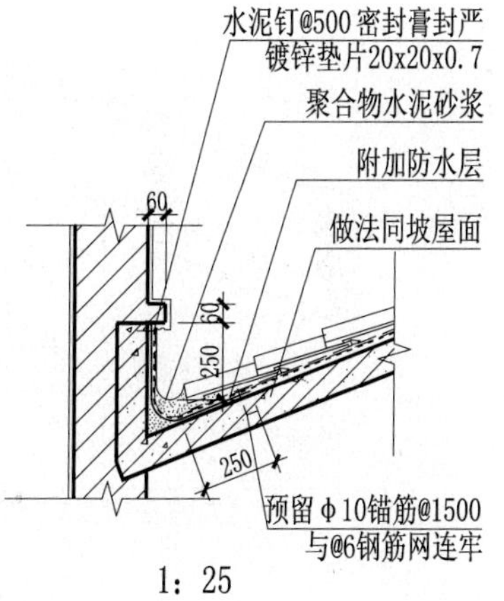

水泥钉@500 密封膏封严
镀锌垫片20x20x0.7
聚合物水泥砂浆
附加防水层
做法同坡屋面
60
60
250
250
预留φ10锚筋@1500
与@6钢筋网连牢

1：25

▲004-别墅用檐口详图

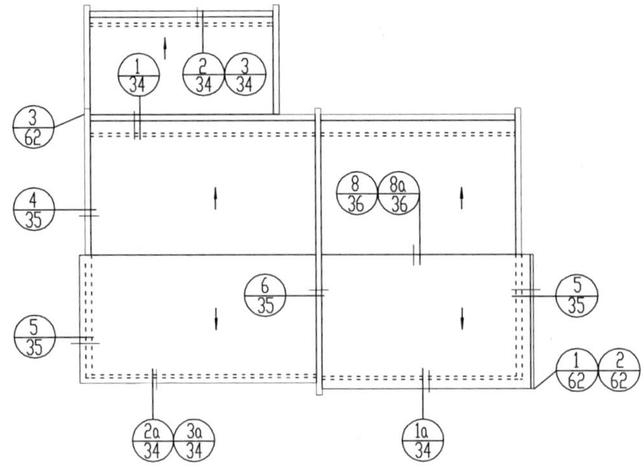
1/34
2/34
3/34
3/62
4/35
8/36
8a/36
6/35
5/35
5/35
1/62
2/62
2a/34
3a/34
1a/34

屋面平面一

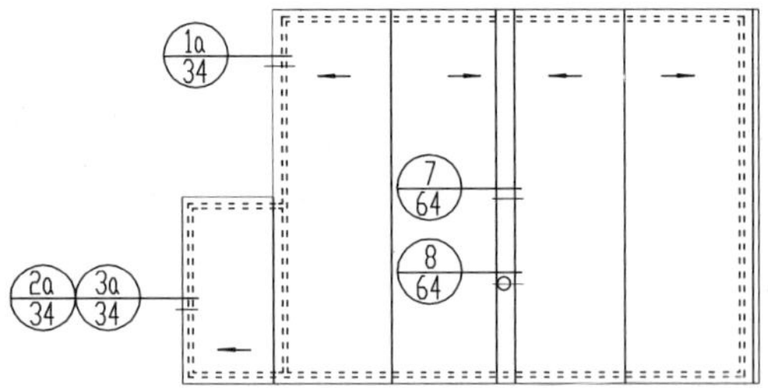
1a/34
7/64
8/64
2a/34
3a/34

屋面平面二

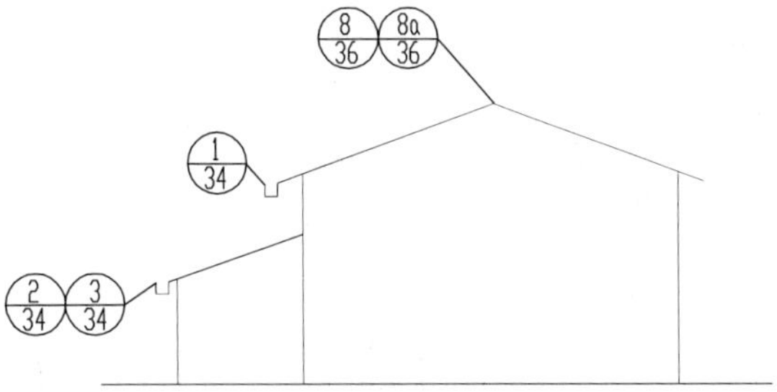
8/36
8a/36
1/34
2/34
3/34

屋面剖面一

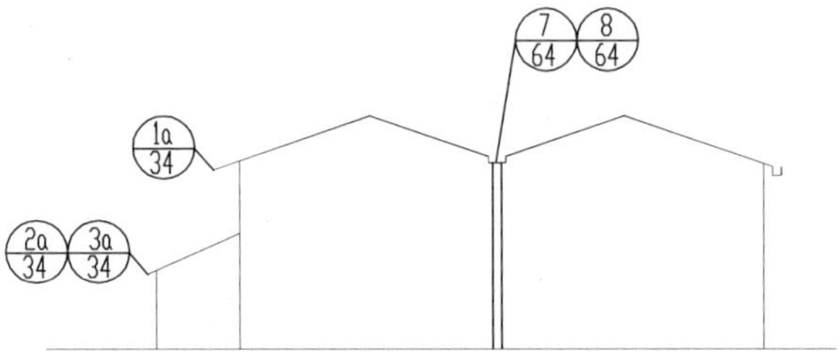
7/64
8/64
1a/34
2a/34
3a/34

屋面剖面二

(多彩油毡瓦屋面)
屋面详图索引

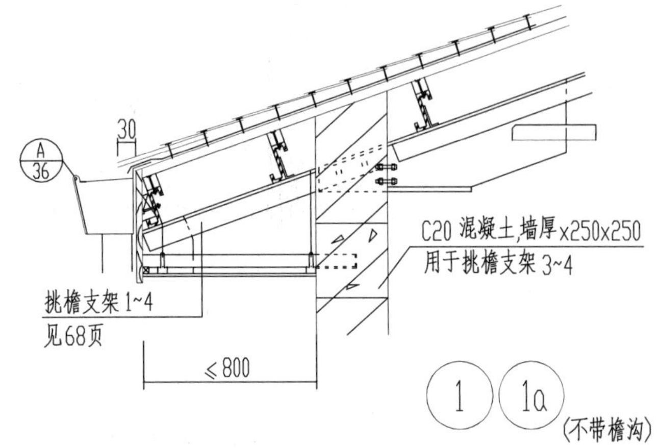
30
A/36
C20 混凝土,墙厚x250x250
用于挑檐支架 3~4
挑檐支架 1~4
见68页
≤800
1
1a
(不带檐沟)

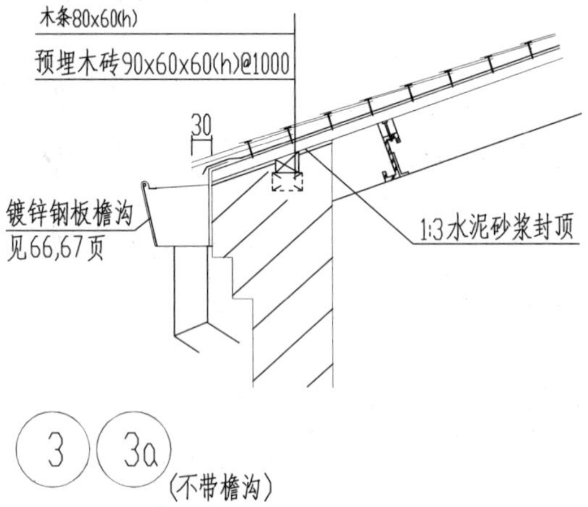
木条80x60(h)
预埋木砖90x60x60(h)@1000
30
镀锌钢板檐沟
见66,67页
1:3水泥砂浆封顶
3
3a
(不带檐沟)

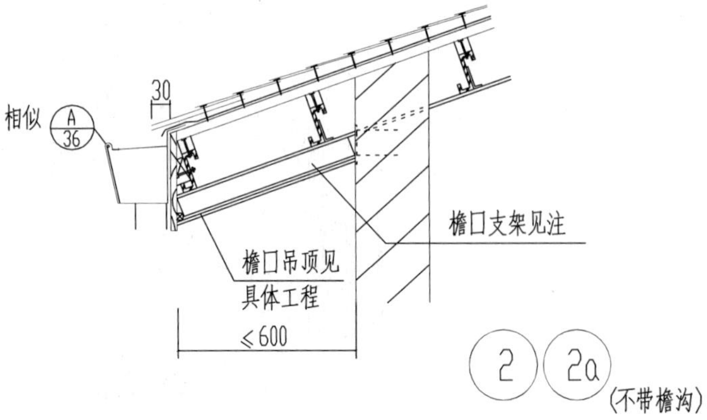
30
相似 A/36
檐口支架见注
檐口吊顶见
具体工程
≤600
2
2a
(不带檐沟)

注:檐口支架用Q235号钢制作,以螺栓与屋架固定或与墙内的埋件连接,见具体工程。

多彩沥青油毡瓦屋面侧墙挑檐

▲005-多彩油毡瓦屋面1

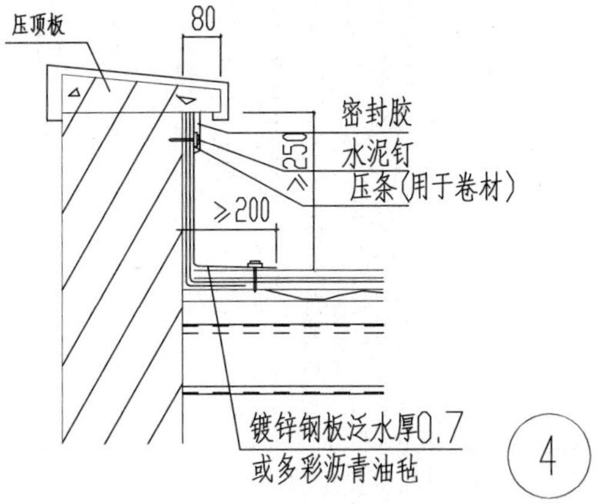
压顶板
80
密封胶
水泥钉
压条(用于卷材)
≥250
≥200
镀锌钢板泛水厚0.7
或多彩沥青油毡
4

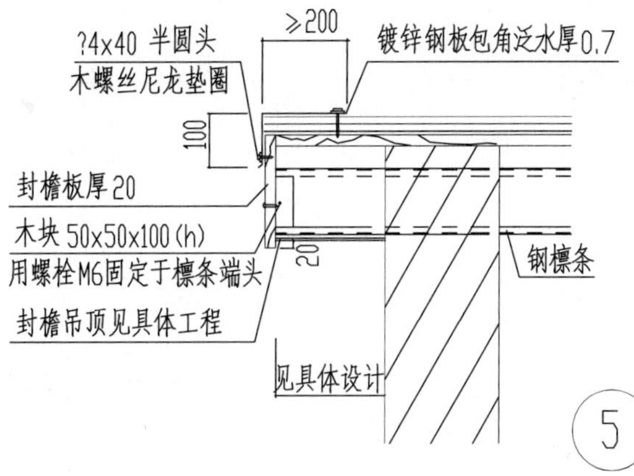
?4x40 半圆头
木螺丝尼龙垫圈
≥200
镀锌钢板包角泛水厚0.7
100
封檐板厚20
木块 50x50x100(h)
用螺栓M6固定于檩条端头
20
钢檩条
封檐吊顶见具体工程
见具体设计
5

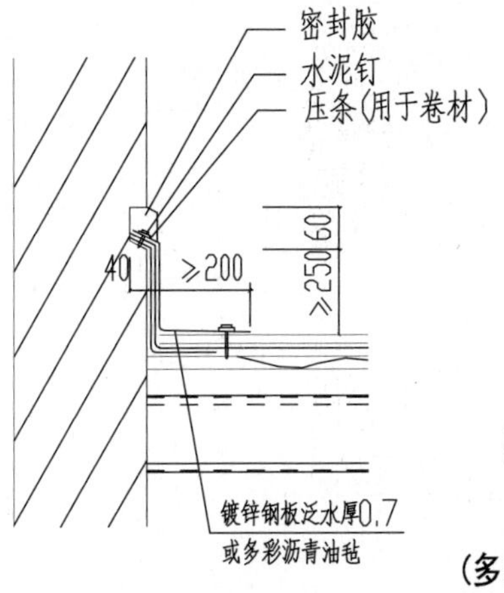
密封胶
水泥钉
压条(用于卷材)
40
≥200
≥250
60
镀锌钢板泛水厚0.7
或多彩沥青油毡
6

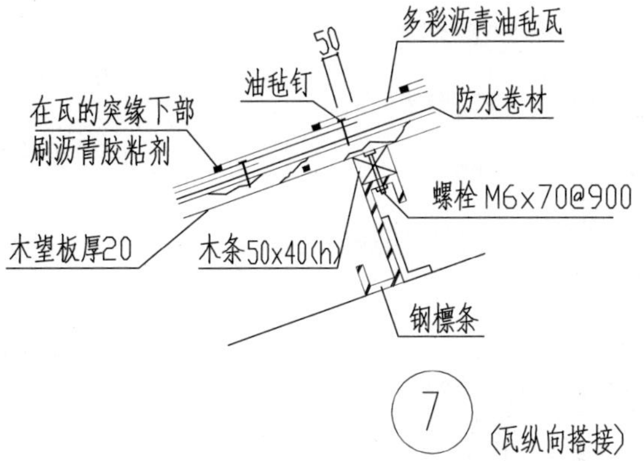
多彩沥青油毡瓦
50
油毡钉
防水卷材
在瓦的突缘下部
刷沥青胶粘剂
螺栓 M6x70@900
木望板厚20
木条50x40(h)
钢檩条
7
(瓦纵向搭接)

(多彩油毡瓦屋面)硬山封檐,山墙挑檐高低跨,瓦纵向搭接

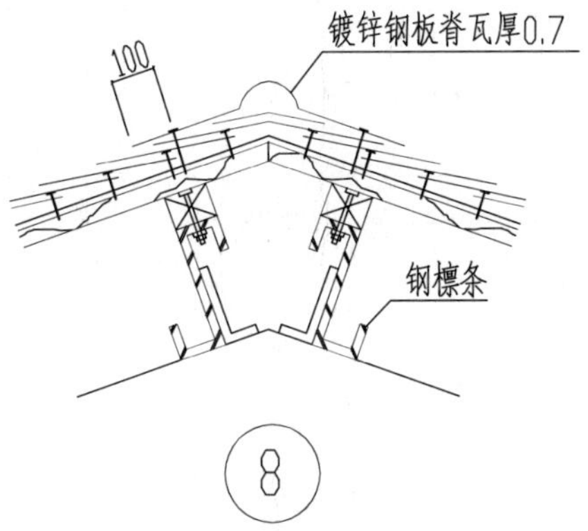
镀锌钢板脊瓦厚0.7
100
钢檩条
8

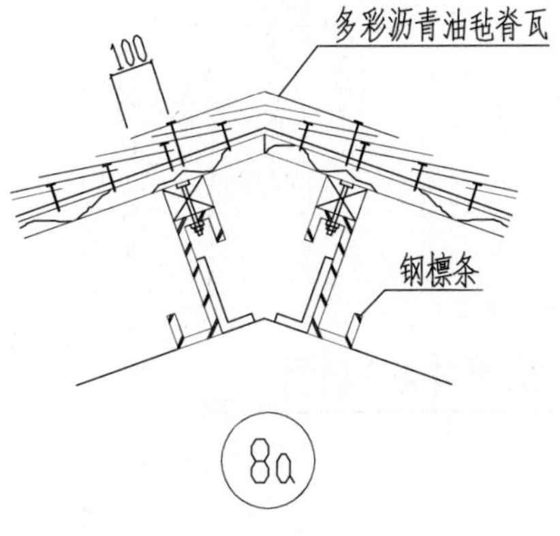
多彩沥青油毡脊瓦
100
钢檩条
8a

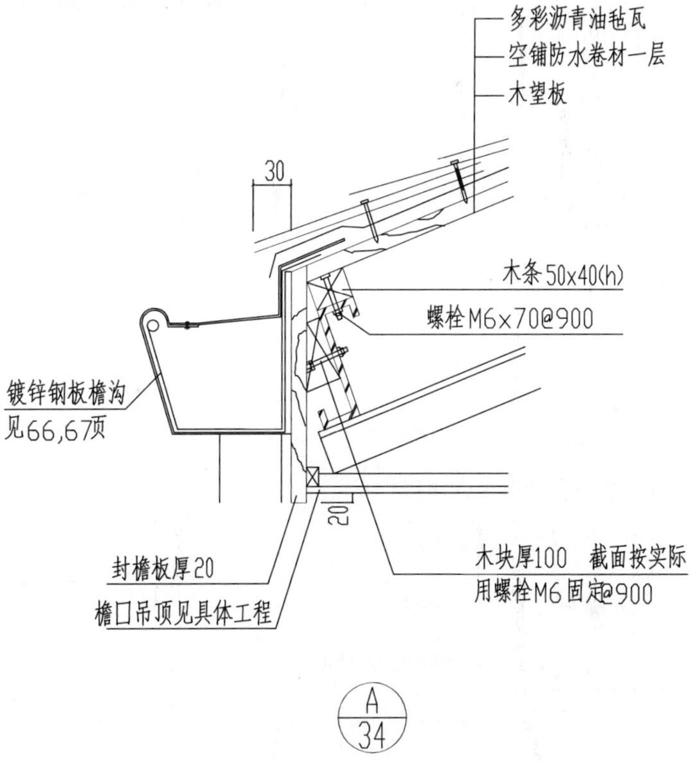
多彩沥青油毡瓦
空铺防水卷材一层
木望板
30
木条 50x40(h)
螺栓 M6x70@900
镀锌钢板檐沟
见66,67页
20
封檐板厚20
檐口吊顶见具体工程
木块厚100 截面按实际
用螺栓M6 固定@900
A
34

多彩沥青油毡瓦屋面屋面及檐口

屋顶常用做法

2200
120 600 1000 600 120
B
发电机排烟井
电梯机房
1000X500洞口
洞底标高24.000
120
1300
120

发电机排烟井六层平面　② 1:50

2200 120 150
27.300
24.750
屋4 26.700(结)
120 150
1300

发电机排烟井顶盖平面

图例

钢筋混凝土墙、柱
KP1型页岩空心砖
砂加气轻质砌块
消火栓暗装
斜线阴影部分为结构降板
素砼
屋面保温隔热层

3250 300 375
2mm厚单层铝板
素砼翻边
接设备管
铝板压条，防水油膏密封
水泥钉钉牢@500，镀锌垫片
20X20X0.7，防水油膏密封
高分子防水涂膜附加层
搭接250
电梯机房
23.700
屋1
625
发电机排烟井
钢结构防火涂层
24.750
24.500
24.000
6F屋面
23.360(结)

发电机排烟井B-B剖面 1:50

▲007-发电机排烟井详图

80 600 80
165 140
A
水管井
A
80 140 100 425 600 75 165 80
水管井六层平面
① 1:50
150 600 150
165 140
24.450
150 140 100 425 600 75 165 150
水管井顶盖平面
图例
钢筋混凝土墙、柱
KP1型页岩空心砖
砂加气轻质砌块
消火栓暗装
斜线阴影部分为结构降板
素砼
屋面保温隔热层
1500
挡水型铝合金固定百叶风口
水泥钉钉牢@500，镀锌垫片
20X20X0.7，防水油膏密封
高分子防水涂膜附加层
搭接250
屋1
625
水管井
200
24.450
24.250
24.000
6F屋面
23.360(结)
钢结构防火涂层
待管道安装完毕后浇筑的楼板

水管井A-A剖面 1:50

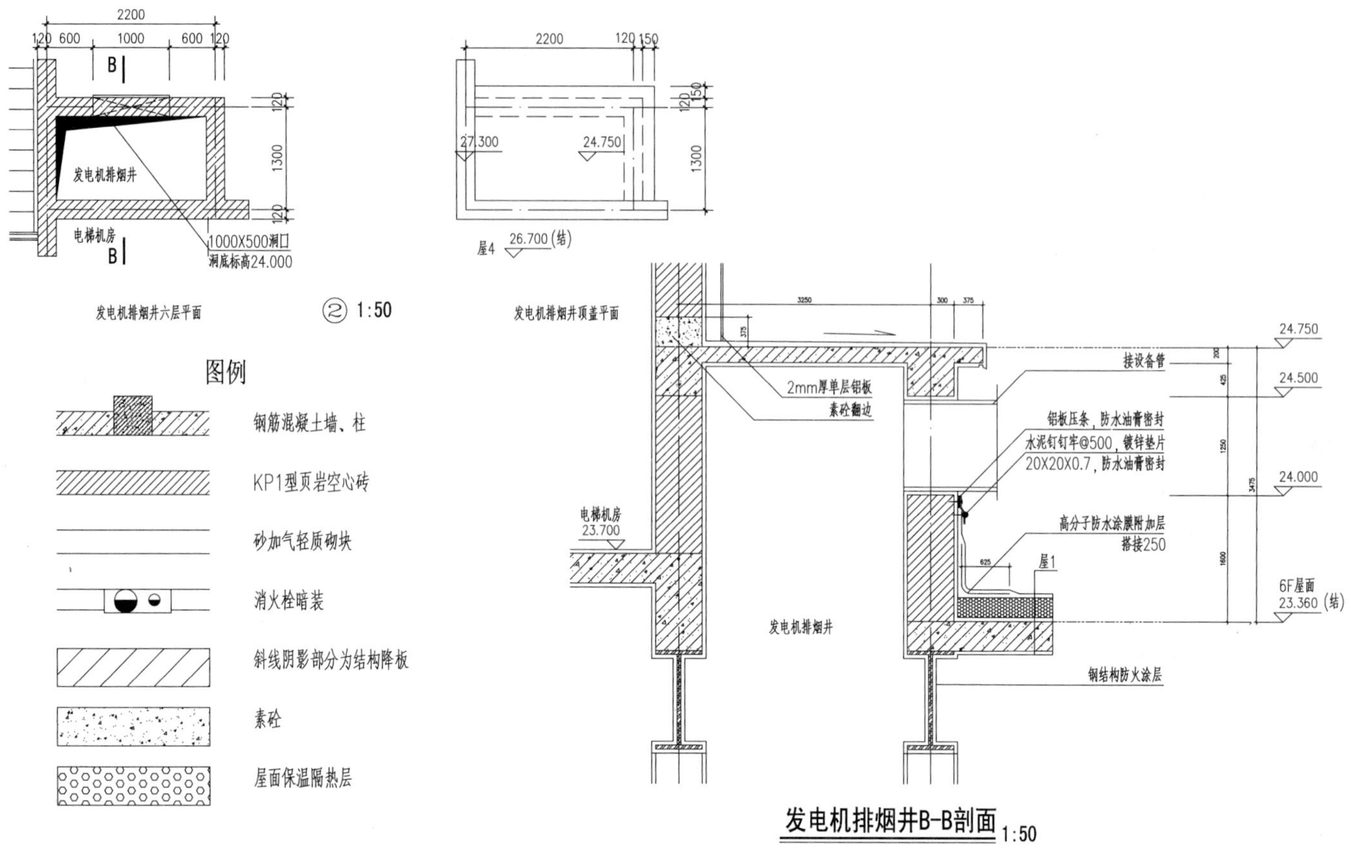

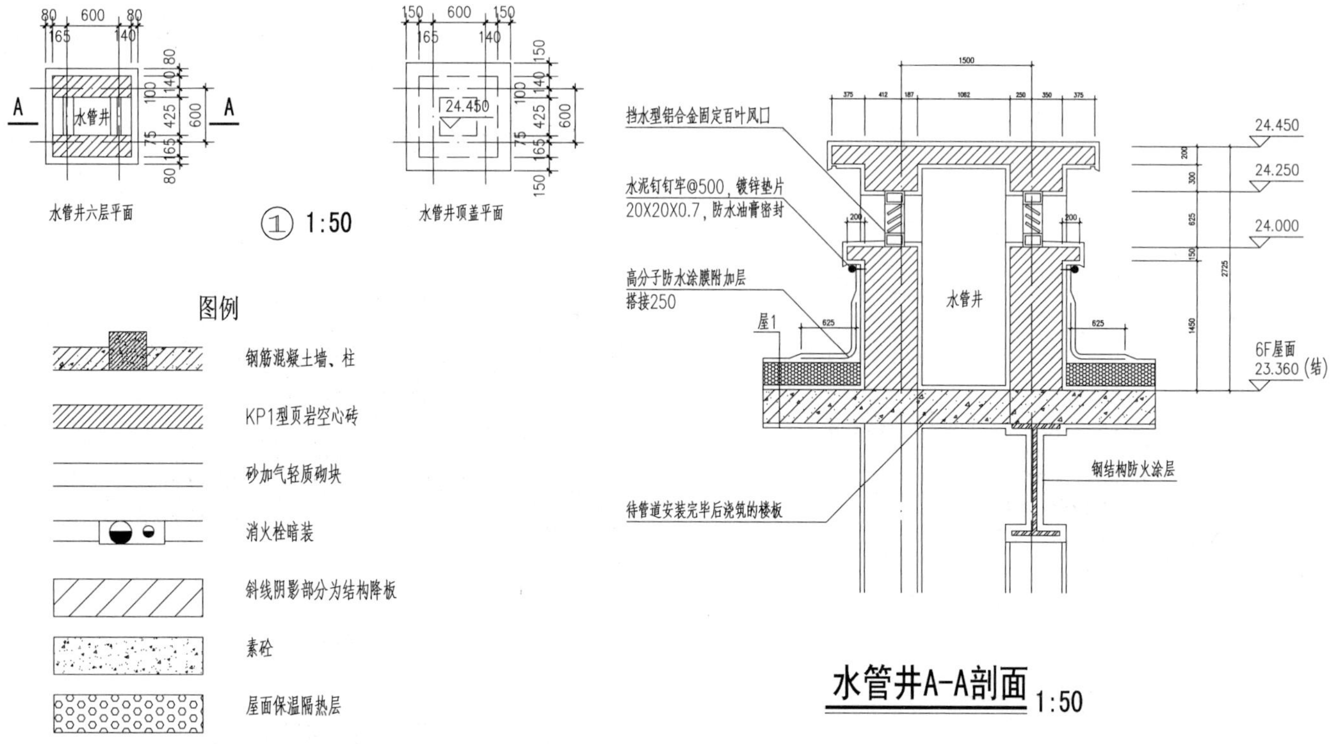

▲008-水管井详图

4号楼梯间
排风
送风井
空调水井
630X400洞口
洞底标高24.000
800X500洞口
洞底标高24.000
1500X600洞口
洞底标高24.000
六层平面
③ 1:50
顶盖平面
屋4
26.700(结)
24.750
27.300
图例
钢筋混凝土墙、柱
KP1型页岩空心砖
砂加气轻质砌块
消火栓暗装
斜线阴影部分为结构降板
素砼
屋面保温隔热层
2mm厚单层铝板
接设备管
铝板压条，防水油膏密封
水泥钉钉牢@500，镀锌垫片
20X20X0.7，防水油膏密封
高分子防水涂膜附加层
搭接250
素砼翻边
屋1
6F屋面
23.360（结）
钢结构防火涂层
排风井
送风井
排风井C-C剖面 1:50
排风井C-C剖面 1:50
送风井
排烟井
630X500洞口
500X400洞口
630X400洞口
1000X500洞口
27.860
26.960(结)
排风井E-E剖面 1:50
排风井F-F剖面 1:50

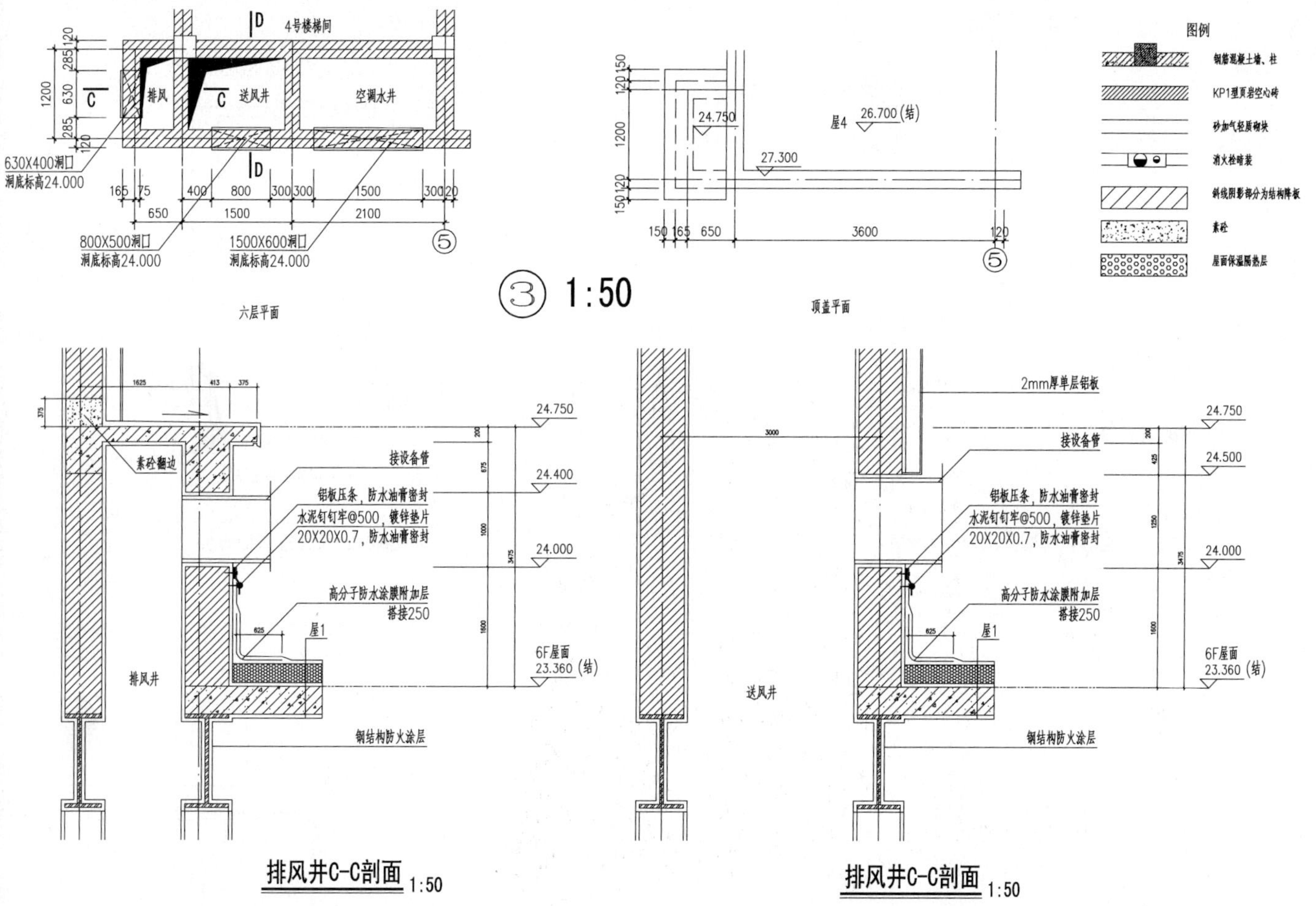

▲009-排风井详图（一）

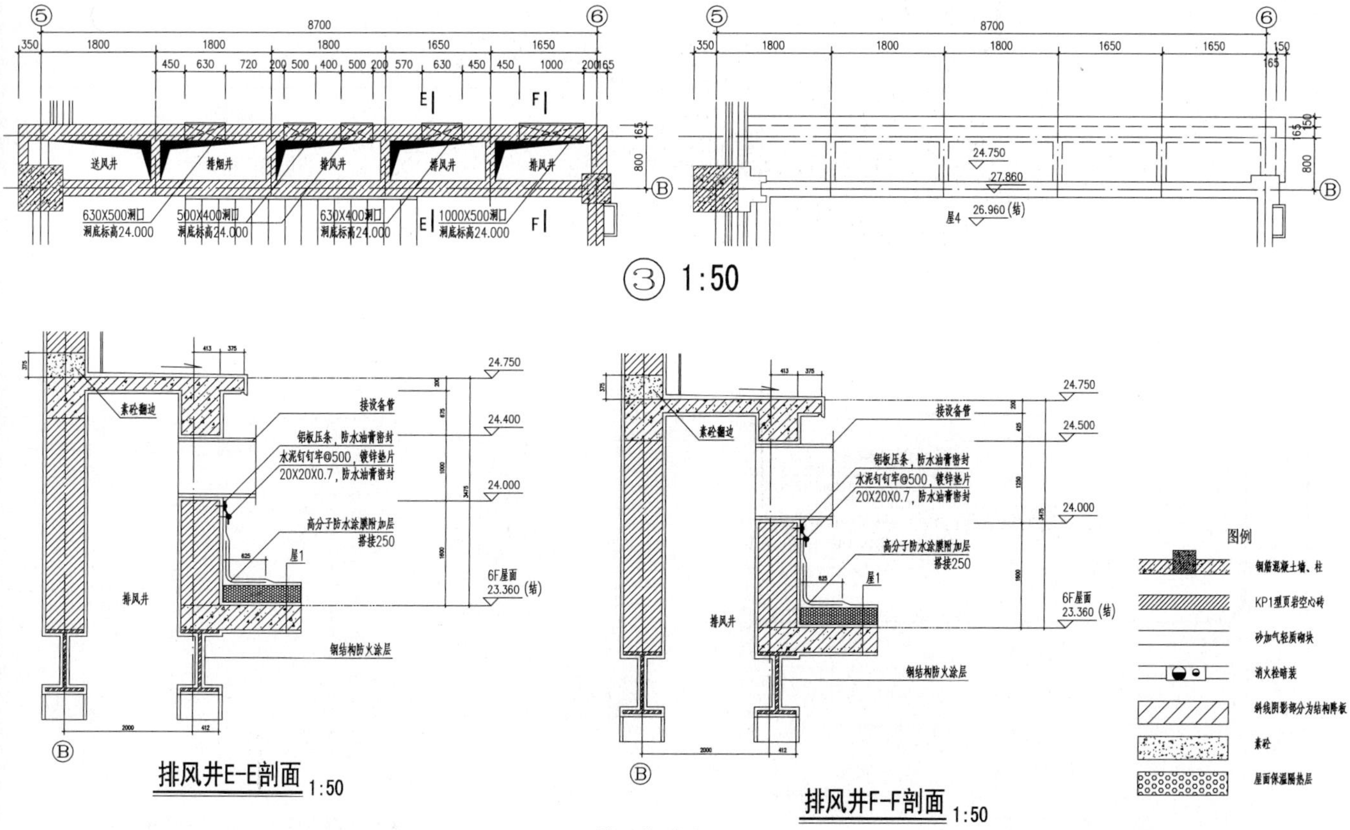

▲010-排风井详图（二）

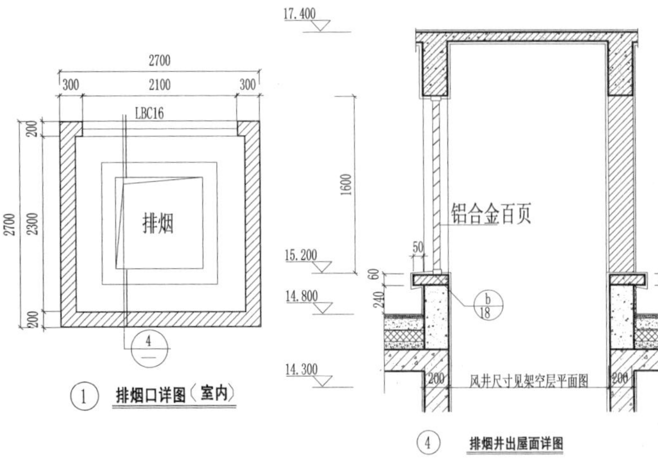

▲011-排烟井出屋面详图

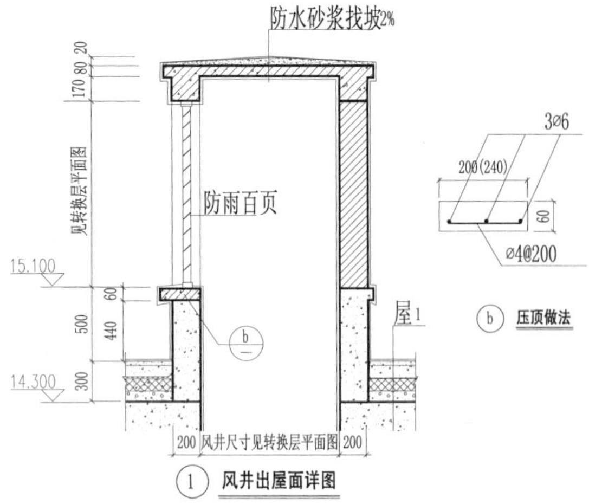

▲012-风井出屋面详图

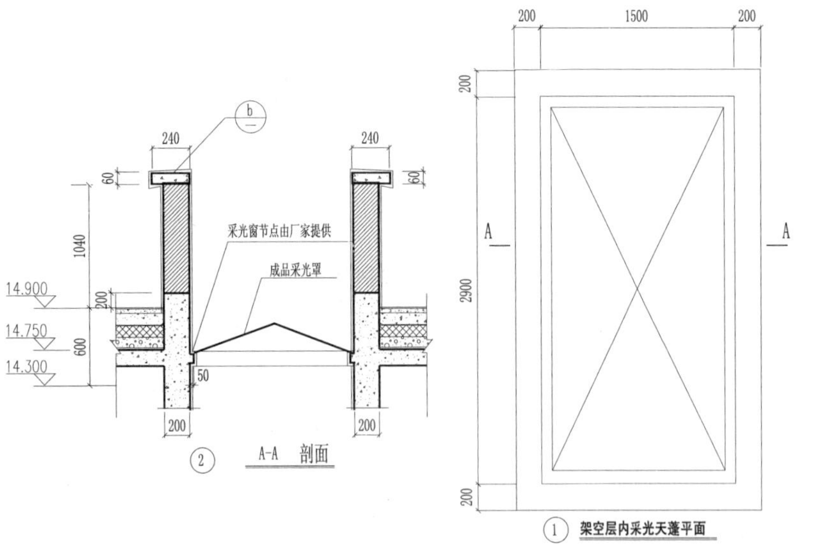

▲013-架空层内采光天蓬详图

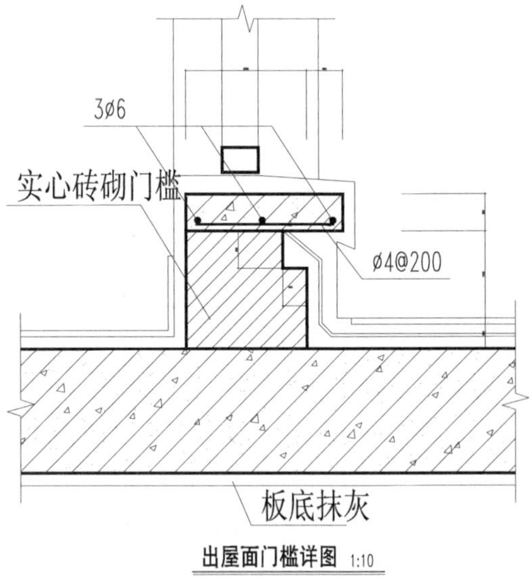

▲014-出屋面门槛详图

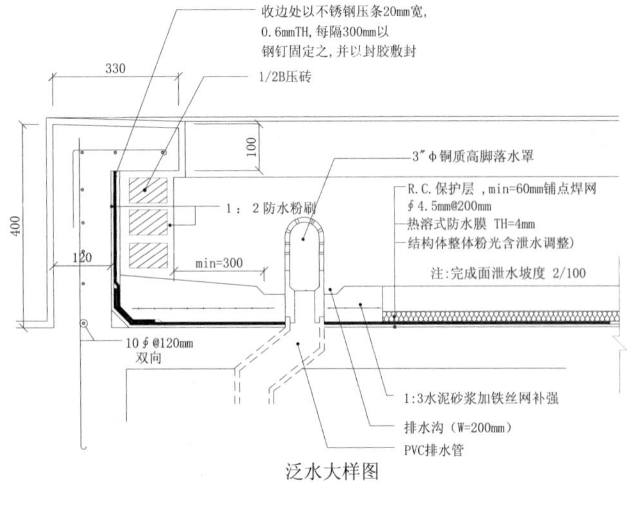

▲015-泛水大样图

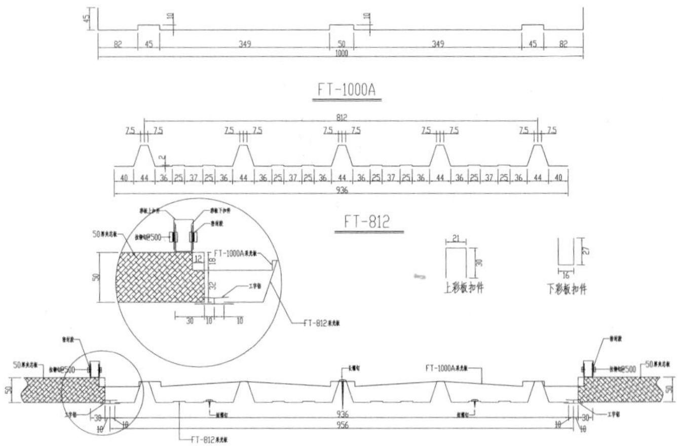

▲016-钢结构屋面双层采光板节点详图

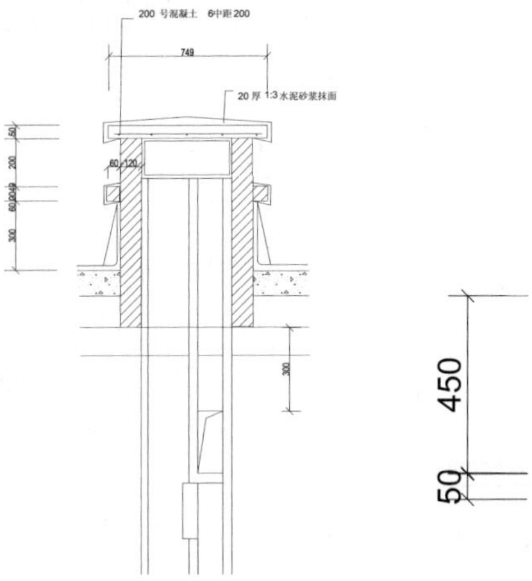

▲017-节点1

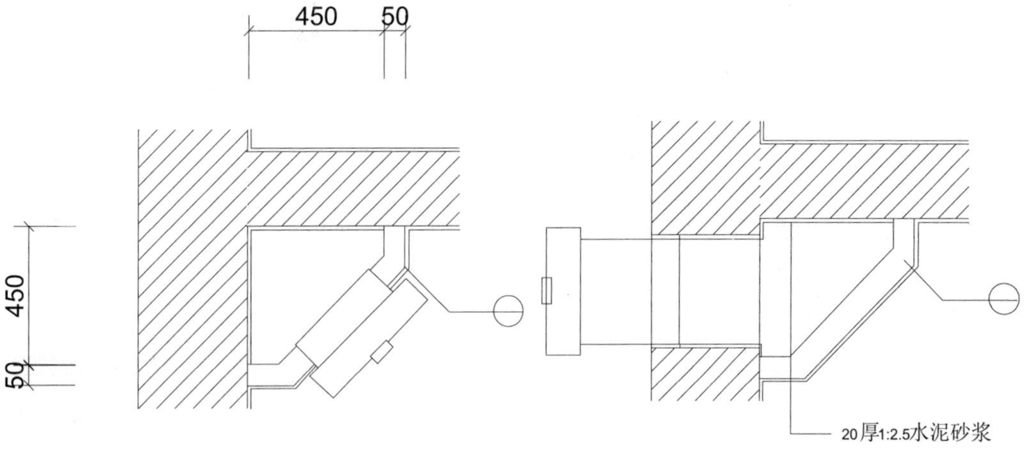

▲018-节点2

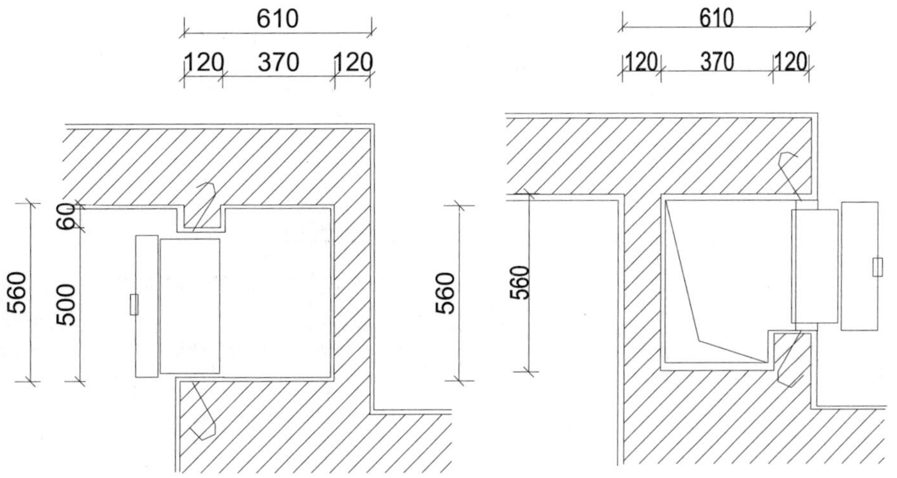

▲019-节点3

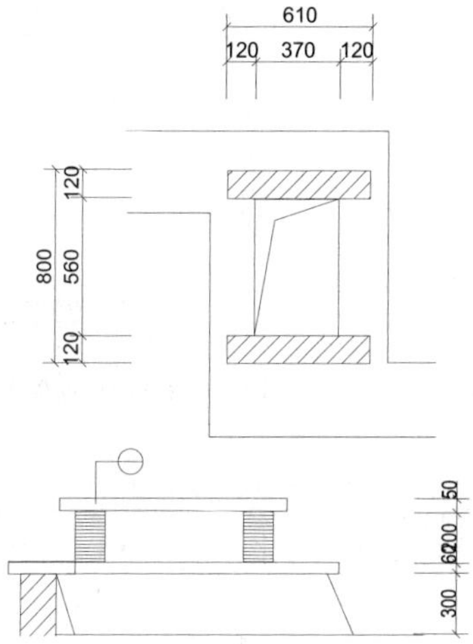

▲020-节点4

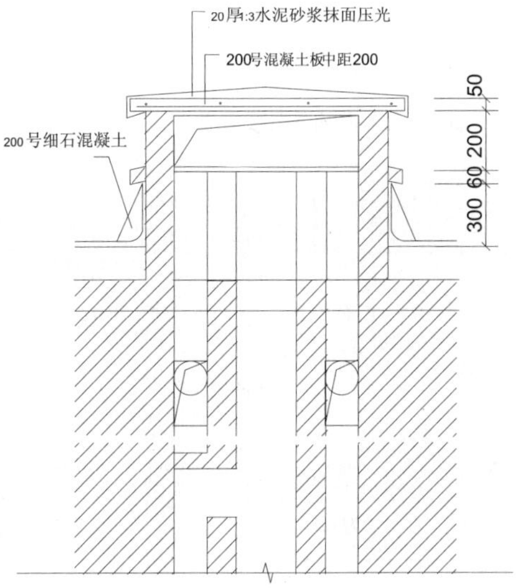

▲021-节点5

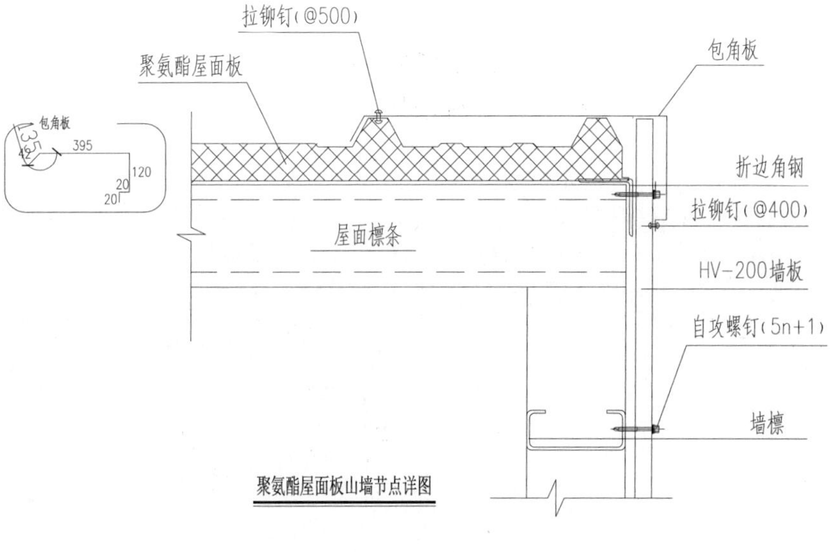

▲022-聚氨酯屋面板山墙节点详图1

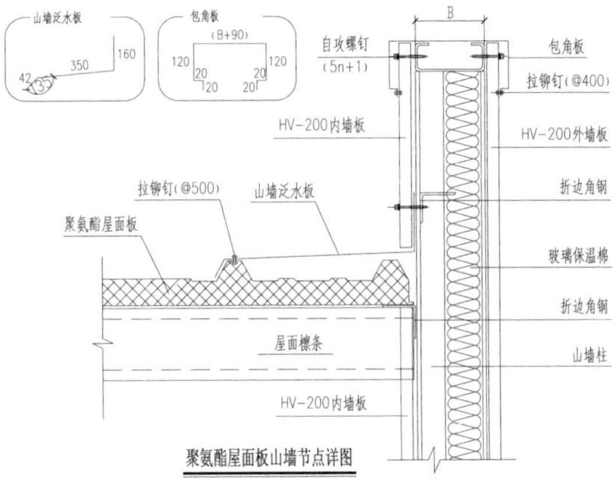

▲023-聚氨酯屋面板山墙节点详图2

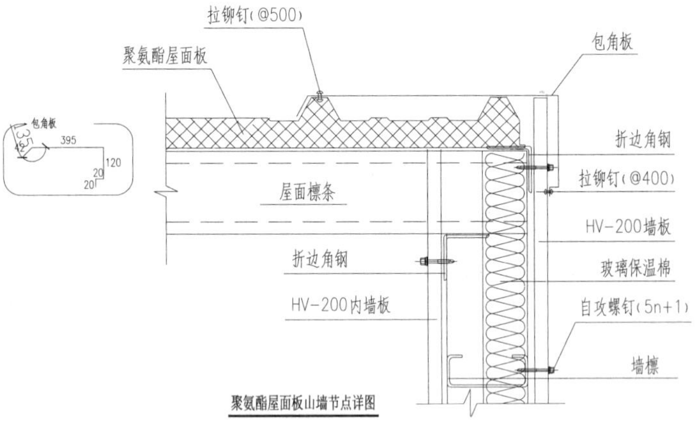

▲024-聚氨酯屋面板山墙节点详图3

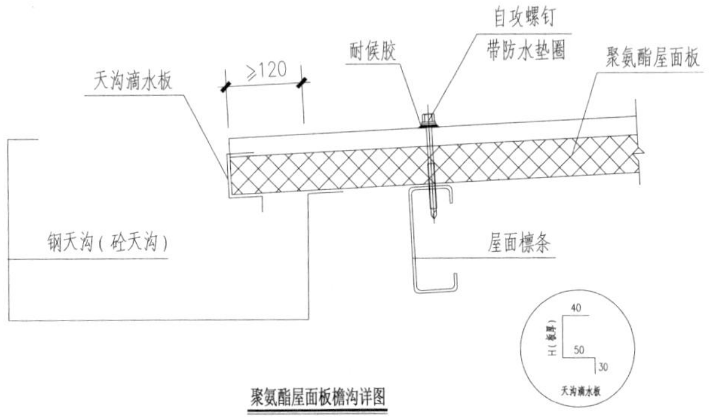

▲025-聚氨酯屋面板檐沟详图

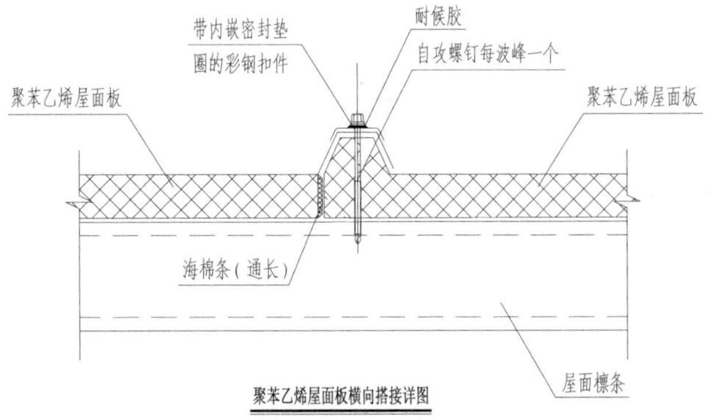

▲026-聚苯乙烯屋面板横向搭接详图

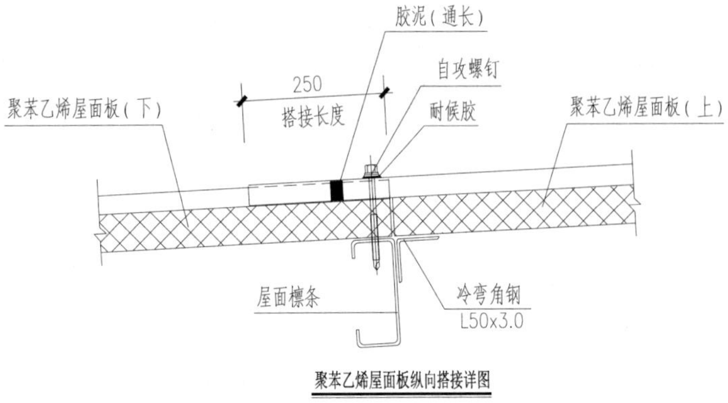

▲027-聚苯乙烯屋面板纵向搭接详图

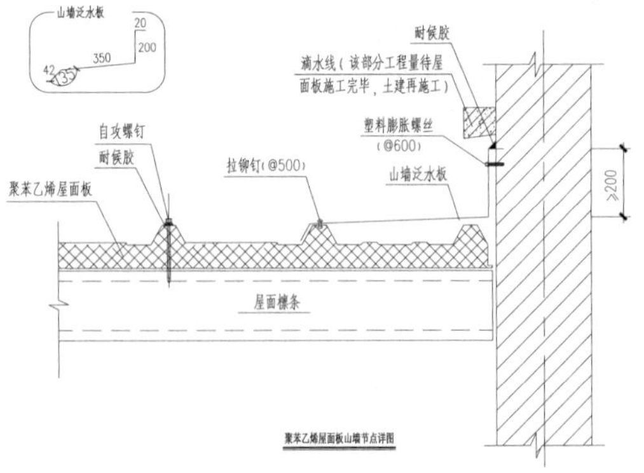

▲028-聚苯乙烯屋面板山墙节点详图1

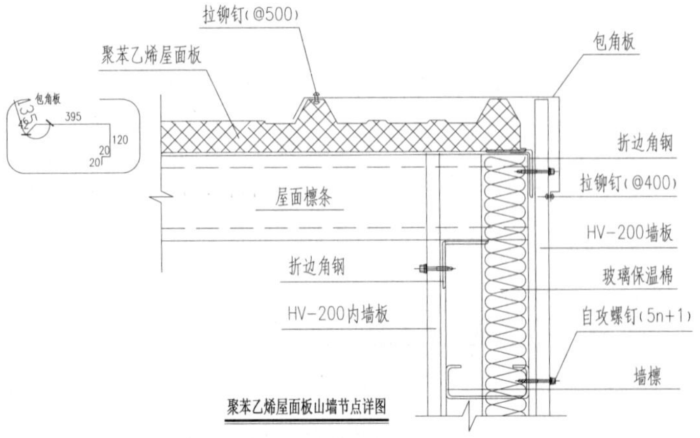

▲029-聚苯乙烯屋面板山墙节点详图2

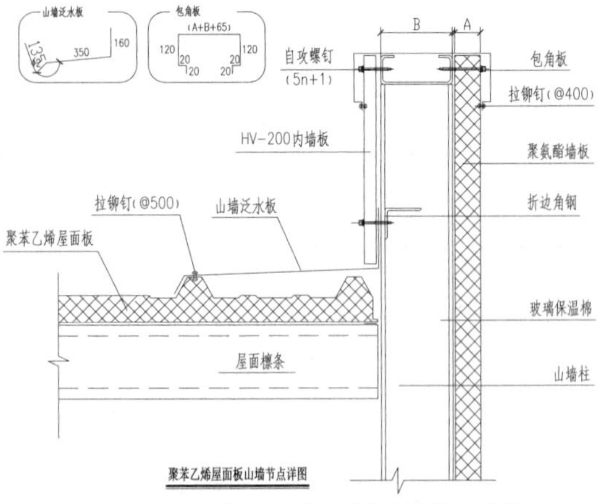

▲030-聚苯乙烯屋面板山墙节点详图3

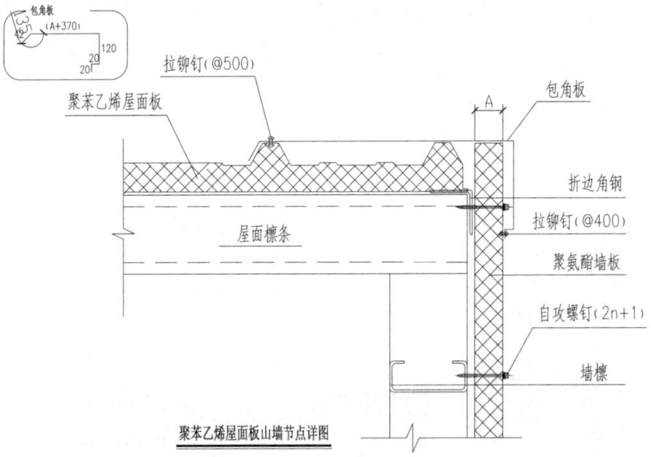

▲031-聚苯乙烯屋面板山墙节点详图4

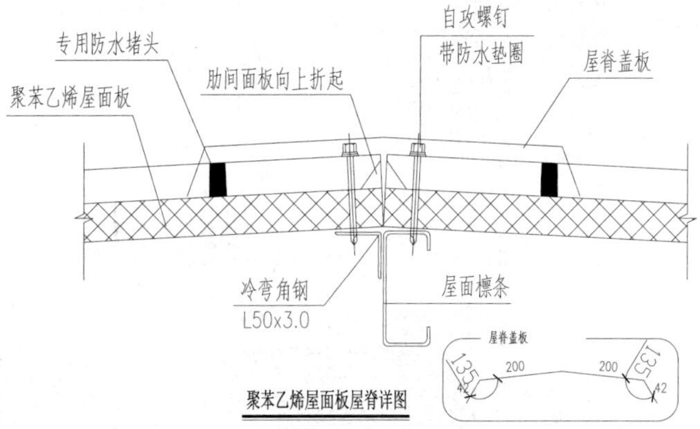

▲032-聚苯乙烯屋面板屋脊详图

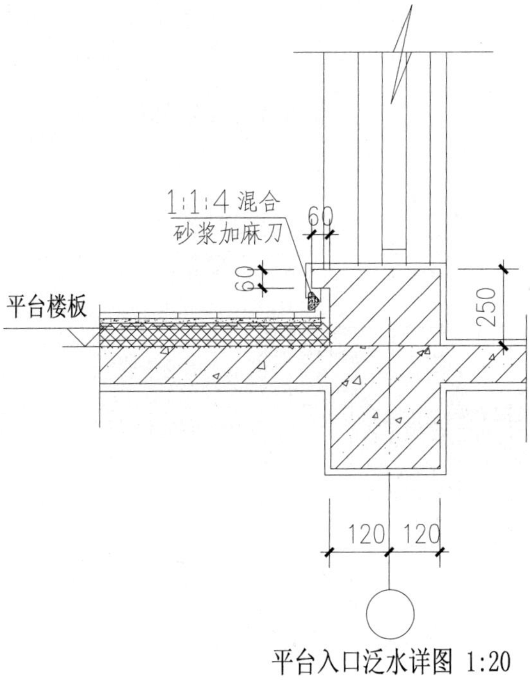

▲033-平台入口泛水详图

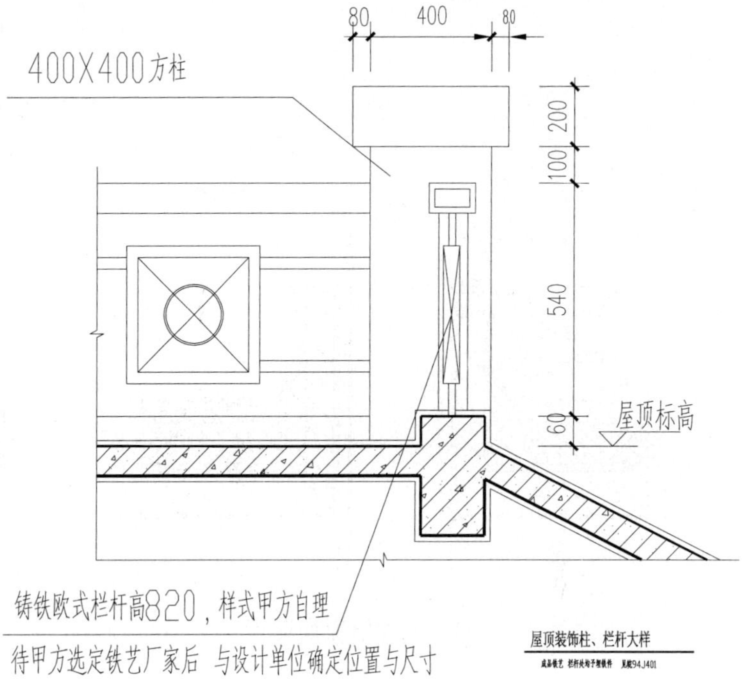

▲034-屋顶装饰柱、栏杆大样

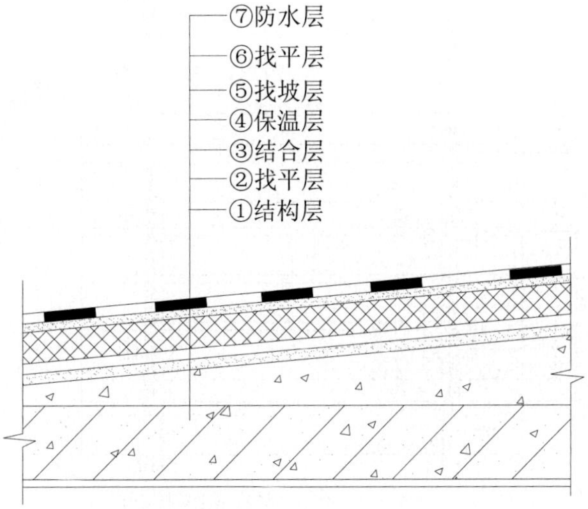

▲035-屋面保温

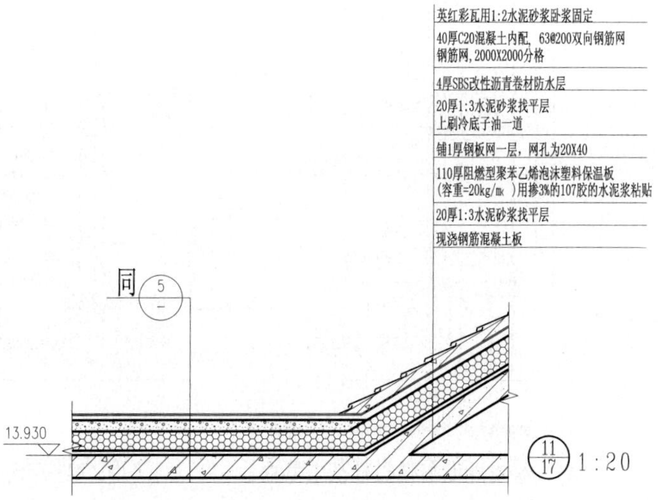

▲036-屋面节点1

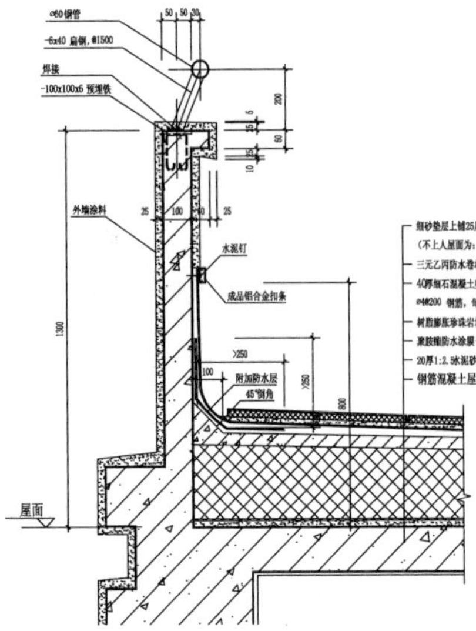

①女儿墙泛水节点 1:10

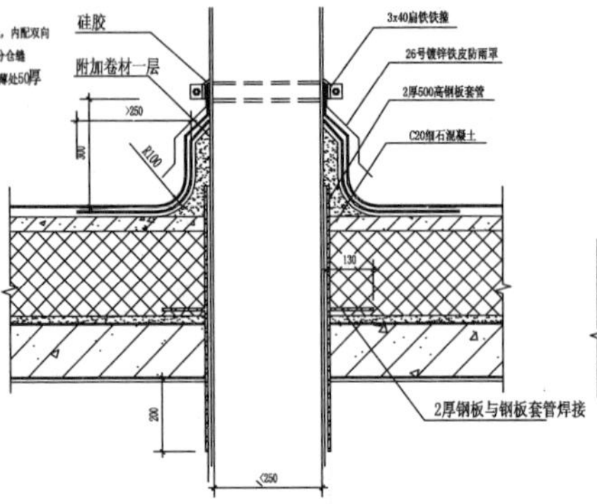

②管道出屋面节点 1:10

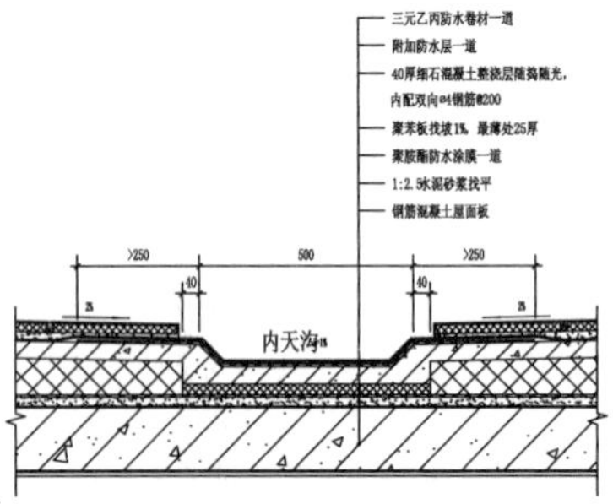

③屋面内天沟节点 1:10

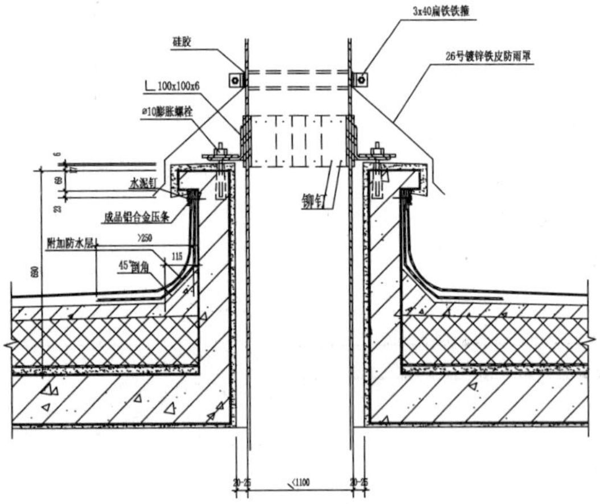

④风管出屋面节点 1:10

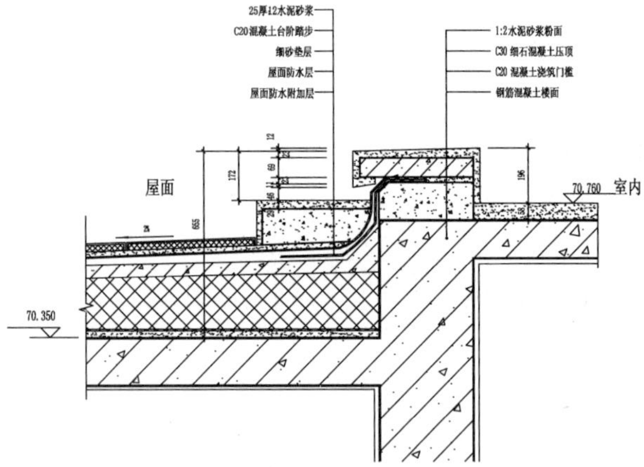

⑤出屋面踏步节点 1:10

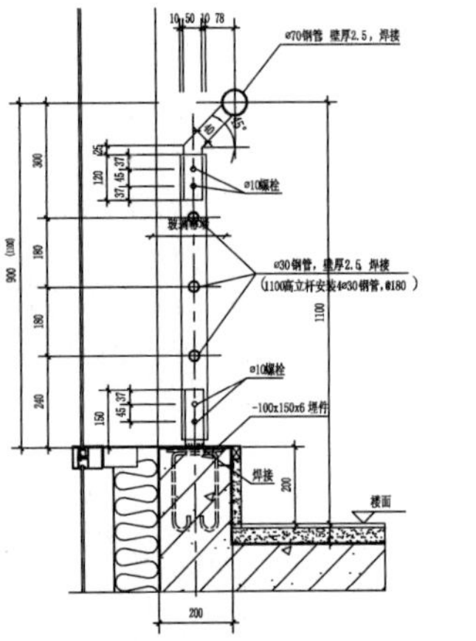

注：钢构件焊接后，打磨平整，刷防锈漆二度，面漆颜色另定。

⑥幕墙或低窗处栏杆扶手节点 1:10

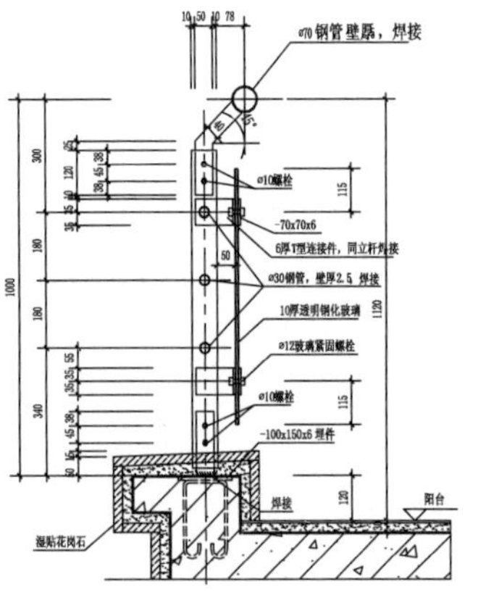

⑦阳台栏杆扶手节点 1:10

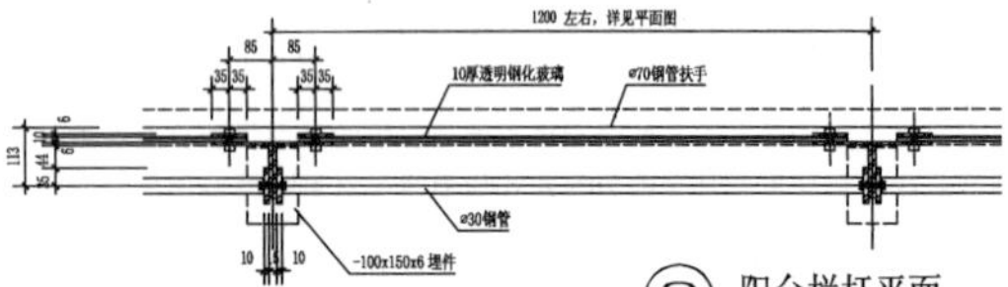

⑧阳台栏杆平面

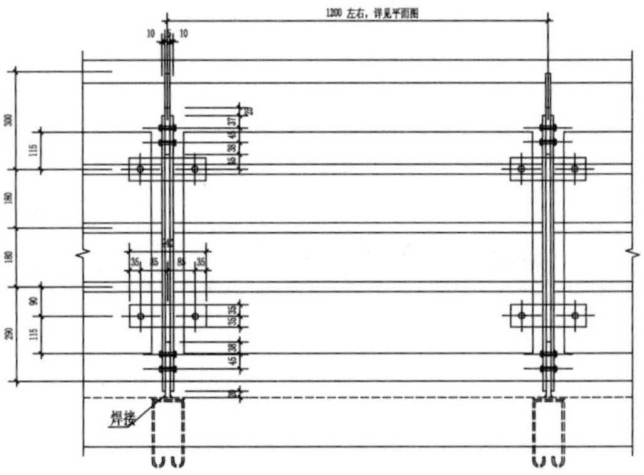

⑨阳台栏杆立面 1:10

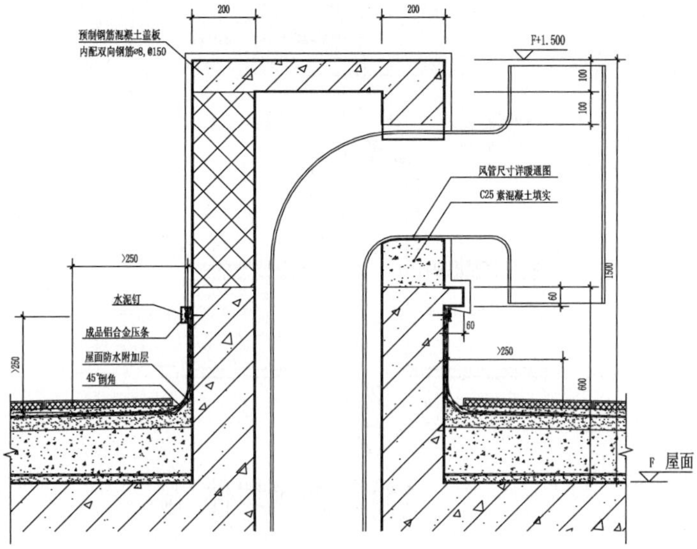
预制钢筋混凝土盖板
内配双向钢筋⌀8,@150
F+1.500
风管尺寸详暖通图
C25素混凝土填实
水泥钉
成品铝合金压条
屋面防水附加层
45°倒角
F 屋面

① 风管出屋面节点 1:10

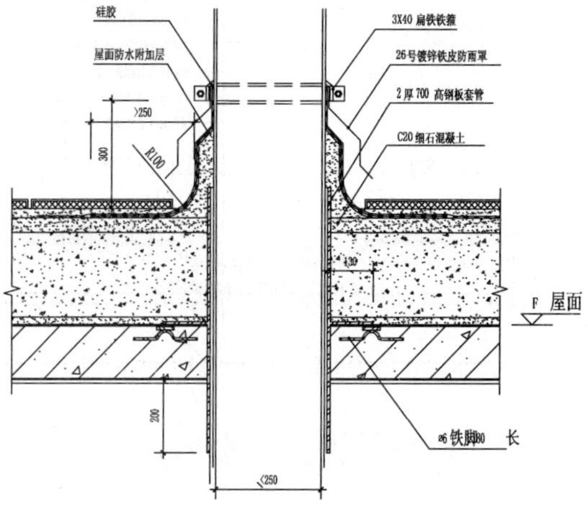
硅胶
屋面防水附加层
3X40 扁铁铁箍
26号镀锌铁皮防雨罩
2厚700 高钢板套管
C20细石混凝土
F 屋面

② 管道出屋面节点 1:10

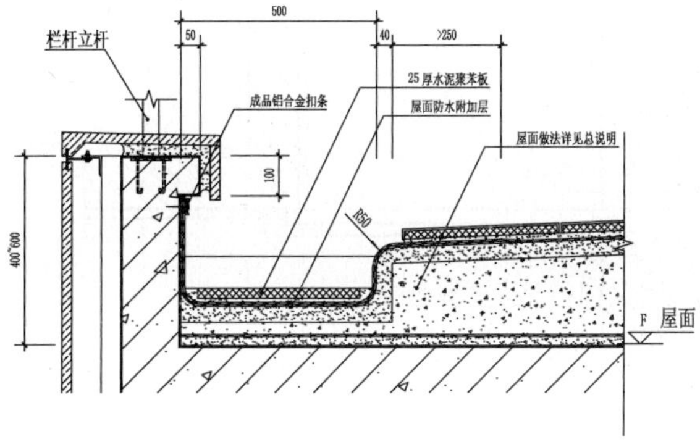
栏杆立杆
成品铝合金扣条
25厚水泥聚苯板
屋面防水附加层
屋面做法详见总说明
F 屋面

③ 女儿墙泛水节点 1:10

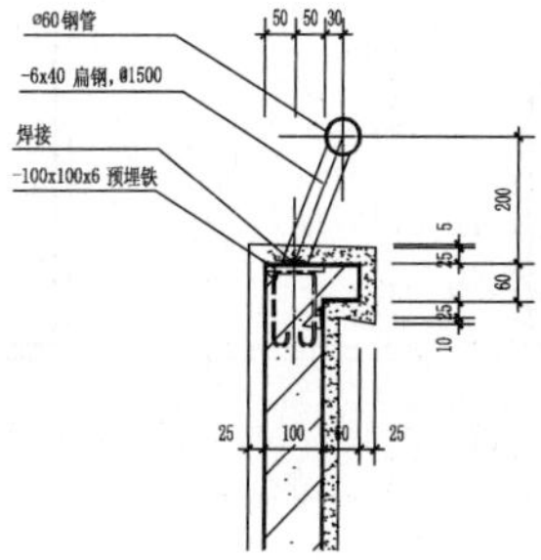
⌀60钢管
-6x40 扁钢,@1500
焊接
-100x100x6 预埋铁

注：扶手兼做避雷针用

④ 女儿墙扶手 1:10

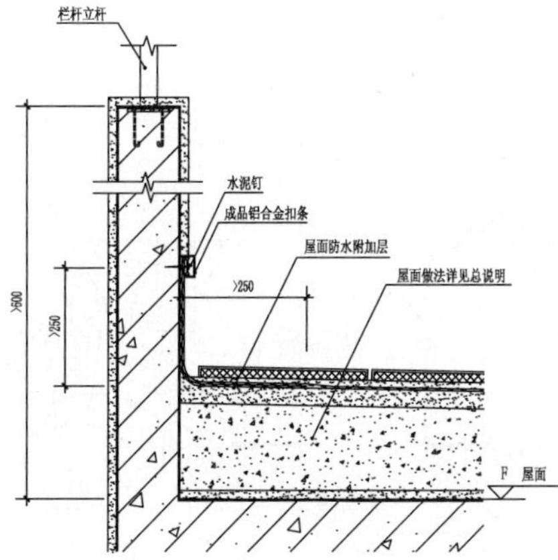
栏杆立杆
水泥钉
成品铝合金扣条
屋面防水附加层
屋面做法详见总说明
F 屋面

⑤ 女儿墙泛水节点 1:10

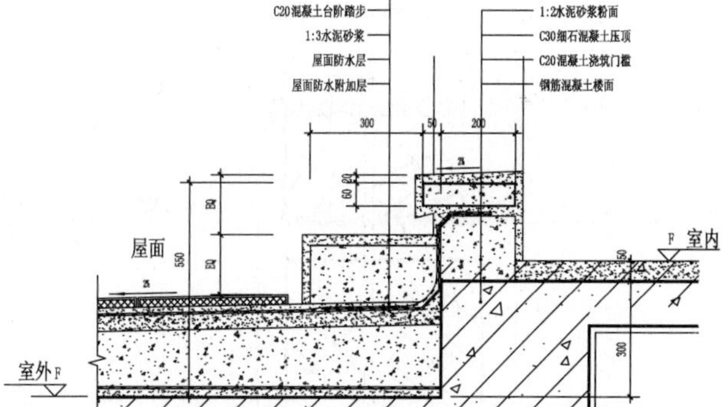
25厚1:2水泥砂浆
C20混凝土台阶踏步
1:3水泥砂浆
屋面防水层
屋面防水附加层
1:2水泥砂浆粉面
C30细石混凝土压顶
C20混凝土浇筑门槛
钢筋混凝土楼面
屋面
室外F
F 室内

注：室内、外踏按高度均分，踏步高为150~200 。

⑥ 出屋面踏步节点 1:10

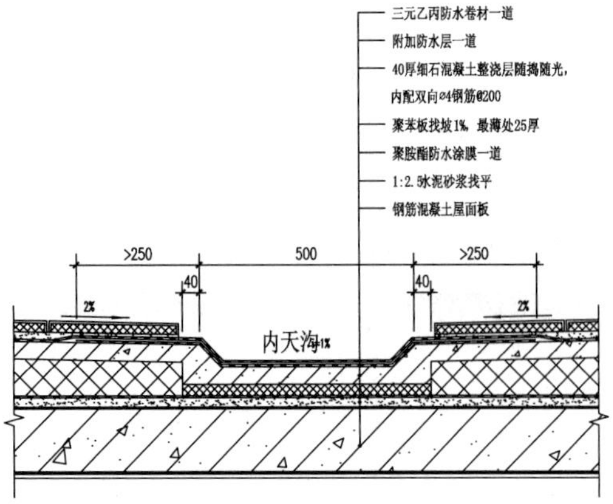
三元乙丙防水卷材一道
附加防水层一道
40厚细石混凝土整浇层随捣随光，
内配双向⌀4钢筋@200
聚苯板找坡1%，最薄处25厚
聚胺酯防水涂膜一道
1:2.5水泥砂浆找平
钢筋混凝土屋面板
>250
500
>250
40
40
2%
2%
内天沟=1%

⑦ 屋面内天沟节点 1:10

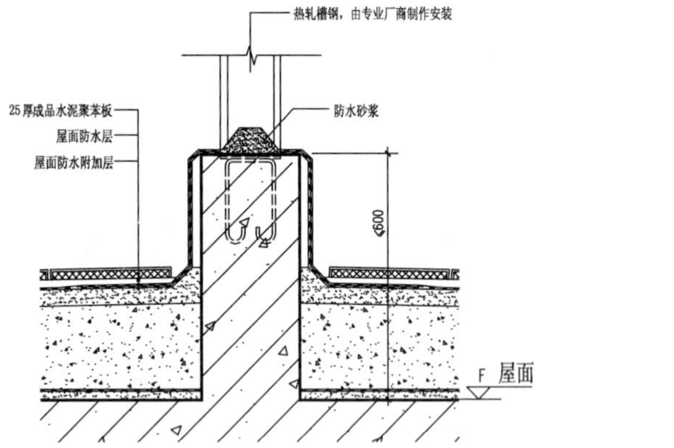
热轧槽钢，由专业厂商制作安装
25厚成品水泥聚苯板
屋面防水层
屋面防水附加层
防水砂浆
≤600
F 屋面

⑧ 屋面预埋件 1:10

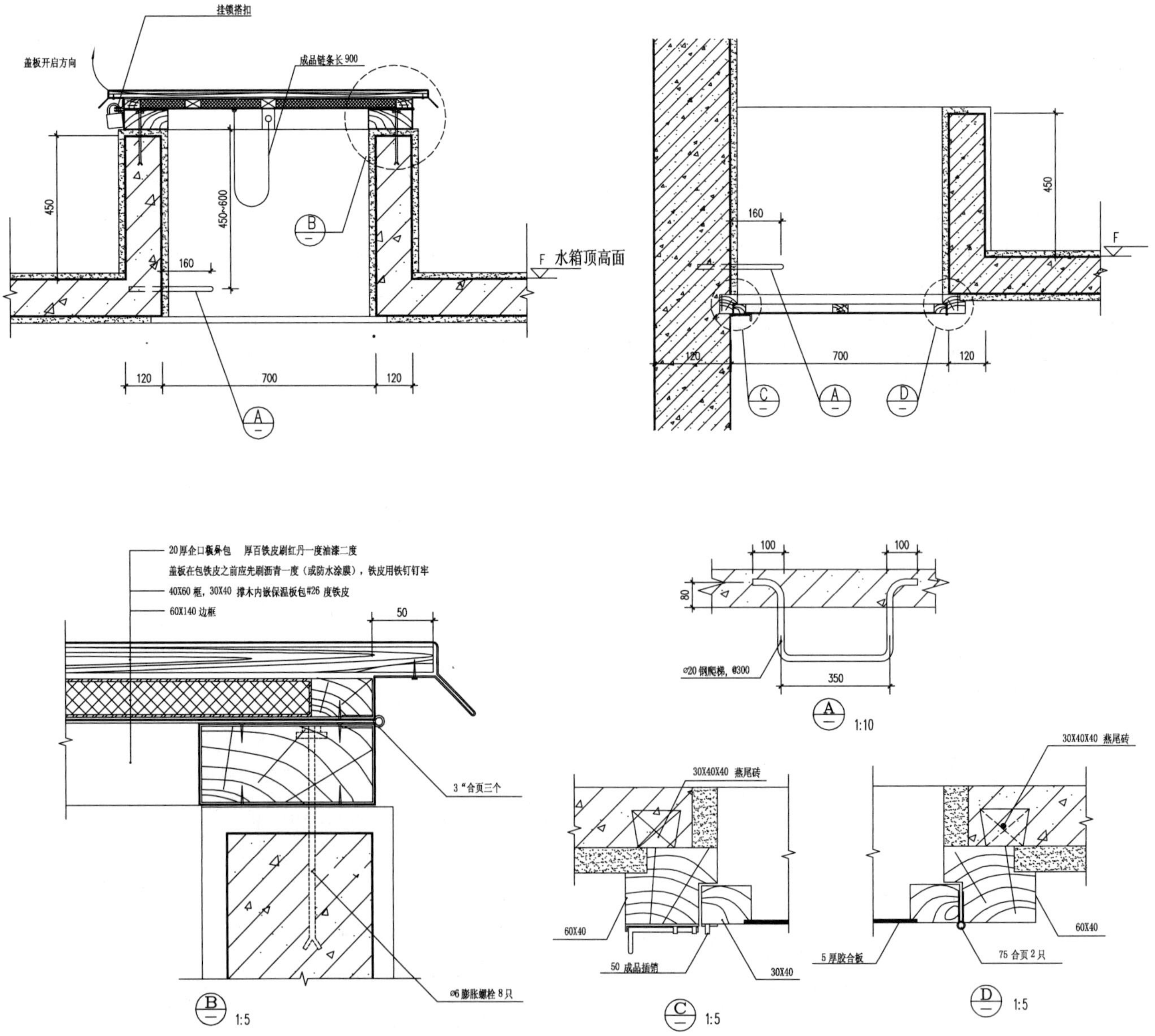
挂锁搭扣
盖板开启方向
成品链条长 900
450
450~600
160
B
F 水箱顶高面
120
700
120
A
450
160
F
120
700
120
C
A
D
20厚企口板身包　厚百铁皮刷红丹一度油漆二度
盖板在包铁皮之前应先刷沥青一度（或防水涂膜），铁皮用铁钉钉牢
40X60 框，30X40 撑木内嵌保温板包#26 度铁皮
60X140 边框
50
3"合页三个
⌀6 膨胀螺栓 8只
B 1:5
100
100
80
⌀20 钢爬梯，@300
350
A 1:10
30X40X40 燕尾砖
60X40
50 成品插销
30X40
C 1:5
30X40X40 燕尾砖
5 厚胶合板
75 合页 2 只
60X40
D 1:5

⑨ 水箱间检修孔节点 1:10

▲039-屋面节点4

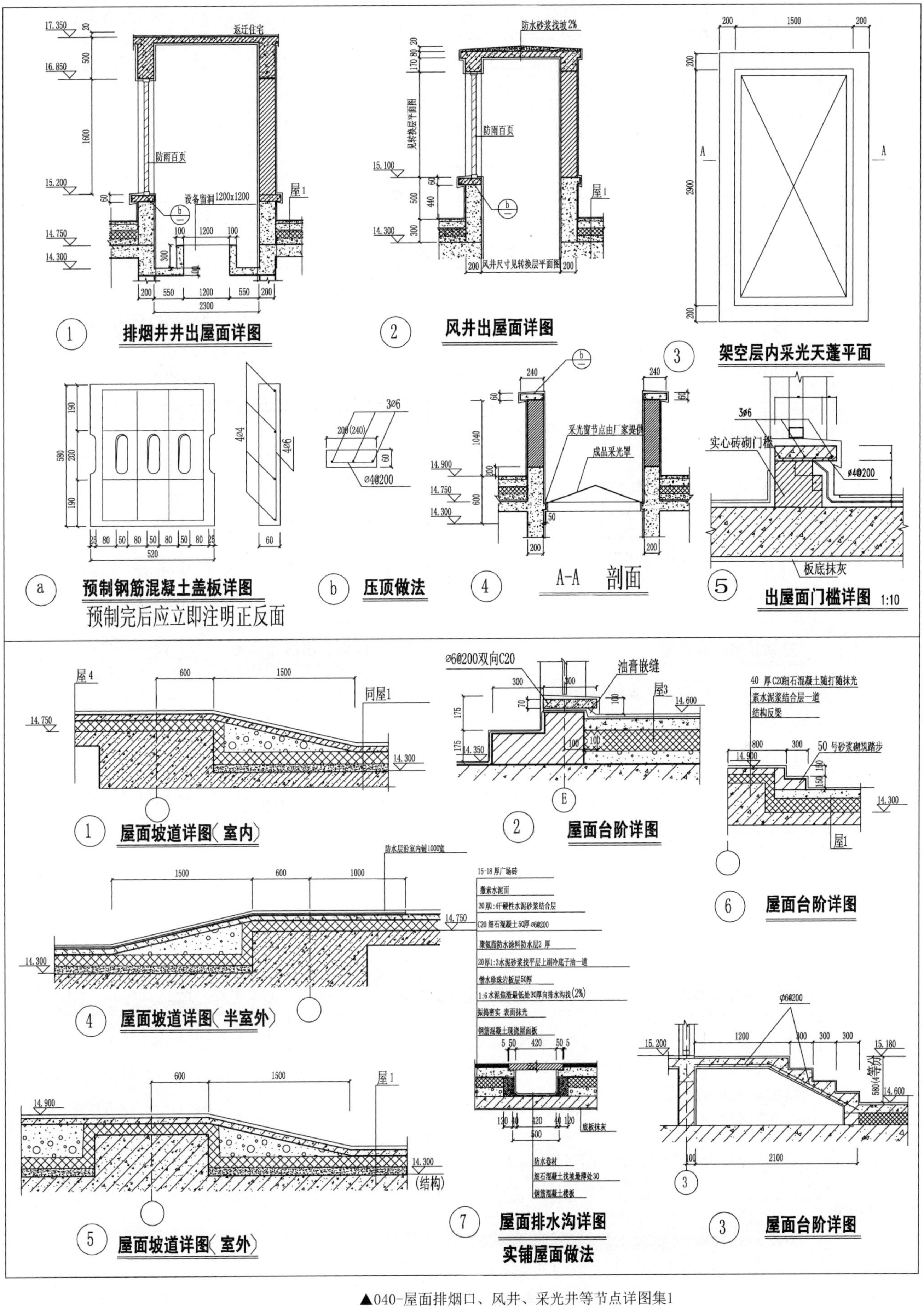
① 排烟井井出屋面详图
返迁住宅
防雨百页
设备留洞1200x1200
屋1
② 风井出屋面详图
防水砂浆找坡2%
见转换层平面图
防雨百页
风井尺寸见转换层平面图
屋1
③ 架空层内采光天蓬平面
ⓐ 预制钢筋混凝土盖板详图
预制完后应立即注明正反面
ⓑ 压顶做法
3Ø6
Ø4@200
④ A-A 剖面
采光窗节点由厂家提供
成品采光罩
⑤ 出屋面门槛详图 1:10
实心砖砌门槛
3Ø6
Ø4@200
板底抹灰
① 屋面坡道详图(室内)
屋4
同屋1
② 屋面台阶详图
Ø6@200双向C20
油膏嵌缝
屋3
⑥ 屋面台阶详图
40 厚C20细石混凝土随打随抹光
素水泥浆结合层一道
结构反梁
50 号砂浆砌筑踏步
屋1
④ 屋面坡道详图(半室外)
防水层沿室内铺1000宽
15-18厚广场砖
撒素水泥面
20厚1:4干硬性水泥砂浆结合层
C20细石混凝土50厚Ø6@200
聚氨脂防水涂料防水层2厚
20厚1:3水泥砂浆找平层上刷冷底子油一道
憎水珍珠岩板层50厚
1:6水泥焦渣最低处30厚向排水沟找(2%)
振捣密实 表面抹光
钢筋混凝土现浇屋面板
⑤ 屋面坡道详图(室外)
屋1
(结构)
⑦ 屋面排水沟详图
实铺屋面做法
底板抹灰
防水卷材
细石混凝土找坡最薄处30
钢筋混凝土楼板
③ 屋面台阶详图
Ø6@200
580(4等分)

▲040-屋面排烟口、风井、采光井等节点详图集1

2700
300 2100 300
LBC16
排烟
LBC14
LBC5
烟道
排风
进风
LBC2
LBC4
① 排烟口详图（室内）
② 排烟口详图（室外）
③ 进排烟口风图（室外）
铝合金百页
风井尺寸见架空层平面图
防水砂浆找坡2%
铝合金防雨百页
设备留洞 1200x1200
17.400
15.200
14.800
14.300
14.750
16.200
15.950
15.000
④ 排烟井出屋面详图
⑤ 排烟口出屋面详图
C20 钢筋混凝土预制板 内配⌀6
(双向) @160 490x490x35
120x120 砖墩
1:0.5:10 水泥
石灰膏砂浆
1:2.5水泥砂浆

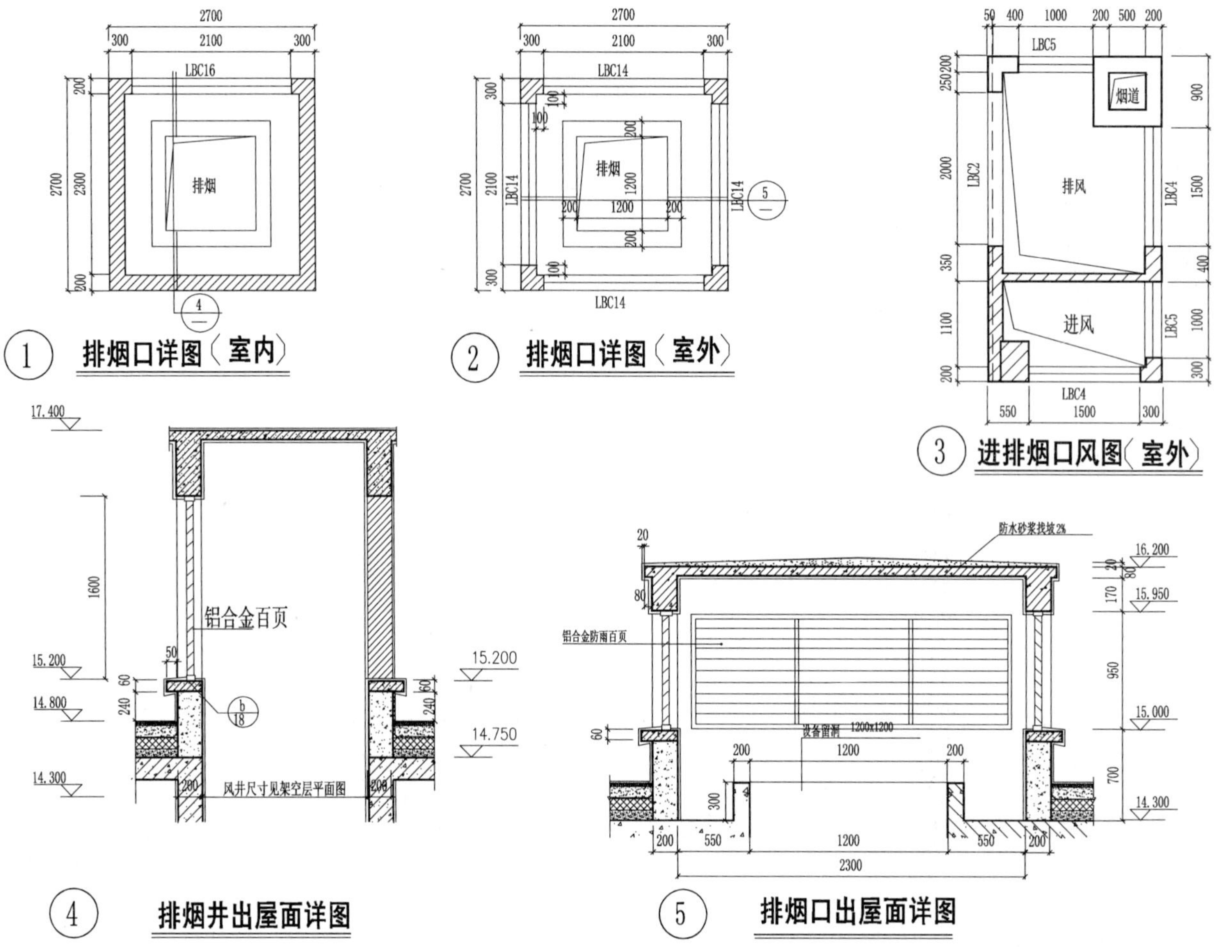

▲041-屋面排烟口、风井、采光井等节点详图集2

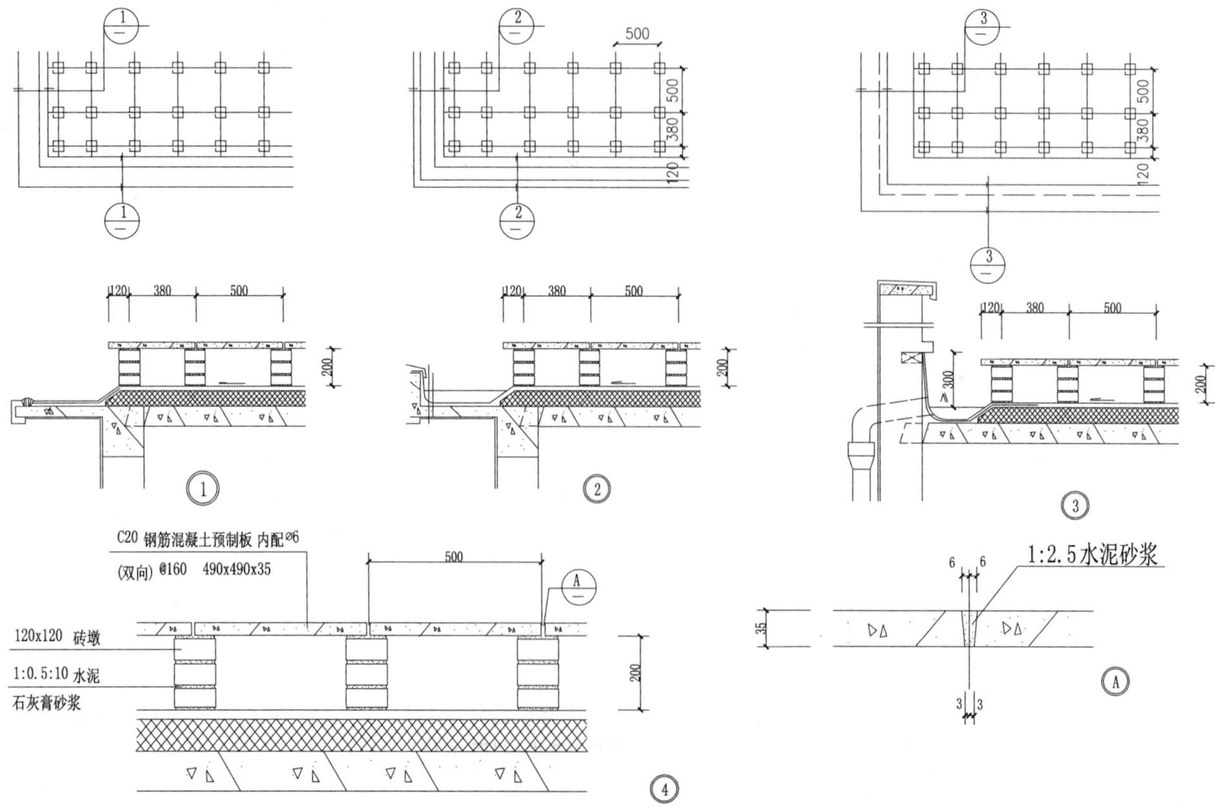

▲042-隔热屋面

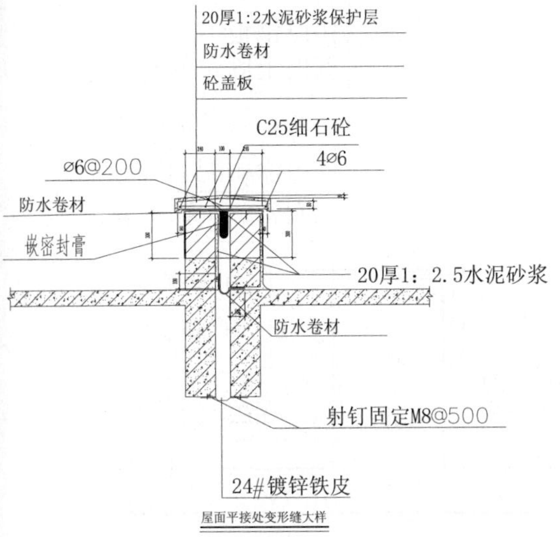
20厚1:2水泥砂浆保护层
防水卷材
砼盖板
C25细石砼
⌀6@200
4⌀6
防水卷材
嵌密封膏
20厚1：2.5水泥砂浆
防水卷材
射钉固定M8@500
24#镀锌铁皮
屋面平接处变形缝大样

▲043-屋面平接处变形缝大样

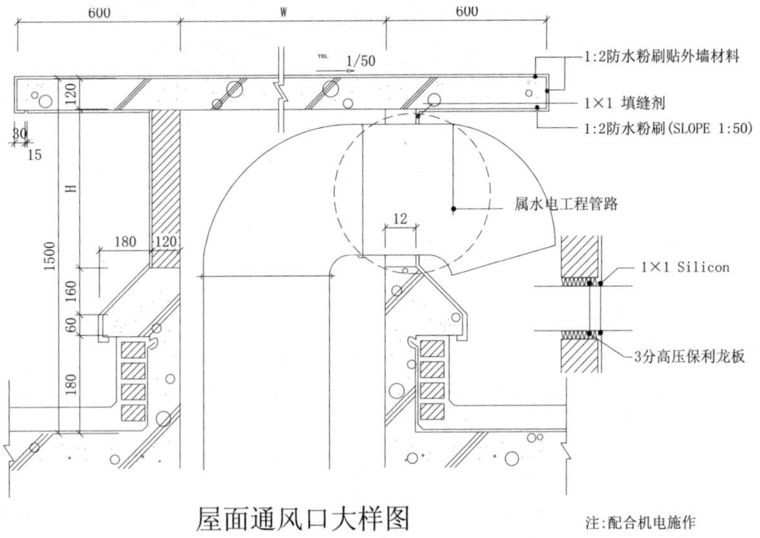
600
W
600
1/50
1:2防水粉刷贴外墙材料
1×1 填缝剂
1:2防水粉刷(SLOPE 1:50)
属水电工程管路
1×1 Silicon
3分高压保利龙板
屋面通风口大样图
注:配合机电施作

▲044-屋面通风口大样图

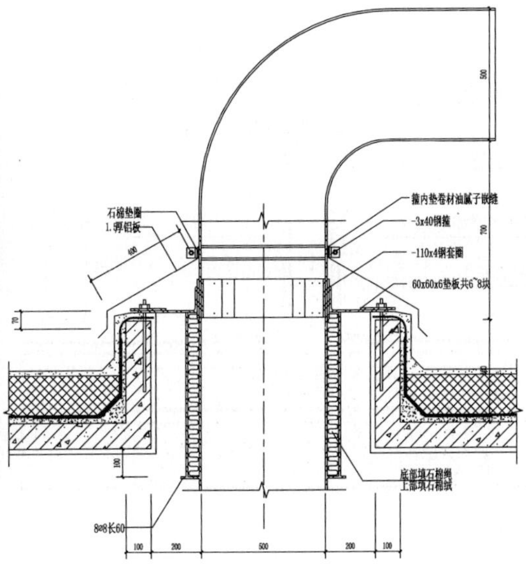
石棉垫圈
1.厚铝板
-3x40钢箍
-110x4钢套圈
60x60x6垫板共6~8块
8⌀8长60
100
200
500
200
100

烟囱出屋面节点详图 1:10

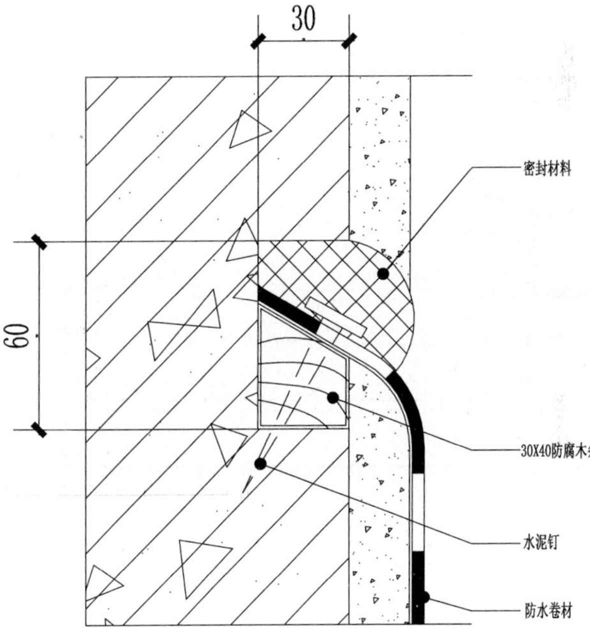
30
60
密封材料
30X40防腐木条
水泥钉
防水卷材

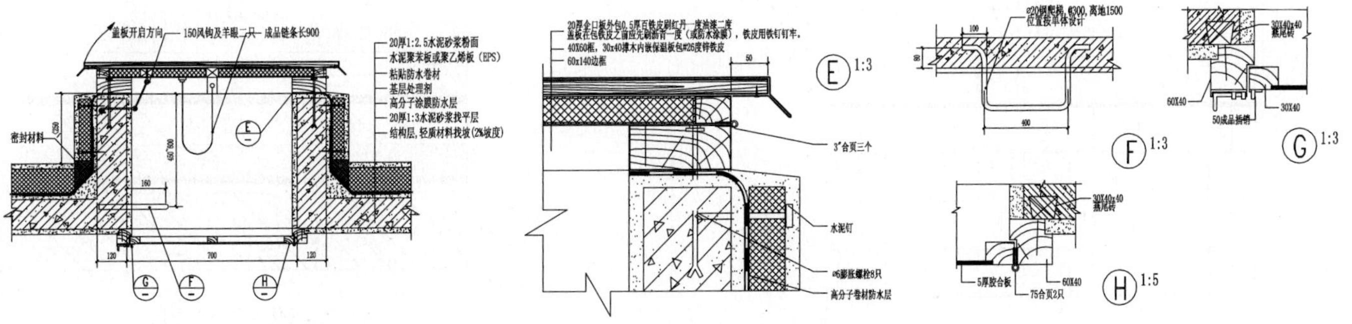
盖板开启方向
150风钩及羊眼二只，成品链条长900
20厚1:2.5水泥砂浆粉面
粘贴防水卷材
基层处理剂
高分子涂膜防水层
20厚1:3水泥砂浆找平层
密封材料
3"合页三个
水泥钉
高分子卷材防水层
E 1:3
F 1:3
G 1:3
H 1:5
120
700
120

屋面检修人孔节点详图 1:10

▲045-烟囱出屋面节点

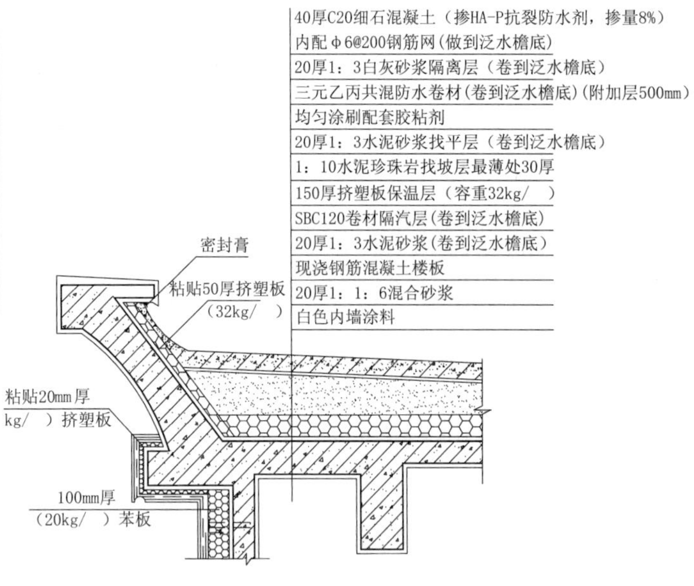
40厚C20细石混凝土（掺HA-P抗裂防水剂，掺量8%）
内配φ6@200钢筋网(做到泛水檐底)
20厚1：3白灰砂浆隔离层（卷到泛水檐底）
三元乙丙共混防水卷材(卷到泛水檐底)(附加层500mm)
均匀涂刷配套胶粘剂
20厚1：3水泥砂浆找平层（卷到泛水檐底）
1：10水泥珍珠岩找坡层最薄处30厚
150厚挤塑板保温层（容重32kg/　）
SBC120卷材隔汽层(卷到泛水檐底)
20厚1：3水泥砂浆(卷到泛水檐底)
现浇钢筋混凝土楼板
20厚1：1：6混合砂浆
白色内墙涂料
密封膏
粘贴50厚挤塑板
（32kg/　）
粘贴20mm厚
kg/　）挤塑板
100mm厚
（20kg/　）苯板

屋面保温及女儿墙做法

说明：出屋面管道及通风道做法也按此施工

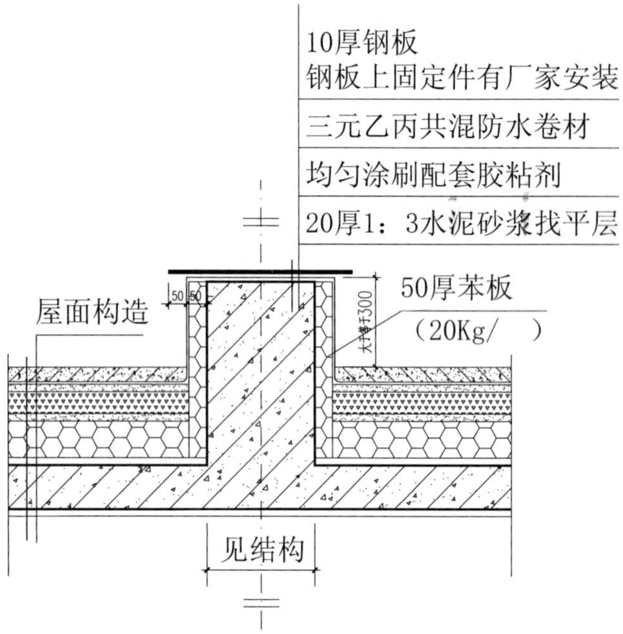
10厚钢板
钢板上固定件有厂家安装
三元乙丙共混防水卷材
均匀涂刷配套胶粘剂
20厚1：3水泥砂浆找平层
屋面构造
50
50
大于等于300
50厚苯板
（20Kg/　）
见结构

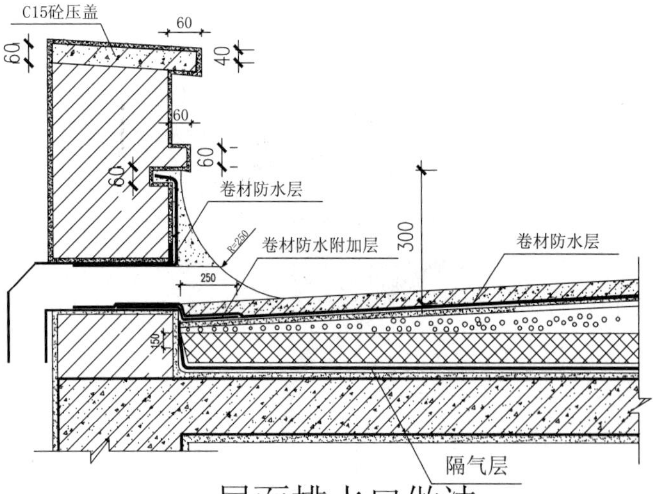
C15砼压盖
60
60
40
60
60
60
卷材防水层
卷材防水附加层
300
卷材防水层
250
隔气层

屋面排水口做法

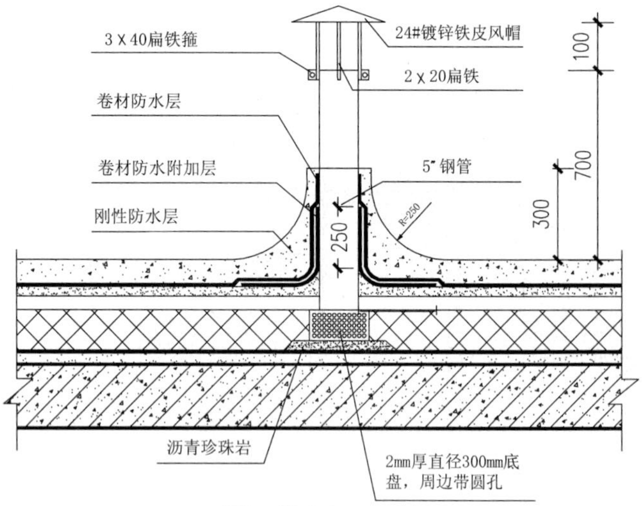
3x40扁铁箍
24#镀锌铁皮风帽
2x20扁铁
100
卷材防水层
卷材防水附加层
5"钢管
700
刚性防水层
250
300
沥青珍珠岩
2mm厚直径300mm底
盘，周边带圆孔

屋面通气孔做法

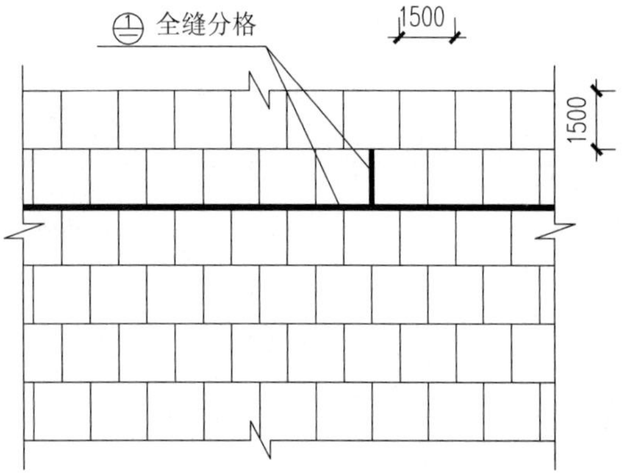
① 全缝分格
1500
1500

刚性屋面分格缝

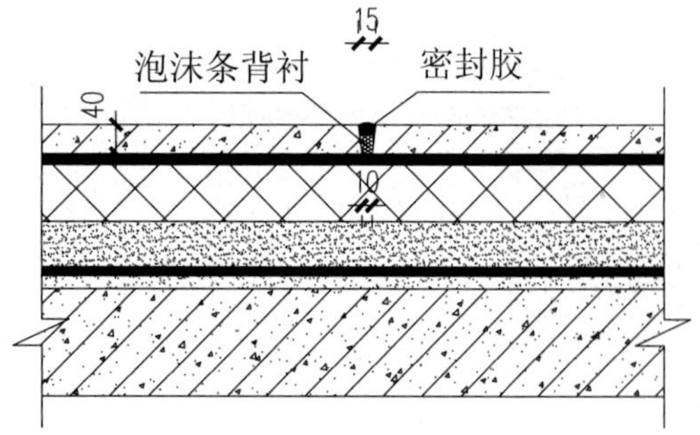
15
泡沫条背衬
密封胶
40
10

①分格缝做法

▲001-平屋面保温、防水、排水口、通气孔节点详图

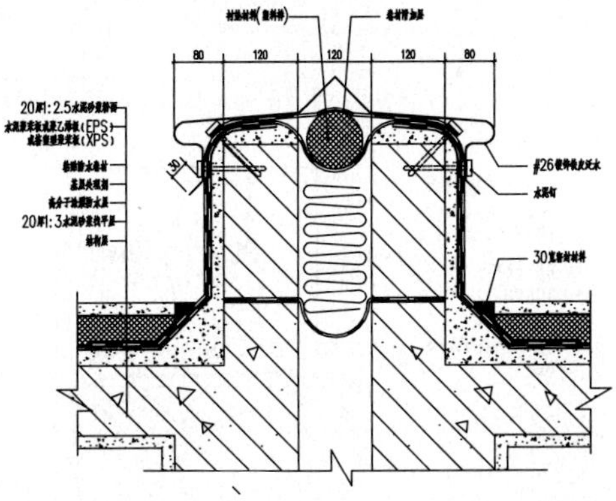

X (倒置式保温)屋面变形缝1:5
— JJ-4-

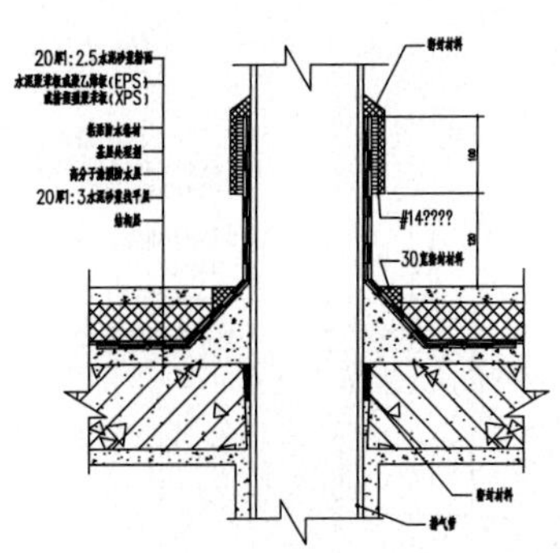

X (倒置式保温)排气管出屋面1:5
— JJ-4-

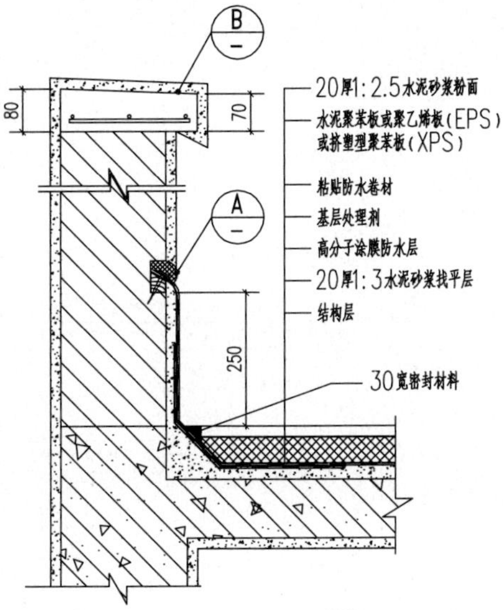

X (倒置式保温)女儿墙节点详图1:10
— JJ-4-

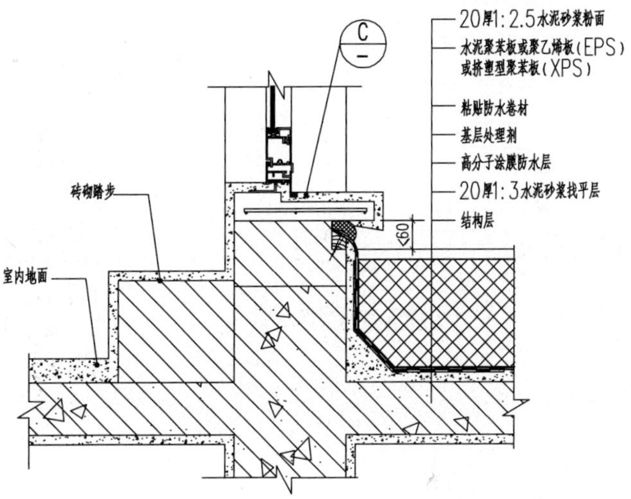

X (倒置式保温)屋面水平出入口节点详图1:10
— JJ-4-

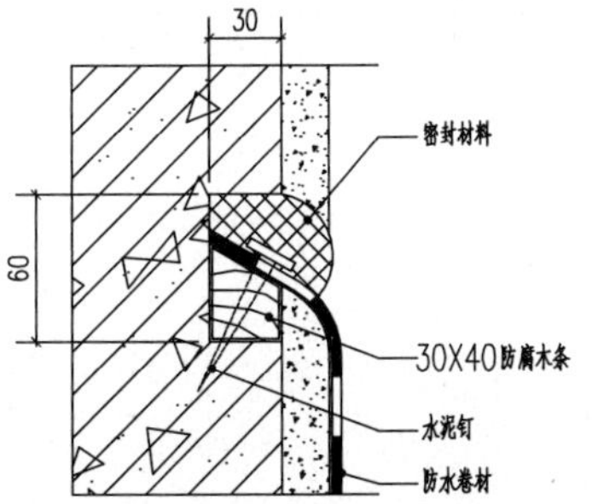

A 1:3
—

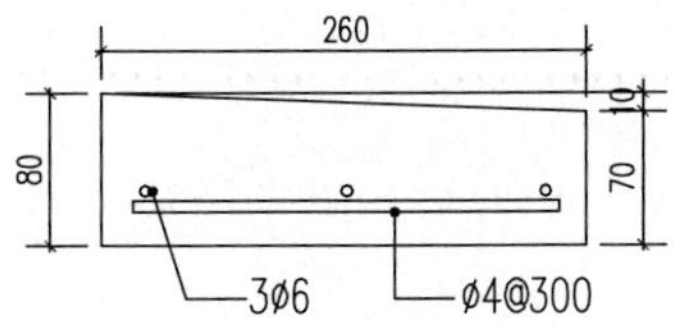

B 1:5
—

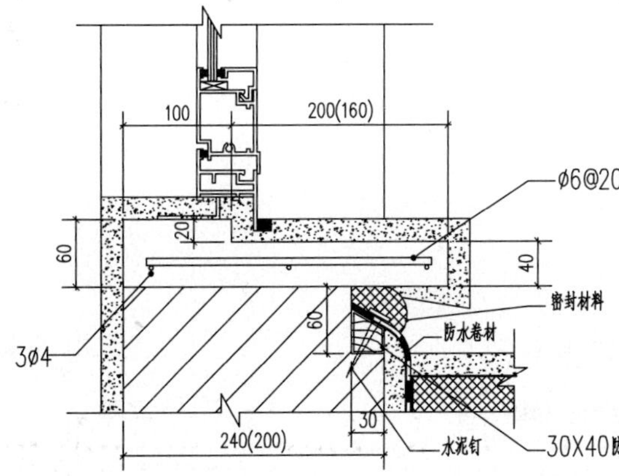

C 1:5
—

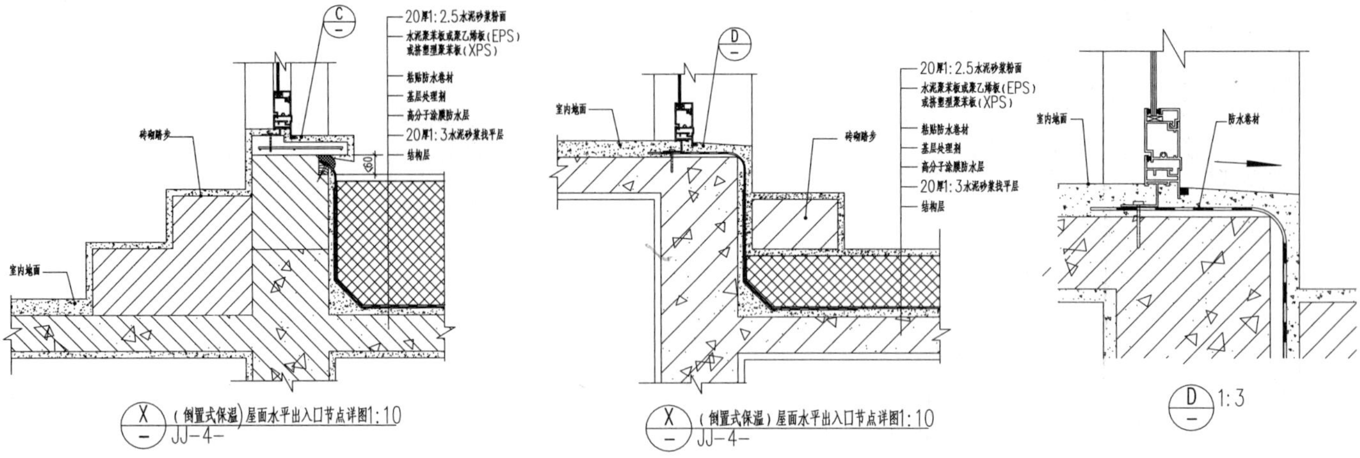

▲003-平屋面做法详图集2

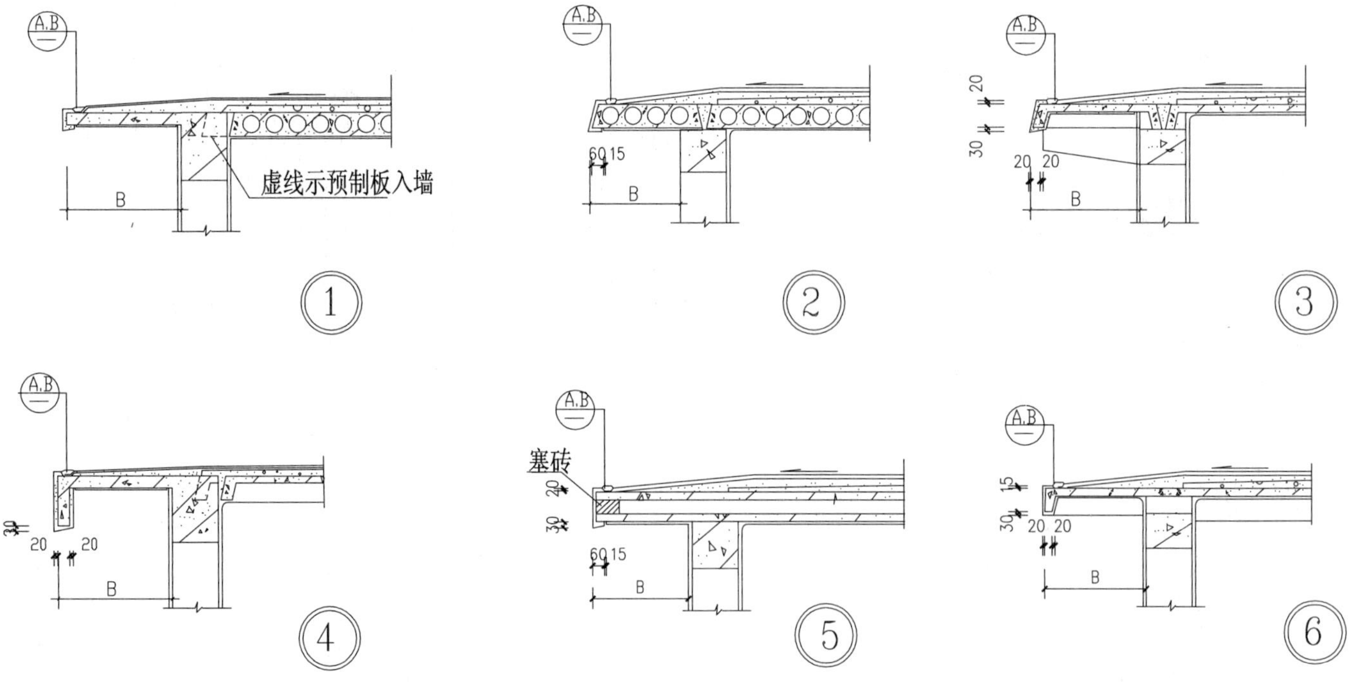

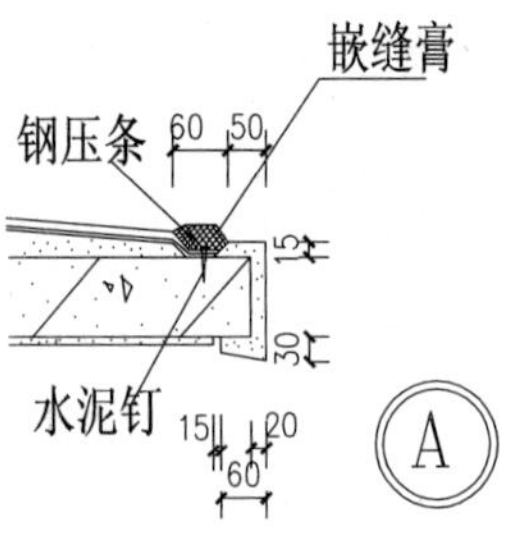

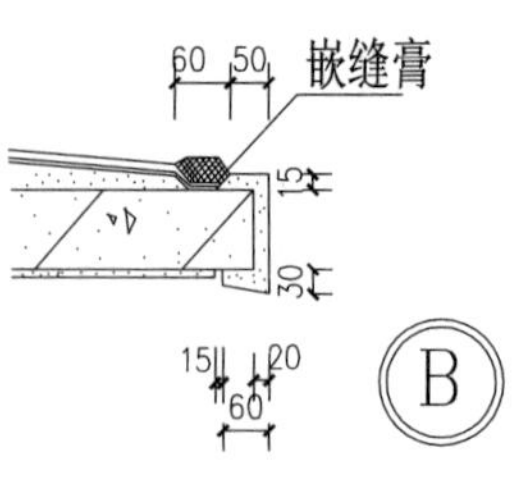

注 1. B 按工程设计 .

2. 檐口板底粉 15厚1:1:6 水泥石灰砂浆或按工程设计 .

3. Ⓑ仅用于高分子卷材防水屋面 .

▲004-平屋面挑檐（无保温层）

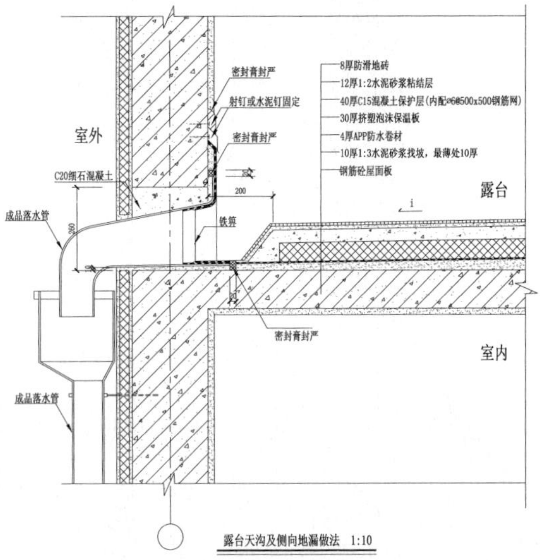

▲005-露台天沟及侧向地漏做法详图

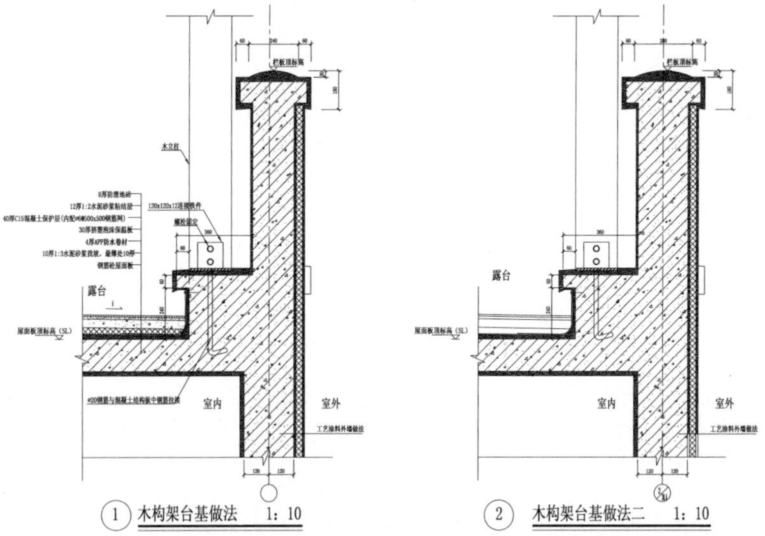

▲006-木构架台基做法详图

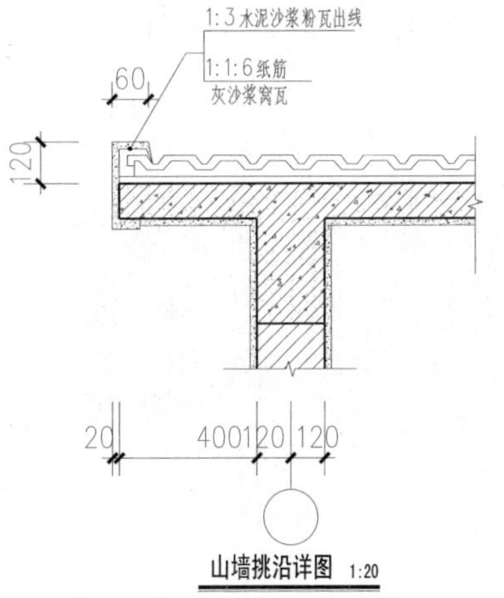

▲007-山墙挑沿详图

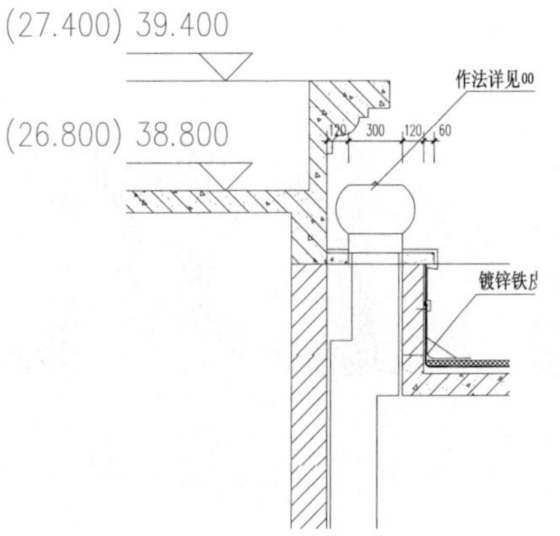

▲008-出平屋面烟道详图

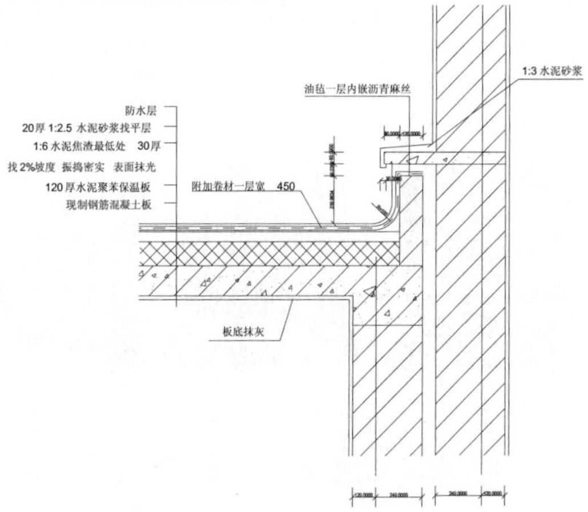

▲009-屋面大样

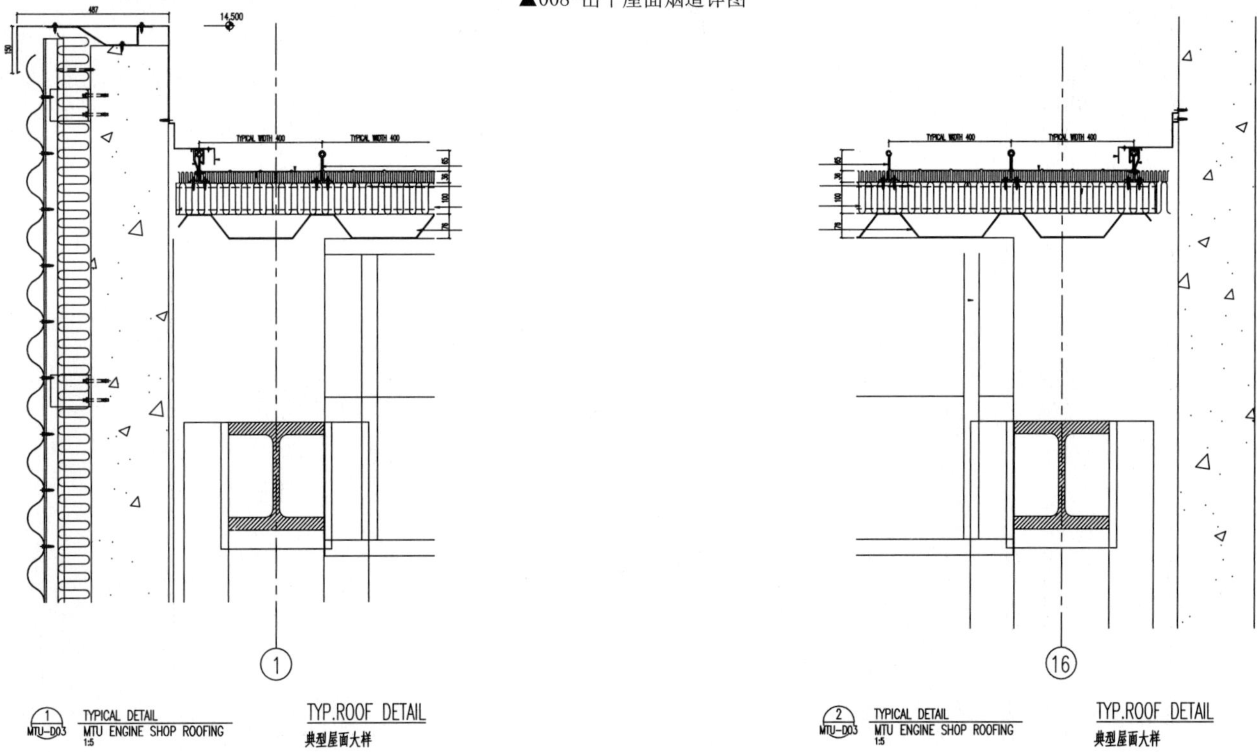

▲010-屋面标准大样

楼地面建筑构造

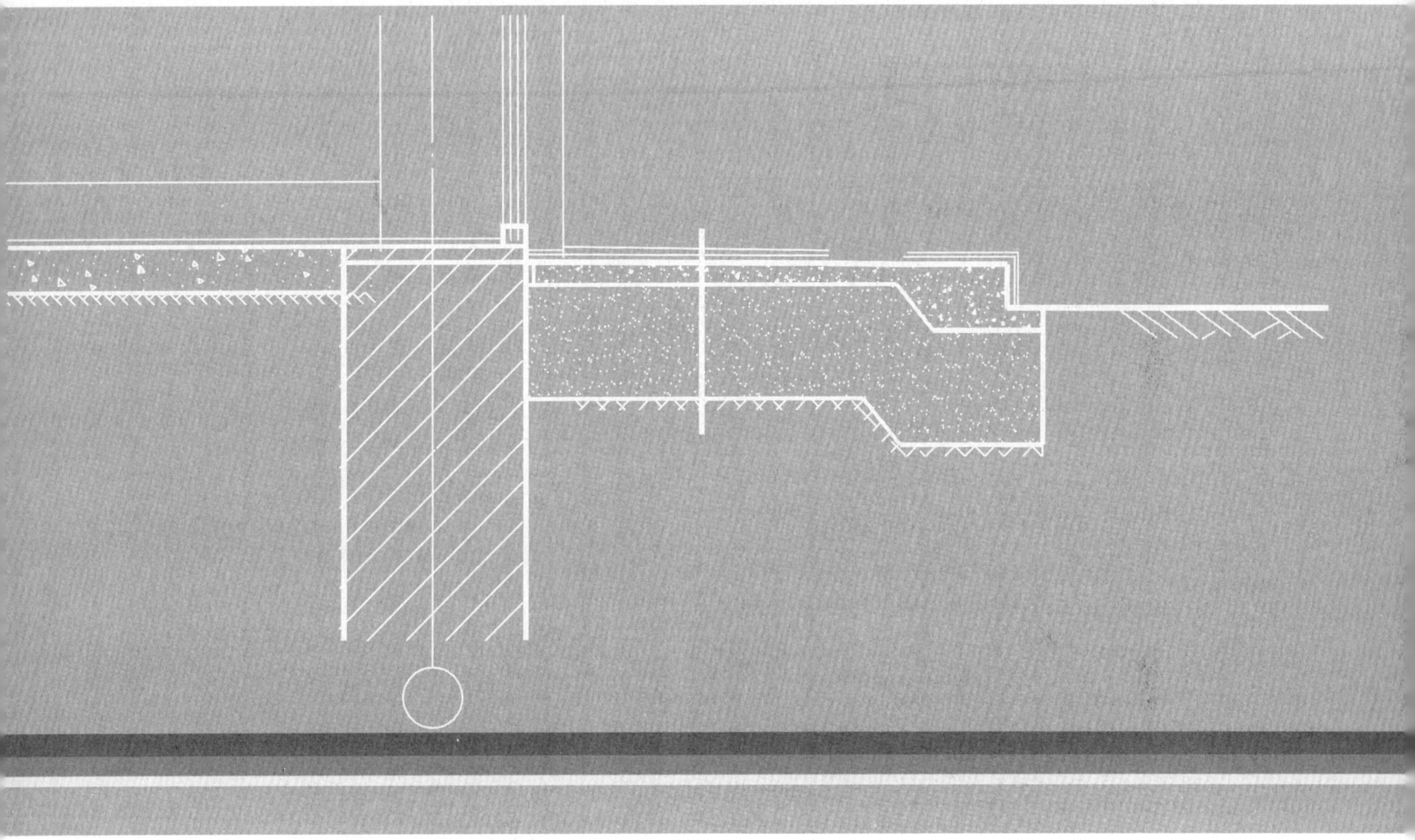

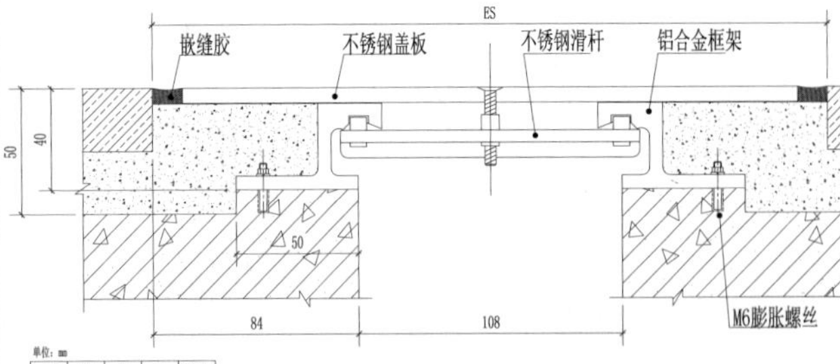

单位: mm

型号	规格	W	ES	伸缩量
DPL	100	100	190	50
	120	120	220	60
	150	150	290	75
	200	200	380	100
	250	250	450	125
	300	300	530	150
	350	350	600	175
	400	400	680	200
	450	450	750	225

DPZ (汽车库)
X 承重型地坪变形缝1:2
JJ-6-

▲001-承重型地坪变形缝

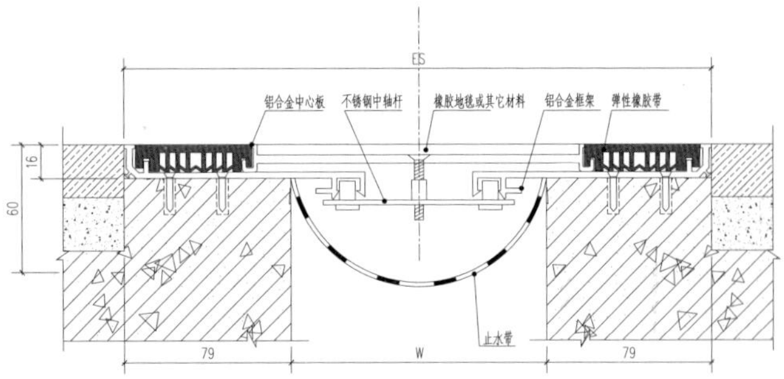

单位: mm

型号	规格	W	ES	伸缩量
DPRG-100	100	100	281	25
	150	150	281	25
	200	200	330	25
	250	250	400	25
	300	300	450	25

DPRG-100

X 地坪变形缝1:2
JJ-6-

▲002-地坪变形缝

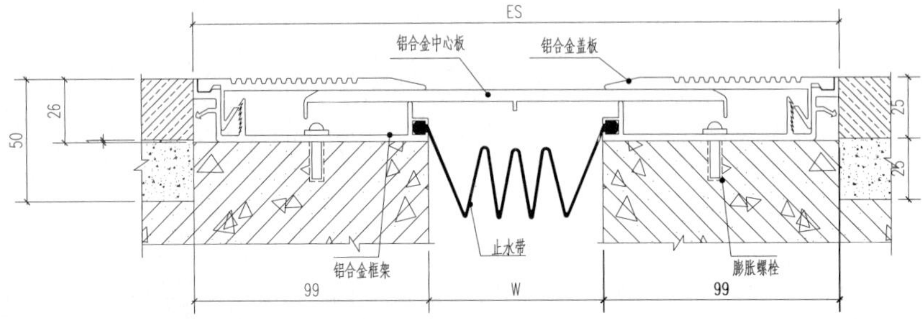

单位: mm（常熟市华源橡胶制品有限公司-DPK）

型号	规格	W	ES	伸缩量
DPK	50	50	240	40
	100	100	290	75
	150	150	345	110
	200	200	400	150

DPK
X 卡锁式金属型地坪变形缝1:2
JJ-6-

▲003-卡锁式金属型地坪变形缝（一）

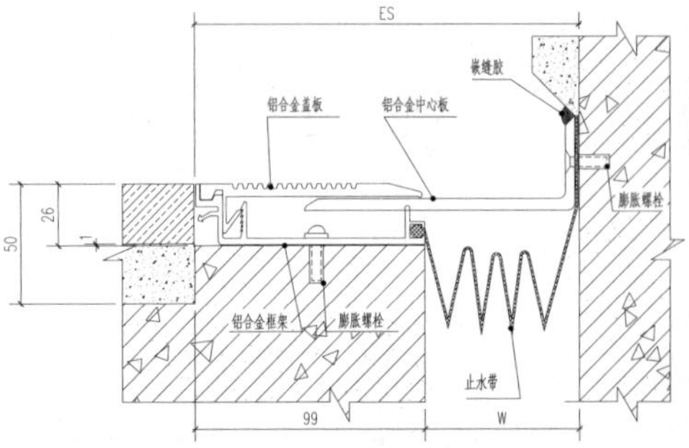

单位: mm（常熟市华源橡胶制品有限公司-DJK）

型号	规格	W	ES	伸缩量
DJK	50	50	148	40
	100	100	200	75
	150	150	245	110
	200	200	290	150

DJK
X 卡锁式金属型地坪变形缝1:2
JJ-6-

▲004-卡锁式金属型地坪变形缝（二）

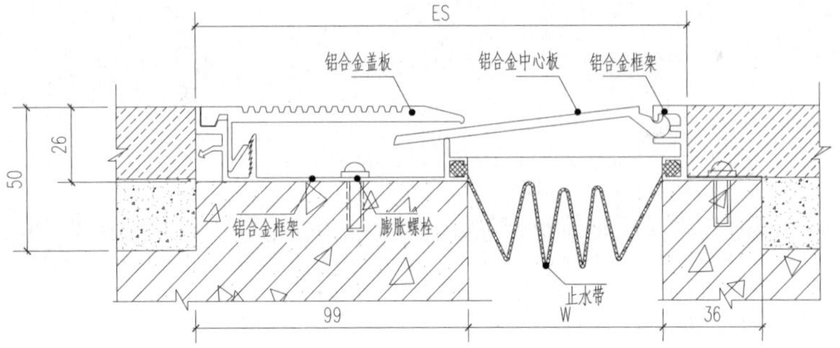

单位: mm

型号	规格	W	ES	伸缩量
DPC	50	50	160	25
	100	100	210	25

DPC
X 卡锁式金属型地坪变形缝1:2
JJ-6-

▲005-卡锁式金属型地坪变形缝（三）

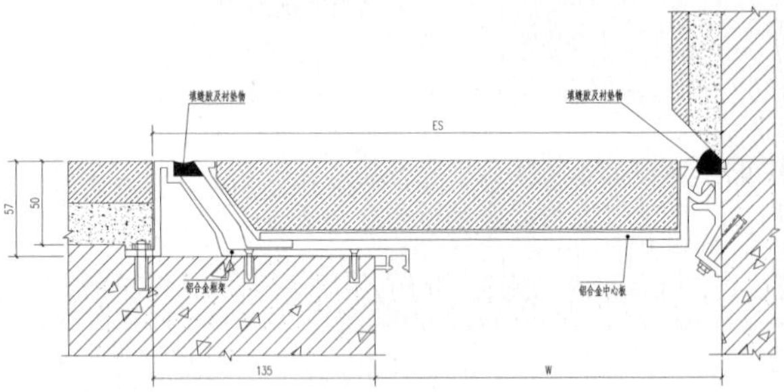

单位: mm

型号	规格	W	ES	伸缩量
DJS	100	100	215	75
	150	150	265	37
	200	200	315	50
	250	250	365	62
	300	300	415	75
	350	350	465	87
	400	400	515	100
	450	450	565	112
	500	500	615	125

DJS
X 抗震型地坪伸缩缝1:2
JJ-6-

▲006-抗震型地坪伸缩缝

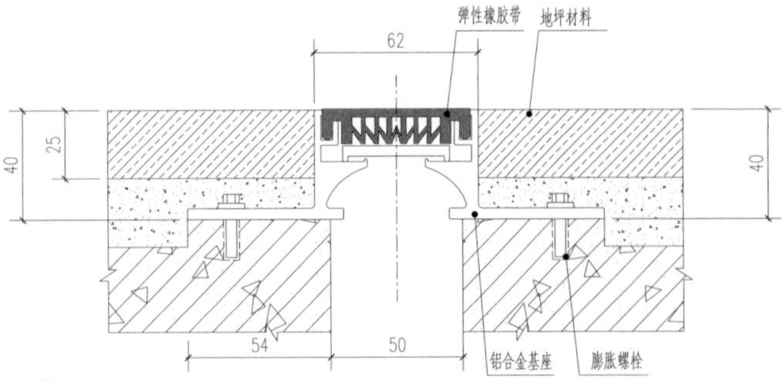

单位: mm

型号	规格	W	ES	伸缩量
DPR-50	50	50	62	12

DPR-50
X 双列式地坪变形缝1:2
JJ-6-

▲007-双列式地坪变形缝（一）

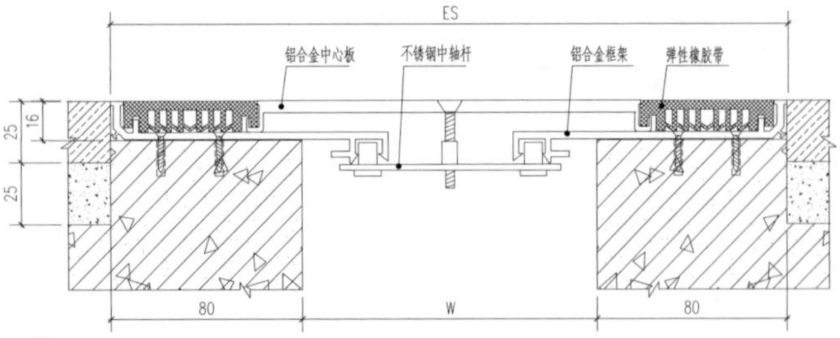

单位: mm

型号	规格	W	ES	伸缩量
DPR	50	50	62	12
	100	100	281	25
	150	150	281	25
	200	200	330	25
	250	250	400	25
	300	300	450	25

DPR
X 双列式地坪变形缝1:2
JJ-6-

▲008-双列式地坪变形缝（二）

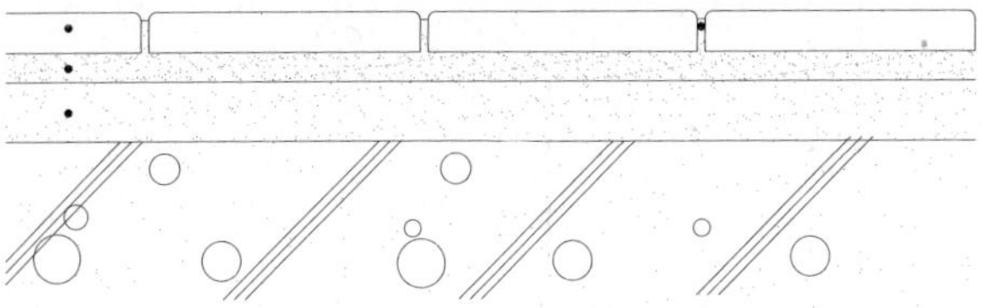

▲009-100x100mm人造窑烧花岗石地坪

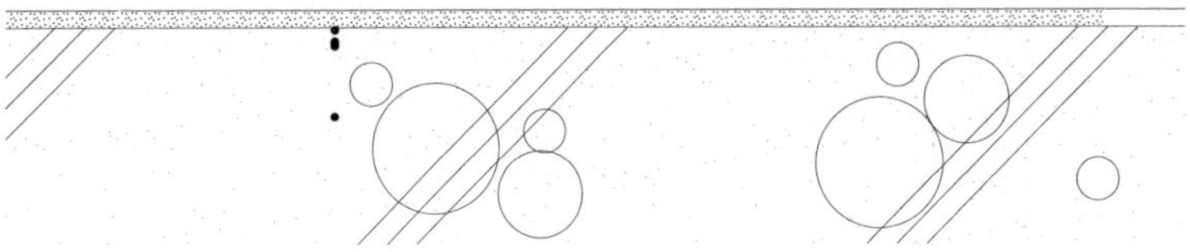

▲010-EPOXY地坪大样图

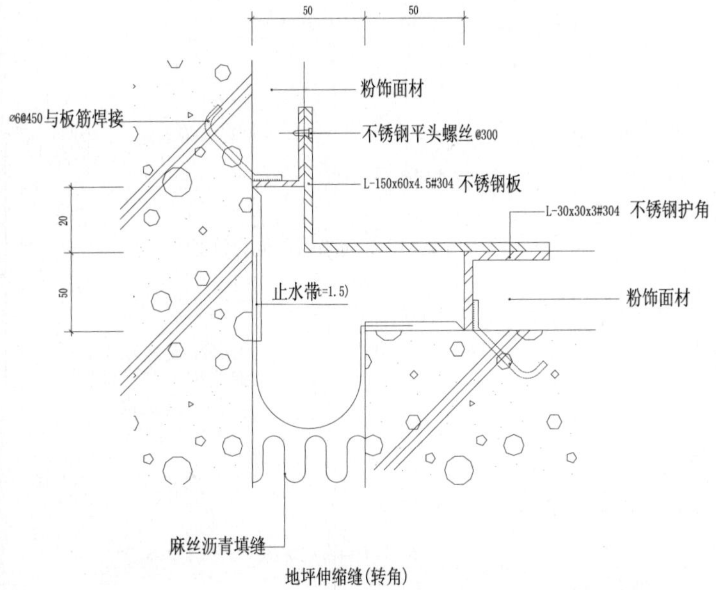

50
50
粉饰面材
ø6@450与板筋焊接
不锈钢平头螺丝@300
L-150x60x4.5#304 不锈钢板
L-30x30x3#304 不锈钢护角
20
50
止水带t=1.5)
粉饰面材
麻丝沥青填缝
地坪伸缩缝(转角)

▲011-地坪伸缩缝（转角）大样图

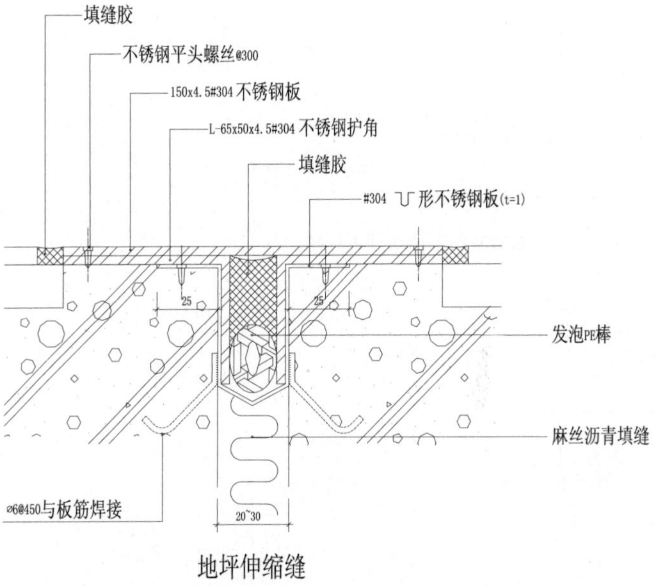

填缝胶
不锈钢平头螺丝@300
150x4.5#304 不锈钢板
L-65x50x4.5#304 不锈钢护角
填缝胶
#304 U形不锈钢板(t=1)
25
25
发泡PE棒
麻丝沥青填缝
ø6@450与板筋焊接
20~30
地坪伸缩缝

▲012-地坪伸缩缝节点大样图

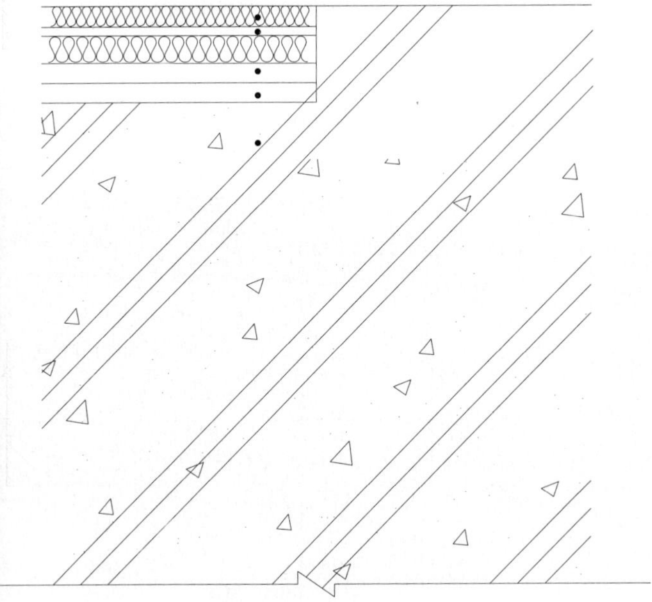

▲013-方块地毯示意图

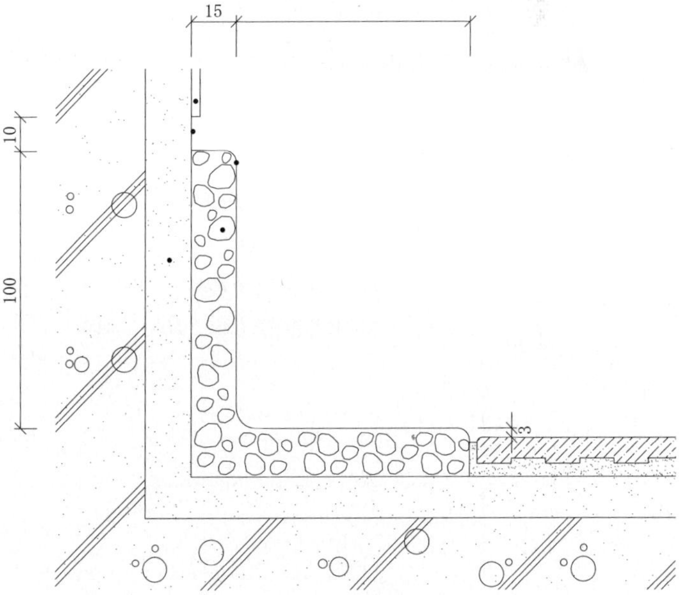

15
10
100
3

▲014-粉石子踢脚大样图

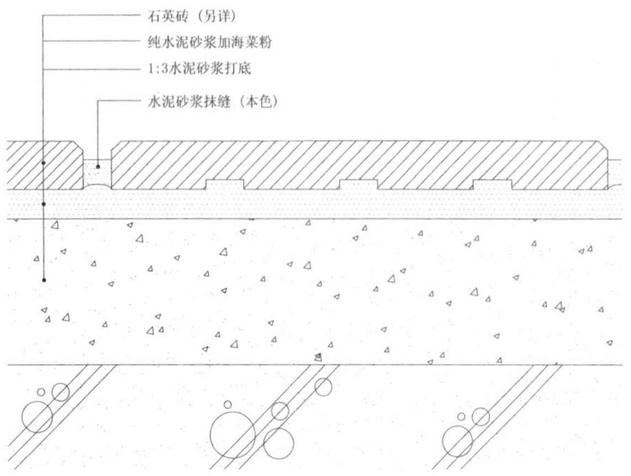
石英砖（另详）
纯水泥砂浆加海菜粉
1:3水泥砂浆打底
水泥砂浆抹缝（本色）

注：1. 采硬底工法。
2. 浴厕及茶水间等(有水区域)采1:2水泥砂浆打底，其馀部位采1:3水泥砂浆施作。

石英砖地坪大样图

▲015-石英砖地坪大样图

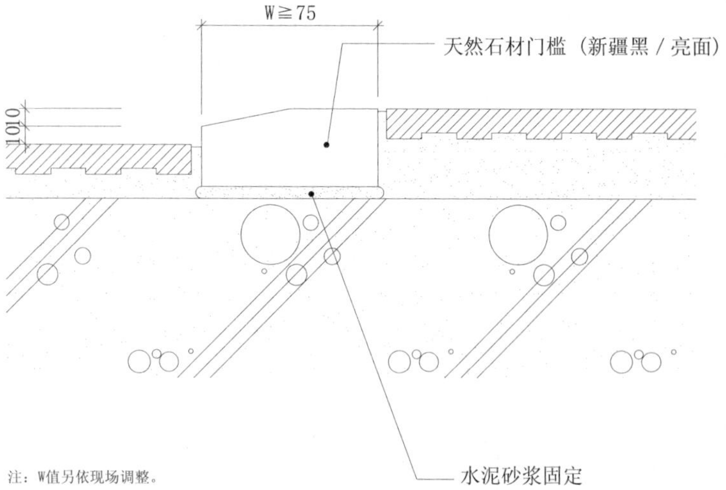
W≧75
天然石材门槛（新疆黑 / 亮面）
10
10
水泥砂浆固定

注：W值另依现场调整。

浴厕石材门槛大样图 单位:mm

▲016-浴厕石材门槛大样图

（内部） （外部）

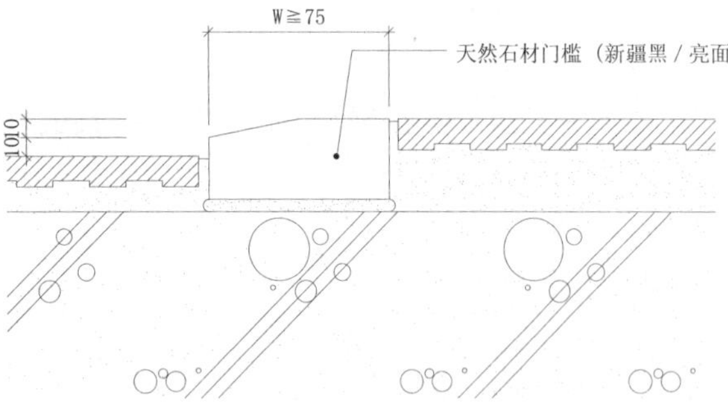
W≧75
天然石材门槛（新疆黑 / 亮面）
10
10

注：W值另依现场调整。

S2 厕所石材门槛大样图 单位:mm

▲017-S2 厕所石材门槛大样图

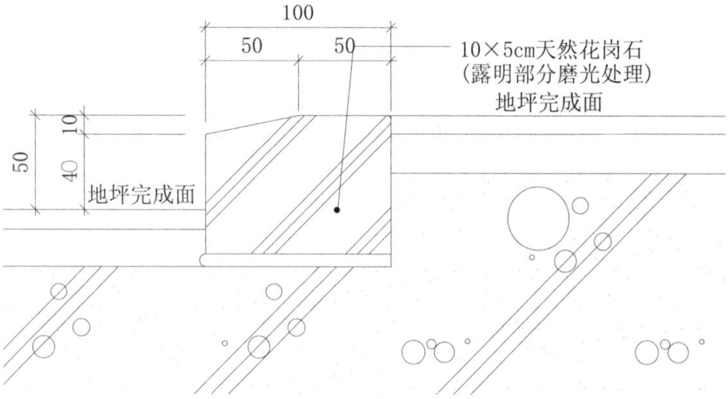
100
50
50
10×5cm天然花岗石
(露明部分磨光处理)
地坪完成面
50
10
40
地坪完成面

S5 地坪高低差石材收边详图 单位:mm

▲018-地坪高低差石材收边详图

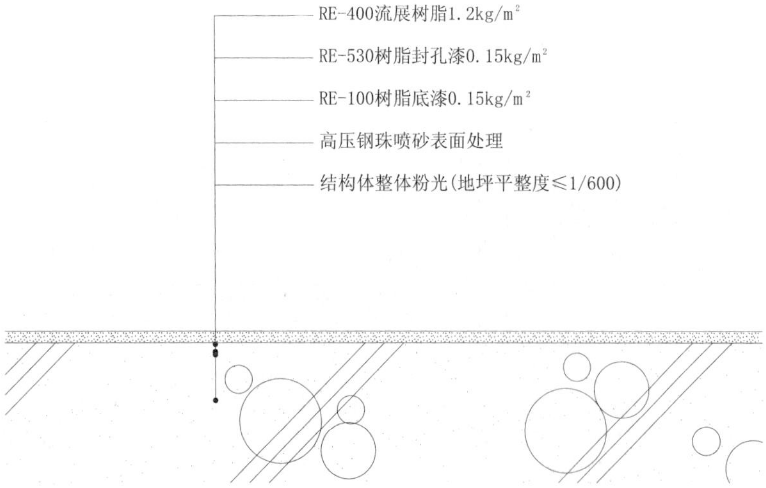
RE-400流展树脂1.2kg/m²
RE-530树脂封孔漆0.15kg/m²
RE-100树脂底漆0.15kg/m²
高压钢珠喷砂表面处理
结构体整体粉光(地坪平整度≤1/600)

流展环氧树脂防尘地坪详图 （流展工法型） TH=1mm

▲019-流展环氧树脂防尘地坪详图

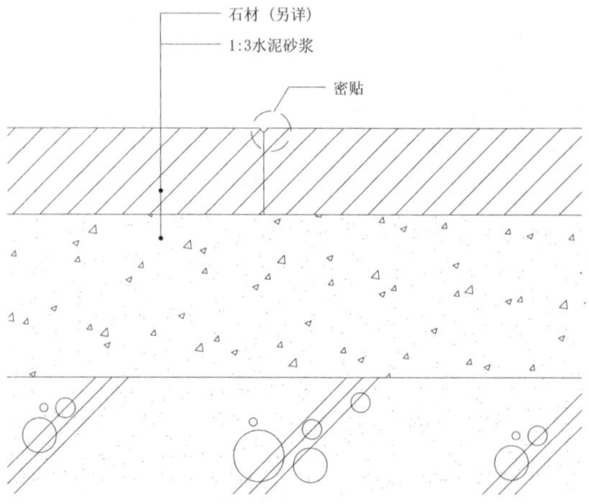
石材（另详）
1:3水泥砂浆
密贴

注：1. 室内地坪石材一律采密贴。
2. 石材单元一律倒角（1mm）。
3. 浴厕及茶水间等(有水区域)采1:2水泥砂浆打底，其馀部位采1:3水泥砂浆施作。

石材地坪大样图

▲020-石材地坪大样图

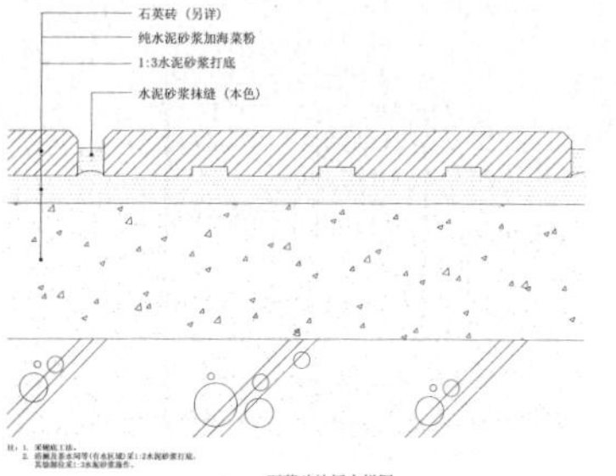
石英砖（另详）
纯水泥砂浆加海菜粉
1:3水泥砂浆打底
水泥砂浆抹缝（本色）

石英砖地坪大样图

▲021-石英砖地坪大样图

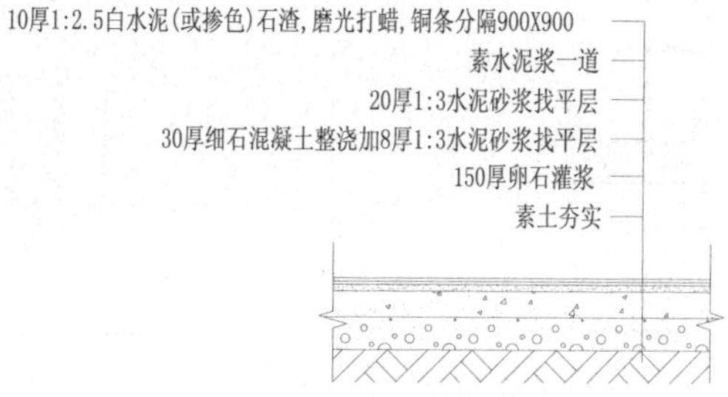
10厚1:2.5白水泥(或掺色)石渣,磨光打蜡,铜条分隔900X900
素水泥浆一道
20厚1:3水泥砂浆找平层
30厚细石混凝土整浇加8厚1:3水泥砂浆找平层
150厚卵石灌浆
素土夯实

本色水磨石地面详图1:20

▲022-本色水磨石地面详图

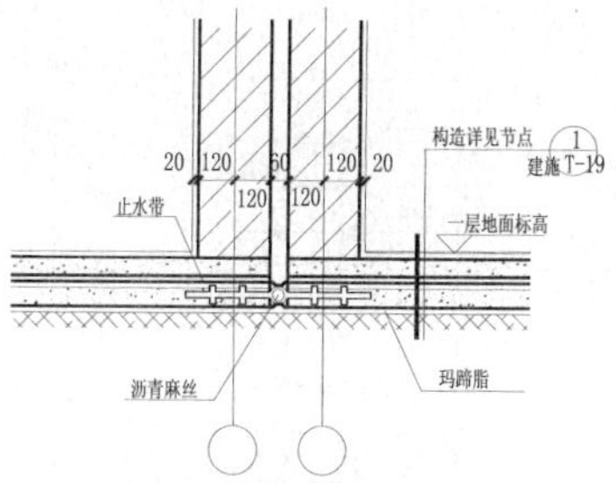
20
120
60
120
20
120
120
止水带
构造详见节点
1
建施T-19
一层地面标高
沥青麻丝
玛蹄脂

变形缝地面详图 1:20

▲023-变形缝地面详图

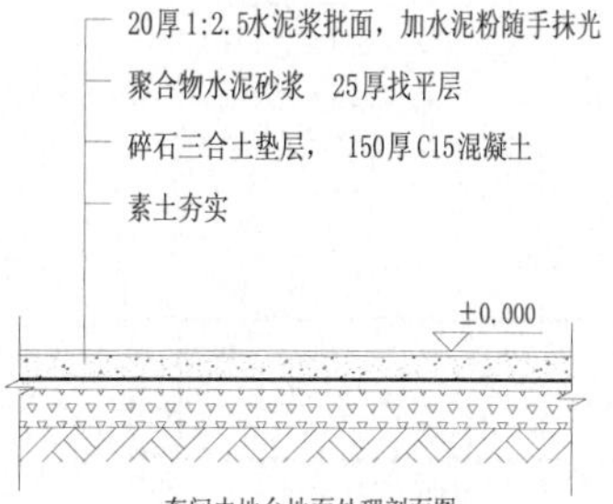
20厚1:2.5水泥浆批面，加水泥粉随手抹光
聚合物水泥砂浆 25厚找平层
碎石三合土垫层， 150厚C15混凝土
素土夯实
±0.000

车间内地台地面处理剖面图

▲024-车间内地台地面处理剖面图

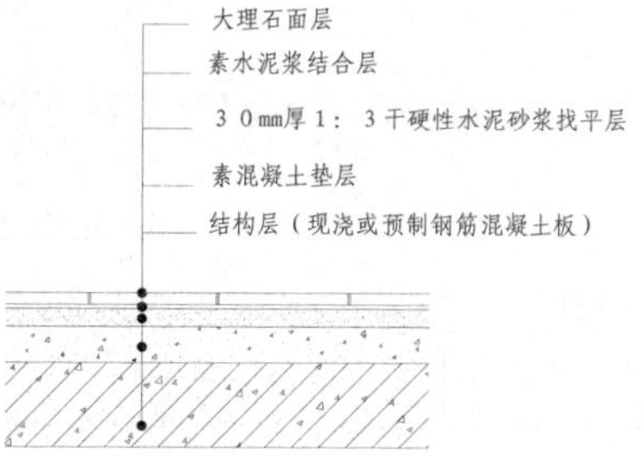
大理石面层
素水泥浆结合层
３０mm厚１：３干硬性水泥砂浆找平层
素混凝土垫层
结构层（现浇或预制钢筋混凝土板）

大理石板楼地面构造图

▲025-大理石板楼地面构造图

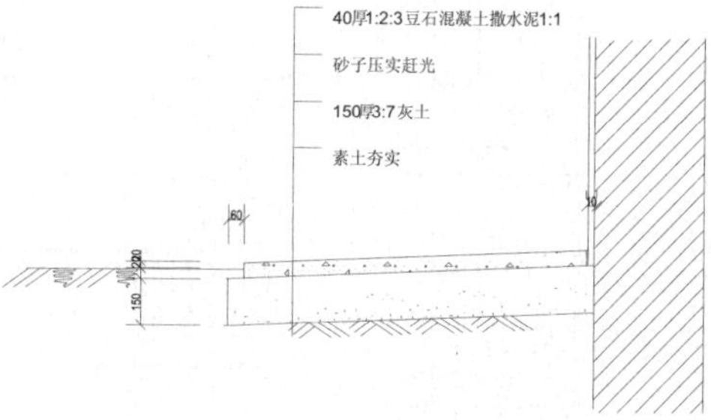
40厚1:2:3豆石混凝土撒水泥1:1
砂子压实赶光
150厚3:7灰土
素土夯实
150

▲026-节点

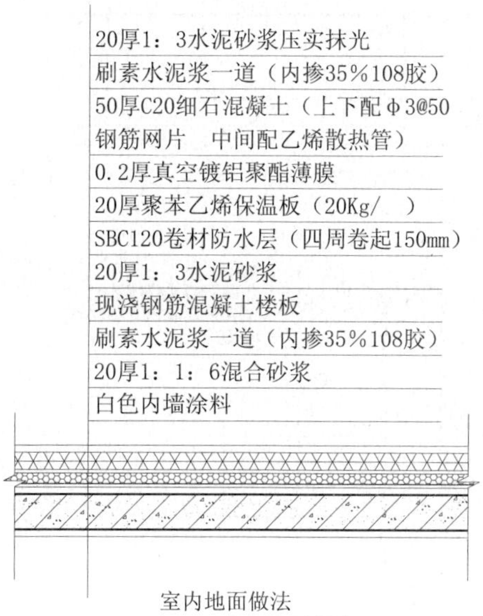
20厚1：3水泥砂浆压实抹光
刷素水泥浆一道（内掺35%108胶）
50厚C20细石混凝土（上下配φ3@50
钢筋网片 中间配乙烯散热管）
0.2厚真空镀铝聚酯薄膜
20厚聚苯乙烯保温板（20Kg/ ）
SBC120卷材防水层（四周卷起150mm）
20厚1：3水泥砂浆
现浇钢筋混凝土楼板
刷素水泥浆一道（内掺35%108胶）
20厚1：1：6混合砂浆
白色内墙涂料

室内地面做法

▲027-室内地面做法

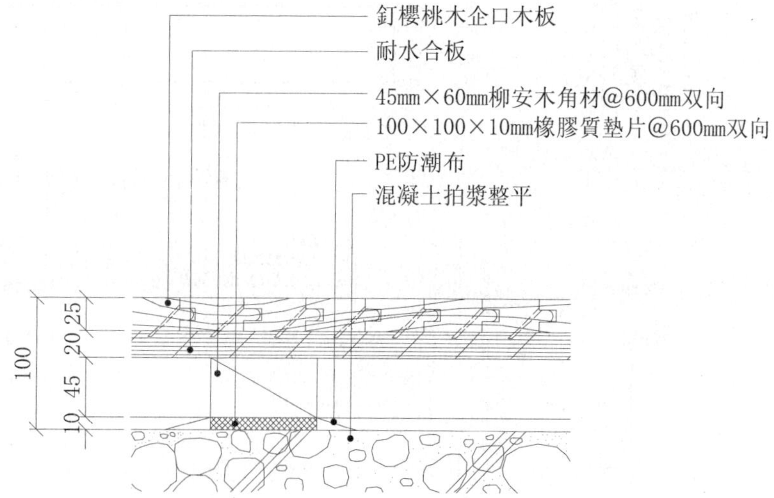
釘櫻桃木企口木板
耐水合板
45mm×60mm柳安木角材@600mm双向
100×100×10mm橡膠質墊片@600mm双向
PE防潮布
混凝土拍浆整平
100
25
20
45
10

櫻桃木材地坪大样图 单位:mm

▲028-樱桃木材地坪大样图

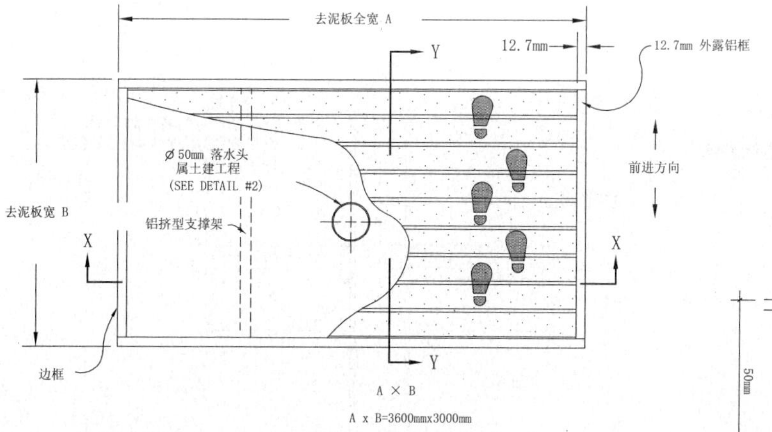
去泥板全宽 A
Y
12.7mm
12.7mm 外露铝框
⌀50mm 落水头
属土建工程
(SEE DETAIL #2)
前进方向
去泥板宽 B
铝挤型支撑架
X
X
Y
边框
A × B
A x B=3600mmx3000mm

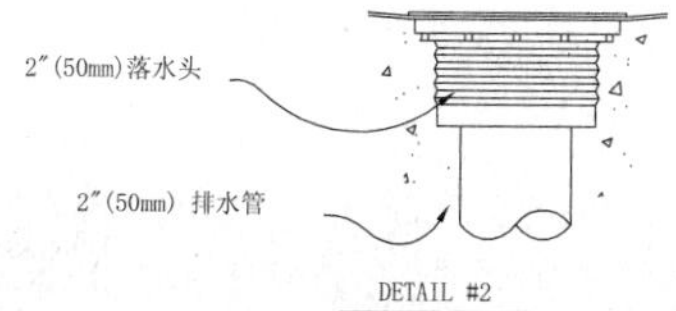
2″(50mm)落水头
2″(50mm) 排水管
DETAIL #2

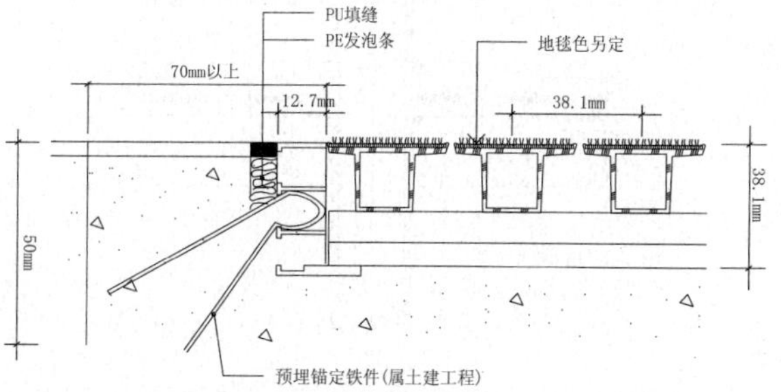
PU填缝
PE发泡条
地毯色另定
70mm以上
12.7mm
38.1mm
38.1mm
50mm
预埋锚定铁件(属土建工程)

注：1. 本图案叁考美制PAWLING，RG-300型去泥板绘制，承商得采用性能相同之产品。
2. 落水头及PVC排水管均属土建工程。
3. 尺寸规格及大样於施工前送审核准後方可施作。

刮泥板大样图 单位:mm

▲029-刮泥板大样图

2—2
4—4
5—5
吊车梁与中柱牛腿节点
7—7
1—1
3—3
6—6
吊车梁与边柱牛腿节点
DCL-1
DCL-1
KFZ
饰面层
水泥砂浆贴面层
LB-2沥青聚氨酯防水层2厚
水泥砂浆找平层
结构砼
预埋套管
LB-10D密封胶
止水片
LB-7氯丁胶乳水泥砂浆贴面
防水砂浆找平层(掺LB-23防水粉)
LB-20SBS单组份防水涂膜橡胶2厚
细石砼
LB-21环氧乳液水泥砂浆贴面
1:10

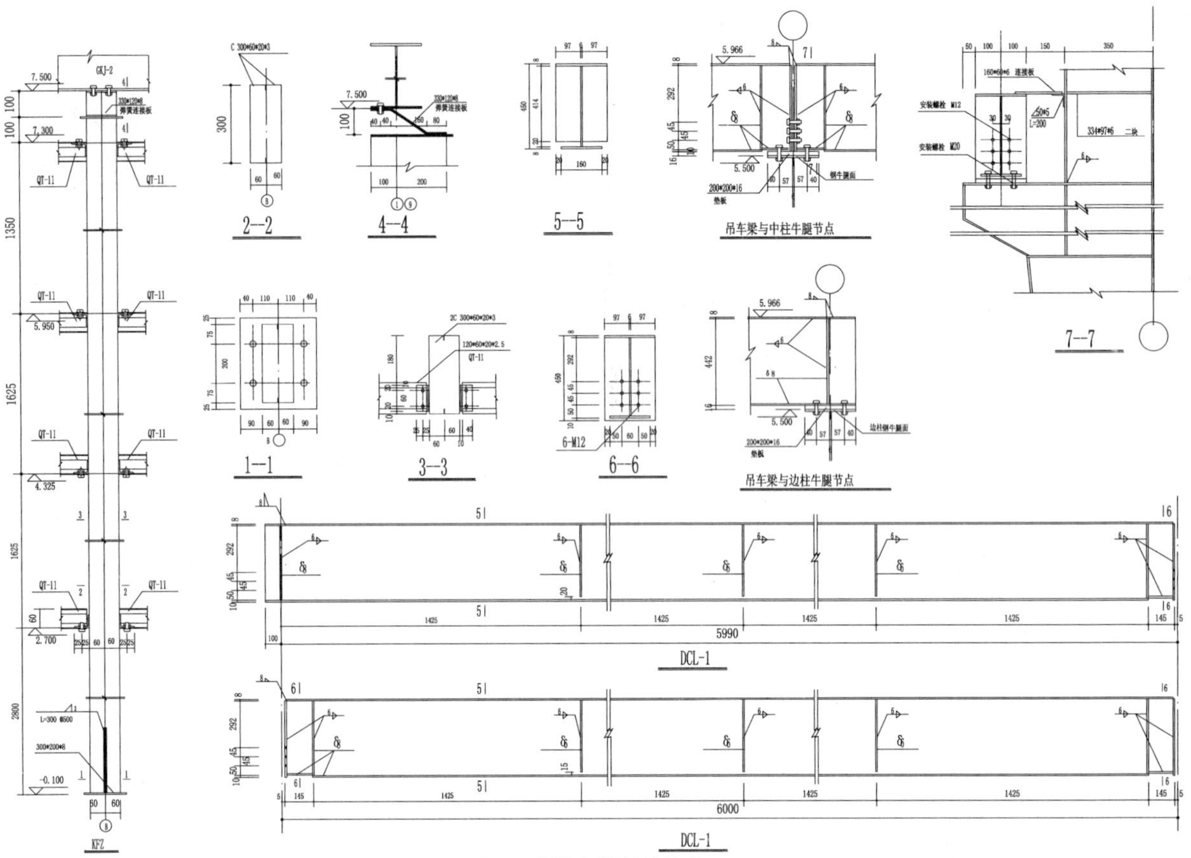

▲001-钢柱与楼板的节点

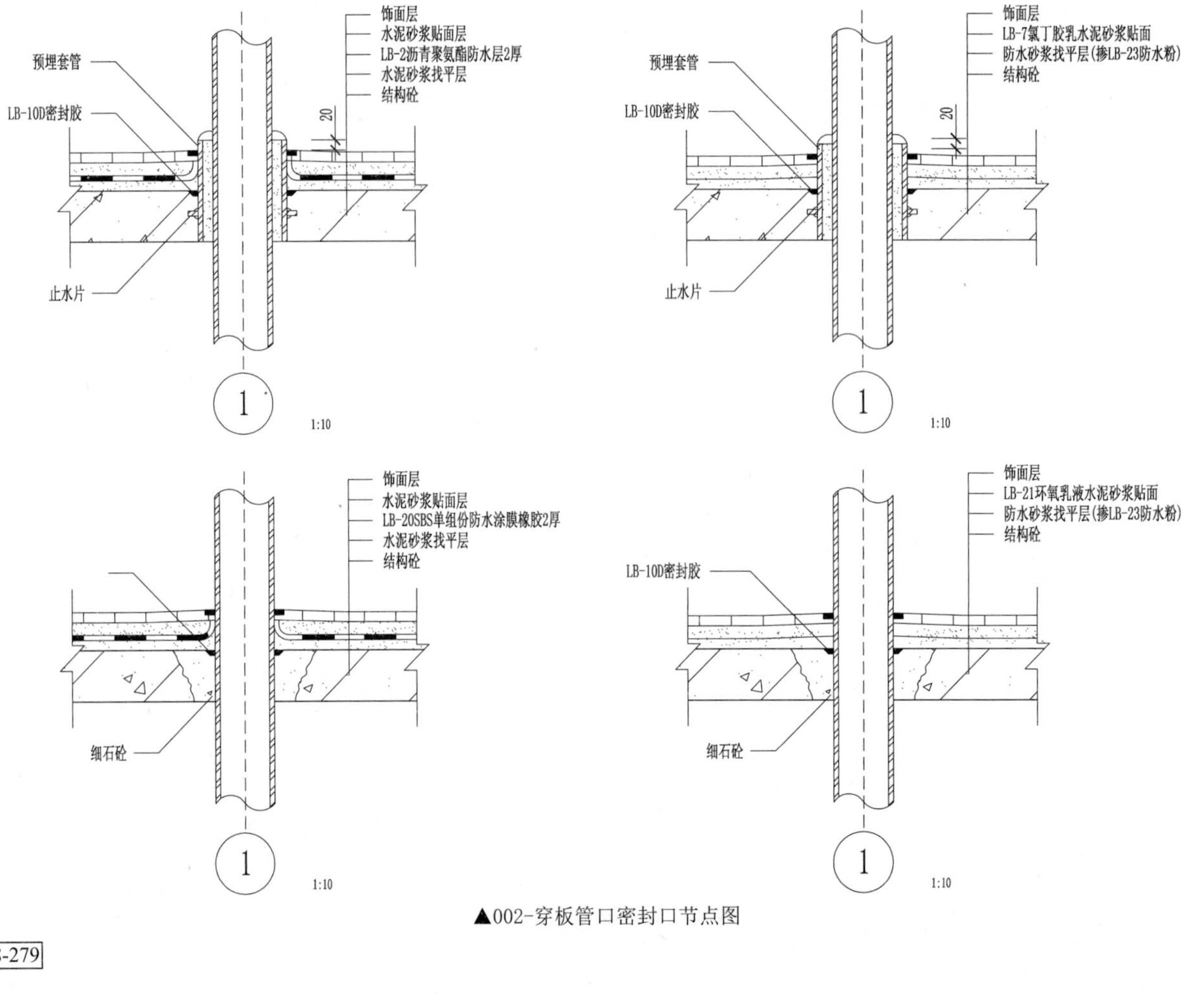

▲002-穿板管口密封口节点图

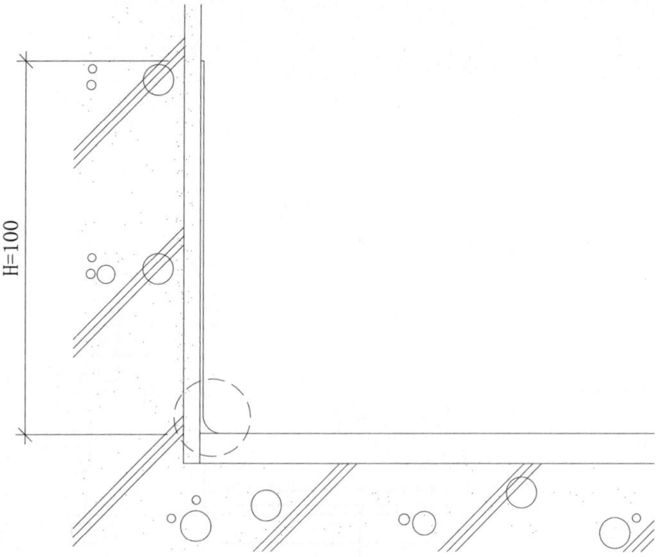
H=100

▲003-EPOXY踢脚大样图

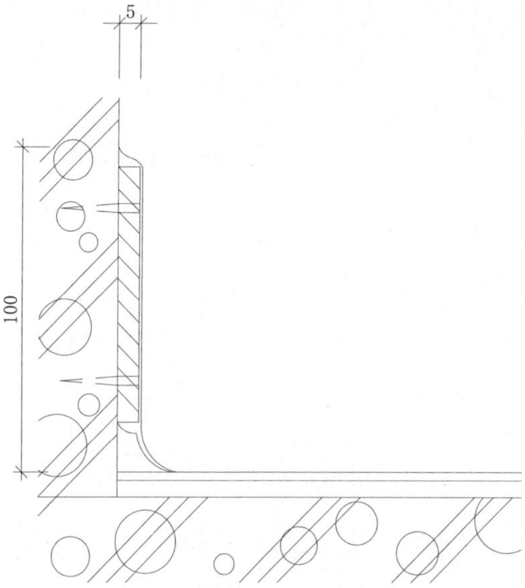
5
100

▲004-塑合板踢脚大样

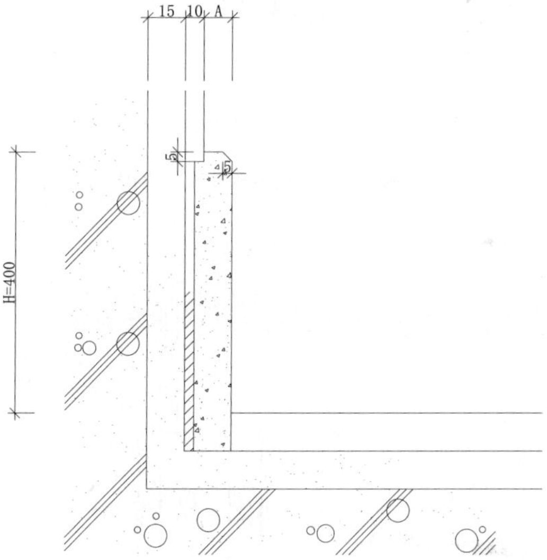
15
10
A
5
5
H=400

▲005-石材(玻化砖)踢脚大样图

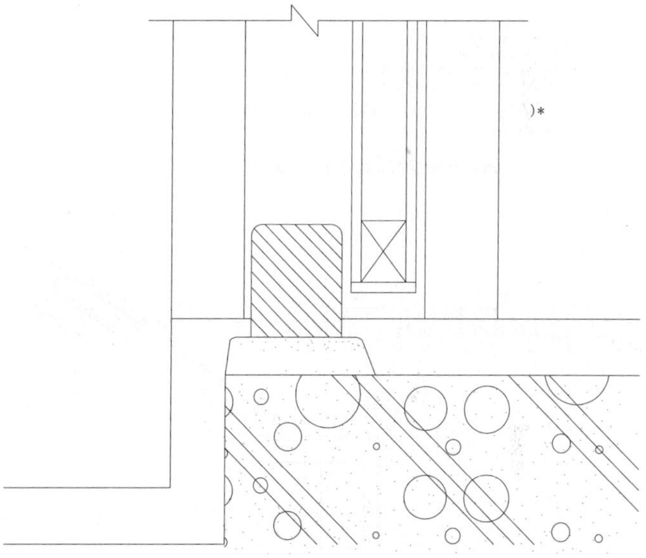

▲006-石材门槛大样图

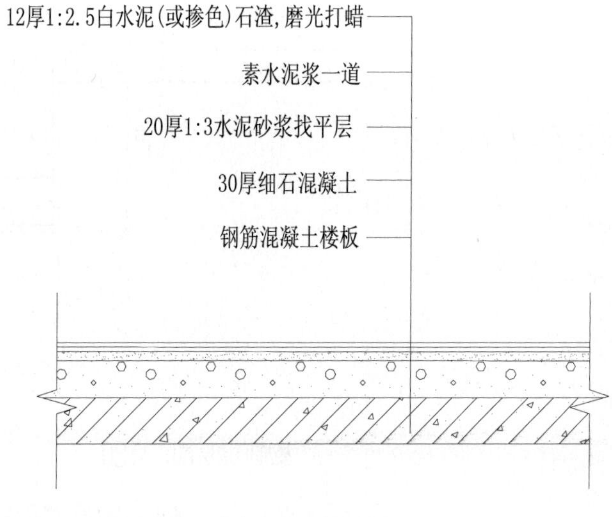
12厚1:2.5白水泥(或掺色)石渣,磨光打蜡
素水泥浆一道
20厚1:3水泥砂浆找平层
30厚细石混凝土
钢筋混凝土楼板

▲007-本色水磨石楼面详图

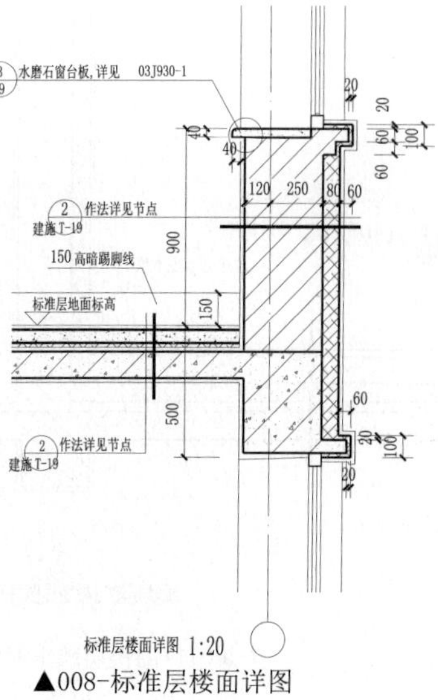
3
359
水磨石窗台板,详见 03J930-1
2
建施T-19
作法详见节点
150 高暗踢脚线
标准层地面标高
40
40
120
250
80
60
20
20
60
100
60
900
150
500
60
20
100
20
标准层楼面详图 1:20

▲008-标准层楼面详图

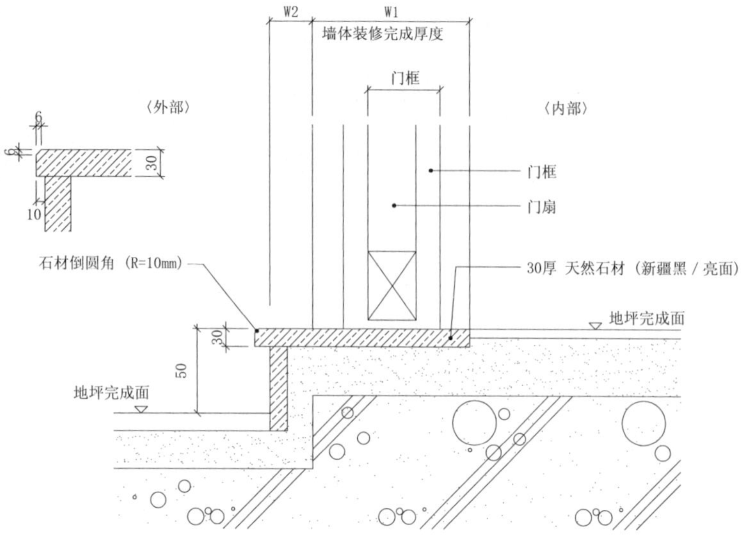
W2
W1
墙体装修完成厚度
门框
（外部）
（内部）
门框
门扇
石材倒圆角（R=10mm）
30厚 天然石材（新疆黑／亮面）
地坪完成面
地坪完成面
30
50
6
10

注：1. W1=墙面厚度（含饰材）。
2. W2=墙体退缩尺寸依平面为准（另订）。
3. (A)石材料采新疆黑石材（亮面）。
4. (B)石材依现况，由建筑师指示是否采外墙饰材施作。
5. 内部地坪饰材完成面与天然石材收边料齐平。

地坪高低差石材收边详图 单位:mm

▲009-地坪高低差石材收边详图

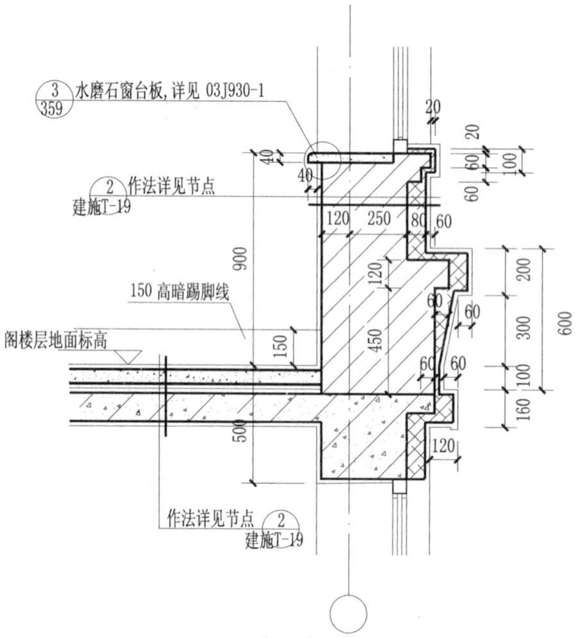
3 水磨石窗台板，详见 03J930-1
359
2 作法详见节点
建施T-19
150 高暗踢脚线
阁楼层地面标高
作法详见节点 2
建施T-19
120
250
80
60
900
450
150
500
200
300
600
100
160

阁楼层地面处线角详图(有窗处) 1:20

▲010-阁楼层地面处线角详图(有窗处)

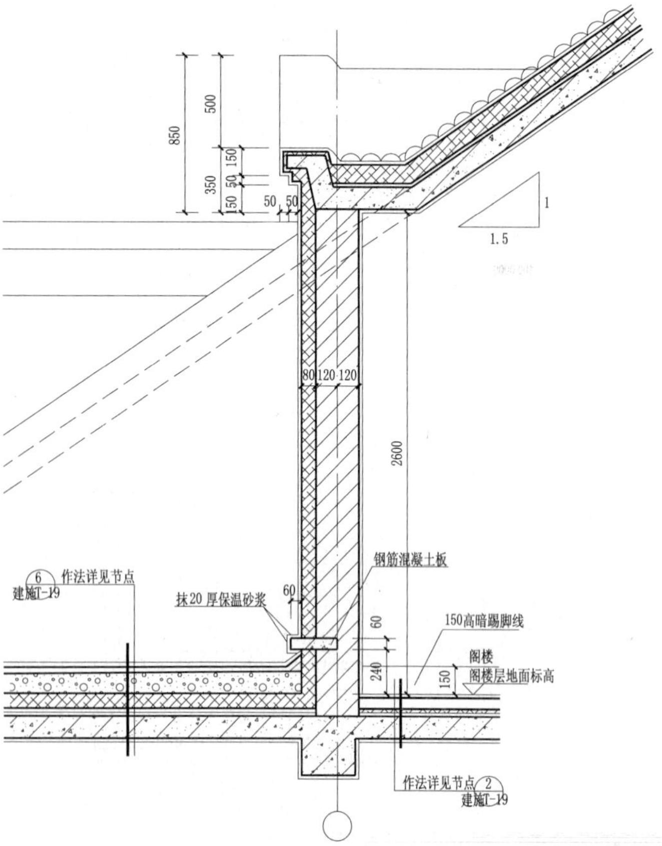
850
500
350
150
50
1
1.5
80 120 120
2600
6 作法详见节点
建施T-19
抹20 厚保温砂浆
钢筋混凝土板
150高暗踢脚线
阁楼
阁楼层地面标高
作法详见节点 2
建施T-19
60
240

阁楼层墙出屋面详图 1:20

▲011-阁楼层墙出屋面详图

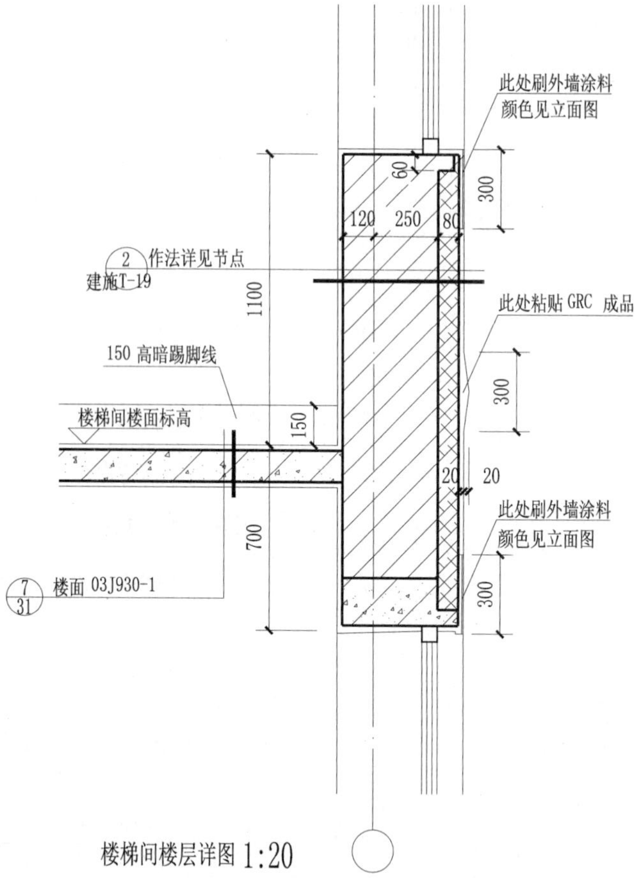
此处刷外墙涂料
颜色见立面图
2 作法详见节点
建施T-19
此处粘贴 GRC 成品
150 高暗踢脚线
楼梯间楼面标高
此处刷外墙涂料
颜色见立面图
7 楼面 03J930-1
31
1100
700
150
300
120
250
80
60
20

楼梯间楼层详图 1:20

▲012-楼梯间楼层详图

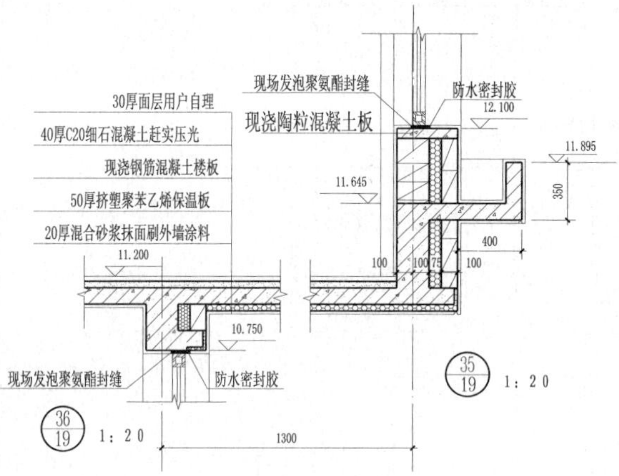
30厚面层用户自理
40厚C20细石混凝土赶实压光
现浇钢筋混凝土楼板
50厚挤塑聚苯乙烯保温板
20厚混合砂浆抹面刷外墙涂料
现场发泡聚氨酯封缝
现浇陶粒混凝土板
防水密封胶
现场发泡聚氨酯封缝
防水密封胶
1：20
1：20

▲013-楼板

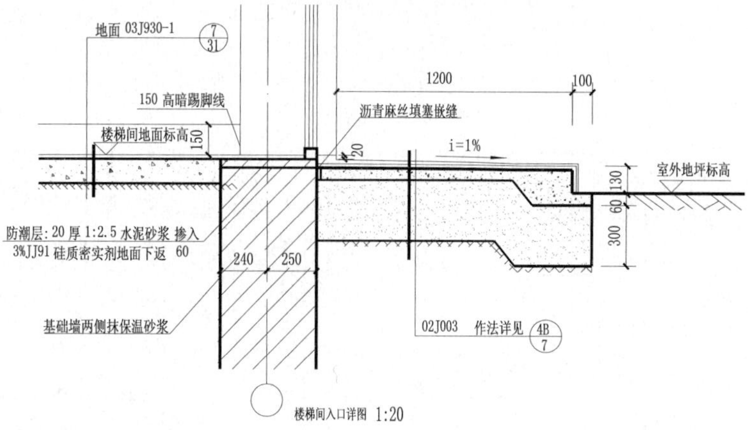
地面 03J930-1
150 高暗踢脚线
楼梯间地面标高
沥青麻丝填塞嵌缝
i=1%
室外地坪标高
防潮层：20 厚 1:2.5 水泥砂浆 掺入
3%JJ91 硅质密实剂地面下返 60
基础墙两侧抹保温砂浆
02J003 作法详见
楼梯间入口详图 1:20

▲014-楼梯间入口详图

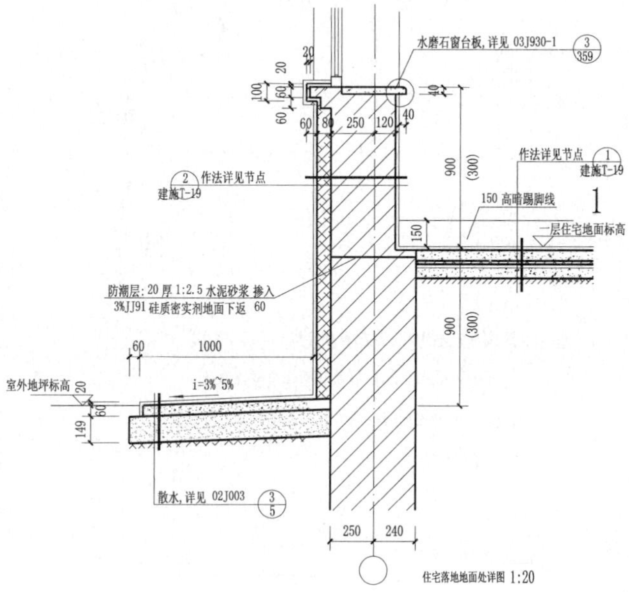
水磨石窗台板，详见 03J930-1
作法详见节点
建施T-19
作法详见节点
建施T-19
150 高暗踢脚线
一层住宅地面标高
防潮层：20 厚 1:2.5 水泥砂浆 掺入
3%JJ91 硅质密实剂地面下返 60
室外地坪标高
i=3%~5%
散水，详见 02J003
住宅落地地面处详图 1:20

▲015-住宅落地地面处详图

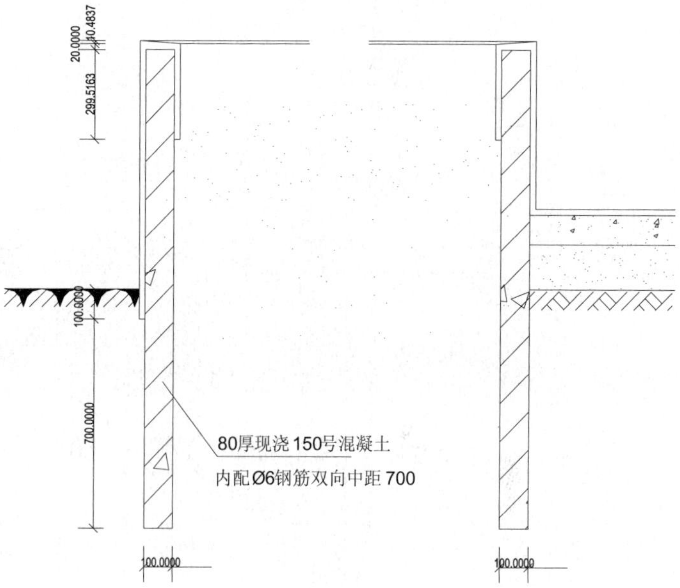
80厚现浇150号混凝土
内配Ø6钢筋双向中距700

▲016-楼地面节点1

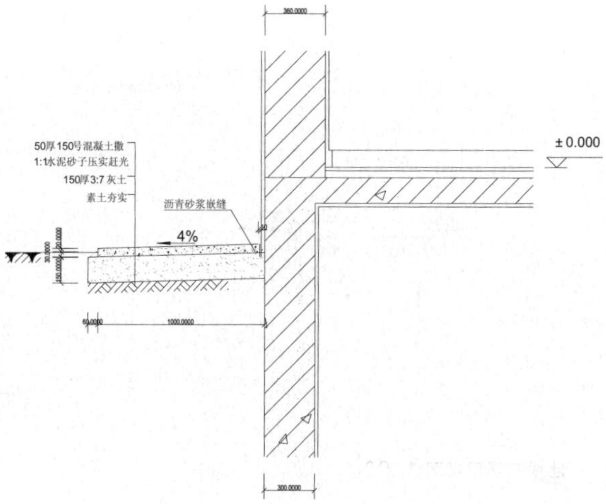
50厚150号混凝土撒
1:1水泥砂子压实赶光
150厚3:7灰土
素土夯实
沥青砂浆嵌缝
4%
± 0.000

▲017-楼地面节点2

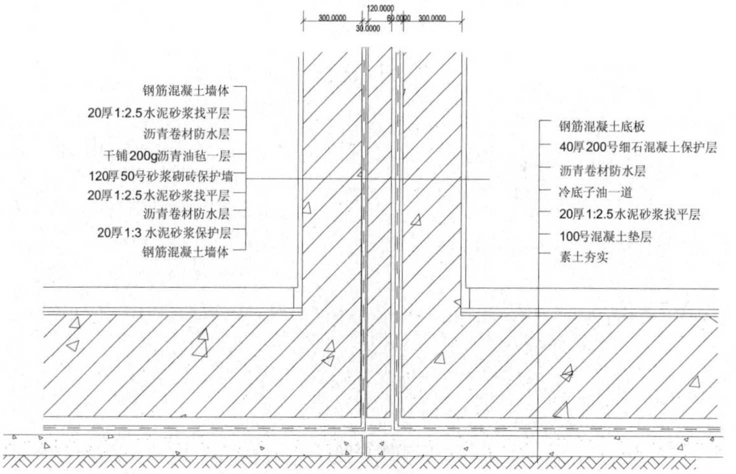
钢筋混凝土墙体
20厚1:2.5水泥砂浆找平层
沥青卷材防水层
干铺200g沥青油毡一层
120厚50号砂浆砌砖保护墙
20厚1:2.5水泥砂浆找平层
沥青卷材防水层
20厚1:3 水泥砂浆保护层
钢筋混凝土墙体
钢筋混凝土底板
40厚200号细石混凝土保护层
沥青卷材防水层
冷底子油一道
20厚1:2.5水泥砂浆找平层
100号混凝土垫层
素土夯实

▲018-楼地面节点3

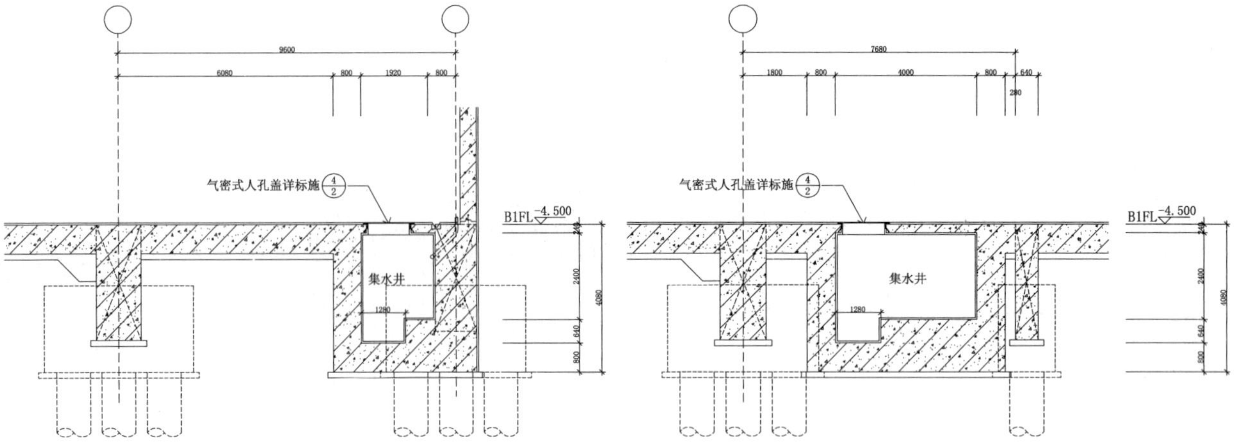
9600
6060
800
1920
800
气密式人孔盖详标施
B1FL -4.500
集水井
1280
2400
4080
7680
1800
800
4000
800
640
280

C型集水井剖面详图(室内)

▲001-C型集水井剖面详图(室内)

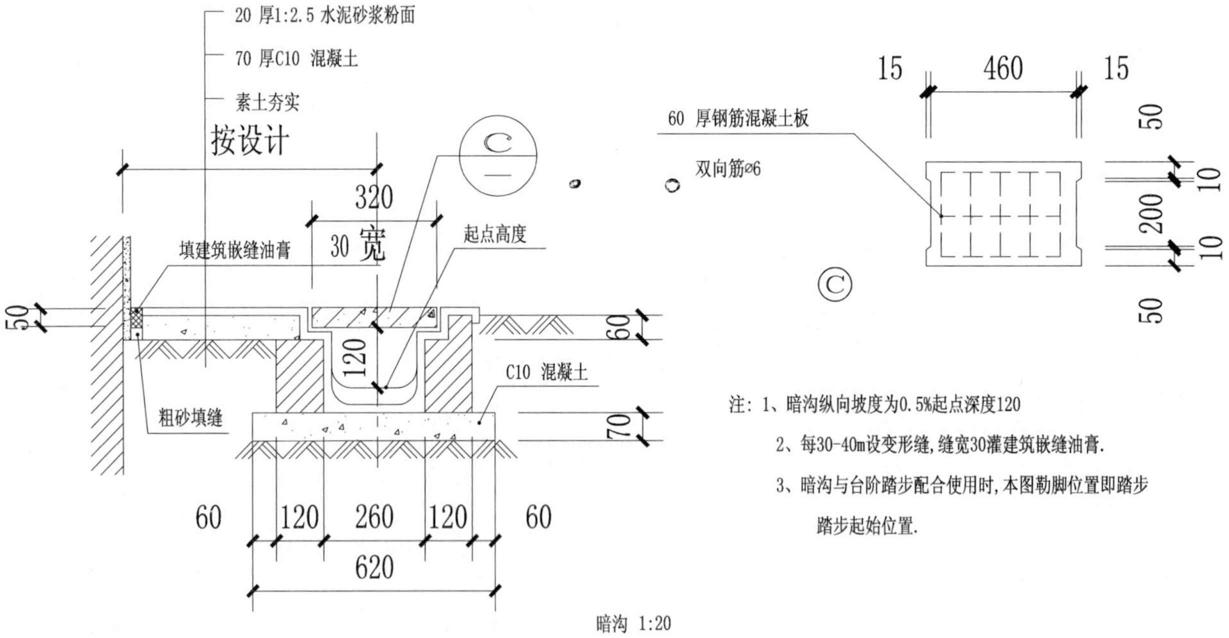
20 厚1:2.5 水泥砂浆粉面
70 厚C10 混凝土
素土夯实
按设计
320
30 宽
填建筑嵌缝油膏
起点高度
50
60
120
C10 混凝土
粗砂填缝
70
60
120
260
120
60
620
15
460
15
60 厚钢筋混凝土板
双向筋⌀6
50
10
200
10
50
注: 1、暗沟纵向坡度为0.5%起点深度120
2、每30-40m设变形缝,缝宽30灌建筑嵌缝油膏.
3、暗沟与台阶踏步配合使用时,本图勒脚位置即踏步起始位置.

暗沟 1:20

▲002-暗沟

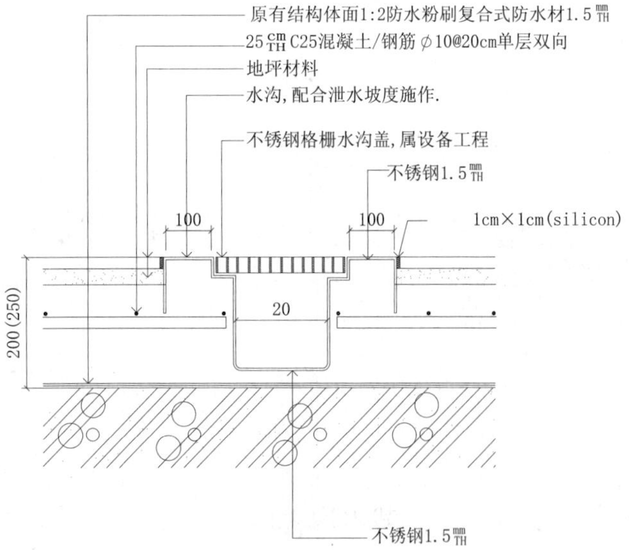
原有结构体面1:2防水粉刷复合式防水材1.5mm TH
25cm TH C25混凝土/钢筋φ10@20cm单层双向
地坪材料
水沟,配合泄水坡度施作.
不锈钢格栅水沟盖,属设备工程
不锈钢1.5mm TH
100
100
1cm×1cm(silicon)
20
200(250)
不锈钢1.5mm TH

厨房地坪及截水沟大样图

▲003-厨房地坪及截水沟大样图

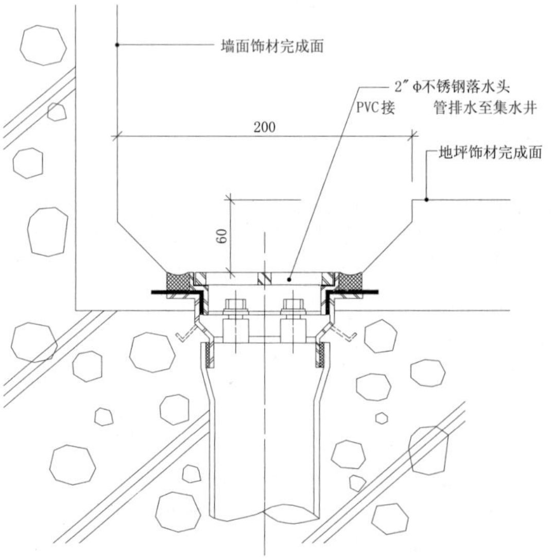
墙面饰材完成面
2" φ不锈钢落水头
PVC接
管排水至集水井
200
地坪饰材完成面
60

导水沟及地坪落水罩

▲004-导水沟及地坪落水罩

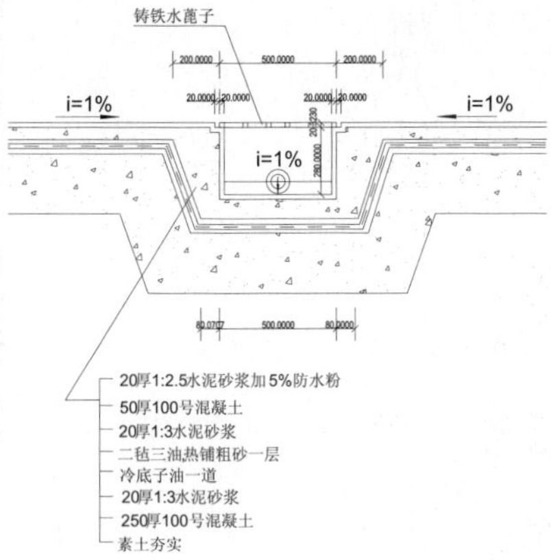
铸铁水蓖子
i=1%
i=1%
i=1%
20厚1:2.5水泥砂浆加5%防水粉
50厚100号混凝土
20厚1:3水泥砂浆
二毡三油热铺粗砂一层
冷底子油一道
20厚1:3水泥砂浆
250厚100号混凝土
素土夯实

▲005-地沟节点

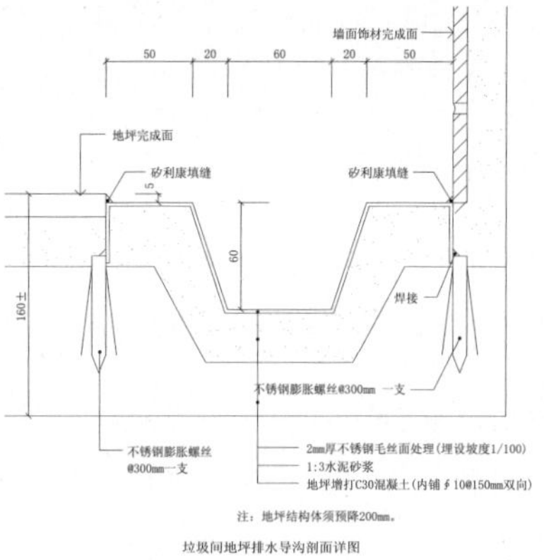
墙面饰材完成面
地坪完成面
矽利康填缝
矽利康填缝
焊接
不锈钢膨胀螺丝@300mm一支
不锈钢膨胀螺丝@300mm一支
2mm厚不锈钢毛丝面处理(埋设坡度1/100)
1:3水泥砂浆
地坪增打C30混凝土(内铺∮10@150mm双向)
注：地坪结构体须预降200mm。
垃圾间地坪排水导沟剖面详图

▲006-垃圾间地坪排水导沟剖面详图

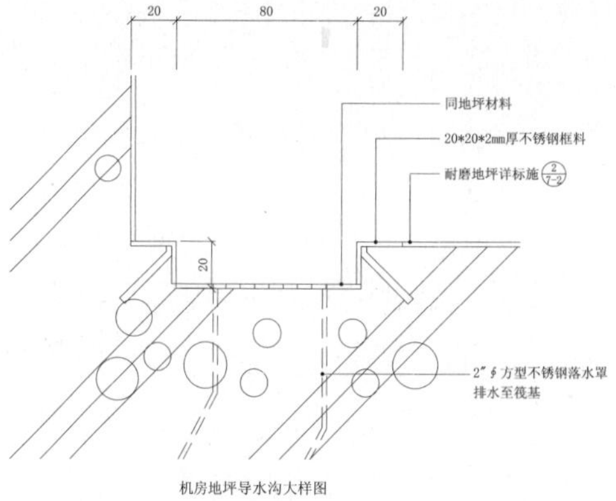
20
80
20
同地坪材料
20*20*2mm厚不锈钢框料
耐磨地坪详标施
2"∮方型不锈钢落水罩
排水至筏基
机房地坪导水沟大样图

▲007-机房地坪导水沟大样图

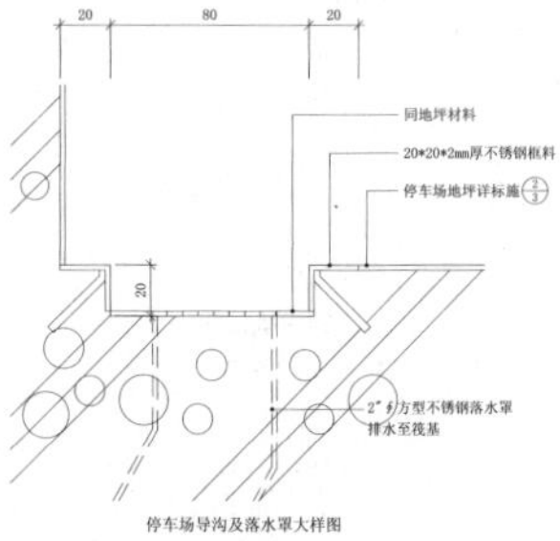
同地坪材料
20*20*2mm厚不锈钢框料
停车场地坪详标施
2"∮方型不锈钢落水罩
排水至筏基
停车场导沟及落水罩大样图

▲008-停车场导沟及落水罩大样图

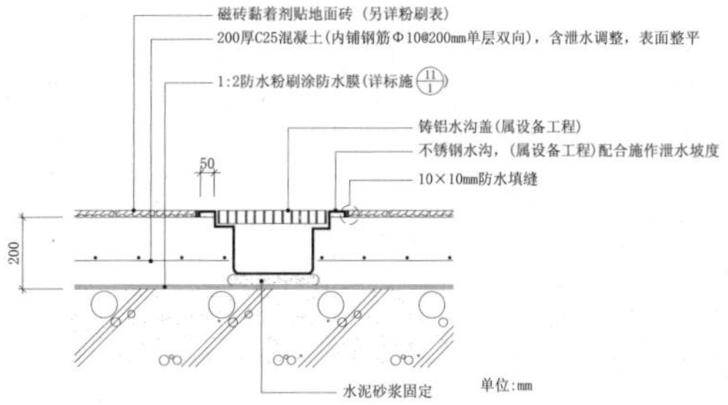
磁砖黏着剂贴地面砖（另详粉刷表）
200厚C25混凝土(内铺钢筋Φ10@200mm单层双向)，含泄水调整，表面整平
1:2防水粉刷涂防水膜（详标施
铸铝水沟盖(属设备工程)
不锈钢水沟，(属设备工程)配合施作泄水坡度
10×10mm防水填缝
水泥砂浆固定
单位:mm

▲009-配膳室地坪及截水沟详图

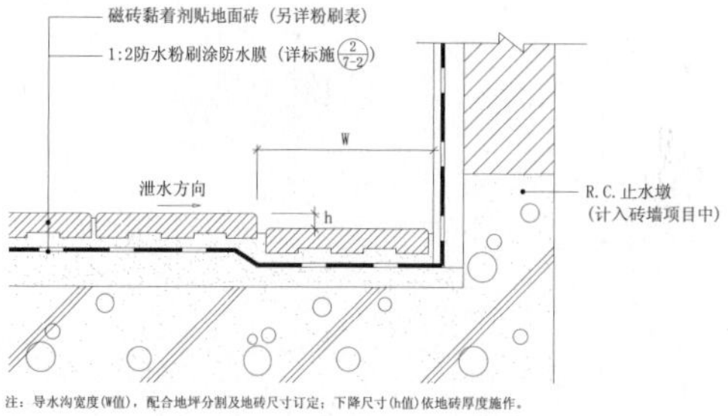
磁砖黏着剂贴地面砖（另详粉刷表）
1:2防水粉刷涂防水膜（详标施
泄水方向
R.C.止水墩
(计入砖墙项目中)
注：导水沟宽度(W值)，配合地坪分割及地砖尺寸订定；下降尺寸(h值)依地砖厚度施作。

▲010-浴厕地坪导水沟大样图

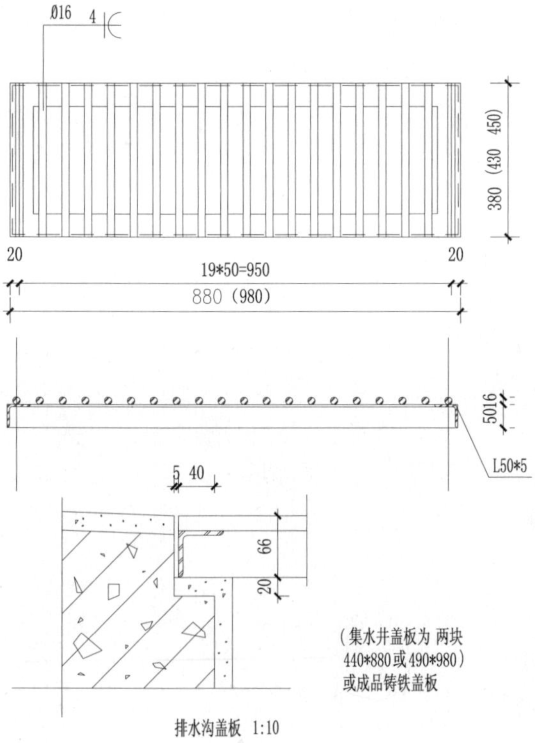
Ø16
380 (430 450)
20
19*50=950
20
880 (980)
5016
L50*5
5 40
66
20
(集水井盖板为 两块
440*880或490*980)
或成品铸铁盖板
排水沟盖板 1:10

▲011-排水沟盖板详图

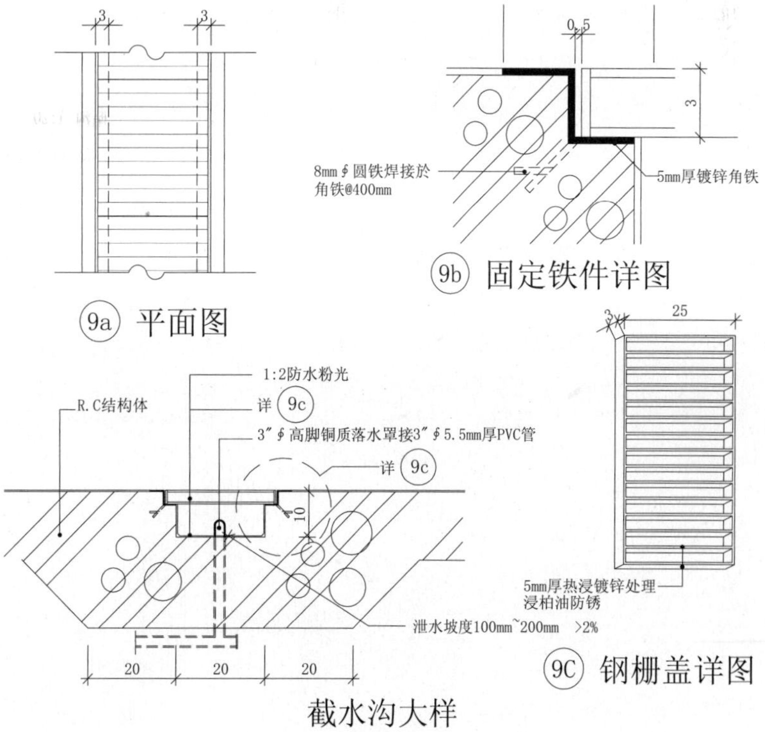
9a 平面图
0.5
3
8mm∮圆铁焊接於
角铁@400mm
5mm厚镀锌角铁
9b 固定铁件详图
25
5mm厚热浸镀锌处理
浸柏油防锈
9C 钢栅盖详图
1:2防水粉光
R.C结构体
详 9c
3"∮高脚铜质落水罩接3"∮5.5mm厚PVC管
详 9c
10
泄水坡度100mm~200mm >2%
20
20
20
截水沟大样

▲012-截水沟大样